전기산업기사실기완전학습프로그램

한솔아카데미 무료강의 ▶ 7개년 기출문제 해설 ▶ 실기

전기산업기사 실기
30개년 기출분석
단원별 총정리

전기산업기사 실기 필수학습서

2025 개정신판

별책부록
❶ 마인드 맵
❷ 속성 암기법
❸ 꼭 나오는 유형

김대호 저
건축전기설비기술사

ON AIR

한솔아카데미 무료 강의
+ 최근 7개년 기출문제(2018~2024)
+ 전기산업기사 실기 MIND MAP
+ 속성 암기법
+ 꼭 나오는 유형

한솔아카데미 홈페이지(www.inup.co.kr)

NAVER 한솔아카데미 전기산업기사 ▼

한솔아카데미

2025년 대비 학습플랜
전기산업기사 실기
6단계 완전학습 교재구성

1단계 동영상 강좌
100% 저자 직강
7개년 기출문제 및 마인드 맵 무료 제공

3단계 관련 기출문제
핵심 관련문제를 반복하여 학습

1 — 1단계 동영상 강좌
2 — 2단계 학습이론
3 — 3단계 관련 기출문제

속성 암기법
해당 키워드 속의 속성 암기법으로 기억에 도움을 줄 수 있도록 하였다.

2단계 학습이론
기본적인 이론학습과 기출문제의 연계성을 통해 전체의 흐름을 파악

키워드 관련 기출문제 유형
좌 · 우측에 해설된 이론을 참고하여 키워드 관련 문제를 생각하고 풀어본다.

한솔아카데미 학습 길잡이
200% 학습법

4단계 개념학습 총정리 마인드 맵
전기산업기사실기 개념학습 총정리를 전체적으로 한눈에 파악할 수 있도록 구성

6단계 시험에 꼭 나오는 유형
1988년부터 현재까지 시험에 꼭 나오는 유형문제 분석

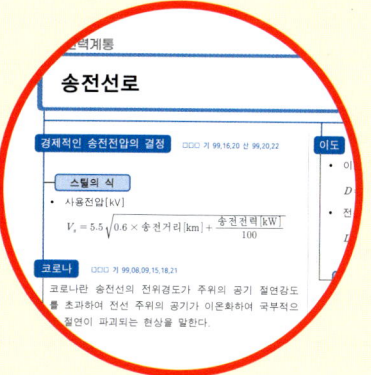
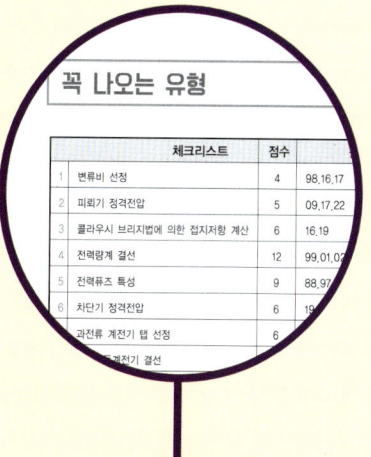

4 4단계 개념학습 총정리 마인드 맵 — **5** 5단계 단답형 학습 속성 암기법 — **6** 6단계 시험에 꼭 나오는 유형

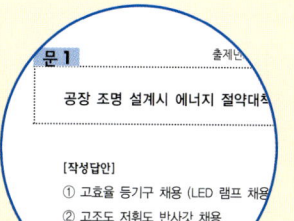

꼭 나오는 유형문제
시험에 꼭 나오는 유형 기출문제 수록

5단계 단답형 학습 속성 암기법
해당 키워드 속의 속성 암기법으로 기억에 도움

속성 암기법
작성답안 속성 암기법

교재 인증번호 등록을 통한 학습관리 시스템

전기산업기사 실기 한솔아카데미 동영상 무료 수강 방법
[한솔아카데미 홈페이지 ▶ 무료 제공 동영상 강의·한솔 TV ▶ 실기 대비 무료 강의]

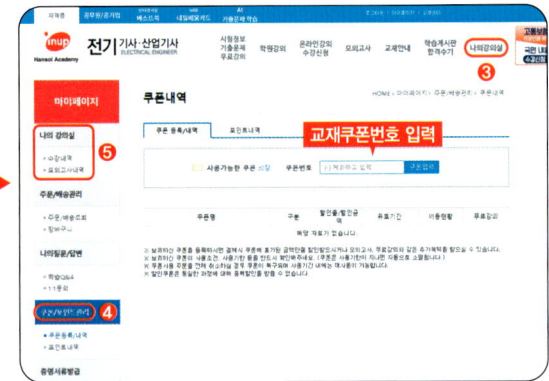

01 사이트 접속

인터넷 주소창에 https://www.inup.co.kr 을 입력하여 한솔아카데미 홈페이지에 접속합니다.

02 회원가입 로그인

홈페이지 우측 상단에 있는 **회원가입** 또는 아이디로 **로그인**을 한 후, **전기산업기사** 사이트로 접속을 합니다.

03 나의 강의실

나의강의실로 접속하여 왼쪽 메뉴에 있는 **[쿠폰/포인트관리]–[쿠폰등록/내역]**을 클릭합니다.

04 쿠폰 등록

도서에 기입된 **인증번호 12자리** 입력(-표시 제외)이 완료되면 **[무료 제공 동영상 강의]–[실기 대비 무료 강의]** 메뉴에서 강의 수강이 가능합니다.

■ **모바일 동영상 수강방법 안내**

❶ QR코드를 스캔하여 한솔아카데미 홈페이지에 접속합니다.
❷ 회원가입 및 로그인 후, 쿠폰 인증번호를 입력합니다.
❸ 인증번호 입력이 완료되면 [무료 강의]–[실기 대비 무료 강의]에서 강의 수강이 가능합니다.

※ 인증번호는 표지 뒷면에서 확인하시길 바랍니다.
※ QR코드를 찍을 수 있는 앱을 다운받으신 후 진행하시길 바랍니다.

전기산업기사 실기 완전학습 프로그램

한솔아카데미 무료강의 ▶ 7개년 기출문제 해설 ▶ 실기 마인드 맵

전기산업기사 실기
30개년 기출분석
단원별 총정리

별책부록
1. 마인드 맵
2. 속성 암기법
3. 꼭 나오는 유형

한솔아카데미

머리말 PREFACE

1. 새로운 가치의 창조

많은 사람들은 꿈을 꾸고 그 꿈을 위해 노력합니다. 꿈을 이루기 위해서는 여러 가지 노력을 합니다. 결국 꿈의 목적은 경제적으로 윤택한 삶을 살기 위한 것이 됩니다. 그것을 위해 주식, 재테크, 펀드, 복권 등 여러 가지 가치창조를 위한 노력을 합니다. 이와 같은 노력의 성공 확률은 극히 낮습니다.

현실적으로 자신의 가치를 높일 수 있는 가장 확률이 높은 방법은 자격증입니다. 특히 전기분야의 자격증은 여러분을 기술자로서 새로운 가치를 부여하게 될 것입니다. 전기는 국가산업 전반에 걸쳐 없어서는 안 되는 중요한 분야입니다.

전기기사, 전기공사기사, 전기산업기사, 전기공사산업기사 자격증을 취득한다는 것은 여러분을 한 단계 업그레이드 하는 새로운 가치를 창조하는 행위입니다. 더불어 전기분야 기술사를 취득할 경우 여러분은 전문직으로서 최고의 기술자가 될 수 있습니다.

스스로의 가치(Value)를 만들어가는 것은 작은 실천부터 시작됩니다. 지금 준비하는 자격증이 바로 여러분의 Name Value를 만들어가는 과정이며 결과입니다.

2. 인생의 패러다임

고등학교, 대학교 등을 통해 여러분은 많은 학습을 하였습니다. 그리고 새로운 학습에 도전하고 있습니다. 현대 사회는 학습하지 않으면 도태되는 평생교육의 사회입니다. 새로운 지식과 급변하는 지식에 맞춰 평생학습을 해야 합니다. 이것은 평생 직업을 갖질 수 있는 기회가 됩니다.

노력한 만큼 그 결실은 큽니다. 링컨은 자기가 노력한 만큼 행복해진다고 했습니다. 저자는 여러분에게 권합니다. 꿈과 목표를 설정하세요.

"꿈꾸는 자만이 꿈을 이룰 수 있습니다. 꿈이 없으면 절대 꿈을 이룰 수 없습니다."

3. 기본서의 구성은

| 충실한 핵심이론 | 엄선된 유형 문제와 답 | 상세한 해설 |
| 다양한 참고자료 | 동일문제 출제년도 |

으로 구성되어 있습니다.

이 책은 44가지의 키워드를 설정하고 키워드에 대한 유형별 문제를 1988년부터 현재 까지 분류하여 수록하였습니다. 따라서 가장 효과적으로 이해하면서 공부할 수 있습니다. 이 책으로 공부할 경우 하루 1~2개의 키워드를 중심으로 공부한다면 단기간 학습이 가능합니다. 또한 필자는 작성답안을 필자가 수험자의 입장에서 시험을 본다는 생각으로 작성하였습니다. 또한 수험생이 직접 책에 답안을 작성할 수 있도록 공간을 배려해 두었습니다.

이 책은 동일문제 출제년도를 수록하여, 문제의 중요도를 알 수 있도록 하였습니다.

4. 이 도서의 활용

> 학습은 다음의 방법으로 활용하여야 학습의 효과가 높습니다.
> ① 키워드를 선택하고 해당 키워드의 이론을 정리합니다.
> ② 해당 키워드 속의 속성 암기법으로 기억에 도움을 줄 수 있도록 합니다.
> ③ 키워드 관련 문제를 직접 풀어 봅니다. 이때 기억이 나지 않을 경우 좌우측에 해설된 이론을 참고하여 생각하고 풀어 봅니다.
> ④ 틀린 부분을 체크 하고, 앞 분의 이론과 해설부분을 다시 참고하여 학습 합니다.
> ⑤ 대단히 중요합니다. 이해된 것을 별도의 노트에 기록합니다. 그리고 언제든 볼 수 있도록 합니다. 이해된 것을 기록하는 것은 다시 보면 쉽게 이해할 수 있기 때문입니다. 대다수가 공부할 것을 즉, 모르는 것을 잘못 노트합니다. 이 경우 노트는 큰 도움이 되지 않습니다. 반드시 알게 된 것을 정리하여 노트하시길 당부 드립니다.

위와 같이 반복하여 학습하게 되면 학습의 효과를 높이고, 실전감각을 익힐 수 있으며, 새로운 문제에 대한 대비 능력도 생깁니다.

끝으로 이 도서로 전기 분야 자격증을 준비하는 모든 분들에게 합격의 영광이 있기를 기원합니다.

이 도서를 출간하는 데 있어 먼저는 하나님께 영광을 돌리며, 수고하여 주신 출판사 임직원 여러분께 심심한 사의를 표합니다.

저자 씀

전기산업기사실기 시험안내 INFORMATION

■ 자격정보 및 출제경향

- **자격명**: 전기산업기사
- **영문명**: Industrial Engineer Electricity
- **관련부처**: 산업통상자원부
- **시행기관**: 한국산업인력공단

전기는 가장 기본적인 에너지이지만 관련설비의 시공과 작동에 있어서도 전문성이 요구 되는 분야이다. 이에 따라 전기를 합리적으로 사용하고 전기로 인한 재해를 방지하기 위한 제반 환경을 조성하고 전문화된 기술인력을 양성하기 위하여 자격제도 제정.

■ 응시자격

- 기능사+1년 이상 경력자
- 전문대 관련학과 졸업 또는 졸업예정자
- 교육훈련기간(산업기사 수준) 이수자 또는 이수예정자
- 타분야 산업기사 자격취득자
- 동일 직무분야 2년 이상 실무경력자

■ 진로 및 전망

한국전력공사를 비롯한 전기기기제조업체, 전기공사업체, 전기설계전문업체, 전기기기 설비업체, 전기안전관리 대행업체, 건설현장, 발전소, 변전소, 아파트전기실, 빌딩제 어실 등에 취업할 수 있다. 전기는 모든 산업에 없어서는 안 될 중요한 에너지로 단시간 정전이 발생한다하더라 도 큰 재산상의 손실을 가져올 수 있을 뿐만 아니라 오조작시 안전사고를 불러일으 킬 수도 있다. 이에 따라 전기를 안전하게 관리하고, 또한 전기관련설비의 시공품질 을 향상시키는 전문인력의 수요는 꾸준할 전망이고 이에 따라 매년 많은 인원이 응시하고 있는 추세이다. 특히 「송유관사업법」에 의해 송유관사업체의 안전관리책임자 로 「전기사업법」에 의해 발전소, 변전소 및 송전선로내 배전선로의 관리소를 직접 통할하는 사업장에 전기안전관리담당자로 고용될 수 있어 자격증 취득시 취업에 훨 씬 유리하다.

■ 시험과목

구분	시험과목	검정방법	합격기준
필기	1. 전기자기학 2. 전력공학 3. 전기기기 4. 회로이론 5. 전기설비기술기준	객관식 4지 택일형, 과목당 20문항 (과목당 30분)	100점을 만점으로 하여 과목당 40점 이상, 전과목 평균 60점 이상
실기	전기설비설계 및 관리	필답형(2시간)	100점을 만점으로 하여 60점 이상

■ 전기산업기사실기 출제기준

실기과목명	주요항목	세부항목
전기설비설계 및 관리	1. 전기계획	1. 현장조사 및 분석하기
		2. 부하용량 산정하기
		3. 전기실 크기 산정하기
		4. 비상전원 및 무정전 전원 산정하기
		5. 에너지이용기술 계획하기
	2. 전기설계	1. 부하설비 설계하기
		2. 수변전 설비 설계하기
		3. 실용도별 설비 기준 적용하기
		4. 설계도서 작성하기
		5. 원가계산하기
		6. 에너지 절약 설계하기
	3. 자동제어 운용	1. 시퀀스제어 설계하기
		2. 논리회로 작성하기
		3. PLC프로그램 작성하기
		4. 제어시스템 설계 운용하기
	4. 전기설비 운용	1. 수·변전설비 운용하기
		2. 예비전원설비 운용하기
		3. 전동력설비 운용하기
		4. 부하설비 운용하기
	5. 전기설비 유지관리	1. 계측기 사용법 파악하기
		2. 수·변전기기 시험, 검사하기
		3. 조도, 휘도 측정하기
		4. 유지관리 및 계획수립하기
	6. 감리업무 수행계획	1. 인허가업무 검토하기
	7. 감리 여건제반조사	1. 설계도서 검토하기
	8. 감리행정업무	1. 착공신고서 검토하기
	9. 전기설비감리 안전관리	1. 안전관리계획서 검토하기
		2. 안전관리 지도하기
	10. 전기설비감리 기성준공관리	1. 기성 검사하기
		2. 예비준공검사하기
		3. 시설물 시운전하기
		4. 준공검사하기
	11. 전기설비 설계감리업무	1. 설계감리계획서 작성하기

전기산업기사실기 차례

CONTENTS

기본서 | 핵심정리

PART 01 전기설비의 구성기기
1. 설계시 고려사항(설계기준) ········ 2
2. 수전방식 ········ 16
3. 인입관계기기 ········ 26
4. 피뢰기 ········ 36
5. 변성기 ········ 50
6. 전력량계 ········ 78
7. 전력퓨즈 ········ 98
8. 차단기 ········ 108
9. 보호계전기 ········ 128
10. 서지흡수기 ········ 152

PART 02 변압기이론과 변압기용량
11. 변압기이론 ········ 158
12. 부하용어와 변압기용량 ········ 194
13. 승압기 ········ 240

PART 03 역률개선
14. 전력용 콘덴서 ········ 248

PART 04 예비전원설비
15. 예비전원설비 축전지 ········ 280
16. 예비전원설비 발전기 ········ 302
17. 예비전원설비 UPS, 기타 ········ 314

PART 05 수변전설비
18. 수변전결선도의 표준 ········ 322
19. 수변전결선도의 응용 ········ 348

PART 06 간선 및 부하설비
20. 케이블 전선 ········ 388
21. 간선설비_설비불평형률 ········ 402
22. 간선설비_분기회로 ········ 412
23. 간선설비_전선의 굵기와 차단기 ········ 426
24. 조명부하설비 ········ 478
25. 동력부하설비 ········ 538
26. 접지설비 ········ 558
27. 옥내배선 ········ 580
28. 절연내력 ········ 614

PART 07 송배전 특성해석과 고장해석
29. 송전선로 ········ 628
30. 배전선로 ········ 644
31. 고장해석 %법과 옴법 ········ 666
32. 고장해석 단위법과 대칭좌표법 ········ 680
33. 고장해석 지락고장 ········ 688
34. 유도장해 ········ 692
35. 중성점접지 ········ 696

PART 08 감리와 한국전기설비규정
36. 피뢰시스템 ·················· 702
37. 전력시설물 공사감리 업무수행지침 ·· 714
38. 한국전기설비규정 ·················· 734

PART 09 시퀀스제어
39. 무접점 시퀀스제어 ·················· 764
40. 유접점 시퀀스제어 ·················· 798
41. 유접점 전동기제어 ·················· 822
42. PLC ·················· 860
43. 전선가닥수 산출 ·················· 872

PART 10 기타
44. 기타 ·················· 882

PART 01

전기설비의 구성기기

KEYWORD
- 01 설계시 고려사항(설계기준)
- 02 수전방식
- 03 인입관계기기
- 04 피뢰기
- 05 변성기
- 06 전력량계
- 07 전력퓨즈
- 08 차단기
- 09 보호계전기
- 10 서지흡수기

KEYWORD 01 설계시 고려사항(설계기준)

강의 NOTE

01 전기사용계약의 기준

1 사용설비에 의한 계약전력은 다음과 같이 산정한다.

① 사용설비 개별 입력의 합계에 다음 표의 계약전력 환산율을 곱한 것으로 한다. 이때 사용설비 용량이 입력과 출력으로 함께 표시된 경우에는 표시된 입력을 적용하고, 출력만 표시된 경우에는 세칙에서 정하는 바에 따라 입력으로 환산하여 적용한다.

구분	승률	비고
처음 75[kW]에 대하여	100[%]	계산의 합계 끝수가 1[kW] 미만일 경우에는 소수점 이하 첫째 자리에서 반올림합니다.
다음 75[kW]에 대하여	85[%]	
다음 75[kW]에 대하여	75[%]	
다음 75[kW]에 대하여	65[%]	
300[kW] 초과분에 대하여	60[%]	

- 기 91.08.13
계약 부하설비에 의한 계약 최대전력을 정하는 경우에 부하설비용량이 900[kW]인 경우 전력회사와 계약 최대 전력은 몇 [kW]인가?

② 사용설비 1개의 입력이 75[kW]를 초과하는 것이 있을 경우에는 초과 사용설비의 개별 입력이 제일 큰 것부터 하나씩 계약전력 환산율을 100[%]부터 60[%]까지 차례로 적용하고, 나머지 사용설비의 입력합계에는 하나씩 적용한 계약전력 환산율이 끝나는 다음 계약전력 환산율부터 차례로 적용한다.

③ 위 제1호, 제2호에도 불구하고 모든 사용설비가 동시에 사용될 가능성이 있는 경우에는 환산율을 적용하지 않을 수 있으며, 세부기준은 세칙에서 정하는 바에 따른다.

2 변압기설비에 의한 계약전력은 한전에서 전기를 공급받는 1차 변압기 표시용량의 합계(1[kVA]를 1[kW])로 하는 것을 원칙으로 한다. 다만, 154[kV] 이상으로 수전하는 고객은 최대수요전력을 기준으로 고객과 협의하여 결정할 수 있다.

02 전기의 공급방법 및 공사

1 고객이 새로 전기를 사용하거나 계약 전력을 증가시킬 경우의 공급방식 및 공급전압은 전기사용장소내의 계약전력 합계를 기준으로 다음 표에 따라 결정하되, 특별한 사정이 있는 경우에는 달리 적용할 수 있습니다. 다만, 고객이 희망할 경우에는 아래 기준보다 상위전압으로 공급할 수 있다.

계약전력	공급방식 및 공급전압
1,000 [kW] 미만	교류 단상 220 [V] 또는 교류 삼상 380 [V] 중 한전이 적당하다고 결정한 한 가지 공급방식 및 공급전압
1,000 [kW] 이상 10,000 [kW] 이하	교류 삼상 22,900 [V]
10,000 [kW] 초과 400,000 [kW] 이하	교류 삼상 154,000 [V]
400,000 [kW] 초과	교류 삼상 345,000 [V] 이상

2 한전이 고객에게 전기를 공급하는 경우의 표준전압별 전압유지범위는 아래와 같으며, 주파수는 60헤르츠(Hz)를 표준주파수로 한다.

표준전압	유지범위
110 [V]	110 [V] ± 6 [V] 이내
220 [V]	220 [V] ± 13 [V] 이내
380 [V]	380 [V] ± 38 [V] 이내

강의 NOTE

● 산 08.17.22
전기사업자는 그가 공급하는 전기의 품질(표준전압, 표준주파수)을 허용오차 범위 안에서 유지하도록 전기사업법에 규정되어 있다. 허용오차를 정확하게 쓰시오.

03 계약전력의 추정

변압기설비에 의한 계약전력은 한전에서 전기를 공급받는 1차변압기 표시용량의 합계(1 [kVA]를 1 [kW]로 본다)로 하는 것을 원칙으로 한다. 다만, 154 [kV] 이상으로 수전하는 고객은 최대수요전력을 기준으로 고객과 협의하여 결정할 수 있다.

3상공급을 위하여 단상변압기를 결합하여 사용할 경우에는 다음에 따라 계산한 것을 변압기설비의 용량으로 하고, 이를 기준으로 약관 제20조(계약전력 산정) 제2항에 따라 계약전력을 결정한다.

강의 NOTE

• 기 18
200kVA 단상 변압기 2대로 V결선하여 3상 부하에 전력을 공급하는 경우 규정에 따라 한전과 전력수급 계약시 계약 수전전력은 얼마인가?

① △ 또는 Y결선의 경우
　결선된 단상변압기 용량의 합계
② 동일용량의 변압기를 V결선한 경우
　결선된 단상변압기 용량합계의 86.6%
③ 서로 다른 용량의 변압기를 V결선한 경우
　[큰 용량의 변압기(A), 작은 용량의 변압기(B)]
　= (A − B) + (B × 2 × 0.866)

• 기 18
최대전력을 억제하는 방법 3가지를 쓰시오.

■ 최대전력(Peak Power)을 억제
(피시맨 제어)
 - 부하의 피크커트(peak cut)제어
 - 부하의 피크시프트(peak shift) 제어
 - 디맨드제어 장치의 이용
 - 자가용 발전설비의 가동에 의한 피크제어 방식
 - 분산형 전원에 의한 제어방식
 - 설비부하의 프로그램 제어방식

04 최대수요전력 제어

최대수요전력 제어(demand control)의 목적은 최대수요전력의 증가를 방지하기 위한 것이며, 수용가의 시설에 악영향을 주지 않는 범위에서 일시적으로 차단할 수 있는 부하를 제어함으로써 최대전력을 억제하는 것이다. 최대수요전력을 적절히 제어하기 위한 방식에는

① 부하의 피크 커트(peak cut)제어
② 부하의 피크 시프트(peak shift) 제어
③ 디맨드제어 장치의 이용
④ 자가용 발전설비의 가동에 의한 피크제어방식
⑤ 분산형 전원에 의한 제어방식

등이 있다.

• 기 08.10
수변전설비를 설계하고자 한다. 기본설계에 있어서 검토할 주요 사항을 5가지만 쓰시오.

■ 수변전설비 기본설계시 검토사항
(필수 주변 감시)
 - 필요한 전력추정
 - 수전전압 및 수전방식
 - 주회로 결선방식
 - 사용변전설비의 형식
 - 감시 및 제어방식

05 수변전설비의 기본설계시 검토사항

수변전설비는 실시설계이전 단계인 기본설계에 있어서 다음과 같은 사항을 검토해야 한다.

① 설비용량
② 수전전압 및 수전방식
③ 주회로의 결선방식
④ 감시 제어방식
⑤ 설비의 형식
⑥ 수변전실과 발전기실 및 중앙 감시 제어실 등의 위치 크기

기본설계에서 검토할 사항 중 주회로 결선방식을 결정할 경우 고려사항은 다음과 같다.
① 수전방식
② 모선방식
③ 변압기의 뱅크수와 뱅크 용량 및 단상 3상별
④ 배전전압 및 방식
⑤ 비상용 또는 예비용 발전기를 시설할 경우 수전과 발전과의 절환방식
⑥ 사용기기의 결정

06 수변전실의 위치

수변전실의 위치는 환경적인 부분과 전기적인부분, 건축적인 부분 등을 고려하여 위치를 선정하여야 한다. 다음 사항은 수변전실의 위치 선정시 고려하여야 할 사항이다.
① 부하 중심에 가깝고 배전에 편리한 장소이어야 한다.
② 전원의 인입이 편리해야 한다.
③ 기기의 반입 및 반출이 편리해야 한다.
④ 습기 먼지가 적은 장소이어야 한다.
⑤ 기기에 대하여 천장의 높이가 충분해야 한다.
⑥ 물이 침입하거나 침수할 우려가 없어야 한다.
⑦ 발전기실, 축전기실 등과 관련성을 고려하여 가급적 이들과 인접한 장소이어야 한다.

수변전기기를 배치할 경우는 다음과 같은 사항을 고려하여 배치한다.
① 보수점검이 용이할 것
② 안정성이 높을 것
③ 합리적 배치로 배선이 경제적일 것
④ 기기의 반출, 반입에 지장이 없을 것
⑤ 증설계획에 지장이 없을 것
⑥ 미적·기능적 배치가 되도록 할 것

■ 변전실의 위치선정시 고려사항
(물건 발기부전 폭습 : 물건 발기부전하니 눈에 폭풍 습기찬다)
- 물의 침수의 우려가 없고 경제적일 것
- 진(건)동이 없고 지반이 견고한 장소일 것
- 발전기실, 축전기실 등과 관련성을 고려하여 가급적 이들과 인접한 장소이어야 한다.
- 기기의 반출·입에 지장이 없고 증설·확장이 용이할 것
- 부하의 중심에 가깝고, 배전에 편리할 것
- 전원 인입과 구내 배전선의 인출이 편리할 것
- 폭발물, 가연성 저장소 부근을 피할 것
- 습기, 부식성 가스, 먼지 등이 적을 것

> **강의 NOTE**
>
> • 기 18
> 1000kVA 수변전실을 설계하고자 한다. 변전실의 추정 면적은 얼마인가? 추정계수는 1.40이다.

07 변전실의 면적 산출식

변전실의 넓이는 옥외형, 옥내형 또는 개방형, 큐비클형 등의 형식에 따라서 달라지나 개략적인 추정을 하는 것에는 다음 식들이 이용된다.

1 변전실의 면적 $[m^2] = k \times (변압기\ 용량\ kVA)^{0.7}$

k의 값 : 특고 → 고압이면 1.7
특고 → 저압이면 1.4
고압 → 저압이면 1.0

2 변전실의 면적 $[m^2] = 3.3\sqrt{변압기\ 용량\ kVA} \times \alpha$

α의 값 : 건물면적 6000m² 까지 2.7
건물면적 10,000m² 까지 3.6
건물면적 10,000m² 이상 5.5

3 변전식의 면적 $[m^2] = 2.15 \times (변압기\ 용량\ kVA)^{0.52}$

상기 식들을 이용해서 계산하면 대부분 너무 큰 값이 나온다. 그러므로 현실적으로 기존 건물들의 전기실 면적 산출 자료를 검토하여 정하는 것이 경제적으로 바람직하다. 일반적으로 대형 건물들의 통계에 의하면 전기실은 전체 건물 면적의 평균 약 1.5% 정도가 되는 것으로 조사되고 있다.

08 에너지절약

1 대형 건축물의 에너지절약에 대한 검토사항

에너지절약은 전기설비측면만이 아닌 기계설비, 건축적 측면 등 종합적으로 검토되어 유기적으로 시행되어야 효과적이다.
① 전력관리 측면 : 부하관리, 역률관리, 전압관리
② 전원설비 측면 : 수·변전설비 에너지절약
③ 배전설비 측면 : 에너지절약 배전방식, 적정 배전전압

④ 조명설비 측면 : 적정 조도기준, 고효율 광원, 고효율 조명기구, 에너지절감 조명설계, 에너지절약 조명시스템
⑤ 동력설비 측면 : 에너지절약형 전동기, 전동기제어시스템
⑥ 심야전력 활용 측면 : 부하관리, 심야전력 활용의 실제
⑦ 열병합 발전(Cogeneration)

2 전력관리 측면

① 부하관리 : 최대전력과 평균전력의 차를 줄이는 부하율 개선과 최대전력을 억제하는 최대전력관리로 구분되며, 설비비 절감, 전력요금 절감, 손실경감, 설비여유도 발생효과
② 역률관리 : 설비의 무효전력을 보상하는 역률관리는 손실경감, 전력요금 경감, 설비 여유도 발생, 전압강하 개선효과
③ 전압관리 : 전압이 1[%] 감소하면, 광속은 백열전구 3[%] 저하, 형광등은 2[%]가 저하되며, 유도전동기의 토크 2[%] 감소, 전열기의 열량은 2[%] 내외가 감소된다. 따라서 적정전압 유지, 전압변동 최소화, 불평형 전압의 시정이 필요하다.

3 전원설비 측면

① 수·변전설비의 적정위치 선정 : 전압강하, 전력손실, 건설비, 보수성에 영향을 미치는 전원의 위치를 적정장소에 선정
② 변압기 종류와 용도 : 유입형, H종 건식, 가스절연, 몰드변압기 중에서 에너지절 약 측면의 용도에 적합한 변압기를 선정한다.
③ 변압기 손실과 효율 : 변압기는 연중 운전되므로 무부하손, 부하손을 검토하여 고효율 변압기를 채택한다.
④ 변압기 적정용량 산정 : 적정용량 산정으로 손실을 저감한다.
⑤ 변압기 운전방식 : 전력부하곡선에 따른 운전 대수제어, 소용량 변압기로 교체 등을 고려한다.
⑥ 수전전압 강압방식 : 2단 강압방식보다는 직강식을 채택한다.

4 배전설비 측면

① 적정 배전방식 : 동일부하 조건의 배전방식은 단상3선식, 3상4선식이 에너지 절감 측면에서 유리하다.
② 적정 배선방식 : 전력손실 줄일 수 있는 루프방식, 네트워크방식, 뱅킹방식 채용

• 기 10
수변전 설비에서 에너지 절감 방안 4가지를 쓰시오.

■ 수변전 설비에서 에너지 절감 방안 4가지
(최고변전)
- 최대수요전력제어 시스템을 채택
- 고효율 변압기 채택
- 변압기의 운전대수제어가 가능하도록 뱅크를 구성하여 효율적인 운전관리를 통한 손실을 최소화
- 전력용 콘덴서를 설치하여 역률 개선
(전뱅최고 : 전기 뱅크 최고)
- 전력용 콘덴서를 설치하여 역률 개선
- 변압기의 운전대수제어가 가능하도록 뱅크를 구성하여 효율적인 운전관리를 통한 손실을 최소화
- 최대수요전력제어 시스템을 채택
- 고효율 변압기 채택

강의 NOTE

③ 적정 배전선 굵기 : 전압강하, 전력손실 경감효과를 기대한다.
④ 배전 전압 적정화 : 전압강하 및 전압변동 대책, 전압 및 부하 불 평형 대책의 문제점 등을 고려한다.

5 조명설비 측면

① 적정 조도기준 : 작업장소별 적정 조도를 적용한다.
② 고효율 광원의 선정 : 할로겐램프, 3파장 형광등, HID램프 등을 작업 목적과 대상에 적합하게 선정한다.
③ 고효율 조명기구의 선정 : 기구효율이 높은 조명기구를 선정한다.
④ 에너지 절감 조명설계 : 조명에너지 절약요소, 적정 조명설계, 공조용 조명기구 등을 검토하여 선정한다.
⑤ 에너지절감 조명시스템 적용 : 조명제어 시스템 기능, 종류, 용도, 감광 제어시스템, 조명제어용 기기, 조광방식 등을 적용한다.

• 기 91.98.08.09.10.13.16
공장 조명 설계시 에너지 절약대책을 4가지만 쓰시오.

• 기 10.17
에너지 절약을 위한 동력설비의 대응 방안 중 5가지만 쓰시오.

6 동력설비 측면

① 에너지 절약형 전동기 : 고효율 전동기, 극수변환 전동기, 고저항 농형전동기, 권선형 전동기, 클러치 모터, 콘덴서 모터, 가변주파수 인버터 등이 있다.
② 에너지절약 전동기설비 계획 : 전동기 소비전력 특성, 부하특성, 효율, 정격전압, 동력 결합방식, 역률, 시퀀스제어와 대수제어, 가변속전동기 등을 검토 · 적용한다.
③ 적정 전동기 용량을 결정한다.
④ 동기 제어시스템, 1차 주파수제어, 와전류 커플링제어, 유체 커플링제어, 극수변환 제어 등의 회전속도 제어를 검토한다.

■ 에너지 절약을 위한 동력설비의 대응방안 중 5가지만
(부부고전 폐인)
- 부하에 맞는 적정용량의 전동기 선정
- 부하의 역률개선용 콘덴서를 전동기별로 설치
- 고효율 전동기 채용
- 전동기 운전대수 제어, 승강기(엘리베이터)의 군 관리 운전방식 채용
- heat pump, 폐열회수 냉동기 채용, 흡수식 냉동기 채용
- 인버터(VVVF) 시스템 채용

7 심야전력 활용측면

① 부하관리 : 최대부하 억제, 심야부하 창출, 최대부하 이동, 전략적 소비절약, 전략적 부하증대, 가변부하조성
② 심야부하 활용 : 축열식 온수기, 축열식 히트펌프, 충전활용, 공기압축, 양수, 배수 등의 부하에 심야전력 활용으로 에너지절감 및 전력요금 경감효과 기대

관련문제 — 01. 설계시 고려사항(설계기준)

☐☐☐ 08, 16

1 발전기실의 위치를 선정할 때 고려하여야 할 사항을 5가지 쓰시오. (5점)

○ _____

| 작성답안

① 엔진기초는 건물기초와 무관한 장소로 한다.
② 실내환기를 충분히 할 수 있는 장소이어야 하며, 온도상승을 억제해야 한다.
③ 발전기실의 구조는 중량물의 운반, 설치 및 보수유지가 용이한 장소이어야 한다.
④ 급배기가 용이하고 엔진 및 배기관의 소음 및 진동이 주위 환경에 영향을 주지 않아야 한다.
그 외
⑤ 급유 및 냉각수 공급이 가능한 장소이어야 한다.
⑥ 전기실과 가까운 장소이어야 한다.

☐☐☐ 91, 92, 93, 94, 00, 01

2 전선의 굵기를 결정할 때 고려하여야 할 주요 요소 3가지를 쓰시오. (5점)

○ _____

| 작성답안

- 허용 전류
- 전압 강하
- 기계적 강도

강의 NOTE

- 계약전력의 추정
변압기설비에 의한 계약전력은 한전에서 전기를 공급받는 1차변압기 표시용량의 합계로 하는 것을 원칙으로 한다. 3상 공급을 위하여 단상변압기를 결합하여 사용할 경우 다음에 따라 계산한 것을 변압기 설비용량으로 하고, 이를 기준으로 약관 제20조 2항에 따라 계약전력을 결정한다.
  가. △ 또는 Y 결선의 경우
    결선된 단상 변압기 용량의 합계
  나. 동일용량의 변압기를 V결선한 경우
    결선된 단상 변압기용량 합계의 86.6%

☐☐☐ 91, 08, 13

3. 계약부하 설비에 의한 계약최대 전력을 정하는 경우에 부하설비 용량이 900 [kW]인 경우 전력 회사와의 계약 최대전력은 몇 [kW]인가? (단, 계약최대전력 환산표는 다음과 같다.) (4점)

구분	승률	비고
처음 75 [kW]에 대하여	100 [%]	계산의 합계치 단수가 1 [kW] 미만일 경우에는 소수점 이하 첫째 자리에 4사 5입 합니다.
다음 75 [kW]에 대하여	85 [%]	
다음 75 [kW]에 대하여	75 [%]	
다음 75 [kW]에 대하여	65 [%]	
300 [kW] 초과분에 대하여	60 [%]	

| 작성답안

계산 :
계약전력 = $75 + 75 \times 0.85 + 75 \times 0.75 + 75 \times 0.65 + (900 - 75 \times 4) \times 0.6 = 603.75$ [kW]
답 : 604 [kW]

■ 전기사업법 시행규칙 제18조(전기의 품질기준)
〈개정 2021.7.21.〉
전기사업법 시행규칙 별표3
표준전압·표준주파수 및 허용오차(제18조 관련)
1. 표준전압 및 허용오차

표준전압	허용오차
110 볼트	110볼트의 상하로 6볼트 이내
220 볼트	220볼트의 상하로 13볼트 이내
380 볼트	380볼트의 상하로 38볼트 이내

2. 표준주파수 및 허용오차

표준 주파수	허용오차
60 헤르츠	60헤르츠 상하로 0.2헤르츠 이내

3. 비고
  제1호 및 제2호 외의 구체적인 품질유지 항목 및 그 세부기준은 산업자원부장관이 정하여 고시한다.

☐☐☐ 08, 17, 22

4. 전기사업자는 그가 공급하는 전기의 품질(표준전압, 표준주파수)을 허용오차 범위 안에서 유지하도록 전기사업법에 규정되어 있다. 다음 표의 빈칸 ① ~ ④에 표준전압·표준주파수에 대한 허용오차를 정확하게 쓰시오. (5점)

표준전압·표준주파수	허용오차
110 볼트	①
220 볼트	②
380 볼트	③
60 헤르츠	④

| 작성답안

① 110볼트의 상하로 6볼트 이내
② 220볼트의 상하로 13볼트 이내
③ 380볼트의 상하로 38볼트 이내
④ 60헤르츠 상하로 0.2헤르츠 이내

□□□ 95, 20

5 계약용량이 3000[kW] 기본요금이 4054[원/kW], 51[원/kWh]인 경우 1개월간 사용전력량이 540[MWh]이고 무효전력량이 350[MVarh] 인 경우 1개월간의 총 전력요금을 구하시오. (6점)

【조건】
역률이 90[%] 기준으로 역률 60[%]까지 역률 1[%] 부족시 기본요금의 0.2[%]를 할증하며, 90[%]를 초과하는 경우 1[%] 초과시 기본요금의 0.2[%]를 할인한다.

강의 NOTE

- 역률 0.84는 0.9보다 0.06 부족하여 기본요금이 할증된다.

| 작성답안

역률 : $\cos\theta = \dfrac{540}{\sqrt{540^2+350^2}} = 0.84$

총 전력요금 $= 3000 \times 4054 \times (1+0.06 \times 0.2) + 540 \times 10^3 \times 51 = 39,847,944$[원]

답 : 39,847,944[원]

□□□ 16, 22

6 주어진 조건에 의하여 1년 이내 최대 전력 3000[kW], 월 기본요금 6490[원/kW], 월간 평균역률이 95[%]일 때 1개월의 기본요금을 구하시오. 또한 1개월간의 사용전력량이 54만[kWh], 전력량요금 89[원/kWh]라 할 때 1개월의 총 전력요금은 얼마인가를 계산하시오. (5점)

【조건】
역률의 값에 따라 전력요금은 할인 또는 할증되며 역률 90[%]를 기준으로 하여 1[%] 늘 때마다 기본요금이 1[%]할인되며, 1[%] 나빠질 때마다 1[%]의 할증요금을 지불해야 한다.

(1) 기본요금을 구하시오.

　○ _____

(2) 1개월의 총 전력요금을 구하시오.

　○ _____

강의 NOTE

| 작성답안

(1) 계산 : 3000×6490×(1−0.05) = 18,496,500[원]
   답 : 18,496,500[원]
(2) 계산 : 18,496,500+540,000×89 = 66,556,500[원]
   답 : 66,556,500[원]

□□□ 07, 10

7 다음은 정전시 조치사항이다. 점검방법에 따른 알맞은 점검절차를 보기에서 찾아 기호로 답란에 쓰시오. (13점)

【조건】
ㄱ 수전용차단기 개방   ㄴ 잔류전하의 방전
ㄷ 단로기 또는 전력퓨즈의 개방   ㄹ 단락접지용구의 취부
ㅁ 수전용차단기의 투입   ㅂ 보호계전기 및 시험회로의 결선
ㅅ 보호계전기 시험   ㅇ 저압개폐기의 개방
ㅈ 검전의 실시   ㅊ 안전표지류의 취부
ㅋ 투입금지 표시찰 취부   ㅍ 구분 또는 분기개폐기의 개방
ㅎ 고압개폐기 또는 교류부하개폐기의 개방

순서	점검절차	점검방법
1		(1) 개방하기 전에 연락책임자와 충분한 협의를 실시하고 정전에 의하여 관계되는 기기의 장애가 없다는 것을 확인한다. (2) 동력개폐기를 개방한다. (3) 전등개폐기를 개방한다.
2		수동(자동)조작으로 수전용차단기를 개방한다.
3		고압고무장갑을 착용하고 고압검전기로 수전용차단기의 부하측 이후를 3상 모두 검전하고 무전압 상태를 확인한다.
4		(책임분계점의 구분개폐기 개방의 경우) (1) 지락계전기가 있는 경우는 차단기와 연동시험을 실시한다. (2) 지락계전기가 없는 경우는 수동조작으로 확실히 개방한다. (3) 개방한 개폐기의 조작봉(끈)은 제3자가 조작하지 않도록 높은 장소에 확실히 매어(lock) 놓는다.
5		개방한 개폐기의 조작봉을 고정하는 위치에서 보이기 쉬운 개소에 취부한다.
6		원칙적으로 첫 번째 상부터 순서대로 확실하게 충분한 각도로 개방한다.
7		고압케이블 및 콘덴서 등의 측정 후 잔류전하를 확실히 방전한다.

순서	점검절차	점검방법
8		(1) 단락접지용구를 취부할 경우는 우선 먼저 접지금구를 접지선에 취부한다. (2) 다음에 단락접지 용구의 훅크부를 개방한 DS 또는 LBS 전원측 각 상에 취부한다. (3) 안전표지판을 취부 하여 안전작업이 이루어지도록 한다.
9		공중이 들어가지 못하도록 위험구역에 안전네트(망) 또는 구획로프 등을 설치하여 위험표시를 한다.
10		(1) 릴레이측과 CT측을 회로테스터 등으로 확인한다. (2) 시험회로의 결선을 실시한다.
11		시험전원용 변압기 이외의 변압기 및 콘덴서 등의 개폐기를 개방한다.
12		수동(자동)조작으로 수전용차단기를 투입한다.
13		보호계전기 시험요령에 의해 실시한다.

| 작성답안

ⓞ ⓒ ⓩ ⓟ ⓚ ⓓ ⓝ ⓡ ⓧ ⓑ ⓗ ⓜ ⓢ

14

8 전기설비의 보수점검작업의 점검 후에 실시하여야 하는 유의사항을 3가지만 쓰시오. (3점)

○ _____

| 작성답안

- 단락접지기구의 철거
- 표지판 또는 시건장치 철거
- 작업자에 대한 위험요소 확인 및 제거

강의 NOTE

■ 한국전기안전공사 전기안전요령에 관한 지침
정전작업 시 조치사항

단계 조치	협의사항	실무사항
작업 전	1) 작업지휘자의 임명 2) 정전범위, 조작순서 3) 개폐기의 위치 4) 단락접지개소 5) 계획변경에 대한 조치 6) 송전 시의 안전 확인	1) 작업지휘자에 의한 작업내용의 주지 철저 2) 개로개폐기의 시건 또는 표시 3) 잔류전하의 방전 4) 검전기에 의한 정전 확인 5) 단락접지 6) 일부 정전작업 시 정전선로 및 활선 선로의 표시 7) 근접활선에 대한 방호
작업 중		1) 작업지휘자에 의한 지휘 2) 개폐기의 관리 3) 단락접지의 수시확인 4) 근접활선에 대한 방호
작업 종료 시		1) 단락접지기구의 철거 2) 표지의 철거 3) 작업자에 대한 위험이 없는 것을 확인 4) 개폐기를 투입해서 송전 재개

05

9 배전반 주회로 부분과 감시제어회로 중 감시제어기기의 구성요소를 4가지 쓰고 간단히 설명하시오. (6점)

| 작성답안

① 감시기능 : 기기의 운전, 정지, 개폐의 상태를 표시하고 이상 발생시 고장 부분의 표시 및 경보하는 기능
② 제어기능 : 기기를 수동, 자동의 상태로 변환 시키면서 운전시킬 수 있으며 정전, 화재, 천재지변 등의 이상 발생시 제어 할 수 있는 기능
③ 계측제어 : 전류, 전압, 전력 등을 계측하여 부하 또는 기기의 상태를 파악하는 기능
④ 기록기능 : 계측값을 일일이 기록용지에 자동 인쇄하여 등록된 데이터를 집계하는 기능

KEYWORD 02 수전방식

01 수전방식

1 수전방식

수전방식은 인입하는 회선수에 따라 1회선, 2회선, 3회선 수전방식으로 분류할 수 있다. 1회선 수전방식의 경우는 경제성에 우선을 하는 방식이며, 3회선 수전방식은 안전성에 우선을 하는 방식으로서 건물의 용도, 설계자의 의도, 건축주의 여건 등을 고려하여 수전방식을 선정한다. 수전방식의 선정시 고려할 사항은 다음과 같다.
① 건물의 용도, 부하의 중요도
② 예비전원설비(자가발전설비, 무정전전원설비) 유무
③ 전원공급의 신뢰성 (정전실적 : 정전회수, 시간)
④ 경제성

강의 NOTE

• 산 18
수전방식은 인입하는 회선수에 따라 분류할 수 있다. 회선수에 따른 분류에서 1회선 수전방식의 특징을 쓰시오.

2 수전방식별 특징

명칭		장점	단점
1회선 수전방식		① 간단하며 경제적이다	① 주로 소규모 용량에 많이 쓰인다 ② 선로 및 수전용 차단기 사고에 대비책이 없다
2회선 수전방식	루프 수전방식	① 임의의 배전선 또는 타 건물 사고에 의하여 루프가 개로될 뿐이며, 정전은 되지 않는다. ② 전압 변동률이 적다	① 루프회로에 걸리는 용량은 전 부하를 고려하여야 한다. ② 수전방식이 복잡하다. ③ 회로상 사고 복귀의 시간이 걸린다.
	평행 2회선 방식	① 어느 한쪽의 수전선 사고에도 무정전 수전이 가능하다 ② 단독 수전이 가능하다	① 수전선 보호장치와 2회선 평행 수전 장치가 필요하다. ② 1회선분에 대한 설비비가 증가한다.
	예비선 수전방식	① 선로사고에 대비할 수 있다 ② 단독 수전이 가능하다	① 실질적으로 1회선 수전이라 할 수 있으며, 무정전 절체가 필요할 경우는 절체용 차단기가 필요하다. ② 1회선분에 대한 설비비가 증가한다.

명칭	장점	단점
스폿네트워크 방식	① 무정전 공급 ② 효율 운전이 가능하다. ③ 전압 변동률이 적다. ④ 전력손실이 감소한다. ⑤ 부하증가에 대한 적응성이 크다. ⑥ 기기 이용률이 향상된다. ⑦ 2차 변전소를 감소시킬 수 있다. ⑧ 전등 전력의 일원화가 가능하다.	① 설비 투자비 고가

02 스폿네트워크 배전방식

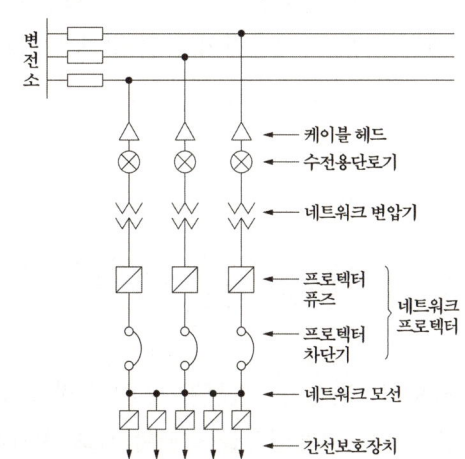

1 네트워크 변압기용량

$$\text{네트워크 변압기용량} = \frac{\text{최대수요전력 [kVA]}}{(\text{수전회선수} - 1)} \times \frac{1}{1.3}$$

2 특징

① 배전선 1회선, 변압기 뱅크 사고시에도 무정전 공급이 가능하다.
② 배전선 보수시 1회선이 정지하여도 구내 정전은 발생되지 않는다.
③ 배전선 정지 및 복구시 변압기 2차측 차단기의 개방 및 투입이 자동적으로 이루어진다.
④ 설비 중에서 고가인 1차측 차단기가 필요하지 않는다.

⑤ 차단기 대신에 단로기로 대치한다.
⑥ 1회선 정지시에도 나머지 변압기의 과부하 운전으로 최대수요전력 부담한다.
⑦ 표준 3회선으로서 67 [%]까지 선로 이용률을 올릴 수 있다.
⑧ 부하 증가와 같은 수용 변동의 탄력성이 좋다.
⑨ 대도시 고부하밀도 지역에 적합하다.

3 네트워크 프로텍터(Network Protector)

Network Protector는 프로텍터퓨즈, 프로텍터 차단기, 네트워크 릴레이 등으로 구성되며, 역전력 차단특성, 차전압 투입특성, 무전압 투입특성을 가지고 있다.

Network Protector는 전원 측에서 부하 측으로 전력이 공급될 때는 Network Protector가 자동 투입되어야 하며, 전원 측 정전 등의 사유로 부하 측에서 전원 측으로 역전력이 공급될 때는 Network Protector가 자동 개방한다.

03 GIS

GIS는 차단기, 단로기, 변성기, 피뢰기 등의 설비를 금속제 탱크 내에 일괄 수납하여 충전부는 고체절연물(스페이서)로 지지하고, 탱크내부에는 절연성능과 소호능력이 뛰어난 SF_6 가스를 일정한 압력으로 충전하고 밀봉한 시스템을 말한다.

충전부는 절연물 SF_6 가스로 충전된 폐쇄배전반으로서 습기, 화학 연무, 먼지, 염해, 작은 해충의 내입 등 외부적 오염으로부터 완전히 보호되며, 구성요소 내에 산소와 수분이 없으므로 산화 및 녹이 슬지 않으므로 유지보수가 거의 필요 없으며, 각 구획마다 절연 SPACER를 설치하여 타구획으로의 사고확대가 방지된다.

모든 충전부는 접지되어진 금속외피 내에 내장되어져 있으며, 우수한 절연특성과 소호특성을 갖는 무색, 무독, 불연성의 SF_6 가스로 충진되어져 있어 감전 및 열화 등의 위험이 없으며, TANK에 PRESSURE RELIEF(압력해제)장치를 가지고 있어 내부 아크로 인한 이상 압력을 안전하게 방출할 수 있다.

• 산 11
GIS의 구성품 4가지를 쓰시오.
• 산 06.11
가스절연 개폐장치의 장점 4가지를 쓰시오.

① 설치면적의 축소 및 소형화
② 충전부가 완전히 밀폐되어 있어 안정성이 높다.
③ 대기 중의 오염물 영향을 받지 않아 신뢰성 확보할 수 있다.
④ 저소음이며, 환경조화를 기 할 수 있다.
⑤ 조작 중 소음이 적고 라디오 방해전파를 줄여 공해문제를 해결해 준다.
⑥ 공장조립이 가능하여 설치공사기간이 단축된다.
⑦ 절연물, 접촉자 등이 SF_6 Gas내에 설치되어 보수점검 주기가 길어진다.

강의 NOTE

■ 가스절연 개폐설비(GIS) 장점
(소충 소대 공조 : 소총소대와 공조해야...)
- 소형화 할 수 있다.
  (옥외 철구형 변전소의 1/10~1/15)
- 충전부가 완전히 밀폐되어 안정성이 높다.
- 소음이 적고 환경 조화를 기할 수 있다.
- 대기 중의 오염물의 영향을 받지 않으므로 신뢰도가 높다.
- 공장조립이 가능하여 설치공사기간이 단축된다.
- 조작 중 소음이 적고 라디오 방해전파를 줄여 공해문제를 해결해 준다.

• 기 10.19
가스절연변전소의 특징을 5가지만 쓰시오.
• 기 06.10
가스절연개폐기에 사용되는 가스의 명칭과 가스의 장점을 3가지 쓰시오.

04 수변전설비의 배전반 등의 최소유지거리

강의 NOTE

• 기/산 08.09.14.18
수전설비의 수전실 등의 시설에 있어서 변압기 배전반 등 수전설비의 주요부분이 원칙적으로 유지해야 할 거리 기준과 관련 배전반 등의 최소 유지거리에 대하여 다음 표를 완성하시오.

위치별 기기별	앞면 또는 조작·계측면	뒷면 또는 점검면	열상호간 (점검하는 면)	기타의 면
특고압 배전반	1.7 [m]	0.8 [m]	1.4 [m]	-
고압 배전반	1.5 [m]	0.6 [m]	1.2 [m]	-
저압 배전반	1.5 [m]	0.6 [m]	1.2 [m]	-
변압기 등	0.6 [m]	0.6 [m]	1.2 [m]	0.3 [m]

【비고 1】 앞면 또는 조작계측 면은 배전반 앞에서 계측기를 판독할 수 있거나 필요조작을 할 수 있는 최소거리임.

【비고 2】 뒷면 또는 점검 면은 사람이 통행할 수 있는 최소거리임. 무리 없이 편안히 통행하기 위하여 0.9[m] 이상으로 함이 좋다

【비고 3】 열상호간(점검하는 면)은 기기류를 2열 이상 설치하는 경우를 말하며 배전반류의 내부에 기기가 설치되는 경우는 이의 인출을 대비하여 내장기기의 최대 폭에 적절한 안전거리(통상 0.3[m] 이상)를 가산한 거리를 확보하는 것이 좋다.

【비고 4】 기타 면은 변압기 등을 벽 등에 연하여 설치하는 경우 최소 확보거리이다. 이 경우도 사람의 통행이 필요할 경우는 0.6[m] 이상으로 함이 바람직하다.

관련문제 — 02. 수전방식

□□□ 11

1 가스절연 개폐장치(GIS)의 구성품 4가지를 쓰시오. (5점)

작성답안

차단기, 단로기, 변성기, 피뢰기

□□□ 06, 10

2 가스절연 개폐장치(GIS)의 장점 4가지를 쓰시오. (4점)

작성답안

- 조작 중 소음이 적고 라디오 방해전파를 줄어든다.
- 공장조립이 가능하여 설치공사기간이 단축된다.
- 보수점검 주기가 길다.
- 설치면적의 축소 및 소형화

그 외
- 충전부가 완전히 밀폐되어 있어 안정성이 높다.
- 대기 중의 오염물 영향을 받지 않아 신뢰성 확보할 수 있다.
- 저소음이며, 환경조화를 기할 수 있다.

강의 NOTE

■ 가스절연 개폐설비(GIS) 장점

(소총 소대 공조 : 소총소대와 공조해야)
- 소형화할 수 있다.
  (옥외 철구형 변전소의 1/10~1/15)
- 충전부가 완전히 미폐되어 안정성이 높다.
- 소음이 적고 환경 조화를 기할 수 있다.
- 대기 중의 오염물의 영향을 받지 않으므로 신뢰도가 높다.
- 공장조립이 가능하여 설치공사기간이 단축된다.
- 조작 중 소음이 적고 라디오 방해전파를 줄여 공해문제를 해결해 준다.

■ GIS

GIS는 차단기, 단로기, 변성기, 피뢰기 등의 설비를 금속제 탱크 내에 일괄 수납하여 충전부는 고체절연물(스페이서)로 지지하고, 탱크 내부에는 절연성능과 소호능력이 뛰어난 SF_6 가스를 일정한 압력으로 충전하고 밀봉한 시스템을 말한다.

☐☐☐ 18

3 수전방식은 인입하는 회선수에 따라 분류할 수 있다. 회선수에 따른 분류에서 1회선 수전방식의 특징을 쓰시오. (6점)

○ _____

| 작성답안

① 간단하며 경제적이다.
② 주로 소규모 용량에 많이 쓰인다.
③ 선로 및 수전용 차단기 사고에 대비책이 없다. (1회선 고장시 전력공급이 불가능하다)

■ 강의 NOTE

명칭		장점	단점
1회선 수전방식		① 간단하며 경제적이다	① 주로 소규모 용량에 많이 쓰인다 ② 선로 및 수전용 차단기 사고에 대비책이 없다
2회선 수전방식	루프 수전방식	① 임의의 배전선 또는 타 건물 사고에 의하여 루프가 개로될 뿐이며, 정전은 되지 않는다. ② 전압 변동률이 적다	① 루프회로에 걸리는 용량은 전 부하를 고려하여야 한다. ② 수전방식이 복잡하다. ③ 회로상 사고 복귀의 시간이 걸린다.
	평행 2회선 방식	① 어느 한쪽의 수전선 사고에도 무정전 수전이 가능하다 ② 단독 수전이 가능하다	① 수전선 보호장치와 2회선 평행 수전 장치가 필요하다. ② 1회선분에 대한 설비비가 증가한다.
	예비선 수전방식	① 선로사고에 대비할 수 있다 ② 단독 수전이 가능하다	① 실질적으로 1회선 수전이라 할 수 있으며, 무정전 절체가 필요할 경우는 절체용 차단기가 필요하다. ② 1회선분에 대한 설비비가 증가한다.
스폿네트워크 방식		① 무정전 공급 ② 효율 운전이 가능하다. ③ 전압 변동률이 적다. ④ 전력손실이 감소한다. ⑤ 부하증가에 대한 적응성이 크다. ⑥ 기기 이용률이 향상된다. ⑦ 2차 변전소를 감소시킬 수 있다. ⑧ 전등 전력의 일원화가 가능하다.	① 설비 투자비 고가

□□□ 16

4 폐쇄형 수배전반(Metal Clad Switchgear)의 특징과 장점 3가지만 쓰시오. (6점)

• 특징
  ○ _____

• 개방형 수배전반과 비교할 때 폐쇄형 수배전반의 장점 3가지
  ○ _____

| 작성답안

• 특징
 ① 충전부는 접지된 금속제함속에 있으므로 안전하게 운전할 수 있다.
 ② 단위 회로마다 구획이 되어 사고가 발생할 경우, 사고확대가 방지가 된다.
 ③ 표준화로 제작이 가능하다.
• 장점
 ① 충전부는 접지된 금속제함속에 있으므로 안전하게 운전할 수 있다.
 ② 표준화로 제작할 수 있고, 호환성이 좋아 시공, 유지보수 및 증설에 용이하다.
 ③ 공사 현장에서 조립시공만 행하므로 제품의 신뢰도가 높고, 현지작업이 용이하여 공사기간이 단축된다.
 그 외
 ④ 전용면적을 줄일 수 있다.
 ⑤ Metal Clad Switchgear 및 Cubicle에서는 차단기 등을 간단히 인출할 수 있으므로 기기의 보수 점검이 유리해진다. 또한 작업이 안전하게 진행된다.

강의 NOTE

■ 메탈 클래드

수전설비를 구성하는 기기를 단위폐쇄 배전반이라 불리는 금속제의 함(函)에 넣어서 수전설비를 구성하는 것으로 큐비클 내부에서 모선실, 차단기실 등을 접지된 금속으로 구획하여 칸을 만든 것을 메탈 클래드라 한다.
폐쇄형 수배전반은 개방형 수배전반형에 비하여 다음과 같은 특징이 있다.
① 충전부는 접지된 금속제함속에 있으므로 안전하게 운전할 수 있다. 단위회로마다 구획이 되어 사고가 발생할 경우, 사고확대가 방지된다.
② 표준화로 제작할 수 있고, 호환성이 좋아 시공, 유지보수 및 증설에 용이하다.
③ 공사 현장에서 조립시공만 행하므로 제품의 신뢰도가 높고, 현지작업이 용이하여 공사기간이 단축된다. 또한 공사비도 저렴해진다.
④ 전용면적을 줄일 수 있다.
⑤ Metal Clad Switchgear 및 Cubicle에서는 차단기 등을 간단히 인출할 수 있으므로 기기의 보수 점검이 유리해진다. 또한 작업이 안전하게 진행된다.

□□□ 08, 09, 14, 18

5 수전설비의 수전실 등의 시설에 있어서 변압기, 배전반 등 수전설비의 주요부분이 유지하여야 할 거리 기준은 원칙적으로 정하고 있다. 수전설비의 배전반 등의 최소유지거리에 대하여 표에 기기별 최소 유지거리 ①~⑥을 완성하시오. (6점)

기기별 \ 위치별	앞면 또는 조작·계측면	뒷면 또는 점검면	열상호간 (점검하는 면)
특고압 배전반	① [m]	② [m]	③ [m]
저압 배전반	④ [m]	⑤ [m]	⑥ [m]

| 작성답안

기기별 \ 위치별	앞면 또는 조작·계측면	뒷면 또는 점검면	열상호간 (점검하는 면)
특고압 배전반	1.7 [m]	0.8 [m]	1.4 [m]
저압 배전반	1.5 [m]	0.6 [m]	1.2 [m]

■ 수변전설비의 배전반 등의 최소유지거리

기기별 \ 위치별	앞면 또는 조작·계측면	뒷면 또는 점검면	열상호간 (점검하는 면)	기타의 면
특고압 배전반	1.7 [m]	0.8 [m]	1.4 [m]	–
고압 배전반	1.5 [m]	0.6 [m]	1.2 [m]	–
저압 배전반	1.5 [m]	0.6 [m]	1.2 [m]	–
변압기 등	0.6 [m]	0.6 [m]	1.2 [m]	0.3 [m]

【비고 1】 앞면 또는 조작계측 면은 배전반 앞에서 계측기를 판독할 수 있거나 필요조작을 할 수 있는 최소거리임.
【비고 2】 뒷면 또는 점검 면은 사람이 통행할 수 있는 최소거리임. 무리 없이 편안히 통행하기 위하여 0.9[m] 이상으로 함이 좋다
【비고 3】 열상호간(점검하는 면)은 기기류를 2열 이상 설치하는 경우를 말하며 배전반류의 내부에 기기가 설치되는 경우는 이의 인출을 대비하여 내장기기의 최대 폭에 적절한 안전거리(통상 0.3[m] 이상)를 가산한 거리를 확보하는 것이 좋다.
【비고 4】 기타 면은 변압기 등을 벽 등에 연하여 설치하는 경우 최소 확보거리이다. 이 경우도 사람의 통행이 필요할 경우는 0.6[m] 이상으로 함이 바람직하다.

KEYWORD 03 인입관계기기

01 자동고장구분개폐기(ASS : Automatic Section Switch)

자동고장구분개폐기

22.9 [kV]의 3상4선식 다중접지방식은 여러 가지 장점도 있으나 단점도 갖고 있다. 단점은 지락사고가 발생한 경우 지락전류가 너무 커서 단락사고와 같이 전력사업자의 배전선로에 설치된 리클로저나 공급 변전소에 설치된 차단기가 동작하여 사고가 파급될 수가 있다. 이러한 사고를 예방하기 위하여 대용량 수용가에 한하여 자동고장구분개폐기를 설치하도록 하고 있다.

수변전설비의 대형화와 신뢰성을 높이기 위해 22.9 [kV] 1,000 [kVA] 이하의 특별고압 간이수전설비에서는 인입구 개폐기로 자동고장구분개폐기를 의무적으로 설치하도록 하고 있다.

1 설치장소

① 전기사업자측 공급선로 분기점
② 수전실 구내 인입구
③ 자가용선로

2 기능 및 특성

① 계수기능
② 과부하 보호기능
③ 축세트립기능

후비보호장치의 순시동작과 협조하거나 LOCK전류(800A) 이상의 고장전류에 대하여 후비보호장치에 의해 고장전류가 차단된 뒤에 동작할 수 있도록 1회 또는 2회 계수 축세트립 기능을 가지고 있다.

④ 돌입전류에 의한 오동작 방지기능

다른 수용가 또는 전원측 선로의 고장으로 인해 후비보호장치가 동작할 때 무전압이 되기 직전 고장전류의 유무를 판단함으로써 선로 재가압시 발생하는 돌입전류로 인해 오동작 하지 않도록 되어 있다. 전위 보호장치 투입시 발생하는 돌입전류에 대해서는 2회 계수기능을 통해 방지한다.

⑤ 경부하 운전시의 오동작 해결
⑥ 과전류 LOCK 기능

정격차단전류(900A) 이상의 고장 발생시 개폐기를 보호하면서 고장을 제거할 수 있도록 과전류 LOCK(800±10%) 기능을 가지고 있다.

⑦ 순간적인 무전압 개방
⑧ 재폐로 기능

> 기 16.20
> ASS의 명칭을 쓰고 그 기능을 2가지 쓰시오.

3 최소동작전류의 정정

Selector 스위치에 의해 용이하게 최소동작전류를 정정할 수 있다. LOCK 전류는 800A로 고정되어 출고됨으로 선택스위치가 어떤 위치에 있어도 800A 이상을 직접 차단하지 않는다.

$$\frac{\text{계약용량[kW]}}{22.9[kV] \times \sqrt{3}} \times 2\sim3배 = \text{PHASE 최소동작전류}$$

① phase 최소동작전류는 최대부하전류의 2~3배로 한다.
② ground 최소동작전류가 부하전류보다 작으면 오동작우려가 있다. 이 경우 통상 phase 최소동작전류의 50%로 정정한다.
③ 수용가 설치시 또는 전원측 FUSE 사용시 ASS 정정치 이상의 FUSE를 사용해야 한다.

02 AISS와 ASS

기중형 자동고장구분개폐기(Air-Insulated Auto-Sectionalizing Switches)는 22.9 [kV-y] 배전선로에서 변전소의 CB 또는 Recloser 부하측에 부하용량 4,000 [kVA] (특수부하 2,000 [kVA]) 이하인 수용가 수전 인입점에 설치하여 수용가의 고장구간을 후비보호장치와 협조하여 자동으로 고장구간만을 차단하므로 고장으로 인한 정전피해를 최소화시키는 옥내 선로 보호용 개폐기이다.

AISS와 ASS는 무전압시 개방이 가능하고, 과부하시 자동으로 개폐할 수 있으며, 돌입 전류 억제 기능을 가지고 있다.

> **강의 NOTE**
>
> • 기 03
> 과부하시 자동으로 개폐할 수 있는 고장 구분 개폐기는?
>
> • 기 98.12
> 간이 수변전설비에서는 1차측 개폐기로 ASS나 인터럽터 스위치를 사용하고 있다. 이 두 스위치의 차이점을 비교 설명하시오.

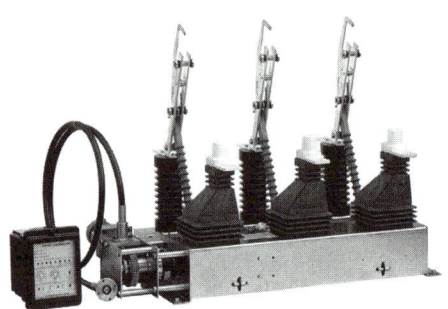

기중형 자동고장구분개폐기

03 리클로저와 섹쇼널라이저

Recloser, Sectionalizer는 방사상의 배전선로의 보호계전방식에 적용되는 기기로 22.9 [kV] 배전선로에서 적용되고 있다.

리클로저

가공 배전선로 사고의 대부분은 조류 및 수목에 의한 접촉과 강풍, 낙뢰 등에 의한 플래시오버 사고로서 이런 사고 발생시 신속하게 고장 구간을 차단하고 사고점의 아크를 소멸시킨 후 즉시 재투입이 가능한 개폐장치이다.

> • 기 17
> 가공 배전선로 사고의 대부분은 조류 및 수목에 의해 접촉과 강풍, 낙뢰 등에 의해 플래시오버 사고로 이런 사고 발생 시 신속하게 고장구간을 차단하고 사고점의 아크를 소멸시킨 후 즉시 재투입하는 개폐장치는?
>
> • 기 17
> 보안상 책임 분개점에서 보수 점검시 전로를 개폐하기 위하여 시설하는 것으로 반드시 무부하 상태에서 개방하여야 한다. 그때에는 ASS를 사용하며, 66kV 이상의 경우에 사용되는 개폐장치는?

2 Sectionalizer

보안상 책임 분계점에서 보수 점검 시 전로를 개폐하기 위하여 시설하는 것으로 반드시 무 부하 상태에서 개방하여야 한다. 근래에는 ASS를 사용하며, 66[kV] 이상의 경우에 사용한다. 다중접지 특고 배전선로용 보호장치의 일종으로 사고전류를 직접 차단할 수 없다. 따라서 후비에 반드시 차단기나 리클로져를 설치해야 보호장치로 사용할 수 있다. 즉, 고장시 후비 보호장치의 동작횟수를 기억하고 미리 정정된 횟수가 되면 후비 보호장치에 의해 무전압이 된 순간에 접점을 개방한다.

04 ALTS와 ATS

• 기 18.21
ALTS의 명칭과 사용용도를 쓰시오.

1 ALTS

ALTS(자동부하 전환개폐기, Automatic Load Transfer Switch)는 22.9[kV-Y] 배전선로에 사용되는 개폐기로 큰 피해를 입을 수 있는 수용가에 이중전원을 확보하여 주전원 정전시 또는 주전원이 기준전압 이하로 떨어질 경우 예비전원으로 자동 절체되어 수용가에 높은 신뢰도로 전원을 공급하기 위한 기기이다.

2 ALTS 동작 특징

① Blocking Time(사고감지 지연시간)은 3초

Blocking Time은 부하측에서 고장전류가 발생하면 OCR(과전류 계전기 : Over Current Relay)가 동작하여 한전 차단기가 트립되어 주전원이 정전이 된다. 이때 3초안에 부하측 사고가 제거되면 주전원으로 다시 투입되지만 3초가 초과하면 부하측 고장이 지속된 것으

로 판단하여 ALTS의 주전원측 접점은 OFF되며, 예비전원측으로의 투입대기 상태로 Holding(대기)된다. 그 후에 부하측의 사고가 제거되어 주전원이 복구된 후에는 ALTS의 OCR를 Reset하고 주전원측을 수동으로 투입시킨다.

② Transfer Time(전환지연시간)은 0.1초

주전원에 정전이 되면 0.1초 이내에 예비전원으로 전환된다. 그런데 0.1초 동안 전원이 공급되지 않으면 사무실에 있는 컴퓨터, 전기기기 등은 정전이 된다. 보통은 UPS를 설치하여 컴퓨터, 전기기기에 0.1초의 정전도 허용되지 않도록 하는 것이 바람직하다.

③ Retrans Time(재전환 시간)은 20초

정전된 주전원이 복구 되면 예비전원에서 다시 주전원으로 전환되어 주전원에서 부하로 전원을 공급하게 된다. 이때 사고가 발생한 선로를 사고의 원인을 파악하고 보수하게 된다. 그러는 과정에서 사고가 난 주전원이 잠시라도 정상으로 복구될 수도 있는데, 대기 시간 없이 곧 바로 주전원으로 전환 이 되면 그 선로에서 보수 작업을 하는 엔지니어들에게 감전사고가 발생할 수 있다. 따라서 Retrans Time 을 20초로 두어서 사고가 난 주전원의 선로가 정상 복구되면 20초 동안 정상여부를 감지하고 그 후에 다시 주전원으로 절체된다.

3 ATS(Automatic Transfer Switch)

ALTS와 ATS는 전정사고를 대비하기 위해 사용되는 전력기기이다. ALTS는 특고압측에서 수용가 인입구에서 사용되어 변전소로부터 두개의 회선으로 공급받아 주전원 정전시 예비전원으로 절체된다. <u>ATS는 저압측(변압기2차측)에 설치되어 정전이 발생하였을 경우 변압기 상호간 절체 또는 중요 부하에 발전기를 작동시켜서 전원을 공급하는 자동 절체 스위치이다.</u> 따라서 ATS에서는 예비전원이 발전기에서 전원이 공급된다.

05 부하개폐기(LBS : Load Breaking Switch)

• 산 16
LBS의 기능을 설명하시오.

정상상태에서 소정의 전로를 개폐 및 통전, 그 전로의 단락상태에 있어서 이상전류를 소정의 시간 통전할 수 있는 성능을 갖는 개폐기로, 변압기 등의 운전·정지 또는 전력계통의 운전·정지 등 부하전류가 흐르고 있는 회로의 개폐를 목적으로 사용한다. 주로 수전실 인입구에 시설한다.

① 정격전압 24kV : 630A
② 부하전류의 개폐 및 통전
③ 루프(loop) 전류의 개폐 및 통전
④ 여자전류의 개폐 및 통전
⑤ 충전전류의 개폐 및 통전
⑥ 콘덴서전류의 개폐 및 통전

06 기중부하개폐기(I.S : Interrupter Switch)

기중부하개폐기는 주로 수전실 구내 인입구에 설치하며, 부하전류를 개폐하는 곳에 사용한다. 고장전류는 차단할 수 없다. 염진해, 인화성 및 폭발성 가스가 존재하는 장소는 설치하지 않아야 한다.
정격전압 25.8KV : 600A

> 기 98.12
> 간이 수변전설비에서는 1차측 개폐기로 ASS 나 인터럽터 스위치를 사용하고 있다. 이 두 스위치의 차이점을 비교 설명하시오.

관련문제

03. 인입관계기기

□□□ 93, 01, 13, 14

1 CIRCUIT BREAKER(차단기)와 DISCONNECTING SWITCH(단로기)의 차이점을 설명하시오. (5점)

| 작성답안

- 차단기(CB) : 정상적인 부하 전류를 개폐하거나 또는 기기나 계통에서 발생한 고장 전류를 차단하여 고장 개소를 제거할 목적으로 사용된다.
- 단로기(DS) : 전선로나 전기기기의 수리, 점검을 하는 경우 차단기로 차단된 무부하 상태의 전로를 확실하게 열기 위하여 사용되는 개폐기로서 부하 전류 및 고장 전류를 차단하는 기능은 없다.

□□□ 16

2 부하개폐기(LBS)의 기능을 설명하시오. (5점)

| 작성답안

수변전 설비의 인입구 개폐기로 사용되며, 부하전류를 개폐할 수 있으나(정상 상태에서 소정의 전류를 투입, 차단, 통전하고 그 전로의 단락상태에서 이상전류까지 투입 가능), 고장전류를 차단할 수 없으므로 한류퓨즈와 직렬로 사용한다.

■ 부하 개폐기
부하 개폐기(LBS)는 부하 전류를 개폐할 수 있는 단로기로 3상 연동으로 투입, 개방토록 되어 있다. 또한 부하개폐기는 고장전류를 차단 할 수 없으므로 고장전류를 차단 할 수 있는 한류퓨즈와 직렬로 조합하여 사용한다.

3
□□□ 92

개폐기의 일종으로 회로의 접속을 바꿀 때 또는 결선이나 전기기기를 수리 점검하는 경우 차단기로서 차단된 전로를 확실히 끊기 위해 사용되는 기기의 이름은 무엇인가? (4점)

| 작성답안

단로기

□□□ 92, 96, 00, 10, 15

4
LS, DS, CB가 그림과 같이 설치되었을 때의 조작 순서를 차례로 쓰시오. (5점)

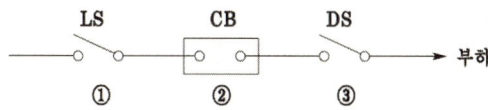

(1) 투입(ON)시의 조작 순서

(2) 차단(OFF)시의 조작 순서

| 작성답안

(1) ③ – ① – ②
(2) ② – ③ – ①

□□□ 97, 00, 04, 06, 10, 11, 14, 20 🈴 98

5 그림과 같은 계통에서 측로 단로기 DS_3을 통하여 부하에 공급하고 차단기 CB를 점검하고자 할 때 다음 각 물음에 답하시오.(단, 평상시에 DS_3는 열려 있는 상태임)(4점)

(1) 차단기 점검을 하기 위한 조작 순서를 쓰시오.

○ _____

(2) CB의 점검이 완료된 후 정상 상태로 전환시의 조작 순서를 쓰시오.

○ _____

(3) 도면과 같은 설비에서 차단기 CB의 점검 작업 중 발생할 수 있는 문제점을 설명하고 이러한 문제점을 해소하기 위한 방안을 설명하시오.

○ _____

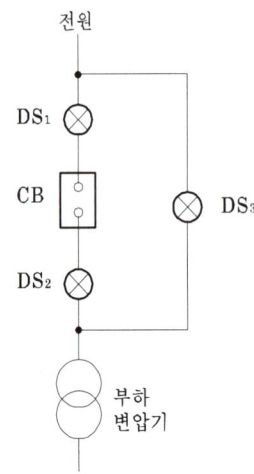

| 작성답안

(1) DS_3(ON) → CB(OFF) → DS_2(OFF) → DS_1(OFF)
(2) DS_2(ON) → DS_1(ON) → CB(ON) → DS_3(OFF)
(3) • 발생될 수 있는 문제점 : 차단기(CB)가 투입(ON)된 상태에서 단로기를 투입(ON)하거나 개방(OFF)하면 위험하다.
  • 해소 방안 : 단로기(DS)와 차단기(CB)간에 인터록 장치를 한다. (부하 전류가 통전 중에는 회로의 개폐가 되지 않도록 시설한다.)

6 다음의 자가용 고압 수변전 설비에 대한 그림을 보고 아래 물음에 답하시오. (5점)

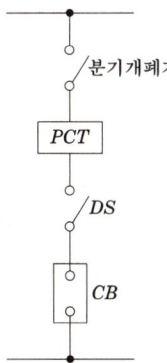

정기점검을 행할 경우 작업순서는 (①), (②)의 순서로 개방한 후 전력회사에 요구하여 (③)를 개방시키고, 정전에 의해 송전이 정지되었을 경우 접지용구를 설치한다.

| 작성답안

① CB
② DS
③ 분기개폐기

강의 NOTE

■ 차단기와 단로기의 인터록

• 발생될 수 있는 문제점 : 차단기(CB)가 투입(ON)된 상태에서 단로기(DS_1, DS_2)를 투입(ON)하거나 개방(OFF)하면 위험(감전 및 전기화상)하다.
• 해소 방안 : 단로기(DS)와 차단기(CB)간에 인터록 장치를 한다. (부하 전류가 통전 중에는 회로의 개폐가 되지 않도록 시설한다.)

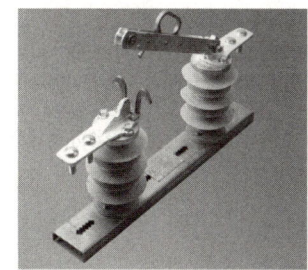

피뢰기(LA : Lightning Arrester)

강의 NOTE

■ 피뢰기 구비조건

제방이 낮아서(↓) / 속상 하다(↑)
- 방전내량이 크면서 제한 전압이 낮을 것
- 충격 방전 개시 전압이 낮을 것
- 상용 주파 방전 개시 전압이 높을 것
- 속류 차단 능력이 클 것

• 산 96.22
피뢰기 구조에 따른 종류 4가지를 쓰시오.

• 기 14
피뢰기의 기능상 필요한 구비조건을 4가지 쓰시오.

• 산 99
자체 변전소의 출입구에 설치하기 위한 피뢰기를 구매하고자 한다. 피뢰기에 요구되는 특성을 기술적인 조건으로 4가지만 쓰시오.

피뢰기는 특고가공 전선로에 의하여 수전하는 자가용 변전실의 입구에 설치하여 낙뢰나 혼촉사고 등에 의하여 이상전압이 발생하였을 때 선로와 기기를 보호한다. 피뢰기는 저항형, 밸브형, 밸브저항형, 방출형, 산화아연형, 지형 등이 있으나 자가용 변전실에는 거의가 밸브저항형이 채택되고 있다. 피뢰기의 구비조건은 다음과 같다.

① 속류차단 능력이 클 것
② 제한 전압이 낮을 것
③ 충격 방전개시전압이 낮을 것
④ 상용주파 방전개시전압이 높을 것

• 기 94.04.15.16
현재 사용되고 있는 피뢰기는 무엇과 무엇으로 구성되어 있는가?

01 피뢰기의 구조

피뢰기는 일반적으로 갭 있는 피뢰기를 사용하며, 특성요소와 직렬갭으로 구성된다.

1 직렬갭 (Serries Gap)

피뢰기의 직렬갭이란 특성요소와 직렬로 연결되어 평상시에는 피뢰기를 열고(OFF), 이상전압이 침입할 경우 불꽃 방전에 의해 그 회로를 닫아(ON) 뇌서지를 대지로 방전한다.

2 특성요소

특성요소는 피뢰기의 직렬갭이 방전을 한 후, 그에 따른 속류를 차단하는 역할을 한다. 탄화규소를 주성분으로 하고 결합재와 수분을 균등하게 혼합하여 압축 성형한 것으로 보통 1,200[℃]에서 1,300[℃] 정도에서 10시간 내지 40시간 동안 소성하여 제작한 일종의 저항이다.

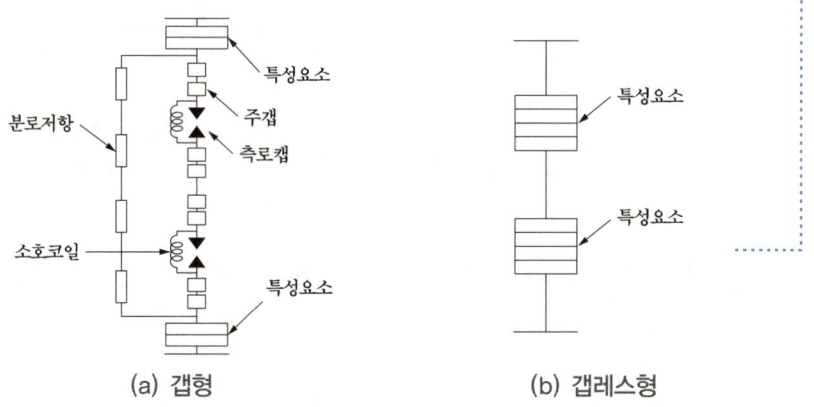

(a) 갭형   (b) 갭레스형

강의 NOTE

• 기/산 05.10
그림은 갭형 피뢰기와 갭레스형 피뢰기의 구조를 나타낸 것이다. 화살표로 표시된 부분의 명칭을 쓰시오.

3 피뢰기의 구조

① 분로저항은 속류 크기의 제한을 돕고 아크를 소호하는 역할을 하며 저항을 적게 함으로써 누설전류를 적게 하는 역할도 한다. 피뢰기 애관표면이 오손되어 습윤상태가 되면 애관표면의 누설저항이 적어지고 누설전류는 증가한다. 따라서 병렬 저항을 적게 하면 이 저항으로 흐르는 전류가 증가해서 애관표면으로 흐르는 누설전류의 영향을 적게 하여 갭간의 전압분담을 균일하게 유지한다.

② 병렬콘덴서는 애관과 내부와의 겉보기상의 정전용량의 영향을 받을 수 없게 되며 전압분담을 균일하게 유지하는데 목적이 있다. 또 직렬갭을 둘러쌓도록 콘덴서를 설치하면 직렬갭의 분포대지 정전용량의 용량을 보정하고 오손으로 인한 직렬갭의 전압분담의 흐트러짐을 방지한다.

③ 비직선전압, 전류특성에 따라 방전할 때는 대전류를 통과시키고 단자간 전압을 제한하여 방전 후는 속류를 실질적으로 정지 또는 직열 갭으로 차단할 수 있는 정도로 제한하는 피뢰기의 구성부분이다.

강의 NOTE

■ 피뢰기 종류(갭2 밸2)
- 갭 저항형 (GAP RESISTANCE TYPE)
- 갭 레스형(GAP LESS TYPE)
  : 특성요소(ZnO : 산화아연)로만 구성.
- 밸브 저항형 (VALVE RESISTANCE TYPE)
  : 직렬 갭 + 특성요소(SiC)
- 밸브형 (VALVE TYPE)

● 기 99
갭레스 피뢰기의 주요 특징을 3가지만 쓰시오.

■ 산화아연(ZnO)
산화아연 결정 미립자의 저항은 전압에 의하여 변화하고 경계층 저항과 용량은 주파수 및 온도에 의해 변화한다.

■ 갭레스피뢰기 특징(제한 직선 구조)
- 미소전류로부터 대전류까지 안정된 비직선 저항특성을 가지고 있어 제한전압이 일정하여 안정된 특성을 지닌다.
- 직렬갭이 없으므로 속류가 거의 흐르지 않고, 소손될 염려가 없고, 활선청소도 가능하다.
- 속류가 거의 흐르지 않으므로 동작책무에 유리하고, 다중뢰 동작에도 견딘다.
- 구조가 간단하여 소형 경량화가 가능하다.

4 산화아연 피뢰기와 탄화규소형 피뢰기의 비교

구분	산화아연(ZnO) 피뢰기	직렬갭부 탄화규소형(SiC) 피뢰기
단자전압	소자에 흐르는 전류의 크기에 따른 단자전압의 변화가 거의 없다.	직렬갭이 방전을 개시할 때까지 단자전압이 상승한다.
특성	연속 특성	단속 특성
속류의 차단	이상전압의 소멸과 동시에 속류를 차단한다.	계통의 전류파형이 영이 되는 순간 직렬갭이 속류를 차단함으로 속류 차단 속도가 조금 늦다.
서지의 흡수	이상전압의 발생과 동시에 방전하여 서지의 흡수속도가 빠르다.	직렬갭이 방전할 때까지 서지의 원 파형이 그대로 존재하므로 서지의 흡수 속도가 늦다.

최근에는 갭이 없는 피뢰기인 갭레스 피뢰기가 많이 사용되며, 특성요소로는 산화아연을 사용한다. 갭레스 피뢰기의 특징은 직렬갭이 없으므로 다음과 같은 특징이 있다.

① 미소전류로부터 대전류까지 안정된 비직선 저항특성을 가지고 있어 제한전압이 일정하여 안정된 특성을 지닌다.
② 직렬갭이 없으므로 속류가 거의 흐르지 않고, 소손될 염려가 없고, 활선청소도 가능하다.
③ 속류가 거의 흐르지 않으므로 동작책무에 유리하고, 다중뢰 동작에도 견딘다.
④ 구조가 간단하여 소형 경량화가 가능하다.

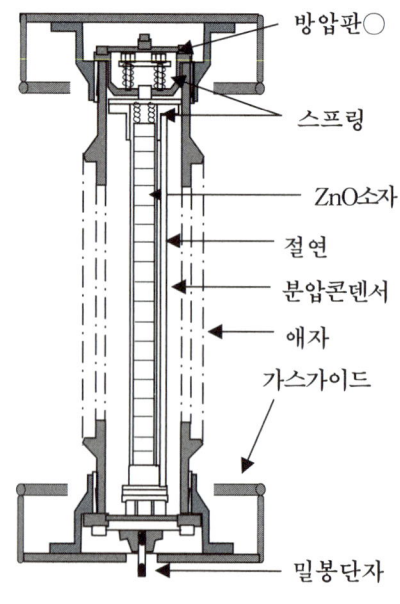

산화아연 피뢰기의 구조

[주] 산화아연을 주성분으로 한 소결체로서 우수한 비직선 전압전류특성을 가지고 또 방전내량도 우수하다. 산화아연 요소는 탄화규소 저항체에 비하여 비직선 특성이 우수하기 때문에 정격전압 또는 상규 운전전압에서는 약간의 누설전류 정도밖에 흐르지 않아서 직렬갭이 없이도 피뢰기의 기능을 수행할 수 있다.

02 피뢰기의 정격전압

1. 피뢰기가 방전 중 정격전압 이상의 사용주파전압이 인가되면 피뢰기의 속류차단능력은 보장되지 않으며, 피뢰기는 파손된다. 따라서, 피뢰기의 정격전압은 사고시에도 건전상 상용주파전압의 최대값에 견디어야 한다.

   > 피뢰기의 정격전압이란 그 전압을 선로단자와 접지단자에 인가한 소정의 단위 동작책무를 소정의 회수로 반복수행할 수 있는 정격주파수의 상용주파전압 최고한도를 규정한 값(실효치)을 말한다.

2. 전력계통에서는 지락사고, 부하의 급격한 변화, 공진, 유도전압 등에 의해 상용주파 이상전압이 발생하며, 이것을 고려해서 피뢰기의 정격전압을 결정한다. 이것은 매우 어려운 작업이며, 실제로는 지락사고에 대한 과전압만 고려한다. 지락사고시 건전상 대지전압은 계통의 중성점 접지방식에 따라 변하며, 피뢰기에 적용상 유효접지와 그 외 접지방식 2가지로 구분하여 적용한다. 피뢰기 정격전압을 구하는 식은 아래와 같다.

   > 기 09.17.22 산 95.00
   > 154kV 중성점 직접 접지 계통에서 접지계수가 0.75이고 여유도가 1.1이라면 전력용 피뢰기 정격전압은 어느 것을 택해야 하는가?

   $Er = \alpha \times \beta \times V_m$

   여기서, α는 접지계수를 의미하며, β(여유도, safety margin)는 유도계수를 의미한다. V_m은 계통에서 발생되는 절연설계상 고려해야 할 최고 상용주파전압이다.

   α : 3상 전력계통의 1선 지락사고시 피뢰기 설치점의 건전상의 대지전압이 도달할 수 있는 최고의 실효치로 %로 표시한다.

   β : 부하차단 등에 의한 발전기의 전압상승을 고려한 것이다 비유효접지계통에서는 1.15 정도, 유효접지계통에서는 1.1 정도이다.

   V_m : 공칭전압 $\times \dfrac{1.2}{1.1}$, 또는 계통의 최고전압

   피뢰기의 정격전압이란 속류를 차단하는 교류 최고전압을 말한다.

   > 속류는 방전현상이 실질적으로 끝난 후에도 계속하여 전력계통에서 공급되는 상용주파전류가 피뢰기를 통해 대지로 흐르는 전류

3 피뢰기의 정격전압

전력계통		정격전압	
공칭전압	중성점 접지방식	송전선로	배전선로
345	유효접지	288	
154	유효접지	144	
66	소호 리액터 접지 또는 비접지	72	
22	소호 리액터 접지 또는 비접지	24	
22.9	중성점 다중 접지	21	18

[주] 전압 22.9[kV] 이하의 배전선로에서 수전하는 설비의 피뢰기정격전압은 배전선로용을 적용한다.

> • 산 09.14
> 22.9kV 3상 4선식 다중 접지 방식에서 다음 장소의 피뢰기 정격전압은?
> (1) 배전선로
> (2) 변전선로

■ 유효차폐 발변전소는 그 자체 외 이에 모두 연결된 선로가 직격뢰에 대해서도 차폐가 된다.

03 공칭방전전류

피뢰기에 흐르는 방전전류는 선로 및 발변전소 차폐유무와 연간뇌우발생 일수(IKL)를 참고하여 결정한다. 설치장소별 피뢰기의 공칭방전전류는 다음 표와 같으며, 일반적으로 22.9[kV-Y]에 적용되는 피뢰기의 경우에는 2500[A]의 피뢰기를 사용한다.

공칭방전전류

공칭방전전류	설치 장소	적용 조건
10000 [A]	변전소	1. 154 [kV] 계통 이상 2. 66 [kV] 및 그 이하 계통에서 뱅크용량 3000 [kVA]를 초과하거나 특히 중요한 곳 3. 장거리 송전선 케이블(전압 피더 인출용 단거리 케이블은 제외)
5000 [A]	변전소	1. 66 [kV] 및 그 이하 계통에서 뱅크용량 3000 [kVA]를 이하인 곳
2500 [A]	선로, 배전소	1. 배전선로 2. 배전선 피더 인출측

[주] 전압 22.9[kV-y] 이하의 배전선로에서 수전하는 설비의 피뢰기 공칭방전전류는 반적으로 2,500[A]의 것을 적용한다.

> • 기 01.07.11.19
> 피뢰기 시설장소별 적용할 공칭 방전전류를 쓰시오.

04 피뢰기의 용어

1 충격방전개시전압 (Impulse Spark Over Voltage)

피뢰기의 양단자 사이에 충격전압이 인가되어 피뢰기가 방전하는 경우 그 초기에 방전 전류가 충분히 형성되어 단자간 전압강하가 시작하기 이전에 도달하는 단자전압의 최고전압을 말한다.

2 제한전압

충격전류가 방전으로 저하되어서 피뢰기의 단자간에 남게 되는 충격전압, 즉 뇌서지의 전류가 피뢰기를 통과할 때 피뢰기의 양단자간 전압강하로 이것은 피뢰기 동작 중 계속해서 걸리고 있는 단자전압의 파고치로 표시한다.

3 속류 (Follow Current)

피뢰기의 속류란 방전현상이 실질적으로 끝난 후 계속하여 전력계통에서 공급되어 피뢰기에 흐르는 전류를 말한다.

4 정격전압 (Rated Voltage)

선로단자와 접지단자에 인가한 상태에서 소정의 단위 동작책무를 소정의 회수로 반복수행할 수 있는 정격주파수의 상용주파전압 최고한도를 규정한 값(실효치)을 말한다.

강의 NOTE

- 산 94.04.08.15.16.19
다음 물음을 설명하시오.
(1) 구성요소
(2) 제한전압
(3) 정격전압
(4) 기능상 구비조건
(5) 충격방전개시전압

- 기 94.04.15.16 산 95.00
피뢰기 제한전압은 어떤 전압인지 설명하시오.

- 산 14.15
피뢰기의 속류와 제한전압에 대하여 설명하시오.

- 기 94.04.15.16
피뢰기 정격전압은 어떤 전압인지 설명하시오.

강의 NOTE

■ 피뢰기의 설치위치(배변 특가)
- 배전용 변압기 1차측
- 발전소, 변전소 또는 이에 준하는 장소의 인입 및 인출구
- 고압 특고압 수용가의 인입구
- 가공전선로와 지중전선로가 만나는 곳

• 기 14
피뢰기의 설치장소 4곳을 쓰시오.

• 기 16.20
낙뢰나 혼촉 사고 등에 의하여 이상전압이 발생하였을 때 선로와 기기를 보호하기 위하여 피뢰기를 설치한다. 한국전기설비규정에 의해 시설해야하는 곳 3곳을 쓰시오.

• 기 16 산 09
피뢰기 설치해야 할 장소를 도면에서 점으로 표시하시오.

• 기 16.20
피뢰기의 DISC의 기능을 간단히 설명하시오.

05 피뢰기의 설치위치

① 고압 특고압 수용가의 인입구
② 발전소, 변전소 또는 이에 준하는 장소의 인입 및 인출구
③ 가공전선로와 지중전선로가 만나는 곳
④ 배전용 변압기 1차측

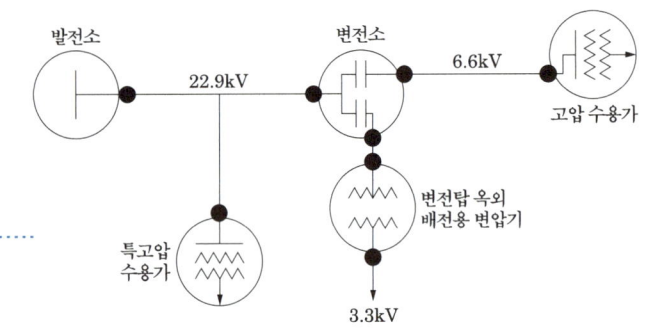

06 피뢰기의 DISC (Disconnector)

피뢰기의 자체 열화로 인한 고장시 계통 파급사고를 방지하기 위하여 피뢰기에 이르는 전로의 각 극에 전용의 단로기 또는 COS직결 등을 설치하거나 단로장치(Disconnector 또는 Isolator)가 부착된 피뢰기를 사용하여야 한다. 즉, 피뢰기의 고장시 계통은 지락사고 등의 고장상태가 될 수 있다. 따라서 이러한 경우에 피뢰기의 접지측을 대지로부터 분리시키는 역할을 한다.

관련문제 | 04. 피뢰기

□□□ 99

1 자체 변전소의 출입구에 설치하기 위한 피뢰기를 구매하고자 한다. 피뢰기에 요구되는 피뢰기 특성을 기술적인 조건 4가지만 쓰시오. (5점)

○ _____

| 작성답안

- 상용 주파 방전 개시 전압이 높을 것
- 충격 방전 개시 전압이 낮을 것
- 제한 전압이 낮을 것
- 속류 차단 능력이 클 것

□□□ 14, 15

2 피뢰기의 속류와 제한전압에 대하여 설명하시오. (4점)

- 속류

  ○ _____

- 제한전압

  ○ _____

| 작성답안

- 피뢰기의 속류 : 방전 종료 후 계속해서 피뢰기를 통하여 흐르는 상용주파의 전류를 말한다.
- 제한전압 : 충격파 전류가 흐르고 있을 때의 피뢰기 단자전압을 말한다.

강의 NOTE

■ 피뢰기 구비조건

제방이 낮아서(↓) / 속상 하다(↑)
- 방전내량이 크면서 제한 전압이 낮을 것
- 충격 방전 개시 전압이 낮을 것
- 상용 주파 방전 개시 전압이 높을 것
- 속류 차단 능력이 클 것

■ 피뢰기의 용어

① 충격방전개시전압 (Impulse Spark Over Voltage)
피뢰기의 양 단자 사이에 충격전압이 인가되어 피뢰기가 방전하는 경우 그 초기에 방전 전류가 충분히 형성되어 단자간 전압강하가 시작하기 이전에 도달하는 단자전압의 최고전압을 말한다.

② 제한전압
충격전류가 방전으로 저하되어서 피뢰기의 단자간에 남게되는 충격전압, 즉 뇌서지의 전류가 피뢰기를 통과할 때 피뢰기의 양단자간 전압강하로 이것은 피뢰기 동작중 계속해서 걸리고 있는 단자전압의 파고치로 표시한다.

③ 속류 (Follow Current)
피뢰기의 속류란 방전현상이 실질적으로 끝난 후 계속하여 전력계통에서 공급되어 피뢰기에 흐르는 전류를 말한다.

④ 정격전압 (Rated Voltage)
선로단자와 접지단자에 인가한 상태에서 소정의 단위 동작책무를 소정의 회수로 반복수행할 수 있는 정격주파수의 상용주파전압 최고한도를 규정한 값(실효치)을 말한다.

☐☐☐ 04, 08, 15, 19 ※ 94, 04, 16

3 피뢰기는 이상전압이 기기에 침입했을 때 그 파고값을 저감시키기 위하여 뇌전류를 대지로 방전시켜 절연파괴를 방지하며, 방전에 의하여 생기는 속류를 차단하여 원래의 상태로 회복시키는 장치이다. 다음 각 물음에 답하시오. (8점)

(1) 갭형 피뢰기의 구성요소를 2가지를 쓰시오.

　　○ _____

(2) 피뢰기의 정격전압이라고 하는 것은 어떤 전압을 말하는가?

　　○ _____

(3) 피뢰기의 제한전압은 어떤 전압을 말하는가?

　　○ _____

(4) 피뢰기의 기능상 필요한 구비조건을 4가지만 쓰시오.

　　○ _____

(5) 충격방전개시전압이란 어떤 전압을 말하는가?

　　○ _____

| 작성답안

(1) 직렬갭, 특성요소
(2) 속류를 차단할 수 있는 교류 최고전압
(3) 피뢰기 방전 중 피뢰기 단자에 남게 되는 충격전압
(4) ① 충격방전 개시 전압이 낮을 것
　　② 상용주파 방전개시 전압이 높을 것
　　③ 방전내량이 크면서 제한 전압이 낮을 것
　　④ 속류차단 능력이 충분할 것
(5) 피뢰기 단자간에 충격전압을 인가하였을 경우 방전을 개시하는 전압

강의 NOTE

■ 피뢰기 용어

① 충격방전개시전압 (Impulse Spark Over Voltage)
피뢰기의 양단자 사이에 충격전압이 인가되어 피뢰기가 방전하는 경우 그 초기에 방전 전류가 충분히 형성되어 단자간 전압강하가 시작하기 이전에 도달하는 단자전압의 최고전압을 말한다.

② 제한전압
충격전류가 방전으로 저하되어서 피뢰기의 단자간에 남게 되는 충격전압, 즉 뇌서지의 전류가 피뢰기를 통과할 때 피뢰기의 양단자간 전압강하로 이것은 피뢰기 동작중 계속해서 걸리고 있는 단자전압의 파고치로 표시한다.

③ 속류 (Follow Current)
피뢰기의 속류란 방전현상이 실질적으로 끝난 후 계속하여 전력계통에서 공급되어 피뢰기에 흐르는 전류를 말한다.

④ 정격전압 (Rated Voltage)
선로단자와 접지단자에 인가한 상태에서 소정의 단위 동작책무를 소정의 회수로 반복수행할 수 있는 정격주파수의 상용주파 전압 최고한도를 규정한 값(실효치)을 말한다.

□□□ 05, 10

4 그림은 갭형 피뢰기와 갭레스형 피뢰기의 구조를 나타낸 것이다. 화살표로 표시된 각 부분의 명칭을 쓰시오. (6점)

■ 피뢰기

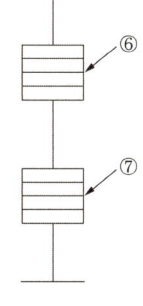

갭형 피뢰기

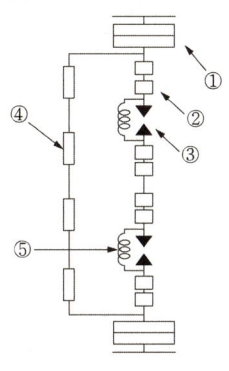

갭레스형 피뢰기

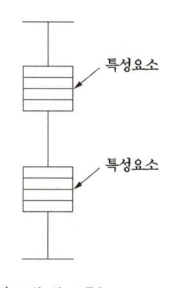

(a) 갭형

(b) 갭레스형

| 작성답안

① 특성요소 ② 주갭 ③ 측로갭 ④ 분로저항
⑤ 소호코일 ⑥ 특성요소 ⑦ 특성요소

□□□ 22 ㈜ 96

5 다음 피뢰기의 구조에 따른 종류 4가지를 쓰시오. (4점)

○ _____

| 작성답안

- 갭 저항형 (GAP RESISTANCE TYPE)
- 갭 레스형 (GAP LESS TYPE) : 특성요소(ZnO : 산화아연)로만 구성.
- 밸브 저항형 (VALVE RESISTANCE TYPE) : 직렬 갭 + 특성요소(SiC)
- 밸브형 (VALVE TYPE)

■ 피뢰기는 특고압가공 전선로에 의하여 수전하는 자가용 변전실의 입구에 설치하여 낙뢰나 혼촉사고 등에 의하여 이상전압이 발생하였을 때 선로와 기기를 보호한다. 피뢰기는 저항형, 밸브형, 밸브저항형, 방출형, 산화아연형(갭레스형), 지형 등이 있다.

■ 갭레스피뢰기 특징(제한 직선 구조)
- 미소전류로부터 대전류까지 안정된 비직선 저항특성을 가지고 있어 제한전압이 일정하여 안정된 특성을 지닌다.
- 직렬갭이 없으므로 속류가 거의 흐르지 않고, 소손될 염려가 없고, 활선청소도 가능하다.
- 속류가 거의 흐르지 않으므로 동작책무에 유리하고, 다중뢰 동작에도 견딘다.
- 구조가 간단하여 소형 경량화가 가능하다.

□□□ 09

6 그림에서 피뢰기 시설이 의무화되어 있는 장소를 도면에 ●로 표시하시오. (5점)

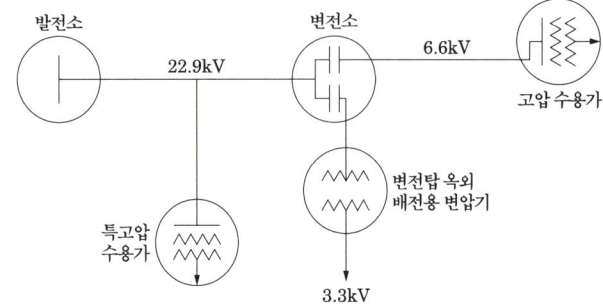

| 작성답안

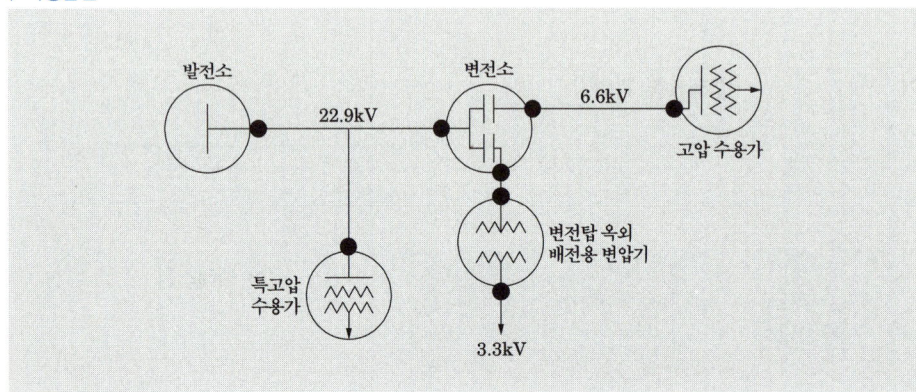

강의 NOTE

■ 피뢰기의 설치위치
- 고압 특고압 수용가의 인입구
- 발전소, 변전소 또는 이에 준하는 장소의 인입 및 인출구
- 가공전선로와 지중전선로가 만나는 곳
- 배전용 변압기 1차측

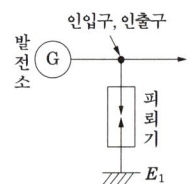

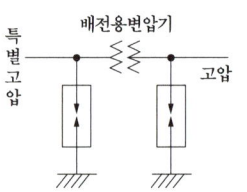

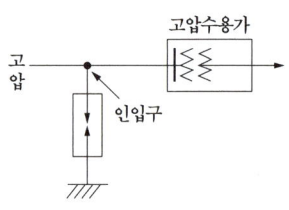

□□□ 14 유 09

7 22.9[kV]인 3상4선식의 다중 접지 방식에서 다음 각 장소에 시설되는 피뢰기의 정격전압은 몇 [kV]이어야 하는가? (4점)

(1) 배전선로

　○ _____

(2) 변전선로

　○ _____

| 작성답안

(1) 18[kV]
(2) 21[kV]

■ 피뢰기 정격전압

전력계통		정격전압	
공칭전압	중성점 접지방식	송전선로	배전선로
345	유효접지	288	
154	유효접지	144	
66	소호 리액터 접지 또는 비접지	72	
22	소호 리액터 접지 또는 비접지	24	
22.9	중성점 다중 접지	21	18

[주] 22.9[kV] 이하의 경우는 배전선로용을 적용한다.

□□□ 95, 00

8 154[kV] 중성점 직접 접지 계통의 피뢰기 등에 대한 다음 각 물음에 답하시오. (10점)

(1) 피뢰기의 정격 전압은 어떤 것을 선택해야 하는가? (단, 접지 계수는 0.75이고, 여유도는 1.1이다.)

피뢰기의 정격 전압 (표준값[kV])					
126	144	154	168	182	196

○ _____

(2) 피뢰기의 구성 요소 2가지를 쓰시오.

○ _____

(3) 피뢰기 방전 후 피뢰기의 단자간에 잔류하는 전압을 무슨 전압이라 하는가?

○ _____

(4) 피뢰기에서 상용주파 허용 단자 전압은 보통 공칭 전압의 몇 배 이상을 표준으로 하는가?

○ _____

(5) 지락 사고를 검출하기 위해 사용되는 것은?

○ _____

| 작성답안

(1) 계산 : $V = \alpha \beta V_m = 0.75 \times 1.1 \times 170 = 140.25$ [kV]
　　　∴ 144[kV] 선정
　답 : 144[kV]
(2) ① 직렬 갭
　　② 특성 요소
(3) 제한 전압
(4) 0.8~1.0배
(5) 지락 과전류 계전기

□□□ 03, 05, 12

9 수전전압 22.9[kV] 변압기 용량 3000[kVA]의 수전설비를 계획할 때 외부와 내부의 이상전압으로부터 계통의 기기를 보호하기 위해 설치해야 할 기기의 명칭과 그 설치위치를 설명하시오. (단, 변압기는 몰드형으로서 변압기 1차의 주차단기는 진공차단기를 사용하고자 한다.)(6점)

(1) 낙뢰 등 외부 이상전압

　○ _____

(2) 개폐 이상전압 등 내부 이상전압

　○ _____

| 작성답안

(1) 기기명 : 피뢰기(LA)
　　설치위치 : 수전실 인입구 장치(단로기) 2차측
(2) 기기명 : 서지흡수기(SA)
　　설치위치 : 진공 차단기 2차측과 몰드형 변압기 1차측 사이

□□□ 13

10 선로 보호용 피뢰기 설치 시 점검사항 3가지를 쓰시오. (5점)

　○ _____

| 작성답안

① 피뢰기 애자부분 손상여부를 점검한다.
② 피뢰기 1, 2차 측 단자 및 단자볼트 이상 유무를 점검한다.
③ 피뢰기 1, 2차 절연저항을 측정한다.

강의 NOTE

■ 선로 보호용 피뢰기 설치

1. 피뢰기의 점검
① 피뢰기 애자부분 손상여부를 점검한다.
② 피뢰기 1, 2차 측 단자 및 단자볼트 이상 유무를 점검한다.
③ 피뢰기 1, 2차 절연저항을 측정한다.

2. 피뢰기의 절연저항 측정방법
① 1,000[V] 메가(Megger)로 측정한다.
② 메가로 피뢰기 1, 2차 양단간 금속부분의 절연저항을 측정한다.
③ 측정한 절연저항 값이 1,000MΩ 이상이면 양호

3. 피뢰기 설치장소
① 발, 변전소 모선으로부터 배전선로의 인출개소
② 가공선과 지중선과의 접속개소
③ R/C, S/E, 차단기, 구분개폐기 등의 개폐장치의 전원 및 부하 측의 각상, 단 환상망이 구성되지 않는 분기선로는 부하 측 생략 가능
④ 콘덴서의 전원 측 각상
⑤ 주상변압기 1차측, 단, 200m 구간 내에 피뢰기가 설치되어 있을 때는 생략 가능
⑥ 기타 필요개소

11 피뢰기 정기점검항목을 4가지 쓰시오. (6점)

| 작성답안

- 1차, 2차측 단자 및 단자볼트 이상 유무 점검
- 애자부분 손상여부 점검
- 절연저항측정
- 접지저항측정

강의 NOTE

■ 정기점검 사항 중 외관검사의 항목
- 애자 부분의 균열 또는 손상 등을 확인한다.
- 설치위치 및 설치 상태의 적정여부를 확인한다.
- 타 시설물과의 이격거리 및 설치 높이의 적정 여부를 확인한다.
- 취급자가 쉽게 접촉할 수 없도록 시설하였는지를 확인한다.
- 접지선의 굵기가 적정한지를 확인한다.

KEYWORD 04 피뢰기

KEYWORD 05 변성기

강의 NOTE

• 산 12
MOF에 대하여 간략히 설명하시오.

01 전력수급용 계기용 변성기(MOF : Metering Out Fit)

계기용 변성기란 사용전력량을 측정하기 위해 사용하는 전류 및 전압의 변성용 기기로서 계기용 변류기와 계기용 변압기를 한탱크 내에 수납한 것을 말한다.

일반적으로 변류기와 계기용 변압기를 사용함으로써 다음과 같은 효과가 있다.

1 고전압회로와 전기적으로 절연

측정하려고 하는 1차측의 고압회로와 2차측의 계전기 또는 계기회로를 전기적으로 절연하여 취급 전압을 저전압화 하고, 또한 2차측에는 안전을 위한 접지공사도 시공하게 되어 취급자의 안전을 도모하게 된다.

2 측정범위를 확대

교류에 있어서 측정범위를 확대하기 위하여 변류기와 계기용 변압기를 사용할 수밖에 없으며 고전압, 대전류를 대부분 110 [V], 5 [A]로 변성시켜 측정하므로 계기사용에 대한 융통성이 향상된다.
① 계전기 및 계기의 표준화 가능하다.
② 정밀 측정이 가능하다.
③ 계기의 배선이 용이하게 된다.
④ 원격측정 및 제어가 가능하다.

02 과전류강도

과전류 강도란 고장전류가 변류기 1차 권선에 흐를 경우 그 변류기의 1차 정격전류값의 몇배의 고장전류에 견디는가를 나타내는 정수를 말한다. 과전류 강도는 열적 과전류강도, 기계적 과전류강도로 나눈다.

1 MOF의 과전류강도는 기기 설치점에서 단락전류에 의해 계산 적용하되, 22.9[kV]급으로서 60[A] 이하의 MOF 최소 과전류강도는 전기사업자 규격에 의한 75배로 하고, 계산한 값이 75배 이상인 경우에는 150배로 적용하며, 60[A] 초과 시 MOF 과전류강도는 40배로 한다.

변류기의 과전류강도 (전기사업자규격)

	6.6 / 3.3 [kV]	22.9 / 13.2 [kV]
60[A] 이하	75배	75배
60[A] 초과 500[A] 미만	40배	40배
500[A] 이상	40배	40배

2 MOF 전단에 한류형 전력퓨즈를 설치하였을 때는 그 퓨즈로 제한되는 단락전류를 기준으로 과전류강도를 계산하여 상기 **1** 과 같이 적용한다.

3 다만, 수요자 또는 설계자의 요구에 의하여 MOF 또는 CT의 과전류 강도를 150배 이상으로 요구하는 경우는 그 값을 적용한다.

4 CT의 과전류강도는 기기 설치점에서 단락전류에 대한 과전류 강도 계산 값을 적용한다.

22.9[kV-Y] 가공 배전선로(ACSR 160[mm^2])에서 변전소로부터 3[km] 떨어진 지점의 3상 수용가 구내에 설치하는 계기용 변성기(MOF 5/5[A])의 과전류강도는 다음과 같이 구한다.

100[MVA] 기준으로 공급변압기, 가공전선로, MOF의 합성 %임피던스를 구한다.

$\%Z = 15.38 + j76.93 = 78.45$ [Ω]

단, 위 수치는 예시를 위한 가정의 수치이다.

$\dfrac{X}{R}$ 의 값에 의해 α(최대 비대칭전류 실효값 계수)를 구한다.

$\dfrac{X}{R} = \dfrac{76.93}{15.38} = 5.002$

> 강의 NOTE

다음 표에서 α를 구한다.
$\alpha = 1.262$

단락전류의 역률 또는 단락회로의 $\dfrac{X}{R}$을 기준으로 한 비대칭계수 α

단락전류의 역률%	단락회로의 $\dfrac{X}{R}$	대칭값에 곱해야 할 계수	
		최대비대칭 전류 실효값 α	3상 평균비대칭 실효값 β
0	∞	1.732	1.394
1	100.00	1.732	1.394
2	49.993	1.665	1.355
3	33.322	1.630	1.336
4	24.979	1.598	1.318
5	19.974	1.568	1.301
6	16.623	1.540	1.285
7	14.251	1.511	1.270
8	12.460	1.485	1.256
8.5	12.723	1.473	1.248
9	11.066	1.460	1.241
10	9.9501	1.436	1.229
11	9.0354	1.413	1.216
12	8.2733	1.391	1.204
13	7.6271	1.372	1.193
14	7.0721	1.350	1.182
15	6.5912	1.330	1.171
16	6.1695	1.312	1.161
17	5.7967	1.294	1.152
18	5.4649	1.277	1.146
19	5.1672	1.262	1.135
20	4.8990	1.247	1.127
21	4.6557	1.232	1.119
22	4.4341	1.218	1.112
23	4.2313	1.205	1.105
24	4.0450	1.192	1.099
25	3.8730	1.181	1.093
26	3.7138	1.170	1.087
27	3.5661	1.159	1.081
28	3.4286	1.149	1.075

대칭 단락전류를 구하면
$$I_s = \dfrac{100}{\%Z} I_n = \dfrac{100}{78.45} \times \dfrac{100}{\sqrt{3} \times 22.9} = 3215 \, [\text{A}]$$

비대칭 단락전류의 실효값을 구하면
최대 비대칭 단락전류 = 대칭 단락전류 × α
$$= 3215 \times 1.262 \times 10^3 = 4.1 \, [\text{kA}]$$

최대 비대칭 단락전류의 값을 기준으로 PF 동작시간(0.025초)의 단시간 과전류값을 구한다.

단시간 과전류 $I_{pf} = 4.1[\text{kA}] \times \sqrt{0.025} = 0.648[\text{kA}] = 648[\text{A}]$

그러므로 MOF과전류 강도는

과전류강도(S_n) $= \dfrac{I_{pf}}{\text{정격1차전류}} = \dfrac{648}{5} = 129.5$배

∴ 130배가 된다. 따라서 수용가에 필요한 MOF 과전류강도는 130배 이상인 150배를 선정한다.

강의 NOTE

- 퓨즈 용단시간 : 0.025초

KS C 1707 전력수급용 계기용변성기의 과전류강도

정격과전류 강도	보증하는 과전류
40	정격 1차 전류의 40배
75	정격 1차 전류의 75배
150	정격 1차 전류의 150배
300	정격 1차 전류의 300배

[주] 정격과전류 강도가 300을 초과하는 경우는 특수품으로 한다.

03 계기용 변압기(Potential Transformer : PT)

고압회로의 전압을 저압으로 변성하기 위해서 사용하는 것이며, 배전반의 전압계나 전력계, 주파수계, 역률계, 표시등 및 부족전압 트립코일의 전원으로 사용된다.

| 강의 NOTE |

1 정격전압

정격 1차전압 : 계통의 전압

정격 2차전압 : 110V 또는 115V

① 비 접지형 및 3상접지형의 경우 : 110V

② 단상접지형의 경우 : $\dfrac{110}{\sqrt{3}}$, $190\sqrt{3}$

③ 자가용 수전설비 $\dfrac{13.2}{22.9\text{kV}-\text{Y}}$의 경우 $\dfrac{13.2\text{kV}}{110\text{V}}$ 적용

• 기/산 98.00.11.15.18
계기용 변압기 2차 정격전압은?

2 정격부담

계기용변압기 2차측에서 오차범위를 유지할 수 있는 부하 임피던스를 VA로 표시한다.

$$VA = \dfrac{V_2^{\,2}}{Z_b}$$

여기서, V_2 : 정격 2차 전압(V)

Z_b : 계전기 계측기 2차 케이블을 포함한 총 부하[Ω]

계기용 변압기의 정격부담

계급	정격부담 (VA)						
0.1급	10	15	25	–	–	–	–
0.2급	10	15	25	–	–	–	–
0.5급	–	15	–	50	100	200	–
1.0급	–	15	–	50	100	200	500
3.0급	–	15	–	50	100	200	500

• 기 98.01
계기용 변압기의 1차측 및 2차측에 퓨즈를 부착하는지 여부와 그 이유를 간단히 설명하시오.

3 Fuse 사용

① 1차측 : 66KV 이하에서는 Fuse를 사용하고, 154KV 이상에서는 사용하지 않는 것이 일반적이다. PT의 고장이 선로에 파급되는 것을 방지하기 위해 설치하며, 고압 이상의 경우에는 COS 또는 PF로서 0.5A 또는 1A의 정격이 사용된다.

② 2차측 : Fuse를 사용하는 것이 일반적이다. 그러나 계전기회로, Volt Regulator회로, 영상전압회로 등에는 Fuse를 설치하지 아니하는 것을 원칙으로 한다. 부하의 고장 등으로 인한 2차측의 단락 발생시 1차측으로 사고파급을 방지하기 위해 설치한다. 정격부담에 적합한 전류치를 채용한다. (3, 5, 10A 등)

■ Fuse 사용으로 인한 전압강하는 0.1% 이하이어야 한다.

04 변류기(Current Transformer : CT)

변류기는 정상적인 사용 상태에서 변류기의 2차측 전류가 1차측 전류에 비례하고, 그 위상각의 변위가 거의 없는 특성을 갖춘 계측기기, 보호계전기나 이와 유사한 기기에 전류를 공급한다.

1 1차정격전류

변류기의 정격 1차 전류값은 그 회로의 최대 부하전류를 계산하여 그 값에 여유를 주어서 선정한다. 일반적으로 수용가의 인입회로나 전력용 변압기의 1차측에 설치하는 것은 최대부하전류의 125~150[%] 정도로 선정하고, 전동기 부하 등 기동전류가 큰 부하는 기동전류를 고려하여야 하므로 전동기의 정격 입력값이 200~250[%] 정도 선정한다.

2 2차정격전류

일반적으로 사용하는 보통의 계기, 보호계전기 등의 정격은 2차전류는 5[A]의 것이 사용된다. 디지털 보호계전기 등의 경우에는 1[A]의 것을 사용하는 경우도 있으며, 멀리 떨어진 장소에서 원방 계측하는 경우는 변류기 2차 배선의 부담을 줄이기 위하 2차 정격전류를 0.1[A]로 하는 경우도 있다.

3 변류비

변류비는 다음과 같이 구한다.
① 1차 전류를 구한다.
② 여유율을 적용한다.
③ 1차 정격을 선정하여 변류비를 선정한다.

강의 NOTE

• 산 19.22
변류기의 역할과 기능에 대해 서술하시오.

• 기 85.93 산(유) 98.16.17
13200/22900 3상 4선식으로 수전하며 수전용량이 750kVA라 할 때 인입구에 시설하는 MOF의 변류비를 구하시오.

• 98.16.17
부하용량이 500kW이고 전압이 3상 380V인 경우 변류기의 1차 정격전류를 계산하시오.

강의 NOTE

1차 전류	5, 10, 15, 20, 30, 40, 50, 75, 100, 150, 200, 300, 400, 500 [A]
2차 전류	5 [A]
정격 부담	5, 10, 15, 25, 40, 100 [VA]

- 기/산 98.00.11.15.18
변류기의 2차 정격전류는 얼마인가?

4 변류기의 부담

변류기의 부담이란 변류기 2차 단자에 접속하는 부하(계측기, 계기)가 2차 전류에 의해 소비되는 피상전력을 말한다.

- 산 19.22
변류기의 정격 부담이란 무엇을 의미하는지 서술하시오.

변류기의 정격부담

계급	정격부담 [단위 : VA]						
0.1급	2.5	5	–	15	25	–	–
0.2급	2.5	5	–	15	25	–	–
0.3급	–	–	–	15	25	40	100
0.4급	–	5	10	15	25	40	100
0.5급	–	5	10	15	25	40	100

[주1] 정격 2차전류 0.1A의 변류기는 정격부담 2.5VA 및 5VA에 한한다.
[주2] 정격 2차전류 5A의 변류기는 정격부담 2.5VA를 제외한다.

$$Z = \frac{VA}{I^2}$$

여기서, Z : 변류기 2차권선의 임피던스,
VA : 변류기 2차권선의 정격부담,
I : 변류기 2차권선의 정격전류

05 변류기의 과전류강도

계전기용 변류기는 단락사고가 발생하게 되면 주회로에 접속된 변류기는 1차권선에 대전류가 흐르게 된다. 이 경우 변류기의 권선의 온도가 상승하고, 또 권선이 용단될 수 있으며, 강력한 전자력이 발생하여 권선을 변형시킬 수도 있다. 따라서, 계전기용 변류기는 이러한 사고에 대하여 열적, 기계적 강도를 가지고 견디어야 한다. 과전류 강도란 고장전류가 변류기 1차 권선에 흐를 경우 그 변류기의 1차 정격전류값의 몇 배의 고장전류에 견디는가를 나타내는 정수를 말한다. 과전류 강도는 열적 과전류강도, 기계적 과전류강도로 나눈다.

■ 계측기용과 계전기용 CT의 차이점
계측기용은 전류계, 전력계 및 전력량계 등에 사용되기 때문에 정격전류에서의 변성비 오차가 작은 것이 좋고, 계전기용은 지락 단락 등과 같은 이상시에 흐르는 전류에서 동작하는 것이기 때문에 정격전류에서의 변성비 오차보다는 과전류 정수, 과전류 강도 등이 더욱 중요하게 된다.

변류기의 정격과전류 부담

정격과전류 강도	보증하는 과전류
40	정격 1차 전류의 40배
75	정격 1차 전류의 75배
150	정격 1차 전류의 150배
300	정격 1차 전류의 300배

[주] 정격과전류 강도가 300을 초과하는 경우는 특수품으로 한다.

1 열적 과전류강도

열적과전류 강도는 변류기에 손상을 주지 않고 1초 동안 1차에 흘릴 수 있는 전류의 최대값kA(rms)을 말한다. 과전류가 흐르는 시간에 따라 이 열적과전류 강도는 다르게 되며, 임의의 지속시간에 대한 열적과전류 강도를 계산한다.

$$S = \frac{S_n}{\sqrt{t}} \text{[kA]}$$

여기서 S : 통전시간 t초에 대한 열적과전류 강도
S_n : 정격과전류 강도(kA), t : 통전시간(Sec)

2 기계적 과전류 강도

기계적 과전류 강도는 고장전류의 최대 진폭에 견디는 능력을 말하며, 최대 고장전류의 실효값의 $2\sqrt{2}$ 배의 진폭에 견디어야 한다. KS 규격에 의해 직류분의 감쇄를 고려하면 정격과전류 강도에 해당하는 1차전류(A rms)의 2.5배 정도의 최대순시값에 견디면 충분하다고 본다.

변류기의 기계적 강도 ≥ $\dfrac{\text{전력회로의 최대 고장전류 A}}{\text{변류기의 1차 정격전류 A}}$

강의 NOTE

■ 열적 과전류강도
과전류 강도가 3kA로 표기된 변류기에 고장전류가 흐를 경우 0.1초 이내 차단하는 차단기가 시설되며, 과전류 강도는
$$S = \frac{S_n}{\sqrt{t}} = \frac{3}{\sqrt{0.1}} = 9.49 \text{ [kA]}$$
9.49로 실제 과전류가 강도가 증가하게 된다.

• 기 21
어느 자가용 전기설비의 고장 전류가 8kA이고 CT비가 50/5인 변류기의 정격 과전류 강도는 얼마인지 쓰시오. 단, 사고 발생 후 2초 이내 한전차단기가 동작하는 것으로 한다.

• 기 20
열적과전류강도를 표시하는 식을 쓰고, 기계적 과전류 강도가 무엇인지 설명하시오.

강의 NOTE

- 기 19
변류기의 비오차에 관하여 설명하고 비오차를 구하는 공식을 쓰시오.

- 산 20.22
공칭변류비가 100/5A이다. 1차측에 400A를 흘렸을 때 2차에 10A가 흐른다면 이 경우 비오차를 구하시오.

- 기 97.00.03.11.13.16
- 산(유) 97.00.03.11.16
변류기의 2차측을 개방하면 어떤 현상이 발생하는지 원인과 결과를 간단히 쓰시오.

- 기 94 산(유) 94
통전중인 변류기의 2차에 연결된 계기를 바꿀 경우 제일 먼저 취하여야 할 조치를 설명하시오.

■ 변류기 2차의 개방
정격부담을 많이 초과하거나 개방상태가 되면 1차전류는 모두가 여자전류가 되어 자기포화와 철손이 증가하여 소손되는 경우가 있으며 고전압이 발생하여 위험하다.
변류기는 2차 회로의 임피던스가 낮고 전압도 낮으므로 여자전류도 극히 적은 상태가 되는 것이 정상적인 변류기이며, 2차가 개방되면 1차 전류는 선로 전류이며, 2차가 개방되면 변류기 2차에 전류가 흐르지 않아 1차 선로 전류가 모두 1차측에서 여자전류로 작용하게 된다. 이때 철심의 자속밀도는 매우 높아지게 되고 포화 한도 까지 고전압이 유기되어 2차 측 회로의 절연이 파괴되거나, 철손이 증가 하므로 과열이 되어 소손이 된다. 따라서 변류기 2차측의 전류계를 교환할 경우 변류기 2차를 단락상태로 유지한 다음 전류계를 교환하는 것이 좋다.

- 기 93.07.12.17
- 산 93.07.12.20
- 산(유) 89.97.98.00.03.05.06.08.15.21

06 변류기의 과전류 정수

변류기의 1차 권선에 흐르는 전류는 점차 증가하게 되어 어느 한도에 도달하게 되면 변류기의 자속밀도가 포화되어 여자전류가 급격히 증가하게 된다. 이 경우 비오차가 (−)로 증가하고 변류기는 2차 전류가 감소하여 흐르지 않게 된다. 이러한 현상은 변류기의 2차 부담과 관계되는데, 2차 부담이 클수록 심해진다. 과전류 정수는 변류기의 정격부담, 정격주파수 하에서 비오차가 −10%가 될 때 1차 전류값을 1차정격전류로 나눈 값을 n으로 표시하며, n>5, n>10, n>20, n>40으로 표시한다.

$$과전류정수 = \frac{비오차\,(-)\,10\%의\,1차\,전류의\,최대값}{1차정격전류}$$

비오차란 공칭변류비와 측정변류비 사이에서 얻어진 백분율 오차를 말한다.

$$비오차 = \frac{공칭변류비 - 측정변류비}{측정변류비} \times 100\,[\%]$$

07 변류기의 결선

1 가동 접속

전류계에 흐르는 전류는 $\dot{I}_a + \dot{I}_c$ 이며, 이 전류는 b상의 전류와 같게 된다. 1차 전류와 전류계에 흐르는 전류는 아래와 같다.

$I_1 = $ 전류계 Ⓐ 지시값 × CT 비

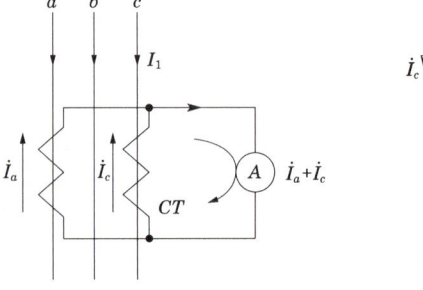
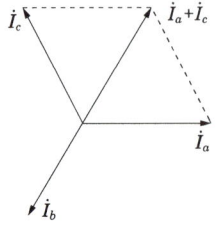

변류기의 가동접속

2 교차 접속

아래 그림과 같이 c상의 변류기를 반대로 접속한 것을 차동접속(교차 접속)이라 한다. 이 방식은 전류계에 흐르는 전류가 a상과 c상의 전류의 벡터차가 흐르게 된다.

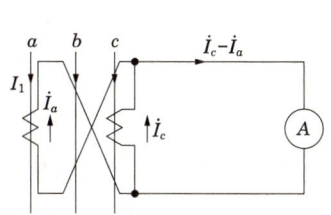
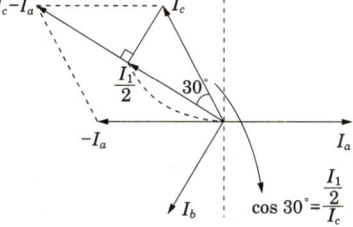

변류기의 차동접속

전류계에 흐르는 전류는 $\dot{I}_c - \dot{I}_a$이며, 이 전류는 벡터도와 같이 CT 2차 전류의 $\sqrt{3}$배가 됨을 알 수 있다. 1차 전류는 아래와 같다.

$I_1 =$ 전류계 Ⓐ 지시값 $\times \dfrac{1}{\sqrt{3}} \times CT$ 비

- 기 07.11.13.14.17
- 산 97.07.11.13.14.17

3 잔류회로결선 (Y결선)

3상4선식 직접접지 방식 배전선로의 경우에는 CT의 잔류 회로에 아래 그림과 같이 지락 과전류 계전기 (OCGR) 1개를 설치하여 지락 보호한다. 직접접지 방식 선로에서 1상이 지락된다는 것은 한상이 단락상태로 되는 것이므로, 큰 지락 전류가 흐르기 때문에 계전기가 신속하게 동작할 수 있는 장점이 있다.

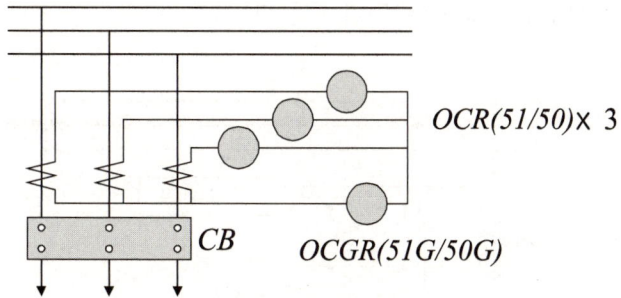

잔류회로방식

① 3상 전류를 정확히 측정한다.
② 3상 전류의 불평형 분을 측정한다.
③ 중성점 접지방식에서 지락사고 검출 용이하다.
④ 잔류회로에는 각 상전류의 벡터합이 흐르며 영상전류의 3배가 흐르게 된다.

⑤ 잔류회로에 회로전위를 안정시키기 위한 접지는 반드시 한곳에만 실시한다.

4 3권선CT회로방식

저항접지방식에서는 지락전류를 수백A 이하로 억제하기 때문에 변류비에 따라서 지락보호계전기의 탭 선정이 곤란한 경우가 발생할 수 있다. 따라서 유도형(아날로그)의 경우에는 변류비가 클 경우 탭 선정이 곤란하게 되며, 정지형 및 디지털형의 경우에는 탭 선정의 범위가 넓으므로 (800~1000/5A) 잔류회로 이용이 가능하다. 그러나 변류기의 변류비가 400/5 이상의 경우는 2차 전류의 크기가 작아져 계전기 동작에 필요한 영상전류의 검출이 어려워지므로 3권선CT회로 방식을 적용하여 영상전류를 검출한다.

① 고저항 접지계통에 주로 사용하여 지락사고를 검출한다.
② 3차권선으로 3차 영상분로를 결선한다.
③ 2차권선은 Y결선으로 잔류회로 없이 결선한다.
④ CT비가 400/5 이상인 경우 주로 사용한다.

$$3차\ 전류 = \frac{1차\ 지락전류}{3차권선의\ 변류비 \times 3}$$

⑤ 2차권선에 과전류계전기, 3차권선에 지락계전기를 접속한다.
⑥ 3상회로에 사용할 경우 2차회로에는 상전류, 영상전류가 3차회로에 영상전류가 흐른다.
⑦ 3상회로에 사용할 경우 3배의 영상전류($3I_0$)가 흐르고 3차 영상분로에는 1배의 영상전류(I_0)가 흐른다.

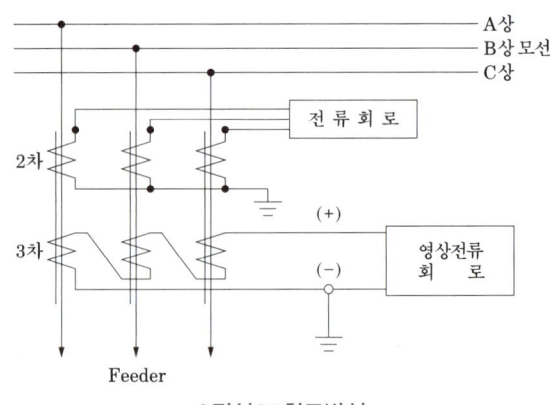

3권선CT회로방식

08 영상 변류기(Zero phase Current Transformer : ZCT)

영상변류기는 고압모선이나 부하기기에 지락사고가 생겼을 때 흐르는 영상전류(지락전류)를 검출하여 접지 계전기에 의하여 차단기를 동작시켜 사고범위를 작게 한다. 권선형과 관통형이 있다.

① 정격 1차전류는 200mA, 2차전류는 1.5mA 및 3.0mA가 표준이다.
② 영상전류를 검출하기 위하여 1개의 철심을 썼으며 철심의 특성차에 의한 오차 출력이 적어서 고감도의 지락사고 보호에 적합하다.
③ 비접지 배전선로의 지락보호에 선택접지 계전기와 함께 쓰인다.
④ ZCT를 지락계전기에 접속하지 않을 경우 2차측 K, L은 반듯이 단락해 둔다.
⑤ Cable 관통형을 적용할 때 케이블 시이즈 접지는 영상전류 합이 0이 되지 않도록 주의한다. 즉 케이블 전원측에 ZCT를 설치하고 케이블 시이즈를 접지할 경우 ZCT를 관통시켜 접지하여야 하며, 케이블 부하측에 ZCT를 설치하고 케이블 시이즈를 접지할 경우 ZCT를 관통하지 않고 접지한다.

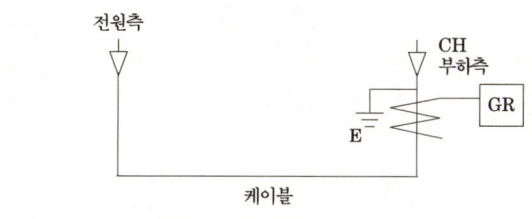

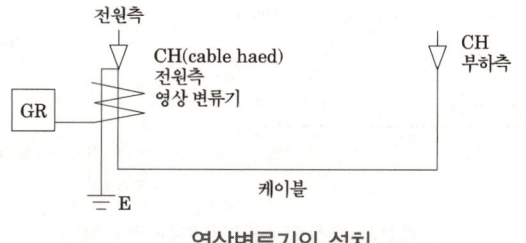

영상변류기의 설치

> **기 14**
> 다음 상태에서 영상변류기의 영상전류 검출에 대해서 설명하시오.
> (1) 정상상태
> (2) 지락상태

강의 NOTE

09 GPT(접지형 계기용변압기)

1 영상전압의 검출

접지형 계기용 변압기는 비접지 계통에서 지락 사고시의 영상전압을 검출한다. 아래 그림에서 접지형 계기용 변압기는 정상상태가 된다. 정상 운전시에는 영상전압이 평형상태가 된다. 이때 각상의 전압은 $\frac{110}{\sqrt{3}}$ [V]가 되고 120°의 위상 차이가 있기 때문에 평형이 되고 이들의 합은 0 [V]가 된다.

• 산 12
그림의 전압계가 지시하는 것은 무엇인가?

• 기 90.94.00.03.08.10.12.17.20
접지형 계기용 변압기의 전위변화와 계산

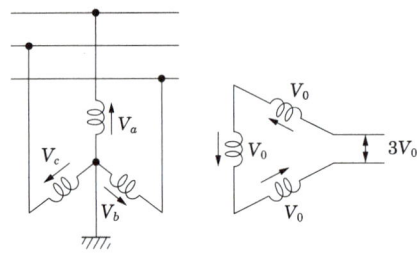

GPT의 영상전압 검출

1선 지락고장의 경우 지락상의 전압이 0 [V]가 되면, 나머지 건전상은 전압상승이 $\sqrt{3}$ 배가 되어 2차 전압 110 [V]가 Y 결선이므로 건전상 전압이 차전압이 되어 벡터합에 의해 190 [V]의 영상전압(중성점 이동현상)이 생긴다. 이 전압에 의해 지락과전압계전기를 동작시켜 비접지 3상회로의 접지보호를 한다. 그림은 b상이 지락고장시 전위상승을 나타낸 것이다.

• 기 19
GPT의 영상전압을 구하시오.

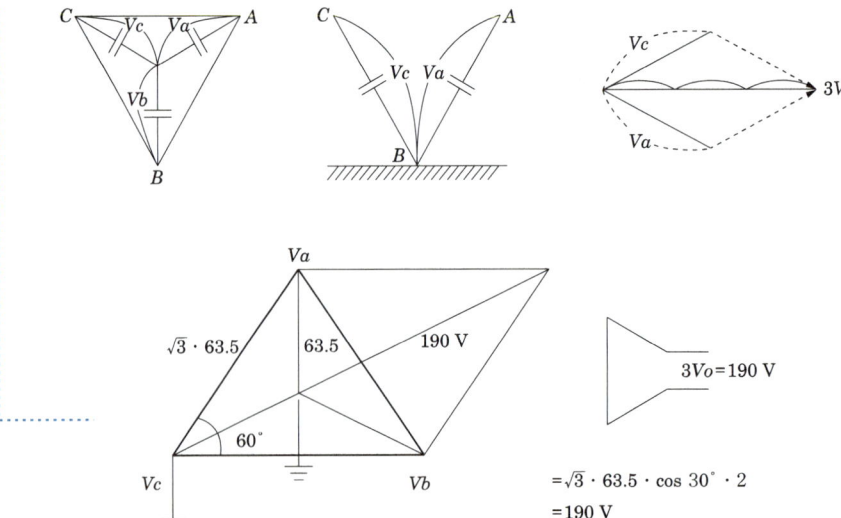

지락시 중성점 이동에 의한 전위상승

GPT 2차측 전압은 110 [V]가 대부분이며, 100 [V]나 115 [V] 제품도 있다.
3차측 전압은 $\frac{190}{3}$ [V]가 대부분이며, $\frac{110}{\sqrt{3}}$ 또는 $\frac{190}{\sqrt{3}}$ 제품도 있다.

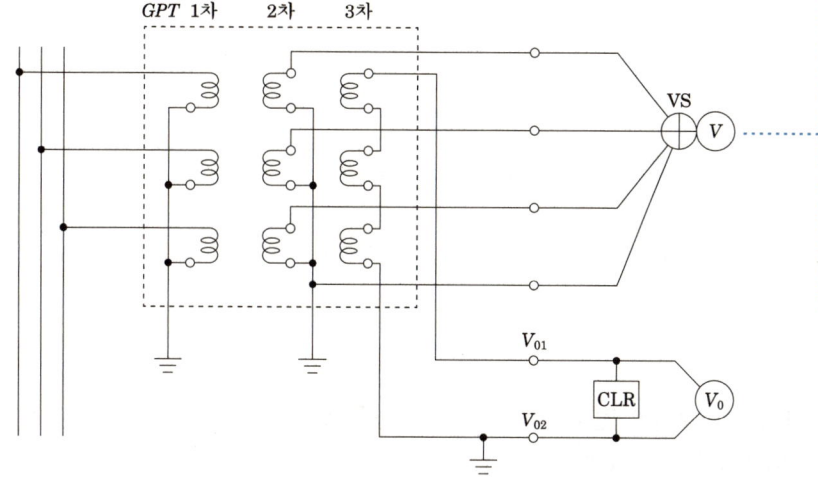

강의 NOTE

■ 접지형계기용변압기 결선

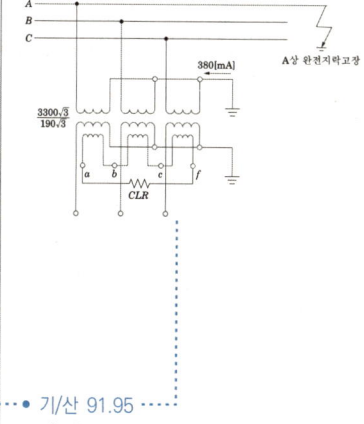

- 기/산 91.95
- 기 16

미완성 결선을 완성하고 GPT의 사용용도와 1차, 2차, 3차 정격전압을 쓰시오.

2 CLR의 설치목적 (GPT의 OPEN △단자에 설치)

① 계전기 구동에 필요한 유효전류를 발생
② 중성점 불안정 현상 등의 이상 현상을 억제
③ 개방△ 결선회로의 각상 전압 중 제3고조파 전압의 발생 방지

관련문제

05. 변성기

□□□ 12

1 MOF에 대하여 간략히 설명하시오. (5점)

| 작성답안

> PT와 CT를 한 탱크내에 내장한 것으로 고전압·대전류를 저전압·소전류로 변성하여 전력량계에 전원을 공급해주는 기기이다.

□□□ 13, 18

2 다음 그림은 배전반에서 계측을 하기위한 계기용 변성기이다. 아래 그림을 보고 명칭, 약호, 심벌, 역할에 알맞은 내용을 쓰시오. (5점)

구분		
명칭		
약호		
심벌		
역할		

| 작성답안

구분		
명칭	변류기	계기용변압기
약호	CT	PT
심벌	CT	(심벌)
역할	대전류를 소전류로 변성하여 계기 및 계전기에 공급한다.	고전압을 저전압으로 변성하여 계기 및 계전기 등의 전원으로 사용한다.

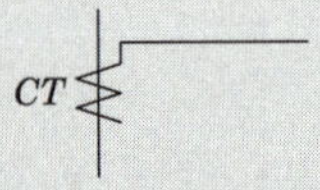

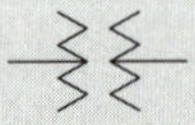

3

□□□ 99

그림은 동력결선도에 표현되어 있는 도면의 일부분을 나타낸 것이다. 이 그림을 보고 다음 각 물음에 답하시오. (5점)

(1) 그림 기호가 표현하고 있는 의미를 설명하시오.

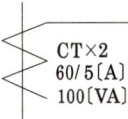

○ _____

(2) 1차 전류가 45 [A]이면 2차 전류는 몇 [A]가 되는가?

○ _____

| 작성답안

(1) 변류비 60/5, 정격 부담 100 [VA]인 변류기 2대

(2) 계산 : $I_2 = 45 \times \dfrac{5}{60} = 3.75$ [A]

답 : 3.75 [A]

4

□□□ 19, 22

다음 변류기에 대하여 물음에 답하시오. (5점)

(1) 변류기 역할, 기능에 대해 서술하시오

○ _____

(2) 변류기의 정격부담이란 무엇을 의미하는지 서술하시오

○ _____

| 작성답안

(1) 회로의 대전류를 소전류로 변성하여 계기나 계전기에 공급하기 위한 목적으로 사용한다.
(2) 변류기 2차측 단자간에 접속되는 부하의 한도를 말하며 [VA]로 표시한다.

■ 변류기의 부담

변류기의 부담이란 변류기 2차 단자에 접속하는 부하(계측기, 계기)가 2차 전류에 의해 소비되는 피상전력을 말한다. 변류기의 정격부담은 규정된 조건하에서 정해진 특성을 보증하는 변류기의 권선당 부담을 말한다. 변류기는 변류기의 정격부담보다 변류기의 부하 사용부담이 클 경우에는 변류기의 오차가 증가한다. 또 과전류 특성도 나빠진다. 따라서 변류기의 부하로 보호계전기가 연결되어 있는 경우에는 특히 부담을 주의하여 선정하여야 한다. 변류기의 2차배선의 길이가 길 경우에는 배선의 임피던스에 의한 배선의 부담을 무시할 수 없고, 이것을 고려하여 변류기 부담을 선정해야 한다.

$$Z = \dfrac{VA}{I^2}$$

여기서, Z : 변류기 2차권선의 임피던스,
VA : 변류기 2차권선의 정격부담,
I : 변류기 2차권선의 정격전류

☐☐☐ 98, 16, 17

5
부하용량이 900[kW]이고, 전압이 3상 380[V]인 수용가 전기설비의 계기용 변류기를 결정하고자 한다. 다음 조건에 알맞은 변류기를 주어진 표에서 찾아 선정하시오. (5점)

- 수용가의 인입회로에 설치하는 것으로 한다.
- 부하 역률은 0.9로 계산한다.
- 실제 사용하는 정도의 1차 전류용량으로 하며 여유율은 1.25배로 한다.

변류기의 정격

1차 정격전류[A]	400	500	600	750	1000	1500	2000	2500
2차 정격전류[A]	5							

강의 NOTE

■ 변류비

변류비는 다음과 같이 구한다.
① 1차 전류를 구한다.
② 여유율을 적용한다.
③ 1차 정격을 선정하여 변류비를 선정한다.

$$1차전류(I_1) = \frac{2차권선}{1차권선} \times 2차전류$$

$$= \frac{N_2}{N_1} \times I_2$$

$$\frac{N_2}{N_1} = \frac{I_1}{I_2} = 변류비(CT비)$$

1차 정격전류[A]	5, 10, 15, 20, 30, 40, 50, 75, 100, 150, 200, 300, 400, 500 [A]
2차 정격전류[A]	5
정격 부담	5, 10, 15, 25, 40, 100 [VA]

| 작성답안

계산 : $I_1 = \frac{P}{\sqrt{3}\,V\cos\theta} \times 1.25 = \frac{900 \times 10^3}{\sqrt{3} \times 380 \times 0.9} \times 1.25 = 1899.18$ [A]

∴ 표준규격 2000/5 선정

답 : 2000/5

☐☐☐ 20, 22

6
공칭 변류비가 100/5A이다. 1차측에 400A를 흘렸을 때 2차에 10A가 흘렀을 경우 비오차(%)는? (5점)

■ 변류기 과전류강도

열적과전류 강도는 변류기에 손상을 주지 않고 1초 동안 1차에 흘릴 수 있는 전류의 최대값kA(rms)을 말한다. 과전류가 흐르는 시간에 따라 이 열적과전류 강도는 다르게 되며, 임의의 지속시간에 대한 열적과전류 강도를 계산한다.

$$S = \frac{S_n}{\sqrt{t}} [kA]$$

여기서
S : 통전시간 t초에 대한 열적과전류 강도
S_n : 정격과전류 강도(kA)
t : 통전시간(Sec)

| 작성답안

계산 : 비오차 = $\frac{공칭변류비 - 측정변류비}{측정변류비} \times 100$ [%] = $\frac{100/5 - 400/10}{400/10} \times 100 = -25$ [%]

답 : -25[%]

□□□ 93

7 변류비 200/5의 CT 2개를 그림과 같이 접속하여 평형 3상 전류를 측정하고자 한다. 전류계의 지시가 3.45 [A]일 때, CT 1차측(선로의 1차 전류)에 흐르는 전류는 몇 [A]인가?(5점)

| 작성답안

계산 : 1차 전류 $I_1 = 3.45 \times \dfrac{200}{5} = 138$ [A]

답 : 138 [A]

□□□ 07, 12, 20

8 그림과 같이 CT가 결선되어 있을 때 전류계 A_3의 지시는 얼마인가? (단, 부하 전류 $I_1 = I_2 = I_3 = I$로 한다.)(5점)

| 작성답안

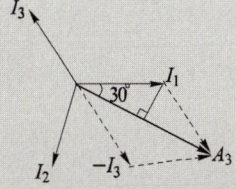

$A_3 = \dot{I}_1 - \dot{I}_3 = 2 \times I_1 \cos 30° = \sqrt{3}\, I$

답 : $\sqrt{3}\, I$

강의 NOTE

■ 변류기의 결선

① 가동 접속
전류계에 흐르는 전류는 $\dot{I}_a + \dot{I}_c$ 이며, 이 전류는 b상의 전류와 같게 된다. 1차 전류와 전류계에 흐르는 전류는 아래와 같다.
I_1 = 전류계 Ⓐ 지시값 × CT비

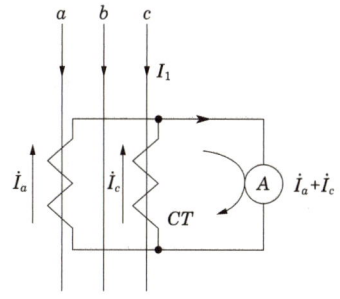

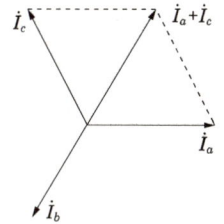

② 교차 접속
아래 그림과 같이 c상의 변류기를 반대로 접속한 것을 차동접속(교차 접속)이라 한다. 이 방식은 전류계에 흐르는 전류가 a상과 c상의 전류의 벡터차가 흐르게 된다.

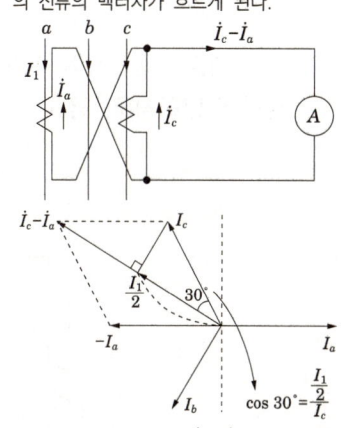

전류계에 흐르는 전류는 $\dot{I}_c - \dot{I}_a$ 이며, 이 전류는 벡터도와 같이 CT 2차 전류의 $\sqrt{3}$ 배가 됨을 알 수 있다. 1차 전류는 아래와 같다.

I_1 = 전류계 Ⓐ 지시값 × $\dfrac{1}{\sqrt{3}}$ × CT비

□□□ 97, 07, 11, 13, 14, 17

9
변류비 40/5인 CT 2개를 그림과 같이 접속할 때 전류계에 2[A]가 흐른다면 CT 1차측에 흐르는 전류는 몇 [A]인가? (5점)

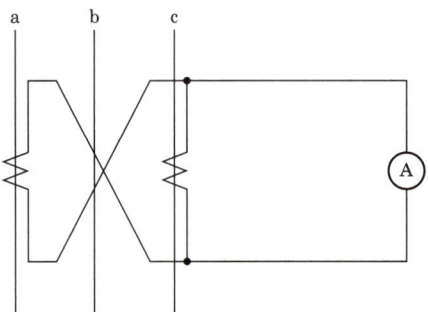

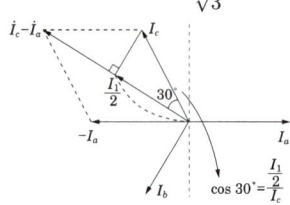

■ 교차 접속

I_1 =전류계 Ⓐ 지시값 $\times \dfrac{1}{\sqrt{3}} \times CT$비

| 작성답안

계산 : I_1 =전류계 Ⓐ 지시값 $\times \dfrac{1}{\sqrt{3}} \times CT$비 $= 2 \times \dfrac{1}{\sqrt{3}} \times \dfrac{40}{5} = 9.237$[A]

답 : 9.24[A]

□□□ 89, 97, 98, 00, 03, 05, 06, 15, 21

10
CT 2대를 V결선하여 OCR 3대를 그림과 같이 연결하여 사용할 경우 다음 각 물음에 답하시오. (8점)

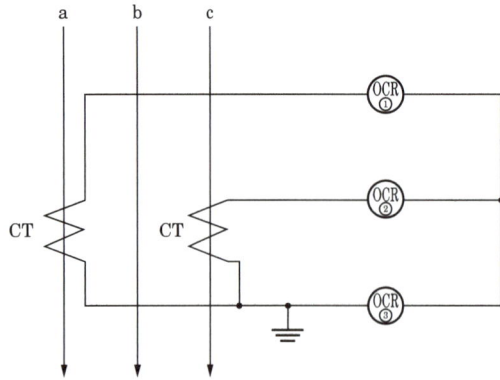

(1) 국내에서 사용되는 CT는 일반적으로 어떤 극성을 사용하는가?

(2) 도면에서 사용된 CT의 변류비가 40 : 5이고 변류기 2차측 전류를 측정하니 3 [A]의 전류가 흘렀다면 수전전력은 몇 [kW]인가? (단, 수전전압은 22900 [V]이고 역률은 90 [%]이다.)

   ○ _____

(3) OCR 중에서 ③번 OCR에 흐르는 전류는 어떤 상의 전류인가?

   ○ _____

(4) OCR의 어떤 경우 동작하는가 원인을 쓰시오.

   ○ _____

(5) 통전 중에 있는 변류기 2차측 기기를 교체하고자 할 때 가장 먼저 취하여야 할 조치는 무엇인지를 설명하시오.

   ○ _____

강의 NOTE

■ 변류기 2차개방

변류기의 2차측을 개방하면 변류기 1차측 부하 전류가 모두 여자 전류가 되어 변류기 2차측에 고전압을 유기하여 변류기의 절연을 파괴할 수 있다. 따라서 2차측은 개방하여서는 안된다 따라서 변류기 2차측의 전류계를 교환할 경우 변류기 2차를 단락상태로 유지한 다음 전류계를 교환하여야 한다.

| 작성답안

(1) 감극성
(2) 계산 : $P = \sqrt{3}\,VI\cos\theta$ 에서

$$P = \sqrt{3} \times 22900 \times 3 \times \frac{40}{5} \times 0.9 \times 10^{-3} = 856.74\,[\text{kW}]$$

   답 : 856.74 [kW]
(3) b상 전류
(4) 단락 사고 또는 과부하
(5) 2차측 단락

□□□ 08

11 변류기(CT) 2대를 V결선하여 OCR 3대를 그림과 같이 연결하였다. 그림을 보고 다음 각 물음에 답하시오. (8점)

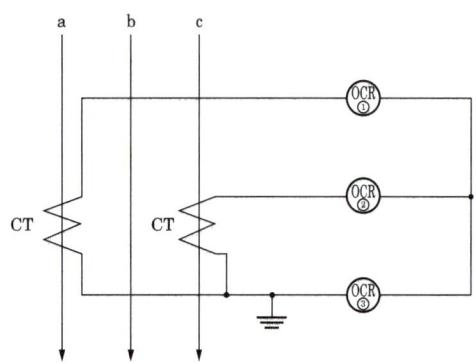

(1) 우리나라에서 사용하는 변류기(CT)의 극성은 일반적으로 어떤 극성을 사용하는지 쓰시오.

○ _____

(2) 변류기 2차측에 접속하는 외부 부하임피던스를 무엇이라고 하는지 쓰시오.

○ _____

(3) ③번에 OCR에 흐르는 전류는 어떤 상의 전류인지 쓰시오.

○ _____

(4) OCR은 주로 어떤 사고가 발생하였을 때 작동하는지 쓰시오.

○ _____

(5) 이 전로는 어떤 배전방식을 취하고 있는지 쓰시오.

○ _____

(6) 그림에서 CT의 변류비가 30/5이고, 변류기 2차측 전류를 측정하였더니 3[A]이였다면 수전전력은 약 몇 kW인지 계산하시오. (단, 수전전압은 22900[V]이고, 역률은 90[%]이다.)

○ _____

| 작성답안

(1) 감극성 (2) 부담
(3) b상전류 (4) 단락사고
(5) 3상3선식 비접지방식
(6) 계산 : $P = \sqrt{3}\,VI\cos\theta = \sqrt{3} \times 22900 \times \left(3 \times \dfrac{30}{5}\right) \times 0.9 \times 10^{-3} = 642.556\,[\text{kW}]$
　답 : 642.56[kW]

□□□ 94

12 단상 2선식 100 [V]에서 사용하는 정격 소비 전력 3 [kW]의 전열기 부하 전류를 측정하기 위하여 60/5 [A]의 변류기를 사용하였다면 전류계의 지시값은?(4점)

○ _____

| 작성답안

계산 : 전류계 지시값 $I = \dfrac{3000}{100} \times \dfrac{5}{60} = 2.5$ [A]

답 : 2.5 [A]

□□□ 94

13 통전중인 변류기 2차측에 연결된 계기를 바꾸려고 한다. 이 때에 제일 먼저 취하여야 할 조치는 무엇인가?(4점)

○ _____

| 작성답안

변류기 2차측 단락

□□□ 97, 00, 03, 11, 16

14 변류기의 1차측에 전류가 흐르는 상태에서 2차측을 개방하면 어떤 문제점이 있는지 2가지를 쓰시오.(5점)

○ _____

| 작성답안

- 2차측에 과전압이 발생한다.
- 2차측 권선의 절연이 파괴된다.

■ 변류기 2차개방

변류기의 2차측을 개방하면 변류기 1차측 부하 전류가 모두 여자 전류가 되어 변류기 2차측에 고전압을 유기하여 변류기의 절연을 파괴할 수 있다. 따라서 2차측은 개방하여서는 안된다. 따라서 변류기 2차측의 전류계를 교환할 경우 변류기 2차를 단락상태로 유지한 다음 전류계를 교환하여야 한다.

□□□ 98, 00, 11, 15, 18

15 CT 및 PT에 대한 다음 각 물음에 답하시오. (6점)

(1) CT는 운전 중에 개방하여서는 아니된다. 그 이유는?

　○ _____

(2) PT의 2차측 정격 전압과 CT의 2차측 정격 전류는 일반적으로 얼마로 하는가?

　○ _____

(3) 3상 간선의 전압 및 전류를 측정하기 위하여 PT와 CT를 설치할 때, 다음 그림의 결선도를 답안지에 완성하시오. 퓨즈와 접지가 필요한 곳에는 표시를 하시오. 퓨즈 ─▱─, PT는 ─⦚⦚─, CT는 ⊃로 표현하시오.

■ 계기용변압기 정격전압
정격 1차전압 : 계통의 전압
정격 2차전압 : 110V 또는 115V
- 비 접지형 및 3상접지형의 경우 : 110V
- 단상접지형의 경우 : $110/\sqrt{3}$, $190/\sqrt{3}$
- 자가용 수전설비 13.2/22.9kV-Y의 경우 13.2kV / 110V 적용

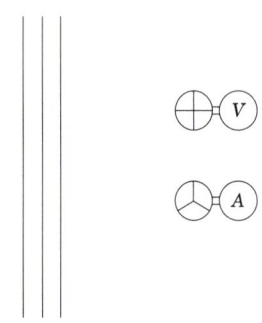

| 작성답안

(1) 변류기 2차 개방 시 1차 전류가 모두 여자 전류가 되어 자기포화현상에 의한 2차측 과전압이 발생하여 절연이 파괴될 수 있기 때문이다.

(2) PT의 2차 정격 전압 : 110[V]
　　CT의 2차 정격 전류 : 5[A]

(3)

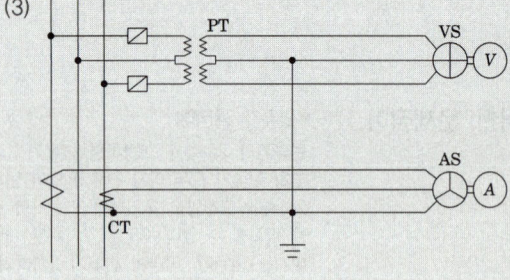

□□□ 17 07

16 다음의 결선도는 PT 및 CT의 미완성 결선도이다. 그림기호를 그리고 약호들을 사용하여 결선도를 완성하시오. (6점)

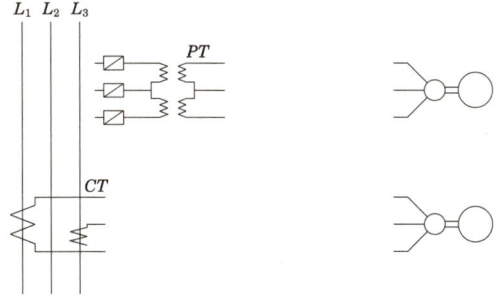

| 작성답안

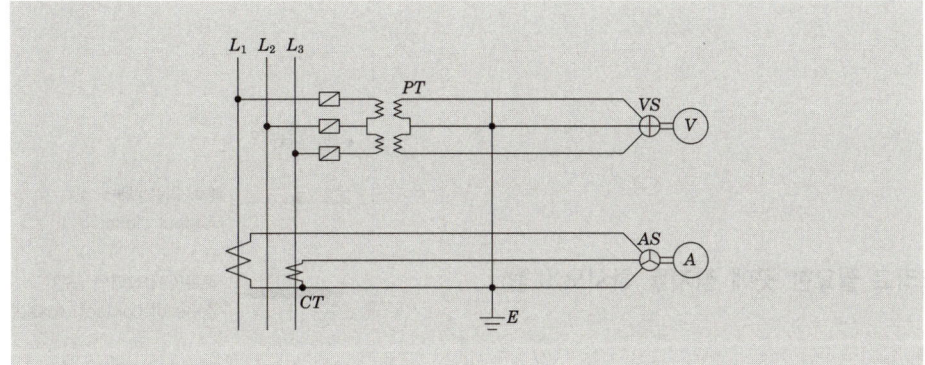

□□□ 89, 02, 06, 12

17 계기용 변압기(PT)와 전압 절환 개폐기(VS 혹은 VCS)로 모선 전압을 측정하고자 한다. (4점)

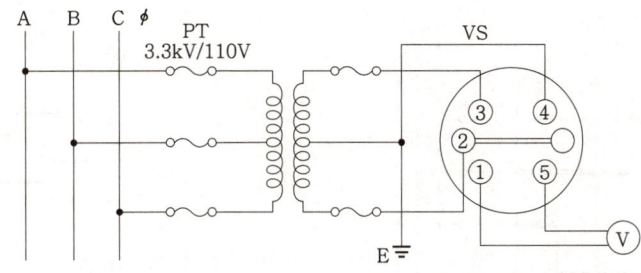

(1) V_{AB} 측정시 VS 단자 중 단락되는 접점을 2가지 쓰시오.

■ 계기용변압기
고압회로의 전압을 저압으로 변성하기 위해서 사용하는 것이며, 배전반의 전압계나 전력계, 주파수계, 역률계, 표시등 및 부족전압 트립코일의 전원으로 사용된다.

(2) V_{BC} 측정시 VS 단자 중 단락되는 접점을 2가지 쓰시오.

  ○ _____

(3) PT 2차측을 접지하는 이유를 기술하시오.

  ○ _____

| 작성답안

(1) ①-③, ④-⑤
(2) ①-②, ④-⑤
(3) PT의 절연 파괴시 고저압 혼촉사고로 인한 2차측의 전위 상승을 방지하기 위하여

□□□ 13

18 CT와 AS와 전류계 결선도를 그리고 필요한 곳에 접지를 하시오. (5점)

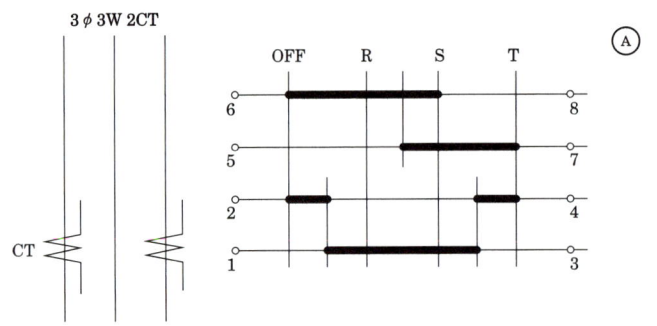

| 작성답안

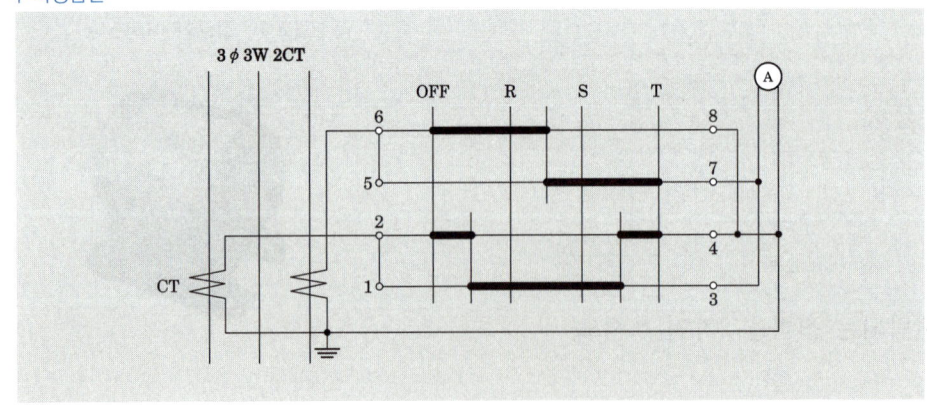

■ 캠스위치

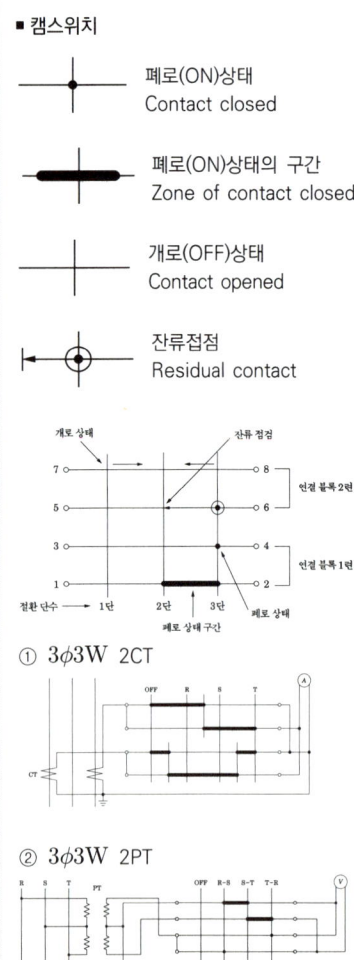

□□□ 12

19 다음 그림에서 Ⓥ가 지시하는 것은 무엇인가? (5점)

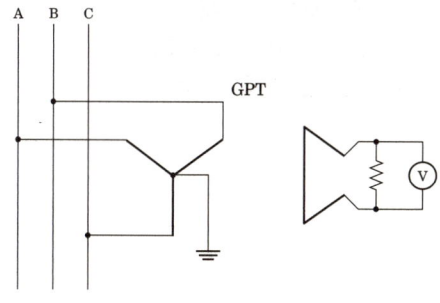

| 작성답안

영상전압

강의 NOTE

- **GPT(접지형 계기용변압기)**

접지형 계기용 변압기는 비접지 계통에서 지락 사고시의 영상전압을 검출한다. 아래 그림에서 접지형 계기용 변압기는 정상상태가 된다. 정상 운전시에는 영상전압이 평형상태가 된다. 이때 각상의 전압은 $110/\sqrt{3}$ [V]가 되고 120°의 위상 차이가 있기 때문에 평형이 되고 이들의 합은 0 [V]가 된다.

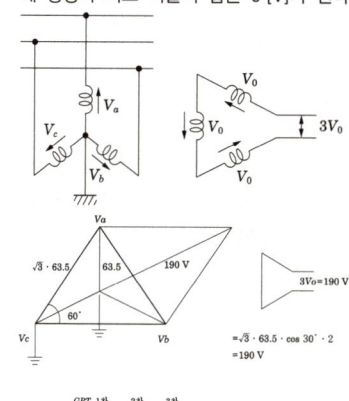

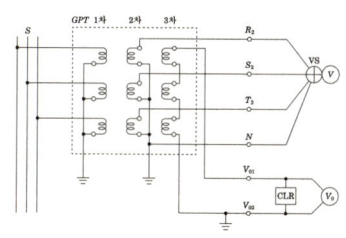

□□□ 95

20 답안지의 3상 교류 회로에서 영상 3차 권선이 있는 PT의 접속(Y-Y-△)을 하려 한다. 이를 결선하시오. (5점)

| 작성답안

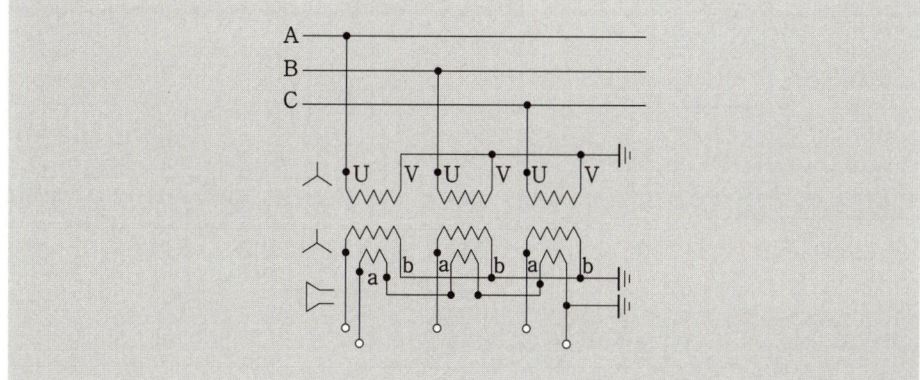

21 고압회로의 지락보호를 위하여 검출기로 관통형 영상변류기를 사용할 경우 케이블의 실드접지의 접지점은 원칙적으로 케이블 1회선에 대하여 1개소로 한다. 그러나, 케이블의 길이가 길게 되어 케이블 양단에 실드 접지를 하게 되는 경우 양끝의 접지는 다른 접지선과 접속하면 안 되는데, 그 이유는 무엇인가?(5점)

| 작성답안

케이블 양단에 실드 접지를 하는 경우는 양끝의 접지가 다른 접지선과 접속하게 될 경우 지락 사고시 지락전류의 일부분이 다른 접지선의 접지점을 통하여 흐르게 되어 그 결과 지락계전기에의 입력이 감소하여 검출감도가 저하되므로 지락계전기가 동작하지 않을 수도 있기 때문이다.

22 영상 전압을 검출하는데 사용되는 것은?(6점)

(1) 3상인 경우

(2) 단상인 경우

| 작성답안

(1) 접지형 계기용 변압기
(2) 영상 변류기에 저항을 연결한 방식

KEYWORD 06 전력량계

> **강의 NOTE**

전력량계는 가정용 및 산업용에 사용하여 소비 전력량을 측정하는 계기로서 일반적으로 한국 산업 규격 명칭으로 보통전력량계(Watt Hour Meter)로 표기되어 있으며 약호로 WHM로 표기한다. 보통전력량계는 공급전압과 전류를 곱한 값에 시간이 가산됨으로 사용된 전력량을 표시하는 계기로 전력량을 구하는 공식은 다음과 같다.

$$Wh(전력량) = E(전압) \times I(전류) \times \cos\theta\,(역률) \times t(시간)$$

01 전력량계의 정격

계기정수는 1[kWh]를 측정하는데 소요되는 원판 회전수를 의미한다. 즉 아래 그림의 2,400 [rev/kWh]는 전력량계가 1[kWh]를 측정하는데 원판이 2,400번 회전한다는 의미이다.

전력량계 정격을 보면 5(2.5) [A]라고 표기되어 있다. 이것의 의미는 정격 전류이며, 괄호 밖 5을 말한다. 이것은 최대 부하 전류를 5 [A]까지 적용할 수 있다.

괄호 안의 2.5는 KS규격상의 기준 전류라 하여 실제적으로 사용자 입장에서는 의미가 없다. 단지, KS규격에 계기를 구분하는 기준이 되는 값이다. 괄호 안의 숫자(기준전류)와 괄호 밖의 숫자(정격전류)의 배수를 가지고 Ⅱ형(200%), Ⅲ형(300%), Ⅳ형(400%)으로 구분하고 있으며, 아래와 같은 전류 범위에서 계기가 갖고 있는 오차를 보증한다는 의미이다.

Ⅱ형 계기 : (1/20×정격전류) ~ (정격전류)
Ⅲ형 계기 : (1/30×정격전류) ~ (정격전류)
Ⅳ형 계기 : (1/40×정격전류) ~ (정격전류)

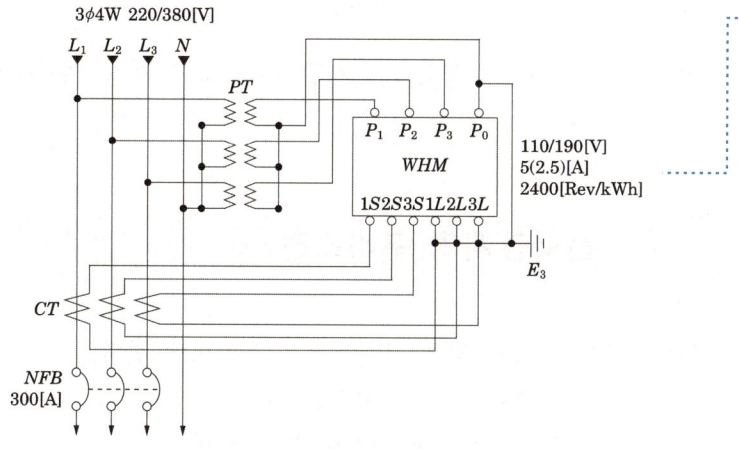

전력량계의 결선

> 기/산 99.01.02.21
> WHM이 정상적으로 동작하도록 변성기를 추가하여 결선도를 완성하시오

> 산 99.01.02.21
> 그림에서 5(2.5)의 의미를 쓰시오.

5(2.5) [A]는 Ⅱ형 계기이고(정격전류가 기준전류의 2배), 5 [A]는 정격전류로 이는 최대 사용할 수 있는 전류값이며, 주어진 오차를 만족하는 최소 전류범위는 0.25 [A] (1/20×5 [A])이다. 0.25 [A] 이하에서도 사용할 수는 있으나, 0.25 [A] 이하에서는 오차를 시험하지는 않는다는 것을 말한다.

예를 들어 60(20) [A]는 Ⅲ형 계기이고(정격전류가 기준전류의 3배), 60 [A]는 정격전류로 이는 최대 사용할 수 있는 전류값이며, 주어진 오차를 만족하는 최소 전류범위는 2 [A] (1/30×60 [A])이다. 2 [A] 이하에서도 사용할 수는 있으나, 2 [A] 이하에서는 오차를 시험하지는 않는다는 것을 말한다.

전력량을 산출 할 경우 일반 저압에서는 110/220/380 [V] 전원에 직접 연결하여 계량기를 사용할 수 있지만 고압계통에서는 직접연결시 계량기가 소손 되거나 파손되기 때문에 PT 와 CT를 통해 전압과 전류를 계량기에 맞게 일정 비율로 떨어뜨린 후 계량기에 연결하게 된다. 이러한 계량기를 변성기 취부형전력량계라고 한다.

변성기취부형 계량기를 통해 얻은 전력사용량은 실제 계통의 사용량이 아니며, CT와 PT의 비율만큼 감안해 주어야 실제적인 사용량을 얻을 수 있다.

강의 NOTE

- 산 95.88.02.11.18
CT및 PT에서 측정한 전력이 300W 라면 수전전력은 몇 kW인가?

- 기 87.91.10.21 산(유) 14.90
전산 전력계의 원판이 20회전할 때 40.3초 걸린 경우 부하의 전력은 얼마인가?

- 기 99.01.02.21
- 산 94.14.21
원판의 1분간 회전수는?

- 기 04.00.05.08
적산전력계가 구비해야 할 전기적, 기계적 및 기능상 특성을 4가지 쓰시오

■ 교류형 적산전력계의 구비조건
(과부의 온기)
- 과부하 내량이 클 것
- 부하특성이 좋을 것
- 온도나 주파수 변화에 보상이 되도록할 것
- 기계적 강도가 클 것

- 기 94.00.05.08
잠동현상에 대해서 설명하고 잠동을 막기 위한 유효한 방법을 2가지 쓰시오.

예를 들어 CT와 PT를 통해 측정된 변성기취부형 계량기의 전력사용량이 5 [kWh], CT비가 20/5이고 PT비가 660/110이라고 하면 실제 전력사용량은

5 (계량기 측정전력량) × 4 (CT승률) × 6 (PT승률) = 120 [kWh]

가 된다. 적산전력계의 측정값은 다음과 같다.

$$P = \frac{3{,}600 \cdot n}{t \cdot k} \times CT비 \times PT비 \ [kW]$$

여기서, n : 회전수 [회], t : 시간 [sec], k : 계기정수 [rev/kWh]

02 전력량계의 구비조건

전력량계는 다음과 같은 구비조건을 갖추어야 한다.
① 옥내 및 옥외에 설치가 적당한 것
② 온도나 주파수 변화에 보상이 되도록 할 것
③ 기계적 강도가 클 것
④ 부하특성이 좋을 것
⑤ 과부하 내량이 클 것

03 잠동 (Creeping)

잠동은 전력량계의 원판이 무부하에서 회전하는 현상이다. 정격주파수 및 정격의 110 [%] 전압 하에서 무부하로 하였을 때 계기의 회전자가 1회전 이상 회전하는 현상을 잠동이라 한다.

원판의 회전에 대한 축수의 마찰이나 계량장치의 저항 등이 원판의 회전속도가 늦어져도 거의 감소치 않으므로 경부하시 부(負)의 오차가 발생하는 원인이 되어 이를 보상하기 위해서 원판의 회전과 같은 방향의 이동자계를 만들어 마찰 Torque에 대항하는 구동 Torque를 줌으로써 경부하 특성을 개선토록 하고 있다.

그런데 이 조정장치가 지나치면 무부하시에도 원판이 회전하는데 이 현상이 잠동이다. 이 잠동 현상을 방지하기 위해서 원판의 한 곳에 작은 철편을 붙이거나, 조그만 구멍을 뚫어 무부하시 1회전 이상 원판이 회전하지 않도록 하고 있다.

04 결선도

전력량계의 표준결선

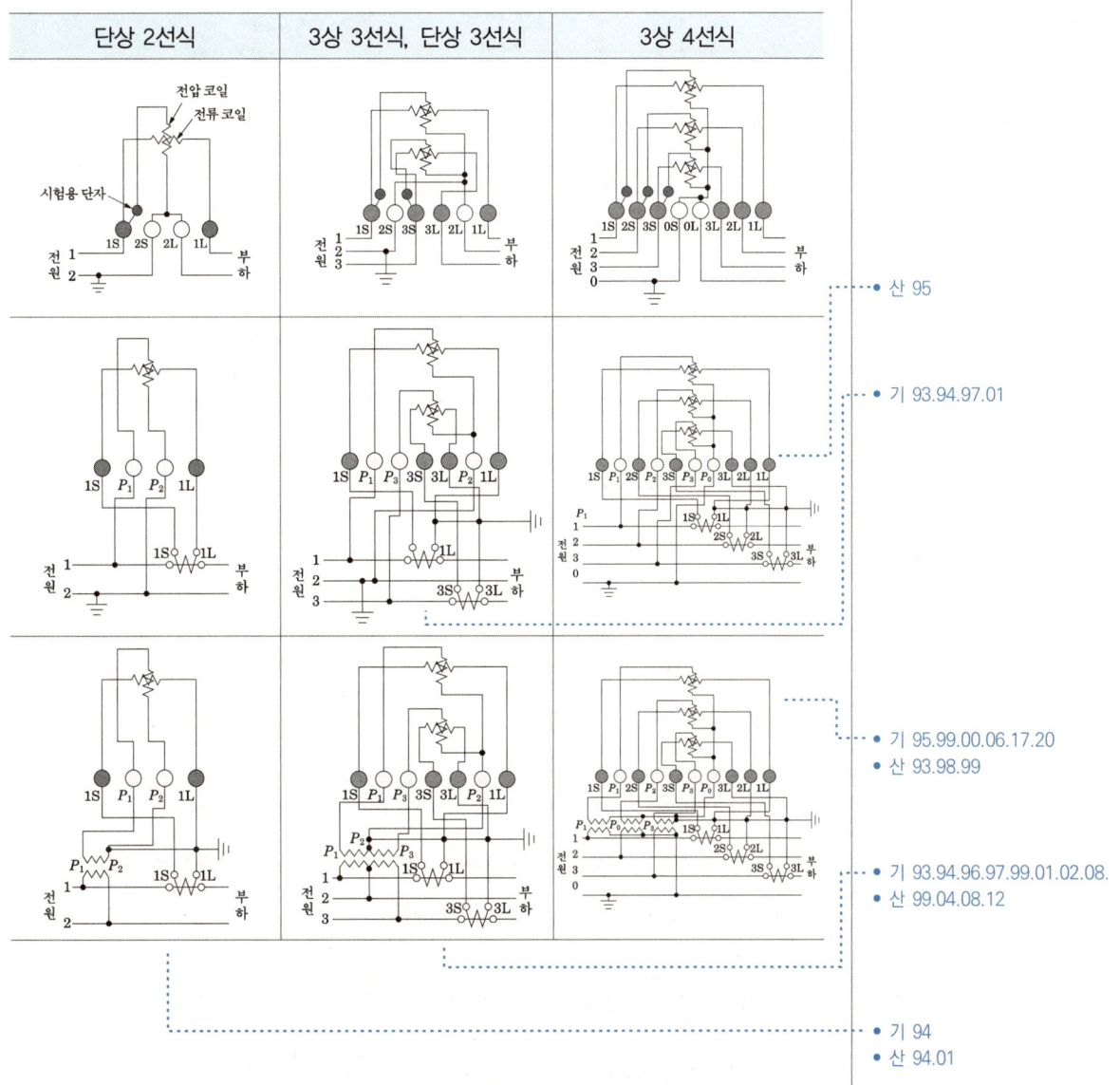

- 산 95
- 기 93.94.97.01

- 기 95.99.00.06.17.20
- 산 93.98.99

- 기 93.94.96.97.99.01.02.08.
- 산 99.04.08.12

- 기 94
- 산 94.01

05 전력의 측정

1 3전압계법

단상 전력을 전압계 3개로 전력을 측정하는 방법을 3전압계법이라 한다. 아래 그림과 같이 전압계 3대를 연결하여 각 전압계의 지시값을 단상 전력을 측정할 수 있다.

강의 NOTE

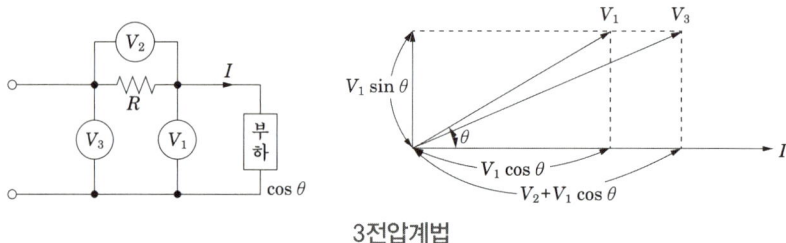

3전압계법

위 그림의 전압계중 V_3의 전압이 가장 큰 전압을 지시하며 입력되어지는 전압을 지시한다. V_2는 저항양단의 전압강하를 지시하며, V_1은 부하단의 전압을 지시한다. 이들의 전압 사이에는 벡터적인 키르히호프의 전압방정식이 성립한다.

$$\dot{V_3} = \dot{V_1} + \dot{V_2}$$
$$V_3^2 = (V_2 + V_1\cos\theta)^2 + (V_1\sin\theta)^2$$
$$V_3^2 = V_2^2 + 2V_1V_2\cos\theta + V_1^2\cos^2\theta + V_1^2\sin^2\theta$$
$$V_3^2 = V_2^2 + 2V_1V_2\cos\theta + V_1^2(\cos^2\theta + \sin^2\theta)$$
$$V_3^2 = V_2^2 + V_1^2 + 2V_1V_2\cos\theta$$

위 식은 페이저를 나탄난 것이므로 이것의 합을 구하면 다음과 같다.
$$|V_3| = \sqrt{V_1^2 + V_2^2 + 2V_1V_2\cos\theta}$$

위 그림에서 소비 전력 $P = V_1I\cos\theta$ 이고 벡터도에서
$|V_3| = \sqrt{V_1^2 + V_2^2 + 2V_1V_2\cos\theta}$ 이므로 양변을 제곱하면
$V_3^2 = V_1^2 + V_2^2 + 2V_1V_2\cos\theta$ 가 된다.

여기서 전력은 $P = V_1I\cos\theta$ [W]이므로, 이를 정리하면
$$\therefore P = V_1I\cos\theta = V_1 \cdot \frac{V_2}{R} \cdot \frac{V_3^2 - V_1^2 - V_2^2}{2V_1V_2}$$
$$= \frac{1}{2R}(V_3^2 - V_1^2 - V_2^2) \text{ [W]}$$

가 된다. 또한 전압계 3대로 측정할 수 있는 역률은
$$\therefore \cos\theta = \frac{V_3^2 - V_1^2 - V_2^2}{2V_1V_2}$$

가 된다.

• 기 09
저항R은 아는 값이다. 전압계 1개를 이용하여 부하의 역률을 구하는 방법에 대하여 설명하시오.

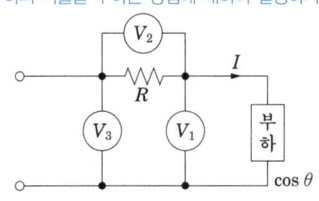

2 3전류계법

단상전력은 전류계 3개로 전력을 측정하는 방법을 3전류계법이라 한다.

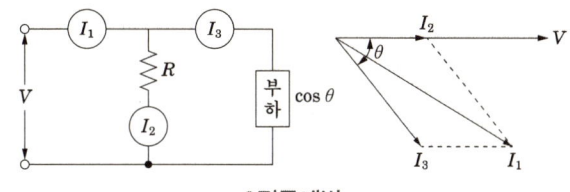

3전류계법

위 그림과 같이 전류계 3대를 연결하고 전류를 측정한다. 이때 전류 I_1이 가장 크며 키르히호프의 전류법칙에 의해 I_2와 I_3의 합이 된다. 이를 페이저로 표시하면 다음과 같다.

$\dot{I_1} = \dot{I_2} + \dot{I_3}$

상기 식의 크기를 구하면

$I_1 = \sqrt{I_2^2 + I_3^2 + 2 I_2 I_3 \cos \theta}$ 가 된다. 이 식의 양변을 제곱하면

$I_1^2 = I_2^2 + I_3^2 + 2 I_2 I_3 \cos \theta$ 이 된다.

여기서, 소비전력 $P = V I_3 \cos \theta$ 이고 위 그림의 벡터도에서

$\therefore P = V I_3 \cos \theta = I_2 R I_3 \cos \theta$

$= R \cdot I_2 \cdot I_3 \cdot \dfrac{I_1^2 - I_2^2 - I_3^2}{2 I_2 \cdot I_3} = \dfrac{R}{2}(I_1^2 - I_2^2 - I_3^2)$

가 된다.

$I_1^2 = I_2^2 + I_3^2 + 2 I_2 I_3 \cos \theta$ 에 의해서 역률을 구하면 다음과 같다.

$\therefore \cos \theta = \dfrac{I_1^2 - I_2^2 - I_3^2}{2 I_2 I_3}$

3 전력계 1대로 3상 전력의 측정

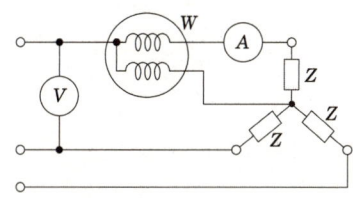

전력계는 1상의 전력을 측정하므로 3상 전력은 $W_3 = 3W$가 된다.

• 기 10.16.20

그림과 같이 전류계 3개를 가지고 부하의 전력을 측정하려고 한다. 전력과 역률을 구하시오.

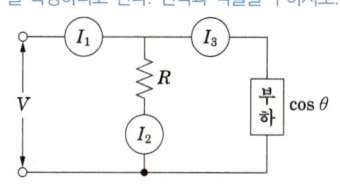

| 강의 NOTE |

4 2전력계법에 의한 3상전력의 측정

아래 그림과 같이 2대의 전력계를 연결하고 부하의 전력을 측정한다. 각각의 지시값을 P_1, P_2라 하면 3상 순시전력은

$$P = P_1 + P_2 = (e_1 - e_2)i_1 + (e_3 - e_2)i_3 = e_1 i_1 - e_2(i_1 + i_3) + e_3 i_3 \text{ [W]}$$

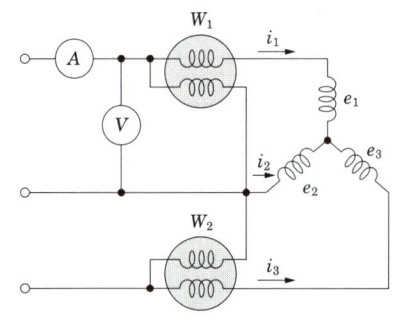

2전력계법

키르히호프의 전류법칙에 의해
$i_1 + i_2 + i_3 = 0$이므로 $i_1 + i_3 = -i_2$

따라서 전력은
$P = P_1 + P_2 = e_1 i_1 + e_2 i_2 + e_3 i_3 \text{ [W]}$가 된다. 따라서, 3상 순시전력은 각 상의 순시 전력의 합으로 계산되며, 전력계 W_1, W_2의 지시값으로 3상 전력을 측정할 수 있다.

$$P = W_1 + W_2 \text{ [W]}$$
$$P_r = \sqrt{3}\,(W_1 - W_2) \text{ [Var]}$$

역률은 다음과 같이 된다.
$$\cos\theta = \frac{W_1 + W_2}{\sqrt{(W_1 + W_2)^2 + 3(W_1 - W_2)^2}}$$
$$= \frac{W_1 + W_2}{\sqrt{4W_1^2 + 4W_2^2 - 4W_1 W_2}} = \frac{W_1 + W_2}{2\sqrt{W_1^2 + W_2^2 - W_1 W_2}}$$

- 기 87.98.04.07.08
- 기(유) 95.99.01.05.12.13.20
- 산 87.95.98.99.00.01.02.04.05.06 07.08.12.13.15.20.22

2전력계의 그림을 보고 소비전력과 피상전력 및 역률을 구하시오.

관련문제

06. 전력량계

□□□ 04, 12

1 계기용 변압기(2개)와 변류기(2개)를 부속하는 3상3선식 전력량계를 결선하시오. (단, 1, 2, 3은 상순을 표시하고, P1, P2, P3은 계기용 변압기에 1S, 1L, 3S, 3L은 변류기에 접속하는 단자이다.)(5점)

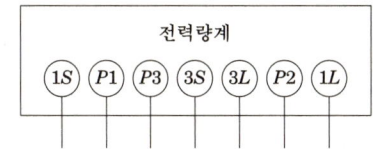

| 작성답안

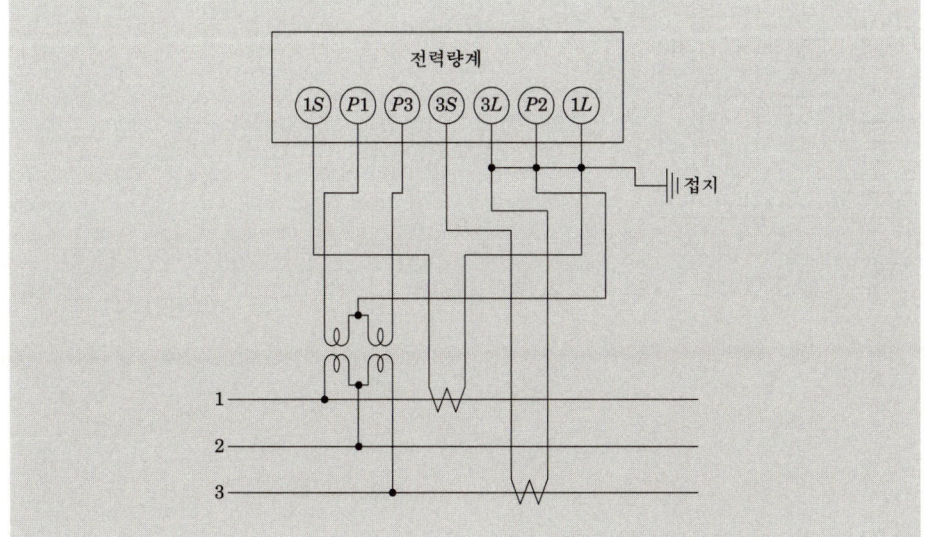

강의 NOTE

■ 전력량계 결선

① 3상 3선식, 단상 3선식

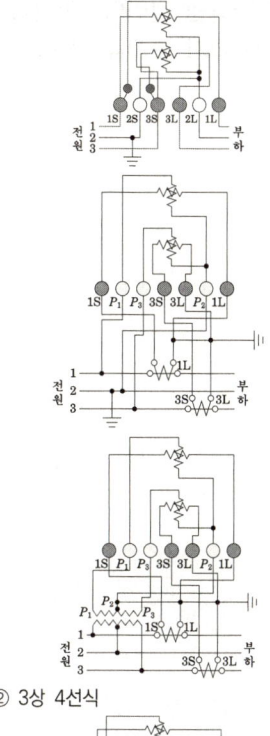

② 3상 4선식

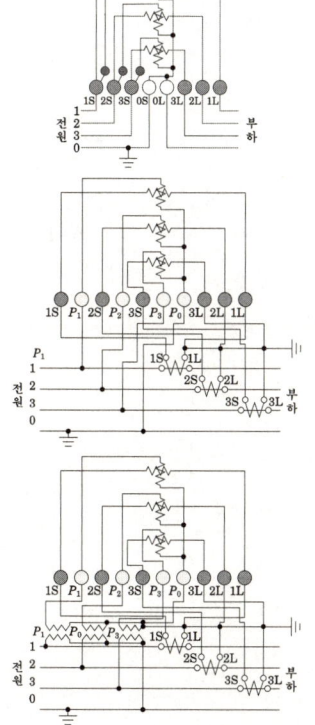

□□□ 99, 08

2 그림은 3상 3선식 적산전력계의 결선도(계기용변압기 및 변류기를 시설하는 경우)를 나타낸 것이다. 미완성 부분의 결선도를 완성하시오. (단, 접지가 필요한 곳에는 접지 표시를 하도록 한다.)(5점)

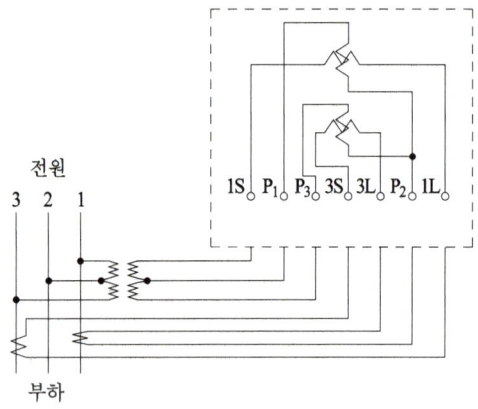

| 작성답안

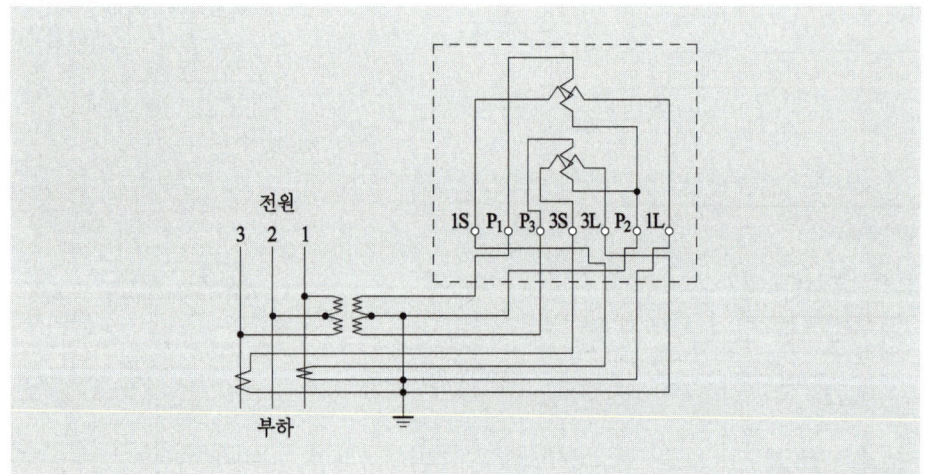

강의 NOTE

■ 3상3선식 전력량계 결선

□□□ 95

3 계기용 변류기를 부속하는 3상 4선식 110 [V], 5 [A] 전력량계를 결선하시오. (5점)

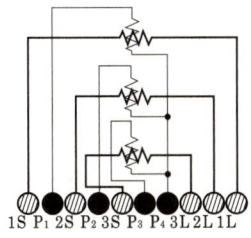

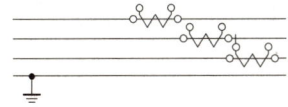

| 작성답안

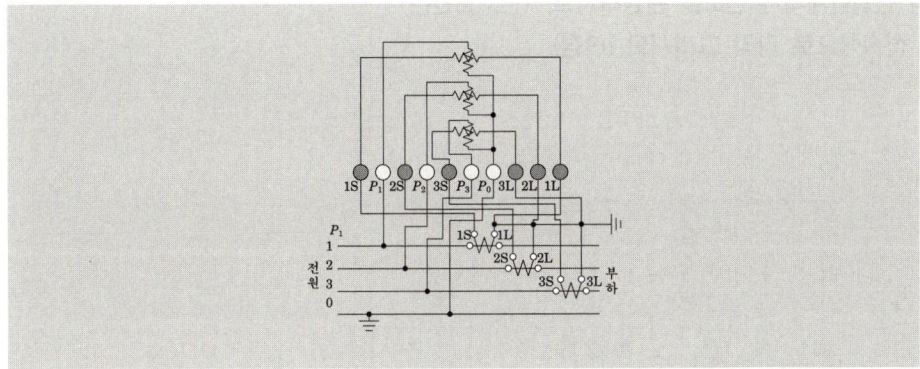

□□□ 94, 01

4 답란의 그림을 보고 적산전력계의 결선도를 완성하시오. (5점)

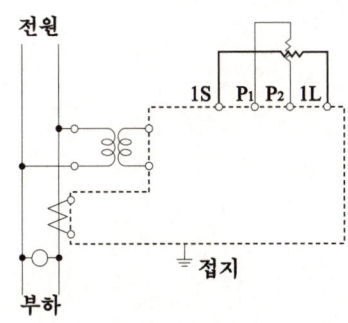

■ 단상 전력량계 결선

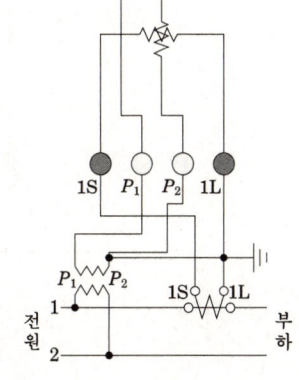

| 작성답안

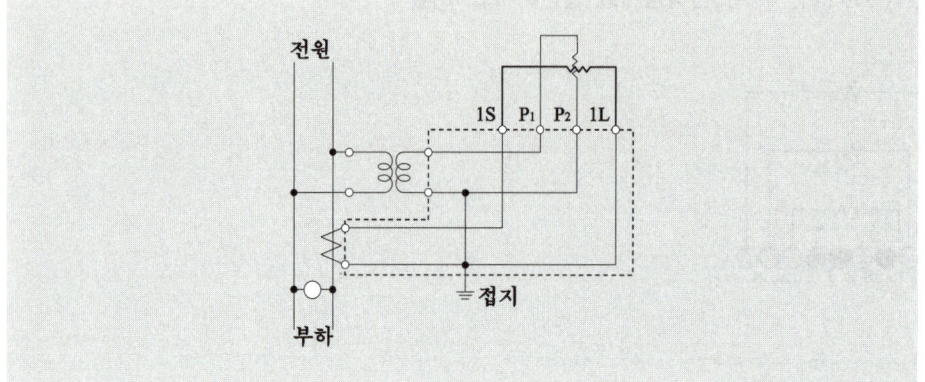

□□□ 93, 98, 99

5 답안지에 표현되어 있는 3상 4선식 전력량계의 결선도를 완성하시오. (단, 도면은 직결식, CT 접속식 및 CT 및 PT 접속식으로 각각 그리시오.)(9점)

| 작성답안

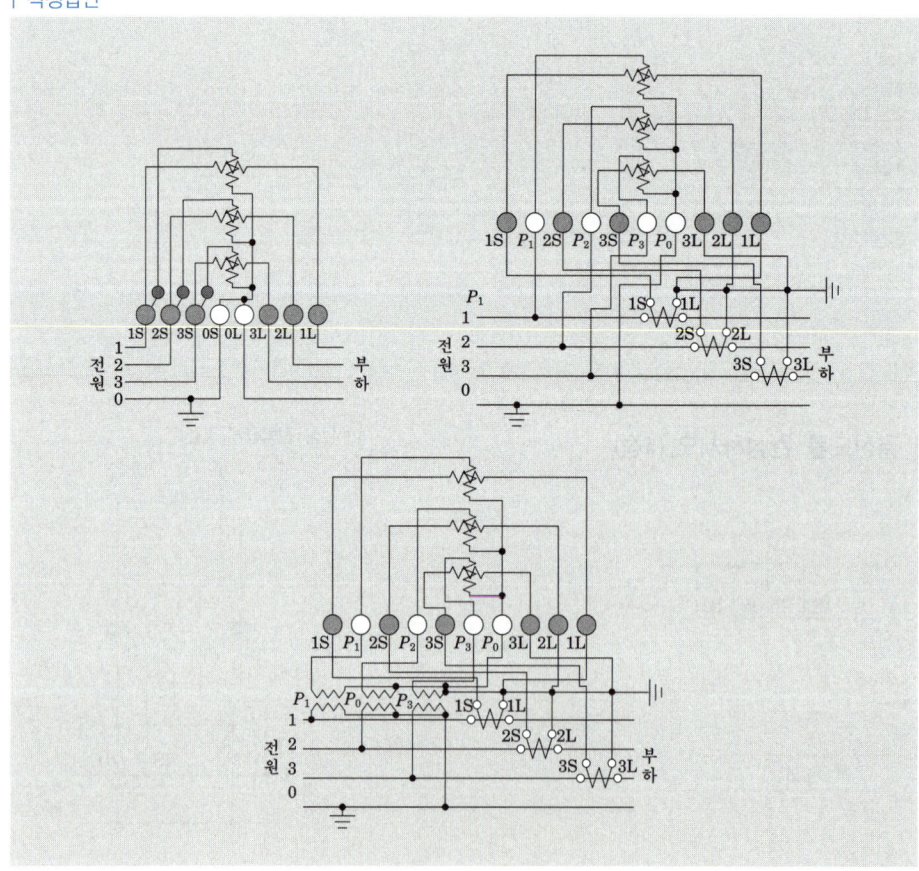

□□□ 99, 01, 02, 21

6

3φ4W Line에 WHM를 접속하여 전력량을 적산시키기 위한 결선도이다. 다음 물음을 보고 주어진 답안지에 계산식과 답을 쓰시오. (5점)

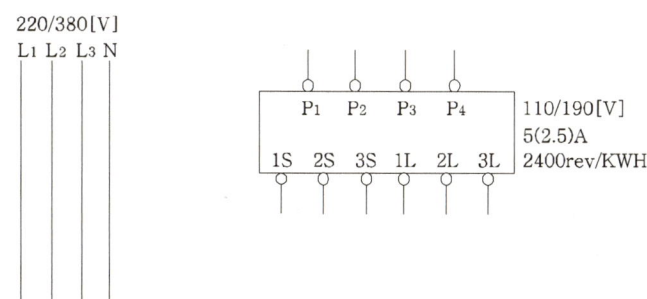

(1) WHM가 정상적으로 적산이 가능하도록 변성기를 추가하여 결선도를 완성하시오.
(2) 다음 의미하는 것을 쓰시오.
   5A :
   ○
   2.5A :
   ○
(3) PT비는 220/110, CT비는 300/5라 한다. 전력량계의 승률은 얼마인가?
   ○

강의 NOTE

■ 전력량계

괄호 안의 숫자(기준전류)와 괄호 밖의 숫자(정격전류)의 배수를 가지고 Ⅱ형(200%), Ⅲ형(300%), Ⅳ형(400%)으로 구분하고 있다.
Ⅱ형 계기 : (1/20×정격전류) ~ (정격전류)
Ⅲ형 계기 : (1/30×정격전류) ~ (정격전류)
Ⅳ형 계기 : (1/40×정격전류) ~ (정격전류)
5(2.5) [A] 는 Ⅱ형 계기이고(정격전류가 기준전류의 2배), 5 [A]는 정격전류로 이는 최대 사용할 수 있는 전류값이며, 주어진 오차를 만족하는 최소 전류범위는 0.25 [A] (1/20×5 [A]) 이다. 0.25 [A] 이하에서도 사용 할 수는 있으나, 0.25 [A] 이하에서는 오차를 시험하지는 않는다는 것을 말한다.

■ 3상3선식 전력량계 결선

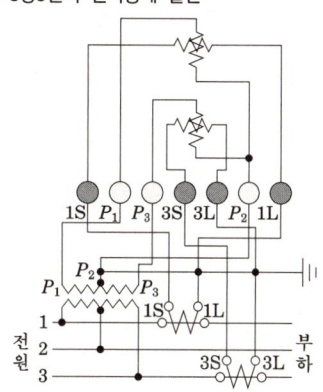

| 작성답안

(1)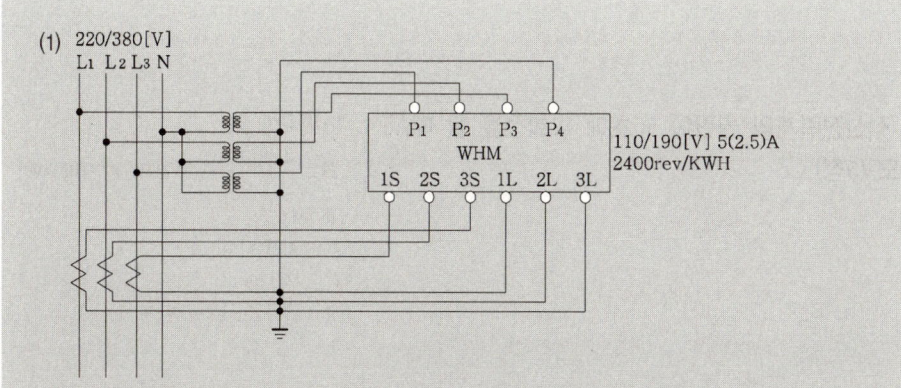

(2) 5A : 정격전류 5 [A]로 최대 부하 전류를 5 [A]까지 적용할 수 있다
   2.5A : 주어진 오차를 만족하는 기준전류로 최소 전류범위는 0.25 [A] (1/20×5 [A]) 이므로 0.25 [A] 이하에서도 사용 할 수는 있으나, 0.25 [A] 이하에서는 오차를 시험하지는 않는다는 것을 의미한다.

(3) 승률 $m = CT비 \times PT비 = \dfrac{300}{5} \times \dfrac{220}{110} = 120$ [배]

□□□ 85, 98, 02, 11, 14, 18

7 3상 3선식 6.6[kV]로 수전하는 수용가의 수전점에서 6600/110[V] PT 2대, 100/5[A] CT 2대를 정확히 결선하여 CT 및 PT의 2차측에서 측정한 전력이 300[W]라면 수전전력은 몇 [kW]인가?(5점)

| 작성답안

계산 : 수전전력 = 측정 전력(전력계의 지시값) × CT비 × PT비

$$\therefore P = 300 \times \frac{100}{5} \times \frac{6600}{110} \times 10^{-3} = 360 [\text{kW}]$$

답 : 360[kW]

□□□ 14

8 계기정수 1200[Rev/kWh], 승률 1, 적산전력계의 원판이 50초에 12회전을 할 때, 평균전력은 몇 [kW]인지 계산하시오.(5점)

| 작성답안

계산 : $P_M = \dfrac{3600 \cdot n}{t \cdot k} \times CT$비 $\times PT$비

$$P_M = \frac{3600 \times 12}{50 \times 1200} = 0.72 [\text{kW}]$$

답 : 0.72[kW]

■ 전력량계

$$P = \frac{3{,}600 \cdot n}{t \cdot k} \times CT비 \times PT비 \ [\text{kW}]$$

여기서,
n : 회전수 [회],
t : 시간 [sec],
k : 계기정수 [rev/kWh]

□□□ 90

9 3상 3선식 6.6 [kV], 고압 자가용 수용가에 있는 전력량계의 계기 정수가 1000 [Rev/kWh]이다. 이 계기의 원판이 5회전하는 데 40초가 걸렸다. 이 때 부하의 평균 전력은 몇 [kW]인가? (단, 계기용 변압기의 정격은 6600/110 [V], 변류기의 정격은 20/5 [A]이다.)(5점)

| 작성답안

계산 : $P_M = \dfrac{3600 \cdot n}{t \cdot k} \times \text{CT비} \times \text{PT비} = \dfrac{3600 \times 5}{40 \times 1000} \times \dfrac{20}{5} \times \dfrac{6600}{110} = 108 [\text{kW}]$

답 : 108[kW]

□□□ 90, 14, 21

10 WHM의 계기 정수는 2400 [rev/kWh]이고 소비전력이 500[W]이다. 전력량계 원판의 1분간 회전수는?(5점)

| 작성답안

계산 : rpm = 계기정수 × 전력 = $2400 \times \dfrac{0.5}{60} = 20$ [rpm]

답 : 20 [rpm]

□□□ 12

11 2전력계법에 의해 3상부하의 전력을 측정한 결과 지시값이 W_1=200[kW], W_2=800[kW]이었다. 이 부하의 역률은 몇 [%]인가?(4점)

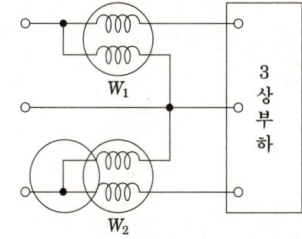

강의 NOTE

■ 2전력계법
유효전력 $P = W_1 + W_2$ [W]
무효전력 $P_r = \sqrt{3}(W_1 - W_2)$ [Var]
역률
$$\cos\theta = \dfrac{W_1 + W_2}{\sqrt{(W_1+W_2)^2 + 3(W_1-W_2)^2}}$$
$$= \dfrac{W_1 + W_2}{\sqrt{4W_1^2 + 4W_2^2 - 4W_1W_2}}$$
$$= \dfrac{W_1 + W_2}{2\sqrt{W_1^2 + W_2^2 - W_1W_2}}$$

| 작성답안

계산 : 유효전력 $P = P_1 + P_2$, 피상전력 $P_a = \sqrt{P^2 + P_r^2} = 2\sqrt{P_1^2 + P_2^2 - P_1 P_2}$

$$\cos\theta = \frac{200 + 800}{2\sqrt{200^2 + 800^2 - 200 \times 800}} \times 100 = 69.337 [\%]$$

답 : 69.34[%]

☐☐☐ 87, 98, 04, 07, 08, 22

12 어떤 부하에 그림과 같이 접속된 전압계, 전류계 및 전력계의 지시가 각각 $V = 200$ [V], $I = 30$ [A], $W_1 = 5.96$ [kW], $W_2 = 2.36$ [kW]이다. 이 부하에 대하여 다음 각 물음에 답하시오. (6점)

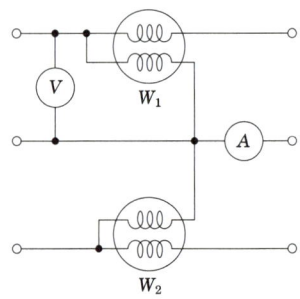

(1) 소비 전력은 몇 [kW]인가?

○ _____

(2) 피상 전력은 몇 [kVA]인가?

○ _____

(3) 부하 역률은 몇 [%]인가?

○ _____

| 작성답안

(1) 계산 : $P = W_1 + W_2 = 5.96 + 2.36 = 8.32$ [kW]

답 : 8.32 [kW]

(2) 계산 : $P_a = \sqrt{3} \times VI = \sqrt{3} \times 200 \times 30 \times 10^{-3} = 10.39$ [kVA]

답 : 10.39 [kVA]

(3) 계산 : $\cos\theta = \dfrac{P}{P_a} = \dfrac{8.32}{10.39} \times 100 = 80.08$ [%]

답 : 80.08 [%]

■ 2전력계법

유효전력 $P = W_1 + W_2$ [W]

무효전력 $P_r = \sqrt{3}(W_1 - W_2)$ [Var]

역률

$$\cos\theta = \frac{W_1 + W_2}{\sqrt{(W_1 + W_2)^2 + 3(W_1 - W_2)^2}}$$

$$= \frac{W_1 + W_2}{\sqrt{4W_1^2 + 4W_2^2 - 4W_1 W_2}}$$

$$= \frac{W_1 + W_2}{2\sqrt{W_1^2 + W_2^2 - W_1 W_2}}$$

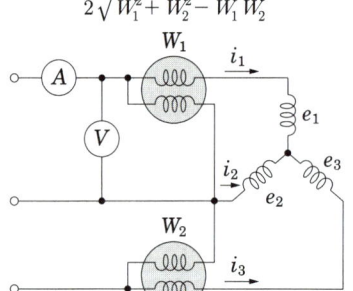

13

3상 전력을 2전력계법에 의하여 측정하려고 한다. 그림과 같은 전력계 W_1, W_2의 지시의 합이 3상 전력이 되도록 전력계 W_1, W_2를 답안지의 도면에 설치하시오. 또 W_1=5.43[kW], W_2=3.86[kW], V=200[A], I=28[A]일 때 유효 전력과 피상 전력을 구하시오. (5점)

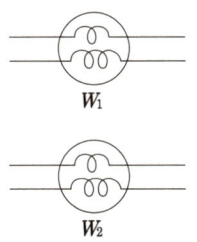

강의 NOTE

■ 2전력계법

유효전력 $P = W_1 + W_2$ [W]

무효전력 $P_r = \sqrt{3}(W_1 - W_2)$ [Var]

역률

$$\cos\theta = \frac{W_1 + W_2}{\sqrt{(W_1+W_2)^2 + 3(W_1-W_2)^2}}$$

$$= \frac{W_1 + W_2}{\sqrt{4W_1^2 + 4W_2^2 - 4W_1W_2}}$$

$$= \frac{W_1 + W_2}{2\sqrt{W_1^2 + W_2^2 - W_1W_2}}$$

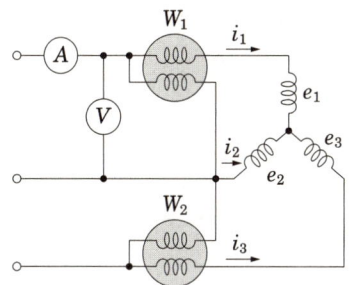

| 작성답안

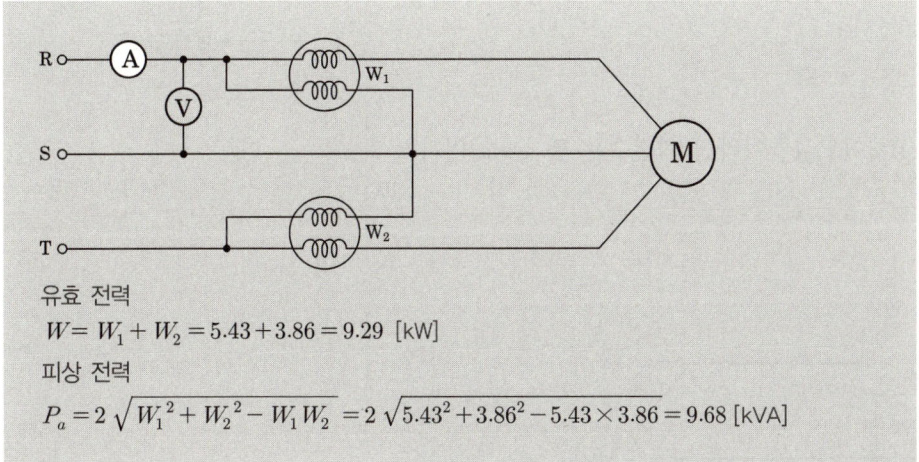

유효 전력

$W = W_1 + W_2 = 5.43 + 3.86 = 9.29$ [kW]

피상 전력

$P_a = 2\sqrt{W_1^2 + W_2^2 - W_1W_2} = 2\sqrt{5.43^2 + 3.86^2 - 5.43 \times 3.86} = 9.68$ [kVA]

☐☐☐ 02

14 평형 3상 회로로 운전하는 유도 전동기의 회로를 2전력계법에 의하여 측정하고자 한다. 다음 물음에 답하시오. (6점)

(1) 전력계 W_1, W_2 전류계 A, 전압계 V를 결선하시오.

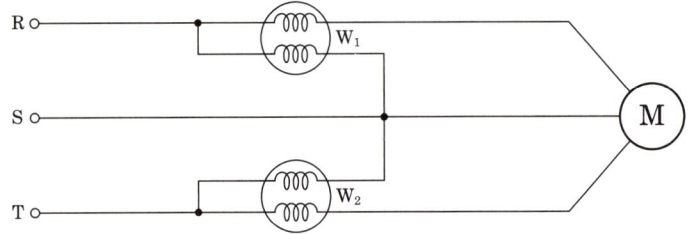

(2) W_1=5[kW], W_2=4.5[kW], V=380, I=18[A]일 때 전동기의 역률은 몇 [%]인가?

○ _____

(3) 유도 전동기를 직입 기동 방식에서 Y-Δ 기동 방식으로 변경할 때 기동 전류는 어떻게 변화하는가?

○ _____

(4) 유도 전동기의 주파수가 60[Hz]이고 4극이라면 회전수는 몇 [rpm]인가?

○ _____

■ 2전력계법
유효전력 $P = W_1 + W_2$ [W]
무효전력 $P_r = \sqrt{3}(W_1 - W_2)$ [Var]
역률
$$\cos\theta = \frac{W_1 + W_2}{\sqrt{(W_1+W_2)^2 + 3(W_1-W_2)^2}}$$
$$= \frac{W_1 + W_2}{\sqrt{4W_1^2 + 4W_2^2 - 4W_1W_2}}$$
$$= \frac{W_1 + W_2}{2\sqrt{W_1^2 + W_2^2 - W_1W_2}}$$

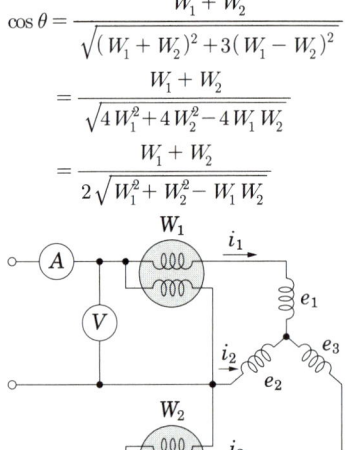

| 작성답안

(1)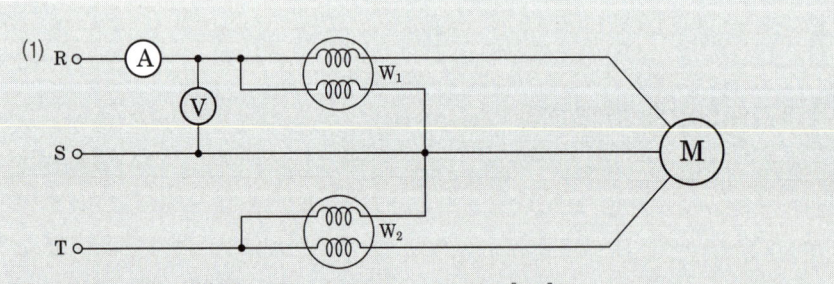

(2) 계산 : 유효 전력 $P = W_1 + W_2 = 5 + 4.5 = 9.5$ [kW]

피상 전력 $P_a = 2\sqrt{W_1^2 + W_2^2 - W_1W_2} = 2\sqrt{5^2 + 4.5^2 - 5 \times 4.5} = 9.54$ [kVA]

역률 $\cos\theta = \dfrac{P}{P_a} = \dfrac{9.5}{9.54} \times 100 = 99.58$ [%]

답 : 99.58 [%]

(3) Δ운전시의 $\dfrac{1}{3}$ 배 전류가 흐른다.

(4) $N = \dfrac{120f}{P}$ 에서 $N = \dfrac{120 \times 60}{4} = 1800$ [rpm]

□□□ 06, 15 ㊕ 96, 99, 00

15 그림과 같은 대칭 3상 회로에서 운전되는 유도전동기에 전력계, 전압계, 전류계를 접속하고 각 계기의 지시를 측정하니 전력계 W_1 = 6.57 [kW], W_2 = 4.38 [kW], 전압계 V = 220 [V], 전류계 I = 30.41[A] 이었다. (단, 전압계와 전류계는 회로에 정상적으로 연결된 상태이다.) (12점)

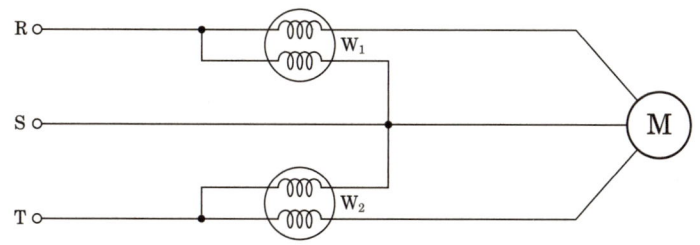

(1) 전압계와 전류계를 설치하여 전압, 전류를 측정하기 위한 적당한 위치를 회로도에 직접 그려 넣으시오.

(2) 2전력계법에 의해 피상전력[kVA]과 유효전력[kW], 역률을 각각 계산하시오.
 - 피상전력
   ○ _____
 - 유효전력
   ○ _____
 - 역률
   ○ _____

(3) 이 유도전동기로 30[m/min]의 속도로 물체를 권상한다면 몇 [kg]까지 가능한지 계산하시오. (단, 종합효율은 85[%]로 한다.)
   ○ _____

강의 NOTE

■ 권상용 전동기 용량
$$P = \frac{9.8\,W \cdot v'}{\eta} = \frac{W \cdot v}{6.12\eta}\,[\text{kW}]$$
여기서,
W : 권상 하중 [ton]
v : 권상 속도 [m/min]
v' : 권상 속도 [m/sec]
η : 권상기 효율 [%]

| 작성답안

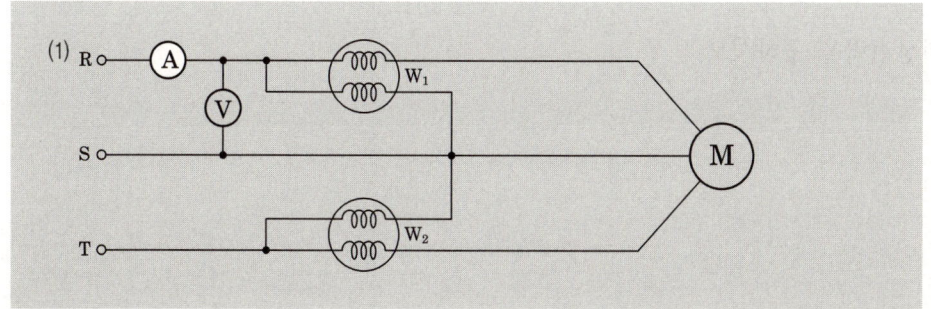

| 작성답안

(2) • 유효전력
  계산 : 전력 $P = W_1 + W_2 = 6.57 + 4.38 = 10.95$ [kW]
  답 : 10.95[kW]
 • 피상전력
  계산 : 피상전력 $P_a = 2\sqrt{W_1^2 + W_2^2 - W_1 W_2}$
   $= 2\sqrt{6.57^2 + 4.38^2 - 6.57 \times 4.38} = 11.588$ [kW]
  답 : 11.59[kW]
 • 역률
  계산 : 역률 $\cos\theta = \dfrac{P}{P_a} \times 100 = \dfrac{10.95}{11.59} \times 100 = 94.477$ [%]
  답 : 94.48[%]
(3) 계산 : 권상하중 $G = \dfrac{6.12 P\eta}{V} = \dfrac{6.12 \times 10.95 \times 10^3 \times 0.85}{30} = 1898.73$ [kg]
  답 : 1898.73[kg]

□□□ 95, 99, 01, 05, 12, 13, 20, 22

16 평형 3상 회로에 그림과 같은 유도 전동기가 있다. 이 회로에 2개의 전력계와 전압계 및 전류계를 접속하였더니 그 지시값은 W_1=5.5[kW], W_2=3.2[kW], 전압계의 지시는 200 [V], 전류계의 지시는 30 [A] 이었다. 이 때 다음 각 물음에 답하시오. (9점)

■ 권상용 전동기 용량
$P = \dfrac{9.8 W \cdot v'}{\eta} = \dfrac{W \cdot v}{6.12 \eta}$ [kW]
여기서,
W : 권상 하중 [ton]
v : 권상 속도 [m/min]
v' : 권상 속도 [m/sec]
η : 권상기 효율 [%]

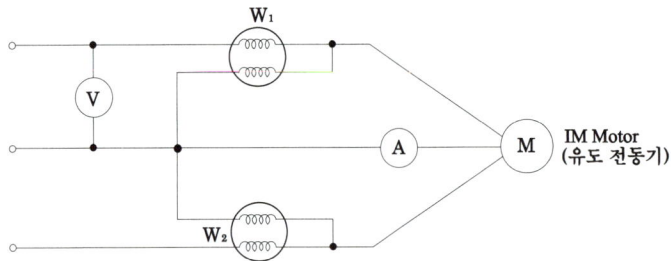

(1) 부하에 소비되는 전력과 피상전력을 구하시오.
 ① 전력

 ② 피상전력

(2) 이 유도 전동기의 역률은 몇 [%]인가?

(3) 역률을 95 [%]로 개선하고자 할 때 전력용 콘덴서는 몇 [kVA]가 필요한가?

　○ _____

(4) 이 유도 전동기로 매분 25 [m]의 속도로 물체를 끌어 올린다면 몇 [ton]까지 가능한가? (단, 종합 효율은 80 [%]로 계산한다.)

　○ _____

| 작성답안

(1) ① 계산 : $P = W_1 + W_2 = 5.5 + 3.2 = 8.7$ [kW]
　　답 : 8.7 [kW]
② 계산 : $P_a = \sqrt{3}\,VI = \sqrt{3} \times 200 \times 30 \times 10^{-3} = 10.39$ [kVA]
　　답 : 10.39 [kVA]

(2) 계산 : $\cos\theta = \dfrac{W_1 + W_2}{\sqrt{3}\,VI} = \dfrac{8.7}{10.39} \times 100 = 83.73$ [%]
　　답 : 83.73 [%]

(3) 계산 : $Q = P\left(\dfrac{\sin\theta_1}{\cos\theta_1} - \dfrac{\sin\theta_2}{\cos\theta_2}\right) = 8.7\left(\dfrac{\sqrt{1-0.8373^2}}{0.8373} - \dfrac{\sqrt{1-0.95^2}}{0.95}\right) = 2.82$ [kVA]
　　답 : 2.82 [kVA]

(4) 계산 : $W = \dfrac{6.12 P \eta}{V} = \dfrac{6.12 \times 8.7 \times 0.8}{25} = 1.7$ [ton]
　　답 : 1.7 [ton]

KEYWORD 07 전력퓨즈

강의 NOTE

■ COS는 주로 변압기 1차측의 각 상마다 취부하여 변압기의 단락 및 과부하 보호와 개폐를 위한 것으로, 단극으로 제작된 것이다. 내부의 퓨즈가 용단되면 스위치 덮개가 중력에 의하여 스스로 개방되어 멀리서도 퓨즈의 용단을 식별할 수 있다. PF와 달리 용단시 COS 퓨즈만 교환할 수 있으며, 퓨즈통(Fuse Holder)은 몇 번이고 재활용할 수 있다. 개폐조작은 전용 조작봉을 사용한다.

• 기 18
전력퓨즈란 무엇인가 간단히 쓰시오.

• 기/산 88.97.98.99.02.03.06.16.19
• 산 94.98.00.02.06.19
퓨즈의 역할을 크게 2가지로 대별하여 간단히 설명하시오.

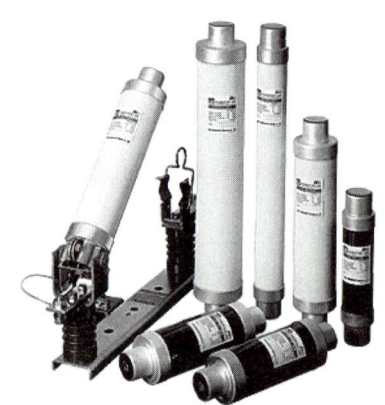

전력퓨즈는 고압 및 특고압의 선로에서 선로와 기기를 단락으로부터 보호하기 위해 사용되는 차단장치이다. 전력퓨즈는
① 부하전류를 안전하게 통전한다.
② 일정치 이상의 과전류는 차단하여 선로나 기기를 보호한다.
의 기능을 갖는다. 전력퓨즈는 자체적으로 변류기와 과전류계전기 및 차단기의 3가지 기능을 갖추고 있어 단락전류를 경제적으로 차단할 수 있는 특징이 있다.
전력퓨즈는 한류퓨즈와 비한류 퓨즈로 구분된다. 한류퓨즈는 퓨즈가 용단될 때 높은 아크저항이 발생되도록 하는 퓨즈이며, 사고전류를 강제적으로 한류작용이 되도록 하고 있다. 비한류 퓨즈는 한류퓨즈와 달리 엘라멘트가 용단된 후 발생한 아크열에 의하여 생성되는 소호성 가스를 분출구를 통하여 방출하며 전류 0점에서 차단하도록 하고 있다.
퓨즈 선정시 고려사항은 다음과 같다.
① 과부하 전류에 동작하지 말 것
② 변압기 여자 돌입 전류에 동작하지 말 것
③ 충전기 및 전동기 기동 전류에 동작하지 말 것
④ 보호기기와 협조를 가질 것

01 정격전압

3상회로에서 사용 가능한 전압의 한도를 표시한 것을 말한다. 퓨즈의 정격전압은 계통의 접지, 비접지에 무관하고 계통의 최대 선간전압에 의해 결정된다.

퓨즈의 정격전압

계통 전압[kV]	퓨즈의 정격	
	퓨즈 정격전압[kV]	최대설계전압[kV]
6.6	6.9 또는 7.5	− 8.25
6.6/11.4 Y	11.5 또는 15.0	− 15.5
13.2	15.0	15.5
22 또는 22.9	23.0	25.8
66	69.0	72.5
154	161.0	169

[주] 정격전압 표시방법은 각국(各國)에 따라 다르며 상기는 예시 규격이다.

> 기 09.20
> 전력퓨즈의 정격전압의 예시이다. 다음 표를 완성하시오.

02 정격전류

정격전류는 전력퓨즈가 <u>온도상승의 한도를 넘지 않고 연속적으로 흘릴 수 있는 전류의 실효값을 말한다. 정격전류의 표준값은 1, 2, 3, 5, 7, 10, 15, 20, 25, 30, 40, 50, 65, 80, 100, 125, 150, 200, 250, 300, 400 [A]를 사용한다.</u>

전력 퓨즈의 정격전류 표준값

정격전류의 표준값
1, 2, 3, 5, 7, 10, 15, 20, 25, 30, 40, 50, 65, 80, 100, 125, 150, 200, 250, 300, 400

03 한류형 퓨즈

강의 NOTE

- 한류(限流)퓨즈란 단락전류를 신속히 차단하며 또한 흐르는 단락전류의 값을 제한하는 성질을 가지는 퓨즈로서 이 성질에 관하여 일정한 규격에 적합한 것을 말한다.

■ 단락전류 억제대책
수전설비의 용량증가 또는 계통의 단락용량의 변화로 인해 단락전류를 억제할 필요가 있는 경우가 발생될 수 있다. 이를 방치할 경우 재해의 원인이 되므로 대책을 강구하여야 한다.
- 모선계통 계통분리 운용
- 한류리액터의 설치
- 직류연계
- 캐스케이드방식
- 한류퓨즈에 의한 백업차단
- 계통연계기
- 계통전압 격상
- 고장전류 제한기 사용
- 변압기 임피던스조정

단락전류 차단시 높은 아크저항을 발생하여 사고전류를 억제하는 방식으로 밀폐된 퓨즈통 안에 가용체와 규사 등의 입상소호제를 봉입한 구조로 되어 있다.

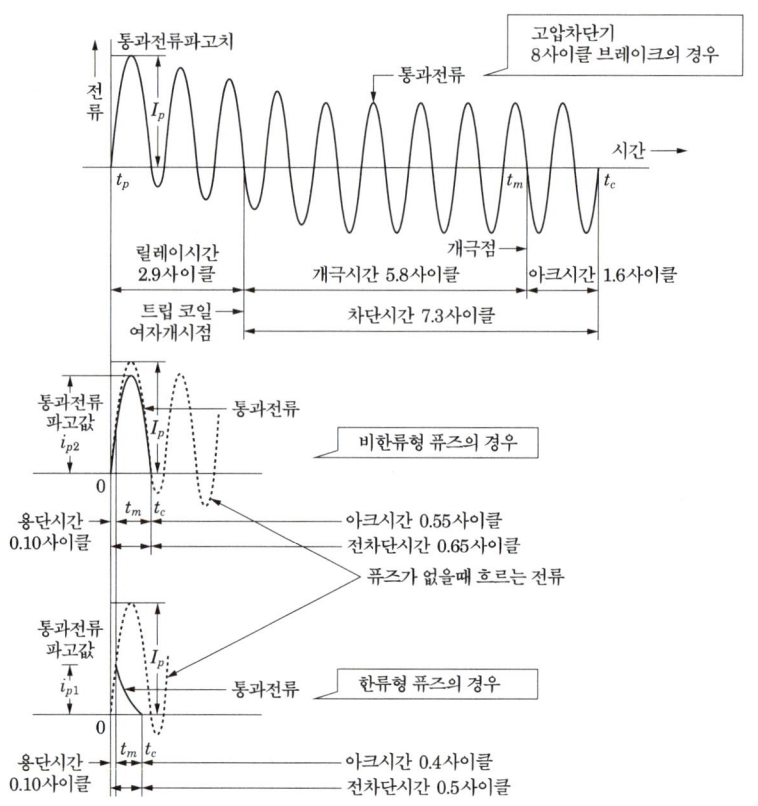

한류형 퓨즈의 특징은 다음과 같다.
① 소형으로 큰 차단용량을 갖는다.
② 단락전류의 제한효과가 크다.
③ 차단시간이 짧으므로 과전압이 발생한다.
④ 최소 차단전류영역이 있다.
⑤ 전차단 시간은 1/4사이클 정도이다.
⑥ 전압 0점에서 차단이 된다.

04 비한류형 퓨즈

전류차단시 소호가스를 아크에 분출하여 전류 0점에서 극간의 절연내력을 재기전압이상으로 높여 아크를 소호하는 퓨즈로 붕산과 파이버를 사용한다.
비한류형 퓨즈의 특징은 다음과 같다.
① 전류 0점에서 차단되므로 과전압이 발생하지 않는다.
② 용단되면 반드시 차단되므로 과부하 보호가 가능하다.
③ 한류효과가 적다.

강의 NOTE

- 기 00.02.08
- 산 89.94.98.00.02.06.19
전력퓨즈의 가장 큰 단점은 무엇인가?

- 기 94
- 산 12.17
전력퓨즈에 대한 기능 및 사용상 장점 4가지를 쓰시오.

- 기 90.94.95.97
전력퓨즈의 단점을 4가지 쓰시오.

- 산 09.18
전력퓨즈의 장점과 단점을 각 3가지씩 쓰시오.

05 퓨즈의 장·단점

전력퓨즈의 장·단점

장점	단점
① 가격이 싸다.	① 재투입을 할 수 없다.
② 소형 경량이다.	② 과도전류로 용단하기 쉽다.
③ 릴레이나 변성기가 필요 없다.	③ 동작시간-전류특성을 계전기처럼 자유로이 조정할 수 없다.
④ 밀폐형 퓨즈는 차단시에 무소음 무방출이다.	④ 한류형 퓨즈에는 녹아도 차단하지 못하는 전류범위를 갖는 것이 있다.
⑤ 소형으로 큰 차단용량을 갖는다.	⑤ 비보호영역이 있으며, 사용 중에 열화하여 동작하면 결상을 일으킬 염려가 있다.
⑥ 보수가 간단하다.	
⑦ 고속도 차단한다.	⑥ 한류형은 차단시에 과전압을 발생한다.
⑧ 한류형 퓨즈는 한류효과가 대단히 크다.	⑦ 고 임피던스 접지계통의 접지보호는 할 수 없다.
⑨ 차지하는 공간이 적고 장치 전체가 싼 값에 소형으로 처리된다.	
⑩ 후비보호가 완벽하다.	

퓨즈의 단점 보안대책은 다음과 같다.
① 용도를 한정한다. 퓨즈의 동작을 단락고장으로 정격전류를 선정하며, 과부하를 차단하는 경우, 차단 후 재투입하는 경우 등은 퓨즈를 사용하지 않는다.
② 과소정격을 배제한다. 최소 차단전류 이하에서 전력퓨즈가 동작하지 않도록 큰 정격전류를 선정하며, 최소 차단전류 이하에서는 차단기 등으로 보호한다.
③ 과도전류가 안전하게 통전하기 위해서는 안전통전 특성 안에 들어가도록 큰 정격전류를 선정한다.
④ 퓨즈가 용단된 경우는 3상을 모두 교체하는 것이 바람직하다.
⑤ 회로의 절연강도가 퓨즈의 과전압값보다 높아야 한다.

■ 전력 퓨즈의 장·단점
장점 (고릴라가 소형)
- 고속도 차단한다.
- 릴레이나 변성기가 필요 없다.
- 가격이 싸다.
- 소형 경량이다.

단점 (차동 결재비)
- 차단시 이상전압이 발생한다.
- 동작시간, 전류특성을 자유로이 조정할 수 없다.
- 과도전류에 용단되기 쉽고 결상을 일으킬 우려가 있다.
- 재투입이 불가능하다.
- 비보호영역이 있다.

- 산 13
퓨즈의 단점을 보완하기 위한 대책 3가지를 쓰시오.

강의 NOTE

- 기 95
- 산(유) 89.94.98.00.02.06.19
- 산 98.00

퓨즈와 개폐기 및 차단기의 기능 비교표를 완성하시오.

- 기 88.97.98.99.02.03.06.16
- 기(유) 93.96.13
- 산 93.96.13

퓨즈의 성능(특성) 3가지를 쓰시오.

■ 수변전 설비에 설치하고자 하는 파워 퓨즈(전력용 퓨즈)는 사용 장소, 정격 전압, 정격 전류 등을 고려하여 구입하여야 하는데, 이외에 고려하여야 할 주요 특성을 3가지
(퓨즈특성은 단전용)
- 단시간 허용 특성
- 전차단 특성
- 용단 특성

06 퓨즈와 각종 개폐기 및 차단기와의 기능 비교

기능비교

기구 명칭	정상 전류			이상 전류		
	통전	개	폐	통전	투입	차단
차단기	○	○	○	○	○	○
퓨즈	○	×	×	×	×	○
단로기	○	△	×	○	×	×
개폐기	○	○	○	○	△	×

○ : 가능, △ : 때에 따라 가능, × : 불가능

07 퓨즈의 특성

1 용단 특성

Fuse에 전류가 흐르기 시작하여 용단할 때까지의 전류와 시간과의 관계를 나타낸 특성으로 시간은 규약시간, 전류는 규약전류로 나타낸다.

퓨즈의 종류	용단특성			반복과전류특성
	불용단특성	10s 용단특성	0.1s 용단특성	
T (변압기용)		≥2.5×정격전류 ≤10×정격전류	≥12×정격전류 ≤25×정격전류	10×정격전류, 0.1s에서 100회 불용단
M (전동기용)		≥6×정격전류≤ 10×정격전류	≥15×정격전류 ≤35×정격전류	5×정격전류, 10s에서 1,000회 불용단
T/M (변압기 및 전동기용)	1.3배의 정격전류에서 2시간	≥6×정격전류≤ 10×정격전류	≥12×정격전류 ≤25×정격전류	10×정격전류, 0.1s에서 100회 불용단 또한 5×정격전류, 10s에서 1,000회 불용단
G		≥2×정격전류≤ 5×정격전류	≥7×(정격전류/100)0.25×≤20×(정격전류/100)0.25×정격전류	
C (콘덴서용)	1.43배의 정격전류에서 2시간	60s 용단전류≤10×정격전류		70×정격전류, 0.02s에서 100회 불용단

2 전차단 특성

정격전압이 인가된 상태에서 Fuse가 용단, 발호하고 아크가 완전히 소호할 때까지의 전류와 시간과의 관계를 말한다.

전차단시간
① 한류형의 경우 : 용단시간(0.1Hz) + 아크시간(0.4Hz) = 0.5Hz
② 비 한류형의 경우 : 용단시간(0.1Hz) + 아크시간(0.55Hz) = 0.65Hz

3 단시간 허용 특성

Fuse를 정해진 조건으로 사용하는 경우 열화되는 일이 없이 그 Fuse에 흐를 수 있는 전류와 시간과의 관계를 나타내는 특성.

관련문제 — 07. 전력퓨즈

13

1 다음 물음에 답하시오. (5점)

(1) 전력퓨즈는 과전류 중 주로 어떤 전류의 차단을 목적으로 하는가?

(2) 전력퓨즈의 단점을 보완하기 위한 대책을 3가지만 쓰시오.

│작성답안

(1) 단락 전류
(2) ① 최소 차단전류 이하에서 전력퓨즈가 동작하지 않도록 큰 정격전류를 선정하며, 최소 차단전류 이하에서는 차단기 등으로 보호한다.
② 과도전류가 안전하게 통전하기 위해서는 안전통전 특성 안에 들어가도록 큰 정격전류를 선정한다.
③ 회로의 절연강도가 퓨즈의 과전압값보다 높아야 한다.

93, 96, 13

2 수변전 설비에 설치하고자 하는 파워 퓨즈(전력용 퓨즈)는 사용 장소, 정격 전압, 정격 전류 등을 고려하여 구입하여야 하는데, 이외에 고려하여야 할 주요 특성을 3가지만 쓰시오. (5점)

│작성답안

① 용단 특성
② 전차단 특성
③ 단시간 허용 특성

강의 NOTE

■ 전력퓨즈

① 전력퓨즈
전력퓨즈는 고압 및 특고압의 선로에서 선로와 기기를 단락으로부터 보호하기 위해 사용되는 차단장치이다.
• 부하전류를 안전하게 통전한다.
• 일정치 이상의 과전류는 차단하여 선로나 기기를 보호한다.

② 전력퓨즈의 장·단점

장점	단점
① 가격이 싸다.	① 재투입을 할 수 없다.
② 소형 경량이다.	② 과도전류로 용단하기 쉽다.
③ 릴레이나 변성기가 필요 없다.	③ 동작시간-전류특성을 계전기처럼 자유로이 조정할 수 없다.
④ 밀폐형 퓨즈는 차단시에 무소음 무방출이다.	④ 한류형 퓨즈에는 녹아도 차단하지 못하는 전류범위를 갖는 것이 있다.
⑤ 소형으로 큰 차단용량을 갖는다.	⑤ 비보호영역이 있으며, 사용 중에 열화하여 동작하면 결상을 일으킬 염려가 있다.
⑥ 보수가 간단하다.	⑥ 한류형은 차단시에 과전압을 발생한다.
⑦ 고속도 차단한다.	⑦ 고 임피던스 접지계통의 접지보호는 할 수 없다.
⑧ 한류형 퓨즈는 한류효과가 대단히 크다.	
⑨ 차지하는 공간이 적고 장치 전체가 싼 값에 소형으로 처리된다.	
⑩ 후비보호가 완벽하다.	

퓨즈의 단점 보안대책은 다음과 같다.
① 용도를 한정한다. 퓨즈의 동작을 단락고장으로 정격전류를 선정하며, 과부하를 차단하는 경우, 차단 후 재투입하는 경우 등은 퓨즈를 사용하지 않는다.
② 과소정격을 배제한다. 최소 차단전류 이하에서 전력퓨즈가 동작하지 않도록 큰 정격전류를 선정하며, 최소 차단전류 이하에서는 차단기 등으로 보호한다.
③ 과도전류가 안전하게 통전하기 위해서는 안전통전 특성 안에 들어가도록 큰 정격전류를 선정한다.
④ 퓨즈가 용단된 경우는 3상을 모두 교체하는 것이 바람직하다.
⑤ 회로의 절연강도가 퓨즈의 과전압값보다 높아야 한다.

■ 퓨즈의 특성

① 용단 특성
Fuse에 전류가 흐르기 시작하여 용단할 때까지의 전류와 시간과의 관계를 나타낸 특성으로 시간은 규약시간, 전류는 규약전류로 나타낸다.
② 전차단 특성
정격전압이 인가된 상태에서 Fuse가 용단, 발호하고 아크가 완전히 소호할 때까지의 전류와 시간과의 관계를 말한다.
③ 단시간 허용 특성
Fuse를 정해진 조건으로 사용하는 경우 열화되는 일이 없이 그 Fuse에 흐를 수 있는 전류와 시간과의 관계를 나타내는 특성을 말한다.

☐☐☐ 09, 18

3
전력퓨즈(Power Fuse)는 고압, 특별고압 기기의 단락전류의 차단을 목적으로 사용되며, 소호방식에 따라 한류형(PF)과 비한류형(COS)이 있다. 다른 개폐기와 비교한 퓨즈의 장점과 단점을 각각 3가지씩만 쓰시오. (단, 가격, 크기, 무게 등 기술외적인 사항은 제외한다.)(6점)

강의 NOTE

■ 전력 퓨즈의 장·단점
장점 (고릴라가 소형)
- 고속도 차단한다.
- 릴레이나 변성기가 필요 없다.
- 가격이 싸다.
- 소형 경량이다.

단점 (차동 결재비)
- 차단시 이상전압이 발생한다.
- 동작시간, 전류특성을 자유로이 조정할 수 없다.
- 과도전류에 용단되기 쉽고 결상을 일으킬 우려가 있다.
- 재투입이 불가능하다.
- 비보호영역이 있다.

| 작성답안

• 장점
① 릴레이나 변성기가 필요 없다.
② 고속도 차단한다.
③ 큰 차단 용량을 갖는다.
• 단점
① 재투입을 할 수 없다.
② 과도 전류로 용단되기 쉽고 결상을 일으킬 염려가 있다.
③ 동작시간, 전류특성을 자유로이 조정할 수 없다.
그 외
④ 비보호 영역이 있다.
⑤ 차단시 이상전압이 발생한다.

☐☐☐ 12, 17

4
차단기에 비하여 전력용 퓨즈의 장점 4가지를 쓰시오. (4점)

| 작성답안

① 가격이 싸다.
② 소형 경량이다.
③ 릴레이나 변성기가 필요 없다.
④ 고속도 차단한다.

□□□ 94, 98, 00, 02, 06, 19

5 퓨즈의 역할을 크게 2가지로 설명하시오. (6점)

○ _____

| 작성답안

- 부하 전류는 안전하게 통전한다.
- 어떤 일정값 이상의 과전류는 차단하여 전로나 기기를 보호한다.

■ 전력퓨즈
고압 및 특고압의 선로에서 선로와 기기를 단락으로부터 보호하기 위해 사용되는 차단장치이다. 전력퓨즈는
- 부하전류를 안전하게 통전한다.
- 일정치 이상의 과전류는 차단하여 선로나 기기를 보호한다.

□□□ 89, 94, 98, 00, 02, 06, 19

6 전력 퓨즈에서 퓨즈에 대한 그 역할과 기능에 대해서 다음 각 물음에 답하시오. (9점)

(1) 퓨즈의 역할을 크게 2가지로 대별하여 간단하게 설명하시오.

○ _____

(2) 퓨즈의 가장 큰 단점은 무엇인가?

○ _____

(3) 주어진 표는 개폐장치(기구)의 동작 가능한 곳에 ○표를 한 것이다. ①~③은 어떤 개폐 장치이겠는가?

기능 \ 능력	회로 분리		사고 차단	
	무부하	부하	과부하	단락
퓨즈	○			○
①	○	○	○	○
②	○	○	○	
③	○			

(4) 큐피클의 종류 중 PF·S형 큐비클은 주 차단장치로서 어떤 것들을 조합하여 사용하는 것을 말하는가?

○ _____

| 작성답안

(1) • 부하 전류는 안전하게 통전한다.
　　• 어떤 일정값 이상의 과전류는 차단하여 전로나 기기를 보호한다.
(2) 재투입할 수 없다.
(3) ① 차단기　② 개폐기　③ 단로기
(4) 전력 퓨즈와 개폐기

■ 전력퓨즈
고압 및 특고압의 선로에서 선로와 기기를 단락으로부터 보호하기 위해 사용되는 차단장치이다. 전력퓨즈는
- 부하전류를 안전하게 통전한다.
- 일정치 이상의 과전류는 차단하여 선로나 기기를 보호한다.

■ 수변전 설비에 설치하고자 하는 파워 퓨즈(전력용 퓨즈)는 사용 장소, 정격 전압, 정격 전류 등을 고려하여 구입하여야 하는데, 이외에 고려하여야 할 주요 특성을 3가지
(퓨즈특성은 단전용)
- 단시간 허용 특성
- 전차단 특성
- 용단 특성

■ 큐비클의 종류
- CB형 : 차단기(CB)를 사용한 것
- PF - CB형 : 한류형 전력 퓨즈(PF)와 CB를 조합하여 사용하는 것
- PF - 형 : PF와 고압 개폐기를 조합하여 사용하는 것

□□□ 98, 00

7 전력 개폐 장치의 기본적인 것을 개폐 능력에 따라 대별하여 차단기, 개폐기, 단로기, 퓨즈 등으로 분류한다면 아래 기능에 대한 개폐 장치의 명칭을 기입하시오. (단, ○ : 가능, △ : 때에 따라 가능, × : 불가능)(6점)

기구 명칭	정상 전류			이상 전류		
	통전	개	폐	통전	투입	차단
①	○	○	○	○	○	○
②	○	×	×	×	×	○
③	○	△	×	○	×	×
④	○	○	○	○	△	×

| 작성답안

① 차단기
② 퓨즈
③ 단로기
④ 개폐기

차단기(CB : Circuit Breaker)

KEYWORD 08

차단기는 정상상태에서는 부하전류를 개폐하고, 사고상태(단락, 지락, 과부하 등)에서는 사고전류를 안전하게 차단하는 것을 목적으로 한다. 차단기의 기능은 다음과 같다.
① 부하전류의 개폐
② 고장전류, 특히 단락전류와 같은 대전류의 통전 또는 차단

차단기는 접촉부, 소호부, 조작부, 제어부로 구성된다. 현재 차단기에 많이 사용되는 소호방법은
① 아크에 의하여 발생한 가스를 냉각하는 방법
② 이온을 확장하는 방법
③ 이온을 어떤 방향으로 불어 날리는 방법
④ 소호실의 내압을 높게 하는 방법
⑤ 아크를 세분하는 방법
⑥ 자계의 아크 구동력을 이용하는 방법

등이 있다. 어느 것이나 차단기 극간의 급속한 절연내력을 회복하여 차단성능을 높이는 것을 목적으로 한다.

강의 NOTE

종류	약어
가스차단기	GCB
공기차단기	ABB
유입차단기	OCB
진공차단기	VCB
자기차단기	MBB
기중차단기	ACB

• 기 95
차단기의 종류를 요약하여 쓰시오.

01 차단기의 구비조건

① 투입상태에서 양호한 도체로, 정상 또는 단락고장상태와 같은 이상조건에서도 열적, 구조적으로 견디어야 한다.
② 개방상태에서 양호한 절연체로 상간 또는 상과 대지간 절연이 유지되어야 한다.
③ 차단기 투입시에는 이상전압 발생이 없이 정격 또는 그 이하의 발생전류를 정상적으로 차단하여야 한다.
④ 차단기 개방시에는 접촉자 손상이 없이 신속, 안전하게 회로를 분리하여야 한다.

02 차단기의 종류

전력용 차단기의 종류는 소호방식에 따라 자력형, 타력형으로 구분된다.

[주1] 자력식 차단기 : 소호방식에 의한 차단기 분류의 일종으로 차단해야 할 전류 자체에 의한 아크 에너지 또는 전자력에 의하여 아크를 소호하는 방식으로 유입차단기의 경우 아크 자체 에너지에 의해 절연유를 분해시켜 만든 가스압력으로 아크를 소호하며, 자기차단기의 경우 직접 아크를 이용하지는 않지만 통상 아크의 전류를 이용하여 자계를 만들어 소호하기 때문에 自力式이라 할 수 있다. 자력식의 경우 차단전류 정격의 10~30% 정도의 소전류에서는 아크 에너지가 적기 때문에 아크 동요가 적어 냉각 및 이온 제거 작용이 활발치 못해 아크 소호시간이 길다. 진공차단기, 자기차단기 등이 이에 해당된다.

[주2] 타력식 차단기 : 소호방식에 의한 차단기 분류의 일종으로 소호매체를 강제적으로 주입하거나 압축공기 및 가스를 주입하여 아크 자체의 에너지와 관계없이 타 에너지원으로 아크를 소호하는 가스차단기, 공기차단기 등을 이른다. 타력식의 경우 차단전류와 무관하게 강한 소호에너지가 공급되므로 아크발생시간이 일정하나, 차단전류가 너무 클 때 아크온도 상승에 의한 소호실 압력이 커져 아크에 주입되는 소호매체의 흐름을 방해하여 아크소호시간이 길어지기도 하며 때로는 소호 불능상태로 가기도 한다.

1 진공차단기 (VCB : Vacuum Circuit Breaker)

진공을 소호매질로 하는 VI(Vacuum Interrupter)를 적용한 차단기로서 전력의 송수전, 절체 및 정지 등을 계획적으로 수행하는 외에 전력 계통에 고장 발생시 신속히 자동 차단하는 책무를 보호장치로 사용된다.

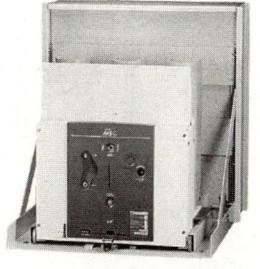

강의 NOTE

• 기 20
현재 사용되고 있는 특고압 차단기 종류 3가지와 저압차단기 종류 3가지의 영문약호와 명칭을 쓰시오.

• 기 19
진공차단기의 특징을 3가지 쓰시오

• 기 87.97
특별 고압 수전 설비에 설치될 차단기를 선정하고자 한다. 수전설비의 부하에 콘덴서가 많이 설치되어 있어 재점호가 발생하지 않는 차단기를 설치하고자 한다면 어느 종류의 것을 택하여야 하는지 그 종류를 2가지만 쓰시오.

2 자기차단기(MBB : Magnetic Blast Circuit Breaker)

대기 중에서 전자력을 이용하여 아크를 소호실내로 유도해서 냉각차단
① 화재 위험이 없다.
② 보수 점검이 비교적 쉽다.
③ 압축 공기 설비가 필요 없다.
④ 전류 절단에 의한 과전압을 발생하지 않는다.
⑤ 회로의 고유 주파수에 차단 성능이 좌우되는 일이 없다.

3 가스차단기(GCB : Gas Circuit Breaker)

고성능 절연특성을 가진 특수가스(SF_6)를 이용해서 차단한다. SF_6가스 차단기의 특징은 다음과 같다.
① 밀폐구조이므로 소음이 없다.
② 절연내력이 공기의 2~3배, 소호 능력은 공기의 100~200배
③ 근거리 고장 등 가혹한 재기전압에 대해서도 성능이 우수
④ SF_6는 무독, 무취, 무해, 가스이므로 유독가스를 발생하지 않는다.

4 공기차단기(ABB : Air Blast Circuit Breaker)

압축된 공기를 아크에 불어 넣어서 차단

5 유입차단기(OCB : Oil Circuit Breaker)

소호실에서 아크에 의한 절연유 분해 가스의 흡부력(吸付力)을 이용해서 차단

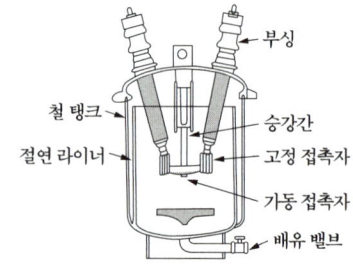

① 보수가 번거롭다.
② 방음설비가 필요 없다.
③ 공기보다 소호 능력이 크다.
④ 부싱 변류기를 사용할 수 있다.

차단기의 종류와 원리

종류	약어	소호원리
가스차단기	GCB	(육불화유황)가스를 흡수해서 차단
공기차단기	ABB	압축공기를 아크에 불어넣어서 차단
유입차단기	OCB	아크에 의한 절연유 분해가스의 흡부력(吸付力)을 이용하여 차단
진공차단기	VCB	고진공속에서 전자의 고속도 확산을 이용하여 차단
자기차단기	MBB	전자력을 이용하여 아크를 소호실 내로 유도하여 냉각차단
기중차단기	ACB	대기 중에서 아크를 길게 하여 소호실에서 냉각차단

강의 NOTE

- 기/산 95.15.18.20
전기기기 및 송변전 선로 고장 시 회로를 자동으로 차단하는 고압 차단기의 종류 3가지와 각각의 소호매체를 답란에 쓰시오.

- 산 10
다음의 교류차단기의 약어와 소호원리에 대해 쓰시오.

03 차단기의 정격

1 정격전압(Rated Voltage)

정격전압이란 규정된 조건에 따라 기기에 인가될 수 있는 사용회로전압의 상한을 말하며 계통의 공칭전압에 따라 아래 표를 표준으로 한다.
정격전압의 표준치

공칭전압[kV]	정격전압[kV]	비고
6.6	7.2	
22 또는 22.9	25.8	23kV 포함
66	72.5	
154	170	
345	362	
765	800	

- 기 19
우리나라에서 송전계통에 사용하는 차단기의 정격전압과 정격차단시간을 나타낸 표이다. 다음 빈 칸을 채우시오. 단, 60사이클 기준이다.

- 산 20
우리나라에서 통상적으로 사용하는 공칭전압에 대한 정격전압을 완성하시오.

- 산 08
수변전계통에서 주변압기의 1차/2차 전압은 22.9[kV]/6.6[kV]이고, 주변압기 용량은 1500[kVA]이다. 주변압기의 2차측에 설치되는 진공차단기의 정격전압은?

2 차단전류(Breaking Current, Interrupting Current)

차단전류란 차단기의 차단순간에 각 극에 흐르는 전류를 말한다. 정격차단전류란 정격전압, 정격주파수 및 규정한 회로조건에서 규정한 표준 동작책무와 동작 상태에 따라 차단할 수 있는 지상역률의 차단전류의 한도를 말한다.

즉, 정격전압, 정격주파수 및 규정한 회로 조건하에서 규정의 표준 동작책무와 동작 상태에 따라 차단할 수 있는 늦은 역률의 차단전류의 한도를 말하며, 다음과 같이 대칭 실효값으로 표시한다. 1 [kA], 1.25 [kA], 1.6 [kA], 2 [kA], 3.15 [kA], 4 [kA], 5 [kA], 6.3 [kA], 8 [kA]이며, 이상인 경우에는 ×10배로 정한다.

| 강의 NOTE |

3 투입전류(Making Current)

투입전류란 차단기의 투입순간에 각 극에 흐르는 전류를 말하며 최초주파수에 있어서의 최대치로 표시하고 3상 시험에 있어서는 각 상의 최대의 값을 말한다.

4 단시간전류(Short-Time Withstand Current)

• 기 92
차단기의 정격 단시간 전류에 대하여 간단히 설명하시오.

개폐장치의 단시간전류란 규정조건에서 규정시간 동안 개폐장치의 통전부분에 흐르게 할 수 있는 전류의 한도를 말하며, 정격단시간전류란 그 전류를 규정한 회로조건에서 규정시간동안 개폐장치에 통하여도 열적, 기계적으로 이상이 발생하지 않는 전류의 최대한도이고 개폐장치의 정격차단전류와 같은 값(실효치)으로 한다.

5 정격전류(Rated Normal Current, Rated Normal Continuous Current)

개폐장치의 정격전류란 정격전압 및 정격주파수, 규정한 온도상승 한도를 초과하지 않는 상태에서 연속적으로 흐를 수 있는 전류의 한도를 말하며, 일반적 표준으로 적용하고 있는 차단기의 정격전류는 600, 1200, 2000, 3000, 4000, 8000A가 있다.

6 차단시간(Breaking Time, Interrupting Time)

개극시간과 아크시간을 합한 것을 차단시간이라 하며, 정격차단시간이란 정격차단전류를 정격전압, 정격주파수 및 규정한 회로조건에서 규정한 표준 동작책무 및 동작 상태에 따라서 차단할 경우 차단시간의 한도를 말한다. 정격차단시간은 정격 주파수를 기준으로 하여 사이클 수(~)로 나타낸다.

또한 정격차단시간은 다음 표의 값을 표준으로 하고(ES 150), 차단기는 정격전압 하에서 정격차단전류의 30% 이상의 전류를 차단할 때의 시간은 정격차단시간을 초과할 수 없다.

[주1] 개극시간(開極時間, Opening Time) : 개극시간이란 폐로 상태에 있는 차단기의 트립제어장치(coil)가 여자된 순간부터 arc접촉자(arc접촉자가 없는 경우는 주접촉자)가 개리할 때까지의 시간을 말하고, 정격개극시간이란 무부하시에 정격 Trip전압 및 정격 조작압력에서 Trip하는 경우의 개극시간의 한도를 말하며 표 2.16의 조건을 기준으로 한다.

[주2] 아크시간이란 아크접촉자(아크접촉자가 없는 경우는 주접촉자)의 개리순간부터 모든 極의 主電流가 차단되는 순간까지의 시간을 말한다. 특히 어떤 극에 관해서 말할 경우에는 그 극의 아크접촉자(혹은 주접촉자)의 개리의 순간부터 그 극의 주전류가 차단되는 순간까지의 시간을 말한다.

차단기의 정격차단시간

정격전압(kV)	7.2	25.8	72.5	170	362	800
정격차단시간(cycle)	5	5	5	3	3	2

7 동작책무(Duty Cycle, Operating Duty)

차단기가 동작할 때에는 사고발생 → 계전기동작 → 차단기 동작으로 이루어지며 많은 사고는 일시적인 아크 사고로서 사고현장을 점검·수리하지 않아도 재투입함으로서 송전을 계속할 수 있다. 따라서, 재폐로 방식이란 한번 차단한 차단기를 어느 시간간격을 두고 재투입함으로써 순간적인 아크 사고시 정전사고를 방지하기 위한 차단기 조작방식이다. 동작책무란 1회 또는 2회 이상의 차단동작을 규정시간의 간격을 두고 반복하여 행하는 일련의 동작을 나타내는 책무를 말하며, 사용조건의 하나이다.(차단기의 차단용량은 일정한 동작 책무를 기준으로 하여 표시된다.)

• 기/산 96.09
차단기 동작책무란?

표준동작책무(IEC Calculation Type / KSC IEC 62271-100 Ed.2.1)

일반용	O-(3분)-CO-(3분)-CO CO-(15초)-CO
고속도 재투입용	O-(0.3초)-CO-(3분)-CO

O : 차단동작
CO : 투입동작에 이어 즉시 차단동작
t : 재투입시간

① 차단기는 O 또는 CO의 회수에 따라 차단성능이 시간이 짧을수록, O 나 CO의 회수가 많을수록 차단용량이 저하되므로 그 보장할 수 있는 동작책무를 정하여 차단용량을 분명히 해야 한다.
② 재투입 시간 : 트립 장치 여자 시간부터 재투입에 의한 전류가 주 회로에 흐르기 시작할 때까지의 시간
③ 무전압 시간 : 차단기가 차단 소호한 순간부터 재투입 동작에 의한 접촉까지의 시간

강의 NOTE

- 산 93.97.99.02.08.10.19
차단기 명판에 BIL 150[kV] 정격차단전류 20[kA], 차단시간 3[Hz], 솔레노이드형이라고 기재되어 있다. 이것을 보고 다음 각 물음에 답하시오.
  (1) BIL이란 무엇인가?
  (2) 이 차단기(CB)의 정격 전압은?
  (3) 이 차단기(CB)의 정격 용량은?
  (4) 차단시간이란 개극시간과 어떤 시간을 가리키는 것인가?
  (5) 조작 전원으로 사용되는 전기는 어떤 종류의 전기가 사용되는가?
- 기 08.19
- 산 93.97.99.02.08.19.20
차단기 명판(name plate)에 BIL 150[kV], 정격 차단전류 20[kA], 차단시간 5사이클, 솔레노이드(solenoid)형 이라고 기재 되어 있다. 비유효 접지계에서 계산하는 것으로 할 경우 다음 각 물음에 답하시오.
  (1) BIL이란 무엇인가?
  (2) 이 차단기의 정격전압은 몇 [kV]인가?
  (3) 이 차단기의 정격 차단 용량은 몇 [MVA]인가?

- 기 99.03.07
전력계통의 절연협조에 대하여 설명하고 관련 기기에 대한 기준충격 절연강도를 비교하여 절연협조가 어떻게 되어야 하는지를 쓰시오.(단, 관련 기기는 선로애자, 결합콘덴서, 피뢰기, 변압기에 대하여 비교하도록 한다.)
  - 절연협조
  - 기준충격 절연강도 비교
- 기 88.96.08
송전 계통에는 변압기, 차단기, 계기용 변압 변류기, 애자 등 많은 기기와 기구 등이 사용되고 있는데, 이들의 절연 강도는 서로 균형을 이루어야 한다. 만약, 대충 정해져 있다면 그다지 중요하지 않는 개소의 절연을 강화하였기 때문에, 중요한 기기의 절연이 파괴될 수도 있게 된다. 그러므로, 절연 설계에 있어 계통에서 발생하는 이상 전압, 기기 등의 절연 강도, 피뢰 장치로 저감된 전압 쪽 보호레벨(level)의 3자 사이의 관련을 합리적으로 해야 하는데, 이것을 절연협조(insulation coordination)라 한다. 그림은 이와 같이 하여 정한 절연 협조의 보기를 든 것이다. 각 개소에 해당되는 것을 다음 보기에서 골라 쓰시오.
  - 변압기
  - 피뢰기
  - 결합 콘덴서
  - 선로 애자(단위 : kVA)
- 산 03.09
그림은 154[kV] 계통의 절연협조를 위한 각 기기의 절연강도에 대한 비교 그림이다. 변압기, 선로애자, 개폐기 지지애자, 피뢰기 제한전압이 속해있는 부분은 어느 곳인지 그림의 □안에 쓰시오.

8 기준충격절연강도(Basic Impulse Insulation Level)

절연내력과 기준충격 절연강도 : BIL이란 Basic Impulse Insulation Level의 약자를 말한다. 뇌임펄스 내전압 시험값으로서 절연 레벨의 기준을 정하는 데 적용되며, BIL은 절연 계급 20호 이상의 비유효 접지계에 있어서는 다음과 같이 계산된다.

BIL = 절연계급 × 5 + 50[kV]
여기서, 절연계급은 전기기기의 절연강도를 표시하는 계급을 말하고, 공칭전압/1.1에 의해 계산된다.

차단기의 정격전압 [kV]	사용회로의 공칭 전압 [kV]	BIL [kV]
0.6	0.1, 0.2, 0.4	
3.6	3.3	45
7.2	6.6	60
24.0	22.0	150
72.0	66.0	350
168.0	154.0	750

다음은 22.9 [kV]급의 BIL 레벨을 나타낸 것이다.

공칭전압 [kV]	절연계급 [호]	BIL [kV]
22	20 A	150
	20 B	125
	20 S	180

여기서, A는 표준레벨이고, B는 저레벨의 절연계급이다. 저레벨 B의 절연계급은 외서지 침입의 빈도가 적은 경우 혹은 피뢰기 등의 보호장치에 의해 이상전압이 충분히 낮은 레벨로 억제되고 있는 경우에 적용된다. 그리고 S의 절연계급은 피뢰기의 보호범위 밖에서 사용하는 콘덴서 계기용 변압기 등에 적용된다.

[주] 전력계통에는 변압기, 차단기, 기기의 Bushing, 애자, 결합 콘덴서, 계기용변성기 등 많은 기기가 있으므로 이들 사이에는 서로 균형 있는 절연강도를 유지해야 한다. 또 계통전체의 절연설계를 보호장치와의 관계에서 합리화하고 절연비용을 최소한도로 하여 최대효과를 거두기 위해 절연협조(Insulation Coordination)을 하여야 하며, 이는 외뢰에 의한 충격전압만을 대상으로 고려한다. 외뢰에 의한 이상전압의 파고치는 회로전압과는 무관하여 1,000만[V]이상이 될 때도 있어 피뢰기와 같은 보호기기 없이 기기 자체의 절연강도로 이에 견딜 수 있도록 높인다는 것은 불가능하다.

따라서 사용전압등급별로 피뢰기의 제한전압보다 높은 충격파전압을 기준충격절연강도(basic impulse insulation level)로 정하여 변압기와 기기의 절연강도결정에 이용한다. 충격파의 표준형은 1.0×40μs, 1.2×50μs등 나라에 따라 다르나 우리나라는 1.2×50μs를 표준 충격파로 사용하고 있다.

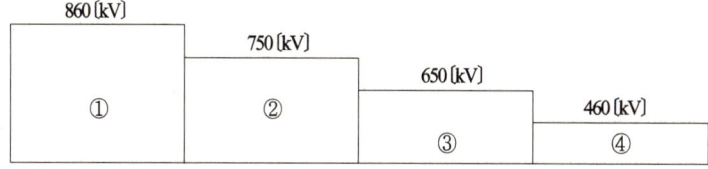

절연강도 비교표(BIL150)

04 차단기의 용량

1 수전용차단기의 용량

수전용 차단기는 수전점에서의 전력회사 쪽의 %임피던스를 기준으로 산정한다.

$$P_s = 기준용량[\text{MVA}] \times \frac{100}{\%Z} [\text{MVA}]$$

단, P_s : 수전용 차단기의 차단용량
   $\%Z$: 선로의 합성 임피던스

2 주변압기 2차측 차단기의 차단용량

$$P_s = 기준용량[\text{MVA}] \times \frac{100}{\%Z} [\text{MVA}]$$

단, P_s : 변압기 2차측 차단기의 차단용량
   $\%Z$: 전력회사 선로와 변압기의 %임피던스의 합성한 값

3 단락전류를 이용한 차단기의 차단용량

정격차단용량 $= \sqrt{3} \times 정격전압 \times 정격차단전류 [\text{MVA}]$
차단기의 용량은 단락용량의 직근상위정격의 값을 선정한다.
여기서, 정격전압은 차단기의 정격전압으로 적용한다.

강의 NOTE

• 산 94
변전설비의 1차측에 설치하는 차단기의 용량은 무엇으로 정하는가?

■ 정격차단전류
정격전압, 정격주파수 및 규정한 회로조건에서 규정한 표준동작책무와 동작 상태에 따라 차단할 수 있는 지상역률의 차단전류의 한도를 말한다.
즉, 정격전압, 정격주파수 및 규정한 회로 조건하에서 규정의 표준 동작책무와 동작 상태에 따라 차단할 수 있는 늦은 역률의 차단전류의 한도를 말하며, 다음과 같이 대칭 실효값으로 표시한다. 1 [kA], 1.25 [kA], 1.6 [kA], 2 [kA], 3.15 [kA], 4 [kA], 5 [kA], 6.3 [kA], 8 [kA]이며, 이상인 경우에는 ×10배로 정한다.

• 산 90.13
차단기의 정격 전압이 7.2kV이고 3상 정격 차단 전류가 8kA인 수용가의 수전용 차단기의 차단 용량은 몇인가? (단, 여유율은 고려하지 않는다.)

강의 NOTE

• 기 00.05
차단기의 트립 방식을 4가지 쓰고 각 방식을 간단히 설명하시오.

■ 트립방식 4가지(콘서트.직전.과.부)
- 콘덴서 트립
- 직류전압
- 과전류
- 부족 전압

05 차단기 트립방식

1 상시개로식과 상시폐로식

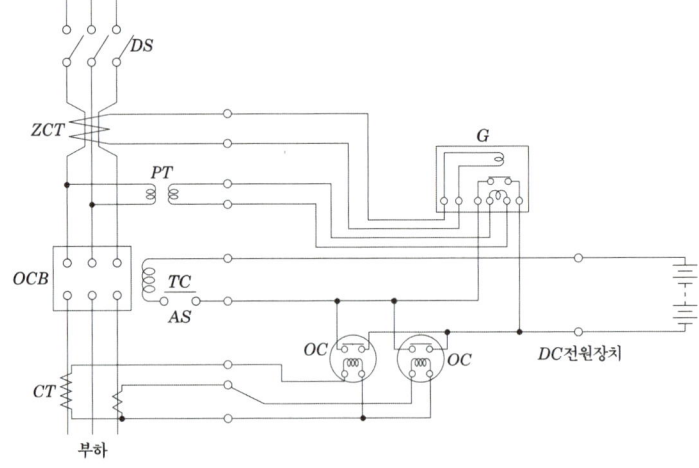

3상3선식의 경우 상시개로식

상시개로식은 경우는 과전류계전기의 접점을 a접점을 사용하는 것을 변류기가 고장전류를 검출할 경우 과전류계전기의 a접점이 폐로되어 차단기의 트립코일에 트립전류를 흘리는 방식을 말한다. 일반적으로 변류기의 잔류회로방식에서 적용되는 방법으로 직류전압트립방식, 콘덴서트립방식이 여기에 해당된다.

상시폐로식은 과전류계전기의 접점을 b접점을 사용하는 방식이다. 변류기가 고장전류를 검출하면 과전류 계전기의 b접점이 열려 변류기 2차 전류가 차단기의 트립코일에 흘러 차단기를 트립하는 방식이다. 일반적으로 고압 이하에 사용한다. 이 방식을 변류기 2차 전류트립방식이라 한다.

■ 흡부력 : 빨아들일 때 기체의 흐름에 따라 발생하는 힘

• 산 04.08
그림에 나타낸 과전류 계전기가 유입차단기를 차단할 수 있도록 결선하시오.

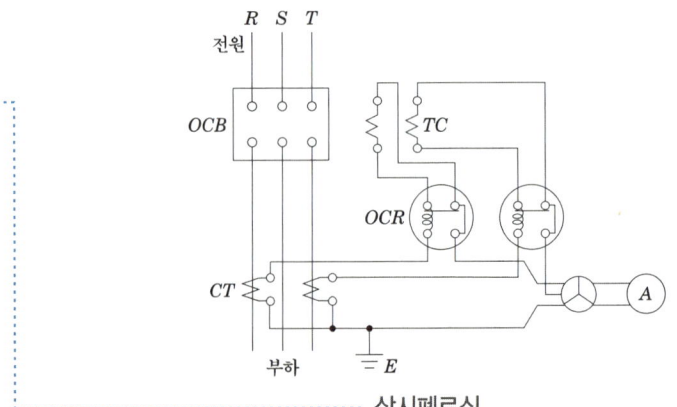

상시폐로식

2 차단기 트립방식

① 직류 전압 트립 방식 : 별도로 설치된 제어용 직류 전원에 의해 트립되는 방식
② 과전류 트립 방식 : 차단기의 주회로에 접속된 변류기의 2차 전류에 의해 트립되는 방식
③ 콘덴서 트립 방식 : 충전된 콘덴서의 에너지에 의해 트립되는 방식

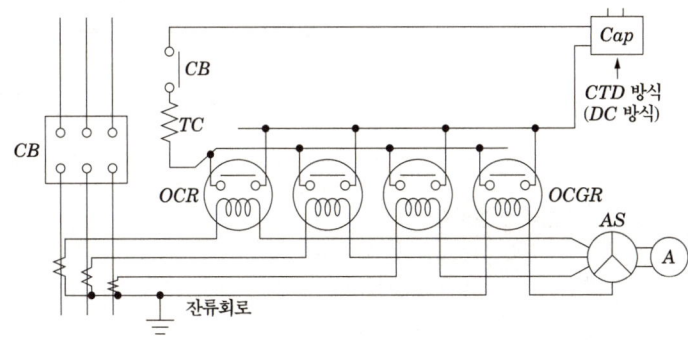

④ 부족 전압 트립 방식 : 부족 전압 트립 장치에 인가되어 있는 전압의 저하에 의해 트립되는 방식

관련문제 08. 차단기

□□□ 20

1 우리나라에서 통상적으로 사용하는 공칭전압에 대한 정격전압을 완성하시오. (4점)

공칭전압[kV]	정격전압[kV]
22.9	
154	
345	
765	

| 작성답안

공칭전압[kV]	정격전압[kV]
22.9	25.8
154	170
345	362
765	800

□□□ 08

2 수변전계통에서 주변압기의 1차/2차 전압은 22.9 [kV]/6.6 [kV]이고, 주변압기 용량은 1500[kVA]이다. 주변압기의 2차측에 설치되는 진공차단기의 정격전압 은? (5점)

| 작성답안

계산 : $V_n = 6.6 \times \dfrac{1.2}{1.1} = 7.2 [kV]$

∴ 7.2[V] 선정

답 : 7.2[kV]

강의 NOTE

■ 차단기의 정격전압(Rated Voltage)
정격전압이란 규정된 조건에 따라 기기에 인가될 수 있는 사용회로전압의 상한을 말하며 계통의 공칭전압에 따라 아래 표를 표준으로 한다.

공칭전압[kV]	정격전압[kV]	비고
6.6	7.2	
22 또는 22.9	25.8	23kV 포함
66	72.5	
154	170	
345	362	
765	800	

■ 정격전압
지정된 조건에 따라 기기에 인가될 수 있는 사용회로전압의 상한

정격전압의 표준치

공칭전압[kV]	정격전압[kV]	비 고
6.6	7.2	
22 또는 22.9	25.8	23kV 포함
66	72.5	
154	170	
345	362	
765	800	

□□□ 94

3 변전설비의 1차측에 설치하는 차단기의 용량은 무엇으로 정하는가? (4점)

| 작성답안

차단기 설치점의 단락용량으로 차단기용량을 결정한다.

□□□ 96, 09

4 차단기 "동작책무"란? (5점)

| 작성답안

차단기에 부과된 1회 또는 2회 이상의 투입, 차단 동작을 일정 시간 간격을 두고 행하는 일련의 동작을 동작 책무라 한다.

□□□ 94, 07, 16, 21. (6점/부분점수 없음)

5 그림과 같은 수전설비에서 변압기나 부하설비에서 사고가 발생하였을 때 가장 먼저 개로해야 하는 기기의 명칭을 쓰시오. (6점)

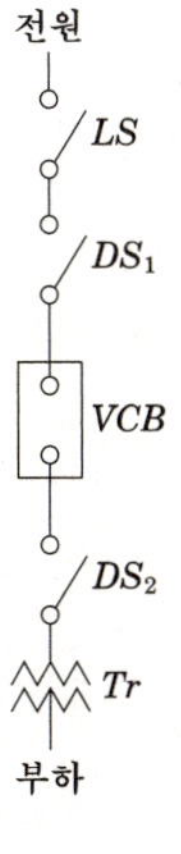

전원
/LS
/DS_1
VCB
/DS_2
Tr
부하

| 작성답안

진공차단기(VCB)

강의 NOTE

KEYWORD 08 차단기

■ 동작책무

차단기가 동작할 때에는 사고발생 → 계전기 동작 → 차단기 동작으로 이루어지며 많은 사고는 일시적인 아크 사고로서 사고현장을 점검·수리하지 않아도 재투입함으로서 송전을 계속할 수 있다. 따라서, 재폐로 방식이란 한번 차단한 차단기를 어느 시간간격을 두고 재투입함으로써 순간적인 아크 사고시 정전사고를 방지하기 위한 차단기 조작방식이다. 동작책무란 1회 또는 2회 이상의 차단동작을 규정시간의 간격을 두고 반복하여 행하는 일련의 동작을 나타내는 책무를 말하며, 사용조건의 하나이다. (차단기의 차단용량은 일정한 동작 책무를 기준으로 하여 표시된다.)

■ 차단기와 단로기의 인터록

단로기(DS)와 차단기(CB)간에 인터록 장치를 한다. (부하 전류가 통전 중에는 회로의 개폐가 되지 않도록 시설한다.)

□□□ 94, 07, 16, 21

6 변압기 2차측 내부고장시 가장 먼저 차단되어야 할 것은 어느 것인가 기기의 명칭을 쓰시오. (3점)

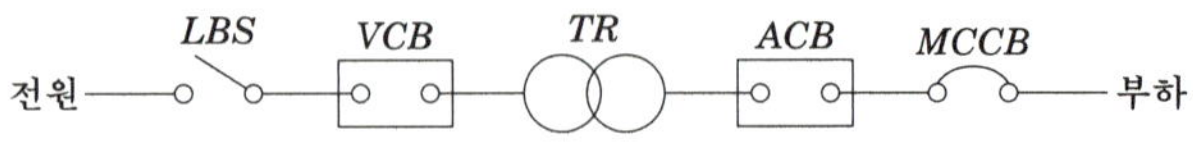

전원 ──/── LBS ──o─o── VCB ──o─o── TR ──o─o── ACB ──o─o── MCCB ── 부하

> **강의 NOTE**
>
> ■ 변압기 내부고장이 발생할 경우 고장전류는 전원으로부터 변압기까지 흐른다. 이 경우 VCB가 고장을 차단할 수 있어야 한다.

| 작성답안

진공차단기(VCB)

□□□ 19

7 다음은 교류 발전소용 자동제어기구의 번호이다. 52C 52T의 각각 명칭 쓰시오. (4점)

52T	(1)
52C	(2)

| 작성답안

(1) 차단기 Trip Coil (교류차단기 트립코일)
(2) 차단기 Closing Coil (교류차단기 투입코일)

□□□ 10

8 다음의 교류차단기의 약어와 소호원리에 대해 쓰시오. (10점)

종류	약어	소호원리
가스차단기		
공기차단기		
유입차단기		
진공차단기		
자기차단기		
기중차단기		

| 작성답안

종류	약어	소호원리
가스차단기	GCB	SF$_6$(육불화유황)가스를 흡수해서 차단
공기차단기	ABB	압축공기를 아크에 불어넣어서 차단
유입차단기	OCB	아크에 의한 절연유 분해가스의 흡부력(吸付力)을 이용하여 차단
진공차단기	VCB	고진공속에서 전자의 고속도 확산을 이용하여 차단
자기차단기	MBB	전자력을 이용하여 아크를 소호실 내로 유도하여 냉각차단
기중차단기	ACB	대기 중에서 아크를 길게 하여 소호실에서 냉각차단

□□□ 95, 15, 18, 20

9 전기기기 및 송변전 선로의 고장 시 회로를 자동 차단하는 고압차단기의 종류 3가지와 각각의 소호매체를 답란에 쓰시오. (5점)

고압차단기	소호매체

| 작성답안

고압차단기	소호매체
가스차단기	SF$_6$ 가스
유입차단기	절연유
공기차단기	압축공기

강의 NOTE

■ 차단기의 종류

① 진공차단기(VCB : Vacuum Circuit Breaker)
진공을 소호매질로 하는 VI (Vacuum Interrupter)를 적용한 차단기로서 전력의 송수전, 절체 및 정지 등을 계획적으로 수행하는 외에 전력 계통에 고장 발생시 신속히 자동 차단하는 책무를 보호장치로 사용된다.

② 자기차단기(MBB : Magnetic Blast Circuit Breaker)
대기 중에서 전자력을 이용하여 아크를 소호실내로 유도해서 냉각차단
• 화재 위험이 없다.
• 보수 점검이 비교적 쉽다.
• 압축 공기 설비가 필요 없다.
• 전류 절단에 의한 과전압을 발생하지 않는다.
• 회로의 고유 주파수에 차단 성능이 좌우되는 일이 없다.

③ 가스차단기(GCB : Gas Circuit Breaker)
고성능 절연특성을 가진 특수가스 (SF$_6$)를 이용해서 차단한다. SF$_6$ 가스 차단기의 특징은 다음과 같다.
• 밀폐구조이므로 소음이 없다.
• 절연내력이 공기의 2~3배, 소호 능력은 공기의 100~200배
• 근거리 고장 등 가혹한 재기전압에 대해서도 성능이 우수
• SF$_6$는 무독, 무취, 무해, 가스이므로 유독가스를 발생하지 않는다.

④ 공기차단기(ACB : Air Blast Circuit Breaker)
압축된 공기를 아크에 불어 넣어서 차단

⑤ 유입차단기(OCB : Oil Circuit Breaker)
소호실에서 아크에 의한 절연유 분해 가스의 흡부력을 이용해서 차단

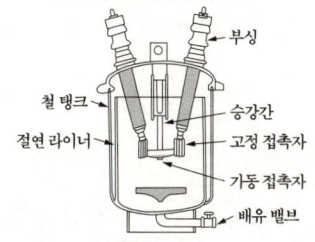

• 보수가 번거롭다.
• 방음설비가 필요 없다.
• 공기보다 소호 능력이 크다.
• 부싱 변류기를 사용할 수 있다.

□□□ 97, 08

10 최근 차단기의 절연 및 소호용으로 많이 이용되고 있는 SF_6 Gas의 특성 4가지만 쓰시오. (6점)

> 강의 NOTE
>
> ■ SF_6 Gas의 특성 4가지
> (소절무안)
> - 소호 능력이 뛰어나다 (공기의 약 100배).
> - 절연 내력이 높다(공기의 2~3배)
> - 무독, 무취, 불연 기체로서 유독 가스를 발생하지 않는다.
> - 절연 성능과 안전성이 우수하다.
>   (SF.영화에서 소가 무 보고 안.절.부.절.)
> - 소호 능력이 뛰어나다 (공기의 약 100배).
> - 무독, 무취, 불연 기체로서 유독 가스를 발생하지 않는다.
> - 절연 성능과 안전성이 우수하다.
> - 절연 내력이 높다(공기의 2~3배)
> - 불(부)화성, 화재 위험 낮다
> - 절연회복 빠르다

| 작성답안

- 절연 성능과 안전성이 우수하다.
- 소호 능력이 뛰어나다(공기의 약 100배).
- 절연 내력이 높다(공기의 2~3배)
- 무독, 무취, 불연 기체로서 유독 가스를 발생하지 않는다.

□□□ 93, 99

11 차단기에는 보조 SW 접점 및 a, b 접점, 이외 aa, bb 접점이 있다. 이 aa 및 bb 접점의 특성에 대하여 ( ) 안을 채우시오. (5점)

차단기가 (①) 된 상태에서 (①) 되어 있는 것은 a접점과 같으나 (②) 될 때는 a접점보다 시간적으로 (③) 닫히고 열릴 때는 (④) 열리는 접점을 aa 접점이라 하고 반대의 동작 상태를 나타내는 것을 bb 접점이라 한다.

| 작성답안

① 개방
② 투입
③ 늦게
④ 빨리

□□□ 89, 09, 10 ⊕ 89

12 차단기 트립회로 전원방식의 일종으로서 AC전원을 정류해서 콘덴서에 충전시켜 두었다가 AC전원 정전시 차단기의 트립전원으로 사용하는 방식을 무엇이라 하는가?(5점)

○ _____

| 작성답안

CTD 방식(콘덴서 트립 방식)

강의 NOTE

■ 차단기 트립방식

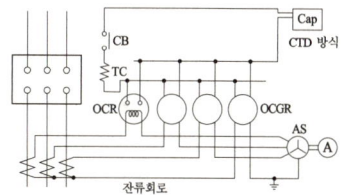

- 직류 전압 트립 방식 : 별도로 설치된 축전지 등의 제어용 직류 전원에 의해 트립되는 방식
- 과전류 트립 방식 : 차단기의 주회로에 접속된 변류기의 2차 전류에 의해 트립되는 방식
- 콘덴서 트립 방식 : 충전된 콘덴서의 에너지에 의해 트립되는 방식
- 부족 전압 트립 방식 : 부족 전압 트립 장치에 인가되어 있는 전압의 저하에 의해 트립되는 방식

□□□ 04, 08

13 그림에 나타낸 과전류 계전기가 유입 차단기를 차단할 수 있도록 결선하고, CT와 OCR 및 전류계를 연결할 때 접지를 표시하도록 하시오. (단, 과전류 계전기는 상시 폐로식이다.)(5점)

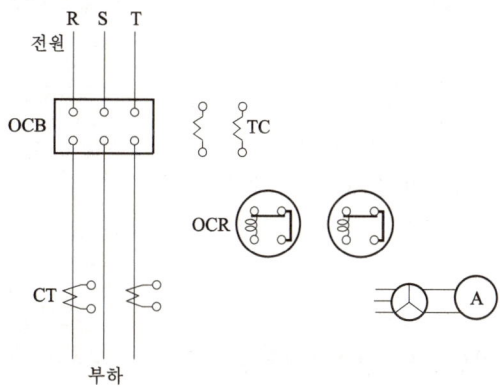

| 작성답안

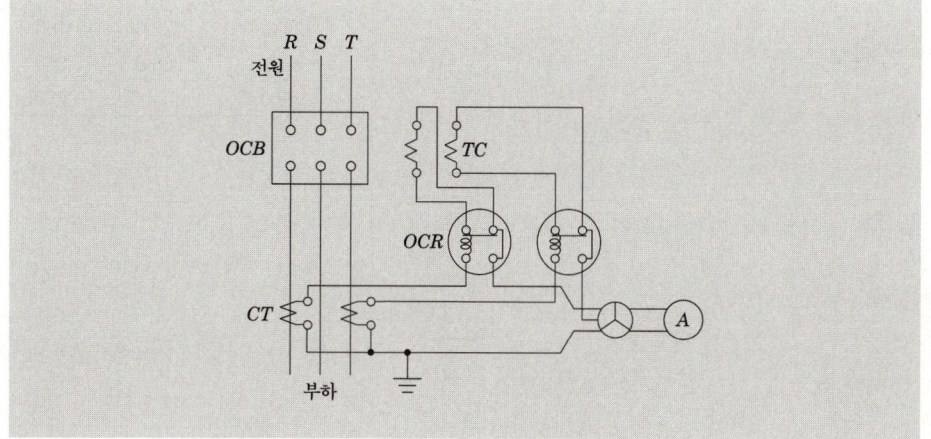

PART 01 전기설비의 구성기기 • **123**

□□□ 07

14 그림은 차단기 트립방식을 나타낸 도면이다. 트립방식의 명칭을 쓰시오. (6점)

(1) 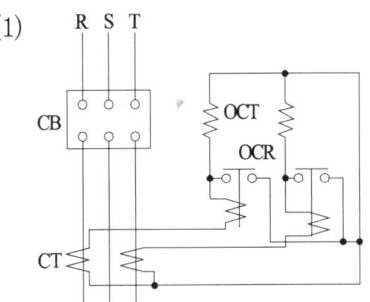　　(2)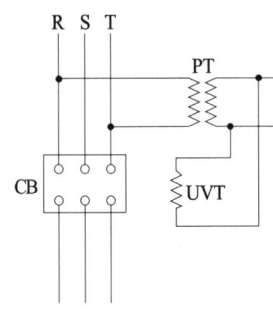

■ 차단기 트립방식

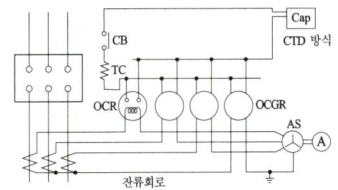

- 직류 전압 트립 방식 : 별도로 설치된 축전지 등의 제어용 직류 전원에 의해 트립되는 방식
- 과전류 트립 방식 : 차단기의 주회로에 접속된 변류기의 2차 전류에 의해 트립되는 방식
- 콘덴서 트립 방식 : 충전된 콘덴서의 에너지에 의해 트립되는 방식
- 부족 전압 트립 방식 : 부족 전압 트립 장치에 인가되어 있는 전압의 저하에 의해 트립되는 방식

| 작성답안

(1) 전류 trip 방식　　(2) 부족 전압 trip 방식

□□□ 93, 97, 99, 02, 08, 20　08, 19

15 주어진 조건을 참조하여 다음 각 물음에 답하시오. (7점)

> 차단기 명판(name plate)에 BIL 150[kV], 정격 차단전류 20[kA], 차단시간 8 사이클, 솔레노이드(solenoid)형 이라고 기재 되어 있다. 단, BIL은 절연계급 20호 이상 비유효 접지계에서 계산하는 것으로 한다.

(1) BIL이란 무엇인가?

(2) 이 차단기의 정격전압은 25.8[kV]이다. 이 차단기의 정격 차단 용량은 몇 [MVA]인가?

(3) 차단기의 트립방식 3가지를 쓰시오.

■ 기준충격절연강도

절연내력과 기준충격 절연강도
BIL이란 Basic Impulse Insulation Level의 약자를 말한다. 뇌임펄스 내전압 시험값으로서 절연 레벨의 기준을 정하는 데 적용되며, BIL은 절연 계급 20호 이상의 비유효 접지계에 있어서는 다음과 같이 계산된다.
BIL = 절연계급 × 5 + 50[kV]
여기서, 절연계급은 전기기기의 절연강도를 표시하는 계급을 말하고, 공칭전압/1.1에 의해 계산된다.

차단기의 정격전압 [kV]	사용회로의 공칭 전압 [kV]	BIL [kV]
0.6	0.1, 0.2, 0.4	
3.6	3.3	45
7.2	6.6	60
24.0	22.0	150
72.0	66.0	350
168.0	154.0	750

| 작성답안

(1) 기준충격절연강도
(2) 계산 : $P_s = \sqrt{3}\, V_n I_s = \sqrt{3} \times 25.8 \times 20 = 893.74$ [MVA]
　　답 : 893.74 [MVA]
(3) • 직류 전압 트립 방식　• 과전류 트립 방식　• 콘덴서 트립 방식
　　그 외 부족 전압 트립 방식

16 차단기 명판에 BIL 150 [kV] 정격차단전류 20 [kA], 차단시간 3 [Hz], 솔레노이드형이라고 기재되어 있다. 이것을 보고 다음 각 물음에 답하시오. (15점)

(1) BIL이란 무엇인가?

(2) 이 차단기(CB)의 정격 전압은?

(3) 이 차단기(CB)의 정격 용량은?

(4) 차단시간이란 개극시간과 어떤 시간을 가리키는 것인가?

(5) 조작 전원으로 사용되는 전기는 어떤 종류의 전기가 사용되는가?

강의 NOTE

■ 정격차단시간
정격차단전류를 정격전압, 정격주파수 및 규정한 회로조건에서 규정한 표준 동작책무 및 동작 상태에 따라서 차단할 경우 차단시간의 한도를 말한다.

■ 정격차단전류
정격전압, 정격주파수 및 규정한 회로조건에서 규정한 표준동작책무와 동작 상태에 따라 차단할 수 있는 지상역률의 차단전류의 한도를 말한다.
즉, 정격전압, 정격주파수 및 규정한 회로 조건 하에서 규정의 표준 동작책무와 동작 상태에 따라 차단할 수 있는 늦은 역률의 차단전류의 한도를 말하며, 다음과 같이 대칭 실효값으로 표시한다. 1 [kA], 1.25 [kA], 1.6 [kA], 2 [kA], 3.15 [kA], 4 [kA], 5 [kA], 6.3 [kA], 8 [kA]이며, 이상인 경우에는 ×10배로 정한다.

| 작성답안

(1) 기준 충격 절연 강도

(2) 계산 : BIL = 절연계급 × 5 + 50 [kV]에서 절연계급 = $\dfrac{\text{BIL} - 50}{5}$ [kV]

∴ 절연계급 = $\dfrac{150 - 50}{5}$ = 20 [kV]

공칭전압 = 절연계급 × 1.1 = 20 × 1.1 = 22 [kV]

정격전압 $V_n = 22 \times \dfrac{1.2}{1.1} = 24$ [kV]

∴ 정격전압 24 [kV] 선정
답 : 24 [kV]

(3) 계산 : $P_s = \sqrt{3}\, V_n I_s = \sqrt{3} \times 24 \times 20 = 831.38$ [MVA]
답 : 831.38 [MVA]

(4) 아크 소호 시간

(5) DC

□□□ 90, 13

17 차단기의 정격 전압이 7.2[kV]이고 3상 정격 차단 전류가 20[kA]인 수용가의 수전용 차단기의 차단 용량은 몇 [MVA]인가? (단, 여유율은 고려하지 않는다.)(5점)

| 작성답안

계산 : $P_s = \sqrt{3}\, V_n I_s = \sqrt{3} \times$ 정격전압 $\times$ 정격차단전류
$= \sqrt{3} \times 7.2 \times 20 = 249.415$ [MVA]

답 : 249.42[MVA]

강의 NOTE

■ 차단기 용량

$P_s = $ 기준용량 [MVA] $\times \dfrac{100}{\%Z}$ [MVA]

정격차단용량
$= \sqrt{3} \times$ 정격전압 $\times$ 정격차단전류 [MVA]

■ 정격차단전류

정격전압, 정격주파수 및 규정한 회로조건에서 규정한 표준동작책무와 동작 상태에 따라 차단할 수 있는 지상역률의 차단전류의 한도를 말한다.
즉, 정격전압, 정격주파수 및 규정한 회로 조건 하에서 규정의 표준 동작책무와 동작 상태에 따라 차단할 수 있는 늦은 역률의 차단전류의 한도를 말하며, 다음과 같이 대칭 실효값으로 표시한다. 1 [kA], 1.25 [kA], 1.6 [kA], 2 [kA], 3.15 [kA], 4 [kA], 5 [kA], 6.3 [kA], 8 [kA]이며, 이상인 경우에는 ×10배로 정한다.

□□□ 03, 09

18 그림은 154 [kV] 계통의 절연협조를 위한 각 기기의 절연강도에 대한 비교 그림이다. 변압기, 선로애자, 개폐기 지지애자, 피뢰기 제한전압이 속해있는 부분은 어느 곳인지 그림의 □ 안에 쓰시오.(5점)

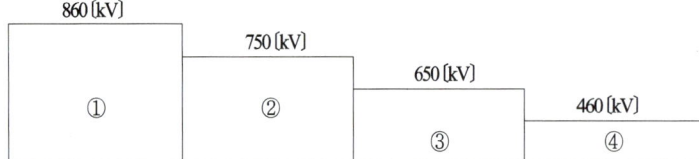

| 작성답안

① 선로애자
② 개폐기 지지애자
③ 변압기
④ 피뢰기 제한전압

■ 송전계통 절연협조
(선로.결합.기기를 변경해서 피뢰다 : 피변기 결선)
선로애자
결합콘덴서
기기부싱
변압기
피뢰기

KEYWORD 09 보호계전기

보호계전기는 계통의 사고에 대한 보호 대상물을 완전히 보호하고 각종 기기에 주는 영향을 최소화하며, 사고를 신속히 제거하며, 사고의 파급을 최소화 하는 것에 목적을 둔다. 또한, 불필요한 정전을 방지하며, 전력계통 및 수변전설비 계통의 안정도를 향상시킨다.

01 보호계전기의 기본 기능

보호계전기는 확실성, 선택성, 신속성을 가지고 있어야 한다.
① 확실성 : 보호계전기는 오동작이 없고 정확한 동작을 유지해야 한다.
② 선택성 : 사고의 선택차단, 복구, 정전구간의 최소화해야 한다.
③ 신속성 : 주어진 주건에서 신속하게 동작하여야 한다.
그 외, 취급이 간단하고 보수가 용이해야 하며, 주위환경에 영향을 적게 받고, 경제적이어야 한다.

02 보호계전기의 구성

보호계전기는 검출부, 판정부, 동작부로 구분된다.
① 검출부 : 고장을 검출하는 부분으로 PT, CT, ZCT, GPT 등이 해당된다.
② 판정부 : 동작을 결정하는 부분으로 보호계전기의 스프링, 억제코일, 정정탭 등이 해당된다.
③ 동작부 : 접점을 구동하는 부분으로 가동코일, 가동철편, 유도 원판 등이 해당된다.

강의 NOTE

■ 보호계전기에 필요한 특성(속도 신선감)
- 속도
- 신뢰성
- 선택성
- 감도

● 산 12
보호 계전기에 필요한 특성 4가지를 쓰시오.

03 보호계전기의 용도별 분류

보호계전기는 용도별로 표와 같이 분류한다.

보호계전기의 용도별 분류

구분		내용
분류	종류	
계전기 용도별	전류계전기	OCR, UCR 등
	전압계전기	OVR, UVR, 결상계전기, 역상계전기 등
	전력계전기	유효, 무효, 과전력, 부족전력 계전기 등
	방향계전기	단락방향, 지락방향, 전력방향 계전기 등
	차동계전기	차동계전기, 비율차동계전기
	기타계전기	거리, 주파수, 온도, 속도, 압력계전기, 탈조보호, 온도계전기, 선택계전기 등

수변전설비에서는 보호계전기를 수전단, 주변압기, 배전선, 전력콘덴서 부분으로 구분하여 적용한다.

보호계전기의 적용

사고별	수전단	주변압기	배전선	전력콘덴서
과전류	OCR	OCR	OCR	OCR
과전압	–	–	OVR	OVR
저전압	–	–	UVR	UVR
접지	–	–	GR, SGR	–
변압기보호	–	Diff. R	–	–

04 OCR(과전류 계전기)

강의 NOTE

• 기 93
아래의 문자기호로 표시되는 계전기의 명칭을 쓰시오.
① OCR
② OCGR
③ OVR
④ OVGR
⑤ UVR
⑥ DOCR

• 산 93.94.95.99.00.01.02.03.07
다음 계전기 약어의 명칭을 쓰시오.
① POR
② SPR
③ TR
④ PRR

• 기 99
영상 변류기를 3상 3선식 수전설비에 시설할 때 항상 짝지어서 차단기를 동작시키는 계전기는 어떤 것인가?

■ 변전설비의 과전류 계전기가 동작하는 단락 사고의 원인 4가지
(단락원인은 절연선 접촉)
– 케이블의 절연파괴에 의한 단락
– 전기기기 내부에서 절연불량에 의한 단락
– 모선에서의 선간 및 3상단락
– 접촉에 의한 단락

• 기 06
고압 회로용 진상콘덴서 설비의 보호장치에 사용되는 계전기를 3가지 쓰시오.

• 산 08
변전설비의 과전류 계전기가 동작하는 단락사고의 원인 4가지만 쓰시오.

강의 NOTE

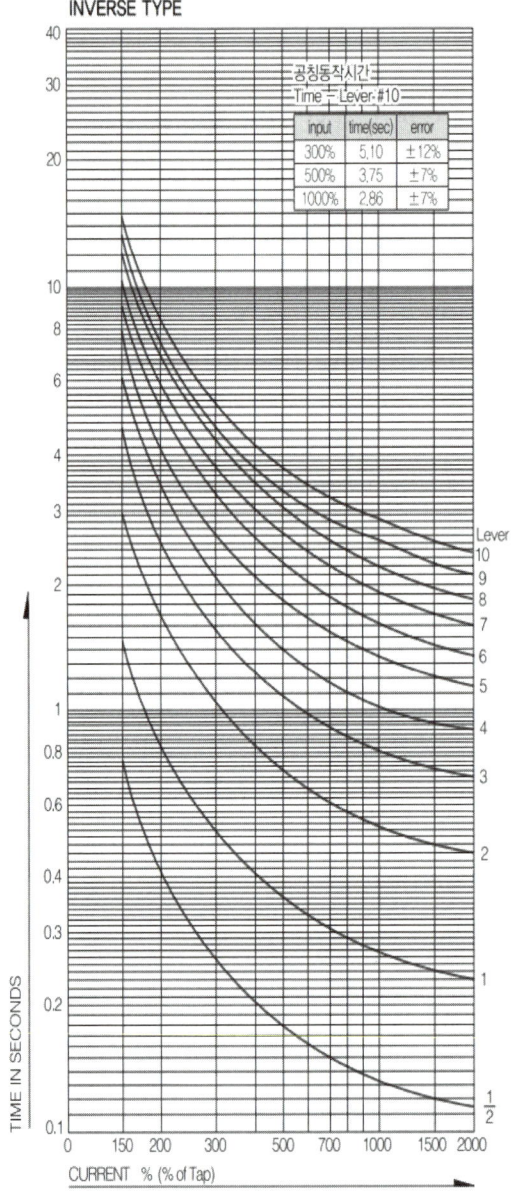

성능(Performance)

시험 항목	반한시 성능
적용 형식	GCO – CI Ⅲ1 GCO – CI Ⅲ5 GCO – CI ⅢD1 GCO – CI ⅢD5
최대 동작전류	한시요소 : 한시 Lever "1"에서 Tap 치의 ±5% 이내 순시요소 : 전류 정정치의 ±5% 이내
Floating 특성	최소 전류 정정치의 ±5% 이내
동작시간 특성	한시) Lever10, 동작전류 정정치 2000% 입력 : 2.2초±0.4초 T_2/T_{20} : 3~4.5배 이내 T_3/T_5 : 1.2~1.8배 이내 순시) 동작전류 정정치의 200% 입력 : 50ms 이내
복귀시간	동작전류 정정치의 0% 입력 : 20초 이내
보조접촉기 동작	보조접촉기 동작치는 보조접촉기 정격의 80% 이내
온도의 영향	동작치 및 동작시간 최소 Tap에 정정, 온도 20℃±40℃ 변화 동작치 및 동작시간은 ±20% 이내
주파수의 영향	동작치 및 동작시간 최소 Tap에 정정, 정격주파수의 ±5%를 변화 동작치 및 동작시간은 ±5% 이내
경사의 영향	동작치 및 동작시간 최소 Tap에 정정, 전후, 좌우로 각각 5° 경사 실측 동작시간은 ±5% 이내
절연 저항	전기회로와 외함간 : 10MΩ 이상 전기회로 상호간 : 5MΩ 이상 접점 상호간 : 5MΩ 이상
상용주파수내 전압	전기회로와 외함간 : AC 2000V, 1분간 전기회로 상호간 : AC 2000V, 1분간 접점 상호간 : AC 1000V, 1분간
진동	진동수 : 16.7Hz 복진폭 : 0.4mm 진동시간 : 10분간 오동작 없음
충격	충격 가속도 : 30g(300m/s^2) 충격방향 : 전후, 좌우, 상하로 충격횟수 각 2회
과부하내량	순시 및 한시요소를 최소 전류 Tap에 정정, 정격전류의 40배 전류를 1분 간격으로 1초간 2회 인가 : 이상이 없을 것

- GCO Over current unit
- ICS Indicating contact switch unit
- IIT Indicating instantaneous trip unit
- O Normally closed contact
- C Normally open contact
- I With instantaneous unit
- N For no voltage trip

○ H　With holding coil
○ II　Very inverse
○ III　Inverse
○ L　Long time
○ D　Drawout case
○ 5　0.5 - 2.0A
○ 4　4 - 12A
○ 39　3 - 9A
○ 3　3 - 8A
○ 2　2 - 6A
○ 1　0.1 - 0.5A
[주] GCO - C Ⅱ D 4
　　Tap Range 4-12A
　　Drawout case(인출형)
　　Very Inverse Type(강반한시)
　　With Instantaneous Unit(순시요소)
　　Normally Open Contact(상시개로형)
　　Over Current Relay(과전류계전기)

고압 수용가에서의 과전류계전기는 수전단, 주변압기, 배전선, 전력용 콘덴서 보호를 위해 설치한다. 일반적으로 수전용 차단기의 과전류 계전기의 정정은 탭정정과 레버정정으로 고장전류의 크기와 동작시간을 결정한다.
- 순시탭정정
- 한시탭정정
- 한시레버정정

전류 탭 설정값은 단락 고장시 배전용 변전소의 계전기가 동시에 동작하지 않도록 설정해야 한다. 또, 변압기의 돌입 여자 전류에 의해 오동작하지 않는 범위에서 정정하여야 한다.
다음은 수전변압기를 보호하기 위한 과전류 계정기의 정정의 일례이다.

1 순시탭 정정

변압기 1차측 단락사고에 대하여 동작하며, 2차 단락사고 및 변압기 여자 돌입전류(inrush current)에 동작하지 않는다.
① 변압기1차측 단락사고에 대하여 동작하여야 한다.
② 변압기2차측 (Magnetizing Inrush Current)에 동작하지 않도록 한다.

③ TR 2차 3상단락전류의 150 [%]에 정정한다.
④ 순시 Tap

$$\text{순시 Tap} = \text{변압기2차 3상단락전류} \times \frac{2\text{차전압}}{1\text{차전압}} \times 1.5 \times \frac{1}{\text{CT비}}$$

⑤ Pickup Current : 순시 Tap × CT비

2 한시탭 정정

$$I_t = \text{부하 전류} \times \frac{1}{\text{CT비}} \times \text{설정값 [A]}$$

설정값은 보통 전부하 전류의 1.5배로 적용하며, I_t 값을 계산 후 2 [A], 3 [A], 4 [A], 5 [A], 6 [A], 7 [A], 8 [A], 10 [A], 12 [A] 탭 중에서 가까운 탭을 선정한다.

3 한시레버정정

수용설비일 경우 변압기2차 3상단락고장시 0.6초 이하에서 동작하도록 선정한다.

① 변압기2차 3상단락고장시
  I_R = 계전기 설치점 (CT 1차측)전류

  $$= \text{변압기2차 3상단락전류} \times \frac{2\text{차전압}}{1\text{차전압}}$$

② Pickup 배수(탭정정 배수) : $I_R \times (1/\text{CT비}) / \text{한시 Tap(Setting)}$
③ Time Lever : 계전기 - 시간특성곡선에서 Pickup 배수(3상단락고장 전류의 Tap에 대한 CT 2차측 전류)와 동작지연시간 0.6초 이하에서 의 Time Lever 값을 선정한다.

4 변압기 여자돌입전류 정정

변압기 여자돌입전류의 크기는 일반적으로 전부하전류의 8배 이하이나 경우에 따라서는 10배를 초과하는 경우도 있고, 30배까지 올라가는 수도 있다. IEEE 242-1975에서는 보호계전기 설계시 1차측 전부하전류의 8~12배로 적용하고 있다. 그 지속시간은 0.1~60초 정도이다.
I(inrush) = FLA × 12배 [at 0.1sec]

강의 NOTE

■ Pickup Current : 계전기가 고장을 감지해 내는 것을 Pick up이라고 하고, 차단기가 동작하도록 보내는 신호를 Trip 신호라고 한다. 순시 동작은 Pick up과 동시에 Trip 신호를 내보내며, 한시 동작은 Pick up 이후 Trip 신호가 나가기까지 일정 시간지연을 가진다.

● 산 13
변압기 보호를 위하여 과전류계전기의 탭(Tap)과 레버(Lever)를 정정하였다고 한다. 과전류계전기에서 탭(Tap)과 레버(Lever)는 각각 무엇을 정정하는지를 쓰시오.

강의 NOTE

- 기 95
지락 보호 계전기의 종류를 용도(기능)별로 구분하여 3가지만 쓰시오.

5 지락과전압계전기

접지변압기의 삼차측에 정정치 이상의 전압이 발생하면 일정 시간 후 주접점을 닫고 차단기를 동작시킨다.

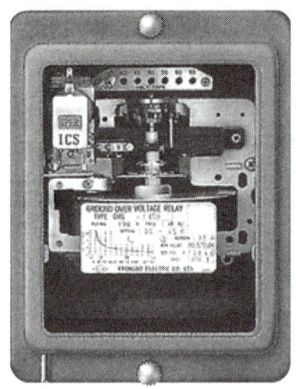

Type	Rating(V)	Tap	ICS Unit(DC)	Figure	Weight(kg)
GVG-C9	190V	35, 40, 45, 50, 55, 60, 65V	1.0A	Non-drawout (비인출형)	≒3.5
GVG-C1	110V	20, 25, 30, 35, 40V			
GVG-CD9	190V	35, 40, 45, 50, 55, 60, 65V	0.5/2.0A	Drawout (인출형)	≒4.5
GVG-CD1	110V	20, 25, 30, 35, 40V			

- 기/산 95.11.21
대용량의 변압기 내부고장을 보호할 수 있는 보호 장치 5가지만 쓰시오.

- 기 09
변압기 본체 탱크 내에 발생한 가스 또는 이에 따른 유류를 검출하여 변압기 내부고장을 검출하는 데 사용되는 계전기로서 본체와 콘서베이터 사이에 설치하는 계전기는?

06 비율차동계전기

- 기 12
특고압 대용량 유입변압기의 내부고장이 생겼을 경우 보호하는 장치를 설치하여야 한다. 특고압 유입변압기의 기계적인 보호장치 3가지를 쓰시오.

비율차동계전기는 변압기 투입시 여자 돌입 전류에 의한 오동작을 방지한 경우는 최소 35 [%]의 불평형 전류로 동작한다. 비율차동계전기 Tap 선정은 차전류가 억제코일에 흐르는 전류에 대한 비율보다 계전기 비율을 크게 선정해야 한다.

- 기 20
- 산 97.04.07.08.11.17
그림은 발전기의 상간 단락 보호계전 방식을 도면화한 것이다. 이 도면을 보고 다음 각 물음에 답하시오.
(1) 점선 안의 계전기 명칭은?
(2) A, B, C 코일의 명칭을 쓰시오.
(3) 발전기에 상간 단락이 생길 때 코일 C의 전류 어떻게 표현되는가?

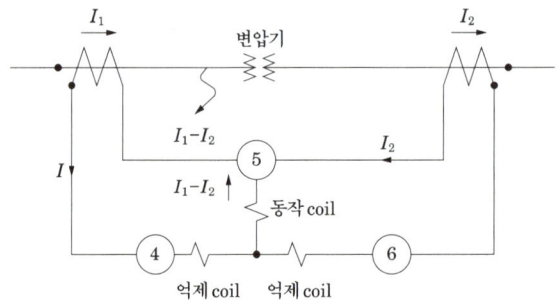

① 변압기의 접속과 CT, 계전기의 접속을 확인한다.
② 전류의 크기를 같도록 한다.
③ CT 회로의 접지를 확인한다.
④ CT의 극성을 확인한다.
⑤ 각변위가 $Y-Y$인 변압기의 CT회로 결선은 반드시 $\Delta-\Delta$로 해야 한다.
⑥ 각변위가 $\Delta-\Delta$인 변압기의 CT회로 결선은 $Y-Y$ 또는 $\Delta-\Delta$ 어느 것이든 상관은 없으나 $\Delta-\Delta$로 할 경우 CT 2차회로에 흐르는 전류가 $\sqrt{3}$ 배만큼 커지므로 Y-Y로 하는 것이 적정하다.
⑦ 각변위가 $Y-\Delta$, $\Delta-Y$인 변압기는 1, 2차간의 위상각은 30° 차가 발생하므로 Δ측의 CT회로 결선은 Y로 해놓고 Y측의 CT결선은 Δ로 해야 한다. 이때 Δ결선의 방식은 2가지로 할 수 있는 데 변압기의 각변위에 따라 ±30° 차이를 보상해 주어야 비율차동계전기에서 차전류가 발생되지 않는다.
⑧ 비율차동계전기의 여자돌입 전류에 대한 오동작 방지대책
여자돌입 전류는 겉보기의 오차 차동전류가 되기에 비율 차동 릴레이의 오동작의 원인이 된다. 그러나 돌입전류는 시간이 경과됨에 따라 감쇄하며, 고장전류에 비해 파형이 다르다, 그 중에는 제2고조파분이 비교적 많이 포함되어 있으므로, 내부고장 중에는 제2고조파분이 적은 특성을 이용하여 비율차동 계전기에서 고장전류를 판별하는 목적으로 사용되어질 수 있다.

- 고조파 억제법
- 비대칭파 저지법
- 감도저하법

강의 NOTE

- 기 95.05.15.20
Y-△로 결선한 주변압기의 보호로 비율차동계전기를 사용한다면 CT의 결선은 어떻게 하여야 하는지를 설명하시오.

- 기 17
전력설비 점검시 보호계전계통의 보호계전기 오동작 원인이 무엇인지 3가지를 쓰시오.

- 기 98.06.10
변압기를 전력 계통에 투입할 때 여자 돌입 전류에 의한 차동 계전기의 오동작을 방지하기 위하여 이용되는 차동 계전기의 종류(또는 방식)를 한 가지만 쓰시오.

- 기 98.06.10
CT와 차동 계전기의 결선을 주어진 도면에 완성하시오.

강의 NOTE

• 기 12.21
△-Y주변압기 보호에 사용되는 비율차동계전기의 간략화한 회로도이다. 주변압기 1차 및 2차측 변류기(CT)의 미결선된 2차 회로를 완성하시오.

변압기의 결선	Y-Y	△-△	△-Y
변류기의 결선	△-△	Y-Y	Y-△
회로도			

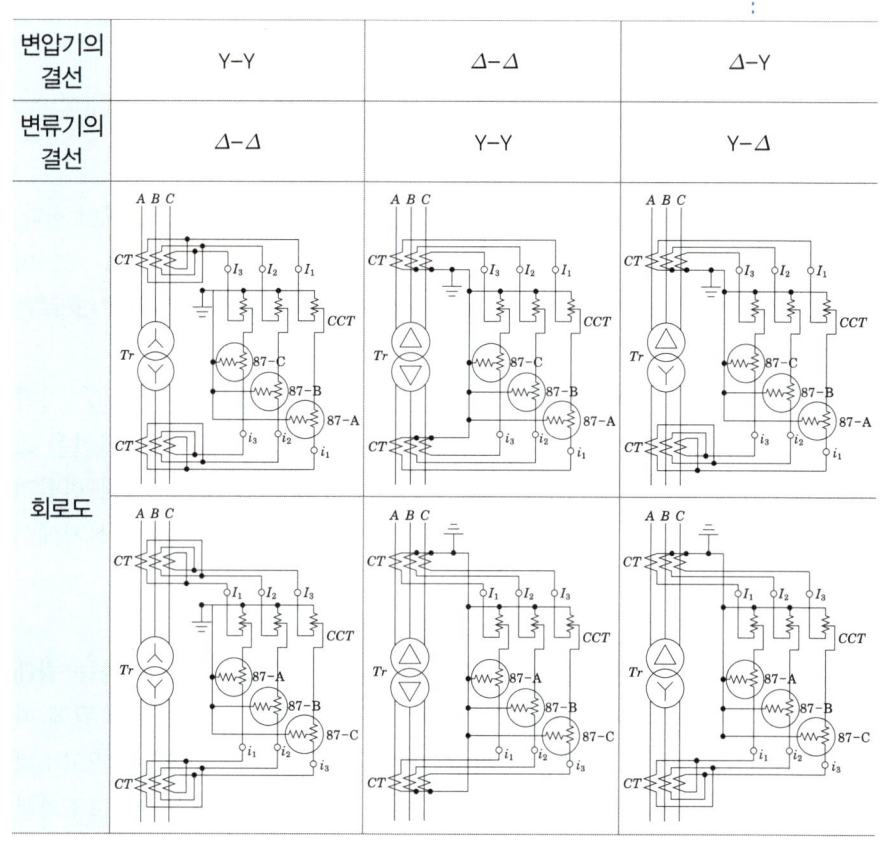

수변전설비의 보호계전기 정정 참고자료

계전기명	용도	동작치정정	한시정정
과전류 계전기 (OCR)	단락보호	(1) 한시요소 계약최대전력의 150~170% 단, 전기로 전철 등 변동부하는 200~250% Tap값 $= \dfrac{수전전력(계약최대전력) \times 1000}{\sqrt{3} \times 수전전압 \times 역률} \times \alpha$ $\times \dfrac{2차전류}{1차전류}$ * 일반적 역률 계산 : 0.8~0.95 배율(α) : 1.3~2 (2) 순시요소 수전변압기 2차 3상단락 전류의 150%	수전변압기 2차 3상단락시 0.6초 이하 최대고장 전류에서 0.05초 이하
지락 과전류 계전기 (OCGR)	지락보호	(1) 한시요소 최대계약전력 수전시 부하전류의 30% 이하로서 불평형 전류의 1.5배 이상 Tap값 $= \dfrac{수전전력(계약최대전력) \times 1000}{\sqrt{3} \times 수전전압 \times 역률} \times 0.3$ $\times \dfrac{2차전류}{1차전류}$ (2) 순시요소 최소치에 정정 (AC 10A)	수전 보호구간 최대 1선지락 고장전류에서 0.2초 이하 순시 0.05초 이하
선택접지 계전기	지락사고 선택보호	표준 규정 외 별도의 정정을 요하지 않음	표준 규정 외 별도의 정정을 요하지 않음
지락 과전압 계전기	지락보호	수용가 수전 모선1선 완전 지락 사고시 계전기에 인가되는 최대 영상전압의 30% 이하 (단, 평상시 최대 잔류전압의 150% 이상)	
과전압 계전기 (OVR)	과전압 운전방지	정격 전압의 130%	정정치의 150% 전압에서 2초
저전압 계전기 (UVR)	무전압 또는 전전압시 분리용	정격 전압의 70%	정정치의 70% 전압에서 2초

강의 NOTE

- 기 95.05.15.20
- 기/산(유) 95.05.12.17
- 기(유)13.16
- 산 95.05.12.13.16.22.
- 산(유)21

수전전압이 22.9 [kV], 수전 설비의 부하 전류가 40 [A]이다. 60/5 [A]의 변류기를 통하여 과부하 계전기를 시설하였다. 120[%]의 과부하에서 차단시킨다면 과부하 트립 전류값은 몇 [A]로 설정해야 하는가?

- 기 95

과전류 계전기의 레버(Lever)가 10에서 작동 시간이 2초라고 한다면, 레버의 위치를 3에 놓았을 때 차단 시간은 몇 [초]인가? 단, 과전류 계전기의 레버와 동작 시간은 비례 관계가 있음을 참조한다.

- 산 96.99.04.07

CT의 변류비가 400/5 [A]이고 고장 전류가 4000 [A]이다. 과전류 계전기의 동작 시간은 몇 [sec]로 결정되는가? 단, 전류는 125 [%]에 정정되어 있고, 시간 표시판 정정은 5이며, 계전기의 동작 특성은 그림과 같다.

- 산 17.19

한시(time delay)보호계전기의 종류 4가지를 적으시오.

관련문제   09. 보호계전기

☐☐☐ 12

1 보호 계전기에 필요한 특성 4가지를 쓰시오. (4점)

| 작성답안

① 선택성
② 신뢰성
③ 감도
④ 속도

☐☐☐ 08

2 변전설비의 과전류 계전기가 동작하는 단락사고의 원인 4가지만 쓰시오. (8점)

| 작성답안

① 모선에서의 선간 및 3상단락
② 전기기기 내부에서 절연불량에 의한 단락
③ 안축의 접촉에 의한 단락
④ 케이블의 절연파괴에 의한 단락

☐☐☐ 13

3 변압기 보호를 위하여 과전류계전기의 탭(Tap)과 레버(Lever)를 정정하였다고 한다. 과전류 계전기에서 탭(Tap)과 레버(Lever)는 각각 무엇을 정정하는지를 쓰시오. (5점)

| 작성답안

- 탭 : 과전류계전기의 최소동작전류
- 레버 : 과전류계전기의 동작시간

강의 NOTE

■ 보호계전기

① 보호계전기의 기본기능
- 확실성 : 보호계전기는 오동작이 없고 정확한 동작을 유지해야 한다.
- 선택성 : 사고의 선택차단, 복구, 정전구간의 최소화해야 한다.
- 신속성 : 주어진 조건에서 신속하게 동작하여야 한다.

② 보호계전기의 구성
- 검출부 : 고장을 검출하는 부분으로 PT, CT, ZCT, GPT등이 해당된다.
- 판정부 : 동작을 결정하는 부분으로 보호계전기의 스프링, 억제코일, 정정탭 등이 해당된다.
- 동작부 : 접점을 구동하는 부분으로 가동코일, 가동철편, 유도 원판 등이 해당된다.

■ 보호계전기 정정

① 순시탭 정정
변압기 1차측 단락사고에 대하여 동작하며, 2차 단락사고 및 변압기 여자 돌입전류(inrush current)에 동작하지 않는다.
- 변압기1차측 단락사고에 대하여 동작하여야 한다.
- 변압기2차측(Magnetizing Inrush Current)에 동작하지 않도록 한다.
- TR 2차 3상단락전류의 150 [%]에 정정한다.
- 순시 Tap
  순시 Tap
  = 변압기2차 3상단락전류
  $\times \dfrac{2차전압}{1차전압} \times 1.5 \times \dfrac{1}{CT비}$

② 한시탭 정정

I_t = 부하 전류 $\times \dfrac{1}{CT비} \times$ 설정값 [A]

설정값은 보통 전부하 전류의 1.5배로 적용하며, I_t 값을 계산 후 2 [A], 3 [A], 4 [A], 5 [A], 6 [A], 7 [A], 8 [A], 10 [A], 12 [A] 탭 중에서 가까운 탭을 선정한다.

③ 한시레버정정
수용설비일 경우 변압기2차 3상단락고장시 0.6초 이하에서 동작하도록 선정한다.

☐☐☐ 11, 21

4 특고압 변압기 내부고장 검출방법 3가지를 쓰시오. (5점)

○ _____

| 작성답안

- 비율차동 계전기
- 브흐홀쯔 계전기
- 충격압력 계전기

그 외
- 온도 계전기

강의 NOTE

- 변압기 내부고장 검출방법은 다음과 같은 방식이 있다.
- 차동계전기(비율차동계전기)를 이용하는 방식
- 브흐홀쯔 계전기 이용방식
- 압력계전기 이용방식
- 온도계전기 이용방식 등

☐☐☐ 06

5 3상 회로에서 CT 3개를 이용한 영상 회로를 구성시키면, 지락사고 발생시에 지락 과전류 계전기(OCGR)를 이용하여 이를 검출할 수 있다. 다음의 단선 접속도를 복선 접속도로 나타내시오. (5점)

| 작성답안

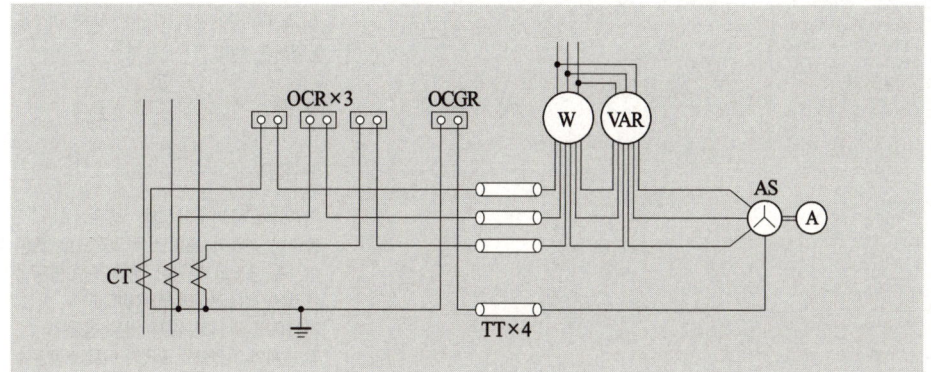

97, 04, 07, 08, 11, 17

6. 그림은 발전기의 상간 단락 보호 계전 방식을 도면화한 것이다. 이 도면을 보고 다음 각 물음에 답하시오. (6점)

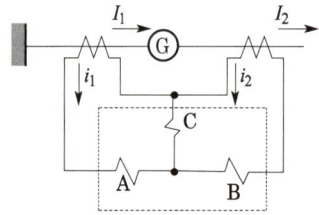

(1) 점선안의 계전기 명칭은?

○ _____

(2) 동작 코일은 A, B, C 코일 중 어느 것인가?

○ _____

(3) 발전기에 상간 단락이 생길 때 코일 C의 전류 i_d는 어떻게 표현되는가?

○ _____

(4) 동기발전기를 병렬운전 시키기 위한 조건을 3가지만 쓰시오.

○ _____

| 작성답안

(1) 비율 차동 계전기
(2) C 코일
(3) $i_d = |i_1 - i_2|$
(4) ① 기전력의 크기가 같을 것
　　② 기전력의 위상이 같을 것
　　③ 기전력의 주파수가 같을 것
　　④ 기전력의 파형이 같을 것

강의 NOTE

■ 비율차동계전기

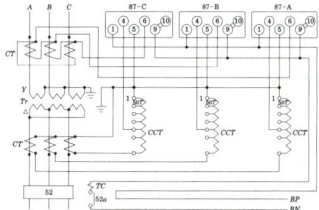

비율차동계전기는 변압기 투입시 여자 돌입 전류에 의한 오동작을 방지한 경우는 최소 35[%]의 불평형 전류로 동작한다. 비율차동계전기 Tap선정은 차전류가 억제코일에 흐르는 전류에 대한 비율보다 계전기 비율을 크게 선정해야 한다.

■ 발전기 병렬운전

① 발전기의 병렬운전 조건
- 기전력의 크기가 같을 것
- 기전력의 위상이 같을 것
- 기전력의 주파수가 같을 것
- 기전력의 파형이 같을 것
  이 외에도 3상 동기 발전기의 병렬 운전 시에는 상회전 방향이 같아야 한다.

② 병렬 운전 조건 불만족 시 현상
- 기전력의 크기가 같지 않은 경우 (여자의 변화)

$$I_c = \frac{E_1 - E_2}{2Z_s} = \frac{E_r}{2Z_s} [A]$$

$$\theta = \tan^{-1}\frac{2x_s}{2r_a} = \tan^{-1}\frac{x_s}{r_a} \fallingdotseq \frac{\pi}{2}$$

($x_s \gg r_a$ 이므로)
기전력의 크기가 같지 않은 경우 무효 순환 전류가 흐른다. A, B 두 대의 발전기가 병렬 운전 중에 A기의 여자를 증대하면 A기의 역률이 저하 하며 B기의 역률이 향상된다.

- 기전력의 위상이 다른 경우 (원동기 출력의 변화)
  동기화 전류가 흘러 G_1 발전기의 기전력 E_1과 G_2 발전기의 기전력 E_2의 위상을 동일하게 한다.

  동기화 전류 $I_s = \frac{E_1}{x_s}\sin\frac{\delta}{2}$

  수수전력 $P_s = \frac{E_1^2}{2x_s}\sin\delta$

- 기전력의 주파수가 다른 경우
  동기화 전류가 교대로 주기적으로 흐른다. 즉 난조의 원인이 된다. 난조방지법으로는 제동권선이 사용된다.

- 기전력의 파형이 같지 않은 경우
  각 순시의 기전력의 크기가 다르기 때문에 고조파 무효 순환 전류가 흐른다.

□□□ 97, 06, 09, 17

7 그림은 특별고압 수변전설비 중 지락보호 회로의 복선도의 일부분이다. ① ~ ⑤ 까지에 해당되는 부분의 각 명칭을 쓰시오. (8점)

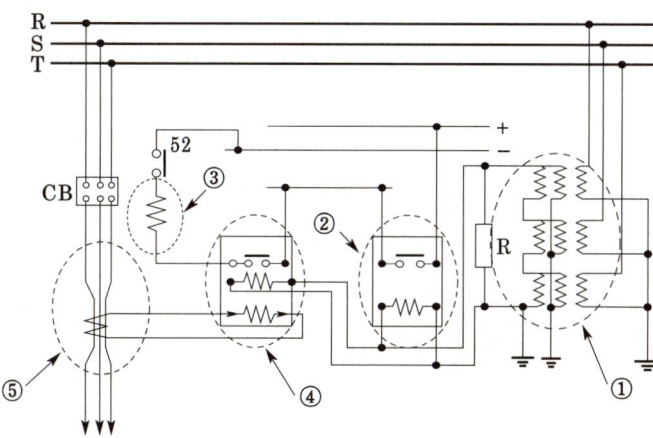

강의 NOTE

- SGR과 DGR

계전기	용도	차이점
SGR	지락보호	ZCT와 조합해서 사용하며 케이블 차폐접지는 반드시 ZCT를 관통하여 접지하고 GPT의 후단에 ZCT설치
DGR	〃	• CT와 조합해서 사용하며 CT비 300/5A 이하의 경우 CT 잔류회로 방식채용 • CT비 400/5A의 경우 3권선 CT 사용 • 계전기에 탭 레인지 0.05A~0.5A 있음

| 작성답안

① 접지형 계기용 변압기(GPT)
② 지락 과전압 계전기(OVGR)
③ 트립 코일(TC)
④ 선택 접지 계전기(SGR)
⑤ 영상 변류기(ZCT)

□□□ 12, 16, 22 95, 05, 13

8 22.9[kV-Y] 수전설비의 부하 전류가 40[A]일 때 변류기(CT) 60/5[A]의 2차측에 과전류계전기를 시설하여 120[%]의 과부하에서 부하를 차단시키고자 한다. 과전류 계전기의 탭 설정값을 구하시오. (5점)

| 작성답안

계산 : $I_{tap} = 40 \times \dfrac{5}{60} \times 1.2 = 4[A]$

∴ 4[A] 선정

답 : 4[A]

강의 NOTE

■ 보호계전기 정정

① 순시탭 정정
  변압기 1차측 단락사고에 대하여 동작하며, 2차 단락사고 및 변압기 여자 돌입전류(inrush current)에 동작하지 않는다.
  - 변압기1차측 단락사고에 대하여 동작하여야 한다.
  - 변압기2차측(Magnetizing Inrush Current)에 동작하지 않도록 한다.
  - TR 2차 3상단락전류의 150[%]에 정정한다.
  - 순시 Tap
    순시 Tap
    = 변압기2차 3상단락전류
    $\times \dfrac{2차전압}{1차전압} \times 1.5 \times \dfrac{1}{CT비}$

② 한시탭 정정

  I_t = 부하 전류 $\times \dfrac{1}{CT비} \times$ 설정값 [A]

  설정값은 보통 전부하 전류의 1.5배로 적용하며, I_t 값을 계산 후 2[A], 3[A], 4[A], 5[A], 6[A], 7[A], 8[A], 10[A], 12[A] 탭 중에서 가까운 탭을 선정한다.

③ 한시레버정정
  수용설비일 경우 변압기2차 3상단락고장시 0.6초 이하에서 동작하도록 선정한다.

□□□ 95, 05, 12, 17

9 수전전압 6600[V], 수전전력 450[kW](역률 0.8)인 고압 수용가의 수전용 차단기에 사용하는 과전류 계전기의 사용탭은 몇 [A]인가? (단, CT의 변류비는 75/5로 하고 탭 설정값은 부하 전류의 150[%]로 한다.) (4점)

| 작성답안

계산 : $I_1 = \dfrac{450 \times 10^3}{\sqrt{3} \times 6600 \times 0.8} \times \dfrac{5}{75} \times 1.5 = 4.92[A]$

∴ 5[A] 탭 선정

답 : 5[A]

□□□ 96, 99, 04, 07

10 CT의 변류비가 400/5 [A]이고 고장 전류가 4000 [A]이다. 과전류 계전기의 동작 시간은 몇[sec]로 결정되는가? (단, 전류는 125 [%]에 정정되어 있고, 시간 표시판 정정은 5이며, 계전기의 동작 특성은 그림과 같다.)(8점)

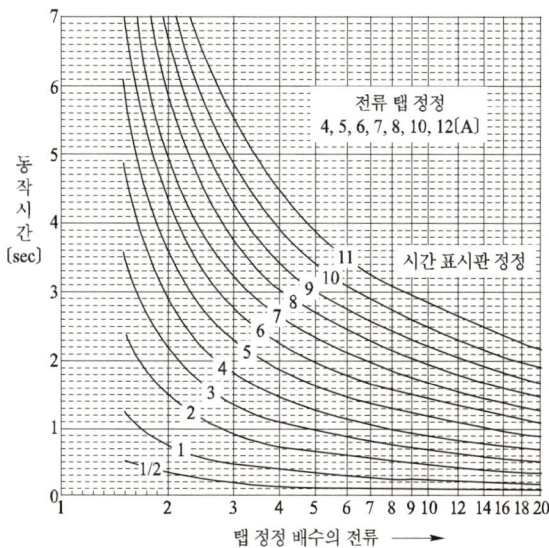

| 작성답안

계산 : 정정목표치 = $400 \times \dfrac{5}{400} \times 1.25 = 6.25$ 따라서, 6[A] 탭으로 정정

탭정정 배수(Pickup 배수) = $\dfrac{4000 \times \dfrac{5}{400}}{6} = 8.33$

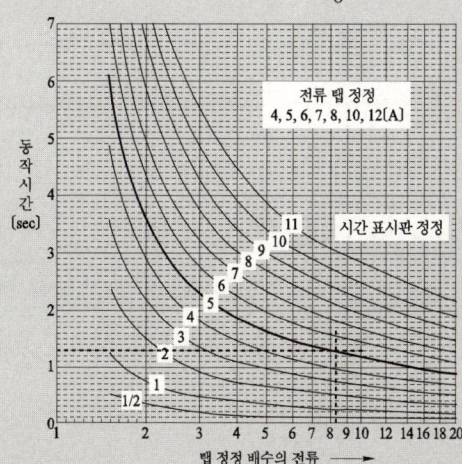

동작시간은 탭정정 배수 8.33와 시간표시판 정정 5와 만나는 1.3[sec]에 동작한다.
답 : 1.3[sec]

□□□ 21

11 3상 유도전동기가 있다. 다음 물음에 답하시오. (5점)

【조건】
출력 : 30[kW]
전압 : 380/220[V]
역률 : 100[%]
과전류 차단기 동작시간 10초의 차단배율 : 5배
기동전류 : 전부하전류의 8배
기동방식 : 전전압 기동방식

(1) 유도 전동기의 정격전류를 계산하시오.

(2) 과전류 차단기의 정격전류를 선정하시오.

과전류 차단기의 정격전류[A]
10 25 50 100 200 225 300 400

강의 NOTE

■ 설계전류

회로의 설계전류(I_B)는 분기회로의 경우 부하의 효율, 역률, 부하율이 고려된 부하최대전류를 의미하며, 고조파 발생부하인 경우 고조파 전류에 의한 선전류 증가분이 고려되어야 한다. 또한 간선의 경우에는 추가로 수용률, 부하불평형, 장래 부하증가에 대한 여유 등이 고려되어야 한다.

$$I_B = \frac{\Sigma P}{kV}\alpha h \beta$$

여기서 k는 상계수 (단상 1, 3상 $\sqrt{3}$), V는 전압, α는 수용률, h는 고조파 발생에 의한 선전류 증가계수, β는 부하 불평형에 따른 선전류 증가계수를 말한다.

| 작성답안

(1) 계산 : $I = \frac{P}{\sqrt{3} \, I} = \frac{30 \times 10^3}{\sqrt{3} \times 380} = 45.58$ [A]

답 : 45.58[A]

(2) 계산

① 최대 기동전류에 트립되지 않는 과전류 차단기 정격전동기의 기동전류는
$I_{ms} = 45.58 \times 8 = 364.64$ [A]
$I_N = \frac{I_{ms}}{b} = \frac{364.64}{5} = 72.928$ [A]
(일반적으로 100A이하에서는 3, 125A이상에서는 5를 적용하면 된다.)
∴ 100[A] 선정

② 전동기 기동 돌입전류로 트립되지 않는 과전류 차단기의 정격
기동돌입전류는 기동전류의 1.5배를 적용하면 $I_{mi} = 364.64 \times 1.5 = 546.96$ [A]
과전류 차단기 100[A] 선정시 순시차단배율은 225[A] 이하의 경우 8배를 적용하면
$I_t = 100 \times 8 = 800$ [A]
∴ $I_N > I_{ms} \times 1.5 \times \frac{1}{8}$ 을 만족한다.
∴ ①과 ②의 조건을 만족하는 100[A] 선정
답 : 100[A]

□□□ 20

12 다음 수전점 차단기 동작을 위한 유도형 원판 OCR 정정에 관한 내용이다. 다음 각 물음에 답하시오. (9점)

(1) 그림에서 유도형 원판 OCR을 정정하고자 한다. 변류비를 구하고 한시 탭 전류값을 선정하시오. (단, 변류비는 전부하 전류의 1.25배, 한시 탭 전류는 전부하 전류의 1.5배를 적용한다.)

○ _____

(2) 변압기 2차의 3상 단락이 발생한 경우 유도형 원판 OCR의 순시 탭 전류값을 구하시오. 2차 3상 단락전류는 20087[A]이다. (단, 순시 탭 전류는 3상 단락전류의 1.5배를 적용한다.)

○ _____

(3) 유도형 원판 OCR의 레버는 무엇을 의미하는지 쓰시오.

○ _____

(4) 반한시 특성은 무엇을 의미하는지 쓰시오.

○ _____

강의 NOTE

■ 보호계전기 정정

① 순시탭 정정
  변압기 1차측 단락사고에 대하여 동작하며, 2차 단락사고 및 변압기 여자 돌입전류(inrush current)에 동작하지 않는다.
  • 변압기 1차측 단락사고에 대하여 동작하여야 한다.
  • 변압기 2차측(Magnetizing Inrush Current)에 동작하지 않도록 한다.
  • TR 2차 3상단락전류의 150[%]에 정정한다.
  • 순시 Tap
    순시 Tap
    = 변압기2차 3상단락전류
    $\times \dfrac{2차전압}{1차전압} \times 1.5 \times \dfrac{1}{CT비}$

② 한시탭 정정
  I_t = 부하 전류 $\times \dfrac{1}{CT비} \times$ 설정값 [A]

  설정값은 보통 전부하 전류의 1.5배로 적용하며, I_t 값을 계산 후 2[A], 3[A], 4[A], 5[A], 6[A], 7[A], 8[A], 10[A], 12[A] 탭 중에서 가까운 탭을 선정한다.

③ 한시레버정정
  수용설비일 경우 변압기2차 3상단락고장 시 0.6초 이하에서 동작하도록 선정한다.

KEYWORD 09 보호계전기

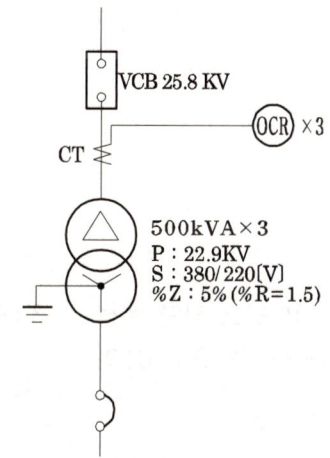

과전류계전기 규격

항목	탭전류
한시탭	3, 4, 5, 6, 7, 8, 9
순시탭	20, 30, 40, 50, 60, 70, 80

변류기 규격

항목	변류기
1차전류	5, 10, 15, 20, 30, 40, 50, 75, 100, 150, 200, 300, 400, 500, 600, 750, 1000, 1500, 2000, 2500
2차전류	5

| 작성답안

(1) 변류비 : $I = \dfrac{500 \times 10^3 \times 3}{\sqrt{3} \times 22.9 \times 10^3} \times 1.25 = 47.27 [A]$

∴ 50/5 선정
과전류계전기 한시 탭은 전부하 전류의 1.5배로 선정하므로

$I = \dfrac{500 \times 10^3 \times 3}{\sqrt{3} \times 22.9 \times 10^3} \times 1.5 \times \dfrac{5}{50} = 5.67 [A]$

∴ 6[A] 탭 선정
답 : 변류비 50/5 한시탭 6[A]

(2) 3상 단락전류의 1.5배로 선정하므로

$I = 20087 \times \dfrac{380}{22.9 \times 10^3} \times 1.5 \times \dfrac{5}{50} = 49.998 [A]$

답 : 50[A]

(3) 보호계전기의 한시요소의 동작시간을 정정하는 요소
(4) 보호계전기에서 고장전류와 동작시간이 반비례하는 특성

□□□ 03, 07, 19, 21

13 거리계전기의 설치점에서 고장점까지의 임피던스를 70 [Ω]이라고 하면 계전기측에서 본 임피던스는 몇 [Ω]인가? (단, PT의 비는 154000/110 [V], CT의 변류비는 500/5 [A]이다.)(5점)

| 작성답안

계산 : 거리 계전기측에서 본 임피던스(Z_R) = 선로임피던스(Z) × $\dfrac{1}{\text{PT 비}}$ × CT 비 [Ω]

∴ $Z_R = 70 \times \dfrac{110}{154{,}000} \times \dfrac{500}{5} = 5 [\Omega]$

답 : 5[Ω]

■ 임피던스

$Z_R = \dfrac{V_2}{I_2} = \dfrac{\dfrac{1}{PT비} \times V_1}{\dfrac{1}{CT비} \times I_1}$

$= \dfrac{CT비}{PT비} \times \dfrac{V_1}{I_1} = \dfrac{CT비}{PT비} \times Z_1$

$= \dfrac{110}{154000} \times \dfrac{500}{5} \times 70 = 5 [\Omega]$

□□□ 93, 94, 95, 99, 00, 01, 02, 03, 07

14 다음 계전기 약어의 명칭을 쓰시오. (5점)

① POR　　　　　　② SPR
③ TR　　　　　　　④ PRR

| 작성답안

① 위치 계전기　　② 속도 계전기
③ 온도 계전기　　④ 압력 계전기

□□□ 90, 95, 98, 12, 19

15 회로도는 펌프용 3.3[kV] 모터 및 GPT 단선 결선도이다. 회로도를 보고 다음 물음에 답하시오. (14점)

(1) ①~⑥으로 표시된 보호 계전기 및 기기의 명칭을 쓰시오.

(2) ⑦~⑪로 표시된 전기기계 기구의 명칭과 용도를 간단히 기술하시오.

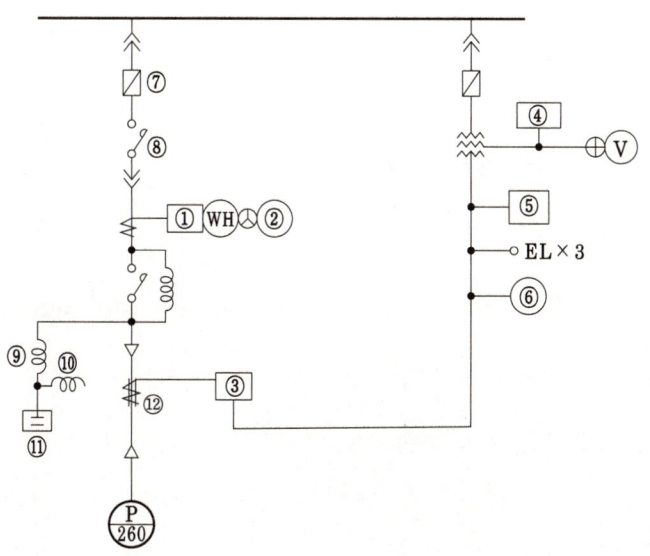

(3) 펌프용 모터의 출력이 260[kW], 역률 85[%]인 뒤진 역률 부하를 95[%]로 개선하는 데 필요한 전력용 콘덴서의 용량을 계산하시오.

| 작성답안

(1) ① 과전류 계전기 ② 전류계
③ 선택 지락 계전기 ④ 부족 전압 계전기
⑤ 지락 과전압 계전기 ⑥ 영상 전압계
(2) ⑦ 명칭 : 전력 퓨즈, 용도 : 단락 사고시 기기를 전로로부터 분리하여 사고확대 방지
⑧ 명칭 : 개폐기, 용도 : 전동기의 기동 정지
⑨ 명칭 : 직렬 리액터, 용도 : 제5고조파의 제거
⑩ 명칭 : 방전 코일, 용도 : 잔류 전하의 방전
⑪ 명칭 : 전력용 콘덴서, 용도 : 역률 개선
(3) 계산 : $Q_c = P(\tan\theta_1 - \tan\theta_2) = 260\left(\dfrac{\sqrt{1-0.85^2}}{0.85} - \dfrac{\sqrt{1-0.95^2}}{0.95}\right) = 75.68\,[\text{kVA}]$
답 : 75.68 [kVA]

□□□ 09, 20

16 주변압기가 3상 △결선(6.6[kV] 계통)일 때 지락사고시 지락보호에 대하여 답하시오.

(1) 지락보호에 사용하는 변성기 및 계전기의 명칭을 각 1개씩 쓰시오. (5점)
① 변성기

② 계전기

(2) 영상전압을 얻기 위하여 단상 PT 3대를 사용하는 경우 접속방법을 간단히 설명하시오.

■ GPT

GPT의 설치 목적은 비접지 선로의 1선지락시 영상전압을 검출하기 위함이며, 1선지락시의 영상전압이 발생한다. 지락이 되지 않으면 전압은 0[V]이므로 영상전압이 없다고 본다.

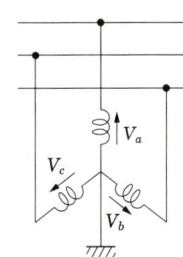

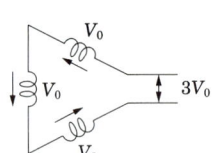

| 작성답안

(1) ① 변성기
• 접지형 계기용 변압기(GPT)
  그 외
• 영상 변류기(ZCT)
② 계전기
• 지락과전압 계전기
  그 외
• 선택접지 계전기
(2) 3대의 단상PT를 사용하여 1차측을 Y결선하여 중성점을 직접 접지하고, 2차측은 개방△ 결선 (broken delta connection) 한다.

□□□ 88, 91, 93

17
변전 설비에서는 고장이 발생하였을 때 계전기의 동작에 의하여 경보를 발하고 고장의 종류를 나타내는 기구가 있다. 그림은 이를 위한 시퀀스 회로의 한 예이다. 다음 각 물음에 답하시오. (8점)

(1) 번호 ①의 코일의 명칭은?

   ○ _____

(2) 번호 ②의 코일의 명칭은?

   ○ _____

(3) 번호 ②가 여자되었을 때 번호 ③은 어떠한 동작을 하는가?

   ○ _____

(4) 번호 ③은 일단 동작 후에 이를 다시 원상태로 복귀시키자면 어떻게 하여야 하는가?

   ○ _____

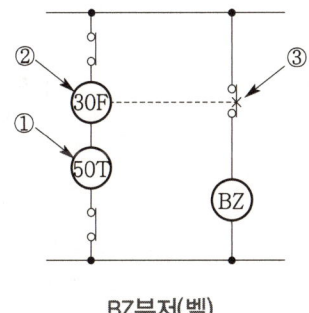

BZ부저(벨)

| 작성답안

(1) 단락·지락 선택 계전기
(2) 고장 표시기
(3) 순시에 폐로된다.
(4) 복귀 버튼을 눌러 수동으로 복귀한다.

□□□ 17, 19

18 한시(time delay)보호계전기의 종류 4가지를 적으시오. (5점)

○ _____

| 작성답안

- 순한시 계전기
- 정한시 계전기
- 반한시 계전기
- 반한시성 정한시 계전기

■ 보호계전기

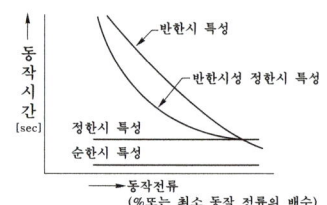

① 순한시 계전기 : 고장즉시 동작
② 정한시 계전기 : 고장후 일정시간이 경과하면 동작
③ 반한시 계전기 : 고장전류의 크기에 반비례하여 동작
④ 반한시성 정한시 계전기 : 반한시와 정한시 특성을 겸함

□□□ 17

19 다음 곡선의 계전기 명칭을 쓰시오. (4점)

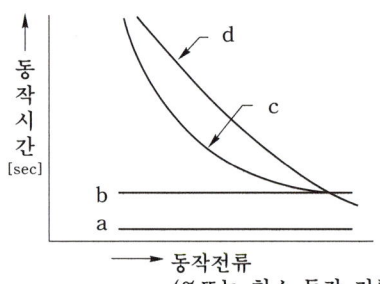

	a	b	c	d
명칭				

○ _____

| 작성답안

	a	b	c	d
명칭	순한시 계전기	정한시 계전기	반한시성 정한시 계전기	반한시 계전기

■ 한시특성

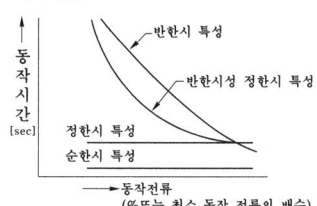

KEYWORD 10 서지흡수기(SA : Surge Absorber)

강의 NOTE

- 산 98.12.19
서지 흡수기(Surge Absorber)의 기능과 어느 개소에 설치하는지 그 위치를 쓰시오.
 - 기능
 - 설치 위치

- 산 11.12
이상전압이 2차 기기에 악영향을 주는 것을 막기 위해 선로에 보호장치를 설치하는 회로이다. 그림 중 ①의 명칭을 쓰시오.

- 산 03.05.12
수전전압 변압기 용량의 수전설비를 계획할 때 외부와 내부의 이상전압으로부터 계통의 기기를 보호하기 위해 설치해야 할 기기의 명칭과 그 설치위치를 설명하시오. (단, 변압기는 몰드형으로서 변압기 1차의 주차단기는 진공차단기를 사용하고자 한다.)
(1) 낙뢰 등 외부 이상전압
(2) 개폐 이상전압 등 내부 이상전압

- 기 03
피뢰기와 같은 구조로 되어 있으나 적용 전압 범위만을 조정하여 적용시키는 일종의 옥내 피뢰기로서 선로에서 발생할 수 있는 개폐 서지, 순간 과도전압 등의 이상전압이 2차 기기에 악영향을 주는 것을 막기 위해 설치하는 것으로 대부분 큐비클에 내장 설치되어 건식류의 변압기나 기기계통을 보호하는 것은 어떤 것인가?

- 기 03.05.11
수전전압 22.9[kV-Y]에 진공차단기와 몰드변압기를 사용하는 경우 개폐시 이상전압으로부터 변압기 등 기기보호 목적으로 사용되는 것으로 LA와 같은 구조와 특성을 가진 것을 쓰시오.

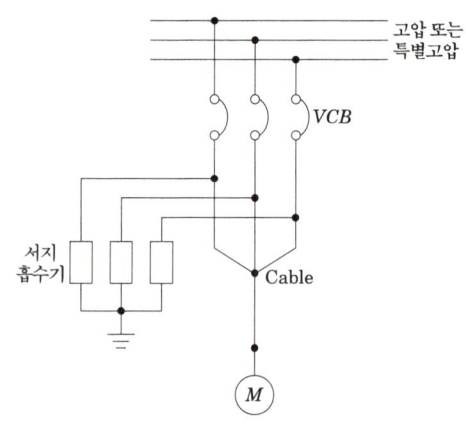

서지흡수기의 설치 위치도

최근에 몰드변압기의 채용이 증가하고 있으며, 아울러 몰드변압기 앞단에 진공차단기가 채용되고 있다. 그런데, 몰드변압기의 기준충격절연강도(BIL)가 95 [kV] (22 [kV]급)이며, 진공차단기의 개폐서지로 인하여 몰드변압기의 절연이 악화될 우려가 있으므로 몰드변압기를 보호하기 위해서 설치된다.

서지흡수기

서지 흡수기의 적용범위는 다음 표와 같다.

서지흡수기의 적용범위

차단기 종류		VCB (진공차단기)				
전압 등급		3 [kV]	6 [kV]	10 [kV]	20 [kV]	30 [kV]
전동기		적용	적용	적용	–	–
변압기	유입식	불필요	불필요	불필요	불필요	불필요
	몰드식	적용	적용	적용	적용	적용
	건식	적용	적용	적용	적용	적용
콘덴서		불필요	불필요	불필요	불필요	불필요
변압기와 유도기기와의 혼용 사용시		적용	적용	–	–	–

서지흡수기의 정격전압

공칭전압	3.3 [kV]	6.6 [kV]	22.9 [kV]
정격전압	4.5 [kV]	7.5 [kV]	18 [kV]
공칭방전전류	5 [kA]	5 [kA]	5 [kA]

강의 NOTE

• 기 13.19
다음은 전압등급 3[kV]인 SA의 시설 적용을 나타낸 표이다. 빈 칸에 적용 또는 불필요를 구분하여 쓰시오.

• 산 08.19
변압기와 고압 모터에 서지흡수기를 설치하고자 한다. 각각의 경우에 대하여 서지흡수기를 그려 넣고 각각의 공칭전압에 따른 서지흡수기의 정격(정격전압 및 공칭방전전류)도 함께 쓰시오.

| 관련문제 | 10. 서지흡수기 | 강의 NOTE |

□□□ 98, 12, 19 ※ 16

1 서지 흡수기(Surge Absorbor)의 기능과 어느 개소에 설치하는지 그 위치를 쓰시오. (5점)

- 기능

  ○ _____

- 설치 위치

  ○ _____

■ 서지흡수기

| 작성답안

- 기능 : 개폐서지 등 이상전압으로부터 변압기 등 기기를 보호한다.
- 설치위치 : 개폐 서지를 발생하는 차단기 후단과 보호하여야 할 기기 전단 사이에 설치한다.

□□□ 08, 19

2 변압기와 고압 모터에 서지흡수기를 설치하고자 한다. 각각의 경우에 대하여 서지흡수기를 그려 넣고 각각의 공칭전압에 따른 서지흡수기의 정격(정격전압 및 공칭방전류)도 함께 쓰시오. (5점)

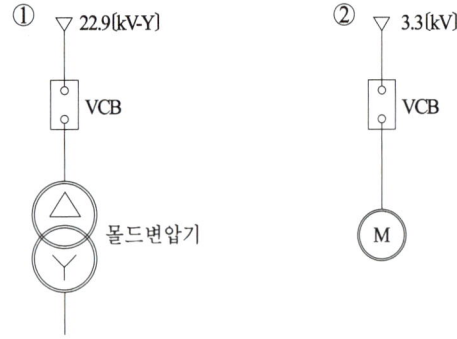

■ 서지흡수기의 정격

공칭전압	3.3 [kV]	6.6 [kV]	22.9 [kV]
정격전압	4.5 [kV]	7.5 [kV]	18 [kV]
공칭방전류	5 [kA]	5 [kA]	5 [kA]

○ _____

| 작성답안

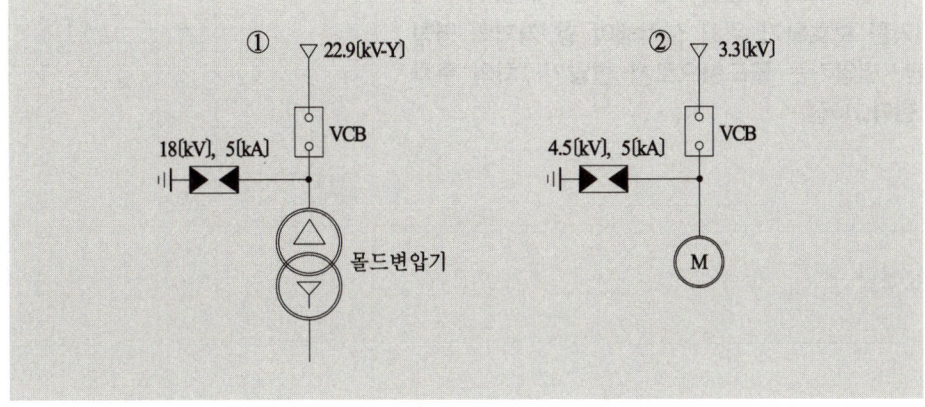

□□□ 11, 12

3 이상전압이 2차 기기에 악영향을 주는 것을 막기 위해 선로에 보호장치를 설치하는 회로이다. 그림 중 ①의 명칭을 쓰시오. (4점)

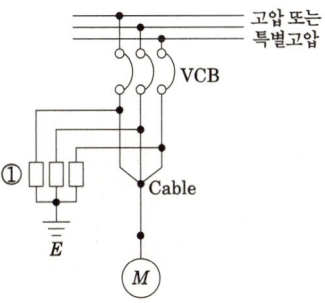

| 작성답안

서지흡수기

□□□ 03, 05, 12

4 수전전압 22.9[kV] 변압기 용량 3000[kVA]의 수전설비를 계획할 때 외부와 내부의 이상전압으로부터 계통의 기기를 보호하기 위해 설치해야 할 기기의 명칭과 그 설치위치를 설명하시오. (단, 변압기는 몰드형으로서 변압기 1차의 주차단기는 진공차단기를 사용하고자 한다.)(5점)

(1) 낙뢰 등 외부 이상전압

　○ _____

(2) 개폐 이상전압 등 내부 이상전압

　○ _____

| 작성답안

(1) 기기명 : 피뢰기(LA)
　　설치위치 : 수전실 인입구 장치(단로기) 2차측
(2) 기기명 : 서지흡수기(SA)
　　설치위치 : 진공 차단기 2차측과 몰드형 변압기 1차측 사이

강의 NOTE

■ 서지흡수기의 설치

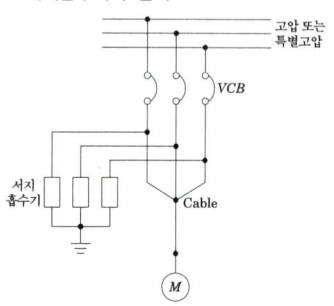

PART 02

변압기이론과 변압기용량

KEYWORD
11 **변압기이론**
12 **부하용어와 변압기용량**
13 **승압기**

KEYWORD 11 변압기 이론

강의 NOTE

- 산 93.06
변압기를 과부하로 운전할 수 있는 조건을 5가지만 요약하여 쓰시오.

- 기 18
1차 정격전압이 6,600[V], 권수비가 30인 변압기가 있다. 다음 물음에 답하시오.
(1) 2차 정격전압[V]을 구하시오.
(2) 용량 50[kW] 역률 0.8 부하를 2차에 접속할 경우 1차 전류 및 2차 전류를 구하시오.
(3) 1차측 정격용량[kVA]를 구하시오.

- 기 22
단상 변압기에서 전부하시 2차 전압은 115[V]이고, 전압 변동률은 2[%]이다. 1차 단자 전압은 몇 [V]인가? 단, 1차, 2차 권선비는 20:1이다.

01 변압기(Transformer, Tr)

변압기는 전력목적물에 전압을 공급하기 위하여 고전압을 필요한 전압으로 변성하는 기기로서 수변전설비의 핵심부분으로 변압기의 신뢰성이 계통 전체의 신뢰도를 결정한다.

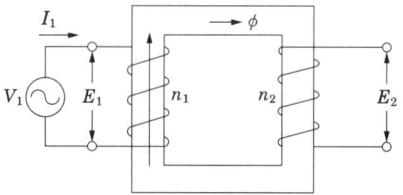

그림 1과 같이 철심의 1차와 2차에 n_1 및 n_2의 코일을 감고 1차측 권선에 V_1의 전압을 가하면 철심에 교번자계에 의한 자속이 흘러 2차측 권선에 전자유도작용에 의해 유도기전력이 발생한다.

1차 유도기전력의 실효값 : $E_1 = 4.44 f n_1 \phi_m$ [V]

2차 유도기전력의 실효값 : $E_2 = 4.44 f n_2 \phi_m$ [V]

$$a = \frac{\dot{V_1}}{\dot{V_2}} = \frac{\dot{E_1}}{\dot{E_2}} = \frac{N_1}{N_2} = \frac{\dot{I_2}}{\dot{I_1}}, \quad a = \frac{V_1}{V_2} = \frac{Z_1 I_1}{Z_2 I_2} = \frac{Z_1}{Z_2} \cdot \frac{1}{a} \quad \text{에서} \quad a^2 = \frac{Z_1}{Z_2}$$

02 변압기의 종류별 특징

1 건식변압기

건식변압기

코일을 유리섬유 등의 내열성이 높은 절연물을 내열 니스 처리한 변압기로 H종 절연을 한다. 이 변압기는 절연, 열화가 적고 사고가 생긴 경우에도 폭발, 화재 등의 위험이 적다. 현재는 몰드 변압기 등이 개발되고, 아몰퍼스 변압기 등이 개발되어 거의 사용하지 않는다.

장점은
① 기름을 사용하지 않으므로 화재의 위험성이 없다.
② 내습성 내약품성이 우수하다.
③ 소형 경량이다.
④ 큐비클 내부에 설치하기 편리하다.
⑤ 기름이 없으므로 보수 유지에 유리하다.

단점은
① 가격이 비싸다.
② 설치시 습기에 취약하므로 흡습에 대한 대책이 필요하며, 환기 조건에 유의해야 한다.
③ 용량은 중용량 이하에 적합하며, 소음이 크다.
④ 권선이 공기 중에 노출되어 있어 먼지 등이 많은 장소, 옥외 등은 부적합하다.

을 가지고 있다.

2 몰드변압기

고압 및 전압의 권선을 모두 에폭시 수지로 몰드한 고체 절연방식의 변압기를 몰드 변압기라 한다. 몰드 변압기는 난연성, 절연의 신뢰성, 보수 및 유지의 용이함을 위해 개발되었으며, 에너지 절약적인 측면은 유입변압기 보다 유리하다. 몰드변압기는 일반적으로 유입변압기 보다 절연내력이 작으므로 VCB와 연결시 개폐서지에 대한 대책이 없으므로 SA(Surge Absorber)등을 설치하여 대책을 세워주어야 한다.

몰드변압기

강의 NOTE

■ 건식변압기를 유입변압기와 비교 시 잇점 4가지
(소화기 내)
- 소형 경량이다.
- 기름을 사용하지 않으므로 화재의 위험성이 없다.
- 기름이 없으므로 보수 유지에 유리하다.
- 내습성 내약품성이 우수하다.
- 큐비클 내부에 설치하기 편리하다.

● 산 05.09
H종 절연 변압기는 백화점, 병원, 극장, 지하상가 등 화재가 발생했을 때 더 큰 사고로의 진전을 방지하기 위하여 주로 많이 사용되고 있다. 이 변압기의 주요 특성으로 장점을 3가지만 쓰시오.

● 산 05.09
H종 절연 건식 변압기를 설치하면 이 변압기는 유입식 변압기에 비하여 충격파 내전압이 작기 때문에, 계통에 서지가 발생될 경우를 예상하여 어떤 것을 설치할 필요가 있는가?

● 기 99.03.05
H종 건식 변압기를 사용하려고 한다. 같은 용량의 유입 변압기를 사용할 때와 비교하여 그 이점을 4가지만 쓰시오.(단, 변압기의 가격, 설치시의 비용 등 금전에 관한 사항은 제외한다.)

● 산 17
몰드변압기의 절연파괴 원인 4가지를 쓰시오.

강의 NOTE

■ 몰드 변압기의 장단점
(소 내장 전부를 절여 먹는다)
- 소형 경량화 가능
- 내습, 내진성이 양호
- 전력손실이 적다
- 절연유를 사용하지 않아 유지보수가 용이
- 난연성이 우수하다

■ 최근에 생산되는 변압기는 그 효율이 향상되고 소형 경량화되고 있다. 주된 이유
(절연철심 냉각은 3고)
- 절연물의 절연 성능 향상에 따라 두께가 감소
- 철심의 권철심화 및 자속 향상
- 냉각방식 변경에 따른 소형화
- 고효율 변압기 개발(몰드 변압기, 아몰포스 변압기)
- 고전압화 되어 권선량 감소
- 고배향성 규소 강판 사용으로 인한 철손의 감소

• 기 07.10.11.12.18.19
• 산 96.07.10.11.12.18.19
유입 변압기와 비교한 몰드 변압기의 장점 5가지와 단점 3가지를 쓰시오.

• 산 94
최근에 생산되는 변압기는 그 효율이 향상되고 소형 경량화되고 있다. 주된 이유를 6가지만 예를 들어 설명하시오.

몰드 변압기를 유입 변압기와 비교하면 다음과 같은 특징이 있다.
① 난연성이 우수하다. 에폭시 수지에 무기물 충진제가 혼입된 구조로 되어 있으므로 자기 소호성이 우수하며, 불꽃 등에 착화하지 않는 특성이 있다.
② 신뢰성이 향상된다. 내코로나(Corona)특성, 임펄스 특성이 향상된다.
③ 소형, 경량화가 가능하다. 철심이 컴팩트화 되어 면적이 축소된다.
④ 무부하 손실이 줄어든다. 이것으로 인해 운전경비가 절감되고, 에너지가 절약이 된다.
⑤ 유지보수 점검이 용이하게 된다. 일반 유입변압기와 달리 절연유의 여과 및 교체가 없으며, 장기간 정지 후 간단하게 재사용할 수 있으며, 먼지, 습기 등에 의한 절연내력이 영향을 받지 않는다.
⑥ 단시간 과부하 내량이 크다.
⑦ 소음이 적고 무공해운전이 가능하다.
⑧ 서지에 대한 대책을 수립하여야 한다. 사용 장소는 건축전기설비, 병원, 지하상가나 주택이 근접하여 있는 공장이나 화학 플랜트 등의 특수 공장과 같이 재해가 인명에 직접 영향을 끼치는 장소에 좋으며, 특히 에너지절약 측면에서 적합하다.

3 아몰퍼스 몰드 변압기(Amorphous Mold Transformer)

절연매체로 Epoxy수지를 적용하고 철심소재를 기존의 방향성 규소강판 대신 비정질 자성재료(아몰퍼스 메탈)를 사용하여 무부하손(철손)을 기존변압기의 75 [%] 이상 절감한 절전형·고효율 몰드 변압기를 아몰퍼스 변압기라 한다.

 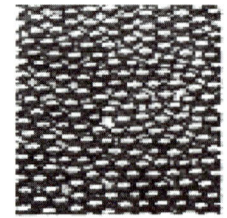

방향성 규소강판   아몰퍼스 메탈

아몰퍼스 변압기의 주요 구성품

부품	기능	구성 재료
권선	1차측 인가전압을 권수비에 비례한 2차측 출력전압으로 변환시킨다.	• 도체 (동, 알루미늄) • 절연물
철심	권선에서 발생한 자속(magnetic flux)이 흐르는 통로(path)가 된다.	• 자성재료 (규소강판, 아몰퍼스 합금)
지지구조물	권선과 철심의 결합 및 보호 기능이 있다.	• 철(steel), 절연물

운전 중인 변압기의 일반적인 부하율(50~80 [%])에서 아몰퍼스 몰드변압기의 효율이 규소강판 몰드변압기 대비 약 0.5 [%] 높으므로, 실질적인 전력손실 절감효과가 크다. 또한 아몰퍼스 몰드변압기의 사용에 따른 전력절감으로 발전량을 줄일 수 있으므로, 발전에 따라 발생하는 유해가스 배출을 감소시킬 수 있다.

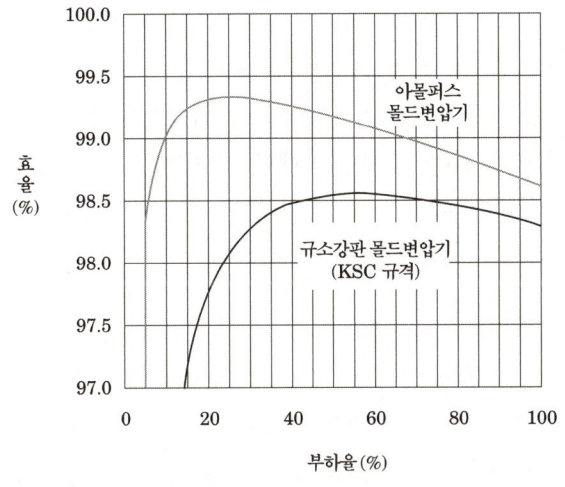

아몰퍼스 변압기의 손실감소

또, 아몰퍼스 몰드변압기의 경우 고조파 전류에 대해서 더욱 뛰어난 손실절감 특성을 발휘하므로, 고조파가 많이 함유된 계통에서의 고조파 대책이 될 수 있다.

- 비정질 구조 및 초 박판 철심소재 채택으로 손실 절감 (무부하손실 75 [%] 이상 감소)
- 고진공 주형 권선에 의한 방재성 및 신뢰성 확보
- 고조파 대책으로도 뛰어난 성능 발휘
- 사각형(Rectangular type) 권선에 의한 소형화로 설치면적 축소
- 손실절감에 의한 변압기 수명연장 및 전력요금 절감

강의 NOTE

■ 아몰퍼스변압기의 장·단점

장점(과부 수명 1/5)
- 철심의 발열에 의한 권선의 온도상승을 최소화하여 과부하내량이 커진다.
- 철심의 발열량이 적어 권선 및 절연물들의 경년변화를 줄일 수 있어 제품 수명이 길다.
- 무부하손실을 기존몰드의 1/5 수준으로 낮추어 전력손실이 작다.

단점(압축 제작 포화 : 압축애 의한 제작포화)
- 압축응력이 가해지면 특성이 저하된다.
- 아몰퍼스 메탈 소재의 높은 경도 및 나쁜 취성 (제작상의 어려움)
- 포화자속밀도가 낮으며, 점적률이 낮다.

• 기 13
아몰퍼스변압기의 장점 3가지와 단점 3가지를 쓰시오.

4 유입변압기

유입변압기

유입변압기는 일반적으로 널리 사용되어 왔으며, 가격이 저렴한 특징이 있다. 소음이 적으며, 절연유를 사용하므로 충격내전압이 높아 차단기 2차측에 별도의 서지 흡수기(SA)를 설치하지 않아도 된다. 옥내 및 옥외 제한을 받지 않으며, 기계적으로 더 튼튼하다.

단점으로는 절연유의 발화온도가 낮아 고연소성이므로 대용량 변압기에는 안전장치가 필요하며, 절연물의 내열온도가 A종(105℃)으로 과부하시 열화되기 쉽다. 또한, 옥내에 설치할 경우 절연유 구외유출방지 시설 등이 필요하다.

5 아몰퍼스 유입 변압기

아몰퍼스 유입 변압기는 일반 유입변압기의 장점을 그대로 가지고 있으면서, 신소재인 아몰퍼스 메탈을 사용하여 무부하 손실을 기존 유입변압기 보다 1/5 수준으로 줄인 변압기로 전력손실이 적다. E종(120℃) 절연을 채용하여 절연물의 열화에 의한 2차 사고를 줄이고, 변압기의 설치면적이 기존의 유입변압기에 비해 줄일 수 있다. 철심의 발열량이 적어 권선 및 절연물의 경년에 의한 변화를 줄일 수 있어 제품의 수명이 길어진다. 또한 발열량이 적기 때문에 변압기의 과부하 내량이 커질 수 있다.

> • 기 15
> 배전용 변압기의 고압측(1차측)에 여러 개의 탭을 설치하는 이유를 서술하시오.

03 변압기 탭

1 OLTC (부하시 탭절환 장치)

부하시 탭절환 장치의 조정 범위는 ±10 [%]이며, 탭 1단을 이동하는 데 소요되는 시간은 대략 5초 정도가 된다. 부하가 걸린 상태로 전압을 조정하는 장치이므로 그 만큼 장치가 복잡하다. 구성부품으로는

① 절환 스위치
② 탭 선택기
③ 탭 절환기 헤드 및 구동장치
④ 탭 범위를 확대하기 위한 전위 절환기 또는 극성 절환기
등이 있다. OLTC의 동작원리는 2차 전압 변동이 발생했을 경우 전압 조정 계전기에 의해 OLTC 구동용 전동기를 동작시켜 탭을 절환한다.

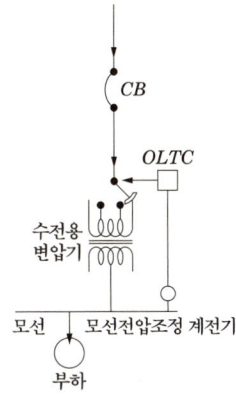

2 NLTC (무 부하시 탭절환 장치)

배전용 변압기에 주로 설치되며 변압비를 수동으로 조정하기 위한 탭 절환 장치로 간단한 구조이며 신속한 동작을 할 수 있으나, 반드시 변압기의 운전을 정지시키고 방전작업을 한 후 조작하여야 한다. 주로 2차 정격전압에 따라 초기에 세팅한 후 사용한다.

3 주상 변압기의 탭

변압기의 탭이란 일반적으로 1차(고압)측 권선의 중간 단자를 인출하여 설치된다. 탭 절환이란 이것을 조정하여 권수비를 바꾸어 전압을 조정하는 장치이다. 변압기 탭의 설치 및 조정(절환)의 목적은 1차(수전단) 전압의 변동에 의해 2차측의 전압이 소정의 정격전압으로부터 변동한 경우, 이를 정격전압으로 하는 데에 그 목적이 있다.

$$V_T' = \frac{V_2 \times V_T}{V_2'}$$

여기서 V_2 : 변경 전 2차전압
V_2' : 변경 후 2차전압
V_T : 변경 전 1차 탭전압
V_T' : 변경 후 1차 탭전압

강의 NOTE

■ 변압기탭

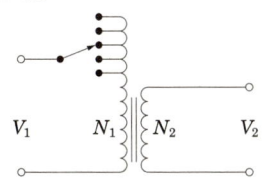

일반적으로 1차(고압)측 권선의 중간 단자를 인출하여 설치된다. 탭 절환이란 이것을 조정하여 권수비를 바꾸어 전압을 조정하는 장치이다. 변압기 탭의 설치 및 조정(절환)의 목적은 1차(수전단) 전압의 변동에 의해 2차측의 전압이 소정의 정격전압으로부터 변동한 경우, 이를 정격전압으로 하는 데에 그 목적이 있다.

• 산 20
단상 주상 변압기의 2차측(105[V] 단자)에 1[Ω]의 저항을 접속하고 1차측에 1[A]의 전류가 흘렀을 때 1차 단자 전압이 900[V]였다. 1차측 탭 전압[V]과 2차 전류[A]는 얼마인가? 단, 변압기 내부 임피던스는 무시한다.
(1) 1차측 탭전압
(2) 2차측 전류

• 기/산 84.90.91.96.10.11
주상 변압기의 고압 측의 사용 탭이 6600[V]인 때에 저압 측의 전압이 190[V]였다. 저압측의 전압을 200[V]로 유지하기 위해서 고압측의 사용 탭은 얼마로 하여야 하는지 구하시오. (단, 변압기의 정격 전압은 6600/210[V]이다.)

• 산 90.09.10.21
변압기 탭전압 6150[V], 6250[V], 6350[V], 6450[V], 6600[V]일 때 변압기 1차측 사용탭이 6600[V]인 경우 2차 전압이 97[V]이였다. 1차측 탭전압을 6150[V]로 하면 2차 전압은 몇 [V]인가?

• 산 90.09.10.21
• 산(유) 05.09
1차측 탭 전압이 22900[V]이고 2차측이 380/220[V] 일 때 2차측 전압이 370[V]로 측정되었다. 2차측 전압을 상승을 시키기 위해서 탭 전압을 21900[V]로 할 때 2차측 전압을 구하시오.

강의 NOTE

- 기 16
변압기 손실과 효율에 대하여 다음 각 물음에 답하시오.
(1) 변압기의 손실에 대하여 다음 물음에 답하시오.
  ① 무부하손
  ② 부하손
(2) 변압기의 효율을 구하는 공식을 쓰시오.
(3) 변압기의 최대효율 조건을 쓰시오.

- 기 13
변압기의 효율이 떨어지는 경우를 3가지 예로 들어 설명하시오.

- 기 14.21
용량 10[kVA], 철손 120[W], 전부하 동손 200[W]인 단상 변압기 2대를 V결선하여 부하를 걸었을 때, 전부하 효율은 몇 [%]인가?(단, 부하의 역률은 1/2이라 한다.)

- 산 08.13.14.15
- 산(유) 13.14
전부하에서 동손 100[W], 철손 50[W] 인 변압기에서 최대 효율을 나타내는 부하는 몇 인가?

- 기 15
- 산(유) 04.12.17.20
철손이 1.2[kW], 전부하시의 동손이 2.4[kW]인 변압기가 하루 중 7시간 무부하 운전, 11시간 1/2운전, 그리고 나머지 전부하 운전할 때 하루의 총 손실은 얼마인지 계산하시오.

- 기 95
용량 100[kVA] 3300/115[V]인 3상 변압기의 철손은 1[kW], 전부하 동손은 1.25[kW]이다. 매일 무부하로 18시간, 역률 100[%]의 1/2 부하로 4시간, 역률 80[%]의 전부하로 2시간 운전할 때 전일 효율은 몇 [%]가 되는가?

- 기 08
20[kVA] 단상 변압기가 있다. 역률이 1일 때 전부하 효율은 97[%]이고 75[%] 부하에서 최고 효율이 되었다. 전부하시에 철손은 몇 [W]인가?

- 기 08
50,000[kVA]의 변압기가 있다. 이 변압기의 손실은 80[%] 부하일 때 53.4[kW]이고, 60[%] 부하일 때 36.6[kW]이다. 다음 각 물음에 답하시오.
(1) 이 변압기의 40[%] 부하일 때의 손실을 구하시오.
(2) 최고효율은 몇 [%] 부하율일 때인가?

- 기 13.17.22
- 산 17
어느 단상 변압기의 2차 전압 2300[V], 2차 정격전류 43.5[A], 2차측에서 본 합성저항이 0.66[Ω], 무부하손 1000[W]이다. 전부하시 역률 100[%] 및 80[%] 일 때의 효율을 각각 구하시오.
(1) 전부하시 역률 100[%] 경우 효율
(2) 전부하시 역률 80[%] 경우 효율

04 변압기의 손실 및 효율

1 무부하 손실

① 히스테리시스손
$$P_h = \delta_h \cdot f \cdot B_m^{1.6} \sim \delta_h \cdot f \cdot B_m^2 \;[\text{Wb/kg}]$$

② 와전류손
$$P_e = \delta_e \cdot (f \cdot t \cdot K_f \cdot B_m)^2 \;[\text{Wb/kg}]$$

2 효율 (efficiency)

① 전부하 효율
$$\eta = \frac{P_n \cos\theta}{P_n \cos\theta + P_i + I^2 r} \times 100 \;[\%]$$

전부하시 $I^2 r = P_i$ 의 조건이 만족되면 효율이 최대가 된다.

② m 부하시의 효율
$$\eta = \frac{m V_{2n} I_{2n} \cos\theta}{m V_{2n} I_{2n} \cos\theta + P_i + m^2 I_{2n}^2 r_{21}} \times 100 \;[\%]$$

$P_i = m^2 P_c$ 이 최대 효율조건이며, 최대 효율일 경우 부하율은 다음과 같다.

$$m = \sqrt{\frac{P_i}{P_c}}$$

③ 전일효율
$$\eta_d = \frac{\sum h V_2 I_2 \cos\theta_2}{\sum h V_2 I_2 \cos\theta_2 + 24 P_i + \sum h r_2 I_2^2} \times 100 \;[\%]$$

05 변압기의 냉각방식

변압기의 냉각방식은 권선 및 철심을 직접 냉각하는 매체와 이 매체를 냉각하는 외부 냉매의 종류와 순환방식에 따라 여러 가지로 나뉘며, 냉각방식의 규정은 크게 ANSI규격과 IEC규격에 의한 분류로 나눌 수 있다.

IEC 76에 의한 냉각방식의 분류

냉각방식	표시기호	권선철심의 냉매체		주위의 냉각매체	
		종류	순환방식	종류	순환방식
건식자냉식	AN	공기	자연	–	–
건식풍냉식	AF	공기	강제	–	–
건식밀폐자냉식	ANAN	공기(가스)	자연	공기(가스)	자연
유입자냉식	ONAN	유	자연	공기	자연
유입풍냉식	ONAF	유	자연	공기	강제
유입수냉식	ONWF	유	자연	냉각수	강제
송유자냉식	OFAN	유	강제	공기	자연
송유풍냉식	OFAF	유	강제	공기	강제
송유수냉식	OFWF	유	강제	냉각수	강제

ONAN: Natural oil cooling(ON) Natural air cooling(AN)
OFAF: Forced oil cooling(OF) Forced air cooling(AF)
OFWF: Forced oil cooling(OF) Forced water cooling(WF)
ODAF: Directed oil cooling(OD) Forced air cooling(AF)

ANSI C57 12.00, 12.01에 의한 냉각방식의 분류

냉각방식		약호	내용
유입식	유입자냉식	OA	Liquid-immersed, self-cooled
	유입풍냉식	FA	Liquid-immersed, forced air-cooled
	유입수냉식	OW	Liquid-immersed, water-cooled
	송유풍냉식	FOA	Liquid-immersed, forced liquid-cooled
	송유수냉식	FOW	Liquid-immersed, forced liquid-cooled, water-cooled

06 변압기 병렬운전

변압기를 병렬운전하는 경우는 변압기의 용량이 부족한 경우 또는 변압기의 수리 점검시 병렬운전을 시행한다. 변압기는 병렬운전을 하기 위해서는 다음의 조건을 만족해야 한다.

1 병렬 운전의 조건

① 각 변압기의 극성이 같을 것
② 각 변압기의 권수비가 같고, 1차와 2차의 정격 전압이 같을 것
③ 각 변압기의 %임피던스 강하가 같을 것

강의 NOTE

• 산 98
변압기에 사용되는 절연유의 필요한 성질을 4가지만 쓰시오.

• 기 09
다음 변압기 냉각방식의 명칭은 무엇인가?
[예] AA(AN) : 건식자냉식
① OA(ONAN)
② FA(ONAF)
③ OW(ONWF)
④ FOA(OFAF)
⑤ FOW(OFWF)

• 산 08.11.17.18.20
단상 변압기 병렬운전 조건 4가지를 쓰시오.

• 기/산 08.13
• 기(유) 08.11.17.18.20
단상 변압기의 병렬 운전 조건 4가지를 쓰고, 이들 각각에 대하여 조건이 맞지 않을 경우에 어떤 현상이 나타나는지 쓰시오.

■ 변압기의 병렬 운전 조건
(병렬 극성 내 전임)
- 극성이 일치할 것
- 내부 저항과 누설 리액턴스의 비가 같을 것
- 정격 전압(권수비)이 같은 것
- %임피던스 강하(임피던스 전압)가 같을 것

④ 3상식에서는 위의 조건 외에 각 변압기의 상회전 방향 및 각 변위가 같을 것

각 변위(위상변위)란 1차 유기전압을 기준으로 하고 이에 대한 2차 유기전압의 뒤진각을 말한다.

2 변압기 병렬운전의 문제점

변압기의 병렬운전의 경우는 다음과 같은 문제점이 있다.

① 계통에 %Z가 적어져 단락용량이 증대된다.
   변압기의 병렬운전의 경우 변압기의 연결이 서로 병렬형태로 연결되어 지므로 합성%임피던스가 작아진다. %임피던스의 작아짐은 다음 식에 의해 단락용량의 증대를 가져온다.

$$P_s = \frac{100}{\%Z} P_n$$

   따라서, 단락용량을 고려하여 변압기의 %임피던스를 선정하고 병렬운전하여야 한다.

② 전 부하 운전시 변압기 허용 과부하율에 의한 변압기용량 증대로 손실증가한다.

③ 차단기의 빈번한 동작에 의하여 차단기 수명이 단축된다.

3 3상 변압기의 병렬 운전 결선

3상 변압기의 병렬운전 조건은 단상의 조건과 더불어 상회전과 변위가 같아야 합니다. 따라서 병렬운전이 가능한 결선과 불가능한 결선이 있으며, 다음 표와 같이 나타낼 수 있다. 상회전과 변위를 고려하여 변압기가 병렬운전 가능한 결선과 불가능한 결선을 표에서 나타내었다.

병렬 운전 가능

병렬 운전 가능	병렬 운전 불가능
Δ-Δ와 Δ-Δ Y-Δ 와 Y-Δ Y-Y 와 Y-Y Δ-Y 와 Δ-Y Δ-Δ와 Y-Y Δ-Y 와 Y-Δ	Δ-Δ와 Δ-Y Δ-Y 와 Y-Y

4 순환전류

두 대의 변압기를 병렬 운전하고 있을 경우 순환전류는 다음 식에 의한다. 다른 정격은 모두 같고 1차 환산 누설 임피던스만이 $Z_1 [\Omega]$과 $Z_2 [\Omega]$이고 부하전류는 $I[A]$이다.

$$I_c = \frac{\frac{I}{2}Z_2 - \frac{I}{2}Z_1}{Z_1 + Z_2} \ [A]$$

5 부하분담

변압기 병렬운전시 부하 분담은 누설임피던스에 역비례하며, 변압기에 용량에 비례한다.

$$\frac{[\text{kVA}]_a}{[\text{kVA}]_b} = \frac{[\text{kVA}]_A}{[\text{kVA}]_B} \times \frac{\%Z_b}{\%Z_a}$$

변압기를 병렬운전하는 경우 부하전류는 %Z에 반비례하여 부하분담을 하게 된다. 변압기 여러 대를 병렬로 접속하여 용량 증가를 도모할 때는 각 변압기의 1차 및 2차 전압을 각각 맞추는 것은 당연하지만, %Z가 각 변압기의 용량비가 되지 않으면 부하전류의 분담도 용량비가 되지 않고 전체 변압기의 합계용량까지 사용할 수 없게 된다. 따라서 병렬운전하는 변압기의 %Z는 각 변압기의 용량비로 하여야 한다.

07 변압기의 결선

1 △-△ 결선

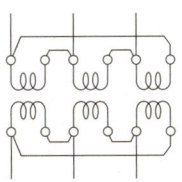

(1) 장점
① 제3고조파 전류가 △결선 내를 순환하므로 정현파 교류 전압을 유기하여 기전력의 파형이 왜곡되지 않는다.
② 1상분이 고장이 나면 나머지 2대로써 V결선 운전이 가능하다.
③ 각 변압기의 상전류가 선전류의 $\frac{1}{\sqrt{3}}$이 되어 대전류에 적당하다.

(2) 단점
① 중성점을 접지할 수 없으므로 지락 사고의 검출이 곤란하다.
② 권수비가 다른 변압기를 결선 하면 순환 전류가 흐른다.
③ 각 상의 임피던스가 다를 경우 3상 부하가 평형이 되어도 변압기의 부하 전류는 불평형이 된다.

2 Y-Y 결선

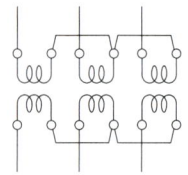

(1) 장점
① 1차 전압, 2차 전압 사이에 위상차가 없다.
② 1차, 2차 모두 중성점을 접지할 수 있으며 고압의 경우 이상 전압을 감소시킬 수 있다.
③ 상전압이 선간 전압의 $\frac{1}{\sqrt{3}}$ 배이므로 절연이 용이하여 고전압에 유리하다.

(2) 단점
① 제3고조파 전류의 통로가 없으므로 기전력의 파형이 제3고조파를 포함한 왜형파가 된다.
② 중성점을 접지하면 제3고조파 전류가 흘러 통신선에 유도 장해를 일으킨다.
③ 부하의 불평형에 의하여 중성점 전위가 변동하여 3상 전압이 불평형을 일으키므로 송, 배전 계통에 거의 사용하지 않는다.

3 △-Y

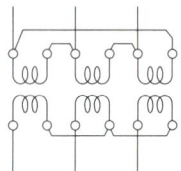

(1) 장점
① 한 쪽 Y결선의 중성점을 접지할 수 있다.
② Y결선의 상전압은 선간 전압의 $\frac{1}{\sqrt{3}}$ 이므로 절연이 용이하다.

③ 1, 2차 중에 △결선이 있어 제3고조파의 장해가 적고, 기전력의 파형이 왜곡되지 않는다.
④ Y-△ 결선은 강압용으로, △-Y 결선은 승압용으로 사용할 수 있어서 송전 계통에 융통성 있게 사용된다.

(2) 단점
① 1, 2차 선간전압 사이에 30°의 위상차가 있다.
② 1상에 고장이 생기면 전원 공급이 불가능해진다.
③ 중성점 접지로 인한 유도 장해를 초래한다.

08 변압기 시험법

1 단락시험

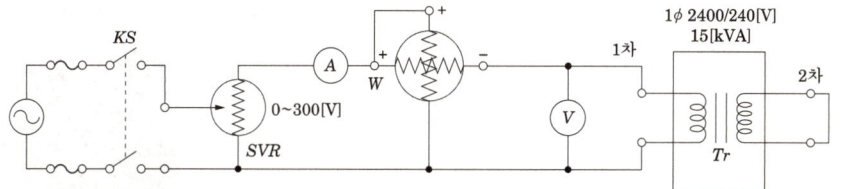

변압기 2차를 단락한 상태에서 슬라이닥스를 조정하여 1차측 단락 전류가 1차 정격 전류와 같게 흐를 때(전류계의 지시값이 정격 전류값이 되었을 때) 1차측 단자 전압을 임피던스 전압이라 한다. 또 이때 입력을 임피던스 와트(전부하 동손)이라 한다.

%임피던스 : $\%Z = \dfrac{\text{임피던스 전압(교류 전압계의 지시값)}}{\text{1차 정격 전압}} \times 100[\%]$

2 무부하시험

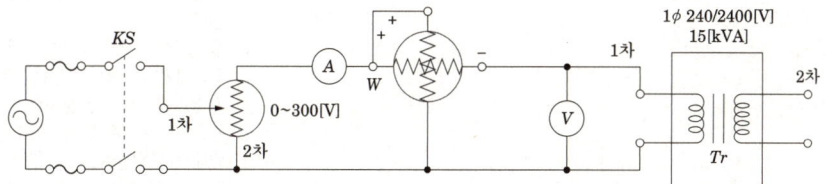

시험용 변압기 1차와 2차측을 반대로 하여 2차측(고압측)을 개방한 상태에서 슬라이닥스를 조정하여 교류 전압계의 지시값이 1차(저압측) 정격 전압값(저압측의 정격값)일 때의 전력계의 지시값이 철손[W]을 철손이라 한다.

• 산 15
변압기의 임피던스 전압에 대하여 설명하시오.

• 기 98.01
• 기(유) 03.12.19
변압기 시험용 기자재가 그림과 같이 있을 때 다음 각 물음에 답하시오.
(1) 단락 시험 회로를 구성하시오.
(2) 단락 시험을 했다고 가정하고 임피던스 전압, %임피던스, 동손을 구하는 방법을 설명하시오.
(3) 무부하 시험(개방 시험) 회로를 변압기 시험 기자재로 구성하시오.
(4) 무부하 시험으로 철손을 구하는 방법을 설명하시오.
(5) 단락 시험, 무부하 시험으로 변압기 효율을 구하는 방법을 간단히 설명하시오.
(6) %임피던스와 변압기 고장시 단락고장 전류, 변압기 전압 변동률과의 관계를 간단히 설명하시오.
※ 회로 구성시에 주어진 기자재 이외에 필요한 것이 더 있으면 추가하고, 불필요한 것이 있으면 빼내고 회로를 구성하도록 한다.

관련문제

09

1 그림과 같은 회로에서 최대 전력이 전달되기 위한 권수비(N_1 : N_2)는? (5점)

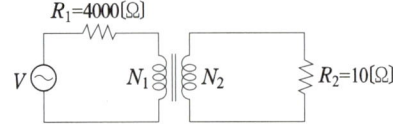

| 작성답안

계산 : 2차측을 1차측으로 환산한 저항 $R_{21} = a^2 R_2 = 10a^2$

최대전력 전달조건 $R_1 = R_{21}$ 에서 $4000 = 10a^2$

∴ $a = 20$

∴ $a = \dfrac{N_1}{N_2}$ 에서 $N_1 : N_2 = 20 : 1$

답 : 20 : 1

96, 07, 10, 11, 12, 18, 19

2 유입 변압기와 비교한 몰드 변압기의 장점 3가지와 단점 3가지를 쓰시오. (6점)

| 작성답안

- 장점
  ① 자기 소화성이 우수하므로 화재의 염려가 없다.
  ② 코로나 특성 및 임펄스 강도가 높다.
  ③ 소형 경량화 할 수 있다.
  그 외
  ① 습기, 가스, 염분 및 소손 등에 대해 안정하다.
  ② 보수 및 점검이 용이하다.
  ③ 저진동 및 저소음
  ④ 단시간 과부하 내량 크다.
  ⑤ 전력손실이 감소

- 단점
  ① 서지에 대한 대책을 수립하여야 한다.(전압 성능이 낮으므로 VCB와 같은 고속도 차단기와 조합할 경우 서지흡수기(Surge Absorber)를 채용해야 한다)
  ② 옥외 설치 및 대용량 제작이 곤란하다.
  ③ HV측이 표면에 위치하므로 운전 중일 때, Coil 표면에 인체가 접촉될 경우 위험하다.

강의 NOTE

■ 몰드변압기

고압 및 전압의 권선을 모두 에폭시 수지로 몰드한 고체 절연방식의 변압기를 몰드 변압기라 한다. 몰드 변압기는 난연성, 절연의 신뢰성, 보수 및 유지의 용이함을 위해 개발되었으며, 에너지 절약적인 측면은 유입변압기 보다 유리하다. 몰드변압기는 일반적으로 유입변압기보다 절연내력이 작으므로 VCB와 연결시 개폐서지에 대한 대책이 없으므로 SA(Surge Absorber)등을 설치하여 대책을 세워주어야 한다.

몰드 변압기를 유입 변압기와 비교하면 다음과 같은 특징이 있다.
① 난연성이 우수하다. 에폭시 수지에 무기물 충진제가 혼입된 구조로 되어 있으므로 자기 소호성이 우수하며, 불꽃 등에 착화하지 않는 특성이 있다.
② 신뢰성이 향상된다. 내코로나(Corona)특성, 임펄스 특성이 향상된다.
③ 소형, 경량화가 가능하다. 철심이 컴펙트화 되어 면적이 축소된다.
④ 무부하 손실이 줄어든다. 이것으로 인해 운전경비가 절감되고, 에너지가 절약이 된다.
⑤ 유지보수 점검이 용이하게 된다. 일반 유입변압기와 달리 절연유의 여과 및 교체가 없으며, 장기간 정지후 간단하게 재사용할 수 있으며, 먼지, 습기 등에 의한 절연내력이 영향을 받지 않는다.
⑥ 단시간 과부하 내량이 크다.
⑦ 소음이 적고 무공해운전이 가능하다.
⑧ 서지에 대한 대책을 수립하여야 한다. 사용장소는 건축전기설비, 병원, 지하상가나 주택이 근접하여 있는 공장이나 화학 플랜트 등의 특수 공장과 같이 재해가 인명에 직접 영향을 끼치는 장소에 좋으며, 특히 에너지절약 측면에서 적합하다.

□□□ 08, 10, 15

3 변압기의 고장(소손(燒損)) 원인에 대하여 5가지만 쓰시오. (5점)

○ _____

| 작성답안

- 권선의 상간단락
- 권선의 층간단락
- 고·저압 혼촉
- 지락 및 단락사고에 의한 과전류
- 절연물 및 절연유의 열화에 의한 절연내력 저하

□□□ 17

4 몰드변압기의 절연파괴 원인 4가지를 쓰시오. (5점)

○ _____

| 작성답안

- 낙뢰의 침투
- 전원 재투입 및 순간정전에 의한 개폐 Surge
- 콘덴서의 개폐 또는 이상
- Reactor 소손

그 외

- 과부하 및 단락전류
- 기계적인 충격
- 지락 및 단락사고에 의한 과전류
- 절연물 열화에 의한 절연내력 저하

강의 NOTE

■ 변압기 보호장치

변압기에서 발생되는 고장의 종류에는
- 권선의 상간단락 및 층간단락
- 권선과 철심간의 절연파괴에 의한 지락고장
- 고·저압 권선의 혼촉
- 권선의 단선
- Bushing lead의 절연파괴 등이 있으며 이중에서도 가장 많이 발생되는 고장은 권선의 층간단락 및 지락이다.

가. 전기적 보호장치
변압기의 고장시에 나타나는 전압, 전류의 변화에 따라 동작하는 보호장치이다.
- 전류비율차동계전기(87T, 내부단락과 지락 주보호)
- 방향거리계전기(21, 2단계, 단락후비보호, 345kV MTR)
- 과전류계전기(51, 단락, 지락 후비보호)
- 과전압계전기(64, 지락후비보호)
- 피뢰기(충격과전압 침입방지)

나. 기계적 보호장치
변압기의 내부에 고장이 발생하면 내부의 압력이나 온도가 상승되고, 가스압의 변화가 일어나며, 이때 상승된 압력은 변압기의 외함을 파손시키고 절연유를 유출시켜 화재를 유발하기도 한다. 기계적인 보호장치는 변압기 고장시에 발생되는 압력, 온도, 가스압 등의 변화에 따라 동작하는 보호장치이다.
- 방압관 방압안전장치 96D
- 충격압력계전기 96P
- 부흐홀쯔계전기 96B11 96B12
- OLTC보호계전기 96B2(96T)
- 가스검출계전기(Gas Detecter Ry) 96G
- 유온도계 26Q1, 26Q2
- 권선온도계 26W1, 26W2
- 압력계 63N 63F
- 유면계 33Q1 33Q2
- 유류지시계 69Q

■ 몰드변압기 이상 현상에 따른 대책

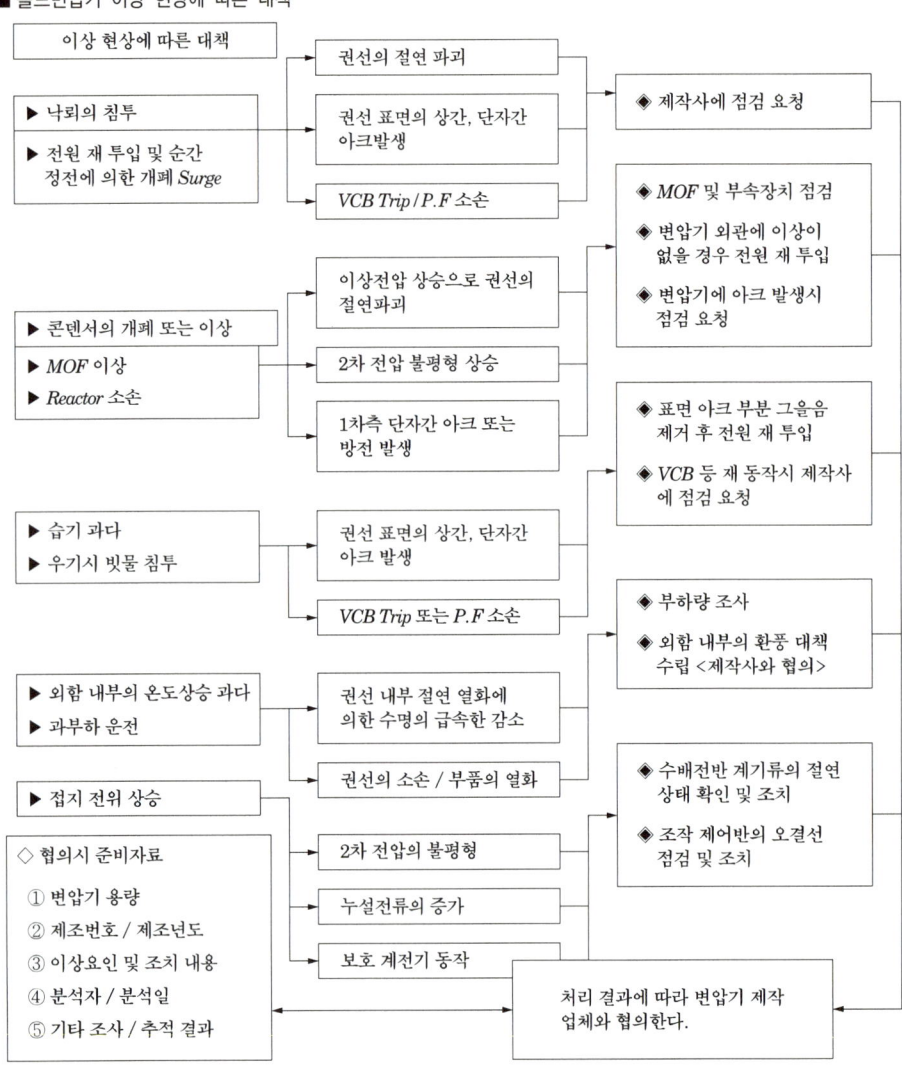

□□□ 98

5 변압기에 사용되는 절연유의 필요한 성질을 4가지만 쓰시오. (6점)

| 작성답안

- 인화점이 높고 응고점이 낮을 것
- 점도가 낮고 비열이 커서 냉각효과가 클 것
- 고온에서 불용성 침전물이 생기지 말 것
- 절연물과 화학 작용이 없을 것

□□□ 08, 11, 17, 18, 20

6 단상 변압기 병렬운전 조건 4가지를 쓰시오. (4점)

| 작성답안

① 극성이 같을 것
② 권수비 및 1차, 2차 정격전압이 같을 것
③ %임피던스 강하가 같을 것
④ 저항과 누설리액턴스 비가 같을 것

강의 NOTE

■ 변압기 병렬운전의 문제점

변압기의 병렬운전의 경우는 다음과 같은 문제점이 있다.

① 계통에 %Z가 적어져 단락용량이 증대된다. 변압기의 병렬운전의 경우 변압기의 연결이 서로 병렬형태로 연결되어 지므로 합성%임피던스가 작아진다. %임피던스의 작아짐은 다음 식에 의해 단락용량의 증대를 가져온다. 따라서, 단락용량을 고려하여 변압기의 %임피던스를 선정하고 병렬운전하여야 한다.
② 전 부하 운전시 변압기 허용 과부하율에 의한 변압기용량 증대로 손실증가 한다.
③ 차단기의 빈번한 동작에 의하여 차단기 수명이 단축된다.

□□□ 08, 13

7 단상 변압기의 병렬 운전 조건 4가지를 쓰고, 이들 각각에 대하여 조건이 맞지 않을 경우에 어떤 현상이 나타나는지 쓰시오. (8점)

| 작성답안

① • 조건 : 각 변압기의 극성이 같을 것
  • 현상 : 극성이 반대로 바뀌면 2차 권선의 순환회로에 2차 기전력의 합이 가해지고 권선의 임피던스는 작으므로 큰 순환전류가 흘러 권선이 소손된다.
② • 조건 : 권수비 및 2차 정격전압이 같을 것
  • 현상 : 권수비가 다른 경우 2차 기전력의 크기가 다르므로 1차 권선에 의한 순환전류가 흘러서 권선이 과열된다.
③ • 조건 : 저항과 리액턴스비가 같을 것
  • 현상 : 각 변압기의 전류간에 위상차가 생겨 동손이 증가한다.
④ • 조건 : %임피던스강하가 같을 것
  • 현상 : %임피던스강하가 같지 않을 경우 부하의 분담이 용량의 비가 되지 않아 부하의 분담이 균형을 이룰 수 없다.

강의 NOTE

■ 변압기 병렬운전
① 병렬 운전의 조건
• 각 변압기의 극성이 같을 것
• 각 변압기의 권수비가 같고, 1차와 2차의 정격 전압이 같을 것
• 각 변압기의 %임피던스 강하가 같을 것
• 3상식에서는 위의 조건 외에 각 변압기의 상회전 방향 및 각 변위가 같을 것
② 순환전류
$$I_c = \frac{\frac{I}{2}Z_2 - \frac{I}{2}Z_1}{Z_1 + Z_2} \text{ [A]}$$
③ 부하분담
$$\frac{[kVA]_a}{[kVA]_b} = \frac{[kVA]_A}{[kVA]_B} \times \frac{\%Z_b}{\%Z_a}$$

□□□ 93, 06

8 변압기를 과부하로 운전할 수 있는 조건을 5가지만 요약하여 쓰시오. (5점)

| 작성답안

• 주위 온도가 저하되었을 경우
• 온도 상승 시험 기록에 의해 미달되어 있는 경우
• 단시간 사용하는 경우
• 부하율이 저하되었을 경우
• 여러 가지 조건이 중복되었을 경우

9. 최근에 생산되는 변압기는 그 효율이 향상되고 소형 경량화되고 있다. 주된 이유를 6가지만 예를 들어 설명하시오. (12점)

작성답안

- 고효율 변압기 개발(몰드 변압기, 아몰포스 변압기)
- 철심의 권철심화 및 자속 향상
- 절연물의 절연 성능 향상에 따라 두께가 감소
- 고전압화 되어 권선량 감소
- 고배향성 규소 강판 사용으로 인한 철손의 감소
- 냉각방식 변경에 따른 소형화

■ 몰드변압기

10. 전부하에서 동손 100[W], 철손 50[W]인 변압기에서 최대 효율을 나타내는 부하는 몇 [%]인가? (5점)

작성답안

계산 : 변압기 최대효율조건 $P_i = m^2 P_c$ 에서 $m = \sqrt{\dfrac{P_i}{P_c}}$

$$m = \sqrt{\dfrac{P_i}{P_c}} \times 100 = \sqrt{\dfrac{50}{100}} \times 100 = 70.71 [\%]$$

답 : 70.71[%]

■ 변압기 효율 (efficiency)

① 전부하 효율

$$\eta = \dfrac{P_n \cos\theta}{P_n \cos\theta + P_i + I^2 r} \times 100 \,[\%]$$

전부하시 $I^2 r = P_i$ 의 조건이 만족되면 효율이 최대가 된다.

② m부하시의 효율

$$\eta = \dfrac{m V_{2n} I_{2n} \cos\theta}{m V_{2n} I_{2n} \cos\theta + P_i + m^2 I_{2n}{}^2 r_{21}} \times 100 \,[\%]$$

$P_i = m^2 P_c$ 이 최대 효율조건이며, 최대 효율일 경우 부하율은 다음과 같다.

$$m = \sqrt{\dfrac{P_i}{P_c}}$$

③ 전일효율

$$\eta_d = \dfrac{\sum h V_2 I_2 \cos\theta_2}{\sum h V_2 I_2 \cos\theta_2 + 24P_i + \sum h r_2 I_2^2} \times 100 \,[\%]$$

☐☐☐ 17

11 어느 단상 변압기의 2차 전압 2300[V], 2차 정격전류 43.5[A], 2차측에서 본 합성저항이 0.66[Ω], 무부하손 1000[W]이다. 전부하시 역률 100[%] 및 80[%] 일 때의 효율을 각각 구하시오. (5점)

(1) 전부하시 역률 100[%] 경우 효율

○

(2) 전부하시 역률 80[%] 경우 효율

○

| 작성답안

(1) 계산 : $\eta = \dfrac{P\cos\theta}{P\cos\theta + P_i + P_c} \times 100$

$= \dfrac{2300 \times 43.5 \times 1}{2300 \times 43.5 \times 1 + 1000 + 43.5^2 \times 0.66} \times 100 = 97.8[\%]$

답 : 97.8[%]

(2) 계산 : $\eta = \dfrac{P\cos\theta}{P\cos\theta + P_i + P_c} \times 100$

$= \dfrac{2300 \times 43.5 \times 0.8}{2300 \times 43.5 \times 0.8 + 1000 + 43.5^2 \times 0.66} \times 100 = 97.27[\%]$

답 : 97.27[%]

강의 NOTE

■ 변압기 효율 (efficiency)

① 전부하 효율

$\eta = \dfrac{P_n \cos\theta}{P_n \cos\theta + P_i + I^2 r} \times 100\,[\%]$

전부하시 $I^2 r = P_i$ 의 조건이 만족되면 효율이 최대가 된다.

② m부하시의 효율

$\eta = \dfrac{m V_{2n} I_{2n} \cos\theta}{m V_{2n} I_{2n} \cos\theta + P_i + m^2 I_{2n}^2 r_{21}} \times 100\,[\%]$

$P_i = m^2 P_c$ 이 최대 효율조건이며, 최대 효율일 경우 부하율은 다음과 같다.

$m = \sqrt{\dfrac{P_i}{P_c}}$

③ 전일효율

$\eta_d = \dfrac{\sum h\, V_2 I_2 \cos\theta_2}{\sum h\, V_2 I_2 \cos\theta_2 + 24 P_i + \sum h\, r_2 I_2^2} \times 100\,[\%]$

□□□ 96, 99

12 다음은 유입 변압기의 절연유 열화에 관한 표와 변압기 그림의 일부분이다. 다음 각 물음에 답하시오. (5점)

검사 항목	검사 방법	판정법	조치
절연유 파괴 전압 측정	(①) [mm] 갭에 의한 측정	(②) [kV] 이상 – 양호 (②) [kV] 미만~20 [kV] – 보통 20 [kV] 미만 – 불량	절연유 교체 혹은 여과
(③)	절연유 1[g] 중의 산성 물질을 중화하는 데 필요한 KOH의 [mg] 수	0.5 정도의 Sludge 석출	
(④)	성분 분석	가연가스 총량치 혹은 기설 분석 자료와 성분 패턴의 급격 변화	

(1) 표의 ①~④를 채우시오.

○

(2) 그림은 절연유 열화방지를 위한 oil seal tank 설치용 변압기이다. 각 부위(①~④)에 채워져 있는 물질명을 쓰시오.

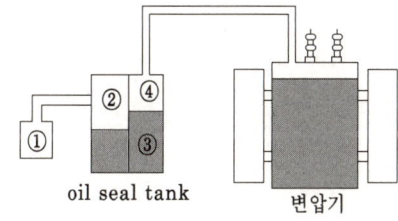

○

(3) 그림에서 ③, ④를 넣는 이유에 대하여 간단히 설명하시오.

○

작성답안

(1) ① 2.5 [mm] ② 30 [kV]
    ③ 산가측정 ④ 절연유 가스 분석
(2) ① 여과지 및 흡습제(실리카 겔) ② 공기
    ③ 절연유 ④ 질소
(3) ③ 절연유 : 질소와 공기의 접촉을 차단하며, 질소가 대기 중으로 방출되는 것을 방지한다.
    ④ 질소 : 절연유와 공기와의 접촉을 차단하며, 대기 중의 습기를 흡습하고, 산화에 의한 절연유의 열화를 방지한다.

강의 NOTE

■ 콘서베이터와 흡습 호흡기

변압기는 온도 변화 및 부하변동에 의해 기름의 온도가 변화하고 부피가 수축, 팽창하므로 외부의 공기가 유입한다. 이것을 변압기의 호흡작용이라고 한다. 호흡작용으로 인해 수분 및 불순물이 혼입하여, 절연내력의 저하, 장기간 사용하면 화학적으로 변화가 일어나게 되어, 침전물이 생긴다. 이를 변압기유의 열화라 한다. 변압기의 열화방지를 위한 컨서베이터(conservator)를 변압기 상부에 설치하여 열화방지한다.

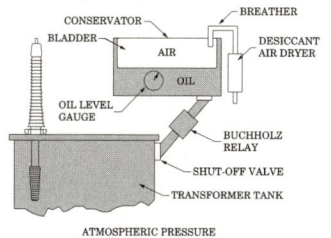

□□□ 12, 15

13 다음의 그림은 변압기 절연유의 열화 방지를 위한 습기제거 장치로서 흡습제와 절연유가 주입되는 2개의 용기로 이루어져 있다. 하부에 부착된 용기는 외부공기와 직접적인 접촉을 막아주기 위한 용기로, 표시된 눈금(용기의 2/3 정도)까지 절연유를 채워 관리되어야 한다. 이 변압기 부착물의 명칭을 쓰시오. (3점)

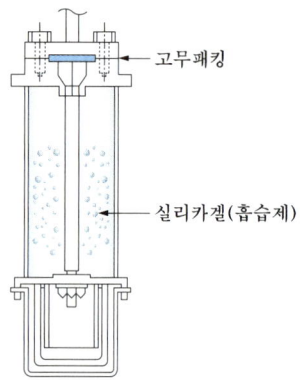

| 작성답안

흡습 호흡기

□□□ 97, 01

14 최근에는 건식 변압기가 많이 사용되고 있지만 아직도 유입 변압기가 일반적으로 사용되고 있는데 유입 변압기에는 흡습제가 있어 습기의 유입을 방지하고 있다. 이 흡습제에 대한 다음 각 물음에 답하시오. (5점)

(1) 흡습제로 사용되는 재료로는 어떤 것이 사용되고 있는가?

(2) 물음 "(1)"의 흡습제의 원색은 어떤 색인가?

| 작성답안

(1) 실리카겔(silica gel)
(2) 청백색

■ 실리카겔

흡습제는 실리카겔로 원색은 청백색이나 흡습을 하게 되면 분홍색이 된다.

□□□ 15

15 변압기의 임피던스 전압에 대하여 설명하시오. (5점)

| 작성답안

> 변압기를 2차를 단락한 상태에서 1차측에 저전압을 가하여 1차 단락전류가 1차 정격전류와 같게 흐를 때, 이때 가한 전압을 임피던스 전압이라 한다.

□□□ 20

16 단상 주상 변압기의 2차측(105 [V] 단자)에 1 [Ω]의 저항을 접속하고 1차측에 1 [A]의 전류가 흘렀을 때 1차 단자 전압이 900 [V]였다. 1차측 탭 전압[V]과 2차 전류[A]는 얼마인가? (단, 변압기 내부 임피던스는 무시한다.) (5점)

(1) 1차측 탭전압

(2) 2차측 전류

| 작성답안

(1) 계산 : $R_1 = a^2 R_2 = a^2 \times 1 = a^2 \, [\Omega]$

$$I_1 = \frac{V_1}{R_1} = \frac{V_1}{a^2} = \frac{900}{a^2} = 1 \, [A]$$

∴ $a^2 = 900$ 에서 $a = 30$

∴ $V_T = a V_2 = 30 \times 105 = 3150 \, [V]$

답 : 3150[V]

(2) 계산 : $I_2 = a I_1 = 30 \times 1 = 30 \, [A]$

답 : 30[A]

강의 NOTE

■ 변압기 단락시험과 무부하시험

① 단락시험

변압기 2차를 단락한 상태에서 슬라이닥스를 조정하여 1차측 단락 전류가 1차 정격 전류와 같게 흐를 때 (전류계의 지시값이 정격 전류값이 되었을 때) 1차측 단자 전압을 임피던스 전압이라 한다. 또 이때 입력을 임피던스 와트(전부하 동손)이라 한다.

② 무부하시험

시험용 변압기 1차와 2차측을 반대로 하여 2차측(고압측)을 개방한 상태에서 슬라이닥스를 조정하여 교류 전압계의 지시값이 1차(저압측) 정격 전압값(저압측의 정격값)일 때의 전력계의 지시값을 철손이라 한다.

■ 권수비

$$a = \frac{\dot{V_1}}{\dot{V_2}} = \frac{\dot{E_1}}{\dot{E_2}} = \frac{N_1}{N_2} = \frac{\dot{I_2}}{\dot{I_1}} \rightarrow$$

$$a = \frac{V_1}{V_2} = \frac{Z_1 I_1}{Z_2 I_2} = \frac{Z_1}{Z_2} \cdot \frac{1}{a}$$ 에서

$$a^2 = \frac{Z_1}{Z_2}$$

□□□ 84, 90, 91, 96, 10 🈯 96, 92

17 주상 변압기의 고압 측의 사용 탭이 6600[V]인 때에 저압 측의 전압이 190[V]였다. 저압측의 전압을 200[V]로 유지하기 위해서 고압측의 사용 탭은 얼마로 하여야 하는지 구하시오. (단, 변압기의 정격 전압은 6600/210[V]이다.)(5점)

| 작성답안

계산 : 고압측의 탭전압

$$V_T' = \frac{V_2 \times V_T}{V_2'} = \frac{190 \times 6600}{200} = 6270 \ [V]$$

∴ 탭전압의 표준값이 6300[V] 탭으로 선정한다.

답 : 6400[V]

강의 NOTE

■ 변압기탭

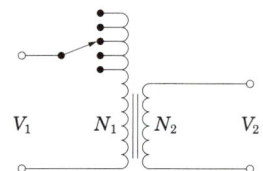

일반적으로 1차(고압)측 권선의 중간 단자를 인출하여 설치된다. 탭 절환이란 이것을 조정하여 권수비를 바꾸어 전압을 조정하는 장치이다. 변압기 탭의 설치 및 조정(절환)의 목적은 1차(수전단) 전압의 변동에 의해 2차측의 전압이 소정의 정격전압으로부터 변동한 경우, 이를 정격전압으로 하는 데에 그 목적이 있다.

$$V_T' = \frac{V_2 \times V_T}{V_2'}$$

여기서
V_2 : 변경 전 2차전압
V_2' : 변경 후 2차전압
V_T : 변경 전 1차 탭전압
V_T' : 변경 후 1차 탭전압

□□□ 90, 09, 10, 21

18 변압기 탭전압 6150[V], 6250[V], 6350[V], 6450[V], 6600[V]일 때 변압기 1차측 사용탭이 6600[V]인 경우 2차 전압이 97[V]이였다. 1차측 탭전압을 6150[V]로 하면 2차측 전압은 몇 [V]인가?(5점)

| 작성답안

계산 : $V_T' = \dfrac{V_2 \times V_T}{V_2'}$ 에서 $V_2' = \dfrac{V_2 \times V_T}{V_T'}$

$$V_2' = \frac{97 \times 6600}{6150} = 104.1 \ [V]$$

답 : 104.1[V]

□□□ 90, 09, 10, 21

19
1차측 탭 전압이 22900[V]이고 2차측이 380/220[V]일 때 2차측 전압이 370[V]로 측정되었다. 2차측 전압을 상승시키기 위해서 탭 전압을 21900[V]로 할 때 2차측 전압을 구하시오. (4점)

| 작성답안

계산 : 1차에 가한 전압 : $V_1 \times \dfrac{380}{22900} = 370$ [V]에서 $V_1 = 22297.37$ [V]

2차에 나타난 전압 : $V_2 = 22297.37 \times \dfrac{380}{21900} = 386.90$ [V]

답 : 386.9[V]

■ 권수비

$a = \dfrac{\dot{V_1}}{\dot{V_2}} = \dfrac{\dot{E_1}}{\dot{E_2}} = \dfrac{N_1}{N_2} = \dfrac{\dot{I_2}}{\dot{I_1}} \rightarrow$

$a = \dfrac{V_1}{V_2} = \dfrac{Z_1 I_1}{Z_2 I_2} = \dfrac{Z_1}{Z_2} \cdot \dfrac{1}{a}$ 에서

$a^2 = \dfrac{Z_1}{Z_2}$

□□□ 05, 09

20
변압기 설비에 대한 다음 각 물음에 답하시오. (7점)

(1) 22.9[kV-Y] 배전용 주상변압기의 1차측이 22900[V]인 경우에 2차측은 220[V]이다. 저압측을 210[V]로 하자면 1차측은 어느 탭 전압에 접속하는 것이 가장 적당한가? (단, 탭 전압은 20000[V], 21000[V], 22000[V], 23000[V], 24000[V] 이다.)

(2) H종 절연 변압기는 백화점, 병원, 극장, 지하상가 등 화재가 발생했을 때 더 큰 사고로의 진전을 방지하기 위하여 주로 많이 사용되고 있다. 이 변압기의 주요 특성으로 장점을 3가지만 쓰시오.

(3) H종 절연 건식 변압기를 설치하면 이 변압기는 유입식 변압기에 비하여 충격파 내전압이 작기 때문에, 계통에 서지가 발생될 경우를 예상하여 어떤 것을 설치할 필요가 있는가?

■ 변압기탭

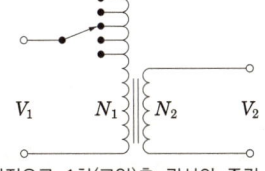

일반적으로 1차(고압)측 권선의 중간 단자를 인출하여 설치된다. 탭 절환이란 이것을 조정하여 권수비를 바꾸어 전압을 조정하는 장치이다. 변압기 탭의 설치 및 조정(절환)의 목적은 1차(수전단) 전압의 변동에 의해 2차측의 전압이 소정의 정격전압으로부터 변동한 경우, 이를 정격전압으로 하는 데에 그 목적이 있다.

$V_T' = \dfrac{V_2 \times V_T}{V_2'}$

여기서
V_2 : 변경 전 2차전압
V_2' : 변경 후 2차전압
V_T : 변경 전 1차 탭전압
V_T' : 변경 후 1차 탭전압

| 작성답안

(1) 계산 : $V_T' = \dfrac{V_2 \times V_T}{V_2'}$ 에서 $V_T' = \dfrac{220 \times 22900}{210} = 24000\,[\text{V}]$

   답 : 24000[V]

(2) 장점
- 기름을 사용하지 않으므로 화재의 위험성이 없다.
- 내습성 내약품성이 우수하다.
- 소형 경량이다.

그 외
- 큐비클 내부에 설치하기 편리하다.
- 기름이 없으므로 보수 유지에 유리하다.

(3) 서지흡수기

강의 NOTE

■ 건식변압기를 유입변압기와 비교시 잇점 4가지
(소화기 내)
- 소형 경량이다.
- 기름을 사용하지 않으므로 화재의 위험성이 없다.
- 기름이 없으므로 보수 유지에 유리하다.
- 내습성 내약품성이 우수하다.
- 큐비클 내부에 설치하기 편리하다.

21 100[kVA] 단상변압기 3대를 Y-△ 결선한 경우 2차측 1상에 접속할 수 있는 전등부하는 최대 몇[kVA]인가? (단, 변압기는 과부하 되지 않아야 한다.)(5점)

| 작성답안

계산 : $P = 100 + \dfrac{1}{2} \times 100 = 150\,[\text{kVA}]$

답 : 150 [kVA]

■ △ 결선의 경우 1상에는 전부하가 걸리며, 나머지 2상은 직렬로 연결되어 1/2부하를 분담한다. 전등부하는 단상 부하에 해당한다.

□□□ 90, 96, 07, 13

22 다음 미완성 도면의 Y-Y 변압기 결선도와 △-△ 변압기 결선도를 완성하시오. (단, 필요한 곳에는 접지를 포함하여 완성시키도록 한다.)(8점)

(1) Y-Y

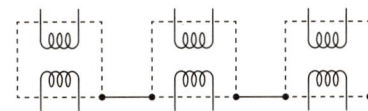

(2) △-△

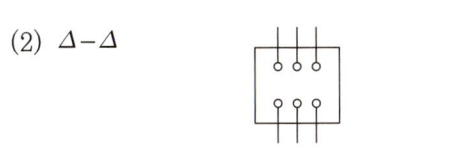

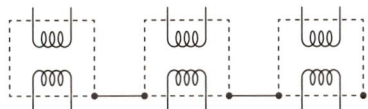

| 작성답안

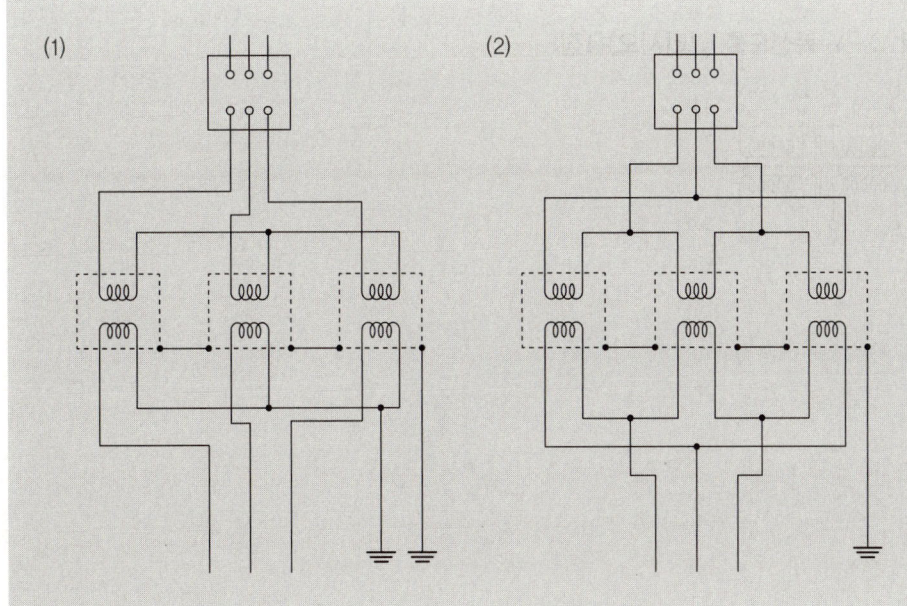

강의 NOTE

■ 변압기 결선

① △-△ 결선

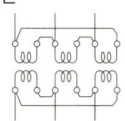

- 제3고조파 전류가 △결선 내를 순환하므로 정현파 교류 전압을 유기하여 기전력의 파형이 왜곡되지 않는다.
- 1상분이 고장이 나면 나머지 2대로써 V결선 운전이 가능하다.
- 각 변압기의 상전류가 선전류의 $1/\sqrt{3}$ 이 되어 대전류에 적당하다.
- 중성점을 접지할 수 없으므로 지락 사고의 검출이 곤란하다.
- 권수비가 다른 변압기를 결선하면 순환 전류가 흐른다.
- 각 상의 임피던스가 다를 경우 3상 부하가 평형이 되어도 변압기의 부하 전류는 불평형이 된다.

② Y-Y 결선

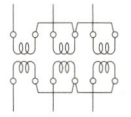

- 1차 전압, 2차 전압 사이에 위상차가 없다.
- 1차, 2차 모두 중성점을 접지할 수 있으며 고압의 경우 이상 전압을 감소시킬 수 있다.
- 상전압이 선간 전압의 $1/\sqrt{3}$ 배이므로 절연이 용이하여 고전압에 유리하다.
- 제3고조파 전류의 통로가 없으므로 기전력의 파형이 제3고조파를 포함한 왜형파가 된다.
- 중성점을 접지하면 제3고조파 전류가 흘러 통신선에 유도 장해를 일으킨다.
- 부하의 불평형에 의하여 중성점 전위가 변동하여 3상 전압이 불평형을 일으키므로 송, 배전 계통에 거의 사용하지 않는다.

③ △-Y 결선

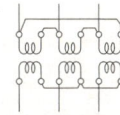

- 한 쪽 Y결선의 중성점을 접지 할 수 있다.
- Y결선의 상전압은 선간 전압의 $1/\sqrt{3}$ 이 므로 절연이 용이하다.
- 1, 2차 중에 △결선이 있어 제3고조파의 장해가 적고, 기전력의 파형이 왜곡되지 않는다.
- Y-△ 결선은 강압용으로, △-Y 결선은 승압용으로 사용할 수 있어서 송전 계통에 융통성 있게 사용된다.
- 1, 2차 선간전압 사이에 30°의 위상차가 있다.
- 1상에 고장이 생기면 전원 공급이 불가능해진다.
- 중성점 접지로 인한 유도 장해를 초래한다.

□□□ 92, 95

23 답란에 단상 변압기 3대가 있는 미완성 회로도가 있다. 이것을 1차 Y, 2차 △로 결선하시오. (5점)

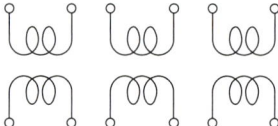

| 작성답안

□□□ 18 ⌂ 93, 96, 98

24 미완성 부분의 단상변압기 3대의 △-Y 복선도를 그리시오. (4점)

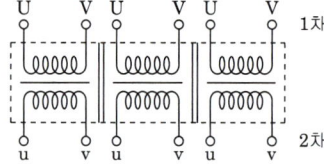

| 작성답안

□□□ 13, 14, 15, 22

25 $\Delta-\Delta$ 결선으로 운전하던 중 한상의 변압기에 고장이 생겨 이것을 분리하고 나머지 2대로 3상 전력을 공급하고자 한다. 다음 각 물음에 답하시오. (5점)

(1) 결선의 명칭을 쓰시오.

　○ _____

(2) 이용률은 몇 [%]인가?
- 계산식

　○ _____

- 이용률

　○ _____

(3) 변압기 2대의 3상 출력은 $\Delta-\Delta$ 결선시의 변압기 3대의 출력과 비교할 때 몇 [%] 정도인가?
- 계산식

　○ _____

- 출력

　○ _____

강의 NOTE

■ $\Delta-\Delta$ 결선의 장점과 단점 3가지
* 장점 (제1각)
- 제3고조파 전류가 △결선 내를 순환하므로 정현파 교류 전압을 유기하여 기전력의 파형이 왜곡되지 않는다.
- 1상분이 고장이 나면 나머지 2대로써 V 결선 운전이 가능하다.
- 각 변압기의 상전류가 선전류의 $\frac{1}{\sqrt{3}}$이 되어 대전류에 적당하다.
* 단점 (중권각)
- 중성점을 접지할 수 없으므로 지락 사고의 검출이 곤란하다.
- 권수비가 다른 변압기를 결선 하면 순환 전류가 흐른다.
- 각 상의 임피던스가 다를 경우 3상 부하가 평형이 되어도 변압기의 부하 전류는 불평형이 된다.

| 작성답안

(1) V − V 결선

(2) 계산 : 이용률 $U = \dfrac{\text{V결선시 출력}}{\text{변압기 2대의 출력}} = \dfrac{\sqrt{3}\,P}{2P} = \dfrac{\sqrt{3}}{2} = 0.866 = 86.6\,[\%]$

　　답 : 86.6[%]

(3) 계산 : 출력비 $= \dfrac{\text{고장 후의 출력}}{\text{고장 전의 출력}} = \dfrac{P_V}{P_\Delta} = \dfrac{\sqrt{3}\,P}{3P} = \dfrac{1}{\sqrt{3}} \fallingdotseq 0.5774 = 57.74\,[\%]$

　　답 : 57.74[%]

26 도면과 같이 단상 변압기 3대가 있다. 다음 각 물음에 답하시오. (10점)

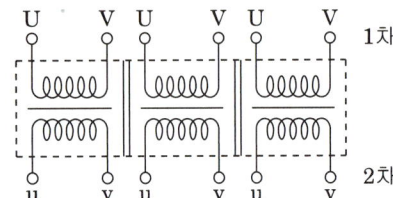

(1) 이 변압기를 △-△로 결선하시오. (주어진 도면에 직접 그리시오.)

(2) △-△ 결선으로 운전하던 중 한 상의 변압기에 고장이 생겨 이것을 분리하고 나머지 2대로 3상 전력을 공급하고자 한다. 이 때 사용하는 결선의 명칭은 무엇이며, 이 결선과 △결선의 출력비는 몇[%]가 되는지 계산하고 결선도를 완성하시오. (주어진 도면에 직접 그리시오.)

① 결선의 명칭

② △결선과의 출력비

③ 결선도

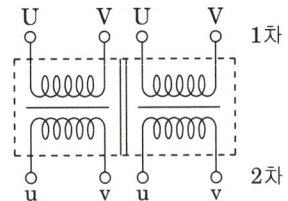

(3) △-△ 결선시의 장점을 2가지만 쓰시오.

(4) "(2)"문항에서 변압기 1대의 이용률은 몇 [%]인가?

| 작성답안

(1)

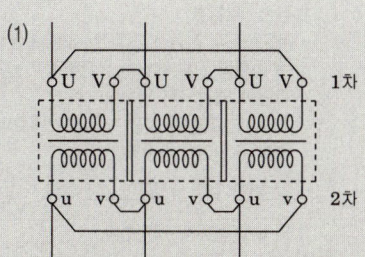

(2) ① 결선의 명칭 : V-V 결선

② 계산 : 출력비 $= \dfrac{\text{V결선 출력}}{\Delta \text{결선 출력}} = \dfrac{P_V}{P_\Delta} = \dfrac{\sqrt{3}\,P_1}{3P_1} \times 100 = 57.735[\%]$

답 : 57.74[%]

③ 결선도

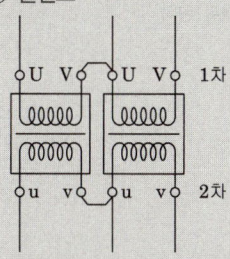

(3) ① 제3고조파 전류가 △결선 내를 순환하여 선간에 나타나지 않는다.
② 단상 변압기 1대 고장시 V-V 결선으로 운전할 수 있다.

(4) 계산 : 이용률 $= \dfrac{3\text{상 용량}}{2\text{대의 용량}} = \dfrac{\sqrt{3}\,P_1}{2P_1} = 0.866$

답 : 86.6[%]

□□□ 97, 03, 04, 07, 14, 16

27 그림과 같은 단상변압기 3대를 △-△ 결선하고 이 결선방식의 장점과 단점을 3가지씩 설명하시오. (7점)

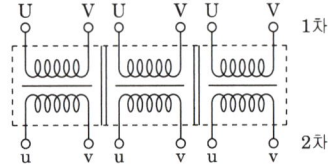

▌작성답안

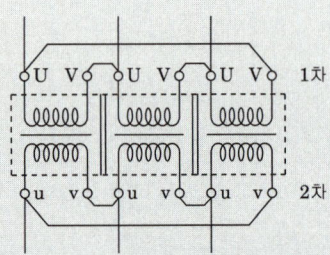

① 장점
- 제3고조파 전류가 △결선 내를 순환하므로 정현파 교류 전압을 유기하여 기전력의 파형이 왜곡되지 않는다.
- 1상분이 고장이 나면 나머지 2대로써 V결선 운전이 가능하다.
- 각 변압기의 상전류가 선전류의 $\frac{1}{\sqrt{3}}$ 이 되어 대전류에 적당하다.

② 단점
- 중성점을 접지할 수 없으므로 지락 사고의 검출이 곤란하다.
- 권수비가 다른 변압기를 결선 하면 순환 전류가 흐른다.
- 각 상의 임피던스가 다를 경우 3상 부하가 평형이 되어도 변압기의 부하 전류는 불평형이 된다.

□□□ 13

28 다중접지 계통에서 수전변압기를 단상 2부싱 변압기로 Y-△ 결선하는 경우에 1차측 중성점은 접지하지 않고 부동(Floating)시켜야 한다. 그 이유를 설명하시오. (5점)

▌작성답안

1차측 변압기 1상의 COS가 차단되는 경우 변압기는 역V결선이 되어 과부하로 소손될 우려가 있기 때문

강의 NOTE

■ △-△ 결선의 장점과 단점 3가지

* 장점 (제1각)
- 제3고조파 전류가 △결선 내를 순환하므로 정현파 교류 전압을 유기하여 기전력의 파형이 왜곡되지 않는다.
- 1상분이 고장이 나면 나머지 2대로써 V결선 운전이 가능하다.
- 각 변압기의 상전류가 선전류의 $\frac{1}{\sqrt{3}}$ 이 되어 대전류에 적당하다.

* 단점 (중권각)
- 중성점을 접지할 수 없으므로 지락 사고의 검출이 곤란하다.
- 권수비가 다른 변압기를 결선 하면 순환 전류가 흐른다.
- 각 상의 임피던스가 다를 경우 3상 부하가 평형이 되어도 변압기의 부하 전류는 불평형이 된다.

강의 NOTE

■ V결선

$\Delta-\Delta$ 결선에서 1대의 단상변압기가 단락, 또는 사고가 발생한 경우를 고장이 발생된 변압기를 제거시킨 결선법으로 즉, 2대의 단상변압기로서 3상 변압기와 같은 전력을 송·배전하기 위한 방식을 V결선이라 한다.

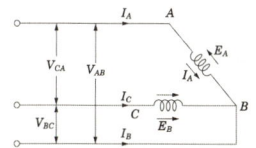

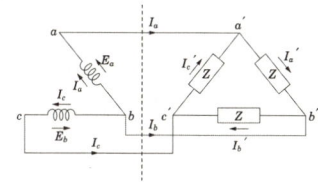

$P_v = VI\cos\left(\dfrac{\pi}{6}+\phi\right)+ VI\cos\left(\dfrac{\pi}{6}-\phi\right)$
$\quad = \sqrt{3}\,VI\cos\phi\ [W]$
$P_v = \sqrt{3}\,P_1$

출력비 : $\dfrac{V}{\Delta}=\dfrac{\sqrt{3}\,VI\cos\phi}{3\,VI\cos\phi} \fallingdotseq 0.577$

이용률 : $\dfrac{\sqrt{3}\,VI}{2\,VI}=0.866$

□□□ 92, 94, 97, 04, 09, 20 94, 04, 13

29 500 [kVA] 단상 변압기 3대를 $\Delta-\Delta$ 결선의 1뱅크로 하여 사용하고 있는 변전소가 있다. 지금 부하의 증가로 1대의 단상 변압기를 증가하여 2뱅크로 하였을 때 최대 몇 [kVA]의 3상 부하에 대응할 수 있겠는가? (5점)

○ _____

| 작성답안

계산 : 동일 변압기가 4대이므로 V-V 2뱅크 운전이 된다.
$\quad P_v = 2\sqrt{3}\,P = 2\sqrt{3}\times 500 = 1732.05\,[kVA]$
답 : 1732.05[kVA]

□□□ 93

30 10 [kVA] 단상변압기 3대를 써서 Δ 결선하여 급전하고 있는 경우 1대가 소손되어 나머지 2대로 급전하게 되었다. 이 2대의 변압기는 과부하율을 20 [%]까지 견딜 수 있다고 하면 2대가 분담할 수 있는 최대의 부하는 몇 [kVA]인가? (5점)

○ _____

| 작성답안

계산 : $P_V = \sqrt{3}\,P_1 \times 1.2 = \sqrt{3}\times 10 \times 1.2 = 20.78\ [kVA]$
답 : 20.78 [kVA]

□□□ 13, 15

31. 정격출력 37[kW], 역률 0.8, 효율 0.82인 3상 유도 전동기가 있다. 변압기를 V결선하여 전원을 공급하고자 한다면 변압기 1대의 최소용량은 몇 [kVA]이어야 하는가? (5점)

강의 NOTE

■ V-V결선 변압기로 37[kW]를 입력으로 환산한 [kVA]전력을 공급한다.
따라서 입력으로 환산한 [kVA]은
$\dfrac{P[\text{kW}]}{\cos\theta \cdot \eta}$[kVA]이 된다.

| 작성답안

계산 : $P_V = \sqrt{3}\,P_1 = \dfrac{37}{0.8 \times 0.82} = 56.4\,[\text{kVA}]$

∴ $P_1 = \dfrac{P_V}{\sqrt{3}} = \dfrac{56.4}{\sqrt{3}} = 32.562\,[\text{kVA}]$

답 : 32.56[kVA]

□□□ 16, 19

32. 어느 공장의 수전설비에서 100[kVA] 단상 변압기 3대를 △결선하여 273[kW] 부하에 전력을 공급하고 있다. 변압기 1대가 고장이 발생하여 단상변압기 2대로 V결선하여 전력을 공급할 경우 다음 각 물음에 답하시오. (단, 부하역률은 1로 계산한다.) (6점)

(1) V결선으로 공급할 수 있는 최대전력[kW]을 구하시오.

(2) V결선 상태에서 273[kW]부하 모두를 연결할 때 과부하율[%]을 쓰시오.

| 작성답안

(1) 계산 : $P_V = \sqrt{3}\,P_1 \cos\theta = \sqrt{3} \times 100 \times 1 = 173.21\,[\text{kW}]$

답 : 173.21[kW]

(2) 계산 : 과부하율 $= \dfrac{\text{부하용량}}{\text{변압기 공급용량}} \times 100 = \dfrac{273}{173.21} \times 100 = 157.61\,[\%]$

답 : 157.61[%]

강의 NOTE

■ (1) V_{AO}
$= \sqrt{(220\cos 60° - 110)^2 + (220\sin 60°)^2}$
$= 110\sqrt{3} = 190.53[V]$

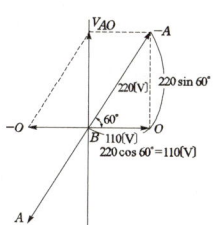

(2), (3) V_{AO}
$= \sqrt{(220\cos 60° + 110)^2 + (220\sin 60°)^2}$
$= \sqrt{220^2 + (110\sqrt{3})^2} = 291.03[V]$

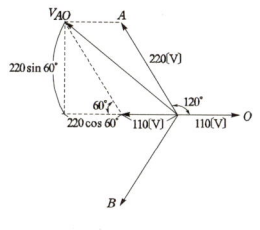

---

33 그림과 같이 V결선과 Y결선된 변압기 한 상의 중심 O에서 110[V]를 인출하여 사용하고자 한다. (6점)

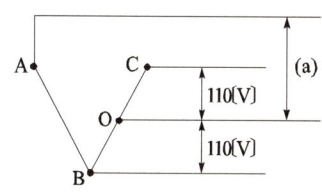 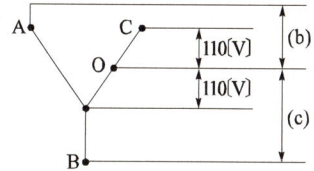

(1) 위 그림에서 (a)의 전압을 구하시오.

(2) 위 그림에서 (b)의 전압을 구하시오.

(3) 위 그림에서 (c)의 전압을 구하시오.

작성답안

(1) 계산 : $V_{AO} = 220\angle 0° + 110\angle -120°$
$= 220[\cos 0° + j\sin 0°] + 110\left[\cos\left(-\frac{2}{3}\pi\right) + j\sin\left(-\frac{2}{3}\pi\right)\right]$
$= 220 + (-55 - j55\sqrt{3}) = 165 - j55\sqrt{3}$
$= \sqrt{165^2 + (55\sqrt{3})^2} = 190.53[V]$

답 : 190.53[V]

(2) 계산 : $V_{AO} = 110\angle 120° - 220\angle 0°$
$= 110(\cos 120° + j\sin 120°) - 220(\cos 0° + j\sin 0°)$
$= 110\left(-\frac{1}{2} + j\frac{\sqrt{3}}{2}\right) - 220 = -275 + j55\sqrt{3}$
$= \sqrt{275^2 + (55\sqrt{3})^2} = 291.03[V]$

답 : 291.03[V]

(3) 계산 : $V_{BO} = 110\angle 120° - 220\angle -120°$
$= 110[\cos 120° + j\sin 120°] - 220[\cos(-120°) + j\sin(-120°)]$
$= 110\left(-\frac{1}{2} + j\frac{\sqrt{3}}{2}\right) - 220\left(-\frac{1}{2} - j\frac{\sqrt{3}}{2}\right) = 55 + j165\sqrt{3}$
$= \sqrt{55^2 + (165\sqrt{3})^2} = 291.03$

답 : 291.03[V]

□□□ 09

34
전압 200[V]인 20[kVA]와 30[kVA]의 단상 변압기를 각 1대씩 갖는 변전설비가 있다. 이 변전설비에서 다음 그림과 같이 200[V], 30[kW], 역률 0.8인 3상 평형부하에 전력을 공급함과 동시에 30[kVA] 변압기에서 전등부하(역률 1.0)에 전력을 공급하고자 한다. 변압기가 과부하되지 않는 범위 내에서 60[W]의 전구를 몇 개까지 점등할 수 있는가? (단, $\cos^{-1}0.8 = 36.87°$, $\cos 66.87° = 0.39$, $\sin 66.87° = 0.92$)(5점)

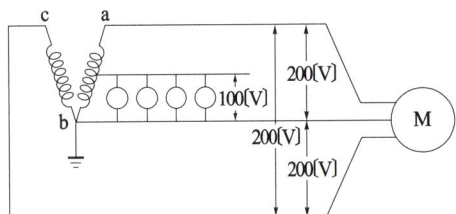

강의 NOTE

■ 과부하가 되지 않기 위해서는 소수 이하는 버림을 적용한다.

| 작성답안

계산 : 30[kVA] 변압기 정격전류 $I = \dfrac{P}{V} = \dfrac{30000}{200} = 150[A]$

3상 부하전류 $I_3 = \dfrac{P}{\sqrt{3}\,V\cos\theta}$ [A] 에서 $I_3 = \dfrac{30000}{\sqrt{3} \times 200 \times 0.8} = 108.25[A]$

선전류 I_3의 위상 ϕ는 선간전압 V보다 $(30°+\theta)$ 늦으므로

$\phi = -(30° + \cos^{-1}0.8) = -(30° + 36.87°) = -66.87°$

$\therefore I_3 = 108.25 \angle -66.87°[A]$

변압기에서 추가로 공급할 수 있는 전류를 I_1은 선간전압과 동상이므로

$I = \sqrt{(I_3\cos\phi + I_1)^2 + (I_3\sin\phi)^2}$ 에서

$I_1 = \sqrt{I^2 - (I_3\sin\phi)^2} - I_3\cos\phi$ [A]

$I_1 = \sqrt{150^2 - (108.25 \times \sin 66.87)^2} - 108.25 \times \cos 66.87$

$\quad = \sqrt{150^2 - (108.25 \times 0.92)^2} - 108.25 \times 0.39 = 69.95$ [A]

전등 1등 당 전류 $I_0 = \dfrac{60}{100} = 0.6[A]$ 이므로

전구 수는 $n = \dfrac{I_1}{I_0} = \dfrac{69.95}{0.6} = 116.58$[등]

답 : 116[등]

KEYWORD 12 부하용어와 변압기 용량

강의 NOTE

- 기(유) 15
- 기(유) 88.91.94.98.05.13.14.16.
- 기(유) 96.00.09.11.13.19
- 산(유) 94.02.09.16.19.21.22
- 산(유) 88.91.98.05.11.13.14.15
- 산(유) 91.92.94.96.99.07.13
- 산 91.92.94.96.99.07.20

어떤 부하 설비가 100[kW], 30[kW], 60[kW], 50[kW]이고, 수용률이 각각 60[%], 75[%], 85[%], 70[%]라 할 경 우에 변압기 용량을 결정하시오. 단, 부등률은 1.4, 종합부하역률은 85[%]로 한다.

- 기 90.06.96.10.14

어떤 공장의 어느 날 부하실적이 1일 사용전력량 192[kWh]이며, 1일의 최대전력이 12[kW]이고, 최대전력일 때의 전류값이 34[A]이었을 경우 다음 각 물음에 답하시오. (단, 이 공장은 220[V], 11[kW]인 3상 유도전동기를 부하 설비로 사용한다고 한다.)
(1) 일 부하율은 몇 [%]인가?
(2) 최대 공급 전력일 때의 역률은 몇 [%]인가?

- 산 14.19
- 산(유) 96.01.03.04.19.20

용량 30의 단상 주상 변압기가 있다. 이 변압기의 어느 날의 부하가 30로 4시간, 24로 8시간 및 8로 10시간이었다고 할 경우, 이 변압기의 일부하율 및 전일 효율을 계산하시오. 단, 부하의 역률은 1, 변압기의 전부하 동손은 500, 철손은 200이다.
(1) 일부하율
(2) 전일효율

01 변압기의 정격

1 정격의 산출

변압기 용량[kW] ≥ 합성 최대 수용 전력

$$= \frac{\text{각 부하의 최대 수요 전력의 합 [kW]}}{\text{부등률}}$$

$$= \frac{\text{부하 설비 합계 [kW]} \times \text{수용률}}{\text{부등률}}$$

역률을 적용하여 [kW]의 부하를 [kVA]의 부하로 환산하여 구한다.

2 변압기 정격

일반적으로 변압기는 용도, 전압, 장소에 따라 여러 가지 있으며, 빌딩의 수변전설비에서는 주로 옥내용, 유입자냉식이 과거 많이 사용되었으면 근래에는 몰드형 변압기가 많이 사용된다.

- 주파수 : 60 [Hz]
- 용량 : 5~500 [kVA]
- 정격전압 : 1차 6600~22900 [V], 2차 220~440 [V]
- 결선 : Δ―Δ, Y―Y, Δ―Y, V―V

① 단상변압기 표준용량 [kVA]
   1, 2, 3, 4, 5, 7.5, 10, 15, 20, 30, 50, 75, 100, 150, 200, 300, 500, 750, 1000

② 3상변압기 표준용량 [kVA]
   3, 5, 7.5, 10, 15, 30, 50, 75, 100, 150, 200, 300, 500, 750, 1000, 1500, 2000, 3000, 4500, 6000, 7500, 10000, 15000, 20000, 30000, 45000, (50000), 60000, 90000, 100000, (120000), 150000, 200000, 250000, 300000
   ( )는 준표준 규격이다.

02 수용률, 부등률, 부하율

1 부하율

공급 설비가 어느 정도 유효하게 사용되는가를 나타내며 부하율이 클수록 공급 설비가 유효하게 사용된다. 부하율은 다음 식에 의해 계산한다.

$$부하율 = \frac{평균 \ 수요 \ 전력 \ [kW]}{최대 \ 수요 \ 전력 \ [kW]} \times 100 \ [\%]$$

부하율은 각 단위별(변압기, 전주, 수용가 등), 시기, 범위, 기간에 따라 달라지며, 부하율을 표시할 경우 기간, 범위를 반드시 명기한다. 예를 들어 일부하율, 월부하율 등으로 표시하여야 하며, 부하율은 기간이 길어질수록 작아진다. **부하율이 적다의 의미**는 다음과 같다.

① 공급 설비를 유용하게 사용하지 못한다.
② 평균 수요 전력과 최대 수요 전력과의 차가 커지게 되므로 부하 설비의 가동률이 저하된다.

2 종합부하율

$$종합 \ 부하율 = \frac{평균 \ 전력}{합성 \ 최대 \ 전력} \times 100[\%]$$

$$= \frac{A, \ B, \ C \ 각 \ 평균 \ 전력의 \ 합계}{합성 \ 최대 \ 전력} \times 100[\%]$$

3 부등률

각 수용가에서의 최대 수용 전력의 발생 시각은 시간적으로 차이가 있으며 이 경우에 배전 변압기 또는 간선에서의 합성 최대 수용 전력은 각 수용가에서의 최대 수용 전력의 합보다 적게 되는데 이 비를 부등률이라 하며 이 값은 항상 1보다 크고, 백분율로 나타내지 않는다. 수용률과 더불어 배전 변압기 또는 배전 간선 등의 공급 설비 계획 자료로 사용된다.

$$부등률 = \frac{개별 \ 최대수용전력의 \ 합}{합성 \ 최대수용전력} = \frac{설비용량 \times 수용률}{합성최대수용전력}$$

강의 NOTE

- 기 95.03.11.13
- 산(유) 95.98.02.03.08.11.13.17

"부하율"에 대하여 설명하고 부하율이 적다는 것은 무엇을 의미하는지 2가지만 쓰시오.

■ 부하율이 적다의 의미
(공유사용으로 가동률 저하)
- 공급 설비를 유용하게 사용하지 못한다.
- 부하 설비의 가동률이 저하된다.

- 기 09
- 기(유) 88.05.14.17.22
- 기(유) 98.00.03.04.10.13
- 기(유) 00.03.04.09.17.18.21

표와 같은 수용가 A, B, C 에 공급하는 배전선로의 최대 전력이 450[kW]라고 할 때 다음 각 물음에 답하시오.
(1) 수용가의 부등률은 얼마인가?
(2) 부등률이 크다는 것은 어떤 것을 의미하는가?
(3) 수용률의 의미를 간단히 설명하시오.

- 96

한 계통 내의 각 개의 단위 부하, 예를 들면 한 배전 변압기에 접속되는 각 수용가의 부하는 각각의 특성에 따라 변동하므로 최대 수용 전력이 생기는 시각이 다른 것이 보통이다. 이 시각이 다른 정도를 나타내는 목적으로 사용되는 값으로서 일반적으로 다음과 같이 표현되며, 그 값은 보통 1보다 크다. 이것을 무엇이라 하는가? 또한 이 값이 클수록 설비의 이용도는 어떠한가?

■ 부등률의 의미
(부등률은 최기사 다)
최대 전력을 소비하는 기기의 사용 시간대가 서로 다른 것을 의미하며, 설비 이용률이 향상되며 경제적으로 유리하다.

- 기 91
- 산 19

"부등률"에 대하여 간단히 설명하시오.

- 산 00.03.04.09.17.18.21

표와 같이 어느 수용가 A, B, C에 공급하는 배전선로의 최대전력은 700[kW]이다. 이때 수용가의 부등률은 얼마인가?

강의 NOTE

- 기 85.87.93.94.95.13.14
- 기(유) 95.16.19
- 기(유) 87.93.95.07

그림과 같이 부하가 A, B, C에 시설될 경우, 이것에 공급할 변압기 Tr의 용량을 계산하여 표준용량으로 결정하시오. (단, 부등률은 1.1. 부하역률은 80[%]로 한다.)

- 기 94.02.05.13.17
- 산(유) 90.94.06.10.18.22

입력설비용량이 20[kW] 2대, 30[kW] 2대의 3상 380[V] 유도전동기가 그림과 같은 부하 곡선으로 운전할 경우 최대수용전력[kW], 수용률[%], 일부하율[%]을 각각 구하시오.
(1) 최대수용전력은 몇 [kW]인가?
(2) 수용률은 몇 [%]인가?
(3) 일부하율은 몇 [%]인가?

- 기 97

어느 수용가의 일부하 곡선이 그림과 같을 때 이 수용가의 일 부하율은 몇 [%]인가?

- 기 07 (유) 90.98.02.06.05.15.18
- 산(유) 93.98.01.03.06.18

그림은 A, B 공장에 대한 일부하의 분포도이다. 다음 각 물음에 답하시오.
(1) A공장의 일부하율은 얼마인가?
(2) 변압기 1대로 A, B 공장에 전력을 공급할 경우의 종합부하율과 변압기 용량을 구하시오.
① 종합부하율
② 변압기 용량

- 기 16.20 (유) 02.13
- 산(유) 95.98.00.03.04.10.13.19
- 산(유) 00.02.05.06.10.11.13.15

어느 변전소에서 그림과 같은 일부하 곡선을 가진 3개의 부하 A, B, C의 수용가에 있을 때 다음 각 물음에 답하시오. (단, 부하 A, B, C의 평균 전력은 각각 4,500[kW], 2,400[kW], 및 900[kW]라 하고 역률은 각각 100[%], 80[%], 60[%]라 한다.)
(1) 합성최대전력[kW]을 구하시오.
(2) 종합 부하율[%]을 구하시오.
(3) 부등률을 구하시오.
(4) 최대 부하시의 종합역률[%]을 구하시오.
(5) A수용가에 관한 다음 물음에 답하시오.
① 첨두부하는 몇 [kW]인가?
② 지속첨두부하가 되는 시간은 몇 시부터 몇 시까지 인가?
③ 하루 공급된 전력량은 몇 [MWh]인가?

4 수용률

수용률은 시설되는 총 부하 설비용량에 대하여 실제로 사용하게 되는 부하의 최대 전력의 비를 나타내는 것으로서 다음 식에 의하여 구한다.

$$수용률 = \frac{최대수요전력 [kW]}{부하설비용량 [kW]} \times 100 [\%]$$

최대 부하 = 부하설비의 합계 × $\frac{수용률}{부등률}$

↑

부 하 율 = $\frac{평균 \ 수용전력(일정기간) \ [kW]}{최대 \ 수용전력(일정기간) \ [kW]} \times 100 [\%]$

↓

= $\frac{부하의 \ 평균전력}{총 \ 설비용량} \times \frac{부등률}{수용률}$

수 용 률 = $\frac{최대 \ 수용전력}{총 \ 설비용량} \times 100 [\%]$

↓

부 등 률 = $\frac{각 \ 개의 \ 최대 \ 수용전력의 \ 합}{합성 \ 최대수용전력} \geq 1$

03 $V-V$결선

$\Delta-\Delta$결선에서 1대의 단상변압기가 단락, 또는 사고가 발생한 경우를 고장이 발생된 변압기를 제거시킨 결선법으로 즉, 2대의 단상변압기로서 3상 변압기와 같은 전력을 송·배전하기 위한 방식을 V결선이라 한다.

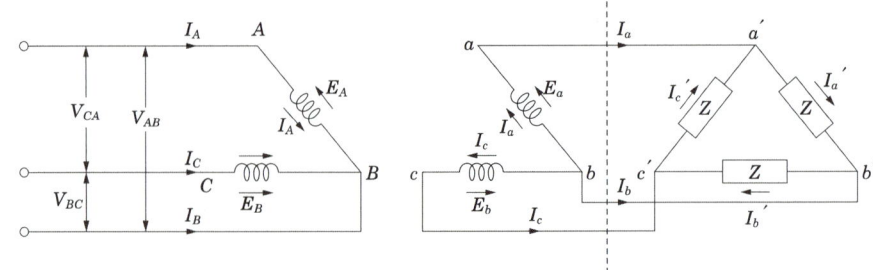

V결선 회로도

$$P_v = VI\cos\left(\frac{\pi}{6}+\phi\right) + VI\cos\left(\frac{\pi}{6}-\phi\right) = \sqrt{3}\,VI\cos\phi\ [\text{W}]$$

$$P_v = \sqrt{3}\,P_1$$

1 출력비

$$\frac{V}{\Delta} = \frac{\sqrt{3}\,VI\cos\phi}{3\,VI\cos\phi} ≒ 0.577$$

2 이용률

$$\frac{\sqrt{3}\,VI}{2\,VI} = 0.866$$

04 스콧결선

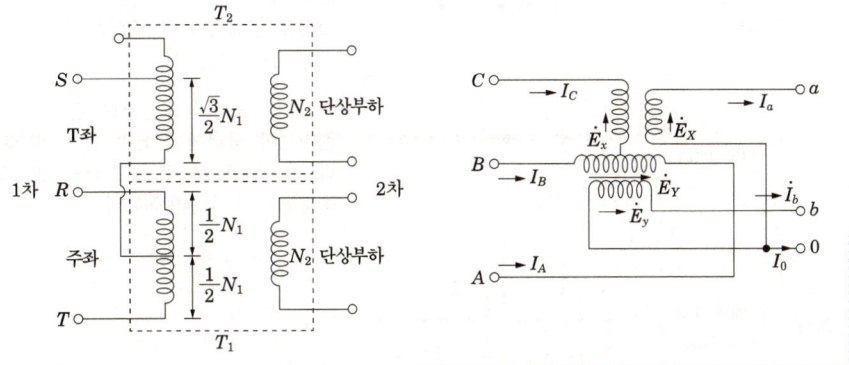

T좌 변압기와 주좌 변압기를 같은 용량으로 사용하고, T좌 변압기 1차측 탭을 0.866배인 곳에 내면 이용률은 $\dfrac{\sqrt{3}\,V_2 I_2}{2\,V_2 I_2} = 0.866$ 가 된다.

강의 NOTE

- 기 89.94.08.19

단상변압기 2대로 V결선하여 출력 11[kW], 역률 0.8, 효율 0.85의 전동기를 운전하려고 한다. 변압기 한 대의 용량을 구하시오.(변압기 표준용량 5, 7.5, 10, 15, 20, 25, 50, 75, 100[kVA])

- 기 92.94.97.04.09.20
- 기(유) 89.98.01.06

500[kVA] 단상 변압기 3대를 △-△ 결선의 1뱅크로 하여 사용하고 있는 변전소가 있다. 지금 부하의 증가로 1대의 단상변압기를 증가하여 2뱅크로 하였을 때 최대 몇 [kVA]의 3상 부하에 대응할 수 있겠는가?

- 기 93.97

자가용 전기 설비 시설의 고압 수전 설비에 대한 각 물음에 답하시오.
(1) 수전용 유입 차단기의 차단 용량의 부족을 대비하기 위한 설비는 무엇인가?
(2) 변압기 2대를 1뱅크로 한 결선 명칭과 변압기 이용률 및 출력비는 얼마인가?
① 결선 명칭
② 변압기 이용률
③ 출력비(3대 이용시와 비교)
(3) 총설비 부하 용량은 전등 600[kW], 동력 800[kW]이다. 각 수용가의 수용률은 전등 60[%], 동력 80[%], 부등률은 전등 1.2, 동력 1.6이며, 전등 부하와 동력 부하간의 부등률은 1.4이며, 전력 손실을 부하 전력의 10[%]로 할 때, 공급하여야 할 최대 전력은 몇 [kW]인가?

- 기 13

3상 전원에 단상 전열기 2대를 연결하여 사용할 경우 3상 평형전류가 흐르는 변압기의 결선방법이 있다. 3상을 2상으로 변환하는 이 결선방법의 명칭과 결선도를 그리시오.
(단, 단상변압기 2대를 사용한다.)

강의 NOTE

- 기 18
변압기 모선방식을 3가지 쓰시오.

- 기 16
변압기와 모선 또는 이를 지지하는 애자는 어떤 전류에 의하여 생기는 기계적 충격에 견디는 강도를 가져야 하는지 쓰시오.

05 모선방식

모선이란 송·배전선, 발전기, 변압기, 조상설비 등이 접속되어 있는 공동 도체를 말한다.

구분		구성	특징
단모선			비교적 소규모의 발·변전소에 적용하며, 모선에 접속되는 회선수가 적고 모선 정지가 비교적 쉬운 중요도가 낮은 곳에 적합하다. 간이보호 또는 선로의 후비보호계전기로 보호한다.
복모선	Double Bus 2중 모선		상시나 비상시에 계통의 분리운용, 모선의 보수점검 등 운용면에서 자유롭다. 보호방식은 안정되어 있으며, 계통안정면이나 공급지장 감소면에서 선택차단하는 것이 바람직하다. 154[kV] 이하 계통의 중요한 발·변전소에 적용
	Transfer Bus 절환 모선		단모선의 발·변전소보다는 좀 더 중요한 큰 배전변전소 등에 적용
	$1\frac{1}{2}$ CB Bus 1.5 차단방식		회선 2개에 차단기 3개가 필요하다. 한 쪽 모선 사고시에도 회선정전이 되지 않는다. 국내의 경우 345[kV] 계통에 적용된다. 인출회로가 다른 회로와 공용하는 차단기와 전용차단기 1대로 모선에 연결되며 각 모선에 각각의 보호장치를 설치한다.
환상 모선	Ring Bus		한 개의 모선이 고장으로 분리되어도 전회선이 공급에 지장이 없는 방식이다. 회선수가 4~5개 이하인 경우에 적용되는 것이 일반적이다.
	2 Bus Tie CB Bus		모선사고시에 차단기 사이의 모선구역만 정전되므로 신뢰성이 우수한 방식이다. 일본에서 500[kV] 계통에 적용되고 있다.
	4 Bus Tie CB Bus		

1 2중모선

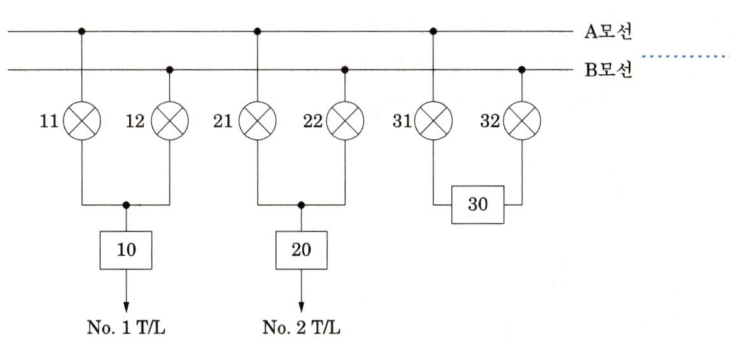

B모선 점검시는 A모선부터 작업하며 A모선 점검시는 B모선부터 작업한다. (절환모선과 혼동하면 안되며, 2중모선방식이라는 것을 이해한다.)

2 2중모선 1.5 차단방식

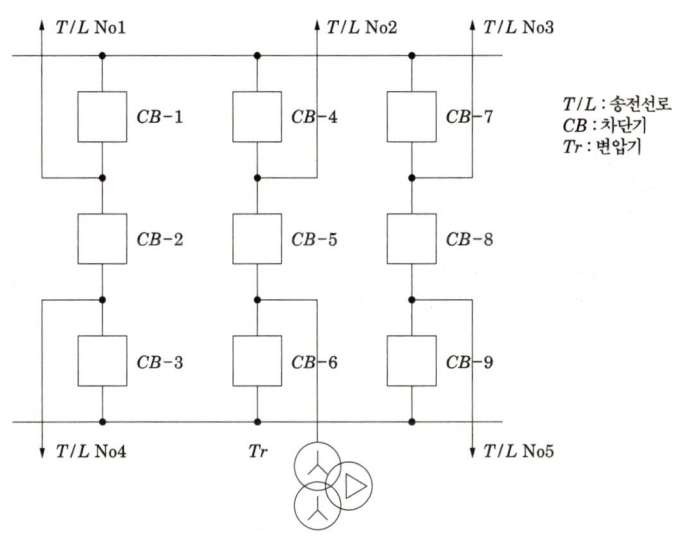

2개 선로당 3대의 차단기를 설치하는 방식으로 모선고장시에도 계통에 전혀 영향이 없고 차단기 점검시 해당선로의 정전이 필요하지 않기 때문에 특별히 고신뢰도를 요구하는 대용량 계통에서 많이 채택하고 있다. 그러나 모선측 차단기 차단 실패시 해당선로와 모선의 절반이 정전되고 중앙차단기 차단 실패시에는 2개 선로가 정전되는 단점이 있다. 따라서 동일 Bay에서 동일루트 2회선 선로의 인출은 피해야 한다. 이 방식은 우리나라의 765 [kV], 345 [kV] 계통에 적용하고 있는 모선구성방식으로서 특히 #1, 2모선이 모두 정전되어도 중앙 차단기를 이용하여 계통연결이 가능한 잇점 등으로 인해 세계적으로도 대용량 변전소에 널리 쓰이고 있다.

강의 NOTE

• 기 90.97.02.03.05.11
2중 모선에서 평상시에 No.1 T/L은 A모선에서 No.2 T/L은 B 모선에서 공급하고 모선연락용 CB는 개방되어 있다.
(1) B모선을 점검하기 위하여 절체하는 순서는?(단, 10OFF, 20ON 등으로 표시)
(2) B모선을 점검 후 원상 복구하는 조작 순서는?(단, 10OFF, 20ON 등으로 표시)
(3) 10, 20, 30에 대한 기기의 명칭은?
(4) 11, 21에 대한 기기의 명칭은?
(5) 2중 모선의 장점은?

• 기 98.08
그림과 같은 전력계통의 모선 도면이다. 이 도면을 보고 다음 각 물음에 답하시오.(단, 도면에서 T/L은 송전선로, CB는 차단기, Tr은 변압기이다.)
(1) 이 모선 방식의 명칭을 구체적으로 쓰시오.
(2) No4에서 지락 고장이 발생하였을 때 차단되는 차단기 2개를 쓰시오.
(3) No1이 고장일 때 이 고장 상태이기 때문에 고장을 차단하지 못하였다. 이때 차단기 고장 보호(Breaker failure protection)를 채택한 경우라면 차단되는 차단기는 어느 것인지 그 2가지를 쓰시오.(단, 상대 S/S, 는 생략한다.)
(4) 유입 변압기 은 도면의 그림 기호로 볼 때, 어떤 종류의 변압기인지 그 명칭을 쓰시오.

관련문제
12. 부하용어와 변압기용량

□□□ 04, 12, 17, 20

1 500 [kVA]의 변압기가 그림과 같은 부하로 운전되고 있다. 오전에는 역률 85 [%]로 오후에는 100 [%]로 운전된다고 하면 전일효율은 몇 [%]가 되겠는가?
(단, 이 변압기의 철손은 6 [kW] 전부하시 동손은 10 [kW]라 한다.)(5점)

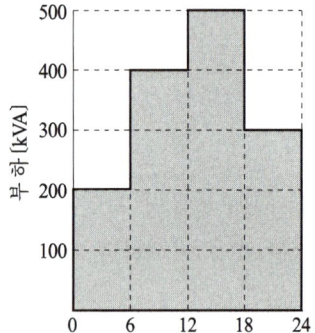

■ 전일효율

변압기의 전일효율 :
$$\eta_d = \frac{\sum h\,V_2 I_2 \cos\theta_2}{\sum h\,V_2 I_2 \cos\theta_2 + 24 P_i + \sum h\,r_2 I_2^2} \times 100 [\%]$$

| 작성답안

계산 : 출력 $P = (200 \times 6 \times 0.85 + 400 \times 6 \times 0.85 + 500 \times 6 \times 1 + 300 \times 6 \times 1)$
　　　　　　$= 7860 \,[\text{kWh}]$
　　　철손 $P_i = 6 \times 24 = 144 \,[\text{kWh}]$
　　　동손 $P_c = 10 \times \left\{ \left(\dfrac{200}{500}\right)^2 \times 6 + \left(\dfrac{400}{500}\right)^2 \times 6 + \left(\dfrac{500}{500}\right)^2 \times 6 + \left(\dfrac{300}{500}\right)^2 \times 6 \right\}$
　　　　　　$= 129.6 \,[\text{kWh}]$
　　　전일 효율 $\eta = \dfrac{7860}{7860 + 144 + 129.6} \times 100 = 96.64 \,[\%]$

답 : 96.64 [%]

□□□ 16

2 다음은 수용률, 부등률 및 부하율을 나타낸 것이다. ( ) 안의 알맞은 내용을 답란에 쓰시오. (5점)

(1) 수용률 = $\dfrac{\text{최대수용전력}}{(\ ①\ )} \times 100[\%]$

(2) 부등률 = $\dfrac{(\ ②\ )}{\text{합성최대수용전력}} \times 100[\%]$

(3) 부하율 = $\dfrac{\text{부하의 평균수용전력}}{(\ ③\ )} \times 100[\%]$

①	②	③

| 작성답안

①	②	③
설비용량	각 부하의 최대수요전력의 합	부하의 최대수요전력

강의 NOTE

■ 부하관계용어

최대부하 = 부하설비의 합계 × $\dfrac{\text{수용률}}{\text{부등률}}$

↑

부하율 = $\dfrac{\text{평균 수용전력(일정기간) [kW]}}{\text{최대 수용전력(일정기간) [kW]}} \times 100[\%]$

↓

= $\dfrac{\text{부하의 평균전력}}{\text{총 설비용량}} \times \dfrac{\text{부등률}}{\text{수용률}}$

수용률 = $\dfrac{\text{최대 수용전력}}{\text{총 설비용량}} \times 100 [\%]$

↓

부등률 = $\dfrac{\text{각 개의 최대 수용전력의 합}}{\text{합성 최대수용전력}} \geq 1$

□□□ 14, 19

3 용량 30[kVA]의 단상 주상 변압기가 있다. 이 변압기의 어느 날의 부하가 30[kW]로 4시간, 24[kW]로 8시간 및 8[kW]로 10시간이었다고 할 경우, 이 변압기의 일부하율 및 전일 효율을 계산하시오. (단, 부하의 역률은 1, 변압기의 전부하 동손은 500[W], 철손은 200[W]이다.)(6점)

(1) 일부하율

○ ─────────────────

(2) 전일효율

○ ─────────────────

강의 NOTE

■ 전일효율

$$\eta_d = \frac{\sum h\, V_2 I_2 \cos\theta_2}{\sum h\, V_2 I_2 \cos\theta_2 + 24 P_i + \sum h\, r_2 I_2^2} \times 100 [\%]$$

| 작성답안

(1) 일부하율

계산 : 일부하율 $= \dfrac{평균전력}{최대전력} \times 100 = \dfrac{30 \times 4 + 24 \times 8 + 8 \times 10}{30 \times 24} \times 100 = 54.444[\%]$

답 : 54.44[%]

(2) 전일효율

계산 : 출력 $= 30 \times 4 + 24 \times 8 + 8 \times 10 = 392[kWh]$

철손 $= 200 \times 24 \times 10^{-3} = 4.8[kWh]$

동손 $= 500 \times \left[4 \times \left(\dfrac{30}{30}\right)^2 + 8 \times \left(\dfrac{24}{30}\right)^2 + 10 \times \left(\dfrac{8}{30}\right)^2 \right] \times 10^{-3} = 4.92[kWh]$

전일효율 $\eta = \dfrac{392}{392 + 4.8 + 4.92} \times 100 = 97.58[\%]$

답 : 97.58[%]

4. 다음 부하관계용어이다. 다음 물음에 답하시오. (7점)

(1) 다음 관계식을 쓰시오.
- 수용률
- 부등률
- 부하율

(2) 부하율은 수용률 및 부등률에 어떤 관계인가를 비례·반비례 관계로 답하시오.

작성답안

(1)
- 수용률 = $\dfrac{\text{최대수용전력}}{\text{설비용량}} \times 100\,[\%]$

- 부등률 = $\dfrac{\text{각개 최대수용전력의 합}}{\text{합성최대수용전력}} \times 100\,[\%]$

- 부하율 = $\dfrac{\text{평균수용전력}}{\text{최대수용전력}} \times 100\,[\%]$

(2) 부하율 = $\dfrac{\text{평균수용전력}}{\text{최대수용전력}} \times 100\,[\%] = \dfrac{\text{평균수용전력}}{\dfrac{\text{각개 최대수용전력의 합}}{\text{부등률}}} \times 100$

$= \dfrac{\text{평균수용전력} \times \text{부등률}}{\text{설비용량} \times \text{수용률}} \times 100\,[\%]$

∴ 부하율은 수용률에 반비례하고 부등률에 비례한다.

강의 NOTE

■ 부하관계용어

① 부하율
공급 설비가 어느 정도 유효하게 사용되는가를 나타내며 부하율이 클수록 공급 설비가 유효하게 사용된다. 부하율은 다음 식에 의해 계산한다.

부하율 = $\dfrac{\text{평균 수요 전력 [kW]}}{\text{최대 수요 전력 [kW]}} \times 100\,[\%]$

부하율은 각 단위별(변압기, 전주, 수용가 등), 시기, 범위, 기간에 따라 달라지며, 부하율을 표시할 경우 기간, 범위를 반드시 명기한다. 예를 들어 일부하율, 월부하율 등으로 표시하여야 하며, 부하율은 기간이 길어질수록 작아진다. 부하율이 적다의 의미는 다음과 같다.

- 공급 설비를 유용하게 사용하지 못한다.
- 평균 수요 전력과 최대 수요 전력과의 차가 커지게 되므로 부하 설비의 가동률이 저하된다.

② 종합부하율
$= \dfrac{\text{평균 전력}}{\text{합성 최대 전력}}$

$= \dfrac{\text{A, B, C 각 평균 전력의 합계}}{\text{합성 최대 전력}} \times 100\,[\%]$

③ 부등률
각 수용가에서의 최대 수용 전력의 발생 시각은 시간적으로 차이가 있으며 이 경우에 배전 변압기 또는 간선에서의 합성 최대 수용 전력은 각 수용가에서의 최대 수용 전력의 합보다 적게 되는데 이 비를 부등률이라 하며 이 값은 항상 1보다 크고, 백분율로 나타내지 않는다. 수용률과 더불어 배전 변압기 또는 배전 간선 등의 공급 설비 계획 자료로 사용된다.

부등률 = $\dfrac{\text{개별 최대수용전력의 합}}{\text{합성 최대수용전력}}$

$= \dfrac{\text{설비용량} \times \text{수용전력}}{\text{합성최대수용전력}}$

④ 수용률
수용률은 시설되는 총 부하 설비용량에 대하여 실제로 사용하게 되는 부하의 최대 전력의 비를 나타내는 것으로서 다음 식에 의하여 구한다.

수용률 = $\dfrac{\text{최대수요전력 [kW]}}{\text{부하설비용량 [kW]}} \times 100\,[\%]$

□□□ 98, 02

5 부하율을 간단히 설명하고, 부하율의 크기와 전력 변동 및 설비 이용률의 관계를 비교 설명하시오. (4점)

- 부하율

  ○ _____

- 관계의 비교 설명

  ○ _____

| 작성답안

- 부하율 : 어느 기간 중의 평균 수용 전력과 최대 수용 전력과의 비를 백분율로 표시한 것을 말한다.
- 관계의 비교 설명 : 부하율이 작다는 것은 공급 설비를 유용하게 사용하지 못하며, 평균 수요 전력과 최대 수요 전력과의 차가 커지게 되므로 부하 설비의 가동률이 저하된다는 것을 의미한다.

강의 NOTE

■ 부하율이 적다의 의미
(공유사용으로 가동률 저하)
- 공급 설비를 <u>유용</u>하게 <u>사용</u>하지 못한다.
- 부하 설비의 <u>가동률이 저하</u>된다.

□□□ 98, 02, 17

6 부하율을 식으로 표시하고 부하율이 높다는 것은 무엇을 의미하는지 쓰시오. (5점)

- 식

  ○ _____

- 의미(2가지)

  ○ _____

| 작성답안

- 식 : 부하율 = $\dfrac{평균전력}{최대전력} \times 100[\%]$

- 의미
  ① 부하율이 클수록 공급 설비가 유효하게 사용한다.
  ② 평균 수요 전력과 최대 수요 전력과의 차가 작아지므로 부하 설비의 가동률이 향상된다.

□□□ 95, 03, 08, 11, 13

7 "부하율"에 대하여 설명하고 부하율이 적다는 것은 무엇을 의미하는지 2가지만 쓰시오. (5점)

강의 NOTE

■ 부하율이 적다의 의미
(공유사용으로 가동률 저하)
- 공급 설비를 유용하게 사용하지 못한다.
- 부하 설비의 가동률이 저하된다.

| 작성답안

- 부하율 : 일정기간 중의 최대 수요 전력에 대한 평균 수요전력의 비를 의미한다.

  부하율 = $\dfrac{\text{평균수요전력[kW]}}{\text{최대수요전력[kW]}} \times 100[\%]$

- 부하율이 적다의 의미
  ① 공급 설비를 유용하게 사용하지 못한다.
  ② 평균 수요 전력과 최대 수요 전력과의 차가 커지게 되므로 부하 설비의 가동률이 저하된다.

□□□ 90, 06, 10, 18, 22

8 어느 건물의 부하는 하루에 240 [kW]로 5시간, 100 [kW]로 8시간, 75 [kW]로 나머지 시간을 사용한다. 이에 따른 수전설비를 450 [kVA]로 하였을 때, 부하의 평균역률이 0.8인 경우 이 건물의 일부하율 [%]을 구하시오. (5점)

| 작성답안

계산 : 부하율 = $\dfrac{\text{평균 전력}}{\text{최대 수용 전력}} \times 100 = \dfrac{240 \times 5 + 100 \times 8 + 75 \times 11}{240 \times 24} \times 100$

= 49.05[%]

답 : 49.05 [%]

□□□ 12 산 14

9 수용률의 정의와 수용률의 의미를 간단히 설명하시오. (5점)

○ _____

| 작성답안

정의 : 수용률 = $\dfrac{\text{최대수요전력[kW]}}{\text{부하설비용량[kW]}} \times 100[\%]$

　　　수용률은 시설되는 총 부하 설비용량에 대하여 실제로 사용하게 되는 부하의 최대 전력의 비를 나타내는 것을 말한다.
의미 : 수용 설비가 동시에 사용되는 정도를 나타내며 주상 변압기 등의 적정공급 설비용량을 파악하기 위하여 사용한다.

□□□ 94

10 다음과 같은 부하 설비가 있는 수용가의 최대 수용 전력이 1[kW]일 때 이 부하의 수용률은 몇 [%]인가? (5점)

- 형광등 : 40[W]×4
- 전기스토브 : 800[W]×1
- 전기냉장고 : 360[W]×2
- TV : 80[W]×4

○ _____

| 작성답안

계산 : 수용률 $= \dfrac{1000}{40 \times 4 + 800 + 360 \times 2 + 80 \times 4} \times 100 = 50[\%]$

답 : 50[%]

□□□ 13

11 최대사용전력이 625[kW]인 공장의 시설용량은 800[kW]이다. 이 공장의 수용률을 계산하시오. (5점)

| 작성답안

수용률 = $\dfrac{\text{최대 수요 전력[kW]}}{\text{부하 설비 합계[kW]}} \times 100 = \dfrac{625}{800} \times 100 = 78.125[\%]$

답 : 78.13[%]

□□□ 16, 19

12 총 설비부하가 250[kW], 수용률 65[%], 부하역률 85[%]인 수용가에 전력을 공급하기 위한 변압기 용량[kVA]을 계산하고 표준용량으로 답하시오. (5점)

| 작성답안

계산 : 변압기 용량 = $\dfrac{\text{설비용량} \times \text{수용률}}{\text{부등률} \times \text{역률}} = \dfrac{250 \times 0.65}{0.85} = 191.18[\text{kVA}]$

∴ 200[kVA] 선정

답 : 200[kVA]

강의 NOTE

■ 변압기 용량

변압기 용량[kW] ≥ 합성 최대 수용 전력

= $\dfrac{\text{부하 설비 합계 [kW]} \times \text{수용률}}{\text{부등률}}$

역률을 적용하여 [kW]의 부하를 [kVA]의 부하로 환산하여 구한다.

□□□ 09

13 어떤 상가건물에서 6.6[kV]의 고압을 수전하여 220[V]의 저압으로 감압하여 옥내 배전을 하고 있다. 설비부하는 역률 0.8인 동력부하가 160[kW], 역률 1인 전등이 40[kW], 역률 1인 전열기가 60[kW]이다. 부하의 수용률을 80[%]로 계산한다면, 변압기 용량은 최소 몇 [kVA]이상이어야 하는지 계산하시오. (4점)

| 작성답안

계산 : 전등 및 전열기의 유효전력 : 40 + 60 = 100[kW]
　　　동력부하의 유효전력 : 160[kW]
　　　동력부하의 무효전력 : $Q = \dfrac{P}{\cos\theta} \times \sin\theta = \dfrac{160}{0.8} \times 0.6 = 120$[kVar]
　　∴ 부하 설비 용량 $= \sqrt{(160+100)^2 + 120^2} = 286.36$[kVA]
　　∴ 변압기 용량 = 부하 설비 용량 × 수용률 = 286.36 × 0.8 = 229.09[kVA]
답 : 229.09[kVA]

□□□ 00, 03, 04, 09, 17, 18, 21

14 표와 같이 어느 수용가 A, B, C에 공급하는 배전선로의 최대전력은 700 [kW]이다. 이때 수용가의 부등률은 얼마인가? (5점)

수용가	설비용량 [kW]	수용률 [%]
A	500	60
B	700	50
C	700	50

■ 부등률

각 수용가에서의 최대 수용 전력의 발생 시각은 시간적으로 차이가 있으며 이 경우에 배전 변압기 또는 간선에서의 합성 최대 수용 전력은 각 수용가에서의 최대 수용 전력의 합보다 적게 되는데 이 비를 부등률이라 하며 이 값은 항상 1보다 크고, 백분율로 나타내지 않는다. 수용률과 더불어 배전 변압기 또는 배전 간선 등의 공급 설비 계획 자료로 사용된다.

부등률 = $\dfrac{\text{개별 최대수용전력의 합}}{\text{합성 최대수용전력}}$

　　　 = $\dfrac{\text{설비용량} \times \text{수용전력}}{\text{합성최대수용전력}}$

| 작성답안

계산 : 부등률 = $\dfrac{(500 \times 0.6) + (700 \times 0.5) + (700 \times 0.5)}{700} = 1.43$

답 : 1.43

□□□ 91, 92, 94, 96, 99, 07 ㉟ 20

15 어떤 부하 설비가 100 [kW], 30 [kW], 60 [kW], 50 [kW]이고, 수용률이 각각 60 [%], 75 [%], 85 [%], 70 [%]라 할 경우에 변압기 용량을 결정하시오. (단, 부등률은 1.4, 종합부하역률은 85 [%]로 한다.)(5점)

변압기 표준용량[kVA]

| 25 | 30 | 50 | 75 | 100 | 150 |

강의 NOTE

■ 변압기 용량
변압기 용량 [kW] ≥ 합성 최대 수용 전력
$= \dfrac{\text{부하 설비 합계 [kW]} \times \text{수용률}}{\text{부등률}}$

| 작성답안

계산 : $\text{Tr} = \dfrac{100 \times 0.6 + 30 \times 0.75 + 60 \times 0.85 + 50 \times 0.7}{1.4 \times 0.85} = 141.6 \,[\text{kVA}]$

답 : 150 [kVA] 선정

□□□ 19, 22

16 역률이 0.8인 30 [kW] 전동기 부하와 25 [kW]의 전열기 부하에 전원을 공급하는 변압기가 있다. 이때 변압기 용량을 구하시오. (5점)

단상 변압기 표준용량

| 표준용량[kVA] | 1, 2, 3, 5, 7.5, 10, 15, 20, 30, 50, 75, 100, 150, 200 |

| 작성답안

계산 : 전동기의 유효전력 30[kW]

전동기의 무효전력 $30 \times \dfrac{0.6}{0.8} = 22.5$ [kVar]

전열기의 유효전력 25 [kW]

변압기에 걸리는 부하 $\sqrt{(30+25)^2 + 22.5^2} = 59.42$ [kVA]

수용률이 주어지지 않았으므로 변압기용량은 75 [kVA]을 선정한다.

답 : 75 [kVA]

□□□ 94, 02, 21

17 단상 부하가 a상 19[kVA], b상 25[kVA] c상 33[kVA] 및 3상 부하가 20[kVA]이 있다 최소 3상 변압기 용량을 구하시오. (5점)

단상 변압기 표준용량

표준용량[kVA]	1, 2, 3, 5, 7.5, 10, 15, 20, 30, 50, 100, 150, 200

| 작성답안

계산 : 1상의 최대부하 $P_1 = 33 + \dfrac{20}{3} = 39.67$ [kVA]

3상 변압기의 경우 단상변압기가 모두 동일용량이 되어야 하므로

∴ $P_3 = 39.67 \times 3 = 119.01$ [kVA]

∴ 표에서 150[kVA] 선정

답 : 150[kVA]

□□□ 93

18 설비용량, 수용률 및 일부하율이 표와 같은 A, B, C 수용가가 있다. 수용가 간의 부등률이 1.1인 경우 다음 물음에 답하시오. (8점)

(1) 합성 최대수용전력은 몇 [kW]인가?

(2) 전원측 합성(종합) 부하율은 몇 [%]인가?

수용가	설비 용량[kW]	수용률[%]	일부하율[%]
A	80	50	40
B	50	60	50
C	100	40	50

■ 종합부하율

$= \dfrac{\text{평균 전력}}{\text{합성 최대 전력}}$

$= \dfrac{\text{A, B, C 각 평균 전력의 합계}}{\text{합성 최대 전력}}$

$\times 100$ [%]

| 작성답안

(1) 계산 : 합성 최대 전력 $P = \dfrac{80 \times 0.5 + 50 \times 0.6 + 100 \times 0.4}{1.1} = 100$ [kW]

답 : 100 [kW]

(2) 계산 : 부하율 $= \dfrac{80 \times 0.5 \times 0.4 + 50 \times 0.6 \times 0.5 + 100 \times 0.4 \times 0.5}{100} \times 100 = 51$ [%]

답 : 51 [%]

98, 00, 03, 04, 10, 13

19 표와 같은 수용가 A, B, C, D에 공급하는 배전 선로의 최대 전력이 700 [kW]라고 할 때 다음 각 물음에 답하시오. (4점)

수용가	설비용량 [kW]	수용률 [%]
A	300	70
B	300	50
C	400	60
D	500	80

(1) 수용가의 부등률은 얼마인가?

(2) 부등률이 크다는 것은 어떤 것을 의미하는가?

(3) 수용률의 의미를 간단히 설명하시오.

| 작성답안

(1) 계산 : 부등률 = $\dfrac{\text{설비 용량} \times \text{수용률}}{\text{합성 최대 전력}}$

$= \dfrac{300 \times 0.7 + 300 \times 0.5 + 400 \times 0.6 + 500 \times 0.8}{700} = 1.43$

답 : 1.43

(2) 최대 전력을 소비하는 기기의 사용 시간대가 서로 다른 것을 의미 한다.

(3) 설비용량에 대한 최대전력의 비를 백분율로 나타낸 것을 말한다.

수용률 = $\dfrac{\text{최대수용전력 [kW]}}{\text{부하설비용량 [kW]}} \times 100\,[\%]$

강의 NOTE

■ 부등률의 의미
(부등률은 최기사 다)
최대 전력을 소비하는 기기의 사용 시간대가 서로 다른 것을 의미하며, 설비 이용률이 향상되며 경제적으로 유리하다.

□□□ 88, 05, 11

20 다음 표와 같은 부하설비가 있다. 여기에 공급할 변압기 용량을 구하시오. (단, 부등률은 1.2, 부하의 종합역률은 80[%]이다.)(3점)

수용가	설비용량[kW]	수용률[%]
A	60	60
B	40	50
C	20	70
D	30	65

| 작성답안

계산 : 변압기용량 $= \dfrac{\text{설비 용량} \times \text{수용률}}{\text{부등률} \times \text{역률}}$

$= \dfrac{60 \times 0.6 + 40 \times 0.5 + 20 \times 0.7 + 30 \times 0.65}{1.2 \times 0.8} = 93.23 \text{[kVA]}$

∴ 100[kVA] 선정

답 : 100[kVA]

강의 NOTE

■ 부등률

각 수용가에서의 최대 수용 전력의 발생 시 각은 시간적으로 차이가 있으며 이 경우에 배전 변압기 또는 간선에서의 합성 최대 수용 전력은 각 수용가에서의 최대 수용 전력의 합보다 적게 되는데 이 비를 부등률이라 하며 이 값은 항상 1보다 크고, 백분율로 나타내지 않는다. 수용률과 더불어 배전 변압기 또는 배전 간선 등의 공급 설비 계획 자료로 사용된다.

부등률 $= \dfrac{\text{개별 최대수용전력의 합}}{\text{합성 최대수용전력}}$

$= \dfrac{\text{설비용량} \times \text{수용전력}}{\text{합성최대수용전력}}$

□□□ 04, 20 ☆ 19

21 200[V], 10[kVA]인 3상 유도전동기를 있다. 이곳의 어느 날 부하실적이 1일 사용 전력량 60[kWh], 1일 최대전력 8[kW], 최대 전류일 때의 전류 값이 30[A]이었을 경우, 다음 각 물음에 답하시오.(6점)

(1) 1일 부하율은 얼마인가?

(2) 최대 공급 전력일 때의 역률은 얼마인가?

| 작성답안

(1) 계산 : 부하율 $= \dfrac{\text{평균수용전력}}{\text{최대수용전력}} \times 100 = \dfrac{60/24}{8} \times 100 = 31.25 \text{[%]}$

답 : 31.25[%]

(2) 계산 : $\cos\theta = \dfrac{P}{\sqrt{3}\, VI} = \dfrac{8 \times 10^3}{\sqrt{3} \times 200 \times 30} \times 100 = 76.98 \text{[%]}$

답 : 76.98[%]

■ 부하율

공급 설비가 어느 정도 유효하게 사용되는 가를 나타내며 부하율이 클수록 공급 설비가 유효하게 사용된다. 부하율은 다음 식에 의해 계산한다.

부하율 $= \dfrac{\text{평균 수요 전력 [kW]}}{\text{최대 수요 전력 [kW]}} \times 100 \text{[%]}$

부하율은 각 단위별(변압기, 전주, 수용가 등), 시기, 범위, 기간에 따라 달라지며, 부하율을 표시할 경우 기간, 범위를 반드시 명기한다. 예를 들어 일부하율, 월부하율 등으로 표시하여야 하며, 부하율은 기간이 길어질수록 작아진다. 부하율이 적다의 의미는 다음과 같다.

- 공급 설비를 유용하게 사용하지 못한다.
- 평균 수요 전력과 최대 수요 전력과의 차가 커지게 되므로 부하 설비의 가동률이 저하된다.

□□□ 96, 01, 03

22 200 [V], 15 [kVA]인 3상 유도전동기를 부하로 사용하는 공장이 있다. 이 공장이 어느 날 1일 사용전력량이 90 [kWh]이고, 1일 최대전력이 10 [kW]일 경우 다음 각 물음에 답하시오. (단, 최대전력일 때의 전류값은 43.3 [A]라고 한다.)(6점)

(1) 일 부하율은 몇 [%]인가?

○ _____

(2) 최대전력일 때의 역률은 몇 [%]인가?

○ _____

| 작성답안

(1) 계산 : 일 부하율 $= \dfrac{90/24}{10} \times 100 = 37.5\,[\%]$

답 : 37.5 [%]

(2) 계산 : $\cos\theta = \dfrac{P}{\sqrt{3}\,VI} = \dfrac{10 \times 10^3}{\sqrt{3} \times 200 \times 43.3} \times 100 = 66.67\,[\%]$

답 : 66.67 [%]

□□□ 85, 86, 94, 17

23 100 [kW]의 설비 용량을 가진 공장이 수용률 80 [%], 부하율 60 [%]라 하면 1개월(30일) 사이의 사용 전력량은 몇 [kWh]인가?(5점)

○ _____

| 작성답안

계산 : 사용 전력량 = 설비 용량 × 수용률 × 부하율 × 사용 시간 [kWh]

∴ $W = 100 \times 0.8 \times 0.6 \times (30 \times 24) = 34560\,[\text{kWh}]$

답 : 34560 [kWh]

■ 전력량
① $W = Pt$ = 평균전력 × 시간[kWh]
② 평균전력 = 설비용량 × 수용률 × 부하율
③ 부하율
$= \dfrac{\text{평균 수요 전력 [kW]}}{\text{최대 수요 전력 [kW]}} \times 100\,[\%]$

□□□ 95, 00, 05, 11 02, 06, 10, 11, 13, 15

24 그림과 같은 부하 곡선을 보고 다음 각 물음에 답하시오. (6점)

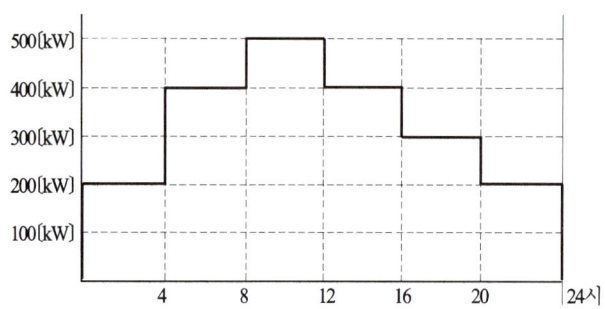

(1) 첨두 부하는 몇 [kW]인가?

○ _____

(2) 첨두 부하가 지속되는 시간은 몇 시부터 몇 시까지인가?

○ _____

(3) 일공급 전력량은 몇 [kWh]인가?

○ _____

(4) 일부하율은 몇 [%]인가?

○ _____

| 작성답안

(1) 500[kW]

(2) 8~12시

(3) 계산 : $W = (200 + 400 + 500 + 400 + 300 + 200) \times 4 = 8000$[kWh]

답 : 8000[kWh]

(4) 계산 : 일부하율 $= \dfrac{8000}{24 \times 500} \times 100 = 66.67$[%]

답 : 66.67[%]

강의 NOTE

■ 부하율

공급 설비가 어느 정도 유효하게 사용되는가를 나타내며 부하율이 클수록 공급 설비가 유효하게 사용된다. 부하율은 다음 식에 의해 계산한다.

부하율 $= \dfrac{\text{평균 수요 전력 [kW]}}{\text{최대 수요 전력 [kW]}} \times 100$ [%]

부하율은 각 단위별(변압기, 전주, 수용가 등), 시기, 범위, 기간에 따라 달라지며, 부하율을 표시할 경우 기간, 범위를 반드시 명기한다. 예를 들어 일부하율, 월부하율 등으로 표시하여야 하며, 부하율은 기간이 길어질수록 작아진다. 부하율이 적다의 의미는 다음과 같다.

• 공급 설비를 유용하게 사용하지 못한다.
• 평균 수요 전력과 최대 수요 전력과의 차가 커지게 되므로 부하 설비의 가동률이 저하된다.

□□□ 93, 01, 03, 06, 18

25 그림은 어느 공장의 일부하 곡선이다. 이 공장에서의 일부하율은 몇 [%]인가? (4점)

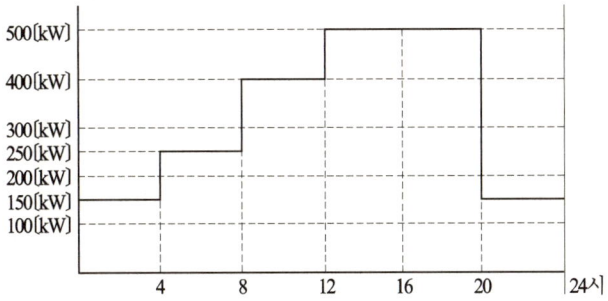

| 작성답안

계산 : 부하율 = $\dfrac{(150 \times 4 + 250 \times 4 + 400 \times 4 + 500 \times 8 + 150 \times 4) \times \dfrac{1}{24}}{500} \times 100$

= 65 [%]

답 : 65 [%]

강의 NOTE

■ 부하율

공급 설비가 어느 정도 유효하게 사용되는가를 나타내며 부하율이 클수록 공급 설비가 유효하게 사용된다. 부하율은 다음 식에 의해 계산한다.

부하율 = $\dfrac{평균\ 수요\ 전력\ [kW]}{최대\ 수요\ 전력\ [kW]} \times 100\ [\%]$

부하율은 각 단위별(변압기, 전주, 수용가 등), 시기, 범위, 기간에 따라 달라지며, 부하율을 표시할 경우 기간, 범위를 반드시 명기한다. 예를 들어 일부하율, 월부하율 등으로 표시하여야 하며, 부하율은 기간이 길어질수록 작아진다. 부하율이 적다의 의미는 다음과 같다.

• 공급 설비를 유용하게 사용하지 못한다.
• 평균 수요 전력과 최대 수요 전력과의 차가 커지게 되므로 부하 설비의 가동률이 저하된다.

□□□ 11

26 공장들의 일부하곡선이 그림과 같을 때 다음 각 물음에 답하시오. (10점)

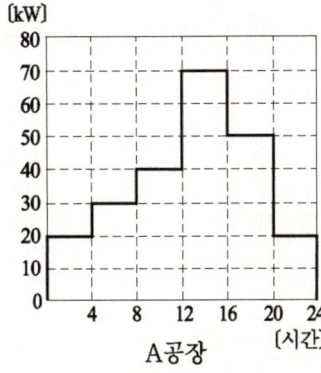
A공장

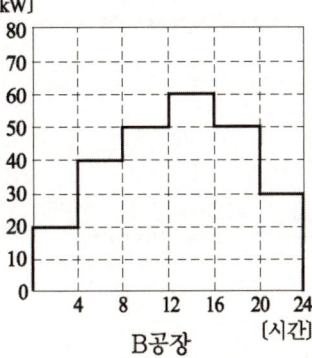
B공장

(1) A공장의 평균전력은 몇 [kW]인가?

(2) A공장의 첨두 부하가 지속되는 시간은 몇 시부터 몇 시까지인가?

(3) A, B 각 공장의 수용률은 얼마인가? (단, 설비용량은 공장 모두 80 [kW]이다.)

(4) A, B 각 공장의 일부하율은 얼마인가?
- A 공장

- B 공장

(5) A, B 각 공장 상호간의 부등률을 계산하고 부등률의 정의를 간단히 쓰시오.
- 계산

- 부등률의 정의

■ 부등률의 의미
(부등률은 최기사 다)
최대 전력을 소비하는 기기의 사용 시간대가 서로 다른 것을 의미하며, 설비 이용률이 향상되며 경제적으로 유리하다.

| 작성답안

(1) 계산 : 평균전력 $= \dfrac{(20+30+40+70+50+20) \times 4}{24} = 38.33$ [kW]

답 : 38.33[kW]

(2) 12~16시

(3) • A 공장 수용률 $= \dfrac{70}{80} \times 100 = 87.5$ [%]

답 : 87.5[%]

• B 공장 수용률 $= \dfrac{60}{80} \times 100 = 75$ [%]

답 : 75[%]

(4) • A 공장 일부하율 $= \dfrac{38.33}{70} \times 100 = 54.76$ [%]

답 : 54.76[%]

• B 공장 일부하율 $= \dfrac{(20+40+50+60+50+30) \times 4}{60 \times 24} \times 100 = 69.44$ [%]

답 : 69.44[%]

(5) • 계산 : 부등률 $= \dfrac{70+60}{70+60} = 1$

• 정의 : 합성 최대 수용 전력은 각 수용가에서의 최대 수용 전력의 합보다 적게 되는데 이 비를 부등률이라 한다.

□□□ 95

27 그림은 완공된 A, B 2개의 공장에 있어서 어느 날의 전력 부하 곡선이다. A, B 공장 상호간의 부등률은 얼마인가? 소숫점 셋째 자리에서 반올림하여 계산할 것(5점)

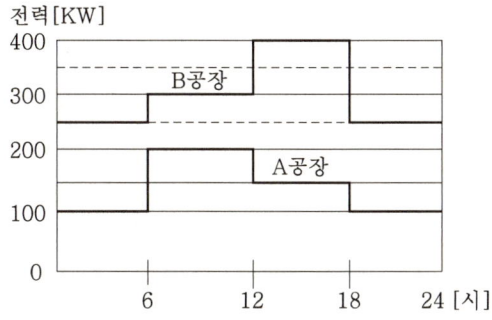

| 작성답안

계산 ; 합성 최대 전력 = 150 + 400 = 550 [kW]

$$\therefore 부등률 = \frac{200 + 400}{550} = 1.09$$

답 : 1.09

□□□ 98

28 어느 변전소에서 그림과 같은 일부하 곡선을 가진 3개의 부하 A, B, C를 공급하고 있을 때, 이 변전소의 종합 부하에 대해 다음 값을 구하여라. (단, 부하 A, B, C의 평균 전력은 각각 4,500 [kW], 2,400 [kW] 및 900 [kW]라 하고 역률은 각각 100 [%], 80 [%] 및 60 [%]라 한다.)(11점)

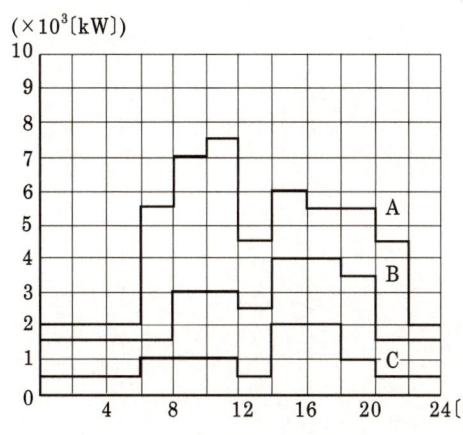

부하 전력은 부하 곡선의 수치에 10^3을 한다는 의미임.
즉, 수직축의 5는 5×10^3 [kW] 라는 의미임

■ 종합부하율

$$= \frac{평균\ 전력}{합성\ 최대\ 전력}$$

$$= \frac{A,\ B,\ C\ 각\ 평균\ 전력의\ 합계}{합성\ 최대\ 전력} \times 100\ [\%]$$

(1) 합성 최대 전력 [kW]

(2) 종합 부하율 [%]

(3) 부등률

(4) 최대 부하시의 종합 역률 [%]

| 작성답안

(1) 합성 최대 전력 : 14시~16시

∴ $P = 6000 + 4000 + 2000 = 12000 \,[\text{kW}]$

(2) 종합 부하율 $= \dfrac{\text{평균 전력}}{\text{최대 전력}} \times 100 [\%] = \dfrac{4500 + 2400 + 900}{12000} \times 100 = 65 \,[\%]$

(3) 부등률 $= \dfrac{\text{개개의 최대 전력의 합계}}{\text{합성 최대 전력}} = \dfrac{7500 + 4000 + 2000}{12000} = 1.125$

(4) 역률은 A부하 : 100 [%], B부하 : 80 [%], C부하 : 60 [%]

최대 부하 : 14~16시

A부하 : 6000 [kW], B부하 4000 [kW], C부하 : 2000 [kW]

무효 전력 $Q = P \tan\theta$ 에서

$Q = 6000 \times \dfrac{0}{1.0} + 4000 \times \dfrac{0.6}{0.8} + 2000 \times \dfrac{0.8}{0.6} = 5667 \,[\text{kVar}]$

∴ 최대 부하시의 종합 역률

$\cos\theta = \dfrac{P}{\sqrt{P^2 + Q^2}} \times 100 = \dfrac{12000}{\sqrt{12000^2 + 5667^2}} \times 100 = 90.42 \,[\%]$

□□□ 98, 00, 10, 13, 20

29 어떤 변전실에서 그림과 같은 일부하 곡선 A, B, C 인 부하에 전기를 공급하고 있다. 이 변전실의 총 부하에 대한 다음 각 물음에 답하시오. (단, A, B, C의 역률은 시간에 관계없이 각각 80 [%], 100 [%] 및 60 [%]이며, 그림에서 부하 전력은 부하 곡선의 수치에 10^3을 한다는 의미임. 즉, 수직측의 5는 5×10^3 [kW]라는 의미임.)(11점)

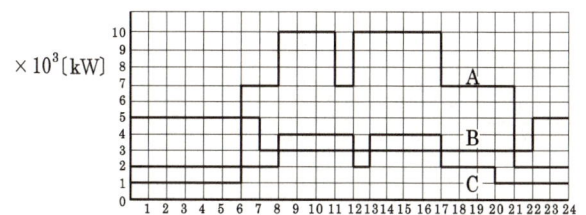

※ 부하 전력은 부하 곡선의 수치에 10^3을 한다는 의미임. 즉 수직축의 5는 5×10^3 [kW]라는 의미임.

(1) 합성 최대 전력은 몇 [kW]인가?
　○

(2) A, B, C 각 부하에 대한 평균 전력은 몇 [kW]인가?
　○

(3) 총 부하율은 몇 [%]인가?
　○

(4) 부등률은 얼마인가?
　○

(5) 최대 부하일 때의 합성 총 역률은 몇 [%]인가?
　○

강의 NOTE

■ 부하율

① 부하율
공급 설비가 어느 정도 유효하게 사용되는가를 나타내며 부하율이 클수록 공급 설비가 유효하게 사용된다. 부하율은 다음 식에 의해 계산한다.

부하율 = $\dfrac{\text{평균 수요 전력 [kW]}}{\text{최대 수요 전력 [kW]}} \times 100$ [%]

부하율은 각 단위별(변압기, 전주, 수용가 등), 시기, 범위, 기간에 따라 달라지며, 부하율을 표시할 경우 기간, 범위를 반드시 명기한다. 예를 들어 일부하율, 월부하율 등으로 표시하여야 하며, 부하율은 기간이 길어질수록 작아진다. 부하율이 적다의 의미는 다음과 같다.
• 공급 설비를 유용하게 사용하지 못한다.
• 평균 수요 전력과 최대 수요 전력과의 차가 커지게 되므로 부하 설비의 가동률이 저하된다.

② 종합부하율

종합부하율 = $\dfrac{\text{평균 전력}}{\text{합성 최대 전력}} \times 100$ [%]

= $\dfrac{\text{A, B, C 각 평균 전력의 합계}}{\text{합성 최대 전력}} \times 100$ [%]

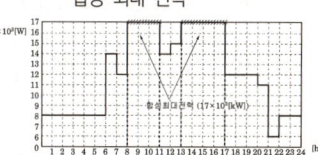

| 작성답안

(1) 합성 최대 전력은 도면에서 8~11시, 13~17시 이므로
$P = (10+4+3) \times 10^3 = 17 \times 10^3 \,[\text{kW}]$

(2) $A = \dfrac{\{(1\times 6)+(7\times 2)+(10\times 3)+(7\times 1)+(10\times 5)+(7\times 4)+(2\times 3)\}\times 10^3}{24}$

$= 5.88 \times 10^3 \,[\text{kW}]$

$B = \dfrac{\{(5\times 7)+(3\times 15)+(5\times 2)\}\times 10^3}{24} = 3.75 \times 10^3 \,[\text{kW}]$

$C = \dfrac{\{(2\times 8)+(4\times 4)+(2\times 1)+(4\times 4)+(2\times 3)+(1\times 4)\}\times 10^3}{24}$

$= 2.5 \times 10^3 \,[\text{kW}]$

(3) 종합부하율 $= \dfrac{\text{평균 전력}}{\text{합성 최대 전력}} \times 100\,[\%] = \dfrac{\text{A, B, C 각 평균 전력의 합계}}{\text{합성 최대 전력}} \times 100\,[\%]$

$= \dfrac{(5.88+3.75+2.5)\times 10^3}{17 \times 10^3} \times 100 = 71.35\,[\%]$

(4) 부등률 $= \dfrac{\text{A, B, C 각 최대 전력의 합계}}{\text{합성 최대 전력}} = \dfrac{(10+5+4)\times 10^3}{17 \times 10^3} = 1.12$

(5) 계산 : 먼저 최대 부하시 Q를 구해보면

$Q = \dfrac{10\times 10^3}{0.8} \times 0.6 + \dfrac{3\times 10^3}{1} \times 0 + \dfrac{4\times 10^3}{0.6} \times 0.8 = 12833.33\,[\text{kVar}]$

$\cos\theta = \dfrac{P}{\sqrt{P^2+Q^2}} = \dfrac{17000}{\sqrt{17000^2+12833.33^2}} \times 100 = 79.81\,[\%]$

답 : 79.81[%]

□□□ 95, 00, 05, 17

30 그림과 같은 부하 곡선을 보고 다음 각 물음에 답하시오. (10점)

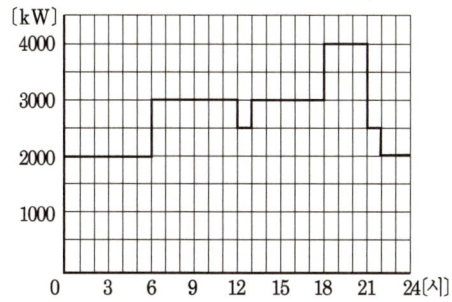

(1) 첨두 부하는 몇 [kW]인가?

   ○ _____

(2) 첨두 부하가 지속되는 시간은 몇 시부터 몇 시까지인가?

   ○ _____

(3) 일공급 전력량은 몇 [kWh]인가?

   ○ _____

(4) 일부하율은 몇 [%]인가?

   ○ _____

| 작성답안

(1) 4000 [kW]

(2) 18~21시

(3) 계산 : $W = 2000 \times (6+2) + 3000 \times (6+5) + 4000 \times 3 + 2500 \times 2 = 66000$ [kWh]

  답 : 66000[kWh]

(4) 계산 : 일부하율 $= \dfrac{66000}{24 \times 4000} \times 100 = 68.75$ [%]

  답 : 68.75[%]

강의 NOTE

■ 부하율

공급 설비가 어느 정도 유효하게 사용되는 가를 나타내며 부하율이 클수록 공급 설비가 유효하게 사용된다. 부하율은 다음 식에 의해 계산한다.

부하율 $= \dfrac{\text{평균 수요 전력 [kW]}}{\text{최대 수요 전력 [kW]}} \times 100$ [%]

부하율은 각 단위별(변압기, 전주, 수용가 등), 시기, 범위, 기간에 따라 달라지며, 부하율을 표시할 경우 기간, 범위를 반드시 명기한다. 예를 들어 일부하율, 월부하율 등으로 표시하여야 하며, 부하율은 기간이 길어질수록 작아진다. 부하율이 적다의 의미는 다음과 같다.

• 공급 설비를 유용하게 사용하지 못한다.
• 평균 수요 전력과 최대 수요 전력과의 차가 커지게 되므로 부하 설비의 가동률이 저하된다.

□□□ 94, 02

31
단상 부하가 각 15 [kVA], 12 [kVA], 20 [kVA] 및 3상 부하 22.5 [kVA]가 있다. 최소 3상 변압기 용량을 구하시오. (4점)

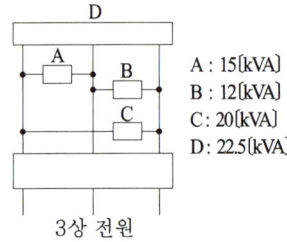

A : 15[kVA]
B : 12[kVA]
C : 20[kVA]
D : 22.5[kVA]

3상 전원

| 작성답안

계산 : 1상 최대 부하 $P_1 = 20 + \dfrac{22.5}{3} = 27.5$ [kVA]

$\therefore P_3 = 27.5 \times 3 = 82.5$ [kVA]

답 : 82.5 [kVA]

□□□ 13, 15 ㉻ 96, 06

32
어느 수용가의 변압기 용량의 조합은 전등 800[kW], 동력 1200[kW]라고 한다. 수용률은 60[%]이고, 부등률은 전등 1.2, 동력 1.5, 전등과 동력 상호간은 1.4 이다. 여기에 공급되는 변전시설용량[kVA]을 구하시오. (단, 부하 전력손실은 5%로 하며, 역률은 1로 계산한다.)(5점)

■ 변압기 용량

변압기 용량 [kW] ≥ 합성 최대 수용 전력

$= \dfrac{\text{부하 설비 합계 [kW]} \times \text{수용률}}{\text{부등률}}$

역률을 적용하여 [kW]의 부하를 [kVA]의 부하로 환산하여 구한다.

| 작성답안

계산 : 변압기 용량 $= \dfrac{\text{설비용량} \times \text{수용률}}{\text{부등률} \times \text{역률}}$

$= \dfrac{\dfrac{800 \times 0.6}{1.2} + \dfrac{1200 \times 0.6}{1.5}}{1.4 \times 1} \times 1.05 = 660 [\text{kVA}]$

답 : 660[kVA]

□□□ 88, 91, 98, 05, 13, 14

33 부하 설비가 각각 A-10 [kW], B-20 [kW], C-40 [kW], D-30 [kW]되는 수용가가 있다. 이 수용 장소의 수용률이 A와 B는 각각 80 [%], C와 D는 각각 60 [%]이고 이 수용장소의 부등률은 1.3이다. 이 수용장소의 종합 최대전력은 몇 [kW]인가? (5점)

| 작성답안

계산 : 합성최대전력 $= \dfrac{\text{설비용량} \times \text{수용률}}{\text{부등률}} = \dfrac{(10+20) \times 0.8 + (40+30) \times 0.6}{1.3}$

$= 50.77 \,[\text{kW}]$

답 : 50.77[kW]

강의 NOTE

■ 부등률

각 수용가에서의 최대 수용 전력의 발생 시각은 시간적으로 차이가 있으며 이 경우에 배전 변압기 또는 간선에서의 합성 최대 수용 전력은 각 수용가에서의 최대 수용 전력의 합보다 적게 되는데 이 비를 부등률이라 하며 이 값은 항상 1보다 크고, 백분율로 나타내지 않는다. 수용률과 더불어 배전 변압기 또는 배전 간선 등의 공급 설비 계획 자료로 사용된다.

부등률 $= \dfrac{\text{개별 최대수용전력의 합}}{\text{합성 최대수용전력}}$

$= \dfrac{\text{설비용량} \times \text{수용전력}}{\text{합성최대수용전력}}$

□□□ 90

34 어떤 지역에 있어서 부하 밀도를 다음의 자료에 의하여 산정하시오. (7점)

- 지역별 : 상점가
- 공급 면적 : 0.8 [km^2]
- 주상 변압기의 용량 (이용률의 평균치)
  전등 : 1,260 [kVA]   수용률 95 [%]
  전력 : 270 [kVA]   수용률 95 [%]
- 고압 자가용(업무용 전력) : 설비 용량 150 [kVA] 수용률 45 [%]
- 부등률
  변전소 대 전등 변압기 군 : 1.45
  변전소 대 전력 변압기 군 : 2.33
  변전소 대 고압 자가용 수용가 : 1.0
  변전소에서 전등, 전력 상호간 : 1.71

| 작성답안

계산 : 전등 부하의 합성 최대 전력 $P_1 = \dfrac{1260 \times 0.95}{1.45} = 825.52\,[\text{kVA}]$

전력 부하의 합성 최대 전력 $P_2 = \dfrac{270 \times 0.95}{2.33} = 110.09\,[\text{kVA}]$

고압 자가용 수용가의 합성 최대 전력 $P_3 = \dfrac{150 \times 0.45}{1.0} = 67.5\,[\text{kVA}]$

∴ 최대 전력 $P = \dfrac{825.52 + 110.09}{1.71} + 67.5 = 614.64\,[\text{kVA}]$

∴ 부하 밀도 $= \dfrac{614.64}{0.8} = 768.3\,[\text{kVA/km}^2]$

답 : $768.3\,[\text{kVA/km}^2]$

□□□ 88, 96, 99, 02, 05, 06, 15, 19

35
어떤 변전소의 공급 구역 내의 총 부하 용량은 전등 600[kW], 동력 800[kW]이다. 각 수용률은 전등 60[%], 동력 80[%]이고, 각 수용가 간의 부등률은 전등 1.2, 동력 1.6이며, 또한 변전소에서 전등 부하와 동력 부하 간의 부등률을 1.4라 하고, 배전선(주상 변압기 포함)의 전력 손실을 전등부하, 동력 부하 각각 10[%]라 할 때 다음 각 물음에 답하시오. (5점)

(1) 전등의 종합 최대 수용 전력은 몇 [kW]인가?

(2) 동력의 종합 최대 수용 전력은 몇 [kW]인가?

(3) 변전소에 공급하는 최대 전력은 몇 [kW]인가?

| 작성답안

(1) 계산 : $P = \dfrac{600 \times 0.6}{1.2} = 300\,[\text{kW}]$

답 : 300[kW]

(2) 계산 : $P = \dfrac{800 \times 0.8}{1.6} = 400\,[\text{kW}]$

답 : 400[kW]

(3) 계산 : $P = \dfrac{300 + 400}{1.4} \times 1.1 = 550\,[\text{kW}]$

답 : 550[kW]

■ 부등률

각 수용가에서의 최대 수용 전력의 발생 시각은 시간적으로 차이가 있으며 이 경우에 배전 변압기 또는 간선에서의 합성 최대 수용 전력은 각 수용가에서의 최대 수용 전력의 합보다 적게 되는데 이 비를 부등률이라 하며 이 값은 항상 1보다 크고, 백분율로 나타내지 않는다. 수용률과 더불어 배전 변압기 또는 배전 간선 등의 공급 설비 계획 자료로 사용된다.

부등률 $= \dfrac{\text{개별 최대수용전력의 합}}{\text{합성 최대수용전력}}$

$= \dfrac{\text{설비용량} \times \text{수용전력}}{\text{합성최대수용전력}}$

□□□ 95

36 한 변압기로부터 1호 간선과 2호 간선의 3상 배전선로를 통하여 어느 구역의 전등 및 동력부하의 전력을 공급하는 배전용 변전소가 있다. 이 구역 내의 각 간선에 접속된 부하의 설비용량 및 수용률은 각각 1호선의 경우 150 [kW], 0.9, 2호선의 경우 200 [kW], 0.8 이라고 한다. 공급되는 최대 부하는 몇 [kVA]인가? (단, 각 배전 간선의 전력손실은 1호선, 2호선 모두 10 [%]이고, 부하의 합성 역률은 변전소에서 1호선 0.95, 2호선 0.85라고 한다.)(4점)

| 작성답안

계산 : 1호 간선

유효 전력 $P_1 = 150 \times 0.9 \times (1+0.1) = 148.5$ [kW]

무효 전력 $Q_1 = \dfrac{150 \times 0.9}{0.95} \times \sqrt{1-0.95^2} = 44.37$ [kVar]

2호 간선

유효 전력 $P_2 = 200 \times 0.8 \times (1+0.1) = 176$ [kW]

무효 전력 $Q_2 = \dfrac{200 \times 0.8}{0.85} \times \sqrt{1-0.85^2} = 99.16$ [kVar]

$\therefore P = \sqrt{(P_1+P_2)^2 + (Q_1+Q_2)^2}$
$= \sqrt{(148.5+176)^2 + (44.37+99.16)^2} = 354.83$ [kVA]

답 : 354.83 [kVA]

□□□ 89, 94, 01, 06, 10

37 어떤 건물의 연면적이 420 [m²]이다. 이 건물에 표준부하를 적용하여 전등, 일반 동력 및 냉방 동력 공급용 변압기 용량은 각각 다음 표를 이용하여 구하시오. (단, 전등은 단상 부하로서 역률은 1이며, 일반 동력, 냉방 동력은 3상 부하로서 각 역률은 0.95, 0.9이다.)(9점)

표준 부하

부하	표준부하[W/m²]	수용률 [%]
전등	30	75
일반 동력	50	65
냉방 동력	35	70

변압기 용량

상별	용량[kVA]
단상	3, 5, 7.5, 10, 15, 20, 30, 50
3상	3, 5, 7.5, 10, 15, 20, 30, 50

| 작성답안

① 전등 변압기 $\mathrm{Tr} = 30 \times 420 \times 0.75 \times 10^{-3} = 9.45\,[\mathrm{kVA}]$
∴ 10[kVA] 선정
답 : 10[kVA]

② 일반 동력 변압기 $\mathrm{Tr} = \dfrac{50 \times 420 \times 0.65 \times 10^{-3}}{0.95} = 14.37\,[\mathrm{kVA}]$
∴ 15[kVA] 선정
답 : 15[kVA]

③ 냉방 동력 변압기 $\mathrm{Tr} = \dfrac{35 \times 420 \times 0.7 \times 10^{-3}}{0.9} = 11.43\,[\mathrm{kVA}]$
∴ 15[kVA] 선정
답 : 15[kVA]

☐☐☐ 91, 92, 94, 96, 99, 07, 13

38 그림과 같이 80[kW], 70[kW], 50[kW] 부하 설비에 수용률이 각각 60[%], 70[%], 80[%]로 할 경우 변압기 용량은 몇 [kVA]가 필요한지 선정하시오. (단, 부등률은 1.1, 종합부하 역률은 90[%]이다.)(5점)

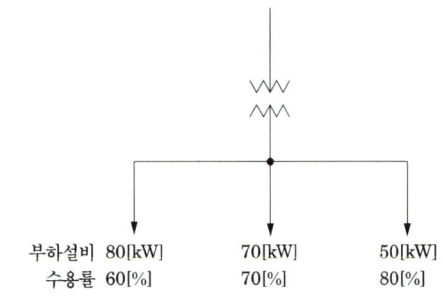

변압기 표준용량[kVA]

| 50 | 75 | 100 | 150 | 200 | 300 |

■ 변압기 용량
① 변압기 용량
변압기 용량 [kW] ≥ 합성 최대 수용 전력
$= \dfrac{\text{부하 설비 합계 [kW]} \times \text{수용률}}{\text{부등률}}$

역률을 적용하여 [kW]의 부하를 [kVA]의 부하로 환산하여 구한다.
② 표준용량
3, 5, 7.5, 10, 15, 30, 50, 75, 100, 150, 200, 300, 500, 750, 1000, 1500, 2000, 3000, 4500, (5000), 6000, 7500, 10000, 15000, 20000, 30000, 45000, (50000), 60000, 90000, 100000, (120000), 150000, 200000, 250000, 300000 ( )는 준표준 규격이다.

| 작성답안

계산 : 변압기 용량 $= \dfrac{\text{각 부하 최대수용전력의 합}}{\text{부등률} \times \text{역률}} = \dfrac{\text{설비용량} \times \text{수용률}}{\text{부등률} \times \text{역률}}\,[\mathrm{kVA}]$

$= \dfrac{80 \times 0.6 + 70 \times 0.7 + 50 \times 0.8}{1.1 \times 0.9} = 138.383\,[\mathrm{kVA}]$

∴ 150[kVA] 선정
답 : 150[kVA]

□□□ 95, 03, 12

39 부하 설비 및 수용률이 그림과 같은 경우 이곳에 공급할 변압기 Tr의 용량을 계산하여 표준용량으로 결정하시오. (단, 부등률은 1.1, 종합 역률은 80[%] 이하로 한다.)(5점)

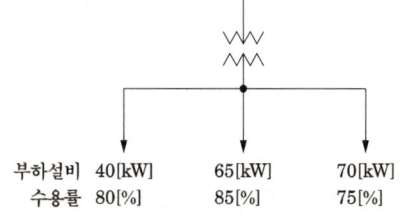

변압기 표준 용량[kVA]						
50	100	150	200	250	300	500

■ 변압기 용량

변압기 용량 [kW] ≥ 합성 최대 수용 전력

$$= \frac{\text{부하 설비 합계 [kW]} \times \text{수용률}}{\text{부등률}}$$

역률을 적용하여 [kW]의 부하를 [kVA]의 부하로 환산하여 구한다.

| 작성답안

계산 : 변압기 용량 $= \dfrac{\text{설비용량} \times \text{수용률}}{\text{부등률} \times \text{역률}} = \dfrac{40 \times 0.8 + 65 \times 0.85 + 70 \times 0.75}{1.1 \times 0.8}$

$= 158.806 \text{[kVA]}$

∴ 표준용량 200[kVA] 선정

답 : 200[kVA]

□□□ 97

40 다음과 같은 부하에 대한 수용률을 갖는 전등 수용가군에 공급할 변압기의 용량은 몇 [kVA]인가? (단, 수용가 상호간의 부등률은 1.3으로 한다.)(4점)

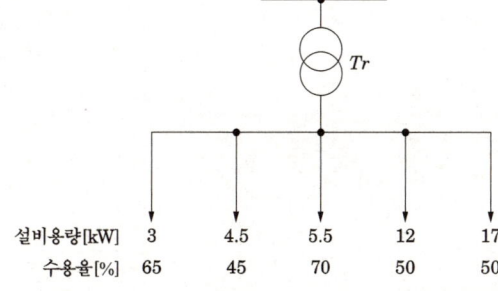

| 설비용량[kW] | 3 | 4.5 | 5.5 | 12 | 17 |
| 수용율[%] | 65 | 45 | 70 | 50 | 50 |

| 작성답안

계산 : $T_r = \dfrac{3 \times 0.65 + 4.5 \times 0.45 + 5.5 \times 0.7 + 12 \times 0.5 + 17 \times 0.5}{1.3 \times 1} = 17.17 \,[\text{kVA}]$

답 : 17.17[kVA]

□□□ 85, 93, 99, 03, 14, 22

41. 그림과 같이 전등만의 2군 수용가가 각각 한 대씩의 변압기를 통해서 전력을 공급받고 있다. 각 군 수용가의 총설비용량은 각각 50[kW] 및 40[kW]라고 한다. 다음 물음에 답하시오. (4점)

■ 변압기 용량

변압기 용량 [kW] ≥ 합성 최대 수용 전력

$= \dfrac{\text{부하 설비 합계 [kW]} \times \text{수용률}}{\text{부등률}}$

역률을 적용하여 [kW]의 부하를 [kVA]의 부하로 환산하여 구한다.

- 50[kW] 수용률 : 0.6
- 40[kW] 수용률 : 0.7
- 변압기 상호간의 부등률 : 1.2

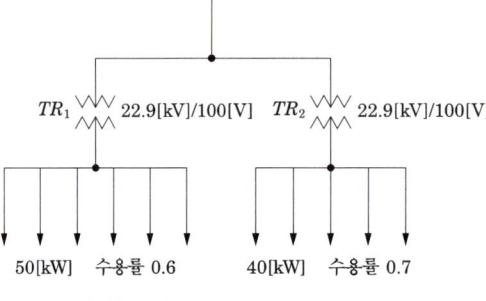

변압기 표준 용량[kVA]

| 5 | 10 | 15 | 20 | 25 | 30 | 50 | 75 | 100 |

(1) TR_1의 최대부하[kW]

○ _____

(2) TR_2의 최대부하[kW]

○ _____

(3) 합성최대수용전력[kW]

○ _____

| 작성답안

(1) 계산 : 최대수용전력 = $50 \times 0.6 = 30$ [kW]
   답 : 30 [kW]
(2) 계산 : 최대수용전력 = $40 \times 0.7 = 28$ [kW]
   답 : 28 [kW]
(3) 합성최대수용전력
   계산 : 합성최대수용전력 = $\dfrac{\text{각 부하설비의 최대수용전력의 합}}{\text{부등률}} = \dfrac{30+28}{1.2} = 48.33 [\text{kW}]$
   답 : 48.33 [kW]

□□□ 95, 99 ㉾ 00, 94

42 그림과 같이 변압기가 설치되어 있다. 도면과 조건을 이용하여 다음 각 물음에 답하여라. (12점)

【조건】
① 각 수용가의 수용률 0.6
② 수용가 상호간의 부등률 1.2
③ 변압기 상호간의 부등률 1.2
④ 부하의 역률은 1로 한다.
⑤ 변압기 표준 용량

강의 NOTE

■ 변압기 용량

변압기 용량 [kW] ≥ 합성 최대 수용 전력
$= \dfrac{\text{부하 설비 합계 [kW]} \times \text{수용률}}{\text{부등률}}$

역률을 적용하여 [kW]의 부하를 [kVA]의 부하로 환산하여 구한다.

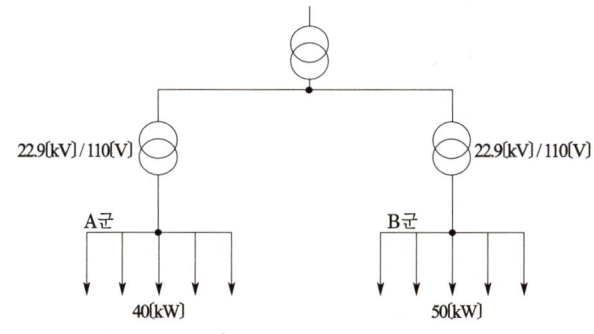

Tr 표준 용량[kVA]

| 5 | 10 | 15 | 20 | 25 | 50 | 75 | 100 |

(1) A군에 필요한 변압기 용량을 계산하여 구하시오.

(2) B군에 필요한 변압기 용량을 계산하여 구하시오.

(3) 고압간선에 걸리는 최대부하를 표준변압기 용량을 이용하여 구하시오.

| 작성답안

(1) 계산 : $\text{Tr}_A = \dfrac{40 \times 0.6}{1.2 \times 1} = 20 \,[\text{kVA}]$

답 : 표준 용량 20 [kVA] 선정

(2) 계산 : $\text{Tr}_B = \dfrac{50 \times 0.6}{1.2 \times 1} = 25 \,[\text{kVA}]$

답 : 표준 용량 25 [kVA] 선정

(3) 계산 : $\text{Tr}_S = \dfrac{20 + 25}{1.2} = 37.5 \,[\text{kVA}]$

답 : 표준 용량 50 [kVA] 선정

□□□ 85, 93, 99, 03, 14, 16

43 다음과 같은 전등부하 계통에 전력을 공급하고 있다. 다음 각 물음에 답하시오. 단, 부하의 역률은 1이다. (6점)

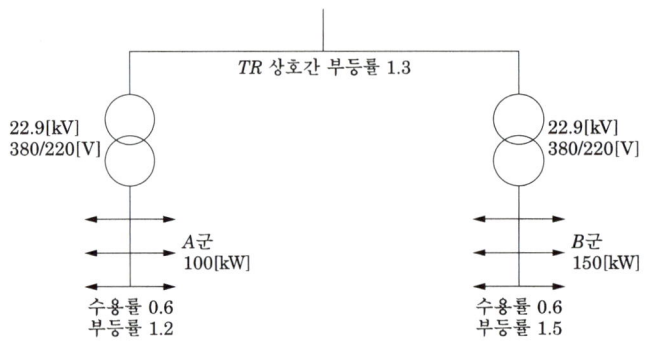

(1) 수용가의 변압기 용량[kVA]을 각각 구하시오.
  ① A군 수용가

  ○ _____

  ② B군 수용가

  ○ _____

(2) 고압간선에 걸리는 최대부하[kW]를 구하시오.

  ○ _____

| 작성답안

(1) ① A군 수용가

  계산 : $TR_A = \dfrac{100 \times 0.6}{1.2 \times 1} = 50\,[\text{kVA}]$

  답 : 50[kVA]

  ② B군 수용가

  계산 : $TR_B = \dfrac{150 \times 0.6}{1.5 \times 1} = 60\,[\text{kVA}]$

  답 : 60[kVA]

(2) 계산 : 최대부하 $= \dfrac{\dfrac{100 \times 0.6}{1.2} + \dfrac{150 \times 0.6}{1.5}}{1.3} = 84.62\,[\text{kW}]$

  답 : 84.62[kW]

강의 NOTE

■ 변압기 용량

변압기 용량 [kW] ≥ 합성 최대 수용 전력

$= \dfrac{\text{부하 설비 합계 [kW]} \times \text{수용률}}{\text{부등률}}$

역률을 적용하여 [kW]의 부하를 [kVA]의 부하로 환산하여 구한다.

강의 NOTE

■ 역률개선 콘덴서 용량
① 콘덴서 용량 Q_c
$= P\tan\theta_1 - P\tan\theta_2$
$= P(\tan\theta_1 - \tan\theta_2)$
$= P\left(\dfrac{\sin\theta_1}{\cos\theta_1} - \dfrac{\sin\theta_2}{\cos\theta_2}\right)$
$= P\left(\dfrac{\sqrt{1-\cos^2\theta_1}}{\cos\theta_1} - \dfrac{\sqrt{1-\cos^2\theta_2}}{\cos\theta_2}\right)$ [kVA]
여기서, $\cos\theta_1$: 개선 전 역률,
$\cos\theta_2$: 개선 후 역률
② 역률개선시 증가할 수 있는 부하
역률 개선에 따른 유효전력의 증가분
$\Delta P = P_a(\cos\theta_2 - \cos\theta_1)$ [kW]
여기서, $\cos\theta_1$: 개선 전 역률
$\cos\theta_2$: 개선 후 역률

□□□ 98, 02, 05

44
어느 수용가의 공장 배전용 변전실에 설치되어 있는 250 [kVA]의 3상 변압기에서 A, B 2회선으로 아래 표에 명시된 부하에 전력을 공급하고 있는데 A, B 각 회선의 합성 부등률은 1.2, 개별 부등률 1.0이라고 할 때 최대 수용 전력시에는 과부하가 되는 것으로 추정되고 있다. 다음 각 물음에 답하시오. (5점)

회선	부하 설비 [kW]	수용률 [%]	역률 [%]
A	250	60	75
B	150	80	75

(1) A회선의 최대 부하는 몇 [kW]인가?

○ _____

(2) B회선의 최대 부하는 몇 [kW]인가?

○ _____

(3) 합성 최대 수용 전력(최대 부하)은 몇 [kW]인가?

○ _____

(4) 전력용 콘덴서를 병렬로 설치하여 과부하되는 것을 방지하고자 한다. 이론상 필요한 콘덴서 용량은 몇 [kVA]인가?

○ _____

| 작성답안

(1) 계산 : $P_A = \dfrac{250 \times 0.6}{1.0} = 150$ [kW]

답 : 150 [kW]

(2) 계산 : $P_B = \dfrac{150 \times 0.8}{1.0} = 120$ [kW]

답 : 120 [kW]

(3) 계산 : $P = \dfrac{150 + 120}{1.2} = 225$ [kW]

답 : 225 [kW]

(4) 계산 : 개선 후 역률 $\cos\theta_2 = \dfrac{225}{250} = 0.9$

콘덴서 용량

$Q_c = P(\tan\theta_1 - \tan\theta_2) = 225\left(\dfrac{\sqrt{1-0.75^2}}{0.75} - \dfrac{\sqrt{1-0.9^2}}{0.9}\right) = 89.46$ [kVA]

답 : 89.46 [kVA]

□□□ 19 ❄ 93, 97, 04, 19

45 신설 공장의 부하 설비가 [표]와 같을 때 다음 각 물음에 답하시오. (6점)

변압기군	부하의 종류	출력[kW]	수용률[%]	부등률	역률[%]
A	플라스틱 압출기(전동기)	50	60	1.3	80
A	일반 동력 전동기	85	40	1.3	80
B	전등 조명	60	80	1.1	90
C	플라스틱 압출기	100	60	1.3	80

(1) 각 변압기군의 최대 수용 전력은 몇 [kW]인가?
 ① A 변압기의 최대 수용 전력

 ② B 변압기의 최대 수용 전력

 ③ C 변압기의 최대 수용 전력

(2) 변압기 효율은 98 [%]로 할 때 각 변압기의 최소 용량은 몇 [kVA]인가?
 ① A 변압기의 용량

 ② B 변압기의 용량

 ③ C 변압기의 용량

강의 NOTE

■ 변압기 용량

변압기 용량 [kW] ≥ 합성 최대 수용 전력
$= \dfrac{\text{부하 설비 합계 [kW]} \times \text{수용률}}{\text{부등률}}$

역률을 적용하여 [kW]의 부하를 [kVA]의 부하로 환산하여 구한다.

| 작성답안

(1) ① $P_A = \dfrac{50 \times 0.6 + 85 \times 0.4}{1.3} = 49.23$ [kW]   답 : 49.23 [kW]

② $P_B = \dfrac{60 \times 0.8}{1.1} = 43.64$ [kW]   답 : 43.64 [kW]

③ $P_C = \dfrac{100 \times 0.6}{1.3} = 46.15$ [kW]   답 : 46.15 [kW]

(2) ① $\text{Tr}_A = \dfrac{50 \times 0.6 + 85 \times 0.4}{1.3 \times 0.8 \times 0.98} = 62.79$ [kVA]   답 : 62.72 [kVA]

② $\text{Tr}_B = \dfrac{60 \times 0.8}{1.1 \times 0.9 \times 0.98} = 49.47$ [kVA]   답 : 49.47 [kVA]

③ $\text{Tr}_C = \dfrac{100 \times 0.6}{1.3 \times 0.8 \times 0.98} = 58.87$ [kVA]   답 : 58.87 [kVA]

□□□ 93, 97, 04 유 19

46 신설 공장의 부하 설비가 다음과 같을 때, 다음 물음에 답하시오. (10점)

① 플라스틱 압출기(전동기 출력 50 [kW], 전열기 20 [kW]) : 5대
② 플라스틱 압출기(전동기 출력 37 [kW], 전열기 15 [kW]) : 5대
③ 일반 동력 전동기 출력 합계 : 85 [kW]
④ 전등 조명 : 60 [kW]
⑤ 장래 증설 예정분 ①의 플라스틱 압출기 : 3대

부하의 종류	수용률 [%]	부등률	역률 [%]
압출기(전동기)	60	1.3	80
일반 동력	40	1.3	80
전열기	20	1.3	100
전등	80	1.1	90

변압기군은 3군으로 하는데 No.1의 변압기는 ①, ② 의 플라스틱 압출기, 일반 동력 전동기 등을 동력 변압기로, No.2의 변압기는 전등을, No.3의 변압기는 증설 예정분으로 한다. (단, 플라스틱 압출기의 전동기와 전열기는 동일 라인으로 취급하여 계산한다.)

(1) 각 변압기군의 최대 수용 전력은 몇 [kW]인가?
  ① No.1 변압기의 최대 수용 전력 [kW]
    ○ _____

  ② No.2 변압기의 최대 수용 전력 [kW]
    ○ _____

  ③ No.3 변압기의 최대 수용 전력 [kW]
    ○ _____

(2) 각 변압기 효율을 98 [%]로 할 때 각 변압기의 최소 용량은 몇 [kVA]인가?
  ① No.1 변압기의 용량 [kVA]
    ○ _____

  ② No.2 변압기의 용량 [kVA]
    ○ _____

  ③ No.3 변압기의 용량 [kVA]
    ○ _____

강의 NOTE

■ 변압기 용량

변압기 용량 [kW] ≥ 합성 최대 수용 전력
$= \dfrac{\text{부하 설비 합계 [kW]} \times \text{수용률}}{\text{부등률}}$

역률을 적용하여 [kW]의 부하를 [kVA]의 부하로 환산하여 구한다.

| 작성답안

(1) ① No.1
$$Tr = \frac{\{(50 \times 5)+(37 \times 5)\} \times 0.6}{1.3} + \frac{\{(20 \times 5)+(15 \times 5)\} \times 0.2}{1.3} + \frac{85 \times 0.4}{1.3}$$
$$= 253.85 \,[kW]$$

답 : 253.85 [kW]

② No.2 $Tr = \dfrac{60 \times 0.8}{1.1} = 43.64 \,[kW]$

답 : 43.64 [kW]

③ No.3 $Tr = \dfrac{(50 \times 3) \times 0.6 + (20 \times 3) \times 0.2}{1.3} = 78.46 \,[kW]$

답 : 78.46 [kW]

(2) ① No.1 Tr

전동기 $P_1 = \dfrac{(50 \times 5 + 37 \times 5) \times 0.6 + 85 \times 0.4}{1.3} = 226.92 \,[kW]$

전동기 $Q_1 = \dfrac{226.92}{0.8} \times 0.6 = 170.19 \,[kVar]$

전열기 $P_2 = \dfrac{(20 \times 5 + 15 \times 5) \times 0.2}{1.3} = 26.92 \,[kW]$

∴ 변압기 용량

$$P_a = \frac{\sqrt{(P_1+P_2)^2 + Q_1^2}}{\eta} = \frac{\sqrt{(226.92+26.92)^2 + 170.19^2}}{0.98} = 311.85 \,[kVA]$$

답 : 311.85 [kVA]

② No.2 Tr

$$P_1 = \frac{60 \times 0.8}{1.1 \times 0.9 \times 0.98} = 49.47 \,[kVA]$$

답 : 49.47 [kVA]

③ No.3 Tr

전동기 $P_1 = \dfrac{50 \times 3 \times 0.6}{1.3} = 69.23 \,[kW]$

전동기 $Q_1 = \dfrac{69.23}{0.8} \times 0.6 = 51.92 \,[kVar]$

전열기 $P_2 = \dfrac{20 \times 3 \times 0.2}{1.3} = 9.23 \,[kW]$

∴ 변압기 용량

$$P_a = \frac{\sqrt{(P_1+P_2)^2 + Q_1^2}}{\eta} = \frac{\sqrt{(69.23+9.23)^2 + 51.92^2}}{0.98} = 96 \,[kVA]$$

답 : 96 [kVA]

□□□ 92, 05, 07, 09, 12, 18, 21

47 3층 사무실용 건물에 3상 3선식의 6000 [V]를 수전하여 200 [V]로 체강하여 수전하는 설비를 하였다. 각 종 부하설비가 표와 같을 때 주어진 조건을 이용하여 다음 각 물음에 답하시오. (14점)

> 1. 동력부하의 역률은 모두 70 [%]이며, 기타는 100 [%]로 간주한다.
> 2. 조명 및 콘센트 부하설비의 수용률은 다음과 같다.
>   - 전등설비 : 60 [%]
>   - 콘센트설비 : 70 [%]
>   - 전화교환용 정류기 : 100 [%]
> 3. 변압기 용량 산출시 예비율(여유율)은 고려하지 않으며 용량은 표준 규격으로 답하도록 한다.
> 4. 변압기 용량 산정시 필요한 동력부하설비의 수용률은 전체 평균 65 [%]로 한다.

동력 부하 설비

사용 목적	용량 [kW]	대수	상용 동력 [kW]	하계 동력 [kW]	동계 동력 [kW]
난방 관계					
• 보일러 펌프	6.7	1			6.7
• 오일 기어 펌프	0.4	1			0.4
• 온수 순환 펌프	3.7	1			3.7
공기 조화 관계					
• 1, 2, 3층 패키지 콤프레셔	7.5	6		45.0	
• 콤프레셔 팬	5.5	3	16.5		
• 냉각수 펌프	5.5	1		5.5	
• 쿨링 타워	1.5	1		1.5	
급수·배수 관계					
• 양수 펌프	3.7	1	3.7		
기타					
• 소화 펌프	5.5	1	5.5		
• 셔터	0.4	2	0.8		
합계			26.5	52.0	10.8

조명 및 콘센트 부하 설비

사용 목적	와트수 [W]	설치 수량	환산 용량 [VA]	총용량 [VA]	비고
전등관계					
• 수은등 A	200	2	260	520	200 [V] 고역률
• 수은등 B	100	8	140	1120	100 [V] 고역률
• 형광등	40	820	55	45100	200 [V] 고역률
• 백열 전등	60	20	60	1200	

사용 목적	와트수 [W]	설치 수량	환산 용량 [VA]	총용량 [VA]	비고
콘센트 관계					
• 일반 콘센트		70	150	10500	2P 15 [A]
• 환기팬용 콘센트		8	55	440	
• 히터용 콘센트	1500	2		3000	
• 복사기용 콘센트		4		3600	
• 텔레타이프용 콘센트		2		2400	
• 룸 쿨러용 콘센트		6		7200	
기타					
• 전화 교환용 정류기		1		800	
계				75880	

(1) 동계 난방 때 온수 순환 펌프는 상시 운전하고, 보일러용과 오일 기어 펌프의 수용률이 55 [%]일 때 난방 동력 수용 부하는 몇 [kW]인가?

○ ──────────────────

(2) 상용 동력, 하계 동력, 동계 동력에 대한 피상전력은 몇 [kVA]가 되겠는가?
 ① 상용 동력

○ ──────────────────

 ② 하계 동력

○ ──────────────────

 ③ 동계 동력

○ ──────────────────

(3) 이 건물의 총 전기설비 용량은 몇 [kVA]를 기준으로 하여야 하는가?

○ ──────────────────

(4) 조명 및 콘센트 부하설비에 대한 단상변압기의 용량은 최소 몇 [kVA]가 되어야 하는가?

○ ──────────────────

(5) 동력 부하용 3상 변압기의 용량은 몇 [kVA]가 되겠는가?

○ ──────────────────

(6) 단상과 3상 변압기의 2차측 전류계용으로 사용되는 변류기의 1차측 정격전류는 각각 몇 [A]인가?
 ① 단상

○ ──────────────────

 ② 3상

○ ──────────────────

강의 NOTE

■ 하계 동력 부하와 동계 동력 부하는 동시에 존재할 수 없다.

■ 변류비
변류비는 다음과 같이 구한다.
① 1차 전류를 구한다.
② 여유율을 적용한다.
③ 1차 정격을 선정하여 변류비를 선정한다.
1차전류(I_1) =

$\dfrac{2차권선}{1차권선} \times 2차전류 = \dfrac{N_2}{N_1} \times I_2$

$\dfrac{N_2}{N_1} = \dfrac{I_1}{I_2} =$ 변류비(CT비)

(7) 역률개선을 위하여 각 부하마다 전력용 콘덴서를 설치하려고 할 때 보일러 펌프의 역률을 95 [%]로 개선하려면 몇 [kVA]의 전력용 콘덴서가 필요한가?

○ _____

| 작성답안

(1) 계산 : 수용부하 $= 3.7 + (6.7 + 0.4) \times 0.55 = 7.61$ [kW]
답 : 7.61 [kW]

(2) ① 계산 : 상용 동력의 피상 전력 $= \dfrac{26.5}{0.7} = 37.86$ [kVA]

답 : 37.86 [kVA]

② 계산 : 하계 동력의 피상 전력 $= \dfrac{52.0}{0.7} = 74.29$ [kVA]

답 : 74.29 [kVA]

③ 계산 : 동계 동력의 피상 전력 $= \dfrac{10.8}{0.7} = 15.43$ [kVA]

답 : 15.43 [kVA]

(3) 계산 : $37.86 + 74.29 + 75.88 = 188.03$ [kVA]
답 : 188.03 [kVA]

(4) 계산 : 전등 관계 : $(520 + 1120 + 45100 + 1200) \times 0.6 \times 10^{-3} = 28.76$ [kVA]
콘센트 관계 : $(10500 + 440 + 3000 + 3600 + 2400 + 7200) \times 0.7 \times 10^{-3} = 19$ [kVA]
기타 : $800 \times 1 \times 10^{-3} = 0.8$ [kVA]
∴ $28.76 + 19 + 0.8 = 48.56$ [kVA]이므로 단상 변압기 용량은 50 [kVA]가 된다.
답 : 50 [kVA]

(5) 계산 : 동계 동력과 하계 동력 중 큰 부하를 기준하고 상용 동력과 합산하여 계산하면
$\dfrac{(26.5 + 52.0)}{0.7} \times 0.65 = 72.89$ [kVA]이므로 3상 변압기 용량은 75 [kVA]가 된다.
답 : 75 [kVA]

(6) ① 단상 변압기 2차측 변류기

계산 : $I = \dfrac{50 \times 10^3}{200} \times (1.25 \sim 1.5) = 312.5 \sim 375$ [A]

∴ $312.5 \sim 375$ [A] 사이에 표준품이 없으므로 400/5 선정
답 : 400 [A]

② 3상 변압기 2차측 변류기

계산 : $I = \dfrac{75 \times 10^3}{\sqrt{3} \times 200} \times (1.25 \sim 1.5) = 270.63 \sim 324.76$ [A]

∴ 300/5를 선정한다.
답 : 300 [A] 선정

(7) 계산 : $Q_c = P(\tan\theta_1 - \tan\theta_2) = 6.7 \left(\dfrac{\sqrt{1-0.7^2}}{0.7} - \dfrac{\sqrt{1-0.95^2}}{0.95} \right) = 4.63$ [kVA]

답 : 4.63 [kVA]

□□□ 93, 00

48 절환모선에 대한 물음에 답하시오. (7점)

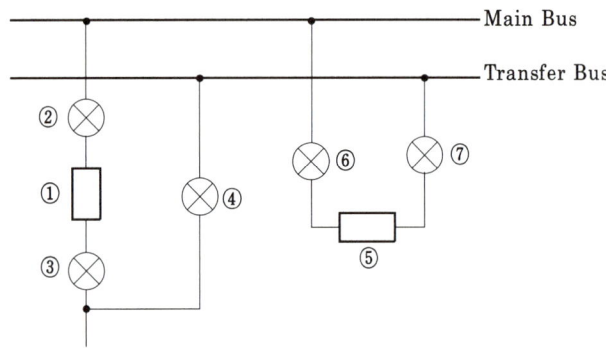

(1) 평상시에 절환모선에 가압되어 있는가?

(2) 절환모선을 설치하는 이유는?

(3) "(1)"번 OCB를 점검하기 위한 조작 순서는? (단, 기기의 번호를 이용하여 ON, OFF로 표시)

(4) "(1)" OCB 점검 후 복귀 순서는? (단, 기기의 번호를 이용하여 ON, OFF로 표시)

(5) "(5)"번 기기의 명칭은?

강의 NOTE

■ 2중 모선

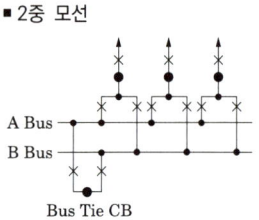

| 작성답안

(1) 가압되어 있지 않다.
(2) 메인 모선을 점검하거나 고장시 절환 모선을 통해 무정전 전력을 공급하기 위함
(3) 7(ON) - 6(ON) - 5(ON) - 4(ON) - 1(OFF) - 3(OFF) - 2(OFF)
(4) 3(ON) - 2(ON) - 1(ON) - 4(OFF) - 5(OFF) - 7(OFF) - 6(OFF)
(5) 모선 연락용 차단기

KEYWORD 13 승압기

01 단권변압기

강의 NOTE

- 기 97
- 산 90

단상 교류 회로에서 a, b 간의 전압 3000[V]이다. 지금 전압을 승압시키려고 3300/220[V]의 변압기를 접속하고 50[kW]의 전력을 전등 부하에 공급할 때 용량 몇 [kVA]의 변압기를 사용해야 하는가? 단, 역률은 1로 계산한다.

- 기 08.12
- 산(유) 93.99.04.06.16

단자전압 3,000[V]인 선로에 전압비가 3,300/220[V]인 변압기를 승압기로 접속하여 60[kW], 역률 0.85의 부하에 공급할 때 몇 [kVA]의 승압기를 사용하여야 하는가?

- 기 96.99.04.16

단권변압기는 1차, 2차 양 회로에 공통된 권선 부분을 가진 변압기이다. 이러한 단권변압기의 장점 및 단점과 사용용도에 대하여 쓰시오.
(1) 장점(3가지)
(2) 단점(2가지)
(3) 사용용도(2가지)

■ 단권 변압기 장단점

장점(전부 동동 : 전부 동동주)
- 누설자속 감소로 전압 변동률이 작다.
- 부하 용량이 등가 용량에 비하여 커져 경제적이다.
- 1권선 변압기이므로 동량을 줄일 수 있어 경제적이다.
- 동손이 감소하여 효율이 좋아진다.

단점(1차 누설 열)
- 1차측에 이상전압이 발생시 2차측에도 고전압이 걸려 위험하다.
- 누설 임피던스가 적어 단락 전류가 크다.
- 단락전류가 크게 되므로 열적, 기계적 강도가 커야 된다.

$$V_2 = V_1 + V_1 \frac{1}{a} = V_1 \left(1 + \frac{1}{a}\right)$$

$$\frac{\text{자기 용량}}{\text{부하 용량}} = \frac{(V_2 - V_1)I_2}{V_2 I_2} = 1 - \frac{V_1}{V_2} = 1 - \frac{\text{저압}}{\text{고압}}$$

$$\text{자기 용량}(P) = \text{부하 용량}(P_L) \times \frac{\text{고압}(V_2) - \text{저압}(V_1)}{\text{고압}(V_2)}$$

$$\text{부하 용량 } P_L = P \times \frac{V_2}{V_2 - V_1}$$

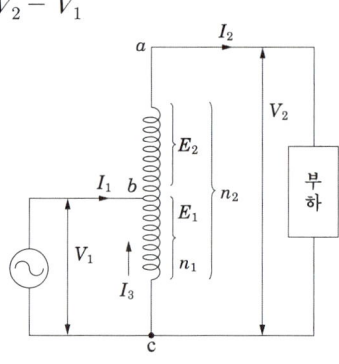

단권변압기(승압기)

1 장점

① 1권선 변압기이므로 동량을 줄일 수 있어 경제적이다.
② 동손이 감소하여 효율이 좋아진다.
③ 부하 용량이 등가 용량에 비하여 커져 경제적이다.
④ 누설자속 감소로 전압 변동률이 작다.

2 단점

① 누설 임피던스가 적어 단락 전류가 크다.
② 1차측에 이상전압이 발생시 2차측에도 고전압이 걸려 위험하다.
③ 단락전류가 크게 되므로 열적, 기계적 강도가 커야 된다.

3 용도

① 승압 및 강압용 단권 변압기
② 초고압 전력용 변압기

02 단권변압기 △결선

아래 그림의 단권변압기 △결선의 벡터도는 다음 그림과 같다.

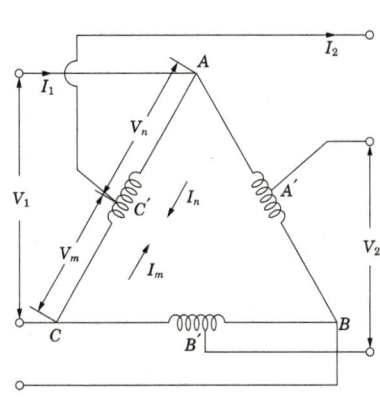
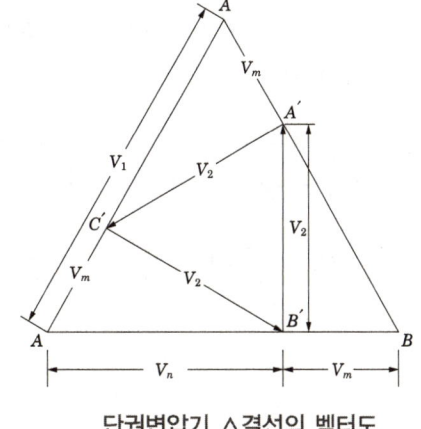

단권변압기의 △결선   단권변압기 △결선의 벡터도

위 그림에서

자기용량 $= 3V_n I_n = 3 \times \dfrac{V_1^2 - V_2^2}{3V_m} \times I_2 \dfrac{V_m}{V_1} = \dfrac{V_1^2 - V_2^2}{V_1} I_2$

부하용량 $= \sqrt{3}\, V_2 I_2$

그러므로 부하용량에 대한 자기용량의 비는

$\dfrac{\text{자기 용량}}{\text{부하 용량}} = \dfrac{V_1^2 - V_2^2}{\sqrt{3}\, V_1 V_2}$ 가 된다.

• 기 08.12
단권변압기 3대를 사용한 3상 △결선 승압기에 의해 45[kVA]인 3상 평형 부하의 전압을 3,000[V]에서 3,300[V]로 승압하는데 필요한 변압기의 용량은 얼마인지 계산하시오.

강의 NOTE

- 기 13.19
3상 교류 회로의 전압이 3,000[V]이다. 3,000/210[V]의 승압기 2대 사용하여 승압할 경우 승압기 1대의 용량은 얼마인가? 부하는 40[kW] 역률 0.75이다.

- 기 14.21
정격전압 1차 6,600[V], 2차 210[V], 10[kVA]의 단상 2대를 V결선하여 6,300[V] 3상 전원에 접속하였다. 다음 물음에 답하시오.
(1) 승압된 전압[V]는?
(2) 3상 V결선 승압기 결선도를 완성하시오.

- 산 13.19
전압비가 인 단권 변압기 2대를 V결선으로 해서 부하에 전력을 공급하고자 한다. 공급할 수 있는 최대용량은 자기용량의 몇 배인가?

03 단권변압기 V결선

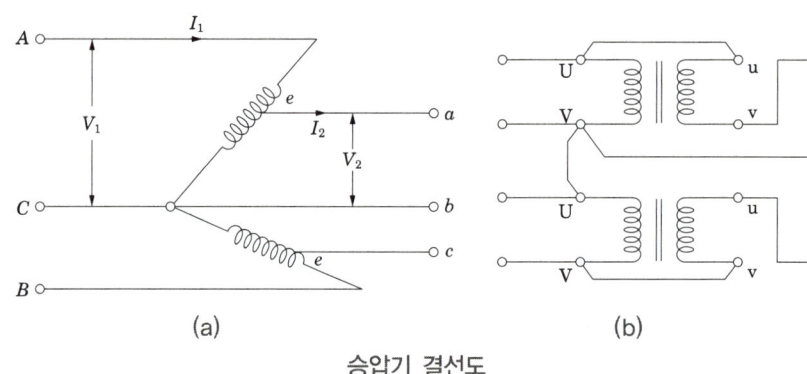

승압기 결선도

그림에서 변압기 1대의 등가용량 $eI_1 = (V_1 - V_2)I_1$
그림에서 변압기 2대의 등가용량 $2eI_1 = 2(V_1 - V_2)I_1$
3상 부하용량 $\sqrt{3}\,V_1 I_1$

$$\frac{\text{자기 용량}}{\text{부하 용량}} = \frac{2}{\sqrt{3}} \times \frac{(V_1 - V_2)I_1}{V_1 I_1} = \frac{2}{\sqrt{3}}\left(1 - \frac{V_2}{V_1}\right)$$

$$\therefore P_s = \frac{2}{\sqrt{3}}\left(1 - \frac{V_2}{V_1}\right)P = \frac{1}{0.866}\left(1 - \frac{V_2}{V_1}\right)P$$

04 단권변압기 변연장 △결선

단상 변압기 3대를 변연장 △결선으로 접속해서 3상 승압할 경우의 결선도와 벡터도는 다음 그림과 같다.

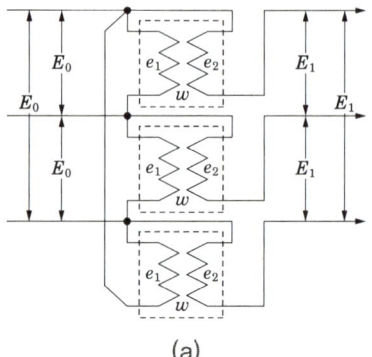

(a)

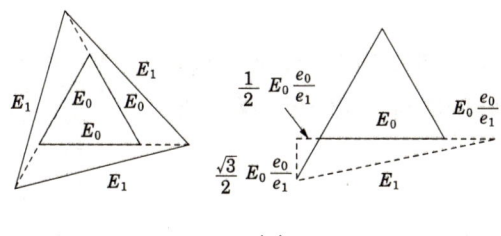

(b)

단권변압기 변연장 △결선

위 그림에서

$E_1 = E_0 \cdot \sqrt{1 + 3\frac{1}{a} + 3\left(\frac{1}{a}\right)^2} \fallingdotseq E_0\left(1 + \frac{3}{2} \cdot \frac{1}{a}\right)$ [V]

$e_2 = \sqrt{\frac{4V_2^2 - V_1^2}{12}} - \frac{V_1}{2}$

$\omega = \frac{W}{\sqrt{3}\,E_1} \times e_2$ [VA]

단, 승압기 한대의 용량이므로 승압기의 총 용량은 3ω를 필요로 한다.

단권 변압기의 3상 결선

결선 방식	Y결선	△결선	V결선	변연장 △결선
자기 용량 / 부하 용량	$1 - \dfrac{V_l}{V_h}$	$\dfrac{V_h^2 - V_l^2}{\sqrt{3}\,V_h V_l}$	$\dfrac{2}{\sqrt{3}}\left(1 - \dfrac{V_l}{V_h}\right)$	$-\dfrac{\sqrt{3}}{2}\left(\dfrac{V_l}{V_h}\right) + \sqrt{1 - \dfrac{1}{4}\left(\dfrac{V_l}{V_h}\right)^2}$

강의 NOTE

• 기 16
3상 3선식 3,000[V], 200[kVA]의 배전선로의 전압을 3,100[V]로 승압하기 위해서 단상변압기 3대를 그림과 같이 접속하였다. 이 변압기의 1차, 2차 전압 및 용량을 구하여라. (단, 변압기의 손실은 무시한다.)
(1) 변압기 1, 2차 전압
(2) 변압기 용량[kVA]

관련문제   13. 승압기

□□□ 90

1 단상 회로에서 3300/220 [V]의 변압기를 그림과 같이 접속하여 50 [kW], 역률 0.8인 부하에 공급할 때 몇 [kVA]의 변압기를 사용해야 하는가? (단, 1차 전압은 3000 [V]이다.)(5점)

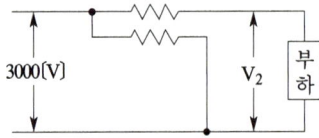

| 작성답안

계산 : $V_2 = V_1\left(1+\dfrac{1}{a}\right) = 3000\left(1+\dfrac{220}{3300}\right) = 3200\,[\text{V}]$

$I = \dfrac{P}{V_2\cos\theta} = \dfrac{50{,}000}{3200\times 0.8} = 19.53\,[\text{A}]$

승압기 용량 $= e\,I_2 = 220\times 19.53\times 10^{-3} = 4.3\,[\text{kVA}]$

답 : 4.3 [kVA]

강의 NOTE

■ 단권변압기
- 1권선 변압기이므로 동량을 줄일 수 있어 경제적이다.
- 동손이 감소하여 효율이 좋아진다.
- 부하 용량이 등가 용량에 비하여 커져 경제적이다.
- 누설자속 감소로 전압 변동률이 작다.
- 누설 임피던스가 적어 단락 전류가 크다.
- 1차측에 이상전압이 발생시 2차측에도 고전압이 걸려 위험하다.
- 단락전류가 크게 되므로 열적, 기계적 강도가 커야 된다.

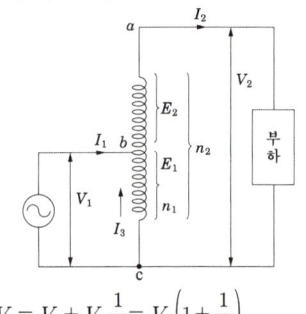

$V_2 = V_1 + V_1\dfrac{1}{a} = V_1\left(1+\dfrac{1}{a}\right)$

$\dfrac{\text{자기 용량}}{\text{부하 용량}}$
$= \dfrac{(V_2 - V_1)I_2}{V_2 I_2} = 1 - \dfrac{V_1}{V_2} = 1 - \dfrac{\text{저압}}{\text{고압}}$

자기 용량 (P) = 부하 용량(P_L)
$\times \dfrac{\text{고압}(V_2) - \text{저압}(V_1)}{\text{고압}(V_2)}$

부하 용량 $P_L = P\times \dfrac{V_2}{V_2 - V_1}$

□□□ 93, 99, 04, 06, 16

2 그림과 같은 단상 변압기에서 입력 전압 V_1을 V_2로 승압하고자 한다. 다음 각 물음에 답하시오. (단, 단상 변압기 1차 측 전압은 3150[V], 2차 측은 210[V] 이다.)(9점)

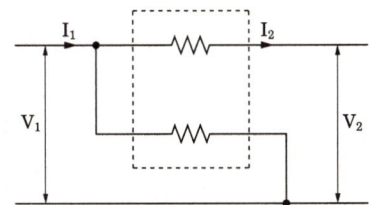

(1) V_1이 3000[V]인 경우, V_2는 몇 [V]가 되는지 계산하시오.
(2) I_1이 25[A]인 경우 I_2는 몇 [A]가 되는지 계산하시오. (단, 변압기의 임피던스, 여자전류 및 손실은 무시한다.)

| 작성답안

(1) 계산 : $V_2 = V_1 \times \left(1 + \dfrac{1}{a}\right) = 3000 \times \left(1 + \dfrac{1}{\dfrac{3150}{210}}\right) = 3200[\text{V}]$

　　답 : 3200[V]

(2) 계산 : $V_1 I_1 = V_2 I_2$ 에서 $I_2 = \dfrac{V_1 \times I_1}{V_2} = \dfrac{3000 \times 25}{3200} = 23.438[\text{A}]$

　　답 : 23.44[A]

□□□ 13, 19

3. 전압비가 3300/220[V]인 단권 변압기 2대를 V결선으로 해서 부하에 전력을 공급하고자 한다. 공급할 수 있는 최대용량은 자기용량의 몇 배인가? (5점)

| 작성답안

계산 : $\dfrac{\text{자기용량}}{\text{부하용량}} = \dfrac{2}{\sqrt{3}} \times \dfrac{(V_1 - V_2)I_1}{V_1 I_1} = \dfrac{2}{\sqrt{3}}\left(1 - \dfrac{V_2}{V_1}\right)$

부하용량 = 자기용량 $\times \dfrac{\sqrt{3}}{2} \times \dfrac{V_2}{V_2 - V_1}$ = 자기용량 $\times \dfrac{\sqrt{3}}{2} \times \dfrac{3520}{3520 - 3300}$

= 자기용량 × 13.856

답 : 13.86배

강의 NOTE

■ V결선 승압기 용량

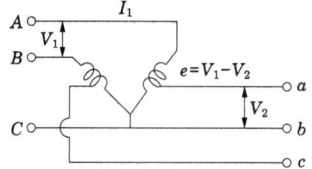

그림과 같이 2대의 단권 변압기를 이용하여 V결선하면 변압기 등가용량과 2차측 출력 비는 $\dfrac{1}{0.866}$이고, 단권변압기이므로 $\left(1 - \dfrac{V_2}{V_1}\right)$가 된다.

따라서, 용량비는 다음과 같다.

$\dfrac{\text{자기용량}}{\text{부하용량}} = \dfrac{2}{\sqrt{3}} \times \dfrac{(V_1 - V_2)I_1}{V_1 I_1}$

$= \dfrac{2}{\sqrt{3}}\left(1 - \dfrac{V_2}{V_1}\right)$

∴ $P_s = \dfrac{2}{\sqrt{3}}\left(1 - \dfrac{V_2}{V_1}\right)P$

$= \dfrac{1}{0.866}\left(1 - \dfrac{V_2}{V_1}\right)P$ 가 된다.

PART 03

역률개선

KEYWORD 14 전력용 콘덴서

KEYWORD 14 전력용 콘덴서(SC : Static Condenser)

강의 NOTE

- 산 92.01.02.14.19
역률 개선용으로 정지형 콘덴서(staticcapacitor)를 설치하는데 다음 물음에 답하시오.
(1) 역률이란 무엇을 말하는지 간단히 설명하시오.
(2) 역률을 개선하는 원리를 간단히 설명하시오.

■ 전력용 콘덴서의 개폐 제어 중 자동 조작 방식의 제어요소 5가지
(무역시 압류)
- 무효전력에 의한 제어
- 역률에 의한 제어
- 시간에 의한 제어
- 전압에 의한 제어
- 전류에 의한 제어

- 기 14
전력용 콘덴서의 설치 목적 4가지를 쓰시오.

- 기 92
- 산 94.04.17
부하 설비의 역률이 저하하는 경우 수용가가 볼 수 있는 손해를 4가지를 예를 들어 쓰시오.

- 기 01.02.14.19
부하의 역률 개선에 대한 다음 각 물음에 답하시오.
(1) 역률을 개선하는 원리를 간단히 설명하시오.
(2) 부하 설비의 역률이 저하하는 경우 수용가가 볼 수 있는 손해를 두 가지만 쓰시오.
(3) 어느 공장의 3상 부하가 30[kW]이고, 역률이 65[%]이다. 이것의 역률을 90[%]로 개선하려면 전력용 콘덴서 몇 [kVA]가 필요한가?

일반적으로 전력설비는 대부분 유도성성분과 저항성분으로 구성되어 무효전력이 존재하게 된다. 이와 같이 발생된 무효전력은 설비의 이용률저하, 손실의 발생, 전압강하의 원인 등이 되므로 이것을 최소화하기 위해 전력용 콘덴서를 연결하여 지상 무효전력을 상쇄시킨다. 이것을 역률개선이라 한다.

역률이란 부하의 저항과 리액턴스에 의해 발생하는 임피던스의 위상각을 cos을 취한 값을 말한다. 이 위상각은 전압과 전류의 위상차를 의미한다.

역률은 피상전력에 대한 유효전력의 비를 백분율로 나타낸 것으로서 다음 식과 같이 표현된다.

$$\cos\theta = \frac{P}{P_a} \times 100 = \frac{P}{\sqrt{P^2 + P_r^2}} \times 100\,[\%]$$

여기서, P : 유효전력 [W]
P_a : 피상전력 [VA]
P_r : 무효전력 [Var]

역률을 개선한다는 것은 무효전력을 작게하여 피상전력에 대한 유효전력의 비를 1에 가깝게 하는 것을 의미한다. 무효전력은

P_r = 지상무효전력 − 진상무효전력

의 관계가 있으므로 지상무효전력을 진상무효전력으로 보상한다. 역률은 전기공급약관에 의하면 90% 이상 유지하여야 한다.

01 콘덴서 용량의 크기

1 역률을 개선하기 위해서는 전력용 콘덴서를 부하와 병렬로 연결하여 무효전력을 보상한다.

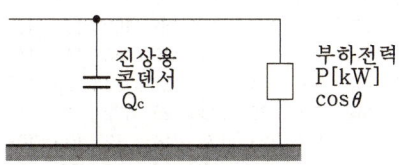

전력용 콘덴서의 연결

병렬로 연결하는 콘덴서 용량은 위 그림에서 θ_1의 역률각에 의한 무효전력 $P\tan\theta_1$에서 개선 후 역률각 θ_2에 의한 $P\tan\theta_2$의 차가 된다.

2 역률개선 콘덴서 용량

$$Q_c = P\tan\theta_1 - P\tan\theta_2 = P(\tan\theta_1 - \tan\theta_2)$$
$$= P\left(\frac{\sin\theta_1}{\cos\theta_1} - \frac{\sin\theta_2}{\cos\theta_2}\right)$$
$$= P\left(\frac{\sqrt{1-\cos^2\theta_1}}{\cos\theta_1} - \frac{\sqrt{1-\cos^2\theta_2}}{\cos\theta_2}\right) \text{ [kVA]}$$

역률 개선에 따른 유효전력의 증가분 $\Delta P = P_a(\cos\theta_2 - \cos\theta_1)$ [kW]
여기서, $\cos\theta_1$: 개선 전 역률
$\cos\theta_2$: 개선 후 역률

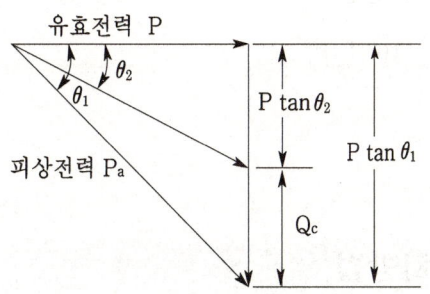

역률개선용 콘덴서 용량은 크기

강의 NOTE

- 기 16
- 산 84.94.95.02.18
- 산(유) 89.99.01.02.22

부하 설비가 100[kW]이며, 뒤진 역률이 85[%]인 부하를 100[%]로 개선하기 위한 전력용 콘덴서의 용량은 몇 [kVA]가 필요한지 구하시오.

- 기 95

부하 전력이 3000[kW], 역률 85[%]인 부하에 전력용 콘덴서 1200[kVA]를 설치하면 역률은 몇 [%]가 되는가?

- 기/산 94.01.06.11.15

역률 80[%], 10,000[kVA]의 부하를 가진 변전소에 2,000[kVA]의 콘덴서를 설치해서 역률을 개선하는 경우 변압기에 걸리는 부하는 몇 [kVA]인지 계산하시오.

- 기 86.87.92.93.95.06.08.10
- 산(유) 17.18.20

어느 수용가가 당초 역률(지상) 80[%]로 150[kW]의 부하를 사용하고 있는데, 새로 역률(지상) 60[%], 100[kW]의 부하를 증가하여 사용하게 되었다. 이 때 콘덴서로 합성 역률을 90[%]로 개선하는데 필요한 용량은 몇 [kVA]인가?

- 기 97.99.01.02.14
- 기(유) 89.93.97.99.01.02.14.22
- 산(유) 94.03.08
- 산(유) 07.08.11.15

500[kVA]의 변압기에 역률 80[%]인 부하 500[kVA]가 접속되어 있다. 지금 변압기에 전력용 콘덴서 150[kVA]를 설치하여 변압기의 전용량까지 사용하고자 할 경우 증가시킬 수 있는 유효전력은 몇 [kW]인가?(단 증가되는 부하의 역률은 1이라고 한다.)

- 기 90.10

전용 배전선에서 800[kW] 역률 0.8의 한 부하에 공급할 경우 배전선 전력 손실은 90[kW]이다. 지금 이 부하와 병렬로 300[kVA]의 콘덴서를 시설할 때 배전선의 전력 손실은 몇 [kW]인가?

- 산 89.93.97.99.01.02.14

어떤 공장에서 500[kVA]의 변압기에 역률 60[%]의 부하 500[kVA]가 접속되어있다. 이 부하와 병렬로 콘덴서를 접속해서 합성 역률을 90[%]로 개선하면 부하는 몇 [kW] 증가시킬 수 있는가?

강의 NOTE

- 기 85.96.98.10.14
- 산 10.14

전동기 부하를 사용하는 곳의 역률개선을 위하여 회로에 병렬로 역률개선용 저압콘덴서를 설치하여 전동기의 역률을 개선하여 90[%] 이상으로 유지하려고 한다. 주어진 표를 이용하여 다음 물음에 답하시오.
(1) 정격전압 200[V], 정격출력 7.5[kW], 역률 80[%]인 전동기의 역률을 90[%]로 개선하고자 하는 경우 필요한 3상 콘덴서의 용량 [kVA]을 구하시오.
(2) 물음 "(1)"에서 구한 3상 콘덴서의 용량 [kVA]을 [F]로 환산한 용량으로 구하고, "표2)저압(200[V])용 콘덴서 규격표"를 이용하여 적합한 콘덴서를 선정하시오.(단, 정격주파수는 60[Hz]로 계산하며, 용량은 최소치를 구하도록 한다.)

- 산 96.04.10
전력용콘덴서의 개폐제어는 크게 나누어 수동조작과 자동조작이 있다. 자동조작방식을 제어요소에 따라 분류할 때 그 제어요소는 어떤 것이 있는지 아는 대로 쓰시오.

02 도표에 의한 역률개선

		개선 후의 역률													
		1.0	0.99	0.98	0.97	0.96	0.95	0.94	0.93	0.92	0.91	0.9	0.875	0.85	0.825	0.8
개선 전 의 역 률	0.4	230	216	210	205	201	197	194	190	187	184	182	175	168	161	155
	0.425	213	198	192	188	184	180	176	173	170	167	164	157	151	144	138
	0.45	198	183	177	173	168	165	161	158	155	152	149	143	138	129	123
	0.475	185	171	165	161	156	159	149	146	143	140	137	130	123	116	110
	0.5	173	159	153	148	144	140	137	134	130	128	125	118	111	104	93
	0.525	162	148	142	137	133	129	126	122	119	117	114	107	100	93	87
	0.55	152	138	132	127	123	119	116	112	109	108	104	97	90	83	77
	0.575	142	128	122	117	114	110	106	103	99	96	94	87	80	73	67
	0.6	133	119	113	108	104	101	97	94	91	88	85	78	71	65	58
	0.625	125	111	105	100	96	92	89	85	82	79	77	70	63	58	50
	0.65	116	103	97	92	88	84	81	77	74	71	69	62	55	48	42
	0.675	109	95	89	84	80	76	73	70	66	64	61	54	47	40	34
	0.7	102	88	81	77	73	69	66	62	59	56	54	46	40	33	27
	0.725	95	81	75	70	66	62	59	55	52	49	46	39	33	26	20
	0.75	88	74	67	63	58	55	52	49	45	43	40	33	26	19	13
	0.775	81	67	61	57	52	49	45	42	39	36	33	26	19	12	6.5
	0.8	75	61	54	50	46	42	39	35	32	29	27	19	13	6	6
	0.825	69	54	48	44	40	36	32	29	28	23	21	13	7		
	0.85	62	48	42	37	33	29	26	22	19	16	14	7			
	0.875	55	41	35	30	28	23	19	16	13	10	7				
	0.9	48	34	28	23	19	16	12	9	6	2.8					

1 콘덴서 용량은 [kW]부하와 표에서 개선 전 역률과 개선 후 역률에 의해 결정되는 계수를 곱하여 구한다.

계산식 : 콘덴서 소요용량 [kVA] = [kW] 부하 $\times k_\theta$

k_θ : 표에서 결정되는 계수

2 콘덴서 용량의 환산

$$C = \frac{Q}{2\pi f V^2} \times 10^9 \ [\mu F]$$

03 설치방법

전력용 콘덴서를 설치하는 장소는 구내계통, 부하의 조건, 설치효과, 보수 및 점검 등을 고려하여 검토하여야 한다. 설치방법은 일반적으로 3가지로 구분한다.

1 수전단 모선에 설치하는 방법

이 방법은 관리가 편리하고, 경제적이고, 무효전력의 변화에 대하여 신속한 대처가 가능하다. 다만, 선로의 개선효과는 기대할 수 없다.

2 수전단 모선과 부하측에 분산하여 설치하는 방법

수전단 모선에 설치하는 방법보다 역률개선의 효과는 크다.

3 부하측에 분산하여 설치하는 방법

이 방법이 가장 이상적이고 효과적인 역률개선 방법이다. 다만, 설치 면적과 설치 비용이 많이 발생하는 단점이 있다.

• 산 09
집합형으로 콘덴서를 설치할 경우와 비교하여, 전동기 단자에 개별로 콘덴서를 설치할 경우 예상되는 장점 및 단점을 각 1가지씩만 쓰시오.

04 역률개선효과와 과보상

1 역률개선효과

역률을 개선하는 주 목적은 전력손실을 경감하기 위한 것이다.
① 변압기와 배전선의 전력 손실 경감
② 전압 강하의 감소
③ 전원설비 용량의 여유 증가
④ 전기 요금의 감소

• 기 99.04.12.14.15
• 산 17
역률을 개선하면 전기 요금의 저감과 배전선의 손실 경감, 전압 강하 감소, 설비 여력의 증가 등을 기할 수 있으나, 너무 과보상하면 역효과가 나타난다. 역률 과보상시 단점 3가지를 쓰시오.

2 과보상

① 앞선 역률에 의한 전력 손실이 생긴다.
② 모선 전압의 과상승
③ 전원설비 용량의 여유감소로 과부하가 될 수 있다.
④ 고조파 왜곡의 증대

■ 역률 과보상시 나타나는 현상
(고모앞 설계)
- 고조파 왜곡의 증대
- 모선전압(단자전압) 상승
- 앞선 전류에 의한 전력손실의 증가
- 설비용량의 여유 감소
- 계전기 오동작

05 콘덴서 사고

콘덴서 설비는 주로 다음과 같은 사고 원인으로 파괴되는 것이 대부분이다.
① 콘덴서 설비의 모선 단락 및 지락
② 콘덴서 소체 파괴 및 층간 절연 파괴
③ 콘덴서 설비내의 배선 단락

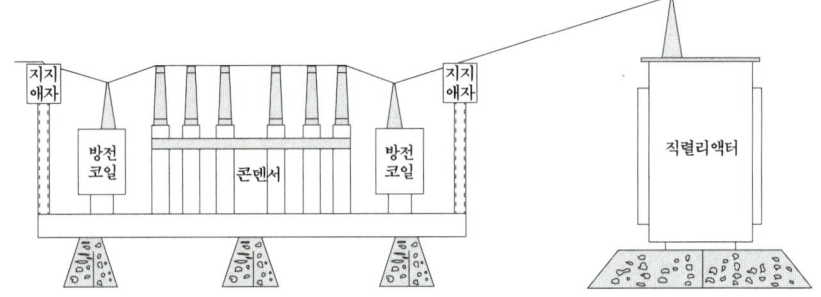

06 전력용 콘덴서 정기점검 (육안검사)

① 단자의 이완 및 과열유무 점검
② 용기의 발청 유무점검
③ 유 누설유무 점검
④ 용기의 이상변형 유무
⑤ 붓싱(애자)의 카바 파손유무

07 콘덴서 내부고장 보호

1 Y-Y 결선, 중성점간 전류검출 방식 (Neutral Current Sensing)

이 방식은 Y로 결선된 콘덴서를 2조로하여 콘덴서 고장시 중성점간에 흐르는 전류를 검출하는 방식이다. 특히 고장전류에 의한 전기적 검출 속도가 빠르고 신뢰도가 높은 장점을 갖고 있다.

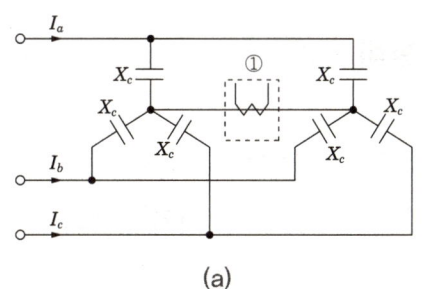

(a)

콘덴서의 정상 운전시에는 중선점간의 전류가 흐르지 않고 내부고장 발생하였을 경우 두 중성점간에 불평형 전류가 흐르게 된다. 한쪽 콘덴서 소자가 완전 단락되면 고장상의 전류는 정격전류의 3배가 되고 정상상에는 $\sqrt{3}$ 배의 전압이 가해진다.

2 Y 및 Y-Y 결선의 중성점 전압검출 방식 (Neutral Voltage Sensing)

이 방식은 **1**에서 설명한 Y-Y결선 중성점간 전류 검출방식과 같은 장점을 갖고 있다.

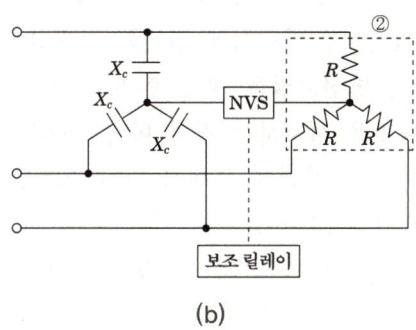

(b)

08 콘덴서 투입시 전류

$$I = I_n\left(1 + \sqrt{\frac{X_C}{X_L}}\right)$$

I_n : 콘덴서의 정격전류
X_C : 콘덴서의 용량 리액턴스
X_L : 콘덴서 회로의 전 유도 리액턴스

강의 NOTE

• 기 12
고압 진상용 콘덴서의 내부고장 보호방식으로 NCS 방식과 NVS 방식이 있다. 다음 각 물음에 답하시오. 콘덴서 (condenser)설비의 주요 사고 원인 3가지를 예로 들어 설명하시오.
(1) NCS와 NVS의 기능을 설명하시오.
(2) 그림(a) ①, 그림(b) ②에 누락된 부분을 완성하시오.

• 기 90.05.07.16.19
콘덴서 회로에 고조파의 유입으로 인한 사고를 방지하기 위하여 콘덴서 용량의 13[%]인 직렬 리액터를 설치하고자 한다. 이 경우 투입시의 전류는 콘덴서의 정격전류(정상시 전류)의 몇 배의 전류가 흐르게 되는지 구하시오.

강의 NOTE

- 기 96.00.13.20
전력용 콘덴서의 부속설비인 방전코일과 직렬리액터의 사용 목적은 무엇인가?

- 기 00.12
전력용 콘덴서에 설치하는 직렬리액터의 용량산정에 대하여 설명하시오.

- 기 17
- 산(유) 01.11.13.14.15.16.20
콘덴서 회로에서 제5고조파 전류의 확대방지 및 스위치 투입 시 돌입전류 억제를 목적으로 역률 개선용 콘덴서에 직렬 리액터를 설치하고자 한다. 다음 각 물음에 답하시오.
(1) 5고조파 제거하기 위한 리액터는 콘덴서 용량의 몇 [%]인가?
(2) 주파수 변동 등의 여유를 고려하였을 때 몇 [%]인가? 그 표준을 쓰라.
(3) 제3고조파 제거하기 위한 리액터는 콘덴서 용량의 대략 몇 [%]인가?

- 산 97.00.02.03
- 산(유) 96.02.03.05.07.08.15
- 산(유) 08.10.18.21
어떤 공장에서 역률 0.6, 용량 300[kVA]인 3상 평형 유도 부하가 사용되고 있다고 한다. 이 부하에 병렬로 전력용 콘덴서를 설치하여 합성 역률을 95[%]로 개선한다고 할 때 다음 각 물음에 답하시오.
(1) 전력용 콘덴서의 용량은 몇 [kVA]가 필요하겠는가?
(2) 잔류 전하를 방전시키기 위하여는 전력용 콘덴서에는 무엇이 있어야 하는가?
(3) 전력용 콘덴서에 직렬 리액터를 설치하는 이유는 무엇인지를 설명하고 합성 역률을 95[%]로 개선할 때 직렬 리액터는 이론상 몇 [kVA]가 필요하며, 실제로는 몇 [kVA]를 사용하는지를 설명하시오.
- 설치 이유
- 이론상 용량
- 실제의 용량

■ 직렬 리액터의 사용 목적
(모유 코일처럼 돌고)
- 콘덴서 개방시 재점호한 경우 모선의 과전압 억제
- 고조파 발생원에 의한 고조파전류의 유입억제와 계전기 오동작 방지
- 콘덴서 투입시 돌입전류 억제
- 콘덴서 사용시 고조파에 의한 전압파형의 왜곡방지

09 부속설비

1 전력용 콘덴서 (SC : Static Condenser)

역률개선을 목적으로 사용하며 부하와 병렬로 접속한다. 일명 병렬콘덴서라 불린다.

2 방전코일 (Discharging Coil : DC 또는 DSC)

콘덴서를 회로로부터 분리했을 때 전하가 잔류함으로써 일어나는 위험의 방지와 재투입할 때 콘덴서에 걸리는 과전압의 방지를 위해서 방전코일을 설치한다. 방전코일은 개로 후 5초 이내 50 [V] 이하로 저하시킬 능력이 있는 것을 설치하는 것이 바람직하다.
① 방전 개시 후 5초 이내에 콘덴서 단자전압 50 [V] 이하
② 절연저항 500 [MΩ] 이상
③ 최고사용전압은 정격전압의 115 [%] 이하(24시간 평균치 110 [%] 이하)

3 직렬리액터 (Series Reactor : SR)

대용량의 콘덴서를 설치하면 고조파 전류가 흘러 파형이 일그러지는 원인이 된다. 파형을 개선(제5고조파의 제거)하기 위해서 전력용 콘덴서와 직렬로 리액터를 설치한다. 직렬 리액터의 용량은 콘덴서 용량의 6 [%]가 표준정격으로 되어 있다. (계산상은 4 [%])

| 관련문제 | 14. 전력용 콘덴서 |

강의 NOTE

□□□ 92 ⓕ 01, 02, 14, 19

1 역률 개선용으로 정지형 콘덴서(static capacitor)를 설치하는데 다음 물음에 답하시오. (6점)

(1) 역률이란 무엇을 말하는지 간단히 설명하시오.

(2) 역률을 개선하는 원리를 간단히 설명하시오.

| 작성답안

(1) 유효전력과 피상전력의 비를 말하며, 전압과 전류의 위상차의 여현값과 같다.
(2) 부하에 병렬로 콘덴서를 설치하여 진상 전류를 흘려줌으로서 무효전력을 감소시켜 역률을 개선한다.

■ 역률개선
① 역률개선효과
• 변압기와 배전선의 전력 손실 경감
• 전압 강하의 감소
• 전원설비 용량의 여유 증가
• 전기 요금의 감소
② 과보상
• 앞선 역률에 의한 전력 손실이 생긴다.
• 모선 전압의 과상승
• 전원설비 용량의 여유감소로 과부하가 될 수 있다.
• 고조파 왜곡의 증대

□□□ 14, 15

2 역률 개선에 대한 효과를 4가지 쓰시오. (4점)

| 작성답안

• 변압기와 배전선의 전력 손실 경감
• 전압 강하의 감소
• 전원설비 용량의 여유 증가
• 전기 요금의 감소

■ 역률개선효과와 과보상
① 역률개선효과
   역률을 개선하는 주 목적은 전력손실을 경감하기 위한 것이다.
• 변압기와 배전선의 전력 손실 경감
• 전압 강하의 감소
• 전원설비 용량의 여유 증가
• 전기 요금의 감소
② 과보상
• 앞선 역률에 의한 전력 손실이 생긴다.
• 모선 전압의 과상승
• 전원설비 용량의 여유감소로 과부하가 될 수 있다.
• 고조파 왜곡의 증대

□□□ 94, 04, 17

3 부하설비의 역률이 90[%] 이하로 저하하는 경우, 수용가의 예상될 수 있는 손해 4가지를 쓰시오. (4점)

| 작성답안

① 전력손실이 커진다.
② 전기요금이 증가한다.
③ 전압강하가 커진다.
④ 전원설비가 부담하는 용량이 증가한다.

강의 NOTE

■ 역률개선
① 역률개선효과
- 변압기와 배전선의 전력 손실 경감
- 전압 강하의 감소
- 전원설비 용량의 여유 증가
- 전기 요금의 감소
② 과보상
- 앞선 역률에 의한 전력 손실이 생긴다.
- 모선 전압의 과상승
- 전원설비 용량의 여유감소로 과부하가 될 수 있다.
- 고조파 왜곡의 증대

□□□ 17

4 역률 과보상시 나타나는 현상 3가지를 쓰시오. (5점)

| 작성답안

- 전력손실의 증가
- 단자전압 상승
- 계전기 오동작

■ 역률개선효과와 과보상
① 역률개선효과
  역률을 개선하는 주 목적은 전력손실을 경감하기 위한 것이다.
- 변압기와 배전선의 전력 손실 경감
- 전압 강하의 감소
- 전원설비 용량의 여유 증가
- 전기 요금의 감소
② 과보상
- 앞선 역률에 의한 전력 손실이 생긴다.
- 모선 전압의 과상승
- 전원설비 용량의 여유감소로 과부하가 될 수 있다.
- 고조파 왜곡의 증대

□□□ 96, 04, 10

5 전력용콘덴서의 개폐제어는 크게 나누어 수동조작과 자동조작이 있다. 자동조작방식을 제어요소에 따라 분류할 때 그 제어요소는 어떤 것이 있는지 아는 대로 쓰시오. (4점)

| 작성답안

- 수전점 무효전력
- 수전점 전압
- 수전점 역률
- 부하전류
- 개폐시간

■ 콘덴서 제어방식

제어방식	적용	특징
수전점 : 무효전력에 의한 제어	모든 변동부하	부하의 종류에 관계없이 적용 가능하나, 순간적인 부하변동에 자연기능 부여
수전점 : 역률에 의한 제어	모든 변동부하	동일 역률이라 할지라도 부하의 크기에 따라 무효전력의 크기가 다르므로 적용하지 않음
모선전압에 의한 제어	전원 임피던스가 크고 전압변동률이 큰 계통	역률개선의 목적보다 전압강하를 억제할 것을 주목적으로 적용하는 경우로서, 전력회사에서 채용
프로그램에 의한 제어	하루 부하변동이 일정한 곳	시간의 조정과 조합으로 기능 변경이 가능하며, 조작이 간편하다
부하전류에 의한 제어	전류의 크기와 무효전력의 관계가 일정한 곳	변류기 2차측 전류만으로 적용이 가능하여 경제적인 방법이다. 단, 부하의 변화에 대한 정확한 조사가 필요하다
특정부하 개폐에 의한 제어	변동하는 특정부하 이외의 무효전력이 거의 일정한 곳	개폐기 접점신호에 의해 동작하므로 가장 경제적인 방법이다

□□□ 96, 07, 10 ㈜ 94

6 권수비가 33인 PT와 20인 CT를 그림과 같이 단상 고압 회로에 접속했을 때 전압계 Ⓥ와 전류계 Ⓐ 및 전력계 Ⓦ의 지시가 98 [V], 4.2 [A], 352 [W]이었다면 고압 부하의 역률은 몇 [%]가 되겠는가? (단, PT의 2차 전압은 110 [V], CT의 2차 전류는 5 [A]이다.) (5점)

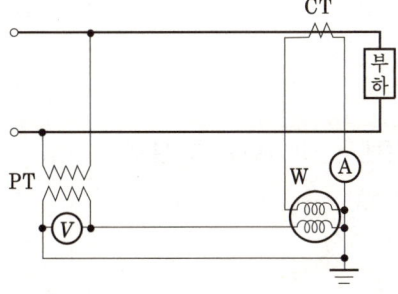

| 작성답안

계산 : 역률 $\cos\theta = \dfrac{P[W]}{VI[VA]} \times 100 = \dfrac{352}{98 \times 4.2} \times 100 = 85.52[\%]$

답 : 85.52[%]

□□□ 10

7 역률이 나쁘면 기기의 효율이 떨어지므로 역률 개선용 콘덴서를 설치한다. 어느 기기의 역률이 0.9 이었다면 이 기기의 무효율은 얼마나 되는지 구하시오. (5점)

| 작성답안

계산 : 무효율= $\sqrt{1-\cos\theta^2} = \sqrt{1-0.9^2} = 0.44$

답 : 0.44

□□□ 93, 17

8 50[Hz]로 사용하던 역률개선용 콘덴서를 같은 전압의 60[Hz]로 사용하면 전류는 어떻게 되는가? 전류비로 구하시오. (단, 인가전압 변동은 없다.)(4점)

| 작성답안

계산 : 콘덴서에 흐르는 전류는 $I_c = 2\pi f CV$ 에서 주파수에 비례하므로

$$\frac{60\text{Hz 전류 } I_c'}{50\text{Hz 전류 } I_c} = \frac{60}{50} = \frac{6}{5}$$

답 : $\frac{6}{5}$ 또는 1.2

□□□ 95, 11

9 부하 전력이 480 [kW], 역률 80 [%]인 부하에 전력용 콘덴서 220 [kVA]를 설치하면 역률은 몇 [%]가 되는가?(5점)

| 작성답안

계산 : 무효전력 $Q = 480 \times \frac{0.6}{0.8} = 360$ [kVar]

역률 $\cos\theta = \frac{480}{\sqrt{480^2 + (360-220)^2}} \times 100 = 96$ [%]

답 : 96[%]

□□□ 02, 18 ☆ 95

10 어느 공장의 3상 부하가 30 [kW]이고, 역률이 65 [%]이다. 이것의 역률을 90 [%]로 개선하려면 전력용 콘덴서 몇 [kVA]가 필요한가? (4점)

| 작성답안

계산 : $Q_c = P(\tan\theta_1 - \tan\theta_2) = 30 \times \left(\dfrac{\sqrt{1-0.65^2}}{0.65} - \dfrac{\sqrt{1-0.9^2}}{0.9} \right) = 20.54$ [kVA]

답 : 20.54[kVA]

> **강의 NOTE**
>
> V역률개선 콘덴서 용량 Q_c
> $= P\tan\theta_1 - P\tan\theta_2$
> $= P(\tan\theta_1 - \tan\theta_2)$
> $= P\left(\dfrac{\sin\theta_1}{\cos\theta_1} - \dfrac{\sin\theta_2}{\cos\theta_2} \right)$
> $= P\left(\dfrac{\sqrt{1-\cos^2\theta_1}}{\cos\theta_1} - \dfrac{\sqrt{1-\cos^2\theta_2}}{\cos\theta_2} \right)$ [kVA]
> 여기서, $\cos\theta_1$: 개선 전 역률,
> $\cos\theta_2$: 개선 후 역률
>
> **KEYWORD 14** 전력용 콘덴서

□□□ 84, 94

11 역률 0.8인 5000 [kVA]인 3상 평형 유도 부하가 있다. 이 부하와 병렬로 전력용 콘덴서를 설치하여 합성 역률을 0.95로 개선하고자 한다. 이 때 필요한 소요 콘덴서 용량은 얼마인가? (5점)

| 작성답안

계산 : 콘덴서 용량 $Q_c = 5000 \times 0.8 \left(\sqrt{\dfrac{1}{0.8^2} - 1} - \sqrt{\dfrac{1}{0.95^2} - 1} \right) = 1685.26$ [kVA]

답 : 1685.25[kVA]

□□□ 94, 01, 06, 11, 15

12 역률 85 [%], 10000 [kVA]의 부하를 가진 자가용 변전소에 2500 [kVA]의 전력용 콘덴서를 설치하여 역률을 개선하면 변압기에 걸리는 부하는 몇 [kVA]인가? (5점)

| 작성답안

계산 : 유효 전력 $P = 10000 \times 0.85 = 8500$ [kW]

무효 전력 $Q_1 = 10000 \times \sqrt{1-0.85^2} = 5267.83$ [kVar]

역률 개선 후의 무효 전력 $Q_2 = 5267.83 - 2500 = 2767.83$ [kVar]

∴ $P_a = \sqrt{8500^2 + 2767.83^2} = 8939.29$ [kVA]

답 : 8939.29 [kVA]

□□□ 89, 93, 97, 99, 01, 02, 14 ☆ 10, 20

13 어떤 공장에서 500[kVA]의 변압기에 역률 60[%]의 부하 500[kVA]가 접속되어 있다. 이 부하와 병렬로 콘덴서를 접속해서 합성 역률을 90[%]로 개선하면 부하는 몇 [kW] 증가시킬 수 있는가?(5점)

| 작성답안

계산 : $\Delta P = P_2 - P_1 = P_a \cdot \cos\theta_2 - P_a \cdot \cos\theta_1 = P_a(\cos\theta_2 - \cos\theta_1)$
$= 500 \times (0.9 - 0.6) = 150 [\text{kW}]$

답 : 150[kW]

강의 NOTE

■ 역률개선 콘덴서 용량
① 콘덴서 용량 Q_c
$= P\tan\theta_1 - P\tan\theta_2$
$= P(\tan\theta_1 - \tan\theta_2)$
$= P\left(\dfrac{\sin\theta_1}{\cos\theta_1} - \dfrac{\sin\theta_2}{\cos\theta_2}\right)$
$= P\left(\dfrac{\sqrt{1-\cos^2\theta_1}}{\cos\theta_1} - \dfrac{\sqrt{1-\cos^2\theta_2}}{\cos\theta_2}\right)$ [kVA]

여기서, $\cos\theta_1$: 개선 전 역률,
$\cos\theta_2$: 개선 후 역률
② 역률개선시 증가할 수 있는 부하
역률 개선에 따른 유효전력의 증가분
$\Delta P = P_a(\cos\theta_2 - \cos\theta_1)$[kW]
여기서, $\cos\theta_1$: 개선 전 역률
$\cos\theta_2$: 개선 후 역률

□□□ 99, 01, 02, 22 ☆ 89

14 전동기를 제작하는 어떤 공장에 700 [kVA]의 변압기가 설치되어 있다. 이 변압기에 역률 65 [%]의 부하 700 [kVA]가 접속되어 있다고 할 때, 이 부하와 병렬로 전력용 콘덴서를 접속하여 합성 역률을 90 [%]로 유지하려고 한다. 다음 각 물음에 답하시오. (6점)

(1) 전력용 콘덴서의 용량은 몇 [kVA]가 필요한가?

(2) 이 변압기에 부하는 몇 [kW] 증가시켜 접속할 수 있는가?

| 작성답안

(1) 계산 : $Q_c = 700 \times 0.65 \left(\dfrac{\sqrt{1-0.65^2}}{0.65} - \dfrac{\sqrt{1-0.9^2}}{0.9}\right) = 311.59$ [kVA]

답 : 311.59[kVA]

(2) 계산 : $\Delta P = P_a(\cos\theta_2 - \cos\theta_1) = 700(0.9 - 0.65) = 175$ [kW]

답 : 175 [kW]

□□□ 08, 13

15 정격 용량 700[kVA]인 변압기에서 지상 역률 65[%]의 부하에 700[kVA]를 공급하고 있다. 역률 90[%]로 개선하여 변압기의 전용량까지 부하에 공급하고자 한다. 다음 각 물음에 답하시오. (5점)

(1) 소요되는 전력용 콘덴서의 용량은 몇 [kVA]인가?

    ○ _____

(2) 역률 개선에 따른 유효 전력의 증가분은 몇 [kW]인가?

    ○ _____

강의 NOTE

■ 변압기 전용량까지 공급하는 조건에 주의하여야 한다.

■ 역률개선 콘덴서 용량
① 콘덴서 용량 Q_c
$= P\tan\theta_1 - P\tan\theta_2$
$= P(\tan\theta_1 - \tan\theta_2)$
$= P\left(\dfrac{\sin\theta_1}{\cos\theta_1} - \dfrac{\sin\theta_2}{\cos\theta_2}\right)$
$= P\left(\dfrac{\sqrt{1-\cos^2\theta_1}}{\cos\theta_1} - \dfrac{\sqrt{1-\cos^2\theta_2}}{\cos\theta_2}\right)$[kVA]
여기서, $\cos\theta_1$: 개선 전 역률,
        $\cos\theta_2$: 개선 후 역률
② 역률 개선시 증가할 수 있는 부하
$\Delta P = P_a(\cos\theta_2 - \cos\theta_1)$ [kW]
여기서, $\cos\theta_1$: 개선 전 역률
        $\cos\theta_2$: 개선 후 역률

KEYWORD **14** 전력용 콘덴서

| 작성답안

(1) 계산 : 역률 개선 전 무효전력 $P_{r1} = P_a\sin\theta = 700 \times \sqrt{1-0.65^2} = 531.95$[kVar]

       역률 개선 후 무효전력 $P_{r2} = P_a\sin\theta_2 = 700 \times \sqrt{1-0.9^2} = 305.12$[kVar]

       콘덴서 용량 $Q = P_{r1} - P_{r2} = 531.95 - 305.12 = 226.83$[kVar]

  답 : 226.83[kVA]

(2) 계산 : 유효전력 증가분 $\Delta P = P_a(\cos\theta_2 - \cos\theta_1) = 700 \times (0.9 - 0.65) = 175$[kW]

  답 : 175[kW]

□□□ 17, 18, 20

16 지상역률 80[%]인 100[kW] 부하에 지상역률 60[%]의 70[kW] 부하를 연결하였다. 이때 합성역률을 90[%]로 개선하는데 필요한 콘덴서 용량은 몇[kVA]인가?(5점)

• 계산 :

    ○ _____

• 답 :

    ○ _____

| 작성답안

계산 : 유효전력 $P = 100 + 70 = 170$ [kW]

     무효전력 $Q = 100 \times \dfrac{0.6}{0.8} + 70 \times \dfrac{0.8}{0.6} = 168.33$ [kVar]

     합성역률 $\cos\theta = \dfrac{170}{\sqrt{170^2 + 168.33^2}} \times 100 = 71.06$ [%]

     콘덴서용량 $Q_c = 170 \times \left(\dfrac{\sqrt{1-0.7106^2}}{0.7106} - \dfrac{\sqrt{1-0.9^2}}{0.9}\right) = 85.99$ [kVA]

답 : 85.99[kVA]

□□□ 94, 03, 08

17 어느 변전소에서 뒤진 역률 80 [%]의 부하 6000 [kW]가 있다. 여기에 뒤진 역률 60 [%], 1200 [kW] 부하가 증가하였을 경우 다음 각 물음에 답하시오. (6점)

(1) 부하 증가 후 역률을 90 [%]로 유지할 경우 전력용 콘덴서의 용량은 몇 [kVA]인가?

○ ─────────────

(2) 부하증가 후 변전소의 피상전력을 동일하게 유지할 경우 전력용 콘덴서의 용량은 몇 [kVA]인가?

○ ─────────────

> **강의 NOTE**
>
> ■ 피상전력을 동일하게 유지한다는 조건에 주의하여야 한다.

| 작성답안

(1) 계산 : 유효전력 = 6000 + 1200 = 7200 [kW]

무효전력 = $\dfrac{6000}{0.8} \times 0.6 + \dfrac{1200}{0.6} \times 0.8 = 6100$ [kVar]

∴ $\cos\theta_1 = \dfrac{7200}{\sqrt{7200^2 + 6100^2}} = 0.763$

$Q = P(\tan\theta_1 - \tan\theta_2)$ 에서

$Q = 7200\left(\dfrac{\sqrt{1-0.763^2}}{0.763} - \dfrac{\sqrt{1-0.9^2}}{0.9}\right) = 2612.58$ [kVA]

답 : 2612.58 [kVA]

(2) 계산 : 부하 증가 전 피상전력 = $\dfrac{6000}{0.8} = 7500$ [kVA]

부하 증가 후 무효전력 = $\dfrac{6000}{0.8} \times 0.6 + \dfrac{1200}{0.6} \times 0.8 = 6100$ [kVar]

부하 증가 후 유효전력 = 6000 + 1200 = 7200 [kW]

∴ $P_a = \sqrt{P^2 + Q^2} = \sqrt{7200^2 + (6100 - Q_c)^2} = 7500$

∴ $Q_c = 4000$ [kVA]

답 : 4000 [kVA]

□□□ 97, 00, 02, 03

18 어떤 공장에서 역률 0.6, 용량 300 [kVA]인 3상 평형 유도 부하가 사용되고 있다고 한다. 이 부하에 병렬로 전력용 콘덴서를 설치하여 합성 역률을 95 [%]로 개선한다고 할 때 다음 각 물음에 답하시오. (9점)

(1) 전력용 콘덴서의 용량은 몇 [kVA]가 필요하겠는가?

　○ _____

(2) 잔류 전하를 방전시키기 위하여는 전력용 콘덴서에는 무엇이 있어야 하는가?

　○ _____

(3) 전력용 콘덴서에 직렬 리액터를 설치하는 이유는 무엇인지를 설명하고 합성 역률을 95 [%]로 개선할 때 직렬 리액터는 이론상 몇 [kVA]가 필요하며, 실제로는 몇 [kVA]를 사용하는지를 설명하시오.

• 설치 이유

　○ _____

• 이론상 용량

　○ _____

• 실제의 용량

　○ _____

강의 NOTE

■ 직렬 리액터의 사용 목적
(모유 코일처럼 돌고)
- 콘덴서 개방시 재점호한 경우 모선의 과전압 억제
- 고조파 발생원에 의한 고조파전류의 유입 억제와 계전기 오동작 방지
- 콘덴서 투입시 돌입전류 억제
- 콘덴서 사용시 고조파에 의한 전압파형의 왜곡방지

■ 부속설비
① 방전코일 (Discharging Coil : DC 또는 DSC) : 콘덴서를 회로로부터 분리했을 때 전하가 잔류 함으로써 일어나는 위험의 방지와 재투입할 때 콘덴서에 걸리는 과전압의 방지를 위해서 방전코일을 설치한다. 방전코일은 개로 후 5초 이내 50 [V] 이하로 저하시킬 능력이 있는 것을 설치하는 것이 바람직하다.
• 방전 개시 후 5초 이내에 콘덴서 단자 전압 50 [V] 이하
• 절연저항 500 [MΩ] 이상
• 최고사용전압은 정격전압의 115 [%] 이하 평균치 110 [%] 이하
② 직렬리액터 (Series Reactor : SR) : 대용량의 콘덴서를 설치하면 고조파 전류가 흘러 파형이 일그러지는 원인이 된다. 파형을 개선(제5고조파의 제거)하기 위해서 전력용 콘덴서와 직렬로 리액터를 설치한다. 직렬 리액터의 용량은 콘덴서 용량의 6 [%]가 표준정격으로 되어 있다. (계산상은 4 [%])

| 작성답안

(1) 계산 : $Q_c = P_a \cos\theta_1 \left(\dfrac{\sin\theta_1}{\cos\theta_1} - \dfrac{\sin\theta_2}{\cos\theta_2} \right) = 300 \times 0.6 \left(\dfrac{\sqrt{1-0.6^2}}{0.6} - \dfrac{\sqrt{1-0.95^2}}{0.95} \right)$

$= 180.84$ [kVA]

답 : 180.84 [kVA]

(2) 방전 코일

(3) 설치 이유 : 제5고조파 제거

　이론상 용량 : $180.84 \times 0.04 = 7.23$ [kVA]

　실제 용량 : $180.84 \times 0.06 = 10.85$ [kVA]

□□□ 90, 07, 11, 14

19 전압 220[V], 1시간 사용 전력량 40[kWh], 역률 80[%]인 3상 부하가 있다. 이 부하의 역률을 개선하기 위하여 용량 30[kVA]의 진상 콘덴서를 설치하는 경우, 개선후의 무효전력과 전류는 몇 [A] 감소하였는지 계산하시오. (5점)

(1) 개선 후 무효전력

○ _____

(2) 감소된 전류

○ _____

> **강의 NOTE**
>
> ■ 전류의 차
>
> 전류의 차를 벡터의 연산으로 계산할 수 없음을 주의해야 한다. 벡터 연산으로 계산할 경우는 두 전류가 시간과 공간적으로 같은 위치에서 합성이 될 경우에 가능하다. 그러나 이 경우는 시간적으로 같은 시간에 전류가 흐를 수 없으므로 벡터 연산이 불가능하다.

| 작성답안

(1) 계산 : $P_{r1} = P\tan\theta = 40 \times \dfrac{0.6}{0.8} = 30$ [kVar]

$P_{r2} = P_{r1} - Q_c = 30 - 30 = 0$ [kVar]

답 : 0

(2) 계산 : 역률 개선 전 전류 : $I_1 = \dfrac{P}{\sqrt{3}\,V\cos\theta_1} = \dfrac{40000}{\sqrt{3}\times 220 \times 0.8} = 131.22$[A]

역률 개선 후 전류 : $I_2 = \dfrac{P}{\sqrt{3}\,V\cos\theta_2} = \dfrac{40000}{\sqrt{3}\times 220 \times 1} = 104.97$[A]

전류 차 : $I_1 - I_2 = 131.22 - 104.97 = 26.25$[A]

답 : 26.25[A]

□□□ 10

20 역률을 0.7에서 0.9로 개선하면 전력손실은 개선 전의 몇 [%]가 되겠는가? (5점)

○ _____

| 작성답안

계산 : $P_l = \dfrac{RP^2}{V^2\cos^2\theta}$ 에서 $P_l \propto \dfrac{1}{\cos^2\theta}$

∴ $P_l' = \dfrac{1}{\left(\dfrac{0.9}{0.7}\right)^2} \times P_l = 0.6049\,P_l$ [kW]

답 : 60.49[%]

□□□ 07, 08, 11, 13, 21

21 부하에 병렬로 콘덴서를 설치하고자 한다. 다음 조건을 참고하여 각 물음에 답하시오. (8점)

【조건】
부하1은 역률이 60[%]이고, 유효전력 180[kW], 부하2는 유효전력 120[kW]이고, 무효전력이 160[kVar]이며, 배전 전력손실은 40[kW]이다.

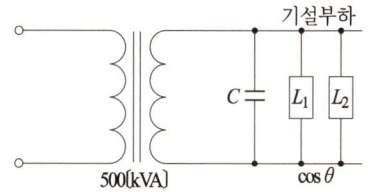

(1) 부하1과 부하2의 합성 용량은 몇 [kVA]인가?

○ _____

(2) 부하1과 부하2의 합성 역률은 얼마인가?

○ _____

(3) 합성 역률을 90[%]로 개선하는데 필요한 콘덴서 용량은 몇 [kVA]인가?

○ _____

(4) 역률 개선 시 배전의 전력손실은 몇 [kW]인가?

○ _____

강의 NOTE

■ 역률개선
① 역률개선용 콘덴서 용량
$$Q_c = P\tan\theta_1 - P\tan\theta_2$$
$$= P(\tan\theta_1 - \tan\theta_2)$$
$$= P\left(\frac{\sin\theta_1}{\cos\theta_1} - \frac{\sin\theta_2}{\cos\theta_2}\right)$$
$$= P\left(\frac{\sqrt{1-\cos^2\theta_1}}{\cos\theta_1}\right.$$
$$\left. - \frac{\sqrt{1-\cos^2\theta_2}}{\cos\theta_2}\right)[kVA]$$

여기서, $\cos\theta_1$: 개선 전 역률,
$\cos\theta_2$: 개선 후 역률

② 전력손실
$$P_L = \frac{P^2 R}{V^2\cos^2\theta}$$ 에서
$$P_L \propto \frac{1}{\cos\theta^2}$$ 가 된다.

KEYWORD 14 전력용 콘덴서

| 작성답안

(1) 계산 : 유효전력 $P = P_1 + P_2 = 180 + 120 = 300[kW]$

무효전력 $Q = P_1\tan\theta_1 + Q_2 = 180 \times \frac{0.8}{0.6} + 160 = 400[kVar]$

피상전력 $P_a = \sqrt{300^2 + 400^2} = 500[kVA]$

답 : 500 [kVA]

(2) 계산 : 합성역률 $\cos\theta = \frac{P}{P_a} \times 100 = \frac{300}{500} \times 100 = 60$ [%]

답 : 60[%]

(3) 계산 : $Q_c = P(\tan\theta_1 - \tan\theta_2) = 300\left(\frac{0.8}{0.6} - \frac{\sqrt{1-0.9^2}}{0.9}\right) = 254.7$ [kVA]

답 : 253.7[kVA]

(4) 전력손실은 역률의 제곱에 반비례 한다.

계산 : $P_L' = \frac{1}{\left(\frac{0.9}{0.6}\right)^2} \times 40 = 17.78$ [kW]

답 : 17.78 [kW]

□□□ 07, 08, 11, 15

22 정격용량 500 [kVA]의 변압기에서 배전선의 전력손실을 40 [kW]로 유지하면서 부하 L_1, L_2에 전력을 공급하고 있다. 지금 그림과 같이 전력용 콘덴서를 기존 부하와 병렬로 연결하여 합성 역률을 90 [%]로 개선하고 새로운 부하를 증설하려고 할 때 다음 물음에 답하시오. (단, 여기서 부하 L_1은 역률 60 [%], 180 [kW]이고, 부하 L_2의 전력은 120 [kW], 160 [kVar] 이다.)(8점)

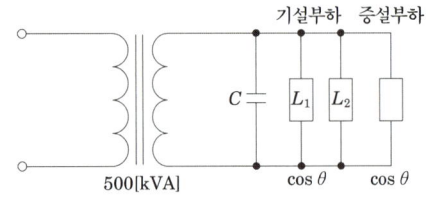

(1) 부하 L_1과 L_2의 합성용량 [kVA]과 합성역률은?
　① 합성용량

　② 합성역률

(2) 역률 개선시 변압기 용량의 한도까지 부하설비를 증설하고자 할 때 증설 부하용량은 몇 [kW]인가? (단, 배전선의 전력손실은 무시하지 않는다.)

강의 NOTE

■ 손실을 40kW로 유지한다는 조건에 주의하여야 한다.

| 작성답안

(1) ① 합성용량
　계산 : 유효전력 $P = P_1 + P_2 = 180 + 120 = 300$ [kW]
　무효전력 $Q = Q_1 + Q_2 = \dfrac{P_1}{\cos\theta_1} \times \sin\theta_1 + Q_2 = \dfrac{180}{0.6} \times 0.8 + 160 = 400$ [kVar]
　합성용량 $P_a = \sqrt{P^2 + Q^2} = \sqrt{300^2 + 400^2} = 500$ [kVA]
　답 : 500 [kVA]
② 합성역률
　계산 : $\cos\theta = \dfrac{P}{P_a} \times 100 = \dfrac{300}{500} \times 100 = 60$ [%]
　답 : 60 [%]
(2) 계산 : 역률 개선 후 유효전력 $P = P_a \cos\theta = 500 \times 0.9 = 450$ [kW]
　증설 부하 용량 $\triangle P = P - P_1 - P_2 - P_l = 450 - 180 - 120 - 40 = 110$ [kW]
　답 : 110 [kW]

23
3상 전원에 접속된 Δ 결선의 콘덴서를 Y결선으로 바꾸면 진상 용량이 어떻게 되는지 관계식을 이용하여 설명하시오. (5점)

| 작성답안

Δ 결선의 경우 $Q = 3VI_d = 3 \times 2\pi f C_d V^2 \times 10^{-3}$ [kVA]

Y 결선의 경우 $Q = \sqrt{3} VI_s = \sqrt{3} \times 2\pi f C_s \dfrac{V^2}{\sqrt{3}} \times 10^{-3}$ [kVA]

$\therefore \dfrac{Q_Y}{Q_\Delta} = \dfrac{1}{3}$ 배

Y로 결선할 경우 Δ 결선시의 $\dfrac{1}{3}$ 배가 된다.

강의 NOTE
- 설명하는 문제이므로 답만 적을 경우는 오답으로 처리됨을 주의한다.

24
10[kVar]의 전력용 콘덴서를 설치하고자 할 때 필요한 콘덴서의 정전용량 [μF]을 각각 구하시오. (단, 사용전압은 380[V]이고, 주파수는 60[Hz]이다.) (8점)

(1) 단상 콘덴서 3대를 Y결선할 때 콘덴서의 정전용량[μF]

(2) 단상 콘덴서 3대를 Δ결선할 때 콘덴서의 정전용량[μF]

(3) 콘덴서는 어떤 결선으로 하는 것이 유리한지 설명하시오.

| 작성답안

(1) 계산 : $Q = 3\omega C \left(\dfrac{V}{\sqrt{3}}\right)^2 = \omega C V^2$

$\therefore C = \dfrac{Q}{\omega V^2} = \dfrac{10 \times 10^3}{2\pi \times 60 \times 380^2} \times 10^6 = 183.70$ [μF]

답 : 183.7[μF]

(2) 계산 : $Q = 3\omega C V^2$

$\therefore C = \dfrac{Q}{3\omega V^2} = \dfrac{10 \times 10^3}{3 \times 2\pi \times 60 \times 380^2} \times 10^6 = 61.23$ [μF]

답 : 61.23[μF]

(3) Δ결선시 콘덴서 정전용량은 Y결선시의 $\dfrac{1}{3}$이 필요하므로 Δ결선으로 하는 것이 유리하다.

강의 NOTE
- $Q = 3EI_c = 3E \times 2\pi f CE = 6\pi f CE^2$
① Y결선 $E = \dfrac{V}{\sqrt{3}}$ 이므로
$Q = 6\pi f C \left(\dfrac{V}{\sqrt{3}}\right)^2 = 2\pi f C V^2$
② Δ결선 $E = V$ 이므로 $Q = 6\pi f C V^2$

□□□ 14, 20

25 어떤 콘덴서 3개를 선간 전압 3300 [V], 주파수 60 [Hz]의 선로에 △로 접속하여 60 [kVA]가 되도록 하려면 콘덴서 1개의 정전 용량[μF]은 약 얼마로 하여야 하는가? (5점)

| 작성답안

계산 : △ 결선이므로 $Q_C = 3 \times 2\pi f C V^2 \times 10^{-9}$ [kVA]

$$\therefore C = \frac{Q_c \times 10^9}{6\pi f V^2} = \frac{60 \times 10^9}{6\pi \times 60 \times 3300^2} = 4.87 [\mu F]$$

답 : 4.87[μF]

강의 NOTE

■ $Q = 3EI_c = 3E \times 2\pi f CE = 6\pi f CE^2$

① Y결선 $E = \frac{V}{\sqrt{3}}$ 이므로

$$Q = 6\pi f C \left(\frac{V}{\sqrt{3}}\right)^2 = 2\pi f C V^2$$

② △결선 $E = V$ 이므로 $Q = 6\pi f C V^2$

□□□ 19

26 사용전압은 3상 380[V]이고, 주파수는 60[Hz]의 1[kVA]의 전력용 콘덴서를 설치하고자 할 때 필요한 콘덴서의 정전용량[μF]을 선정하시오. (선정값 : 10, 15, 20, 30, 50, 75[μF])(5점)

| 작성답안

계산 : $Q_C = 2\pi f C V^2 \times 10^{-9}$ [kVA]에서

$$C = \frac{Q_c \times 10^9}{2\pi f V^2} = \frac{1 \times 10^9}{2\pi \times 60 \times 380^2} = 18.37[\mu F]$$

∴ 표준용량 20[μF]선정

답 : 20[μF]

■ 콘덴서 용량

콘덴서 용량을 나타내는 방법은 kVar와 μF 두 가지가 있다. 단위 환산 방법은 다음과 같다.

$Q_c = 2\pi f C V^2 \times 10^{-9}$ [kVar]

$C = \frac{Q_c \times 10^9}{2\pi f C V^2}$ [μF]

여기서
C : 정전용량[μF]
Q_c : 콘덴서용량 [kVar]
V : 정격전압
f : 주파수[Hz]

□□□ 10, 14

27
정격출력 300 [kVA], 역률 80 [%]인 전동기 회로에 역률 개선용 콘덴서를 설치하여 역률 90 [%]로 개선하기 위하여 다음 표를 이용하여 콘덴서 용량을 구하시오. (5점)

콘덴서 용량 계산표

		개선 후의 역률													
		1.0	0.99	0.98	0.97	0.96	0.95	0.94	0.93	0.92	0.91	0.9	0.875	0.85	0.825	0.8
개선 전의 역률	0.4	230	216	210	205	201	197	194	190	187	184	182	175	168	161	155
	0.425	213	198	192	188	184	180	176	173	170	167	164	157	151	144	138
	0.45	198	183	177	173	168	165	161	158	155	152	149	143	138	129	123
	0.475	185	171	165	161	156	159	149	146	143	140	137	130	123	116	110
	0.5	173	159	153	148	144	140	137	134	130	128	125	118	111	104	93
	0.525	162	148	142	137	133	129	126	122	119	117	114	107	100	93	87
	0.55	152	138	132	127	123	119	116	112	109	108	104	97	90	83	77
	0.575	142	128	122	117	114	110	106	103	99	96	94	87	80	73	67
	0.6	133	119	113	108	104	101	97	94	91	88	85	78	71	65	58
	0.625	125	111	105	100	96	92	89	85	82	79	77	70	63	58	50
	0.65	116	103	97	92	88	84	81	77	74	71	69	62	55	48	42
	0.675	109	95	89	84	80	76	73	70	66	64	61	54	47	40	34
	0.7	102	88	81	77	73	69	66	62	59	56	54	46	40	33	27
	0.725	95	81	75	70	66	62	59	55	52	49	46	39	33	26	20
	0.75	88	74	67	63	58	55	52	49	45	43	40	33	26	19	13
	0.775	81	67	61	57	52	49	45	42	39	36	33	26	19	12	6.5
	0.8	75	61	54	50	46	42	39	35	32	29	27	19	13	6	6
	0.825	69	54	48	44	40	36	32	29	28	23	21	13	7		
	0.85	62	48	42	37	33	29	26	22	19	16	14	7			
	0.875	55	41	35	30	28	23	19	16	13	10	7				
	0.9	48	34	28	23	19	16	12	9	6	2.8					

○

| 작성답안

계산 : 표에서 개선 전 역률 80 [%]와 개선 후 역률 90 [%]가 만나는 곳 27 [%] 선정
콘덴서 소요용량 Q_c = 300 × 0.8 × 0.27 = 64.8 [kVA]
답 : 64.8 [kVA]

□□□ 96, 99

28
어떤 건물의 지하실에 기기를 배치하여 동력 설비를 평면도와 같이 하고 전동기 제어 캐비넷(MCC)에서 일괄 제어하고자 한다. 주어진 도면과 조건 및 참고자료를 이용하여 다음 각 물음에 답하시오. (11점)

(1) 급수펌프 전동기의 역률을 제어반(MCC)에서 90 [%]로 개선할 전력용 콘덴서의 용량은 몇 [μF]인가?

○ _____

(2) 모든 전동기는 3상 380 [V]로 운전하는 것으로 하여 최대사용전류를 계산하고 변류기의 변류비, 전압계의 눈금범위, 전류계의 눈금범위를 정하시오.(단, 모든 전동기의 역률은 90 [%]로 개선시켰다고 가정한다.)

○ _____

(3) 기기 배치 평면도와 MCC 전면도를 참고하여 이 방의 인입선으로부터 전동기까지의 단선 결선도를 작성하시오.(단, 답안지의 점선 내부에만 그리되 규격, 용량 등은 표시하지 않아도 됨. 또한 진상용 콘덴서도 포함시켜 그릴 것)

【도면】

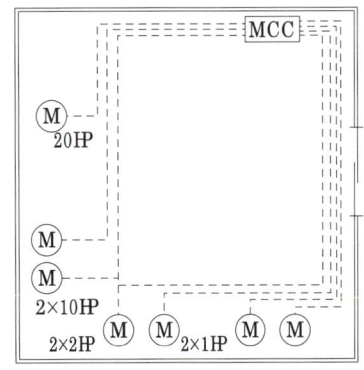 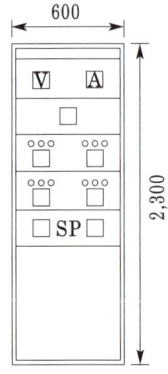

【조건】
① 각 전동기에 대한 내역은 다음 표와 같다.

동력 설비표

분기회로 NO	기기명	전동기 [HP]	상용 대수	예비 대수	전동기의 역률
1	소방가압펌프	20	1		80 [%]
2	급수펌프	10	1	1	75 [%]
3	순환펌프	2	1	1	75 [%]
4	급유펌프	1	1	1	60 [%]
5	예비				2회로 증설 예정
합계		33	4	3	

■ 전압계의 최대 눈금은 정격전압의 150[%]가 되도록 선정

② 모든 전동기는 전자 개폐기에 의하여 운전, 정지하며 예비 전동기와 상시 전동기는 3극 쌍투개폐기(DTS)에 의하여 필요한 경우에 제어반에서 전환하기로 한다.

③ 인입 개폐기외 분기 개폐기는 모두 배선용 차단기(MCCB)를 사용하기로 한다.

④ 수전은 3상 4선식 220/380 [V]임

⑤ $C[\mu\text{F}] = \dfrac{P_c}{2\pi f\, V^2} \times 10^9$ (단, V는 정격전압, f는 정격주파수)

[표 1] 부하에 대한 콘덴서 용량 산출표

		개선 후의 역률													
		1.0	0.99	0.98	0.97	0.96	0.95	0.94	0.93	0.92	0.91	0.9	0.875	0.85	0.825	0.8
개선 전의 역률	0.4	230	216	210	205	201	197	194	190	187	184	182	175	168	161	155
	0.425	213	198	192	188	184	180	176	173	170	167	164	157	151	144	138
	0.45	198	183	177	173	168	165	161	158	155	152	149	143	138	129	123
	0.475	185	171	165	161	156	159	149	146	143	140	137	130	123	116	110
	0.5	173	159	153	148	144	140	137	134	130	128	125	118	111	104	93
	0.525	162	148	142	137	133	129	126	122	119	117	114	107	100	93	87
	0.55	152	138	132	127	123	119	116	112	109	108	104	97	90	83	77
	0.575	142	128	122	117	114	110	106	103	99	96	94	87	80	73	67
	0.6	133	119	113	108	104	101	97	94	91	88	85	78	71	65	58
	0.625	125	111	105	100	96	92	89	85	82	79	77	70	63	58	50
	0.65	116	103	97	92	88	84	81	77	74	71	69	62	55	48	42
	0.675	109	95	89	84	80	76	73	70	66	64	61	54	47	40	34
	0.7	102	88	81	77	73	69	66	62	59	56	54	46	40	33	27
	0.725	95	81	75	70	66	62	59	55	52	49	46	39	33	26	20
	0.75	88	74	67	63	58	55	52	49	45	43	40	33	26	19	13
	0.775	81	67	61	57	52	49	45	42	39	36	33	26	19	12	6.5
	0.8	75	61	54	50	46	42	39	35	32	29	27	19	13	6	6
	0.825	69	54	48	44	40	36	32	29	28	23	21	13	7		
	0.85	62	48	42	37	33	29	26	22	19	16	14	7			
	0.875	55	41	35	30	28	23	19	16	13	10	7				
	0.9	48	34	28	23	19	16	12	9	6	2.8					

[표 2] kVA당 MFD

전압[V]	220	380	400	440	3300	6600
용량[MFD]	54.8	18.4	16.6	13.7	0.24357	0.06089

| 작성답안

(1) [표 1]에서 $k_\theta = 0.4$

∴ $P = 10 \times 0.746 = 7.46$ [kW]

∴ $Q_c = 7.46 \times 0.4 = 2.984$ [kVA]

[표 2]에서 380 [V] 1 [kVA]의 C는 18.4 [μF]이므로

$C = 2.984 \times 18.4 = 54.91$ [μF]

답 : 54.91 [μF]

(2) 정격 전류 $I = \dfrac{33 \times 0.746 \times 10^3}{\sqrt{3} \times 380 \times 0.9} = 41.56$ [A]

① 변류비 : $I = 41.56 \times (1.5 \sim 2) = 62.34 \sim 83.12$ 이므로 CT는 75/5를 선정

② 전압계 : 전압계의 최대 눈금은 정격전압의 150 [%]가 되도록 선정하므로

$380 \times 1.5 = 570$ [V]

∴ 600 [V] 선정

③ 전류계 : CT비를 75/5로 정하면 전류계의 눈금은 0~75 [A]

(3)

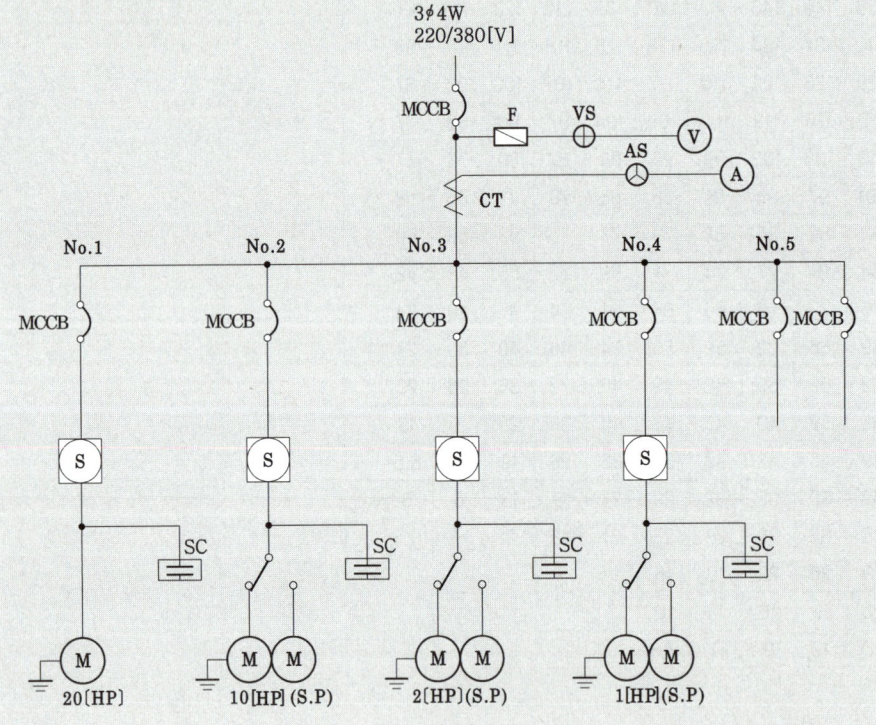

■ S.P : spare

☐☐☐ 90, 99

29
어느 신설 공장에서 자가용 전기 설비를 시운전하여 표와 같은 값을 얻었다. 부하 전력을 500 [kW]로 하고 역률을 85 [%]로 개선하기 위하여 이 공장의 수전실에 전력용 고압콘덴서를 설치하고자 한다. 다음 각 물음에 답하시오. (10점)

수전일지의 일부

시각	전력량계의 지시[kWh]	전압[kV]			전류[A]		
		V_{12}	V_{23}	V_{31}	I_1	I_2	I_3
14:00	39,700	6.5	6.5	6.5	70	70	70
15:00	40,200	6.5	6.5	6.5	70	70	70
16:00	40,700	6.5	6.5	6.5	70	70	70
17:00	40,900	6.5	6.5	6.5	70	70	70

(1) 전력용 고압콘덴서를 설치하기 전 3상 부하의 무효 전력은 몇 [kVar]인가?

○ _____

(2) 설치할 전력용 고압콘덴서의 용량은 몇 [kVA]인가?

○ _____

| 작성답안

(1) 계산 : 개선 전 역률 $\cos\theta = \dfrac{P}{\sqrt{3}\,VI} = \dfrac{500}{\sqrt{3}\times 6.5 \times 70}\times 100 = 63.45\,[\%]$

∴ 무효 전력 $Q = P \times \dfrac{\sin\theta}{\cos\theta} = 500 \times \dfrac{\sqrt{1-0.6345^2}}{0.6345} = 609.08\,[\text{kVar}]$

답 : 609.08 [kVar]

(2) 계산 : $Q_c = P(\tan\theta_1 - \tan\theta_2) = P\left(\dfrac{\sqrt{1-\cos\theta_1^2}}{\cos\theta_1} - \dfrac{\sqrt{1-\cos\theta_2^2}}{\cos\theta_2}\right)\,[\text{kVA}]$

$Q_c = 500\left(\dfrac{\sqrt{1-0.6345^2}}{0.6345} - \dfrac{\sqrt{1-0.85^2}}{0.85}\right) = 299.21\,[\text{kVA}]$

답 : 299.21 [kVA]

□□□ 09

30 집합형으로 콘덴서를 설치할 경우와 비교하여, 전동기 단자에 개별로 콘덴서를 설치할 경우 예상되는 장점 및 단점을 각 1가지씩만 쓰시오. (5점)

| 작성답안

장점 : 역률개선의 효과가 크다.
단점 : 설치 면적과 설치비용이 많이 발생한다.

□□□ 92, 99, 07, 09, 11 ㉛ 00, 03, 05

31 다음 그림은 전력용 콘덴서 계통의 일부를 나타낸 것이다. 그림에서 가, 나, 다의 명칭과 역할에 대하여 쓰시오. (9점)

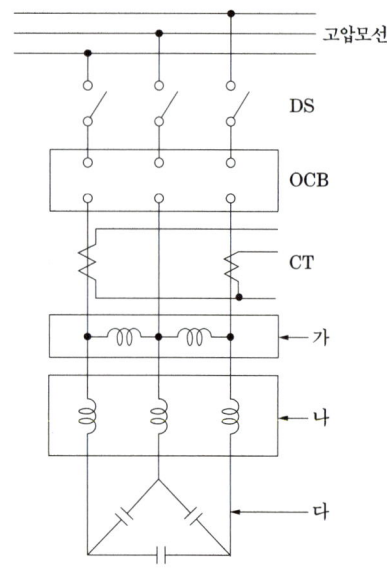

| 작성답안

번호	명칭	역할
가	방전 코일	전하가 잔류 함으로 일어나는 위험의 방지와 재투입할 때 콘덴서에 걸리는 과전압의 방지
나	직렬 리액터	제5고조파 또는 제3고조파를 제거하여 파형을 개선한다.
다	전력용 콘덴서	역률을 개선한다.

강의 NOTE

■ 전력용 콘덴서 설치방법

전력용 콘덴서를 설치하는 장소는 구내계통, 부하의 조건, 설치효과, 보수 및 점검 등을 고려하여 검토하여야 한다. 설치방법은 일반적으로 3가지로 구분한다.

① 수전단 모선에 설치하는 방법 : 이 방법은 관리가 편리하고, 경제적이고, 무효전력의 변화에 대하여 신속한 대처가 가능하다. 다만, 선로의 개선효과는 기대할 수 없다.

② 수전단 모선과 부하측에 분산하여 설치하는 방법 : 수전단 모선에 설치하는 방법 보다 역률개선의 효과는 크다.

③ 부하측에 분산하여 설치하는 방법 : 이 방법이 가장 이상적이고 효과적인 역률개선 방법이다. 다만, 설치 면적과 설치비용이 많이 발생하는 단점이 있다.

■ 부속설비

① 방전코일(Discharging Coil : DC 또는 DSC)
콘덴서를 회로로부터 분리했을 때 전하가 잔류함으로써 일어나는 위험의 방지와 재투입할 때 콘덴서에 걸리는 과전압의 방지를 위해서 방전코일을 설치한다. 방전코일은 개로 후 5초 이내 50 [V] 이하로 저하시킬 능력이 있는 것을 설치하는 것이 바람직하다.

- 방전 개시 후 5초 이내에 콘덴서 단자전압 50 [V] 이하
- 절연저항 500 [MΩ] 이상
- 최고사용전압은 정격전압의 115 [%] 이하(24시간 평균치 110 [%] 이하)

② 직렬리액터 (Series Reactor : SR)
대용량의 콘덴서를 설치하면 고조파 전류가 흘러 파형이 일그러지는 원인이 된다. 파형을 개선(제5고조파의 제거)하기 위해서 전력용 콘덴서와 직렬로 리액터를 설치한다. 직렬 리액터의 용량은 콘덴서 용량의 6 [%]가 표준정격으로 되어 있다.(계산상은 4 [%])

□□□ 13, 20

32 역률 개선용 콘덴서와 직렬로 연결하여 사용하는 직렬 리액터의 사용 목적 4가지를 쓰시오. (4점)

○ _____

| 작성답안

① 콘덴서 사용시 고조파에 의한 전압파형의 왜곡방지
② 콘덴서 투입시 돌입전류 억제
③ 콘덴서 개방시 재점호한 경우 모선의 과전압 억제
④ 고조파 발생원에 의한 고조파전류의 유입억제와 계전기 오동작 방지

강의 NOTE

■ 직렬 리액터의 사용 목적
(모두 코일처럼 돌고)
- 콘덴서 개방시 재점호한 경우 모선의 과전압 억제
- 고조파 발생원에 의한 고조파전류의 유입억제와 계전기 오동작 방지
- 콘덴서 투입시 돌입전류 억제
- 콘덴서 사용시 고조파에 의한 전압파형의 왜곡방지

KEYWORD 14
전력용 콘덴서

□□□ 97, 00, 02, 03, 05, 07, 08, 09, 12, 15

33 어떤 공장의 전기설비로 역률 0.8, 용량 200[kVA]인 3상 유도부하가 사용되고 있다. 이 부하에 병렬로 전력용 콘덴서를 설치하여 합성 역률을 0.95로 개선할 경우 다음 각 물음에 답하시오. (8점)

(1) 전력용 콘덴서의 용량은 몇 [kVA]가 필요한가?

○ _____

(2) 전력용 콘덴서의 직렬리액터를 함께 설치할 때 설치하는 이유와 용량은 몇 [kVA]를 설치하여야 하는지를 쓰시오.

○ _____

■ 직렬리액터
[이론상] 리액터 용량 = 콘덴서 용량×4[%]
[실제상] 리액터 용량 = 콘덴서 용량×6[%]

| 작성답안

(1) 계산 : $Q_c = P(\tan\theta_1 - \tan\theta_2) = 200 \times 0.8 \times \left(\frac{0.6}{0.8} - \frac{\sqrt{1-0.95^2}}{0.95}\right) = 67.410$[kVA]

답 : 67.41[kVA]

(2) 이유 : 제5고조파를 제거하여 파형개선
콘덴서 용량의 4[%]일 때 $67.41 \times 0.04 = 2.696$[kVA]
콘덴서 용량의 6[%]일 때 $67.41 \times 0.06 = 4.044$[kVA]
답 : 이론상 2.7[kVA], 실제상 4.04[kVA]

□□□ 11

34 전력용 콘덴서 설치장소(2가지)와 전력용 콘덴서 및 직렬 리액터의 역할을 간단히 설명하시오. (4점)

(1) 전력용 콘덴서 설치 장소

○ _____

(2) ① 전력용 콘덴서의 역할

○ _____

② 직렬 리액터의 역할

○ _____

| 작성답안

(1) • 수전단 모선에 설치하는 방법
 • 부하측에 분산하여 설치하는 방법
  그 외
 • 수전단 모선과 부하측에 분산하여 설치하는 방법
(2) ① 역률 개선
 ② 제5고조파 제거

□□□ 11, 16

35 전력용 콘덴서에 직렬리액터를 반드시 넣어야 하는 경우를 2가지 쓰고, 그 효과를 설명하시오. (4점)

경우	효과

| 작성답안

경우	효과
부하 설비에 의한 고조파 발생의 경우	고조파에 의한 파형의 일그러짐을 방지
콘덴서 투입시 발생하는 돌입전류에 의해 전원계통 및 부하설비에 악영향을 미칠 우려가 있는 경우	콘덴서 투입시의 돌입전류를 제한

■ 직렬 리액터의 사용 목적
(모유 코일처럼 돌고)
- 콘덴서 개방시 재점호한 경우 모선의 과전압 억제
- 고조파 발생원에 의한 고조파전류의 유입 억제와 계전기 오동작 방지
- 콘덴서 투입시 돌입전류 억제
- 콘덴서 사용시 고조파에 의한 전압파형의 왜곡방지

15

36 다음 내용에서 ①~③에 알맞은 내용을 답란에 쓰시오. (5점)

> 회로의 전압은 주로 변압기의 자기포화에 의하여 변형이 일어나는데 (①)을(를) 접속함으로서 이 변형이 확대되는 경우가 있어 전동기, 변압기 등의 소음증대, 계전기의 오동작 또는 기기의 손실이 증대되는 등의 장해를 일으키는 경우가 있다. 그러기 때문에 이러한 장해의 발생 원인이 되는 전압파형의 찌그러짐을 개선할 목적으로 (①)와(과) (②)로(으로) (③)을(를) 설치한다.

①	②	③

작성답안

①	②	③
전력용 콘덴서	직렬	직렬 리액터

08, 10, 18, 21 96, 02, 03, 05, 07, 08, 15

37 제5고조파 전류의 확대 방지 및 스위치 투입시 돌입전류 억제를 목적으로 역률 개선용 콘덴서에 직렬 리액터를 설치하고자 한다. 콘덴서의 용량이 500[kVA]라고 할 때 다음 각 물음에 답하시오. (6점)

(1) 이론상 필요한 직렬 리액터의 용량은 몇 [kVA]인가?

  ○ _____

(2) 실제적으로 설치하는 직렬 리액터의 용량은 몇 [kVA]인가?
  • 리액터의 용량

  ○ _____

  • 사유

  ○ _____

■ 직렬리액터
[이론상] 리액터 용량 = 콘덴서 용량×4[%]
[실제상] 리액터 용량 = 콘덴서 용량×6[%]

작성답안

(1) 계산 : 500×0.04 = 20[kVA]
  답 : 20[kVA]
(2) 리액터의 용량 : 500×0.06 = 30[kVA]
  사유 : 주파수 변동 등을 고려하여 6%를 선정한다.

38 콘덴서 회로의 제5고조파를 유도성으로 하기 위해 직렬 리액터를 삽입한다. 이때 다음 각 물음에 답하시오. (5점)

(1) 리액터 용량은 콘덴서 용량의 몇 [%] 이상으로 하는가? (단, 근거식을 써서 설명하시오.)

　○ _____

(2) 실제로 주파수 변동이나 경제성을 고려하여 일반적으로 콘덴서 용량의 몇 [%]로 하는가?

　○ _____

강의 NOTE

■ 직렬리액터
[이론상] 리액터 용량 = 콘덴서 용량 × 4[%]
[실제상] 리액터 용량 = 콘덴서 용량 × 6[%]

| 작성답안

(1) 계산 : $5\omega L > \dfrac{1}{5\omega C}$

$\therefore \omega L > \dfrac{1}{5^2} \cdot \dfrac{1}{\omega C} = 0.04 \dfrac{1}{\omega C}$

즉, 콘덴서 용량의 4[%] 이상이 되는 용량의 직렬 리액터가 필요하다.

답 : 4[%]

(2) 6[%]

PART 04

예비전원설비

KEYWORD
15 예비전원설비 축전지
16 예비전원설비 발전기
17 예비전원설비 UPS, 기타

예비전원설비 축전지

KEYWORD 15

강의 NOTE

- 기/산 09.16.17
다음과 같은 충전방식에 대해 간단히 설명하시오.
  - 보통충전
  - 세류충전
  - 균등충전
  - 부동충전
  - 급속충전

- 산 97.99.03.14
축전지를 사용 중 충전하는 방식을 4가지만 쓰시오.

- 산 15
일정기간 사용한 연축전지를 점검하였더니 전 셀의 전압이 불균일하게 나타났다면, 어느 방식으로 충전하여야 하는지 충전방식과 명칭과 그 충전방식에 대해 설명하시오.

- 기 03.13.14.15
- 기(유) 98.02
다음과 같은 축전지의 충전방식은 어떤 충전방식인지 그 충전방식의 명칭을 쓰시오.
  (1) 정류기가 축전지의 충전에만 사용되지 않고 평상시 다른 직류부하의 전원으로 병행하여 사용되는 충전방식을 쓰시오.
  (2) 축전지의 각 전해조에 일어나는 전위차를 보정하기 위해 1~3개월마다 1회 정전압으로 10~12시간 충전하는 충전방식을 쓰시오.

- 기 87.88.97.00.04.12.13.17.21
- 산(유) 88.91.93.97.22
축전지의 정격용량 200 [Ah], 상시부하 10 [kW], 표준전압 100 [V]인 부동충전 방식의 2차 충전전류값은 얼마인지 계산하시오. (단, 연축전지의 방전율은 10시간율, 알칼리축전지는 5시간 방전률로 한다.)
  (1) 연축전지
  (2) 알칼리축전지

01 축전지의 충전방식

1 보통충전

필요시 표준시간으로 행하는 충전방식

2 급속충전

단시간에 보통충전 전류의 2~3배의 전류로 행하는 충전방식

3 부동충전

축전지의 자기 방전을 보충함과 동시에 상용 부하에 대한 전력 공급은 충전기가 부담하도록 하되 충전기가 부담하기 어려운 일시적인 대전류 부하는 축전지로 하여금 부담하게 하는 방식

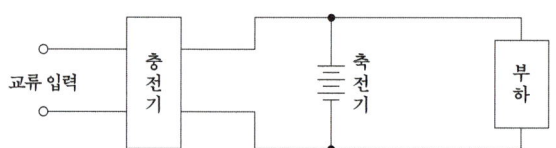

$$\text{부동충전전류} = \frac{\text{축전지 용량[Ah]}}{\text{정격 방전율[h]}} + \frac{\text{상시 부하 용량[VA]}}{\text{표준 전압[V]}} [A]$$

4 세류충전

자기 방전량만을 항시 충전하는 부동 충전 방식의 일종

5 균등충전

부동 충전 방식에 의하여 사용할 때 각 전해조에서 일어나는 전위차를 보정하기 위하여 1~3개월마다 1회씩 정전압으로 10~12시간 충전하여 각 전해조의 용량을 균일화하기 위한 방식

02 축전지 용량의 산출

증가하는 부하의 경우 축전지 용량

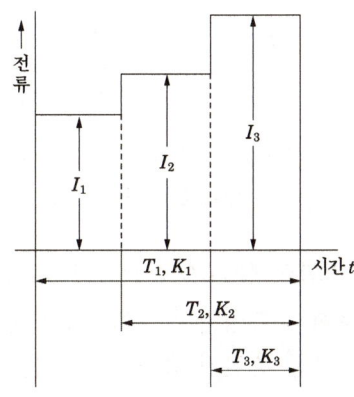

시간의 경과와 함께 방전 전류가 증가하는 부하

축전지 용량은 아래의 식으로 계산한다.

$$C = \frac{1}{L}[K_1 I_1 + K_2(I_2 - I_1) + K_3(I_3 - I_2)] \ [Ah]$$

여기서, C : 축전지 용량[Ah]
　　　　L : 보수율(축전지 용량 변화의 보정값)
　　　　K : 용량 환산 시간 계수
　　　　I : 방전 전류[A]

축전지 용량의 결과는 방전특성곡선의 면적을 구하는 것과 같은 결과가 된다.

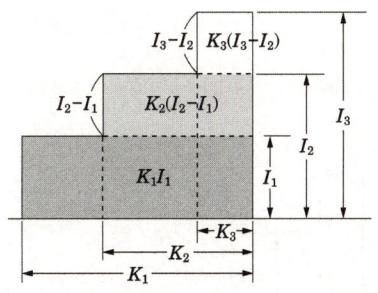

강의 NOTE

- 기 96.99.03.06.11.14.15.20
- 기/산(유) 95.99.01.02.17
- 기(유) 93.97.99.01
- 산(유) 93.97.06.12.20
- 산(유) 95.98.00.04.06
- 산(유) 96.98.99.00.03.06.11.14

그림과 같은 방전특성을 갖는 부하에 필요한 축전지 용량은 몇 [Ah]인지 구하시오.(단, 방전전류 : I_1=200[A], I_2=300[A], I_3=150[A], I_4=100[A] 방전시간 : T_1=130분, T_2=120분, T_3=40분, T_4=5분 용량환산시간 : K_1=2.45, K_2=2.45, K_3=1.46, K_4=0.45 보수율은 0.7을 적용한다.)

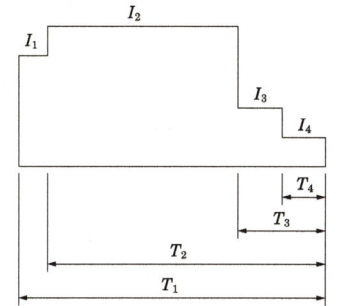

- 산 02.04.11.13.14.15

비상용 조명부하의 사용전압이 110[V]이고, 100[W]용 18등, 60[W]용 25등이 있다. 방전시간 30분 축전지 HS형 54, 허용 최저전압 100V, 최저 축전지 온도 5℃ 일 때 축전지 용량은 몇 Ah인지 계산하시오. (단, 경년용량 저하율이 0.8, 용량 환산시간 k=1.2이다.)

- 기 97.99.03.14
- 산 96.08.19
- 산(유) 97.99.03.14

예비전원으로 사용되는 축전지 설비에 대한 다음 각 물음에 답하시오.
(1) 연 축전지 설비의 초기에 단전지 전압의 비중이 저하되고, 전압계가 역전하였다. 어떤 원인으로 추정할 수 있는가?
(2) 충전장치고장, 과충전, 액면 저하로 인한 극판 노출, 교류분 전류의 유입과대 등의 원인에 의하여 발생될 수 있는 현상은?
(3) 축전지와 부하를 충전기에 병렬로 접속하여 사용하는 충전 방식은?
(4) 축전지 용량은 C = 1/L KI 로 계산하면 L, K, I은 무엇인가?

> 강의 NOTE

시간 경과와 함께 방전전류가 감소하는 부하의 경우 축전지용량

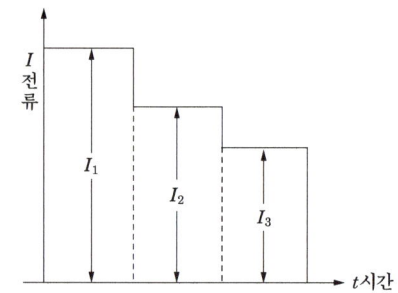

시간 경과와 함께 방전전류가 감소하는 부하

위 그림과 같이 시간경과와 함께 방전전류가 감소하고 있는 경우는 전류가 감소하기 직전까지 부하의 특성마다 부하특성곡선을 잘라서 축전지 용량을 각각 구한다. 이렇게 구한 축전지 용량의 크기를 비교해서 가장 큰 용량을 축전지 용량으로 선정한다.

1 첫 번째

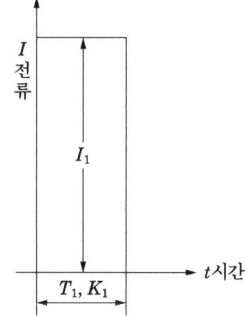

$$C_A = \frac{1}{L} K_1 I_1$$

2 두 번째

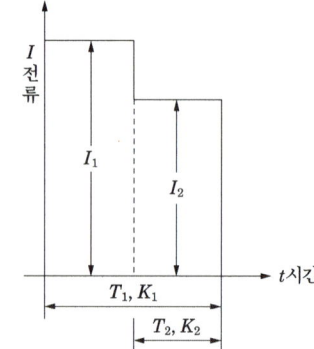

$$C_B = \frac{1}{L}[K_1 I_1 + K_2(I_2 - I_1)]$$

3 세 번째

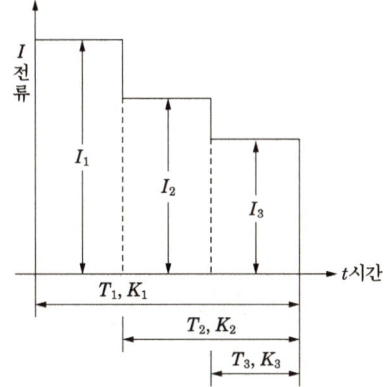

$$C_C = \frac{1}{L}[K_1 I_1 + K_2(I_2 - I_1) + K_3(I_3 - I_2)]$$

축전지 용량은 각 구간별로 구분 계산한 값 C_A, C_B, C_C 중에서 제일 큰 값을 선정한다.

03 허용최저전압을 결정

부하의 허용최저전압과 축전지와 부하간의 전압강하의 합을 직렬로 접속된 셀 수로 나누어 결정한다.

$$V = \frac{V_a + V_c}{N} \text{ [V/cell]}$$

여기서, V : 허용최저전압 [V/cell]

V_a : 부하의 허용최저전압[V]

V_c : 축전지와 부하간에 접속된 전압강하의 합

N : 직렬 접속된 셀수

축전지 1셀당 공칭전압 = $\frac{허용최저전압}{셀 수}$ [V/cell]

• 산 95.97.16
부하의 허용 최저전압이 DC 115[V]이고, 축전지와 부하간의 전선에 의한 전압강하가 5[V]이다. 직렬로 접속한 축전지가 55셀일 때 축전지 셀당 허용최저전압을 구하시오.

• 89.95.96.98.01.02.19
• 기(유) 85.97
다음 각 물음에 답하시오.
(1) 묽은 황산의 농도는 표준이고, 액면이 저하하여 극판이 노출되어 있다. 어떤 조치를 하여야 하는가?
(2) 축전지의 과방전 및 방치상태, 가벼운 Sulfation(설페이션) 현상 등이 생겼을 때 기능 회복을 위해 실시하는 충전 방식은?
(3) 알칼리 축전지의 공칭전압은 몇 [V]인가?
(4) 부하의 허용 최저 전압이 115[V]이고, 축전지와 부하 사이의 전압 강하가 5[V]일 경우 직렬로 접속한 축전지 개수가 55개라면 축전지 한 셀당 허용 최전 전압은 몇 [V]인가?

강의 NOTE

■ 연축전지와 알칼리 축전지를 비교시 알칼리 축전지의 장점
(수진 충 방사 : 수진이는 충청도 방언을 사용해)
- <u>수</u>명이 길다 (납 축전지의 3~4배)
- <u>진</u>동과 충격에 강하다.
- <u>충</u>·방전 특성이 양호하다.
- <u>방</u>전시 전압 변동이 작다.
- <u>사</u>용 온도 범위가 넓다.

• 산 97.02
전기 설비의 보호장치 운전을 위해 축전지는 대단히 중요하다. 연축전지에 비해 알칼리 축전지의 장점 2가지와 단점 1가지를 쓰시오.

• 산 97.99.03.14
축전지에 대한 다음 각 물음에 답하시오.
(1) 연축전지의 초기 고장으로 전 셀(cell)의 전압 불균형이 크고, 비중이 낮았을 때 추정할 수 있는 고장의 원인은 무엇인가?
(2) 연축전지와 알칼리축전지의 1셀당 공칭전압은 몇 [V]인가?
(3) 알칼리축전지에 불순물이 혼입되었다면 어떤 현상이 나타나는가?

• 산 89.95.96.98.01.02.19
다음 각 물음에 답하시오.
(1) 축전지의 과방전 및 방치상태, 가벼운 Sulfation(설페이션) 현상 등이 생겼을 때 기능 회복을 위해 실시하는 충전 방식은?
(2) 연축전지의 공칭 전압은 2.0[V]이다. 알칼리 축전지는 몇 [V]인가?

04 연축전지와 알칼리 축전지의 비교

축전지의 특성비교

구분	연축전지	알칼리축전지
기전력	약 2.05~2.08[V/셀]	1.32[V/셀]
공칭전압	2.0[V/셀]	1.2[V/셀]
셀 수	100[V]에 대해 42~55개	100[V]에 대해 80~85개
전기적강도	과충방전에 약하다.	과충방전에 강하다.
충전시간	길다.	짧다.
온도특성	열등하다.	우수하다.
수명	10~20년	30년이상
정격용량	10 [Ah]	5 [Ah]
가격	싸다.	비싸다.
용도	장시간, 일정전류 부하에 적당	단시간, 대전류 부하에 적당
충전 반응식	$PbO_2 + 2H_2SO_4 + Pb$	$2NiO(OH) + 2H_2O + Cd$
방전 반응식	$PbSO_4 + 2H_2O + PbSO_4$	$2Ni(OH)_2 + Cd(OH)_2$

관련문제 — 15. 예비전원설비 축전지

□□□ 99, 02, 09, 18, 21

1 예비전원설비에 이용되는 연축전지와 알칼리축전지에 대하여 다음 각 물음에 답하시오. (8점)

(1) 연축전지와 비교할 때 알칼리축전지의 장점과 단점을 1가지씩만 쓰시오.
- 장점 :
  ○ _____
- 단점 :
  ○ _____

(2) 연축전지와 알칼리축전지의 공칭전압은 각각 몇 [V]인지 쓰시오.
- 연축전지 :
  ○ _____
- 알칼리축전지 :
  ○ _____

(3) 축전지의 일상적인 충전방식 중 부동충전방식에 대하여 설명하시오.
  ○ _____

(4) 연축전지의 정격용량이 200[Ah]이고, 상시부하가 15[kW]이며, 표준전이 100[V]인 부동충전방식 충전기의 2차 전류는 몇 [A]인지 구하시오 (단, 상시부하의 역률은 1로 간주한다).
  ○ _____

강의 NOTE

■ 알칼리 축전지
• 장점
 ㉠ 수명이 길다. (납 축전지의 3~4배)
 ㉡ 진동과 충격에 강하다.
 ㉢ 충·방전 특성이 양호하다.
 ㉣ 방전시 전압 변동이 작다.
 ㉤ 사용 온도 범위가 넓다.
• 단점
 ㉠ 납축전지보다 공칭 전압이 낮다.
 ㉡ 가격이 비싸다.

축전지의 특성비교

구분	연축전지	알칼리축전지
기전력	약 2.05 ~ 2.08[V/셀]	1.32[V/셀]
공칭 전압	2.0[V/셀]	1.2[V/셀]
셀 수	100[V]에 대해 42~55개	100[V]에 대해 80~85개
전기적 강도	과충방전에 약하다.	과충방전에 강하다.
충전 시간	길다.	짧다.
온도 특성	열등하다.	우수하다.
수명	10~20년	30년 이상
정격 용량	10시간 방전	5시간 방전
가격	싸다.	비싸다.
용도	장시간, 일정전류 부하에 적당	단시간, 대전류 부하에 적당
충전 반응식	$PbO_2 + 2H_2SO_4 + Pb$	$2Ni(OH)_3 + 2H_2O + Cd$
방전 반응식	$PbSO_4 + 2H_2O + PbSO_4$	$2Ni(OH)_2 + Cd(OH)_2$

| 작성답안

(1) 장점 : 충방전 특성이 양호하다.
 단점 : 연축전지보다 공칭 전압이 낮다.
(2) 연축전지 : 2.0 [V]
 알칼리축전지 : 1.2 [V]
(3) 축전지와 부하를 충전기에 병렬로 접속하여 사용하는 방식으로 축전지의 자기방전을 보충함과 동시에 일상적인 부하전류는 충전기가 공급하되, 충전기가 공급하기 어려운 일시적인 대전류 부하는 축전지가 공급하는 충전방식
(4) 계산 : $I_2 = \dfrac{200}{10} + \dfrac{15000}{100} = 170[A]$
 답 : 170[A]

□□□ 93

2 다음의 연축전지 화학 변화를 완성하시오. (4점)

$$PbO_2 + 2H_2SO_4 + Pb \underset{충전}{\overset{방전}{\rightleftarrows}} (\text{①}) + (\text{②}) + (\text{③})$$
양극 전해액 음극   양극   전해액   음극

| 작성답안

① $PbSO_4$
② $2H_2O$
③ $PbSO_4$

□□□ 97, 02

3 전기 설비의 보호장치 운전을 위해 축전지는 대단히 중요하다. 연축전지에 비해 알칼리 축전지의 장점 2가지와 단점 1가지를 쓰시오. (6점)

| 작성답안

① 장점
  • 수명이 길다 (납 축전지의 3~4배)
  • 진동과 충격에 강하다.
  그 외
  • 충·방전 특성이 양호하다.
  • 방전시 전압 변동이 작다.
  • 사용 온도 범위가 넓다.
② 단점
  • 납축전지보다 공칭 전압이 낮다.
  그 외
  • 가격이 비싸다.

■ 연축전지와 알칼리 축전지를 비교시 알칼리 축전지의 장점
 (수진 충 방사 : 수진이는 충청도 방언을 사용해)
 – 수명이 길다 (납 축전지의 3~4배)
 – 진동과 충격에 강하다.
 – 충·방전 특성이 양호하다.
 – 방전시 전압 변동이 작다.
 – 사용 온도 범위가 넓다.

□□□ 22 ⊞ 88, 91, 93, 97

4 연축전지 용량이 100[Ah]이고 직류 상시 최대 부하전류가 90[A]인 경우 부동충전방식에 의한 정류기의 직류 정격 출력전류는 몇 [A]인가? (5점)

| 작성답안

계산 : 충전기 2차 전류[A] = $\dfrac{축전지\ 용량[Ah]}{정격방전율[h]} + \dfrac{상시\ 부하용량[VA]}{표준전압[V]}$

∴ $I = \dfrac{100}{10} + 90 = 100$ [A]

답 : 100[A]

□□□ 96, 08, 19

5 축전지 설비에 대하여 다음 각 물음에 답하시오. (5점)

(1) 연(鉛)축전지의 전해액이 변색되며, 충전하지 않고 방치된 상태에서도 다량으로 가스가 발생되고 있다. 어떤 원인의 고장으로 추정되는가?

○ _____

(2) 거치용 축전설비에서 가장 많이 사용되는 충전방식으로 자기방전을 보충함과 동시에 상용부하에 대한 전력공급은 충전기가 부담하도록 하되 충전기가 부담하기 어려운 일시적인 대전류 부하는 축전지로 하여금 부담하게 하는 충전 방식은?

○ _____

(3) 연(鉛)축전지와 알칼리 축전지의 공칭전압은 몇 [V/셀]인가?
① 연(鉛)축전지

○ _____

② 알칼리 축전지

○ _____

(4) 축전지 용량을 구하는 식 $C = \dfrac{1}{L}[K_1 I_1 + K_2(I_2 - I_1) + K_3(I_3 - I_2) \cdots + K_n(I_n - I_{n-1})]$[Ah]에서 L은 무엇을 나타내는가?

○ _____

| 작성답안

(1) 전해액의 불순물의 혼입
(2) 부동충전방식
(3) ① 연(鉛)축전지 : 2.0 [V/cell]
    ② 알칼리 축전지 : 1.2 [V/cell]
(4) 보수율

강의 NOTE

■ 축전지 고장의 원인과 현상

	현상	추정 원인
초기 고장	• 전체 셀 전압의 불균형이 크고 비중이 낮다.	• 사용 개시시의 충전 보충 부족
	• 단전지 전압의 비중 저하, 전압계의 역전	• 역접속
사용중 고장	• 전체 셀 전압의 불균형이 크고 비중이 낮다.	• 부동충전전압이 낮다. • 균등 충전의 부족 • 방전후의 회복충전 부족
	• 어떤 셀만의 전압, 비중이 극히 낮다.	• 국부단락
	• 전체 셀의 비중이 높다. • 전압은 정상	• 액면 저하 • 보수시 묽은 황산의 혼입
	• 충전 중 비중이 낮고 전압은 높다. • 방전 중 전압은 낮고 용량이 감퇴한다.	• 방전 상태에서 장기간 방치 • 충전 부족의 상태에서 장기간 사용 • 극판 노출 • 불순물 혼입
	• 전해액의 변색, 충전하지 않고 방치 중에도 다량으로 가스가 발생한다.	• 불순물 혼입
	• 전해액의 감소가 빠르다.	• 충전 전압이 높다. • 실온이 높다.
	• 축전지의 현저한 온도 상승, 또는 소손	• 충전장치의 고장 • 과충전 • 액면 저하로 인한 극판의 노출 • 교류 전류의 유입이 크다.

□□□ 97, 99, 03, 14

6 축전지에 대한 다음 각 물음에 답하시오. (6점)

(1) 연축전지의 초기 고장으로 전 셀(cell)의 전압 불균형이 크고, 비중이 낮았을 때 추정할 수 있는 고장의 원인은 무엇인가?

○ _____

(2) 연축전지와 알칼리축전지의 1셀당 공칭전압은 몇 [V]인가?

○ _____

(3) 알칼리축전지에 불순물이 혼입되었다면 어떤 현상이 나타나는가?

○ _____

| 작성답안

(1) 사용 개시시의 충전 보충 부족, 균등 충전의 부족
(2) 연축전지 : 2[V/cell], 알칼리축전지 : 1.2[V/cell]
(3) 전해액의 착색 및 용량의 감소

□□□ 97, 99, 03, 14

7 예비전원으로 사용되는 축전지 설비에 대한 다음 각 물음에 답하시오. (8점)

(1) 연 축전지 설비의 초기에 단전지 전압의 비중이 저하되고, 전압계가 역전하였다. 어떤 원인으로 추정할 수 있는가?

○ _____

(2) 충전장치고장, 과충전, 액면 저하로 인한 극판 노출, 교류분 전류의 유입 과대 등의 원인에 의하여 발생될 수 있는 현상은?

○ _____

(3) 축전지와 부하를 충전기에 병렬로 접속하여 사용하는 충전 방식은?

○ _____

(4) 축전지 용량은 $C = \dfrac{1}{L}KI$ 로 계산하면 I, K, L은 무엇인가?

○ _____

강의 NOTE

■ 축전지 고장의 원인과 현상

	현상	추정 원인
초기 고장	• 전체 셀 전압의 불균형이 크고 비중이 낮다.	• 사용 개시시의 충전 보충 부족
	• 단전지 전압의 비중 저하, 전압계의 역전	• 역접속
사용중 고장	• 전체 셀 전압의 불균형이 크고 비중이 낮다.	• 부동충전전압이 낮다. • 균등 충전의 부족 • 방전후의 회복충전 부족
	• 어떤 셀만의 전압, 비중이 극히 낮다.	• 국부단락
	• 전체 셀의 비중이 높다. • 전압은 정상	• 액면 저하 • 보수시 묽은 황산의 혼입
	• 충전 중 비중이 낮고 전압은 높다. • 방전 중 전압은 낮고 용량이 감퇴한다.	• 방전 상태에서 장기간 방치 • 충전 부족의 상태에서 장기간 사용 • 극판 노출 • 불순물 혼입
	• 전해액의 변색, 충전하지 않고 방치 중에도 다량으로 가스가 발생한다.	• 불순물 혼입
	• 전해액의 감소가 빠르다.	• 충전 전압이 높다. • 실온이 높다.
	• 축전지의 현저한 온도 상승, 또는 소손	• 충전장치의 고장 • 과충전 • 액면 저하로 인한 극판의 노출 • 교류 전류의 유입이 크다.

| 작성답안

(1) 역접속
(2) 축전지의 현저한 온도 상승 또는 소손
(3) 부동 충전 방식
(4) L : 보수율, K : 용량 환산 시간 계수, I : 방전전류

□□□ 89, 95, 01, 02, 17

8 변전소에 200[Ah]의 연 축전지가 55개 설치되어 있다. 다음 각 물음에 답하시오. (5점)

(1) 묽은 황산의 농도는 표준이고, 액면이 저하하여 극판이 노출되어 있다. 어떤 조치를 하여야하는가?

○ _____

(2) 부동 충전시에 알맞은 전압은?

○ _____

(3) 충전시에 발생하는 가스의 종류는?

○ _____

(4) 충전이 부족할 때 극판에 발생하는 현상을 무엇이라고 하는가?

○ _____

(5) 가스 발생시의 주의 사항을 쓰시오.

○ _____

| 작성답안

(1) 표준농도의 묽은 황산액을 보충한다.
(2) 계산 : 부동 충전 전압은 2.15 [V/cell]
  ∴ $V = 2.15 \times 55 = 118.25$ [V]
  답 : 118.25 [V]
(3) 수소(H_2) 가스
(4) 설페이션 현상
(5) 환기에 주의하고 화기에 조심할 것

강의 NOTE

■ 연축전지
① 부동 충전 전압
  CS형(클래드식) → 2.15 [V/cell]
  HS형(페이스트식) → 2.18 [V/cell]
② 설페이션(Sulfation) 현상
  납 축전지를 방전 상태에서 오랫동안 방치하여 두면 극판의 황산 납이 회백색으로 변하며(황산화 현상) 내부 저항이 대단히 증가하여 충전시 전해액의 온도 상승이 크고 황산의 비중 상승이 낮으며 가스의 발생이 심하다. 그러므로, 전지의 용량이 감퇴하고 수명이 단축된다.

강의 NOTE

■ 비중계로 비중 측정하는 방법
(액 온도를 확인하여 25℃로 환산하여 주어야 함)(보수형 전지)
유리관을 수직으로 세우고 전해액을 흡입시켜 비중계가 자유롭고 바르게 뜨게 하여 전해액의 표면 장력으로 인하여 생긴 메니스버스의 상단 지시값을 읽는다. 이때 액면은 반드시 수평으로 하여야 한다.

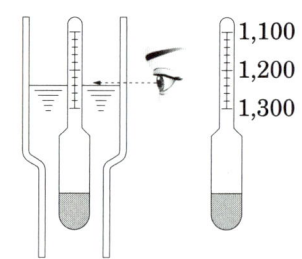

9 연 축전지의 액면이 저하하여 증류수나 묽은 황산액으로 보충하려고 한다. 이 때 다음 각 물음에 답하시오. (11점)

(1) 보충 시기는 어느 때가 적당하며, 그 이유는 무엇 때문인지를 설명하시오.
   ○

(2) 액면은 어느 정도가 적당한지를 설명하시오.
   ○

(3) 충전 중에 연 축전지 내부로부터 발생하는 가스의 종류를 쓰고, 이에 대한 주의 사항을 설명하시오.
   ○

(4) 황산액 비중을 비중계로 측정한다고 할 때 지시값은 그림에서 어느 위치를 읽어야 하는가?
   ○

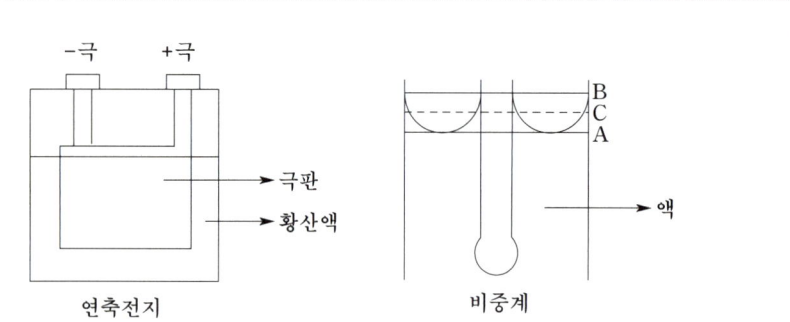

| 작성답안

(1) 시기 : 액면이 저하되어 극판이 노출된 경우
    이유 : 충방전시 수소 가스가 발생한 경우
(2) 극판 위 1~2[cm] 정도
(3) 발생 가스 : 수소가스
    주의 사항 : 환기에 유의하며, 화기에 조심할 것
(4) B

□□□ 98, 04, 06

10 예비 전원 설비로 축전지 설비를 하고자 한다. 축전지 설비에 대한 다음 각 물음에 답하시오. (7점)

(1) 축전지 설비를 구성하는 주요 부분을 4가지로 구분할 때, 그 4가지는 무엇인가?

　○ _____

(2) 축전지의 충전 방식 중 부동 충전 방식에 대한 개략도를 그리고 이 충전 방식에 대하여 설명하시오.

　○ _____

(3) 축전지의 과방전 및 방치상태, 가벼운 설페이션(Sulfation) 현상 등이 생겼을 때 기능 회복을 위하여 실시하는 충전 방식은 어떤 충전 방식인가?

　○ _____

| 작성답안

(1) 축전지, 충전 장치, 보안 장치, 제어 장치
(2) 축전지의 자기방전을 보충함과 동시에 상용부하에 대한 전력공급은 충전기가 부담하되 충전기가 부담하기 어려운 일시적인 대전류 부하는 축전지로 하여금 부담케 하는 방식

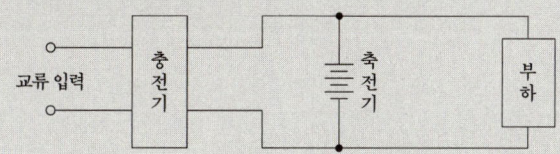

(3) 회복충전

강의 NOTE

■ 설페이션 현상

납 축전지를 방전 상태에서 오랫동안 방치하여 두면 극판의 황산 납이 회백색으로 변하며(황산화 현상) 내부 저항이 대단히 증가하여 충전시 전해액의 온도 상승이 크고 황산의 비중 상승이 낮으며 가스의 발생이 심하다. 그러므로, 전지의 용량이 감퇴하고 수명이 단축된다.

□□□ 94, 98

11 직류 전원 설비에 대한 다음 각 물음에 답하시오. (7점)

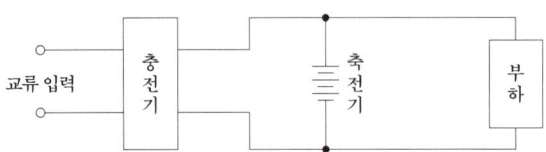

(1) 축전지에 수명이 있고 또한 그 말기에 있어서도 부하를 만족하는 용량을 결정하기 위한 계수로서 보통 0.8로 하는 것을 무엇이라 하는가?

(2) 전지 개수를 결정할 때 셀수를 N, 1셀당 축전지의 공칭 전압을 V_B[V], 부하의 정격 전압을 V[V], 축전지 용량을 C[Ah]라 하면 셀수 N은 어떻게 표현되는가?

(3) 그림과 같이 구성되는 충전 방식은 무슨 충전 방식인가?

| 작성답안

(1) 보수율
(2) $N = \dfrac{V}{V_B}$
(3) 부동 충전 방식

□□□ 09, 16, 17

12 다음 표에 충전방식에 대해 3가지를 쓰고 각각에 대하여 간단히 설명하시오. (5점)

충전방식	설명

| 작성답안

충전방식	설명
보통 충전	필요할 때마다 표준 시간율로 소정의 충전을 하는 방식
세류 충전	축전지의 자기 방전을 보충하기 위하여 부하를 off 한 상태에서 미소 전류로 항상 충전하는 방식
균등 충전	각 전해조에서 일어나는 전위차를 보정하기 위하여 1~3개월마다 1회, 정전압 충전하여 각 전해조의 용량을 균일화하기 위하여 행하는 충전방식

강의 NOTE

■ 충전방식

(1) 보통 충전 : 필요할 때마다 표준 시간율로 소정의 충전을 하는 방식
(2) 세류 충전 : 축전지의 자기 방전을 보충하기 위하여 부하를 off 한 상태에서 미소 전류로 항상 충전하는 방식을 말한다. 자기방전(Self Discharge)이란 충전된 2차전지가 방치해 둔 시간과 함께 용량이 감소되어 저장된 전기에너지가 전지 내에서 소모되는 현상을 말한다.
(3) 균등 충전 : 각 전해조에서 일어나는 전위차를 보정하기 위하여 1~3개월 마다 1회, 정전압 충전하여 각 전해조의 용량을 균일화하기 위하여 행하는 충전방식
(4) 부동 충전 : 축전지의 자기 방전을 보충함과 동시에 사용 부하에 대한 전력공급은 충전기가 부담하도록 하되 충전기가 부담하기 어려운 일시적인 대 전류의 부하는 축전지가 부담하도록 하는 방식

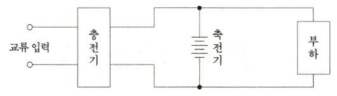

(5) 급속 충전 : 짧은 시간에 보통 충전 전류의 2~3배의 전류로 충전하는 방식

□□□ 09, 16, 17 ⓐ 93

13 축전지를 사용 중 충전하는 방식을 4가지만 쓰시오. (4점)

| 작성답안

- 보통충전방식
- 부동충전방식
- 급속충전방식
- 세류충전방식
그 외
- 균등충전방식

□□□ 15

14 일정기간 사용한 연축전지를 점검하였더니 전 셀의 전압이 불균일하게 나타났다면, 어느 방식으로 충전하여야 하는지 충전방식과 명칭과 그 충전방식에 대해 설명하시오. (5점)

| 작성답안

> 명칭 : 균등충전방식
> 설명 : 각 전해조에서 일어나는 전위차를 보정하기 위하여 1~3개월마다 1회씩 정전압으로 10~12시간 충전하여 각 전해조의 용량을 균일화하기 위한 방식

□□□ 92

15 축전지의 회복충전 및 그 방법에 대하여 약술하시오. (5점)

| 작성답안

> 정전류 충전법에 의하여 약한 전류로 40~50시간 충전시킨 후 방전시키고, 다시 충전시킨 후 방전시킨다. 이와 같은 동작을 여러 번 반복하게 되면 본래의 출력 용량을 회복하게 되는데 이러한 충전 방법을 회복충전이라 한다.

□□□ 89, 95, 96, 98, 01, 02, 19

16 다음 각 물음에 답하시오. (4점)

(1) 축전지의 과방전 및 방치상태, 가벼운 Sulfation(설페이션) 현상 등이 생겼을 때 기능 회복을 위해 실시하는 충전 방식은?

(2) 연축전지의 공칭 전압은 2.0 [V]이다. 알칼리 축전지는 몇 [V]인가?

| 작성답안

> (1) 회복 충전
> (2) 1.2 [V]

강의 NOTE

■ 축전지
① 회복충전
정전류 충전법에 의하여 약한 전류로 40~50시간 충전시킨 후 방전시키고, 다시 충전시킨 후방전시킨다. 이와 같은 동작을 여러 번 반복하게 되면 본래의 출력 용량을 회복하게 되는데 이러한 충전 방법을 회복충전이라 한다.

② 허용최저전압
$$V = \frac{V_a + V_c}{N} \text{ [V/cell]}$$

여기서, V : 허용최저전압 [V/cell],
V_a : 부하의 허용최저전압 [V]
V_c : 축전지와 부하간에 접속된 전압강하의 합
N : 직렬 접속된 셀수

□□□ 85, 97, 16

17 부하의 허용 최저전압이 DC 115[V]이고, 축전지와 부하간의 전선에 의한 전압강하가 5[V]이다. 직렬로 접속한 축전지가 55셀일 때 축전지 셀당 허용 최저전압을 구하시오. (5점)

강의 NOTE

■ 허용최저전압
$$V = \frac{V_a + V_c}{N} \text{ [V/cell]}$$
여기서,
V : 허용최저전압 [V/cell],
V_a : 부하의 허용최저전압[V]
N : 직렬 접속된 셀수
V_c : 축전지와 부하간에 접속된 전압강하의 합

| 작성답안

계산 : $V = \dfrac{V_a + V_e}{n} = \dfrac{115 + 5}{55} = 2.18$ [V/cell]

답 : 2.18[V/cell]

□□□ 97

18 축전지의 용량은 다음과 같은 일반식에 의하여 구할 수 있다. 이 식에서 주어진 문자는 무엇에 해당되는가? (4점)

축전지 용량 : $C = \dfrac{1}{L}[K_1 I_1 + K_2 (I_2 - I_1) + K_3 (I_3 - I_2) \cdots K_n (I_n - I_{n-1})]$ [Ah]

| 작성답안

L : 보수율(경년 용량 저하율)
K : 용량 환산 시간 계수
I : 방전 전류

□□□ 02, 04, 11, 13, 14, 15 ✦ 17

19 비상용 조명부하의 사용전압이 110[V]이고, 100[W]용 18등, 60[W]용 25등이 있다. 방전시간 30분 축전지 HS형 54[cell], 허용 최저전압 100[V], 최저 축전지 온도 5[℃]일 때 축전지 용량은 몇 [Ah]인지 계산하시오. (단, 경년용량 저하율이 0.8, 용량 환산시간 k = 1.2이다.)(5점)

| 작성답안

계산 : 부하전류 $I = \dfrac{P}{V}$ 에서 $I = \dfrac{100 \times 18 + 60 \times 25}{110} = 30[A]$

$\therefore C = \dfrac{1}{L}KI = \dfrac{1}{0.8} \times 1.2 \times 30 = 45[Ah]$

정답 : 45[Ah]

□□□ 83, 88, 91, 96, 02, 11, 19

20 비상용 조명으로 40 [W] 120등, 60 [W] 50등을 30분간 사용하려고 한다. 납 급 방전형 축전지(HS형) 1.7 [V/cell]을 사용하여 허용 최저 전압 90 [V], 최저 축전지 온도를 5 [℃]로 할 경우 참고 자료를 사용하여 물음에 답하시오. (단, 비상용 조명 부하의 전압은 100 [V]로 한다.)(6점)

(1) 비상용 조명 부하의 전류는?

(2) HS형 납 축전지의 셀 수는? (단, 1셀의 여유를 준다.)

(3) HS형 납 축전지의 용량 [Ah]은? (단, 경년 용량 저하율은 0.8이다.)

납 축전지 용량 환산 시간 [K]

형식	온도[℃]	10분			30분		
		1.6 [V]	1.7 [V]	1.8 [V]	1.6 [V]	1.7 [V]	1.8 [V]
CS	25	0.9 0.8	1.15 1.06	1.6 1.42	1.41 1.34	1.6 1.55	2.0 1.88
	5	1.15 1.1	1.35 1.25	2.0 1.8	1.75 1.75	1.85 1.8	2.45 2.35
	−5	1.35 1.25	1.6 1.5	2.65 2.25	2.05 2.05	2.2 2.2	3.1 3.0

형식	온도[℃]	10분			30분		
		1.6[V]	1.7[V]	1.8[V]	1.6[V]	1.7[V]	1.8[V]
HS	25	0.58	0.7	0.93	1.03	1.14	1.38
	5	0.62	0.74	1.05	1.11	1.22	1.54
	-5	0.68	0.82	1.15	1.2	1.35	1.68

상단은 900[Ah]를 넘는 것(2000[Ah]까지), 하단은 900[Ah] 이하인 것

| 작성답안

(1) 계산 : $I = \dfrac{P}{V}$ 에서 $I = \dfrac{40 \times 120 + 60 \times 50}{100} = 78$ [A]

답 : 78[A]

(2) 계산 : $n = \dfrac{90}{1.7} = 52.94$ [cell] 따라서, 1셀의 여유를 주어 54[cell]로 정한다.

답 : 54[cell]

(3) 계산 : 용량 환산 시간(K)은 HS형, 5[℃], 30[분], 1.7[V]의 난에서 1.22 선정

축전지 용량 $C = \dfrac{1}{L} KI = \dfrac{1}{0.8} \times 1.22 \times 78 = 118.95$ [Ah]

답 : 118.95[Ah]

□□□ 93, 97, 06, 12, 20 93, 01, 16

21 예비 전원으로 이용되는 축전지에 대한 다음 각 물음에 답하시오. (6점)

(1) 다음과 같은 특성의 축전지 용량 C를 구하시오. (단, 축전지 사용 시의 보수율 0.8, 축전지 온도 5[℃], 셀당 전압 1.06[V/cell], $K_1 = 1.15$, $K_2 = 0.92$이다.)

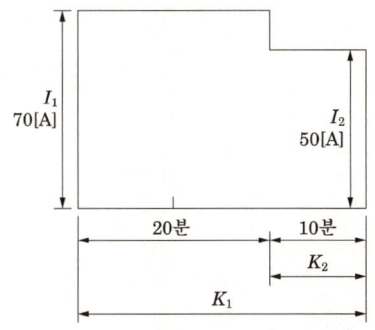

■ 축전지용량

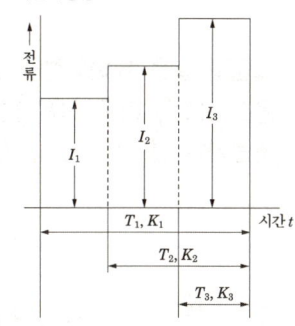

축전지 용량은 아래의 식으로 계산한다.

$$C = \dfrac{1}{L}[K_1 I_1 + K_2(I_2 - I_1) + K_3(I_3 - I_2)] \text{ [Ah]}$$

여기서, C : 축전지 용량 [Ah]
L : 보수율 (축전지 용량 변화의 보정값)
K : 용량 환산 시간 계수
I : 방전 전류 [A]

연축전지와 알칼리 축전지의 비교

구분	연축전지	알칼리 축전지	비고
공칭전압	2.0 [V/cell]	1.2 [V/cell]	수치로 기록할 것
과충, 방전에 대한 전기적 강도	약	강	강, 약으로 표기
수명	짧다	길다	길다. 짧다로 표현

(2) 연 축전지와 알칼리 축전지의 공칭 전압은 각각 몇 [V]인가?
- 연 축전지
  ○ _____
- 알칼리 축전지
  ○ _____

| 작성답안

(1) 계산 :
$$C = \frac{1}{L}[K_1I_1 + K_2(I_2 - I_1)] = \frac{1}{0.8} \times [(1.15 \times 70) + 0.92 \times (50 - 70)] = 77.625[Ah]$$
답 : 77.63[Ah]

(2) • 연 축전지 : 2[V]
   • 알칼리 축전지 : 1.2[V]

■ 축전지 용량의 계산
감소하는 부하의 경우 각 구간을 나누어 계산하여야 한다. 그러나 주어진 조건이 최종의 방전특성을 기준으로 문제에서 주어졌으므로 최종의 방전특성으로 구하여야 한다.

□□□ 12

22 그림과 같은 부하특성을 갖는 축전지를 사용할 때 보수율이 0.8, 최저 축전지 온도 5[°C], 허용 최저 전압 90[V]일 때 몇 [Ah] 이상인 축전지를 선정하여야 하는가? (단, K_1=1.15, K_2=0.95이고 셀당 전압은 1.06[V/cell]이다.)(6점)

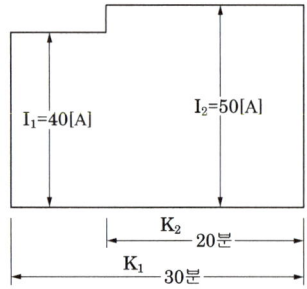

○ _____

| 작성답안

계산 : $C = \frac{1}{L}\{K_1I_1 + K_2(I_2 - I_1)\}$

$= \frac{1}{0.8} \times \{1.15 \times 40 + 0.95 \times (50 - 40)\} = 69.375[Ah]$

답 : 69.38[Ah]

□□□ 95, 98, 00, 04, 06 95, 99, 01, 02, 17

23 그림과 같은 방전 특성을 갖는 부하에 대한 각 물음에 답하시오. (10점)

방전 전류 [A] $I_1 = 500$, $I_2 = 300$, $I_3 = 80$, $I_4 = 100$
방전 시간 [분] $T_1 = 120$, $T_2 = 119$, $T_3 = 50$, $T_4 = 1$
용량 환산 시간 $K_1 = 2.49$, $K_2 = 2.49$, $K_3 = 1.46$, $K_4 = 0.57$
보수율은 0.8을 적용한다.

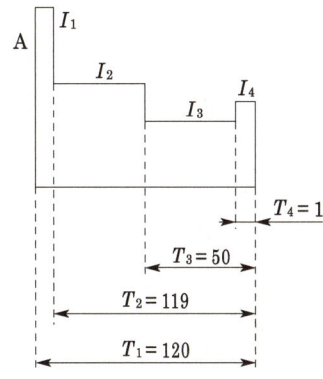

(1) 이와 같은 방전 특성을 갖는 축전지 용량은 몇 [Ah]인가?

(2) 납 축전지의 정격방전율은 몇 시간으로 하는가?

(3) 축전지의 전압은 납 축전지에서는 1단위당 몇 [V]인가?

(4) 예비전원으로 시설되는 축전지로부터 부하에 이르는 전로에는 개폐기와 또 무엇을 설치하는가?

강의 NOTE

■ 축전지 용량

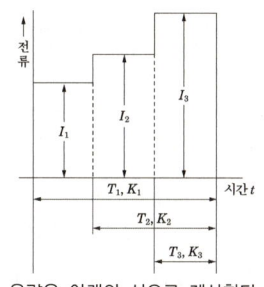

축전지 용량은 아래의 식으로 계산한다.
$$C = \frac{1}{L}[K_1 I_1 + K_2(I_2 - I_1) + K_3(I_3 - I_2)] \text{ [Ah]}$$

여기서,
C : 축전지 용량 [Ah]
L : 보수율 (축전지 용량 변화의 보정값)
K : 용량 환산 시간 계수
I : 방전 전류 [A]

연축전지와 알칼리 축전지의 비교

구분	연축전지	알칼리 축전지	비고
공칭전압	2.0[V/cell]	1.2[V/cell]	수치로 기록할 것
과충, 방전에 대한 전기적 강도	약	강	강, 약으로 표기
수명	짧다	길다	길다, 짧다로 표현

작성답안

(1) 계산 : $C = \frac{1}{L}[K_1 I_1 + K_2(I_2 - I_1) + K_3(I_3 - I_2) + K_4(I_4 - I_3)]$ [Ah]

$= \frac{1}{0.8}[2.49 \times 500 + 2.49(300 - 500) + 1.46(80 - 300) + 0.57(100 - 80)]$

$= 546.5$ [Ah]

답 : 546.5 [Ah]

(2) 10 시간율
(3) 2 [V/cell]
(4) 과전류 차단기

□□□ 98, 00, 03

24
축전지 설비의 부하 특성 곡선이 그림과 같을 때 주어진 조건을 이용하여 필요한 축전지의 용량을 산정하고 축전지 설비에 관련된 다음 각 물음에 답하시오. (9점)

【조건】
- 사용 축전지 : 보통형 소결식 알칼리 축전지
- 경년 용량 저하율 : 0.9
- 최저 축전지 온도 : 5[℃]
- 허용 최저 전압 : 1.06[V/셀]
- 소결식 알칼리 축전지의 표준특성(표준형 5HR 환산)

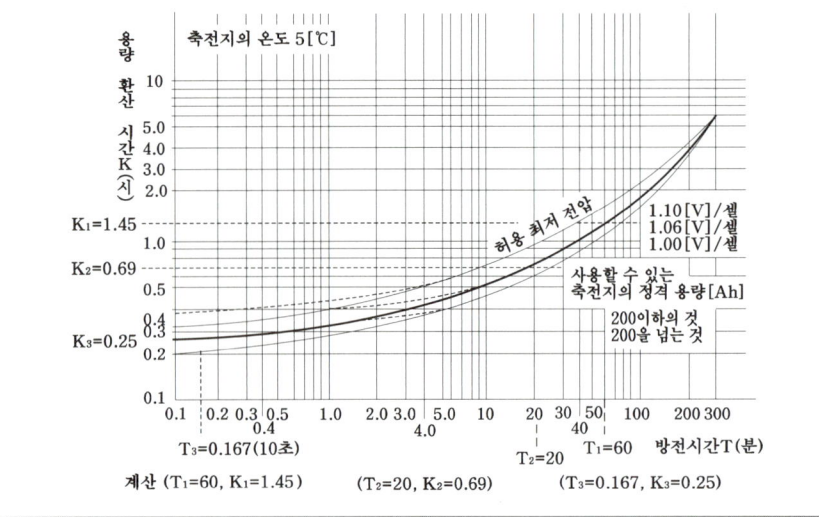

(1) 주어진 조건과 도면 등을 이용하여 축전지 용량을 산정하시오.

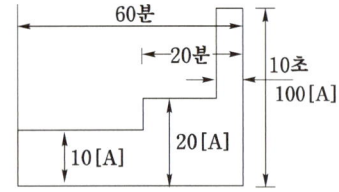

(2) 축전지의 충전 방식 중 균등 충전 방식과 부동 충전 방식에 대하여 충전 방식의 이용 목적을 설명하시오.

(3) 전압 24[V]에 알칼리 축전지를 이용한다면 셀 수는 몇 개가 필요한가? (단, 여유 1셀을 추가한다.)

강의 NOTE

■ 충전방식
(1) 보통 충전 : 필요할 때마다 표준 시간율로 소정의 충전을 하는 방식
(2) 세류 충전 : 축전지의 자기 방전을 보충하기 위하여 부하를 off 한 상태에서 미소 전류로 항상 충전하는 방식을 말한다. 자기방전(Self Discharge)이란 충전된 2차전지가 방치해 둔 시간과 함께 용량이 감소되어 저장된 전기에너지가 전지 내에서 소모되는 현상을 말한다.
(3) 균등 충전 : 각 전해조에서 일어나는 전위차를 보정하기 위하여 1~3개월 마다 1회, 정전압 충전하여 각 전해조의 용량을 균일화하기 위하여 행하는 충전방식
(4) 부동 충전 : 축전지의 자기 방전을 보충함과 동시에 사용 부하에 대한 전력공급은 충전기가 부담하도록 하되 충전기가 부담하기 어려운 일시적인 대 전류의 부하는 축전지가 부담하도록 하는 방식
(5) 급속 충전 : 짧은 시간에 보통 충전 전류의 2~3배의 전류로 충전하는 방식

| 작성답안

(1) 계산 : $C = \dfrac{1}{L}[K_1 I_1 + K_2(I_2 - I_1) + K_3(I_3 - I_2)]$

$= \dfrac{1}{0.9}[1.45 \times 10 + 0.69(20 - 10) + 0.25(100 - 20)] = 46\,[\text{Ah}]$

답 : 46[Ah]

(2) • 균등 충전 : 각 전해조에서 일어나는 전위차를 보정하기 위하여 1~3개월마다 1회, 정전압 충전하여 각 전해조의 용량을 균일화하기 위하여 행하는 충전방식
• 부동 충전 : 축전지의 자기 방전을 보충함과 동시에 사용 부하에 대한 전력공급은 충전기가 부담하도록 하되 충전기가 부담하기 어려운 일시적인 대 전류의 부하는 축전지가 부담하도록 하는 방식

(3) 계산 : $N = \dfrac{24}{1.06} = 22.64 \;\rightarrow\; 23 + 1(\text{여유}) = 24\,[\text{cell}]$

답 : 24[cell]

□□□ 96, 98, 99, 00, 03, 06, 11, 14 99

25 다음과 같은 부하 특성의 소결식 알칼리 축전지의 용량 저하율은 0.85이고, 최저 축전지 온도는 5[℃], 허용 최저 전압은 1.06[V/cell]일 때 축전지 용량은 몇 [Ah]인가? (단, 여기서 용량 환산 시간은 K_1=1.22, K_2=0.98, K_3=0.52이다.) (4점)

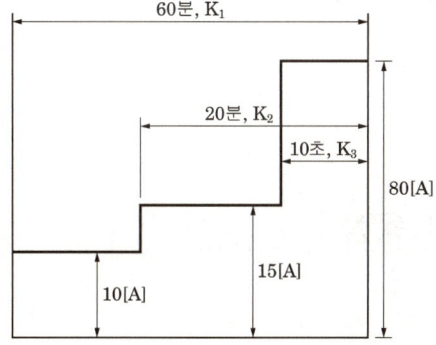

| 작성답안

계산 : $C = \dfrac{1}{L}\{K_1 I_1 + K_2(I_2 - I_1) + K_3(I_3 - I_2)\}$

$= \dfrac{1}{0.85}\{1.22 \times 10 + 0.98(15 - 10) + 0.52(80 - 15)\} = 59.882\,[\text{Ah}]$

답 : 59.88[Ah]

KEYWORD 16 예비전원설비 발전기

강의 NOTE

■ 발전기실 위치선정시 고려사항
(급전실 기초 발급)
- 급유 및 냉각수 공급이 가능한 장소이어야 한다.
- 전기실과 가까운 장소이어야 한다.
- 실내환기를 충분히 할 수 있는 장소이어야 하며, 온도상승을 억제해야 한다.
- 엔진기초는 건물기초와 무관한 장소로 한다.
- 발전기실의 구조는 중량물의 운반, 설치 및 보수유지가 용이한 장소이어야 한다.
- 급배기가 용이하고 엔진 및 배기관의 소음 및 진동이 주위 환경에 영향을 주지 않아야 한다.

• 기 08
발전기실의 위치 선정 때 고려하여야 할 사항을 4가지만 쓰시오.

• 기 87.89.98.03.05.08.14
다음 물음에 답하시오.
(1) 단순 부하인 경우 부하 입력이 500[kW], 역률 90[%]일 때 비상용일 경우 발전기 출력은?
(2) 발전기실 건물의 높이를 결정하는 데 반드시 고려해야 할 사항은?
(3) 발전기 병렬 운전 조건을 쓰시오.
(4) 발전기와 부하 사이에 설치하는 기기는?

01 발전기실 위치

발전기실의 위치는 기기의 반입 및 반출, 점검, 수리, 조립에 지장을 주지 않는 위치와 공간에 설치하여야 한다.
① 엔진 기초는 건물기초와 무관한 장소로 한다.
② 실내환기를 충분히 할 수 있는 장소이어야 하며, 온도상승을 억제해야 한다.
③ 발전기실의 구조는 중량물의 운반, 설치 및 보수유지가 용이한 장소이어야 한다.
④ 급배기가 용이하고 엔진 및 배기관의 소음 및 진동이 주위 환경에 영향을 주지 않아야 한다.
⑤ 급유 및 냉각수 공급이 가능한 장소이어야 한다.
⑥ 전기실과 가까운 장소이어야 한다.
⑦ 발전기실의 높이는 기관의 보수, 점검이 용이하도록 보통 4~5m를 확보하여야 한다.

02 발전기 용량

1 단순한 부하의 경우(PG_1)

전부하 정상 운전시의 소요 입력에 의한 용량에 의해 결정한다.
발전기 용량[kVA] = 부하의 총 정격 입력 × 수용률 × 여유율

발전기 출력 $P = \dfrac{\Sigma W_L \times L}{\cos\theta}$ [kVA] → $PG_1 = \dfrac{\Sigma W_L}{\eta_L \cdot pf} \times \alpha$ [kVA]

여기서, ΣW_L : 부하 입력 총계
L : 부하 수용률(비상용일 경우 1.0)
$\cos\theta$: 발전기의 역률(통상 0.8)
pf : 발전기의 역률(통상 0.8)

α : 부하율, 수용률을 고려한 계수(불분명할 경우 1.0)

η_L : 부하의 종합효율(불분명할 경우 0.85)

2 기동 용량이 큰 부하가 있을 경우, 전동기 시동에 대처하는 용량 (PG₂)

자가 발전 설비에서 전동기를 기동할 때 큰 부하가 발전기에 갑자기 걸리게 됨으로 발전기의 단자 전압이 순간적으로 저하하여 개폐기의 개방 또는 엔진의 정지 등이 야기되는 수가 있다. 이런 경우 발전기의 정격 출력 [kVA]은 다음과 같다.

$$\text{발전기 정격 출력 [kVA]} \geq \left(\frac{1}{\text{허용 전압 강하}} - 1\right) \times X_d \times \text{기동용량 [kVA]}$$

여기서, X_d : 발전기의 과도 리액턴스(보통 20~25 [%])

허용 전압 강하 : 20~30 [%]

기동 용량 : 2대 이상의 전동기가 동시에 기동하는 경우는 2개의 기동 용량을 합한 값과 1대의 기동 용량인 때를 비교하여 큰 값의 쪽을 택한다.

$$\text{기동용량} = \sqrt{3} \times \text{정격전압} \times \text{기동전류} \times \frac{1}{1,000} \text{ [kVA]}$$

$$PG_2 = P_m \times \beta \times C \times x_d' \times \frac{100 - \Delta V}{\Delta V}$$

여기서,

P_m : 부하 전동기 또는 전동기군의 기동용량의 값이 최대인 전동기 출력

β : 전동기 출력 1kW당 기동 kVA

C : 기동방식에 따른 계수

x_d' : 발전기 정수 과도리액턴스이며, 불분명할 경우 0.2~0.25 적용

ΔV : P_m kW발전기 투입하였을 경우 허용전압강하 %

3 순시 최대 부하에 의한 용량(PG₃)

다수의 부하를 차례로 시동해 가면, 먼저 시동이 되어 정상 운전하고 있는 것에 다른 시동 돌입 부하가 가해진다. 이 합계값이 최대로 될 때의 원동기 기관 출력을 발전기 출력으로 환산한 값을 P라 하면

강의 NOTE

- 기 92.93.00.02.06.09.10.12.13.16.18.20.
자가용 전기설비에 대한 각 물음에 답하시오.
  (1) 자가용 전기설비의 중요검사(시험)사항을 3가지만 쓰시오.
  (2) 예비용 자가발전설비를 시설하고자 한다. 조건에서 발전기의 정격용량은 최소 몇 [kVA]를 초과하여야 하는가?
  - 부하 : 유도 전동기 부하로서 기동 용량은 1,500[kVA]
  - 기동시의 전압 강하 : 25[%]
  - 발전기의 과도 리액턴스 : 30[%]

- 산 92.93.00.02.06.09.10.12.13.16.18.20
- 산(유) 04

부하가 유도전동기이며, 기동 용량이 1,000[kVA]이고, 기동시 전압강하는 20[%]이며, 발전기의 과도리액턴스가 25[%]이다. 이 전동기를 운전할 수 있는 자가발전기의 최소용량은 몇 [kVA]인지 계산하시오.

강의 NOTE

$$P[\text{kVA}] = \frac{\sum W_o[\text{kW}] + (Q_{L\max}[\text{kVA}] \times \cos\theta_{QL})}{K \times \cos\theta_G}$$

여기서, $\sum W_o$: 기운전 중인 부하의 합계
$Q_{L\max}$: 시동 돌입 부하
$\cos\theta_{QL}$: 시동 돌입 부하 시동시 역률
K : 원동기 기관 과부하 내량
$\cos\theta_G$: 발전기 역률

• 기 15.16
비상동력부하 중에서 [기동(kW)-입력(kW)]의 값이 최대로 되는 전동기를 최후에 기동하는데 필요한 발전기 용량[kVA]을 구하시오.
- 유도전동기의 출력 1[kW]당 기동[kVA]는 7.2로 한다.
- 유도전동기의 기동방식은 모두 직입 기동방식이다. 기동방식에 따른 계수는 1로 한다.
- 부하의 종합효율은 0.85, 발전기의 역률은 0.9, 전동기의 기동 시 역률은 0.4로 한다.

PG_3 산정식 부하 중 (기동 [kW]-입력 [kW]) 수치가 최대가 되는 전동기 또는 전동기군을 마지막에 기동할 때의 발전기 용량 [kVA]

$$PG_3 = \left(\frac{\sum P_L - P_m}{\eta_L} + P_m \times \beta \times C \times \cos\theta_s\right) \times \frac{1}{\cos\phi} \quad [\text{kVA}]$$

여기서, $\sum P_L$: 부하출력의 합계 [kW]
P_m : (기동 [kW]-입력 [kW])의 값이 최대가 되는 전동기 또는 전동기군의 출력 [kW])
$\cos\theta_s$: P_m[kW]의 전동기 기동시 역률
$\cos\phi$: 역률
η_L : 부하의 종합 효율
β : 전동기 출력 1[kW]당 기동 [kVA]
C : 기동방식에 따른 계수 (직입기동 1.0, Y-Δ기동 0.67, 기동보상기 0.42, 리액터기동 0.6)

• 산 04.05.11
정격전압 6000 [V], 용량 6000[kVA]인 3상 교류 발전기에서 여자전류가 300 [A], 무부하 단자전압은 6000 [V], 단락전류 800 [A]라고 한다. 이 발전기의 단락비는 얼마인가?

03 발전기 병렬운전

1 발전기의 병렬운전 조건

① 기전력의 크기가 같을 것
② 기전력의 위상이 같을 것
③ 기전력의 주파수가 같을 것
④ 기전력의 파형이 같을 것

이 외에도 3상 동기 발전기의 병렬 운전 시에는 상회전 방향이 같아야 한다.

• 산 89.97.98.05
동기 발전기를 병렬 운전시키기 위한 조건을 3가지만 쓰시오.

2 병렬 운전 조건 불만족 시 현상

① 기전력의 크기가 같지 않은 경우(여자의 변화)

$$I_c = \frac{E_1 - E_2}{2Z_s} = \frac{E_r}{2Z_s} [A]$$

$$\theta = \tan^{-1}\frac{2x_s}{2r_a} = \tan^{-1}\frac{x_s}{r_a} ≒ \frac{\pi}{2} \ (x_s \gg r_a \text{이므로})$$

인 무효 순환 전류가 흐른다. A, B 두 대의 발전기가 병렬 운전 중에 A기의 여자를 증대하면 A기의 역률이 저하하며 B기의 역률이 향상된다.

② 기전력의 위상이 다른 경우(원동기 출력의 변화)

동기화 전류가 흘러 G_1 발전기의 기전력 E_1과 G_2 발전기의 기전력 E_2의 위상을 동일하게 한다.

동기화 전류 $I_s = \frac{E_1}{x_s}\sin\frac{\delta}{2}$

수수전력 $P_s = \frac{E_1^2}{2x_s}\sin\delta$

③ 기전력의 주파수가 다른 경우

동기화 전류가 교대로 주기적으로 흐른다. 즉 난조의 원인이 된다. 난조방지법으로는 제동권선이 사용된다.

④ 기전력의 파형이 같지 않은 경우

각 순시의 기전력의 크기가 다르기 때문에 고조파 무효 순환 전류가 흐른다.

동기 발전기 병렬운전 조건

병렬운전 조건	조건이 맞지 않는 경우	영향
크기가 같을 것	무효순환 전류가 흐른다.	기전력이 높은 발전기에 대해서는 지상전류가 되어 전기자 반작용 중 감자작용을 하여 기전력을 감소시키고, 기전력이 낮은 발전기에 대해서는 진상전류가 되어 전기자 반작용 중 증자작용을 하여 기전력을 증가시켜 양 발전기의 기전력의 크기를 같게 한다.
위상이 같을 것	동기화 전류가 흐른다.	위상이 빠른 발전기에는 부하가 증가하여 위상이 늦어지게 되고, 위상이 늦은 발전기에는 부하가 감소하여 위상이 빨라지게 되어 양 발전기의 위상을 같게 한다.
주파수가 같을 것	동기화 전류가 상호 주기적으로 흐른다.	양 발전기의 부하 분담이 주기적으로 변화하게 된다.
파형이 같을 것	고조파 무효순환 전류가 흐른다.	고조파 무효순환전류가 흐르면 전기자 권선의 저항손이 증가하여 과열의 원인이 되기도 하는데 실제로는 설계 및 제작상 큰 차이가 없으므로 무시하는 경우가 많다.

• 기 09.15
동기발전기를 병렬로 접속하여 운전하는 경우에 발생하는 횡류의 종류 3가지를 쓰고, 각각의 작용에 대하여 설명하시오.

강의 NOTE

- 기 10
용량이 1,000[kVA]인 발전기를 역률 80[%]로 운전할 때 시간당 연료소비량 [l/h]을 구하시오. (단, 발전기의 효율은 0.93, 엔진의 연료 소비율은 190[g/ps·h], 연료의 비중은 0.92이다.)

- 기 16.18
정격 출력 500[kW]의 디젤 발전기가 있다. 이 발전기를 발열량 10,000[kcal/L]인 중유 250[L]을 사용하여 1/2부하에서 운전하는 경우 몇 시간 운전이 가능한지 계산하시오.(단, 발전기의 열효율은 34.4[%]이다.)

- 기 15
- 기(유) 90.08.10.11.12
출력 100[kW]의 디젤 발전기를 8시간 운전하며 발열량 10,000[kcal/kg]의 연료를 215[kg] 소비할 때 발전기 종합효율은 몇 [%]인지 구하시오.

- 산 90.08.10.11.12
디젤 발전기를 5시간 전부하로 운전할 때 중유의 소비량이 287[kg]이었다. 이 발전기의 정격 출력을 계산하시오.(단, 중유의 열량은 10[kcal/kg], 기관효율 35.3[%], 발전기효율 85.7[%], 전부하시 발전기역률 85[%]이다.)

04 디젤 발전기의 출력

$$P = \frac{BH\eta_g \eta_t}{860\,T\cos\theta} \;[\text{kVA}]$$

여기서, η_g : 발전기효율

η_t : 엔진효율

T : 운전시간 [h]

B : 연료소비량 [kg]

H : 연료의 열량 [kcal/kg], 1 [kWh] = 860 [kcal]

| 관련문제 | 16. 예비전원설비 발전기 |

□□□ 89, 97, 98, 05

1 동기 발전기를 병렬 운전시키기 위한 조건을 3가지만 쓰시오. (8점)

| 작성답안

- 기전력의 크기가 같을 것
- 기전력의 위상이 같을 것
- 기전력의 주파수가 같을 것
  그 외
- 기전력의 파형이 같을 것

□□□ 04, 05, 11

2 정격전압 6000 [V], 용량 6000 [kVA]인 3상 교류 발전기에서 여자전류가 300 [A], 무부하 단자전압은 6000 [V], 단락전류 800 [A]라고 한다. 이 발전기의 단락비는 얼마인가? (5점)

| 작성답안

계산 : $I_n = \dfrac{P_n}{\sqrt{3}\,V_n} = \dfrac{6000 \times 10^3}{\sqrt{3} \times 6000} = 577.35$ [A]

∴ 단락비$(K_s) = \dfrac{I_s}{I_n} = \dfrac{800}{577.35} = 1.39$

답 : 1.39

강의 NOTE

■ 발전기 병렬운전

① 발전기의 병렬운전 조건
- 기전력의 크기가 같을 것
- 기전력의 위상이 같을 것
- 기전력의 주파수가 같을 것
- 기전력의 파형이 같을 것
  이 외에도 3상 동기 발전기의 병렬 운전 시에는 상회전 방향이 같아야 한다.

② 병렬 운전 조건 불만족 시 현상
- 기전력의 크기가 같지 않은 경우 (여자의 변화)

$$I_c = \dfrac{E_1 - E_2}{2Z_s} = \dfrac{E_r}{2Z_s} \text{ [A]}$$

$$\theta = \tan^{-1}\dfrac{2x_s}{2r_a} = \tan^{-1}\dfrac{x_s}{r_a} ≒ \dfrac{\pi}{2}$$

($x_s \gg r_a$ 이므로)

기전력의 크기가 같지 않은 경우 무효 순환 전류가 흐른다. A, B 두 대의 발전기가 병렬 운전 중에 A기의 여자를 증대하면 A기의 역률이 저하 하며 B기의 역률이 향상된다.

- 기전력의 위상이 다른 경우 (원동기 출력의 변화)
  동기화 전류가 흘러 G_1 발전기의 기전력 E_1과 G_2 발전기의 기전력 E_2의 위상을 동일하게 한다.

동기화 전류 $I_s = \dfrac{E_1}{x_s}\sin\dfrac{\delta}{2}$

수수전력 $P_s = \dfrac{E_1^{\,2}}{2x_s}\sin\delta$

- 기전력의 주파수가 다른 경우
  동기화 전류가 교대로 주기적으로 흐른다. 즉 난조의 원인이 된다. 난조방지법으로는 제동권선이 사용된다.

- 기전력의 파형이 같지 않은 경우
  각 순시의 기전력의 크기가 다르기 때문에 고조파 무효 순환 전류가 흐른다.

■ 단락비

단락비가 큰 발전기는 전기자 권선의 권수가 적고 자속량이 (증가)하기 때문에 부피가 크고, 중량이 무거우며, 동이 비교적 적고 철을 많이 사용하여 이른바 철기계가 되며 효율은 (낮다), 안정도의 (크)고 선로 충전용량의 증대가 된다.

$K_s = \dfrac{\text{무부하에서 정격전압을 유기하는 데 필요한 계자전류}}{\text{정격전류와 같은 단락전류를 흘리는 데 필요한 계자전류}}$

□□□ 92, 93, 00, 02, 06, 09, 10, 12, 13, 16, 18, 20 📖 04

3 부하가 유도전동기이며, 기동 용량이 1,000 [kVA]이고, 기동시 전압강하는 20 [%]이며, 발전기의 과도리액턴스가 25 [%]이다. 이 전동기를 운전할 수 있는 자가 발전기의 최소용량은 몇 [kVA]인지 계산하시오. (5점)

| 작성답안

계산 : 발전기 용량 ≧ 기동용량 [kVA] × 과도리액턴스 × $\left(\dfrac{1}{허용\ 전압\ 강하} - 1\right)$ × 여유율

$= 1{,}000 \times 0.25 \times \left(\dfrac{1}{0.2} - 1\right) = 1{,}000\ [\text{kVA}]$

답 : 1,000 [kVA]

□□□ 96, 00, 11, 13, 15, 21

4 어느 빌딩 수용가가 자가용 디젤 발전기 설비를 계획하고 있다. 발전기 용량 산출에 필요한 부하의 종류 및 특성이 다음과 같을 때 주어진 조건과 참고자료를 이용하여 전부하 운전을 하는데 필요한 발전기 용량 [kVA]을 답안지 빈칸을 채우면서 선정하시오. (수용률을 적용한 kVA 합계를 구할 때는 유효분과 무효분을 나누어 구한다.) (5점)

【조건】
① 전동기 기동시에 필요한 용량은 무시한다.
② 수용률 적용(동력) : 최대 입력 전동기 1대에 대하여 100 [%], 2대는 80 [%], 전등, 기타는 100 [%]를 적용한다.
③ 전등, 기타의 역률은 100 [%]를 적용한다.

부하의 종류	출력 [Kw]	극수 (극)	대수 (대)	적용 부하	기동 방법
전동기	37	8	1	소화전 펌프	리액터 기동
	22	6	2	급수 펌프	리액터 기동
	11	6	2	배풍기	Y-Δ 기동
	5.5	4	1	배수 펌프	직입 기동
전등, 기타	50	-	-	비상 조명	-

강의 NOTE

■ 발전기 용량
① 단순한 부하의 경우
전부하 정상 운전시의 소요 입력에 의한 용량에 의해 결정한다.
발전기 용량 [kVA] = 부하의 총 정격 입력 × 수용률 × 여유율

발전기 출력 $P = \dfrac{\Sigma W_L \times L}{\cos\theta}$ [kVA]

여기서,
ΣW_L : 부하 입력 총계,
L : 부하 수용률(비상용일 경우 1.0)
$\cos\theta$: 발전기의 역률(통상 0.8)

② 기동 용량이 큰 부하가 있을 경우, 전동기 시동에 대처하는 용량
자가 발전 설비에서 전동기를 기동할 때 큰 부하가 발전기에 갑자기 걸리게 됨으로 발전기의 단자 전압이 순간적으로 저하하여 개폐기의 개방 또는 엔진의 정지 등이 야기되는 수가 있다. 이런 경우 발전기의 정격 출력 [kVA]은 다음과 같다.

발전기 정격 출력 [kVA] ≧
$\left(\dfrac{1}{허용\ 전압\ 강하} - 1\right) \times X_d \times 기동용량$

여기서,
X_d : 발전기의 과도 리액턴스(보통 20~25 [%])
허용 전압 강하 : 20~30 [%]
기동 용량 : 2대 이상의 전동기가 동시에 기동하는 경우는 2개의 기동 용량을 합한 값과 1대의 기동 용량인 때를 비교하여 큰 값의 쪽을 택한다.

기동용량 = $\sqrt{3}$ × 정격전압 × 기동전류 × $\dfrac{1}{1000}$ [kVA]

■ 수용률을 적용한 kVA 합계를 구할 때는 유효분과 무효분을 나누어 구한다는 조건에 주의하여야 한다.

[표1] 저압 특수 농형 2종 전동기(KSC 4202) [개방형·반밀폐형]

정격 출력 [kW]	극수	동기 속도 [rpm]	전부하 특성 효율 η [%]	전부하 특성 역률 pf [%]	기동 전류 I_{st} 각상의 평균값 [A]	비고 무부하 전류 I_0 각상의 전류값 [A]	비고 전부하 전류 I 각상의 평균값 [A]	전부하 슬립 s [%]
5.5	4	1,800	82.5 이상	79.5 이상	150 이하	12	23	5.5
7.5			83.5 이상	80.5 이상	190 이하	15	31	5.5
11			84.5 이상	81.5 이상	280 이하	22	44	5.5
15			85.5 이상	82.0 이상	370 이하	28	59	5.0
(19)			86.0 이상	82.5 이상	455 이하	33	74	5.0
22			86.5 이상	83.0 이상	540 이하	38	84	5.0
30			87.0 이상	83.5 이상	710 이하	49	113	5.0
37			87.5 이상	84.0 이상	875 이하	59	138	5.0
5.5	6	1,200	82.0 이상	74.5 이상	150 이하	15	25	5.5
7.5			83.0 이상	75.5 이상	185 이하	19	33	5.5
11			84.0 이상	77.0 이상	290 이하	25	47	5.5
15			85.0 이상	78.0 이상	380 이하	32	62	5.5
(19)			85.5 이상	78.5 이상	470 이하	37	78	5.0
22			86.0 이상	79.0 이상	555 이하	43	89	5.0
30			86.5 이상	80.0 이상	730 이하	54	119	5.0
37			87.0 이상	80.0 이상	900 이하	65	145	5.0
5.5	8	900	81.0 이상	72.0 이상	160 이하	16	26	6.0
7.5			82.0 이상	74.0 이상	210 이하	20	34	5.5
11			83.5 이상	75.5 이상	300 이하	26	48	5.5
15			84.0 이상	76.5 이상	405 이하	33	64	5.5
(19)			85.5 이상	77.0 이상	485 이하	39	80	5.5
22			85.0 이상	77.5 이상	575 이하	47	91	5.0
30			86.5 이상	78.5 이상	760 이하	56	121	5.0
37			87.0 이상	79.0 이상	940 이하	68	148	5.0

[표2] 자가용 디젤 표준 출력[kVA]

50	100	150	200	300	4,400

	효율[%]	역률[%]	입력[kVA]	수용률[%]	수용률 적용값 [kVA]
37 × 1					
22 × 2					
11 × 2					
5.5 × 1					
50					
계		–	–	–	–

> ■ 표에서 효율과 역률을 찾아 답안지에 기록한다.

발전기 용량

○ _____

| 작성답안

	효율 [%]	역률 [%]	입력 [kVA]	수용률 [%]	수용률 적용값 [kVA]
37 × 1	87	79	$\dfrac{37}{0.87 \times 0.79} = 53.83$	100	$P = 53.83 \times 0.79 = 42.53\,[\text{kW}]$ $Q = 53.83 \times \sqrt{1-0.79^2} = 33\,[\text{kVar}]$ $\therefore \sqrt{42.53^2 + 33^2} = 53.83\,[\text{kVA}]$
22 × 2	86	79	$\dfrac{22 \times 2}{0.86 \times 0.79} = 64.76$	80	$P = 64.76 \times 0.79 \times 0.8 = 40.93\,[\text{kW}]$ $Q = 64.76 \times \sqrt{1-0.79^2} \times 0.8 = 31.76\,[\text{kVar}]$ $\therefore \sqrt{40.93^2 + 31.76^2} = 51.81\,[\text{kVA}]$
11 × 2	84	77	$\dfrac{11 \times 2}{0.84 \times 0.77} = 34.01$	80	$P = 34.01 \times 0.77 \times 0.8 = 20.95\,[\text{kW}]$ $Q = 34.01 \times \sqrt{1-0.77^2} \times 0.8 = 17.36\,[\text{kVar}]$ $\therefore \sqrt{20.95^2 + 17.36^2} = 27.21\,[\text{kVA}]$
5.5 × 1	82.5	79.5	$\dfrac{5.5}{0.825 \times 0.795} = 8.39$	100	$P = 8.39 \times 0.795 = 6.67\,[\text{kW}]$ $Q = 8.39 \times \sqrt{1-0.795^2} = 5.09\,[\text{kVar}]$ $\therefore \sqrt{6.67^2 + 5.09^2} = 8.39\,[\text{kVA}]$
50	100	100	50	100	50[kVA]
계	–	–	–	–	$P = 42.53 + 40.93 + 20.95 + 6.67 + 50 = 161.08\,[\text{kW}]$ $Q = 33 + 31.76 + 17.36 + 5.09 = 87.21\,[\text{kVar}]$ $\therefore \sqrt{161.08^2 + 87.21^2} = 183.17\,[\text{kVA}]$

답 : 발전기의 표준용량 사용 200 [kVA]

□□□ 96, 00, 04, 06, 13, 15

5 어느 건물의 수용가가 자가용 디젤 발전기 설비를 설계하려고 한다. 발전기 용량을 산출하기 위하여 필요한 부하의 종류와 여러 가지 특성이 다음의 부하 및 특성표와 같을 때 전부하를 운전하는 데 필요한 수치값들을 주어진 표를 활용하여 수치표의 빈칸에 기록하면서 발전기의 [kVA] 용량을 산정하시오. (5점)

【조건】
- 전동기 기동 시에 필요한 용량은 무시한다.
- 수용률 적용
  - 동력 : 적용부하에 대한 전동기의 대수가 1대인 경우에는 100 [%], 2대인 경우에는 80 [%]를 적용한다.
  - 전등, 기타 : 100 [%]를 적용한다.

강의 NOTE

■ 표에서 효율과 역률을 찾아 답안지에 기록한다.

부하 및 특성표

부하의 종류	출력[kW]	극수(극)	대수(대)	적용부하	기동방법
전동기	30	8	1	소화전 펌프	리액터 기동
	11	6	3	배풍기	Y-Δ 기동
전등, 기타	60	-	-	비상조명	-

[표 1] 전동기

정격 출력 [kW]	극수	동기 속도 [rpm]	전부하 특성 효율 η [%]	전부하 특성 역률 pf [%]	기동전류 I_{st} 각 상의 평균값 [A]	비고 무부하 전류 I_0 각상의 전류값 [A]	비고 전부하 전류 I 각상의 평균값 [A]	전부하 슬립 S [%]
5.5			82.5 이상	79.5 이상	150 이하	12	23	5.5
7.5			83.5 이상	80.5 이상	190 이하	15	31	5.5
11			84.5 이상	81.5 이상	280 이하	22	44	5.5
15			85.5 이상	82.0 이상	370 이하	28	59	5.0
(19)	4	1800	86.0 이상	82.5 이상	455 이하	33	74	5.0
22			86.5 이상	83.0 이상	540 이하	38	84	5.0
30			87.0 이상	83.5 이상	710 이하	49	113	5.0
37			87.5 이상	84.0 이상	875 이하	59	138	5.0
5.5			82.0 이상	74.5 이상	150 이하	15	25	5.5
7.5			83.0 이상	75.5 이상	185 이하	19	33	5.5
11			84.0 이상	77.0 이상	290 이하	25	47	5.5
15			85.0 이상	78.0 이상	380 이하	32	62	5.5
(19)	6	1200	85.5 이상	78.5 이상	470 이하	37	78	5.0
22			86.0 이상	79.0 이상	555 이하	43	89	5.0
30			86.5 이상	80.0 이상	730 이하	54	119	5.0
37			87.0 이상	80.0 이상	900 이하	65	145	5.0
5.5			81.0 이상	72.0 이상	160 이하	16	26	6.0
7.5			82.0 이상	74.0 이상	210 이하	20	34	5.5
11			83.5 이상	75.5 이상	300 이하	26	48	5.5
15			84.0 이상	76.5 이상	405 이하	33	64	5.5
(19)	8	900	85.0 이상	77.0 이상	485 이하	39	80	5.5
22			85.5 이상	77.5 이상	575 이하	47	91	5.0
30			86.0 이상	78.5 이상	760 이하	56	121	5.0
37			87.5 이상	79.0 이상	940 이하	68	148	5.0

[표 2] 자가용 디젤 발전기의 표준 출력

| 50 | 100 | 150 | 200 | 300 | 400 |

[발전기 용량 선정]

부하	출력 [kW]	효율 [%]	역률 [%]	입력[kVA]	수용률 [%]	수용률 적용값 [kVA]
전동기	30×1					
전동기	11×3					
전등 및 기타	60					
계						
필요한 발전기 용량[kVA]						

※ 수치표의 빈칸을 채울 때, 계산이 필요한 것은 계산식을 반드시 기록하고 그 결과값을 표시하도록 한다.

○ _____

| 작성답안

부하	출력 [kW]	효율 [%]	역률 [%]	입력[kVA]	수용률 [%]	수용률 적용값 [kVA]
전동기	30×1	86	78.5	$\dfrac{30}{0.86 \times 0.785} = 44.44$	100	44.44
전동기	11×3	84	77	$\dfrac{11 \times 3}{0.84 \times 0.77} = 51.02$	80	40.82
전등 및 기타	60	100	100	60	100	60
계						145.26
필요한 발전기 용량[kVA]						150

□□□ 90, 08, 10, 11, 12

6
디젤 발전기를 5시간 전부하로 운전할 때 중유의 소비량이 287 [kg]이었다. 이 발전기의 정격 출력을 계산하시오.(단, 중유의 열량은 10^4 [kcal/kg], 기관효율 35.3 [%], 발전기효율 85.7 [%], 전부하시 발전기역률 85 [%]이다.)(5점)

강의 NOTE

■ 디젤 발전기의 출력

$$P = \frac{BH\eta_g\eta_t}{860T\cos\theta} \text{ [kVA]}$$

여기서
η_g : 발전기효율 η_t : 엔진효율
T : 운전시간 [h] B : 연료소비량 [kg]
H : 연료의 열량 [kcal/kg],
1 [kWh] = 860 [kcal]

| 작성답안

계산 : $P = \dfrac{BH\eta_g\eta_t}{860T\cos\theta} = \dfrac{287 \times 10^4 \times 0.353 \times 0.857}{860 \times 5 \times 0.85} = 237.547$ [kVA]

답 : 237.55 [kVA]

□□□ 09

7
풍력발전 시스템의 특징을 4가지만 쓰시오.(5점)

| 작성답안

- 지속적으로 무제한 사용할 수 있다.
- 공해물질 배출이 없는 청정에너지이다.
- 대규모 단지의 경우 발전단가가 비교적 낮고 상용화가 가능한 에너지 발전설비이다.
- 에너지 밀도가 낮아 바람이 희박할 경우 발전이 힘들다.

그 외
- 초기투자비용이 크며, 소음이 발생한다.

■ 태양광 발전의 장점
(규일이 친자 확인)
- 규모에 관계없이 발전효율이 일정하다.
- 일조량이 있는 곳이면 어디에서나 설치할 수 있고 보수가 용이하다.
- 친환경적이다.
- 자원이 반영구적이다.
- 확산광(산란광)도 이용할 수 있다.

KEYWORD 17 예비전원설비 UPS, 기타

강의 NOTE

- 산 97.01.05
- 산(유) 97.99.00.05

그림과 같은 UPS 설비를 보고 다음 각 물음에 답하시오.
(1) UPS의 주요 기능을 2가지로 요약하여 설명하시오.
(2) A는 무슨 부분인가?
(3) B는 무슨 역할을 하는 회로인가?
(4) C 부분은 무슨 회로이며, 그 역할은 무엇인가?

01 UPS

무정전 전원장치 또는 무정전 전원시스템(UPS : Uninterruptible Power Supply)은 상용 전원의 정전 또는 전원에서 이상상태가 발생하였을 경우 정상적인 전원을 부하측에 공급하는 설비로서 컨버터, 인버터, 축전지, 절환스위치로 구성된다. OA기기, 전력공급의 집중감시제어반, 각종 플랜트 계기 등에 사용되고 있다. UPS의 동작원리는 다음과 같다.

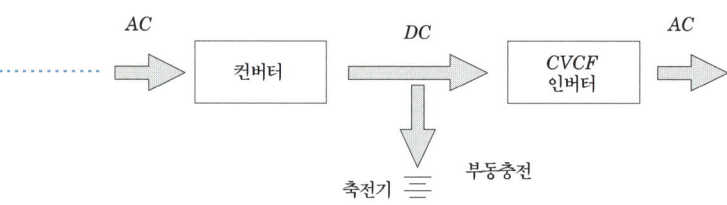

정상의 경우

정상 운전의 경우 컨버터를 통해 교류를 직류로 변환한 후 축전지에 저장함과 동시에 인버터를 통해 교류로 변환하여 정전압 정주파수로 전원을 공급한다.

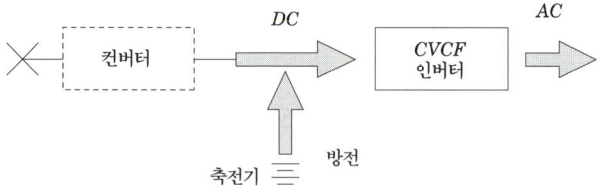

정전의 경우

상용전원의 사고등으로 인하여 정전이 발생한 경우 축전지의 전력을 인버터를 통해 교류로 변환하여 정전압 정주파수로 전원을 공급한다.

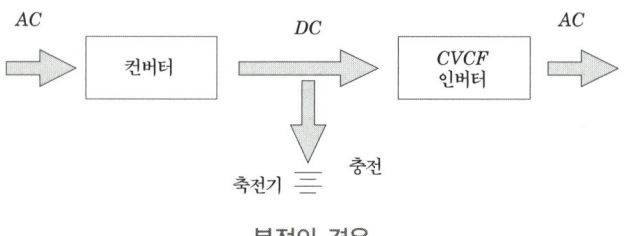

복전의 경우

상용전원이 정상으로 복전이 되면 상용전원을 컨버터를 통하여 직류로 변환한 후 축전지에 충전함과 동시에 인버터를 통해 교류로 변환하여 정전압 정주파수로 전원을 공급한다.

02 UPS의 구성

1 컨버터(정류기)
교류전원이나 발전기의 전원을 공급받아 직류전원으로 변환하여 축전지를 충전하며, 인버터에 공급하는 장치

2 인버터
직류전원을 교류전원으로 바꾸어 부하에 공급하는 장치

3 무접점 절환 스위치
인버터의 과부하 및 이상시 예비 상용전원으로(bypass line)절체시켜 주는 장치

4 축전지
정전시 인버터에 직류전원을 공급하여 부하에 일정 시간동안 무정전으로 전원을 공급하는데 필요한 장치

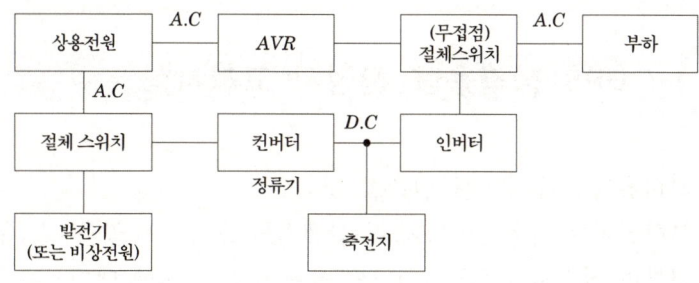

무정전전원공급장치의 블록다이어그램

강의 NOTE

• 기 99.01.04.05.09.18
인텔리전트 빌딩(Intelligent building)은 빌딩 자동화시스템, 사무자동화시스템, 정보통신시스템, 건축환경을 총 망라한 건설과 유지관리의 경제성을 추구하는 빌딩이라 할 수 있다. 이러한 빌딩의 전산시스템을 유지하기 위하여 비상전원으로 사용되고 있는 UPS에 대해서 다음 각 물음에 답하시오.
(1) UPS를 우리말로 표현하시오.
(2) UPS에서 AC → DC부와 DC → AC부로 변환하는 부분의 명칭을 각각 무엇이라 부르는지 쓰시오.
- AC → DC 변환부 :
- DC → AC 변환부 :
(3) UPS가 동작되면 전력공급을 위한 축전지가 필요한데, 그 때의 축전지 용량을 구하는 공식을 쓰시오. 단, 기호를 사용할 경우, 사용 기호에 대한 의미를 설명하도록 한다.

강의 NOTE

■ UPS와 고장회로를 분리
(반 [1/2] 배속)
- 사이리스터를 사용한 반도체차단기에 의한 방법
- 배선용차단기에 의한 것
- 반도체보호용 한류형퓨즈에 의한 것 (속단퓨즈)

● 기 15
사용 중인 UPS의 2차 측에 단락사고 등이 발생했을 경우 UPS와 고장회로를 분리하는 방식 3가지를 쓰시오.

03 UPS의 2차측 (출력측) 고장회로의 분리

UPS의 2차측 (출력측) 고장회로의 분리는 UPS자체의 신뢰도와 관련되어지는 것으로서 적절한 방식을 채택하여야 하며, 일반적으로
① 배선용차단기에 의한 것,
② 반도체보호용 한류형퓨즈에 의한 것,(속단퓨즈)
③ 사이리스터를 사용한 반도체차단기에 의한 방법
등이 있다. 보통 UPS는 1 [kVA] 또는 3 [kVA]의 단위 모듈로 구성되어 단상, 2상, 3상 전원에 공통으로 사용하여, 고장범위를 1개의 모듈로 제한하는 방식의 UPS가 적용되고 있다.

구분		MCCB	반도체용 한류형퓨즈	반도체 차단기
동작시간	정격4배에서	3~30 [sec]	20 [ms]~600 [ms]	100 [μs]~150 [μs]
	정격10배에서	10 [ms]~4 [sec]	2 [ms]~4 [ms]	
전류특성		반한시	반한시	일정
콘덴서부하대책		-	돌입전류대책필요	돌입전류대책필요
바이패스회로		불필요	불필요(예비품 준비)	필요
수명		트립횟수에 제한	자연열화 (5년마다 교환)	정기적 동작확인 필요 콘덴서는 10년 정도마다 교환
크기		소	중	대
경제성		저가	중가	고가
한류효과		없음	있음	없음

04 UPS 정격용량 산정시 고려사항

① 부하용량의 최대치를 만족할 것
② 부하설비는 기동시 UPS출력 합계치를 초과하지 않을 것.(유도성 모터부하 접속시 주의) 특히 과도용량이 큰 부하에 대해서는 한류장치를 부가하도록 고려하여야 한다.
③ 순차기동할 경우 나중에 투입되는 부하기동전류에 의한 출력전압 변동이 먼저 투입된 허용치를 초과하지 않을 것

④ 통신기와 같이 부하의 대부분이 정류기부하인 경우 부하전류 중에는 고조파분이 많고 전류 파고값이 일반의 부하에 비해 높아진다. 이 때문에 장치용량에 10~20 [%] 정도의 여유가 있어야 한다.
⑤ 장래 부하증가를 예상할 것
⑥ 컴퓨터실의 경우 쿨링머신(항온항습기)부하를 포함한다.
⑦ 가능한 한 메이커의 표준용량으로 선정한다.

UPS, CVCF, VVVF의 비교

항목		UPS	CVCF	VVVF		
원어		Uninterruptible Power Supply	Constant Voltage Constant Frequency	Variable Voltage Variable Frequency		
명칭		무정전 전원장치	정전압 정주파수 전원장치	가변전압 가변주파수 장치		
주회로방식		전압형 인버터	전압형 인버터	전류형 인버터	전압형인버터	
스위칭 방식	컨버터	PWM제어	PWM제어	점호 위상제어	제어하지 않음	제어하지 않음
	인버터	PWM제어	PWM제어	PWM 제어	PWM 제어	PWM 제어
출력 전원	무정전	O	×	×		
	정전압 정주파수	O	O	×		
	가변전압 가변주파수	×	×	O		

강의 NOTE

• 기 04
세계적인 고속전철회사인 일본 신간센, 프랑스 TGV, 독일 ICE 등 유수한 회사들이 고속전철 전동기 구동을 위해서 각각 직류기, 유도기, 동기기를 이용하고 있다. 이 주전동기를 구동하기 위하여 현재 건설 중인 우리나라 고속전철에 인버터가 사용되는 것으로 되어있는 바 이 인버터에 대하여 다음 각 물음에 답하시오.
(1) 전류형 인버터와 전압형 인버터의 회로상의 차이점을 2가지씩 쓰시오.
(2) 전류형 인버터와 전압형 인버터의 출력파형상의 차이점을 설명하시오.

관련문제

17. 예비전원설비 UPS, 기타

□□□ 06

1 그림은 무정전 전원설비(UPS)의 기본 구성도이다. 이 그림을 보고 다음 각 물음에 답하시오. (7점)

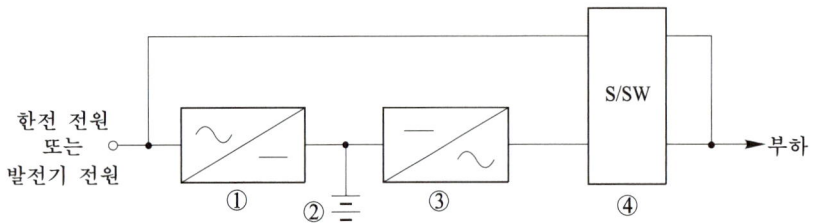

(1) 무정전 전원설비(UPS)의 사용 목적을 간단히 설명하시오.

○

(2) 그림의 ①, ②, ③, ④에 대한 기기 명칭과 그 주요 기능을 쓰시오.

○

구분	기기 명칭	주요 기능
①		
②		
③		
④		

작성답안

(1) 무정전 전원장치 또는 무정전 전원시스템(UPS : Uninterruptible Power Supply)은 상용전원의 정전 또는 전원에서 이상상태가 발생하였을 경우 정상적인 전원을 부하측에 공급하는 설비로서 컨버터, 인버터, 축전지, 절환스위치로 구성된다. OA기기, 전력공급의 집중감시제어반, 각종 플랜트 계기 등에 사용되고 있다.

(2)

구분	기기 명칭	주요 기능
①	컨버터	AC를 DC로 변환
②	축전지	컨버터로 변환된 직류 전력을 저장
③	인버터	DC를 AC로 변환
④	절체스위치	상용전원 또는 UPS 전원으로 절체하는 개폐기

강의 NOTE

■ UPS

① 컨버터(정류기) : 교류전원이나 발전기의 전원을 공급받아 직류전원으로 변환하여 축전지를 충전하며, 인버터에 공급하는 장치
② 인버터 : 직류전원을 교류전원으로 바꾸어 부하에 공급하는 장치
③ 무접점 절환 스위치 : 인버터의 과부하 및 이상시 예비 상용전원으로(bypass line) 절체시켜 주는 장치
④ 축전지 : 정전시 인버터에 직류전원을 공급하여 부하에 일정 시간동안 무정전으로 전원을 공급하는데 필요한 장치

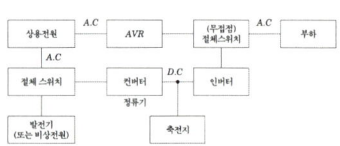

□□□ 97, 99, 00, 05

2 UPS 장치에 대한 다음 각 물음에 답하시오. (6점)

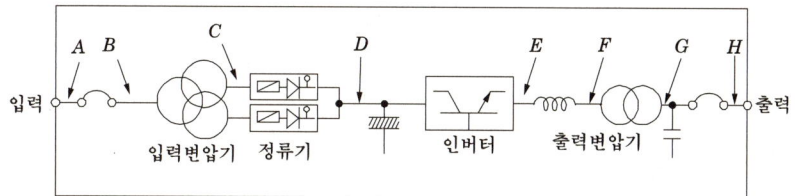

(1) 이 장치는 어떤 장치인지를 설명하시오.

○ _____

(2) 이 장치의 중심부분을 구성하는 것이 CVCF이다. 이것의 의미를 설명하시오.

○ _____

(3) 그림은 CVCF의 기본 회로이다. 축전지는 A~H 중 어디에 설치되어야 하는가?

○ _____

| 작성답안

(1) 무정전 전원 공급 장치
(2) 정전압 정주파수 공급 장치
(3) D

□□□ 97, 01, 05

3 그림과 같은 UPS 설비를 보고 다음 각 물음에 답하시오. (10점)

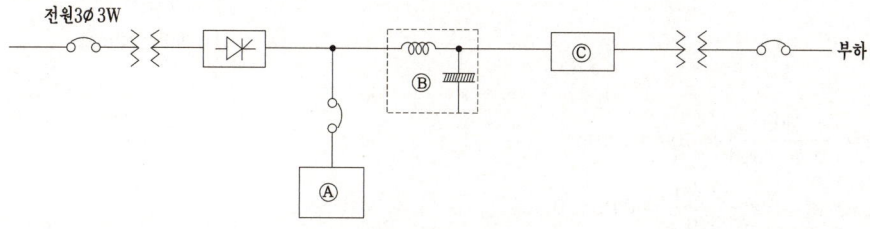

(1) UPS의 주요 기능을 2가지로 요약하여 설명하시오.

○ _____

(2) A는 무슨 부분인가?

○ _____

(3) B는 무슨 역할을 하는 회로인가?

○ _____

(4) C 부분은 무슨 회로이며, 그 역할은 무엇인가?

○ _____

| 작성답안

(1) ① 무정전 전원 공급
    ② 정전압 정주파수 공급장치
(2) 축전지
(3) DC 필터로 Ripple 전압을 제거
(4) 인버터 회로
    역할 : 직류를 교류로 변환

□□□ 18

4 태양광모듈 1장의 출력이 300[W], 변환효율이 20[%]일 때, 발전용량 12[kW]인 태양광 발전소의 최소 설치 필요 면적은 몇 [m²]인가? (단, 일사량은 1000[W/m²]이며, 이격거리는 고려하지 않는다.)(6점)

○ _____

| 작성답안

계산 : 변환효율 $\eta = \dfrac{P_m}{AS} \times 100$ [%]

모듈 1장의 면적 $A = \dfrac{P_m}{\eta S} \times 100 = \dfrac{300}{20 \times 1000} \times 100 = 1.5 [m^2]$

발전용량이 12000[W] 이므로 모듈의 수는 $N = \dfrac{12000}{300} = 40$ [EA] 이므로

태양광 발전소의 최소 설치면적 $= 40 \times 1.5 = 60 [m^2]$

답 : 60[m²]

■ 태양광
① 일사량 S :
   대기권의 태양광 1,370[W/m²]
   → 지표면 1,060[W/m²]
   → 1000[W/m²]
② 모듈변환효율
$\eta = \dfrac{P_m[W]}{A[m^2] \times 1000[W/m^2]} \times 100[\%]$
여기서, P_m : 모듈출력[W],
       A : 모듈면적[m²]

PART 05

수변전설비

KEYWORD 18 수변전결선도의 표준
19 수변전결선도의 응용

KEYWORD 18 수변전결선도의 표준

강의 NOTE

01 수변전기기의 심벌, 약호 및 역할

명칭	약호	심벌	용도(역할)
케이블 헤드	CH		가공전선과 케이블 단말(종단) 접속
단로기	DS		무부하 전류 개폐, 회로의 접속 변경, 기기를 전로로부터 개방
피뢰기	LA		뇌전류를 대지로 방전하고 속류 차단
전력 퓨즈	PF		단락 전류 차단, 부하 전류 통전
전력수급용 계기용변성기	MOF	MOF	전력량을 적산하기 위하여 고전압과 대전류를 저전압, 소전류로 변성
영상 변류기	ZCT	ZCT	지락전류의 검출
계기용 변압기	PT		고전압을 저전압으로 변성
교류 차단기	CB		부하 전류 및 사고 전류의 차단
트립 코일	TC		보호 계전기 신호에 의해 차단기 개로
계기용 변류기	CT	CT CT	대전류를 소전류로 변성
접지 계전기	GR	GR	영상 전류에 의해 동작하며, 차단기 트립 코일 여자
과전류 계전기	OCR	OCR	과전류에 의해 동작하며, 차단기 트립 코일 여자
전압계용 전환 개폐기	VS		1대의 전압계로 3상 전압을 측정하기 위하여 사용하는 전환 개폐기
전류계용 전환 개폐기	AS		1대의 전류계로 3상 전류를 측정하기 위하여 사용하는 전환 개폐기
전력용콘덴서 (방전코일내장)	SC	SC	진상 무효 전력을 공급하여 역률 개선
직렬 리액터	SR		제5고조파 제거
컷아웃 스위치	COS		기계 기구(변압기)를 과전류로부터 보호

02 간이수전설비

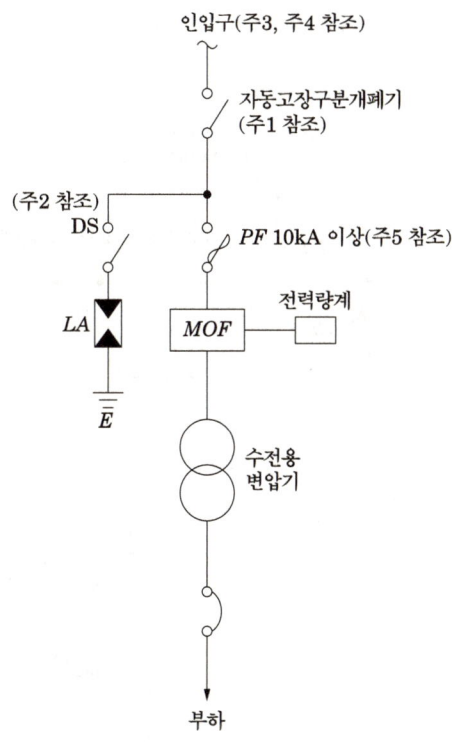

22.9 [kV-Y] 1,000 [kVA] 이하를 시설하는 경우

[주1] LA용 DS는 생략할 수 있으며 22.9 [kV-Y]용의 LA는 Dis- connector (또는 Isolator) 붙임형을 사용하여야 한다.
[주2] 인입선을 지중선으로 시설하는 경우로서 공동 주택 등 사고시 정전 피해가 큰 수전 설비 인입선은 예비선을 포함하여 2회선으로 시설하는 것이 바람직하다.
[주3] 지중인입선의 경우에 22.9 [kV-Y] 계통은 $CNCV-W$ 케이블(수밀형) 또는 $TR\ CNCV-W$(트리억제형)을 사용하여야 한다. 다만, 전력구·공동구·덕트·건물구내 등 화재의 우려가 있는 장소에서는 $FR\ CNCO-W$(난연) 케이블을 사용하는 것이 바람직하다.
[주4] 300 [kVA] 이하인 경우 PF 대신 COS(비대칭 차단 전류 10 [kA] 이상의 것)을 사용할 수 있다.
[주5] 간이 수전 설비는 PF의 용단 등에 의한 결상 사고에 대한 대책이 없으므로 변압기 2차측에 설치되는 주차단기에는 결상 계전기 등을 설치하여 결상 사고에 대한 보호 능력이 있도록 함이 바람직하다.

강의 NOTE

- 기(유) 98.04.08.09
- 기/산 98.08.15
- 산 (유) 01.18.20

그림은 22.9[kVY] 1,000[kVA] 이하에 적용 가능한 특별고압 간이 수전설비 결선도이다. 각 물음에 답하시오.
가. LA용 DS는 생략할 수 있으며, 22.9kV-Y 용의 LA는 Disconnector(또는 Isolator) 붙임 형을 사용하여야 한다.
나. 인입선을 지중선으로 시설하는 경우로 공동주택 등 고장 시 정전피해가 큰 경우는 예비 지중선을 포함하여 (①)회선으로 시설하는 것이 바람직하다.
다. 지중인입선의 경우에 22.9kN-Y 계통은 CNCV-W케이블(수밀형) 또는 (②)을(를) 사용하여야 한다. 다만, 전력구·공동구·덕트·건물구내 등 화재의 우려가 있는 장소에서는 (③) 케이블을 사용하는 것이 바람직하다.
라. 300[kVA] 이하의 경우는 PF 대신 (④) (비대칭 차단전류 10 이상의 것)을 사용할 수 있다.
마. 특고압 간이수전설비는 PF의 용단 등의 결상사고에 대한 대책이 없으므로 변압기 2차 측에 설치되는 주차단기에는 (⑤) 등을 설치하여 결상사고에 대한 보호 능력이 있도록 함이 바람직하다.

- 산 19

그림은 간이수전설비도이다. 다음 물음에 답하시오.
(1) 주어진 수변전설비에서 ⓐ 는 (①)kVA 이하일 때 사용하고 300kVA 이하일 경우 ASS대신 (②)을 사용할 수 있다.
(2) ⓒ 는 변압기 2차 개폐기 ACB이다. 보호 요소 3가지를 쓰시오.
(3) ⓓ 의 변류비를 구하시오. 변류기 1차 정격전류는 1000, 1200, 1500, 2000, 2500[A]이며, 2차 전류는 5[A]이다. 여유는 1.25배를 적용한다.
(4) 변압기의 단락전류가 정격전류 (①)를 초과하는 변압기에 대해서는 제작자와 구매자가 합의하여 (②) 미만의 단락 전류 지속 시간을 적용할 수 있다.

강의 NOTE

• 기 96.98.01.05.06.08
그림은 특별고압 수전설비 결선도의 미완성 도면이다. 이 도면을 보고 다음 각 물음에 답하시오.(단, CB 1차측에 CT를, CB 2차측에 PT를 시설하는 경우이다.)
(1) 미완성 부분(점선내부 부분)에 대한 결선도를 그리시오.(단, 미완성 부분만 작성하되 미완성 부분에는 CB, OCR : 3개, OCGR, MOF, PT, CT, PF, COS, TC, A, V, 전력량계 등을 사용하도록 한다.)
(2) 사용전압이 22.9[kV]라고 할 때 차단기의 트립전원은 어떤 방식이 바람직한지 2가지를 쓰시오.
(3) 수전전압이 66[kV] 이상인 경우 *표로 표시된 대신 어떤 것을 사용하여야 하는가?
(4) 22.9[kV-Y] 1,000[kVA] 이하를 시설하는 경우 특별고압 간이수전설비 결선도에 의할 수 있다. 본 결선도에 대한 간이수전설비 결선도를 그리시오.

• 기 90.98
주어진 특고압 기기류를 참고하여 특고압 수전 22.9[kVY] 단선 결선도를 치수와 관계없이 완성하시오.
【특고압 기기류】
① LS1set   ② DS1set
③ LA1set   ④ MOF
⑤ PF   ⑥ PT
⑦ CT3   ⑧ OCR3
⑨ GR   ⑩ CB
⑪ TC   ⑫ COS(변압기 1차)
(단, 접지할 곳은 접지하고, 주어진 특고압 기기류 이외의 회로는 생략할 것.)

• 기 96.07
• 기(유) 91.94.95.00.01.05.07
• 기(유) 94.07.09.17
• 산(유) 91.94.95.00.01.05.07.18
다음 답안지의 미완성 도면을 보고 다음 각 물음에 답하시오.
(1) 주어진 단선 결선도에서 표시한 ①~⑧까지의 기기의 명칭은?
(2) ① DS 대신 사용할 수 있는 것은 무엇이며, 66[kV] 이상인 경우 DS 대신 무엇을 사용하여야 하는가?
(3) 차단기의 트립 전원은 어떤 방식이 바람직한가 2가지를 쓰시오.
(4) 22.9[kVY]용 LA는 어떤 것이 붙어 있는 것(~붙임형)을 사용하여야 하는가?
(5) 22.9[kVY] 계통에서는 수전 설비 인입선으로 어떤 케이블을 사용하여야 하는가?

03 정식수전설비

CB 1차측에 CT를, CB 2차측에 PT를 시설하는 경우

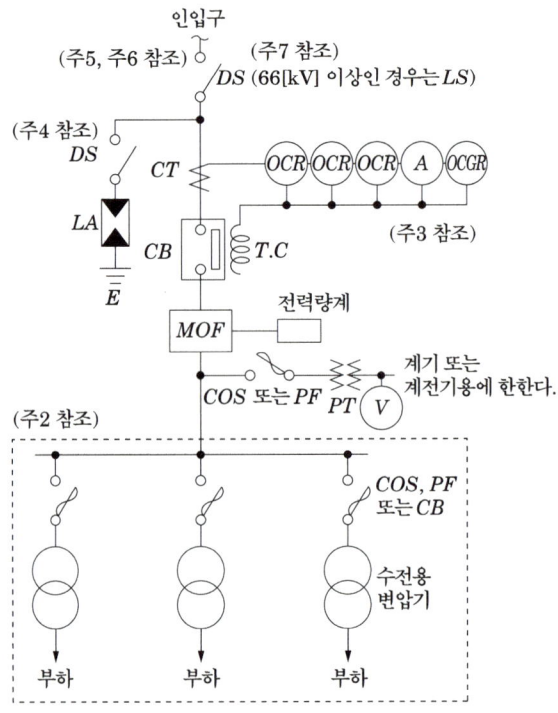

[주1] 22.9[kV-Y] 1,000[kVA] 이하인 경우에는 간이 수전 설비 결선도에 의할 수 있다.
[주2] 결선도 중 점선 내의 부분은 참고용 예시이다.
[주3] 차단기의 트립 전원은 직류(DC) 또는 콘덴서 방식(CTD)이 바람직하며 66[kV] 이상의 수전 설비에는 직류(DC)이어야 한다.
[주4] LA용 DS는 생략할 수 있으며 22.9[kV-Y]용의 LA는 Dis- connector (또는 Isolator) 붙임형을 사용하여야 한다.
[주5] 인입선을 지중선으로 시설하는 경우로서 공동 주택 등 사고시 정전 피해가 큰 수전 설비 인입선은 예비선을 포함하여 2회선으로 시설하는 것이 바람직하다.
[주6] 지중인입선의 경우에 22.9[kV-Y] 계통은 $CNCV-W$ 케이블(수밀형) 또는 $TR\ CNCV-W$(트리억제형)을 사용하여야 한다. 다만, 전력구·공동구·덕트·건물구내 등 화재의 우려가 있는 장소에서는 $FR\ CNCV-W$(난연) 케이블을 사용하는 것이 바람직하다.
[주7] DS 대신 자동고장구분 개폐기(7,000[kVA] 초과시에는 Sec- tionalizer)를 사용할 수 있으며 66[kV] 이상의 경우는 LS를 사용하여야 한다.

04 정식수전설비

CB 1차측에 CT와 PT를 시설하는 경우 (CB1차측의 변압기 설치는 10kVA 이하의 경우에 적용 가능)

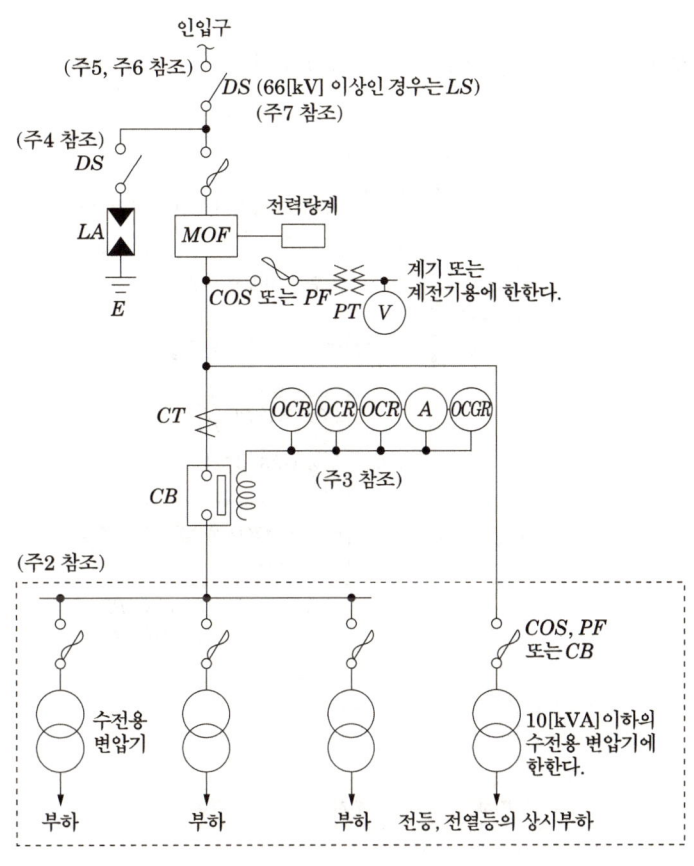

• 산 09
CB 1차 측에 CT와 PT를 시설하는 경우의 특별고압 수전설비 결선도이다. 다음 물음에 답하시오.
(1) 일반적으로 수전설비에서 LA의 공칭방전전류가 2500[A]이면 정격전압 (①)[kV]가 사용되는데, 공칭방전전류가 5000[A]이면 정격전압(②)[kV]가 사용된다.
(2) LA용 DS는 생략할 수 있으며, 22.9[kV-Y]용의 LA에는 (③)또는 (④) 붙임형을 사용하여야 한다.
(3) 지중인입선의 경우 22.9[kV-Y]계통은 (⑤) 케이블 또는 (⑥)를 사용하여야 한다.
(4) 여기에 사용할 수 있는 CB종류 3가지를 약호와 명칭을 정확히 쓰시오.
(5) MOF의 역할에 대하여 쓰시오.

[주 1] 22.9[kV-Y] 1,000[kVA] 이하인 경우에는 간이 수전 설비 결선도에 의할 수 있다.
[주 2] 결선도 중 점선 내의 부분은 참고용 예시이다.
[주 3] 차단기의 트립 전원은 직류(DC) 또는 콘덴서 방식(CTD)이 바람직하며 66[kV] 이상의 수전 설비에는 직류(DC)이어야 한다.
[주 4] LA용 DS는 생략할 수 있으며 22.9[kV-Y]용의 LA는 Dis-connector(또는 Isolator) 붙임형을 사용하여야 한다.
[주 5] 인입선을 지중선으로 시설하는 경우로서 공동 주택 등 사고시 정전 피해가 큰 수전 설비 인입선은 예비선을 포함하여 2회선으로 시설하는 것이 바람직하다.
[주 6] 지중인입선의 경우에 22.9[kV-Y] 계통은 $CNCV-W$ 케이블(수밀형) 또는 $TR\ CNCV-W$(트리억제형)을 사용하여야 한다. 다만, 전력구·공동구·덕트·건물구내 등 화재의 우려가 있는 장소에서는 $FR\ CNCO-W$(난연) 케이블을 사용하는 것이 바람직하다.

> 강의 NOTE

[주7] DS 대신 자동고장구분 개폐기(7,000 [kVA] 초과시에는 Sec- tionalizer)를 사용할 수 있으며 66 [kV] 이상의 경우는 LS를 사용하여야 한다.

05 정식수전설비

<u>CB 1차측에 PT를 CB 2차측에 CT를 시설하는 경우</u>

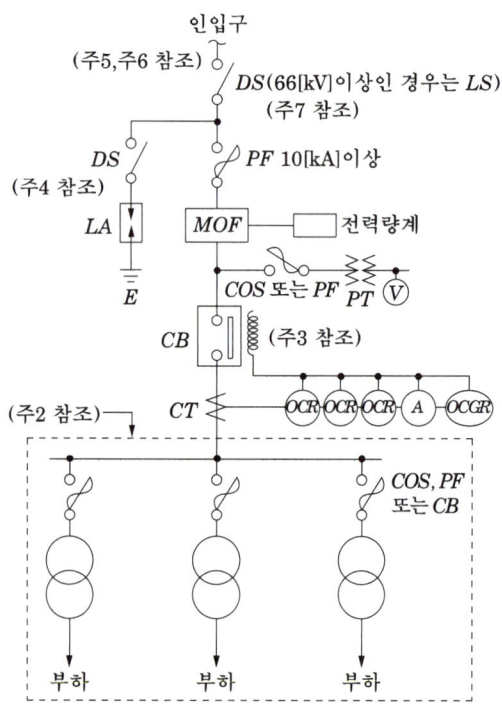

[주1] 22.9 [kV – Y] 1000 [kVA] 이하인 경우에는 간이 수전 설비 결선도에 의할 수 있다.
[주2] 결선도 중 점선내의 부분은 참고용 예시이다.
[주3] 차단기의 트립 전원은 직류(DC) 또는 콘덴서 방식(CTD)이 바람직하며 66 [kV] 이상의 수전 설비에는 직류(DC)이어야 한다.
[주4] LA용 DS는 생략할 수 있으며 22.9 [kV – Y]용의 LA는 Dis- connector(또는 Isolator) 붙임형을 사용하여야 한다.
[주5] 인입선을 지중선으로 시설하는 경우로서 공동 주택 등 사고시 정전 피해가 큰 수전 설비 인입선은 예비선을 포함하여 2회선으로 시설하는 것이 바람직하다.

[주6] 지중인입선의 경우에 22.9[kV-Y] 계통은 $CNCV-W$ 케이블(수밀형) 또는 $TR\ CNCV-W$(트리억제형)을 사용하여야 한다. 다만, 전력구·공동구·덕트·건물구내 등 화재의 우려가 있는 장소에서는 $FR\ CNCO-W$(난연) 케이블을 사용하는 것이 바람직하다.

[주7] DS 대신 자동고장구분 개폐기(7000[kVA] 초과시에는 Sec-tionalizer)를 사용할 수 있으며 66[kV] 이상의 경우는 LA를 사용하여야 한다.

관련문제

18. 수변전결선도의 표준

□□□ 98, 08, 15

1 다음은 특고압 계통에서 22.9 kV-Y, 1000[kVA] 이하를 시설하는 경우의 특고압 간이수전설비 결선도 주의사항이다. 다음 "가" ~ "마"의 ( )에 알맞은 내용을 답란에 쓰시오. (8점)

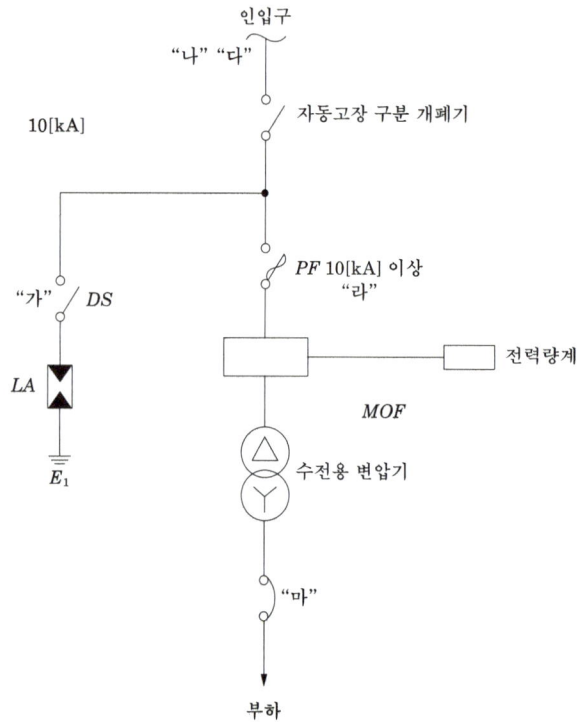

가. LA용 DS는 생략할 수 있으며, 22.9kV-Y용의 LA는 Disconnector (또는 Isolator)붙임 형을 사용하여야 한다.

나. 인입선을 지중선으로 시설하는 경우로 공동주택 등 고장 시 정전피해가 큰 경우는 예비 지중선을 포함하여 (①)회선으로 시설하는 것이 바람직하다.

다. 지중인입선의 경우에 22.9 kN-Y 계통은 $CNCV-W$케이블(수밀형) 또는 (②)을(를) 사용하여야 한다. 다만, 전력구·공동구·덕트·건물구내 등 화재의 우려가 있는 장소에서는 (③) 케이블을 사용하는 것이 바람직하다.

라. 300 [kVA] 이하의 경우는 PF 대신 (④)(비대칭 차단전류 10[kA] 이상의 것)을 사용할 수 있다.

마. 특고압 간이수전설비는 PF의 용단 등의 결상사고에 대한 대책이 없으므로 변압기 2차 측에 설치되는 주차단기에는 (⑤) 등을 설치하여 결상사고에 대한 보호 능력이 있도록 함이 바람직하다.

강의 NOTE

■ 간이수전설비 표준결선도

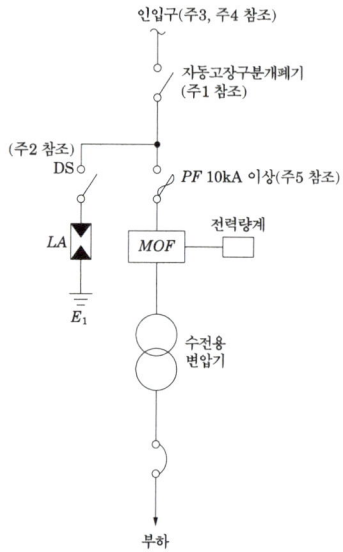

22.9 [kV-Y] 1,000 [kVA]이하를 시설하는 경우

[주1] LA용 DS는 생략할 수 있으며 22.9 [kV-Y]용의 LA는 Disconnector (또는 Isolator) 붙임형을 사용하여야 한다.

[주2] 인입선을 지중선으로 시설하는 경우로서 공동 주택 등 사고시 정전 피해가 큰 수전 설비 인입선은 예비선을 포함하여 2회선으로 시설하는 것이 바람직하다.

[주3] 지중인입선의 경우에 22.9 [kV-Y] 계통은 $CNCV-W$ 케이블(수밀형) 또는 $TR\ CNCV-W$(트리억제형)을 사용하여야 한다. 다만, 전력구·공동구·덕트·건물구내 등 화재의 우려가 있는 장소에서는 $FR\ CNCO-W$ (난연) 케이블을 사용하는 것이 바람직하다.

[주4] 300 [kVA] 이하인 경우 PF 대신 COS (비대칭 차단 전류 10 [kA] 이상의 것)을 사용할 수 있다.

[주5] 간이 수전 설비는 PF의 용단 등에 의한 결상 사고에 대한 대책이 없으므로 변압기 2차측에 설치되는 주차단기에는 결상 계전기 등을 설치하여 결상 사고에 대한 보호 능력이 있도록 함이 바람직하다.

| 작성답안

①	②	③	④	⑤
2회선	TR CNCV-W (트리억제형)	FR CNCO-W (난연)	COS	결상 계전기

□□□ 13

2 그림은 22.9[kV-Y] 1000[kVA] 이하에 적용 가능한 특별 고압 간이 수전 설비 표준 결선도이다. 그림에서 표시된 ①~④까지의 명칭을 쓰시오. (4점)

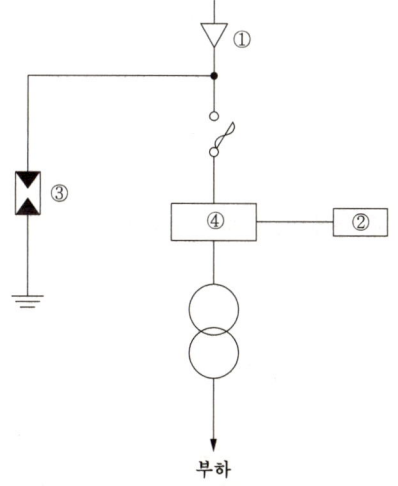

| 작성답안

① 케이블헤드
② 전력량계
③ 피뢰기
④ 전력수급용 계기용 변성기

3 그림은 간이수전설비도이다. 다음 물음에 답하시오. (12점)

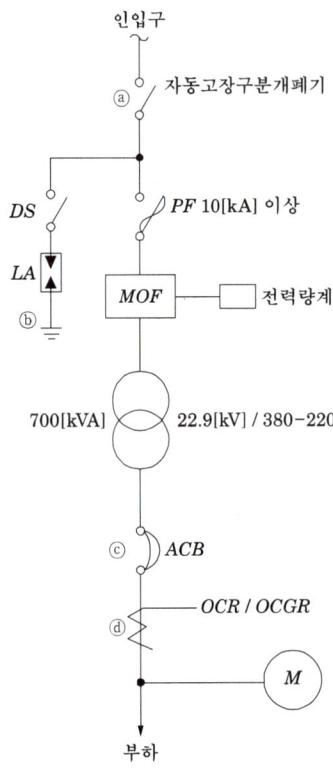

(1) 주어진 수변전설비에서 ⓐ는 (①)kVA 이하일 때 사용하고 300kVA이하일 경우 ASS 대신 (②)을 사용할 수 있다.

○

(2) ⓒ는 변압기 2차 개폐기 ACB이다. 보호요소 3가지를 쓰시오.

○

(3) ⓓ의 변류비를 구하시오. 변류기 1차 정격전류는 1000, 1200, 1500, 2000, 2500[A]이며, 2차 전류는 5[A]이다. 여유는 1.25배를 적용한다.

○

(4) 변압기의 단락전류가 정격전류(①)를 초과하는 변압기에 대해서는 제작자와 구매자가 합의하여 (②) 미만의 단락 전류 지속 시간을 적용할 수 있다.

○

| 작성답안

(1) ① 1000
    ② 인터럽터 스위치(Interrupter switch)
(2) • 결상보호
    • 단락보호
    • 과부하보호
(3) 계산 : $I = \dfrac{700 \times 10^3}{\sqrt{3} \times 380} \times 1.25 = 1329.42 \,[A]$

∴ 1500/5 선정
답 : 1500/5
(4) ① 25배
    ② 2초

□□□ 01, 18, 20

4
그림은 인입변대에 22.9 [kV] 수전 설비를 설치하여 380/220 [V]를 사용하고자 한다. 다음 각 물음에 답하시오. (14점)

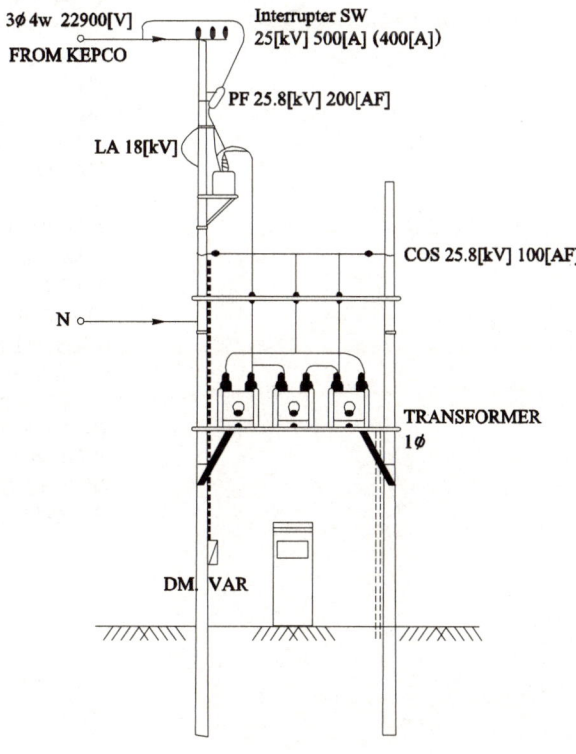

■ 피뢰기 정격전압

전력계통		정격전압	
공칭전압	중성점 접지방식	송전선로	배전선로
345	유효접지	288	
154	유효접지	144	
66	소호 리액터 접지 또는 비접지	72	
22	소호 리액터 접지 또는 비접지	24	
22.9	중성점 다중 접지	21	18

(1) DM 및 VAR의 명칭을 쓰시오.

(2) 도면에 사용된 LA의 수량은 몇 개이며 정격 전압은 몇 [kV]인가?

(3) 22.9 [kV-Y] 계통에 사용하는 것은 주로 어떤 케이블이 사용되는가?

(4) 변압기 2차측 접지 공사의 목적을 쓰시오.

(5) 주어진 도면을 단선도로 그리시오. (단, 피뢰기는 접지를 하여야 한다.)

강의 NOTE

■ 간이수전설비 표준결선도

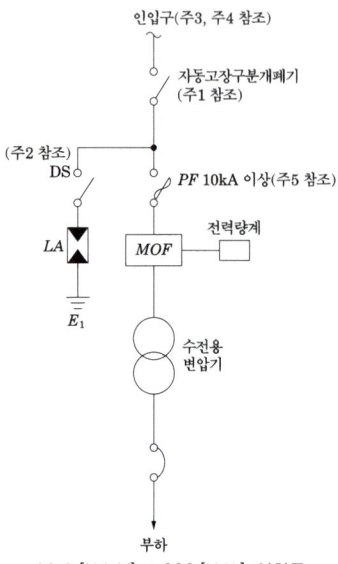

22.9 [kV-Y] 1,000 [kVA] 이하를 시설하는 경우

[주1] LA용 DS는 생략할 수 있으며 22.9 [kV-Y]용의 LA는 Dis-connector (또는 Isolator) 붙임형을 사용하여야 한다.
[주2] 인입선을 지중선으로 시설하는 경우로서 공동 주택 등 사고시 정전 피해가 큰 수전 설비 인입선은 예비선을 포함하여 2회선으로 시설하는 것이 바람직하다.
[주3] 지중인입선의 경우에 22.9 [kV-Y] 계통은 $CNCV-W$ 케이블(수밀형) 또는 $TR\ CNCV-W$(트리억제형)을 사용하여야 한다. 다만, 전력구·공동구·덕트·건물구내 등 화재의 우려가 있는 장소에서는 $FR\ CNCO-W$(난연) 케이블을 사용하는 것이 바람직하다.
[주4] 300 [kVA] 이하인 경우 PF 대신 COS (비대칭 차단 전류 10 [kA] 이상의 것)을 사용할 수 있다.
[주5] 간이 수전 설비는 PF의 용단 등에 의한 결상 사고에 대한 대책이 없으므로 변압기 2차측에 설치되는 주차단기에는 결상 계전기 등을 설치하여 결상 사고에 대한 보호 능력이 있도록 함이 바람직하다.

| 작성답안

(1) DM : 최대 수요 전력량계
    VAR : 무효 전력계
(2) LA의 수량 : 3개
    정격 전압 : 18 [kV]
(3) CNCV-W 케이블(수밀형) 또는, TR CNCV-W(트리억제형)
(4) 1차와 2차 혼촉시 저압측 전위상승을 억제하여 저압측에 연결된 기계기구의 절연을 보호한다.
(5)

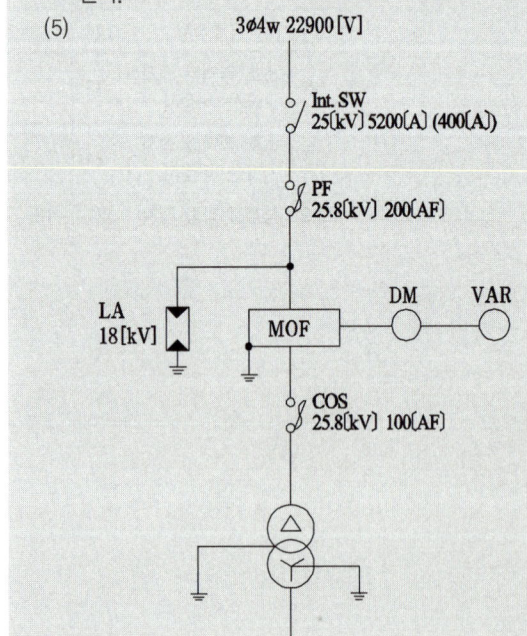

□□□ 13

5 도면은 어느 수용가의 옥외간이 수전설비이다. 다음 물음에 답하시오. (4점)

(1) MOF에서 부하용량에 적당한 CT비를 산출하시오. (단, CT 1차측 전류의 여유율은 1.25배로 한다.)

  ○ _____

(2) LA의 정격전압은 얼마인가?

  ○ _____

(3) 도면에서 D/M, VAR는 무엇인지 쓰시오.

  ○ _____

강의 NOTE

■ 피뢰기 정격전압

전력계통		정격전압	
공칭전압	중성점 접지방식	송전선로	배전선로
345	유효접지	288	
154	유효접지	144	
66	소호 리액터 접지 또는 비접지	72	
22	소호 리액터 접지 또는 비접지	24	
22.9	중성점 다중 접지	21	18

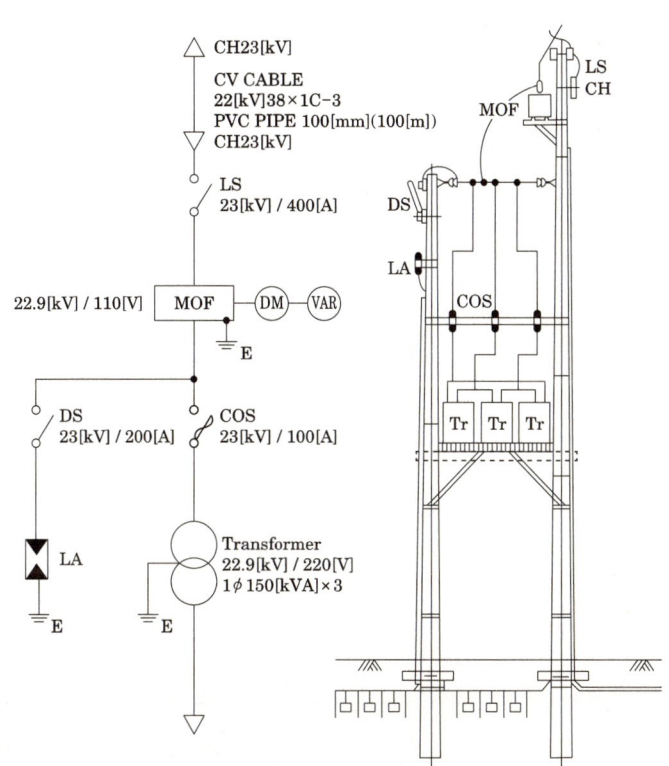

| 작성답안

(1) 계산 : $I = \dfrac{P}{\sqrt{3} \times 정격전압} = \dfrac{150 \times 3 \times 10^3}{\sqrt{3} \times 22900} = 11.35[A]$

  ∴ $11.35 \times 1.25 = 14.187$

  ∴ 15/5 선정

  답 : 15/5

(2) 18[kV]

(3) D/M : 최대 수요전력계, VAR : 무효전력계

□□□ 18

6 3φ4W 22.9 [kV] 수전설비 단선결선도를 보고 다음 각 물음에 답하시오. (12점)

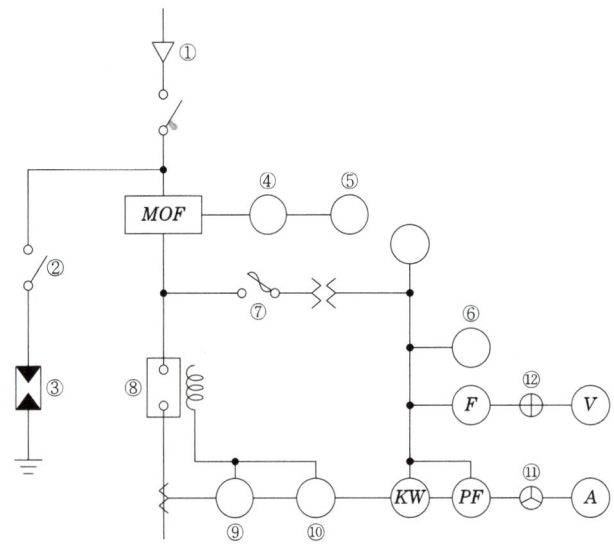

(1) ①의 심벌의 용도를 쓰시오.
- 용도
  ○ _____

(2) ②의 심벌의 명칭과 용도를 쓰시오.
- 명칭
  ○ _____
- 용도
  ○ _____

(3) ③의 심벌의 명칭과 용도를 쓰시오.
- 명칭
  ○ _____
- 용도
  ○ _____

(4) ④부터 ⑫까지의 심벌의 명칭을 쓰시오.

④	⑤	⑥
⑦	⑧	⑨
⑩	⑪	⑫

| 작성답안

(1) • 용도 : 가공전선과 케이블 단말(종단) 접속
(2) • 명칭 : 단로기
 • 용도 : 피뢰기를 전로로부터 완전 개방
(3) • 명칭 : 피뢰기
 • 용도 : 뇌전류를 대지로 방전시키고 속류를 차단
(4) ④ 최대수요전력량계
 ⑤ 무효전력량계
 ⑥ 지락과전압계전기
 ⑦ 전력퓨즈 또는 컷아웃스위치
 ⑧ 차단기
 ⑨ 과전류계전기
 ⑩ 지락과전류계전기
 ⑪ 전류계용 전환개폐기
 ⑫ 전압계용 전환개폐기

7. CB 1차 측에 CT와 PT를 시설하는 경우의 특별고압 수전설비 결선도이다. 다음 물음에 답하시오. (11점)

(1) 일반적으로 수전설비에서 LA의 공칭방전전류가 2500[A]이면 정격전압 (①)[kV]가 사용되는데, 공칭방전전류가 5000[A]이면 정격전압 (②)[kV]가 사용된다.

(2) LA용 DS는 생략할 수 있으며, 22.9[kV-Y]용의 LA에는 (③) 또는 (④)붙임형을 사용하여야 한다.

(3) 지중인입선의 경우 22.9[kV-Y]계통은 (⑤)케이블 또는 (⑥)를 사용하여야 한다.

(4) 여기에 사용할 수 있는 CB종류 3가지를 약호와 명칭을 정확히 쓰시오.

(5) MOF의 역할에 대하여 쓰시오.

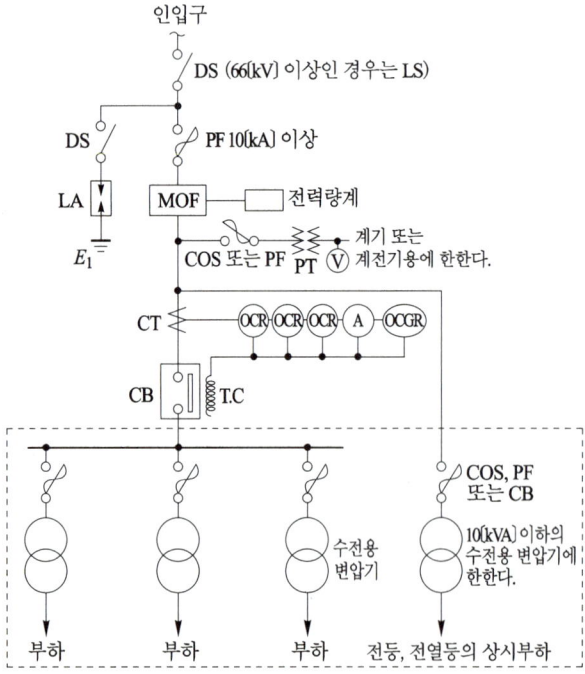

강의 NOTE

■ 표준결선도

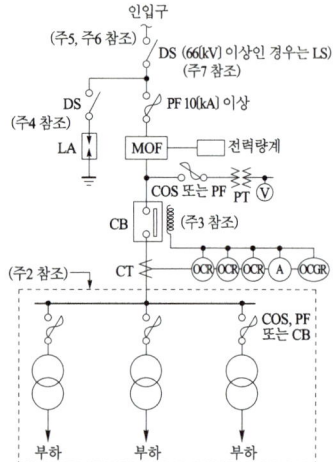

[주1] 22.9 [kV-Y], 1000 [kVA] 이하인 경우는 간이 수전설비를 할 수 있다.
[주2] 결선도 중 점선내의 부분은 참고용 예시이다.
[주3] 차단기의 트립 전원은 직류(DC) 또는 콘덴서 방식(CTD)이 바람직하며 66 [kV] 이상의 수전 설비에는 직류(DC)이어야 한다.
[주4] LA용 DS는 생략할 수 있으며 22.9 [kV-Y]용의 LA는 Disconnector(또는 Isolator) 붙임형을 사용하여야 한다.
[주5] 인입선을 지중으로 시설하는 경우에 공동주택 등 고장시 정전피해가 큰 경우는 예비 지중선을 포함하여 2회선으로 시설하는 것이 바람직하다.
[주6] 지중인입선의 경우에 22.9 [kV-Y] 계통은 CNCV-W 케이블(수밀형) 또는 TR CNCV-W(트리억제형)을 사용하여야 한다. 다만, 전력구·공동구·덕트·건물구내 등 화재의 우려가 있는 장소에서는 FR CNCO-W(난연) 케이블을 사용하는 것이 바람직하다.
[주7] DS 대신 자동고장구분 개폐기(7000 [kVA] 초과시에는 Sectionalizer)를 사용할 수 있으며 66 [kV] 이상의 경우는 LS를 사용하여야 한다.

| 작성답안

(1) ① 18 [kV]
    ② 72 [kV]
(2) ③ Disconnector
    ④ Isolator
(3) ⑤ CNCV-W
    ⑥ TR CNCV-W
(4) VCB(진공차단기), OCB(유입차단기), GCB(가스차단기)
(5) PT와 CT를 한 탱크 내에 설치하고 고전압, 대전류를 저전압(110[V]), 소전류(5[A])로 변압 · 변류하여 전력량계에 공급한다.

☐☐☐ 91, 94, 95, 00, 01, 05, 07 新規

8 다음 답안지의 미완성 도면을 보고 다음 각 물음에 답하시오. (11점)

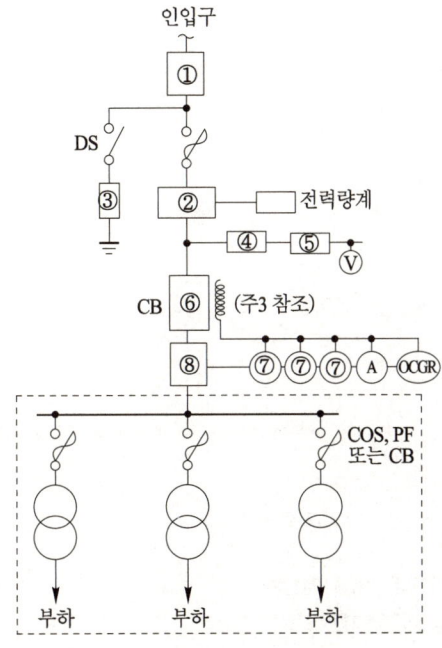

(1) 주어진 단선 결선도에서 ☐ 표시한 ①~⑧까지의 기기에 대하여 표준 심벌을 사용하여 단선 결선도를 완성하시오.

○

(2) 주어진 단선도의 ①~⑧까지의 기기의 약호와 명칭의 표를 작성하고 그 용도 또는 역할에 대하여 간단히 설명하시오.

번호	약호	명칭	용도 또는 역할
①			
②			
③			
④			
⑤			
⑥			
⑦			
⑧			

| 작성답안

(1)
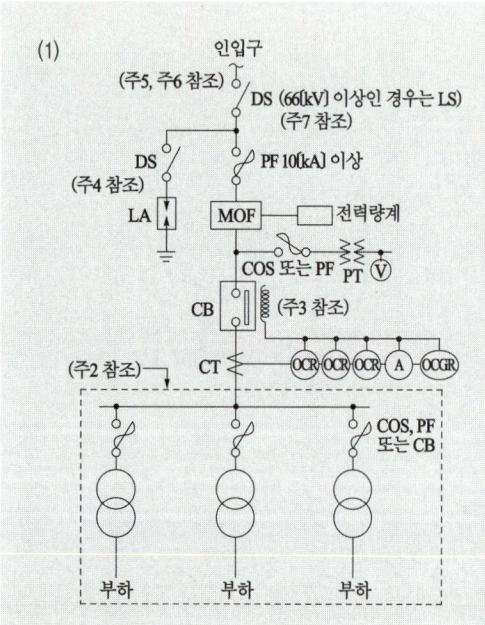

(2)

번호	약호	명칭	용도 또는 역할
①	DS	단로기	인입구용 단로기로서 기기를 전원으로부터 완전분리
②	MOF	전력수급용 계기용 변성기	전력량을 적산하기 위하여 고전압을 저전압(110 [V])으로 대전류를 저전류(5 [A])로 변성한다.
③	LA	피뢰기	이상 전압 침입시 이를 대지로 방전시키며 속류를 차단한다.
④	COS	컷아웃 스위치	계기용 변압기 및 부하측에 고장 발생시 이를 고압회로로부터 분리하여 사고의 확대를 방지한다.
⑤	PT	계기용 변압기	고전압을 저전압(정격 110 [V])로 변성한다.
⑥	CT	변류기	대전류를 소전류(정격 5 [A])로 변성한다.
⑦	OCR	과전류 계전기	변류기로부터 검출된 과전류에 의해 동작하며 차단기의 트립 코일을 여자시킨다.
⑧	CB	차단기	부하전류 개폐 및 고장전류 차단

□□□ 96, 00, 05

9 도면과 같은 22.9 [kV-Y] 1000 [kVA] 이하인 특별고압 수전설비 표준결선도를 보고 다음 각 물음에 답하시오. (13점)

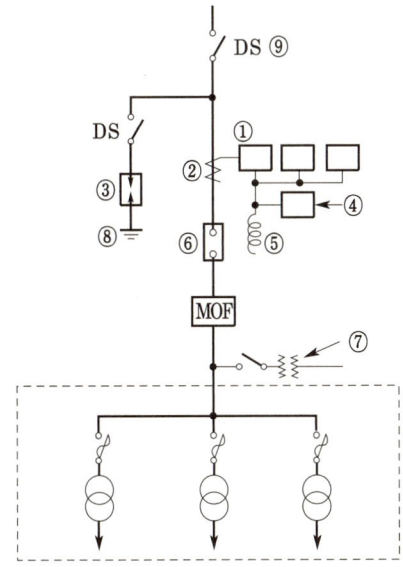

(1) ①~⑦에 해당되는 단선도용 심벌의 약호를 쓰시오.

　○ _____

(2) ⑧의 접지 공사의 접지저항값은 얼마인가?

　○ _____

(3) 인입구에 수전 전압의 66 [kV]인 경우에 ⑨의 DS 대신에 무엇을 사용하여야 하는가?

　○ _____

(4) 도면의 ⑦에 전압계를 연결코자 한다. 전압계 바로 앞에 전압계용 전환 개폐기를 부착할 때 그 심벌을 그리시오.

　○ _____

| 작성답안

(1) ① OCR　　② CT　　③ LA　　④ OCGR
　　⑤ TC　　⑥ CB　　⑦ PT
(2) 10[Ω]
(3) LS
(4) ⊕

강의 NOTE

■ 한국전기설비규정 341.14 피뢰기의 접지
고압 및 특고압의 전로에 시설하는 피뢰기 접지저항 값은 10Ω 이하로 하여야 한다.

■ 표준결선도

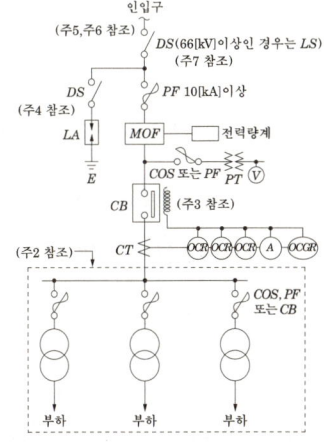

[주1] 22.9 [kV-Y] 1000 [kVA] 이하인 경우에는 간이 수전 설비 결선도에 의할 수 있다.
[주2] 결선도 중 점선내의 부분은 참고용 예시이다.
[주3] 차단기의 트립 전원은 직류(DC) 또는 콘덴서 방식(CTD)이 바람직하며 66 [kV] 이상의 수전 설비에는 직류(DC) 이어야 한다.
[주4] LA용 DS는 생략할 수 있으며 22.9 [kV-Y]용의 LA는 Dis-connector (또는 Isolator) 붙임형을 사용하여야 한다.
[주5] 인입선을 지중선으로 시설하는 경우로서 공동 주택 등 사고시 정전 피해가 큰 수전 설비 인입선은 예비선을 포함하여 2회선으로 시설하는 것이 바람직하다.
[주6] 지중인입선의 경우에 22.9 [kV-Y] 계통은 CNCV-W케이블(수밀형) 또는 TR CNCV-W(트리억제형)을 사용하여야 한다. 다만, 전력구·공동구·덕트·건물구내 등 화재의 우려가 있는 장소에서는 FR CNCO-W(난연) 케이블을 사용하는 것이 바람직하다.
[주7] DS 대신 자동고장구분 개폐기(7000 [kVA] 초과시에는 Sec-tionalizer)를 사용할 수 있으며 66 [kV] 이상의 경우는 LS를 사용하여야 한다.

□□□ 89, 95

10 보기와 같은 특고압 기기류를 참고하여 다음 각 물음에 답하시오. (10점)

명칭	약호	심벌	단위	수량	비고
단로기	①		조	1	
변류기	②	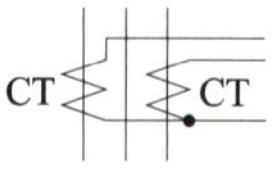 CT	대	3	
피뢰기	③	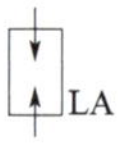 LA	조	1	
과전류계전기	OCR	OCR	대	3	
지락 계전기	OCGR	OCG	대	1	
트립코일	④		개소	1	
차단기	CB	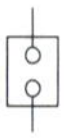	대	1	
계기용 변성기	MOF	MOF	대	1	
수전변압기	TR		대	1	
접지공사	E		개소	3	
계기용 변압기	⑤	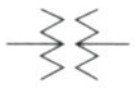	대	1	
컷아웃 스위치	⑥		조	1	

(1) ①~⑥까지의 약호는?

   ○

(2) 심벌을 이용하여 22.9 [kV-Y] 수전 설비 단선 결선도를 완성하시오.

(3) 상기 결선의 변압기에 80 [kW], 50 [kW], 100 [kW]의 부하가 접속되어 있다. 부하간의 부등률은 1.2 부하 역률은 90 [%], 수용률은 80 [kW], 50 [kW] 부하에서는 60 [%], 100 [kW]에서는 55 [%]라면 변압기의 최대 수용 전력은 몇 [kVA]인가?

   ○

(4) 계기용 변압기 및 변류기의 2차측 정격 전압 및 정격 전류의 값은 얼마인가?

   ○

| 작성답안

(1) ① DS   ② CT   ③ LA   ④ TC   ⑤ PT   ⑥ COS

(2)
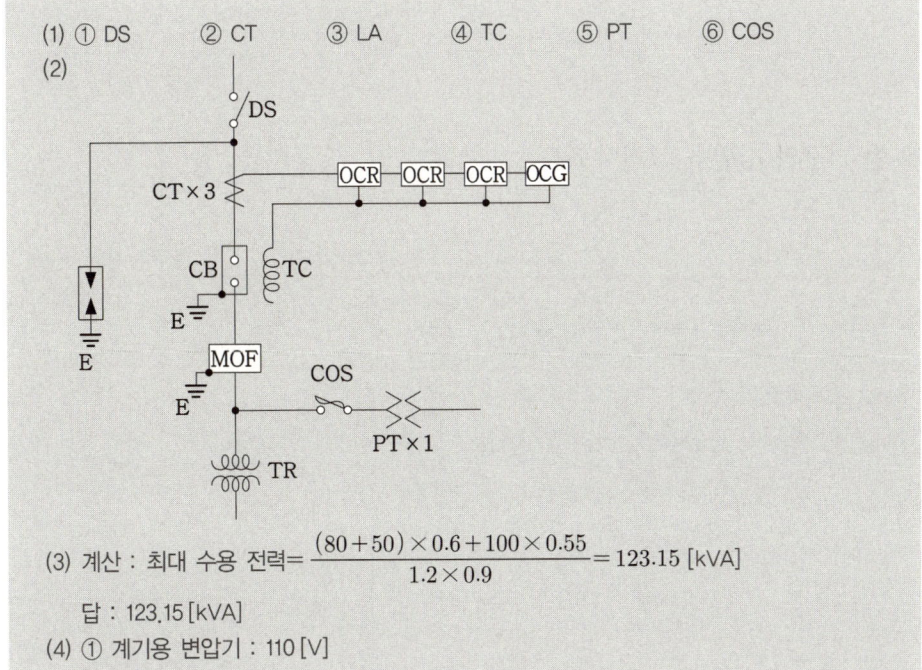

(3) 계산 : 최대 수용 전력 = $\dfrac{(80+50) \times 0.6 + 100 \times 0.55}{1.2 \times 0.9}$ = 123.15 [kVA]

　　답 : 123.15 [kVA]

(4) ① 계기용 변압기 : 110 [V]

　　② 변류기 : 5 [A]

□□□ 98

11 그림은 22.9 [kV] 수변전 설비의 일부분이다. 이 회로를 보고 다음 각 물음에 답하시오. (14점)

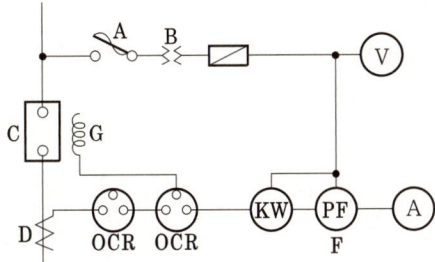

(1) A에 사용할 수 있는 것을 2가지만 쓰시오.

　○

(2) C에 사용할 수 있는 차단기의 종류를 4가지만 쓰시오.

　○

(3) B, D, F의 명칭은 무엇인가?

　○ _____

(4) G의 우리말 명칭을 쓰시오.

　○ _____

(5) Ⓥ와 Ⓐ의 바로 앞에 붙어야 할 기구의 심벌을 그리시오.

　○ _____

| 작성답안

(1) 전력 퓨즈, 컷아웃 스위치
(2) 진공 차단기, 가스 차단기, 자기 차단기, 유입 차단기
(3) B : 계기용 변압기,   D : 계기용 변류기,   F : 역률계
(4) 트립 코일
(5) ⊕ : 전압계용 전환 개폐기, ⊗ : 전류계용 전환 개폐기

□□□ 09

12 도면은 CB 1차측에 PT를 CB 2차측에 CT를 시설하는 경우에 대한 특별고압 수전설비 결선도의 계통을 나타낸 미완성 도면이다. 이 도면을 이용하여 다음 각 물음에 답하시오. (14점)

(1) 점선으로 표시된 ▭ 안에 들어갈 기계기구의 그림기호를 그리고, ▭ 옆에 기계기구에 해당되는 약호를 쓰시오.

　○ _____

(2) 도면에서 SC의 우리말 명칭을 쓰고 여기에 부착되어 있는 DC의 역할에 대하여 쓰시오.
　• SC의 명칭

　○ _____

　• DC의 역할

　○ _____

(3) △-Y변압기의 결선도와 △-△변압기의 결선도를 그리시오.
　• △-Y변압기 결선도

　○ _____

　• △-△변압기 결선도

　○ _____

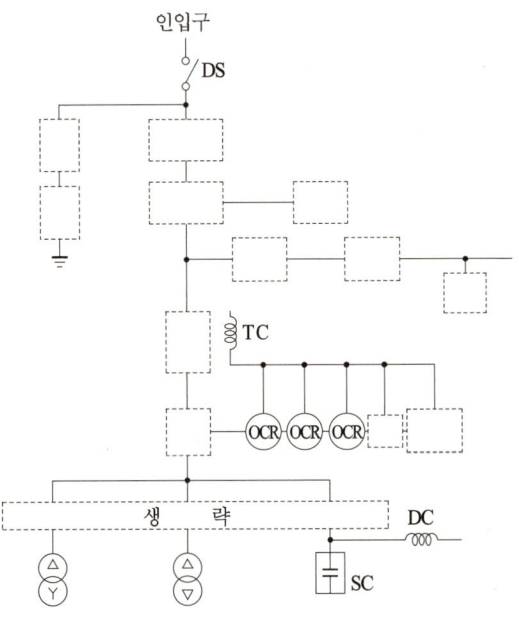

| 작성답안

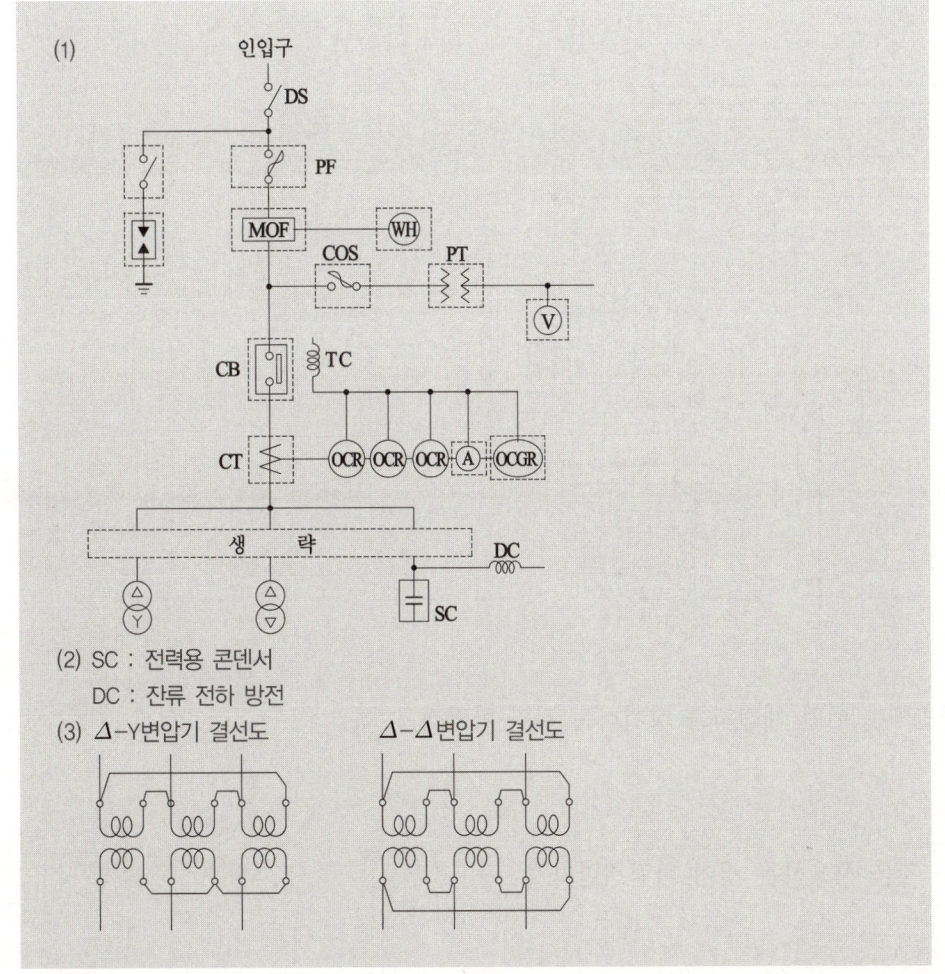

(2) SC : 전력용 콘덴서
　　DC : 잔류 전하 방전
(3) Δ-Y변압기 결선도　　　Δ-Δ변압기 결선도

□□□ 89, 94, 95, 03

13 그림은 어떤 자가용 전기 설비에 대한 고압 수전 설비의 결선도이다. 이 결선도를 보고 다음 각 물음에 답하시오. (15점)

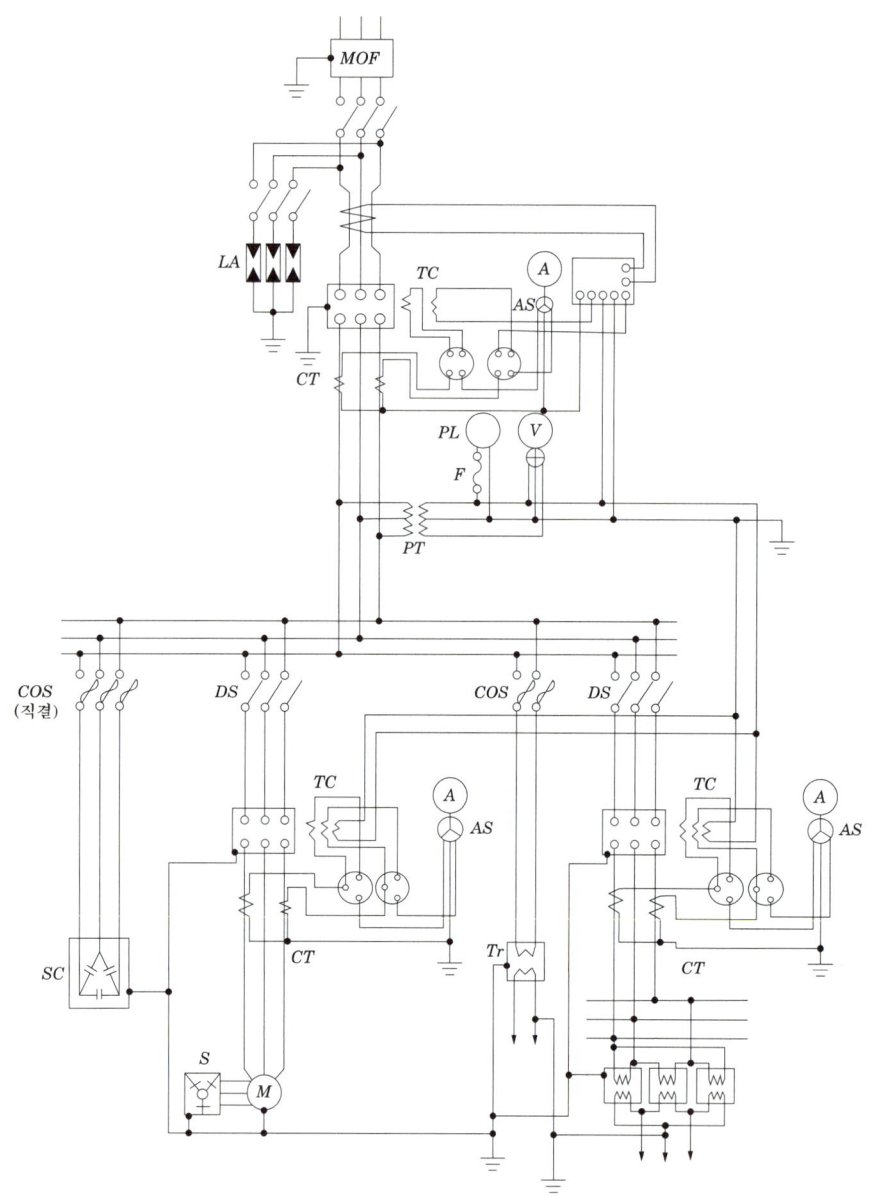

(1) 고압 전동기의 조작용 배전반에는 어떤 계전기를 장치하는 것이 바람직한가?(2가지를 쓰시오.)

　○ _____

(2) 계기용 변성기는 어떤 형의 것을 사용하는 것이 바람직한가?

　○ _____

(3) 본 도면에서 생략할 수 있는 부분은?

　○ _____

(4) 계전기용 변류기는 차단기의 전원측에 설치하는 것이 바람직하다. 무슨 이유인가?

　○ _____

(5) 진상 콘덴서에 연결하는 방전 코일은 어떤 목적으로 설치되는가?

　○ _____

| 작성답안

(1) 과부족 전압 계전기, 결상 계전기
(2) 몰드형
(3) LA용 DS
(4) 보호 범위를 넓히기 위하여
(5) 콘덴서에 축적된 잔류전하 방전시켜 인체의 감전 사고 방지와 재투입시 콘덴서에 걸리는 과전압을 방지한다.

□□□ 94, 97, 17

14 그림은 고압 전동기 100 [HP] 미만을 사용하는 고압 수전 설비 결선도이다. 이 그림을 보고 다음 각 물음에 답하시오. (10점)

강의 NOTE

■ 고압 전동기 100 [HP] 미만을 사용하는 고압 수전 설비 결선도

[주 1] 고압 전동기의 조작용 배전반에는 과부족 전압 계전기 및 결상 계전기를 설치하는 것이 바람직하다.
[주 2] 계기용 변성기는 몰드형의 것을 사용하는 것이 바람직하다.
[주 3] 본 도면에서 LA용 DS는 생략이 가능하다.
[주 4] 계전기용 변류기는 보호 범위를 넓히기 위하여 차단기 전원측에 설치하는 것이 바람직하다.

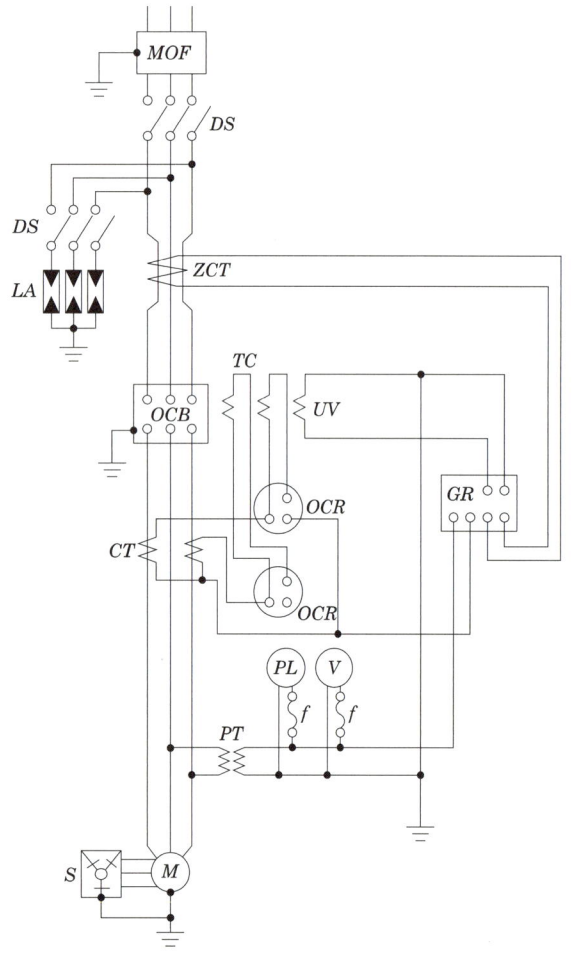

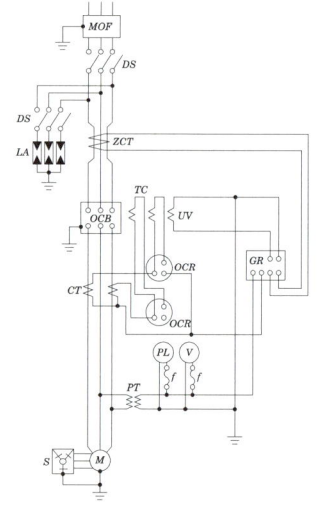

(1) 다음 명칭과 용도 또는 역할을 쓰시오.

		명칭	용도 또는 역할
①	MOF		
②	LA		
③	ZCT		
④	OCB		
⑤	OC		
⑥	G		

(2) 본 도면에서 생략할 수 있는 부분은?

  ○ _____

(3) 전력용 콘덴서에 고조파 전류가 흐를 때 사용하는 기기는 무엇인가?

  ○ _____

| 작성답안

(1)

		명칭	용도 또는 역할
①	MOF	전력수급용 계기용변성기	전력량을 적산하기 위해 고압의 전압과 대전류를 전력량계의 필요한 전압과 전류로 변성하여 공급한다.
②	LA	피뢰기	뇌전류가 침입시 이를 대지로 방전하고, 그에 따른 속류를 차단한다.
③	ZCT	영상변류기	지락전류를 검출하여 지락계전기에 공급한다.
④	OCB	유입차단기	계전기로부터 받은 고장전류의 검출신호에 의해 고장상태를 차단한다.
⑤	OC	과전류계전기	변류기로부터 전류를 공급받아 단락고장 및 과부하 고장을 판별하고, 정정치 이상의 전류가 흐를 때 차단기에게 트립신호를 보내준다.
⑥	G	지락계전기	영상변류기로부터 공급받은 지락전류의 상태로 지락고장을 판별하여 차단기에게 트립신호를 보내준다.

(2) LA용 DS
(3) 직렬리액터

KEYWORD 19 수변전결선도의 응용

강의 NOTE

- 기 20
다음 간이수전설비도를 보고 물음에 답하시오.
(1) ASS의 LOCK전류값과 LOCK 전류의 기능은 무엇인가?
  - LOCK전류
  - LOCK전류의 기능
(2) LA정격전압과 제1보호대상은 무엇인가?
  - 정격전압
  - 제1보호대상
(3) PF(한류퓨즈)의 단점은?
(4) MOF의 정격 과전류 강도는 기기의 설치점에서 단락전류에 의해 계산하되, 60A 이하일 때 MOF최소 과전류 강도는 몇 (1)배이고, 계산한 값이 75배 이상인 경우에는 (2)배를 적용하며, 60A를 초과시 MOF 과전류 강도는 (3)배를 적용한다.
(5) 고장점 F에 흐르는 3상단락전류와 선간(2상) 단락전류를 구하시오.
  - 3상단락전류
  - 선간(2상)단락전류

- 기 16.20
- 기 96.98.06
- 기 06
- 기 02
- 기 97.00.14
- 기 02.07
- 기 99.12
- 기 88.95.03.11.14.19
- 기 01.03.07.10.17
- 기 90.99.00.05.14.18
- 기 96.98.19.22
- 기 96.00.18

특고압 수전설비 기기 및 명칭과 일반적인 특성

기기 명칭	정격전압(kV)	정격전류(A)	개요 및 특성	설치장소	비고
라인 스위치 (LS) Line Switch	24 36 72	200~4000 400~4000 400~2000	• 정격전압에서 전로의 충전류 개폐가능 • 3상을 동시에 개폐 (원방수동 및 동력조작) • 부하전류를 개폐할 수 없음	• 66kV 이상 수전실 구내 인입구	• 특고압에서 사용 • 국가 또는 제작자마다 명칭이 서로 다르게 사용하기도 함 −Line Switch −Air Switch −Disconnecting Switch −Isolator • 종류는 단극단투와 3극단투가 있음 −단극단투형: 옥내용으로 사용 −3극단투용: 옥내, 옥외용으로 사용
단로기 (DS) Disconnecting Switch	24(25.8) 36 72	200~4000 400~4000 400~2000	• 차단기와 조합하여 사용하며 전류가 통하고 있지 않은 상태에서 개폐 가능 • 각 상별로 개폐가능 • 부하전류를 개폐할 수 없음	• 수전실 구내 1차측 • 수전실 내 LA 1차측	
전력용 퓨즈 또는 전력퓨즈(PF) Power Fuse	25.8 72.5	100~200A 200A	• 차단기 대용으로 사용 • 전로의 단락보호용으로 사용 • 타보호기기와 협조가능 • 3상 회로에서 1선 용단시 결상운전	• 수전실 구내 인입구 • COS 대용으로 각 기기 1차측	
컷아웃 스위치 (COS) Cut Out Switch	25	30, 50 100, 200	• 변압기 및 주요기기 1차측에 시설하여 단락보호용으로 사용 • 단상분기선에서 사용하여 과전류보호	• 변압기 등 기기 1차측 • 부하가 적은 단상 분기선	
피뢰기(LA) Lighting Arresters −Gap Type −Gapless Type	75(72) 24, 21 18	5000A 2500A	• 뇌 또는 회로의 개폐로 인한 과전압을 제한하여 전기설비의 절연을 보호하고 속류를 차단하는 보호장치로 사용 • 비 직선형 저항과 직렬 간극으로 구성된 Gap 타입과 산화아연(ZnO) 소자를 적용하여 직렬 간극을 사용하지 않는 Gapless 타입이 있으며 80년 중반이후부터 Gapless 타입이 확대 사용되고 있는 추세임	• 수전실 구내 인입구 • Cable 인입의 경우 전기사업자측 공급선로 분기점	• 자기제 18kV 2500A • 폴리머 18kV 5000A

기기 명칭	정격전압(kV)	정격전류(A)	개요 및 특성	설치장소	비고
고장구간자동개폐기(ASS) Automatic Section Switch	25.8	200A	• 22.9kV-Y 전기사업자 배전계통에서 부하용량 4000 kVA (특수부하 2000 kVA) 이하의 분기점 또는 7000 kVA 이하의 수전실 인입구에 설치하여 과부하 또는 고장전류발생시 전기사업자측 공급선로의 타 보호기기(Recloser, CB등)와 협조하여 고장구간을 자동 개방하여 사고를 방지한다. • 전 부하상태에서 자동 또는 수동투입 및 개방 가능 • 과부하 보호기능 • 제작회사마다 명칭과 특성이 조금씩 다름	• 전기사업자측 공급선로 분기점 • 수전실 구내 인입구 • 자가용선로	• 고장구간 자동개폐기는 제작회사 및 특성에 따라 명칭이 서로 다르게 사용되고 있으며 아래와 같음. ASS (고장구간 자동개폐기) Automatic Section Switch ASBS (고장구간 자동개폐기) Automatic Section Breaking Switch ASBRS (고장구간 자동개폐기) Automatic Sectionalizing Breaking Reclosing Switch ASFS (고장구간 자동개폐기) Automatic Sectionalizing Fault Switch GASS (고장구간 자동개폐기) Gas Auto Section Switch
	25.8	400A	• 22.9kV-Y 전기사업자 배전계통에서 부하용량 8000kVA(특수부하 4000kVA) 이하의 분기점 또는 수전실 인입구에 설치하여 전기사업자측 공급선로의 타 보호기기(Recloser CB등)와 협조하여 고장구간을 신속 정확히 분리하여 파급사고 방지한다. • 전 부하상태에서 자동 또는 수동투입 및 개방 가능 • 과부하 보호기능 • 낙뢰가 빈번한 지역, 공단선로, 수용가선로 등에 사용이 가능		
자동부하전환개폐기(ALTS) Automatic Load Transfer Switch	25.8	600A	• 이중전원을 확보하여 주전원정전시 또는 전압이 기준 값 이하로 떨어질 경우 예비전원으로 자동 절환되어 수용가가 계속 일정한 전원 공급을 받을 수 있음 • 자동 또는 수동전환이 가능하여 배전반내에서 원방조작가능 • 3상 일괄조작방식으로 옥내 외 설치가능	• 중요국가기관, 공공기관, 병원, 빌딩, 공장, 군사시설 등 정전시 큰 피해를 입을 우려가 있는 장소의 선로 또는 수전실 구내	

강의 NOTE

• 산 04.07.17
그림은 154[kV]를 수전하는 어느 공장의 수전설비 도면의 일부분이다. 이 도면을 보고 다음 각 물음에 답하시오.
(1) 그림에서 87과 51N의 명칭은 무엇인가?
- 87
- 51N
(2) 154/22.9[kV] 변압기에서 FA 용량 기준으로 154[kV]측의 전류와 22.9[kV]측의 전류는 몇 [A]인가?
- 154[kV]측
- 22.9[kV]측
(3) GCB에는 주로 어떤 절연재료를 사용하는가?
(4) △Y 변압기의 복선도를 그리시오.

• 산 96.06
• 산 10
• 산 01.10.16.20
• 산 99
• 산 12
• 산 21
• 산 07.11.13.14
• 산 03.06.19.21
• 산 97.07.17
• 산 88.95.03.06.11.14.19
• 산 89.97.98.02.12.13.17.18
• 산 90.98.04.20
• 산 99.12
• 산 01.05.06.09.14.15
• 산 02.08.09
• 산 89.14
• 산 96.99.01.03.08.15
• 산 96.98.18
• 산 93.99.06.16

강의 NOTE

기기 명칭	정격전압 (kV)	정격전류 (A)	개요 및 특성	설치장소	비고
부하개폐기 (LBS) Load Break Switch			• 부하전류는 개폐할 수 있으나 고장전류는 차단할 수 없음. • LBS(PF부)는 단로기(또는 개폐기)기능과 차단기로서 PF성능을 만족시키는 국가 공인기관의 시험성적이 있는 경우에 한하여 사용 가능	• 수전실 구내 인입구	• 기능은 기중부하개폐기와 동일함.
기중부하개폐기 (IS) Interrupter Switch	25.8	600A	• 수동조작 또는 전동조작으로 부하전류는 개폐할 수 있으나 고장전류는 차단할 수 없음. • 염진해, 인화성, 폭발성, 부식성 가스와 진동이 심한 장소에 설치하여서는 안된다.		

| 관련문제 | 19. 수변전결선도의 응용 | 강의 NOTE |

□□□ 14

1 변전소의 주요 기능을 4가지만 쓰시오. (5점)

○ _____

| 작성답안

- 전압의 변성과 조정
- 전력의 집중과 배분
- 전력 조류제어
- 전압의 조정

■ 변전소의 주요 기능
변전소에 요구되는 주요기능은 다음과 같다.
(1) 전압의 변성 : 전력의 경제적 수송
(2) 전력의 집중과 배분
(3) 전압조정 : 전기의 품질 유지
(4) 전력조류 제어 : 전압조정과 무효전류에 의한 손실경감

□□□ 96, 06

2 도면과 같은 동력 및 옥외용 배선도를 보고 다음 각 물음에 답하시오. (8점)

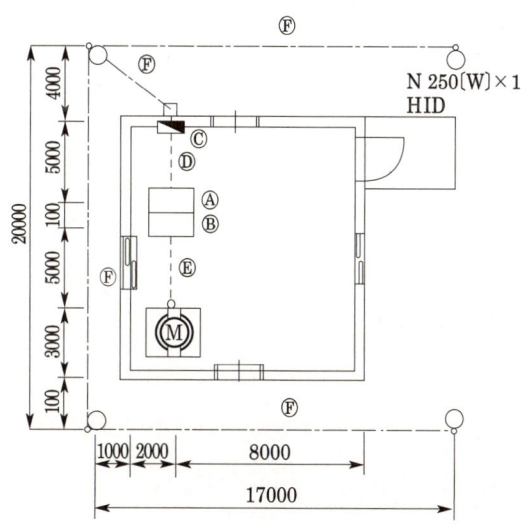

■ 큐비클

Ⓐ 저압 큐비클(750 [kg], 600(W)×1700(D)×2300(H))

Ⓑ 3.3 [kV] 고압 모터 기동반(500 [kg]), 1000(W)×2300(D)×2300(H)

(1) 도면에서 Ⓒ는 무엇을 나타내는가?

○ _____

(2) 도면에서 Ⓓ와 Ⓔ는 어떤 배선을 나타내는가?

○ _____

(3) 도면에서 ⒡는 어떤 배선을 나타내는가?
(4) 본 설계에 사용된 옥외등은 어떤 종류의 HID등인가?

| 작성답안

(1) 분전반
(2) 바닥 은폐배선
(3) 지중매설배선
(4) 나트륨등

□□□ 10

3 다음 그림을 보고 물음에 답하시오. (5점)

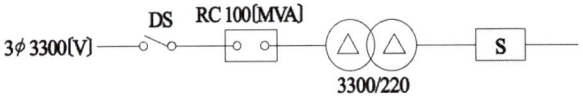

(1) RC100 [MVA]가 의미하는 것은?

(2) ⓢ 의 심벌의 명칭은?

(3) 단선도로 표시된 변압기 그림을 복선도로 그리시오.

| 작성답안

(1) 단락차단용량 100 [MVA]
(2) 개폐기
(3)
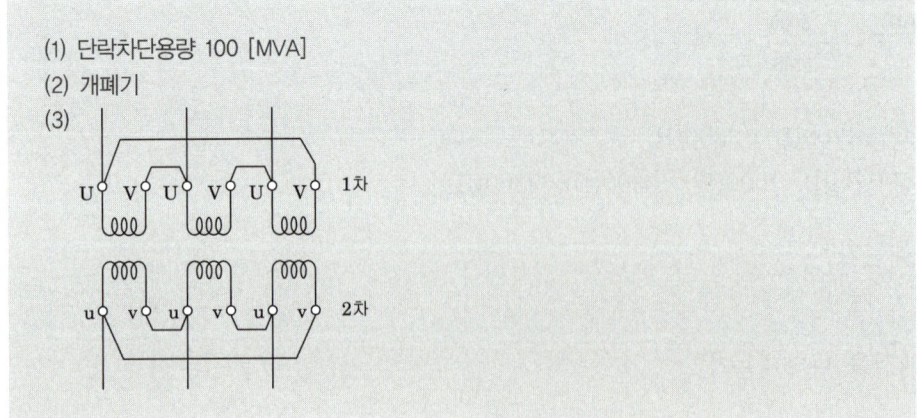

□□□ 01, 10, 16, 20

4 그림은 고압 수전 설비 단선 결선도이다. 물음에 답하시오. (12점)

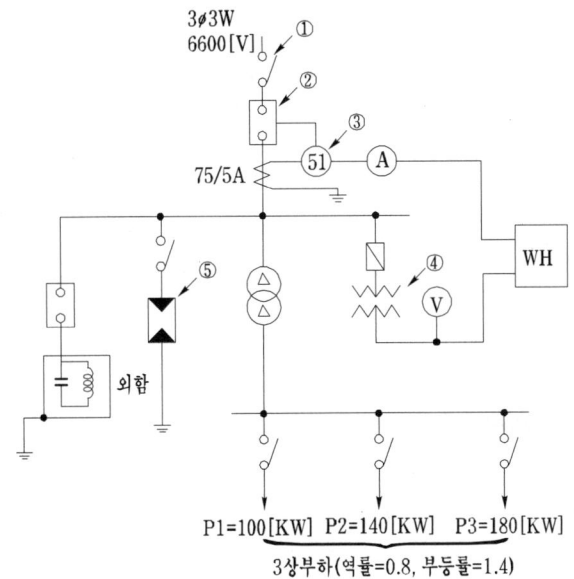

(1) 그림의 ①~⑤의 명칭을 쓰시오.

  ○

(2) 피뢰기의 정격전압과 공칭방전전류는 얼마인지 쓰시오.

  ○

(3) 각 부하의 최대 전력이 그림과 같고 역률이 0.8, 부등률이 1.4일 때 변압기 1차 전류계 Ⓐ에 흐르는 전류의 최대치를 구하시오. 또 동일한 조건에서 합성 역률 0.92 이상으로 유지하기 위한 전력용 콘덴서의 최소 용량은 몇 [kVA]인가?

- 전류 :

  ○

- 콘덴서 용량 :

  ○

(4) DC(방전 코일)의 설치 목적을 설명하시오.

  ○

강의 NOTE

■ 역률개선 콘덴서 용량

$$Q_c = P\tan\theta_1 - P\tan\theta_2$$
$$= P(\tan\theta_1 - \tan\theta_2)$$
$$= P\left(\frac{\sin\theta_1}{\cos\theta_1} - \frac{\sin\theta_2}{\cos\theta_2}\right)$$
$$= P\left(\frac{\sqrt{1-\cos^2\theta_1}}{\cos\theta_1} - \frac{\sqrt{1-\cos^2\theta_2}}{\cos\theta_2}\right) \text{[kVA]}$$

여기서,
$\cos\theta_1$: 개선 전 역률,
$\cos\theta_2$: 개선 후 역률

| 작성답안

(1) ① 단로기
    ② 교류 차단기
    ③ 과전류 계전기
    ④ 계기용 변압기
    ⑤ 피뢰기
(2) 피뢰기 정격전압 : 7.5[kV], 방전전류 : 2500[A]
(3) • 전류 $P = \dfrac{100+140+180}{1.4} = 300$ [kW]

$$I = \dfrac{300 \times 10^3}{\sqrt{3} \times 6600 \times 0.8} \times \dfrac{5}{75} = 2.19 \text{ [A]}$$

답 : 2.19[A]

• 콘덴서 용량 $Q = 300 \times \left(\dfrac{0.6}{0.8} - \dfrac{\sqrt{1-0.92^2}}{0.92} \right) = 97.2$ [kVA]

답 : 97.2[kVA]
(4) 콘덴서에 축적된 잔류전하를 방전하며, 콘덴서 재투입 시 콘덴서에 걸리는 과전압 방지한다.

□□□ 99

5 도면은 3상 4선식 중성선 다중 접지방식의 22.9 [kV-Y] 배전선로의 미완성 단선 결선도이다. 도면을 보고 각 물음에 답하시오. (5점)

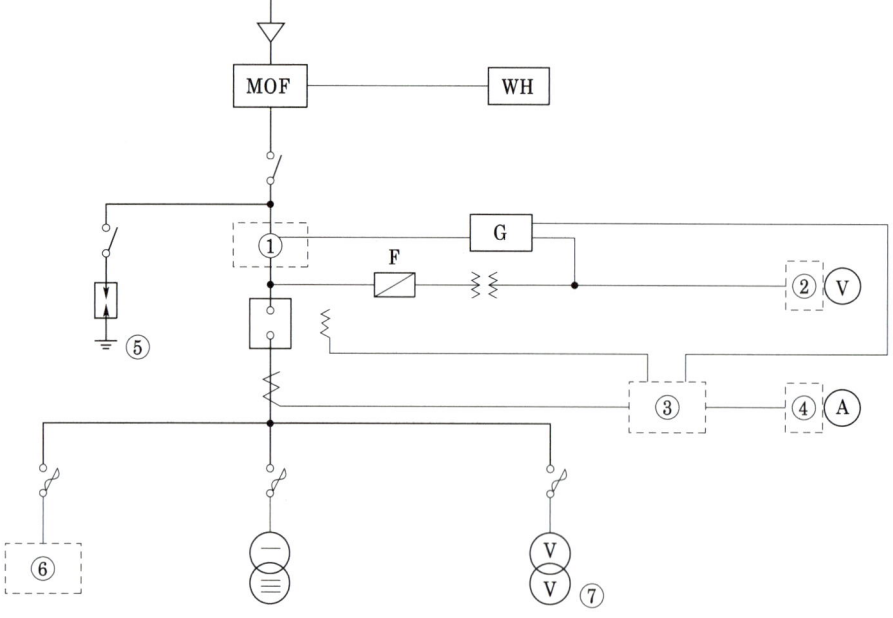

(1) ①~④의 □ 속에 해당되는 표준심벌을 그리고 그 명칭을 우리말 용어로 쓰시오.

   ○ _____

(2) ⑤의 접지 저항은 몇 [Ω] 이하이어야 하는가?

   ○ _____

(3) ⑥번은 전력용 콘덴서이다. 방전코일이 내장된 표준심벌로 그리시오.

   ○ _____

(4) ⑦번의 V-V 결선에 대한 복선도(실제도)를 그리시오.

| 작성답안

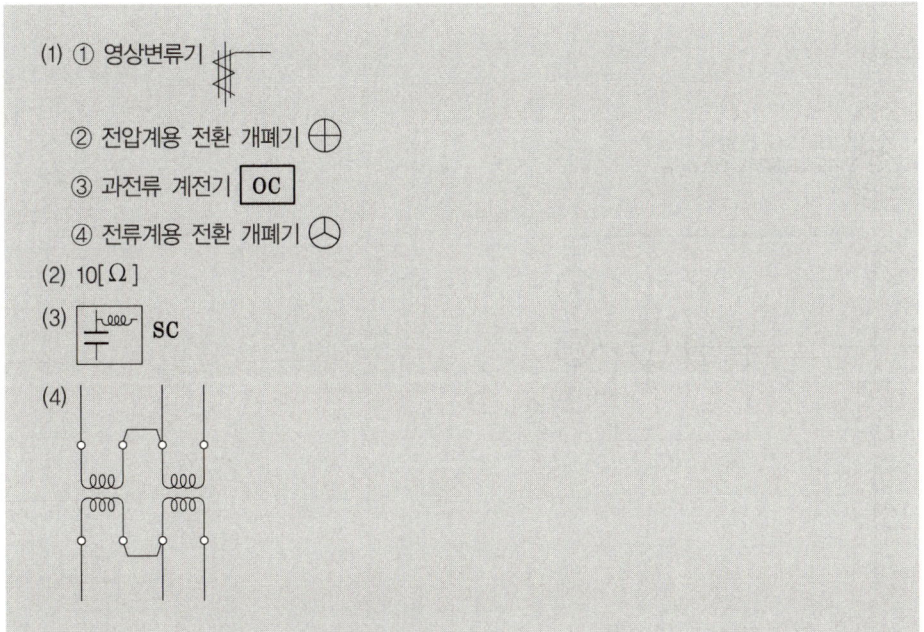

☐☐☐ 12

6 도면은 154[kV]를 수전하는 어느 공장의 수전설비에 대한 단선도이다. 이 단선도를 보고 다음 각 물음에 답하시오. (12점)

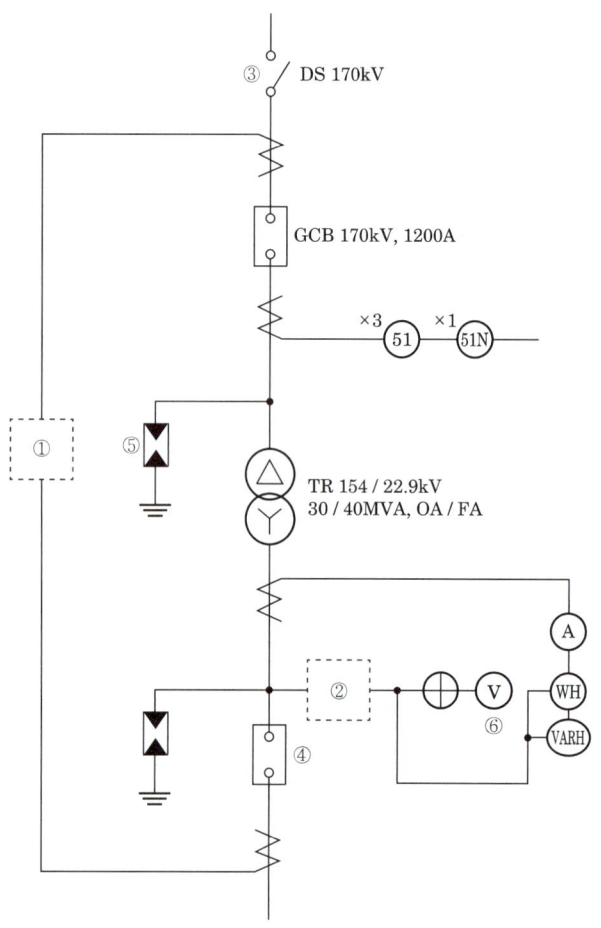

(1) ①에 설치되어야 할 기기의 심벌을 그리고, 그 명칭을 쓰시오.

(2) ②에 설치되어야 할 기기의 심벌을 그리고, 그 명칭을 쓰시오.

(3) 51, 51N의 기구번호의 명칭은?

(4) GCB, VARH의 용어는?

(5) ③~⑥에 해당하는 명칭을 쓰시오.

| 작성답안

(1) 심벌: (87T)　　명칭 : 주변압기 차동 계전기

(2) 심벌: ⟶⟩⟨⟵　명칭 : 계기용변압기

(3) 51 : 교류 과전류계전기
    51N : 중성점 과전류계전기

(4) GCB : 가스 차단기
    VARH : 무효전력량계

(5) ③ 단로기
    ④ 차단기
    ⑤ 피뢰기
    ⑥ 전압계

□□□ 04, 07, 17

7 그림은 154 [kV]를 수전하는 어느 공장의 수전설비 도면의 일부분이다. 이 도면을 보고 다음 각 물음에 답하시오. (12점)

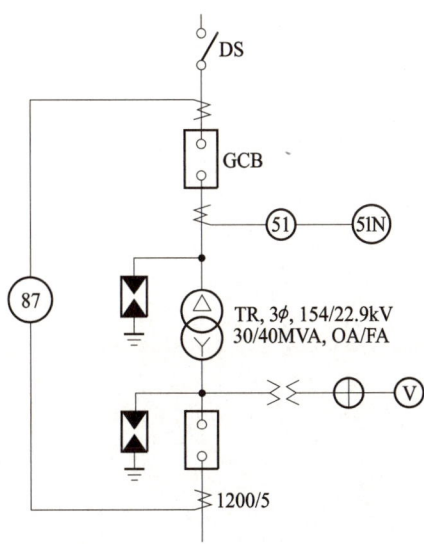

(1) 그림에서 87과 51N의 명칭은 무엇인가?

- 87

　○ _____

- 51N

　○ _____

■ 냉각방식

냉각방식	표시기호
건식자냉식	AN
건식풍냉식	AF
건식밀폐자냉식	ANAN
유입자냉식	ONAN
유입풍냉식	ONAF
유입수냉식	ONWF
송유자냉식	OFAN
송유풍냉식	OFAF
송유수냉식	OFWF

(2) 154/22.9 [kV] 변압기에서 FA 용량 기준으로 154 [kV]측의 전류와 22.9 [kV]측의 전류는 몇 [A]인가?

① 154 [kV]측

② 22.9 [kV]측

(3) GCB에는 주로 어떤 절연재료를 사용하는가?

(4) Δ-Y 변압기의 복선도를 그리시오.

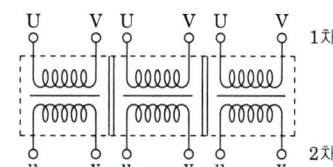

| 작성답안

(1) • 87 : 전류차동계전기
  • 51N : 중성점 과전류계전기
(2) • 154 [kV]측

  계산 : $I = \dfrac{40000}{\sqrt{3} \times 154} = 149.96$ [A]

  답 : 149.96 [A]

  • 22.9 [kV]측

  계산 : $I = \dfrac{40000}{\sqrt{3} \times 22.9} = 1008.47$ [A]

  답 : 1008.47 [A]

(3) SF_6 (육불화황) 가스

(4)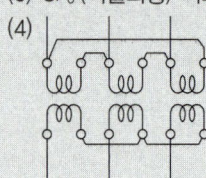

□□□ 21

8 다음은 3Φ4W 22.9[kV] 수전설비 단선결선도이다. 【보기】를 참고하여 다음 각 물음에 답하시오. (10점)

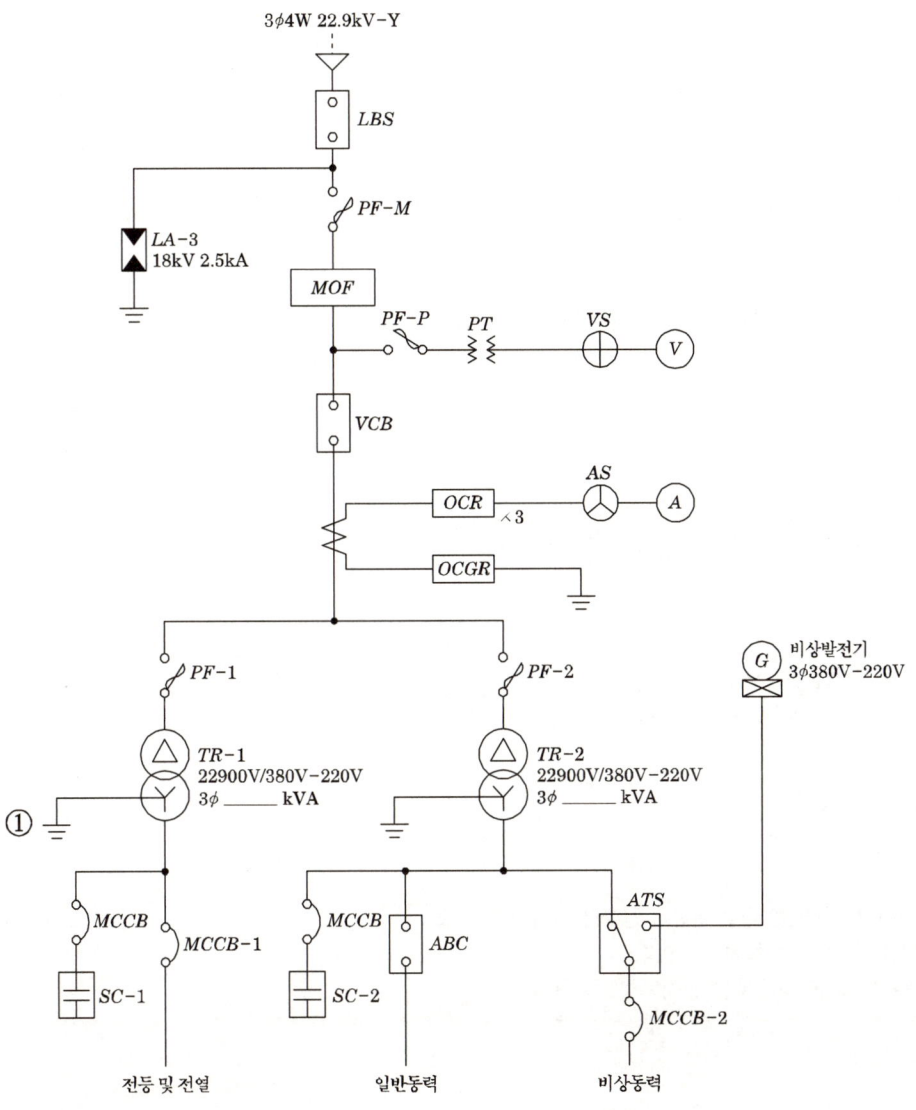

【보기】
- TR_1과 TR_2의 효율은 각각 90%이며 TR_2의 여유율은 15%로 한다.
- TR_1(수용률과 역률을 적용한) 부하설비용량(전등전열부하) : 390.42kVA
- TR_2(수용률과 역률을 적용한) 부하설비용량(일반동력설비) : 110.3kVA
- TR_2(수용률과 역률을 적용한) 부하설비용량(비상동력설비) : 75.5kVA
- 변압기의 표준용량[kVA] : 200, 300, 400, 500

강의 NOTE

■ 변압기 용량

변압기 용량[kW] ≥ 합성 최대 수용 전력

$$= \frac{\text{부하 설비 합계}[kW] \times \text{수용률}}{\text{부등률}}$$

역률을 적용하여 [kW]의 부하를 [kVA]의 부하로 환산하여 구한다.

(1) TR₁ 변압기 용량을 선정하시오.

　○ _____

(2) TR₂ 변압기 용량을 선정하시오.

　○ _____

(3) TR₁ 변압기 2차 정격전류를 구하시오.

　○ _____

(4) ATS의 무엇을 위한 목적으로 사용되는가 쓰시오.

　○ _____

(5) TR₁ 변압기 ①의 2차측을 중성점을 접지하는 목적이 무엇인가 쓰시오.

　○ _____

| 작성답안

(1) 계산 : $TR_1 = \dfrac{390.42}{0.9} = 433.8\,[\text{kVA}]$

　　∴ 500 [kVA] 선정

　답 : 500 [kVA]

(2) 계산 : $TR_2 = \dfrac{110.3+75.5}{0.9} \times 1.15 = 237.41\,[\text{kVA}]$

　　∴ 300 [kVA] 선정

　답 : 300 [kVA]

(3) 계산 : 2차 정격전류 $I_2 = \dfrac{500 \times 10^3}{\sqrt{3} \times 380} = 759.67\,[\text{A}]$

　답 : 759.67 [A]

(4) 저압측(변압기2차측)에 설치되어 정전이 발생하였을 경우 변압기 상호간 절체 또는 중요 부하에 발전기를 작동시켜서 전원을 공급하는 것을 목적으로 한다.

(5) 고저압 혼촉에 의한 저압측 전위상승을 억제하여 저압측에 연결된 기계기구의 절연을 보호한다.

강의 NOTE

07, 11, 13, 14

9 다음은 22.9[kV] 수변전 설비 결선도이다. 물음에 답하시오. (6점)

(1) 22.9[kV-Y] 계통에서는 수전 설비 지중 인입선으로 어떤 케이블을 사용하여야 하는가?

　○ _____

(2) ①, ②의 약호는?

　○ _____

(3) ③의 ATS 기능은 무엇인가?

　○ _____

(4) Δ-Y 변압기의 결선도를 그리시오.

(5) DS 대신 사용할 수 있는 기기는?

　○ _____

(6) 전력용 퓨즈의 가장 큰 단점은 무엇인가?

　○ _____

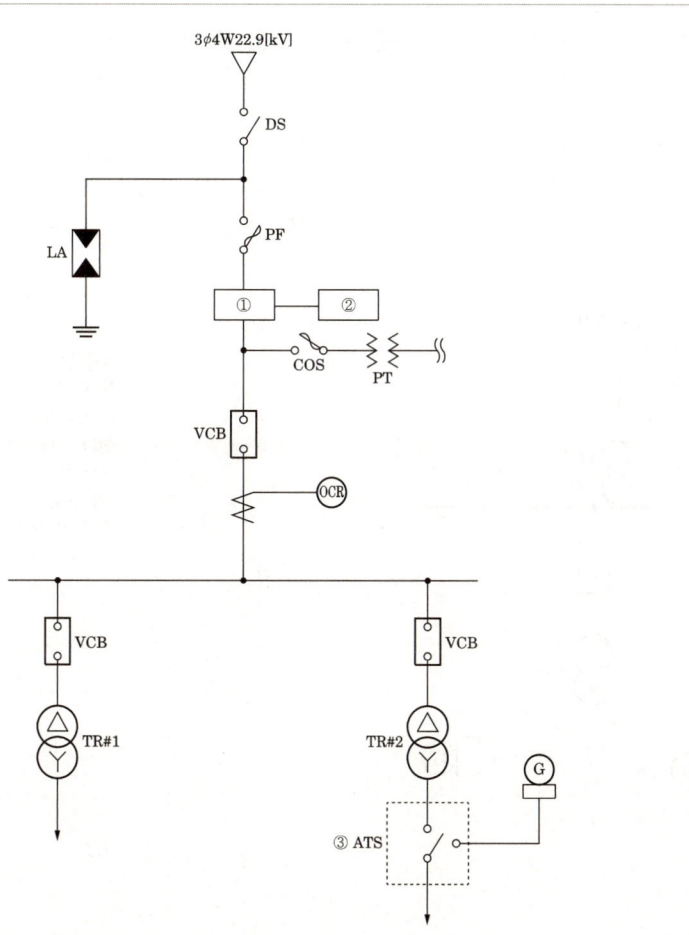

| 작성답안

(1) CNCV-W(수밀형), TR-CNCV-W(트리억제형)
(2) ① MOF
    ② WH
(3) ATS는 저압측(변압기2차측)에 설치되어 정전이 발생하였을 경우 변압기 상호간 절체 또는 중요 부하에 발전기를 작동시켜서 전원을 공급하는 자동 절체한다.
(4)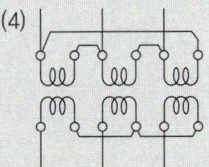
(5) 자동고장 구분 개폐기(ASS)
(6) 재사용 불가

□□□ 03, 06, 19, 21

10 그림은 22.9 [kV] 특별고압 수전설비의 단선도이다. 이 도면을 보고 다음 각 물음에 답하시오. (11점)

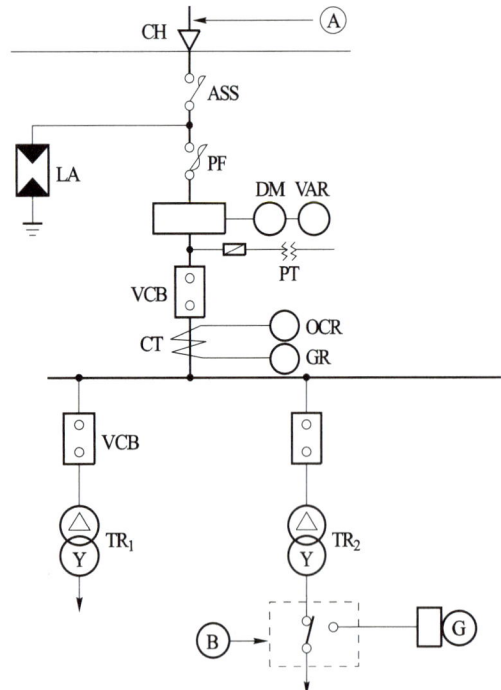

■ 약호
(1) ① ASS : Automatic Section Switch
   ② LA : Lightning Arresters
   ③ VCB : Vacuum Circuit Breaker
   ④ PF : Power Fuse
(2) 변압기 용량 [kVA]

$$\geq \frac{설비용량\,[kVA] \times 수용률}{효율}$$

$$= \frac{설비용량\,[kW] \times 수용률}{효율 \times 역률}$$

(3) 지중인입선의 경우에 22.9[kV-Y] 계통은 CNCV-W 케이블(수밀형) 또는 TR CNCV-W (트리억제형)을 사용하여야 한다. 다만, 전력구·공동구·덕트·건물 구내 등 화재의 우려가 있는 장소에서는 FR CNCO-W(난연) 케이블을 사용하는 것이 바람직하다.

(1) 도면에 표시되어 있는 다음 약호의 명칭을 우리말로 쓰시오.

　① ASS :

　② LA :

　③ VCB :

　④ PF :

(2) TR1 쪽의 부하 용량의 합이 300 [kW]이고, 역률 및 효율이 각각 0.8, 수용률이 0.6이라면 TR1 변압기의 용량은 몇 [kVA]가 적당한지를 계산하고 규격용량으로 답하시오.

(3) Ⓐ에는 어떤 종류의 케이블이 사용되는가?

(4) Ⓑ의 명칭은 무엇인가?

(5) 변압기의 결선도를 복선도로 그리시오.

| 작성답안

(1) ① ASS : 자동고장 구분개폐기
　② LA : 피뢰기
　③ VCB : 진공 차단기
　④ PF : 전력퓨즈

(2) 계산 : $TR_1 = \dfrac{300 \times 0.6}{0.8 \times 0.8} = 281.25$ [kVA]

　답 : 300 [kVA] 선정

(3) CNCV-W 케이블 (수밀형) 또는 TR CNCV-W(트리억제형)

(4) 자동절체 개폐기(자동절체 스위치, ATS)

(5)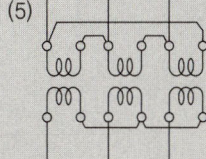

□□□ 97, 07, 17

11 다음 도면을 보고 물음에 답하시오. (10점)

(1) LA의 명칭 및 기능은?
- 명칭 :
  ○
- 기능 :
  ○

(2) VCB의 필요한 최소 차단 용량은 몇 [MVA]인가?
  ○

(3) C 부분의 계통도에 그려져야 할 것들 중에서 그 종류를 5가지만 쓰시오.
  ○

(4) ACB의 최소 차단 전류는 몇 [kA]인가?
  ○

(5) 최대 부하 800 [kVA], 역률 80 [%]라 하면 변압기에 의한 전압 변동률은 몇 [%]인가?
  ○

■(3)
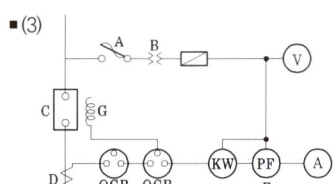

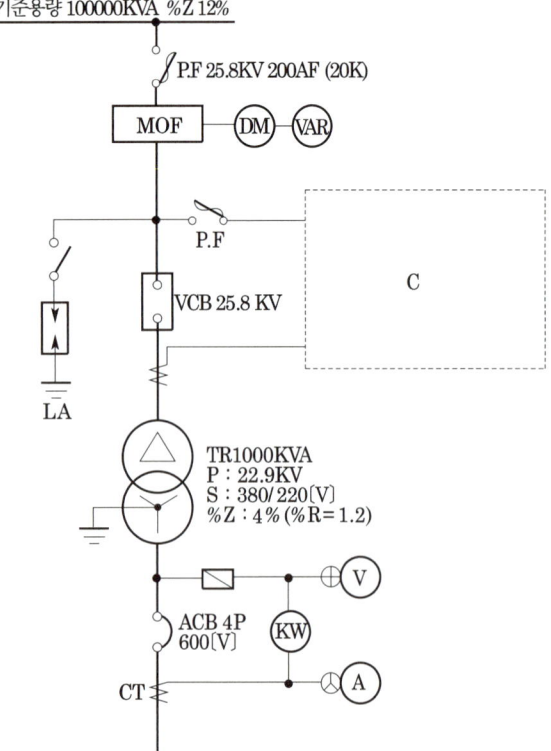

| 작성답안

(1) 명칭 : 피뢰기
   기능 : 이상 전압이 내습하면 이를 대지로 방전시키고, 속류를 차단한다.

(2) 계산 : 전원측 %Z가 100 [MVA]에 대하여 12 [%]이므로

$$P_s = \frac{100}{\%Z} \times P_n \text{ [MVA]}$$에서

$$P_s = \frac{100}{12} \times 100 = 833.33 \text{ [MVA]}$$

답 : 833.33 [MVA]

(3) ① 계기용 변압기
   ② 전압계
   ③ 과전류 계전기
   ④ 전력계
   ⑤ 역률계
   그 외
   ⑥ 전류계
   ⑦ 전압계용 전환 개폐기
   ⑧ 전류계용 전환 개폐기
   ⑨ 트립코일
   ⑩ 지락과전류계전기

(4) 계산 : 변압기 %Z를 100 [MVA]로 환산하면

$$\frac{100000}{1000} \times 4 = 400 \text{ [%]}$$

합성 %$Z = 12 + 400 = 412$ [%]

단락 전류 $I_s = \frac{100}{\%Z} \times I_n = \frac{100}{412} \times \frac{100 \times 10^6}{\sqrt{3} \times 380} \times 10^{-3} = 36.88$ [kA]

답 : 36.88 [kA]

(5) 계산 : %저항 강하 $p = 1.2 \times \frac{800}{1000} = 0.96$ [%]

%리액턴스 강하 $q = \sqrt{4^2 - 1.2^2} \times \frac{800}{1000} = 3.05$ [%]

전압 변동률 $\epsilon = p\cos\theta + q\sin\theta$

∴ $\epsilon = 0.96 \times 0.8 + 3.05 \times 0.6 = 2.6$ [%]

답 : 2.6 [%]

□□□ 88, 95, 03, 06, 11, 14, 19

12 아래 도면은 어느 수전설비의 단선 결선도이다. 물음에 답하시오. (18점)

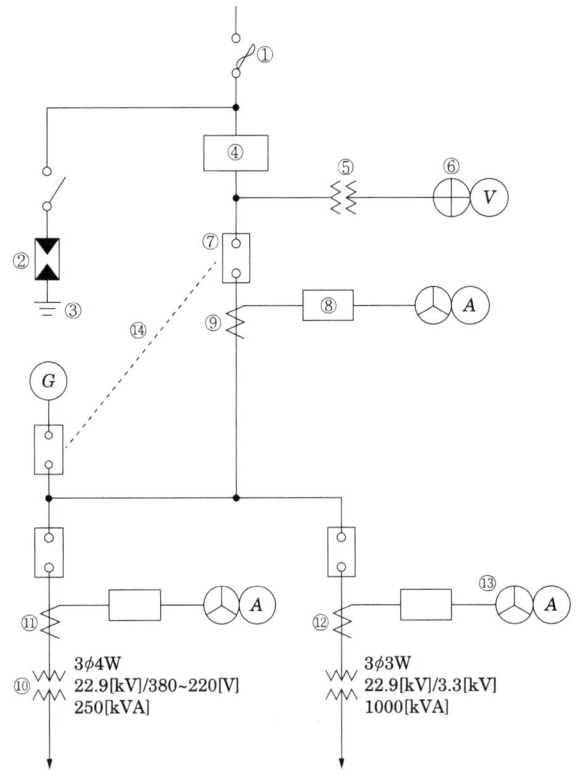

3φ4W
22.9[kV]/380~220[V]
250[kVA]

3φ3W
22.9[kV]/3.3[kV]
1000[kVA]

(1) ①~②, ④~⑨, ⑬에 해당되는 부분의 명칭과 용도를 쓰시오.

　○

(2) ③의 접지 공사의 접지저항값은 얼마인가?

　○

(3) ⑤의 1차, 2차 전압은?

1차 정격전압 [V]	2차정격전압 [V]
229000	
229000/$\sqrt{3}$	110
22000	110/$\sqrt{3}$
22000/$\sqrt{3}$	

(4) ⑩의 2차측 결선 방법은?

　○

(5) ⑪, ⑫의 CT비는? (단, CT 정격 전류는 부하 정격 전류의 150%로 한다.)

　○

강의 NOTE

■ 한국전기설비규정 341.14 피뢰기의 접지
고압 및 특고압의 전로에 시설하는 피뢰기 접지저항 값은 10Ω 이하로 하여야 한다.

■ 전력량계

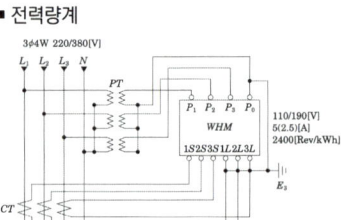

(6) ⑭의 목적은?

○ _____

| 작성답안

(1)
번호	명칭	용도
①	전력 퓨즈	일정값 이상의 과전류 및 단락 전류를 차단하여 사고 확대를 방지
②	피뢰기	이상 전압이 내습하면 이를 대지로 방전하고, 속류를 차단한다.
④	전력수급용 계기용 변성기	전력량을 적산하기 위하여 고전압을 저전압으로, 대전류를 소전류로 변성시켜 전력량계에 공급한다.
⑤	계기용 변압기	고전압을 저전압으로 변성시켜 계기 및 계전기 등의 전원으로 사용한다.
⑥	전압계용 전환 계폐기	1대의 전압계로 3상 각상의 전압을 측정하기 위한 전환 개폐기
⑦	교류 차단기	단락 사고, 과부하, 지락 사고 등 사고 전류와 부하 전류를 차단하기 위한 장치
⑧	과전류 계전기	계통에 과전류가 흐르면 동작하여 차단기의 트립 코일을 여자시킨다.
⑨	변류기	대전류를 소전류로 변성하여 계기 및 과전류 계전기에 공급한다.
⑬	전류계용 전환 개폐기	1대의 전류계로 3상 각상의 전류를 측정하기 위한 전환 개폐기

(2) 10[Ω]

(3) 1차 전압 : $\dfrac{22900}{\sqrt{3}}$[V], 2차 전압 : 110[V]

(4) Y결선

(5) ⑪ $I_1 = \dfrac{250}{\sqrt{3} \times 22.9} = 6.3$ [A]

∴ $6.3 \times 1.5 = 9.45$[A]이므로 변류비 $\dfrac{10}{5}$ 선정

답 : $\dfrac{10}{5}$

⑫ $I_1 = \dfrac{1000}{\sqrt{3} \times 22.9} = 25.21$ [A]

∴ $25.21 \times 1.5 = 37.82$ [A]이므로 변류비 $\dfrac{40}{5}$ 선정

답 : $\dfrac{40}{5}$

(6) 상용 전원과 예비 전원의 동시 투입을 방지한다. (인터록)

□□□ 89, 97, 98, 02, 12, 13, 17, 18

13

그림은 어느 생산공장의 수전설비의 계통도이다. 이 계통도와 뱅크의 부하용량표, 변류기 규격표를 보고 다음 각 물음에 답하시오.(용량산출시 제시되지 않은 조건은 무시한다.)(8점)

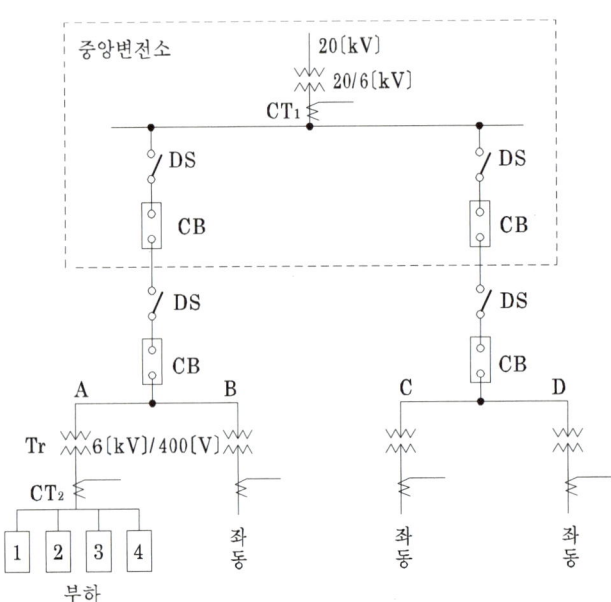

뱅크의 부하 용량표

피더	부하 설비 용량[kW]	수용률[%]
1	125	80
2	125	80
3	500	60
4	600	84

변류기 규격표

항목	변류기
정격 1차 전류[A]	5, 10, 15, 20, 30, 40 50, 75, 100, 150, 200 300, 400, 500, 600, 750 1000, 1500, 2000, 2500
정격 2차 전류[A]	5

(1) A, B, C, D 뱅크에 같은 부하가 걸려 있으며, 각 뱅크의 부등률은 1.1이고 전부하 합성역률은 0.8이다. 중앙변전소 변압기 용량을 구하시오.

○

강의 NOTE

■ 변압기 용량

① 변압기 용량
변압기 용량 [kW]
≥ 합성 최대 수용 전력
= $\dfrac{\text{부하 설비 합계 [kW]} \times \text{수용률}}{\text{부등률}}$

역률을 적용하여 [kW]의 부하를 [kVA]의 부하로 환산하여 구한다.

② 표준용량
3, 5, 7.5, 10, 15, 30, 50, 75, 100, 150, 200, 300, 500, 750, 1000, 1500, 2000, 3000, 4500, (5000), 6000, 7500, 10000, 15000, 20000, 30000, 45000, (50000), 60000, 90000, 100000, (120000), 150000, 200000, 250000, 300000 ( )는 준표준규격이다.

(2) 변류기 CT_1, CT_2의 변류비를 구하시오. (단, 1차 수전 전압은 20000/6000 [V], 2차 수전전압은 6000/400 [V]이며 변류비는 1.25배로 결정한다.)

○

| 작성답안

(1) 계산 : A 뱅크의 최대수요전력 $= \dfrac{125\times0.8+125\times0.8+500\times0.6+600\times0.84}{1.1\times0.8}$

$\qquad\qquad\qquad\qquad\quad = 1140.91\,[\text{kVA}]$

A, B, C, D 각 뱅크간의 부등률은 없으므로
$STr = 1140.91\times4 = 4563.64\,[\text{kVA}]$

답 : 5000 [kVA]

(2) 계산 : ① CT_1 $I_1 = \dfrac{4563.64}{\sqrt{3}\times6}\times1.25 = 548.92\ \ [\text{A}]$

$\therefore$ 표에서 $\dfrac{600}{5}$ 선정

답 : CT_1 : $\dfrac{600}{5}$

② CT_2 $I_1 = \dfrac{1140.91}{\sqrt{3}\times0.4}\times1.25 = 2058.45\,[\text{A}]$

$\therefore$ 표에서 $\dfrac{2500}{5}$ 선정

답 : CT_2 : $\dfrac{2500}{5}$

□□□ 90, 98, 04, 20

14 주어진 도면은 어떤 수용가의 수전 설비의 단선 결선도이다. 도면과 참고표를 이용하여 물음에 답하시오. (19점)

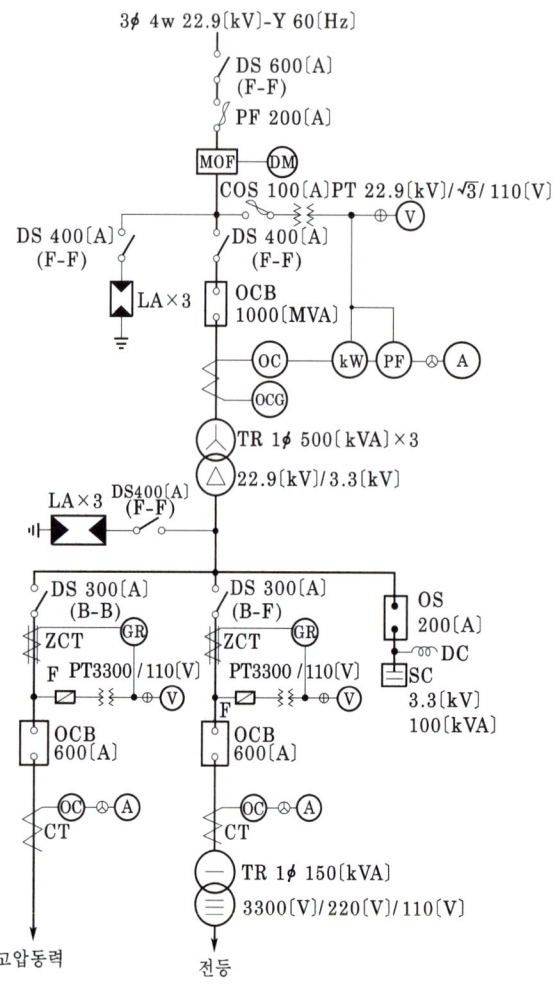

【참고 표】

계기용 변압 변류기 정격(일반 고압용)

종별	정격	
PT	1차 정격 전압 [V]	3300, 6000
	2차 정격 전압 [V]	110
	정격 부담 [VA]	50, 100, 200, 400
CT	1차 정격 전류 [A]	10, 15, 20, 30, 40, 50, 75, 100, 150, 200, 300, 400, 500, 600
	2차 정격 전류 [A]	5
	정격 부담 [VA]	15, 40, 100 일반적으로 고압 회로는 40 [VA] 이하, 저압 회로는 15 [VA] 이상

(1) 22.9 [kV] 측에 대하여 다음 각 물음에 답하시오.
  ① MOF에 연결되어 있는 ⓓⓜ은 무엇인가?
  ○ _____

  ② DS의 정격 전압은 몇 [kV]인가?
  ○ _____

  ③ LA의 정격 전압은 몇 [kV]인가?
  ○ _____

  ④ OCB의 정격 전압은 몇 [kV]인가?
  ○ _____

  ⑤ OCB의 정격 차단 용량 선정은 무엇을 기준으로 하는가?
  ○ _____

  ⑥ CT의 변류비는? (단, 1차 전류의 여유는 25 [%]로 한다)
  ○ _____

  ⑦ DS에 표시된 F-F의 뜻은?
  ○ _____

  ⑧ 그림과 같은 결선에서 단상 변압기가 2부싱형 변압기이면 1차 중성점의 접지는 어떻게 해야 하는가? (단, "접지를 한다", "접지를 하지 않는다"로 답하시오.)
  ○ _____

  ⑨ OCB의 차단 용량이 1000 [MVA]일 때 정격 차단 전류는 몇 [A]인가?
  ○ _____

(2) 3.3 [kV]측에 대하여 다음 각 물음에 답하시오.
  ① 옥내용 PT는 주로 어떤 형을 사용하는가?
  ○ _____

  ② 고압 동력용 OCB에 표시된 600 [A]는 무엇을 의미하는가?
  ○ _____

  ③ 콘덴서에 내장된 DC의 역할은?
  ○ _____

  ④ 전등 부하의 수용률이 70 [%]일 때 전등용 변압기에 걸 수 있는 부하 용량은 몇 [kW]인가?
  ○ _____

| 작성답안

(1) ① 최대 수요 전력량계
② 25.8[kV]
③ 18[kV]
④ 25.8[kV]
⑤ 단락 용량
⑥ 계산 : $I_1 = \dfrac{500 \times 3}{\sqrt{3} \times 22.9} \times 1.25 = 47.27$ [A]이므로 CT의 변류비는 $\dfrac{50}{5}$ 선정

   답 : $\dfrac{50}{5}$

⑦ 접속 단자의 접속 방법이 표면 접속을 의미한다.
⑧ 접지를 하지 않는다.
⑨ 계산 : 정격 차단 용량 = $\sqrt{3}$ × 정격 전압 × 정격 차단 전류 에서

$$I_S = \dfrac{P_S}{\sqrt{3}\,V} = \dfrac{1000 \times 10^3}{\sqrt{3} \times 25.8} = 22377.92 \text{ [A]}$$

   답 : 22377.92[A]

(2) ① 몰드형
② 정격 전류
③ 콘덴서에 축적된 잔류 전하 방전
④ 계산 : 부하 용량 = $\dfrac{150}{0.7} = 214.29$[kW]

   답 : 214.29[kW]

강의 NOTE

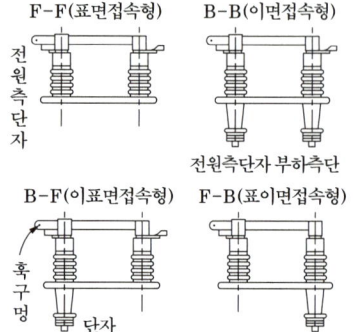

15 특별고압 가공 전선로(22.96[kV-Y])로부터 수전하는 어느 수용가의 특별고압 수전 설비의 단선 결선도이다. 다음 각 물음에 답하시오. (10점)

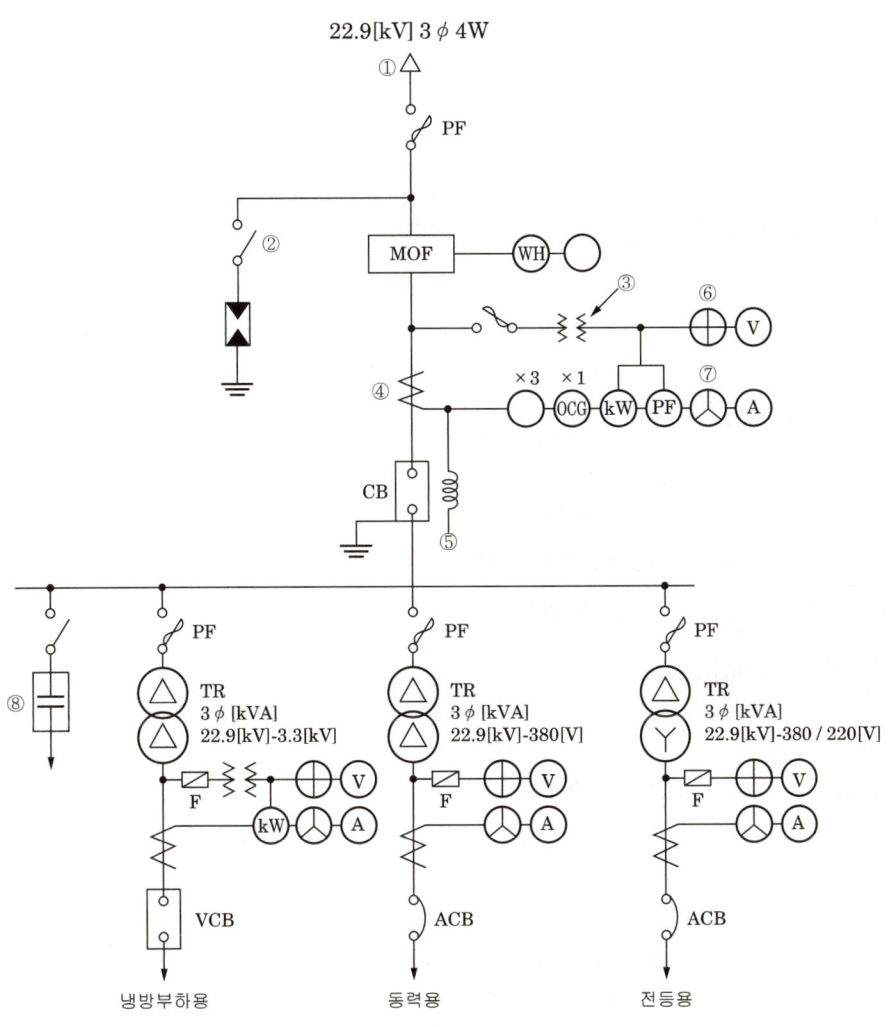

(1) ①~⑧에 해당되는 것의 명칭과 약호를 쓰시오.

번호	약호	명칭	번호	약호	명칭
①			②		
③			④		
⑤			⑥		
⑦			⑧		

(2) 동력부하의 용량은 300[kW], 수용률은 0.6, 부하역률이 80[%], 효율이 85[%]일 때 이 동력용 3상 변압기의 용량은 몇 [kVA]인지를 계산하고, 주어진 변압기의 용량을 선정하시오.

변압기의 표준 정격 용량[kVA]

200	300	400	500

(3) 냉방 부하용 터보 냉동기 1대를 설치하고자 한다. 냉동기에 설치된 전동기는 3상 농형유도 전동기로 정격전압 3.3[kV], 정격출력 200[kW], 전동기의 역률 85[%], 효율 90[%]일 때 정격 운전 시 부하전류는 얼마인가?

| 작성답안

(1)

번호	약호	명칭	번호	약호	명칭
①	CH	케이블 헤드	②	DS	단로기
③	PT	계기용 변압기	④	CT	변류기
⑤	TC	트립 코일	⑥	VS	전압계용 절환 개폐기
⑦	AS	전류계용 절환 개폐기	⑧	SC	전력용 콘덴서

(2) 계산 : $P = \dfrac{설비용량 \times 수용률}{역률 \times 효율} = \dfrac{300 \times 0.6}{0.8 \times 0.85} = 264.705 [kVA]$

답 : 300[kVA] 선정

(3) 계산 : 부하 전류 $I = \dfrac{P}{\sqrt{3}\, V \cos\theta\, \eta} = \dfrac{200}{\sqrt{3} \times 3.3 \times 0.85 \times 0.9} = 45.739 [A]$

답 : 45.74[A]

□□□ 01, 05, 06, 09, 14, 15 ☆ 02

16 주어진 도면을 보고 다음 각 물음에 답하시오. (단, 변압기의 2차측은 고압이다.)(11점)

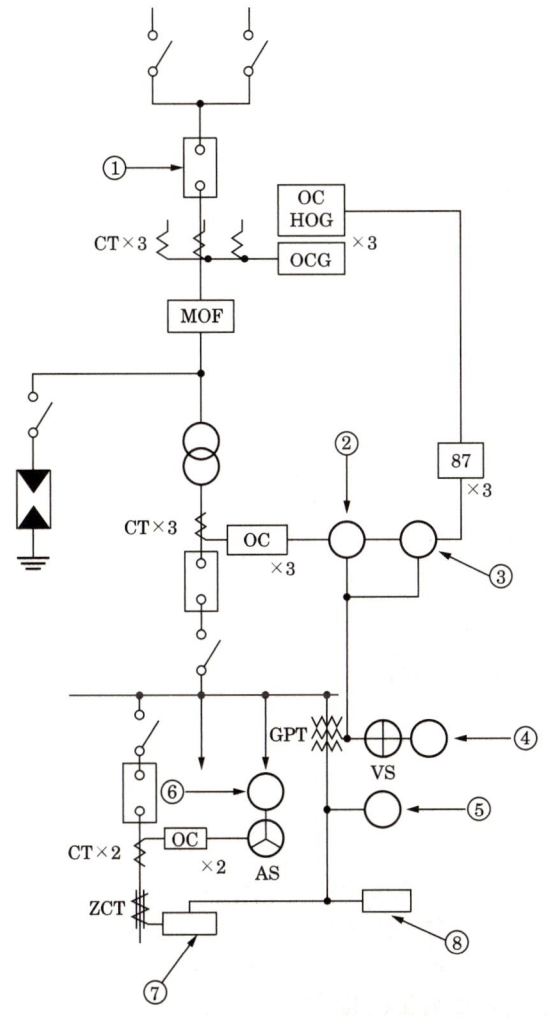

강의 NOTE

■ 비율차동계전기

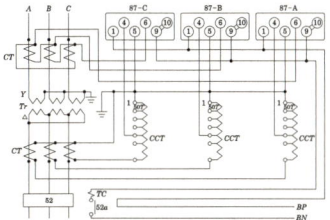

비율차동계전기는 변압기 투입시 여자 돌입 전류에 의한 오동작을 방지한 경우는 최소 35 [%]의 불평형 전류로 동작한다. 비율차동계전기 Tap선정은 차전류가 억제코일에 흐르는 전류에 대한 비율보다 계전기 비율을 크게 선정해야 한다.

■ SGR과 DGR

계전기	용도	차이점
SGR	지락 보호	ZCT와 조합해서 사용하며 케이블 차폐접지는 반드시 ZCT를 관통하여 접지하고 GPT의 후단에 ZCT설치
DGR	〃	• CT와 조합해서 사용하며 CT비 300/5A 이하의 경우 CT 잔류회로 방식 채용 • CT비 400/5A의 경우 3권선 CT 사용 • 계전기에 탭 레인지 0.05A~0.5A 있음

(1) 도면의 ①~⑧까지의 약호와 우리말 명칭을 쓰시오.

번호	약호	명칭	번호	약호	명칭
①			②		
③			④		
⑤			⑥		
⑦			⑧		

(2) 변압기 결선이 Δ-Y 결선일 경우 비율차동계전기(87)의 결선을 완성하시오. (단, 위상 보정이 되지 않는 계전기이며, 변류기 결선에 의하여 위상을 보정한다.)

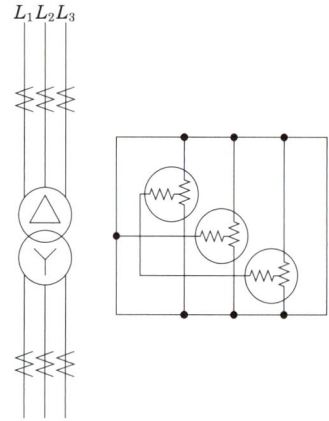

(3) 도면상의 약호 중 AS와 VS의 명칭 및 용도를 간단히 설명하시오.

약호	명칭	용도
AS		
VS		

(4) 피뢰기(LA)의 접지공사의 접지 저항은 몇 [Ω] 이하이어야 하는가?

○

| 작성답안

(1)
번호	약호	명칭	번호	약호	명칭
①	CB	교류 차단기	⑤	V_o	영상 전압계
②	kW	전력계	⑥	A	전류계
③	PF	역률계	⑦	SGR	선택 지락 계전기
④	V	전압계	⑧	OVGR	지락 과전압 계전기

(2)
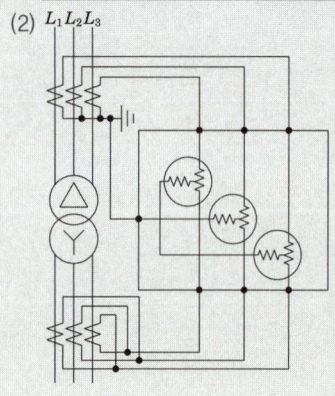

| 작성답안

(3)	약호	명칭	용도
	AS	전류계용 절환개폐기	3상 각 상의 전류를 1대의 전류계로 측정하기 위한 절환개폐기
	VS	전압계용 절환개폐기	3상 각 상의 전압을 1대의 전압계로 측정하기 위한 절환개폐기

(4) 10[Ω]

□□□ 02, 08, 09 新規

17 옥외의 간이 수변전설비에 대한 단선 결선도이다. 이 그림을 보고 다음 각 물음에 답하시오. (10점)

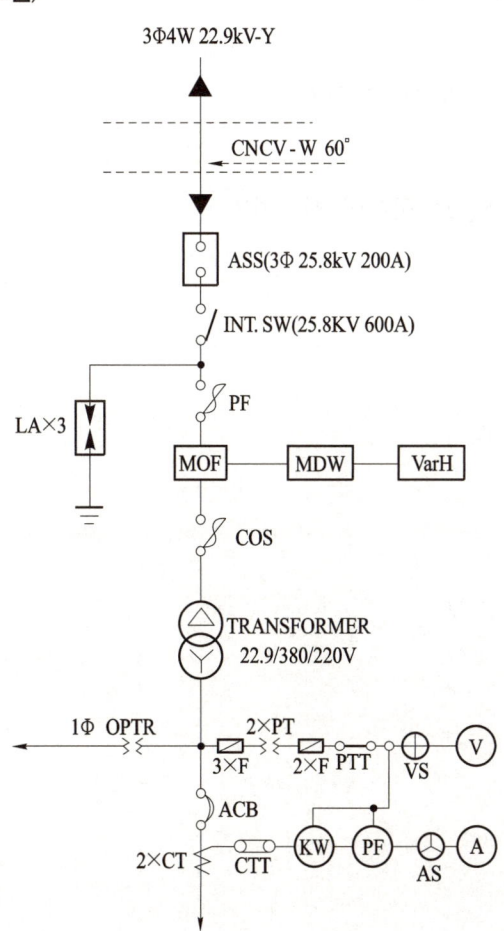

(1) 도면상의 A.S.S는 무엇인지 그 명칭을 쓰시오. (우리말 또는 영문원어로 답하시오.)

    ○ _____

(2) 도면상의 MDW의 명칭은 무엇인가? (우리말 또는 영문원어로 답하시오.)

    ○ _____

(3) 도면상의 CNCV-W에 대하여 정확한 명칭을 쓰시오.

    ○ _____

(4) 22.9 [kV-Y] 간이 수변전설비는 수전용량 몇 [kVA] 이하에 적용하는가?

    ○ _____

(5) LA의 공칭 방전전류는 몇 [A]를 적용하는가?

    ○ _____

(6) 도면에서 PTT는 무엇인가? (우리말 또는 영문원어로 답하시오.)

    ○ _____

(7) 도면에서 CTT는 무엇인가? (우리말 또는 영문원어로 답하시오.)

    ○ _____

(8) 보호도체에 사용되는 전선의 표시는 어떤 색깔로 하여야 하는가?

    ○ _____

(9) 도면상의 ⊕은 무엇인지 우리말로 답하시오.

    ○ _____

(10) 도면상의 ⊖은 무엇인지 우리말로 답하시오.

    ○ _____

| 작성답안

(1) 자동 고장 구분 개폐기(Automatic Section Switch)
(2) 최대 수요 전력량계(Maximum Demand Wattmeter)
(3) 동심중성선 수밀형 전력케이블
(4) 1000 [kVA] 이하
(5) 2500 [A]
(6) 전압 시험 단자
(7) 전류 시험 단자
(8) 녹색-노란색
(9) 전압계용 전환 개폐기
(10) 전류계용 전환 개폐기

□□□ 89, 14

18 다음 도면은 어느 수변전설비의 단선 계통도이다. 도면을 읽고 물음에 답하시오. (14점)

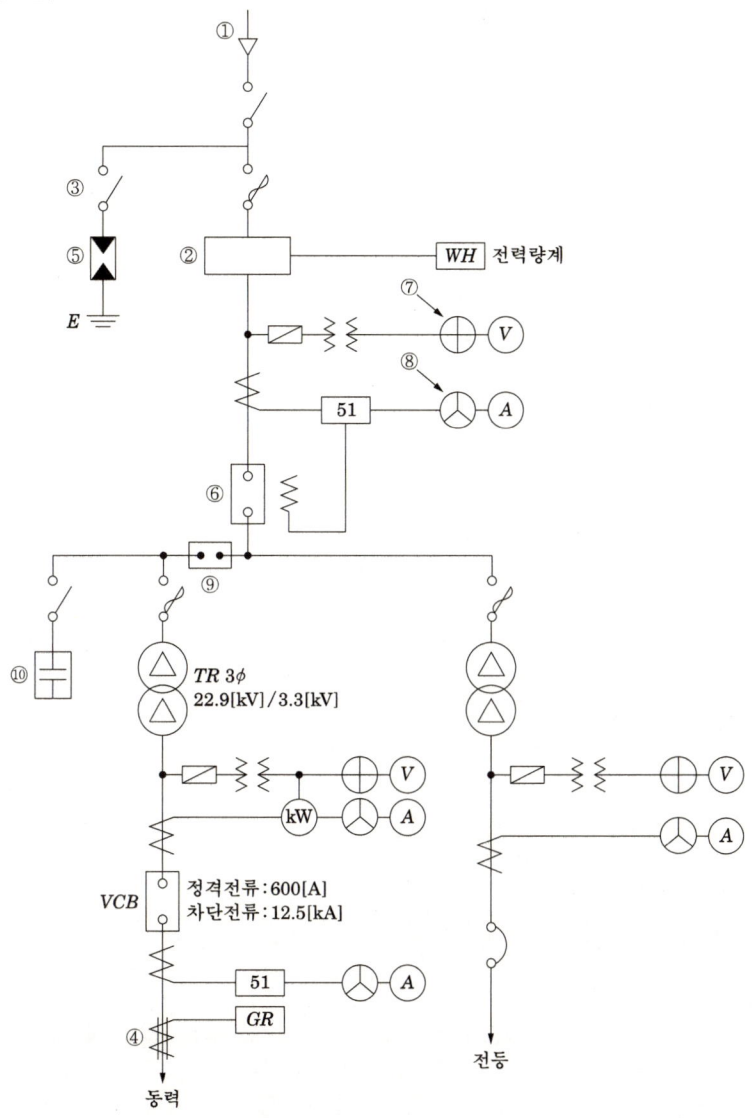

(1) 도면에 표시한 ①~⑩번까지의 약호와 명칭을 쓰시오.

(2) ⑩번에 직렬리액터와 방전 코일이 부착된 상태로 복선도를 그리시오.
(3) 동력용 Δ-Δ결선 변압기의 복선도를 그리시오.
(4) 동력 부하로 3상 유도전동기 20[kW], 역률 60[%](지상) 부하가 연결되어 있다. 이 부하의 역률을 80[%]로 개선하는데 필요한 전력용 콘덴서의 용량은 몇 [kVA]인지 계산하시오.

| 작성답안

(1)

번호	약호	명칭	번호	약호	명칭
①	CH	케이블헤드	⑥	CB	차단기
②	MOF	전력수급용계기용변성기	⑦	VS	전압계용절환개폐기
③	DS	단로기	⑧	AS	전류계용절환개폐기
④	ZCT	영상변류기	⑨	OS	유입개폐기
⑤	LA	피뢰기	⑩	SC	전력용콘덴서

(2)

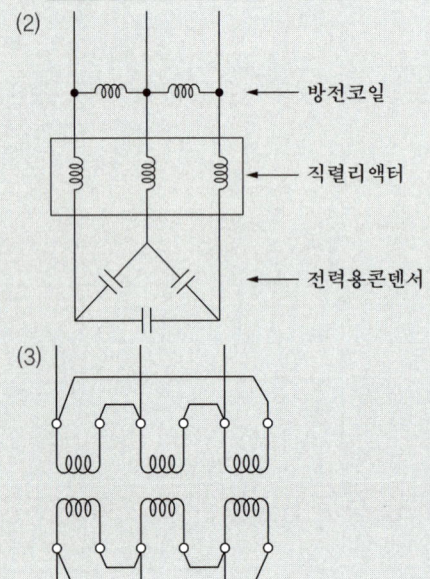

← 방전코일

← 직렬리액터

← 전력용콘덴서

(3)

(4) 계산 : $Q_c = P(\tan\theta_1 - \tan\theta_2) = 20 \times \left(\dfrac{0.8}{0.6} - \dfrac{0.6}{0.8}\right) = 11.666 [\text{kVA}]$

답 : 11.67[kVA]

□□□ 96, 99, 01, 03, 08, 15

19 어느 공장에서 예비 전원을 얻기 위한 전기시동방식 수동제어장치의 디젤 엔진 3상 교류 발전기를 시설하게 되었다. 발전기는 사이리스터식 정지 자여자 방식을 채택하고 전압은 자동과 수동으로 조정 가능하게 하였을 경우, 다음 각 물음에 답하시오. (14점)

(1) 도면에서 ①~⑩에 해당되는 부분의 명칭을 주어진 약호로 답하시오.

  ○ _____

(2) 도면에서 (가) ─○─\|─○─ 와 (나) ─○─\|─○─ 는 무엇을 의미하는가?
            TT   TT

  ○ _____

(3) 도면에서 (ㄱ)와 (ㄴ)는 무엇을 의미하는가?

  ○ _____

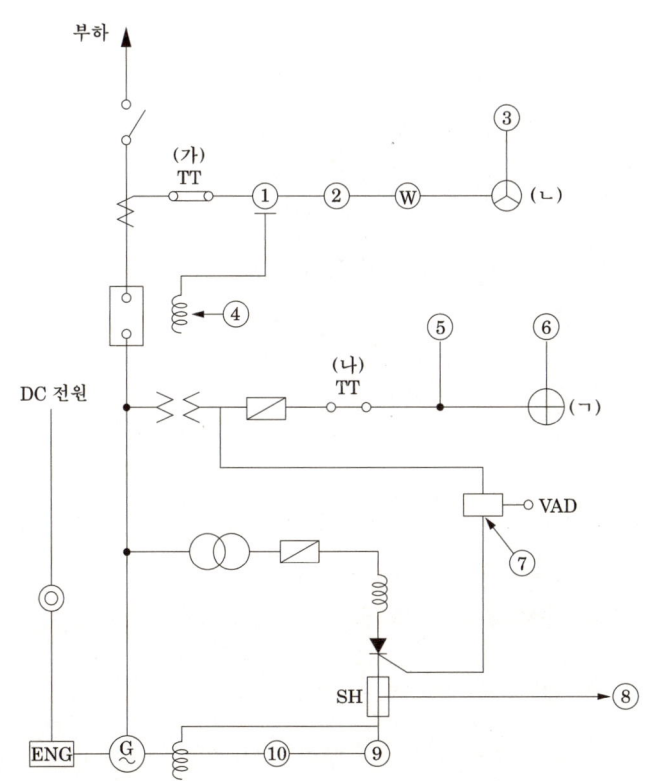

【약호】
ENG : 전기기동식 디젤 엔진   G : 정지여자식 교류 발전기
TG : 타코제너레이터   AVR : 자동전압 조정기
VAD : 전압 조정기   VA : 교류 전압계
AA : 교류 전류계   CR : 사이리스터 정류기
SR : 가포화 리액터   CT : 변류기

PT : 계기용 변압기
Fuse : 퓨즈
TrE : 여자용 변압기
Wh : 전력량계
DA : 직류전류계
SH : 분류기
DS : 단로기
※ ◎ 엔진 기동용 푸시 버튼

W : 지시 전력계
F : 주파수계
RPM : 회전수계
CB : 차단기
TC : 트립 코일
OC : 과전류 계전기

| 작성답안

(1) ① OC
　② WH
　③ AA
　④ TC
　⑤ F
　⑥ VA
　⑦ AVR
　⑧ DA
　⑨ RPM
　⑩ TG
(2) (가) 전류시험단자
　　(나) 전압시험단자
(3) (ㄱ) 전압계용 전환개폐기
　　(ㄴ) 전류계용 전환개폐기

□□□ 96, 98, 18

20 도면은 어느 수용가의 수전설비 결선도이다. 이 결선도를 보고 다음 각 물음에 답하시오. (12점)

강의 NOTE

■ 전동기용 변압기 2차측 결선이 Y결선이 되면 2측 선간전압은 3150의 $\sqrt{3}$ 배가 되어 전동기에 과전압이 인가된다. 따라서 2차측 결선은 Δ결선이 되어야 한다.

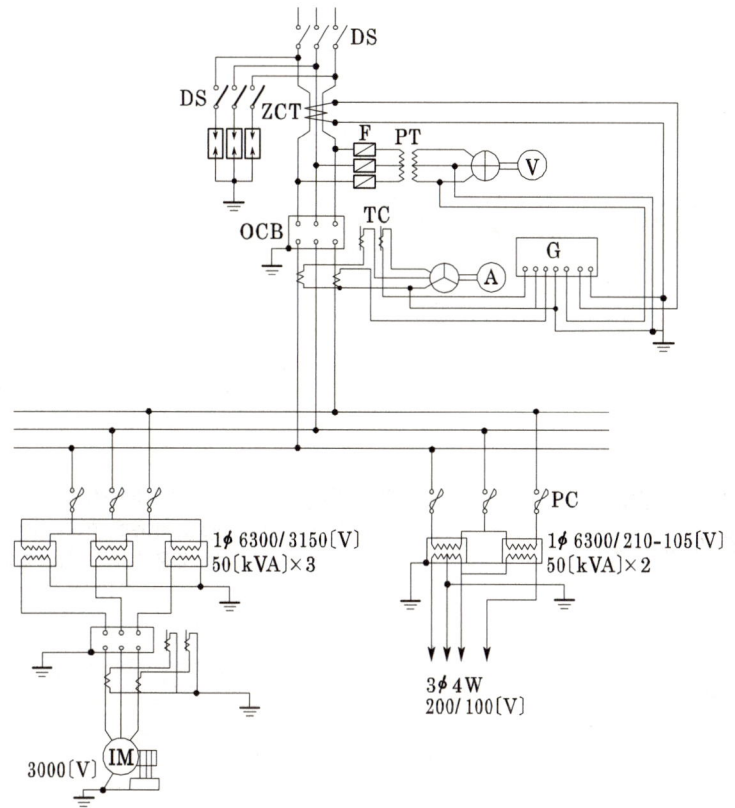

(1) ZCT의 명칭과 역할은?

   ○ _____

(2) 도면에서 ⊕의 명칭을 쓰시오.

   ○ _____

(3) 도면에서 Ⓐ의 명칭을 쓰시오.

   ○ _____

(4) 6300/3150 [V] 단상 변압기 3대의 2차측 결선이 잘못되어 있다. 이 부분을 올바르게 고쳐서 그리시오.

   ○ _____

(5) 도면에서 TC는 무엇을 나타내는지 쓰시오.

   ○ _____

| 작성답안

(1) • 영상변류기
 • 지락(영상)전류의 검출
(2) 전압계용 전환개폐기
(3) 전류계용 전환개폐기
(4)
(5) 트립코일

□□□ 93, 99, 06, 16

21 도면은 고압 수전 설비의 단선 결선도이다. 도면을 보고 다음 각 물음에 알맞은 답을 작성하시오. (단, 인입선은 케이블이다.)(9점)

■ 한국전기설비규정 341.14 피뢰기의 접지
고압 및 특고압의 전로에 시설하는 피뢰기 접지 저항 값은 10Ω 이하로 하여야 한다.

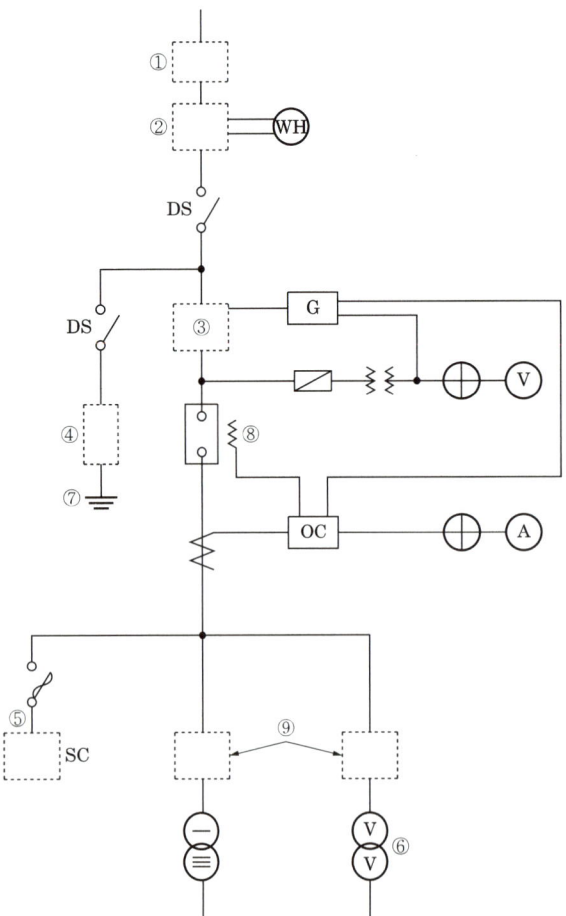

(1) ①~③까지의 그림기호를 단선도로 그리고 그림기호에 대한 우리말 명칭을 쓰시오.

	①	②	③
그림기호			
명칭			

(2) ④~⑥까지의 그림기호를 복선도로 그리고 그림기호에 대한 우리말 명칭을 쓰시오.

	④	⑤	⑥
그림기호			
명칭			

(3) ⑦에 하여야 할 접지공사사의 접지저항값을 쓰시오.

○ _____

(4) 장치 ⑧의 약호와 이것을 설치하는 목적을 쓰시오.

○ _____

(5) ⑨번에 사용되는 보호장치로는 어떤 것이 가장 적당한지 쓰시오.

○ _____

| 작성답안

(1)

	①	②	③
그림기호			
명칭	케이블 헤드	전력수급용 계기용변성기	영상변류기

(2)

	④	⑤	⑥
그림기호			
명칭	피뢰기	전력용 콘덴서	V-V결선 변압기

(3) 10[Ω]
(4) 약호 : TC
   목적 : 사고시 계전기에 의해 트립코일의 동작전류가 공급되면 여자되어 차단기를 개방시킨다.
(5) COS (컷아웃 스위치)

강의 NOTE

KEYWORD 19
수변전결선도의 응용

PART 05 수변전설비

□□□ 04 19

22 큐비클의 종류 3가지를 쓰고 각 주 차단장치에 대해 간단히 설명을 하시오. (8점)

강의 NOTE

■ 큐비클의 종류
- CB형 : 차단기(CB)를 사용한것
- PF-CB형 : 한류형 전력 퓨즈(PF)와 CB를 조합하여 사용하는 것
- PF-S형 : PF와 고압 개폐기를 조합하여 사용하는 것

| 작성답안

① CB형 : 차단기(CB)를 사용하는 것
② PF-CB형 : 한류형 전력 퓨즈(PF)와 CB를 조합하여 사용하는 것
③ PF-S형 : PF와 고압 개폐기를 조합하여 사용하는 것

□□□ 99, 01

23 큐비클을 주차단장치에 의하여 분류할 때 CB형 큐비클, (가), (나) 등이 있다. "가", "나"에 알맞은 것은?(5점)

| 작성답안

(가) PF·CB형 큐비클
(나) PF·S형 큐비클

PART 06

간선 및 부하설비

KEYWORD
- 20 케이블 전선
- 21 간선설비_설비불평형률
- 22 간선설비_분기회로
- 23 간선설비_전선의 굵기와 차단기
- 24 조명부하설비
- 25 동력부하설비
- 26 접지설비
- 27 옥내배선
- 28 절연내력

KEYWORD 20 케이블 전선

강의 NOTE

- 기 22
- 기(유) 08
- 산 96

다음 표는 한국전기설비규정에 관한 내용으로 전선의 색별표시에 관한 내용이다. 표를 완성하시오.

- 산 22
- 산(유) 07.08.09.13
- 산 96

다음 전선의 명칭을 작성하시오.
(1) 450/750V HFIO
(2) 0.6/1kV PNCT

- 기 08
- 기(유) 08.15
- 기(유) 19.21
- 산(유) 98

지중 배전선로에서 사용하는 대부분의 전력케이블은 합성수지의 절연체를 사용하고 있어 사용기간의 경과에 따라 충격전압 등의 영향으로 절연 성능이 떨어진다. 이러한 전력케이블의 고장점 측정을 위해 사용되는 방법을 3가지만 쓰시오.

01 전선의 식별

1 전선의 색상은 표 121.2-1에 따른다.

[표 121.2-1] 전선식별

상(문자)	색상
L1	갈색
L2	흑색
L3	회색
N	청색
보호도체	녹색-노란색

2 색상 식별이 종단 및 연결 지점에서만 이루어지는 나도체 등은 전선 종단부에 색상이 반영구적으로 유지될 수 있는 도색, 밴드, 색 테이프 등의 방법으로 표시해야 한다.

02 머레이루프법(Murray Loop)

브리지회로의 원리를 응용한 것으로 아래 그림에 원리도를 표시하였다. 직류전원의 크기에 따라 저압머레이루프법과 고압머레이루프법으로 분류할 수 있고 일반적으로는 적용범위가 넓고 정도가 높은 고압머레이루프법이 많이 사용되고 있다.

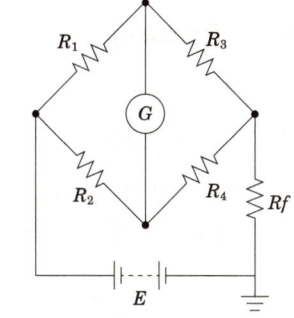

R_1 : 既知(기지)저항
R_2 : 既知저항
R_3 : CABLE심선저항
R_4 : CABLE심선저항
Rf : 고장점 저항
E : 직류전원

검류계 G의 지침이 영점이면
$R_1/R_2 = R_3/R_4$

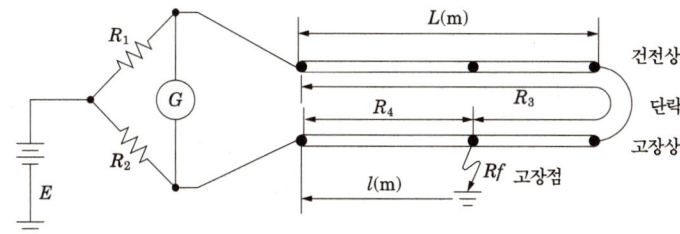

검류계 지침이 영점시 $l = 2R_2 L/(R_1+R_2)$[m]

> **강의 NOTE**
>
> • 기 95.97.06.00.10.15.21
> 머레이 루프(Murray loop)법으로 선로의 고장지점을 찾고자 한다. 길이가 4km(0.2[Ω/km])인 선로가 그림과 같이 접지고장이 생겼을 때 고장점까지의 거리 X는 몇 [km]인지 구하시오.(단, G는 검류계이고, P=270[Ω], Q=90[Ω]에서 브리지가 평형되었다고 한다.)
>
> • 기 95.97.06.00.10.18.21
> • 기/산(유) 88.91.95.00
> • 산(유) 95.97.06.00.10.18.21
> 55[mm](0.3195[Ω/km]), 전장 6[km]인 3심 전력 케이블의 어떤 중간지점에서 1선 지락사고가 발생하여 전기적 사고점 탐지법의 하나인 머레이 루프법으로 측정한 결과 그림과 같은 상태에서 평형이 되었다고 한다. 측정점에서 사고지점까지의 거리를 구하시오.

검류계의 지침이 영점이 되면 브리지의 평형원리에 의해

$$\frac{R_2}{R_1} = \frac{R_3}{R_4}$$

의 관계가 성립한다.

케이블도체의 도전율 ρ, 단면적 A, 케이블 길이 L, 고장점까지의 길이 ℓ이라 하면

$$R_3 = \frac{\rho(2L-\ell)}{A}$$

$$R_4 = \frac{\rho\ell}{A}$$

따라서

$$\frac{R_1}{R_2} = \frac{(2L-\ell)}{\ell}$$

$$\therefore \ \ell = \frac{2R_2 L}{(R_1+R_2)}$$

03 펄스레이더법(Pulse Radar)

Pulse Radar법은 고장구간이 존재하는 케이블에 펄스를 보내면 고장점에서 반사되는 반사파의 도착시간을 측정하여 케이블 고유의 펄스전파 속도와 비교하여 고장점의 거리를 탐지하는 방법이다.

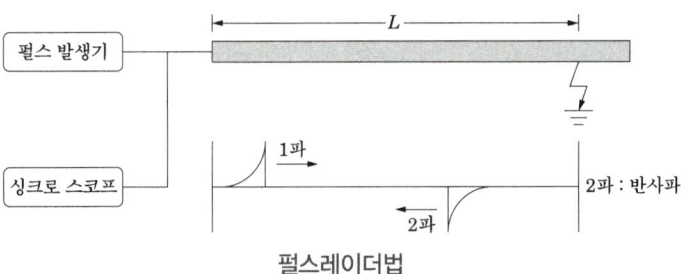

펄스레이더법

지락, 단락, 단선사고의 어느 것이던 적용이 가능하며 병행되는 건전상이 필요 없기 때문에 3상 동시 사고점 측정에도 적합하다.
케이블 전장의 길이가 불분명하여도 측정이 가능하나 결점으로는 오차 2~5% 정도로서 측정정도가 Murray Loop법에 비하여 좋지 않다. 또한 측정기의 조작, 특히 펄스의 판독에 숙련된 기술자가 필요하다.

04 정전용량법

건전상의 정전용량과 사고상의 정전용량을 비교하여 사고점을 산출하는 방법이다. 단선사고의 간편한 측정법으로서 원리적으로는 측정정도가 높으나 고장점의 접지저항 변동 및 케이블 개개의 특성상 정전용량이 불균일하여 오차가 발생한다.

$$L = 선로긍장 \times \frac{C_x}{C_0}$$

여기서, C_x : 사고상의 사고점까지의 정전용량 측정치
C_0 : 건전상의 정전용량 측정치

05 케이블

전력케이블의 종류 및 규격

품목번호 (구 규격번호)		공칭 단면적 [mm²]	직류최대 도체저항 (20℃) [Ω/km]	최소 절연저항 [MΩ·km]	최대 정전용량 [μF/km]	개산중량 [kg/km]	허용전류 [A] (참고치)	조당 길이 [m]
CNCV-W	FR CNCO-W							
105209 (126-650)	105213 (126-661)	60	0.305	3,000	0.21	1,680	265	300
105210 (126-655)	105214 (126-662)	200	0.0915	2,000	0.32	3,670	493	300
105211 (126-655)	105215 (126-663)	325	0.0568	2,000	0.36	5,370	595	300
105212 (126-657)	105216 (126-664)	600	0.0308	1,500	0.47	9,200	761	200

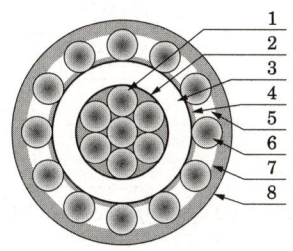

번호	항목	재료	
		CNCV-W	FR CNCO-W
1	도체	수밀형 콤파운드 충진 원형압축 연동연선	좌동
2	내부반도전층	반도전성 콤파운드	좌동
3	절연층	가교폴리에틸렌 콤파운드	좌동
4	외부반도전층	반도전성 콤파운드	좌동
5	중성선수밀층	반도전성 부풀음 테이프	좌동
6	중성선	연동선	좌동
7	중성선수밀층	부풀음 테이프	좌동
8	시스	흑색비닐	흑색 할로겐프리 폴리올레핀

강의 NOTE

• 기 10
케이블의 트리현상이란 무엇인가 쓰고 종류 3가지를 쓰시오.
- 현상
- 종류

강의 NOTE

트리억제형 케이블과 수트리억제 충실 케이블 비교

트리억제형 케이블 (TR CNCV-W)	구분	수트리억제 충실케이블 (TR CNCE-W)
	단면비교	
수밀콤파운드 충진 원형 압축 연동연선	도체	수밀콤파운드 충진 원형 압축 연동연선
흑색 반도전 열경화성 콤파운드	내부 반도전층	Super smooth 반도전 콤파운드
트리억제형 가교폴리에틸렌 콤파운드	절연층	트리억제형 가교폴리에틸렌 콤파운드
흑색 반도전 열경화성 콤파운드	외부반도전층	흑색 반도전 열경화성 콤파운드
반도전성 부풀음 테이프	중성성 수밀층	반도전성 부풀음 테이프
연동선	중성선	연동성(Encapsulating)
부풀음 테이프	중성선수밀층	(없음)
흑색 PVC(t=3.0 [mm])	외피	난연성 PE(충실외피, t=2.0 [mm])

해저케이블 4P 200 [mm²] (이중개장)   해저케이블 3P 200 [mm²] (단일개장)

- 개장의 종류(단일, 이중)는 해저케이블 보호방식에 따라 달라질 수 있음
- 해저케이블 조수(4P, 3P)는 계통의 구성방식에 따라 결정
  - 연계선로가 없을 경우 : 4P
  - 연계선로가 있을 경우 : 3P

- 기 08.13.16.21
- 기/산(유) 93.13
- 산(유) 08.13.16.21

3상 4선식에서 역률 100[%]의 부하가 각 상과 중성선 간에 연결되어 있다. a상, b상, c상에 흐르는 전류가 각각 110[A], 86[A], 95[A]일 때 중성선에 흐르는 전류의 크기를 계산하시오.

06 중성선에 흐르는 전류

각 상에는 R상을 기준으로 할 때 120도의 위상차가 있으므로 중성선에 흐르는 전류의 크기는 $I_n = I_a\angle 0° + I_b\angle -120° + I_c\angle -240°$로 나타낼 수 있다. 이 성분은 대칭좌표법에서 말하는 영상성분이 된다.

관련문제 — 20. 케이블 전선

1. 96 新規

3상 4선식 옥내 배선으로 전등, 동력 공용 방식에 의하여 전원을 공급하고자 한다. 이 경우 상별 부하전류가 평형으로 유지되도록 용이하게 결선하기 위하여 전압측 전선을 상별로 구분할 수 있도록 색별 전선을 사용하거나 색 테이프를 감아 표시하고자 한다. 이 때에 각상 및 중성선의 색별 표시색은 무엇인가 표를 완성하시오. (4점)

상(문자)	색상
L1	
L2	
L3	
N	
보호도체	

| 작성답안

상(문자)	색상
L1	갈색
L2	흑색
L3	회색
N	청색
보호도체	녹색-노란색

강의 NOTE

■ 전선의 색별
색상 식별이 종단 및 연결 지점에서만 이루어지는 나도체 등은 전선 종단부에 색상이 반영구적으로 유지될 수 있는 도색, 밴드, 색 테이프 등의 방법으로 표시해야 한다.

2. 19

한국전기설비규정에 의한 저압케이블의 종류 3가지를 쓰시오. (5점)

○ _____

| 작성답안

- 연피(鉛皮)케이블
- 클로로프렌외장(外裝)케이블
- 비닐외장케이블

그 외
- 폴리에틸렌외장케이블
- 금속외장케이블
- 300/500 V 연질 비닐시스케이블
- 무기물 절연케이블
- 저독성 난연 폴리올레핀외장케이블

■ 한국전기설비규정 122.4 저압케이블
사용전압이 저압인 전로(전기기계기구 안의 전로를 제외한다)의 전선으로 사용하는 케이블은 「전기용품 및 생활용품 안전관리법」의 적용을 받는 것 이외에는 KS에 적합한 것으로 0.6/1 kV 연피(鉛皮)케이블, 클로로프렌외장(外裝)케이블, 비닐외장케이블, 폴리에틸렌외장케이블, 무기물 절연케이블, 금속외장케이블, 저독성 난연 폴리올레핀외장케이블, 300/500 V 연질 비닐시스케이블, 제2에 따른 유선텔레비전용 급전겸용 동축 케이블(그 외부도체를 접지하여 사용하는 것에 한한다)을 사용하여야 한다.

□□□ 07, 08, 09, 13

3 다음 전선의 약호에 대한 명칭을 쓰시오. (5점)

(1) NRI(70)

(2) NFI(70)

| 작성답안

(1) 300/500[V] 기기 배선용 단심 비닐절연전선(70[℃])
(2) 300/500[V] 기기 배선용 유연성 단심 비닐절연전선(70[℃])

□□□ 22

4 다음 전선의 명칭을 작성하시오. (4점)

(1) 450/750V HFIO

(2) 0.6/1kV PNCT

| 작성답안

(1) 450/750V 저독성 난연 폴리올레핀 절연전선
(2) 0.6/1kV 고무절연 캡타이어 케이블

□□□ 88

5 ACSR의 전선 명칭을 우리말로 하면 어떤 전선을 말하는가? (4점)

| 작성답안

강심알루미늄연선

16

6 다음 전선 약호의 품명을 쓰시오. (5점)

약호	품명
ACSR	
CNCV-W	
FR CNCO-W	
LPS	
VCT	

| 작성답안

약호	품명
ACSR	강심알루미늄 연선
CNCV-W	동심중성선 수밀형 전력케이블
FR CNCO-W	동심중성선 수밀형 저독성 난연 전력케이블
LPS	300/500[V] 연질비닐시스 케이블
VCT	0.6/1[kV] 비닐절연 비닐캡타이어 케이블

08, 13, 16, 21

7 3상 4선식에서 역률 100[%]의 부하가 각 상과 중성선 간에 연결되어 있다. a상, b상, c상에 흐르는 전류가 각각 110[A], 86[A], 95[A]일 때 중성선에 흐르는 전류의 크기 $|I_N|$을 계산하시오. (5점)

| 작성답안

계산 : $I_N = I_a + I_b + I_c = 110 + \left(-\dfrac{1}{2} - j\dfrac{\sqrt{3}}{2}\right) \times 86 + \left(-\dfrac{1}{2} + j\dfrac{\sqrt{3}}{2}\right) \times 95$

$= 110 - 43 - j74.48 - 47.5 + j82.27 = 19.5 + j7.79$

∴ $|I_N| = \sqrt{19.5^2 + 7.79^2} = 20.998$ [A]

답 : 20.998[A]

■ 중성선에 흐르는 전류

각 상에는 R상을 기준으로 할 때 120도의 위상차가 있으므로 중성선에 흐르는 전류의 크기는
$I_a \angle 0° + I_b \angle -120° + I_c \angle -240°$로 나타낼 수 있다. 이 성분은 대칭좌표법에서 말하는 영상성분이 된다.

□□□ 93, 13

8 그림과 같이 3상 4선식 배전선로에 역률 100 [%]인 부하 $a-n$, $b-n$, $c-n$이 각 상과 중성선간에 연결되어 있다. a, b, c 상에 흐르는 전류가 220 [A], 172 [A], 190 [A]일 때 중성선에 흐르는 전류를 계산하시오. (5점)

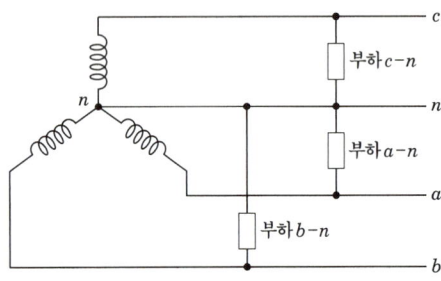

강의 NOTE

■ 중성선에 흐르는 전류

각 상에는 R상을 기준으로 할 때 120도의 위상차가 있으므로 중성선에 흐르는 전류의 크기는
$I_a \angle 0° + I_b \angle -120° + I_c \angle -240°$로 나타낼 수 있다. 이 성분은 대칭좌표법에서 말하는 영상성분이 된다.

| 작성답안

계산 : $I_n = I_a + I_b + I_c = 220 + 172 \times \left(-\dfrac{1}{2} - j\dfrac{\sqrt{3}}{2}\right) + 190 \times \left(-\dfrac{1}{2} + j\dfrac{\sqrt{3}}{2}\right)$

$\qquad = 220 - 86 - j148.96 - 95 + j164.54$

$\qquad = 39 + j15.58$

$\qquad \therefore 42 \angle 21.78 \,[\text{A}]$

답 : $42 \angle 21.78 \,[\text{A}]$

□□□ 14

9 금속관 배선의 교류 회로에서 1회로의 전선 전부를 동일 관내에 넣는 것을 원칙으로 하는데 그 이유는 무엇인가? (4점)

| 작성답안

전자적 평형

■ 전선의 병렬 사용

교류 회로에서 전선을 병렬로 사용하는 경우에는 "전선의 병렬사용"의 규정에 따르며, 관 내에 전자적 불평형이 생기지 아니하도록 시설하여야 한다.

[주] 금속관 배선에서 전선을 병렬로 사용하는 경우의 예는 다음 그림과 같다.

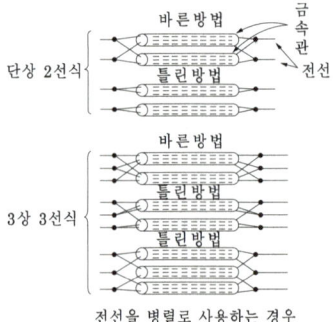

전선을 병렬로 사용하는 경우

□□□ 18, 21

10 지중전선로는 케이블을 사용하여 관로식, 암거식, 직접 매설식에 의하여 시설하여야 한다. 케이블의 매설깊이는 관로식인 경우와 직접 매설식(차량 및 기타 중량물의 압력을 받을 우려가 있는 경우임)인 경우에는 얼마 이상으로 하여야 하는가? (4점)

시설장소	매설깊이
관로식	①
직접매설식	②

| 작성답안

① 1.0 [m]
② 1.0 [m]

■ 한국전기설비규정 지중전선로의 시설
1. 지중 전선로는 전선에 케이블을 사용하고 또한 관로식·암거식(暗渠式) 또는 직접 매설식에 의하여 시설하여야 한다.
2. 지중 전선로를 관로식 또는 암거식에 의하여 시설하는 경우에는 다음에 따라야 한다.
  가. 관로식에 의하여 시설하는 경우에는 매설 깊이를 1.0 m 이상으로 하되, 매설 깊이가 충분하지 못한 장소에는 견고하고 차량 기타 중량물의 압력에 견디는 것을 사용할 것. 다만 중량물의 압력을 받을 우려가 없는 곳은 0.6 m 이상으로 한다.
  나. 암거식에 의하여 시설하는 경우에는 견고하고 차량 기타 중량물의 압력에 견디는 것을 사용할 것.
3. 지중 전선을 냉각하기 위하여 케이블을 넣은 관내에 물을 순환시키는 경우에는 지중 전선로는 순환수 압력에 견디고 또한 물이 새지 아니하도록 시설하여야 한다.
4. 지중 전선로를 직접 매설식에 의하여 시설하는 경우에는 매설 깊이를 차량 기타 중량물의 압력을 받을 우려가 있는 장소에는 1.0 m 이상, 기타 장소에는 0.6 m 이상으로 하고 또한 지중 전선을 견고한 트라프 기타 방호물에 넣어 시설하여야 한다. 다만, 다음의 어느 하나에 해당하는 경우에는 지중전선을 견고한 트라프 기타 방호물에 넣지 아니하여도 된다.

□□□ 15

11 지중전선로의 지중함 시설시 시설기준을 3가지만 쓰시오. (5점)

○ _____

| 작성답안

- 지중함은 견고하고 차량 기타 중량물의 압력에 견디는 구조일 것
- 지중함은 그 안의 고인 물을 제거할 수 있는 구조로 되어 있을 것
- 지중함의 뚜껑은 시설자 이외의 자가 쉽게 열 수 없도록 시설할 것
그 외
- 폭발성 또는 연소성의 가스가 침입할 우려가 있는 것에 시설하는 지중함으로서 그 크기가 1 [m³] 이상인 것에는 통풍장치 기타 가스를 방산시키기 위한 적당한 장치를 시설할 것

■ 한국전기설비규정 334.2 지중함의 시설
지중전선로에 사용하는 지중함은 다음에 따라 시설하여야 한다.
가. 지중함은 견고하고 차량 기타 중량물의 압력에 견디는 구조일 것.
나. 지중함은 그 안의 고인 물을 제거할 수 있는 구조로 되어 있을 것.
다. 폭발성 또는 연소성의 가스가 침입할 우려가 있는 것에 시설하는 지중함으로서 그 크기가 1m³ 이상인 것에는 통풍장치 기타 가스를 방산시키기 위한 적당한 장치를 시설할 것.
라. 지중함의 뚜껑은 시설자 이외의 자가 쉽게 열 수 없도록 시설할 것.

☐☐☐ 98

12 지중 케이블의 사고점 측정방법과 절연감시 방법을 2가지만 쓰시오. (6점)

- 사고점 측정법

  ○ _____

- 절연 감시법

  ○ _____

강의 NOTE

■ 케이블의 고장점 검출방법

고장점 탐지법	사용 용도
머레이 루프법	1선지락 2선지락 3선지락 2선단락 3선단락
정전용량법	단락사고
펄스 레이더법	3선단락 지락사고측정

그 외
④ 수색 코일법
⑤ 음향에 의한 방법 등이 있다.
사고점 측정법을 구분하면 나머지는 절연감시법이 된다.

| 작성답안

- 사고점 측정법
  ① Murray Loop법
  ② Capacity Bridge법
- 절연 감시법
  ① Megger법
  ② Tanδ 측정법

☐☐☐ 95, 97, 06, 00, 10, 18, 21

13 55 [mm²] (0.3195 [Ω/km]), 전장 3.6 [km]인 3심 전력 케이블 어떤 중간지점에서 1선 지락사고가 발생하여 전기적 사고점 탐지법의 하나인 머레이 루프법으로 측정한 결과 그림과 같은 상태에서 평형이 되었다고 한다. 측정점에서 사고지점까지의 거리를 구하시오. (5점)

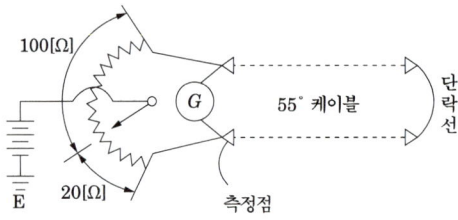

■ 휘스톤 브리지

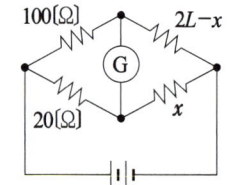

○ _____

| 작성답안

계산 : x 고장점까지의 거리, L [km] 전장이라 하면
$$20 \times (2L - x) = 100 \times x$$
$$\therefore x = \frac{40L}{120} = \frac{40 \times 3.6}{120} = 1.2 \,[\text{km}]$$

답 : 1.2 [km]

□□□ 88, 91, 95, 00

14 그림의 표시와 같이 AB간 400 [m]는 100 [mm²], BC간 500 [m]는 200 [mm²], CD간 650 [m]는 325 [mm²]인 3상 전력 케이블의 지중 전선로가 있다. 지금 3상 전력 케이블에서 1선 지락 사고가 발생하여 A점에서 머레이 루프법으로 고장점을 찾으려고 그림과 같이 휘스톤 브리지의 원리를 이용하였다. A점에서부터 몇 [m]인 지점에서 1선 지락 사고가 발생하였겠는가? (단, a의 저항은 400 [Ω]이고, b의 저항은 600 [Ω]이다.)(5점)

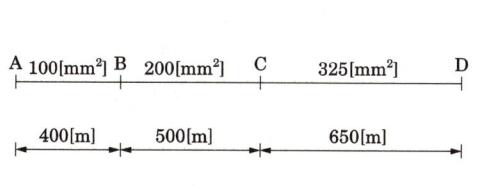
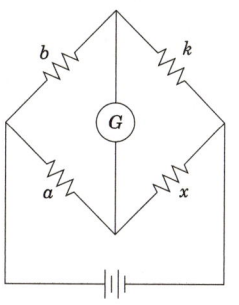

강의 NOTE

■ ① 100 [mm²] 1 [m]당 저항을 1 [Ω]이라고 가정할 때 각 구간의 저항은
• A-B 구간

$$\frac{1\,[m]}{100\,[mm^2]} : \frac{400\,[m]}{100\,[mm^2]} = 1 : x$$

∴ $x = 400\,[\Omega]$
• B-C 구간

$$\frac{1\,[m]}{100\,[mm^2]} : \frac{500\,[m]}{200\,[mm^2]} = 1 : x$$

∴ $x = 250\,[\Omega]$
• C-D 구간

$$\frac{1\,[m]}{100\,[mm^2]} : \frac{650\,[m]}{325\,[mm^2]} = 1 : x$$

∴ $x = 200\,[\Omega]$

② 고장점까지의 저항이 680 [Ω]이므로 고장은 C-D 구간에 발생하므로,
680 [Ω] = 'A-B 구간'의 저항 400 [Ω]
+ 'B-C 구간'의 저항 250 [Ω]
+ 'C-고장점 구간'의 저항 30 [Ω]
고장은 C점에서 30 [Ω] 되는 지점에서 발생하므로

$$\frac{1\,[m]}{100\,[mm^2]} : \frac{x\,[m]}{325\,[mm^2]} = 1 : 30$$

∴ $x = 325 \times \dfrac{30}{100} = 97.5\,[m]$

| 작성답안

① 전체 길이에 대한 저항

전선 100 [mm²], 1 [m]당 저항을 1 [Ω]으로 가정하면 $R \propto \dfrac{l}{A}$ 이므로

전체 저항 $R = \left\{ 400 \times \dfrac{100}{100} + 500 \times \dfrac{100}{200} + 650 \times \dfrac{100}{325} \right\} \times 2 = 1{,}700\,[\Omega]$

② 고장점까지의 저항 x

$a \times k = a \times (R - x) = b \times x$
$400 \times (1{,}700 - x) = 600 \times x$
$x = 680\,[\Omega]$

③ 거리로 환산하면

저항 $x = 680 = 400 + 250 + 30\,[\Omega]$이므로

고장점까지 거리 $= 400 + 500 + 30 \times \dfrac{325}{100} = 997.5\,[m]$

답 : 997.5 [m]

15

선간전압 22.9[kV], 주파수 60[Hz], 정전용량 0.03[μF/km], 유전체 역률 0.003의 경우 유전체 손실은 몇 [W/km]인가?(5점)

| 작성답안

계산 : $P = 2\pi f C V^2 \tan\delta = 2\pi \times 60 \times 0.03 \times 10^{-6} \times 22900^2 \times 0.003 = 17.79$ [W/km]

답 : 17.79 [W/km]

강의 NOTE

■ 유전체손

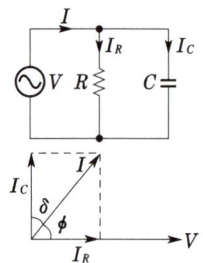

$\dfrac{I_R}{I_C} = \tan\delta$ 에서 $I_R = I_C \tan\delta$

$I_C = \omega C V = 2\pi f$
$\quad \cdot \left(\epsilon_s \times \dfrac{1}{4\pi} \times \dfrac{1}{9} \times 10^{-9}\right) \times \dfrac{S}{d} \cdot V$

∴ 소비전력

$W = V \times I_R = V \times I_C \tan\delta$
$\quad = V^2 \times 2\pi f \left(\epsilon_s \times \dfrac{1}{4\pi} \times \dfrac{1}{9} \times 10^{-9}\right)$
$\quad \quad \times \dfrac{S}{d} \times \tan\delta$ [W]

∴ 단위 체적당 전력

$P = \dfrac{W}{S \cdot d} = \dfrac{V^2}{d^2} \times f \times \epsilon_s \tan\delta$
$\quad \times \dfrac{0.5}{9} \times 10^{-9}$ [W/m³]

$\quad = \dfrac{5}{9} E^2 \times f \epsilon_s \tan\delta \times 10^{-12}$ [W/cm³]

여기서 E : 전계의 세기

KEYWORD 21 간선설비_설비불평형률

강의 NOTE

- 기 (유) 01
- 기 89.90.91.93.95.96.97.03.06
- 기(유) 98.99.00.04.05.09.11
- 산(유) 98.02.11.19
- 산(유) 98.02
- 산(유) 96.99.00.04
- 산(유) 89.90.91.93.95.96.97.03.06
- 산(유) 00.05

다음 그림과 같이 단상 3선식 100/200[V]로 전열기 및 전동기 부하에 전력을 공급하고자 한다. 설비의 불평형률을 구하시오.

01 단상 부하의 설비불평형률

저압수전의 단상 3선식에서 중성선과 각 전압측 전선간의 부하는 평형이 되게 하는 것을 원칙으로 한다.

[주1] 부득이한 경우는 설비불평형률 40[%]까지로 할 수 있다. 이 경우 설비불평형률이란 중성선과 각전압측 전선간에 접속되는 부하설비용량[VA]차와 총 부하설비용량[VA]의 평균값의 비[%]를 말한다. 즉 다음 식으로 나타낸다.

설비불평형률

$$= \frac{\text{중성선과 각 전압측 전선간에 접속되는 부하설비용량[kVA]의 차}}{\text{총 부하설비용량[kVA]의 } 1/2} \times 100 \, [\%]$$

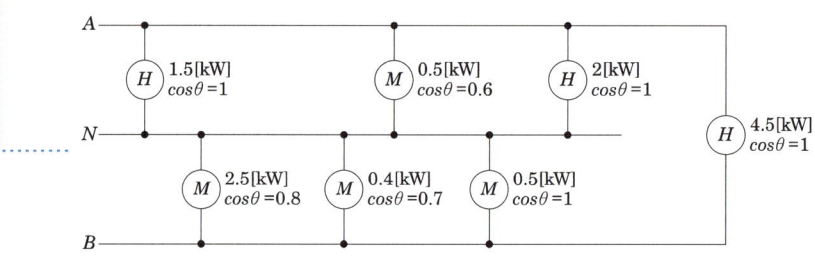

$P_{AN} = 1.5 + \dfrac{0.5}{0.6} + 2 = 4.33 \, [\text{kVA}]$

$P_{BN} = \dfrac{2.5}{0.8} + \dfrac{0.4}{0.7} + 0.5 = 4.2 \, [\text{kVA}]$

$P_{AB} = 4.5 \, [\text{kVA}]$

∴ 불평형률 $= \dfrac{4.33 - 4.2}{(4.33 + 4.2 + 4.5) \times \dfrac{1}{2}} \times 100 = 2 \, [\%]$

따라서, 40[%]의 한도를 초과하지 않는다.

여기서, 전동기의 값이 다른 것은 출력 kW를 입력 kVA로 환산하였기 때문이다.

02 3상 부하의 설비불평형률

저압, 고압 및 특고압수전의 3상 3선식 또는 3상 4선식에서 불평형부하의 한도는 단상 접속부하로 계산하여 설비불평형률을 30[%] 이하로 하는 것을 원칙으로 한다. 다만, 다음 각 호의 경우는 이 제한에 따르지 않을 수 있다.

① 저압수전에서 전용변압기 등으로 수전하는 경우
② 고압 및 특고압수전에서 100[kVA](kW) 이하의 단상부하인 경우
③ 고압 및 특고압수전에서 단상부하용량의 최대와 최소의 차가 100[kVA](kW) 이하인 경우
④ 특고압수전에서 100[kVA](kW) 이하의 단상변압기 2대로 역(逆)V결선하는 경우

[주] 이 경우의 설비불평형률이란 각 선간에 접속되는 단상부하 총설비용량[VA]의 최대와 최소의 차와 총 부하설비용량[VA] 평균값의 비[%]를 말한다. 즉, 다음 식으로 나타낸다.

설비불평형률

$$= \frac{각\ 선간에\ 접속되는\ 단상\ 부하\ 총\ 설비용량[kVA]의\ 최대와\ 최소의\ 차}{총\ 부하설비용량[kVA]의\ 1/3} \times 100\,[\%]$$

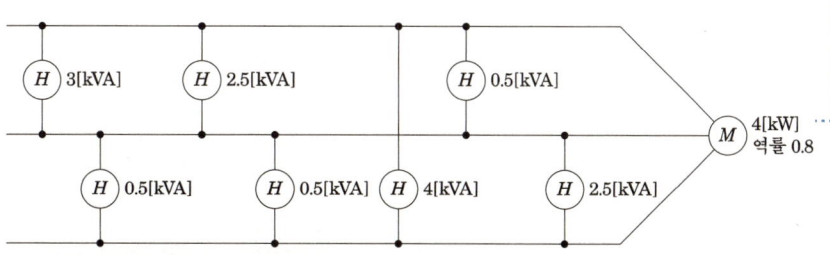

$P_{AB} = 3 + 2.5 + 0.5 = 6\,[\text{kVA}]$

$P_{BC} = 0.5 + 0.5 + 2.5 = 3.5\,[\text{kVA}]$

$P_{CA} = 4\,[\text{kVA}]$

$P_{ABC} = \dfrac{4}{0.8} = 5\,[\text{kVA}]$

∴ 설비불평형률 $= \dfrac{6 - 3.5}{(6 + 3.5 + 4 + 5) \times \dfrac{1}{3}} \times 100 = 40.54\,[\%]$

이 경우 30% 한도를 초과한다. 따라서 이 설비는 불량하다.
여기서, 전동기의 값이 다른 것은 출력 kW를 입력 kVA로 환산하였기 때문이다.

강의 NOTE

• 기 15
특고압 및 고압수전에서 대용량 단상전기로 등의 사용으로 설비 부하 평형의 제한에 따르기 어려울 경우는 전기사업자와 협의하여 다음 각 호에 의하여 시설하는 것을 원칙으로 한다.
① 단상부하 1개의 경우에는 1차 역 V접속에 의할 것. 다만, 300[kVA]를 초과하지 말 것
② 단상부하 2개의 경우에는 스코트 접속에 의할 것 다만, 1개의 용량이 200[kVA] 이하인 경우는 부득이한 경우에 한하여 보통의 변압기 2대를 사용하여 별개의 선간에 부하를 접속할 수 있다.
③ 단상부하 3개 이상인 경우에는 가급적 선로전류가 평형이 되도록 각 선간에 부하를 접속할 것.

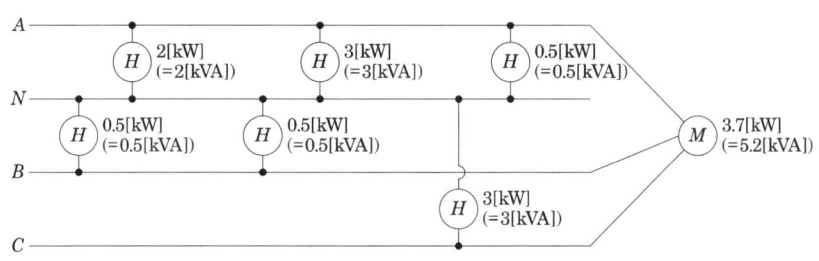

【비고】

전동기의 값이 다른 것은 출력 kW를 입력 kVA로 환산하였기 때문이다.

설비불평형률 = $\dfrac{5.5-1}{14.7 \times \dfrac{1}{3}} \times 100 = 92\%$

이 경우는 30%의 한도를 초과한다.

관련문제

□□□ 92, 95, 99

1 저압, 고압 및 특별고압 수전의 3상 3선식 또는 3상 4선식에서 불평형 부하의 한도는 단상 접속 부하로 계산하여 설비 불평형률을 30[%] 이하로 하는 것을 원칙으로 한다. 그러나 이 원칙에 따르지 아니할 수 있는 경우가 있는데, 다음 경우로 구분하여 30[%] 제한에 따르지 않아도 되는 경우를 설명할 때 ( ) 안에 알맞은 것은? (5점)

- 저압 수전에서 (①) 등으로 수전하는 경우이다.
- 고압 및 특별 고압 수전에서는 (②)[kVA] 이하의 단상 부하인 경우이다.
- 특별 고압 및 고압 수전에서는 단상 부하 용량의 최대와 최소의 차가 (③)[kVA] 이하인 경우이다.
- 특별 고압 수전에서는 (④)[kVA] 이하의 단상 변압기 2대로 (⑤) 결선하는 경우이다.

| 작성답안

① 전용변압기 ② 100
③ 100 ④ 100
⑤ 역V

□□□ 98, 02, 11, 19 ㉾ 92, 93

2 그림과 같은 단상 3선식 선로에서 설비 불평형률은 몇 [%]인가? (5점)

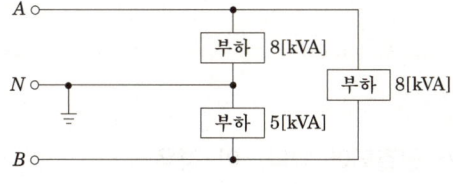

| 작성답안

계산 : 설비불평형률 = $\dfrac{8-5}{(8+5+8) \times \dfrac{1}{2}} \times 100 = 28.57[\%]$

답 : 28.57[%]

□□□ 98, 02

3 그림과 같은 단상 3선식 선로를 보고 다음의 각 물음에 답하시오. (6점)

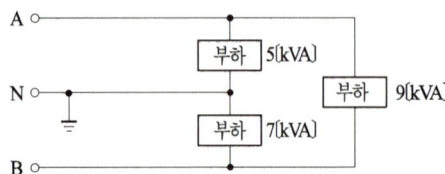

(1) 중성선 전류와 대지 전압을 측정하고자 한다. 회로의 적당한 위치에 전압계와 전류계를 설치하여 도면을 완성하시오.

○ _____

(2) 설비 불평형률은 몇 [%]인가?

○ _____

| 작성답안

(1)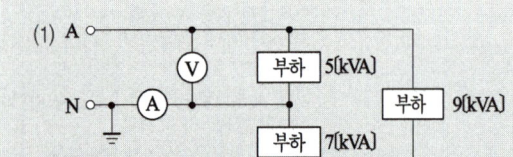

(2) 계산 : 설비불평형률 $= \dfrac{7-5}{(5+7+9) \times \dfrac{1}{2}} \times 100 = 19.05 \, [\%]$

답 : 19.05 [%]

□□□ 92, 93

4 다음 그림과 같이 200 [V] 3상 3선식 선로에 부하가 연결되어 있다. 이 경우 설비의 불평형률은 몇 [%]인가? (5점)

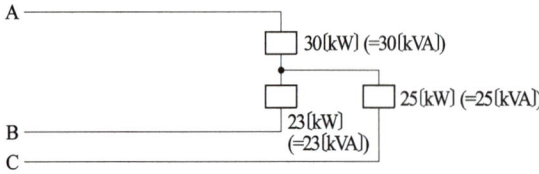

○ _____

| 작성답안

계산 : 설비불평형률 = $\dfrac{(30+25)-(23+25)}{(30+23+25)\times \dfrac{1}{3}} \times 100 = 26.92\,[\%]$

답 : 26.92 [%]

□□□ 96, 99, 00, 04

5 그림과 같은 단상 3선식 수전인 경우 다음 각 물음에 답하시오. (9점)

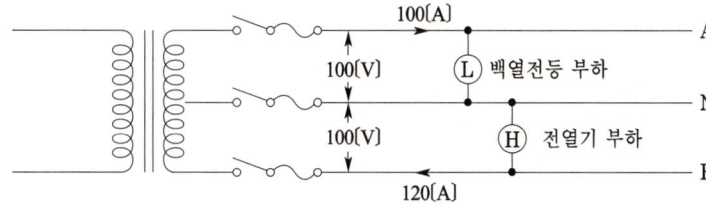

(1) 2차측이 폐로되어 있다고 할 때 설비 불평형률은 몇 [%]인가?

(2) 변압기 2차측에서 부하전단까지 누락되거나 잘못된 부분이 3가지 있다. 이것을 지적하고 올바른 그림을 그리시오.

| 작성답안

(1) 계산 : 불평형률 = $\dfrac{120-100}{\dfrac{1}{2}(100+120)} \times 100 = 18.18\,[\%]$

답 : 18.18 [%]

(2) ① 중성선 : 중성점 접지공사 설치
② 중성선은 동선으로 직결
③ 개폐기는 3극 동시개폐

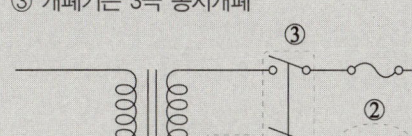

□□□ 88, 97, 03, 05, 11, 20

6 다음 그림과 같은 3상 3선식 380 [V] 수전의 경우 설비불평형률을 구하고 그림과 같은 설비가 양호하게 되었는지의 여부를 판단하시오. (단, Ⓗ는 전열기 부하이고, Ⓜ은 전동기 부하임.)(5점)

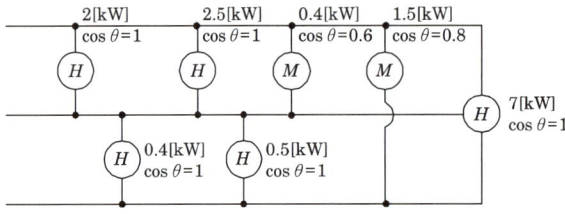

| 작성답안

계산 : 설비불평형률 $= \dfrac{\left(2+2.5+\dfrac{0.4}{0.6}\right)-(0.4+0.5)}{\dfrac{1}{3}\left(2+2.5+\dfrac{0.4}{0.6}+0.4+0.5+\dfrac{1.5}{0.8}+7\right)} \times 100 = 85.67\,[\%]$

따라서 30[%]를 초과하므로 부적합하다.
답 : 85.67[%], 부적합하다.

□□□ 97, 00, 05

7 3상 3선식 380 [V] 수전인 경우에 부하 설비가 그림과 같을 때 설비 불평형률은 몇 [%]인가? (단, Ⓗ는 전열기 또는 일반 부하로서 역률은 1이며, Ⓜ은 전동기 부하로서 역률은 0.8이다.)(5점)

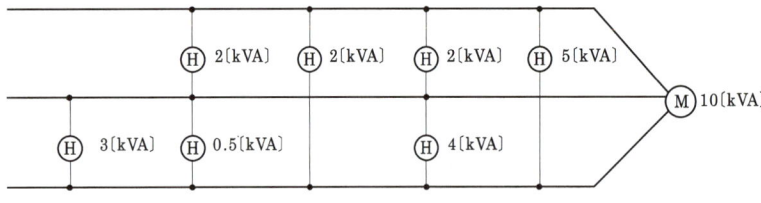

| 작성답안

계산 : $P_{AB} = 2+2 = 4\,[\text{kVA}]$
$P_{BC} = 3+0.5+4 = 7.5\,[\text{kVA}]$
$P_{CA} = 2+5 = 7\,[\text{kVA}]$
∴ 불평형률 $= \dfrac{7.5-4}{(4+7.5+7+10) \times \dfrac{1}{3}} \times 100 = 36.84\,[\%]$

답 : 36.84[%]

□□□ 98, 99, 00, 04, 05, 07, 09, 14 ※ 07, 12

8 그림과 같은 3상 3선식 배전선로에서 불평형률을 구하시오. (5점)

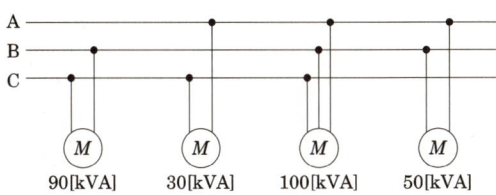

| 작성답안

계산 : 설비 불평형률

$$= \frac{각\ 선간에\ 접속되는\ 단상부하\ 총\ 설비용량의\ 최대와\ 최소의\ 차[kVA]}{총부하설비\ 용량[kVA] \times \frac{1}{3}} \times 100$$

$$= \frac{(90-30)}{(90+30+100+50) \times \frac{1}{3}} \times 100 = 66.666\,[\%]$$

답 : 66.67 [%]

□□□ 88, 97, 03, 05, 11, 20 ※ 89, 90, 91, 93, 95, 96, 97, 03, 06

9 그림과 같은 단상 3선식 100/200 [V] 수전의 경우 설비 불평형률을 구하고 그림과 같은 설비가 양호하게 되었는지의 여부를 판단하시오. (단, ㈐는 전열기 부하이고, Ⓜ은 전동기 부하임.) (5점)

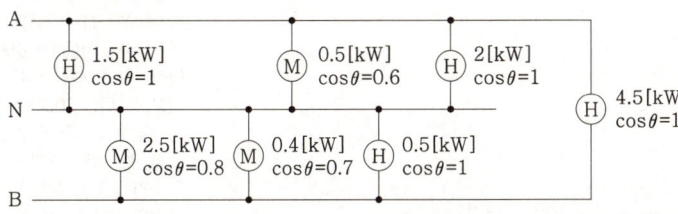

| 작성답안

계산 : $P_{AN} = 1.5 + \dfrac{0.5}{0.6} + 2 = 4.33$ [kVA]

$P_{BN} = \dfrac{2.5}{0.8} + \dfrac{0.4}{0.7} + 0.5 = 4.2$ [kVA]

$P_{AB} = 4.5$ [kVA]

∴ 불평형률 $= \dfrac{4.33 - 4.2}{(4.33 + 4.2 + 4.5) \times \dfrac{1}{2}} \times 100 = 2$ [%]

따라서, 40 [%] 이하이므로 양호하다.

답 : 2 [%], 양호하다.

□□□ 00, 05

10 다음 물음에 답하시오. (6점)

(1) 저압 수전의 단상 3선식에서 중성선과 각 전압측 전선간의 부하는 평형이 되게 하는 것을 원칙으로 한다. 다만, 부득이한 경우는 몇 [%]까지로 할 수 있는가?

○

(2) 그림과 같은 단상 3선식 100 [V]/200 [V] 수전 경우에 설비불평형률은 몇 [%]인지를 구하시오.

○

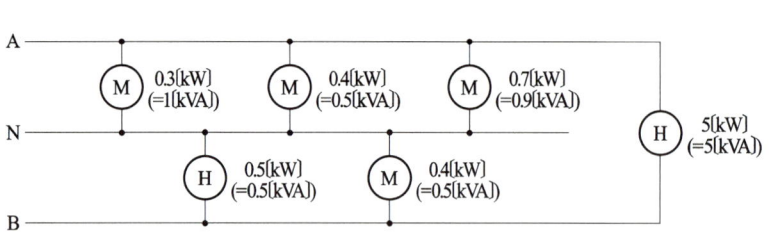

| 작성답안

(1) 40 [%]

(2) 계산 : 설비불평형률 $= \dfrac{(1 + 0.5 + 0.9) - (0.5 + 0.5)}{\dfrac{1}{2}(1 + 0.5 + 0.9 + 0.5 + 0.5 + 5)} \times 100 = 33.33$ [%]

답 : 33.33 [%]

■ 설비불평형률

① 설비불평형 단상

저압수전의 단상 3선식에서 중성선과 각 전압측 전선간의 부하는 평형이 되게 하는 것을 원칙으로 한다.

[주1] 부득이한 경우는 설비불평형률 40 [%]까지로 할 수 있다. 이 경우 설비불평형률이란 중성선과 각전압측 전선간에 접속되는 부하설비용량 [VA]차와 총부하설비용량 [VA]의 평균값의 비 [%]를 말한다. 즉 다음 식으로 나타낸다.

설비불평형률 =
$\dfrac{\text{중성선과 각 전압측 전선간에 접속되는 부하설비용량 [kVA]의 차}}{\text{총 부하설비용량 [kVA]의 1/2}} \times 100$ [%]

② 설비불평형 3상

저압, 고압 및 특고압수전의 3상 3선식 또는 3상 4선식에서 불평형부하의 한도는 단상 접속부하로 계산하여 설비불평형률을 30 [%] 이하로 하는 것을 원칙으로 한다. 다만, 다음 각 호의 경우는 이 제한에 따르지 않을 수 있다.

• 저압수전에서 전용변압기 등으로 수전하는 경우
• 고압 및 특고압수전에서 100 [kVA](kW) 이하의 단상부하인 경우
• 고압 및 특고압수전에서 단상부하용량의 최대와 최소의 차가 100 [kVA](kW) 이하인 경우
• 특고압수전에서 100 [kVA](kW) 이하의 단상변압기 2대로 역(逆)V결선하는 경우

[주] 이 경우의 설비불평형률이란 각 선간에 접속되는 단상부하 총설비용량 [VA]의 최대와 최소의 차와 총 부하설비용량 [VA] 평균값의 비 [%]를 말한다. 즉, 다음 식으로 나타낸다.

설비불평형률 =
$\dfrac{\text{각 선간에 접속되는 단상 부하 총 설비용량 [kVA]의 최대와 최소의 차}}{\text{총 부하설비용량 [kVA]의 1/3}} \times 100$ [%]

③ 특고압 및 고압수전에서 대용량의 단상전기로 등의 사용으로 제2항의 제한에 따르기가 어려울 경우 전기사업자와 협의하여 다음 각 호에 의하여 시설하는 것을 원칙으로 한다.

• 단상부하 1개의 경우는 2차 역V접속에 의할 것, 다만 300kVA를 초과하지 말 것
• 단상부하 2개의 경우는 스코트 접속에 의할 것, 다만, 1개의 용량이 200kVA 이하인 경우는 부득이한 경우에 한하여 보통의 변압기 2대를 사용하여 별개의 선간에 부하를 접속할 수 있다.
• 단상 부하 3개 이상인 경우는 가급적 선로전류가 평형이 되도록 각 선간에 부하를 접속할 것

KEYWORD 22 간선설비_분기회로

강의 NOTE

- 기 11
- 기(유) 92.96.97.00.10.20
- 기(유) 97.02.13
- 산(유) 05.15
- 산(유) 90.95.12
- 산(유) 92.96.97.00.10.20
- 산(유) 90.01.10
- 산(유) 97.02.13.22

그림에 제시된 건물의 표준 부하표를 보고 건물단면도의 분기회로수를 산출하시오.
(단, ① 사용전압은 220[V]로 하고 룸에어컨은 별도 회로로 한다.
② 가산해야할 [VA]수는 표에 제시된 값 범위 내에서 큰 값을 적용한다.
③ 부하의 상정은 표준 부하법에 의해 설비 부하용량을 산출한다.
④ 16[A] 분기회로로 한다.)

01 분기회로수

설비용량의 산정은 우선 그 빌딩이나 공장 등에 있어서 부하설비가 얼마나 되는가를 조사할 필요가 있는데 설계초기단계는 부하상세를 모르기 때문에 최대수요전력을 추정하고 설비용량을 산정한다.

부하설비는 빌딩·공장 등의 종류와 용도에 따라 용량, 종류 및 구성이 달라지는데 건물의 규모, 용도 등 과거의 실적을 참고하여 부하 밀도를 추정 연면적에 곱하여 산출한다. 부하설비의 종류는 다음과 같이 분류할 수가 있다.

부하설비용량 = 부하밀도 [VA/m^2] × 연면적 [m^2] [VA]

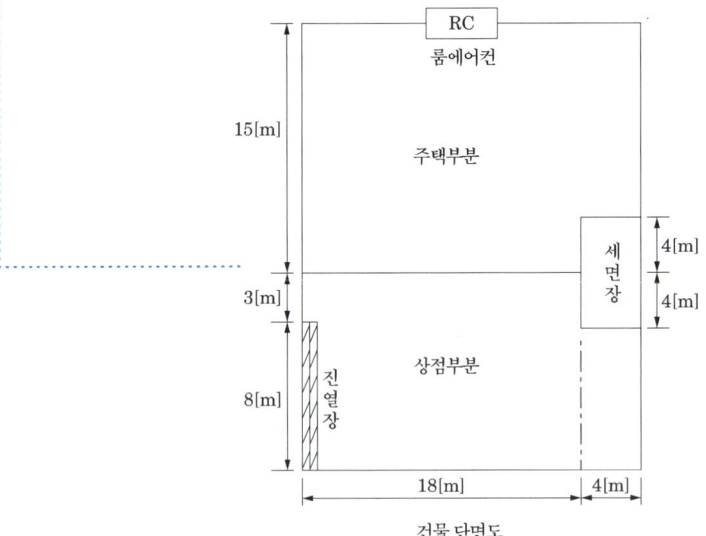

건물 단면도

1 배선설계를 하기 위한 전등 및 소형 전기기계기구의 부하용량의 상정은 다음 각 호에 의하는 것을 원칙으로 한다. 다만, 시설자의 희망, 건축물의 종류 등에 따라 부득이한 경우는 적용하지 않는다.

① 설비 부하 용량은 다만 "가" 및 "나"에 표시하는 종류 및 그 부분에 해당하는 표준 부하에 바닥 면적을 곱한 값에 "다"에 표시하는 건물 등에 대응하는 표준 부하 [VA]를 가한 값으로 할 것

[주1] 상기 내용을 식으로 표시하면 다음과 같다.
설비부하용량 = $PA + QB + C$
P : 건축물의 바닥면적
A : [표 1]의 표준부하
Q : 건축물 부분의 바닥면적
B : [표 2]의 표준부하
C : 가산하여야 할 VA 수
[주2] 집합주택 부하상정[전전화 집합주택을 제외함]에 대하여는 내선규정 부록 300-2를 참조할 것
[주3] 전전화 집합주택의 부하상정에 대하여는 내선규정 부록 300-1을 참조할 것

㉠ 건축물에 대응하는 표준부하

[표 1] 표준 부하

건축물의 종류	표준 부하[VA/m²]
공장, 공회당, 사원, 교회, 극장, 영화관, 연회장 등	10
기숙사, 여관, 호텔, 병원, 학교, 음식점, 다방, 대중 목욕탕	20
사무실, 은행, 상점, 이발소, 미장원	30
주택, 아파트	40

【비고】 건물이 음식점과 주택 부분의 2종류로 될 때에는 각각 그에 따른 표준 부하를 사용할 것
【비고】 학교와 같이 건물의 일부분이 사용되는 경우에는 그 부분만을 적용한다.

㉡ 건물(주택, 아파트 제외)중 별도 계산할 부분의 표준 부하

[표 2] 부분적인 표준 부하

건축물의 부분	표준부하[VA/m²]
복도, 계단, 세면장, 창고, 다락	5
강당, 관람석	10

㉢ 표준 부하에 따라 산출한 수치에 가산하여야 할 [VA]수
- 주택, 아파트(1세대마다)에 대하여는 1,000~500 [VA]
- 상점의 진열장에 대하여는 진열장 폭 1[m]에 대하여 300 [VA]
- 옥외의 광고등, 전광 사인등의 [VA]수
- 극장, 댄스홀 등의 무대 조명, 영화관 등의 특수 전등부하의 [VA] 수

강의 NOTE

• 기 10
예상이 곤란한 콘센트, 비틀어 끼우는 접속기, 소켓 등이 있는 경우 수구의 종류에 따른 예상부하 [VA/개]를 쓰시오.
(1) 콘센트
(2) 소형 전등수구
(3) 대형 전등수구

② 제①호에 표시한 값은 일반적으로 적용하는 값이므로 실제 설비되는 부하가 그 이상일 경우는 그값 이상으로 계산할 것. 이때 예상이 곤란한 콘센트, 비틀어 끼우는 접속기, 소켓 등이 있을 경우는 [표 3]의 예상부하 값 이상으로 계산할 것

[주1] 수은등의 입력은 정격전류의 150[%](수은등용 안정기가 시동 시에 입력전류가 증가하지 않는 것은 정격값)으로 계산할 것.
[주2] 열음극 형광등의 참고 값에 대하여는 내선규정 부록 300-3을 참조할 것
[주3] 수은등 등의 입력 참고 값에 대하여는 내선규정 부록 300-3을 참조할 것

[표 3] 수구의 종류에 의한 예상 부하

수구의 종류	예상부하[VA/개]
소형 전등수구, 콘센트	150
대형 전등수구	300

[주1] 콘센트는 1구이든 2구이든 몇 개의 구로 되어 있더라도 1개로 본다.
[주2] 전등수구의 종류는 다음과 같다.
소형 : 공칭지름이 26 [mm]의 베이스인 것
대형 : 공칭지름이 39 [mm]의 베이스인 것

2 제(1)항 이외의 부하상정은 설치하는 전기기계기구의 부하용량에 따라 개별로 산출한다.

[주] 장래의 증설계획 등 시설자의 희망사항을 충분히 고려할 것

• 기 89.95.00.04.06.10.11.15.16.17.18.19.21
• 기(유) 93.95.00.11.17.18
• 기(유) 95.99.04.06.14.21
• 기(유) 97.05.15
• 산(유) 10.14
• 산(유) 89.95.00.04.06.10.11.15.16.17.18.19.21
• 산(유) 95.99.04.06.14.21
• 산(유) 05
단상 2선식 220[V], 40[W] 2등용 형광등기구 60대를 설치하려고 한다. 16[A]의 분기 회로로 할 경우, 몇 회로로 하여야 하는가?(단, 형광등 역률은 80[%]이고, 안정기의 손실은 고려하지 않으며, 1회로의 부하전류는 분기회로 용량의 80[%]로 본다.)

02 분기회로수

$$분기회로\ 수 = \frac{상정\ 부하\ 설비의\ 합\ [VA]}{전압[V] \times 분기\ 회로\ 전류[A]}$$

관련문제

22. 간선설비_분기회로

■ 한국전기설비규정 212.4.2 과부하 보호장치의 설치 위치

□□□ 09, 11, 12 新規

1 다음 빈칸 ①~⑤에 알맞은 수치를 넣으시오. (5점)

그림과 같이 분기회로(S_2)의 보호장치(P_2)는 (P_2)의 전원 측에서 분기점(O) 사이에 다른 분기회로 또는 콘센트의 접속이 없고 ①의 위험과 ② 및 인체에 대한 위험성이 ③되도록 시설된 경우, 분기회로의 보호장치 (P_2)는 분기회로의 분기점(O)으로부터 ④까지 이동하여 설치할 수 있다.

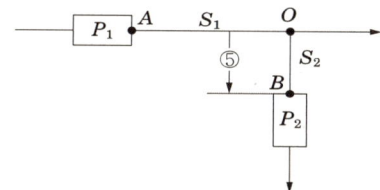

①	②	③	④	⑤

| 작성답안

①	②	③	④	⑤
단락	화재	최소화	3[m]	3[m]

□□□ 新規

2 한국전기설비규정에서 분기회로 (S_2)의 보호장치 (P_2)는 (P_2)의 전원 측에서 분기점(O) 사이에 다른 분기회로 또는 콘센트의 접속이 없고, 단락의 위험과 화재 및 인체에 대한 위험성이 최소화 되도록 시설된 경우, 분기회로의 보호장치 (P_2)는 분기회로의 분기점(O)으로부터 이동하여 시설할 때 그림을 그리시오. (5점)

■ 한국전기설비규정 212.4.2 과부하 보호장치의 설치 위치

| 작성답안

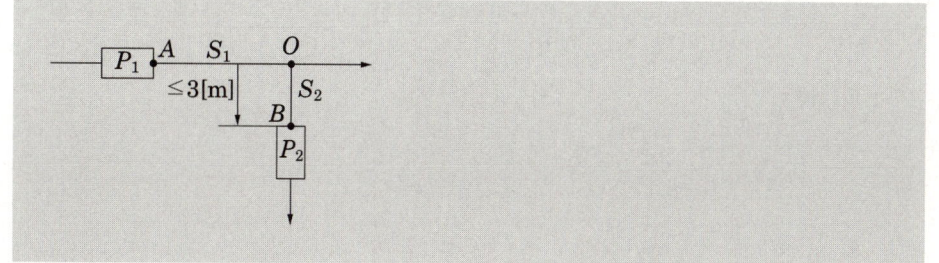

강의 NOTE

■ 분기회로수

분기회로 수 = $\dfrac{\text{상정 부하 설비의 합 [VA]}}{\text{전압[V]} \times \text{분기 회로 전류[A]}}$

□□□ 10, 14

3 전등, 콘센트만 사용하는 220[V], 총 부하산정용량 12000[VA]의 부하가 있다. 이 부하의 분기회로수를 구하시오. (단, 16[A] 분기회로로 한다.)(5점)

| 작성답안

계산 : 분기회로 수 = $\dfrac{\text{설비부하용량[VA]}}{\text{사용전압[V]} \times \text{전류[A]}}$ = $\dfrac{12000}{220 \times 16}$ = 3.41[회로]

답 : 16[A]분기 4회로

□□□ 89, 95, 00, 04, 06, 10, 11, 15, 16, 17, 18, 19, 21 ※ 93

4 단상 2선식 220[V]의 옥내배선에서 소비전력 40[W], 역률 85[%]의 LED형광등 85등을 설치할 때 16[A] 분기회로 수는 최소 몇 회로인지 구하시오. 단, 한 회선의 부하전류는 분기회로 용량의 80[%]로 하고 수용률은 100[%]로 한다.(5점)

| 작성답안

계산 : 부하용량 $P_a = \dfrac{40}{0.85} \times 85 = 4000$[VA]

분기회로수 $N = \dfrac{4000}{220 \times 16 \times 0.8} = 1.42$[회로]

답 : 16[A] 분기 2회로

5

역률 80 [%]인 40 [W] 형광등 4개, 역률 60 [%]인 30 [W] 형광등 15개, 역률 100 [%]인 200 [W] 백열전등 2개를 사용한 분기회로의 입력은 몇 [kVA]인가?(4점)

강의 NOTE
- 역률이 다른 경우 벡터 합으로 부하용량을 구한다.

| 작성답안

계산 : • 40 [W] 형광등
  유효 전력 $P_1 = 40 \times 4 = 160$ [W]
  무효 전력 $Q_1 = \dfrac{40}{0.8} \times 0.6 \times 4 = 120$ [Var]
• 30 [W] 형광등
  유효 전력 $P_2 = 30 \times 15 = 450$ [W]
  무효 전력 $Q_2 = \dfrac{30}{0.6} \times 0.8 \times 15 = 600$ [Var]
• 200 [W] 백열전등
  유효 전력 $P_3 = 200 \times 2 = 400$ [W]
  무효 전력 $Q_3 = 0$ [Var]
  $P_a = \sqrt{\text{유효 전력}^2 + \text{무효 전력}^2} \times 10^{-3}$
  $= \sqrt{(160+450+400)^2 + (120+600)^2} \times 10^{-3} = 1.24$ [kVA]

답 : 1.24 [kVA]

6

95, 99, 04, 06, 14, 21

단상 2선식 220 [V] 옥내 배선에서 소비 전력 60[W] 역률 90 [%]의 형광등 50개와 소비 전력 100 [W]인 백열등 60개를 설치할 때 최소 분기 회로수는 몇 회로인가? (단, 16[A] 분기회로로 한다.)(5점)

| 작성답안

계산 : 형광등 유효전력 $P = 60 \times 50 = 3000$ [W]
  형광등 무효전력 $Q = 60 \times \dfrac{\sqrt{1-0.9^2}}{0.9} \times 50 = 1452.97$ [Var]
  백열등 유효전력 $P = 100 \times 60 = 6000$ [W]
  백열등 무효전력 $Q = 0$ [Var]
  전체 피상전력 $P_a = \sqrt{(3000+6000)^2 + 1452.97^2} = 9116.53$ [VA]
  분기회로수 $n = \dfrac{9116.53}{220 \times 16} = 2.59$ 회로

답 : 16[A] 분기 3회로

☐☐☐ 05, 15

7 연면적 350[m²]의 주택이 있다. 이때 전등, 전열용 부하는 30[VA/m²]이며, 2500[VA] 용량의 에어컨이 2대 가설되어 있으며, 사용하는 전압은 220[V] 단상이고 예비 부하로 3500[VA]가 필요하다면 분전반의 분기회로수는 몇 회로인가? (단, 에어컨은 30[A] 전용 회선으로 하고 기타는 20[A] 분기 회로로 한다.)(5점)

> ■ 분기회로수는 소수 발생시 절상하며, 대형 기계기구는 문제의 조건을 따르며 조건이 없을 경우 기준은 3[kW] 이상을 기준으로 함을 주의한다.

| 작성답안

계산 : ① 소형 기계 기구 및 전등

상정 부하 $= 350 \times 30 + 3500 = 14000$ [VA]

분기 회로수 $n = \dfrac{14000}{20 \times 220} = 3.18$ 회로

∴ 20[A] 분기 4회로 선정

② 에어컨

분기 회로수 $n = \dfrac{2500 \times 2}{30 \times 220} = 0.76$ 회로

30[A] 분기 1회로 선정

답 : 20[A] 분기 4회로, 에어컨 전용 30[A] 분기 1회로

☐☐☐ 20

8 건축물의 연면적 350[m²]의 주택에 다음 조건과 같은 전기설비를 시설하고자 할 때 분전반에 사용할 20[A]와 30[A]의 분기회로수는 몇 회로로 하여야 하는지 총 분기회로수를 결정하시오. (단, 분전반의 전압은 220[V] 단상이고 전등 및 전열 분기회로는 20[A], 에어콘은 30[A] 분기회로이다.)(5점)

【조건】
- 전등과 전열용 부하는 25[VA/m²]
- 2,500[VA] 용량의 에어콘 2대
- 예비부하 3,500[VA]

> ■ 문제의 요구사항은 총 분기회로수를 요구하고 있으므로 총 분기회로수를 답하여야 한다.

| 작성답안

계산 : ① 전등 및 전열

20[A] 분기 회로수 $= \dfrac{25 \times 350 + 3500}{20 \times 220} = 2.78$ 회로

∴ 3회로

② 에어컨

30[A] 분기 회로수 $= \dfrac{2500 \times 2}{30 \times 220} = 0.76$ 회로

∴ 1회로

답 : 총 분기회로수 4회로

□□□ 05

9 어느 주택 시공에서 바닥 면적 90 [m²]의 일반주택배선 설계에서 전등 수구 14개, 소형기기용 콘센트 8개 및 3 [kW] 룸 에어콘 2대를 사용하는 경우 최소 분기회로 수는 몇 회선인가? (단, 전등 및 콘센트는 16 [A]의 분기회로로 하고 바닥 1 [m²]당 전등(소형기기 포함)의 표준부하는 30 [VA], 전체에 가산하는 VA수는 1000 [VA], 전압은 220 [V]이다.)(5점)

■ 분기회로수는 소수 발생시 절상하며, 대형 기계기구는 문제의 조건을 따르며 조건이 없을 경우 기준은 3[kW] 이상을 기준으로 함을 주의한다.

| 작성답안

계산 : 분기회로수 = $\dfrac{\text{상정 부하}}{\text{전압} \times \text{전류}} = \dfrac{90 \times 30 + 1000}{220 \times 16} = 1.05$ 회로

∴ 2 회로 선정
∴ 룸에어콘은 16 [A] 전용분기 2회로 선정

답 : 16 [A] 분기 4 회로

□□□ 90, 95, 12

10 아래의 그림과 같은 평면의 건물에 대한 배선 설계를 하기 위하여 주어진 조건을 이용하여 분기회로 수를 결정하시오. (단, 배전전압은 220[V], 16[A]이다.) (5점)

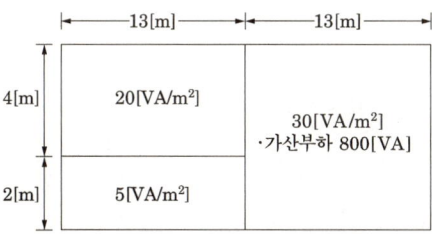

■ 부하설비용량

부하설비용량
= 부하밀도 [VA/m²] × 연면적 [m²] [VA]

| 작성답안

계산 : 설비부하용량
P = 바닥면적 × 부하밀도 + 가산부하
= $(13 \times 4 \times 20) + (13 \times 2 \times 5) + (13 \times 6 \times 30) + 800 = 4310$ [VA]

분기회로수 $N = \dfrac{\text{설비부하용량[VA]}}{\text{사용전압[V]} \times \text{분기회로 전류[A]}} = \dfrac{4310}{220 \times 16} = 1.22$

답 : 16[A] 분기 2회로

□□□ 92, 96, 97, 00, 10, 20

11 점포가 붙어 있는 주택이 그림과 같을 때 주어진 참고 자료를 이용하여 예상되는 설비 부하 용량을 상정하고, 분기 회로수는 원칙적으로 몇 회로로 하여야 하는지를 산정하시오. (단, 15[A] 분기회로로 하고 사용 전압은 220 [V]라고 한다.)(10점)

* RC 는 220V에서 3kW(110V 1.5kW)는 전용분기회로를 사용한다.
* 주어진 참고 자료의 수치 적용은 최대값을 적용하도록 한다.

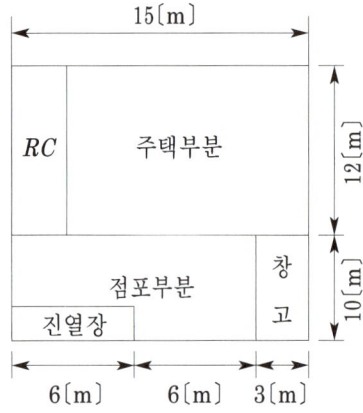

【참고사항】

가. 설비 부하 용량은 다만 "가" 및 "나"에 표시하는 종류 및 그 부분에 해당하는 표준 부하에 바닥 면적을 곱한 값에 "다"에 표시하는 건물 등에 대응하는 표준 부하 [VA]를 가한 값으로 할 것

표준 부하

건축물의 종류	표준 부하[VA/m²]
공장, 공회당, 사원, 교회, 극장, 영화관, 연회장 등	10
기숙사, 여관, 호텔, 병원, 학교, 음식점, 다방, 대중 목욕탕	20
사무실, 은행, 상점, 이발소, 미장원	30
주택, 아파트	40

【비고】 건물이 음식점과 주택 부분의 2 종류로 될 때에는 각각 그에 따른 표준 부하를 사용할 것
【비고】 학교와 같이 건물의 일부분이 사용되는 경우에는 그 부분만을 적용한다.

나. 건물(주택, 아파트 제외)중 별도 계산할 부분의 표준 부하

부분적인 표준 부하

건축물의 부분	표준부하[VA/m²]
복도, 계단, 세면장, 창고, 다락	5
강당, 관람석	10

강의 NOTE

■ 연속부하가 있는 분기회로의 부하용량은 그 분기회로를 보호하는 과전류차단기의 정격 전류의 80[%]를 초과하지 않을 것

[주1] 연속부하는 상시 3시간 이상 연속하여 사용하는 것을 말한다.

[주2] 80[%]를 초과하여 사용하는 경우는 과전류차단기의 동작원리(트립 방식에 따라 주위온도의 영향을 받지 않는 것이 있다)와 전압변동범위 등을 고려하여 연속사용 상태에서 동작하지 않도록 유의할 것

다. 표준 부하에 따라 산출한 수치에 가산하여야 할 [VA]수
  ① 주택, 아파트(1세대마다)에 대하여는 1000~500 [VA]
  ② 상점의 진열장에 대하여는 진열장 폭 1 [m]에 대하여 300 [VA]
  ③ 옥외의 광고등, 전광 사인등의 [VA]수
  ④ 극장, 댄스홀 등의 무대 조명, 영화관등의 특수 전등부하의 [VA]수

(1) 소형 기계기구의 설비부하용량을 구하시오.
  ○ _____

(2) 다음 괄호 안에 들어갈 내용을 완성하시오.

> 사용 전압 220 [V]의 15 [A], 20 [A](배선용차단기에 한한다) 분기 회로수는 "부하의 상정"에 따라 상정한 설비 부하 용량(전등 및 소형 전기 기계 기구에 한 한다)을 (①) [VA]로 나눈 값을 원칙으로 한다. 단, 사용 전압이 110 [V]인 경우에는 (②) [VA]로 나눈 값을 분기 회로수로 한다. 이 경우 계산 결과에 단수가 생겼을 때에는 절상한다.

  ○ _____

(3) 분기회로수를 사용전압이 220V 인 경우 몇 회로인지 구하시오.
  ○ _____

(4) 분기회로수를 사용전압이 110V 인 경우 몇 회로인지 구하시오.
  ○ _____

(5) 연속부하가 있는 분기회로의 부하용량은 그 분기회로를 보호하는 과전류차단기의 정격전류의 몇 [%]를 초과하지 않아야 하는가? 단, 연속부하는 상시 3시간 이상 연속하여 사용하는 것을 말한다.
  ○ _____

| 작성답안

(1) 계산 : $P = (15 \times 12) \times 40 + (12 \times 10) \times 30 + 6 \times 300 + (3 \times 10) \times 5 + 1000$
        $= 13750 [VA]$
    답 : 13750[VA]

(2) ① 3300
    ② 1650

(3) 사용전압이 220V인 경우
    설비부하 13750 VA를 3300VA로 나누어 회로수를 구한다.
    $\frac{13750}{3300} = 4.17$ 가 되어 단수를 절상하면 5회로가 된다. 또한 그밖에 3kW의 룸 에어컨이 설치되어 있으므로 별도 1회로를 추가하면 회로수는 6회로가 된다.
    답 : 6회로

(4) 사용전압이 110V 인 경우
    설비부하 13750 VA를 1650VA 나누어 회로수를 구한다.
    $\frac{13750}{1650} = 8.33$ 가 되어 단수를 절상하면 9회로가 된다. 또한 그밖에 3kW의 룸 에어컨이 설치되어 있으므로 별도 1회로를 추가하면 회로수는 10회로가 된다.
    답 : 10회로

(5) 80[%]

☐☐☐ 99, 01, 10 新規

12 평면도와 같은 건물에 대한 전기배선을 설계하기 위하여, 전등 및 소형 전기 기계기구의 부하용량을 상정하여 분기회로수를 결정하고자 한다. 주어진 평면도와 표준부하를 이용하여 최대부하용량을 상정하고 최소분기 회로수를 결정하시오. (단, 분기회로는 16 [A] 분기회로이며 배전전압은 220 [V]를 기준하고, 적용 가능한 부하는 최대값으로 상정할 것)(6점)

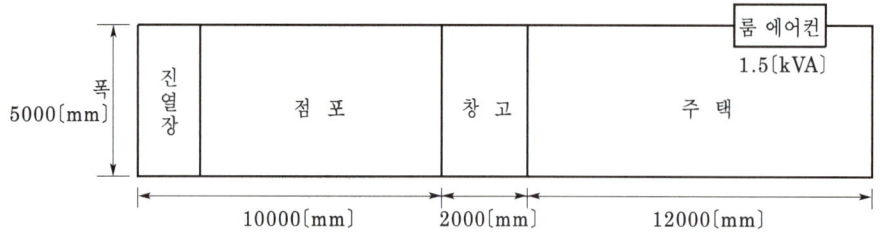

- 설비 부하 용량은 "①" 및 "②"에 표시하는 건물의 종류 및 그 부분에 해당하는 표준 부하에 바닥면적을 곱한 값과 "③"에 표시하는 건물 등에 대응하는 표준 부하[VA]를 합한 값으로 할 것

■ 부하설비용량

부하설비용량
= 부하밀도 [VA/m²] × 연면적 [m²] [VA]

【참고사항】

가. 설비 부하 용량은 다만 "가" 및 "나"에 표시하는 종류 및 그 부분에 해당하는 표준 부하에 바닥 면적을 곱한 값에 "다"에 표시하는 건물 등에 대응하는 표준 부하 [VA]를 가한 값으로 할 것

표준 부하

건축물의 종류	표준 부하[VA/m^2]
공장, 공회당, 사원, 교회, 극장, 영화관, 연회장 등	10
기숙사, 여관, 호텔, 병원, 학교, 음식점, 다방, 대중 목욕탕	20
사무실, 은행, 상점, 이발소, 미장원	30
주택, 아파트	40

【비고】 건물이 음식점과 주택 부분의 2 종류로 될 때에는 각각 그에 따른 표준 부하를 사용할 것
【비고】 학교와 같이 건물의 일부분이 사용되는 경우에는 그 부분만을 적용한다.

나. 건물(주택, 아파트 제외)중 별도 계산할 부분의 표준 부하

부분적인 표준 부하

건축물의 부분	표준부하[VA/m^2]
복도, 계단, 세면장, 창고, 다락	5
강당, 관람석	10

다. 표준 부하에 따라 산출한 수치에 가산하여야 할 [VA]수
① 주택, 아파트(1세대마다)에 대하여는 1000~500 [VA]
② 상점의 진열장에 대하여는 진열장 폭 1 [m]에 대하여 300 [VA]
③ 옥외의 광고등, 전광 사인등의 [VA]수
④ 극장, 댄스홀 등의 무대 조명, 영화관등의 특수 전등부하의 [VA]수

| 작성답안

① 건물의 종류에 대응한 부하용량
   점포 : $10 \times 5 \times 30 = 1500$ [VA], 주택 : $12 \times 5 \times 40 = 2400$ [VA]
② 건물 중 별도 계산할 부분의 부하용량
   창고 : $2 \times 5 \times 5 = 50$ [VA]
③ 표준부하에 따라 산출한 수치에 가산하여야 할 VA수
   주택 1세대 : 1000 [VA], 진열창 : $5 \times 300 = 1500$ [VA], 룸 에어컨 : 1500 [VA]
   ∴ 최대 부하 용량 $P = 1500 + 2400 + 50 + 1000 + 1500 + 1500 = 7950$ [VA]
   16 [A] 분기회로수 $N = \dfrac{7950}{16 \times 220} = 2.26$
답 : 최대 부하 용량 : 7950 [VA], 분기 회로수 : 16 [A] 분기 3회로

강의 NOTE

■ 분기회로수

분기회로 수 = 상정 부하 설비의 합 [VA] / (전압[V] × 분기 회로 전류[A])

분기회로 수 산정시 소수점 이하는 절상한다.

□□□ 97, 02, 13 22

13 그림과 같은 평면도의 2층 건물에 대한 배선설계를 하기 위하여 주어진 조건을 이용하여 1층 및 2층을 분리하여 분기회로수를 결정하고자 한다. 다음 각 물음에 답하시오. (6점)

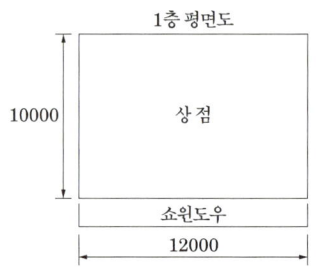
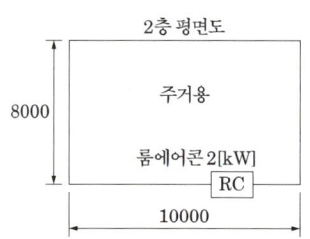

【조건】
- 분기 회로는 16 [A]분기 회로로 하고 80 [%]의 정격이 되도록 한다.
- 배전 전압은 220 [V]를 기준으로 하여 적용 가능한 최대 부하를 상정한다.
- 주택 및 상점의 표준 부하는 30 [VA/m²]로 하되, 1층, 2층 분리하여 분기 회로수를 결정하고 상점과 주거용에 각각 1,000 [A]를 가산하여 적용한다.
- 상점의 쇼윈도우에 대해서는 길이 1 [m]당 300 [VA]를 적용한다.
- 옥외 광고등 500 [VA]짜리 2등이 상점에 있는 것으로 하고, 하나의 전용분기회로로 구성한다.
- 예상이 곤란한 콘센트, 틀어 끼우는 접속기, 소켓 등이 있을 경우라도 이를 상정하지 않는다.
- RC는 별도분기회로로 한다.

(1) 1층의 부하용량과 분기회로수를 구하시오.

　○ _____

(2) 2층의 부하용량과 분기회로수를 구하시오.

　○ _____

강의 NOTE

| 작성답안

(1) 계산 : $P=(12\times10\times30)+12\times300+1{,}000=8{,}200$ [VA]

분기 회로수 $=\dfrac{\text{부하용량}}{\text{사용전압}\times\text{분기회로전류}}=\dfrac{8{,}200}{220\times16\times0.8}=2.92$ [회로]

∴ 16[A] 분기 3회로 선정, 옥외 광고등 전용분기 1회로 선정

답 : 16 [A] 분기 4회로

(2) 계산 : $P=10\times8\times30+1{,}000=3{,}400$ [VA]

분기 회로수 $=\dfrac{\text{부하용량}}{\text{사용전압}\times\text{분기회로전류}}=\dfrac{3{,}400}{220\times16\times0.8}=1.21$ [회로]

∴ 16 [A] 분기 2회로 선정, 에어콘 전용분기 1회로 선정

답 : 16 [A] 분기 3회로

KEYWORD 23 간선설비_전선의 굵기와 차단기

01 조명, 전열용 간선 및 과전류차단기 선정

1 부하의 설계전류 계산

회로의 설계전류(I_B)는 분기회로의 경우 부하의 효율, 역률, 부하율이 고려된 부하최대전류를 의미하며, 고조파 발생부하인 경우 고조파 전류에 의한 선전류 증가분이 고려되어야 한다. 또한 간선의 경우에는 추가로 수용률, 부하불평형, 장래 부하증가에 대한 여유 등이 고려되어야 한다.

$$I_B = \frac{\Sigma P}{kV} \alpha h \beta$$

여기서, k는 상계수 (단상 1, 3상 $\sqrt{3}$), V는 전압, α는 수용률, h는 고조파 발생에 의한 선전류 증가계수, β는 부하 불평형에 따른 선전류 증가계수를 말한다.

2 전선의 단면적 및 연속허용전류 선정

① 도체의 연속 허용전류에 해당하는 공칭 단면적의 결정
   절연물의 종류나 상수, 공사방법에 따라 KS C IEC 60362-523에서 도체의 연속 허용전류에 해당하는 공칭 단면적을 결정한다.
② 전압강하를 고려한 전선의 단면적을 결정

$$A = \frac{KIL}{1000\,e}\,[\text{mm}^2]$$

여기서, K의 값은 단상2선식은 35.6 3상3선식은 30.8 3상4선식은 17.8이며 1선과 중성선 사이의 전압을 기준으로 한다.
③ 도체의 허용전류로 구한 단면적과 전압강하를 고려한 단면적을 비교하여 더 큰 값을 선정한다.

3 과전류 차단기의 선정

① 차단기의 정격전류는 설계전류 I_B 이상으로 하고, 전선의 허용전류 이하로 선정한다.
   30A 미만의 경우는 30A Frame을 사용한다.
② 배선용 차단기의 특성곡선으로 보호협조를 검토한다.

강의 NOTE

- 기 05
- 기(유) 99.03.04.11.12.14.17.18
- 기(유) 93.96.04
- 기(유) 03.06.07.14.15
- 산(유) 12.14.20.21
- 산(유) 93.96.04
- 산(유) 99.03.04.11.12.14.17.18
- 산(유) 85.96.99.00.13.16.19
- 산(유) 85.98.02.11

3상 3선식 200[V] 회로에서 400[A]의 부하를 전선의 길이 100[m]인 곳에 사용할 경우 전압강하는 몇 [%]인가?(단, 사용 전선의 단면적은 300[mm]이다.)

- 기 12.19
- 기(유) 88.91.95.02

3상 4선식 교류 380[V], 50[kVA] 부하가 변전실 배전반에서 270[m] 떨어져 설치되어 있다. 허용전압강하는 얼마이며 이 경우 배전용 케이블의 최소 굵기는 얼마로 하여야 하는지 계산하시오. (단. 전기사용장소 내 시설한 변압기이며, 케이블은 IEC 규격에 의하며 6 10 16 25 35 50 70[mm]이다.)
(1) 허용전압강하를 계산하시오.
(2) 케이블의 굵기를 선정하시오.

02 전동기용 간선 선정

1 부하의 설계전류 계산

2 전선의 단면적 및 연속허용전류 선정

① 도체의 연속 허용전류에 해당하는 공칭 단면적의 결정

절연물의 종류나 상수, 공사방법에 따라 KS C IEC 60362-523에서 도체의 연속 허용전류에 해당하는 공칭 단면적을 결정한다.

② 단락전류를 고려한 전선의 단면적 결정

$$A = \frac{I_S\sqrt{t}}{k}$$

여기서, 단락전류는 0.05초 이내 흐르는 것으로 본다.

③ 전압강하를 고려한 전선의 단면적을 결정

$$A = \frac{KIL}{1000\,e}\,[\text{mm}^2]$$

여기서, K의 값은 단상2선식은 35.6 3상3선식은 30.8 3상4선식은 17.8이며 1선과 중성선 사이의 전압을 기준으로 한다.

④ 전동기 기동전류에 의한(10초) 온도상승을 고려한 단면적 결정

기동전류는 6~7배 정도의 전류가 흐르는 것으로 보며 기동시간은 10초 정도로 보고 구한다.

기동방법에 따라 기동전류는 제한된다.

⑤ 기동돌입전류(기동전류의 1.5배) 온도상승을 고려한 단면적 결정

기동돌입전류는 매우 짧은 시간만 흐르게 되므로 기동전류를 고려하면 대부분 만족한다.

⑥ 전동기 기동전류에 의한 순시전압강하와 적정여부 검토

간선의 굵기는 위 내용을 모두 만족하는 값인 가장 큰 값을 선정한다.

03 전동기용 과전류 차단기의 선정

1 최대 기동전류(10초 견딤)와 기동돌입전류(기동전류의 1.5배)중 큰 값을 선정한다. 동작전류는 tripping current rule 에 적합할 것.

강의 NOTE

- 기 89.96.17
- 기 16
- 기 94.20
- 기 20
- 기 95.10.12
- 기 18
- 기 06
- 산 89.90.94.11
- 산 93
- 산 05.10.12
- 산 89.96.17

- 기 20
- 산(유) 12.19

380/220[V] 3상 4선식 선로에서 180[m] 떨어진 곳에 다음표와 같이 부하가 연결되어 있다. 간선의 설계전류와 굵기를 구하시오. 단, 전압강하는 3%로 한다.

종류	출력	수량	역률×효율	수용률
급수펌프	380V/7.5kW	4	0.7	0.7
소방펌프	380V/20kW	2	0.7	0.7
전열기	220V/10kW	3 (각상 평형 배치)	1	0.5

강의 NOTE

2 최대기동전류에 트립되지 않는 과전류 차단기의 정격

$$I_N > \frac{I_{ms}}{b}$$

여기서, I_N는 과전류차단기 정격, I_{ms}는 전동기의 기동전류, b는 과전류차단기의 동작시간 10초에서의 차단배율을 말한다. (일반적으로 100A이하에서는 3, 125A 이상에서는 5를 적용하면 된다.)

3 전동기의 기동 돌입전류로 트립되지 않는 과전류 차단기의 정격

$$I_t(=I_N \times n) > I_{mi}(=I_{ms} \times 1.5)$$

여기서, I_t는 차단기의 순시차단전류(배선용차단기 정격전류의 8~9배)
I_{mi}는 전동기의 기동돌입전류(전동기 기동전류 I_{ms}의 1.5배)
n는 과전류차단기의 순시차단배율로 225AF 이하는 8, 400AF 이상은 9

$$\therefore I_N > I_{ms} \times 1.5 \times \frac{1}{n}$$

- 기/산 신규
- 기 91.03.05.06.17
- 기(유) 01.05.06
- 기(유) 00.04.06.17.18.20
- 산(유) 01.05.06.18

3상 농형 유도전동기에 전용 차단기를 설치할 때 전용 차단기의 정격전류는 몇 [A]인가?(단, 전동기는 160[kW]이고 정격전압은 3,300[V], 역률은 85[%], 효율은 85[%]이며, 기동전류(전동기운전전류의 7배)에 10초 동안 차단되지 않도록 선정하여야 하며, 전동기용 간선의 허용전류는 200[A]로 가정한다. 기동돌입전류는 기동전류의 1.5배로 한다.)

04 배선용 차단기의 특성곡선

전동기의 전류특성과 배선용차단기의 동작특성 이용하여 차단기의 규격을 선정한다.

예를 들어 설계전류가 45A인 전동기를 사용한다면 기동전류는 7.2배가 흐른다고 가정하면 기동전류는 324A가 10초간 흐른다고 가정하면 10초 이내 차단되지 않아야 한다.

따라서 특성곡선에서 10초 이내 324A가 동작하지 않는가를 확인한다. 아래 특성곡선에서 4배를 선정할 수 있다.

$$I_N > \frac{I_{ms}}{b}$$

여기서 I_N는 과전류차단기 정격, I_{ms}는 전동기의 기동전류, b는 과전류차단기의 동작시간 10초에서의 차단배율을 말한다. (일반적으로 과전류차단기의 정격이 100A 이하에서는 3배, 125A이상에서는 5배를 적용하면 일반적으로 문제가 되지 않는다. 경우에 따라 4배를 적용하는 경우도 있다.)

$\frac{324}{3} = 108$ A 125AT 선정하면 2.59배의 전류가 흐르며 트립되지 않는다.

$\dfrac{324}{4} = 81$ A   100AT 선정하면 3.24배의 전류가 흐르며 트립되지 않는다.

$\dfrac{324}{5} = 64.8$ A   75AT 선정하면 4.32배의 전류가 흐르며 트립된다.

∴ 100AT 또는 125AT을 선정한다.

또, 기동돌입전류에 동작하지 않아야 하므로 8배 또는 9배에서 만나지 않는 조건을 찾으면 된다. 125AT를 선정하면 125~225A의 표에서 8배를 적용하여 판단하면 트립되지 않는다. 또 100AT를 선정하면 40~100A의 표에서 8배를 적용하여 판단하면 트립되지 않는다.

기동돌입전류 $324 \times 1.5 = 486$ A

100AT 선정시 $100 \times 8 = 800$ A

∴ $100 > 324 \times 1.5 \times \dfrac{1}{8}$

∴ $I_N > I_{ms} \times 1.5 \times \dfrac{1}{n}$ 을 만족한다.

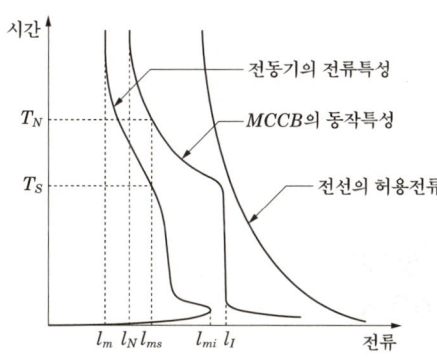

I_m : 전동기의 전부하 전류
I_n : MCCB의 정격전류
I_{ms} : 전동기의 기동전류
I_{mi} : 전동기의 기동돌입전류
I_i : MCCB의 순시트립전류
T_n : MCCB의 동작시간
T_s : 전동기의 기동시간

05 과부하 보호조건

과부하에 대해 케이블(전선)을 보호하는 장치의 동작특성은 다음의 조건을 충족해야 한다.

$I_B \leq I_n \leq I_Z$ .... : nominal current rule

$I_2 \leq 1.45 \times I_Z$ .... : tripping current rule

I_B : 회로의 설계전류
I_Z : 케이블의 허용전류
I_n : 보호장치의 정격전류
I_2 : 보호장치가 규약시간 이내에 유효하게 동작하는 것을 보장하는 전류

| 관련문제 | 23. 간선설비_전선의 굵기와 차단기 | 강의 NOTE |

☐☐☐ 89, 90 ㊤ 90, 94, 11

1 다음과 같은 설비에 전기를 공급하는 저압 옥내 간선의 굵기를 결정하는 근거가 되는 설계전류의 최소값은 몇 [A]인가? (단, 수용률은 0.8 이다.)(5점)

- 전등 부하의 합계 : 20 [A]
- 정격 전류 10 [A]의 전열기 : 2대
- 정격 전류 15 [A]의 전동기 : 2대
- 정격 전류 20 [A]의 전동기 : 1대

▎작성답안

계산 : 설계전류 = (20+10×2+15×2+20)×0.8 = 72 [A]
답 : 72[A]

■ 설계전류

회로의 설계전류(I_B)는 분기회로의 경우 부하의 효율, 역률, 부하율이 고려된 부하최대전류를 의미하며, 고조파 발생부하인 경우 고조파 전류에 의한 선전류 증가분이 고려되어야 한다. 또한 간선의 경우에는 추가로 수용율, 부하불평형, 장래 부하증가에 대한 여유 등이 고려되어야 한다.

$$I_B = \frac{\Sigma P}{kV} \alpha h \beta$$

여기서, k는 상계수 (단상 1, 3상 $\sqrt{3}$), V는 전압, α는 수용률, h는 고조파 발생에 의한 선전류 증가계수, β는 부하 불평형에 따른 선전류 증가계수를 말한다.

☐☐☐ 93

2 저압 옥내 간선의 배선 굵기를 결정하려고 한다. 그림과 같이 전동기와 전열기가 간선에 접속되어 있는 경우 간선의 굵기를 결정하는 설계 전류의 최소값은 몇 [A]인가? (단, 간선의 수용률은 60 [%]로 간주한다.)(5점)

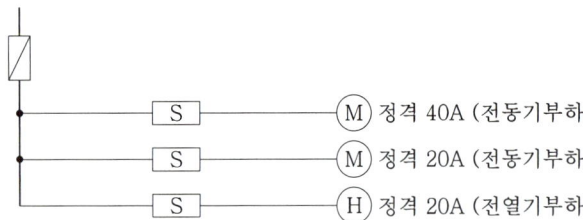

▎작성답안

계산 : $I = (40+20) + 20 \times 0.6 = 48$ [A]
답 : 48[A]

□□□ 05, 10, 12 新規

3 3상 3선식 380[V]회로에 이 그림과 같이 부하가 연결되어 있다. 간선의 허용전류를 구하기 위한 설계전류를 구하시오. (단, 전동기의 평균역률은 80[%]이다.)(6점)

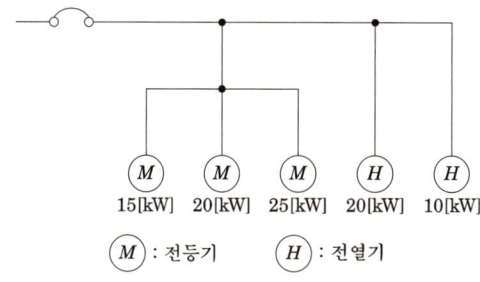

■ 설계전류

회로의 설계전류(I_B)는 분기회로의 경우 부하의 효율, 역률, 부하율이 고려된 부하최대전류를 의미하며, 고조파 발생부하인 경우 고조파 전류에 의한 선전류 증가분이 고려되어야 한다. 또한 간선의 경우에는 추가로 수용률, 부하불평형, 장래 부하증가에 대한 여유 등이 고려되어야 한다.

$$I_B = \frac{\Sigma P}{kV}\alpha h \beta$$

여기서, k는 상계수 (단상 1, 3상 $\sqrt{3}$), V는 전압, α는 수용률, h는 고조파 발생에 의한 선전류 증가계수, β는 부하 불평형에 따른 선전류 증가계수를 말한다.

| 작성답안

계산 : $\Sigma I_M = \dfrac{P}{\sqrt{3}\,V\cos\theta} = \dfrac{(15+20+25)\times 10^3}{\sqrt{3}\times 380 \times 0.8} = 113.95[A]$

전동기의 유효 전류는 $I = 113.95 \times 0.8 = 91.16[A]$

전동기의 무효 전류 $I_r = 113.95 \times \sqrt{1-0.8^2} = 68.37[A]$

전열기의 유효전류 $\Sigma I_H = \dfrac{(20+10)\times 10^3}{\sqrt{3}\times 380 \times 1.0} = 45.58[A]$

∴ 간선의 설계전류 $I_a = \sqrt{(91.16+45.58)^2 + (68.37)^2} = 152.88[A]$

답 : 152.88[A]

□□□ 12, 19 新規

4
380/220[V] 3상 4선식 선로에서 180[m] 떨어진 곳에 다음표와 같이 부하가 연결되어 있다. 간선의 굵기를 결정하는데 필요한 설계전류를 구하시오. (단, 전압강하는 3%로 한다.)(5점)

종류	출력	수량	역률×효율	수용률
급수펌프	380V/7.5kW	4	0.7	0.7
소방펌프	380V/20kW	2	0.7	0.7
전열기	220V/10kW	3(각상 평형배치)	1	0.5

| 작성답안

계산 : 급수펌프의 전류 $I_M = \dfrac{7.5 \times 10^3 \times 4}{\sqrt{3} \times 380 \times 0.7} \times 0.7 = 45.58[A]$

소방펌프의 전류 $I_M = \dfrac{20 \times 10^3 \times 2}{\sqrt{3} \times 380 \times 0.7} \times 0.7 = 60.77[A]$

전열기 전류 $I_M = \dfrac{10 \times 10^3}{220 \times 1} \times 0.5 = 22.73$

간선의 설계전류 $I_B = I_M + I_H = 45.58 + 60.77 + 22.73 = 129.08[A]$

답 : 139.72[A]

□□□ 89, 96 17 新規

5
단상 2선식 220[V]의 전원을 사용하는 간선에 24[A] 전동기 1대와 전등 부하전류의 합계가 8[A], 정격전류 5[A] 전열기 2대를 접속하는 부하설비가 있다. 다음 물음에 답하시오(단, 전동기의 기동 계급은 고려하지 않는다)(6점)

(1) 전원을 공급하는 간선의 설계전류는 몇 [A]인가?

○

(2) 도체의 허용전류가 설계전류의 2배의 경우 간선에 설치하는 과전류 차단기의 정격전류를 다음 규격에서 최대값으로 선정하시오.

○

과전류 차단기 정격전류
50, 60, 75, 100, 125, 150, 175 [A]

강의 NOTE

■ 도체와 과부하 보호장치 사이의 협조

과부하에 대해 케이블(전선)을 보호하는 장치의 동작특성은 다음의 조건을 충족해야 한다.

$I_B \leq I_n \leq I_Z$ ………… ①
$I_2 \leq 1.45 \times I_Z$ ………… ②

I_B : 회로의 설계전류
I_Z : 케이블의 허용전류
I_n : 보호장치의 정격전류
I_2 : 보호장치가 규약시간 이내에 유효하게 동작하는 것을 보장하는 전류

1. 조정할 수 있게 설계 및 제작된 보호장치의 경우, 정격전류 I_n은 사용현장에 적합하게 조정된 전류의 설정 값이다.
2. 보호장치의 유효한 동작을 보장하는 전류 I_2는 제조자로부터 제공되거나 제품 표준에 제시되어야 한다.
3. 식 2에 따른 보호는 조건에 따라서는 보호가 불확실한 경우가 발생할 수 있다. 이러한 경우에는 식 2에 따라 선정된 케이블 보다 단면적이 큰 케이블을 선정하여야 한다.
4. I_B는 선도체를 흐르는 설계전류이거나, 함유율이 높은 영상분 고조파(특히 제3고조파)가 지속적으로 흐르는 경우 중성선에 흐르는 전류이다.

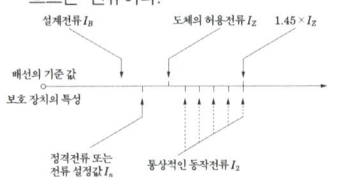

| 작성답안

(1) 계산 : $I_a = 24 + (8 + 5 \times 2) = 42[A]$
    답 : 42[A]
(2) 계산 : $I_B \leq I_n \leq I_Z$ 에서 $42 \leq I_n \leq 84$ 이므로 75[A] 선정
    답 : 75[A]

□□□ 12, 14, 20, 21

6 3상 3선식 380[V]로 수전하는 부하전력이 10[kW], 구내배선의 길이는 10[m]이며 배선에서의 전압강하는 3%까지 허용하는 경우 구내배선의 굵기를 계산하시오. (5점)

전선규격 [mm²]							
2.5	4	6	10	16	25	35	50

■ 전압강하와 전선의 굵기
① KSC IEC 전선규격
  1.5, 2.5, 4, 6, 10, 16, 25, 35, 50, 70, 95, 120, 150, 185, 240, 300, 400, 500, 630 [mm²]
② 전압강하
  • 단상 2선식
    $e = \dfrac{35.6LI}{1,000A}$ … ①
  • 3상 3선식
    $e = \dfrac{30.8LI}{1,000A}$ … ②
  • 3상 4선식
    $e_1 = \dfrac{17.8LI}{1,000A}$ … ③
  여기서, L : 거리, I : 정격전류, A : 케이블의 굵기이며 ③의 식은 1선과 중성선간의 전압강하를 말한다.

| 작성답안

계산 : $A = \dfrac{30.8LI}{1000e} = \dfrac{30.8 \times 10 \times \dfrac{10 \times 10^3}{\sqrt{3} \times 380}}{1000 \times 380 \times 0.03} = 0.41[\text{mm}^2]$
답 : 2.5[mm²]

□□□ 93, 96, 04

7 분전반에서 25[m]의 거리에 2[kW]의 교류 단상 200[V] 전열기용 아우트렛(outlet)을 설치하여 전압 강하를 2[%] 이내가 되도록 하기 위한 전선의 굵기를 산정하시오. (단, 전선은 450/750V 일반용 단심 비닐절연전선으로 하고, 배선방법은 금속관 공사로 한다.)(5점)

| 작성답안

계산 : $I = \dfrac{P}{V} = \dfrac{2 \times 10^3}{200} = 10[A]$, $e = 200 \times 0.02 = 4[V]$
$\therefore A = \dfrac{35.6LI}{1000 \cdot e} = \dfrac{35.6 \times 25 \times 10}{1000 \times 4} = 2.23[\text{mm}^2]$
$\therefore 2.5[\text{mm}^2]$ 선정
답 : 2.5[mm²]

□□□ 12, 14, 20, 21

8 3상 4선식 교류 380 [V], 10 [kVA] 부하가 변전실 배전반에서 50 [m] 떨어져 설치되어 있다. 허용전압강하는 얼마이며 이 경우 배전용 케이블의 최소 굵기는 얼마로 하여야 하는지 계산하시오. (단, 전기사용장소 내 시설한 변압기이며, 케이블은 IEC 규격에 의한다.)(5점)

전선규격 [mm²]

| 1.5 | 2.5 | 4 | 6 | 10 | 16 | 25 | 35 | 50 |

| 작성답안

계산 : $I = \dfrac{P}{\sqrt{3}\,V} = \dfrac{10 \times 10^3}{\sqrt{3} \times 380} = 15.19$ [A]

전압강하는 저압수전 기타의 경우 5% 적용한다.

전압강하 $e = 220 \times 0.05 = 11$ [V]

$A = \dfrac{17.8LI}{1,000e}$ 에서 $A = \dfrac{17.8 \times 50 \times 15.19}{1,000 \times 220 \times 0.05} = 1.23$ [mm²]

옥내 배선의 최소 굵기가 2.5mm²이므로 2.5mm²

답 : 전압강하 11[V], 전선의 굵기 2.5 [mm²]

□□□ 19, 21

9 다음은 한국전기설비규정에서 정하는 수용가 설비에서의 전압강하에 관한 내용이다. 다른 조건을 고려하지 않는다면 수용가 설비의 인입구로부터 기기까지의 전압강하는 표의 값 이하로 하여야 한다. 다음 전압강하 표를 완성하시오. (4점)

수용가설비의 전압강하

설비의 유형	조명(%)	기타(%)
A-저압으로 수전하는 경우	(1)	(2)
B-고압 이상으로 수전하는 경우[a]	(3)	(4)

[a] 가능한 한 최종회로 내의 전압강하가 A 유형의 값을 넘지 않도록 하는 것이 바람직하다. 사용자의 배선설비가 100m를 넘는 부분의 전압강하는 미터 당 0.005% 증가할 수 있으나 이러한 증가분은 0.5%를 넘지 않아야 한다.

| 1 | | 2 | |
| 3 | | 4 | |

| 작성답안

| 1 | 3 | 2 | 5 |
| 3 | 6 | 4 | 8 |

강의 NOTE

■ 한국전기설비규정 232.3.9 수용가 설비에서의 전압강하

① 전압강하
1. 다른 조건을 고려하지 않는다면 수용가 설비의 인입구로부터 기기까지의 전압강하는 표 232.3-1의 값 이하이어야 한다.

표 232.3-1 수용가설비의 전압강하

설비의 유형	조명 (%)	기타 (%)
A - 저압으로 수전하는 경우	3	5
B - 고압 이상으로 수전하는 경우[a]	6	8

[a] 가능한 한 최종회로 내의 전압강하가 A 유형의 값을 넘지 않도록 하는 것이 바람직하다. 사용자의 배선설비가 100 m를 넘는 부분의 전압강하는 미터 당 0.005% 증가할 수 있으나 이러한 증가분은 0.5%를 넘지 않아야 한다.

2. 다음의 경우에는 표 232.3-1보다 더 큰 전압강하를 허용할 수 있다.
   가. 기동 시간 중의 전동기
   나. 돌입전류가 큰 기타 기기
3. 다음과 같은 일시적인 조건은 고려하지 않는다.
   가. 과도과전압
   나. 비정상적인 사용으로 인한 전압 변동

② KSC IEC 전선규격
1.5, 2.5, 4, 6, 10, 16, 25, 35, 50, 70, 95, 120, 150, 185, 240, 300, 400, 500, 630 [mm²]

③ 전압강하
- 단상 2선식: $e = \dfrac{35.6LI}{1,000A}$ ⋯ ①
- 3상 3선식: $e = \dfrac{30.8LI}{1,000A}$ ⋯ ②
- 3상 4선식: $e_1 = \dfrac{17.8LI}{1,000A}$ ⋯ ③

여기서, L : 거리, I : 정격전류, A : 케이블의 굵기 이며 ③의 식은 1선과 중성선간의 전압강하를 말한다.

□□□ 99, 03, 04, 11, 12, 14, 17, 18

10 분전반에서 30[m]의 거리에 2.5[kW]의 교류 단상 220[V] 전열용 아웃트렛을 설치하여 전압 강하를 2[%] 이내가 되도록 하고자 한다. 이곳의 배선 방법을 금속관공사로 한다고 할 때, 다음 각 물음에 답하시오. (5점)

(1) 전선의 굵기를 선정하고자 할 때 고려하여야 할 사항을 3가지만 쓰시오.
○

(2) 전선은 450/750[V] 일반용 단심 비닐절연전선을 사용한다고 할 때 본문내용에 따른 전선의 굵기를 계산하고, 규격품의 굵기로 답하시오.
○

강의 NOTE

■ 전압강하와 전선의 굵기

① KSC IEC 전선규격
1.5, 2.5, 4, 6, 10, 16, 25, 35, 50, 70, 95, 120, 150, 185, 240, 300, 400, 500, 630 [mm^2]

② 전압강하
- 단상 2선식: $e = \dfrac{35.6LI}{1,000A}$ … ①
- 3상 3선식: $e = \dfrac{30.8LI}{1,000A}$ … ②
- 3상 4선식: $e_1 = \dfrac{17.8LI}{1,000A}$ … ③

여기서, L : 거리 I : 정격전류
A : 케이블의 굵기이며 ③의 식은 1선과 중성선간의 전압강하를 말한다.

| 작성답안

(1) • 허용전류
 • 전압강하
 • 기계적 강도

(2) 계산 : $I = \dfrac{P}{E} = \dfrac{2500}{220} = 11.36[\text{A}]$

$A = \dfrac{35.6LI}{1000e} = \dfrac{35.6 \times 30 \times 11.36}{1000 \times (220 \times 0.02)} = 2.76[\text{mm}^2]$

∴ 4[mm^2] 선정

답 : 4[mm^2]

□□□ 06, 11, 21

11 그림과 같은 교류 100[V] 단상 2선식 분기 회로의 부하 중심점 거리를 구하시오. (5점)

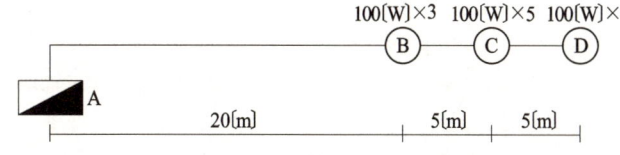

○

■ 부하 중심점

$$L = \dfrac{i_1 l_1 + i_2 l_2 + i_3 l_3 + \cdots + i_n l_n}{i_1 + i_2 + i_3 + \cdots + i_n}$$

| 작성답안

계산 : $I = \dfrac{100 \times 3}{100} + \dfrac{100 \times 5}{100} + \dfrac{100 \times 2}{100} = 10[\text{A}]$

$L = \dfrac{3 \times 20 + 5 \times 25 + 2 \times 30}{10} = 24.5[\text{m}]$

답 : 24.5[m]

□□□ 85, 96, 99, 00, 13, 16, 19

12 그림과 같은 분기회로 전선의 단면적을 산출하여 적당한 굵기를 선정하시오. (5점)

① 배전 방식은 단상 2선식 교류 200[V]로 한다.
② 사용 전선은 450/750[V] 일반용 단심 비닐절연전선이다.
③ 사용 전선관은 후강전선관으로 하며, 전압 강하는 최원단에서 2[%]로 보고 계산한다.

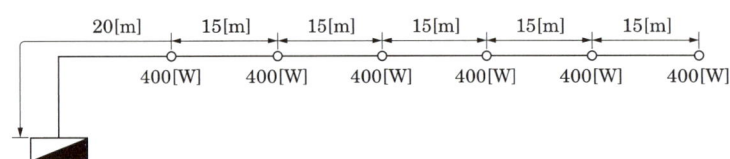

강의 NOTE

① KSC IEC 전선규격
1.5, 2.5, 4, 6, 10, 16, 25, 35, 50, 70, 95, 120, 150, 185, 240, 300, 400, 500, 630 [mm^2]

② 전압강하

- 단상2선식 : $e = \dfrac{35.6LI}{1,000A}$ ··· ①
- 3상 3선식 : $e = \dfrac{30.8LI}{1,000A}$ ··· ②
- 3상 4선식 : $e_1 = \dfrac{17.8LI}{1,000A}$ ··· ③

여기서, L : 거리 I : 정격전류
A : 케이블의 굵기이며 ③의 식은 1선과 중성선간의 전압강하를 말한다.

| 작성답안

계산 : 부하 중심까지의 거리

$$L = \dfrac{400 \times 20 + 400 \times 35 + 400 \times 50 + 400 \times 65 + 400 \times 80 + 400 \times 95}{400+400+400+400+400+400} = 57.5[\text{m}]$$

$$I = \dfrac{400 \times 6}{200} = 12[\text{A}]$$

$$e = 200 \times 0.02 = 4[\text{V}]$$

$$A = \dfrac{35.6LI}{1000e} = \dfrac{35.6 \times 57.5 \times 12}{1000 \times 4} = 6.141[\text{mm}^2] ≒ 6.14[\text{mm}^2]$$

∴ 10[mm^2] 선정

답 : 10]mm^2]

□□□ 85, 98, 02, 11

13 전원측 전압이 380 [V]인 3상 3선식 옥내 배선이 있다. 그림과 같이 250 [m] 떨어진 곳에서부터 10 [m] 간격으로 용량 5 [kVA]의 3상 동력을 5대 설치하려고 한다. 부하 말단까지의 전압 강하를 3 [%] 이하로 유지하려면 동력선의 굵기를 얼마로 선정하면 좋은지 표에서 산정하시오. (단, 전선으로는 도전율이 97 [%]인 일반용 단심 비닐절연전선을 사용하여 금속관 내에 설치하여 부하 말단까지 동일한 굵기의 전선을 사용한다.)(6점)

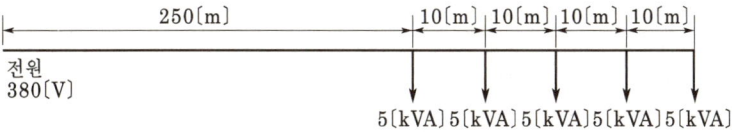

전선의 굵기 및 허용 전류

전선의 굵기[mm^2]	6	10	16	25	35	50
전선의 허용 전류[A]	43	62	82	97	113	133

| 작성답안

계산 : 부하의 중심 거리 $L = \dfrac{5 \times 250 + 5 \times 260 + 5 \times 270 + 5 \times 280 + 5 \times 290}{5+5+5+5+5} = 270\ [\text{m}]$

전부하 전류 $I = \dfrac{5 \times 10^3 \times 5}{\sqrt{3} \times 380} \fallingdotseq 37.99\ [\text{A}]$

전압 강하 $e = 380 \times 0.03 = 11.4\ [\text{V}]$

∴ $e = 11.4 = \sqrt{3} \times 37.99 \times (270 \times r)$ 에서

$r = \dfrac{11.4}{\sqrt{3} \times 37.99 \times 270} = \dfrac{1}{58} \times \dfrac{100}{97} \times \dfrac{1}{A}$

∴ $A = \dfrac{\sqrt{3} \times 38 \times 270 \times 100}{11.4 \times 58 \times 97} = 27.71\ [\text{mm}^2]$

∴ 35[mm^2] 선정

답 : 35[mm^2]

□□□ 93, 01

14 다음과 같은 단상 2선식 회로의 전선(동선)의 굵기를 표를 이용하여 구하시오. (단, 배선 설계의 길이는 50 [m], 부하의 최대 사용 전류는 200 [A], 배선 설계의 전압 강하는 6 [V]로 한다.) (5점)

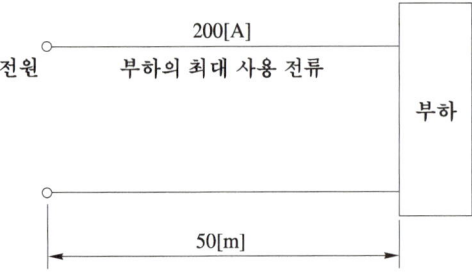

【참고자료】

전선 최대 길이(1) (단상 2선식·전압 강하 1[V])

전류 [A]	연선 [mm²]											
	2.5	4	6	10	16	25	35	50	95	150	185	240	300
	전선 최대 길이 [m]											
1	149	226	384	606	802	1020	1320	1650	2180	2780	3460	4240	5420
2	75	113	192	303	401	512	660	823	1090	1390	1730	2120	2710
3	50	75	128	202	267	342	440	548	725	927	1150	1410	1810
4	37	57	96	152	200	256	330	411	544	696	865	1160	1350
5	30	45	77	121	160	205	264	329	435	556	692	848	1080
6	25	38	64	101	134	171	220	274	363	464	576	707	903
7	21	32	55	87	115	146	189	235	311	397	494	606	774
8	19	28	48	76	100	128	165	206	272	348	432	530	677
9	17	25	43	67	89	114	147	183	242	309	384	471	602
12	12	19	32	51	67	85	110	137	181	232	288	353	451
14	11	16	27	43	57	73	94	118	155	199	247	303	386
15	10	15	26	40	53	68	88	110	145	185	230	282	361
16	9.3	14	24	38	50	64	82	103	136	174	216	265	338
18	8.3	13	21	34	45	57	73	91	121	155	192	236	301
25	6.0	9.0	15	24	32	41	53	66	87	111	138	170	217
35	4.3	6.5	11	17	23	29	38	47	62	79	99	121	155
45	3.3	5.6	8.5	13	18	23	29	37	48	62	77	94	120

[주] 1. 전압 강하가 2[V] 또는 3[V]인 경우에는 전선 길이는 이 표의 2배 또는 3배가 된다. 다른 것도 이 예에 따른다.
2. 전류가 20[A] 또는 200[A]인 경우에는 전선 길이는 각각 이 표의 2[A]인 경우의 1/10 또는 1/100이 된다. 다른 것도 이 예에 따른다.

강의 NOTE

■ 전선최대길이

= (배선 설계의 길이 × $\dfrac{\text{부하의 최대 사용 전류 [A]}}{\text{표의 전류 [A]}}$) / $\dfrac{\text{배선 설계의 전압 강하 [V]}}{\text{표의 전압 강하 [V]}}$

| 작성답안

과정 : 전선 최대 길이 = $\dfrac{50 \times \dfrac{200}{2}}{\dfrac{6}{1}}$ = 833.33 [m]

따라서, 2[A]난에서 전선의 최대 길이가 833.33[m]를 초과하여 1090과 만나는 95 [mm²] 전선 선정

답 : 95 [mm²]

□□□ 93, 03

15 그림과 같은 3상 3선식 회로의 전선 굵기를 구하시오. (단, 배선 설계의 길이는 50 [m], 부하의 최대 사용 전류는 300 [A], 배선 설계의 전압 강하는 4 [V]이며, 전선 도체는 구리이다.)(5점)

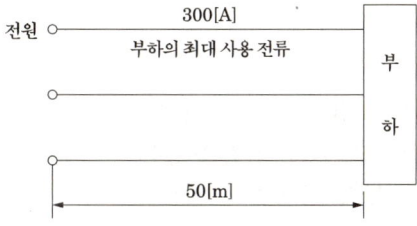

전선 최대 길이 (3상 3선식 380 [V] · 전압 강하 3.8 [V])

전류 [A]	전선의 굵기 [mm²]											
	2.5	4	6	10	16	25	35	50	95	150	185	240	300
	전선 최대 길이 [m]											
1	534	854	1281	2135	3416	5337	7472	10674	20281	32022	39494	51236	64045
2	267	427	640	1067	1708	2669	3736	5337	10140	16011	19747	25618	32022
3	178	285	427	712	1139	1779	2491	3558	6760	10674	13165	17079	21348
4	133	213	320	534	857	1334	1868	2669	5070	8006	9874	12809	16011
5	107	171	256	427	683	1067	1494	2135	4056	6404	7899	10247	12809
6	89	142	213	356	569	890	1245	1779	3380	5337	6582	8539	10674
7	76	122	183	305	488	762	1067	1525	2897	4575	5642	7319	9149
8	67	107	160	267	427	667	934	1334	2535	4003	4937	6404	8006
9	59	95	142	237	380	593	830	1186	2253	3558	4388	5693	7116
12	44	71	107	178	285	445	623	890	1690	2669	3291	4270	5337
14	38	61	91	152	244	381	534	762	1449	2287	2821	3660	4575
15	36	57	85	142	228	356	498	712	1352	2135	2633	3416	4270
16	33	53	80	133	213	334	467	667	1268	2001	2468	3202	4003
18	30	47	71	119	190	297	415	593	1127	1779	2194	2846	3558
25	21	34	51	85	137	213	299	427	811	1281	1580	2049	2562
35	15	24	37	61	98	152	213	305	579	915	1128	1464	1830
45	12	19	28	47	76	119	166	237	451	712	878	1139	1423

【비고 1】 전압강하가 2[%] 또는 3[%]의 경우, 전선길이는 각각 이 표의 2배 또는 3배가 된다. 다른 경우에도 이 예에 따른다.
【비고 2】 전류가 20[A] 또는 200[A] 경우의 전선길이는 각각 이 표 전류 2[A] 경우의 1/10 또는 1/100이 된다. 다른 경우에도 이 예에 따른다.
【비고 3】 이 표는 평형부하의 경우에 대한 것이다.
【비고 4】 이 표는 역률 1로 하여 계산한 것이다.

| 작성답안

계산 : 전선 최대 길이 = $\dfrac{50 \times \dfrac{300}{3}}{\dfrac{4}{3.8}} = 4,750\,[\mathrm{m}]$

∴ 표 3[A]란의 6,760[m] 부분의 95[mm²] 선정

답 : 95[mm²]

□□□ 97, 00, 07, 11, 13, 14

16 그림의 적산 전력계에서 간선 개폐기까지의 거리는 10[m]이고, 간선 개폐기에서 전동기, 전등까지의 분기회로의 거리를 각각 20[m]라 한다. 간선과 분기선의 전압 강하를 각각 2[V]로 할 때 부하 전류를 계산하고, 표를 이용하여 전선의 굵기를 구하시오. (단, 모든 역률은 1로 가정한다.)(8점)

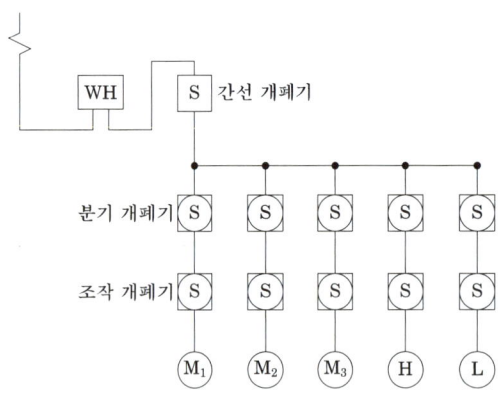

- M_1 : 380[V] 3상 전동기 10[kW]
- M_2 : 380[V] 3상 전동기 15[kW]
- M_3 : 380[V] 3상 전동기 20[kW]
- H : 220[V] 단상 전열기 3[kW]
- L : 220[V] 형광등 40[W]×2등용, 10개

■ 전선 최대 길이

배선 설계의 길이[m]× $\dfrac{\text{부하의 최대 사용 전류 [A]}}{\text{표의 전류 [A]}}$ / $\dfrac{\text{배선 설계의 전압 강하 [V]}}{\text{표의 전압 강하 [V]}}$ [m]

전선 최대 길이(3상 3선식·380[V]·전압 강하 3.8[V])

전류[A]	전선의 굵기[mm²]											
	2.5	4	6	10	16	25	35	50	95	150	185	240	300
	전선 최대 길이[m]											
1	534	854	1281	2135	3416	5337	7472	10674	20281	32022	39494	51236	64045
2	267	427	640	1067	1708	2669	3736	5337	10140	16011	19747	25618	32022
3	178	285	427	712	1139	1779	2491	3558	6760	10674	13165	17079	21348
4	133	213	320	534	857	1334	1868	2669	5070	8006	9874	12809	16011
5	107	171	256	427	683	1067	1494	2135	4056	6404	7899	10247	12809
6	89	142	213	356	569	890	1245	1779	3380	5337	6582	8539	10674
7	76	122	183	305	488	762	1067	1525	2897	4575	5642	7319	9149
8	67	107	160	267	427	667	934	1334	2535	4003	4937	6404	8006
9	59	95	142	237	380	593	830	1186	2253	3558	4388	5693	7116
12	44	71	107	178	285	445	623	890	1690	2669	3291	4270	5337
14	38	61	91	152	244	381	534	762	1449	2287	2821	3660	4575
15	36	57	85	142	228	356	498	712	1352	2135	2633	3416	4270
16	33	53	80	133	213	334	467	667	1268	2001	2468	3202	4003
18	30	47	71	119	190	297	415	593	1127	1779	2194	2846	3558
25	21	34	51	85	137	213	299	427	811	1281	1580	2049	2562
35	15	24	37	61	98	152	213	305	579	915	1128	1464	1830
45	12	19	28	47	76	119	166	237	451	712	878	1139	1423

[주] 1. 전압강하가 2[%] 또는 3[%]의 경우, 전선길이는 각각 이 표의 2배 또는 3배가 된다. 다른 경우에도 이 예에 따른다.
2. 전류가 20[A] 또는 200[A] 경우의 전선길이는 각각 이 표 전류 2[A] 경우의 1/10 또는 1/100이 된다. 다른 경우에도 이 예에 따른다.
3. 이 표는 평형부하의 경우에 대한 것이다.
4. 이 표는 역률 1로 하여 계산한 것이다.

| 작성답안

① 간선의 전선 굵기

M_1의 부하전류 $= \dfrac{10 \times 10^3}{\sqrt{3} \times 380} = 15.193 ≒ 15.19[A]$

M_2의 부하전류 $= \dfrac{15 \times 10^3}{\sqrt{3} \times 380} = 22.790 ≒ 22.79[A]$

M_3의 부하전류 $= \dfrac{20 \times 10^3}{\sqrt{3} \times 380} = 30.386 ≒ 30.39[A]$

H의 부하전류 $= \dfrac{3 \times 10^3}{220} = 13.636 ≒ 13.64[A]$

L의 부하전류 $= \dfrac{(40 \times 2) \times 10}{220} = 3.636 ≒ 3.64[A]$

$\therefore I = 15.15[A] + 22.70[A] + 30.39[A] + 13.64[A] + 3.64[A] = 85.65[A]$

$\therefore L = \dfrac{10 \times \dfrac{85.65}{8}}{\dfrac{2}{3.8}} = 203.418[m]$

표에서 8[A]와 203.418[m]를 초과하는 267[m]에 만나는 굵기는 10[mm^2]를 선정

② 분기 회로의 전선 굵기

M_1의 부하전류 $= \dfrac{20 \times \dfrac{15.19}{1}}{\dfrac{2}{3.8}} = 577.22[m]$ → 표에서 4[mm^2] 선정

M_2의 부하전류 $= \dfrac{20 \times \dfrac{22.79}{1}}{\dfrac{2}{3.8}} = 866.02[m]$ → 표에서 4[mm^2] 선정

M_3의 부하전류 $= \dfrac{20 \times \dfrac{30.39}{1}}{\dfrac{2}{3.8}} = 1154.82[m]$ → 표에서 4[mm^2] 선정

H의 부하전류 $= \dfrac{20 \times \dfrac{13.64}{1}}{\dfrac{2}{3.8}} = 518.32[m]$ → 표에서 4[mm^2] 선정

L의 부하전류 $= \dfrac{20 \times \dfrac{3.64}{1}}{\dfrac{2}{3.8}} = 138.32[m]$ → 표에서 4[mm^2] 선정

□□□ 95, 20

17 다음은 전동기의 결선도이다. 물음에 답하시오. (16점)

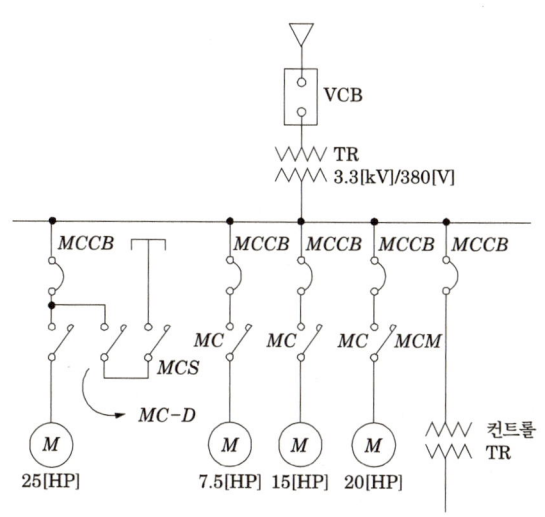

변압기 표준용량 [kVA]						
50	75	100	150	200	250	

(1) 3상 교류 유도 전동기이다. 20 [HP] 전동기의 분기회로의 설계전류를 계산하시오.

　○ _____

(2) 상기 결선도의 3상 교류 유도 전동기의 변압기 용량을 계산하시오.
((1), (2)항의 수용률은 0.65이고, 역률 0.9, 효율은 0.8이다.)

　○ _____

(3) 25 [HP] 3상 농형 유도 전동기의 3선 결선도를 작성하시오.

　○ _____

(4) CONTROL TR(제어용 변압기)의 목적은?

　○ _____

(5) 한국전기설비규정에 의한 간선의 과전류차단기 시설기준인 nominal current rule의 식을 쓰고 기호가 무엇을 의미하는지 쓰시오.

　○ _____

강의 NOTE

■ 도체와 과부하 보호장치 사이의 협조
과부하에 대해 케이블(전선)을 보호하는 장치의 동작특성은 다음의 조건을 충족해야 한다.

$I_B \leq I_n \leq I_Z$ ‥‥‥‥ ①
$I_2 \leq 1.45 \times I_Z$ ‥‥‥‥ ②

I_B : 회로의 설계전류
I_Z : 케이블의 허용전류
I_n : 보호장치의 정격전류
I_2 : 보호장치가 규약시간 이내에 유효하게 동작하는 것을 보장하는 전류

1. 조정할 수 있게 설계 및 제작된 보호장치의 경우, 정격전류 I_n은 사용현장에 적합하게 조정된 전류의 설정 값이다.
2. 보호장치의 유효한 동작을 보장하는 전류 I_2는 제조자로부터 제공되거나 제품 표준에 제시되어야 한다.
3. 식 2에 따른 보호는 조건에 따라서는 보호가 불확실한 경우가 발생할 수 있다. 이러한 경우에는 식 2에 따라 선정된 케이블보다 단면적이 큰 케이블을 선정하여야 한다.
4. I_B는 선도체를 흐르는 설계전류이거나, 함유율이 높은 영상분 고조파(특히 제3고조파)가 지속적으로 흐르는 경우 중성선에 흐르는 전류이다.

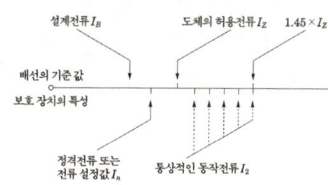

| 작성답안

(1) $P = \dfrac{0.746 \times 마력}{역률 \times 효율} = \dfrac{0.746 \times 20}{0.9 \times 0.8} = 20.72 \, [\text{kVA}]$

$I = \dfrac{P}{\sqrt{3}\,V} = \dfrac{20.72}{\sqrt{3} \times 0.38} = 31.48 \, [\text{A}]$

답 : 31.48[A]

(2) $P_a = \dfrac{(7.5 + 15 + 20 + 25) \times 0.65 \times 0.746}{0.9 \times 0.8} = 45.46 \, [\text{kVA}]$

(3)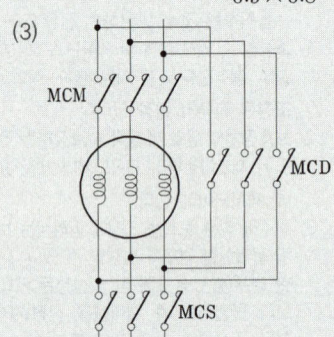

(4) 높은 전압을 제어기기에 적합한 저전압으로 변성하여 제어기기의 조작 전원으로 공급

(5) $I_B \leq I_n \leq I_Z$

　　I_B : 회로의 설계전류

　　I_Z : 케이블의 허용전류

　　I_n : 보호장치의 정격전류

□□□ 01, 05, 06, 18 新規

18 그림과 같은 간이 수전 설비에 대한 결선도를 보고 다음 각 물음에 답하시오. (8점)

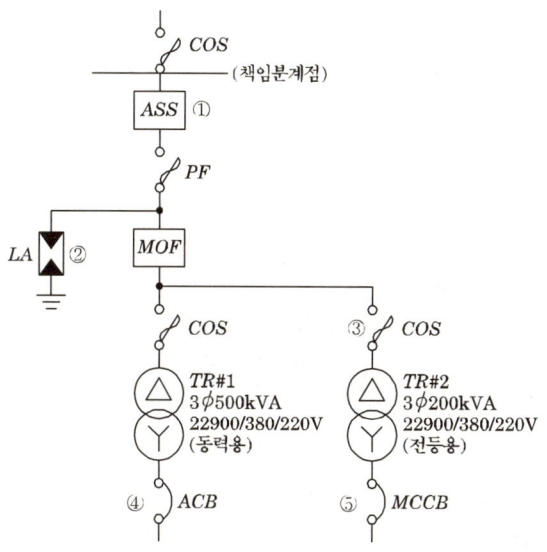

(1) 수전실의 형태를 Cubicle Type으로 할 경우 고압반(HV : High voltage) 4면과 저압반(LV : Low voltage)은 2개의 면으로 구성되어 있다. 수용되는 기기의 명칭을 쓰시오.

　○

(2) 최대설계전압과 정격전류를 구하시오.
　① ASS
　○
　② LA
　○
　③ COS
　○

(3) ④, ⑤ 차단기의 용량(AF, AT)은 어느 것을 선정하면 되겠는가? (단, 역률은 100 [%]로 계산하며, ④의 경우 설계전류는 500[A], ⑤의 경우는 전부하 전류를 기준으로 한다. 참고자료를 이용하여 한국전기설비규정에 의해 답하시오)

　○

강의 NOTE

■ 고압반

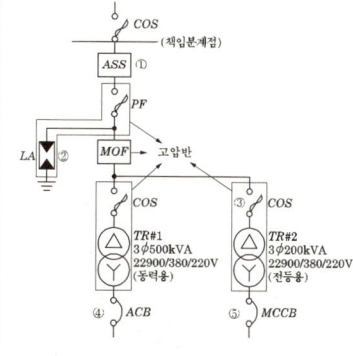

명칭	정격전압	정격전류	개요 및 특성
고장구간 자동개폐기 (ASS) Automatic Section Switch	25.8	200A	• 22.9kV-Y 전기사업자 배전계통에서 부하용량 4000 kVA (특수부하 2000 kVA) 이하의 분기점 또는 7000 kVA 이하의 수전실 인입구에 설치하여 과부하 또는 고장전류 발생시 전기사업자측 공급선로의 타 보호기기 (Recloser, CB 등)와 협조하여 고장구간을 자동 개방하여 사고를 방지한다. • 전 부하상태에서 자동 또는 수동 투입 및 개방 가능 • 과부하 보호기능 • 제작회사마다 명칭과 특성이 조금씩 다름
컷아웃 스위치 (COS) Cut Out Switch	25	30, 50 100, 200	• 변압기 및 주요 기기 1차측에 시설하여 단락보호용으로 사용 • 단상분기선에서 사용하여 과전류 보호

정격전류 : 15~30A, 40~100A

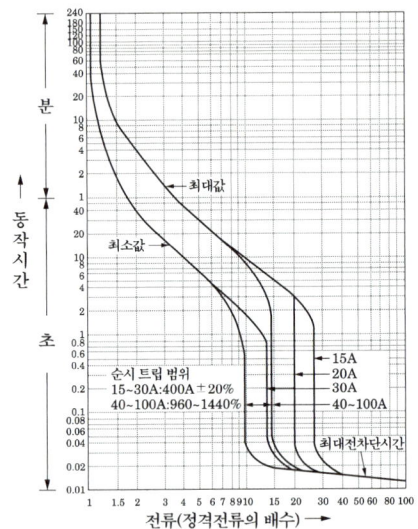

정격전류 : 125~225A

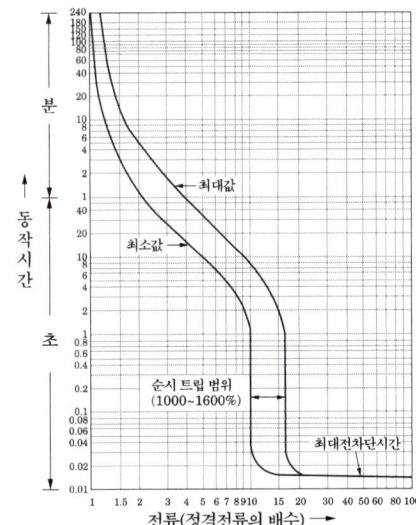

정격전류 : 250~400A

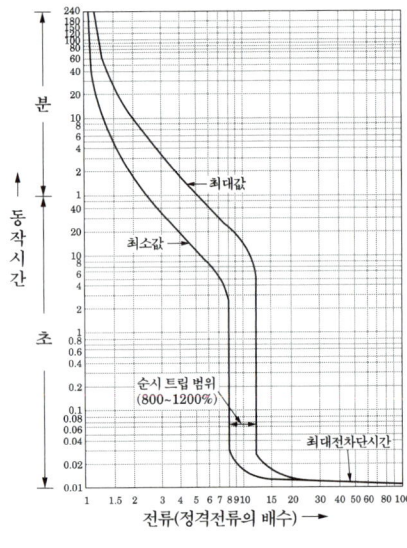

정격전류 : 500~800A

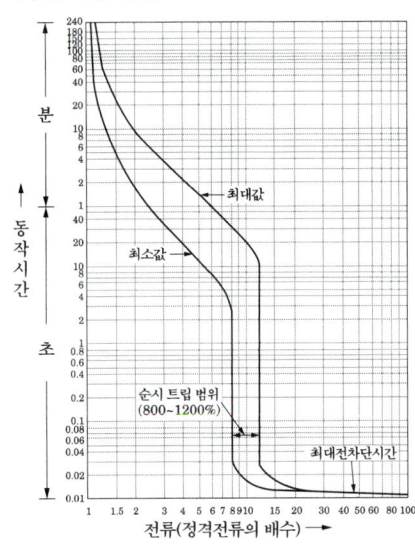

(4) 단상 변압기 3대를 Δ-Y 결선하는 복선도를 작성하시오.

| 작성답안

(1) • 고압반 : 피뢰기, 전력 수급용 계기용 변성기, 전등용 변압기, 동력용 변압기, 컷아웃스위치, 전력퓨즈
   • 저압반 : 기중 차단기, 배선용 차단기

(2) ① 설계최대전압 : 25.8 [kV], 정격전류 : 200 [A]
   ② 설계최대전압 : 18 [kV], 정격전류 : 2,500 [A]
   ③ 설계최대전압 : 25 [kV] 또는 25.8 [kV], 정격전류 : 100 [AF], 8 [A]

(3) ④ 계산 : 전동기의 설계전류가 500[A]이고 기동전류는 3500[A]가 된다.

$$I_N > \frac{I_{ms}}{b} = \frac{3500}{5} = 700[A]$$ 이므로 800AT 선정

(일반적으로 과전류 차단기의 정격이 100A이하에서는 3배, 125A이상에서는 5배를 적용하면 일반적으로 문제가 되지 않는다. 경우에 따라 4배를 적용하는 경우도 있다.)

• 기동전류가 3500[A]이므로 $\frac{3500}{630}=5.56$ 배이므로 참고자료 표의 정격전류의 배수 5.56배에서 10초 이내 동작한다.

• 기동전류가 3500[A]이므로 $\frac{3500}{800}=4.38$ 배이므로 참고자료 표의 정격전류의 배수 4.38배에서 10초 이내 동작하지 않는다.

• 기동돌입전류 5250[A]이므로 $\frac{5250}{630}=8.33$ 배이므로 기동돌입전류의 배수 8.33배에서 0.03초 이내 동작한다.

• 기동돌입전류 5250[A]이므로 $\frac{5250}{800}=6.56$ 배이므로 기동돌입전류의 배수 6.56배에서 0.03초 이내 동작하지 않는다.

전동기의 경우 돌입전류는 0.3초에 기동전류의 대략 1.5배정도가 흐르며 기동전류는 설계전류의 대략 7배로 10초 정도 흐른다. 기동돌입전류에 동작하지 않으며, 기동전류에 10동안 동작하지 않으며 1.3배의 전류에 12분에 동작하므로 만족한다.

$$I_N > I_{ms} \times 1.5 \times \frac{1}{n} = 3500 \times 1.5 \times \frac{1}{8}$$ 만족한다.

∴ $I_B \leq I_n \leq I_Z$ 의해 800AT 800AF 선정한다.
답 : AF-800 [A], AT-800 [A]

⑤ 계산 : $I_1 = \frac{200 \times 10^3}{\sqrt{3} \times 380} = 303.87$ [A]

∴ AF : 400 [A], AT : 350 [A]

1.05배에 동작하지 않으며 1.3배의 전류에 12분에 동작하므로 120분 이내에 동작하여 만족한다.
답 : AF-400 [A], AT-350 [A]

(4)
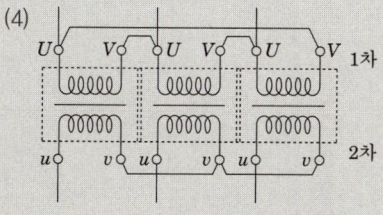

■ 표 212.3-2 과전류트립 동작시간 및 특성 (산업용 배선차단기)

정격전류의 구분	시간	정격전류의 배수 (모든 극에 통전)	
		부동작 전류	동작 전류
63 A 이하	60분	1.05배	1.3배
63 A 초과	120분	1.05배	1.3배

□□□ 91, 98, 07, 14, 20

19 전원 전압이 100[V]인 회로에서 600[W]의 전기솥 1대, 350[W]의 다리미 1대, 150[W]의 텔레비젼 1대를 사용할 때 10[A]의 고리 퓨즈는 어떻게 되겠는지 그 상태와 그 이유를 설명하시오. (5점)

- 상태 :
  ○
- 이유 :
  ○

| 작성답안

부하 전류 $I = \dfrac{600+350+150}{100} = 11$ [A]

상태 : 용단되지 않는다.

이유 : 4 A 초과 16 A 미만의 경우 불용단 전류는 1.5배이므로 용단되어서는 안 된다.

강의 NOTE

■ 한국전기설비규정 212.3.4 보호장치의 특성
1. 과전류 보호장치는 KS C 또는 KS C IEC 관련 표준(배선차단기, 누전차단기, 퓨즈 등의 표준)의 동작특성에 적합하여야 한다.
2. 과전류차단기로 저압전로에 사용하는 범용의 퓨즈(「전기용품 및 생활용품 안전관리법」에서 규정하는 것을 제외한다)는 표 212.3-1 에 적합한 것이어야 한다.

표 212.3-1 퓨즈(gG)의 용단특성

정격전류의 구분	시간	정격전류의 배수	
		불용단전류	용단전류
4 A 이하	60분	1.5배	2.1배
4 A 초과 16 A 미만	60분	1.5배	1.9배
16 A 이상 63 A 이하	60분	1.25배	1.6배
63 A 초과 160 A 이하	120분	1.25배	1.6배
160 A 초과 400 A 이하	180분	1.25배	1.6배
400 A 초과	240분	1.25배	1.6배

□□□ 99

20 290 [m²]의 건평을 가지는 주택이 있다. 주어진 표를 이용하여 다음 각 물음에 답하시오. (5점)

(1) 이 주택에 전력을 공급할 간선의 최대 사용 전류를 계산하시오.
(단, 전등 및 소형 기계 기구의 사용 전압은 200 [V]라고 가정한다.)
  ○

(2) 이 주택에 전력을 공급할 간선의 굵기를 계산하시오. (단, 간선의 선로 길이는 40 [m]이고, 전압 강하는 2 [V]로 한다.)
  ○

[표 1] 전등 및 소형 전기 기구의 설비와 수용률

건물종별	[W/m²]	수용률을 적용할 부하[W]	수용률[%]
일반 창고	2.5	12500 [W] 이하 12500 [W] 초과	100 50
상업용 창고	5	총 와트수	100
교회, 공회당, 병기고	10	총 와트수	100
여관	15	총 와트수	100
호텔	20	20000 [W] 이하 20001~100000 [W] 이하 100000 [W] 초과	50 40 30
병원	20	50000 [W] 이하 50000 [W] 초과	40 20
식당, 은행, 회의소, 법원, 공장	20	총 와트수	100
학교, 이발관, 미용원, 상점	30	총 와트수	100
주택, 아파트	40	3000 [W] 이하 3001~120000 [W] 이하 120000 [W] 초과	100 35 25
사무소	50	총 와트수	100
주택, 아파트를 제외한 건물의 집회실, 관람석, 현관, 낭하, 변소 작은 창고	10 2 2.5	각 그 건물의 수용률을 적용한다.	

[주] 1. 단위 면적당 부하와 수용률은 최소 부하 상태에서 역률 100 [%]인 경우의 값이다.
2. 방전등 회로의 시설은 고역률형을 쓰거나 전선 굵기를 증가할 것
3. 주택과 아파트는 각 세대별로 식당, 부엌, 세탁실의 전기 기구용으로 3000 [W]를 가산하여 동일 수용률을 적용할 것
4. 병원의 수술실, 호텔의 무용실, 식당 등과 같이 전 전등을 동시에 사용하는 곳은 간선 설계에 있어서 수용률 100 [%]를 적용한다.
5. 쇼윈도가 있는 상점은 쇼윈도 1 [m]당 600 [W]씩 가산한다.

강의 NOTE

■ 전등 및 소형 기계기구의 수용률표가 주어짐을 주의하여야 한다.

[표 2] 전선 최대 길이(1) (단상 2선식·전압 강하 1[V])

전류[A]	연선 [mm^2]												
	2.5	4	6	10	16	25	35	50	95	150	185	240	300
	전선 최대 길이 [m]												
1	149	226	384	606	802	1020	1320	1650	2180	2780	3460	4240	5420
2	75	113	192	303	401	512	660	823	1090	1390	1730	2120	2710
3	50	75	128	202	267	342	440	548	725	927	1150	1410	1810
4	37	57	96	152	200	256	330	411	544	696	865	1160	1350
5	30	45	77	121	160	205	264	329	435	556	692	848	1080
6	25	38	64	101	134	171	220	274	363	464	576	707	903
7	21	32	55	87	115	146	189	235	311	397	494	606	774
8	19	28	48	76	100	128	165	206	272	348	432	530	677
9	17	25	43	67	89	114	147	183	242	309	384	471	602
12	12	19	32	51	67	85	110	137	181	232	288	353	451
14	11	16	27	43	57	73	94	118	155	199	247	303	386
15	10	15	26	40	53	68	88	110	145	185	230	282	361
16	9.3	14	24	38	50	64	82	103	136	174	216	265	338
18	8.3	13	21	34	45	57	73	91	121	155	192	236	301
25	6.0	9.0	15	24	32	41	53	66	87	111	138	170	217
35	4.3	6.5	11	17	23	29	38	47	62	79	99	121	155
45	3.3	5.6	8.5	13	18	23	29	37	48	62	77	94	120

[주] 1. 전압 강하가 2[V] 또는 3[V]인 경우에는 전선 길이는 이 표의 2배 또는 3배가 된다. 다른 것도 이 예에 따른다.
2. 전류가 20[A] 또는 200[A]인 경우에는 전선 길이는 각각 이 표의 2[A]인 경우의 1/10 또는 1/100이 된다. 다른 것도 이 예에 따른다.

강의 NOTE

■ 전선최대길이

배선 설계의 길이 × $\dfrac{\text{부하의 최대 사용 전류 [A]}}{\text{표의 전류 [A]}}$

$\dfrac{\text{배선 설계의 전압 강하 [V]}}{\text{표의 전압 강하 [V]}}$

| 작성답안

(1) 계산 : $P = (290 \times 40 + 3000) = 14600 [W]$
수용률을 적용하면 $3000 + (14600 - 3000) \times 0.35 = 7060 [W]$
$I = \dfrac{7060}{200} = 35.3 [A]$

(2) 과정 : $L = \dfrac{40 \times \dfrac{35.3}{3}}{\dfrac{2}{1}} = 235.33 [m]$이므로 표 2, 3[A], 267[m]난에서 16[mm^2] 선정

답 : 16[mm^2]

21

다음 그림과 같이 클램프테스터로 전류를 측정하고자 한다. 주어진 조건을 참고하여 다음 각 물음에 답하시오. (11점)

[조건]
- 3상
- 공사방법 B2
- 허용전압강하 2[%]
- 분전반으로부터 전동기까지의 길이 70[m]
- 정격전류 50[A]
- XLPE 사용
- 주위온도 40 ℃

■ 클램프테스터

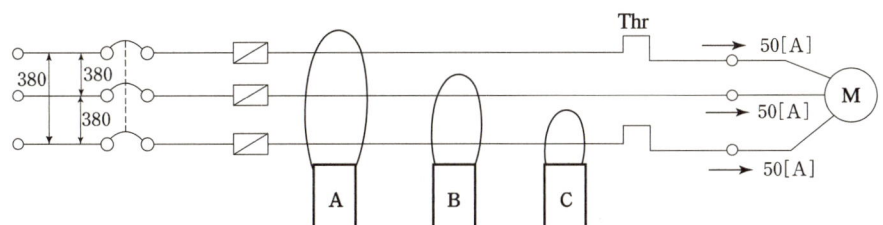

[표 1] XLPE 또는 EPR 절연, 3개 부하도체, 구리 또는 알루미늄

도체온도 : 90℃, 주위온도 : 기중 30℃, 지중 20℃

도체의 공칭 단면적 mm²	설치방법							
	A1	A2	B1	B2	C	D1	D2	
1	2	3	4	5	6	7	8	
구리								
1.5	17	16.5	20	19.5	22	21	23	
2.5	23	22	28	26	30	28	30	
4	31	30	37	35	40	36	39	
6	40	38	48	44	52	44	49	
10	54	51	66	60	71	58	65	
16	73	68	88	80	96	75	84	
25	95	89	117	105	119	96	107	
35	117	109	144	128	147	115	129	
50	141	130	175	154	179	135	153	
70	179	164	222	194	229	167	188	
95	216	197	269	233	278	197	226	
120	249	227	312	268	322	223	257	
150	285	259	342	300	371	251	287	
185	324	295	384	340	424	281	324	
240	380	346	450	398	500	324	375	
300	435	396	514	455	576	365	419	

[표 2] 기중케이블의 허용전류에 적용하는 대기 주위온도가 30 ℃ 이외인 경우의 보정계수

주위온도 ℃	절연체	
	PVC	XLPE 또는 EPR
10	1.22	1.15
15	1.17	1.12
20	1.12	1.08
25	1.06	1.04
35	0.94	0.96
40	0.87	0.91
45	0.79	0.87
50	0.71	0.82
55	0.61	0.76
60	0.50	0.71
65	–	0.65
70	–	0.58
75	–	0.50
80	–	0.41
85	–	–
90	–	–
95	–	–

(1) 공사방법과 주위 온도를 고려하여 전선의 굵기를 선정하시오. (단, 허용전압강하는 무시한다.)

○ _____

(2) 허용전압강하를 고려하였을 때 전선의 굵기를 선정하고, (1)의 조건을 만족하는 표준규격을 선정하시오.

○ _____

(3) 3상 평형이고 전동기가 정상운전 할 경우 A, B, C 클램프테스터에 표시되는 전류의 값을 다음 표에 기록하시오.

A	B	C

| 작성답안

(1) 표1에서 공사방법 B2에 60[A]에 보정계수 0.91 적용하면 54.6[A] 이므로 50[A]의 연속전류를 흘릴 수 있다.

∴ 전선의 굵기 10[mm^2] 선정

답 : 10[mm^2]

(2) 전압강하를 고려한 전선의 굵기

$A = \dfrac{17.8LI}{1,000e} = \dfrac{30.8 \times 70 \times 50}{1,000 \times 380 \times 0.02} = 14.18 \,[\text{mm}^2]$

∴ 전선의 굵기 16[mm^2] 선정

∴ (1)과 (2)의 조건을 모두 만족하는 16[mm^2] 선정

답 : • 전압강하를 고려한 전선의 굵기 : 16[mm^2]
　　• (1)과 (2)의 조건을 모두 만족하는 굵기 : 16[mm^2]

(3)

A	B	C
0[A]	50[A]	50[A]

□□□ 20

22 저압 케이블 회로의 누전점을 HOOK-ON하려고 한다. 다음 각 물음에 답하시오. (5점)

(1) 저압 3상 4선식 선로의 합성전류를 HOOK-ON 미터로 아래 그림과 같이 측정하였다. 부하측에서 누전이 없는 경우 HOOK-ON 미터 지시값은 몇 [A]를 지시하는지 쓰시오.

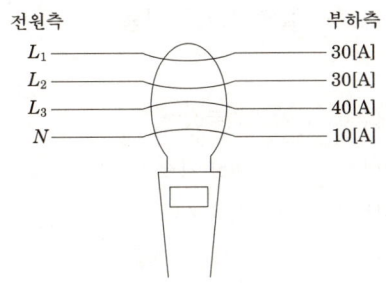

■ 전류의 측정

(1) L_3는 부하전류 30[A]와 지락전류 10[A]가 흐르며 10[A]는 중성선을 통해 흐르며 전류방향은 반대이다.

(2) • S지점에서의 검출 전류 : 지락전류가 흐르므로 3[A]를 지시한다.
　• K지점에서의 검출 전류 : 지락전류가 흐르지 않으므로 0[A]를 지시한다.

(2) 다른 곳에는 누전이 없고, G지점에서 3[A]가 누전되면 S지점에서 HOOK-ON 미터 검출 전류는 몇 [A]가 검출되고, K지점에서 HOOK-ON 미터 검출전류는 몇 [A]가 검출되는지 쓰시오.

- S지점에서의 검출 전류 :

  ○ _____

- K지점에서의 검출 전류 :

  ○ _____

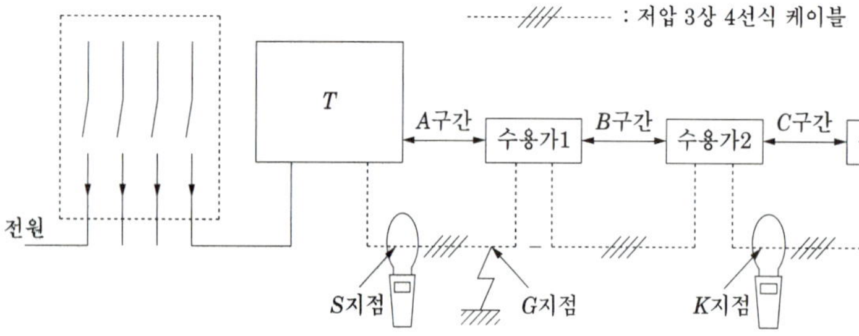

| 작성답안

(1) 0[A]를 지시한다.
(2) • S지점에서의 검출 전류 : 3[A]를 지시한다.
　　• K지점에서의 검출 전류 : 0[A]를 지시한다.

□□□ 99, 00, 13

23 사용 전압 200[V]인 3상 유도 전동기를 간선에 연결하려고 한다. 주어진 표를 이용하여 다음 물음에 답하시오. (단, 공사방법 B1, XLPE 절연전선을 사용하는 경우이다.)(6점)

상수	전압	용량	대수	기동방법
3상	200 [V]	3.7 [kW]	1대	직입 기동
		7.5 [kW]	1대	직입 기동
		15 [kW]	1대	기동 보상기 사용

(1) 간선에 흐르는 전체전류는 몇 [A]인가?

　○ _____

■ 전동기[kW]수의 총계
= 3.7 + 7.5 + 15 = 26.2[kW]

(2) 간선의 굵기는 몇 [mm²]인가?

   ○ _____

(3) 간선 과전류 차단기의 용량을 주어진 표를 이용하여 구하시오.

   ○ _____

(4) 간선 개폐기의 용량을 주어진 표를 이용하여 구하시오.

   ○ _____

[표 1] 3상 농형 유도전동기의 규약전류 값

출력[kW]	규약전류 [A]	
	200 [V]용	380 [V]용
0.2	1.8	0.95
0.4	3.2	1.68
0.75	4.8	2.53
1.5	8.0	4.21
2.2	11.1	5.84
3.7	17.4	9.16
5.5	26	13.68
7.5	34	17.89
11	48	25.26
15	65	34.21
18.5	79	41.58
22	93	48.95
30	124	65.26
37	152	80
45	190	100
55	230	121
75	310	163
90	360	189.5
110	440	231.6
132	500	263

【비고 1】 사용하는 회로의 전압이 220 [V]인 경우는 200 [V]인 것의 0.9배로 한다.

【비고 2】 고효율 전동기는 제작자에 따라 차이가 있으므로 제작자의 기술자료를 참조할 것

강의 NOTE

■ 규약전류에 의한 전류합계
= 17.4 + 34 + 65 = 116.4[A]

[표 2] 200 [V] 3상 유도전동기의 간선의 굵기 및 기구의 용량 (B종 퓨즈의 경우) (동선)

전동기 [kW] 수의 총계 [kW] 이하	최대 사용 전류 [A] 이하	배선종류에 의한 간선의 최소 굵기 [mm^2]						직입기동 전동기 중 최대용량의 것										
		공사방법 A1 3개선		공사방법 B1 3개선		공사방법 C1 3개선		0.75 이하	1.5	2.2	3.7	5.5	7.5	11	15	18.5	22	30	37-55
								기동기사용 전동기 중 최대용량의 것											
								–	–	–	5.5	7.5	11 / 15	18.5 / 22	–	30 / 37	–	45	55
		PVC	XLPE EPR	PVC	XLPE EPR	PVC	XLPE EPR	과전류차단기 (A) – (칸 위 숫자) 개폐기용량 (A) – (칸 아래 숫자)											
3	15	2.5	2.5	2.5	2.5	2.5	2.5	15/30	20/30	30/30	–	–	–	–	–	–	–	–	–
4.5	20	4	2.5	2.5	2.5	2.5	2.5	20/30	20/30	30/30	50/60	–	–	–	–	–	–	–	–
6.3	30	6	4	6	4	4	2.5	30/30	30/30	50/60	50/60	75/100	–	–	–	–	–	–	–
8.2	40	10	6	10	6	6	4	50/60	50/60	50/60	75/100	75/100	100/100	–	–	–	–	–	–
12	50	16	10	10	10	10	6	50/60	50/60	50/60	75/100	75/100	100/100	150/200	–	–	–	–	–
15.7	75	35	25	25	16	16	16	75/100	75/100	75/100	75/100	100/100	100/100	150/200	150/200	–	–	–	–
19.5	90	50	25	35	25	25	16	100/100	100/100	100/100	100/100	100/100	150/200	150/200	200/200	200/200	–	–	–
23.2	100	50	35	35	25	35	25	100/100	100/100	100/100	100/100	100/100	150/200	150/200	200/200	200/200	200/200	–	–
30	125	70	50	50	35	50	35	150/200	150/200	150/200	150/200	150/200	150/200	150/200	200/200	200/200	200/200	–	–
37.5	150	95	70	70	50	70	50	150/200	150/200	150/200	150/200	150/200	150/200	150/200	300/300	300/300	300/300	–	–
45	175	120	70	95	50	70	50	200/200	200/200	200/200	200/200	200/200	200/200	200/200	300/300	300/300	300/300	300/300	
52.5	200	150	95	95	70	95	70	200/200	200/200	200/200	200/200	200/200	200/200	300/300	300/300	300/300	400/400	400/400	
63.7	250	240	150	–	95	120	95	300/300	300/300	300/300	300/300	300/300	300/300	300/300	300/300	300/300	400/400	400/400	500/600
75	300	300	185	–	120	185	120	300/300	300/300	300/300	300/300	300/300	300/300	300/300	300/300	300/300	400/400	500/600	
86.2	350	–	240	–	–	240	150	400/400	400/400	400/400	400/400	400/400	400/400	400/400	400/400	400/400	400/400	400/400	600/600

【비고 1】 최소 전선의 굵기는 1회선에 대한 것이며, 2회선 이상인 경우는 복수회로 보정계수를 적용하여야 한다.

【비고 2】 공사방법 A1은 벽 내의 전선관에 공사한 절연전선 또는 단심케이블, B1은 벽면의 전선판에 공사한 절연전선 또는 단심케이블, C는 벽면에 공사한 단심 또는 다심케이블을 시설하는 경우의 전선의 굵기를 표시하였다.

【비고 3】 「전동기 중 최대의 것」에는 동시 기동하는 경우를 포함함.

【비고 4】 과전류차단기의 용량은 해당 조항에 규정되어 있는 범위에서 실용상 거의 최댓값을 표시함.

【비고 5】 과전류차단기의 선정은 최대용량의 정격전류의 3배에 다른 전동기의 정격전류의 합계를 가산한 값 이하를 표시함.

【비고 6】 고리퓨즈는 300 [A] 이하에서 사용하여야 한다.

| 작성답안

(1) 계산 : 표1의 규약전류에 의한 최대사용전류 $I = 17.4+34+65 = 116.4[A]$
  답 : 116.4[A]
(2) 과정 : 전동기 [kW]수의 총계 = 3.7+7.5+15 = 26.2 [kW]
  표의 30 [kW]란과 공사방법 B1의 XLPE란의 35 [mm^2] 선정
  답 : 35 [mm^2]
(3) 과정 : 전동기[kW] 수의 총계 = 3.7+7.5+15 = 26.2 [kW]
  표의 30 [kW]란과 기동기사용 15[kW]와 만나는 곳 칸 위 150[A] 선정
  답 : 150[A]
(3) 과정 : 전동기 [kW]수의 총계 = 3.7+7.5+15 = 26.2 [kW]
  표의 30 [kW]란과 기동기사용 15[kW]와 만나는 곳 칸 아래 200[A] 선정
  답 : 200[A]

□□□ 98, 00, 01, 16 ㊜ 94, 97, 03, 04, 06, 15

24
380 [V] 3상 유도전동기 회로의 간선의 굵기와 기구의 용량을 주어진 표에 의하여 설계하고자 한다. 다음 조건을 이용하여 간선의 최소 굵기와 과전류 차단기의 용량을 구하시오. (5점)

> 【조건】
> - 설계는 전선관에 3본 이하의 전선을 넣을 경우로 한다.
> - 공사방법은 B1, PVC 절연전선을 사용 한다.
> - 전동기 부하는 다음과 같다.
>   0.75 [kW] 직입기동 전동기 (2.53 [A])
>   1.5 [kW] 직입기동 전동기 (4.16 [A])
>   3.7 [kW] 직입기동 전동기 (9.22 [A])
>   3.7 [kW] 직입기동 전동기 (9.22 [A])
>   7.5 [kW] 기동기사용 (17.69 [A])

강의 NOTE

■ 전동기[kW]수의 합계
= 0.75 + 1.5 + 3.7 + 3.7 + 7.5
= 17.15[kW]

[표 1] 380 [V] 3상 유도전동기의 간선의 굵기 및 기구의 용량

전동기 [kW] 수의 총계 [kW] 이하	최대 사용 전류 [A] 이하	배선종류에 의한 간선의 최소 굵기 [mm²] ②						직입기동 전동기 중 최대 용량의 것											
		공사방법 A1		공사방법 B1		공사방법 C		0.75 이하	1.5	2.2	3.7	5.5	7.5	11	15	18.5	22	30	37
								Y-Δ 기동기 사용 전동기 중 최대 용량의 것											
								–	–	–	5.5	5.5	7.5	11	15	18.5	22	30	37
		PVC	XLPE, EPR	PVC	XLPE, EPR	PVC	XLPE, EPR	과전류 차단기 용량 [A] 직입기동[A](칸 위 숫자) Y-Δ기동(칸 아래 숫자)											
3	7.9	2.5	2.5	2.5	2.5	2.5	2.5	15	15	30	–	–	–	–	–	–	–	–	–
4.5	10.5	2.5	2.5	2.5	2.5	2.5	2.5	15	15	20	30	–	–	–	–	–	–	–	–
6.3	15.8	2.5	2.5	2.5	2.5	2.5	2.5	20	20	30	30 30	–	–	–	–	–	–	–	–
8.2	21	4	2.5	2.5	2.5	2.5	2.5	30	30	30	30 30	40 30	50 30	–	–	–	–	–	–
12	26.3	6	4	4	2.5	4	2.5	40	40	40	40 40	40 40	50 40	75 40	–	–	–	–	–
15.7	39.5	10	6	10	6	6	4	50	50	50	50 50	50 50	75 50	75 60	100 60	–	–	–	–
19.5	47.4	16	6	10	6	10	6	60	60	60	60 60	60 60	75 60	75 60	100 60	125 75	–	–	–
23.2	52.6	16	10	16	10	10	10	75	75	75	75 75	75 75	100 75	100 75	125 75	125 100	–	–	–
30	65.8	25	16	16	10	16	10	100	100	100	100 100	100 100	100 100	125 100	125 100	125 100	–	–	–
37.5	78.9	35	25	25	16	25	16	100	100	100	100 100	100 100	100 100	125 100	125 100	125 125	–	–	–
45	92.1	50	25	35	25	25	16	125 125	125 125	125 125	125 125	125 125	125 125	125 125	125 125	125 125	125 125	–	–
52.5	105.3	50	35	35	25	35	25	125 125	125 125	125 125	125 125	125 125	125 125	125 125	125 125	125 125	125 125	150 125	–
63.7	131.6	70	50	50	35	50	35	175 175	175 175	175 175	175 175	175 175	175 175	175 175	175 175	175 175	175 175	175 175	175 175
75	157.9	95	70	70	50	70	50	200 200	200 200	200 200	200 200	200 200	200 200	200 200	200 200	200 200	200 200	200 200	200 200
86.2	184.2	120	95	95	70	95	70	225 225	225 225	225 225	225 225	225 225	225 225	225 225	225 225	225 225	225 225	225 225	225 225

【비고 1】 최소 전선 굵기는 1회선에 대한 것이며, 2회선 이상일 경우는 부록 500-2의 복수회로 보정계수를 적용하여야 한다.
【비고 2】 공사방법 A1은 벽 내의 전선관에 공사한 절연전선 또는 단심케이블, B1은 벽면의 전선관에 공사한 절연전선 또는 단심케이블, 공사방법 C는 벽면에 공사한 단심 또는 다심케이블을 시설하는 경우의 전선 굵기를 표시하였다.
【비고 3】「전동기중 최대의 것」에 동시 기동하는 경우를 포함함
【비고 4】 배선용차단기의 용량은 해당 조항에 규정되어 있는 범위에서 실용상 최댓값을 표시함
【비고 5】 배선용차단기의 선정은 최대용량의 정격전류의 3배에 다른 전동기의 정격전류의 합계를 가산한 값 이하를 표시함
【비고 6】 배선용차단기를 배·분전반, 제어반 내부에 시설하는 경우는 그 반 내의 온도상승에 주의할 것

[표 2] 후강 전선관 굵기의 선정

도체 단면적 [mm^2]	전선 본수									
	1	2	3	4	5	6	7	8	9	10
	전선관의 최소 굵기[호]									
2.5	16	16	16	16	22	22	22	28	28	28
4	16	16	16	22	22	22	28	28	28	28
6	16	16	22	22	22	28	28	28	36	36
10	16	22	22	28	28	36	36	36	36	36
16	16	22	28	28	36	36	36	42	42	42
25	22	28	28	36	36	42	54	54	54	54
35	22	28	36	42	54	54	54	70	70	70
50	22	36	54	54	70	70	70	82	82	82
70	28	42	54	54	70	70	70	82	82	82
95	28	54	54	70	70	82	82	92	92	104
120	36	54	54	70	70	82	82	92		
150	36	70	70	82	92	92	104	104		
185	36	70	70	82	92	104				
240	42	82	82	92	104					

【비고1】 전선의 1본수는 접지선 및 직류회로의 전선에도 적용한다.
【비고2】 이 표는 실험결과와 경험을 기초로 하여 결정한 것이다.
【비고3】 이 표는 KS C IEC 60227-3의 450/750 [V] 일반용 단심 비닐절연전선을 기준한 것이다.

(1) 간선의 최소 굵기

　○ _____

(2) 과전류 차단기 용량

　○ _____

(3) 간선용 전선관의 굵기를 구하시오. (단, 접지선은 별도의 방법으로 처리한다.)

　○ _____

| 작성답안

(1) 계산 : 전동기 [kW]수의 합계 = 0.75+1.5+3.7+3.7+7.5 = 17.15 [kW]

표에서 전동기 [kW]수의 합계의 19.5란과 공사방법은 B1, PVC의 교차 하는 곳 10 [mm^2] 선정

답 : 10 [mm^2]

(2) 계산 : 전동기 [kW]수의 합계 = 0.75+1.5+3.7+3.7+7.5 = 17.15[kW]

표에서 전동기 [kW]수의 합계의 19.5란과 기동기 사용 전동기 중 최대용량의 것 7.5 [kW]의 교차하는 곳의 칸 아래(Y-Δ기동) 과전류차단기 용량 60 [A] 선정

답 : 60 [A]

(3) 표2에서 10[mm^2] 3가닥의 22호 선정

답 : 22호

□□□ 94, 99, 04 新規 97

25 200 [V] 3상 유도 전동기 부하에 전력을 공급하는 저압간선의 최소 굵기를 구하고자 한다. 전동기의 종류가 다음과 같을 때 200 [V] 3상 유도 전동기 간선의 굵기 및 기구의 용량표를 이용하여 각 물음에 답하시오. (단, 공사방법은 C, 전선은 PVC를 상용한다.)(9점)

【부하】
0.75 [kW]×1대 직입기동 전동기
1.5 [kW]×1대 직입기동 전동기
3.7 [kW]×1대 직입기동 전동기
3.7 [kW]×1대 직입기동 전동기

(1) 간선배선을 금속관 배선으로 할 때 간선의 최소 굵기는?

　○ _____

(2) 과전류 차단기의 용량은 몇 [A]를 사용하는가?

　○ _____

(3) 주개폐기 용량은 몇 [A]를 사용하는가?

　○ _____

■ 전동기[kW]수의 합계
= 0.75 + 1.5 + 3.7 + 3.7 = 9.65[kW]

[표1] 전동기 공사에서 간선의 전선 굵기·개폐기 용량 및 적정 퓨즈(220 [V], B종 퓨즈)

전동기 [kW] 수의 총계 ① [kW] 이하	최대 사용 전류 ①' [A] 이하	배선종류에 의한 간선의 최소 굵기 [mm²] ②						직입기동 전동기 중 최대 용량의 것									
		공사방법 A1		공사방법 B1		공사방법 C		0.75 이하	1.5	2.2	3.7	5.5	7.5	11	15	18.5	22	30	37~55
								기동기 사용 전동기 중 최대 용량의 것									
		PVC	XLPE, EPR	PVC	XLPE, EPR	PVC	XLPE, EPR	–	–	–	5.5	7.5	11,15	18.5,22	–	30,37	–	45	55
								과전류 차단기 [A] …… (칸 위 숫자) ③ 개폐기 용량 [A] …… (칸 아래 숫자) ④									
3	15	2.5	2.5	2.5	2.5	2.5	2.5	15/30	20/30	30/30	–	–	–	–	–	–	–
4.5	20	4	2.5	2.5	2.5	2.5	2.5	20/30	20/30	30/30	50/60	–	–	–	–	–	–
6.3	30	6	4	6	4	4	2.5	30/30	30/30	50/60	50/60	75/100	–	–	–	–	–
8.2	40	10	6	10	6	6	4	50/60	50/60	50/60	75/100	75/100	100/100	–	–	–	–
12	50	16	10	10	10	10	6	50/60	50/60	50/60	75/100	75/100	100/200	150/200	–	–	–
15.7	75	35	25	25	16	16	16	75/100	75/100	75/100	75/100	100/100	100/200	150/200	150/200	–	–
19.5	90	50	25	35	25	25	16	100/100	100/100	100/100	100/100	150/200	150/200	200/200	200/200	–	–
23.2	100	50	35	35	25	35	25	100/100	100/100	100/100	100/100	150/200	150/200	200/200	200/200	–	–
30	125	70	50	50	35	50	35	150/200	150/200	150/200	150/200	150/200	150/200	200/200	200/200	200/200	–
37.5	150	95	70	70	50	70	50	150/200	150/200	150/200	150/200	150/200	150/200	300/300	300/300	300/300	–
45	175	120	70	95	50	70	50	200/200	200/200	200/200	200/200	200/200	200/200	300/300	300/300	300/300	–
52.5	200	150	95	95	70	95	70	200/200	200/200	200/200	200/200	200/200	200/200	300/300	300/300	400/400	400/400
63.7	250	240	150	–	95	120	95	300/300	300/300	300/300	300/300	300/300	300/300	300/300	400/400	400/400	500/600
75	300	300	185	–	120	185	120	300/300	300/300	300/300	300/300	300/300	300/300	300/300	400/400	400/400	500/600
86.2	350	–	240	–	–	240	150	400/400	400/400	400/400	400/400	400/400	400/400	400/400	400/400	400/400	600/600

【비고1】 최소 전선 굵기는 1회선에 대한 것이며, 2회선 이상을 경우는 부록 500-2의 복수회로 보정계수를 적용하여야 한다.

【비고2】 공사방법 A1은 벽 내의 전선관에 공사한 절연전선 또는 단심케이블, B1은 벽면의 전선관에 공사한 절연전선 또는 단심케이블, 공사방법 C는 벽면에 공사한 단심 또는 다심케이블을 시설하는 경우의 전선 굵기를 표시하였다.

【비고3】 「전동기 중 최대의 것」에는 동시 기동하는 경우를 포함함.

【비고4】 과전류 차단기의 용량은 해당 조항에 규정되어 있는 범위에서 실용상 거의 최대값을 표시함.

【비고5】 과전류 차단기의 선정은 최대 용량의 정격전류의 3배에 다른 전동기의 정격전류의 합계를 가산한 값 이하를 표시함.

【비고6】 이 표의 전선 굵기 및 허용전류는 부록 500-2에서 공사방법 A1, B1, C는 표 A.52-5에 의한 값으로 하였다.

【비고7】 고리퓨즈는 300 [A] 이하에서 사용하여야 한다.

| 작성답안

(1) 계산 : 전동기 [kW]수의 총계 $P = 0.75 + 1.5 + 3.7 + 3.7 = 9.65$ [kW]
표의 12[kW] 난과 공사방법 C, 전선 PVC와 만나는 곳 10[mm²] 선정
답 : 10[mm²]

(2) 계산 : 전동기 [kW]수의 총계 $P = 0.75 + 1.5 + 3.7 + 3.7 = 9.65$ [kW]
표의 12[kW] 난과 직입기동중 최대의 것 3.7[kW]와 만나는 곳 75[A] 선정
답 : 75[A]

(3) 계산 : 전동기 [kW]수의 총계 $P = 0.75 + 1.5 + 3.7 + 3.7 = 9.65$ [kW]
표의 12[kW] 난과 직입기동중 최대의 것 3.7[kW]와 만나는 곳 100[A] 선정
답 : 100[A]

□□□ 98, 00 新規

26 다음 그림은 3φ3W, 60[Hz], 200[V], 7.5[kW](10[HP]) 직입 기동 3상 유도 전동기 1대에 대한 배선 설계도이다. 참고자료를 이용하여 다음 각 물음에 답하시오. (단, 후강 금속관 공사로 본다.)(5점)

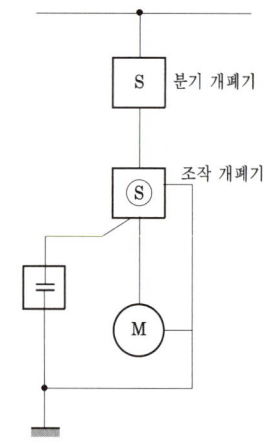

(1) 분기선 최소 굵기[mm²] 및 금속관의 최소 굵기 [mm]는? (단, 공사방법은 A1, 전선은 XLPE로 한다.)

• 분기선의 최소 굵기

  ○ _____

• 금속관의 최소 굵기

  ○ _____

(2) 분기 개폐기 용량[A] 및 과전류 보호기 용량[A]은?
- 개폐기 용량

  ○ _____

- 과전류 보호기 용량

  ○ _____

(3) 조작 개폐기 용량[A] 및 과전류 보호기 용량[A]은?
- 개폐기 용량

  ○ _____

- 과전류 보호기 용량

  ○ _____

(4) 접지도체의 최소 굵기는?

  ○ _____

(5) 초과 눈금 전류계[A] 눈금은?

  ○ _____

(6) 콘덴서의 [kVA] 용량 및 [μF] 용량은?
- kVA

  ○ _____

- μF

  ○ _____

[표1] 200[V] 3상 유도 전동기 1대인 경우의 분기회로(B종 퓨즈의 경우)

정격출력 [kW]	전부하전류 [A]	배선 종류에 의한 동 전선의 최소 굵기 [mm²]					
		공사방법 A1		공사방법 B1		공사방법 C	
		3개선		3개선		3개선	
		PVC	XLPE, EPR	PVC	XLPE, EPR	PVC	XLPE, EPR
0.2	1.8	2.5	2.5	2.5	2.5	2.5	2.5
0.4	3.2	2.5	2.5	2.5	2.5	2.5	2.5
0.75	4.8	2.5	2.5	2.5	2.5	2.5	2.5
1.5	8	2.5	2.5	2.5	2.5	2.5	2.5
2.2	11.1	2.5	2.5	2.5	2.5	2.5	2.5
3.7	17.4	2.5	2.5	2.5	2.5	2.5	2.5
5.5	26	6	4	4	2.5	4	2.5
7.5	34	10	6	6	4	6	4
11	48	16	10	10	6	10	6
15	65	25	16	16	10	16	10
18.5	79	35	25	25	16	25	16
22	93	50	25	35	25	25	16
30	124	70	50	50	35	50	35
37	152	95	70	70	50	70	50

정격출력 [kW]	전부하전류 [A]	개폐기용량 [A]				과전류차단기(B종 퓨즈) [A]				전동기용 초과눈금 전류계의 정격전류 [A]	접지선의 최소 굵기 [mm²]
		직입기동		기동기 사용		직입기동		기동기 사용			
		현장조작	분기	현장조작	분기	현장조작	분기	현장조작	분기		
0.2	1.8	15	15			15	15			3	2.5
0.4	3.2	15	15			15	15			5	2.5
0.75	4.8	15	15			15	15			5	2.5
1.5	8	15	30			15	20			10	4
2.2	11.1	30	30			20	30			15	4
3.7	17.4	30	60			30	50			20	6
5.5	26	60	60	30	60	50	60	30	50	30	6
7.5	34	100	100	60	100	75	100	50	75	30	10
11	48	100	200	100	100	100	150	75	100	60	16
15	65	100	200	100	100	100	150	100	100	60	16
18.5	79	200	200	100	200	150	200	100	150	100	16
22	93	200	200	100	200	150	200	100	150	100	16
30	124	200	400	200	200	200	300	150	200	150	25
37	152	200	400	200	200	200	300	150	200	200	25

【비고1】 최소 전선 굵기는 1회선에 대한 것이며, 2회선 이상일 경우는 부록 500-2의 복수회로 보정계수를 적용하여야 한다.

【비고2】 공사방법 A1은 벽 내의 전선관에 공사한 절연전선 또는 단심케이블, B1은 벽면의 전선관에 공사한 절연전선 또는 단심 케이블, 공사방법 C는 벽면에 공사한 단심 또는 다심케이블을 시설하는 경우의 전선 굵기를 표시하였다.

【비고3】 전동기 2대 이상을 동일회로로 할 경우는 간선의 표를 적용할 것

[표2] 후강 전선관 굵기의 선정

도체 단면적 [mm²]	전선 본수									
	1	2	3	4	5	6	7	8	9	10
	전선관의 최소 굵기[호]									
2.5	16	16	16	16	22	22	22	28	28	28
4	16	16	16	22	22	22	28	28	28	28
6	16	16	22	22	22	28	28	28	36	36
10	16	22	22	28	28	36	36	36	36	36
16	16	22	28	28	36	36	36	42	42	42
25	22	28	28	36	36	42	54	54	54	54
35	22	28	36	42	54	54	54	70	70	70
50	22	36	54	54	70	70	70	82	82	82
70	28	42	54	54	70	70	70	82	82	82
95	28	54	54	70	70	82	82	92	92	104
120	36	54	54	70	70	82	82	92		
150	36	70	70	82	92	92	104	104		
185	36	70	70	82	92	104				
240	42	82	82	92	104					

【비고1】 전선의 1본수는 접지선 및 직류회로의 전선에도 적용한다.
【비고2】 이 표는 실험결과와 경험을 기초로 하여 결정한 것이다.
【비고3】 이 표는 KS C IEC 60227-3의 450/750[V] 일반용 단심 비닐절연전선을 기준한 것이다.

[표 3] 3상 농형 유도전동기의 규약전류 값

출력 [kW]	규약전류 [A]	
	200 [V]용	380 [V]용
0.2	1.8	0.95
0.4	3.2	1.68
0.75	4.8	2.53
1.5	8.0	4.21
2.2	11.1	5.84
3.7	17.4	9.16
5.5	26	13.68
7.5	34	17.89
11	48	25.26
15	65	34.21
18.5	79	41.58
22	93	48.95
30	124	65.26
37	152	80
45	190	100
55	230	121
75	310	163
90	360	189.5
110	440	231.6
132	500	263

【비고 1】 사용하는 회로의 전압이 220 [V]인 경우는 200 [V]인 것의 0.9배로 한다.

【비고 2】 고효율 전동기는 제작자에 따라 차이가 있으므로 제작자의 기술자료를 참조할 것

[표 4] 역률 개선용 콘덴서(200 [V] 3상 유도 전동기의 경우)

출력 [kW]	설비 용량 기준 [μF]				출력 [kW]	설비 용량 기준 [μF]			
	50 [Hz]		60 [Hz]			50 [Hz]		60 [Hz]	
	[μF]	[kVA]	[μF]	[kVA]		[μF]	[kVA]	[μF]	[kVA]
0.2 이하	15	0.19	10	0.15	11	200	2.51	150	2.26
0.4	20	0.25	15	0.23	15	250	3.14	200	3.02
0.75	30	0.38	20	0.30	19	300	3.77	250	3.77
1	30	0.38	20	0.30	20	400	3.77	250	3.77
1.1	30	0.38	20	0.30	22	400	5.03	300	4.52
1.5	40	0.58	30	0.45	25	400	5.03	300	4.52
2	50	0.68	40	0.60	30	500	5.28	400	6.03
2.2	50	0.68	40	0.60	37	600	7.54	500	7.54
3	50	0.68	40	0.60	40	600	7.54	500	7.54
3.7	75	0.98	50	0.75	45	750	9.42	600	9.04
4	75	0.91	50	0.75	50	900	11.30	750	11.30
5	100	1.26	75	1.13	55	900	11.30	750	11.30
5.5	100	1.26	75	1.13					
7.5	150	1.28	100	1.51					
10	200	2.51	150	2.26					

| 작성답안

(1) • 분기선의 최소 굵기 : [표 1]에서 7.5[kW]의 XLPE와 만나는 6[mm²] 선정
  • 금속관의 최소 굵기 : [표 2]에서 6[mm²] 3가닥의 22[mm] 선정
(2) • 개폐기 용량 : [표 1]에서 7.5[kW] 직입기동 분기 100[A] 선정
  • 과전류 보호기 용량 : [표 1]에서 7.5[kW] 직입기동 분기 100[A] 선정
(3) • 개폐기 용량 : [표 1]에서 7.5[kW] 직입기동 현장조작 100[A] 선정
  • 과전류 보호기 용량 : [표 1]에서 7.5[kW] 직입기동 현장조작 75[A] 선정
(4) [표 1]의 7.5[kW]란의 10[mm²] 선정
(5) [표 1]의 7.5[kW]란의 30[A] 선정
(6) • kVA : [표 4]에서 7.5[kW]란의 1.51[kVA] 선정
  • μF : [표 4]에서 7.5[kW]란의 100[μF] 선정

□□□ 86, 95, 98, 14

27
다음 그림은 농형 유도 전동기를 공사방법 B1, XLPE 절연전선을 사용하여 시설한 것이다. 도면을 충분히 이해한 다음 참고자료를 이용하여 다음 각 물음에 답하시오. (단, 전동기 4대의 용량은 다음과 같다.)(8점)

① 3상 200 [V] 7.5 [kW]-직입 기동
② 3상 200 [V] 15 [kW]-기동기 사용
③ 3상 200 [V] 0.75 [kW]-직입 기동
④ 3상 200 [V] 3.7 [kW]-직입 기동

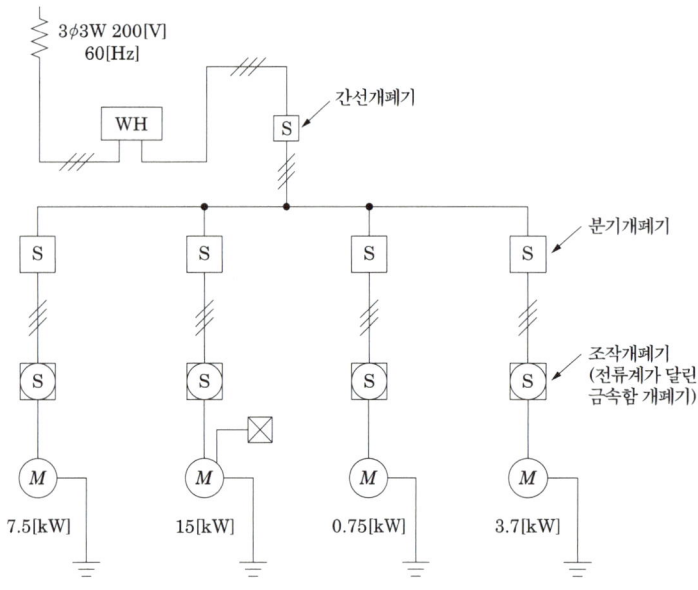

(1) 간선의 최소 굵기 [mm²] 및 간선 금속관의 최소 굵기는?

(2) 간선의 과전류 차단기 용량 [A] 및 간선의 개폐기 용량 [A]은?

(3) 7.5 [kW] 전동기의 분기 회로에 대한 다음을 구하시오.
① 개폐기 용량
- 분기 [A]

- 조작 [A]

강의 NOTE

- 전동기[kW]수의 총계
 = 7.5 + 15 + 0.75 + 3.7 = 26.95[kW]

② 과전류 차단기 용량
- 분기 [A]
  ○ _____
- 조작 [A]
  ○ _____

③ 접지선의 굵기 [mm²]
  ○ _____

④ 초과 눈금 전류계 [A]
  ○ _____

⑤ 금속관의 최소 굵기 [호]
  ○ _____

[표1] 200 [V] 3상 유도 전동기 1대인 경우의 분기회로 (B종 퓨즈의 경우)

정격 출력 [kW]	전부하 전류 [A]	배선 종류에 의한 동 전선의 최소 굵기 [mm²]					
		공사방법 A1		공사방법 B1		공사방법 C	
		3개선		3개선		3개선	
		PVC	XLPE, EPR	PVC	XLPE, EPR	PVC	XLPE, EPR
0.2	1.8	2.5	2.5	2.5	2.5	2.5	2.5
0.4	3.2	2.5	2.5	2.5	2.5	2.5	2.5
0.75	4.8	2.5	2.5	2.5	2.5	2.5	2.5
1.5	8	2.5	2.5	2.5	2.5	2.5	2.5
2.2	11.1	2.5	2.5	2.5	2.5	2.5	2.5
3.7	17.4	2.5	2.5	2.5	2.5	2.5	2.5
5.5	26	6	4	4	2.5	4	2.5
7.5	34	10	6	6	4	6	4
11	48	16	10	10	6	10	6
15	65	25	16	16	10	16	10
18.5	79	35	25	25	16	25	16
22	93	50	25	35	25	25	16
30	124	70	50	50	35	50	35
37	152	95	70	70	50	70	50

정격 출력 [kW]	전부하 전류 [A]	개폐기 용량[A]				과전류 차단기(B종 퓨즈) [A]				전동기용 초과눈금 전류계의 정격전류 [A]	접지선의 최소 굵기 [mm²]
		직입기동		기동기 사용		직입 기동		기동기 사용			
		현장 조작	분기	현장 조작	분기	현장 조작	분기	현장 조작	분기		
0.2	1.8	15	15			15	15			3	2.5
0.4	3.2	15	15			15	15			5	2.5
0.75	4.8	15	15			15	15			5	2.5
1.5	8	15	30			15	20			10	4
2.2	11.1	30	30			20	30			15	4
3.7	17.4	30	60			30	50			20	6
5.5	26	60	60	30	60	50	60	30	50	30	6
7.5	34	100	100	60	100	75	100	50	75	30	10
11	48	100	200	100	100	100	150	75	100	60	16
15	65	100	200	100	100	100	150	100	100	60	16
18.5	79	200	200	100	200	150	200	100	150	100	16
22	93	200	200	100	200	150	200	100	150	100	16
30	124	200	400	200	200	200	300	150	200	150	25
37	152	200	400	200	200	200	300	150	200	200	25

【비고1】 최소 전선 굵기는 1회선에 대한 것이며, 2회선 이상일 경우는 부록 500-2의 복수회로 보정계수를 적용하여야 한다.

【비고2】 공사방법 A1은 벽 내의 전선관에 공사한 절연전선 또는 단심케이블, B1은 벽면의 전선관에 공사한 절연전선 또는 단심 케이블, 공사방법 C는 벽면에 공사한 단심 또는 다심케이블을 시설하는 경우의 전선 굵기를 표시하였다.

【비고3】 전동기 2대 이상을 동일회로로 할 경우는 간선의 표를 적용할 것

[표 2] 전동기 공사에서 간선의 전선 굵기·개폐기 용량 및 적정 퓨즈 (200 [V], B종 퓨즈)

전동기 [kW] 수의 총계 ① [kW] 이하	최대 사용 전류 ① [A] 이하	배선종류에 의한 간선의 최소 굵기 [mm²] ②						직입기동 전동기 중 최대 용량의 것										
		공사방법 A1		공사방법 B1		공사방법 C		0.75 이하	1.5	2.2	3.7	5.5	7.5	11	15	18.5	22	30	37~55
								기동기 사용 전동기 중 최대 용량의 것											
								–	–	–	5.5	7.5	11 15	18.5 22	–	30 37	–	45	55
		PVC	XLPE, EPR	PVC	XLPE, EPR	PVC	XLPE, EPR	과전류 차단기 [A] …… (칸 위 숫자) ③ 개폐기 용량 [A] …… (칸 아래 숫자) ④											
3	15	2.5	2.5	2.5	2.5	2.5	2.5	15 30	20 30	30 30	–	–	–	–	–	–	–	–	–
4.5	20	4	2.5	2.5	2.5	2.5	2.5	20 30	20 30	30 30	50 60	–	–	–	–	–	–	–	–
6.3	30	6	4	6	4	4	2.5	30 30	30 30	50 60	50 60	75 100	–	–	–	–	–	–	–
8.2	40	10	6	10	6	6	4	50 60	50 60	50 60	75 100	75 100	100 100	–	–	–	–	–	–
12	50	16	10	10	10	10	6	50 60	50 60	50 60	75 100	75 100	100 100	150 200	–	–	–	–	–
15.7	75	35	25	25	16	16	16	75 100	75 100	75 100	75 100	100 100	100 100	150 200	150 200	–	–	–	–
19.5	90	50	25	35	25	25	16	100 100	100 100	100 100	100 100	150 200	150 200	200 200	200 200	–	–	–	–
23.2	100	50	35	35	25	35	25	100 100	100 100	100 100	100 100	150 200	150 200	200 200	200 200	200 200	–	–	–
30	125	70	50	50	35	50	35	150 200	150 200	150 200	150 200	150 200	150 200	200 200	200 200	200 200	–	–	–
37.5	150	95	70	70	50	70	50	150 200	150 200	150 200	150 200	150 200	150 200	150 200	200 300	300 300	300 300	–	–
45	175	120	70	95	50	70	50	200 200	200 200	200 200	200 200	200 200	200 200	200 300	300 300	300 300	300 300	300 300	–
52.5	200	150	95	95	70	95	70	200 200	200 200	200 200	200 200	200 200	200 200	200 300	300 400	400 400	400 400	400 400	–
63.7	250	240	150	–	95	120	95	300 300	300 300	300 300	300 300	300 300	300 300	300 300	300 400	400 400	400 400	500 600	–
75	300	300	185	–	120	185	120	300 300	300 300	300 300	300 300	300 300	300 300	300 300	300 400	400 400	400 400	500 600	–
86.2	350	–	240	–	–	240	150	400 400	400 400	400 400	400 400	400 400	400 400	400 400	400 400	400 400	400 400	400 400	600 600

【비고 1】 최소 전선 굵기는 1회선에 대한 것이며, 2회선 이상일 경우는 부록 500-2의 복수회로 보정계수를 적용하여야 한다.

【비고 2】 공사방법 A1은 벽 내의 전선관에 공사한 절연전선 또는 단심케이블, B1은 벽면의 전선관에 공사한 절연전선 또는 단심케이블, 공사방법 C는 벽면에 공사한 단심 또는 다심케이블을 시설하는 경우의 전선 굵기를 표시하였다.

【비고 3】 「전동기중 최대의 것」에 동시 기동하는 경우를 포함함

【비고 4】 과전류 차단기의 용량은 해당 조항에 규정되어 있는 범위에서 실용상 거의 최댓값을 표시함

【비고 5】 과전류 차단기의 선정은 최대 용량의 정격전류의 3배에 다른 전동기의 정격전류의 합계를 가산한 값 이하를 표시함

【비고 6】 이 표의 전선 굵기 및 허용전류는 부록 500-2에서 공사방법 A1, B1, C는 표 A.52-4와 표 A.25에 의한 값으로 하였다.

【비고 7】 고리퓨즈는 300 [A] 이하에서 사용하여야 한다.

[표 3] 후강전선관 굵기의 선정

도체 단면적 [mm^2]	전선 본수									
	1	2	3	4	5	6	7	8	9	10
	전선관의 최소 굵기 [호]									
2.5	16	16	16	16	22	22	22	28	28	28
4	16	16	16	22	22	22	28	28	28	28
6	16	16	22	22	22	28	28	28	36	36
10	16	22	22	28	28	36	36	36	36	36
16	16	22	28	28	36	36	36	42	42	42
25	22	28	28	36	36	42	54	54	54	54
35	22	28	36	42	54	54	54	70	70	70
50	22	36	54	54	70	70	70	82	82	82
70	28	42	54	54	70	70	70	82	82	82
95	28	54	54	70	70	82	82	92	92	104
120	36	54	54	70	70	82	82	92		
150	36	70	70	82	92	92	104	104		
185	36	70	70	82	92	104				
240	42	82	82	92	104					

| 작성답안

(1) 전동기 [kW]수의 총계 = 7.5 + 15 + 0.75 + 3.7 = 26.95 [kW]
　　표 2에서 30 [kW]란과 공사방법 B1, XLPE란의 교차점 35 [mm^2] 선정
　　표 3에서 35 [mm^2]란과 3본의 교차점 후강전선관 36호 선정
　　답 : 간선의 최소 굵기 : 35 [mm^2], 간선 금속관의 최소 굵기 : 36 [호]

(2) 전동기 [kW]수의 총계 = 7.5 + 15 + 0.75 + 3.7 = 26.95 [kW]이므로 표 2에서 30 [kW]란과
　　기동기 사용 15 [kW]란의 교차점에서 과전류 차단기 150 [A], 개폐기 200 [A] 선정
　　답 : 간선의 과전류 차단기 용량 : 150 [A], 간선의 개폐기 용량 : 200 [A]

(3) ① 개폐기 용량 : 표 1에서 7.5 [kW] 전동기 란의 분기 100 [A] 선정, 조작 100 [A] 선정
　　　답 : 개폐기 용량 - 분기 100 [A], 조작 100 [A]
　　② 과전류 차단기 용량 : 표 1에서 7.5 [kW] 전동기 란의 분기 100 [A] 선정, 조작 75 [A]
　　　선정
　　　답 : 과전류 차단기 용량 - 분기 100 [A], 조작 75 [A]
　　③ 접지선의 굵기 [mm^2]
　　　표 1에서 7.5 [kW] 전동기 란의 10 [mm^2] 선정
　　　답 : 10 [mm^2]
　　④ 초과 눈금 전류계 [A]
　　　표 1에서 7.5 [kW] 전동기 란의 30 [A] 선정
　　　답 : 30 [A]
　　⑤ 금속관의 최소 굵기 [호]
　　　표 3에서 4 [mm^2]란과 3가닥 란의 교차점 16 [호] 선정
　　　답 : 16호

□□□ 88, 91, 95, 02

28
공장 구내 사무실 건물에 110/220 [V] 단상 3선식을 채용하고, 공장 구내 변압기가 설치된 변전실에서 60 [m]되는 곳의 부하를 아래표 "부하 집계표"와 같이 배분하는 분전반을 시설하고자 한다. 이 건물의 전기 설비에 대하여 다음의 허용 전류표를 참고로 하여 다음 물음에 답하시오.(단, 전압 강하는 2 [%] 이하로 하여야 하고, 간선의 수용률은 100 [%]로 한다.)(14점)

(1) 전압강하를 고려한 간선의 굵기를 산정하시오.
   ○

(2) 간선 설비에 필요한 후강 전선관의 굵기를 산정하시오.
   ○

(3) 분전반의 복선 결선도를 작성하시오.
   ○

(4) 부하 집계표에 의한 설비 불평형률을 계산하시오.
   ※ 전선 굵기 중 상과 중성선(N)의 굵기는 같게 한다.
   ○

부하 집계표

회로 번호	부하 명칭	총부하 [VA]	부하분담 [VA] A선	부하분담 [VA] B선	NFB 크기 극수	NFB 크기 AF	NFB 크기 AT	비고
1	백열등	2,460	2,460		1	30	15	
2	형광등	1,960		1960	1	30	15	
3	전열	2,000	2,000 (AB간)		2	50	20	
4	팬코일	1,000	1,000 (AB간)		2	30	15	
합계		7,420						

[표 1] 전압 강하 및 전선 단면적을 구하는 공식

전기 방식	전압 강하	전선 단면적
단상 2선식 및 직류 2선식	$e = \dfrac{35.6LI}{1000A}$	$A = \dfrac{35.6LI}{1000e}$
3상 3선식	$e = \dfrac{30.8LI}{1000A}$	$A = \dfrac{30.8LI}{1000e}$
단상 3선식·직류 3선식·3상 4선식	$e' = \dfrac{17.8LI}{1000A}$	$A = \dfrac{17.8LI}{1000e'}$

단, e : 각 선간의 전압 강하 [V]
 e' : 외측선 또는 각 상의 1선과 중성선 사이의 전압 강하 [V]
 A : 전선의 단면적 [mm^2]
 L : 전선 1본의 길이 [m]
 I : 전류 [A]

■ 분전반 접속도

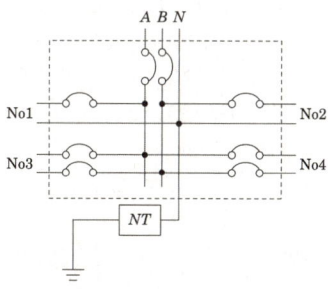

[표2] 후강 전선관 굵기의 선정

도체 단면적 [mm²]	전선 본수									
	1	2	3	4	5	6	7	8	9	10
	전선관의 최소 굵기[호]									
2.5	16	16	16	16	22	22	22	28	28	28
4	16	16	16	22	22	22	28	28	28	28
6	16	16	22	22	22	28	28	28	36	36
10	16	22	22	28	28	36	36	36	36	36
16	16	22	28	28	36	36	36	42	42	42
25	22	28	28	36	36	42	54	54	54	54
35	22	28	36	42	54	54	54	70	70	70
50	22	36	54	54	70	70	70	82	82	82
70	28	42	54	54	70	70	70	82	82	82
95	28	54	54	70	70	82	82	92	92	104
120	36	54	54	70	70	82	82	92		
150	36	70	70	82	92	92	104	104		
185	36	70	70	82	92	104				
240	42	82	82	92	104					

| 작성답안

(1) 부하가 큰 쪽을 기준으로 한 전류 $I = \dfrac{2,460}{110} + \dfrac{2,000 + 1,000}{220} = 36$ [A]

$e' = 110 \times 0.02 = 2.2$ [V]

$A = \dfrac{17.8LI}{1,000\,e'} = \dfrac{17.8 \times 60 \times 36}{1,000 \times 2.2} = 17.48$ [mm²]

표준규격 25 [mm²] 선정

답 : 25 [mm²]

(2) 표 2에 의하여 25 [mm²] 3본인 경우 28 [mm] 후강 전선관 선정

답 : 28 [mm]

(3)

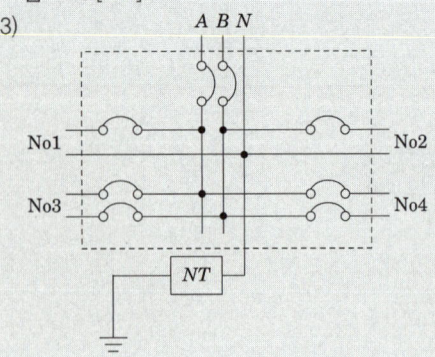

(4) 설비불평형률 = $\dfrac{\text{중성선과 각 전압측 전선간에 접속되는 부하설비 용량의 차}}{\text{총 부하 설비 용량의 1/2}} \times 100 [\%]$

$= \dfrac{2,460 - 1,960}{(2,460 + 1,960 + 2,000 + 1,000) \times \dfrac{1}{2}} \times 100 = 13.48$ [%]

답 : 13.48 [%]

29 저압 전로 중에 개폐기를 시설하는 경우에는 부하용량에 적합한 크기의 개폐기를 각 극에 설치하여야 한다. 그러나, 분기회로에서의 일부 분기개폐기는 생략이 가능하다. 답지 도면의 개폐기에서 생략 가능한 부분을 ☐ 로 표시하시오. (8점)

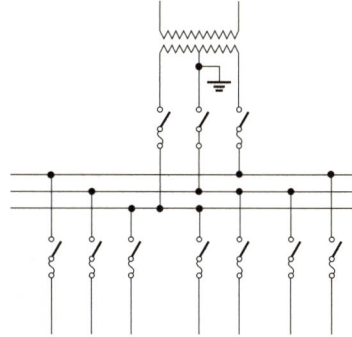

강의 NOTE

■ 과전류 차단기 시설 제한
(저압 접지다)
- 저압 가공 전선로의 접지측 전선
- 접지 공사의 접지선
- 다선식전로의 중성선

| 작성답안

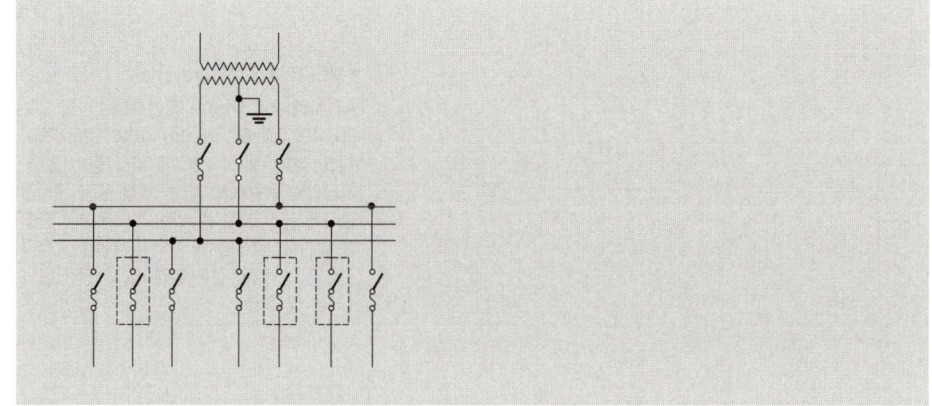

□□□ 02

30 배선용 차단기의 표면에 다음과 같이 표시되어 있다. 75 [A]와 100 [AF]를 각각 설명하시오. (4점)

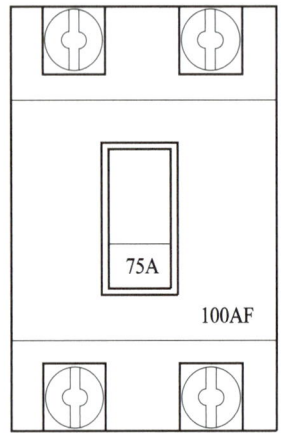

(1) 75 [A]

(2) 100 [AF]

강의 NOTE

- MCCB의 AF(Ampere Frame)

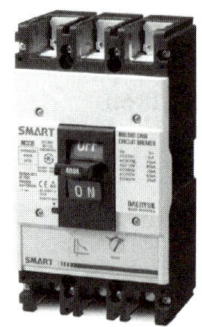

Frame의 사전적 의미는 뼈대, 구조, 틀이라는 의미를 가지고 있으며, Frame 용량은 일반적으로 30, 50, 60, 100, 225, 400, 600, 800, 1000, 1200.... 등으로 생산된다. 100AF/100AT과 100AF/75AT의 외형크기는 동일하다. AF는 프레임 용량으로 단락 등의 사고 시 화재, 폭발 등이 발생하지 않고 흘릴 수(견딜 수 있는)있는 최대 용량의 전류이다.

- MCCB AT(Ampere Trip)

AT(Ampere Trip)는 일반적으로 15, 20, 30, 40, 50, 60, 75, 80, 100, 125, 150, 175, 200, 225, 250, 300... 등이 있다. 차단기의 용량에서 AT는 트립 용량, 즉 안전하게 통전 시킬 수 있는 최대용량의 전류를 말한다. 배선용차단기의 정격전류는 정격전류의 1.1배의 전류에 견디고, 정격전류의 1.6배 및 2배

| 작성답안

(1) 차단기 트립 전류
(2) 차단기 프레임 전류

KEYWORD 24 조명부하설비

01 빛

에너지는 전자파 형태로 전달되며, 이 에너지는 파장에 따라 각각의 고유한 성질을 가지고 있다. 이를 구별하여 감마선, X선, 자외선, 가시광선, 적외선, 마이크로파라 하며, 이중 눈의 감각에 자극을 주어 시각 대상물(물체)을 볼 수 있도록 한 전자파를 가시광선(빛)이라 한다.

에너지가 전자파 형태로 전달되는 것을 복사 또는 방사라 하며, 빛은 이러한 방사 에너지의 일부이다. 즉, 빛은 시신경에 자극을 주어 시각을 일으키는 것으로 파장은 380[nm]에서 760[nm] 사이의 극히 적은 범위의 파장에 해당된다.

가시광선의 파장

색	보라	파랑	초록	노랑	주황	빨강
파장[nm]	380~430	430~452	452~550	550~590	590~640	640~760

02 시감도

망막에 전자파중 380~760 [nm]의 파장이 투사되면 광화학적 반응을 일으키며, 이것이 전기적 충격을 일으켜서 신경이 흥분되고 신경섬유를 거쳐서 뇌로 전달되어 시각이 일어난다. 이 광화학적 반응을 일으키는 파장을 빛이라 하며, 각파장마다 전기적인 충격이 다르게 나타나며, 세기도 다르게 된다. 이 파장 중 555 [nm]의 파장에서 가장 강한 광화학적 반응이 일어난다. 이를 최대 시감도라 한다.

방사 에너지에 의한 밝음의 느낌은 파장과 개인에 따라서 다르지만 많은 사람들에게 각 파장의 분광방사가 같은 밝음을 느끼게 하는 데 요하는 에너지량의 역수로 그 정도를 표시하고 이것을 시감도라 한다. 파장 555 [nm]의 방사는 최대 시감도로서 680 [lm/W]로 나타낸다.

강의 NOTE

■ 가시광선(빛)
빛은 눈에 느끼는 파장으로서 약 380~760 [nm] 사이의 극히 적은 범위의 전자파이다.

• 기 20
조명에서 광원이 발광하는 원리 3가지 쓰시오.

■ 빛의 파장 길이의 단위
빛의 파장 길이의 단위는 마이크로미터 (μm : 1백만분의1미터)와 나노미터 (nm : 마이크로미터의 1천분의 1)그리고 옹스트롬(Å : 나노미터의 1십분의1)으로 나타낸다.
1[m] = 1,000,000[μm]
= 1,000,000,000[nm]
= 10,000,000,000[Å]

최대시감도에 대한 다른 파장의 시감도의 비를 비시감도(relative luminous efficiency)라 하는데, 최대 시감도를 1로 하고 다른 파장에 대한 비시감도를 곡선으로 표시한 것을 비시감도 곡선이라 하며 아래 그림과 같다.

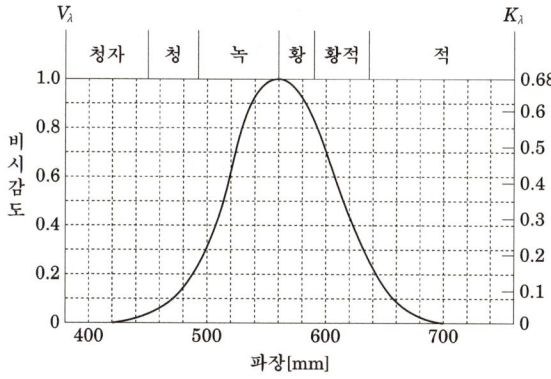

빛의 파장에 따른 비시감도 곡선

03 순응 (adaptation)

대낮에 어두운 곳에 들어가면 처음에는 컴컴하여 보이지 않으나 10분 정도 지나면 어두움에 익숙하게 되어 보이게 된다. 반대로 어두운 곳으로부터 밝은 옥외로 나오면 수 초간 눈이 부시지만 잠시 후엔 밝음에 익숙해진다. 이것은 눈에 들어오는 빛이 극히 적거나 전혀 없을 경우에는 눈의 감광도는 대단히 높아지며 반대로 눈에 들어오는 빛의 양이 크면 감광도는 오히려 떨어지기 때문이다. 이러한 현상을 순응이라 한다. 밝은 곳으로 나왔을 경우를 명순응(light adaptation)이라 하며, 감광도가 급격히 떨어져서 1~2분 정도이면 일정하게 되고, 어두운 곳에서는 암순응(dark adaptation)이라 하며, 망막은 1~2만 배의 감광도를 얻게 된다. 암순응으로 되는 시간은 약 30분 정도 필요하다. 이러한 현상들은 터널조명등의 설계에 고려된다. 터널의 입구는 암순응, 터널의 출구는 명순응으로 도로조명 설계에 적용된다.

04 눈부심(현휘 : Glare)

시야 내에 어떤 휘도로 인하여 불쾌, 고통, 눈의 피로, 시력의 일시적인 감퇴를 가져오는 현상을 눈부심(Glare)라 한다. 조명을 설계할 경우는 이 눈부심을 적극 피할 수 있도록 설계하여야 한다.

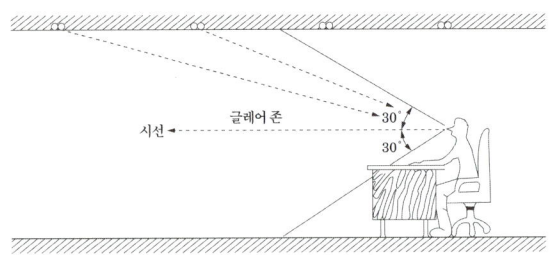

글레어존

1 원인

눈부심의 원인은 다음과 같다.
① 광원의 휘도가 과대할 때
② 눈에 들어오는 광속이 너무 많을 때
③ 광원을 오래 바라볼 때
④ 순응이 잘 안 될 때
⑤ 시선 부근에 광원이 있을 때
⑥ 광원과 배경 사이의 휘도대비가 클 때

2 눈부심의 종류

눈부심의 종류는 다음 표와 같이 4가지로 나타낸다.

눈부심의 종류

구분	특징
감능 글레어	시 대상물 주위에 고휘도의 광원이 있는 경우 망막 앞에 어떤 휘도를 갖는 광막 커튼이 쳐지므로 인해 시대상물의 식별능력을 저하시키는 현상
불쾌 글레어	눈부심으로 불쾌한 분위기를 느끼는 것으로 심한 휘도 차이로 눈의 피로, 불쾌감을 느껴 시력에 장애를 받는 것
직시 글레어	휘도가 높은 광원을 주시하였을 때 나타나는 현상으로 불쾌 글레어와 상호 관계를 갖는다.
반사 글레어	고 휘도 광원에서의 빛이 물질의 표면에서 반사하여 눈에 들어올 때 나타나는 현상으로 반사면이 평평하고 광택이 있는 면인 경우 또한 정 반사율이 높은 경우 강하게 나타난다.

강의 NOTE

■ 눈부심을 일으키는 휘도는 주위의 밝음에 따라 다르며, 일반적으로 항상 시야 내에 있는 광원으로서는 0.2[cd/cm^2] 이하이고, 때때로 시야 내에 들어오는 광원에 대해서는 0.5[cd/cm^2] 이하라야 한다. 형광등의 휘도는 보통 0.4[cd/cm^2]로서 잠깐 보아서는 눈이 부시지 않으나 항상 시야 내에 있어서는 안 될 광원이다.

● 기 11
눈부심이 있는 경우 작업능률의 저하, 재해 발생, 시력의 감퇴 등이 발생하므로 조명설계의 경우 이 눈부심을 적극 피할 수 있도록 고려해야 한다. 눈부심을 일으키는 원인 5가지만 쓰시오.

■ 눈부심의 원인
(오광순시 휘휘 : 오광순씨 휘휘 휘둘러요)
- 광원을 오래 바라볼 때
- 눈에 들어오는 광속이 너무 많을 때
- 순응이 잘 안 될 때
- 시선 부근에 광원이 있을 때
- 광원의 휘도가 과대할 때
- 광원과 배경 사이의 휘도대비가 클 때

3 눈부심의 방지

① 휘도가 낮은 광원(형광등)을 사용하든가, 또는 플라스틱 커버가 되어 있는 조명기구를 선정한다.
② 시선을 중심으로 해서 30° 범위 내의 글레어 존(glare zone)에는 광원을 설치하지 않는다.
③ 광원 주위를 밝게 한다.

■ 눈부심의 한계치
① 때때로 시야에 들어오는 대상 : 0.5cd/cm²
② 항상 시야에 들어오는 대상 : 0.2cd/cm²
③ 형광등의 경우 0.4cd/cm²이므로 때때로 쳐다보는 것은 무방하나 계속 주시하는 경우 눈부심을 일으키게 된다.

05 조명의 기초

● 기/산 98.19
● 산(유) 22

조명에서 사용되는 다음 용어의 정의를 설명하고, 그 단위를 쓰시오.
(1) 광속
(2) 광도
(3) 조도
(4) 휘도
(5) 광속 발산도

1 광속 (luminous flux) : F

전자파 형태로 전달되는 에너지의 총칭을 방사(放射)라 한다. 이 방사 에너지를 단위시간에 어떤 면을 통과하는 방사 에너지의 양으로 표시할 때 이것을 방사속(放射束 : radiant flux : [want. W])이라 한다. 방사속은 전자파의 일종이며, 이 방사속 중에서 사람의 눈이 빛을 시감하게 하는 것을 광속이라 한다. 광속은 380~760 [nm]의 파장을 가진다. 광속의 단위는 루멘(lumen : lm)을 사용한다.

2 광도 (luminous intensity)

모든 방향으로 광속이 발산되고 있는 점광원에서 어떤 방향의 광도라는 것은, 그 방향의 단위입체각에 포함되는 광속 수, 즉 발산광속의 입체각 밀도를 의미한다. 만약 입체각 ω 내에서 광속 F가 균등하다면 이 입체각의 모든 방향의 광도 I는

$$I = \frac{F}{\omega} \ [cd]$$

로 표현된다. 광도의 단위는 칸델라(candela : cd)이며, 1 [cd]는 단위입체각 (1 steradian) 내의 광속이 1 [lm]인 경우이다.

■ $\omega = 2\pi(1-\cos\theta)$ [sr]

■ 광도의 정의

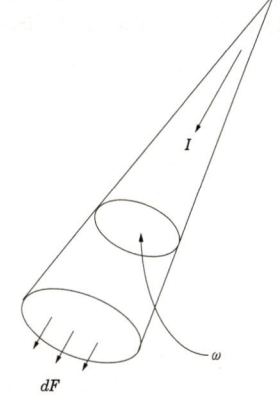

> 강의 NOTE

3 휘도 (輝度 : luminance)

광원을 보면 그 면이 빛나 보이며, 빛나고 있는 면을 보거나 반투명의 것을 반대쪽에서 보아도 밝게 보이는데, 이런 밝기를 휘도라 한다. 즉, 발광면의 어떤 방향의 휘도는 그 면과 그 방향의 광도를 광원의 정상면적으로 나눈 것으로 광도의 밀도를 말한다. 휘도의 단위로는 cd/m^2로 니트(nit : nt) 혹은 cd/cm^2로 스틸브(stilb : sb)를 사용한다.
휘도 분포가 적당치 못하고 휘도가 큰 광원이 직접 눈에 들어오면 눈에 피로가 온다. 따라서 적당한 휘도분포가 필요하며, 사람이 장시간 바라볼 수 없는 휘도의 한계는 약 5,000 [nt] 이상이다.

4 조도 (照度 : illumination)

어떤 면의 조도는 그 면에 투사되는 광속의 밀도를 말한다. 보통은 면의 평균조도를 말하는데, 면적 $A\,[m^2]$에 균등하게 광속 $F\,[lm]$이 투사되면 그 면의 평균조도 E는

$$E = \frac{F}{A}$$

이다. 단위로서는 $1\,[m^2]$의 피조면에 들어가는 광속이 $1\,[lm]$일 때의 조도를 $1\,[lx]$라 한다.
광도 $I\,[cd]$인 균등 점광원을 반지름 $R\,[m]$인 구의 중심에 놓을 경우, 구면 위의 모든 점의 조도 E는

$$E = \frac{F}{A} = \frac{4\pi I}{4\pi R^2} = \frac{I}{R^2} \; [lx]$$

5 광속발산도 (luminous emittance)

■ 광속발산도 단위
래드럭스(radlux : rlx) 또는 아포스틸브(apostilb : asb)가 사용되며, $1\,[rlx] = [asb] = 1\,[lm/m^2]$

물체가 보이는 것은 그 물체로부터 방사한 광속이 눈에 들어오기 때문이며, 물체의 밝음은 눈의 방향으로 방사되는 광속밀도에 따라 다르다. 어느 면의 단위면적으로부터 발산되는 광속, 즉 발산광속의 밀도를 광속발산도라 한다.

6 연색성 (演色性)

나트륨등으로 조명되고 있는 교량이나 터널 속에 들어가면 앞차의 색깔이 다르게 보이고, 또한 형광등으로 조명된 상점에서 양복을 사서 밖으로 나와 보면 다소 색조가 틀리게 보인다. 이와 같이 조명된 물체의 색의 보임이 다르게 보이는 성질을 연색성이라 하며, 연색성을 평가하는

수치로 나타낸 것이 연색평가지수(Ra)라 한다.
태양광선 밑에서 본 것보다 색의 보임이 떨어질수록 연색성이 떨어진다. Ra가 100이란 것은 그 광원의 연색성이 기준광과 동일하다는 것을 의미한다. 백열 전구, 할로겐등의 Ra는 100, 형광등은 60~80, 고압 나트륨등은 30, 메탈할라이드등은 80~90이다.

7 색온도 (色溫度)

어떤 광원의 광색이 어느 온도의 흑체의 광색과 같을 때, 그 흑체의 온도를 이 광원의 색온도라 한다. 이들 색온도는 흑체(黑體)라고 하는 이상적인 방사체를 표준으로 하며 이들 빛과 같은 색의 빛을 냈을 때의 흑체의 온도로 나타낸다.

> **강의 NOTE**
>
> • 기 15.21
> 다음 조명에 대한 각 물음에 답하시오.
> (1) 어느 광원의 광색이 어느 온도의 흑체의 광색과 같을 때 그 흑체의 온도를 이 광원의 무엇이라 하는지 쓰시오.
> (2) 빛의 분광 특성이 색의 보임에 미치는 효과를 말하며, 동일한 색을 가진 것이라도 조명하는 빛에 따라 다르게 보이는 특성을 무엇이라 하는지 쓰시오.

06 조도계산

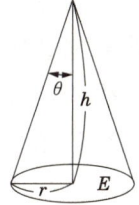

위 그림에서 점광원으로부터 h만큼 떨어진 반지름 a의 원형면의 평균 조도

① 입체각 $\omega = 2\pi(1-\cos\theta)$ [sr]

② 광도 $I = \dfrac{F}{\omega} = \dfrac{F}{2\pi(1-\cos\theta)}$ [cd]

③ 조도 $E = \dfrac{F}{A} = \dfrac{2\pi(1-\cos\theta)I}{\pi r^2}$ [lx]

여기서, 면적 $A = \pi r^2$ [m²]

> • 기 96.98.12
> • 산 22
> 지름 40[cm]인 완전 확산성 반구의 램프를 사용하여 평균 휘도가 1[cm²]에 대하여 0.4[cd]인 천장등을 가설하려고 한다. 기구의 효율을 0.85라 하면, 전구로부터 나오는 광속은 몇 [lm]이겠는가?
>
> • 기 17
> • 산(유) 17.22
> 그림과 같은 점광원으로부터 원뿔 밑면까지의 거리가 4[m]이고, 밑면의 반지름이 3[m]인 원형면의 평균 조도가 100[lx]라면 이 점광원의 평균 광도[cd]는?
>
> • 기 19
> 반사율, 투과율, 반지름인 완전 확산성 구형 글로브의 중심의 광도 의 점광원을 켰을 때, 광속 발산도는?
>
> • 기 90.21
> 지름 20[cm]의 구형 외구의 광속 발산도가 2000[rlx]라고 한다. 이 중심에 있는 균등 점광원의 광도는 얼마인가? 단, 외구의 투과율은 90[%]라 한다.

강의 NOTE

- 기 21
- 기(유) 98.19
- 기(유) 96.10
- 산(유) 11.19

다음 그림과 같이 냉각탑 환기팬에 높이 2.5[m]인 조명탑을 8[m] 간격을 두고 시설할 때 환기팬 중앙의 P 수평면 조도를 구하시오. 단, 중앙에서 광원으로 향하는 광도는 각각 270[cd]이다.

- 기 11.17

각 방향에 900[cd]의 광도를 갖는 광원을 높이 3[m]에 취부한 경우 직하로부터 30° 방향의 수평면 조도[lx]를 구하시오.

- 산 07.18.20

다음 ( )에 알맞은 내용을 쓰시오.
"임의의 면에서 한 점의 조도는 광원의 광도 및 입사각의 코사인에 비례하고 거리의 제곱에 반비례한다. 이와 같이 입사각의 코사인에 비례하는 것을 Lambert의 코사인 법칙이라 한다. 또 광선과 피조면의 위치에 따라 조도를 (①)조도, (②)조도, (③)조도 등으로 분류할 수 있다."

■ 슬림라인(Slim line)형광등의 장점
(양 전기 시점)
- 양광주가 길고 효율이 좋다.
- 전압 변동에 의한 수명의 단축이 없다.
- 필라멘트를 예열할 필요가 없어 기동 장치가 불필요하다.
- 순시 기동으로 점등에 시간이 짧다.
- 점등 불량으로 인한 고장이 없다.

■ 형광등이 백열 전구에 비하여 우수한 점
장점 (형수눈 열받아효)
- 형광체의 혼합에 의하여 주광색, 백색 등 필요로 하는 광색을 쉽게 얻을 수 있다.
- 수명이 길다.
- 눈부심, 휘도가 낮다.
- 열방사가 적다.
- 효율이 높다.
단점 (점등 역률온 깜빡했다)
- 점등에 시간이 걸린다.
- 역률이 나쁘다.
- 온도 영향을 받는다.
- 깜빡임(플리커)이 생기기 쉽다
- 부속장치가 필요하다.

- 산 19

형광방전램프의 점등방법에서 점등회로의 종류 3가지를 쓰시오.

• 법선조도, 수평면조도, 수직면조도

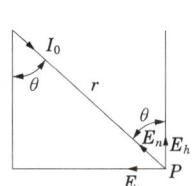 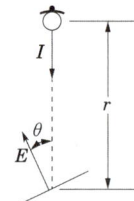

법선조도 $E_n = \dfrac{I}{r^2}$ [lx]

수평면 조도 $E_h = E_n \cos\theta = \dfrac{I}{r^2}\cos\theta = \dfrac{I}{h^2}\cos^3\theta$ [lx]

수직면 조도 $E_v = E_n \sin\theta = \dfrac{I}{r^2}\sin\theta = \dfrac{I}{h^2}\sin\theta\cos^2\theta$ [lx]

07 형광등

형광등은 수은 기체 방전을 이용한 저압수은등의 일종으로, 수은 기체 방전에서 방사된 자외선을 형광체에 조사하여 가시광을 만드는 광원이다. 형광등은 기동방식에 따라 스타터형(또는 예열기동형), 래피드스타드형(또는 속시기동형) 및 슬림라인형(또는 순시기동형) 등으로 분류한다.

형광등의 시동방식에 따른 시동원리

등의 종류	시동방식	시동원리	비고
스타터 형광등	수동스위치방식	수동으로 예열전류를 흘리고 인덕션킥 전압을 인가	일반적인 형광등의 시동방식
	글로스타터식	글로스타터에 의해 전극예열과 킥전압을 자동발생	
래피드스타트 형광등	M(내면도전식)	투명도전피막으로 등 내의 전위경도를 높여 시동보조	형광등에 시동보조 장치 내장
	J(외면도전띠-기구접속식)	원리는 M과 동일하나 외면도전띠를 기구와 전기적 접속	
	A(발수처리식)	외면을 실리콘도포기구에 근접(밀착) 도체 설치	실리콘도포 근접도체
슬림라인 형광등	고전압방식	전극의 예열 없이 자기누설 변압기에 의해 고전압 인가	냉음극의 순시기동형

T8 슬림라인 형광등이 현재는 많이 사용되며, 최근 T5(세관화)형광등이 개발되어 기존의 슬림라인 형광등보다 출력을 높이고 효율을 향상시켜 사용하고 있다.

T5 세관화 형광등

- 기존 T8(슬림라인)형광등에 비해 35% 이상으로 에너지절감과 16mm 관경으로 인해 기존 등기구에 비해 절반 크기로 형광등 중에 효율이 가장 높고, 극소량의 수은만 봉입함으로써 환경오염을 줄인 친환경 형광등이다.
- Reflecting 파우더의 Precoating 후 형광 파우더를 재도포하는 신기술적용. 형광등 중에서는 104 lm/W으로 효율이 가장 좋으며 광속유지율은 92%(10,000시간 기준), 수명은 16,000 시간(일반형광등은 4000시간)이며 연색성은 82 이상이다.
- 극소량의 수은만을 봉입함으로써 환경오염을 줄였으며 전체 체적이 T-10, T-8 형광램프에 비해 76%, 64%감소하였기 때문에 유리자원, 금속 자재 폐기물을 감소할 수 있다.

백열등과 비교해서 형광등의 특징은 다음과 같다.
① 수명이 길다.
② 임의의 색광을 얻을 수 있다.
③ 효율이 높다.
④ 휘도가 낮다.
⑤ 전원전압의 변동에 대하여 광속변동이 적다.
⑥ 기동시간이 길다.
⑦ 주위 온도의 영향을 받는다.
⑧ 역률이 낮다.
⑨ 전원주파수의 변동이 광속 수명에 영향을 미친다.
⑩ 빛의 명멸(flicker)현상이 있다.
⑪ 라디오 장해를 받는다.
⑫ 발열이 거의 없다.

강의 NOTE

■ T-5램프의 특징
(효연이 극기 수유)
- 효율이 좋다(형광등 중에서는 104 [lm/W])
- 연색성이 우수하다.
- 극소량의 수은만 봉입함으로써 환경오염을 줄인 친환경 형광등이다.
- 기존 형광램프에 비해 에너지 절약이 35 [%] 이상이 된다.
- 수명은 기존 형광램프보다 길다.(16,000 시간)
- 유리자원, 금속 자재 폐기물이 감소한다.

■ 연색성
표준연색성 평가계수로 자연광일 경우

• 기 14
T-5램프의 특징 5가지를 쓰시오.

• 산 92.95.98.02
형광등이 백열 전구에 비하여 우수한 점을 4가지만 쓰시오.

강의 NOTE

■ LED 램프의 특성
(수소는 효자. 친환경 적이다)
- 수명이 길다.
- 소형 및 경량이다.
- 효율이 좋다.
- 자외선 및 발열이 적다.
- 친환경적이다.

• 산 10
다음이 설명하고 있는 광원(램프)의 명칭을 쓰시오.
"반도체의 P-N접합구조를 이용하여 소수캐리어(전자 및 정공)를 만들어내고, 이들의 재결합에 의하여 발광시키는 원리를 이용한 광원(램프)으로 발광파장은 반도체에 첨가되는 불순물의 종류에 따라 다르다. 종래의 광원에 비해 소형이고 수명은 길며 전기에너지가 빛에너지로 직접 변환하기 때문에 전력소모가 적은 에너지 절감형 광원이다."

• 산 14
기존 광원에 비하여 LED 램프의 특성 5가지만 쓰시오.

• 기/산 88.91.94.95.03.06
HID Lamp에 대한 다음 각 물음에 답하시오.
(1) 이 램프는 어떠한 램프를 말하는가? (우리말 명칭 또는 이 램프의 의미에 대한 설명을 쓸 것)
(2) HID Lamp로서 가장 많이 사용되는 등기구의 종류를 3가지만 쓰시오.

08 LED 등

발광다이오드(Light emitting diode)는 고체 발광소자로서 일반 전기자기의 표시등이나 숫자 표시등에 사용되어 왔다. 초창기는 휘도가 낮고 광색이 한계가 있었으나 새로운 원료의 개발과 생산기술의 발전됨에 따라 백색을 포함한 가시광선 광역의 모든 색을 표현할 수 있는 고휘도 LED가 개발되어 광원으로 사용이 가능하게 되었다.

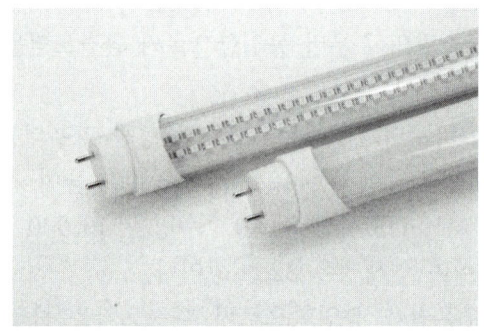

LED 형광등

① 수명이 길다.
② 낮은 소비전력을 갖는다.
③ 높은 신뢰성을 갖는다.
④ 일반 조명으로는 사용될 수 있다.(형광등, 할로겐램프 대용)
⑤ 사용범위가 넓다.(교통신호등, 항공유도등, 대형 전광판)
⑥ 충격에 강하다.
⑦ 소형 경량이다.
⑧ 환경오염이 적다.
⑨ 점등 속도가 매우 빠르다.
⑩ 고주파 점등으로 인한 다른 기기에 노이즈를 발생할 수 있다.

09 고휘도 방전램프

① 고압 수은등 : 도로조명, 고천장 공장조명, 실내외투광조명, 주차장, 터미널, 광장
② 고압 나트륨등 : 안개지역, 공항, 해안지역, 보안지역, 교량, 터미널, 호텔, 강변도로

③ 메탈 핼라이드 램프 : 연색성이 중시되는 고천장, 공장, 운동시설 (중계방송)

HIGH INTENSITY DISCHARGE LAMPS

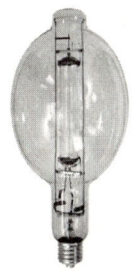
mercury vapor

high pressure sodium

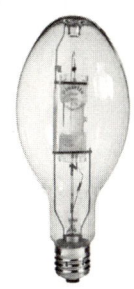
metal halide

10 건축화 조명

건축화 조명은 건축물의 천장이나 벽을 조명기구 겸용디자인으로 마무리하는 것으로서 조명기구의 배치방식에 의하면 거의 전반조명 방식에 해당되며, 조명기구 독립설치 방식에 비해 글레어의 제어나 빛의 공간배분 및 미관상 뛰어난 조명효과가 창출되므로 이를 고려한다.
① 건축화 조명은 천장면 이용방식은 매입형광등, 라인라이트, 다운라이트, 핀홀라이트, 코퍼라이트와 광천장조명, 루버천장조명 및 코오브조명의 형식을 사용한다.
② 벽면 이용방식은 코너조명, 코오니스조명, 밸런스조명 및 광창조명의 형식을 사용한다.

1 매입형광등 방식

가장 일반적인 천정 이용방식으로 "하면(下面) 개방형, 하면(下面) 확산판 설치형, 반매입형" 등이 있다.

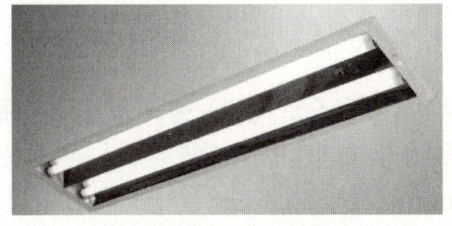

매입형광등 하면 개방형

■ 건축화 조명
• 천정면(광고라 다핀 꽃 매입)
 - 광천정조명
 - 코퍼(coffer)라이트
 - 라인라이트
 - 다운라이트
 - 핀홀라이트
 - 매입형광등
• 벽면(밸코오니 창)
 - 밸런스(valance) 조명
 - 코오니스(cornice) 조명
 - 광창조명

• 산 18.20.21
건축조명방식에서 천정면을 이용한 조명방식 3가지와 벽면을 이용하는 조명방식 3가지를 쓰시오.
 - 천정면
 - 벽면

2 다운라이트 방식

천장에 작은 구멍을 뚫고 조명기구를 매입하여 빛의 빔 방향을 아래로 유효하게 조명한다. 사무실에 배치 할 경우 균등하게 배치하고 인테리어 적으로 배치할 경우 random하게 배치한다.

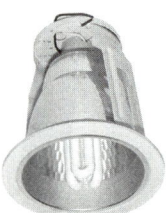

다운라이트

3 pin hole light

down-light의 일종으로 아래로 조사되는 구멍을 적게 하거나 렌즈를 달아 복도에 집중 조사되도록 한다.

4 coffer light

대형의 down light라고도 볼 수 있으며 천정면을 둥글게 또는 사각으로 파내어 내부에 조명기구를 배치하여 조명하는 방법을 말하며 기구 하부에 확산판넬등을 배치한다.

코퍼 라이트

5 line light

매입 형광등방식의 일종으로 형광등을 연속열로서 배치하는 것이며 형광등조명방식 중 가장 효과적인 조명방식이다. 이것은 종방향 line light, 황방향 line light, 사선 line light, 장방향 line light 등이 있다.

6 광천정 조명

실의 천정 전체를 조명기구화하는 방식으로 천정 조명 확산 판넬로서 유백색의 플라스틱판이 사용된다.

광천정 조명

7 루버 조명

실의 천정면을 조명기구화 하는 방식으로 천정면 재료로서 루버를 사용하여 보호각을 증가시킨다.

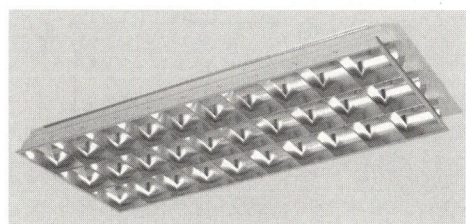

루버 조명

8 cove 조명

천정이나 벽면상부에 광원을 간접 조명화하여 천정면에 반사하여 조명하는 것을 말하며 효율은 대단히 나쁘지만 부드럽고 안정된 조명을 시행할 수 있다. 눈부심이 없고, 조도분포가 일정해 그림자가 없다.

코브라이트

9 코너(coner) 조명

천정과 벽면 사이에 조명기구를 배치하여 천정과 벽면에 동시에 조명하는 방법이다.

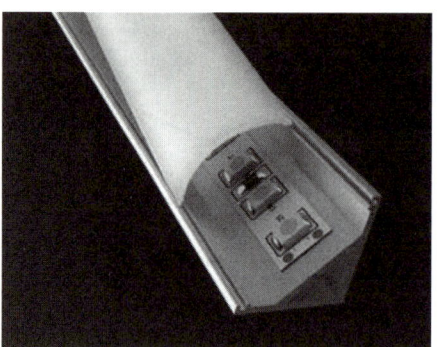

코너조명기구

10 코오니스(cornice) 조명

• 기 90.20
설계자가 크기, 형상 등 전체적인 조화를 생각하여 형광등 기구를 벽면 상방 모서리에 숨겨서 설치하는 방식으로 기구로부터의 빛이 직접 벽면을 조명하는 건축화 조명을 무슨 조명이라 하는가?

직접형광등기구를 벽면 위쪽에 설치하고, 목재나 금속판으로 광원을 숨김. 직접 빛이 벽면을 조명하는 방식

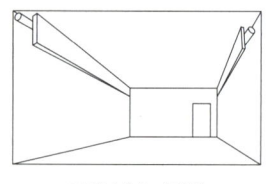

코오니스 조명

11 밸런스(valance) 조명

벽에 형광등기구를 설치해 목재, 금속판 및 투과율이 낮은 재료로 광원을 숨기며 직접광은 아래쪽 벽이나 커튼을, 위쪽은 천장을 비추는 분위기 조명방식이다.

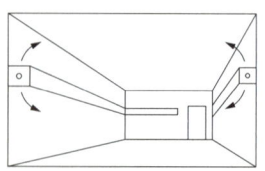

밸런스 조명

12 광창조명

지하실이나 자연광이 들어가지 않는 방에서 낮 동안 창문에서 채광되고 있는 청명한 느낌의 조명방식이다. 인공창의 뒷면에 형광등을 배치한다.

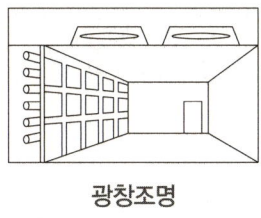

광창조명

11 조명의 설계(設計)

조명설비설계 순서는 일반적으로 다음과 같이 이루어진다.

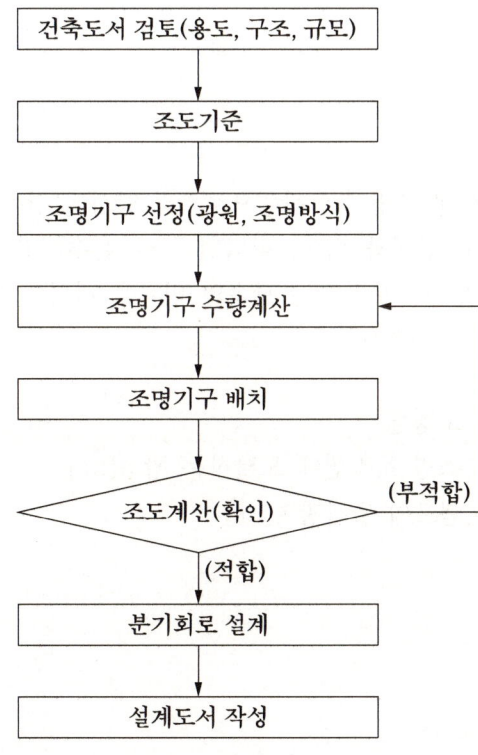

조명설계순서

강의 NOTE

• 기 89.90.94.97.00.02.05.16
면적 204[m²]인 방에 평균 조도 200[lx]를 얻기 위해 300[W] 백열 전등(전광속 5,500[lm], 램프 전류 1.5[A]) 또는 40[W] 형광등(전광속2,300[lm], 램프 전류 0.435[A])을 사용할 경우, 각각의 소요 전력은 몇 [VA]인가? (단, 조명률 55[%], 감광보상률 1.3, 공급 전압은 200[V], 단상 2선식이다.)

• 기 90.91.95.13
• 기(유) 85.93.99.11.12.03
• 기/산(유) 92.93.10.11
• 기(유) 89.98.99.01
• 산(유) 95.05
• 산(유) 95.07.10.17.22
• 산(유) 12.13.14.15
• 산(유) 93.99.01.04.08.12.13.15
• 산(유) 88.92.94.96.00.01.15.19
• 산(유) 88.90.91.92.94.96.97.00.01.02 05.07.11.15.16.18.19.

폭 20[m], 길이 30[m], 천장 높이 5[m]인 실내에 있는 작업면의 평균 조도를 200[lx]로 한 초기 소요 전등수를 구하시오. 단, 조명률은 50[%], 유지율은 70[%], 전구 광속은 8000[lm]이다.

• 기 89.90.97.07.00.02.09.10.16
• 기/산(유) 90.91.92.07.00.04.09.10.16
• 기(유) 94.01.06.11.12.20

가로 12[m], 세로 24[m]인 사무실 공간에 40[W] 2등용 형광등 기구의 전광속이 5,600[lm]이고 램프 전류 0.87[A]인 조명기구를 설치하려고 한다. 이때 평균 조도를 400[lx]로 할 경우, 이 사무실의 최소 분기회로 수는 얼마인가?(단, 조명률 61[%], 감광보상률 1.30이며, 전기방식은 220[V] 단상 2선식, 16[A] 분기회로로 한다.)

N개의 램프에서 방사되는 빛을 평면상의 면적 $A[\text{m}^2]$에 모두 집중 조사할 수 있다고 하고 램프 1개당 광속을 $F[\text{lm}]$이라 하면, 그 면의 평균조도를

$$E = \frac{F \cdot N}{A} [\text{lx}]$$

로 나타낸다. 이러한 평균조도 계산은 광속법과 설계여건에 따라 ZCM(Zonal Cavity Method)법을 채택할 수 있다.

$$E = \frac{F \cdot N \cdot U \cdot M}{A}$$

여기서, E : 평균조도 [lx]
F : 램프 1개당 광속 [lm]
N : 램프수량 [개]
U : 조명률
M : 보수율, 감광보상률의 역수
A : 방의 면적 [m²] (방의 폭×길이)

또한 요구되는 조도(E)에 대한 최소 필요등수(N)를 구하면 다음과 같다.

$$N = \frac{E \cdot A}{F \cdot U \cdot M}$$

1 조명률

조명률이란 실내 조명에서 광원으로부터 방사된 광속이 작업면에 모두 도달하지 않고 천정과 벽면, 바닥면 등에 흡수되고 일부만 도달한다. 조명률은 작업면에 도달하는 광속의 비율을 나타낸 계수이다.

$$U = \frac{F_s}{F}$$

여기서, U : 조명률
F_s : 조명 목적면에 도달하는 광속[lm]
F : 램프의 발산광속[lm]

2 실지수 ($R.I$)

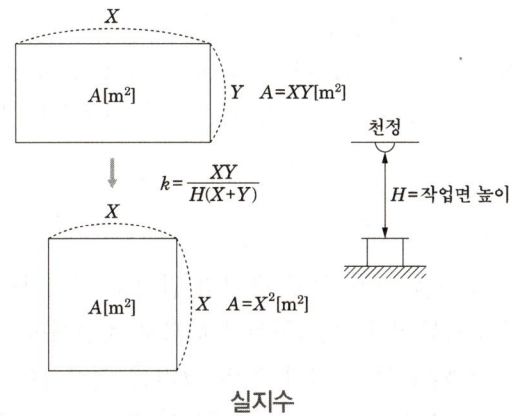

실지수

방의 면적이 같은 2개의 방에 같은 수의 광원을 설치하여도 방의 모양이 다른 경우에는 작업면상의 조도는 다르게 된다. 그래서 천정, 바닥이 장방형인 방은 가로 X, 세로 Y 두 변의 평균을 한 변으로 하는 정방형인 방과 동일하다고 하는 이론에 의해 실지수 $R.I$를 다음 식과 같이 결정한다. 여기서, H는 광원으로부터 작업면까지의 높이[m]이다.

$$R.I = \frac{XY}{H(X+Y)}$$

실지수와 분류 기호표

실지수	5.0	4.0	3.0	2.5	2.0	1.5	1.25	1.0	0.8	0.6
기호	A	B	C	D	E	F	G	H	I	J

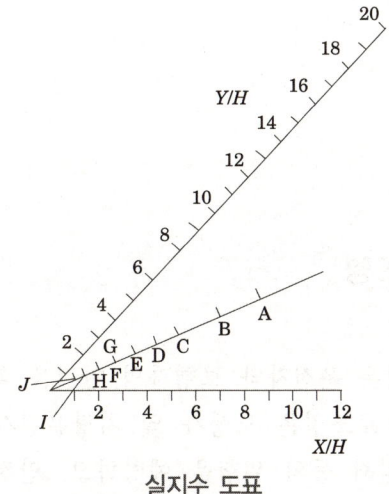

실지수 도표

강의 NOTE

- 기 94.01.06.11.12.20
- 기(유) 99.01.04.12.14
- 산(유) 98.00.03.13

가로 10 [m], 세로 14 [m], 천장 높이 2.75 [m], 작업면 높이 0.75 [m]인 사무실에 천장 직부 형광등 F32×2를 설치하려고 한다.
(1) 이 사무실의 실지수는 얼마인가?
(2) F32×2의 심벌을 그리시오.
(3) 이 사무실의 작업면 조도를 250[lx], 천장 반사율 70 [%], 벽 반사율 50 [%], 바닥 반사율 10 [%], 32 [W] 형광등 1등의 광속 3200 [1m], 보수율 70 [%], 조명율 50 [%]로 한다면 이 사무실에 필요한 소요 등기구 수는 몇 등인가?

- 기 89.94.95.11.13.20
- 기(유) 10.15.16.17
- 기(유) 98.02.06.12.15
- 산(유) 89.95.11.13.20

방의 가로 길이가 10 [m], 세로 길이가 8 [m], 방바닥에서 천장까지의 높이가 4.85 [m]인 방에서 조명기구를 천장에 직접 취부하고자 한다. 이 방의 실지수를 구하시오. (단, 작업면은 방바닥에서 0.85 [m]이다.)

강의 NOTE	

■ 광속이 감소하는 원인
① 필라멘트 증발로 인한 광속의 감소, 유리구 내면의 흑화
② 등기구, 천정, 벽 및 바닥의 색상변화, 먼지 부착, 등기구의 노화 등에 의한 흡수율의 증가
③ 전압변동에 따른 필라멘트의 열화

• 기 15
조명설계 시 사용되는 용어 중 감광보상률이란 무엇을 의미하는지 설명하시오.

• 산 89.97
건물내에 시설된 조명 설비의 조도가 시설 당시보다 점차 떨어지는 주요 이유 3가지를 쓰시오.

• 기 05
• 기(유) 96.99.05.13.15
• 산(유) 05.15
• 산(유) 90.94.97.02.05
폭 16[m], 길이 22[m], 천장높이 3.2[m]인 사무실이 있다. 주어진 조건을 이용하여 이 사무실의 조명설계를 하고자 할 때 다음 각 물음에 답하시오.
【조건】
- 천장은 백색 텍스로, 벽면은 옅은 크림색으로 마감한다.
- 이 사무실의 평균조도는 550[lx]로 한다.
- 램프는 40[W]2등용(H형) 팬던트를 사용하되, 노출형을 기준으로 하여 설계한다.
- 펜던트의 길이는 0.5[m], 책상면의 높이는 0.85[m]로 한다.
- 램프의 광속은 형광등 한 등당 3500[lm]으로 한다.
- 보수율은 0.75를 사용한다.
- 조명률은 반사율 천장 50[%], 벽 30[%], 바닥 10[%]를 기준으로 하여 0.64로 한다.
- 기구 간격의 최대한도는 1.4H를 적용한다. 여기서, H[m]는 피조면에서 조명기구까지의 높이이다.
- 경제성과 실제 설계에 반영할 사항을 최적의 상태로 적용하여 설계한다.
(1) 이 사무실의 실지수를 구하시오.
(2) 이 사무실에 시설되어야 할 조명기구의 수를 계산하고 실제로 몇 열, 몇 행으로 하여 몇 조를 시설하는 것이 합리적인지를 쓰시오.

■ 도로조명 고려사항
① 조도 (수평면)
② 노면휘도의 균일도
③ 글레어
④ 유도성
⑤ 조명방법

3 감광보상률

조명설계를 할 때는 점등 중의 광속감퇴를 고려하여 소요광속에 여유를 두어야 하며, 그 정도를 감광보상률(depreciation factor)이라 한다. 이것은 조명기구의 보수상태의 양, 중, 부를 기준으로 선정한다.

4 조명기구의 간격과 배치

균등한 조도 분포를 얻기 위해 광원의 간격을 근접시키는 것이 좋으나, 이렇게 하면 램프를 많이 설치하여야 하므로 비경제적이다. 따라서, 경제적인 면을 고려하여 등 간격과 등의 크기를 결정하여야 한다.
작업면 위에 가설되는 등의 높이와 균등한 조도분포를 얻기 위한 등간격에는 적당한 관계를 정하여야 하며, 그림자가 작업에 산란을 일으키지 않도록 빛이 모든 방향으로부터 입사 되어야 한다. 직사조도는 광원의 밑에서 최대로 나타나며, 이곳으로부터 떨어짐에 따라 어두워짐으로 광원의 최대간격 S는 작업면으로부터 광원까지 높이 H의 1.5배로 한다.

$$S \leq 1.5H$$

그리고 등과 벽 사이 간격 S_0는

$$S_0 \leq \frac{1}{2}H$$

$$S_0 \leq \frac{1}{3}H \text{(벽측을 사용할 경우)}$$

로 한다. 이 값은 절대적인 값이 아니라 조명기구, 조명방식 등 조건에 의해 달라지는 값이다.

12 도로조명

도로조명의 목적은 운전자와 보행자의 안전을 확보하는 것에 주목적이 있다. 즉, 도로조명은 보행자 및 차량운전자의 보임을 확실하게 하여 사고 및 범죄 등의 위험을 예방하고, 안전하고 쾌적한 통행을 할 수 있도록 하며 도시의 미를 조장하고 상업 활동에 기여하여야 한다.

광원은 주로 수은등, 형광등(터널), 나트륨등, 메탈할라이드등 등이 사용되며 이들의 선정은 교통의 속도, 교통량, 주위 환경 등을 고려하여 선정한다. 속도가 높은 고속도로에서는 주로 광속이 많고 유도성이 강한 나트륨등을 사용하며, 상가가 많은 지역일 경우는 연색성이 필요할 경우 메탈할라이드 등도 사용된다.

곡선 도로 조명 배치는 다음과 같이 진행한다.
① 양쪽 배치시는 대칭식, 한쪽 배치시는 커브 바깥쪽에 배치한다.
② 안전상 직선 도로보다 높은 조도(등간격을 좁게)를 유지한다.
③ 곡률 반경이 클수록 (완만한 커브길) 등간격은 길게 해도 된다.

조도 계산은 광속법에 의해 계산하며, 다음 식으로 표현된다.

$$E = \frac{F \times N \times U \times M}{B \times S}$$

여기서, E : 노면평균조도 [lx]
F : 광원 1개 광속 [lm]
N : 광원의 열수
M : 보수율
B : 도로의 폭 [m]
S : 광원의 간격 [m]
U : 빔 이용률 ─ 50 [%] 이상, 피조면 도달 0.75
　　　　　　　├ 20~50 [%] 이상, 피조면 도달 0.5
　　　　　　　└ 25 [%] 이하, 피조면 도달 0.4

등기구별 차도폭 (W)에 따른 높이(H) 및 간격(S) 기준

배열구분	컷오프형		세미컷오프형		논컷오프형	
	H	S	H	S	H	S
한쪽	1.0W 이상	3H 이하	1.2W 이상	3.5H 이하	1.4W 이상	4H 이하
지그재그	0.7W 이상	3H 이하	0.8W 이상	3.5H 이하	0.9W 이상	4H 이하
마주보기	0.5W 이상	3H 이하	0.6W 이상	3.5H 이하	0.7W 이상	4H 이하
중앙	0.5W 이상	3H 이하	0.6W 이상	3.5H 이하	0.7W3	4H 이하

강의 NOTE

■ 도로조명의 배열

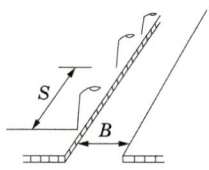
(a) 편측식

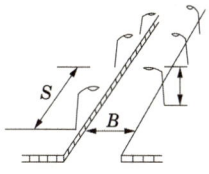
(b) 지그재그식

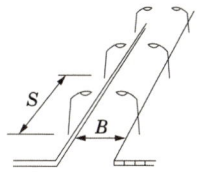
(c) 대칭식

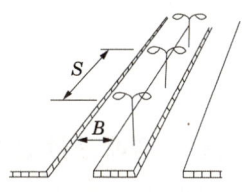
(d) 중앙 1열식

- 기 19
- 기(유) 03.05.09
- 기(유) 94.98.00.02.13.14.20.22
- 기(유) 05.08.09.10.14.15
- 기(유) 03.05.08.10.14
- 산(유) 08.10.16.20.21

차도폭 20[m], 등주 길이가 10[m](폴)인 등을 대칭배열로 설계하고자 한다. 조도 22.5 [lx] 감광보상률 1.5 조명률 0.5 등은 20,000[lm], 250[W]의 메탈할라이드 등을 사용한다.
(1) 등주간격을 구하시오
(2) 운전자의 눈부심을 방지하기 위하여 컷오프 (Cutoff)조명일 때 최소 등 간격을 구하시오.
(3) 보수율을 구하시오

| 관련문제 | 24. 조명부하설비 |

□□□ 98, 19

1 조명에서 사용되는 다음 용어의 정의를 설명하시오. (6점)

(1) 광속

○ _____

(2) 조도

○ _____

(3) 광도

○ _____

| 작성답안

(1) 방사속(단위시간당 방사되는 에너지의 량)중 빛으로 느끼는 부분
(2) 어떤 면의 단위 면적당의 입사 광속
(3) 광원에서 어떤 방향에 대한 단위 입체각으로 발산되는 광속

강의 NOTE

■ 조명 용어의 정의
(1) 광속 : F [lm] : 방사속(단위시간당 방사되는 에너지의 량)중 빛으로 느끼는 부분
(2) 광도 : I [cd] : 광원에서 어떤 방향에 대한 단위 입체각으로 발산되는 광속
(3) 조도 : E [lx] : 어떤 면의 단위 면적당의 입사 광속
(4) 휘도 : B [sb],[nt] : 광원의 임의의 방향에서 바라본 단위 투영 면적당의 광도
(5) 광속 발산도 : R [rlx] : 광원의 단위 면적으로부터 발산하는 광속

□□□ 22

2 다음은 조명에 관한 용어이다. 빈칸에 알맞은 기호와 단위를 적으시오. (4점)

휘도		광도		조도		광속발산도	
기호	단위	기호	단위	기호	단위	기호	단위

| 작성답안

휘도		광도		조도		광속발산도	
기호	단위	기호	단위	기호	단위	기호	단위
B	[sb] [nt]	I	[cd]	E	[lx]	R	[rlx]

□□□ 14, 17

3 조명의 전등효율(Lamp Efficiency), 발광효율(Luminous Efficiency)에 대하여 설명하시오. (4점)

(1) 전등효율

　○ _____

(2) 발광효율

　○ _____

| 작성답안

(1) 전등효율
전력소비에 대한 발산광속의 비를 전등효율이라 한다.
$\eta = \dfrac{F}{P}$ [lm/W]

(2) 발광효율
방사속에 대한 광속의 비를 발광효율이라 한다.
$\eta = \dfrac{F}{\phi}$ [lm/W]

□□□ 99, 04, 06

4 일반용 조명에 관한 다음 각 물음에 답하시오. (9점)

(1) 백열등의 그림 기호는 ○이다. 벽붙이의 그림 기호를 그리시오.

　○ _____

(2) HID 등의 종류를 표시하는 경우는 용량 앞에 문자기호를 붙이도록 되어 있다. 수은등, 메탈헬라이드등, 나트륨등은 어떤 기호를 붙이는가?

- 수은등

　○ _____

- 메탈헬라이드등

　○ _____

- 나트륨등

　○ _____

■ 일반용 조명

명칭	일반용 조명, 백열등, HID등
그림 기호	○
적요	① 벽붙이는 벽 옆을 칠한다. ◐ ② 걸림 로제트만 ⓡ ③ 팬던트 ⊖ ④ 실링·직접 부착 ⓒⓛ ⑤ 샹들리에 ⓒⓗ ⑥ 매입 기구 ⓓⓛ 　(◎로 하여도 좋다.) ⑦ 옥외등은 ⊗로 하여도 좋다. ⑧ HID등의 종류를 표시하는 경우는 용량 앞에 다음 기호를 붙인다. 　수은등 H 　메탈 헬라이드등 M 　나트륨등 N 　【보기】H400

(3) 그림 기호가 ◎ 로 표시되어 있다. 어떤 용도의 조명등인가?

○ _____

(4) 일반적으로 사용되고 있는 열음극 형광등과 비교하여 슬림라인(Slim line) 형광등의 장점을 3가지 쓰시오.

○ _____

| 작성답안

(1) ◐
(2) • 수은등 : H
　　• 메탈 핼라이드등 : M
　　• 나트륨등 : N
(3) 옥외등
(4) ① 필라멘트를 예열할 필요가 없어 기동 장치가 불필요하다.
　　② 순시 기동으로 점등에 시간이 짧다.
　　③ 점등 불량으로 인한 고장이 없다.
　　그 외
　　④ 양광주가 길고 효율이 좋다.
　　⑤ 전압 변동에 의한 수명의 단축이 없다.

□□□ 96, 01, 12

5 일반적 조명기구의 그림 기호에 문자와 숫자가 다음과 같이 방기되어 있다. 그 의미를 쓰시오. (6점)

(1) H500

○ _____

(2) N200

○ _____

(3) F40

○ _____

(4) X200

○ _____

(5) M200

○ _____

| 작성답안

> (1) 500[W] 수은등
> (2) 200[W] 나트륨등
> (3) 40[W] 형광등
> (4) 200[W] 크세논 램프
> (5) 200[W] 메탈 할라이드등

□□□ 88, 91, 94, 95, 03, 06 91, 95

6. HID Lamp에 대한 다음 각 물음에 답하시오. (6점)

(1) 이 램프는 어떠한 램프를 말하는가? (우리말 명칭 또는 이 램프의 의미에 대한 설명을 쓸 것)

(2) HID Lamp로서 가장 많이 사용되는 등기구의 종류를 3가지만 쓰시오.

| 작성답안

> (1) 고휘도 방전램프
> (2) 고압 수은등, 고압 나트륨등, 메탈 핼라이드 램프

■ 고휘도 방전램프
HID(High Intensity Discharge Lamp) 고압가스 또는 증기중의 방전에 의한 발광을 이용한 발광관의 관변부하가 3W/cm² 이상의 고휘도 방전램프를 의미한다.

□□□ 20

7. 조명방식 중 기구 배치에 따른 조명방식의 종류 3가지를 쓰시오. (5점)

| 작성답안

> ① 전반조명 방식
> ② 국부조명 방식
> ③ 국부적 전반조명 방식
> 그 외
> ④ TAL 조명방식 (Task & Ambient Lighting)

■ 기구배치에 따른 조명방식

① 전반조명 방식
조명대상 실내 전체를 일정하게 조명하는 것으로 대표적인 조명 방식이다. 이것은 계획과 설치가 용이하고, 책상의 배치나 작업대상물이 바뀌어도 대응이 용이한 방식이므로 이를 고려한다.

② 국부조명 방식
실내에서 각 구역별 필요 조도에 따라 부분적 또는 국소적으로 설치하는 것이며, 일반적으로 조명기구를 작업대에 직접 설치하거나 작업부의 천장에 매다는 형태이므로 이를 고려한다.

③ 국부적 전반조명 방식
넓은 실내공간에서 각 구역별 작업성이나 활동영역을 고려하여 일반적인 장소에는 평균조도로서 조명하고, 세밀한 작업을 하는 구역에는 고조도로 조명하는 방식이므로 이를 고려한다.

④ TAL 조명방식(Task & Ambient Lighting)
TAL 조명방식은 작업구역(Task)에는 전용의 국부조명방식으로 조명하고, 기타 주변(Ambient) 환경에 대하여는 간접조명과 같은 낮은 조도레벨로 조명하는 방식을 말한다. 여기서 주변조명은 직접 조명방식도 포함되며, 사무실에서 사무자동화가 추진되면서 VDT(Visual Display Terminal) 작업환경에 따라 고안된 것으로서 이를 고려한다.

□□□ 89, 97

8 건물 내에 시설된 조명 설비의 조도가 시설 당시보다 점차 떨어지는 주요 이유 3가지를 쓰시오. (5점)

| 작성답안

- 램프의 광속 및 효율 저하
- 등기구의 오염에 의한 광속감소
- 벽, 천장 등의 오염에 의한 반사율 감소

□□□ 07, 18, 20

9 다음 ( )에 알맞은 내용을 쓰시오. (5점)

임의의 면에서 한 점의 조도는 광원의 광도 및 입사각 θ의 코사인에 비례하고 거리의 제곱에 반비례한다. 이와 같이 입사각의 코사인에 비례하는 것을 Lambert의 코사인 법칙이라 한다. 또 광선과 피조면의 위치에 따라 조도를 (①)조도, (②)조도, (③)조도 등으로 분류할 수 있다.

| 작성답안

① 법선
② 수평면
③ 수직면

■ 조도

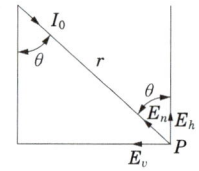

① 법선조도 $E_n = \dfrac{I}{r^2}$ [lx]

② 수평면 조도

$$E_h = E_n \cos\theta = \dfrac{I}{r^2}\cos\theta$$
$$= \dfrac{I}{h^2}\cos^3\theta \text{ [lx]}$$

③ 수직면 조도

$$E_v = E_n \sin\theta = \dfrac{I}{r^2}\sin\theta$$
$$= \dfrac{I}{h^2}\sin\theta\cos^2\theta \text{ [lx]}$$

□□□ 89

10 각 방향에 900 [cd]의 광도를 갖는 광원을 높이 3 [m]에 취부한 경우, 직하의 조도는 몇 [lx]인가? (5점)

| 작성답안

계산 : $E = \dfrac{I}{R^2} = \dfrac{900}{3^2} = 100$ [lx]

답 : 100 [lx]

□□□ 11, 19

11 바닥에서 3[m] 떨어진 높이에 300[cd]의 광원이 있다. 그 광원 밑에서 수평으로 4[m] 떨어진 지점의 수평면 조도를 구하시오. (5점)

| 작성답안

계산 : $E_h = \dfrac{I}{r^2}cos\theta = \dfrac{300}{3^2+4^2} \cdot \dfrac{3}{\sqrt{3^2+4^2}} = 7.20[lx]$

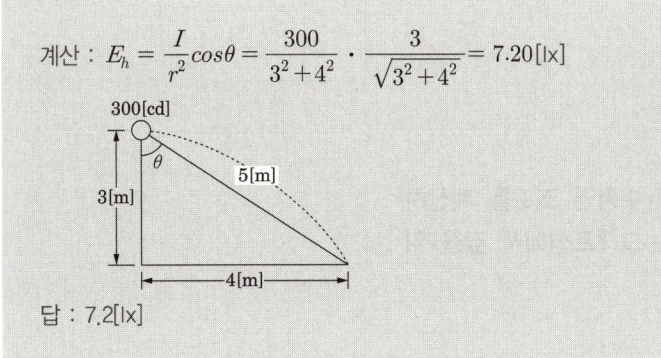

답 : 7.2[lx]

□□□ 06

12 상품 진열장에 하이빔 전구(산광형 100 [W])를 설치하였는데 이 전구의 광속은 840 [lm] 이다. 전구의 직하 2 [m] 부근에서의 수평면 조도는 몇 [lx]인지 주어진 배광 곡선을 이용하여 구하시오. (4점)

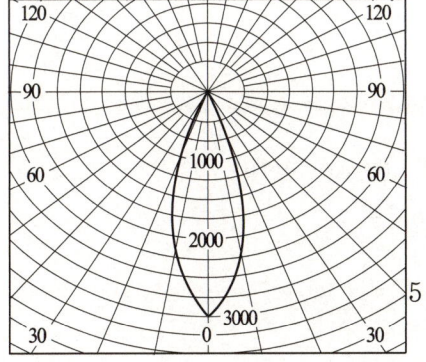

하이빔 전구 산광형(100W 형)의 배광곡선(램프광속 1000[lm] 기준)

| 작성답안

계산 : 0°에서 만나는 배광곡선 3000[cd], 1000[lm]에서 $I = 3000 \times \dfrac{840}{1000} = 2520$ [cd]

$$\therefore E_h = \dfrac{I}{r^2} \cos\theta = \dfrac{2520}{2^2} \cos 0° = 630 \text{ [lx]}$$

답 : 630[lx]

☐☐☐ 13, 14

13 다음 주어진 조건을 이용하여 A점에 대한 법선조도와 수평면 조도를 계산하시오. (단, 전등 전광속은 20000[lm]이며, 광도의 θ는 그래프상에서 값을 읽는다.)(5점)

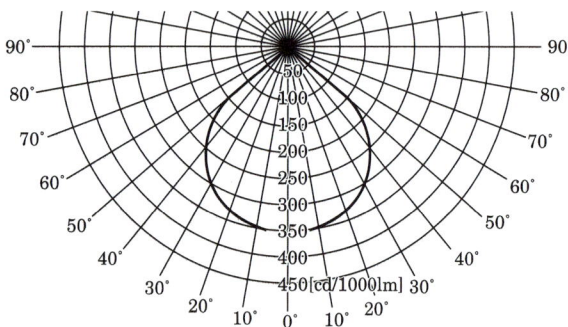
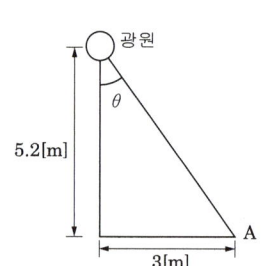

| 작성답안

① 법선조도

계산 : $\ell = \sqrt{5.2^2 + 3^2} = 6$ [m], $\cos\theta = \dfrac{5.2}{6} = 0.866$ 이므로 $\theta = \cos^{-1} 0.866 = 30°$

표에서 30°에서 배광곡선과 만나는 지점 300[cd/1000lm] 이므로

$I = \dfrac{300}{1000} \times 20000 = 6000$ [cd]

법선조도 $E_n = \dfrac{I}{\ell^2} = \dfrac{6000}{6^2} = 166.666$ [lx]

답 : 166.67[lx]

② 수평면 조도

계산 : $E_h = \dfrac{I}{\ell^2} \times \cos\theta = \dfrac{6000}{6^2} \times 0.866 = 144.333$ [lx]

답 : 144.33[lx]

□□□ 17, 22

14 그림과 같은 점광원으로부터 원뿔 밑면까지의 거리가 8 [m]이고, 밑면의 지름이 12 [m]인 원형면을 광속이 1570[lm] 통과하고 있을 때 이 점광원의 평균 광도 [cd]는? 단 π는 3.14로 계산할 것. (5점)

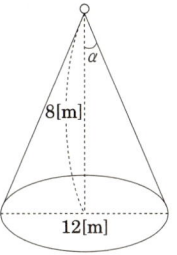

강의 NOTE

■ 광도 (luminous intensity)

모든 방향으로 광속이 발산되고 있는 점광원에서 어떤 방향의 광도라는 것은, 그 방향의 단위입체각에($\omega = 2\pi(1-\cos\theta)$ [sr])포함되는 광속수, 즉 발산광속의 입체각 밀도를 의미한다. 만약 입체각 ω내에서 광속 F가 균등하다면 이 입체각의 모든 방향의 광도 I는

$$I = \frac{F}{\omega} \text{ [cd]}$$

로 표현된다. 광도의 단위는 칸델라(candela : cd)이며, 1 [cd]는 단위입체각 (1 steradian) 내의 광속이 1 [lm]인 경우이다.

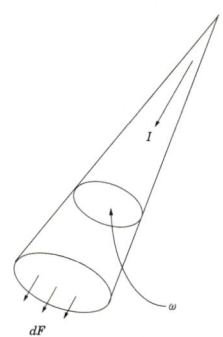

| 작성답안

계산 : $\cos\theta = \dfrac{8}{\sqrt{8^2+6^2}} = \dfrac{8}{10}$

$F = \omega I = 2\pi(1-\cos\alpha)I$

$I = \dfrac{F}{2\pi(1-\cos\alpha)} = \dfrac{1570}{2 \times 3.14(1-\dfrac{8}{10})} = 1250 \text{ [cd]}$

답 : 1,250 [cd]

□□□ 96, 98, 12, 22

15 지름 30 [cm]인 완전 확산성 반구형 전구를 사용하여 평균 휘도가 0.3 [cd/cm²]인 천장등을 가설하려고 한다. 기구효율을 0.75라 하면, 이 전구의 광속은 몇 [lm] 정도이어야 하는지 계산하시오. (단, 광속발산도는 0.94 [lm/cm²]라 한다.) (4점)

■ 광속발산도

물체가 보이는 것은 그 물체로부터 방사한 광속이 눈에 들어오기 때문이며, 물체의 밝음은 눈의 방향으로 방사되는 광속밀도에 따라 다르다. 어느 면의 단위면적으로부터 발산되는 광속, 즉 발산광속의 밀도를 광속발산도라 한다. 단위로는 래드럭스(radlux : rlx) 또는 아포스틸브(apostilb : asb)가 사용되며, 1 [rlx] = [asb] = 1 [lm/m²]이다.

| 작성답안

계산 : 광속 $F = R \cdot S = R \times \dfrac{\pi d^2}{2} = 0.94 \times \dfrac{\pi \times 30^2}{2} = 1328.894 \text{ [lm]}$

기구효율이 0.75이므로 $\dfrac{F}{\eta} = \dfrac{1328.894}{0.75} = 1771.86 \text{ [lm]}$

답 : 1771.86 [lm]

□□□ 95

16
16 [mm] 영사기에 75 [V], 750 [W], 2100 [lm]의 전구를 사용하였을 때 영사면의 조도분포 단위 [lx]가 그림과 같았다. 다음 물음에 답하시오. (5점)

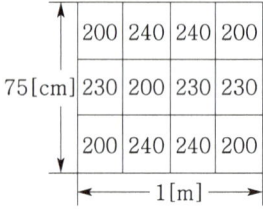

(1) 이 전구의 효율은 얼마인가?

   ○

(2) 이 전구의 광속의 몇 [%]가 영사면에 이용되고 있는가?

   ○

| 작성답안

(1) 계산 : $\eta = \dfrac{F}{P}$ [lm/W] $= \dfrac{2100}{750} = 2.8$ [lm/W]

 답 : 2.8[lm/W]

(2) 총광속

 $F_o = A \times E$
 $= 0.25 \times 0.25 \times 200 \times 5 + 0.25 \times 0.25 \times 230 \times 3 + 0.25 \times 0.25 \times 240 \times 4$
 $= 165.63$ [lm]

 이용된 광속 $= \dfrac{165.63}{2100} \times 100 = 7.89$ [%]

 답 : 7.89[%]

□□□ 05 ㉻ 95

17 길이 40[m], 폭 30[m], 높이 9[m]의 공장에 고압 수은등 400[W] 27개를 설치하였을 때의 조도는 몇 [lx]인가? (단, 수은등 1개의 광속은 18000[lm], 조명률 47[%], 감광보상률은 1.3이다.)(4점)

| 작성답안

계산 : 평균 조도 $E = \dfrac{FUN}{AD} = \dfrac{18000 \times 0.47 \times 27}{40 \times 30 \times 1.3} = 146.42\,[\text{lx}]$

답 : 146.42[lx]

□□□ 12, 13, 14, 15 ㉻ 92, 93, 10, 11

18 5500[lm]의 광속을 발산하는 전등 20개를 가로 10 m × 세로 20 m의 방에 설치하였다. 이 방의 평균조도를 구하시오. (단, 조명률은 0.5, 감광보상률 1.3 이다.)(5점)

| 작성답안

계산 : $E = \dfrac{FUN}{DS} = \dfrac{5500 \times 0.5 \times 20}{1.3 \times 10 \times 20} = 211.538\,[\text{lx}]$

답 : 211.54[lx]

□□□ 88, 92, 94, 96, 00, 01, 15, 19 ㉻ 01, 04, 12, 13, 15

19 12×24[m], 높이 5.5[m]인 사무실의 조도를 300[lx]로 할 경우에 광속 6000[lm]의 32W × 2등용 형광등을 사용하여 시설할 경우 필요한 형광등은 몇[등]이 되는가? (단, 조명률 50%, 보수율은 80[%]이다.)(4점)

| 작성답안

계산 : $N = \dfrac{EAD}{FU} = \dfrac{300 \times 12 \times 24 \times \dfrac{1}{0.8}}{6000 \times 0.5} = 36\,[\text{등}]$

답 : 36[등]

강의 NOTE

■ 조명설계

① 실지수

방의 면적이 같은 2개의 방에 같은 수의 광원을 설치하여도 방의 모양이 다른 경우에는 작업면상의 조도는 다르게 된다. 그래서 천정, 바닥이 장방형인 방은 가로 X, 세로 Y 두 변의 평균을 한 변으로 하는 정방형인 방과 동일하다고 하는 이론에 의해 실지수 RI를 다음 식과 같이 결정한다.

$$RI = \dfrac{XY}{H(X+Y)}$$

실지수	기호
5.0	A
4.0	B
3.0	C
2.5	D
2.0	E
1.5	F
1.25	G
1.0	H
0.8	I
0.6	J

② 조도계산

N개의 램프에서 방사되는 빛을 평면상의 면적 $A[\text{m}^2]$에 모두 집중 조사할 수 있다고 하고 램프 1개당 광속을 $F[\text{lm}]$이라 하면, 그 면의 평균조도를

$$E = \dfrac{F \cdot N}{A}\,[\text{lx}]$$

로 나타낸다. 이러한 평균조도 계산은 광속법과 설계여건에 따라 ZCM (Zonal Cavity Method)법을 채택할 수 있다.

$$E = \dfrac{F \cdot N \cdot U \cdot M}{A}$$

여기서,
E : 평균조도 [lx]
F : 램프 1개당 광속 [lm]
N : 램프수량 [개]
U : 조명률
M : 보수율, 감광보상률의 역수
A : 방의 면적 [m²] (방의 폭×길이)

□□□ 17 ㉿ 88, 90, 91, 92, 94, 96, 97, 00, 01, 02, 05, 07, 11, 15, 16, 18, 19

20 사무실의 크기가 12[m]×24[m]이다. 이 사무실의 평균조도를 150[lx] 이상으로 하고자 한다. 이곳에 다운라이트(LED 150[W] 사용)로 배치하고자 할 때, 시설하여야 할 최소 등기구는 몇 [개]인가? (단, LED 150[W]의 전광속은 2450[lm], 기구의 조명률은 0.7, 감광보상률 1.4로 한다.)(5점)

| 작성답안

1계산 : $N = \dfrac{EAD}{FU} = \dfrac{150 \times (12 \times 24) \times 1.4}{2450 \times 0.7} = 35.27$ [개]

∴ 36[개] 선정

답 : 36[개]

□□□ 93, 99, 01, 04, 08, 12, 13, 15 ㉿ 93, 99, 14

21 길이 20[m], 폭 10[m], 천장 높이 5[m], 유지율은 80[%], 조명률은 50[%]이다. 작업면의 평균 조도를 120[lx]로 할 때 소요광속은 얼마인가?(5점)

| 작성답안

계산 : $FN = \dfrac{DES}{U} = \dfrac{ES}{UM} = \dfrac{120 \times 20 \times 10}{0.5 \times 0.8} = 60000$ [lm]

답 : 60000[lm]

□□□ 96, 99

22 폭이 20 [m], 길이 25 [m], 천장의 높이 5 [m]인 방에 있는 책상면의 평균 조도를 200 [lx]로 할 경우의 초기 소요 광속과 필요한 전등수를 산정하시오. (단, 조명률은 50 [%] 유지율은 80 [%] 전구의 광속수는 9000 [lm]이다.)(5점)

○

| 작성답안

계산 : 초기 소요 광속 $NF = \frac{EAD}{U} = \frac{200 \times 20 \times 25 \times \frac{1}{0.8}}{0.5} = 250000$ [lm]

전등수 $= \frac{\text{초기 소요 광속}}{\text{전구 광속수}} = \frac{250000}{9000} = 27.8$ [등]

답 : 초기 소요 광속 : 250000 [lm], 전등수 : 28등

□□□ 89, 91

23 건물의 비상 조명용 설비의 조도를 15 [lx]로 유지하고자 한다. 등기구의 보수율이 0.75라고 할 때 초기 조도는 얼마인가?(4점)

○

| 작성답안

계산 : 초기 조도 $E_0 = \frac{15}{0.75} = 20$ [lx]

답 : 20 [lx]

강의 NOTE

■ 보수율

보수율$(M) = \frac{\text{설비 조도}(E)}{\text{초기 조도}(E_0)}$

KEYWORD 24 조명부하설비

□□□ 95, 07, 10, 17, 22

24 폭 5[m], 길이 7.5[m], 천장 높이 3.5[m]의 방에 형광등 40[W] 4등을 설치하니 평균 조도가 100[lx]가 되었다. 40[W] 형광등 1등의 전광속이 3000[lm], 조명률 0.5일 때 감광보상률을 구하시오. (5점)

| 작성답안

계산 : $D = \dfrac{FUN}{EA} = \dfrac{3000 \times 0.5 \times 4}{100 \times 5 \times 7.5} = 1.6$

답 : 1.6

□□□ 90, 91, 92, 07, 00, 04, 09, 10, 16 ㈜ 97, 09

25 면적 216[m²]인 사무실의 조도를 200[lx]로 할 경우에 램프 2개의 전광속 4,600[lm], 램프 2개의 전류가 1[A]인, 40W×2 형광등을 시설할 경우에 조명률 51[%], 감광보상률 1.3으로 가정하고, 전기방식은 220[V] 단상 2선식으로 할 때 이 사무실의 16[A] 분기 회로수는? (단, 콘센트는 고려하지 않는다.) (5점)

| 작성답안

① 전등수 $N = \dfrac{EAD}{FU} = \dfrac{200 \times 216 \times 1.3}{4600 \times 0.51} = 23.94$ [등]

∴ 24등 선정

답 : 24[등]

② 분기회로수 $n = \dfrac{24 \times 1}{16} = 1.5$ 회로

답 : 16[A] 분기 2회로

강의 NOTE

■ 조명설계

① 실지수

방의 면적이 같은 2개의 방에 같은 수의 광원을 설치하여도 방의 모양이 다른 경우에는 작업면상의 조도는 다르게 된다. 그래서 천정, 바닥이 장방형인 방은 가로 X, 세로 Y 두 변의 평균을 한 변으로 하는 정방형인 방과 동일하다고 하는 이론에 의해 실지수 $R.I$를 다음 식과 같이 결정한다.

$$R.I = \dfrac{XY}{H(X+Y)}$$

실지수	기호
5.0	A
4.0	B
3.0	C
2.5	D
2.0	E
1.5	F
1.25	G
1.0	H
0.8	I
0.6	J

② 조도계산

N개의 램프에서 방사되는 빛을 평면상의 면적에 모두 집중 조사할 수 있다고 하고 램프 1개당 광속을 F[lm]이라 하면, 그 면의 평균조도를

$$E = \dfrac{F \cdot N}{A} \text{ [lx]}$$

로 나타낸다. 이러한 평균조도 계산은 광속법과 설계여건에 따라 ZCM (Zonal Cavity Method)법을 채택할 수 있다.

$$E = \dfrac{F \cdot N \cdot U \cdot M}{A}$$

여기서,
E : 평균조도 [lx]
F : 램프 1개당 광속 [lm]
N : 램프수량 [개]
U : 조명률
M : 보수율, 감광보상률의 역수
A : 방의 면적 [㎡] (방의 폭×길이)

□□□ 97, 05

26
폭 15 [m], 길이 30 [m]인 사무실에 조명 설비를 하려고 한다. 주어진 조건을 이용하여 다음 각 물음에 답하시오. (7점)

【조건】
- 실내 평균 조도 : 150 [lx]
- 조명률 : 0.5
- 유지율 : 0.69
- 작업면에서 광원까지의 높이 : 2.8 [m]
- 등기구 : 40 [W], 백색 형광등(광속 2800 [lm]) 사용

(1) 이 사무실에 백색 형광등이 몇 등이 필요한지 그 소요 등수를 산정하시오.

　○ _____

(2) 형광등의 램프수가 2개인 것을 사용할 경우 그림 기호를 그리고 형광등에 그 문자기호를 써넣으시오.

　○ _____

(3) 건축기준법에 따르는 비상조명등을 백열등과 형광등으로 구분하여 그 그림기호를 그리시오.

| 작성답안

(1) 계산 : $N = \dfrac{EAD}{FU} = \dfrac{150 \times 15 \times 30 \times \dfrac{1}{0.69}}{2800 \times 0.5} = 69.88$ [등]

답 : 70 [등]

(2)
　　F40×2

(3) • 형광등 : ┣●┫
　　• 백열등 : ●

□□□ 89, 95, 11, 13, 20 96

27 가로가 12[m], 세로가 18[m], 방바닥에서 천장까지의 높이가 3.8[m]인 방에서 조명기구를 천장에 직접 설치하고자 한다. 이 방의 실지수를 구하시오. (단, 작업이 책상 위에서 행하여지며, 작업면은 방바닥에서 0.85[m]이다.)(5점)

| 작성답안

계산 : 실지수 $K = \dfrac{X \times Y}{H(X+Y)} = \dfrac{12 \times 18}{2.95 \times (12+18)} = 2.440$

답 : 2.44

□□□ 98, 00, 03, 13

28 어떤 작업장의 실내에 조명 설비를 하고자 한다. 조명 설비의 설계에 필요한 다음 각 물음에 답하시오. (8점)

【조건】
- 방바닥에서 0.8[m]의 높이에 있는 작업면에서 모든 작업이 이루어진다고 한다.
- 작업장의 면적은 가로 15[m]×세로 20[m]이다.
- 방바닥에서 천장까지의 높이는 3.8[m]이다.
- 이 작업장의 평균 조도는 150[lx]가 되도록 한다.
- 등기구는 40[W] 형광등을 사용하며, 형광등 1개의 전광속은 3000[lm]이다.
- 조명률은 0.7, 감광 보상률은 1.4로 한다.

(1) 이 작업장의 실지수는 얼마인가?

(2) 이 작업장에 필요한 평균 조도를 얻으려면 형광등은 몇 등이 필요한가?

| 작성답안

(1) 계산 : 실지수 $= \dfrac{X \cdot Y}{H(X+Y)} = \dfrac{15 \times 20}{(3.8-0.8) \times (15+20)} = 2.86$

답 : 2.86

(2) 계산 : $N = \dfrac{EAD}{FU} = \dfrac{150 \times (15 \times 20) \times 1.4}{3000 \times 0.7} = 30$[등]

답 : 30[등]

강의 NOTE

■ 조명설계

① 실지수

방의 면적이 같은 2개의 방에 같은 수의 광원을 설치하여도 방의 모양이 다른 경우에는 작업면상의 조도는 다르게 된다. 그래서 천정, 바닥이 장방형인 방은 가로 X, 세로 Y 두 변의 평균을 한 변으로 하는 정방형인 방과 동일하다고 하는 이론에 의해 실지수 RI를 다음 식과 같이 결정한다.

$$RI = \dfrac{XY}{H(X+Y)}$$

실지수	기호
5.0	A
4.0	B
3.0	C
2.5	D
2.0	E
1.5	F
1.25	G
1.0	H
0.8	I
0.6	J

② 조도계산

N개의 램프에서 방사되는 빛을 평면상의 면적 $A[\text{m}^2]$에 모두 집중 조사할 수 있다고 하고 램프 1개당 광속을 $F[\text{lm}]$이라 하면, 그 면의 평균조도를

$$E = \dfrac{F \cdot N}{A} \, [\text{lx}]$$

로 나타낸다. 이러한 평균조도 계산은 광속법과 설계여건에 따라 ZCM (Zonal Cavity Method)법을 채택할 수 있다.

$$E = \dfrac{F \cdot N \cdot U \cdot M}{A}$$

여기서,
E : 평균조도 [lx] F : 램프 1개당 광속 [lm]
N : 램프수량 [개]
U : 조명률 M : 보수율, 감광보상률의 역수
A : 방의 면적 [㎡] (방의 폭×길이)

☐☐☐ 05, 13, 22

29 폭 12[m], 길이 18[m], 천장 높이 3.1[m], 작업면(책상 위)높이 0.85[m]인 사무실이 있다. 이 사무실의 천장은 백색 텍스로 마감하였으며, 벽면은 옅은 크림색으로 마감하였고, 실내조도는 500[lx], 조명기구는 40[W] 2등용(H형) 팬던트를 설치하고자 한다. 이 때 다음 조건을 이용하여 각 물음의 설계를 하도록 하시오. (6점)

【조건】
- 천장의 반사율은 50[%], 벽의 반사율은 30[%]로서 H형 팬던트의 기구를 사용할 때 조명률은 0.61로 한다.
- H형 팬던트 기구의 보수율은 0.75로 하도록 한다.
- H형 팬던트의 길이는 0.5[m]이다.
- 램프의 광속은 40[W] 1등당 3300[lm]으로 한다.
- 조명기구의 배치는 5열로 배치하도록 하고, 1열당 등수는 동일하게 한다.

(1) 광원의 높이는 몇 [m]인가?

　○ _____

(2) 이 사무실의 실지수는 얼마인가?

　○ _____

(3) 이 사무실에는 40[W] 2등용(H형) 팬던트의 조명기구를 몇 조 설치하여야 하는가?

　○ _____

| 작성답안

(1) 계산 : H(등고) $= 3.1 - 0.85 - 0.5 = 1.75$[m]
　답 : 1.75[m]

(2) 계산 : 실지수 $K = \dfrac{X \times Y}{H(X+Y)} = \dfrac{12 \times 18}{1.75 \times (12+18)} = 4.114$
　답 : 4.11

(3) 계산 : $N = \dfrac{DES}{FU} = \dfrac{ES}{FUM} = \dfrac{500 \times (12 \times 18)}{3300 \times 0.61 \times 0.75} = 71.535$
　∴ 72[등]
　2등용이므로 $\dfrac{72}{2} = 36$[조]
　5열로 배치하면 5(열)×8(행)=40조
　답 : 40[조]

강의 NOTE

■ 조명기구의 간격과 배치

균등한 조도 분포를 얻기 위해 광원의 간격을 근접시키는 것이 좋으나, 이렇게 하면 램프를 많이 설치하여야 하므로 비경제적이다. 따라서, 경제적인 면을 고려하여 등 간격과 등의 크기를 결정하여야 한다.
작업면 위에 가설되는 등의 높이와 균등한 조도분포를 얻기 위한 등간격에는 적당한 관계를 정하여야 하며, 그림자가 작업에 산란을 일으키지 않도록 빛이 모든 방향으로부터 입사 되어야 한다. 직사조도는 광원의 밑에서 최대로 나타나며, 이곳으로부터 떨어짐에 따라 어두워짐으로 광원의 최대간격 S는 작업면으로부터 광원까지 높이 H의 1.5배로 한다.
$S \leq 1.5H$
그리고 등과 벽사이 간격 S_0는
$S_0 \leq \dfrac{1}{2}H$
$S_0 \leq \dfrac{1}{3}H$ (벽측을 사용할 경우)
로 한다. 이 값은 절대적인 값이 아니라 조명기구, 조명방식등 조건에 의해 달라지는 값이다.

---

30 천정 직부 형광등이 가로 6[m], 세로 8[m], 높이 4.1[m]에 시설하려고 한다. 작업면의 높이가 0.8[m]인 경우 등과 벽사이 최대간격을 구하시오. (5점)

(1) 벽면을 이용하지 않는 경우 등과 벽사이 최대간격

　　○ _____

(2) 벽면을 이용하는 경우 등과 벽사이 최대간격

　　○ _____

| 작성답안

(1) 계산 : $S_0 = \dfrac{1}{2}H = \dfrac{1}{2} \times (4.1 - 0.8) = 1.65[m]$

답 : 1.65[m]

(2) 계산 : $S_0 = \dfrac{1}{3}H = \dfrac{1}{3} \times (4.1 - 0.8) = 1.1[m]$

답 : 1.1[m]

---

31 간접조명 방식에서 천장 밑의 휘도를 균일하게 하기 위하여 등기구 사이의 간격과 천장과 등기구와의 거리는 얼마로 하는 게 적합한가? (단, 작업면에서 천장까지의 거리는 2[m]이다.) (4점)

(1) 등기구 사이의 간격

　　○ _____

(2) 천장과 등기구와의 거리

　　○ _____

| 작성답안

(1) 계산 $S \leq 1.5H = 1.5 \times 2 = 3[m]$

답 : 3[m]

(2) 계산 : 간접 조명일 때 $H = H_0$ 이므로 $H_0 = \dfrac{S}{5} = \dfrac{3}{5} = 0.6[m]$

답 : 0.6[m]

05, 15

32
그림과 같은 사무실에서 평균조도를 150[lx]로 할 때 다음 각 물음에 답하시오. (6점)

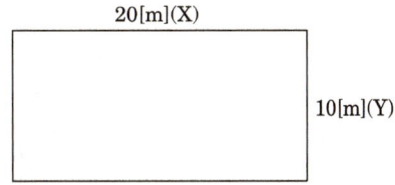

- 32[W] 형광등이며 광속은 2900[lm]으로 한다.
- 조명률은 0.6, 감광보상률은 1.2로 한다.
- 건물의 천장 높이는 3.85[m]이며 작업면의 높이는 0.85[m]로 한다.
- 가장 경제적으로 설계한다.
- 주어지지 않은 조건은 무시한다.

(1) 이 사무실에 필요한 형광등의 수를 구하시오.

　○ _____

(2) 실지수를 구하시오.

　○ _____

(3) 양호한 전반 조명이라면 등간격은 등높이의 몇 배 이하로 해야 하는가?

　○ _____

| 작성답안

(1) 계산 : $N = \dfrac{EAD}{FU} = \dfrac{150 \times 20 \times 10 \times 1.2}{2900 \times 0.6} = 20.69$[등]

∴ 21등 선정

답 : 21[등]

(2) 실지수 $= \dfrac{XY}{H(X+Y)} = \dfrac{20 \times 10}{(3.85-0.85)(20+10)} = 2.22$

답 : 2.22

(3) 1.5배

□□□ 98, 01, 11

33. 그림과 같은 사무실에 조명 시설을 하려고 한다. 다음 주어진 조건을 이용하여 다음 각 물음에 답하시오. (8점)

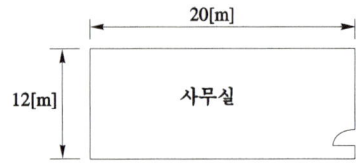

【조건】
- 천장고 3 [m]
- 조명률 0.45
- 보수율 0.75
- 조명 기구 FL 40 [W]×2등용 (이것을 1기구로 하고 이것의 광속은 5000 [lm])
- 분기 Breaker : 50 AF/30 AT

(1) 조도를 500 [lx]로 기준할 때 설치해야 할 기구수는? (배치를 고려하여 산정할 것)

　○ _____

(2) 분기 Breaker의 50 AF/30 AT에서 AF와 AT의 의미는 무엇인가?

　○ _____

(3) 조명 기구 배선에 사용할 수 있는 전선의 최소 굵기는 몇 [mm²]인가? (단, 조명 기구는 200 [V]용이라 한다.)

　○ _____

| 작성답안

(1) 계산 : $FUN = EAD$ 에서 $N = \dfrac{EAD}{FU} = \dfrac{500 \times 12 \times 20 \times \dfrac{1}{0.75}}{5000 \times 0.45} = 71.11$ [등]

답 : 72 [등]

(2) AF : 차단기 프레임 전류
　　AT : 차단기 트립 전류

(3) 2.5 [mm²]

강의 NOTE

■ 한국전기설비규정 231.3.1 저압 옥내배선의 사용전선

1. 저압 옥내배선의 전선은 단면적 2.5mm² 이상의 연동선 또는 이와 동등 이상의 강도 및 굵기의 것.
2. 옥내배선의 사용 전압이 400 V 이하인 경우로 다음 중 어느 하나에 해당하는 경우에는 제1을 적용하지 않는다.
   가. 전광표시장치 기타 이와 유사한 장치 또는 제어 회로 등에 사용하는 배선에 단면적 1.5mm² 이상의 연동선을 사용하고 이를 합성수지관공사·금속관공사·금속몰드공사·금속덕트공사·플로어덕트공사 또는 셀룰러덕트공사에 의하여 시설하는 경우
   나. 전광표시장치 기타 이와 유사한 장치 또는 제어회로 등의 배선에 단면적 0.75 mm² 이상인 다심케이블 또는 다심 캡타이어케이블을 사용하고 또한 과전류가 생겼을 때에 자동적으로 전로에서 차단하는 장치를 시설하는 경우

34. 가로 18[m], 세로 12[m]인 일반 사무실에 대하여 주어진 조건과 참고 자료를 이용하여 답란의 순서에 의하여 조명 설계를 하시오. (25점)

【조건】
① 천장의 높이는 밑바닥으로부터 3.85[m]이며 작업면은 바닥으로부터 0.85[m]이다.
② 6[m]마다 기둥이 서고 그 사이에 30[cm]의 보가 있으며, 천장은 6[m]×6[m]의 소구간 6개로 나누어져 있다.
③ 반사율은 천장 75[%], 벽이 50[%], 밑바닥이 30[%]이다.
④ 수평면 조도는 조도 기준으로부터 40[%]로 계산한다.
⑤ 광원의 높이는 천장이 얇으므로 천장에 바로 대는 것으로 간주한다.
⑥ 감광 보상률은 상(上)의 상태로서 1.3으로 한다.
⑦ 등기구는 백열 전구 젖빛 유리 외구(반직접)형으로 한다.
⑧ 기타 주어지지 않은 조건 및 참고자료로서 설계에 필요한 사항이 있으면 기술적으로 타당성이 있는 데이터를 계산하여 설계하도록 한다.

(1) 수평면 조도

(2) 등고

(3) 광원의 최대 간격

(4) 실지수

(5) 실지수 분류기호

(6) 조명률

(7) 소요 광속

(8) 전등수

(9) 등1개당 소요광속

(10) 램프의 선택

(11) 조도

(12) 소요 전력

강의 NOTE

■ 조명기구의 간격과 배치

균등한 조도 분포를 얻기 위해 광원의 간격을 근접시키는 것이 좋으나, 이렇게 하면 램프를 많이 설치하여야 하므로 비경제적이다. 따라서, 경제적인 면을 고려하여 등 간격과 등의 크기를 결정하여야 한다.

작업면 위에 가설되는 등의 높이와 균등한 조도분포를 얻기 위한 등간격에는 적당한 관계를 정하여야 하며, 그림자가 작업에 산란을 일으키지 않도록 빛이 모든 방향으로부터 입사 되어야 한다. 직사조도는 광원의 밑에서 최대로 나타나며, 이곳으로부터 떨어짐에 따라 어두워짐으로 광원의 최대간격 S는 작업면으로부터 광원까지 높이 H의 1.5배로 한다.

$$S \leq 1.5H$$

그리고 등과 벽 사이 간격 S_0는

$$S_0 \leq \frac{1}{2}H$$

$$S_0 \leq \frac{1}{3}H (벽측을 사용할 경우)$$

로 한다. 이 값은 절대적인 값이 아니라 조명기구, 조명방식 등 조건에 의해 달라지는 값이다.

【참고자료】

[표 1] 조명률, 감광보상률 및 설치 간격

번호	배광 설치간격	조명 기구	감광보상률(D) 보수상태 양 / 중 / 부	반사율 ρ 천장 벽 실지수	0.75 0.5 / 0.3 / 0.1	0.50 0.5 / 0.3 / 0.1	0.30 0.3 / 0.1
					조명률 U [%]		
(1)	간접 0.80 ↑ 0 $S \leq 1.2H$		전구 1.5 / 1.7 / 2.0 형광등 1.7 / 2.0 / 2.5	J0.6 I0.8 H1.0 G1.25 F1.5 E2.0 D2.5 C3.0 B4.0 A5.0	16 / 13 / 11 20 / 16 / 15 23 / 20 / 17 26 / 23 / 20 29 / 26 / 22 32 / 29 / 26 36 / 32 / 30 38 / 35 / 32 42 / 39 / 36 44 / 41 / 39	12 / 10 / 08 15 / 13 / 11 17 / 14 / 13 20 / 17 / 15 22 / 19 / 17 24 / 21 / 19 26 / 24 / 22 28 / 25 / 24 30 / 29 / 27 33 / 30 / 29	06 / 05 08 / 07 10 / 08 11 / 10 12 / 11 13 / 12 15 / 14 16 / 15 18 / 17 19 / 18
(2)	반간접 0.70 ↑ 0.10 $S \leq 1.2H$		전구 1.4 / 1.5 / 1.7 형광등 1.7 / 2.0 / 2.5	J0.6 I0.8 H1.0 G1.25 F1.5 E2.0 D2.5 C3.0 B4.0 A5.0	18 / 14 / 12 22 / 19 / 17 26 / 22 / 19 29 / 25 / 22 32 / 28 / 25 35 / 32 / 29 39 / 35 / 32 42 / 38 / 35 46 / 42 / 39 48 / 44 / 42	14 / 11 / 09 17 / 15 / 13 20 / 17 / 15 22 / 19 / 17 24 / 21 / 19 27 / 24 / 21 29 / 26 / 24 31 / 28 / 27 34 / 31 / 29 36 / 33 / 31	08 / 07 10 / 09 12 / 10 14 / 12 15 / 14 17 / 15 19 / 18 20 / 19 22 / 21 23 / 22
(3)	전반확산 0.40 ↕ 0.40 $S \leq 1.2H$		전구 1.3 / 1.4 / 1.5 형광등 1.4 / 1.7 / 2.0	J0.6 I0.8 H1.0 G1.25 F1.5 E2.0 D2.5 C3.0 B4.0 A5.0	24 / 19 / 16 29 / 25 / 22 33 / 28 / 26 37 / 32 / 29 40 / 36 / 31 45 / 40 / 36 48 / 43 / 39 51 / 46 / 42 55 / 50 / 47 57 / 53 / 49	22 / 18 / 15 27 / 23 / 20 30 / 26 / 24 33 / 29 / 26 36 / 32 / 29 40 / 36 / 33 43 / 39 / 36 45 / 41 / 38 49 / 45 / 42 51 / 47 / 44	16 / 14 21 / 19 24 / 21 26 / 24 29 / 26 32 / 29 34 / 33 37 / 34 40 / 38 41 / 40
(4)	반직접 0.25 ↕ 0.55 $S \leq H$		전구 1.3 / 1.4 / 1.5 형광등 1.6 / 1.7 / 1.8	J0.6 I0.8 H1.0 G1.25 F1.5 E2.0 D2.5 C3.0 B4.0 A5.0	26 / 22 / 19 33 / 28 / 26 36 / 32 / 30 40 / 36 / 33 43 / 39 / 35 47 / 44 / 40 51 / 47 / 43 54 / 49 / 45 57 / 53 / 50 59 / 55 / 52	24 / 21 / 18 30 / 26 / 24 33 / 30 / 28 36 / 33 / 30 39 / 35 / 33 43 / 39 / 36 46 / 42 / 40 48 / 44 / 42 51 / 47 / 45 53 / 49 / 47	19 / 17 25 / 23 28 / 26 30 / 29 33 / 31 36 / 34 39 / 37 42 / 38 43 / 41 47 / 43

[표 2] 실지수 기호

기호	A	B	C	D	E	F	G	H	I	J
실지수	5.0	4.0	3.0	2.5	2.0	1.5	1.25	1.0	0.8	0.6
범위	4.5 이상	4.5 ~ 3.5	3.5 ~ 2.75	2.75 ~ 2.25	2.25 ~ 1.75	1.75 ~ 1.38	1.38 ~ 1.12	1.12 ~ 0.9	0.9 ~ 0.7	0.7 이하

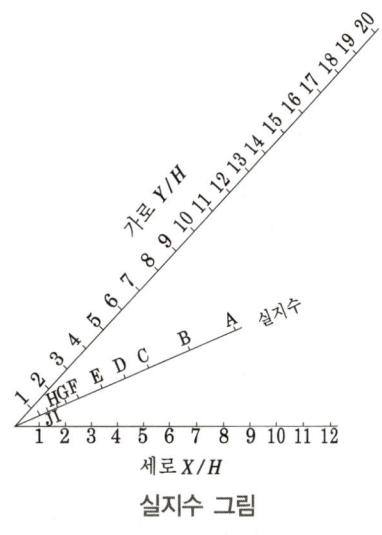

실지수 그림

[표 3] 조도 기준

조도 단계	공장	사무실	병원	학교	주택	극장, 영화관 오락장	호텔, 여관	경기장
aaa	초정밀 작업	설계 제도 타이프 계산	부검 구급 처치실 분만실	정밀 제도 정밀 실험 재봉	제봉	—	—	공식 경기
aa	정밀 작업 권선 조선 검사	도서 열람 설계 사무실 제도실 제어실 일반 사무실	시전 주사 조제 기공검사 수술실 세균 검사	흑판면 도서 열람 제봉, 미술 공예, 조각 정밀 공작	공부 독서 제봉	소형 볼을 사용하는 게임	회계 사무실	일반 경기
a	보통 작업 배선 일반 도장	회의실 서고 응접실 강당, 식당 화장실 조리실	침대의독서 가아제교환 리브스포대 진찰실 처치	일반 교실 연구 및 실험실 서고 교직원실 회의실 실내 운동장	독서 세탁 조리 화장 식사 오락	바둑 입장권 매장 출입구 매점	프론트 사무실 현관 식당, 조리 책상 위 식탁, 거울	일반 경기 레크레이션
b	거친 작업 절연 처리	다방 욕실 강의실	문진실 물료실 소독실 병실, 복도 암실	관리실 록커실 복도, 계단 화장실 강당	거실 서재 응접실 아동실 식당, 욕실	영사실 기계실 복도, 계단 세면실 화장실	객실 욕실 오락실 바, 로비 복도, 화장실	
c	건조	차고, 창고	—	바스켓 테니스 코트 옥외 운동장	현관, 복도 화장실 침실, 창고	관객석 비상계단	정원, 통로 비상계단	관람석
d	—	석탄실	—			—	—	관람석
e	—	—	—		—	—	—	—
f	—	—	—	구내 통로	—	—	—	—
g	—	—	심야의방실 복도	—	—	관객석 (상영 중)	—	—

[표 4] 조도의 단계

조도 단계	표준 조도 [lx]	조도 범위 [lx]
aaa	1000	1500~700
aa	500	700~300
a	200	300~150
b	100	150~70
c	50	70~30
d	20	30~15
e	10	15~7
f	5	7~3
g	2	3~1.5

[표 5] 등기구 광속

동기구	소요 전력 [W]	광속 [lm]
백열전구 젖빛유리 (반직접)	100	1760
	200	3540
	300	5460
	400	7340
	500	9160

| 작성답안

(1) [표3], [표4]에서 표준 조도는 500 [lx]이므로 수평면 조도는 $500 \times 0.4 = 200$ [lx]
  답 : 200[lx]

(2) 등고 : $3.85 - 0.85 = 3$ [m]

(3) 광원의 최대 간격 : [표1] (4)반직접에서 $S \leq H$이므로 $S \leq 3$ [m] 선정
  등(조명 기구)과 벽과의 간격 : $S_0 \leq \dfrac{H}{2}$ [m]이므로 $S_0 \leq 1.5$ [m]

(4) 실지수 $= \dfrac{XY}{H(X+Y)} = \dfrac{12 \times 18}{3(12+18)} = 2.4$

(5) 실지수의 분류 기호 : [표2]에서 2.25~2.75 사이의 D 선정
  답 : D

(6) 조명률 : [표1]에서 (4)반직접에서 반사율은 천장 75 [%], 벽이 50 [%], 밑바닥이 30 [%]부분과 실지수 D의 교차점 0.51 선정
  답 : 0.51

(7) 소요 광속 : 계산 $NF = \dfrac{EAD}{U} = \dfrac{200 \times 216 \times 1.3}{0.51} = 110117.65$ [lm]
  답 : 110117.65[lm]

(8) 전등수 $S = 3$ [m], $S_0 = 1.5$ [m]이고 가로 18 [m], 세로 12 [m] 이므로 $N = 4 \times 6 = 24$ [등] 선정
  답 : 24[등]

| 작성답안

(9) 1등당 소요 광속 = $\frac{110117.65}{24}$ = 4588.24 [lm]

답 : 4588.24[lm]

(10) 표 5에서 램프 선택 : 300 [W], 5460 [lm]

(11) 조도

- 초기의 조도 = $5460 \times 24 \times \frac{0.51}{18 \times 12}$ = 309.4 [lx]
- 실제의 조도 = 309.4 ÷ 1.3 = 238 [lx]

(12) 소요 전력 $300 \times 24 = 7200$ [W]

답 : 7200[W]

☐☐☐ 98, 01, 06, 20

35 그림과 같은 철골 공장에 백열등의 전반 조명을 할 때 평균조도로 200 [lx]를 얻기 위한 광원의 소비전력을 구하려고 한다. 주어진 조건과 참고자료를 이용하여 다음 각 물음에 답하면서 순차적으로 구하도록 하시오. (10점)

【조건】
- 천장, 벽면의 반사율은 30 [%]이다.
- 광원은 천장면하 1 [m]에 부착한다.
- 천장의 높이는 9 [m] 이다.
- 감광보상률은 보수 상태를 "양"으로 하며 적용한다.
- 배광은 직접 조명으로 한다.
- 조명 기구는 금속 반사갓 직부형이다.

【도면】

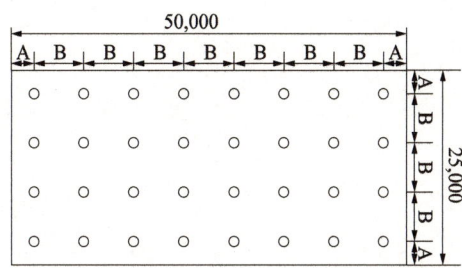

【참고자료】

[표 1] 각종 전등의 특성

(A) 백열등

형식	종별	유리구의 지름 (표준치) [mm]	길이 [mm]	베이스	초기 특성			50[%] 수명에서의 효율 [lm/W]	수명 [h]
					소비 전력 [W]	광속 [lm]	효율 [lm/W]		
L100V 10W	진공 단코일	55	101 이하	E26/25	10±0.5	76±8	7.6±0.6	6.5 이상	1500
L100V 20W	진공 단코일	55	101 〃	E26/25	20±1.0	175±20	8.7±0.7	7.3 〃	1500
L100V 30W	가스입단코일	55	108 〃	E26/25	30±1.5	290±30	9.7±0.8	8.8 〃	1000
L100V 40W	가스입단코일	55	108 〃	E26/25	40±2.0	440±45	11.0±0.9	10.0 〃	1000
L100V 60W	가스입단코일	50	114 〃	E26/25	60±3.0	760±75	12.6±1.0	11.5 〃	1000
L100V 100W	가스입단코일	70	140 〃	E26/25	100±5.0	1500±150	15.0±1.2	13.5 〃	1000
L100V 150W	가스입단코일	80	170 〃	E26/25	150±7.5	2450±250	16.4±1.3	14.8 〃	1000
L150V 200W	가스입단코일	80	180 〃	E26/25	200±10	3450±350	17.3±1.4	15.3 〃	1000
L100V 300W	가스입단코일	95	220 〃	E39/41	300±15	5550±550	18.3±1.5	15.8 〃	1000
L100V 500W	가스입단코일	110	240 〃	E39/41	500±25	9900±990	19.7±1.6	16.9 〃	1000
L100V 1000W	가스입단코일	165	332 〃	E39/41	1000±50	21000±2100	21.0±1.7	17.4 〃	1000
Ld100V 30W	가스입이중코일	55	108 〃	E26/25	30±1.5	330±35	11.1±0.9	10.1 〃	1000
Ld100V 40W	가스입이중코일	55	108 〃	E26/25	40±2.0	500±50	12.4±1.0	11.3 〃	1000
Ld100V 50W	가스입이중코일	60	114 〃	E26/25	50±2.5	660±65	13.2±1.1	12.0 〃	1000
Ld100V 60W	가스입이중코일	60	114 〃	E26/25	60±3.0	830±85	13.0±1.1	12.7 〃	1000
Ld100V 75W	가스입이중코일	60	117 〃	E26/25	75±4.0	1100±110	14.7±1.2	13.2 〃	1000
Ld100V 100W	가스입이중코일	65 또는 67	128 〃	E26/25	100±5.0	1570±160	15.7±1.3	14.1 〃	1000

[표 2] 조명률, 감광보상률 및 설치 간격

번호	배광 / 설치간격	조명 기구	감광보상률(D) 보수상태 양 / 중 / 부	반사율 ρ 천장 / 벽		0.75 0.5	0.75 0.3	0.75 0.1	0.50 0.5	0.50 0.3	0.50 0.1	0.30 0.3	0.30 0.1
				실지수				조명률 U [%]					
(1)	간접 0.80 ↑ 0↓ $S \leq 1.2H$		전구 1.5 / 1.7 / 2.0 형광등 1.7 / 2.0 / 2.5	J0.6 I0.8 H1.0 G1.25 F1.5 E2.0 D2.5 C3.0 B4.0 A5.0		16 20 23 26 29 32 36 38 42 44	13 16 20 23 26 29 32 35 39 41	11 15 17 20 22 26 30 32 36 39	12 15 17 20 22 24 26 28 30 33	10 13 14 17 19 21 24 25 29 30	08 11 13 15 17 19 22 24 27 29	06 08 10 11 12 13 15 16 18 19	05 07 08 10 11 12 14 15 17 18
(2)	반간접 0.70 ↑ 0.10↓ $S \leq 1.2H$		전구 1.4 / 1.5 / 1.7 형광등 1.7 / 2.0 / 2.5	J0.6 I0.8 H1.0 G1.25 F1.5 E2.0 D2.5 C3.0 B4.0 A5.0		18 22 26 29 32 35 39 42 46 48	14 19 22 25 28 32 35 38 42 44	12 17 19 22 25 29 32 35 39 42	14 17 20 22 24 27 29 31 34 36	11 15 17 19 21 24 26 28 31 33	09 13 15 17 19 21 24 27 29 31	08 10 12 14 15 17 19 20 22 23	07 09 10 12 14 15 18 19 21 22
(3)	전반확산 0.40 ↑ 0.40↓ $S \leq 1.2H$		전구 1.3 / 1.4 / 1.5 형광등 1.4 / 1.7 / 2.0	J0.6 I0.8 H1.0 G1.25 F1.5 E2.0 D2.5 C3.0 B4.0 A5.0		24 29 33 37 40 45 48 51 55 57	19 25 28 32 36 40 43 46 50 53	16 22 26 29 31 36 39 42 47 49	22 27 30 33 36 40 43 45 49 51	18 23 26 29 32 36 39 41 45 47	15 20 24 26 29 33 36 38 42 44	16 21 24 26 29 32 34 37 40 41	14 19 21 24 26 29 33 34 38 40
(4)	반직접 0.25 ↑ 0.55↓ $S \leq H$		전구 1.3 / 1.4 / 1.5 형광등 1.6 / 1.7 / 1.8	J0.6 I0.8 H1.0 G1.25 F1.5 E2.0 D2.5 C3.0 B4.0 A5.0		26 33 36 40 43 47 51 54 57 59	22 28 32 36 39 44 47 49 53 55	19 26 30 33 35 40 43 45 50 52	24 30 33 33 39 43 46 48 51 53	21 26 30 30 35 39 42 44 47 49	18 24 28 30 33 36 40 42 45 47	19 25 28 30 33 36 39 42 43 47	17 23 26 29 31 34 37 38 41 43
(5)	직접 0 ↑ 0.75↓ $S \leq 1.3H$		전구 1.3 / 1.4 / 1.5 형광등 1.4 / 1.7 / 2.0	J0.6 I0.8 H1.0 G1.25 F1.5 E2.0 D2.5 C3.0 B4.0 A5.0		34 43 47 50 52 58 62 64 67 68	29 38 43 47 50 55 58 61 64 66	26 35 40 44 47 52 56 58 62 64	32 39 41 44 46 49 52 54 55 56	29 36 40 43 44 48 51 52 53 54	27 35 38 41 43 46 49 51 52 53	29 36 40 42 44 47 50 51 52 54	27 34 38 41 43 46 49 50 52 52

[표 3] 실지수 기호

기호	A	B	C	D	E	F	G	H	I	J
실지수	5.0	4.0	3.0	2.5	2.0	1.5	1.25	1.0	0.8	0.6
범위	4.5 이상	4.5~3.5	3.5~2.75	2.75~2.25	2.25~1.75	1.75~1.38	1.38~1.12	1.12~0.9	0.9~0.7	0.7 이하

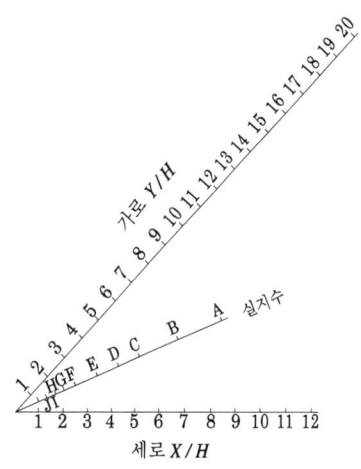

(1) 광원의 높이는 몇 [m]인가?

　○ _____

(2) 실지수의 기호와 실지수를 구하시오.

　○ _____

(3) 조명률은 얼마인가?

　○ _____

(4) 감광보상률은 얼마인가?

　○ _____

(5) 전 광속을 계산하시오.

　○ _____

(6) 전등 한 등의 광속은 몇 [lm]인가?

　○ _____

(7) 전등의 Watt 수는 몇 [W]를 선정하면 되는가?

　○ _____

| 작성답안

(1) 등고 $H = 9 - 1 = 8\,[m]$
답 : 8[m]

(2) 계산 : 실지수 $= \dfrac{XY}{H(X+Y)} = \dfrac{50 \times 25}{8(50+25)} = 2.08$

∴ 표 3에서 실지수 기호는 E
답 : 실지수 2.08 실지수 기호 E

(3) 조명률 : 천장, 벽 반사율 30[%], 실지수 E, 직접 조명이므로 표 2에서 조명률 47[%] 선정
답 : 47[%]

(4) 감광보상률 : 보수 상태 양이므로 표 2에서 직접 조명, 전구란에서 1.3 선정
답 : 1.3

(5) 계산 : 전 광속 $NF = \dfrac{EAD}{U} = \dfrac{200 \times (50 \times 25) \times 1.3}{0.47} = 691489.36\,[lm]$
답 : 691489.36[lm]

(6) 계산 : 1등당 광속은 등수가 32 이므로 $F = \dfrac{691489.36}{32} = 21609.04\,[lm]$
답 : 21609.04[lm]

(7) 표 1의 전등 특성표에서 21000±2100 [lm]인 1000 [W] 선정
답 : 1000[W]

□□□ 93, 98 新規

36
다음의 사무실 전등 배관 배선도, 분전반 결선도 및 참고표를 보고, 다음 각 물음에 답하시오. 공사방법은 B1, 전선은 PVC를 적용한다. (20점)

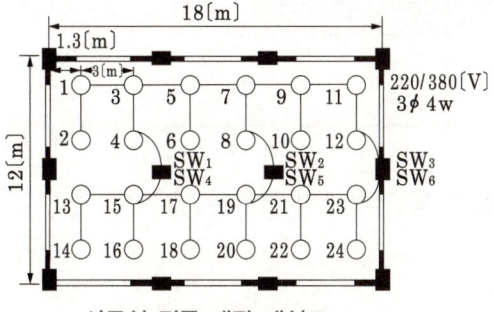

사무실 전등 배관 배선도

■ 전선가닥수

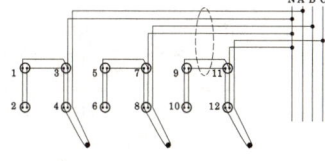

본 공사는 전기 설비에 관한 규정, 한국 전력 공사 내선 규정, 기타 관계 법규에 의해 시공한다.

a. 전선 규정 : 450/750V 일반용 단심 비닐절연전선 사용
b. 전선관 : 모두 후강을 사용한다 : 16 [mm] 이상 사용
c. 전등 : 220 [V]/300 [W] 백열 전등

연결된 등의 번호	차단기		부하 [VA]			NO			NO	부하 [VA]			차단기		연결된 등의 번호
	극수	AF/AT	A	B	C					A	B	C	AF/AT	극수	
1, 2, 3, 4	2					1			2					2	5, 6, 7, 8
9, 10, 11, 12	2					3			4					2	13, 14, 15, 16
17, 18, 19, 20	2					5			6					2	21, 22, 23, 24
RECEPTACLE	2					7			8					2	RECEPTACLE
RECEPTACLE	2					9			10					2	RECEPTACLE
SPARE	2					11			12					2	SPARE

220/380 [V] 3φ 4w

(1) 220 [V], 300 [W]의 백열 전구를 반직접 배광으로 사무실 전등 배관 배선도와 같이 설치하였을 경우, 작업면의 수평면 최초의 조도 및 설계 조도를 계산하시오. (단, 작업면 : 바닥 위 85 [cm], 천장 높이 : 3.85 [m], 전등은 천장 직부로 하며 보수 상태는 양호함. 반사율 : 천장 75 [%], 벽 50 [%], 방바닥 10 [%], 광원의 광속은 5550[lm]이다.)

(2) 분전반 결선도를 보고 전등용 각 분기 회로의 부하를 답안지 양식에 기입하시오.

No	차단기		부하[VA]			No	부하[VA]			차단기	
	극수	AF/AT	A	B	C		A	B	C	AF/AT	극수
1	2	30/15	1200	0	0	2					2
3						4					2
5						6					2

(3) 전등 9번과 11번 사이의 전선의 수, 전선의 굵기 및 전선관의 굵기는 얼마인가?

(4) 백열등을 각각 40 [W]형광등 2개로 교체하면 최초 조도 및 실제의 조도는 어떻게 달라지며, 분전반 16[A] 분기 회로는 몇 개로 되겠는가? (단, 40 [W]의 1개당 총광속 : 2300 [lm], 40 [W] 1개당 소요 전력 : 53 [W]임)

[표 1] 후강 전선관 굵기의 선정

도체 단면적 [mm²]	전선 본수									
	1	2	3	4	5	6	7	8	9	10
	전선관의 최소 굵기[호]									
2.5	16	16	16	16	22	22	22	28	28	28
4	16	16	16	22	22	22	28	28	28	28
6	16	16	22	22	22	28	28	28	36	36
10	16	22	22	28	28	36	36	36	36	36
16	16	22	28	28	36	36	36	42	42	42
25	22	28	28	36	36	42	54	54	54	54
35	22	28	36	42	54	54	54	70	70	70
50	22	36	54	54	70	70	70	82	82	82
70	28	42	54	54	70	70	70	82	82	82
95	28	54	54	70	70	82	82	92	92	104
120	36	54	54	70	70	82	82	92		
150	36	70	70	82	92	92	104	104		
185	36	70	70	82	92	104				
240	42	82	82	92	104					

【비고1】 전선의 1본수는 접지선 및 직류회로의 전선에도 적용한다.
【비고2】 이 표는 실험결과와 경험을 기초로 하여 결정한 것이다.
【비고3】 이 표는 KS C IEC 60227-3의 450/750 [V] 일반용 단심 비닐절연전선을 기준한 것이다.

[표 2] 200[V] 3상 유도 전동기의 간선의 전선 굵기 및 기구의 용량(B종 퓨즈의 경우)

전동기 [kW] 수의 총계 ① [kW] 이하	최대 사용 전류 ①' [A] 이하	배선종류에 의한 간선의 최소 굵기 [mm²] ②						직입기동 전동기 중 최대 용량의 것										
		공사방법 A1		공사방법 B1		공사방법 C		0.75 이하	1.5	2.2	3.7	5.5	7.5	11	15	18.5	22	30	37~55
								기동기 사용 전동기 중 최대 용량의 것										
								–	–	–	5.5	7.5	11 15	18.5 22	–	30 37	–	45	55
		PVC	XLPE, EPR	PVC	XLPE, EPR	PVC	XLPE, EPR	과전류 차단기[A] …… (칸 위 숫자) ③ 개폐기 용량[A] …… (칸 아래 숫자) ④										
3	15	2.5	2.5	2.5	2.5	2.5	2.5	15 30	20 30	30 30	–	–	–	–	–	–	–	–
4.5	20	4	2.5	2.5	2.5	2.5	2.5	20 30	30 30	30 30	50 60	–	–	–	–	–	–	–
6.3	30	6	4	6	4	4	2.5	30 30	30 30	50 60	50 60	75 100	–	–	–	–	–	–
8.2	40	10	6	10	6	6	4	50 60	50 60	50 60	75 100	75 100	100 100	–	–	–	–	–
12	50	16	10	10	10	10	6	50 60	50 60	50 60	75 100	75 100	100 100	150 200	–	–	–	–
15.7	75	35	25	25	16	16	16	75 100	75 100	75 100	75 100	100 100	100 100	150 200	150 200	–	–	–
19.5	90	50	25	35	25	25	16	100 100	100 100	100 100	100 100	100 100	150 200	150 200	200 200	200 200	–	–
23.2	100	50	35	35	25	35	25	100 100	100 100	100 100	100 100	150 200	150 200	200 200	200 200	200 200	–	–
30	125	70	50	50	35	50	35	150 200	150 200	150 200	150 200	150 200	150 200	200 200	200 200	200 200	–	–
37.5	150	95	70	70	50	70	50	150 200	150 200	150 200	150 200	150 200	150 200	200 300	300 300	300 300	–	–
45	175	120	70	95	50	70	50	200 200	200 200	200 200	200 200	200 200	200 200	200 300	300 300	300 300	300 300	–
52.5	200	150	95	95	70	95	70	200 200	200 200	200 200	200 200	200 200	200 200	200 300	300 300	300 400	400 400	–
63.7	250	240	150	–	95	120	95	300 300	300 300	300 300	300 300	300 300	300 300	300 400	400 400	400 400	500 600	–
75	300	300	185	–	120	185	120	300 300	300 300	300 300	300 300	300 300	300 300	300 400	400 400	400 400	500 600	–
86.2	350	–	240	–	–	240	150	400 400	400 400	400 400	400 400	400 400	400 400	400 400	400 400	400 400	600 600	–

【비고 1】 최소 전선 굵기는 1회선에 대한 것임

【비고 2】 공사방법 A1은 벽 내의 전선관에 공사한 절연전선 또는 단심케이블, B1은 벽면의 전선관에 공사한 절연전선 또는 단심케이블, 공사방법 C는 벽면에 공사한 단심 또는 다심케이블을 시설하는 경우의 전선 굵기를 표시하였다.

【비고 3】「전동기중 최대의 것」에는 동시 기동하는 경우를 포함함

【비고 4】 과전류차단기의 용량은 해당 조항에 규정되어 있는 범위에서 실용상 거의 최댓값을 표시함

【비고 5】 과전류 차단기의 선정은 최대용량의 정격전류의 3배에 다른 전동기의 정격전류의 합계를 가산한 값 이하를 표시함

【비고 6】 고리퓨즈는 300[A] 이하에서 사용하여야 한다.

[표 3] 조명률, 감광보상률 및 설치 간격

번호	배광 설치간격	조명 기구	감광보상률(D) 보수상태			반사율 ρ	천장	0.75			0.50			0.30	
			양	중	부		벽	0.5	0.3	0.1	0.5	0.3	0.1	0.3	0.1
						실지수		조명률 U[%]							
(1)	간접 0.80 0 $S \leq 1.2H$		전구			J0.6		16	13	11	12	10	08	06	05
			1.5	1.7	2.0	I0.8		20	16	15	15	13	11	08	07
						H1.0		23	20	17	17	14	13	10	08
						G1.25		26	23	20	20	17	15	11	10
						F1.5		29	26	22	22	19	17	12	11
			형광등			E2.0		32	29	26	24	21	19	13	12
						D2.5		36	32	30	26	24	22	15	14
			1.7	2.0	2.5	C3.0		38	35	32	28	25	24	16	15
						B4.0		42	39	36	30	29	27	18	17
						A5.0		44	41	39	33	30	29	19	18
(2)	반간접 0.70 0.10 $S \leq 1.2H$		전구			J0.6		18	14	12	14	11	09	08	07
			1.4	1.5	1.7	I0.8		22	19	17	17	15	13	10	09
						H1.0		26	22	19	20	17	15	12	10
						G1.25		29	25	22	22	19	17	14	12
						F1.5		32	28	25	24	21	19	15	14
			형광등			E2.0		35	32	29	27	24	21	17	15
						D2.5		39	35	32	29	26	24	19	18
			1.7	2.0	2.5	C3.0		42	38	35	31	28	27	20	19
						B4.0		46	42	39	34	31	29	22	21
						A5.0		48	44	42	36	33	31	23	22
(3)	전반확산 0.40 0.40 $S \leq 1.2H$		전구			J0.6		24	19	16	22	18	15	16	14
			1.3	1.4	1.5	I0.8		29	25	22	27	23	20	21	19
						H1.0		33	28	26	30	26	24	24	21
						G1.25		37	32	29	33	29	26	26	24
						F1.5		40	36	31	36	32	29	29	26
			형광등			E2.0		45	40	36	40	36	33	32	29
						D2.5		48	43	39	43	39	36	34	33
			1.4	1.7	2.0	C3.0		51	46	42	45	41	38	37	34
						B4.0		55	50	47	49	45	42	40	38
						A5.0		57	53	49	51	47	44	41	40
(4)	반직접 0.25 0.55 $S \leq H$		전구			J0.6		26	22	19	24	21	18	19	17
			1.3	1.4	1.5	I0.8		33	28	26	30	26	24	25	23
						H1.0		36	32	30	33	30	28	28	26
						G1.25		40	36	33	36	33	30	30	29
						F1.5		43	39	35	39	35	33	33	31
			형광등			E2.0		47	44	40	43	39	36	36	34
						D2.5		51	47	43	46	42	40	39	37
			1.6	1.7	1.8	C3.0		54	49	45	48	44	42	42	38
						B4.0		57	53	50	51	47	45	43	41
						A5.0		59	55	52	53	49	47	47	43
(5)	직접 0 0.75 $S \leq 1.3H$		전구			J0.6		34	29	26	32	29	27	29	27
			1.3	1.4	1.5	I0.8		43	38	35	39	36	35	36	34
						H1.0		47	43	40	41	40	38	40	38
						G1.25		50	47	44	44	43	41	42	41
						F1.5		52	50	47	46	44	43	44	43
			형광등			E2.0		58	55	52	49	48	46	47	46
						D2.5		62	58	56	52	51	49	50	49
			1.4	1.7	2.0	C3.0		64	61	58	54	52	51	51	50
						B4.0		67	64	62	55	53	52	52	52
						A5.0		68	66	64	56	54	53	54	52

[표 4] 실지수 기호

기호	A	B	C	D	E	F	G	H	I	J
실지수	5.0	4.0	3.0	2.5	2.0	1.5	1.25	1.0	0.8	0.6
범위	4.5 이상	4.5~3.5	3.5~2.75	2.75~2.25	2.25~1.75	1.75~1.38	1.38~1.12	1.12~0.9	0.9~0.7	0.7 이하

■ 사무실 전등 배관 배선도

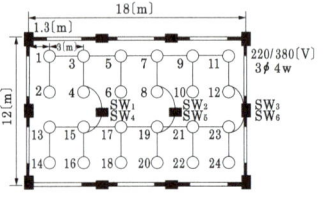

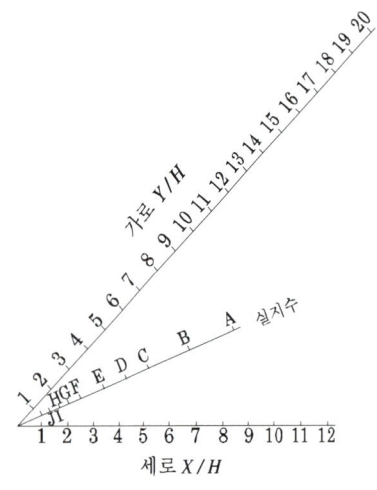

| 작성답안

(1) 계산 : 실지수 $= \dfrac{X \cdot Y}{H(X+Y)} = \dfrac{18 \times 12}{(3.85-0.85)(18+12)} = 2.4$ 이므로 실지수 기호 D

표 5에서 반직접 배광의 조명률 0.51, 전구의 감광 보상률 1.3 선정

최초 조도 $E = \dfrac{FUN}{A} = \dfrac{5550 \times 0.51 \times 24}{18 \times 12} = 314.5\,[\text{lx}]$

실제 조도 $E' = \dfrac{FUN}{AD} = \dfrac{314.5}{1.3} = 241.92\,[\text{lx}]$

(2) 300[W] 백열전등 4[등]이 연결되어 있으므로 $300 \times 4 = 1200\,[\text{W}]$

No	극수	AF/AT	A	B	C	No	A	B	C	AF/AT	극수
1	2	30/15	1200	0	0	2	1200	0	0	30/15	2
3	2	30/15	0	1200	0	4	0	1200	0	30/15	2
5	2	30/15	0	0	1200	6	0	0	1200	30/15	2

(3) 전류 $I = \dfrac{P}{V} = \dfrac{300 \times 4}{220} = 5.45\,[\text{A}]$

표 2에서 15[A] B1, PVC의 경우 2.5[mm²]

전선은 6가닥이므로 표1에서 2.5[mm²] 6가닥의 22[호] 선정.

| 작성답안

(4) 실지수 $= \dfrac{18 \times 12}{3(18+12)} = 2.4$

∴ 표 4에서 실지수 기호 D

표 3 에서 반직접 배광의 조명률 0.51, 형광등의 경우 감광 보상률 1.6 선정

① 초기 조도 $E = \dfrac{FUN}{A} = \dfrac{2300 \times 2 \times 0.51 \times 24}{18 \times 12} = 260.67$ [lx]

② 실제 조도 $E' = \dfrac{FUN}{AD} = \dfrac{2300 \times 2 \times 0.51 \times 24}{18 \times 12 \times 1.6} = 162.92$ [lx]

③ 분기 회로 $\dfrac{53 \times 2 \times 24}{220 \times 16} = 0.72$ [회로] → 16[A] 분기 1 [회로] 선정

□□□ 90, 94, 97, 02, 05

37 답란에 주어진 가로 20 [m], 폭 10 [m], 사무실의 조명설계를 하려고 한다. 작업면에서 광원까지의 높이는 3.85 [m], 실내 평균 조도는 100 [lx], 조명률은 0.5, 유지율은 0.67이며, 40 [W]의 백색 형광등(광속 2500 [lm])을 사용한다. (12점)

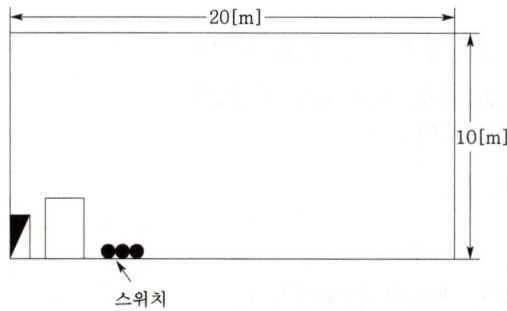

(1) 소요 등기구수를 계산하고

　○ _____

(2) 적절한 배치도를 주어진 답안지에 설계하시오. (단, 설계시 등기구의 표시는 KS 심벌을 사용하고 40 [W]×2를 사용하도록 하며, 배치시 등기구의 중심과 중심간, 등기구 중심과 벽간의 치수를 기입하도록 한다.)

■ 조명기구의 간격과 배치

균등한 조도 분포를 얻기 위해 광원의 간격을 근접시키는 것이 좋으나, 이렇게 하면 램프를 많이 설치하여야 하므로 비경제적이다. 따라서, 경제적인 면을 고려하여 등 간격과 등의 크기를 결정하여야 한다.

작업면 위에 가설되는 등의 높이와 균등한 조도분포를 얻기 위한 등간격에는 적당한 관계를 정하여야 하며, 그림자가 작업에 산란을 일으키지 않도록 빛이 모든 방향으로부터 입사 되어야 한다. 직사조도는 광원의 밑에서 최대로 나타나며, 이곳으로부터 떨어짐에 따라 어두워짐으로 광원의 최대간격 S는 작업면으로부터 광원까지 높이 H의 1.5배로 한다.

$S \leq 1.5H$

그리고 등과 벽사이 간격 S_0는

$S_0 \leq \dfrac{1}{2}H$

$S_0 \leq \dfrac{1}{3}H$ (벽측을 사용할 경우)

로 한다. 이 값은 절대적인 값이 아니라 조명기구, 조명방식 등 조건에 의해 달라지는 값이다.

| 작성답안

(1) 계산 : $N = \dfrac{EAD}{FU} = \dfrac{100 \times 20 \times 10 \times \dfrac{1}{0.67}}{2500 \times 2 \times 0.5} = 11.94$ [등]

　답 : 40 [W] × 2의 12 [등]

(2) 등 간격 $S \leq 1.5H$

　∴ $S \leq 1.5 \times 3.85 = 5.78$ [m]

　등과 벽 사이의 간격 $S_1 \leq 0.5H$

　∴ $S_1 \leq 0.5 \times 3.85 = 1.93$ [m]

배치도

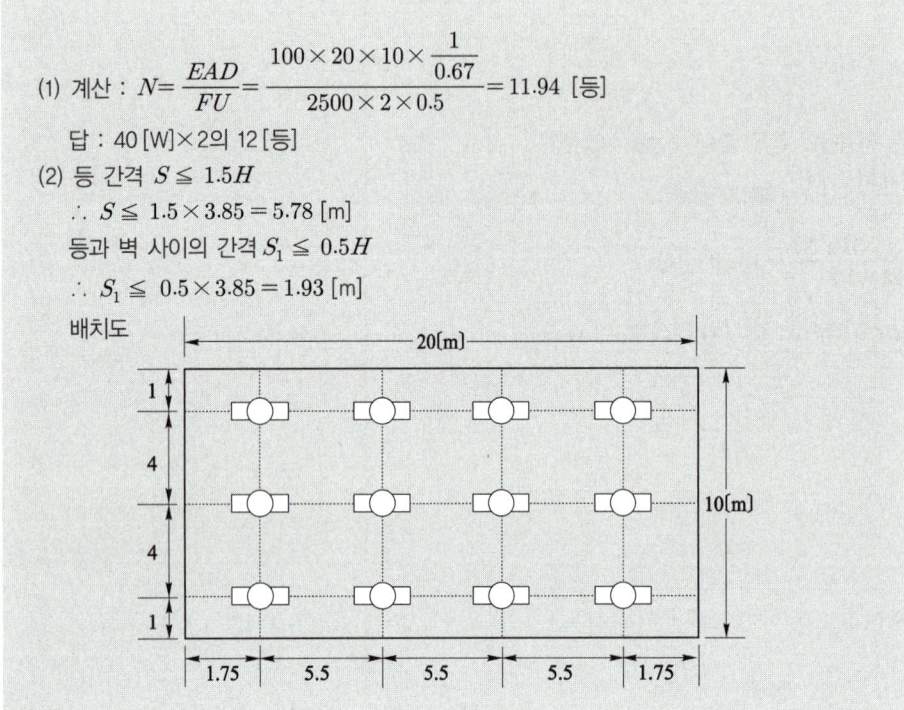

□□□ 02

38 저온저장 창고로서 천장이 4 [m]이고 출입구가 양쪽에 있으며, 사용 빈도가 시간별로 빈번하고 내부는 무창으로 습기가 많이 발생되는 곳에 대한 조명설계의 계획을 하고자 한다. 이 때 다음 각 물음에 답하시오. (8점)

(1) 이 곳에 가장 적당한 조명기구를 한 가지 쓰시오.

　○ _____

(2) 전등을 가장 편리하게 점멸할 수 있는 방법에 대해서 설명하시오.

　○ _____

(3) 사용전압이 220 [V]이고 용량은 3 [kW]이내일 때 여기에 적합한 배전용 차단기는 어떤 차단기인가?

　○ _____

(4) 조명배치시 참고해야 할 사항 2가지만 쓰시오.

　○ _____

■ 습기가 많이 발생하는 장소이므로 방습형 조명기구와 누전차단기를 사용한다.

| 작성답안

(1) 방습형 조명기구
(2) 3로 스위치 2개를 사용한 2개소 점멸
(3) 누전 차단기
(4) ① 균일한 조도 분포
    ② 눈부심

□□□ 21 ㈜ 18, 20

39 건축화조명방식에서 천정면을 이용한 조명방식 3가지와 벽면을 이용하는 조명방식 3가지를 쓰시오. (6점)

- 천정면
  ○
- 벽면
  ○

| 작성답안

- 천정면
  다운라이트
  코퍼(coffer)라이트
  핀홀라이트
  그 외
  라인라이트
  광천정조명
  매입형광등
- 벽면
  밸런스(valance) 조명
  코오니스(cornice) 조명
  광창조명

강의 NOTE

■ 건축화 조명

건축화 조명은 건축물의 천장이나 벽을 조명기구 겸용디자인으로 마무리하는 것으로서 조명기구의 배치방식에 의하면 거의 전반조명 방식에 해당되며, 조명기구 독립설치 방식에 비해 글레어의 제어나 빛의 공간배분 및 미관상 뛰어난 조명효과가 창출됨으로 이를 고려한다.

① 건축화 조명은 천장면 이용방식은 매입형광등, 라인라이트, 다운라이트, 핀홀라이트, 코퍼라이트와 광천장조명, 루버천장조명 및 코오브조명의 형식을 사용한다.

② 벽면 이용방식은 코너조명, 코오니스조명, 밸런스조명 및 광창조명의 형식을 사용한다.

- 매입형광등 방식 : 가장 일반적인 천정 이용방식으로 "하면(下面) 개방형, 하면(下面) 확산판 설치형, 반매입형" 등이 있다.
- 다운라이트 방식 : 천장에 작은 구멍을 뚫고 조명기구를 매입하여 빛의 빔방향을 아래로 유효하게 조명한다. 사무실에 배치 할 경우 균등하게 배치하고 인테리어 적으로 배치할 경우 random하게 배치한다.
- pin hole light : down-light의 일종으로 아래로 조사되는 구멍을 적게 하거나 렌즈를 달아 복도에 집중 조사되도록 한다.
- coffer light : 대형의 down light라고도 볼 수 있으며 천정면을 둥글게 또는 사각으로 파내어 내부에 조명기구를 배치하여 조명하는 방법을 말하며 기구 하부에 확산판넬 등을 배치한다.
- line light : 매입 형광등방식의 일종으로 형광등을 연속열로서 배치하는 것이며 형광등조명방식 중 가장 효과적인 조명방식이다. 이것은 종방향 line light, 황방향 line light, 사선 line light, 장방향 line light 등이 있다.
- 광천정 조명 : 실의 천정 전체를 조명기구화 하는 방식으로 천정 조명 확산 판넬로서 유백색의 플라스틱판이 사용된다.
- 루버 조명 : 실의 천정면을 조명기구화 하는 방식으로 천정면 재료로서 루버를 사용하여 보호각을 증가시킨다.
- cove 조명 : 천정이나 벽면상부에 광원을 간접 조명화하여 천정면에 반사하여 조명하는 것을 말하며 효율은 대단히 나쁘지만 부드럽고 안정된 조명을 시행할 수 있다. 눈부심이 없고, 조도분포가 일정해 그림자가 없다.
- 코너(coner) 조명 : 천정과 벽면 사이에 조명기구를 배치하여 천정과 벽면에 동시에 조명하는 방법이다.
- 코오니스 (cornice) 조명 : 직접형광등기구를 벽면 위쪽에 설치하고, 목재나 금속판으로 광원을 숨김. 직접 빛이 벽면을 조명하는 방식
- 밸런스 (valance) 조명 : 벽에 형광등기구를 설치해 목재, 금속판 및 투과율이 낮은 재료로 광원을 숨기며 직접광은 아래쪽 벽이나 커튼을, 위쪽은 천장을 비추는 분위기 조명방식이다.
- 광창조명 : 지하실이나 자연광이 들어가지 않는 방에서 낮 동안 창문에서 채광되고 있는 청명한 느낌의 조명방식이다. 인공창의 뒷면에 형광등을 배치한다.

□□□ 18, 21

40 FL-40D 형광등 전압이 220V, 전류가 0.25A, 안정기의 손실이 5W일 때 형광등의 역률을 구하시오. (5점)

강의 NOTE

- 형광등은 안정기에 의해 점등되므로 형광등 전체의 소비전력은 안정기의 손실을 포함해야 한다.

| 작성답안

계산 : 40[W] 형광등의 전체소비전력 $P = 40 + 5 = 45[W]$

역률 $\cos\theta = \dfrac{P}{VI} \times 100 = \dfrac{45}{220 \times 0.25} \times 100 = 81.82[\%]$

답 : 81.82[%]

□□□ 10

41 다음이 설명하고 있는 광원(램프)의 명칭을 쓰시오. (6점)

반도체의 P-N접합구조를 이용하여 소수캐리어(전자 및 정공)를 만들어내고, 이들의 재결합에 의하여 발광시키는 원리를 이용한 광원(램프)으로 발광파장은 반도체에 첨가되는 불순물의 종류에 따라 다르다. 종래의 광원에 비해 소형이고 수명은 길며 전기에너지가 빛에너지로 직접 변환하기 때문에 전력소모가 적은 에너지 절감형 광원이다.

| 작성답안

LED 램프

☐☐☐ 14

42 기존 광원에 비하여 LED 램프의 특성 5가지만 쓰시오. (5점)

○ _____

| 작성답안

- 수명이 길다.
- 효율이 좋다.
- 발열 및 자외선이 적다.
- 소형 및 경량이다.
- 친환경적이다.

> **강의 NOTE**
>
> ■ 발광다이오드(Light emitting diode)
> 고체 발광소자로서 일반 전기자기의 표시등이나 숫자 표시등에 사용되어 왔다. 초창기는 휘도가 낮고 광색이 한계가 있었으나 새로운 원료의 개발과 생산기술의 발전됨에 따라 백색을 포함한 가시광선 광역의 모든 색을 표현할수 있는 고휘도 LED가 개발되어 광원으로 사용이 가능하게 되었다.
> - 수명이 길다.
> - 낮은 소비전력을 갖는다.
> - 높은 신뢰성을 갖는다.
> - 일반 조명으로는 사용될 수 있다.(형광등, 할로겐램프 대용)
> - 사용범위가 넓다.(교통신호등, 항공유도등, 대형 전광판)
> - 충격에 강하다.
> - 소형 경량이다.
> - 환경오염이 적다.
> - 점등 속도가 매우 빠르다.
> - 고주파 점등으로 인한 다른 기기에 노이즈를 발생할 수 있다.

☐☐☐ 16

43 조명설비의 광원으로 활용되는 할로겐램프의 장점(3가지)과 용도(2가지)를 각각 쓰시오. (5점)

(1) 장점(3가지)

○ _____

(2) 용도(2가지)

○ _____

| 작성답안

(1) 장점(3가지)
- 초소형, 경량의 전구(백열 전구의 1/10 이상 소형화 가능)
- 단위광속이 크다.
- 수명이 백열 전구에 비하여 2배로 길다.

그 외
- 연색성이 좋다.
- 휘도가 높다.
- 별도의 점등장치가 필요하지 않다.
- 정확한 빔을 가지고 있다.
- 열충격에 강하다.
- 배광제어가 용이하다.

(2) 용도(2가지)
- 자동차용, 복사기용 전구
- 무대 또는 상점의 스포트라이트

그 외
- 스튜디오 등의 스포트라이트

강의 NOTE

■ 형광등은 기동방식에 따라 스타터형(또는 예열기동형), 래피드스타터형(또는 속시기동형) 및 슬림라인형(또는 순시기동형)등으로 분류한다.

□□□ 19

44 형광방전램프의 점등방법에서 점등회로의 종류 3가지를 쓰시오. (5점)

| 작성답안

- 글로우스타터회로
- 속시기동회로(래피드스타트 회로)
- 순시기동회로

□□□ 92, 95, 98, 02

45 형광등이 백열 전구에 비하여 우수한 점을 4가지만 쓰시오. (4점)

| 작성답안

① 형광체의 혼합에 의하여 주광색, 백색 등 필요로 하는 광색을 쉽게 얻을 수 있다.
② 휘도가 낮다.
③ 효율이 높다.
④ 열방사가 적다.
그 외
⑤ 수명이 길다.

■ 형광등이 백열 전구에 비하여 우수한 점
장점 (형수눈 열받아효)
- 형광체의 혼합에 의하여 주광색, 백색 등 필요로 하는 광색을 쉽게 얻을 수 있다.
- 수명이 길다.
- 눈부심. 휘도가 낮다.
- 열방사가 적다.
- 효율이 높다.
단점 (점등 역률온 깜빡했다)
- 점등에 시간이 걸린다.
- 역률이 나쁘다.
- 온도 영향을 받는다.
- 깜빡임(플리커)이 생기기 쉽다
- 부속장치가 필요하다.

□□□ 91, 98, 08, 09, 10, 13, 16

46 공장 조명 설계시 에너지 절약대책을 5가지만 쓰시오. (5점)

| 작성답안

① 고효율 광원 채용 (LED 램프 채용, T5형광등 채용)
② 고조도 저휘도 반사갓 채용
③ 적절한 조광제어실시
④ 고역률 등기구 채용
⑤ 등기구의 적절한 보수 및 유지관리
그 외
⑥ 창측 조명기구 개별점등
⑦ 전반조명과 국부조명의 적절한 병용 (TAL조명)
⑧ 등기구의 격등제어 회로구성

강의 NOTE

■ 조명설비 에너지절약
① 적정 조도기준 : 작업장소별 적정 조도를 적용한다.
② 고효율 광원의 선정 : 할로겐램프, 3파장 형광등, HID램프, LED램프 등을 작업 목적과 대상에 적합하게 선정한다.
③ 고효율 조명기구의 선정 : 기구효율이 높은 조명기구를 선정한다.
④ 에너지 절감 조명설계 : 조명에너지 절약 요소, 적정 조명설계, 공조용 조명기구 등을 검토하여 선정한다.
⑤ 에너지절감 조명시스템 적용 : 조명제어 시스템 기능, 종류, 용도, 감광 제어시스템, 조명제어용 기기, 조광방식 등을 적용한다.

□□□ 08, 16, 21 ㈜ 09, 20

47 도로의 너비가 25 [m]인 곳에 양쪽으로 30 [m] 간격으로 지그재그 식으로 등주를 배치하여 도로위의 평균조도를 5 [lx]가 되도록 하려면 각 등주에 사용되는 수은등은 몇 [W]의 것을 사용하면 되는 지를 주어진 표를 참조하여 답하시오. (단, 노면의 광속이용률은 30 [%], 유지율은 75 [%]로 한다.) (5점)

수은등의 광속

용량 [W]	전광속 [lm]
100	3200 ~ 3500
200	7700 ~ 8500
300	10000 ~ 11000
400	13000 ~ 14000
500	18000 ~ 20000

| 작성답안

계산 : $F = \dfrac{EBSD}{U} = \dfrac{5 \times \dfrac{25}{2} \times 30 \times \dfrac{1}{0.75}}{0.3} = 8333.33$ [lm]

표에서 광속이 7700 ~ 8500 [lm]인 200 [W] 선정
답 : 200 [W]

■ 지그재그식 도로조명

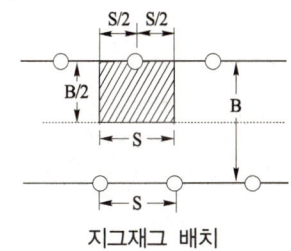

지그재그 배치

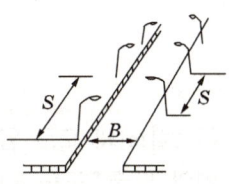

$E = \dfrac{FNUM}{BS}$ [lx]

여기서, E : 노면평균조도 [lx],
F : 광원 1개 광속 [lm],
N : 광원의 열수
M : 보수율, 감광보상률 D의 역수,
B : 도로의 폭 [m],
S : 광원의 간격 [m]

U : 빔 이용률
- 50 [%] 이상, 피조면 도달 0.75
- 20~50 [%] 이상, 피조면 도달 0.5
- 25 [%] 이하, 피조면 도달 0.4

□□□ 08, 16, 21

48 폭 8[m]의 2차선 도로에 가로등을 도로 한 쪽 배열로 50[m] 간격으로 설치하고자 한다. 도로면의 평균 조도를 5[lx]로 설계할 경우 가로등 1등당 필요한 광속을 구하시오. (단, 감광보상률은 1.5, 조명률은 0.43으로 한다.)(5점)

■ 한쪽 배열(편측 배열) 도로조명

| 작성답안

계산 : $F = \dfrac{EAD}{U} = \dfrac{5 \times 8 \times 50 \times 1.5}{0.43} = 6976.744[\text{lm}]$

답 : 6976.74[lm]

□□□ 10, 16, 20 08, 10, 16

49 폭 24[m]의 도로 양쪽에 30[m] 간격으로 양쪽배열로 가로등를 배치하여 노면의 평균조도를 5[lx]로 한다면 각 등주 상에 몇 [lm]의 전구가 필요한가? (단, 도로면에서의 광속이용률은 35[%], 감광보상율은 1.3이다.)(5점)

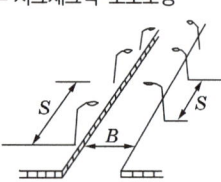

■ 지그재그식 도로조명

| 작성답안

계산 : $F = \dfrac{\frac{1}{2}BSED}{U} = \dfrac{\frac{1}{2} \times 24 \times 30 \times 5 \times 1.3}{0.35} = 6685.71[\text{lm}]$

답 : 6685.71[lm]

□□□ 10, 16, 20

50 폭 24[m]의 도로 양쪽에 30[m] 간격으로 양쪽배열로 가로등를 배치하여 노면의 평균조도를 5[lx]로 한다면 각 등주 상에 몇 [lm]의 전구가 필요한가? (단, 도로면에서의 광속이용률은 35[%], 감광보상율은 1.3이다.)(5점)

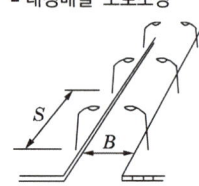

■ 대칭배열 도로조명

| 작성답안

계산 : $F = \dfrac{\frac{1}{2}BSED}{U} = \dfrac{\frac{1}{2} \times 24 \times 30 \times 5 \times 1.3}{0.35} = 6685.71[\text{lm}]$

답 : 6685.71[lm]

KEYWORD 25 동력부하설비

01 동력설비의 종류

동력설비의 종류는 동력설비의 용도에 따라, 운전기간에 따라, 비상부하에 따라, 공급전압에 따라 여러 가지로 분류한다. 다음 표는 건축물에 설치되는 동력설비의 일반적인 분류를 나타낸 것이다.

동력설비의 종류

분류	기기 구성
공조설비 동력	열원기기(보일러, 냉동기)송풍기, 공기조화기, 펌프, 팬
급, 배수 위생설비동력	각종 펌프
특수설비 동력	주방설비, 세탁설비, 의료설비, 쓰레기처리설비, 진공청소설비
반송설비동력	엘리베이터, 에스컬레이터, 리프트, 기계식주차설비, 곤도라, 컨베이어
기타동력	전동셔터, 자동문
소방동력	소방설비용 펌프류, 팬

[주1] 일반적으로 반송설비 동력중 엘리베이터, 에스컬레이터, 리프트 등의 수송능력, 필요 수량산정, 배치계획은 건축전기설비에서 수행하고 건축설계자와 협조한다.
[주2] 소방설비용 펌프 및 팬은 소방설비 설계자와 협조한다.
[주3] 그 밖의 것은 건축기계설비 또는 건축설계자와 협조한다.

02 3상 유도전동기

교류의 전력을 받아 기계동력을 발생하는 회전기를 전동기라 한다. 교류 전동기를 세분하면 크게 동기전동기와 유도 전동기로 나눌 수 있으며, 유도 전동기는 단상과 3상으로 구분되며, 3상유도 전동기는 권선형 유도전동기와 농형 유도 전동기로 분류된다. 산업용으로 사용되는 전동기는 대부분이 3상 유도 전동기이며, 특히 농형의 경우 기계적으로 튼튼하며, 전기적 지식이 없는 사람도 쉽게 취급할 수 있어 널리 사용된다. 농형의 경우는 대형이 되면 기동이 곤란해지므로 권선형을 사용한다.

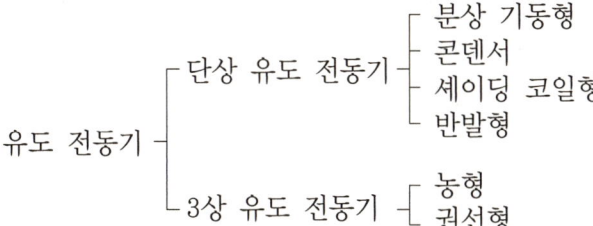

■ 단상유도전동기
(세분 반 콘덴서)
• 세이딩 코일형
• 분상 기동형
• 반발 기동형
• 기동형

3상 유도전동기는 일반적으로 다음과 같은 특징이 있다.
① 3상 전원에서, 상회전을 바꾸면 정회전과 역회전을 바꿀 수 있다. 상회전을 바꾸는 방법은 2선을 서로 교환하는 것으로서 쉽게 할 수 있다. 따라서, 정회전과 역회전을 같이 요하는 부하(엘리베이터, 권상기, 리프트 등)에 적합한 전동기 이다.
② 전동기는 회전자계에 의해 회전하게 된다. 단상 유도전동기는 단상이 교변자계이므로 이를 회전자계로 만드는 장치가 필요하게 된다. 그러나 3상 유도 전동기는 단상 유도전동기와 달리, 회전자계를 만들기 위한 장치가 필요 없다(3상 교류만으로 회전 자계를 발생시킬 수 있다).

■ 3상 유도 전동기의 고정자 권선 결선법

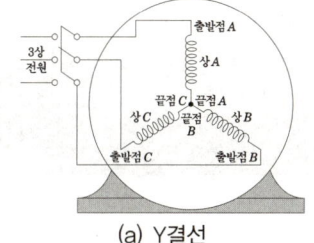

(a) Y결선

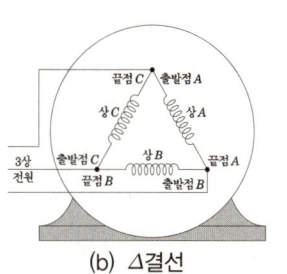

(b) △결선

03 농형 유도전동기

3상 유도전동기의 회전자가 아래 그림같은 경우를 농형 유도전동기라 한다. 농형 유도전동기를 권선형 유도전동기와 비교하였을 경우 다음과 같은 특징이 있다.
① 구조가 단순하고 저렴하다.
② 회전자에 절연부가 없어서 고열에 견딜 수 있으므로 고속영역에서의 과부하에 강하다.
③ 브러쉬나 슬립 링과 같은 마모·접촉 통전 부분이 없기 때문에, 보수가 간단하고 견고하다(몇 년간의 연속 운전이 가능).

강의 NOTE

■ 농형회전자

■ 권선형 회전자

■ 비례추이

■ 2차 회전자에 저항을 삽입하면 저항에 비례해서 토크, 속도 곡선이 이동하는 현상

④ 시동 토크가 작고 회전속도의 조정 범위가 좁다.
⑤ 권선형유도전동기에 비해, 시동 토크가 작아, 대형 기기에서는 시동 시의 돌입전류를 억제하기 위한 시동 장치가 필요하다.
⑥ 전동기는 회전자계에 맞추어 회전하려 하기 때문에, 2차측의 회전이 전동기 회전을 웃도는 경우에 전동기 회전에 맞추려는 힘이 발생함으로 브레이크로서도 사용할 수 있다.

04 권선형 유도전동기

3상 유도전동기 회전자가 다음 그림과 같은 구조를 권선형 유도 전동기라 한다.
농형 유도전동기의 농형 회전자 대신 회전자 철심에 3상 권선을 감아 2차 권선으로 하고 슬립링을 각 상 권선의 선단에 마련하여 브러시를 중개하여 2차 전류를 외부에 인도할 수 있게 한 전동기이다. 위 그림의 왼편에 슬립링이 연결되며 이곳에 2차 저항을 연결할 수 있다.
2차 저항기의 크기를 바꾸어 토크와 속도를 제어할 수 있다.
2차 저항의 크기로 기동토크를 크게 함과 동시에 기동전류도 제한할 수 있으므로 권선형 유도 전동기에서는 2차저항 조정기를 사용하여 저항치 최대 위치에서 시동하여 속도가 상승함에 따라 저항을 줄여 최종에는 저항을 단락하여 운전 상태로 들어간다. 이것은 2차 저항 기동법으로 용량은 15KW 이상의 중, 대용량 전동기에 적당하다.
특징은 다음과 같다.
① 2차 저항기를 사용함으로 2차 저항으로 임의의 최대, 최소 토크를 선택할 수 있다.
② 운전시 손실이 크고 효율이 나쁘다. 특히 감속시 효율이 매우 떨어지며 외부 2차 저항에서 큰 손실이 발생한다.
③ 슬립링, 브러시 등에서 고장이 잦으므로 유지관리에 유의하고 사용 환경을 고려하여야 한다.
④ 크레인, 압축기, 압연기, 블로어, 펌프 등 일반용 산업기계 등에 사용된다.

05 3상 유도전동기의 기동법

3상 유도전동기의 기동전류는 정격전류의 약 3~7배 정도이다. 이것은 정지시에 시스템이 가지는 관성(Inertia)을 극복할 수 있도록 충분히 전동기를 자화시키는데 필요한 에너지가 크기 때문이다. 기동시 Network으로부터 큰 전류를 끌어냄으로써, 전압강하(Voltage drop), 과도현상(High transient), 그리고 어떤 경우에는 알지 못하는 전동기 정지(Uncontrolled shutdown) 등을 일으킨다. 높은 기동전류는 또한 권선이나 회전자 Bar, 부하기기, 그리고 전동기 자체(Foundation)에 엄청난 기계적 충격(Stress)을 가하게 된다.

3상 유도 전동기에는 여러 가지 기동방식이 있으나, 이것들은 모두 이러한 부정적 영향들을 줄이기 위한 목적이 있다.

기동방식 선정시에는 부하기기, 전동기 그리고 전원회로(Power network) 등을 고려하여야 하며, 구체적으로는 아래의 사항들을 고려하여야 한다.
① 기동시 전압 강하
② 기동시 필요한 가속토크
③ 필요한 기동시간

용량이 작은 소형 3상 유도전동기는 특별한 기동장치가 필요 없으며, 전압을 감압하지 않고 전전압을 가하는 방법으로, 전원만 투입하면 기동한다. 그러나 용량이 증가하면 기동전류가 증가함으로 기동전류를 줄여야 한다.

기동전류를 줄이기 위해서는 유도전동기에 가하는 전원전압을 줄여 기동 하는데, 이것을 감압기동이라 한다. 감압의 방법에는 Δ로 결선되어 운전하는 회전자를 Y로 변경하여 전압을 $\frac{1}{\sqrt{3}}$ 배로 가하는 방법, 리액터를 연결하여 전압강하를 이용하는 방법, 단권변압기를 이용하는 방법 등 여러 가지 방법이 있다.

강의 NOTE

■ 기동되지 않는 원인
(공회전 단권기 오접속)
- 공극의 불균일
- 회전자 도체의 접속불량
- 큰 전압강하로 인한 기동 토크 부족
- 코일의 단선 및 소손
- 고정자 권선 내부의 오접속
- 기동기 고장
- 결선의 오접속

• 기 97
공급 전원에는 전압 강하 등 기타 아무 이상이 없는데도 농형 3상 유도 전동기가 전혀 기동되지 않고 있을 때 그 원인이 될 수 있는 사항을 5가지만 열거하시오.

강의 NOTE

■ 농형 유도 기동기의 기동법
(Y리 전기 : 전원일기 Y(양촌)리 전기)
* Y-Δ 기동법
* 리액터 기동법
* 전전압 기동법
* 기동 보상기법

• 기 90.17
3상 농형유도 전동기의 기동 방식 중 리액터 기동 방식에 대하여 상세하게 설명하시오.

• 기 22
다음은 3상 농형 유도 전동기 기동방법이다. 다음 물음에 대한 답을 보기에서 골라 답하시오.
【보기】 직입기동,
   Y-델타 기동,
   리액터기동,
   콘돌퍼기동법
(1) 기동전류가 가장 큰 것은 무엇인가?
(2) 기동토크가 가장 큰 것은 무엇인가?

• 기 07,11
유도 전동기는 농형과 권선형으로 구분되는데 각 형식별 기동법을 아래 빈칸에 쓰시오.

• 기 05.12
다음 각 물음에 답하시오.
(1) 농형 유도 전동기의 4가지 기동법을 쓰시오.
(2) 유도 전동기의 1차 권선의 결선을 △에서 Y로 바꾸면 기동시 1차 전류는 △결선시의 몇 배가 되는가?

기동방식의 종류 비교

구분	전전압 직입기동	감압 기동			
		스타델타기동 (오픈트랜지션)	스타델타기동 (클로즈드트랜지션)	리액터기동	콘돌퍼기동
회로 구성	MCB MC OLR	MCB OLR MCD MCS	OLR MCB MCM MCD R MCS2 MCS1	MCR 리액터 MCS OLR 리액터탭 50-60-70-80-90%	MCB MCR OLR MCS ATr MCN 단권 Tr 탭 50-65-80%
전류 특성 (선로 전류) %α	I_S 100%	$I_1 = I_S \times \dfrac{1}{3}$ 33.3%	$I_1 = I_S \times \dfrac{1}{3}$ 33.3%	$I_2 = I_2 \times \dfrac{V'}{V}$ 50-60-70-80-90%	$I_3 = I_S \times \left(\dfrac{V'}{V}\right)^2$ 64-42-25%
토크 특성 %β	T_S 100	$T_1 = T_S \times \dfrac{1}{3}$ 33.3	$T_1 = T_S \times \dfrac{1}{3}$ 33.3	$T_2 = T_S \times \left(\dfrac{V'}{V}\right)^2$ 25-36-49-64-81	$T_3 = T_S \times \left(\dfrac{V'}{V}\right)^2$ 64-42-24
가속성	가속토크 가장 큼 기동시의 쇼크 큼	토크증가 작음 최대토크 작음	토크증가 작음 최대토크 작음 델타전환시의 쇼크 작음	토크증가 큼 최대토크 가장 큼 원활한 가속	토크증가 약간 작음 최대토크 약간 작음 원활한 가속
가격	저렴	감압기동에서는 가장 저렴	오픈트랜지션보다 약간 고가	약간 고가	고가

전동기 형식	기동법	기동법의 특징
농형	직입기동	전동기에 직접 전원을 접속하여 기동하는 방식으로 5[kW] 이하의 소용량에 사용
	Y-Δ기동	1차 권선을 Y접속으로 하여 전동기를 기동시 상전압을 감압하여 기동하고 속도가 상승되어 운전속도에 가깝게 도달하였을 때 Δ접속으로 바꿔 큰 기동전류를 흘리지 않고 기동하는 방식으로 보통 5.5~37[kW] 정도의 용량에 사용
	기동보상기법	기동전압을 떨어뜨려서 기동전류를 제한하는 기동방식으로 고전압 농형 유도 전동기를 기동할 때 사용
권선형	2차저항기동	유도전동기의 비례추이 특성을 이용하여 기동하는 방법으로 회전자 회로에 슬립링을 통하여 가변저항을 접속하고 그의 저항을 속도의 상승과 더불어 순차적으로 바꾸어서 적게 하면서 기동하는 방법
	2차임피던스기동	회전자 회로에 고정저항과 리액터를 병렬 접속한 것을 삽입하여 기동하는 방법

06 단상 유도전동기

단상유도 전동기는 교번자계를 전원으로 사용함으로 스스로 기동할 수 없는 특성이 있다. 따라서, 교번자계를 회전자계로 만들어 주어야 기동이 가능하다. 이러한 방법에 따라 단상 유도 전동기의 종류가 결정된다.

> 강의 NOTE
>
> • 기 16
> • 기(유) 00.02.04.11
> • 기(유) 20
> 단상 유도전동기는 반드시 기동장치가 필요하다. 다음 물음에 답하시오.
> (1) 기동장치가 필요한 이유를 설명하시오.
> (2) 단상 유도전동기의 기동방식에 따라 분류할 때 그 종류를 4가지 쓰시오.

1 세이딩 코일형 (shaded-pole motor)

고정자의 주 자극 옆에 작은 돌극을 만든다. 여기에 굵은 구리선으로 수 회 정도 감아 단락시킨 구조의 전동기이다. 1차 권선에 전압이 가해지면 자극내의 교번자속에 의해 세이딩 코일에 단락전류가 흐르게 되고, 이 전류의 자속이 주자속 보다 늦게 되어 위상차가 생기며 이것으로 인해 회전자계가 만들어 지며 회전하게 된다(2회전자계설). 세이딩 코일형 전동기는 회전방향을 바꿀 수 없는 특징이 있으며, 주로 소형의 팬, 선풍기와 같은 곳에 사용된다.

■ 세이딩 코일형

• 산 20
단상 유도 전동기의 기동방법을 3가지 쓰시오.

2 분상 기동형 (split-phase ac induction motor)

서로 자기적인 위치를 달리하면서 병렬로 연결되어 있는 주권선과 보조 권선이 내장된 전동기를 분상 기동형 유도 전동기라 한다. 보조 권선은 기동을 담당하며, 기동시에만 연결되고, 운전이 되면 원심개폐기에 의해 개방된다. 두 권선은 리액턴스의 크기가 다르며 주권선이 리액턴스가 크고, 보조 권선이 리액턴스가 작아 위상차가 생겨 회전자계를 만들어 기동한다. 주로 1/2마력까지 사용이 가능하며, 팬, 송풍기 등에 사용된다.

■ 분상 기동형

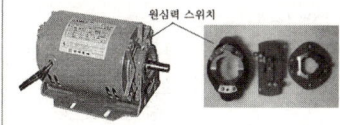

3 콘덴서 전동기 (capacitor ac induction motor)

주권선과 보조 권선이 있으며, 보조 권선에 콘덴서가 직렬로 연결되어 있는 전동기를 콘덴서 전동기라 한다. 주권선과 보조 권선의 위상차를 콘덴서가 주어 회전자계를 만들어 기동한다. 기동토크는 분상기동형 보다 크며, 콘덴서를 설치함으로 다른 방식보다 효율과 역률이 좋고, 진동과 소음도 적다. 1[HP] 이하에 많이 사용된다. 냉장고, 세탁기, 선풍기, 펌프 등 널리 사용된다.
콘덴서 전동기의 종류에는 기동할 때만 콘덴서를 사용하는 콘덴서 기동형 전동기(capacitor starting motor), 운전 중에도 콘덴서를 사용하는

■ 콘덴서 기동형

강의 NOTE

영구 콘덴서 전동기(permanent capacitor motor), 2중 콘덴서 전동기(two-value capacitor motor) 등이 있다.

콘덴서 전동기에 사용하는 콘덴서는 기동용으로는 전해콘덴서, 운전용은 유입 콘덴서를 사용한다.

4 반발형 전동기(repulsion motor)

단상 유도 전동기의 대부분은 농형회전자를 사용하나 반발 전동기는 회전자에 권선이 있어 권선형 단상 유도 전동기라 부르기도 한다. 반발 전동기는 고정자 권선과 회전자 권선에서 발생하는 자기장 사이의 반발력을 이용한 것으로 기동토크가 크다. 영업용 냉장고, 컴프레셔, 펌프 등에 사용된다.

5 전동기 절연의 종류

종류	Y종	A종	E종	B종	F종	H종	C종
최고사용온도[℃]	90	105	120	130	155	180	180 이상

- 기 94.08.11.12.16.21.22
- 기(유) 89.94.95.08.10.11.12.16
- 기(유) 94.10.11.12.14.17.21
- 기(유) 04.09
- 산(유) 94.10.11.12.21
- 산(유) 08.09.11.12.16.18
- 산(유) 11.12.14.17
- 산(유) 09.12.16.17.20

지표면상 10[m] 높이에 수조가 있다. 이 수조에 초당 1[m]의 물을 양수하려고 한다. 여기에 사용되는 펌프 모터에 3상 전력을 공급하기 위하여 단상 변압기 2대를 사용하였다. 펌프 효율이 70[%]이고, 펌프축 동력에 20[%]의 여유를 두는 경우 다음 각 물음에 답하시오.(단, 펌프용 3상 농형 유도 전동기의 역률은 100[%]로 가정한다.)
(1) 펌프용 전동기의 소요 동력은 몇 [kW]인가?
(2) 변압기 1대의 용량은 몇 [kVA]인가?

- 기 97.11
- 기(유) 97.10.13.15.20
- 기(유) 09.20
- 산(유) 10.11.13.15.20

어느 철강 회사에서 천장크레인의 권상용 전동기에 의하여 권상 중량 100[ton]을 권상 속도 3[m/min]로 권상하려고 한다. 권상용 전동기의 소요 출력은 몇 [kW] 정도이어야 하는가? 단, 권상기의 기계효율은 80[%]이다.

07 전동기용량의 결정

1 펌프용 전동기 용량

$$P = \frac{9.8\,Q'HK}{\eta} = \frac{KQH}{6.12\eta} \text{ [kW]}$$

여기서, P : 전동기의 용량 [kW]
Q : 양수량 [m³/min]
Q' : 양수량 [m³/sec]
H : 양정(낙차) [m]
η : 펌프의 효율 [%]
K : 여유계수(1.1 ~ 1.2 정도)

2 권상용 전동기 용량

$$P = \frac{9.8\,W \cdot v'}{\eta} = \frac{W \cdot v}{6.12\eta} \text{ [kW]}$$

여기서, W : 권상 하중 [ton]
  v : 권상 속도 [m/min]
  v' : 권상 속도 [m/sec]
  η : 권상기 효율 [%]

3 권상속도

$v = \pi DN$

v : 권상 속도 [m/min]
D : 회전체의 지름 [m]
N : 회전 속도 [rpm]

4 에스컬레이터용 전동기의 용량

$$P = \frac{G \times V \times \sin\theta \times \beta}{6120 \times \eta}$$

G : 적재하중 [kg]
V : 속도 [m/min]
η : 종합효율
β : 승객유입률

08 전동기 자기여자 현상

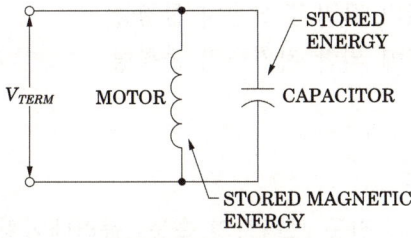

유도전동기 등가회로

자기여자현상은 커패시터의 용량성 무효전류가 유도전동기의 자화전류보다 클 때 발생하며, 이로 인해 전동기 단자전압이 상승하여 전동기 권선의 절연열화로 결국 절연고장을 일으킨다. 이것을 방지하기 위한 방법은 다음과 같다.

① 전동기 제조회사에 무효전력 정격치를 요구한다.
② 전동기 무부하전류(자화전류)의 80 [%] 값으로 커패시터 용량을 선정하라. 어떤 경우에도 90 [%]를 초과해서는 안 된다.
③ 유도전동기에 대한 커패시터 권장 용량 선정표를 이용한다. 그러나 이런 표가 커패시터의 적정한 용량을 보증하지는 않는다. 특히, 최근의 고효율 전동기에 대해서는 주의해야 한다.
④ 전동기 무부하 전류를 측정하고, 커패시터 정격전류가 전동기 무부하 전류의 80 [%] 정도가 되도록 커패시터 용량을 선정한다.

09 전동기의 진동과 소음

1 기계적 원인

① 회전자의 정적 동적 불평형
② 베어링의 불평형
③ 상대기기와의 연결 불량 및 설치 불량

2 전자적 원인(불평형)

① 회전자의 편심
② 에어캡(air gap)의 회전시 변동
③ 회전자 철심의 자기적 성질의 불평등
④ 고조파 자계에 의한 자기력의 불평형

3 전동기의 소음

① 기계적 소음 : 진동 브러시의 습동, 롤러베어링 등을 원인으로 기인
② 전자적 소음 : 철심의 여러 부분이 주기적인 자력, 전자력 때문에 진동하여 소리내는 것
③ 통풍소음 : 팬, 회전자의 에어덕트 등의 팬 작용으로 일어나는 소음

강의 NOTE

■ 전동기의 진동과 소음
진동 (불편중 회고)
- 베어링 불량
- 회전부의 편심
- 축이음의 중심불균형
- 회전자와 고정자의 불균형
- 고조파 등에 의한 회전자계 불균등

소음 (전기 통풍)
- 전자적 소음 : 고정자, 회전자에 작용하는 주기적인 전자력에 의한 철심의 진동에 의하여 생기는 소음.
- 기계적 소음 : 베어링의 회전음, 회전자의 불균형, 브러시의 습동음, 전동기의 설치불량으로 발생하는 소음
- 통풍소음 : 냉각팬이나 회전자 덕트 등에서 통풍상의 회전에 따르는 공기의 압축, 팽창에 의한 소음

● 기 17
전동기의 진동과 소음이 발생하는 원인에 대하여 다음 각 물음에 답하시오.
(1) 진동이 발생하는 5가지 원인을 쓰시오.
(2) 전동기 소음을 크게 3가지로 분류하고 설명하시오.

관련문제 — 25. 동력부하설비

1. 동력 부하설비로 많이 사용되는 전동기를 합리적으로 선정하기 위하여 고려할 사항 4가지를 쓰시오. (5점)

| 작성답안

① 부하의 토크-속도특성
② 용도에 알맞은 기계적 형식
③ 운전 형식에 적당한 정격 및 냉각방식
④ 사용 장소의 상황에 알맞은 보호방식

2. 옥내에 시설되는 단상전동기에 관한 내용이다. 다음 빈칸에 알맞은 값을 쓰시오. (6점)

옥내에 시설하는 전동기(정격 출력이 0.2kW 이하인 것을 제외한다. 이하 여기에서 같다)에는 전동기가 손상될 우려가 있는 과전류가 생겼을 때에 자동적으로 이를 저지하거나 이를 경보하는 장치를 하여야 한다. 다만, 다음의 어느 하나에 해당하는 경우에는 그러하지 아니하다.

가. 전동기를 운전 중 상시 취급자가 감시할 수 있는 위치에 시설하는 경우
나. 전동기의 구조나 부하의 성질로 보아 전동기가 손상될 수 있는 과전류가 생길 우려가 없는 경우
다. 단상전동기[KS C 4204(2013)의 표준정격의 것을 말한다]로써 그 전원측 전로에 시설하는 과전류 차단기의 정격전류가 (①)(배선차단기는 (②)) 이하인 경우

| 작성답안

① 16[A]
② 20[A]

강의 NOTE

■ 전동기 선정의 고려항목
- 부하 토크 및 속도 특성에 적합한 것을 선정
- 운전 형식에 적당한 정격 및 냉각 방식에 따라 선정
- 사용 장소의 상황에 알맞은 보호 방식에 따라 선정
- 고장이 적고 신뢰도가 높으며, 운전비가 싼 것을 선정
- 가급적 정격 출력인 기기를 선정
- 용도에 알맞은 기계적 형식의 것을 선정

■ 한국전기설비규정 212.6.3 저압전로 중의 전동기 보호용 과전류보호장치의 시설

옥내에 시설하는 전동기(정격 출력이 0.2kW 이하인 것을 제외한다. 이하 여기에서 같다)에는 전동기가 손상될 우려가 있는 과전류가 생겼을 때에 자동적으로 이를 저지하거나 이를 경보하는 장치를 하여야 한다. 다만, 다음의 어느 하나에 해당하는 경우에는 그러하지 아니하다.

가. 전동기를 운전 중 상시 취급자가 감시할 수 있는 위치에 시설하는 경우
나. 전동기의 구조나 부하의 성질로 보아 전동기가 손상될 수 있는 과전류가 생길 우려가 없는 경우
다. 단상전동기[KS C 4204(2013)의 표준정격의 것을 말한다]로써 그 전원측 전로에 시설하는 과전류 차단기의 정격전류가 16 A(배선차단기는 20 A) 이하인 경우

□□□ 13

3 옥내에 시설되는 단상전동기에 과부하 보호장치를 하지 않아도 되는 전동기의 용량은 몇 [kW] 이하인가? (5점)

| 작성답안

0.2[kW]

□□□ 20

4 단상 유도 전동기의 기동방법을 3가지 쓰시오. (5점)

| 작성답안

- 반발 기동형
- 콘덴서 기동형
- 분상 기동형
그 외
- 세이딩 코일형

강의 NOTE

■ 한국전기설비규정 212.6.3 저압전로 중의 전동기 보호용 과전류보호장치의 시설

옥내에 시설하는 전동기(정격 출력이 0.2kW 이하인 것을 제외한다. 이하 여기에서 같다)에는 전동기가 손상될 우려가 있는 과전류가 생겼을 때에 자동적으로 이를 저지하거나 이를 경보하는 장치를 하여야 한다. 다만, 다음의 어느 하나에 해당하는 경우에는 그러하지 아니하다.
가. 전동기를 운전 중 상시 취급자가 감시할 수 있는 위치에 시설하는 경우
나. 전동기의 구조나 부하의 성질로 보아 전동기가 손상될 수 있는 과전류가 생길 우려가 없는 경우
다. 단상전동기[KS C 4204(2013)의 표준정격의 것을 말한다]로써 그 전원측 전로에 시설하는 과전류 차단기의 정격전류가 16 A(배선차단기는 20 A) 이하인 경우

■ 단상 유도전동기

단상유도 전동기는 교번자계를 전원으로 사용함으로 스스로 기동할 수 없는 특성이 있다. 따라서, 교번자계를 회전자계로 만들어 주어야 기동이 가능하다. 이러한 방법에 따라 단상 유도 전동기의 종류가 결정된다.
① 세이딩 코일형(shaded-pole motor)
고정자의 주 자극 옆에 작은 돌극을 만든다. 여기에 굵은 구리선으로 수 회 정도 감아 단락시킨 구조의 전동기이다. 1차 권선에 전압이 가해지면 자극내의 교번자속에 의해 세이딩 코일에 단락전류가 흐르게 되고, 이 전류의 자속이 주자속 보다 늦게 되어 위상차가 생기며 이것으로 인해 회전자계가 만들어 지며 회전하게 된다(2회전자계설). 세이딩 코일형 전동기는 회전방향을 바꿀 수 없는 특징이 있으며, 주로 소형의 팬, 선풍기와 같은 곳에 사용된다.
② 분상 기동형(split-phase ac induction motor)
서로 자기적인 위치를 달리하면서 병렬로 연결되어 있는 주권선과 보조 권선이 내장된 전동기를 분상 기동형 유도 전동기라 한다. 보조 권선은 기동을 담당하며, 기동시에만 연결되고, 운전이 되면 원심개폐기에 의해 개방된다. 두 권선은 리액턴스의 크기가 다르며 주권선이 리액턴스가 크고, 보조 권선이 리액턴스가 작아 위상차가 생겨 회전자계를 만들어 기동한다. 주로 1/2마력 까지 사용이 가능하며, 팬, 송풍기 등에 사용된다.
③ 콘덴서 전동기(capacitor ac induction motor)
주권선과 보조 권선이 있으며, 보조 권선에 콘덴서가 직렬로 연결되어 있는 전동기를 콘덴서 전동기라 한다. 주권선과 보조 권선의 위상차를 콘덴서가 주어 회전자계를 만들어 기동한다. 기동토크는 분상기동형 보다 크며, 콘덴서를 설치함으로 다른 방식보다 효율과 역률이 좋고, 진동과 소음도 적다. 1[HP] 이하에 많이 사용된다. 냉장고, 세탁기, 선풍기, 펌프 등 널리 사용된다. 콘덴서 전동기의 종류에는 기동할 때만 콘덴서를 사용하는 콘덴서 기동형 전동기(capacitor starting motor), 운전 중에도 콘덴서를 사용하는 영구 콘덴서 전동기(permanent capacitor motor), 2중 콘덴서 전동기(two-value capacitor motor) 등이 있다. 콘덴서 전동기에 사용하는 콘덴서는 기동용으로는 전해콘덴서, 운전용은 유입 콘덴서를 사용한다.
④ 반발형 전동기(repulsion motor)
단상 유도 전동기의 대부분은 농형회전자를 사용하나 반발 전동기는 회전자에 권선이 있어 권선형 단상 유도 전동기라 부르기도 한다. 반발 전동기는 고정자 권선과 회전자 권선에서 발생하는 자기장 사이의 반발력을 이용한 것으로 기동토크가 크다. 영업용 냉장고, 컴프레셔, 펌프 등에 사용된다.

□□□ 22

5 다음은 3상 농형 유도 전동기 기동방법이다. 다음 물음에 대한 답을 보기에서 골라 답하시오. (4점)

【보기】
직입기동, Y-델타 기동, 리액터기동, 콘돌퍼기동법

(1) 기동전류가 가장 큰 것은 무엇인가?
  ○

(2) 기동토크가 가장 큰 것은 무엇인가?
  ○

| 작성답안

(1) 직입기동
(2) 직입기동

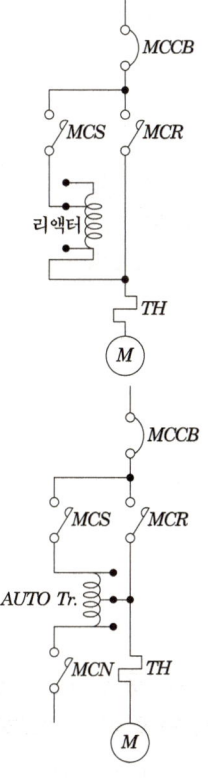

■ 기동법

□□□ 05 ⊞ 12

6 다음 각 물음에 답하시오. (6점)

(1) 농형 유도 전동기의 4가지 기동법을 쓰시오.
  ○

(2) 유도 전동기의 1차 권선의 결선을 △에서 Y로 바꾸면 기동시 1차 전류는 △결선시의 몇 배가 되는가?
  ○

| 작성답안

(1) • 전전압 기동법
  • Y-△기동법
  • 리액터 기동법
  • 기동 보상기법
(2) $\frac{1}{3}$ 배

7. 농형 유도전동기의 일반적인 속도제어 방법 3가지를 쓰시오. (6점)

작성답안

- 전원전압 제어법
- 극수 변환법
- 주파수 변환법

강의 NOTE

■ 유도전동기 속도제어
- 농형 유도 전동기의 속도 제어법
  ① 주파수 제어법
  ② 극수 제어법
  ③ 전원 전압 제어법
- 권선형 유도 전동기의 속도 제어법
  ① 2차 저항법
  ② 2차 여자법

---

8. 50 [Hz]로 설계된 3상 유도 전동기를 동일 전압으로 60[Hz]에 사용할 경우 다음 요소는 어떻게 변화하는지를 수치를 이용하여 설명하시오. (6점)

(1) 무부하 전류

(2) 온도 상승

(3) 속도

작성답안

(1) 5/6으로 감소
(2) 5/6으로 감소
(3) 6/5로 증가

■ 주파수의 변화
① 무부하전류(여자전류)
  여자전류는 코일에 흐르는 전류이므로
  $I_0 = \dfrac{V_1}{2\pi f L}$ 주파수에 반비례한다.
② 온도상승
  철손은 fB^2에 비례하여
  $\dfrac{60}{50}\left(\dfrac{50}{60}\right)^2 = \dfrac{50}{60}$ 으로 온도는 감소한다.
③ 속도
  유도전동기의 속도는 $N = (1-s)\dfrac{120f}{p}$ [rpm] 이므로 주파수에 비례한다.

08, 20

9 그림은 3상 유도전동기의 Y-Δ 기동법을 나타내는 결선도이다. 다음 물음에 답하시오. (7점)

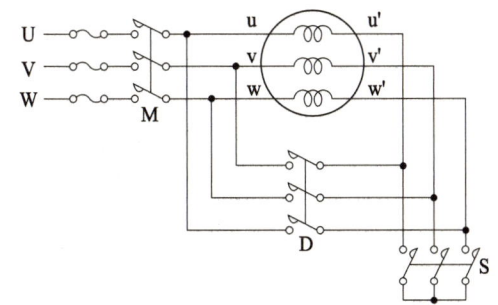

■ Y-Δ 기동법

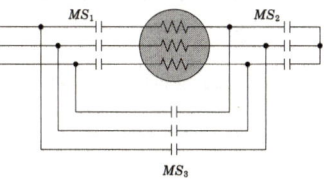

유도전동기 1차측을 Y결선으로 기동하여 충분히 가속한 다음 Δ결선으로 변경하여 운전하는 방식이다. 전동기 1차 권선은 각상의 양단의 단자가 필요하여 6개의 단자가 있으며, Y는 Δ 결선시 보다 전압이 $\frac{1}{\sqrt{3}}$ 배가 되며 토크는 $\frac{1}{3}$ 배가 된다. 기동전류도 $\frac{1}{3}$ 배가 된다. Y-Δ 기동법은 주로 5.5[kW]~35[kW]의 농형유도전동기에 사용된다.
① 기동시 MS_1, MS_2가 여자되어 Y결선으로 기동한다.
② 타이머 설정 시간이 지나면 MS_2이 소자되고 MS_3가 여자되어 Δ결선으로 운전한다.
③ Y와 Δ는 동시투입이 되어서는 안된다. (인터록)

(1) 다음 표의 빈칸에 기동시 및 운전시의 전자개폐기 접점의 ON, OFF 상태 및 접속 상태(Y결선, Δ결선)를 쓰시오.

구분	전자개폐기 접점상태(ON,OFF)			접속 상태
	S	D	M	
기동시				
운전시				

(2) 전전압 기동과 비교하여 Y-Δ기동법의 기동시 기동전압, 기동전류 및 기동토크는 각각 어떻게 되는가?

① 기동전압(선간전압)

○ _____

② 기동전류

○ _____

③ 기동토크

○ _____

| 작성답안

(1)

구분	전자개폐기 접점상태(ON,OFF)			접속 상태
	S	D	M	
기동시	ON	OFF	ON	Y 결선
운전시	OFF	ON	ON	Δ 결선

(2) ① 기동전압(선간전압) : $\frac{1}{\sqrt{3}}$ 배
② 기동전류 : $\frac{1}{3}$ 배
③ 기동토크 : $\frac{1}{3}$ 배

□□□ 19

10 다음 전동기의 회전방향으로 반대로 하려면 어떻게 해야 하는지 설명하시오. (5점)

(1) 직류 직권 전동기

　○ _____

(2) 3상 유도 전동기

　○ _____

(3) 단상 유도 전동기(분상기동법)

　○ _____

| 작성답안

(1) 전기자 권선 또는 계자 권선의 접속을 반대로 한다.
(2) 전원 3선중 2선의 접속을 반대로 한다.
(3) 기동권선의 접속을 반대로 한다.

강의 NOTE

■ 전동기의 역회전
3상 유도전동기를 역회전시키기 위해서는 회전자계의 방향을 반대로 공급해야 한다. 이 때 방법이 3상의 3선 중 임의의 2개 선의 접속을 바꾸면 회전자계의 방향이 반대가 되어 역회전한다. 단상 유도전동기는 회전자계가 없으므로 회전력을 얻기 위해 주권선 외에 기동권선을 두고 위상차를 주어 회전자계를 만든다.(2회전자계) 이때 회전자계의 방향으로 반대로 하면 역회전 하므로 기동권선의 방향을 반대로 접속하면 역회전 한다.

□□□ 11, 12, 21

11 지표면상 10[m] 높이에 수조가 있다. 이 수조에 초당 1[m³]의 물을 양수하는데 펌프용 전동기에 3상 전력을 공급하기 위해서 단상 변압기 2대를 V결선하였다. 펌프 효율이 70[%]이고, 펌프 축동력에 25[%] 여유를 두는 경우 펌프용 전동기의 소요 동력은 몇 [kW]인가? (단, 펌프용 3상 농형 유도전동기의 역률을 100[%]로 가정한다.)(5점)

　○ _____

| 작성답안

계산 : $P = \dfrac{9.8QHK}{\eta}$ [kW]에서

$P = \dfrac{9.8 \times 1 \times 10 \times 1.25}{0.7} = 175$ [kW]

답 : 175 [kW]

■ 전동기용량
① 펌프용 전동기 용량
$P = \dfrac{9.8Q'HK}{\eta} = \dfrac{KQH}{6.12\eta}$ [kW]
여기서,
P : 전동기의 용량 [kW]
Q : 양수량 [m³/min]
Q' : 양수량 [m³/sec]
H : 양정(낙차) [m]
η : 펌프의 효율 [%]
K : 여유계수 (1.1 ~ 1.2 정도)

② 권상용 전동기 용량
$P = \dfrac{9.8W \cdot v'}{\eta} = \dfrac{W \cdot v}{6.12\eta}$ [kW]
여기서,
W : 권상 하중 [ton]
v : 권상 속도 [m/min]
v' : 권상 속도 [m/sec]
η : 권상기 효율 [%]

□□□ 94, 10

12 지표면상 20[m] 높이에 수조가 있다. 이 수조에 초당 0.2[m³]의 물을 양수하려고 한다. 여기에 사용되는 펌프 모터에 3상 전력을 공급하기 위하여 단상 변압기 2대를 사용하였다. 펌프 효율이 65[%]이고, 펌프축 동력에 15[%]의 여유를 둔다면 변압기 1대의 용량은 몇 [kVA]이며, 이 때 변압기를 어떠한 방법으로 결선하여야 하는가? (단, 펌프용 3상 농형 유도 전동기의 역률은 80[%]로 가정한다.)(5점)

강의 NOTE

■ 펌프용 전동기용량

$$P = \frac{9.8 Q' H K}{\eta} = \frac{KQH}{6.12\eta} \text{ [kW]}$$

여기서,
P : 전동기의 용량 [kW]
Q : 양수량 [㎥/min]
Q' : 양수량 [㎥/sec]
H : 양정(낙차) [m]
η : 펌프의 효율 [%]
K : 여유계수(1.1 ~ 1.2 정도)

| 작성답안

① 변압기 1대의 용량
단상 변압기 2대를 V결선 출력 $P_V = \sqrt{3} P_1$ [kVA]

양수 펌프용 전동기 $P = \dfrac{9.8 QHK}{\eta \times \cos\theta}$

∴ $\sqrt{3} P_1 = \dfrac{9.8 \times 20 \times 0.2 \times 1.15}{0.65 \times 0.8} = 86.69$ [kVA]

∴ 변압기 1대 정격 용량 : $P_1 = \dfrac{86.69}{\sqrt{3}} = 50.05$ [kVA]

답 : 50.05 [kVA]

② 결선 : V결선

□□□ 10, 13, 20 ✦ 97, 11

13 권상 하중이 18[ton]이며, 매분 6.5[m]의 속도로 끌어 올리는 권상용 전동기의 용량[kW]을 구하시오. (단, 전동기를 포함한 기중기의 효율은 73[%]이다.)(5점)

| 작성답안

계산 : $P = \dfrac{W \cdot v}{6.12\eta} = \dfrac{18 \times 6.5}{6.12 \times 0.73} = 26.19$ [kW]

답 : 26.19[kW]

□□□ 10, 11, 15

14 무게 2.5[t]의 물체를 매분 25[m]의 속도로 권상하는 권상용 전동기의 출력은 몇 [kW]로 하면 되는지 계산하시오. (단, 권상기 효율은 80[%], 여유계수는 1.1)(5점)

| 작성답안

계산 : $P = \dfrac{GV}{6.12\eta}$ [kW] 에서 $P = \dfrac{2.5 \times 25 \times 1.1}{6.12 \times 0.8} = 14.04$ [kW]
답 : 14.04[kW]

□□□ 08, 09, 11, 12, 16, 18

15 지표면상 5[m] 높이에 수조가 있다. 이 수조에 초당 1[m³]의 물을 양수하는데 펌프 효율이 70[%]이고, 펌프 축동력에 20[%]의 여유를 줄 경우 펌프용 전동기의 용량[kW]을 구하시오. (단, 펌프용 3상 농형 유도전동기의 역률을 100[%]로 한다.)(6점)

| 작성답안

계산 : $P = \dfrac{9.8QHK}{\eta} = \dfrac{9.8 \times 1 \times 5 \times 1.2}{0.7} = 84$ [kW]
답 : 84[kW]

□□□ 11, 12, 14, 17

16 지표면상 20[m] 높이의 수조가 있다. 이 수조에 18[m³/min] 물을 양수하는데 필요한 펌프용 전동기의 소요 동력은 몇 [kW]인가? (단, 펌프의 효율은 70[%]로 하고, 여유계수는 1.1로 한다.)(5점)

| 작성답안

계산 : $P = \dfrac{KQH}{6.12\eta} = \dfrac{20 \times 18 \times 1.1}{6.12 \times 0.7} = 92.436$ [kW]
답 : 92.44[kW]

□□□ 09, 20 ㊶ 09, 12, 16, 17

17 45[kW]의 전동기를 사용하여 지상 10[m], 용량 300 [m³]의 저수조에 물을 채우려한다. 펌프의 효율 85 [%], $K=1.2$ 라면 몇 분 후에 물이 가득 차겠는가?(5점)

| 작성답안

계산 : $P = \dfrac{KHQ'}{6.12\eta} = \dfrac{KH\dfrac{Q}{t}}{6.12\eta}$ 에서

$t = \dfrac{KHQ}{P \times 6.12\eta} = \dfrac{1.2 \times 10 \times 300}{45 \times 6.12 \times 0.85} = 15.38$ [분]

답 : 15.38[분]

강의 NOTE

■ 전동기 용량

① 펌프용 전동기 용량

$$P = \dfrac{9.8Q'HK}{\eta} = \dfrac{KQH}{6.12\eta} \text{ [kW]}$$

여기서,
 P : 전동기의 용량 [kW]
 Q : 양수량 [m³/min]
 Q' : 양수량 [m³/sec]
 H : 양정(낙차) [m]
 η : 펌프의 효율 [%]
 K : 여유계수(1.1 ~ 1.2 정도)

② 권상용 전동기 용량

$$P = \dfrac{9.8W \cdot v'}{\eta} = \dfrac{W \cdot v}{6.12\eta} \text{ [kW]}$$

여기서,
 W : 권상 하중 [ton]
 v : 권상 속도 [m/min]
 v' : 권상 속도 [m/sec]
 η : 권상기 효율 [%]

□□□ 09, 12, 16, 17

18 지표면상 7[m] 높이의 저수조가 있다. 이 저수조에 300 [m³] 물을 양수하는 데 필요한 시간은 몇 분인가? (단, 펌프용 전동기의 소요 동력은 30 [kW]이다. 펌프의 효율은 80 [%]로 하고, 여유계수는 1.2로 한다.)(6점)

| 작성답안

계산 : $P = \dfrac{KH\dfrac{Q}{t}}{6.12\eta}$ 에서 $30 = \dfrac{7 \times 300 \times 1.2}{6.12 \times 0.8 \times t}$ 이므로 $t = 17.16$ 분

답 : 17.16[분]

□□□ 03

19 그림과 같이 고층 아파트에 급수설비가 시설되어 있다. 급수관의 마찰 손실이 흡입관과 토출관을 합하여 $0.3\,[kg/cm^2]$, 펌프의 효율이 $75\,[\%]$일 때, 다음 각 물음에 답하시오. (6점)

■ 펌프용 전동기 용량
$$P = \frac{9.8Q'HK}{\eta} = \frac{KQH}{6.12\eta}\,[kW]$$
여기서,
P : 전동기의 용량 [kW]
Q : 양수량 [㎥/min]
Q' : 양수량 [㎥/sec]
H : 양정(낙차) [m]
η : 펌프의 효율 [%]
K : 여유계수(1.1 ~ 1.2 정도)

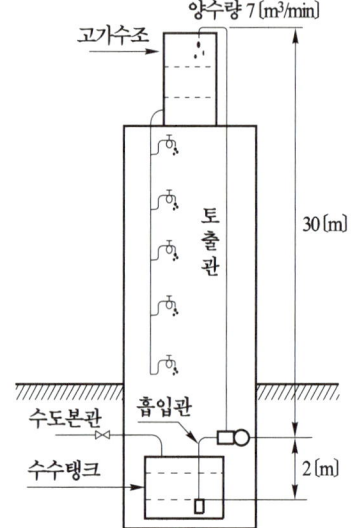

(1) 옥상의 고가수조와 지하층의 수수(受水) 탱크에 수위를 전기적으로 자동으로 조절하기 위하여 시설하는 것은 무엇인가?

　○ _____

(2) 펌프의 총 양정은 몇 [m]인가?

　○ _____

(3) 급수 펌프용 전동기의 축동력은 몇 [HP](마력)이 필요한가?

　○ _____

| 작성답안

(1) 플로트 스위치 또는 액면 릴레이
(2) 계산 : $H = (30+2) + 0.3 \times 10 = 35\,[m]$
    답 : $35\,[m]$
(3) 계산 : $P = \dfrac{9.8QHK}{\eta} = \dfrac{9.8 \times \dfrac{7}{60} \times 35}{0.75 \times 0.746} = 71.52\,[HP]$
    답 : $71.52\,[HP]$

□□□ 11, 12, 14

20 건물옥상 수조에 분당 1500[ℓ]씩 물을 올리려 한다. 지하수조에서 옥상수조까지의 양정이 50[m]일 경우 전동기 용량은 몇 [kW] 이상으로 하여야 하는지 계산하시오. (단, 배관의 손실은 양정의 30[%]로 하며, 펌프 및 전동기 종합효율은 80[%], 여유계수는 1.1로 한다.)(5점)

○ ______________________________

| 작성답안

계산 : $P = \frac{HQ_mK}{6.12\eta}$[kW]

$Q_m = 1500[\ell/\text{min}] = 1.5[\text{m}^3/\text{min}]$

$H = 50 + 50 \times 0.3 = 65[\text{m}]$

$P = \frac{KQH}{6.12\eta} = \frac{1.1 \times 1.5 \times 65}{6.12 \times 0.8} = 21.905[\text{kW}]$

답 : 21.91[kW]

강의 NOTE

KEYWORD 26 접지설비

01 접지의 목적

1 전기회로의 접지목적

이상적으로 접지저항이 "0" [Ω], 즉 전위상승이 없으면 아무런 장해가 없으나, 실제로는 접지저항이 존재하며 전위상승으로 인한 인체감전, 기기손상, 잡음발생, 오동작 등 여러 장해가 발생함으로 이를 방지하고 최소화하는 것이 접지의 목적이다. 따라서 접지시 상용주파뿐만 아니라 충격전압에 대해서도 낮은 저항값을 갖도록 하여야 한다. 계통접지의 목적은 다음과 같다.

① 낙뢰, 개폐서지 등에 의한 이상전압을 억제한다.
② 전력계통에서 발생하는 대지전위의 상승을 억제한다.
③ 지락사고시 발생하는 지락전류를 검출하여 보호 계전기의 동작을 확실하게 한다.
④ 고저압 혼촉에 의한 저압측 전위상승을 억제하여 저압측에 연결된 기계기구의 절연을 보호한다.

2 접지설계시 고려사항

접지설비를 설계할 경우 다음 사항을 고려하여 설계하여야 한다.
① 인체의 허용전류 값
② 접지전위상승
③ 토지의 고유저항 및 접지저항 값
④ 접지극 및 접지도체의 크기와 형상
⑤ 토양의 성질
⑥ 보폭전압과 접촉전압

강의 NOTE

■ 접지의 목적
(이상 보호 기대)
- 낙뢰, 개폐서지 등에 의한 이상전압을 억제한다.
- 지락사고시 발생하는 지락전류를 검출하여 보호 계전기의 동작을 확실하게 한다.
- 고저압 혼촉에 의한 저압측 전위상승을 억제하여 저압측에 연결된 기계기구의 절연을 보호한다.
- 전력계통에서 발생하는 대지전위의 상승을 억제한다.

■ 접지저항에 영향을 주는 인자
(접지도체 접대)
- 접지도체와 접지전극의 도체저항
- 접지전극의 표면과 이것에 접하는 토양사이의 접촉저항
- 접지전극 주위의 토양성분의 저항 즉 대지저항률

● 기 21
접지저항의 결정요인인 접지저항 요소 3가지를 쓰시오.

02 계통접지와 기기접지

1 계통접지

전로는 대지로부터 반드시 절연되어야 한다. 그러나, 사고가 발생할 경우 절연에 의한 사고전류가 흐르지 않아 이것으로 인해 인체에 가해지는 전압(접촉전압)이 상승하게 되고, 화재 및 감전사고가 발생하므로 접지를 시행한다.

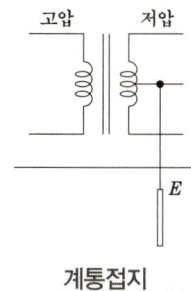

계통접지

[접지의 필요성]
① 전기적 피해로부터 시설물을 보호하기 위함
② 전기기기 원활한 기능을 확보하기 위함
③ 전기적인 충격으로 부터 인명을 보호하기 위함
④ 충격전류를 대지로 신속히 방류하기 위함

계통접지의 목적은 다음과 같다.
① 낙뢰, 개폐서지 등에 의한 이상전압을 억제한다.
② 전력계통에서 발생하는 대지전위의 상승을 억제한다.
③ 지락사고시 발생하는 지락전류를 검출하여 보호 계전기의 동작을 확실하게 한다.
④ 고저압 혼촉에 의한 저압측 전위상승을 억제하여 저압측에 연결된 기계기구의 절연을 보호한다.

2 기기접지

전기설비의 운전중 전류가 흐르는 부분을 충전부라 하며, 이 부분은 절연이 되어 있지 않다. 따라서 이 부분을 통하여 감전사고가 발생한다. 이것을 방지 하기 위하여 노출된 도전성 부분을 금속제 함에 넣고 금속제 함을 접지를 하여 보호를 한다. 전기기기도 이와 같이 금속제 함을 접지하여 보호를 한다.

강의 NOTE

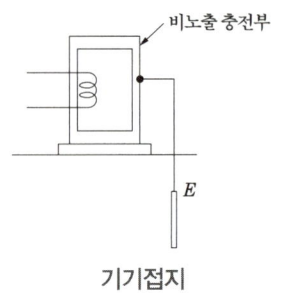
기기접지

기기 접지의 목적은 인체를 보호하고, 전기 누전에 의한 화재를 예방하기 위한 것으로 한국전기설비규정 140에 의해 시공하도록 하고 있다.

03 독립접지와 공용접지

접지극의 형태는 하나의 건축물이나 구내에서 여러 개의 접지를 필요로 하는 경우에 접지방식에 따라 4종류로 분류한다.

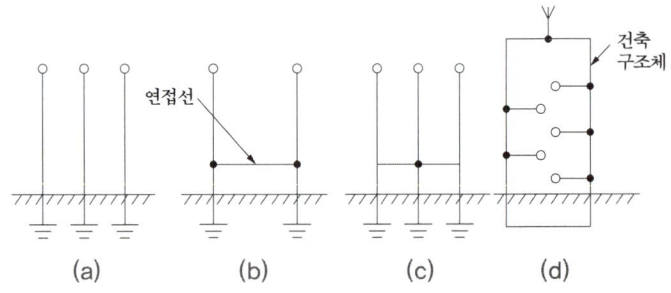

■ 공용접지의 장점과 단점

장점 (저항수량 단순신뢰)
- 접지 저항 값이 감소한다.
- 접지극의 수량 감소
- 접지선이 적어 접지계통이 단순해지기 때문에 보수 점검이 쉽다.
- 접지의 신뢰도가 향상된다.
- 철근, 구조물 등을 연접하면 거대한 접지전극의 효과를 얻을 수 있다.

단점 (유사 뇌서지)
- 계통의 이상전압 발생 시 유기전압 상승
- 다른 기기 계통으로부터 사고 파급
- 피뢰침용과 공용하므로 뇌서지에 대한 영향을 받을 수 있다.

접지방식의 형태
○ 표 : 접지를 요하는 설비기기
(a) 개개를 독립으로 해서 접지한 형태
(b) 독립적으로 접지한 접지도체를 상호 연결한 형태
(c) 접지전극을 공용으로 한 형태
(d) 건축구조체접지의 철골이나 철근 부분에 접지도체를 연결한 형태

• 기 98.08
접지방식은 각기 다른 목적이나 종류의 접지를 상호 연접시키는 공용접지와 개별적으로 접지하되 상호 일정한 거리 이상 이격하는 독립접지(단독접지)로 구분할 수 있다. 독립접지와 비교하여 공용접지의 장점과 단점을 각각 3가지만 쓰시오.

이들 접지의 형태를 크게 두 가지로 분류하면 독립접지와 공용접지로 나눌 수 있다.

구분	독립접지	공용접지
장점	• 인접 접지극의 전위 간섭이 적다.	• 보수 점검이 쉽다. 접지도체가 적어 접지계통이 단순해지기 때문에 보수 점검이 쉽다. • 접지의 신뢰도가 향상된다. 접지극 중 하나가 불능이 되어도 타 접지극으로 보완이 될 수 있다. • 접지 저항 값이 감소한다. 접지극이 복수일 경우 병렬접지의 효과로 합성 저항값이 감소한다. • 전원측 접지와 부하 접지의 공용에 있어서 지락보호, 부하기기에 대한 접촉전압의 관점에서 유리해 진다. • 접지저항이 극력 저하되므로 금속체에 접촉할 경우 감전의 우려가 적다.
단점	• 접지공사비가 많이 소요된다. • 접지신뢰도가 떨어진다. • 접지저항을 저하시키기가 어렵다.	• 전위상승 파급의 위험성 접지극은 반드시 다소간 접지저항이 있으므로 접지점의 전위가 상승한다. 즉 공용접지의 경우에는 접지전류에 의한 전위상승이 접지를 공용하고 있는 설비 전체에 파급된다.

1 독립접지(Isolation Grounding)

접지대상물을 개별적으로 접지하는 방식으로 접지극과 접지극 사이의 간격은 20m 이상을 이격해야 한다.

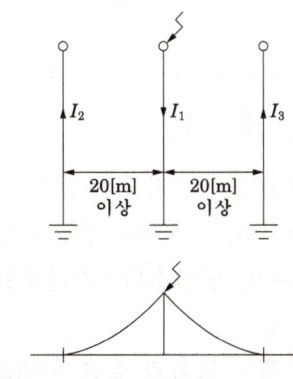

개별접지시 뇌격 후 접지전위의 분포

이상적인 독립접지는 위 그림과 같이 독립 접지전극에 접지전류가 흐르더라도 다른 접지전극에 전혀 전위상승을 일으키지 않는 경우를 말한다.

■ 공통접지의 특징
(수신함 접촉 감소)
- 보수 점검이 쉽다.
- 접지의 신뢰도가 향상된다.
- 접지 저항이 극히 저하되므로 금속체(함)에 접촉할 경우 감전의 우려가 적다.
- 전원측 접지와 부하 접지의 공용에 있어서 지락보호, 부하기기에 대한 접촉전압의 관점에서 유리해진다.
- 접지 저항 값이 감소한다.

• 산 15.20
협소한 면적의 대형 건축물 내에 설치된 여러 설비의 접지를 공통으로 묶어서 사용하는 접지를 공통접지라 한다. 공통접지의 특징 중 장점 5가지를 쓰시오.

• 산 13
허용 가능한 독립접지의 이격거리를 결정하게 되는 세 가지 요인은 무엇인가?

■ 독립접지의 이격거리를 결정하게 되는 세 가지 요인
(그 유전)
- 그 지점의 대지저항률(Soil Resistivity)
- 접지전극으로 유입되는 전류의 최대값
- 전위 상승의 허용치

2 공용접지(Common Grounding)

접지대상물을 모두 연결시켜 접지하는 방식을 말한다. 공용접지는 유기전압이 거의 일정하며, 극간의 전위차가 없다.

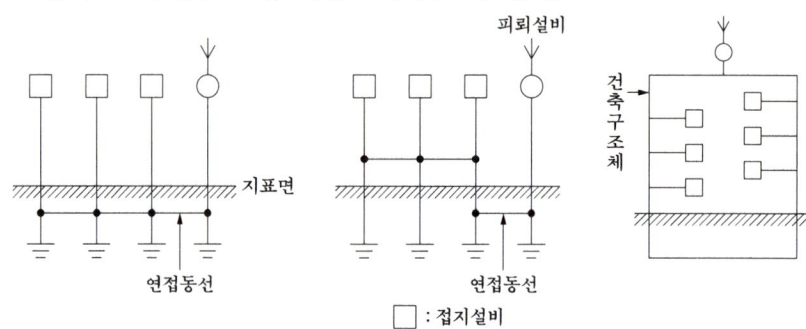

04 접지저항 저감방법

접지저항의 저감 방법은 물리적인 저감 방법과 화학적인 저감 방법으로 나눈다. 물리적인 저감방법은 다음과 같다.

① 접지봉의 병렬로 연결하며, 접지극의 면적을 증가시킨다.
② 접지극의 매설깊이를 깊게 한다. 심타공법, 보링공법 등이 있다.
③ 매설지선을 설치한다. 매설지선은 철탑의 탑각접지저항을 줄이는데 사용한다.
④ 평판접지전극을 사용하여 병렬 또는 직렬로 시공한다.
⑤ Mesh 접지공법을 사용한다.

화학적 접지저항 저감방법은 접지극 주변의 토양을 개량하여 ρ를 저감하는 방법으로 일시적이며, 1~2년이 경과하면 거의 효과가 없다. 일반적으로 염, 황산암모니아, 탄산소다, 카본분말, 벤젠나이트 등을 토양에 혼합 사용한다.

화학적 접지저항 저감재는 다음과 같은 구비조건을 갖추어야 한다.

① 인축이나 식물에 대한 안전성을 확보해야 한다.
② 토양을 오염시키지 않아야 한다.
③ 전기적으로 양도체이어야 하며, 주위의 토양보다 도전도가 좋아야 한다.
④ 지속성이 있어야 한다.
⑤ 저감재 사용 후 경년에 따른 변화가 없어야 하며, 계절에 따라 접지저항의 변화가 없어야 한다.

⑥ 전극을 부식시키지 않아야 한다.
⑦ 저감효과가 커야 한다.

접지저항 저감제로는 반응형저감제로 무공해성 화이트어스론, 티코겔 등이 사용된다. 비반응형 저감제는 공해성으로, 염, 황산암모니아, 탄산소다, 카본분말, 벨라이트 등이 사용된다.

05 전극별 접지저항 계산식

1 접지봉의 계산식

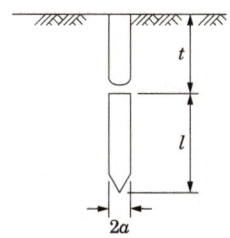

$R = \dfrac{\rho}{2\pi l} ln \dfrac{2l}{r} [\Omega]$: Tagg

$R = \dfrac{\rho}{2\pi l} \left(\ln \dfrac{4l}{r} - 1 \right) [\Omega]$: Dwight, Sunde

ρ : 대지저항률
t : 매설깊이
l : 전극의 길이
r : 전극의 반지름

강의 NOTE

- 기 91.03.11
- 기(유) 05.10.19
- 산(유) 03.11.15.22

다음 물음에 답하시오.
(1) 3개의 접지판 상호간의 저항을 측정한 값이 그림과 같다면 G_3의 접지 저항값은 몇 [Ω]이 되겠는가?
(2) 접지저항을 측정하기 위하여 사용되는 계기는 무엇인가?
(3) 그림의 접지저항 측정 방법은 무엇인가?

- 기 14.22

대지 고유 저항률 400[Ω·m], 직경 19[mm], 길이 2,400[mm]인 접지봉을 전부 매입했다고 한다. 접지저항(대지저항)값은 얼마인가?

- 산 21

대지 고유저항률 500[Ω.m], 반경 0.01[m], 길이 2[m]인 접지봉을 전부 매입했다고 한다. 접지저항(대지저항)값은 얼마인가? (단, Tagg 법으로 계산할 것)

> 강의 NOTE

2 접지동판의 계산식

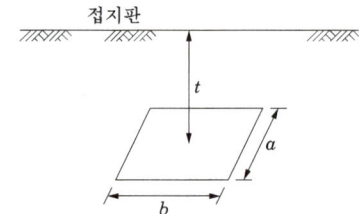

$$R = \frac{0.1 \cdot \rho \cdot K_1}{b} \ [\Omega] \ : \text{McCrocklin}$$

ρ : 대지저항률
K_1 : McCrocklin의 계수
b : 전극의 치수

$$R = \frac{\rho}{4} \sqrt{\frac{\pi}{a \cdot b}} \ [\Omega] \ : \text{Tagg}$$

ρ : 대지저항률
a, b : 전극의 치수(가로, 세로)

3 그물모양(Mesh)의 계산식

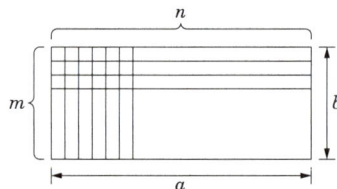

$$R = \frac{\rho}{\pi L} \left(\ln \frac{2L}{a'} + K_1 \frac{L}{\sqrt{A}} - K_2 \right) [\Omega] \ : \text{Schwarz}$$

L : 접지도체의 전체길이
a' : $\sqrt{2rt}$ (지표면일 때는 $t = r$)
r : 접지도체의 반지름
t : 매설깊이
A : 그물모양 전극의 포설면적
K_1, K_2 : Schwarz의 계수

06 IEC 60364 전기설비 접지방식의 종류

1 직접 다중접지방식(TT)

TT방식은 전원부분은 중성점을 대지에 직접 접속하고(T) 부하의 노출 도전성 부분은 보호도체(PE)로 대지에 접속하는 방식이다.

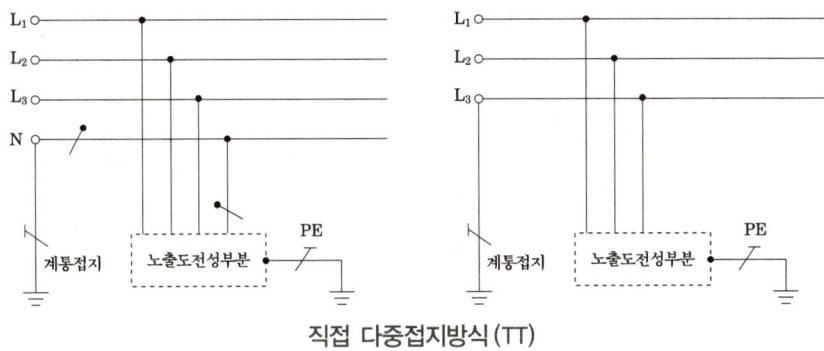

직접 다중접지방식(TT)

2 직접접지방식(TN방식)

TN방식은 전원 부분을 PEN(보호도체와 중성선을 겸한 전선)을 통해 계통접지를 하고 부하의 노출 도전성 부분을 PEN 또는 PE와 N선에 접속하는 방식을 말한다. TN방식은 TN-C, TN-C-S, TN-S 방식으로 나누어진다.

① TN-C 방식

TN 방식은 접지시 접지점에 흐르는 전류가 대전류가 되어 접지 전류를 과전류 차단기로 보호할 수 있는 특징이 있다. 또한 인체의 접촉 시 인체에 가해지는 전압을 작게 함으로써 감전사고의 위험도를 줄이고 있는 방식이다.

• 산 16.21
다음 그림은 TN-C 계통접지이다. 중성선(N), 보호선(PE), 보호선과 중성선을 겸한 선(PEN)을 도면을 완성하고 표시하시오.

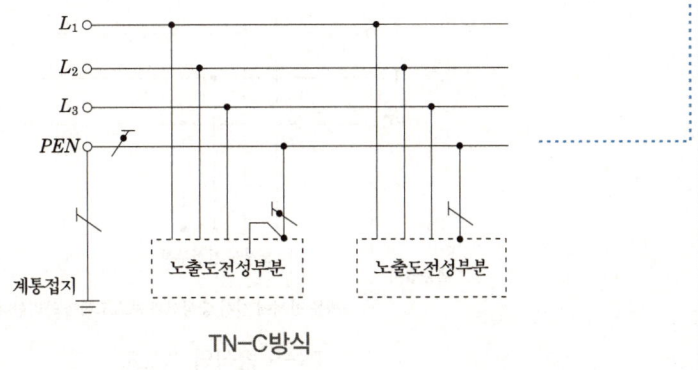

TN-C방식

강의 NOTE

• 기 18
접지방식은 각기 다른 목적이나 종류의 접지를 상호 연접시키는 공용접지와 개별적으로 접지하되 상호 일정한 거리 이상 이격하는 독립접지(단독접지)로 구분할 수 있다. 독립접지와 비교하여 공용접지의 장점과 단점을 각각 3가지만 쓰시오.

② TN-C-S 방식

TN-C-S 방식은 전원부분은 PEN선을 이용하여 직접접지하고 전기 기계기구의 노출도전성 부분은 일부에서 PEN선을 사용하고, 일부에서 PE선과 N선을 분리하여 별도 구성한 방식을 말한다. 이 방식은 배전방식의 다중접지방식으로 통칭된다. PEN선은 여러 개소에서 접지를 할 수 있으며, 부하 설비에 가까이 할 수도 있다.

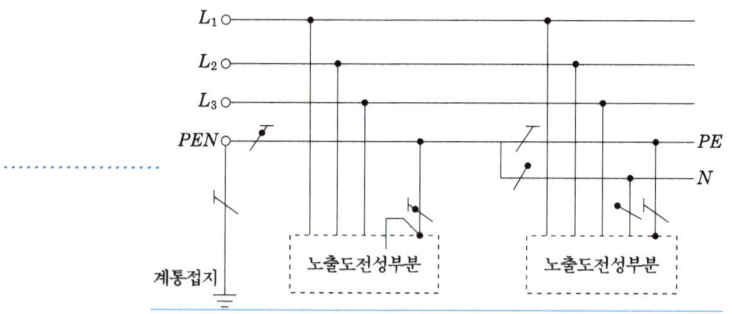

③ TN-S 방식

TN-S 방식은 전 계통을 PE와 N으로 별도 구성한 방식으로 전기기계기구의 모든 노출 도전부는 설비의 주접지 단자를 통하여 접지도체에 연결하는 방식이다.

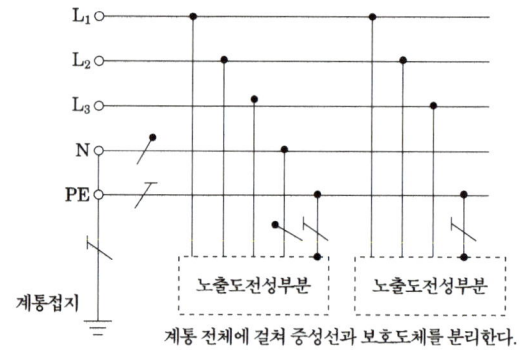

계통 전체에 걸쳐 중성선과 보호도체를 분리한다.

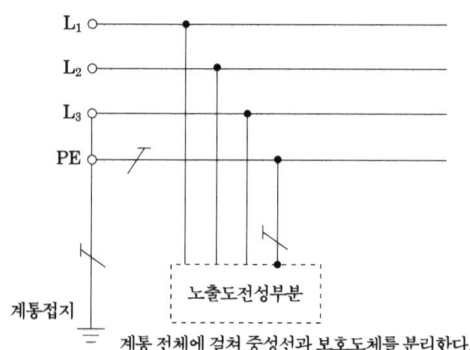

계통 전체에 걸쳐 중성선과 보호도체를 분리한다.

TN-S 방식의 개요도

3 비접지방식(IT)

IT방식은 전력계통 접지는 대지에서 절연하든지 또는 한 점에서 임피던스를 연결하여 대지에 직접 접속하고, 부하의 전기기계기구의 금속제 외함을 대지에 직접 접속(보호접지)하는 방식이다.

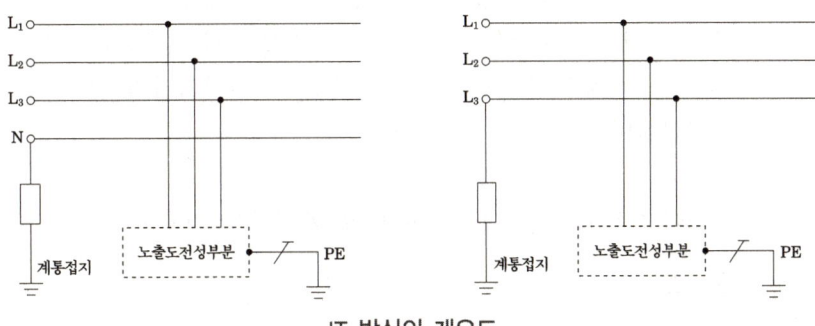

IT 방식의 개요도

07 보호도체의 단면적

보호도체의 최소 단면적

상도체의 단면적 S (mm², 구리)	보호도체의 최소 단면적(mm², 구리)	
	보호도체의 재질	
	상도체와 같은 경우	상도체와 다른 경우
$S \leq 16$	S	$\left(\dfrac{k_1}{k_2}\right) \times S$
$16 < S \leq 35$	$16^{(a)}$	$\left(\dfrac{k_1}{k_2}\right) \times 16$
$S > 35$	$\dfrac{S^{(a)}}{2}$	$\left(\dfrac{k_1}{k_2}\right) \times \dfrac{S}{2}$

여기서,
k_1 : 도체 및 절연의 재질에 따라 KS C IEC 60364-5-54(저압전기설비-제5-54부 : 전기기기의 선정 및 설치-접지설비 및 보호도체)의 표A54.1(여러 가지 재료의 변수 값) 또는 KS C IEC 60364-4-43(저압전기설비-제4-43부 : 안전을 위한 보호-과전류에 대한 보호)의 표 43A(도체에 대한 k값)에서 선정된 상도체에 대한 k값

• 기 17
다음 표는 접지설비에서 보호선에 관한 표이다. 다음 표를 보고 물음에 답하시오.
(1) 보호선이란 안전을 목적(감전예방)으로 설치한 전선을 말한다. 다음 보호선의 굵기는 다음 표의 단면적 이상으로 선정하여야 한다. 표의 ① ② ③의 최소 단면적의 기준을 각각 쓰시오.
(2) 보호선의 종류 2가지를 쓰시오.

강의 NOTE

k_2 : KS C IEC 60364-5-54(저압전기설비-제5-54부 : 전기기기의 선정 및 설치-접지설비 및 보호도체)의 표A.54.2(케이블에 병합되지 않고 다른 케이블과 묶여 있지 않은 절연 보호도체의 k값)~A.54.6(제시된 온도에서 모든 인접 물질에 손상 위험성이 없는 경우 나도체의 k값)에서 선정된 보호도체에 대한 k값

a : PEN 도체의 최소단면적은 중성선과 동일하게 적용한다(KS C IEC 60364-5-52(저압전기설비-제5-52부 : 전기기기의 선정 및 설치-배선설비) 참조).

차단시간이 5초 이하인 경우에만 다음 계산식을 적용한다.

$$S = \frac{\sqrt{I^2 t}}{k}$$

S : 단면적(mm^2)
I : 보호장치를 통해 흐를 수 있는 예상 고장전류 실효값(A)
t : 자동차단을 위한 보호장치의 동작시간(s)
k : 보호도체, 절연, 기타 부위의 재질 및 초기온도와 최종온도에 따라 정해지는 계수로 KS C IEC 60364-5-54(저압전기설비-제5-54부 : 전기기기의 선정 및 설치-접지설비 및 보호도체)의 "부속서 A(기본보호에 관한 규정)"에 의한다.

• 기 21
자동차단을 위한 보호장치의 동작시간이 0.5초이며, 보호장치를 통해 흐를 수 있는 예상 고장전류 실효값이 25[kA]인 경우 보호체의 최소단면적을 구하시오. 단, 보호도체, 절연, 기타 부위의 재질 및 초기온도와 최종온도에 따라 정해지는 계수는 159이며, 동선을 사용하는 경우이다

관련문제 | 26. 접지설비

09

1 사람의 접촉 우려가 있는 장소의 접지공사에 관한 사항이다. 철주에 절연전선을 사용하여 접지 공사를 그림과 같이 노출 시공하고자 한다. 다음 각 물음에 답하시오. (5점)

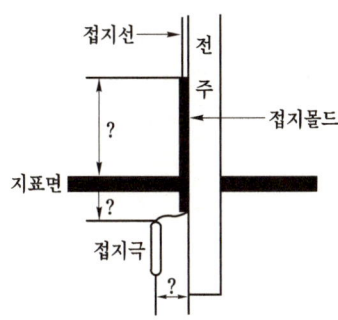

(1) 접지극의 지하 매설 깊이는 몇 [m] 이상이어야 하는가?

(2) 전주와 접지극의 이격 거리는 몇 [m] 이상이어야 하는가?

(3) 지표상 접지 몰드의 높이는 몇 [m]까지로 하여야 하는가?

| 작성답안

(1) 0.75 [m]
(2) 1 [m]
(3) 2 [m]

11

2 철주에 절연전선을 사용하여 접지공사를 하는 경우, 접지극은 지하 75[cm] 이상의 깊이에 매설하고 지표상 2[m]까지의 부분에는 합성수지관 등으로 덮어야 한다. 그 이유는 무엇인가? (5점)

| 작성답안

접지선이 사람이 접촉할 우려가 있는 경우 감전사고를 예방하기 위해

강의 NOTE

■ 1.11 접지도체

1. 접지도체
   가. 접지도체의 최소 단면적은 다음과 같다.
      (1) 구리는 6mm² 이상
      (2) 철제는 50mm² 이상
   나. 접지도체에 피뢰시스템이 접속되는 경우, 접지도체의 단면적은 구리 16mm² 또는 철 50mm² 이상으로 하여야 한다.
2. 접지도체는 지하 0.75 m 부터 지표 상 2m 까지 부분은 합성수지관(두께 2mm 미만의 합성수지제 전선관 및 가연성 콤바인덕트관은 제외한다) 또는 이와 동등 이상의 절연효과와 강도를 가지는 몰드로 덮어야 한다.
3. 특고압·고압 전기설비용 접지도체는 단면적 6mm² 이상의 연동선 또는 동등 이상의 단면적 및 강도를 가져야 한다.
4. 중성점 접지용 접지도체는 공칭단면적 16mm² 이상의 연동선 또는 동등 이상의 단면적 및 세기를 가져야 한다.

3 주상 변압기의 저압측 한 단자를 접지하는 목적은?(5점)

| 작성답안

고압측과 저압측의 혼촉시 저압측 전위상승을 억제하여 기계기구의 절연을 보호한다.

□□□ 90,97,03,08,14,16,20 15

4 배전용 변전소에 접지 공사를 하고자 한다. 접지 목적을 3가지만 쓰고, 접지개소를 5개소만 쓰도록 하시오.(8점)

| 작성답안

- 접지목적
  ① 감전 방지
  ② 기기의 손상 방지
  ③ 보호 계전기의 확실한 동작
- 접지개소
  ① 고압 및 특고압 기계기구 외함 및 철대접지
  ② 피뢰기 접지
  ③ 변압기의 안정권선(安定卷線)이나 유휴권선(遊休卷線) 또는 전압조정기의 내장권선(內藏卷線)
  ④ 변압기로 특고압전선로에 결합되는 고압전로의 방전장치
  ⑤ 고압 옥외전선을 사용하는 관 기타의 케이블을 넣는 방호장치의 금속제 부분

강의 NOTE

■ 접지의 목적
① 전기회로의 접지목적
  이상적으로 접지저항이 "0"[Ω], 즉 전위상승이 없으면 아무런 장해가 없으나, 실제로는 접지저항이 존재하며 전위상승으로 인한 인체감전, 기기손상, 잡음발생, 오동작 등 여러 장해가 발생함으로 이를 방지하고 최소화하는 것이 접지의 목적이다. 따라서 접지시 상용주파뿐만 아니라 충격전압에 대해서도 낮은 저항값을 갖도록 하여야 한다. 계통접지의 목적은 다음과 같다.
- 낙뢰, 개폐서지 등에 의한 이상전압을 억제한다.
- 전력계통에서 발생하는 대지전위의 상승을 억제한다.
- 지락사고시 발생하는 지락전류를 검출하여 보호 계전기의 동작을 확실하게 한다.
- 고저압 혼촉에 의한 저압측 전위상승을 억제하여 저압측에 연결된 기계기구의 절연을 보호한다.
② 접지설계시 고려사항
  접지설비를 설계할 경우 다음 사항을 고려하여 설계하여야 한다.
- 인체의 허용전류 값
- 접지전위상승
- 토지의 고유저항 및 접지저항 값
- 접지극 및 접지선의 크기와 형상
- 토양의 성질
- 대지의 고유저항
- 인체의 허용전류
- 보폭전압과 접촉전압
- 접지전위상승

□□□ 08, 12, 16

5 접지공사에서 접지저항을 저감시키는 방법을 5가지만 쓰시오. (5점)

○ _____

| 작성답안

① 접지극의 길이를 길게 한다.
② 접지극을 병렬접속한다.
③ 접지봉의 매설깊이를 깊게 한다.(또는 심타접지공법으로 시공한다)
④ 접지저항 저감제를 사용한다.
⑤ 메쉬(mesh)접지를 시행한다.

□□□ 11, 13

6 대지저항률을 낮추기 위한 저감재의 구비조건 4가지를 쓰시오. (5점)

○ _____

| 작성답안

- 인축이나 식물에 대한 안전성을 확보해야 한다.
- 토양을 오염시키지 않아야 한다.
- 전기적으로 양도체이어야 하며, 주위의 토양보다 도전도가 좋아야 한다.
- 지속성이 있어야 한다.
- 저감재 사용 후 경년에 따른 변화가 없어야 하며, 계절에 따라 접지저항의 변화가 없어야 한다.
- 전극을 부식시키지 않아야 한다.
- 저감효과가 커야 한다.

강의 NOTE

■ 접지저항 저감방법

접지저항의 저감 방법은 물리적인 저감 방법과 화학적인 저감 방법으로 나눈다. 물리적인 저감방법은 다음과 같다.
- 접지봉의 병렬로 연결하며, 접지극의 면적을 증가시킨다.
- 접지극의 매설깊이를 깊게 한다. 심타공법, 보링공법 등이 있다.
- 매설지선을 설치한다. 매설지선은 철탑의 탑각접지항을 줄이는데 사용한다.
- 평판접지전극을 사용하여 병렬 또는 직렬로 시공다.
- Mesh 접지공법을 사용한다.

화학적 접지저항 저감방법은 접지극 주변의 토양을 개량하여 ρ를 저감하는 방법으로 일시적이며, 1~2년이 경과하면 거의 효과가 없다. 일반적으로 염, 황산암모니아, 탄산소다, 카본분말, 벤젠나이트 등을 토양에 혼합 사용한다.

KEYWORD 26 접지설비

□□□ 08, 10

7 다음 그림은 사용이 편리하고 일반적인 접지저항을 측정하고자 할 때 널리 사용되는 전위차계법의 미완성 접속도이다. 다음 각 물음에 답하시오. (5점)

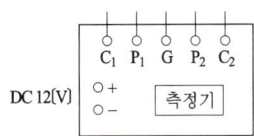 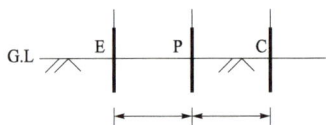

(1) 미완성 접속도를 완성하시오.

○ _____

(2) 전극간 거리는 몇 [m] 이상으로 하는가?

○ _____

강의 NOTE

■ 전지식 접지저항계

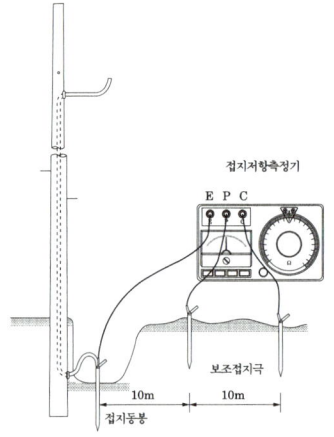

- 보조 접지봉을 습기가 있는 곳에 직선으로 10m 이상 간격을 두고 박는다.
- 측정기의 E 단자 Lead선을 접지극(접지도체)에 접속한다.
- 측정기의 P,C 단자 Lead선을 보조 접지극에 접속한다.
- 절환 S.W를 (B)점에 돌려 Push Button S.W를 눌러 지침이 눈금판의 청색대 내에 있는가 확인한다.(Battery Check)
- 절환 S.W를 [V]점에 돌려 지침이 10 [V] 이하(적색대)로 되어 있는가 확인한다.(접지전압 Check)
- 절환 S.W를 [Ω]점에 돌려놓는다.
- Push Button S.W를 누르면서 다이얼을 돌려 검류계의 지침이 중앙(0점)에 지시할 때 다이얼의 값을 읽는다.

| 작성답안

(1)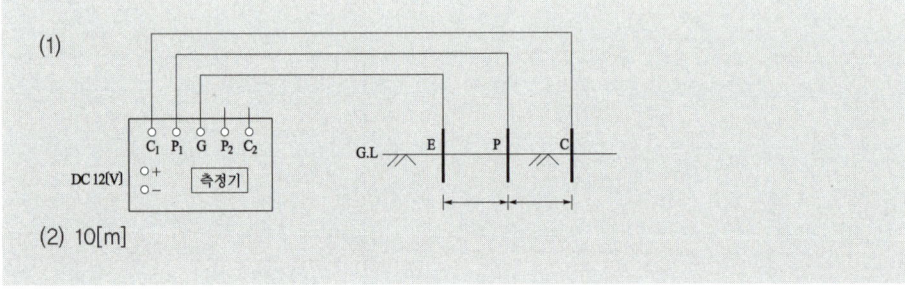

(2) 10[m]

□□□ 03, 15, 11 ※ 15, 22

8 콜라우시브리지에 의해 접지저항을 측정한 경우 접지판 상호간의 저항이 그림과 같다면 G_3의 접지 저항 값은 몇 [Ω]인지 계산하시오. (5점)

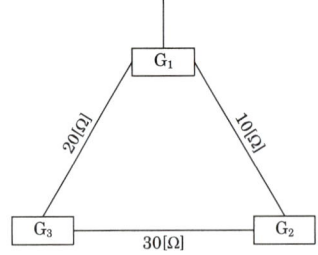

○ _____

| 작성답안

계산 : G_3의 접지 저항값 $= \dfrac{1}{2} \times (20 + 30 - 10) = 20[\Omega]$

답 : 20[Ω]

□□□ 97, 99, 03, 07, 14

9 그림과 같은 계통의 기기의 A점에서 완전 지락이 발생하였다. 이때 다음 각 물음에 답하시오. (6점)

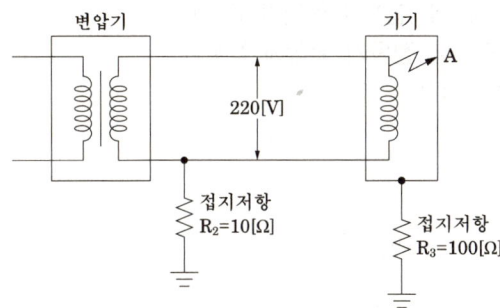

(1) 이 기기의 외함에 인체가 접촉하고 있지 않은 경우, 이 외함의 대지전압은 몇 [V]인가?

○

(2) 이 기기의 외함에 인체가 접촉하였을 경우, 인체를 통하여 흐르는 전류는 몇 [mA]인가? (단, 인체의 저항은 3000[Ω]으로 한다.)

○

| 작성답안

(1) 계산 : 대지전압 $e = \dfrac{R_3}{R_2+R_3} \times E = \dfrac{100}{10+100} \times 220 = 200[V]$

답 : 200[V]

(2) 계산 : 인체에 흐르는 전류

$I_g = \dfrac{V}{R_2 + \dfrac{R_3 \times R_{tch}}{R_3 + R_{tch}}} \times \dfrac{R_3}{R_3+R_{tch}} = \dfrac{220}{10+\dfrac{100\times3000}{100+3000}} \times \dfrac{100}{100+3000}$

$= 0.06647[A] = 66.47[mA]$

답 : 66.47[mA]

강의 NOTE

■ 접촉전압

인체 비 접촉시 전압

- 지락 전류 $I_g = \dfrac{V}{R_2+R_3}$
- 대지 전압 $e = I_g R_3 = \dfrac{V}{R_2+R_3} R_3$

인체 접촉시 전압

- 인체에 흐르는 전류

$I = \dfrac{V}{R_2 + \dfrac{RR_3}{R+R_3}} \times \dfrac{R_3}{R+R_3}$

$= \dfrac{R_3}{R_2(R+R_3)+RR_3} \times V$

- 접촉전압

$E_t = IR = \dfrac{RR_3}{R_2(R+R_3)+RR_3} \times V$

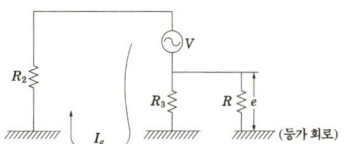
(등가 회로)

□□□ 92, 94, 00, 04, 06, 11, 12

10 그림과 같은 TT방식의 회로에서 단상 105[V] 전동기의 전압측 리드선과 전동기 외함 사이가 완전히 지락되었다. 변압기의 저압측은 중성점 접지공사로써 접지 저항값이 20[Ω], 전동기의 저항은 외함 접지 공사로 접지 저항값이 30[Ω]이라 한다. 변압기 및 선로의 임피던스를 무시한 경우에 전동기 외함에 접촉한 사람에게 위험을 줄 대지 전압은 얼마가 되겠는가?(4점)

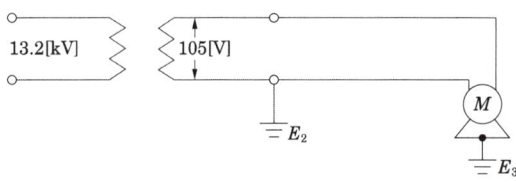

| 작성답안

계산 : $e = \dfrac{V}{R_2+R_3} \times R_3 = \dfrac{105}{20+30} \times 30 = 63\,[\mathrm{V}]$

답 : 63[V]

□□□ 92, 94, 00, 04, 06, 11, 12

11 단상2선식 220[V]로 공급되는 전동기가 절연열화로 인하여 외함에 전압이 인가될 때 사람이 접촉하였다. 이때의 접촉전압은 몇 [V]인가? (단, 변압기 2차측 접지저항은 9[Ω], 전로의 저항은 1[Ω], 전동기 외함의 접지저항은 100[Ω]이다.)(4점)

| 작성답안

계산 : $E_t = \dfrac{R_3}{R_2+R_3} \times V = \dfrac{100}{10+100} \times 220 = 200\,[\mathrm{V}]$

답 : 200[V]

□□□ 92, 10

12 답안지의 그림은 고압 인입 케이블에 지락계전기를 설치하여 지락사고로부터 수전설비를 보호하고자 할 때에 케이블의 차폐를 접지하는 방법을 표시하려고 한다. 적당한 개소에 케이블의 접지표시를 도시하시오. (5점)

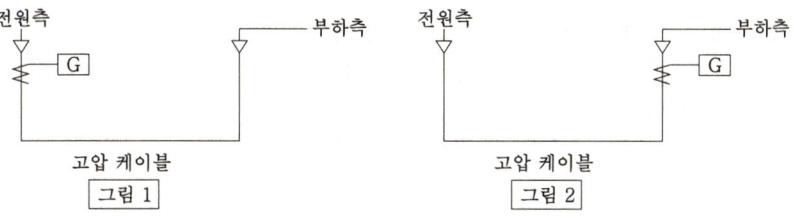

| 작성답안

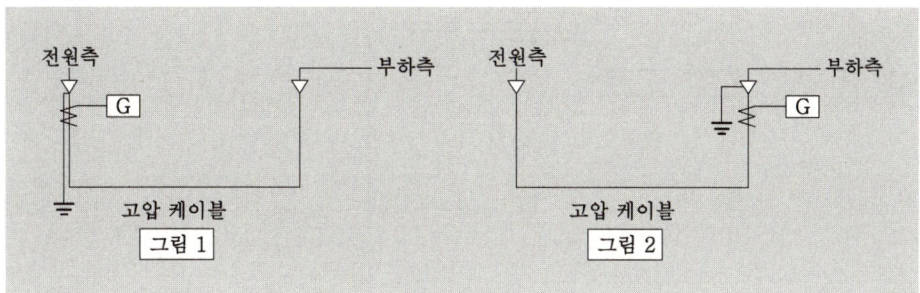

□□□ 88, 91, 96, 20

13
옥내 배선의 시설에 있어서 인입구 부근에 전기 저항치가 $3[\Omega]$ 이하의 값을 유지하는 수도관 또는 철골이 있는 경우에는 이것을 접지극으로 사용하여 이를 중성점 접지 공사한 저압 전로의 중성선 또는 접지측 전선에 추가 접지할 수 있다. 이 추가 접지의 목적은 저압 전로에 침입하는 뇌격이나 고저압 혼촉으로 인한 이상 전압에 의한 옥내 배선의 전위 상승을 억제하는 역할을 한다. 또 지락 사고시에 단락 전류를 증가시킴으로서 과전류 차단기의 동작을 확실하게 하는 것이다. 그림에 있어서 (나)점에서 지락이 발생한 경우 추가 접지가 없는 경우의 지락 전류와 추가 접지가 있는 경우의 지락전류값을 구하고 두 값의 적합성을 비교 설명하시오. (5점)

강의 NOTE

■ 20년 기사 기출문제

$$I_g = \frac{E}{R_2 + R_3} = \frac{100}{10+10} = 5[A]$$

$$I_g = \frac{100}{10 + \frac{10 \times 3}{10+3}} = 8.125[A]$$

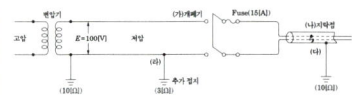

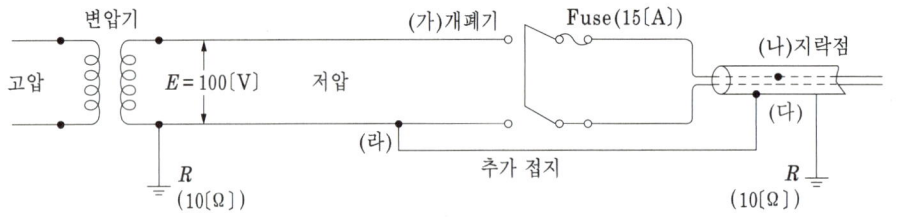

(1) ① 추가 접지가 없는 경우

　○ _____

　② 추가 접지가 있는 경우

　○ _____

(2) 적합성 비교

　○ _____

| 작성답안

(1) ① 추가 접지가 없는 경우

$$I_g = \frac{E}{R_2 + R_3} = \frac{100}{10+10} = 5[A]$$

과전류 차단기(FUSE)의 정격이 15[A]이므로, 과전류 차단기는 동작하지 않는다.

② 추가 접지가 있는 경우

$$I_g = \frac{100}{\frac{3 \times (10+10)}{3+(10+10)}} = 38.33[A]$$

과전류 차단기(FUSE)의 정격이 15[A]이므로, 과전류 차단기는 동작한다.

■ 등가회로

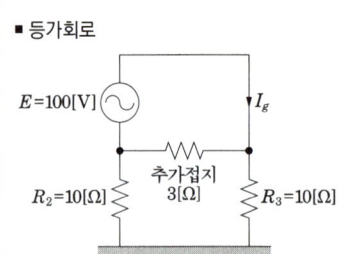

□□□ 16, 21

14 다음 그림은 TN-C 계통접지이다. 중성선(N), 보호선(PE), 보호선과 중성선을 겸한 선(PEN)을 도면을 완성하고 표시하시오. (단, 중성선은 ⌐, 보호선은 ⌐, 보호선과 중성선을 겸한 선 ⌐로 표시한다.)(4점)

| 작성답안

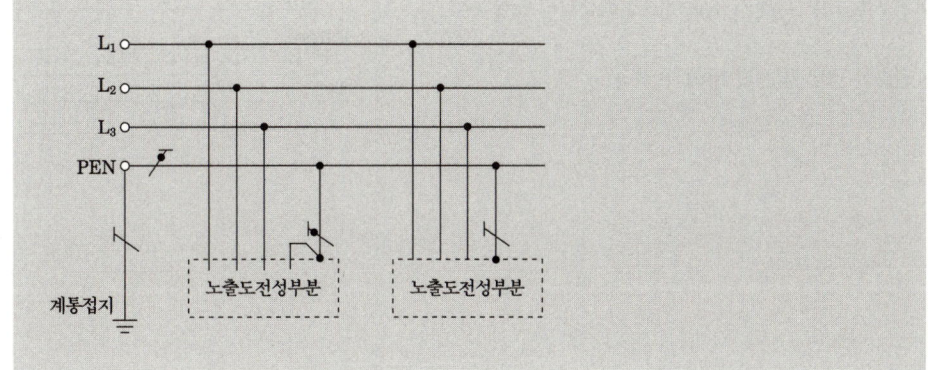

■ 접지방식

① TN-C방식

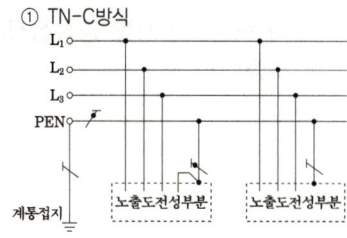

② TN-C-S 방식

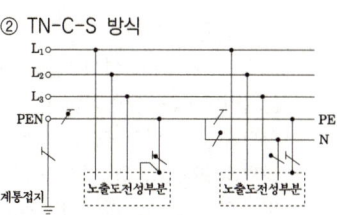

③ TN-S 방식

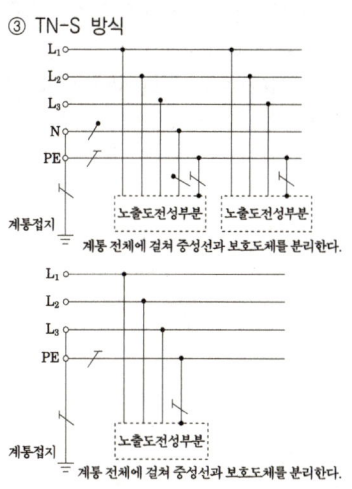

□□□ 15, 20

15. 협소한 면적의 대형 건축물 내에 설치된 여러 설비의 접지를 공통으로 묶어서 사용하는 접지를 공통접지라 한다. 공통접지의 특징 중 장점 5가지를 쓰시오. (5점)

○ _____

| 작성답안

- 보수 점검이 쉽다.
  접지도체가 적어 접지계통이 단순해지기 때문에 보수 점검이 쉽다.
- 접지의 신뢰도가 향상된다.
  접지극 중 하나가 불능이 되어도 타 접지극으로 보완이 될 수 있다.
- 접지 저항 값이 감소한다.
  접지극이 복수일 경우 병렬접지의 효과로 합성 저항값이 감소한다.
- 전원측 접지와 부하 접지의 공용에 있어서 지락보호, 부하기기에 대한 접촉전압의 관점에서 유리해진다.
- 접지저항이 극히 저하되므로 금속체에 접촉할 경우 감전의 우려가 적다.

강의 NOTE

■ 공통접지와 통합접지
- 공통접지
  고압 및 특고압 접지계통과 저압 접지계통이 등전위가 되도록 공통으로 접지하는 방식을 말한다.

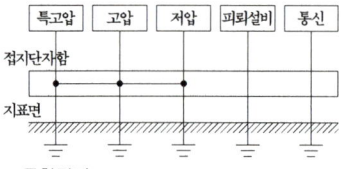

- 통합접지
  전기설비, 통신설비, 피뢰설비 및 수도관, 가스관, 철근, 철골 등을 모두 함께 접지하여 그들 간에 전위차가 없도록 함으로써 인체의 감전 우려를 최소화하는 방식을 말한다. (건물 내의 사람이 접촉할 수 있는 모든 도전부가 등전위를 형성하도록 한다.)

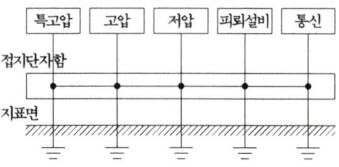

□□□ 13

16. 허용 가능한 독립접지의 이격거리를 결정하게 되는 세 가지 요인은 무엇인가? (5점)

○ _____

| 작성답안

① 접지전극으로 유입되는 전류의 최대값
② 전위 상승의 허용치
③ 그 지점의 대지저항률(Soil Resistivity)

■ 독립접지
접지대상물을 개별적으로 접지하는 방식으로 접지극과 접지극 사이의 간격은 20m 이상을 이격해야 한다. 접지의 전위상승에 따른 이격거리는 다음 세 가지 요인에 의해 결정된다.

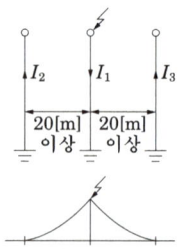

① 접지전극으로 유입되는 전류의 최대값
② 전위 상승의 허용치
③ 그 지점의 대지저항률(Soil Resistivity)
이러한 요인을 분석하여 허용 가능한 독립접지의 이격거리를 결정하게 된다.

17

대지 고유저항률 500[Ω·m], 반경 0.01[m], 길이 2[m]인 접지봉을 전부 매입했다고 한다. 접지저항(대지저항)값은 얼마인가? (단, Tagg법으로 계산할 것) (5점)

| 작성답안

계산 : $R = \dfrac{\rho}{2\pi\ell} \times \ln\dfrac{2\ell}{r}\,[\Omega]$ 에서 $R = \dfrac{500}{2\pi \times 2} \times \ln\dfrac{2 \times 2}{0.01} = 238.39\,[\Omega]$

답 : 238.39 [Ω]

강의 NOTE

■ 접지봉의 접지저항 계산식

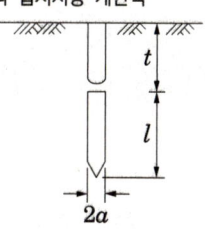

$R = \dfrac{\rho}{2\pi l}\ln\dfrac{2l}{r}\,[\Omega]$: Tagg

$R = \dfrac{\rho}{2\pi l}\left(\ln\dfrac{4l}{r} - 1\right)\,[\Omega]$: Dwight, Sunde

ρ : 대지저항률
t : 매설깊이
l : 전극의 길이
r : 전극의 반지름

KEYWORD 27 옥내배선

01 옥내배선용 심볼

1 점멸기

강의 NOTE
• 기 96.00 옥내 배선용 그림기호에 대한 다음 각 물음에 답하시오. (1) 용량 10[A]의 점멸기 심벌을 그리시오. (2) 조명 기구의 그림 기호가 로 표시되어 있다. 이 그림 기호의 의미는 무엇인가? (3) 바닥에 부착하는 경우의 콘센트 그림 기호를 그리시오.
• 산 93.94.95.99.00.01.02.03.07 그림은 점멸기의 심벌이다. 각 심벌의 용도, 형태 등을 구분하여 설명하시오.
• 산 98.01.05 점멸기의 그림 기호에 대하여 다음 각 물음에 답하시오. (1) ●는 몇 [A]용 점멸기인가? (2) 방수형 점멸기의 그림 기호를 그리시오. (3) 점멸기의 그림 기호로 ●의 의미는 무엇인가?

명칭	그림 기호	적요
점멸기	●	① 용량의 표시 방법은 다음과 같다. • 10 [A]는 표기하지 않는다. • 15 [A] 이상은 전류값을 표기한다. ●₁₅ₐ ② 극수의 표시 방법은 다음과 같다. • 단극은 표기하지 않는다. • 2극 또는 3로, 4로는 각각 2P 또는 3, 4의 숫자를 표기한다. 【보기】 ●₂ₚ ●₃ ③ 방수형은 WP를 표기한다. ●_WP ④ 방폭형은 EX를 표기한다. ●_EX ⑤ 타이머 붙이는 T를 표기한다. ●_T
조광기	↗	용량을 표시하는 경우는 표기한다. 【보기】 ↗₁₅ₐ
리모콘 스위치	●_R	① 파일럿 램프 붙이는 O을 병기한다. 【보기】 ○●_R ② 리모콘 스위치임이 명백한 경우는 R을 생략하여도 좋다.
셀렉터 스위치	⊛	① 점멸 회로수를 표기한다. 【보기】 ⊛₉ ② 파일럿 램프 붙이는 L을 표기한다. 【보기】 ⊛_{9L}
리모콘 릴레이	▲	리모콘 릴레이를 집합하여 부착하는 경우는 ▲▲▲를 사용하고 릴레이 수를 표기한다. 【보기】 ▲▲▲₁₀

2 등기구(일반용)

명칭	그림 기호	적요
일반용 조명 백열등 HID등	○	① 벽붙이는 벽 옆을 칠한다. ◐ ② 걸림 로제트만 ⓛ ③ 팬던트 ⊖ ④ 실링·직접 부착 Ⓒ ⑤ 샹들리에 ⒸⒽ ⑥ 매입 기구 ⒹⓁ (◎로 하여도 좋다.) ⑦ 옥외등은 ⊗로 하여도 좋다. ⑧ HID등의 종류를 표시하는 경우는 용량 앞에 다음 기호를 붙인다. 수은등 H 메탈 헬라이드등 M 나트륨등 N 【보기】 H400
형광등	⊸⊝⊸	① 용량을 표시하는 경우는 램프의 크기(형)×램프 수로 표시한다. 또, 용량 앞에 F를 붙인다. 【보기】 F40 F40×2 ② 용량 외에 기구수를 표시하는 경우는 램프의 크기(형)×램프 수 - 기구 수로 표시한다. 【보기】 F40-2 F40×2-3

3 등기구(비상용)

명칭	그림 기호	적요
비상용 조명 (건축기준법에 따르는 것) 백열등	●	① 일반용 조명 백열등의 적요를 준용한다. 다만, 기구의 종류를 표시하는 경우는 표기한다. ② 일반용 조명 형광등에 조립하는 경우는 다음과 같다. ⊸○●⊸
형광등	▬○▬	① 일반용 조명 백열등의 적요를 준용한다. 다만, 기구의 종류를 표시하는 경우는 표기한다. ② 계단에 설치하는 통로 유도등과 겸용인 것은 ▬⊗▬ 로 한다.
유도등 (소방법에 따르는 것) 백열등	⊗	① 일반용 조명 백열등의 적요를 준용한다. ② 객석 유도등인 경우는 필요에 따라 S를 표기한다. ⊗ S

강의 NOTE

• 산 96.01.12
• 기 06
일반적 조명기구의 그림 기호에 문자와 숫자가 다음과 같이 방기되어 있다. 그 의미를 쓰시오.
(1) H500
(2) N200
(3) F40
(4) X200
(5) M200

• 산 93.94.95.99.01.02.03.07
다음의 전기 배선용 도식 기호에 대한 명칭을 쓰시오. 단 "(4), (5), (6)"의 경우에는 그 명칭을 서로 구분이 되도록 특징도 명기하시오.
(1) 유도등(백열등)
(2) 벽붙이 백열등
(3) 코드팬던트
(4) 콘센트(천정에 부착하는 경우)
(5) 콘센트(방수형)
(6) 콘센트(정격 용량 20[A])

강의 NOTE

- 기 95.96.00.02.05
- 기(유) 95.96.00
- 산(유) 93.94.95.96.99.00.01.02.03.05.07
- 산(유) 96.98.04.17.22

그림은 콘센트의 종류를 표시한 옥내배선용 그림기호이다. 각 그림기호는 어떤 의미를 가지고 있는지 설명하시오.

4 콘센트

명칭	그림 기호	적요

콘센트	⏺	① 천장에 부착하는 경우는 다음과 같다. ⊙
		 ② 바닥에 부착하는 경우는 다음과 같다.
		 ③ 용량의 표시 방법은 다음과 같다.
		  • 15 [A]는 표기하지 않는다.
		  • 20 [A] 이상은 암페어 수를 표기한다.
		   【보기】 ⏺$_{20A}$
		 ④ 2구 이상인 경우는 구수를 표기한다.
		   【보기】 ⏺$_2$
		 ⑤ 3극 이상인 것은 극수를 표기한다.
		   【보기】 ⏺$_{3P}$
		 ⑥ 종류를 표시하는 경우는 다음과 같다.
		   빠짐 방지형 ⏺$_{LK}$
		   걸림형 ⏺$_T$
		   접지극붙이 ⏺$_E$
		   접지단자붙이 ⏺$_{ET}$
		   누전 차단기붙이 ⏺$_{EL}$
		 ⑦ 방수형은 WP를 표기한다. ⏺$_{WP}$
		 ⑧ 방폭형은 EX를 표기한다. ⏺$_{EX}$
		 ⑨ 의료용은 H를 표기한다. ⏺$_H$

5 기기

- 기 09

다음과 같은 소형 변압기 심벌의 명칭을 쓰시오.

명칭	그림 기호	적요
룸 에어컨	$\boxed{RC}$	① 옥외 유닛에는 O을, 옥내 유닛에는 I를 표기한다. $\boxed{RC}_O$ $\boxed{RC}_I$ ② 필요에 따라 전동기, 전열기의 전기 방식, 전압, 용량 등을 표기한다.
소형 변압기	(T)	① 필요에 따라 용량, 2차 전압을 표기한다. ② 필요에 따라 벨 변압기는 B, 리모콘 변압기는 R, 네온 변압기는 N, 형광등용 안정기는 F, HID등(고효율 방전등)용 안정기는 H를 표기한다. $(T)_B$ $(T)_R$ $(T)_N$ $(T)_F$ $(T)_H$ ③ 형광등용 안정기 및 HID등용 안정기로서 기구에 넣는 것은 표시하지 않는다.

6 개폐기

명칭	그림 기호	적요
전력량계	(Wh)	① 필요에 따라 전기방식, 전압, 전류 등을 표기한다. ② 그림기호 (Wh)는 (WH)로 표시하여도 좋다.
전력량계 (상자들이 또는 후드붙이)	[WH]	① 전력량계의 적요를 준용한다. ② 집합계기상자에 넣는 경우는 전력량계의 수를 표기한다. 【보기】 [WH]$_{12}$
변류기(상자들이)	[CT]	필요에 따라 전류를 표기한다.
전류 제한기	(L)	① 필요에 따라 전류를 표기한다. ② 상자들이인 경우는 그 뜻을 표기한다.
누전 경보기	⊖$_G$	필요에 따라 종류를 표기한다.
누전 화재 경보기 (소방법에 따르는 것)	⊖$_F$	필요에 따라 급별을 표기한다.
지진 감지기	(EQ)	필요에 따라 동작특성을 표기한다. 【보기】 (EQ)$_{100~170cm/s}$ (EQ)$_{100~170Gal}$

7 배전반, 분전반, 제어반

명칭	그림 기호	적요
배전반 분전반 및 제어반	▭	① 종류를 구별하는 경우는 다음과 같다. 배전반 ⊠ 분전반 ◩ 제어반 ⊠ ② 직류용은 그 뜻을 표기한다. ③ 재해 방지 전원 회로용 배전반 등인 경우는 2중 틀로 하고 필요에 따라 종별을 표기한다. 【보기】 ⊠$_{1종}$ ◩$_{2종}$

8 경보, 호출, 표시장치

명칭	그림 기호	적요
손잡이 누름 버튼	⦿	간호부 호출용은 ⦿$_N$ 또는 (N)로 한다.
벨	⌓	경보용, 시보용을 구별하는 경우는 다음과 같다. 경보용 [A] 시보용 [T]
버저	⊓	경보용, 시보용을 구별하는 경우는 다음과 같다. 경보용 [A] 시보용 [T]

강의 NOTE

• 산 09
• 산(유) 01.06.12.15
• 산 93.94.95.99.00.01.02.03.07

다음은 일반 옥내배선에서 전등·전력·통신·신호·재해방지·피뢰설비 등의 배선, 기기 및 부착위치, 부착방법을 표시하는 도면에 사용되는 기호이다. 각 기호의 명칭을 쓰시오.

• 산 01.05

그림은 옥내 배선을 설계할 때 사용되는 배전반, 분전반 및 제어반의 일반적인 그림기호이다. 이것을 배전반, 분전반, 제어반 및 직류용으로 구별하여 그림기호를 사용하고자 할 때 그 그림기호를 그리시오.
(1) 배전반
(2) 분전반
(3) 제어반
(4) 직류용

강의 NOTE

- 산 94.97.99
다음 심벌에 대한 배선 명칭을 구분하여 쓰시오.

- 산 08.16
전기설비기술기준에 의하여 욕실 등 인체가 물에 젖어 있는 상태에서 물을 사용하는 장소에 콘센트를 시설하는 경우에 설치해야 하는 저압차단기의 정확한 명칭을 쓰시오.

- 기 08.16
- 산 03.15
전기설비기술기준에 의하여 욕실 등 인체가 물에 젖어 있는 상태에서 물을 사용하는 장소에 콘센트를 시설하는 경우에 설치해야 하는 저압차단기의 정확한 명칭을 쓰시오.

- 기 96.02
답안지의 표는 누전차단기의 시설 예에 따른 표이다. 표의 빈칸에 누전차단기의 시설에 관하여 주어진 표시기호로 표시하시오.(단, 사람이 조작하고자 할 때 조작하는 장소의 조건과 시설장소의 조건은 같다고 한다.)

9 배선

명칭	그림 기호	적요
천장 은폐 배선	————	① 천장 은폐 배선 중 천장 속의 배선을 구별하는 경우는 천장 속의 배선에 —·—·— 를 사용하여도 좋다. ② 노출 배선 중 바닥면 노출 배선을 구별하는 경우는 바닥면 노출 배선에 —··—··— 를 사용하여도 좋다. ③ 전선의 종류를 표시할 필요가 있는 경우는 기호를 기입한다. 【보기】 • 가교 폴리에틸렌 절연 비닐 시스 케이블 : CV • 600 [V] 비닐 절연 비닐 시스 케이블(평형) : VVF ④ 절연 전선의 굵기 및 전선수는 다음과 같이 기입한다. 단위가 명백한 경우는 단위를 생략하여도 좋다. 【보기】 —///— 1.6 —//— 2 —//— 2 —///— 8 숫자 표기의 보기 : 1.6×5 5.5×1
바닥 은폐 배선	– – – – –	
노출 배선	············	

02 누전차단기의 시설

누전차단기의 일반적인 시설(예)

전로의 대지전압	기계기구의 시설장소	옥내		옥외		옥외	물기가 있는 장소
		건조한 장소	습기가 많은 장소	우선 내	우선 외		
150V 이하		–	–	–	□	□	○
150V 초과		△	○	–	○	○	○

【비고 1】표에 표시한 기호의 뜻은 다음과 같다.
 ○ : 누전차단기를 시설할 것
 △ : 주택에 기계 기구를 시설하는 경우는 누전차단기를 시설할 것
 □ : 주택구내 또는 도로에 접한 면에 룸에어컨디셔너, 아이스박스, 쇼케이스, 자동판매기 등 전동기를 부품으로 한 기계기구를 시설하는 경우는 누전차단기를 시설하는 것이 바람직하다.

【비고 2】 표 중 사람이 조작하고자 하는 기계기구를 시설한 장소보다 전기적인 조건이 나쁜 장소에서 접촉할 우려가 있는 경우는 전기적 조건이 나쁜 장소에 시설된 것을 취급한다. 이 경우의 구체적인 예를 들면 다음과 같다.

03 지락전류의 흐름

cable 1의 지락시 지락전류의 흐름은 다음 그림과 같다.

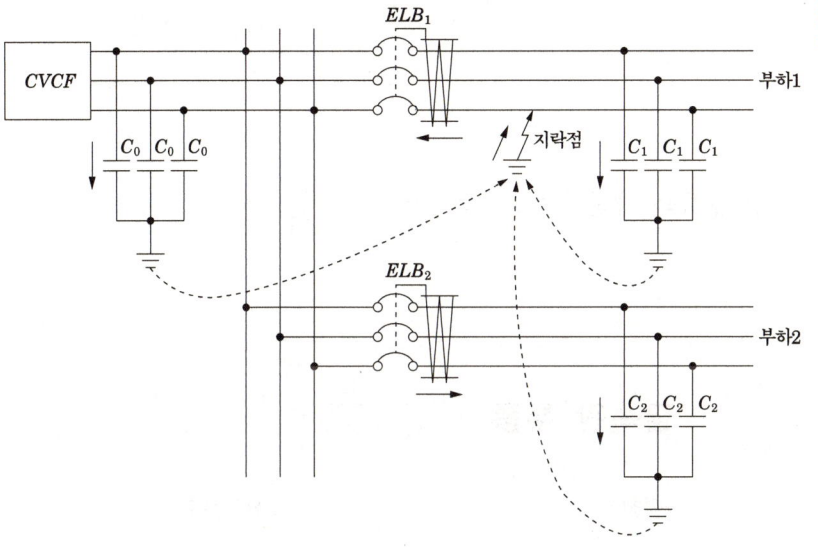

이때 건전피더에 흐르는 전류는 다음 그림과 같다.

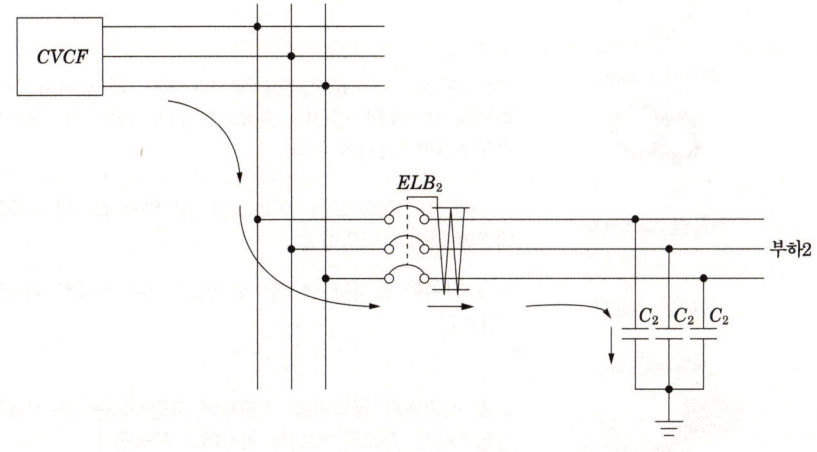

• 기 96.99.00.05.12.22
케이블의 지락시 누전차단기의 동작전류와 부동작전류를 구하시오.

> 강의 NOTE

cable 2의 지락시 지락전류는 다음 그림과 같다.

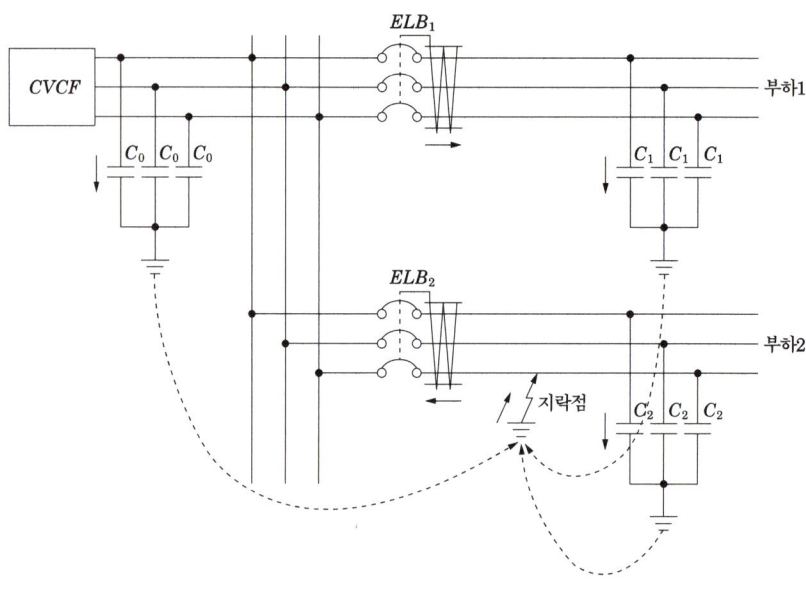

지락전류의 계산식 : $I_g = 3 \times 2\pi f C \times \dfrac{V}{\sqrt{3}}$ [A]

04 금속관 부품

• 기 12.20
아래의 표에서 금속관 부품의 특징에 해당하는 부품명을 쓰시오.

명칭	사용 용도
로크너트(lock nut)	관과 박스(Box)를 접속하는 경우 파이프 나사를 죄어 고정시키는 데 사용되며 6각형과 기어형이 있다.
부싱(bushing)	전선 관단에 끼우고 전선을 넣거나 빼는 데 있어서 전선의 피복을 보호하여 전선이 손상되지 않게 하는 것. 금속제와 합성수지제 2가지가 있다.
커플링(coupling)	금속관 상호 접속 또는 관과 노멀 밴드와의 접속에 사용되며 내면에 나사가 나있다.
유니온 커플링	관의 양측을 돌려서 접속할 수 없는 경우 유니온 커플링을 사용한다.
새들(saddle)	노출 배관에서 금속관을 조영재에 고정시키는 데 사용되며 합성수지관, 가요관, 케이블 공사에도 사용된다.

명칭	사용 용도
노멀 밴드(normal bend)	배관의 직각 굴곡에 사용하며 양단에 나사가 나 있어 관과의 접속에는 커플링을 사용한다.
링 리듀서	금속을 아우트렛 박스의 로크 아웃에 취부할 때 로크 아웃의 구멍이 관의 구멍보다 클 때 링 리듀서를 사용, 로크 너트로 조이면 된다.
스위치 박스 (switch box)	매입형의 스위치나 콘센트를 고정하는 데 사용되며 1개용, 2개용, 3개용 등이 있다.
플로어 박스	바닥 밑으로 매입 배선할 때 사용 및 바닥 밑에 콘센트를 접속할 때 사용한다.
콘크리트 박스 (concrete box)	콘크리트에 매입 배선용으로 아우트렛 박스와 같은 목적으로 사용하며 밑판을 분리할 수 있다.
아우트렛 박스 (outlet box)	전선관 공사에 있어 전등 기구나 점멸기 또는 콘센트의 고정, 접속함으로 사용되며 4각 및 8각이 있다.
노출 배관용 박스	노출 배관 박스는 허브가 있는 주철재의 박스가 사용되며 원형 노출 박스, 노출 스위치 박스 등이 있다.
유니버셜엘보	노출 배관 공사에서 관을 직각으로 굽히는 곳에 사용, 강제 전선관 공사 중 노출배관 공사에서 관을 직각으로 굽히는 곳에 사용한다. 3방향으로 분기할 수 있는 T형과 4방향으로 분기할 수 있는 크로스(cress)형이 있다.
터미널 캡 (terminal cap)	저압 가공 인입선에서 금속관 공사로 옮겨지는 곳 또는 수평 금속관으로부터 전선을 뽑아 전동기 단자 부분에 접속할 때 사용 A형, B형이 있다.
엔트런스 캡(우에사 캡) (entrance cap)	인입구, 인출구의 관단에 설치하여 수직금속관에 접속하여 옥외의 빗물을 막는 데 사용한다.

명칭	사용 용도
픽스쳐 스터드와 히키 (fixture stud & hickey)	아우트렛 박스에 조명기구를 부착시킬 때 기구 중량의 장력을 보강하기 위하여 사용한다.
접지 클램프 (grounding clamp)	금속관 공사시 관을 접지하는 데 사용한다.

관련문제 — 27. 옥내배선

□□□ 95, 98, 02

1 일반용 조명 및 콘센트의 그림 기호에 대한 다음 각 물음에 답하시오. (9점)

(1) ◯로 표시되는 등은 어떤 등인가?

○ _____

(2) HID등을 ① ◯H400, ② ◯M400, ③ ◯N400로 표시하였을 때 각 등의 명칭은 무엇인가?

○ _____

(3) 콘센트의 그림 기호는 ⊙이다.

○ _____

① 천장에 부착하는 경우의 그림 기호는?

○ _____

② 바닥에 부착하는 경우의 그림 기호는?

○ _____

(4) 다음 그림 기호를 구분하여 설명하시오.

① ⊙₂

○ _____

② ⊙₃ₚ

○ _____

강의 NOTE

■ 일반용 조명

명칭	일반용 조명, 백열등, HID등
그림 기호	◯
적요	① 벽붙이는 벽 옆을 칠한다. ◐ ② 걸림 로제트만 ⓛ ③ 팬던트 ⊖ ④ 실링·직접 부착 ⒸⓁ ⑤ 샹들리에 ⒸⒽ ⑥ 매입 기구 ⒹⓁ 　(◎로 하여도 좋다.) ⑦ 옥외등은 ⊗로 하여도 좋다. ⑧ HID등의 종류를 표시하는 경우는 용량 앞에 다음 기호를 붙인다. 　수은등 H 　메탈 헬라이드등 M 　나트륨등 N 　【보기】H400

| 작성답안

(1) 옥외등

(2) ① 400 [W] 수은등
　② 400 [W] 메탈 헬라이드등
　③ 400 [W] 나트륨등

(3) ① ⊙
　② ⊙ (바닥)

(4) ① 2구 콘센트
　② 3극 콘센트

□□□ 96, 01, 16

2 일반적 조명기구의 그림 기호에 문자와 숫자가 다음과 같이 방기되어 있다. 그 의미를 쓰시오. (5점)

(1) H500

○ _____

(2) N200

○ _____

(3) F40

○ _____

(4) X200

○ _____

(5) M200

○ _____

| 작성답안

(1) 500 [W] 수은등
(2) 200 [W] 나트륨등
(3) 40 [W] 형광등
(4) 200 [W] 크세논 램프
(5) 200 [W] 메탈 할라이드등

□□□ 98, 03

3 일반용 조명 및 콘센트의 그림 기호에 대한 다음 각 물음에 답하시오. (6점)

(1) 백열등의 그림 기호는 ○이다. 벽붙이의 그림 기호를 그리시오.

────────────

(2) ⊗로 표시되는 등은 어떤 등인가?

────────────

(3) ○_H : ────────────
　　○_M : ────────────
　　○_N : ────────────

| 작성답안

(1) ◐
(2) 옥외등
(3) ○_H : 수은등
　　○_M : 메탈헬라이드등
　　○_N : 나트륨등

강의 NOTE

■ 일반용 조명

명칭	일반용 조명, 백열등, HID등
그림 기호	○
적요	① 벽붙이는 벽 옆을 칠한다. ◐ ② 걸림 로제트만 ⓛ ③ 팬던트 ⊖ ④ 실링·직접 부착 ○CL ⑤ 샹들리에 ○CH ⑥ 매입 기구 ○DL 　(◎로 하여도 좋다.) ⑦ 옥외등은 ⊗로 하여도 좋다. ⑧ HID등의 종류를 표시하는 경우는 용량 앞에 다음 기호를 붙인다. 　수은등 H 　메탈 헬라이드등 M 　나트륨등 N 　【보기】H400

KEYWORD 27 옥내배선

□□□ 93, 94, 95, 99, 01, 02, 03, 07

4 다음의 전기 배선용 도식 기호에 대한 명칭을 쓰시오. 단 "(4), (5), (6)"의 경우에는 그 명칭을 서로 구분이 되도록 특징도 명기하시오. (9점)

(1) ⊗

────────────

(2) ○⊣

────────────

(3) ◐

────────────

(4) ⁚

────────────

PART 06 간선 및 부하설비 • 591

(5) ⊙ WP

○ _____

(6) ⊙ 20A

○ _____

| 작성답안

(1) 유도등 (백열등)
(2) 벽붙이 백열등
(3) 코드팬던트
(4) 콘센트 (천정에 부착하는 경우)
(5) 콘센트 (방수형)
(6) 콘센트 (정격 용량 20 [A])

□□□ 97, 02, 17

5 옥내 배선용 그림 기호에 대한 다음 각 물음에 답하시오. (10점)

(1) 일반적인 콘센트의 그림 기호는 ⊙ 이다. ⊙ 은 어떤 경우에 사용되는가?

○ _____

(2) 점멸기의 그림 기호로 ●, ●$_{2P}$, ●$_3$ 의 의미는 어떤 의미인가?

○ _____

(3) 개폐기, 배선용 차단기, 누전 차단기의 그림 기호를 그리시오.

○ _____

(4) HID등으로서 H400, M400, N400의 의미는 무엇인가?

○ _____

| 작성답안

(1) 천장에 부착하는 경우
(2) ● : 단극 스위치, ●$_{2P}$: 2극 스위치, ●$_3$: 3로 스위치
(3) 개폐기 : ⒮ , 배선용 차단기 : ⒝ , 누전 차단기 : ⒠
(4) H400 : 400 [W] 수은등
　　M400 : 400 [W] 메탈 핼라이드등
　　N400 : 400 [W] 나트륨등

■ 점멸기

명칭	점멸기
그림 기호	●
적요	① 용량의 표시 방법은 다음과 같다. • 10 [A]는 표기하지 않는다. • 15 [A] 이상은 전류값을 표기 한다. ●$_{15A}$ ② 극수의 표시 방법은 다음과 같다. • 단극은 표기하지 않는다. • 2극 또는 3로, 4로는 각각 2P 또는 3, 4의 숫자를 표기한다. 【보기】 ●$_{2P}$ ●$_3$ ③ 방수형은 WP를 표기한다. ●$_{WP}$ ④ 방폭형은 EX를 표기한다. ●$_{EX}$ ⑤ 타이머 붙이는 T를 표기한다. ●$_T$

□□□ 93, 94, 95, 99, 00, 01, 02, 03, 07

6 그림은 점멸기의 심벌이다. 각 심벌의 용도, 형태 등을 구분하여 설명하시오. (10점)

(1) ●$_L$

　○ _____

(2) ●$_{WP}$

　○ _____

(3) ●$_4$

　○ _____

(4) ○●

　○ _____

(5) ●

　○ _____

| 작성답안

(1) 파일럿 램프 붙이 스위치
(2) 방수형 스위치
(3) 4로 스위치
(4) 따로 놓여진 파일럿 램프 붙이 스위치
(5) 스위치

□□□ 98, 01, 05

7 점멸기의 그림 기호에 대하여 다음 각 물음에 답하시오. (6점)

(1) ●는 몇 [A]용 점멸기인가?

　○ _____

(2) 방수형 점멸기의 그림 기호를 그리시오.

　○ _____

(3) 점멸기의 그림 기호로 ●$_4$ 의 의미는 무엇인가?

　○ _____

| 작성답안

(1) 10 [A]
(2) ●WP
(3) 4로 스위치

□□□ 93, 94, 95, 96, 99, 00, 01, 02, 03, 05, 07

8 그림과 같은 콘센트의 심벌을 구분하여 설명하시오. (5점)

(1) ●:

(2) ●:₂

(3) ●:₃ₚ

(4) ●:WP

(5) ●:E

| 작성답안

(1) 벽붙이 콘센트
(2) 2구 콘센트
(3) 3극 콘센트
(4) 방수 콘센트
(5) 접지극 붙이 콘센트

강의 NOTE

■ 콘센트

명칭	콘센트
그림 기호	●:
적요	① 천장에 부착하는 경우는 다음과 같다. ⊙⊙ ② 바닥에 부착하는 경우는 다음과 같다. ●: ③ 용량의 표시 방법은 다음과 같다. • 15 [A]는 표기하지 않는다. • 20 [A] 이상은 암페어 수를 표기한다. 【보기】 ●:₂₀ₐ ④ 2구 이상인 경우는 구수를 표기한다. 【보기】 ●:₂ ⑤ 3극 이상인 것은 극수를 표기한다. 【보기】 ●:₃ₚ ⑥ 종류를 표시하는 경우는 다음과 같다. 빠짐 방지형 ●:ₗₖ 걸림형 ●:ₜ 접지극붙이 ●:ₑ 접지단자붙이 ●:ₑₜ 누전 차단기붙이 ●:ₑₗ ⑦ 방수형은 WP를 표기한다. ●:WP ⑧ 방폭형은 EX를 표기한다. ●:ₑₓ ⑨ 의료용은 H를 표기한다. ●:ₕ

□□□ 96, 98, 04, 17, 22

9 다음 조건에 있는 콘센트의 그림기호를 그리시오. (5점)

(1) 벽붙이용
(2) 천장에 부착하는 경우
(3) 바닥에 부착하는 경우
(4) 방수형
(5) 2구용

(1)	(2)	(3)	(4)	(5)

| 작성답안

(1)	(2)	(3)	(4)	(5)
⊙	⊙⊙	⊙⊙▲	⊙$_{WP}$	⊙$_2$

□□□ 09

10 다음은 일반 옥내배선에서 전등·전력·통신·신호·재해방지·피뢰설비 등의 배선, 기기 및 부착위치, 부착방법을 표시하는 도면에 사용되는 기호이다. 각 기호의 명칭을 쓰시오. (5점)

(1) ⊠

  ○ _____

(2) ◪

  ○ _____

(3) ⬚

  ○ _____

(4) ▭

  ○ _____

(5) ▱

  ○ _____

■ 배전반

명칭	배전반 분전반 및 제어반
그림 기호	▭
적요	① 종류를 구별하는 경우는 다음과 같다. 배전반 ⊠ 분전반 ◪ 제어반 ⬛ ② 직류용은 그 뜻을 표기한다. ③ 재해 방지 전원 회로용 배전반 등인 경우는 2중 틀로 하고 필요에 따라 종별을 표기한다. 【보기】 ⊠$_{1종}$ ◪$_{2종}$

강의 NOTE

| 작성답안

(1) 배전반
(2) 분전반
(3) 제어반
(4) 단자반
(5) 중간단자반

□□□ 93, 94, 95, 99, 00, 01, 02, 03, 07 산 01, 06, 12, 15

11 그림과 같은 심벌의 명칭을 구체적으로 쓰시오.(5점)

(1) 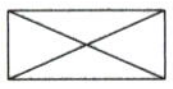

○ ____________________

(2) 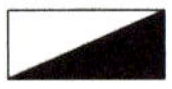

○ ____________________

(3) 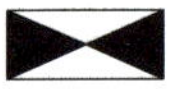

○ ____________________

(4) 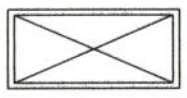

○ ____________________

(5) 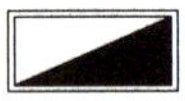

○ ____________________

| 작성답안

(1) 배전반
(2) 분전반
(3) 제어반
(4) 재해방지 전원회로용 배전반
(5) 재해방지 전원회로용 분전반

☐☐☐ 01, 05

12 그림은 옥내 배선을 설계할 때 사용되는 배전반, 분전반 및 제어반의 일반적인 그림기호이다. 이것을 배전반, 분전반, 제어반 및 직류용으로 구별하여 그림 기호를 사용하고자 할 때 그 그림기호를 그리시오. (4점)

(1) 배전반

　○ _____

(2) 분전반

　○ _____

(3) 제어반

　○ _____

(4) 직류용

　○ _____

| 작성답안

(1) 배전반 ⊠
(2) 분전반 ◤
(3) 제어반 ⬟
(4) 직류반 ☐ DC

강의 NOTE

■ 배전반

명칭	배전반 분전반 및 제어반
그림 기호	☐
적요	① 종류를 구별하는 경우는 다음과 같다. 　배전반 ⊠ 　분전반 ◤ 　제어반 ⬟ ② 직류용은 그 뜻을 표기한다. ③ 재해 방지 전원 회로용 배전반 등인 경우는 2중 틀로 하고 필요에 따라 종별을 표기한다. 【보기】 ⊠1종 ◤2종

☐☐☐ 93, 94, 95, 99, 00, 01, 02, 03, 07, 08

13 다음은 계전기의 그림기호이다. 각각의 명칭을 우리말로 쓰시오. (5점)

(1) $\boxed{UV}$

　○ _____

(2) $\boxed{OC}$

　○ _____

(3) $\boxed{OV}$

　○ _____

(4) $\boxed{P}$

　○ _____

| 작성답안

(1) 부족전압 계전기
(2) 과전류 계전기
(3) 과전압 계전기
(4) 전력 계전기

□□□ 96, 98, 00, 04

14 다음 계전기 약호의 우리말 명칭은?(3점)

(1) OVR

　○ _____

(2) UVR

　○ _____

(3) OVGR

　○ _____

| 작성답안

(1) 과전압 계전기
(2) 부족전압 계전기
(3) 지락 과전압 계전기

□□□ 97, 02, 11

15 다음 전기 설비에서 사용하는 그림 기호의 명칭을 쓰시오. (7점)

(1) 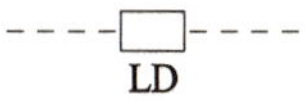 ----☐----
      LD

○ _____

(2) ⊠

○ _____

(3)  ●R

○ _____

(4)  ◐EX

○ _____

(5) ◣

○ _____

| 작성답안

(1) 라이팅 덕트
(2) 풀박스 및 접속 상자
(3) 리모콘 스위치
(4) 방폭형 콘센트
(5) 분전반

□□□ 93, 94, 95, 99, 01, 02, 03, 07

16 그림과 같은 심벌의 명칭을 쓰시오. (9점)

(1) ⊗

○ _____

(2)  ◐WP

○ _____

(3)  ●T

○ _____

(4) ◁

(5)  ◣

| 작성답안

(1) 유도등(백열등)
(2) 방수형 콘센트
(3) 점멸기(타이머붙이)
(4) 스피커
(5) 분전반

17 다음 그림기호의 정확한 명칭(구체적으로 기록)을 쓰시오. (5점)

CT	TS	 ㅓㅏ	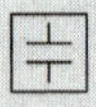 ㅗ	Wh

| 작성답안

CT	TS	 ㅓㅏ	 ㅗ	Wh
변류기(상자)	타임스위치	축전지	콘덴서	전력량계 (상자들이 또는 후드붙이)

☐☐☐ 07, 08, 09, 13

18 다음 전선의 약호에 대한 명칭을 쓰시오. (5점)

(1) NRI(70)

  ○ _____

(2) NFI(70)

  ○ _____

| 작성답안

(1) 300/500[V] 기기 배선용 단심 비닐절연전선(70[℃])
(2) 300/500[V] 기기 배선용 유연성 단심 비닐절연전선(70[℃])

☐☐☐ 94, 97, 99

19 다음 심벌에 대한 배선 명칭을 구분하여 쓰시오. (6점)

(1) ─────────

  ○ _____

(2) ----------

  ○ _____

(3) ─ ─ ─ ─ ─

  ○ _____

| 작성답안

(1) 천장 은폐 배선
(2) 노출 배선
(3) 바닥 은폐 배선

■ 배선

명칭	그림 기호
천장 은폐 배선	─────
바닥 은폐 배선	─ ─ ─ ─
노출 배선	----------

□□□ 97, 99

20 전류 제한기는 일반 전기 사업자가 공급하는 전기를 사용하는 전기 설비에 설치하여 계약산정 등의 거래에 사용하는 기기로서 복귀조작, 교환, 점검 및 시험이 용이한 장소에 시설한다. 여기에 관련된 다음 그림을 보고 각 물음에 답하시오. (7점)

(1) 도면의 적당한 곳에 전류 제한기 C.L을 설치하는 그림을 그리시오.
(2) 도면에서 ELB와 C의 명칭은 무엇인가?

  ○ _____

| 작성답안

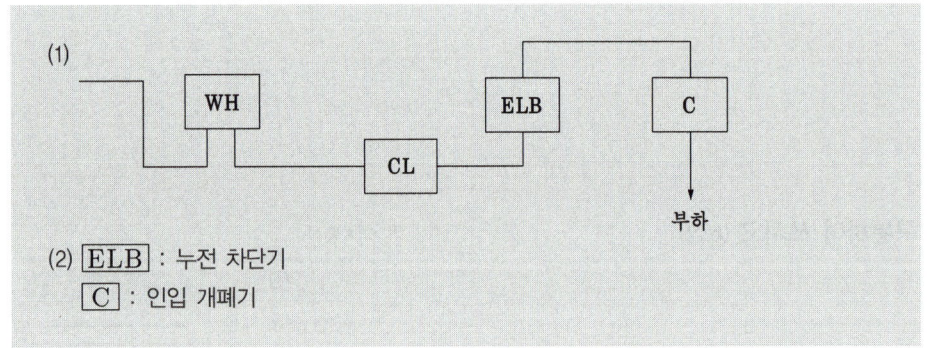

(2) ELB : 누전 차단기
    C : 인입 개폐기

□□□ 88, 96, 11

21 다음 도면은 단상 2선식 100 [V]로 수전하는 철근 콘크리트 구조로 된 주택의 전등, 콘센트 설비 평면도이다. 도면을 보고 물음에 답하시오. (단, 형광등 시설은 원형 노출 콘센트를 설치하여 사용할 수 있게 하고 분기 회로 보호는 배선용 차단기를, 간선은 누전차단기를 사용하는 것으로 한다.)(10점)

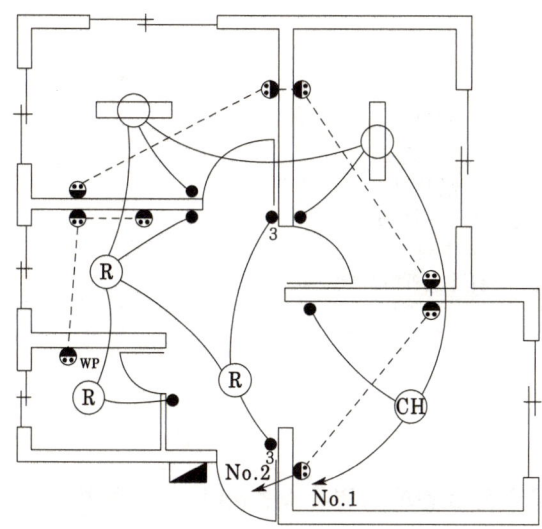

(1) 도면에서 실선과 파선으로 배선 표시가 되어 있는데 이들은 무슨 공사를 의미하는가?
    ○ _____

(2) 분전반의 단선 결선도를 그리시오.
(3) 형광등은 40 [W] 2램프용을 시설할 경우 그 기호를 나타내어 보시오.
    ○ _____

(4) ●wp로 표시된 콘센트의 설치 위치는 바닥면상 몇 [cm] 이상으로 하여야 하는가?
    ○ _____

(5) 전선과 전선관을 제외한 전기 자재의 명칭과 수량을 기재하시오.

명칭	수량	명칭	수량	명칭	수량
샹데리아 원형 노출 콘센트 매입 콘센트(일반) 8각 박스 스위치 박스		누전 차단기 형광등 2등용 텀블러 스위치(단극) 매입 콘센트(방수용) 콘센트 플레이트		배선용 차단기 백열등 텀블러 스위치(3로) 4각 박스 스위치 플레이트	

○ _____

| 작성답안

(1) 실선 : 천장 은폐 배선, 파선 : 바닥 은폐 배선
(2)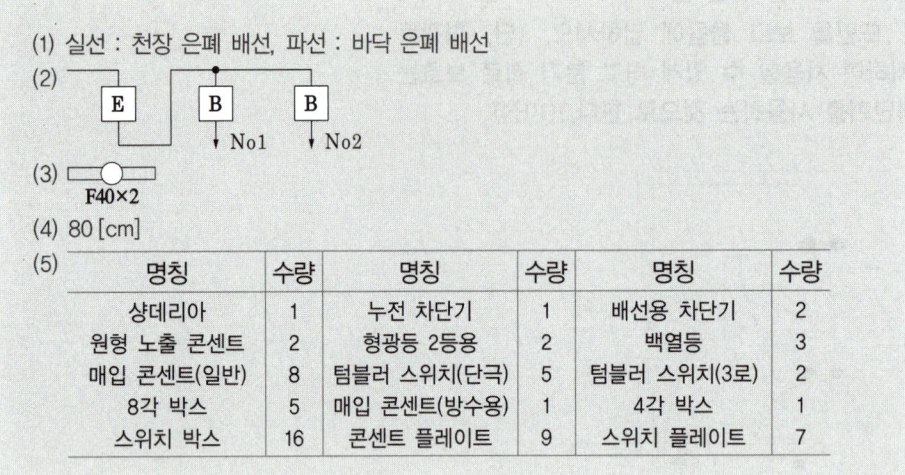
(3) F40×2
(4) 80 [cm]
(5)

명칭	수량	명칭	수량	명칭	수량
샹데리아	1	누전 차단기	1	배선용 차단기	2
원형 노출 콘센트	2	형광등 2등용	2	백열등	3
매입 콘센트(일반)	8	텀블러 스위치(단극)	5	텀블러 스위치(3로)	2
8각 박스	5	매입 콘센트(방수용)	1	4각 박스	1
스위치 박스	16	콘센트 플레이트	9	스위치 플레이트	7

□□□ 98, 00, 03

22 도면은 어느 사무실의 전등 설비 평면도이다. 주어진 조건과 도면을 이용하여 다음의 물음에 답하시오. (17점)

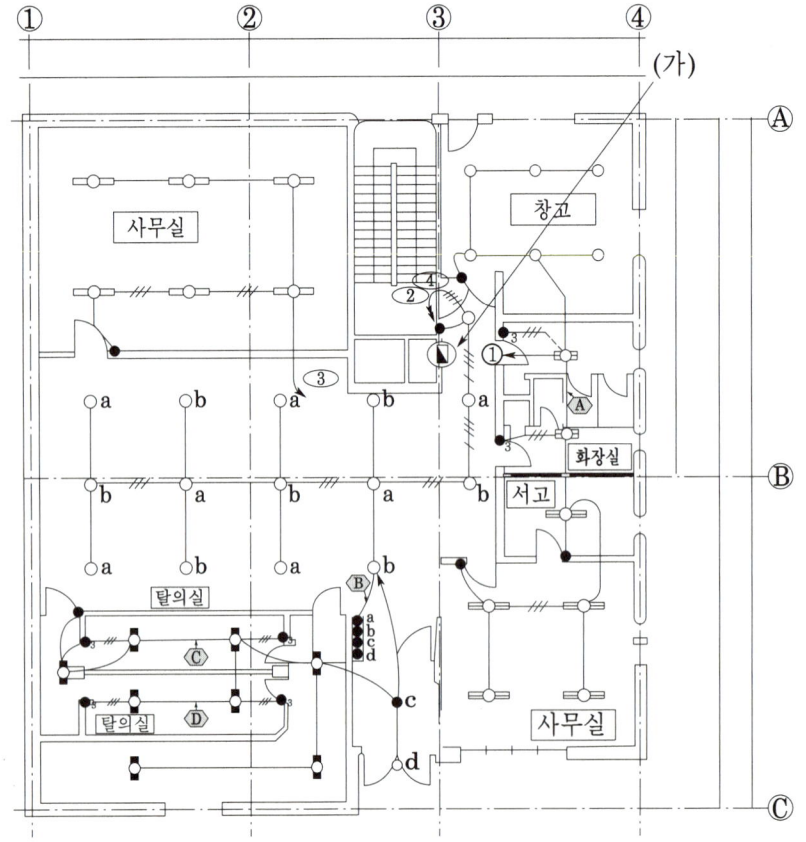

【조건】
- 사무실의 층고는 3 [m]이고 이중 천장은 천장면에서 0.5 [m]에 설치된다.
- 전선관은 후강 전선관이며 천장 슬라브 및 벽체 매입 배관으로 한다.
- 창고 부분은 이중 천장이 없다.
- 전등 회로의 사용 전압은 1ϕ3W 110/220 [V]에서 1ϕ220[V]를 적용한다.
- 콘크리트 BOX는 3방출 이상 4각 BOX를 사용한다.
- 사무실과 서고에 사용하는 형광등은 F40×2이고 기타 장소의 형광등은 F20×2이다.
- 모든 배관 배선은 후강 전선관과 일반용 단심 비닐절연전선 2.5 [mm²]를 사용하며 관의 굵기, 배선 가닥수, 배선 굵기는 다음과 같이 표기하도록 한다.

  ——— 16C(2-2.5[mm²])   —⫽— 16C(3-2.5[mm²])
  —⫽⫽— 22C(4-2.5[mm²])   —⫽⫽— 22C(5-2.5[mm²])
  —⫽⫽⫽— 22C(6-2.5[mm²])   —⫽⫽⫽⫽— 22C(7-2.5[mm²])

(1) 도면에서 Ⓐ, Ⓑ, Ⓒ, Ⓓ에 해당하는 전선의 가닥수는 몇 가닥인가?

  ○ _____

(2) 백열등을 벽에 붙이는 경우의 그림 기호는 어떻게 표시하는가?

  ○ _____

(3) (가)의 명칭은 무엇인가?

  ○ _____

(4) 회로 번호 ①에 대한 설계를 하려고 한다. 다음 표에 대한 물량을 산출하시오.

품명	규격	단위	수량	품명	규격	단위	수량
붓싱	16C	개		덤블러스위치	단로	개	
붓싱	22C	개		덤블러스위치	삼로	개	
록크넛트	16C	개		후렉스불콘넥터	16C	개	
록크넛트	22C	개		조명기구형광등	F40×2	기구	
BOX	4각	개		조명기구형광등	F20×2	기구	
BOX	8각	개		백열등	1L 100W	등	
BOX 카바	4각맹카바	개		스위치 BOX	1개용	개	

  ○ _____

| 작성답안

(1) Ⓐ 5 Ⓑ 5 Ⓒ 5 Ⓓ 4

(2) ◐

(3) 분전반

(4)

품명	규격	단위	수량	품명	규격	단위	수량
붓싱	16C	개	34	덤블러스위치	단로	개	3
붓싱	22C	개	2	덤블러스위치	삼로	개	2
록크넛트	16C	개	68	후렉스불콘넥터	16C	개	7
록크넛트	22C	개	4	조명기구형광등	F40×2	기구	5
BOX	4각	개	7	조명기구형광등	F20×2	기구	2
BOX	8각	개	6	백열등	1L 100W	등	6
BOX 카바	4각맹카바	개	7	스위치 BOX	1개용	개	5

□□□ 96, 00

23 도면은 목조 주택의 전기 배선 평면도이다. 이 도면을 보고 다음 각 물음에 답하시오. (단, 옥내 배선은 비닐 외장 케이블(동선)로 하고 전선의 굵기 및 가닥수는 생략하였다.)(19점)

(1) ①에는 어떤 시설을 하여야 하는가?

  ○ _____

(2) ②는 무슨 배선을 의미하는가?

  ○ _____

(3) ③의 전선 가닥수는 최소 몇 가닥이 필요한가?

  ○ _____

(4) ④의 접속 선도를 그리시오.

(5) ⑤의 심벌 명칭은 무엇인가?

  ○ _____

(6) ⑥의 명칭은 무엇인가?

  ○ _____

(7) 분기 회로 ⑦의 배선용 차단기에 대한 정격 전류는 몇 [A]인가?

  ○ _____

(8) 도면에 사용된 심벌 ●₂ 및 ●_WP 의 의미는 무엇인가?

  ○ _____

강의 NOTE

■ 배선

명칭	그림 기호
천장 은폐 배선	———
바닥 은폐 배선	- - - - -
노출 배선	‑ ‑ ‑ ‑ ‑

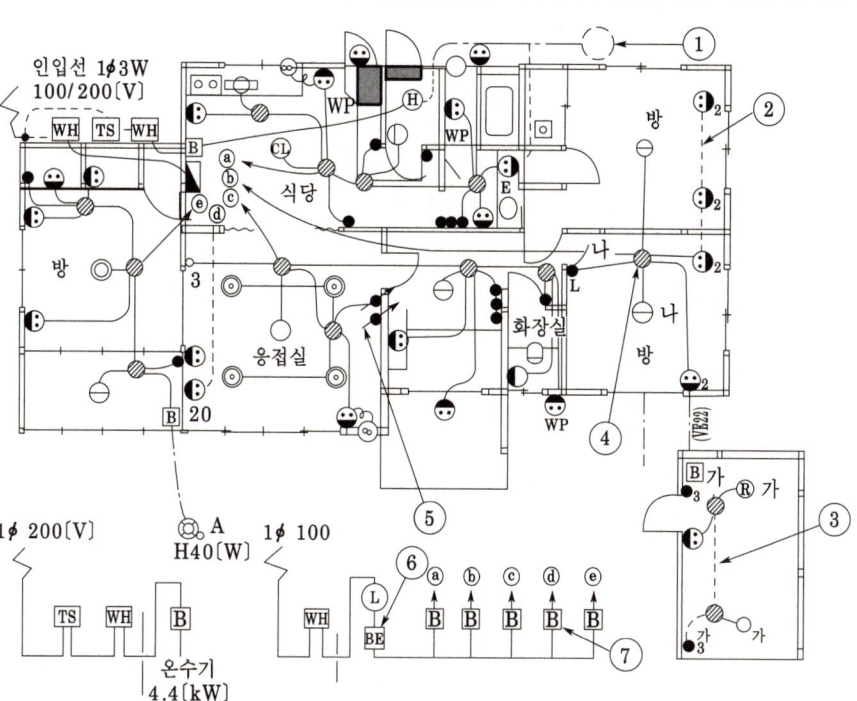

KEYWORD 27 옥내배선

| 작성답안

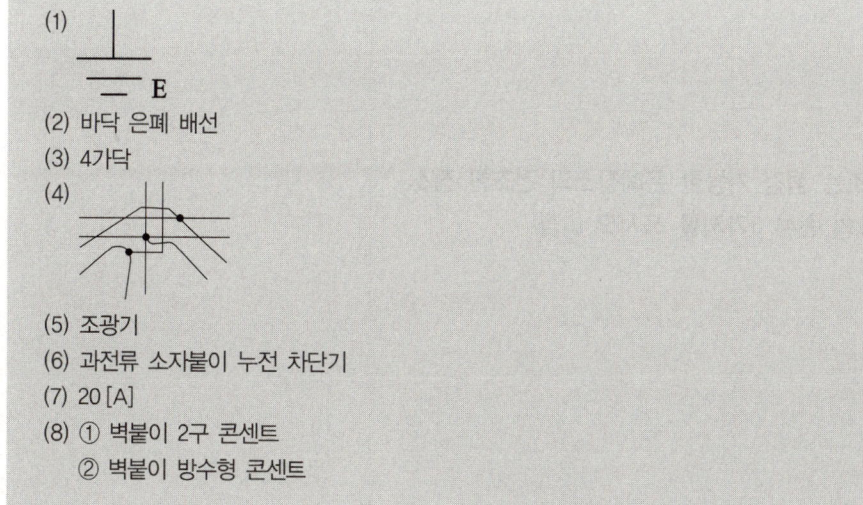

(2) 바닥 은폐 배선
(3) 4가닥
(4)

(5) 조광기
(6) 과전류 소자붙이 누전 차단기
(7) 20 [A]
(8) ① 벽붙이 2구 콘센트
   ② 벽붙이 방수형 콘센트

□□□ 22

24 다음 표의 빈칸을 채우시오. (4점)

전선관공사	합성수지관공사, 금속관공사, 가요전선관공사
케이블트렁킹	(①), (②), 금속트렁킹공사
케이블덕트	플로어덕트공사, 셀룰러덕트공사, 금속덕트공사

| 작성답안

① 합성수지몰드공사
② 금속몰드공사

□□□ 09

25 버스덕트 배선은 옥내의 노출 장소 또는 점검 가능한 은폐장소의 건조한 장소에 한하여 시설할 수 있다. 버스덕트의 종류 5가지를 쓰시오. (5점)

○ _____

| 작성답안

① 피더 버스덕트
② 익스팬션 버스덕트
③ 탭붙이 버스덕트
④ 트랜스포지션 버스덕트
⑤ 플러그인 버스덕트

□□□ 81, 91, 98

26 플로어 덕트에 대해 간단히 설명하고 주로 어떤 경우에 사용하는지 기술하시오. (4점)

○ _____

| 작성답안

- 설명 : 플로어 덕트는 통신선로 또는 전력 선로용 전선 또는 케이블을 바닥에 배선하는 경우 바닥에 사용되는 강판제의 덕트이다.
- 용도 : 중규모 혹은 대규모의 사무실, 백화점 등에서 통신선 혹은 전력선의 배선용으로 사용된다.

□□□ 21

27 사용전압이 400[V] 초과의 저압 옥내 배선의 가능 여부를 시설장소에 따라 답안지 표의 빈칸에 O, X로 표시하시오. (단, O는 시설장소, X는 시설 불가능 표시를 의미한다.)(5점)

배선방법	옥내 내선						옥측 배선	
	노출장소		은폐장소					
			검검가능		점검 불가능			
	건조한 장소	습기가 많은 장소	건조한 장소	습기가 많은 장소	건조한 장소	습기가 많은 장소	우선내	우선외
합성수지관 공사	O		O		O			

| 작성답안

배선방법	옥내 내선						옥측 배선	
	노출장소		은폐장소					
			검검가능		점검 불가능			
	건조한 장소	습기가 많은 장소	건조한 장소	습기가 많은 장소	건조한 장소	습기가 많은 장소	우선내	우선외
합성수지관 공사	O	O	O	O	O	O	O	O

□□□ 15

28
옥내 저압 배선을 설계하고자 한다. 이때 시설 장소의 조건에 관계없이 한 가지 배선방법으로 배선하고자 할 때 옥내에는 건조한 장소, 습기진 장소, 노출배선 장소, 은폐배선을 하여야 할 장소, 점검이 불가능한 장소 등으로 되어 있다고 한다면 적용 가능한 배선방법은 어떤 방법이 있는지 그 방법을 4가지만 쓰시오. (단, 사용전압이 400[V] 이하인 경우이다.)(5점)

| 작성답안

① 금속관 배선
② 합성수지관 배선(CD관 제외)
③ 비닐피복 2종 가요전선관
④ 케이블 배선

□□□ 08, 16

29
전기설비기술기준에 의하여 욕실 등 인체가 물에 젖어 있는 상태에서 물을 사용하는 장소에 콘센트를 시설하는 경우에 설치해야 하는 저압차단기의 정확한 명칭을 쓰시오. (5점)

| 작성답안

정격감도전류 15[mA] 이하 동작시간 0.03초 이하 전류동작형 인체감전보호용 누전차단기

30
욕실 등 인체가 물에 젖어 있는 상태에서 물을 사용하는 장소에 콘센트를 시설하는 경우에 설치하여야 하는 인체감전보호용 누전차단기의 정격감도전류와 동작시간은 얼마 이하를 사용하여야 하는가? (4점)

(1) 정격감도전류

(2) 동작시간

강의 NOTE

■ 한국전기설비규정 234.5 콘센트의 시설
욕조나 샤워시설이 있는 욕실 또는 화장실 등 인체가 물에 젖어있는 상태에서 전기를 사용하는 장소에 콘센트를 시설하는 경우에는 다음에 따라 시설하여야한다.
(1) 「전기용품 및 생활용품 안전관리법」의 적용을 받는 인체감전보호용 누전차단기(정격감도전류 15 mA 이하, 동작시간 0.03초 이하의 전류동작형의 것에 한한다) 또는 절연변압기(정격용량 3 kVA 이하인 것에 한한다)로 보호된 전로에 접속하거나, 인체감전보호용 누전차단기가 부착된 콘센트를 시설하여야 한다.
(2) 콘센트는 접지극이 있는 방적형 콘센트를 사용하여 211과 140의 규정에 준하여 접지하여야 한다.

| 작성답안

(1) 정격감도전류 : 15[mA] 이하
(2) 동작시간 : 0.03[sec] 이하

31
전기설비가 정상으로 운영하고 있는 상태에서 전기설비에 사람 또는 동물이 접촉되는 경우를 대비하여 감전예방을 위한 보호방법으로 직접접촉예방 방법 4가지를 쓰시오. (8점)

■ 감전보호

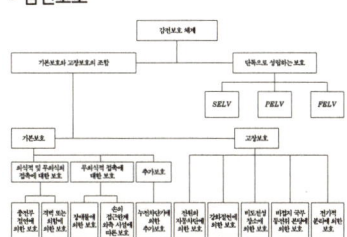

| 작성답안

- 충전부의 절연에 의한 보호
- 격벽 또는 외함에 의한 보호
- 장애물에 의한 보호
- 손의 접근한계 외측 설치에 따른 보호
그 외
- 누전차단기에 의한 추가 보호

32.

옥내에 시설하는 관등회로의 사용전압이 1kV를 초과하는 방전등으로서 방전관에 네온 방전관을 사용하는 경우 전선과 조영재 사이의 이격거리는 전개된 곳에서 다음 표와 같다. 표를 완성하시오. (5점)

사용전압의 구분	이격거리
6 kV 이하	
6 kV 초과 9 kV 이하	
9 kV 초과	

| 작성답안

사용전압의 구분	이격거리
6 kV 이하	20mm 이상
6 kV 초과 9 kV 이하	30mm 이상
9 kV 초과	40mm 이상

강의 NOTE

■ 한국전기설비규정 234.12.3 관등회로의 배선

관등회로의 배선은 애자공사로 다음에 따라서 시설하여야 한다.
가. 전선은 네온관용 전선을 사용할 것.
나. 배선은 외상을 받을 우려가 없고 사람이 접촉될 우려가 없는 노출장소에 시설할 것.
다. 전선은 자기 또는 유리제 등의 애자로 견고하게 지지하여 조영재의 아랫면 또는 옆면에 부착하고 또한 다음과 같이 시설할 것. 다만, 전선을 노출장소에 시설할 경우로 공사 여건상 부득이한 경우는 조영재의 윗면에 부착할 수 있다.
(1) 전선 상호간의 이격거리는 60mm 이상일 것.
(2) 전선과 조영재 이격거리는 노출장소에서 표 234.12-1에 따를 것.

표 234.12-1 전선과 조영재의 이격거리

사용전압의 구분	이격거리
6 kV 이하	20mm 이상
6 kV 초과 9 kV 이하	30mm 이상
9 kV 초과	40mm 이상

(3) 전선지지점간의 거리는 1 m 이하로 할 것.
(4) 애자는 절연성·난연성 및 내수성이 있는 것일 것.

KEYWORD 28 절연내력

01 전로의 절연저항 및 절연내력

1 사용전압이 저압인 전로의 절연성능은 기술기준 제52조를 충족하여야 한다. 다만, 저압 전로에서 정전이 어려운 경우 등 절연저항 측정이 곤란한 경우 저항성분의 누설전류가 1 [mA] 이하이면 그 전로의 절연성능은 적합한 것으로 본다.

2 고압 및 특고압의 전로(131, 회전기, 정류기, 연료전지 및 태양전지 모듈의 전로, 변압기의 전로, 기구 등의 전로 및 직류식 전기철도용 전차선을 제외한다)는 표 132-1에서 정한 시험전압을 전로와 대지 사이(다심케이블은 심선 상호 간 및 심선과 대지 사이)에 연속하여 10분간 가하여 절연내력을 시험하였을 때에 이에 견디어야 한다. 다만, 전선에 케이블을 사용하는 교류 전로로서 표 132-1에서 정한 시험전압의 2배의 직류전압을 전로와 대지 사이(다심케이블은 심선 상호 간 및 심선과 대지 사이)에 연속하여 10분간 가하여 절연내력을 시험하였을 때에 이에 견디는 것에 대하여는 그러하지 아니하다.

강의 NOTE

• 산 04.09
다음 (①), (②), (③), (④), (⑤) 안에 알맞은 내용을 쓰시오.
고압 및 특고압의 전로(회전기, 정류기, 연료전지 및 태양전지 모듈의 전로, 변압기의 전로, 기구 등의 전로 및 직류식 전기철도용 전차선을 제외한다)는 한국전기설비규정에서 정한 시험전압을 (①) 사이(다심케이블은 심선 상호 간 및 심선과 대지 사이)에 연속하여 (②)가하여 절연내력을 시험하였을 때에 이에 견디어야 한다. 다만, 전선에 케이블을 사용하는 교류 전로로서 한국전기설비기준에서 정한 시험전압의 (③)의 직류전압을 전로와 대지 사이(다심케이블은 (④) 사이)에 연속하여 (⑤)가하여 절연내력을 시험하였을 때에 이에 견디는 것에 대하여는 그러하지 아니하다.

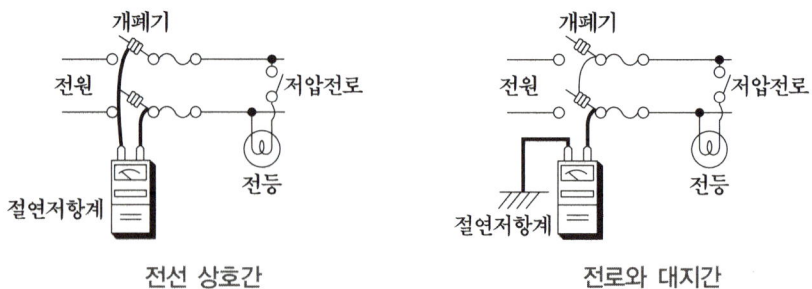

전선 상호간   전로와 대지간

[표 132-1] 전로의 종류 및 시험전압

전로의 종류	시험 전압
1. 최대사용전압 7 kV 이하인 전로	최대사용전압의 1.5배의 전압
2. 최대사용전압 7 kV 초과 25 kV 이하인 중성점 접지식 전로(중성선을 가지는 것으로서 그 중성선을 다중접지 하는 것에 한한다)	최대사용전압의 0.92배의 전압
3. 최대사용전압 7 kV 초과 60 kV 이하인 전로 (2란의 것을 제외한다)	최대사용전압의 1.25배의 전압(10.5 kV 미만으로 되는 경우는 10.5 kV)
4. 최대사용전압 60 kV 초과 중성점 비접지식전로(전위 변성기를 사용하여 접지하는 것을 포함한다)	최대사용전압의 1.25배의 전압
5. 최대사용전압 60 kV 초과 중성점 접지식 전로 (전위 변성기를 사용하여 접지하는 것 및 6란과 7란의 것을 제외한다)	최대사용전압의 1.1배의 전압 (75 kV 미만으로 되는 경우에는 75 kV)
6. 최대사용전압이 60 kV 초과 중성점 직접접지식 전로(7란의 것을 제외한다)	최대사용전압의 0.72배의 전압
7. 최대사용전압이 170 kV 초과 중성점 직접 접지식 전로로서 그 중성점이 직접 접지되어 있는 발전소 또는 변전소 혹은 이에 준하는 장소에 시설하는 것	최대사용전압의 0.64배의 전압
8. 최대사용전압이 60 kV를 초과하는 정류기에 접속되고 있는 전로	교류측 및 직류 고전압측에 접속되고 있는 전로는 교류측의 최대사용전압의 1.1배의 직류전압
	직류측 중성선 또는 귀선이 되는 전로(이하 이장에서 "직류 저압측 전로"라 한다)는 아래에 규정하는 계산식에 의하여 구한 값

표 132-1의 8에 따른 직류 저압측 전로의 절연내력시험 전압의 계산방법은 다음과 같이 한다.

$$E = V \times \frac{1}{\sqrt{2}} \times 0.5 \times 1.2$$

E : 교류 시험 전압(V를 단위로 한다)

V : 역변환기의 전류 실패 시 중성선 또는 귀선이 되는 전로에 나타나는 교류성 이상전압의 파고 값(V를 단위로 한다). 다만, 전선에 케이블을 사용하는 경우 시험전압은 E의 2배의 직류전압으로 한다.

강의 NOTE

■ 절연내력시험 정리

최대 사용 전압	시험 전압	최저 시험 전압
7 [kV] 이하	1.5배	500 [V]
7 [kV] 초과 25 [kV] 이하 중성점 다중 접지 방식	0.92배	
7 [kV] 초과 비접지식 모든 전압	1.25배	10,500 [V]
60 [kV] 초과 중성점 접지식	1.1배	75,000 [V]
60 [kV] 초과 중성점 직접 접지식	0.72배	
170 [kV] 넘는 중성점 직접 접지식 구내에만 적용	0.64배	

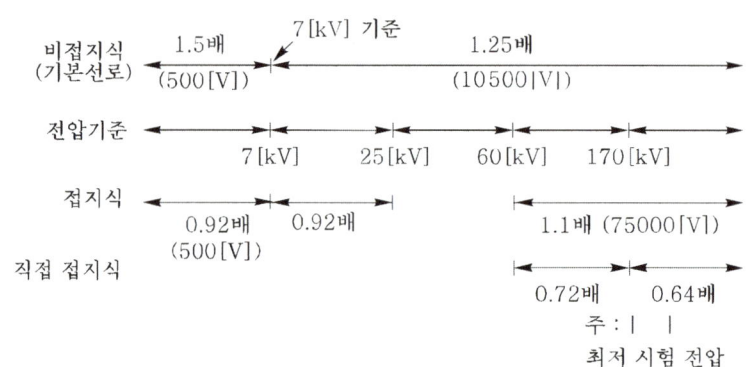

- 기 96.99.02.03
- 기/산(유) 96.00.04.11

그림은 최대 사용 전압 6,900[V] 변압기의 절연내력을 시험하기 위한 회로도이다. 그림을 보고 다음 각 물음에 답하시오.

- 기 13

그림과 같이 변압기 2대를 사용하여 정전용량 1[F]인 케이블의 절연내력시험을 행하였다. 60[Hz]인 시험전압으로 5,000[V]를 가했을 때 전압계, 전류계의 지시값은?(단, 여기서 변압기 탭 전압은 저압측 105[V], 고압측 3,300[V]로 하고 내부 임피던스 및 여자전류는 무시한다.)

02 변압기 전로의 절연내력

변압기[방전등용 변압기·엑스선관용 변압기·흡상 변압기·시험용 변압기·계기용변성기와 241.9에 규정(241.9.1의 2 제외)하는 전기집진 응용 장치용의 변압기 기타 특수 용도에 사용되는 것을 제외한다. 이하 같다]의 전로는 표 135-1에서 정하는 시험전압 및 시험방법으로 절연내력을 시험하였을 때에 이에 견디어야 한다.

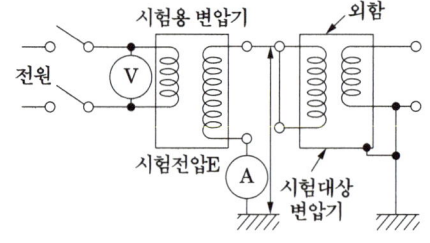

03 저압전로의 절연성능

전기사용 장소의 사용전압이 저압인 전로의 전선 상호간 및 전로와 대지 사이의 절연저항은 개폐기 또는 과전류차단기로 구분할 수 있는 전로마다 다음 표에서 정한 값 이상이어야 한다. 다만, 전선 상호간의 절연저항은 기계기구를 쉽게 분리가 곤란한 분기회로의 경우 기기 접속 전에 측정할 수 있다.

또한, 측정 시 영향을 주거나 손상을 받을 수 있는 SPD 또는 기타 기기 등은 측정 전에 분리시켜야 하고, 부득이하게 분리가 어려운 경우에는 시험전압을 250V DC로 낮추어 측정할 수 있지만 절연저항 값은 1MΩ 이상이어야 한다.

전로의 사용전압 V	DC시험전압 V	절연저항 MΩ
SELV 및 PELV	250	0.5
FELV, 500V 이하	500	1.0
500V 초과	1,000	1.0

강의 NOTE

■ 특별저압(extra low voltage : 2차 전압이 AC 50V, DC 120V 이하)으로 SELV(비접지회로 구성) 및 PELV(접지회로 구성)은 1차와 2차가 전기적으로 절연된 회로, FELV는 1차와 2차가 전기적으로 절연되지 않은 회로
특별저압(ELV, Extra Low Voltage)이란 인체에 위험을 초래하지 않을 정도의 저압을 말한다. 여기서 SELV(Safety Extra Low Voltage)는 비접지회로에 해당되며, PELV Protective Extra Low Voltage)는 접지회로에 해당된다.

● 산 21
● 산(유) 05.11.15.20
다음은 저압전로의 절연성능에 관한 표이다. 다음 빈 칸을 완성하시오.

● 산 17
전기사용장소의 1차와 2차가 전기적으로 절연되지 않은 회로의 사용 전압이 500 [V] 미만인 경우, 전로의 전선 상호간 및 전로와 대지 간의 절연저항은 개폐기 또는 차단기로 구분할 수 있는 전로마다. 얼마 이상이어야 하는가? 절연저항 값을 쓰시오.

● 산 20
22900/380-220[V], 30[kVA]변압기로 공급되는 저압전로의 최대누설전류와 기술기준에 의한 최소절연저항이 값을 구하시오. 단, 1차와 2차가 전기적으로 절연되지 않은 회로이다.
(1) 최대누설전류 [mA]
(2) 최소절연저항 [MΩ]

관련문제

28. 절연내력

1 다음 (①), (②), (③), (④), (⑤) 안에 알맞은 내용을 쓰시오. (5점)

> 고압 및 특고압의 전로(회전기, 정류기, 연료전지 및 태양전지 모듈의 전로, 변압기의 전로, 기구 등의 전로 및 직류식 전기철도용 전차선을 제외한다)는 한국전기설비규정에서 정한 시험전압을 (①) 사이(다심 케이블은 심선 상호 간 및 심선과 대지 사이)에 연속하여 (②)가하여 절연내력을 시험하였을 때에 이에 견디어야 한다. 다만, 전선에 케이블을 사용하는 교류 전로로서 한국전기설비기준에서 정한 시험전압의 (③)의 직류전압을 전로와 대지 사이(다심케이블은 (④) 사이)에 연속하여 (⑤)가하여 절연내력을 시험하였을 때에 이에 견디는 것에 대하여는 그러하지 아니하다.

| 작성답안

① 전로와 대지
② 10분간
③ 2배
④ 심선 상호 간 및 심선과 대지
⑤ 10분간

강의 NOTE

■ 한국전기설비규정 132 전로의 절연저항 및 절연내력

사용전압이 저압인 전로의 절연성능은 기술기준 제52조를 충족하여야 한다. 다만, 저압 전로에서 정전이 어려운 경우 등 절연저항 측정이 곤란한 경우 저항성분의 누설전류가 1 mA 이하이면 그 전로의 절연성능은 적합한 것으로 본다.

전로의 사용전압 V	DC시험전압 V	절연저항 MΩ
SELV 및 PELV	250	0.5
FELV, 500V 이하	500	1.0
500V 초과	1,000	1.0

[주] 특별저압(extra low voltage : 2차 전압이 AC 50V, DC 120V 이하)으로 SELV(비접지회로 구성) 및 PELV(접지회로 구성)은 1차와 2차가 전기적으로 절연된 회로, FELV는 1차와 2차가 전기적으로 절연되지 않은 회로. 특별저압(ELV, Extra Low Voltage)이란 인체에 위험을 초래하지 않을 정도의 저압을 말한다. 여기서 SELV(Safety Extra Low Voltage)는 비접지회로에 해당되며, PELV (Protective Extra Low Voltage)는 접지회로에 해당된다.

2 다음은 저압전로의 절연성능에 관한 표이다. 다음 빈 칸을 완성하시오. (6점)

전로의 사용전압 V	DC시험전압 V	절연저항 MΩ
SELV 및 PELV		
FELV, 500V 이하		
500V 초과		

[주] 특별저압(extra low voltage : 2차 전압이 AC 50V, DC 120V 이하)으로 SELV(비접지회로 구성) 및 PELV(접지회로 구성)은 1차와 2차가 전기적으로 절연된 회로, FELV는 1차와 2차가 전기적으로 절연되지 않은 회로

"특별저압(ELV, Extra Low Voltage)"이란 인체에 위험을 초래하지 않을 정도의 저압을 말한다. 여기서 SELV(Safety Extra Low Voltage)는 비접지회로에 해당되며, PELV(Protective Extra Low Voltage)는 접지회로에 해당된다.

| 작성답안

전로의 사용전압 V	DC시험전압 V	절연저항 MΩ
SELV 및 PELV	250	0.5
FELV, 500V 이하	500	1.0
500V 초과	1,000	1.0

□□□ 新規

3 전로의 절연저항에 대한 다음 각 물음에 답하시오. (9점)

(1) 전로의 사용 전압의 구분에 빠른 절연저항 값은 몇 [MΩ] 이상이어야 하는지 그 값을 표에 쓰시오.

전로의 사용전압 V	DC시험전압 V	절연저항 MΩ
SELV 및 PELV	250	
FELV, 500V 이하	500	
500V 초과	1000	

(2) 물음 (1)에서 표에 기록되어 있는 SELV 및 PELV FELV가 적용되는 곳을 쓰시오.

○ _____

(3) 특별저압의 의미를 쓰시오.

○ _____

| 작성답안

(1)
전로의 사용전압 V	DC시험전압 V	절연저항 MΩ
SELV 및 PELV	250	0.5
FELV, 500V 이하	500	1.0
500V 초과	1,000	1.0

(2) ① SELV : 1차와 2차가 전기적으로 절연된 비접지회로
② PELV : 1차와 2차가 전기적으로 절연된 접지회로
③ FELV : 1차와 2차가 전기적으로 절연되지 않은 회로

(3) 인체에 위험을 초래하지 않을 정도의 저압으로 2차 전압이 AC 50V, DC 120V 이하를 말한다.

□□□ 05, 11, 15, 20

4 전로의 절연 저항에 대하여 다음 각 물음에 답하시오. (5점)

(1) 사용전압이 저압인 전로에서 정전이 어려운 경우 등 절연저항 측정이 곤란한 경우에는 누설전류는 얼마 이하로 유지하여야 하는가?

(2) 다음은 저압전로의 절연성능에 관한 표이다. 다음 빈 칸을 완성하시오.

전로의 사용전압 V	DC시험전압 V	절연저항 MΩ
SELV 및 PELV		
FELV, 500V 이하		
500V 초과		

| 작성답안

(1) 1mA

(2)

전로의 사용전압 V	DC시험전압 V	절연저항 MΩ
SELV 및 PELV	250	0.5
FELV, 500V 이하	500	1.0
500V 초과	1,000	1.0

□□□ 17

5 전기사용장소의 1차와 2차가 전기적으로 절연되지 않은 회로의 사용 전압이 500 [V] 미만인 경우, 전로의 전선 상호간 및 전로와 대지간의 절연저항은 개폐기 또는 차단기로 구분할 수 있는 전로마다 얼마 이상이어야 하는가? 절연저항 값을 쓰시오. (3점)

| 작성답안

1 [MΩ]

강의 NOTE

■ 전기설비기술기준 제52조 (저압전로의 절연성능)

전기사용 장소의 사용전압이 저압인 전로의 전선 상호간 및 전로와 대지 사이의 절연저항은 개폐기 또는 과전류차단기로 구분할 수 있는 전로마다 다음 표에서 정한 값 이상이어야 한다. 다만, 전선 상호간의 절연저항은 기계기구를 쉽게 분리가 곤란한 분기회로의 경우 기기 접속 전에 측정할 수 있다.
또한, 측정 시 영향을 주거나 손상을 받을 수 있는 SPD 또는 기타 기기 등은 측정 전에 분리시켜야 하고, 부득이하게 분리가 어려운 경우에는 시험전압을 250V DC로 낮추어 측정할 수 있지만 절연저항 값은 1MΩ 이상 이어야 한다.

□□□ 20

6 22900/380-220[V], 30[kVA] 변압기로 공급되는 저압전로의 최대누설전류와 기술기준에 의한 최소절연저항이 값을 구하시오. (단, 1차와 2차가 전기적으로 절연되지 않은 회로이다.)(5점)

(1) 최대누설전류 [mA]

   ○ _____

(2) 최소절연저항 [MΩ]

   ○ _____

| 작성답안

> (1) 계산 : $I = \dfrac{30 \times 10^3}{\sqrt{3} \times 380} \times \dfrac{1}{2000} = 0.02279[A]$
>
>   답 : 22.79[mA]
>
> (2) 사용전압이 FELV, 500V 이하이므로 1[MΩ]

□□□ 01, 04, 06, 12

7 그림은 자가용 수변전 설비 주회로의 절연 저항 측정시험에 대한 배치도이다. 다음 각 물음에 답하시오. (12점)

(1) 절연 저항 측정에서 Ⓐ기기의 명칭을 쓰고 개폐 상태를 밝히시오.

   ○ _____

(2) 기기 Ⓑ의 명칭은 무엇인가?

   ○ _____

(3) 절연 저항계의 L단자와 E단자의 접속은 어느 개소에 하여야 하는가?

   ○ _____

(4) 절연 저항계의 지시가 잘 안정되지 않을 때에는 통상 어떻게 하여야 하는가?

   ○ _____

(5) Ⓒ의 고압 케이블과 절연 저항계의 단자 L, G, E와의 접속은 어떻게 하여야 하는가?

   ○ _____

■ 케이블 절연저항

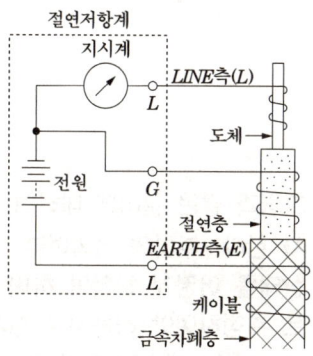

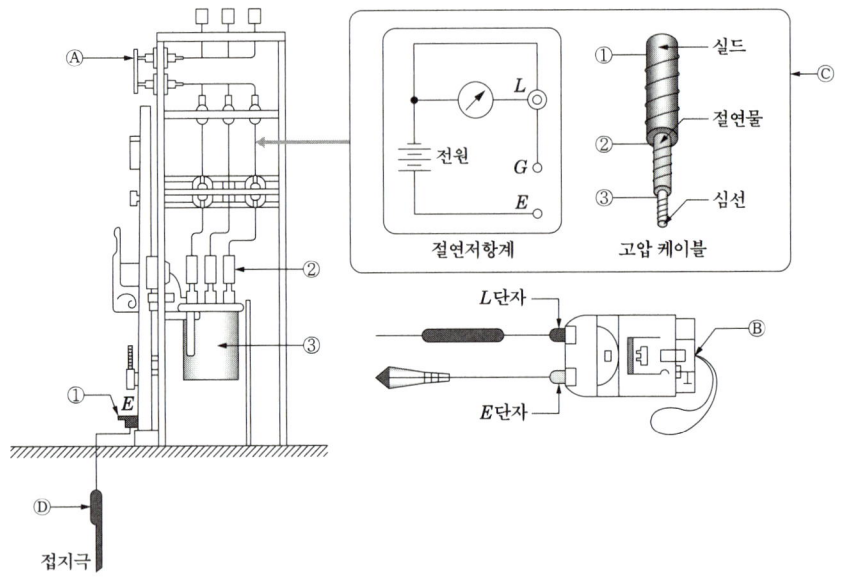

| 작성답안

(1) 단로기 : 개방 상태
(2) 절연 저항계
(3) L 단자 : 선로측, E 단자 : 접지극 ①
(4) 1분 후 다시 측정한다.
(5) L 단자 : ③, G 단자 : ②, E 단자 : ①

□□□ 99, 05

8 그림과 같은 설비에 대하여 절연저항계(메거)로 직접 선간 절연저항을 측정하고자 한다. 부하의 접속여부, 스위치의 ON, OFF 상태, 분기 개폐기의 ON, OFF 상태를 어떻게 하여야 하며 L과 E 단자는 어느 개소에 연결하여 어떤 방법으로 측정하여야 하는지를 상세히 설명하시오. (단, L, E와 연결되는 선은 도면에 알맞는 개소에 직접 연결하도록 한다.)(7점)

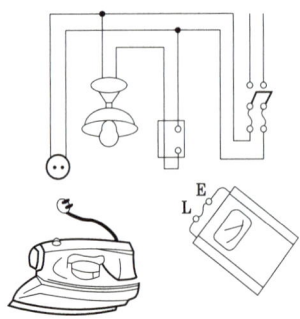

| 작성답안

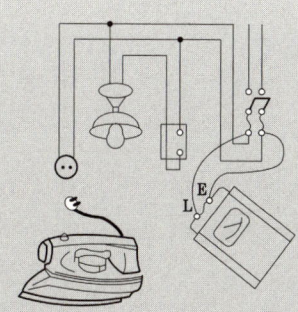

① 분기 개폐기를 OFF시킨다.
② 부하를 전로로부터 분리시킨다.
③ 스위치를 OFF시킨다.
④ 절연 저항계의 E 및 L단자를 부하 개폐기의 부하측 두 단자에 각각 연결한다.
⑤ 절연 저항계의 시험버튼을 눌러 계기의 지시값을 읽는다.

□□□ 86, 96, 01, 03, 17

9 그림은 변압기의 절연 내력을 시험하기 위한 회로도이다. 그림을 보고 다음 각 물음에 답하시오. (6점)

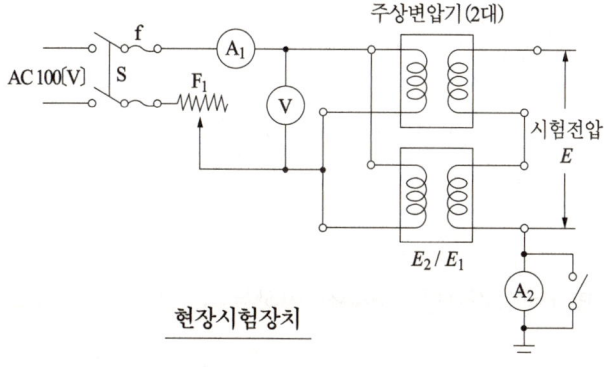

현장시험장치

(1) 시험시 A_1 전류계로 측정하는 전류는 무엇인가?

　○ _____

(2) 시험시 A_2 전류계로 측정되는 전류는 무엇인가?

　○ _____

(3) 시험시 V의 전압계로 절연 내력시험 측정전압을 6[kV]로 설정하면 최대 사용전압은 몇[V]가 되는가?

　○ _____

■ 절연내력시험

구분	종류(최대사용전압을 기준으로)	시험전압
①	최대사용전압 7 [kV] 이하인 권선 (단, 시험전압이 500 [V] 미만으로 되는 경우에는 500 [V])	최대사용전압 ×1.5배
②	7 [kV]를 넘고 25 [kV] 이하의 권선으로서 중성선 다중접지식에 접속되는 것	최대사용전압 ×0.92배
③	7 [kV]를 넘고 60 [kV] 이하의 권선 (중성선 다중접지 제외) (단, 시험전압이 10,500 [kV] 미만으로 되는 경우에는 10,500 [V])	최대사용전압 ×1.25배
④	60 [kV]를 넘는 권선으로서 중성점 비접지식 전로에 접속되는 것	최대사용전압 ×1.25배
⑤	60 [kV]를 넘는 권선으로서 중성점 접지식 전로에 접속하고 또한 성형결선의 권선의 경우에는 그 중성점에 T좌 권선과 주좌 권선의 접속점에 피뢰기를 시설하는 것 (단, 시험전압이 75 [kV] 미만으로 되는 경우에는 75 [kV])	최대사용전압 ×1.1배
⑥	60 [kV]를 넘는 권선으로서 중성점 직접 접지식 전로에 접속하는 것, 다만 170 [kV]를 초과하는 권선에는 그 중성점에 피뢰기를 시설하는 것	최대사용전압 ×0.72배
⑦	170 [kV]를 넘는 권선으로서 중성점 직접접지식 전로에 접속하고 또는 그 중성점을 직접 접지하는 것	최대사용전압 ×0.64배
(예시)	기타의 권선	최대사용전압 ×1.1배

| 작성답안

(1) 절연내력시험 전류
(2) 피시험기기의 누설 전류
(3) 계산 : 시험전압=최대사용전압×1.5이므로

최대사용전압= $\dfrac{6000}{1.5}$ = 4000[V]

답 : 4000[V]

□□□ 96, 00, 04, 11

10 그림은 최대 사용 전압 6900 [V]인 변압기의 절연 내력 시험을 위한 시험 회로도이다. 그림을 보고 다음 각 물음에 답하시오. (12점)

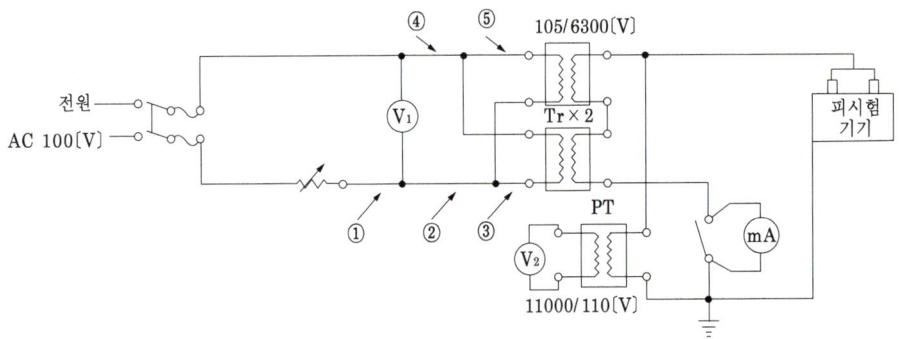

(1) 전원측 회로에 전류계 Ⓐ를 설치하고자 할 때 ①~⑤번 중 어느 곳이 적당한가?

　○ _____

(2) 시험시 전압계 Ⓥ₁로 측정되는 전압은 몇 [V]인가?(단, 소수점 이하는 반올림 할 것)

　○ _____

(3) 시험시 전압계 Ⓥ₂로 측정되는 전압은 몇 [V]인가?

　○ _____

(4) PT의 설치 목적은 무엇인가?

　○ _____

(5) 전류계 [mA]의 설치 목적은 어떤 전류를 측정하기 위함인가?

　○ _____

| 작성답안

(1) ①

(2) 계산 : 절연 내력 시험 전압 : $V = 6900 \times 1.5 = 10350 \, [V]$

전압계 : $\text{V}_1 = 10350 \times \dfrac{1}{2} \times \dfrac{105}{6300} = 86.25 \, [V]$

답 : 86 [V]

(3) 계산 : $\text{V}_2 = 6900 \times 1.5 \times \dfrac{110}{11000} = 103.5 \, [V]$

답 : 103.5 [V]

(4) 피시험기기의 절연 내력 시험 전압 측정

(5) 누설 전류의 측정

□□□ 13, 19

11 최대사용전압이 22.9[kV]인 중성점 다중접지 방식의 절연내력 시험전압은 몇 [V]이며, 이 시험전압을 몇 분간 가하여 이에 견디어야 하는가?(5점)

(1) 시험전압

　○ _____

(2) 시험시간

　○ _____

| 작성답안

(1) 계산 : 절연내력시험전압 = 최대사용전압 × 배수 = 22900 × 0.92 = 21,068 [V]

답 : 21,068 [V]

(2) 가하는 시간 : 연속하여 10분

■ 절연내력시험

최대 사용 전압	시험 전압	최저 시험 전압
7 [kV] 이하	1.5배	500 [V]
7 [kV] 초과 25 [kV] 이하 중성점 다중 접지 방식	0.92배	
7 [kV] 초과 비접지식 모든 전압	1.25배	10,500 [V]
60 [kV] 초과 중성점 접지식	1.1배	75,000 [V]
60 [kV] 초과 중성점 직접 접지식	0.72배	
170 [kV] 넘는 중성점 직접 접지식 구내에만 적용	0.64배	

PART 07

송배전 특성해석과 고장해석

KEYWORD
- 29 송전선로
- 30 배전선로
- 31 고장해석 %법과 옴법
- 32 고장해석 단위법과 대칭좌표법
- 33 고장해석 지락고장
- 34 유도장해
- 35 중성점접지

KEYWORD 29 송전선로

01 이도

1 이도의 영향

① 지지물의 높이를 좌우한다.
② 이도가 크면 전선은 그만큼 좌우로 크게 진동해서 다른 상의 전선에 접촉하거나 수목에 접촉할 우려가 있다.
③ 이도가 작으면 이에 반비례해서 전선의 장력이 증가하며 심할 경우에는 전선의 단선 우려가 있다.

2 이도의 계산

전선 지지점간 거리 S [m], 전선의 최저점에서의 수평장력을 T [kg], 전선의 중량을 w [kg/m]라 하면 이도 D [m]는 그림(a)에서 전선의 최저점 O에서 x [m] 떨어진 P점에서의 힘의 관계로 다음 식과 같이 나타낼 수 있다.

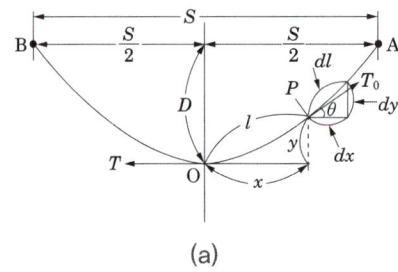
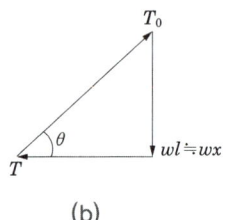

(a)　　　　　　(b)

$$\tan\theta = \frac{dy}{dx} = \frac{wl}{T} \fallingdotseq \frac{wx}{T}$$

그림 (b)에서 $dy = \frac{w}{T} x\, dx$ 이므로

$$\therefore\ y = \int_0^x dy = \int_0^x \frac{w}{T} x\, dx = \frac{wx^2}{2T}$$

여기서 $x = \frac{S}{2}$ 일 때 $y = D$ 로 나타내면

$$D = \frac{wS^2}{8T}\ [\text{m}]$$

강의 NOTE

- 기 11
- 산 14
가공전선로의 이도가 너무 크거나 너무 작을 시 전선로에 미치는 영향 4가지만 쓰시오.

- 산 12.18
그림과 같이 A, B, C에는 고저차가 없으며, 경간 AB와 BC 사이에 전선이 가설되어 있다. 지금 경간 AC의 중점인 지지점 B에서 전선이 떨어졌다고 하면 전선의 이도는 전선이 떨어지기 전 의 몇 배가 되는지 구하시오.

- 산 16.20
경간 200[m]인 가공 송전선로가 있다. 전선 1[m]당 무게는 2.0[kg]이고 풍압 하중이 없다고 한다. 인장 강도 4000[kg]의 전선을 사용할 때 딥과 전선의 실제 길이를 구하시오. 단, 안전율은 2.2로 한다.
(1) 이도
(2) 전선의 실제길이

- 산 21
38 [mm]의 경동연선을 사용해서 높이가 같고 경간이 100 [m]인 철탑에 가선하는 경우 이도는 얼마인가? (단, 이 경동연선의 인장하중은 1480[kg], 안전율은 2.20이고 전선 자체의 무게는 0.334 [kg/m], 수평풍압하중 0.608[kg/m]라고 한다.)

가 된다. 전선의 이도 D는 경간 S의 제곱과 전선 중량 w에 비례하고 전선의 수평장력 T에 반비례한다.

안전율을 고려할 경우는 허용장력을 작게 하기 위해 안전율 f 만큼 이도 D를 크게 해야 하므로 안전율 f를 고려하면 이도 D'는 다음과 같다.

$$D' = \frac{wS^2}{8\frac{T}{f}} = D \cdot f \text{ [m]}$$

02 복도체

그림과 같이 하나의 상에 연결된 도체의 수가 2 이상인 것을 복도체라 한다. 복도체를 사용하면 전선의 등가 반지름이 증가하므로 인덕턴스는 감소하고 정전용량은 증가하여 안정도를 증가시키고, 코로나 발생을 억제한다. 복도체의 간격을 일정하게 유지하기 위해서는 스페이서를 사용하며 소도체의 상호접근, 충돌을 방지하기 위해 사용된다.

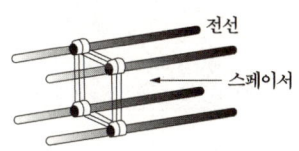
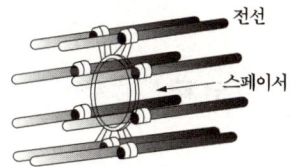

복도체의 특징은 다음과 같다.

1 선로의 인덕턴스 감소

$L_n = \dfrac{0.05}{n} + 0.4605\log_{10}\dfrac{D}{\sqrt[n]{rs^{n-1}}}$ 에서 $\sqrt[n]{rs^{n-1}}$ 이 증가하여 L_n은 감소한다.

2 선로의 정전용량 증가

$C_n = \dfrac{0.02413}{\log_{10}\dfrac{D}{\sqrt[n]{rs^{n-1}}}}$ 에서 $\sqrt[n]{rs^{n-1}}$ 이 증가하므로 C_n은 증가한다.

■ 복도체 방식
장점 (코로나 안송인)
- 코로나 임계전압 상승
- 안정도 증대
- 송전용량 증대
- 선로의 인덕턴스 감소

단점 (흡폐 : 흡연은 폐에 나쁘다)
- 단락시 대전류에 의해 소도체 사이에 흡인력이 발생하여 소도체가 상호접근 및 접촉이 될 수 있다.
- 정전용량이 커지기 때문에 페란티 효과가 발생

● 기 01.03.14
송전선로의 거리가 길어지면서 송전선로의 전압이 대단히 커지고 있다. 이에 따라 단도체 대신 복도체 또는 다도체 방식이 채용되고 있는데 복도체(또는 다도체) 방식을 단도체 방식과 비교할 때 그 장점과 단점을 쓰시오.
(1) 장점(4가지)
(2) 단점(2가지)

● 산 09
패란티 현상에 대해서 다음 각 물음에 답하시오.
(1) 패란티 현상이란 무엇인지 쓰시오.
(2) 발생원인은 무엇인지 쓰시오.
(3) 발생 억제 대책에 대하여 쓰시오.

> 강의 NOTE

3 코로나 임계전압 상승

$E_0 = 24.3 m_0 m_1 \delta d \log_{10} \dfrac{D}{r}$ 에서 d 증가하여 임계전압이 상승한다.

4 선로의 송전용량 증가

$P = \dfrac{V_s V_r}{X} \sin\delta$ 에서 X가 감소하므로 P는 증가한다.

5 안정도 증대

$P = \dfrac{E_G E_M}{X} \sin\theta$ 에서 X가 감소하므로 θ가 감소하여 안정도 증대한다.

6 단락사고시 각 소도체에 같은 방향의 대전류가 흘러 소도체 상호간에 흡인력 발생

03 코로나

공기는 보통 절연물이라고 취급하고 있지만 실제에서는 그 절연내력에 한계가 있다. 즉, 기온 기압의 표준상태(20 [℃] 760 [mmHg])에 있어서는 직류에서 약 30 [kV/cm], 교류에서 약 21 [kV/cm]-실효값의 전위경도를 가하면 절연이 파괴되는데 이것을 파열극한 전위경도라 한다. 예를 들어 평면 전극간에 전압을 인가할 경우에는 평면전극이기 때문에 양극간의 전위경도가 균일하므로 인가전압이 상기의 한도를 초과하면 그 공간 내의 절연성이 상실되어 불꽃방전이 발생한다. 송전선로의 전선표면의 근방에서처럼 전극간의 일부분에서만 전위의 경도가 위의 한계값을 넘을 때에는 그 부분에서만의 공기의 절연이 파괴되어 전체로서는 섬락에까지 이르지 않는다. 코로나가 발생하는 전압의 한계값은 다음과 같다.

$E_0 = 24.3 m_0 m_1 \delta d \log_{10} \dfrac{2D}{d}$ [kV]

여기서 m_0 : 전선표면의 상태계수, m_1 : 기후 계수, δ : 상대 공기밀도

상대 공기밀도는 표준 대기상태에서 벗어난 정도를 나타내며, 다음과 같이 정의한다.

$$\delta = \frac{0.386\,b}{273+t}$$

단, t : 기온 [℃], b : 기압 [mmHg]

구분	임계전압이 받는 영향
전선의 굵기	전선이 굵을수록 코로나의 임계전압이 커져 코로나의 발생은 억제된다.
선간거리	선간거리가 커지면 코로나의 임계전압이 커져 코로나의 발생은 억제된다.
표고 [m]	표고가 높아짐에 따라 기압이 감소하게 되어 코로나 발생이 쉬워진다.
기온 [℃]	온도가 높아지면 상대공기 밀도가 낮아져 코로나 발생이 쉬워진다.

강의 NOTE

- 기 08.09.15
전선이 정삼각형의 정점에 배치된 3상 선로에서 전선의 굵기, 선간거리, 표고, 기온에 의하여 코로나 파괴 임계전압이 받는 영향을 쓰시오.

- 기 99.08
- 기(유) 09.18
전선로 부근이나 애자부근(애자와 전선의 접속 부근)에 임계전압 이상이 가해지면 전선로나 애자 부근에 발생하는 코로나 현상에 대하여 다음 각 물음에 답하시오.
(1) 코로나 현상이란?
(2) 코로나 현상이 미치는 영향에 대하여 4가지만 쓰시오.
(3) 코로나 방지 대책 중 2가지만 쓰시오.

■ 송전선 코로나 영향과 대책
(코로나 고 잡음 전부)
- 고조파 전압, 전류의 발생한다.
- 코로나 방전에 의하여, 코로나 펄스가 발생하고 코로나 잡음으로써 전파 장해를 일으킨다.
- Peek의 식으로 계산할 수 있는 전력 손실을 발생한다.
- 오존 및 산화 질소가 발생하여, 수분과 합해서 초산(HNO_3)이 되면, 전선이나 바인드선을 부식한다.

1 코로나의 영향

① 전력 손실 : Peek의 식으로 계산할 수 있는 전력 손실을 발생한다.
② 코로나 잡음 : 코로나 방전에 의하여, 코로나 펄스가 발생하고 코로나 잡음으로써 전파 장해를 일으킨다.
③ 고조파 전압, 전류의 발생 : 전압 파형이 코로나 방전에 의해서 잘려짐으로써, 푸리에 급수로 전개하면 고조파를 포함하게 된다. 제3고조파는 유도장해의 원인이 되고, 비접지 계통에서는 파형을 일그러지게 한다.
④ 소호 리액터에 대한 영향 : 코로나가 발생하면, 전선의 겉보기 굵기가 증가하므로 대지 정전 용량이 증대하고, 계통은 부족 보상이 된다. 또, 코로나 손실의 유효분 전류나 제3고조파 전류는 잔류 전류가 되어 소호 작용를 방해한다.
⑤ 전력선 반송 장치에의 영향 : 보안, 업무용 전화, 보호 계전 방식, 원격 측정 제어 등에 전력선 반송파를 사용하는데, 코로나에 의한 고조파가 여기에 영향을 미친다.
⑥ 전선의 부식 : 오존 및 산화질소가 발생하여, 수분과 합해서 초산(HNO_3)이 되면, 전선이나 바인드선을 부식한다.
⑦ 진행파의 파고값 감쇠 : 진행파(surge)는 전압이 높기 때문에, 항상 코로나를 발생시키면서 진행한다. 이러한 서지의 감쇠 효과는 대부분 코로나 방전에 의한 것이다.

강의 NOTE

2 코로나의 방지대책

① 전선의 지름을 크게 한다.
② 복도체를 사용한다.
③ 가선 금구를 개량한다.

04 전압강하

1 전압강하

$$V_s ≒ V_r + \sqrt{3}\,I(R\cos\theta_r + X\sin\theta_r)$$

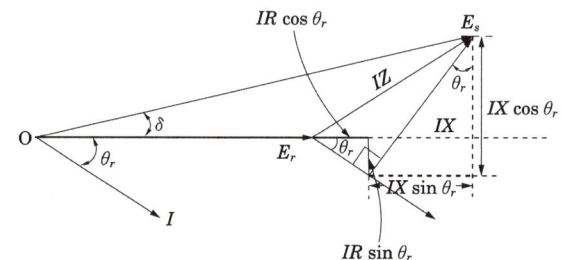

• 기 11
3상 3선식 송전선로가 있다. 수전단 전압이 60[kV], 역률 80[%], 전력손실률이 10[%]이고 저항은 0.3[Ω/km], 리액턴스는 0.4[Ω/km], 전선의 길이는 20[km]일 때 이 송전선로의 송전단 전압은 몇 [kV]인가?

• 산 09.19
3상 3선식 배전선로의 1선당 저항이 3[Ω], 리액턴스가 2[Ω]이고 수전단 전압이 6000[V], 수전단에 용량 480[kW] 역률0.8(지상)의 3상 평형부하가 접속되어 있을 경우에 송전단전압, 송전단 전력 및 송전단 역률을 구하시오.
(1) 송전단 전압
(2) 송전단 전력
(3) 송전단 역률

2 전압변동률

전압변동률은 수전전압에 대한 전압변동의 비를 백분율로 나타낸 것을 말한다.

$$\delta = \frac{V_{r_0} - V_r}{V_r} \times 100\ [\%]$$

여기서,
V_{r_0} : 무부하 상태에서의 수전단 전압
V_r : 정격부하 상태에서의 수전단 전압
e : 전압강하
ϵ : 전압강하율
δ : 전압변동률

• 산 94.96.07.11.12.14.17
3상 4선식 송전선에서 한 선의 저항이 10Ω, 리액턴스가 20Ω이고, 송전단 전압이 6600V, 수전단 전압은 6100V이었다. 수전단의 부하를 끊은 경우 수전단 전압이 6300V라 할 때 이 송전선로의 수전 가능한 전력[kW]를 구하시오. (단, 부하의 역률은 0.80이다.)

3 전압강하율

$$\epsilon = \frac{e}{V_r} \times 100 = \frac{V_s - V_r}{V_r} \times 100 = \frac{\sqrt{3}\,I(R\cos\theta_r + X\sin\theta_r)}{V_r} \times 100\ [\%]$$

4 전력손실

1선의 저항을 R이라 할 때 선로손실 P_l은 다음과 같이 나타낸다.

$P_l = 3I^2R$ [W]

위 식에 $P = \sqrt{3}\,VI\cos\theta$ 에서 $I = \dfrac{P \times 10^3}{\sqrt{3}\,V\cos\theta}$ 를 대입한다.

$P_l = 3I^2R = \dfrac{P^2R}{V^2\cos^2\theta} \times 10^6$ [W] $= \dfrac{P^2R}{V^2\cos^2\theta} \times 10^3$ [kW]

여기서, 전력손실은 역률의 제곱에 반비례함을 알 수 있다.

05 송전특성

1 단거리 송전선로 및 배전선로의 특성

① 전압강하 $e = \dfrac{P}{V}(R + X\tan\theta)$ [V]

② 전압강하율 $\epsilon = \dfrac{e}{V} \times 100 = \dfrac{P}{V^2}(R + X\tan\theta) \times 100$ [%]

③ 전력손실 $P_L = \dfrac{P^2R}{V^2\cos^2\theta}$ [kW]

④ 전력손실률 $k = \dfrac{P_L}{P} \times 100 = \dfrac{PR}{V^2\cos^2\theta} \times 100$ [%]

2 장거리 송전선로

① 특성 임피던스 $Z_0 = \sqrt{\dfrac{Z}{Y}} = \sqrt{\dfrac{(r+j\omega L)}{(g+j\omega C)}} = \sqrt{\dfrac{L}{C}}$ [Ω]

여기서,
Z : 선로의 직렬 임피던스
Y : 선로의 병렬 어드미턴스

$Z_0 = \sqrt{\dfrac{L}{C}} = 138\log_{10}\dfrac{D}{r}$ [Ω] 이므로

∴ $L = 0.4605\log_{10}\dfrac{D}{r}$ [mH/km]

∴ $C = \dfrac{0.02413}{\log_{10}\dfrac{D}{r}}$ [μF/km]

강의 NOTE

- 산 89.93.95.99.02.06.07.13.17.18.20
송전선로 전압을 154[kV]에서 345[kV]로 승압할 경우 송전선로에 나타나는 효과에 대하여 다음 물음에 답하시오.
(1) 전력손실이 동일한 경우 공급능력의 증대는 몇 배인지 구하시오.
(2) 전력손실의 감소는 몇 [%]인지 구하시오.
(3) 전압강하율의 감소는 몇 [%]인지 구하시오.

- 기 94.96.07.11.12.14.17
- 산(유) 14
송전단 전압 66[kV], 수전단 전압 61[kV]인 송전선로에서 수전단의 부하를 끊은 경우의 수전단 전압이 63[kV]라 할 때 다음 각 물음에 답하시오.
(1) 전압강하율을 계산하시오.
(2) 전압변동률을 계산하시오.

- 기 08.09
- 산(유) 10.21
3상 3선식 송전선에서 수전단의 선간전압이 30[kV], 부하 역률이 0.8인 경우 전압 강하율이 10[%]라 하면 이 송전선은 몇 [kW]까지 수전할 수 있는가?(단, 전선1선의 저항은 15[Ω], 리액턴스는 20[Ω]이라 하고, 기타의 선로 정수는 무시하는 것으로 한다.)

- 기 21
특성 임피던스가 =600[Ω]이고 거리가 L[km]인 장거리 송전선로의
전파속도 = 300,000[km/sec]이며, 주파수는 60[Hz]이다. 다음 물음에 답하시오.
(1) 1 [km]당 인덕턴스L[H/km]와 정전 용량 C[F/km]을 구하시오.
(2) 파장을 구하시오.
(3) 수전단에 이 선로의 특성임피던스와 같은 임피던스를 부하로 접속하였을 경우 송전단에서 부하측을 본 임피던스는?

강의 NOTE

② 전파 정수 γ

전파 정수 $\dot{\gamma} = \sqrt{\dot{z}\dot{y}} = \sqrt{(r+jx)(g+jb)}$ [rad/km]

여기서,
 r : 저항
 ω : 각속도
 L : 작용 인덕턴스
 C : 작용 정전용량

③ 전파속도

전파속도 : $v = \dfrac{\omega}{\beta} = \dfrac{\omega}{\omega\sqrt{LC}} = \dfrac{1}{\sqrt{LC}}$ [m/sec]

파장 : $\lambda = \dfrac{v}{f}$ [m]

06 스틸의 식

Still의 식 $V_S = 5.5\sqrt{0.6l + \dfrac{P}{100}}$ [kV]

단, l : 송전거리 [km], P : 송전전력 [kW]

- 기 99.16.20
- 산(유) 99.20.22

우리나라 초고압 송전전압은 345 [kV]이다. 선로 길이가 200 [km]인 경우 1회선당 가능한 송전 전력은 몇 [kW]인지 Still의 식에 의거하여 구하시오.

관련문제   29. 송전선로

□□□ 09

1 연가의 주목적은 선로정수의 평형이다. 연가의 효과를 2가지만 쓰시오. (6점)

○ _____

| 작성답안

- 통신선에 대한 유도장해 경감
- 소호리액터 접지시 직렬공진에 의한 이상전압 상승 방지

그 외
- 각 상의 전압강하를 동일하게 한다.

■ 연가

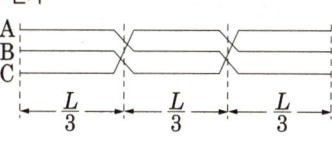

□□□ 96

2 3상 송전선의 전선 배치는 대부분 비대칭이므로 각 전선의 선로 정수는 불평형이 되어 중성점의 전위가 영전위가 되지 않고 어떤 잔류 전압이 생긴다. 이것을 방지하기 위하여 전선로를 연가시키는데 그림과 같은 전선로를 연가시킨 그림을 그리도록 하시오. (4점)

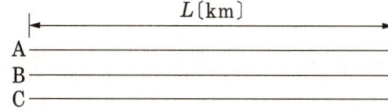

| 작성답안

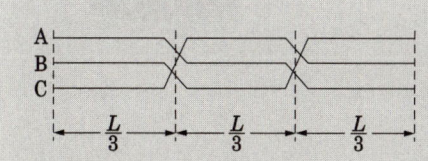

☐☐☐ 99, 20, 22

3. 송전거리가 40[km], 송전전력 10000[kW]일 경우 송전전압을 Still의 식에 의거하여 구하시오. (5점)

○ _____

| 작성답안

계산 : 사용 전압[kV] $= 5.5\sqrt{0.6 \times \text{송전 거리[km]} + \frac{\text{송전 전력[kW]}}{100}}$

$V_s = 5.5\sqrt{0.6 \times 40 + \frac{10000}{100}} = 61.25$ [kV]

답 : 61.25[kV]

☐☐☐ 09

4. 패란티 현상에 대해서 다음 각 물음에 답하시오. (6점)

(1) 패란티 현상이란 무엇인지 쓰시오.

○ _____

(2) 발생원인은 무엇인지 쓰시오.

○ _____

(3) 발생 억제 대책에 대하여 쓰시오.

○ _____

| 작성답안

(1) 수전단 전압이 송전단 전압보다 높아지는 현상을 말한다.
(2) 장거리 송전선로의 무부하 충전전류
(3) 분로리액터를 설치

■ 분로 리액터(Shunt Reactors)
리액터는 송전선로 커패시턴스로 인한 무효전력을 보상해주어 전력망의 효율을 개선하고 안정성을 높이며, 페란티현상을 억제한다. 초고압 송전선 또는 지중 케이블의 충전용량을 보상하여 전압을 적정하게 유지하여야 하므로 변전소 모선에 부하와 병렬로 접속한다.

□□□ 94, 96, 07, 11, 12, 14, 17

5 3상 4선식 송전선에서 한 선의 저항이 10[Ω], 리액턴스가 20[Ω]이고, 송전단 전압이 6600[V], 수전단 전압은 6100[V]이었다. 수전단의 부하를 끊은 경우 수전단 전압이 6300[V]라 할 때 이 송전선로의 수전 가능한 전력[kW]를 구하시오. (단, 부하의 역률은 0.8이다.)(6점)

| 작성답안

계산 : $e = \dfrac{P}{V_r}(R + X\tan\theta)$ 에서 $e = V_s - V_r = 6600 - 6100 = 500[V]$

$$P = \dfrac{500 \times 6100}{10 + 20 \times \dfrac{0.6}{0.8}} \times 10^{-3} = 122[kW]$$

답 : 122[kW]

강의 NOTE

■ 전압강하

① 전압강하 $e = \dfrac{P}{V}(R + X\tan\theta)$ [V]

② 전압강하율

$$\epsilon = \dfrac{e}{V} \times 100$$
$$= \dfrac{P}{V^2}(R + X\tan\theta) \times 100 \, [\%]$$

③ 전력손실 $P_L = \dfrac{P^2 R}{V^2 \cos^2\theta}$ [kW]

④ 전력손실률

$$k = \dfrac{P_L}{P} \times 100 = \dfrac{PR}{V^2 \cos^2\theta} \times 100 \, [\%]$$

□□□ 10, 21

6 3상 3선식 송전선에서 한 선의 저항이 2.5[Ω], 리액턴스가 5[Ω]이고, 수전단의 선간 전압은 3[kV], 부하역률이 0.8인 경우, 전압 강하율을 10[%]라 하면 이 송전 선로는 몇 [kW]까지 수전할 수 있는가?(5점)

| 작성답안

계산 : 전압강하율 $\delta = \dfrac{P}{V_r^2}(R + X\tan\theta) \times 100[\%]$

$$\therefore P = \dfrac{\delta V_r^2}{R + X\tan\theta} \times 10^{-3}[kW]$$

$$\therefore P = \dfrac{0.1 \times (3 \times 10^3)^2}{2.5 + 5 \times \dfrac{0.6}{0.8}} \times 10^{-3} = 144 \ [kW]$$

답 : 144[kW]

□□□ 14

7 수전단 상전압 22000[V], 전류 400[A], 선로의 저항 $R=3[\Omega]$, 리액턴스 $X=5[\Omega]$일 때 전압강하율은 몇[%]인가? (단, 수전단 역률은 0.8 이다.)(5점)

○ _____

| 작성답안

계산 : 전압강하율 $\delta = \dfrac{I(R\cos\theta + X\sin\theta)}{E_r} \times 100$

$= \dfrac{400 \times (3 \times 0.8 + 5 \times 0.6)}{22000} \times 100 = 9.82[\%]$

답 : 9.82[%]

□□□ 09, 19

8 3상 3선식 배전선로의 1선당 저항이 3[Ω], 리액턴스가 2[Ω]이고 수전단 전압이 6000[V], 수전단에 용량 480[kW] 역률0.8(지상)의 3상 평형 부하가 접속되어 있을 경우에 송전단 전압 V_s, 송전단 전력 P_s 및 송전단 역률 $\cos\theta_s$를 구하시오. (6점)

(1) 송전단 전압

○ _____

(2) 송전단 전력

○ _____

(3) 송전단 역률

○ _____

| 작성답안

(1) 계산 : $V_s = V_r + \sqrt{3}\,I(R\cos\theta + X\sin\theta) = V_r + \dfrac{P_r}{V_r}(R + X\tan\theta)$

$= 6000 + \dfrac{480 \times 10^3}{6000} \times \left(3 + 2 \times \dfrac{0.6}{0.8}\right) = 6360[V]$

답 : 6360[V]

강의 NOTE

■ 전압변동률과 전압강하율

① 전압변동률

전압변동률은 수전전압에 대한 전압변동의 비를 백분율로 나타낸 것을 말한다.

$\delta = \dfrac{V_{r_0} - V_r}{V_r} \times 100\ [\%]$

여기서,

V_{r_0} : 무부하 상태에서의 수전단 전압

V_r : 정격부하 상태에서의 수전단 전압

② 전압강하율

$\epsilon = \dfrac{e}{V_r} \times 100 = \dfrac{V_s - V_r}{V_r} \times 100$

$= \dfrac{\sqrt{3}\,I(R\cos\theta_r + X\sin\theta_r)}{V_r} \times 100$

[%]

여기서,

V_s : 송전단 전압

V_r : 정격부하 상태에서의 수전단 전압

■ 전압강하

① 전압강하

$e = \dfrac{P}{V}(R + X\tan\theta)\ [V]$

② 전압강하율

$\epsilon = \dfrac{e}{V} \times 100$

$= \dfrac{P}{V^2}(R + X\tan\theta) \times 100\ [\%]$

③ 전력손실 $P_L = \dfrac{P^2 R}{V^2 \cos^2\theta}$ [kW]

④ 전력손실률

$k = \dfrac{P_L}{P} \times 100 = \dfrac{PR}{V^2 \cos^2\theta} \times 100\ [\%]$

| 작성답안

(2) 계산 : $I = \dfrac{P_r}{\sqrt{3}\, V_r \cos\theta_r} = \dfrac{480000}{\sqrt{3} \times 6000 \times 0.8} = 57.74\,[A]$

$P_s = P_r + 3I^2 R = 480 + 3 \times 57.74^2 \times 3 \times 10^{-3} = 510\,[kW]$

답 : 510[kW]

(3) 계산 : $\cos\theta_s = \dfrac{P_s}{P_a} = \dfrac{P_s}{\sqrt{3}\, V_s I}$ 에서

$\cos\theta_s = \dfrac{510 \times 10^3}{\sqrt{3} \times 6360 \times 57.74} = 0.8018 = 80.18\,[\%]$

답 : 80.18 [%]

□□□ 94, 96, 07, 11, 12, 14, 17

9 3상 4선식 송전선에서 한 선의 저항이 10 [Ω], 리액턴스가 20 [Ω]이고, 송전단 전압이 6600 [V], 수전단 전압이 6100 [V]이었다. 수전단의 부하를 끊은 경우 수전단 전압이 6300 [V], 부하 역률이 0.8일 때 다음 물음에 답하시오. (6점)

(1) 전압 강하율을 구하시오.

(2) 전압 변동률을 구하시오.

(3) 최대로 송전할 수 있는 전력은 몇 [kW]인가?

| 작성답안

(1) 전압 강하율 : $\epsilon = \dfrac{V_s - V_r}{V_r} \times 100 = \dfrac{6600 - 6100}{6100} \times 100 = 8.2\,[\%]$

답 : 8.2 [%]

(2) 전압 변동률 : $\epsilon = \dfrac{V_{r0} - V_r}{V_r} \times 100 = \dfrac{6300 - 6100}{6100} \times 100 = 3.28\,[\%]$

답 : 3.28 [%]

(3) 전압강하 $e = V_s - V_r = 6600 - 6100 = 500\,[V]$

$e = \dfrac{P(R + X\tan\theta)}{V_r}$ 에서 $P = \dfrac{e\, V_r}{R + X\tan\theta} = \dfrac{500 \times 6100}{10 + 20 \times \dfrac{0.6}{0.8}} \times 10^{-3} = 122\,[kW]$

답 : 122 [kW]

□□□ 89, 93, 95, 99, 02, 06, 07, 13, 17, 18, 20

10 송전선로 전압을 154[kV]에서 345[kV]로 승압할 경우 송전선로에 나타나는 효과에 대하여 다음 물음에 답하시오. (6점)

(1) 전력손실이 동일한 경우 공급능력의 증대는 몇 배인지 구하시오.

○ _____

(2) 전력손실의 감소는 몇 [%]인지 구하시오.

○ _____

(3) 전압강하율의 감소는 몇 [%]인지 구하시오.

○ _____

강의 NOTE

(1) 전력손실이 동일하므로 전력손실 $P_L = 3I^2R$에서 전류 I는 일정하다.
∴ 공급능력은 $P = \sqrt{3}\,VI\cos\theta$에서 $P \propto V$가 된다.

(2) 전력손실 $P_L = \dfrac{P^2 R}{V^2 \cos^2\theta}$에서

$P_L \propto \dfrac{1}{V^2}$가 된다.

(3) 전압강하율

$\epsilon = \dfrac{e}{V} \times 100 = \dfrac{P}{V^2}(R + X\tan\theta)$

에서

$\epsilon \propto \dfrac{1}{V^2}$가 된다.

| 작성답안

(1) 공급능력

계산 : $P \propto V$ 이므로 $\dfrac{P_2}{P_1} = \dfrac{V_2}{V_1} = \dfrac{345}{154} = 2.24$

답 : 2.24배

(2) 전력손실

계산 : $P_L \propto \dfrac{1}{V^2}$ 이므로 $\dfrac{P_{L2}}{P_{L1}} = \left(\dfrac{V_1}{V_2}\right)^2 = \left(\dfrac{154}{345}\right)^2 = 0.1993$

전력손실 감소분 = 1−0.1993 = 0.8007 = 80.07[%]

답 : 80.07[%]

(3) 전압강하율

계산 : $\epsilon \propto \dfrac{1}{V^2}$ 이므로 $\dfrac{\epsilon_2}{\epsilon_1} = \left(\dfrac{V_1}{V_2}\right)^2 = \left(\dfrac{154}{345}\right)^2 = 0.1993$

$\epsilon_2 = \left(\dfrac{154}{345}\right)^2 \epsilon_1 = 0.1993\epsilon_1$

전압강하율 감소분 = 1−0.1993 = 0.8007 = 80.07[%]

답 : 80.07[%]

□□□ 89, 93, 95, 99, 02, 06, 07, 13, 17, 18, 20

11 가정용 110 [V] 전압을 220 [V]로 승압할 경우 전력손실의 감소는 몇 [%]인가? (6점)

| 작성답안

계산 : $P_L \propto \dfrac{1}{V^2}$ 이므로 $P_L' = \left(\dfrac{110}{220}\right)^2 P_L = 0.25 P_L$

∴ 감소는 $1 - 0.25 = 0.75$

답 : 75 [%]

강의 NOTE

■ (1) 전력손실이 동일하므로 전력손실 $P_L = 3I^2R$에서 전류 I 는 일정하다.
∴ 공급능력은 $P = \sqrt{3}\, VI\cos\theta$ 에서 $P \propto V$ 가 된다.

(2) 전력손실 $P_L = \dfrac{P^2 R}{V^2 \cos^2\theta}$ 에서 $P_L \propto \dfrac{1}{V^2}$ 가 된다.

(3) 전압강하율
$\epsilon = \dfrac{e}{V} \times 100 = \dfrac{P}{V^2}(R + X\tan\theta)$
에서
$\epsilon \propto \dfrac{1}{V^2}$ 가 된다.

□□□ 89, 04, 19

12 선로의 길이가 30 [km]인 3상 3선식 2회선 송전 선로가 있다. 수전단에 30 [kV], 6,000 [kW], 역률 0.8의 3상 부하에 공급할 경우 송전 손실을 10 [%] 이하로 하기 위해서는 전선의 굵기를 얼마로 하여야 하는가? (단, 사용 전선의 고유 저항은 1/55 [Ω/mm²·m]이고 전선의 굵기는 2.5, 4, 6, 10, 16, 25, 35, 70, 90 [mm²]이다.) (6점)

| 작성답안

계산 : 1선당 부하 전류

$I = \dfrac{6,000}{\sqrt{3} \times 30 \times 0.8} \times \dfrac{1}{2} = 72.17$ [A]

송전 손실을 10 [%] 이하로 하기 위한 전선의 굵기

$P_l = 0.1 \times 6,000 \times \dfrac{1}{2} = 300$ [kW]

$P_l = 3I^2 R = 3I^2 \times \dfrac{1}{55} \times \dfrac{l}{A}$ 에서

$A = \dfrac{3 \times I^2 \times l}{55 \times P_l} = \dfrac{3 \times 72.17^2 \times 30,000}{55 \times 300 \times 1,000} = 28.41$ [mm²]

∴ 35 [mm²] 선정

답 : 35 [mm²]

■ 전선의 굵기와 전압강하
① KSC IEC 전선규격
1.5, 2.5, 4, 6, 10, 16, 25, 35, 50, 70, 95, 120, 150, 185, 240, 300, 400, 500, 630 [mm²]
② 전압강하

- 단상 2선식: $e = \dfrac{35.6 LI}{1,000 A}$ ⋯ ①

- 3상 3선식: $e = \dfrac{30.8 LI}{1,000 A}$ ⋯ ②

- 3상 4선식: $e_1 = \dfrac{17.8 LI}{1,000 A}$ ⋯ ③

여기서, L : 거리,
 I : 정격전류,
 A : 케이블의 굵기 이며 ③의 식은 1선과 중성선간의 전압강하를 말한다.

□□□ 21

13 38 [mm²]의 경동연선을 사용해서 높이가 같고 경간이 100 [m]인 철탑에 가선하는 경우 이도는 얼마인가? (단, 이 경동연선의 인장하중은 1480 [kg], 안전율은 2.2이고 전선 자체의 무게는 0.334 [kg/m], 수평풍압하중 0.608[kg/m]라고 한다.)(5점)

| 작성답안

이도 $D = \dfrac{\sqrt{0.334^2 + 0.608^2} \times 100^2}{8 \times \dfrac{1480}{2.2}} = 1.29 [m]$

답 : 1.29[m]

■ 이도
이도의 영향
① 지지물의 높이를 좌우한다.
② 이도가 크면 전선은 그만큼 좌우로 크게 진동해서 다른 상의 전선에 접촉하거나 수목에 접촉할 우려가 있다.
③ 이도가 작으면 이에 반비례해서 전선의 장력이 증가하며 심할 경우에는 전선의 단선 우려가 있다.

이도의 계산 : $D = \dfrac{wS^2}{8T} [m]$

전선의 길이 : $L = S + \dfrac{8D^2}{3S}$

□□□ 16, 20

14 경간 200 [m]인 가공 송전선로가 있다. 전선 1 [m]당 무게는 2.0 [kg]이고 풍압하중이 없다고 한다. 인장 강도 4000 [kg]의 전선을 사용할 때 딥과 전선의 실제 길이를 구하시오. (단, 안전율은 2.2로 한다.)(6점)

(1) 이도

(2) 전선의 실제 길이

| 작성답안

(1) 이도
계산 : $D = \dfrac{WS^2}{8T} = \dfrac{2.0 \times 200^2}{8 \times 4000/2.2} = 5.5 [m]$
답 : 5.5 [m]

(2) 전선의 실제 길이
계산 : $L = S + \dfrac{8D^2}{3S} = 200 + \dfrac{8 \times 5.5^2}{3 \times 200} = 200.4 [m]$
답 : 200.4 [m]

■ 이도의 영향
① 지지물의 높이를 좌우한다.
② 이도가 크면 전선은 그만큼 좌우로 크게 진동해서 다른 상의 전선에 접촉하거나 수목에 접촉할 우려가 있다.
③ 이도가 작으면 이에 반비례해서 전선의 장력이 증가하며 심할 경우에는 전선의 단선 우려가 있다.

이도의 계산 : $D = \dfrac{wS^2}{8T} [m]$

전선의 길이 : $L = S + \dfrac{8D^2}{3S}$

□□□ 12, 18

15 그림과 같이 A, B, C에는 고저차가 없으며, 경간 AB와 BC 사이에 전선이 가설되어 있다. 지금 경간 AC의 중점인 지지점 B에서 전선이 떨어졌다고 하면 전선의 이도 D_2는 전선이 떨어지기 전 D_1의 몇 배가 되는지 구하시오. (5점)

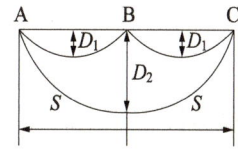

강의 NOTE

■ 이도

이도의 영향
① 지지물의 높이를 좌우한다.
② 이도가 크면 전선은 그만큼 좌우로 크게 진동해서 다른 상의 전선에 접촉하거나 수목에 접촉할 우려가 있다.
③ 이도가 작으면 이에 반비례해서 전선의 장력이 증가하며 심할 경우에는 전선의 단선 우려가 있다.

이도의 계산 : $D = \dfrac{wS^2}{8T}$ [m]

전선의 길이 : $L = S + \dfrac{8D^2}{3S}$

| 작성답안

계산 : 전선이 떨어지기 전과 떨어진 후 길이가 변함없으므로

$$L = \left(S + \dfrac{8D_1^2}{3S}\right) \times 2 = 2S + \dfrac{8D_2^2}{3 \times 2S}$$

$$2S + \dfrac{2 \times 8D_1^2}{3S} = 2S + \dfrac{8D_2^2}{3 \times 2S}$$

$$2D_1^2 = \dfrac{D_2^2}{2}$$

$$\therefore D_2 = 2D_1$$

답 : 2배

□□□ 14

16 이도가 작거나 클 때의 영향을 3가지 쓰시오. (4점)

| 작성답안

① 지지물의 높이를 좌우한다.
② 이도가 크면 전선은 그만큼 좌우로 크게 진동해서 다른 상의 전선에 접촉하거나 수목에 접촉할 우려가 있다.
③ 이도가 작으면 이에 반비례해서 전선의 장력이 증가하며 심할 경우에는 전선의 단선 우려가 있다.

■ 이도

이도의 계산 : $D = \dfrac{wS^2}{8T}$ [m]

전선의 길이 : $L = S + \dfrac{8D^2}{3S}$

KEYWORD 30 배전선로

강의 NOTE

- 기 88.91.96.01.03.21
- 기(유) 90.14.17
- 기(유) 08.09.11.12.14.15
- 기(유) 14
- 기/산(유) 89.02.05.07.08.11
- 기(유) 97.03.18
- 기(유) 08.19.21.22
- 기(유) 84.87.89.98.02.06.07.21
- 산(유) 09.19.19
- 산(유) 88.91.96.01.03.16.21
- 산(유) 06.09.20
- 산(유) 08.17

수전단 전압이 3000[V]인 3상 3선식 배전 선로의 수전단에 역률 0.8(지상) 되는 520[kW]의 부하가 접속되어 있다. 이 부하에 동일 역률의 부하 80[kW]를 추가하여 600 [kW]로 증가시키되 부하와 병렬로 전력용 콘덴서를 설치하여 수전단 전압 및 선로 전류를 일정하게 불변으로 유지하고자 할 때, 다음 각 물음에 답하시오. (단, 전선의 1선당 저항 및 리액턴스는 각각 1.78[Ω] 및 1.17[Ω]이다.)
(1) 이 경우에 필요한 전력용 콘덴서 용량은 몇 [kVA]인가?
(2) 부하 증가 전의 송전단 전압은 몇 [V]인가?
(3) 부하 증가 후의 송전단 전압은 몇 [V]인가?

- 기 08.21

다음 고압 배전선의 구성과 관련된 미완성 환상(루프식)식 배전간선의 단선도를 완성하시오.

01 가지식과 루프식

1 가지식

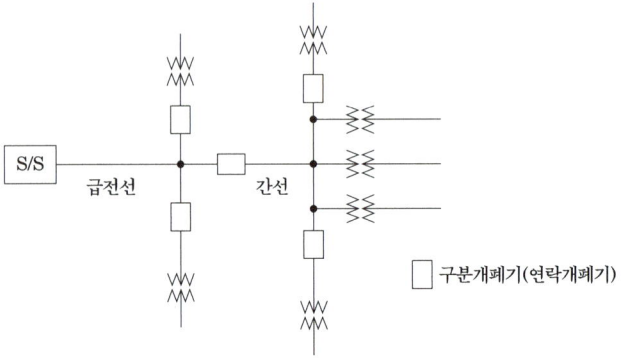

2 루프식

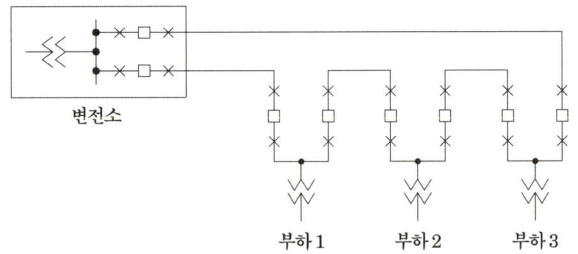

02 배전선 전압조정 방법

1 배전용 변전소의 변압기 탭 제어를 통한 송출전압 조정

일반적으로 배전용 변전소의 주변압기는 복수의 고압 배전선에 일괄하여 전력을 공급하고 있으므로, 배전선의 부하 상황에 따라 변압기의 탭을 제어하여 송출함으로써 전압을 일괄적으로 조정하고 있다.

■ 배전선 전압조정
(선유도 주병직 고자)
- <u>선</u>로전압강하보상기
- <u>유</u>도전압조정기
- <u>주</u>변압기의 탭조정(부하시 탭절환변압기)
- <u>병</u>렬콘덴서
- <u>직</u>렬콘덴서
- <u>고</u>정승압기 (또는 승압기)
- <u>자</u>동전압조정기

① 선로전압강하 보상기방식(LDC방식 : Line voltage Drop Compensator)

배전용 변전소의 변압기를 통과하는 전류의 크기에 따라 송출하는 전압을 자동적으로 제어하는 방식을 말한다. 즉 변압기에 흐르는 전류가 큰 경우는 배전선의 전압강하가 큰 것으로 보고 이를 보상하여 송출 전압을 증가시킨다.

② 타임스케줄 방식(프로그램 컨트롤러 방식)

배전선 전체의 1일 패턴을 기반으로 하여 시각별로 미리 송출 전압을 프로그래밍 하여 이를 기준으로 자동적으로 탭을 조정하여 송출 전압을 제어하는 방식을 말한다.

> • 기 05.17
> 배전선 전압을 조정하는 장치 3가지를 쓰시오.

2 배전선로의 전압조정

① 자동전압조정기(SVR : Step Voltage Regulator)

선로 길이가 긴 경우 등의 전압강하가 큰 고압 배전선에는 선로 도중에 단권변압기와 탭 전환기구로 구성된 자동전압조정기를 설치하여 선로말단의 공급전압을 유지하고 있다. 부하측 선로말단의 전압과 통과 전류를 감시하여 이들의 수치에 따라 자동적으로 탭을 전환하여 전압을 제어한다.

② 주상변압기에 의한 전압조정

고압 배전선의 전압강하를 감안하면서 저압의 수용가로 공급되는 공급전압이 적정 전압범위 내가 되도록 각 주상변압기에서 탭을 조정한다. 탭의 설정은 통상 주상변압기 설치시 수동으로 실시한다.

> • 기 09
> 비접지 3상 3선식 배전방식과 비교하여, 3상 4선식 다중접지 배전방식의 장점 및 단점을 각각 4가지씩 쓰시오.

03 3상 4선식 다중접지 배전방식의 장점 및 단점

1 장점

① 1선 지락 사고 시 건전상의 대지 전압은 거의 상승하지 않는다.
② 1선 지락 사고 시 보호 계전기의 동작이 확실하다.
③ 변압기의 단절연이 가능하고, 변압기 및 부속설비의 중량과 가격을 저하시킬 수 있다.
④ 개폐서지의 값을 저감 시킬 수 있으므로 피뢰기의 책무를 경감 시키고 그 효과를 증대시킬 수 있다.

> ■ 다중접지 배전방식의 장점 및 단점
> 장점 (대피단계)
> - 1선 지락 사고 시 건전상의 대지 전압은 거의 상승하지 않는다.
> - 개폐서지의 값을 저감시킬 수 있으므로 피뢰기의 책무를 경감시키고 그 효과를 증대시킬 수 있다.
> - 변압기의 단절연이 가능하고, 변압기 및 부속설비의 중량과 가격을 저하시킬 수 있다.
> - 1선 지락 사고 시 보호 계전기의 동작이 확실하다.
>
> 단점 (기차통과)
> - 지락전류가 매우 커서 기기에 대한 기계적 충격이 크므로 손상을 주기 쉽다.
> - 계통사고의 70~80 [%]는 1선 지락 사고 이므로 차단기가 대전류를 차단할 기회가 많아진다.
> - 지락 사고 시 병행 통신선에 유도장해를 크게 미친다.
> - 지락전류가 저역률의 대전류이기 때문에 과도 안정도가 나빠진다.

> 강의 NOTE

2 단점

① 계통사고의 70~80 [%]는 1선 지락 사고이므로 차단기가 대전류를 차단할 기회가 많아진다.
② 지락 사고 시 병행 통신선에 유도장해를 크게 미친다.
③ 지락전류가 매우 커서 기기에 대한 기계적 충격이 크므로 손상을 주기 쉽다.
④ 지락전류가 저역률의 대전류이기 때문에 과도 안정도가 나빠진다.

04 전압강하

1 수용가 설비에서의 전압강하

다른 조건을 고려하지 않는다면 수용가 설비의 인입구로부터 기기까지의 전압강하는 표의 값 이하이어야 한다.

수용가설비의 전압강하

설비의 유형	조명 (%)	기타 (%)
A - 저압으로 수전하는 경우	3	5
B - 고압 이상으로 수전하는 경우[a]	6	8

[a]가능한 한 최종회로 내의 전압강하가 A 유형의 값을 넘지 않도록 하는 것이 바람직하다. 사용자의 배선설비가 100 m를 넘는 부분의 전압강하는 미터 당 0.005% 증가할 수 있으나 이러한 증가분은 0.5%를 넘지 않아야 한다.

2 전압강하의 계산

단상 3선식, 직류 3선식, 3상 4선식의 경우 전압강하 e_1인 경우
- 교류의 경우 역률 $\cos\theta = 1$
- 각상 부하 평형
- 전선의 도전율은 97 [%]

$$e_1 = IR = I \times \rho \frac{L}{A} = I \times \frac{1}{58} \times \frac{100}{C} \times \frac{L}{A}$$
$$= I \times \frac{1}{58} \times \frac{100}{97} \times \frac{L}{A} = 0.0178 \times \frac{LI}{A} = \frac{17.8LI}{1,000A}$$

- 단상 2선식 : $e = \dfrac{35.6LI}{1,000A}$

- 3상 3선식 : $e = \dfrac{30.8LI}{1,000A}$

- 3상 4선식 : $e_1 = \dfrac{17.8LI}{1,000A}$ (1선과 중성선간의 전압강하)

  여기서, L : 거리, I : 정격전류, A : 케이블의 굵기

05 절연협조

전력계통에는 변압기, 차단기, 기기의 Bushing, 애자, 결합 콘덴서, 계기용변성기 등 많은 기기가 있으므로 이들 사이에는 서로 균형 있는 절연강도를 유지해야 한다. 또 계통 전체의 절연설계를 보호장치와의 관계에서 합리화하고 절연비용을 최소한도로 하여 최대효과를 거두기 위해 절연협조(Insulation Coordination)를 하여야 하며, 이는 외뢰에 의한 충격전압만을 대상으로 고려한다.

■ 송전계통 절연협조
(선로.결합.기기를 변경해서 피봤다 : 피변기 결선)
- 선로애자
- 결합콘덴서
- 기기부싱
- 변압기
- 피뢰기

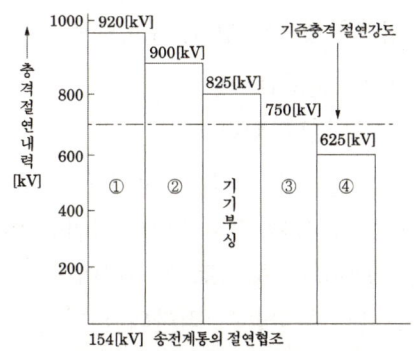

① 선로 애자   ② 결합 콘덴서   ③ 변압기   ④ 피뢰기

외뢰에 의한 이상전압의 파고치는 회로전압과는 무관하여 1,000만 [V] 이상이 될 때도 있어 피뢰기와 같은 보호기기 없이 기기 자체의 절연강도로 이에 견딜 수 있도록 높인다는 것은 불가능하다. 따라서 사용전압 등급별로 피뢰기의 제한전압보다 높은 충격파전압을 기준충격절연강도(basic impulse insulation level)로 정하여 변압기와 기기의 절연강도 결정에 이용한다. 충격파의 표준형은 $1.0 \times 40\mu s$, $1.2 \times 50\mu s$ 등 나라에 따라 다르나 우리나라는 $1.2 \times 50\mu s$를 표준 충격파로 사용하고 있다.

> 강의 NOTE
>
> • 기 09.11
> 배전선로 사고종류에 따라 보호장치 및 보호조치를 다음 표의 ①~③까지 답하시오.(단, ①, ②는 보호장치이고, ③은 보호조치 ④는 사고의 종류임)

06 배전선 사고의 종류와 보호조치

	사고의 종류	보호장치 및 보호조치
고압배전선	접지사고	접지 계전기
	과부하, 단락사고	과전류 계전기
	뇌해사고	피뢰기, 가공지선
주상 변압기	과부하, 단락사고	고압 퓨즈
저압 배전선	고저압 혼촉	중성점 접지공사
	과부하, 단락사고	저압 퓨즈

07 부하율과 손실계수

1 부하율

공급 설비가 어느 정도 유효하게 사용되는가를 나타내며 부하율이 클수록 공급 설비가 유효하게 사용된다. 부하율은 다음 식에 의해 계산한다.

$$부하율 = \frac{평균 \; 수요 \; 전력 [kW]}{최대 \; 수요 \; 전력 [kW]} \times 100 \, [\%]$$

부하율은 각 단위별(변압기, 전주, 수용가 등), 시기, 범위, 기간에 따라 달라지며, 부하율을 표시할 경우 기간, 범위를 반드시 명기한다. 예를 들어 일부하율, 월부하율 등으로 표시하여야 하며, 부하율은 기간이 길어질수록 작아진다. 부하율이 적다의 의미는 다음과 같다.
① 공급 설비를 유용하게 사용하지 못한다.
② 평균 수요 전력과 최대 수요 전력과의 차가 커지게 되므로 부하 설비의 가동률이 저하된다.

2 수용률

수용률은 시설되는 총 부하 설비용량에 대하여 실제로 사용하게 되는 부하의 최대 전력의 비를 나타내는 것으로서 다음 식에 의하여 구한다.

$$수용률 = \frac{최대수요전력 [kW]}{부하설비용량 [kW]} \times 100 \, [\%]$$

3 부등률

각 수용가에서의 최대 수용 전력의 발생 시각은 시간적으로 차이가 있으며 이 경우에 배전 변압기 또는 간선에서의 합성 최대 수용 전력은 각 수용가에서의 최대 수용 전력의 합보다 적게 되는데 이 비를 부등률이라 하며 이 값은 항상 1보다 크고, 백분율로 나타내지 않는다. 수용률과 더불어 배전 변압기 또는 배전 간선 등의 공급 설비 계획 자료로 사용된다.

$$\text{부등률} = \frac{\text{개별 최대수용전력의 합}}{\text{합성 최대수용전력}} = \frac{(\text{설비용량}\times\text{수용률})\text{의 합}}{\text{합성 최대수용전력}}$$

4 손실계수

어떤 임의의 기간 중의 최대손실전력에 대한 평균손실전력의 비를 말한다.

$$\text{손실계수} = \frac{\text{평균손실전력}}{\text{최대손실전력}}$$

부하율과 손실계수의 관계는 다음과 같다.

$1 \geq F \geq H \geq F^2 \geq 0$

$H = \alpha F + (1-\alpha)F^2$

여기서, α : 부하율 F에 따른 계수 → 배전선로 0.2 ~ 0.4 적용

강의 NOTE

• 기 20
3상 6600[V](ACSR 전선 굵기 240[mm]) 저항 0.2 [Ω/km], 선로 길이 1000[m]인 경우 다음 물음에 답하시오. 단, 부하의 역률은 0.9이다.
(1) 부하율 구하시오.
(2) 손실계수를 구하시오.
(3) 1일 손실 전력량을 구하시오.

• 기 20
• 산(유) 97
최대 전류가 흐를 때의 손실이 100[kW]이며 부하율이 60 [%]인 전선로의 평균 손실은 몇 [kW]인가? 단, 배전 선로의 손실 계수를 구하는 α는 0.2이다.

관련문제

30. 배전선로

□□□ 16

1 그림과 같은 저압 배선방식의 명칭과 특징을 4가지만 쓰시오. (6점)

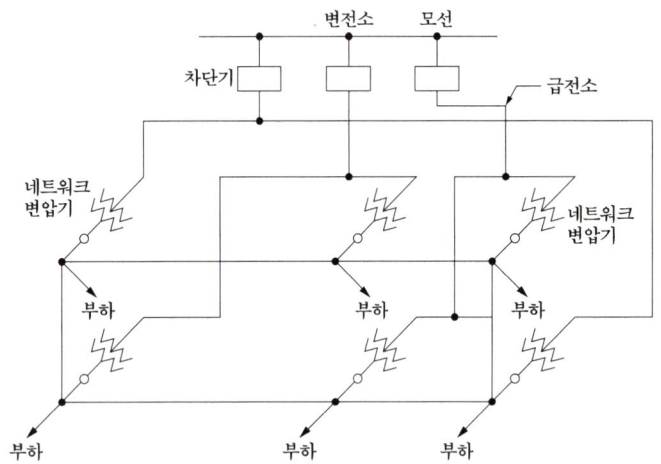

(1) 명칭

  ○ _____

(2) 특징(4가지)

  ○ _____

| 작성답안

(1) 저압 네트워크방식
(2) 특징 4가지
 • 무정전 공급이 가능하여 배전의 신뢰도가 가장 높다
 • 플리커 및 전압변동이 적다
 • 전력손실이 감소된다.
 • 기기의 이용률이 향상된다.
 그 외
 • 부하 증가에 대한 적응성이 좋다.
 • 변전소의 수를 줄일 수 있다.
 • 특별한 보호장치가 필요하다.

강의 NOTE

■ 망상식(network system)

어느 회선에 사고가 일어나더라도 다른 회선에서 무정전으로 공급할 수 있기 때문에 다음과 같은 여러 가지 장점을 지니고 있다.
① 무정전 공급이 가능해서 공급 신뢰도가 높다.
② 플리커, 전압 변동률이 적다.
③ 전력 손실이 감소된다.
④ 기기의 이용률이 향상된다.
⑤ 부하 증가에 대한 적응성이 좋다.
⑥ 변전소의 수를 줄일 수 있다.

이 방식의 단점으로서는
① 건설비가 비싸다.
② 특별한 보호 장치를 필요로 한다. (네트워크 프로텍터 : 저압용 차단기, 방향성 계전기, Fuse)

17

2 그림은 저압 배전선로에 접속되어 있는 2대 이상의 배전용 변압기를 이용한 배전방식이다. 다음 그림과 같은 배전방식의 명칭과 이 배전방식의 특징 4가지를 쓰시오. (단, 특징은 단상변압기 1대와 저압 배전선로를 구성하는 방식과 비교한 경우이다.)(6점)

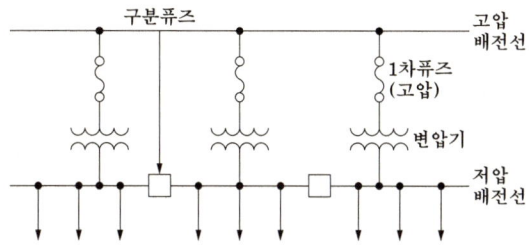

(1) 명칭

　○ _____

(2) 특징

　○ _____

| 작성답안

(1) 저압뱅킹방식
(2) ① 변압기의 공급 전력을 서로 융통시킴으로써 변압기 용량을 저감할 수 있다.
　　② 전압 변동 및 전력 손실이 경감된다.
　　③ 부하의 증가에 대응할 수 있는 탄력성이 향상된다.
　　④ 고장 보호 방식이 적당할 때 공급 신뢰도는 향상된다.

□□□ 91, 94, 05, 11

3 배전 선로에 있어서 전압을 3[kV]에서 6[kV]로 상승시켰을 경우, 승압 전과 승압 후의 장점과 단점을 비교하여 설명하시오. (단, 수치 비교가 가능한 부분은 수치를 적용시켜 비교 설명하시오.)(9점)

| 작성답안

(1) 장점
① 전력 손실 75[%] 경감된다.
② 전압 강하율 및 전압 변동률 75[%] 경감된다.
③ 공급 전력 4배 증대된다.
(2) 단점
① 기기의 절연 레벨이 높아지므로 기기값이 비싸진다.
② 전선로 및 애자 등의 절연 레벨이 높아지므로 건설비가 많이 든다.

강의 NOTE

■ 승압
(1) 전압강하 : $e \propto \dfrac{1}{V}$ 이므로 $e' \propto \dfrac{1}{\dfrac{V'}{V}}e$

(2) 전압강하율 : $e \propto \dfrac{1}{V^2}$ 이므로

$$e' \propto \dfrac{1}{\left(\dfrac{V'}{V}\right)^2}e$$

(3) 선로손실 : $P_L \propto \dfrac{1}{V^2}$ 이므로

$$P_L' \propto \dfrac{1}{\left(\dfrac{V'}{V}\right)^2}P_L$$

(4) 선로손실율 : $k \propto \dfrac{1}{V^2}$ 이므로

$$k' \propto \dfrac{1}{\left(\dfrac{V'}{V}\right)^2}k$$

□□□ 20

4 그림과 같이 저항 3[Ω]과 용량 리액턴스 4[Ω]의 선로에 역률 0.6의 부하전류 15[A]가 흐른다. 이때 선로의 리액턴스를 무시할 경우 송전단 전압을 구하시오. (5점)

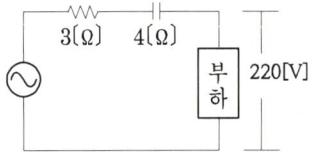

| 작성답안

계산 : $V_s = V_r + I(R\cos\theta + X\sin\theta) = V_r + IR\cos\theta = 220 + 3 \times 15 \times 0.6 = 247[V]$
답 : 247[V]

■ 전압강하
① 전압강하
$e = I(R\cos\theta + X\sin\theta)$
$\quad = \dfrac{P}{V}(R + X\tan\theta)$ [V]

② 전압강하율
$\epsilon = \dfrac{e}{V} \times 100$
$\quad = \dfrac{P}{V^2}(R + X\tan\theta) \times 100$ [%]

③ 전력손실 $P_L = \dfrac{P^2 R}{V^2\cos^2\theta}$ [kW]

④ 전력손실률
$k = \dfrac{P_L}{P} \times 100 = \dfrac{PR}{V^2\cos^2\theta} \times 100$ [%]

□□□ 19

5 단상 2선식 분기회로에 3[kW] 부하가 접속되어있다. 부하단의 수전전압이 220[V]인 경우, 간선에서 분기된 분기점에서 부하까지 한 선당 저항이 0.03[Ω]일 때 부하에서 온전히 220[V]를 걸리게 하려면 분기점에서의 전압은 얼마여야 하는가? (5점)

| 작성답안

계산 : 전압강하 $e = 0.03 \times 2 \times \dfrac{3000}{220} = 0.82[V]$

분기점 전압 $V_s = V_r + e = 220 + 0.82 = 220.82[V]$

답 : 220.82[V]

□□□ 97, 12, 16

6 그림에서 각 지점간의 저항을 동일하다고 가정하고 간선 AD 사이에 전원을 공급하려고 한다. 전력손실이 최소로 될 수 있는지 계산하여 공급점을 선정하시오. 단 각 점간의 저항은 각각 $R[\Omega]$이다. (5점)

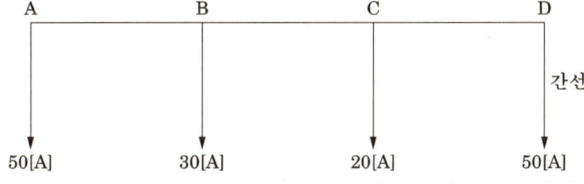

| 작성답안

계산 : ① 급전점 A

$P_{A\ell} = (50+20+40)^2 R + (20+40)^2 R + 40^2 R = 17300R$

② 급전점 B

$P_{B\ell} = 30^2 R + (20+40)^2 R + 40^2 R = 6100R$

③ 급전점 C

$P_{C\ell} = (30+50)^2 R + 30^2 R + 40^2 R = 8900R$

④ 급전점 D

$P_{D\ell} = (30+50+20)^2 R + (30+50)^2 R + 30^2 R = 17300R$

∴ 전력손실이 최소가 되는 점은 B점이 된다.

답 : B

□□□ 09

7 다음과 같은 단상 2선식 회로가 있다. AB사이의 한 선의 저항을 0.02 [Ω], BC 사이의 한 선의 저항을 0.04 [Ω]이라 할 때 B지점의 전압 V_B 및 C지점의 전압 V_C를 구하시오. (5점)

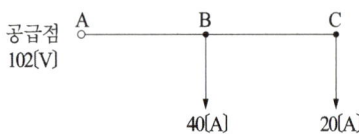

(1) B지점의 전압 V_B

○ _____

(2) C지점의 전압 V_C

○ _____

| 작성답안

(1) 계산 : $V_B = V_A - 2IR = 102 - 2(40+20) \times 0.02 = 99.6$ [V]
   답 : 99.6 [V]

(2) 계산 : $V_C = V_B - 2IR = 99.6 - 2 \times 20 \times 0.04 = 98$ [V]
   답 : 98 [V]

□□□ 88, 91, 96, 01, 03, 16, 21

8 수전단 전압이 3000 [V]인 3상 3선식 배전 선로의 수전단에 역률 0.8(지상)되는 520 [kW]의 부하가 접속되어 있다. 이 부하에 동일 역률의 부하 80 [kW]를 추가하여 600[kW]로 증가시키되 부하와 병렬로 전력용 콘덴서를 설치하여 수전단 전압 및 선로 전류를 일정하게 불변으로 유지하고자 할 때, 다음 각 물음에 답하시오. (단, 전선의 1선당 저항 및 리액턴스는 각각 1.78 [Ω] 및 1.17 [Ω]이다.)(6점)

(1) 이 경우에 필요한 전력용 콘덴서 용량은 몇 [kVA]인가?

○ _____

(2) 부하 증가 전의 송전단 전압은 몇 [V]인가?

○ _____

(3) 부하 증가 후의 송전단 전압은 몇 [V]인가?

○ _____

■ 전압강하

① 전압강하 $e = \dfrac{P}{V}(R+X\tan\theta)$ [V]

② 전압강하율

$\epsilon = \dfrac{e}{V} \times 100$

$= \dfrac{P}{V^2}(R+X\tan\theta) \times 100$ [%]

③ 전력손실 $P_L = \dfrac{P^2 R}{V^2 \cos^2\theta}$ [kW]

④ 전력손실률

$k = \dfrac{P_L}{P} \times 100 = \dfrac{PR}{V^2\cos^2\theta} \times 100$ [%]

| 작성답안

(1) 계산 : 부하 증가 후의 역률 $\cos\theta_2$는 $\dfrac{P_1}{\sqrt{3}\,V\cos\theta_1}=\dfrac{P_2}{\sqrt{3}\,V\cos\theta_2}$ 에서

$$\cos\theta_2 = \dfrac{P_2}{P_1}\cos\theta_1 = \dfrac{600}{520}\times 0.8 = 0.9231$$

∴ 콘덴서 용량 $Q_c = P(\tan\theta_1 - \tan\theta_2)$

$$Q_c = 600\left(\dfrac{0.6}{0.8} - \dfrac{\sqrt{1-0.9231^2}}{0.9231}\right) = 200.04\,[\text{kVA}]$$

답 : 200.04 [kVA]

(2) 계산 : $V_s = V_r + \sqrt{3}\,I(R\cos\theta + X\sin\theta)$

$$= 3{,}000 + \sqrt{3}\times\dfrac{520\times 10^3}{\sqrt{3}\times 3{,}000\times 0.8}\times(1.78\times 0.8 + 1.17\times 0.6)$$

$$= 3460.63\,[\text{V}]$$

답 : 3460.63 [V]

(3) 계산 : $V_s = 3{,}000 + \sqrt{3}\times\dfrac{600\times 10^3}{\sqrt{3}\times 3{,}000\times 0.9231}$

$$\times(1.78\times 0.9231 + 1.17\times\sqrt{1-0.9231^2}\,)$$

$$= 3453.48\,[\text{V}]$$

답 : 3453.48 [V]

□□□ 89, 02, 05, 07, 08, 11

9 그림과 같은 3상 배전선이 있다. 변전소(A점)의 전압은 3,300 [V], 중간(B점) 지점의 부하는 50 [A], 역률 0.8(지상), 말단(C점)의 부하는 50 [A], 역률 0.8이다. AB 사이의 길이는 2 [km], BC 사이의 길이는 4 [km]이고, 선로의 [km]당 임피던스는 저항 0.9 [Ω], 리액턴스 0.4 [Ω]이다. (12점)

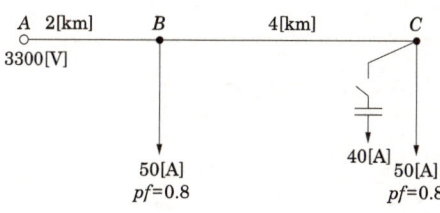

(1) 이 경우의 B점, C점의 전압은?

① B점

② C점

■ ① 저항
 $R_1 = 0.9\times 2 = 1.8$,
 $R_2 = 0.9\times 4 = 3.6$
② 리액턴스
 $X_1 = 0.4\times 2 = 0.8$,
 $X_2 = 0.4\times 4 = 1.6$

(2) C점에 전력용 콘덴서를 설치하여 진상 전류 40 [A]를 흘릴 때 B점, C점의 전압은?
   ① B점

   ② C점

(3) 전력용 콘덴서를 설치하기 전과 후의 선로의 전력 손실을 구하시오.
   ① 설치 전

   ② 설치 후

| 작성답안

(1) 콘덴서 설치 전
  ① B점의 전압
    계산 : $V_B = V_A - \sqrt{3}\, I_1(R_1\cos\theta + X_1\sin\theta)$
        $= 3300 - \sqrt{3} \times 100(1.8 \times 0.8 + 0.8 \times 0.6) = 2967.45$ [V]
    답 : 2967.45 [V]
  ② C점의 전압
    계산 : $V_C = V_B - \sqrt{3}\, I_2(R_2\cos\theta + X_2\sin\theta)$
        $= 2967.45 - \sqrt{3} \times 50(3.6 \times 0.8 + 1.6 \times 0.6) = 2634.9$ [V]
    답 : 2634.9 [V]
(2) 콘덴서 설치 후
① B점의 전압
    계산 : $V_B = V_A - \sqrt{3} \times [I_1\cos\theta \cdot R_1 + (I_1\sin\theta - I_C) \cdot X_1]$
        $= 3300 - \sqrt{3} \times [100 \times 0.8 \times 1.8 + (100 \times 0.6 - 40) \times 0.8] = 3022.87$ [V]
    답 : 3022.87 [V]
② C점의 전압
    계산 : $V_C = V_B - \sqrt{3} \times [I_2\cos\theta \cdot R_2 + (I_2\sin\theta - I_C) \cdot X_2]$
        $= 3022.87 - \sqrt{3} \times [50 \times 0.8 \times 3.6 + (50 \times 0.6 - 40) \times 1.6] = 2801.17$ [V]
    답 : 2801.17 [V]
(3) 전력손실
  ① 설치 전
    계산 : $P_{L1} = 3I_1^2 R_1 + 3I_2^2 R_2 = (3 \times 100^2 \times 1.8 + 3 \times 50^2 \times 3.6) \times 10^{-3} = 81$ [kW]
    답 : 81 [kW]
  ② 설치 후
    계산 : $I_1 = 100(0.8 - j0.6) + j40 = 80 - j20 = 82.46$ [A]
    $I_2 = 50(0.8 - j0.6) + j40 = 40 + j10 = 41.23$ [A]
    $\therefore P_{L2} = (3 \times 82.46^2 \times 1.8 + 3 \times 41.23^2 \times 3.6) \times 10^{-3} = 55.08$ [kW]
    답 : 55.08 [kW]

□□□ 92

10 주상 변압기의 2차측 전압이 항상 105 [V]로 유지하는 다음 그림과 같은 단상 2선식 저압 배전선이 있다. 이것에 접속된 부하중 L_1 및 L_2의 단자 전압을 항상 96 [V]에서 104 [V]의 범위 내로 유지하려고 할 경우, 동선의 굵기는 몇 [mm^2] 범위의 표준 규격을 선정하여야 하는가? (단, 동선의 고유저항은 1/58 [Ω/m·mm^2]으로 하고 전선은 말단까지 동일한 굵기의 것으로 사용한다. 또한 전선의 리액턴스는 무시한다.)(6점)

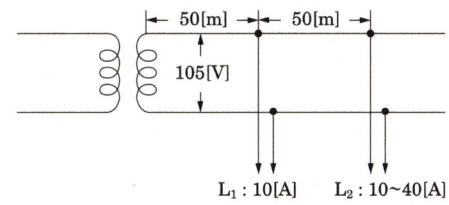

강의 NOTE

■ KSC IEC 전선규격
1.5, 2.5, 4, 6, 10, 16, 25, 35, 50, 70, 95, 120, 150, 185, 240, 300, 400, 500, 630 [mm^2]

| 작성답안

계산 : ① 단자 전압 104 [V] 이하로 유지

$L_1 = 10$ [A], $L_2 = 10$ [A]일 경우 전압 강하 $e = 2IR \geq 105 - 104 = 1$ [V]

∴ $2 \times (10 + 10) \times \dfrac{1}{58} \times \dfrac{50}{A} \geq 1$

∴ $A \leq 34.48$ [mm^2]

② 단자 전압 96 [V] 이상으로 유지

$L_1 = 10$ [A], $L_2 = 40$ [A]일 경우 전압 강하 $e = 2IR \leq 105 - 96 = 9$ [V]

∴ $2 \times (10 + 40) \times \dfrac{1}{58} \times \dfrac{50}{A} + 2 \times 40 \times \dfrac{1}{58} \times \dfrac{50}{A} \leq 9$

∴ $A \geq 17.24$ [mm^2]

③ 전선의 굵기

$17.24 \leq A \leq 34.48$ [mm^2]

답 : 25 [mm^2]

□□□ 09, 20

11 3상 3선식 6600[V]인 변전소에서 저항 6[Ω] 리액턴스 8[Ω]의 송전선을 통하여 역률 0.8의 부하에 전력을 공급할 때 수전단 전압을 6000[V] 이상으로 유지하기 위해서 걸 수 있는 부하는 최대 몇 [kW]까지 가능하겠는가?(5점)

| 작성답안

계산 : 전압강하 $e = \dfrac{P}{V}(R+X\tan\theta)$ 에서

$$P = \dfrac{e \times V}{R+X\tan\theta} \times 10^{-3} = \dfrac{(6600-6000)\times 6000}{6+8\times\dfrac{0.6}{0.8}} \times 10^{-3} = 300[\text{kW}]$$

답 : 300[kW]

강의 NOTE

■ 전압강하

① 전압강하
$$e = \dfrac{P}{V}(R+X\tan\theta)\ [\text{V}]$$

② 전압강하율
$$\epsilon = \dfrac{e}{V} \times 100$$
$$= \dfrac{P}{V^2}(R+X\tan\theta)\times 100\ [\%]$$

③ 전력손실 $P_L = \dfrac{P^2 R}{V^2\cos^2\theta}\ [\text{kW}]$

④ 전력손실률
$$k = \dfrac{P_L}{P}\times 100 = \dfrac{PR}{V^2\cos^2\theta}\times 100\ [\%]$$

□□□ 06

12 3상 3선식 송전단 전압 6.6[kV] 전선로의 전압강하율 10[%] 이하로 하는 경우이다. 수전전력의 크기[kW]는? (단, 저항 1.19[Ω], 리액턴스 1.8[Ω] 역률 80[%]이다.)(4점)

| 작성답안

계산 : $V_r = \dfrac{V_s}{1+\epsilon} = \dfrac{6600}{1+0.1} = 6000\ [\text{V}]$

$I = \dfrac{e}{\sqrt{3}\,(R\cos\theta+X\sin\theta)} = \dfrac{6600-6000}{\sqrt{3}\,(1.19\times 0.8+1.8\times 0.6)} = 170.48\ [\text{A}]$

$P = \sqrt{3}\times V_r\,I\cos\theta = \sqrt{3}\times 6000\times 170.48\times 0.8\times 10^{-3} = 1417.34\ [\text{kW}]$

답 : 1417.34[kW]

□□□ 09, 19

13 3상 3선식 배전선로의 1선당 저항이 3[Ω], 리액턴스가 2[Ω]이고 수전단 전압이 6000[V], 수전단에 용량 480[kW] 역률 0.8(지상)의 3상 평형 부하가 접속되어 있을 경우에 송전단 전압 V_s, 송전단 전력 P_s 및 송전단 역률 $\cos\theta_s$를 구하시오. (6점)

(1) 송전단 전압

○ _____

(2) 송전단 전력

○ _____

(3) 송전단 역률

○ _____

| 작성답안

(1) 계산 : $V_s = V_r + \sqrt{3}\,I(R\cos\theta + X\sin\theta) = V_r + \dfrac{P_r}{V_r}(R + X\tan\theta)$

$$= 6000 + \dfrac{480 \times 10^3}{6000} \times \left(3 + 2 \times \dfrac{0.6}{0.8}\right) = 6360[\text{V}]$$

답 : 6360[V]

(2) 계산 : $I = \dfrac{P_r}{\sqrt{3}\,V_r \cos\theta_r} = \dfrac{480000}{\sqrt{3} \times 6000 \times 0.8} = 57.74[\text{A}]$

$P_s = P_r + 3I^2 R = 480 + 3 \times 57.74^2 \times 3 \times 10^{-3} = 510[\text{kW}]$

답 : 510[kW]

(3) 계산 : $\cos\theta_s = \dfrac{P_s}{P_a} = \dfrac{P_s}{\sqrt{3}\,V_s I}$

$\cos\theta_s = \dfrac{510 \times 10^3}{\sqrt{3} \times 6360 \times 57.74} = 0.8018 = 80.18[\%]$

답 : 80.18 [%]

□□□ 08, 17

14 수전 전압 3상 3000[V] 역률이 0.8 인 부하에 지름 5[mm]의 경동선을 사용하여 20[km]의 거리에 송전선할 경우 3상 전력[kW]을 구하시오. (단, 전력손실율 10[%]이다.)(6점)

○ _____

강의 NOTE

■ 전력손실률

① 전력손실률

$$k = \frac{P_L}{P} \times 100 = \frac{PR}{V^2\cos^2\theta} \times 100\,[\%]$$

② 선로 1선의 저항 $R = \rho\dfrac{l}{A} = \rho\dfrac{4l}{\pi d^2}\,[\Omega]$

| 작성답안

계산 : $k = \dfrac{P\rho\,4l}{V^2\cos^2\theta\,\pi d^2}$ 에서

$0.1 = \dfrac{P \times \dfrac{1}{55} \times 10^{-6} \times 4 \times 20 \times 10^3}{3000^2 \times 0.8^2 \times \pi(5\times 10^{-3})^2}$ 이므로

$P = \dfrac{0.1 \times 3000^2 \times 0.8^2 \times \pi(5\times 10^{-3})^2}{\dfrac{1}{55}\times 10^{-6}\times 4\times 20\times 10^3} \times 10^{-3} = 31.10\,[\text{kW}]$

답 : 31.1 [kW]

□□□ 99, 01, 07, 13

15 그림과 같은 교류 단상 3선식 선로를 보고 다음 각 물음에 답하시오. (10점)

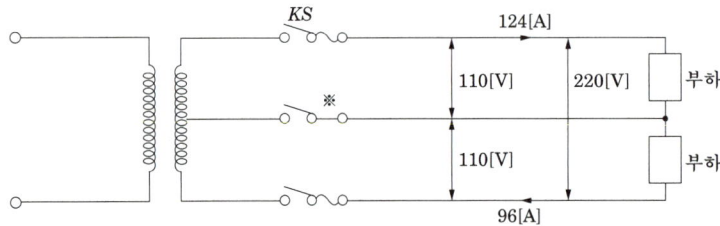

(1) 도면의 잘못된 부분을 고쳐서 그리고 잘못된 부분에 대한 이유를 설명하시오.

○ _____

(2) 부하 불평형률은 몇 [%]인가?

○ _____

(3) 도면에서 ※부분에 퓨즈를 넣지 않고 동선을 연결하였다. 옳은 방법인지의 여부를 구분하고 그 이유를 설명하시오.

○ _____

| 작성답안

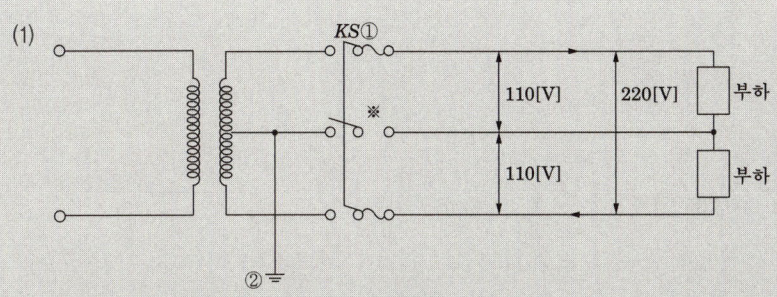

① 개폐기는 3극 동시에 개폐하여야 한다.
   이유 : 동시에 개폐되지 않을 경우 전압불평형이 나타날 수 있다.
② 변압기의 2차측 중성선에는 중성점 접지공사를 하여야 한다.
   이유 : 1, 2차 혼촉시 2차측 전위상승 억제
(2) 설비불평형률 $= \dfrac{124-96}{\dfrac{1}{2}(124+96)} \times 100 = 25.45\,[\%]$

답 : 25.45 [%]
(3) 옳은 방법이다.
   이유 : 퓨즈가 용단되는 경우에는 경부하측의 전위가 상승되어 전압불평형이 발생하기 때문

□□□ 95, 96, 22

16 그림과 같은 단상 3선식 회로에서 중성선이 ×점에서 단선되었다면 부하 A 및 부하 B의 단자 전압은 몇 [V]인가?(6점)

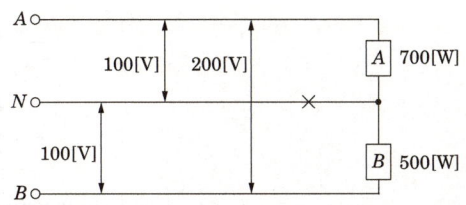

(1) 부하 A의 단자전압을 구하시오.

 ○ _____

(2) 부하 B의 단자전압을 구하시오.

 ○ _____

| 작성답안

계산 : 부하 A의 $R_A = \dfrac{V^2}{P_A} = \dfrac{100^2}{700} = 14.29\,[\Omega]$

부하 B의 $R_B = \dfrac{V^2}{P_B} = \dfrac{100^2}{500} = 20\,[\Omega]$

∴ $V_A = \dfrac{R_A}{R_A + R_B} \times V = \dfrac{14.29}{14.29 + 20} \times 200 = 83.35\,[V]$

$V_B = \dfrac{20}{14.29 + 20} \times 200 = 116.65\,[V]$

답 : $V_A = 83.35\,[V],\ V_B = 116.65\,[V]$

□□□ 90, 00, 03

17 답란의 그림과 같이 3상 3선식 6,600 [V] 비접지 고압선으로부터 전등, 전열등 단상 부하와 3상 부하를 함께 공급하기 위한 동력과 전등 공용 변압기 결선을 20 [kVA] 단상 변압기 2대로 [V] 결선하고 이때 필요한 보호 설비와 접지를 도해하시오.(단, 기기의 규격은 생략한다.)(8점)

| 작성답안

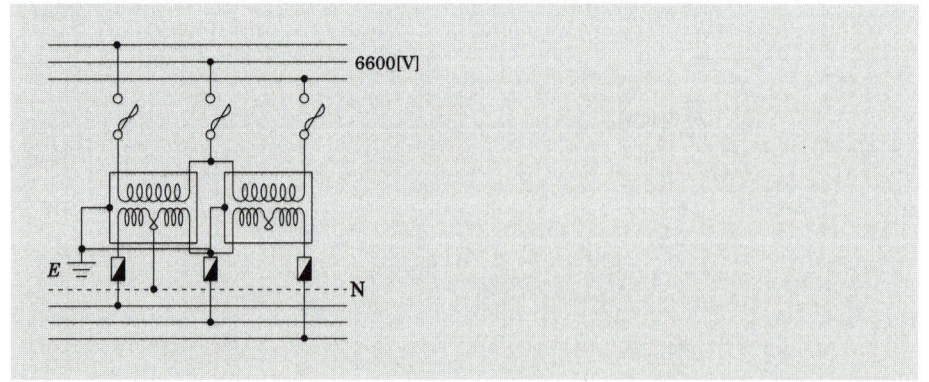

■ 주상변압기의 결선

① 역 V결선하여 2차에 3상 전원 방식

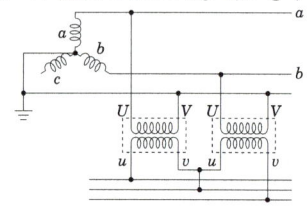

② V-V결선 전등 전열등 공용

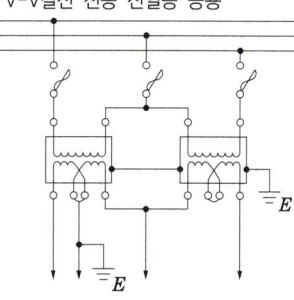

③ V-V결선과 단상3선식의 결선

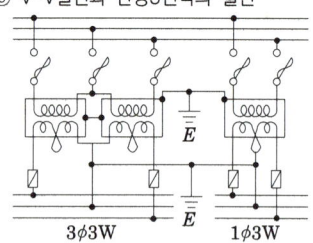

④ Y-Y결선

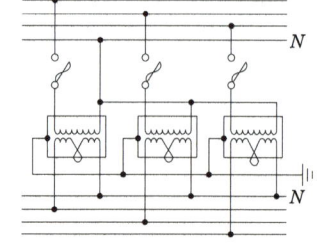

강의 NOTE

■ 손실계수

어떤 임의의 기간 중의 최대손실전력에 대한 평균손실전력의 비를 말한다.

$$손실계수 = \frac{평균손실전력}{최대손실전력}$$

부하율과 손실계수의 관계는 다음과 같다.
- $1 \geq F \geq H \geq F^2 \geq 0$
- $H = \alpha F + (1-\alpha)F^2$

여기서, α : 부하율 F 에 따른 계수
→ 배전선로 0.2 ~ 0.4 적용

□□□ 97

18 다음과 같은 154 [kV] 수전 단독 수용가의 전용 수전 T/L에서 4월 한 달 동안 발생한 손실 전력량은 몇 [kWh]인가?(5점)

- 단독수용가 전력 사용 현황
  4월 사용 전력량 : 25926480 [kWh]
  4월 최대 수요 전력(peak) : 48012 [kW]
  4월 역률(평균 역률) : 90 [%]
- 전용 수전 T/L
  사용 전선 : ACSR 240 [mm²] (0.12 [Ω/km])
  긍장 : 1250 [m]
- 손실 전력량 계산 공식
  $P_L = 3 \times I_m^2 \times H \times R_0 \times T \times 10^{-3}$ [kWh]
  여기서, P_L : 1개월간의 송전 선로 손실 전력량
  I_m : 최대 부하 전류(여기서는 소수점 이하 반올림할 것)
  H : 손실 계수 = $0.32F + 0.68F^2$
  F : 부하율(30일 기준)
  R_0 : 1선의 등가 저항 [Ω]
  T : 공급 시간(역일수×24) (30일 기준)

| 작성답안

계산 : 최대 부하 전류 $I_m = \dfrac{48012}{\sqrt{3} \times 154 \times 0.9} = 200$ [A]

손실 계수 $H = 0.32F + 0.68F^2$

부하율 = $\dfrac{평균\ 전력}{최대\ 전력} = \dfrac{25926480/(30 \times 24)}{48012} = 0.75$

$\therefore H = 0.32 \times 0.75 + 0.68 \times 0.75^2 = 0.6225$

$R_0 = 0.12 \times 1.25 = 0.15$ [Ω]

$T = 30 \times 24$ [h]

$\therefore P_L = 3 \times I_m^2 \times H \times R_0 \times T \times 10^{-3}$ [kWh]
$= 3 \times 200^2 \times 0.6225 \times 0.15 \times 30 \times 24 \times 10^{-3} = 8067.6$ [kWh]

답 : 8067.6 [kWh]

□□□ 17

19 다음 표의 고압가공인입선의 지표상 높이가 몇 [m]인지 쓰시오. (단, 내선규정에 따른다.)(5점)

시설 조건	전선의 높이 [m]
도로(농로 기타의 교통이 복잡하지 않는 도로 및 횡단보도교는 제외한다)의 노면상	① 이상
철도 또는 레일면상	② 이상
횡단보도교의 노면상	③ 이상
상기 이외의 지표상	④ 이상
공장구내 등에서 해당 전선(가공케이블은 제외한다)의 아래쪽에 위험하다는 표시를 할 때의 지표상	⑤ 이상

■ 고압가공인입선의 높이 (내선규정 3220-1)

시설 조건	전선의 높이 [m]
도로(농로 기타의 교통이 복잡하지 않는 도로 및 횡단보도교는 제외한다)의 노면상	6.0 이상
철도 또는 레일면상	6.5 이상
횡단보도교의 노면상	3.5 이상
상기 이외의 지표상	5.0 이상
공장구내 등에서 해당 전선(가공케이블은 제외한다)의 아래쪽에 위험하다는 표시를 할 때의 지표상	3.5 이상

| 작성답안

① 6 [m]
② 6.5 [m]
③ 3.5 [m]
④ 5 [m]
⑤ 3.5 [m]

□□□ 88, 91

20 그림에서 전선의 장력은 500 [kg]으로 지선과 지표면과의 설치 각도는 60°이다. 지선으로 인장 하중이 440 [kg]인 4[mm] 철선을 사용하고 안전율을 2.5로 할 경우 소선의 최소 가닥수는 얼마인가?(5점)

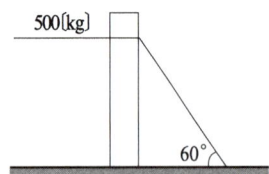

| 작성답안

계산 : $\cos\theta = \dfrac{T}{T_o}$ 에서 지선의 장력 $T_o = \dfrac{T}{\cos\theta} = \dfrac{500}{0.5} = 1000$ [kg]

∴ $n = \dfrac{T_0 \times 안전율}{지선\ 1조당\ 최대\ 인장력} = \dfrac{1000 \times 2.5}{440} = 5.68$ [가닥]

답 : 6가닥

KEYWORD 31 고장해석 %법과 옴법

강의 NOTE

- 기 20
- 기(유) 92.14
- 산(유) 84.94.13
- 산(유) 89.98.08.15
- 산(유) 92.08.14
- 산(유) 08.20
- 산(유) 91.20

100[kVA] 6300/210[V] 단상변압기 2대로 1차 및 2차에 병렬로 접속하였을 때 2차측에서 단락시 전원에 유입되는 단락전류의 값은? 단, 단상변압기 임피던스는 6[%]이다. 단 전원측 %임피던스는 무시한다.

- 기 16
- 기(유) 93.01.10.11.14.15

어떤 건축물의 변전설비가 22.9[kV-Y], 용량 500[kVA]이며, 변압기 2차측 모선에 연결되어 있는 배선용차단기에 대하여 다음 각 물음에 답하시오.(단, 2차 전압은 380[V], 선로의 임피던스는 무시한다.)
(1) 변압기 2차측 정격전류[A]
(2) 변압기 2차측 단락전류[A] 및 배선용차단기의 최소 차단전류[kA]
 ① 변압기 2차측 단락전류[A]
 ② 배선용차단기의 최소 차단전류[kA]
(3) 차단용량[MVA]

- 기 87.98.00
- 기(유) 04.21
- 기(유) 91.20
- 기(유) 88.91.94
- 기(유) 22
- 산(유) 10.15
- 산(유) 10.18
- 산(유) 16
- 산(유) 92.93.99.06
- 산(유) 88.91.94

그림과 같은 22.9/3.3[kV] 수전 설비에서 3.3[kV] 측 F점에서 단락 사고가 발생할 경우 단락 전류는 몇 [kA]인가?(단, 수전점 단락 용량은 900[MVA]라 한다.)

01 %임피던스법

임피던스의 크기를 옴 [Ω] 값 대신에 %값으로 나타내어 계산하는 방법으로 옴 [Ω]법과 달리 전압환산을 할 필요가 없어 계산이 용이하므로 현재 가장 많이 사용되고 있다.

1 %Z 법

$$\%Z = \frac{I_n[\text{A}] \times Z[\Omega]}{E[\text{V}]} \times 100 [\%]$$

분모, 분자에 $\sqrt{3}\,V$를 곱하면

$$\%Z = \frac{\sqrt{3}\,V[\text{V}] \times I_n[\text{A}] \times Z[\Omega]}{\sqrt{3}\,V[\text{V}] \times E[\text{V}]} \times 100 [\%]$$

$$= \frac{P[\text{VA}] \times Z[\Omega]}{V^2[\text{V}]} \times 100 [\%]$$

$$= \frac{P[\text{kVA}] \times 10^3 \times Z[\Omega]}{V^2 \times 10^6 [\text{kV}]} \times 100 [\%]$$

$$= \frac{P[\text{kVA}] \times Z[\Omega]}{10\,V^2[\text{kV}]} [\%]$$

2 단락전류 I_S

$$I_S = \frac{E[\text{V}]}{Z[\Omega]} = \frac{E}{\frac{\%Z \times E}{100 \times I_n}} = \frac{100}{\%Z} \times I_n$$

$$(\%Z = \frac{I_n\,Z}{E} \times 100 \text{에서 } Z = \frac{\%ZE}{100 I_n})$$

3 단락용량

$$I_S = \frac{100}{\%Z} \times I_n$$

좌변과 우변에 $\sqrt{3}\,V$를 곱하면

$$\sqrt{3}\,VI_S = \frac{100}{\%Z} \times I_n \times \sqrt{3}\,V$$

$$\therefore P_S = \frac{100}{\%Z} \times P_n$$

02 옴법

옴법은 전압을 임피던스로 나누어 단락전류를 구하는 방법을 말한다.

단락전류 $I_s = \dfrac{E}{Z} = \dfrac{E}{\sqrt{R^2+X^2}}$ [A]

단락용량 $P_s = 3EI_s = \sqrt{3}\,VI_s$ [kVA]

여기서 V는 단락점의 선간전압이며, Z는 단락지점에서 전원측을 본 계통임피던스 [Ω]을 말한다.

옴 법에서 임피던스 값은 옴 값이기 때문에 고장점의 회로 전압과 다른 전압의 회로에 있는 임피던스를 고장 회로의 전압으로 환산하려면 다음과 같이 하여야 한다.

① 변압기 권수비(전압비)의 제곱을 곱하거나 나누어 주어야 한다.
② 변압기의 결선이 Δ결선일 때는 이를 Y결선으로 고쳐주어야 한다.
③ %법으로 주어진 경우는 [Ω]으로 환산하여야 한다.

$$Z = \frac{\%Z \times 10\,V^2}{P}\ [\Omega]$$

④ 합성임피던스를 구하여 단락전류 또는 단락용량을 계산한다.

강의 NOTE

- 기 88.11.14.18.20.22
- 산(유) 06.10.13.15
- 산(유) 91.95.21

수전 전압 6,600[V], 가공 전선로의 %임피던스가 58.5[%]일 때 수전점의 3상 단락 전류가 8,000[A]인 경우 기준용량과 수전용 차단기의 차단 용량은 얼마인가?
차단기의 정격 용량[MVA]
(1) 기준용량
(2) 차단용량

- 기 08
- 기(유) 92.93.99.06
- 기(유) 94.03.05.07.11.13.18
- 기(유) 92.01.02.07.12
- 기(유) 20
- 기(유) 22
- 기(유) 16
- 기(유) 12.21

그림과 같이 수용가 인입구의 전압이 22.9[kV], 주차단기의 차단 용량이 250[MVA]이며, 10[MVA], 22.9/3.3[kV] 변압기의 임피던스가 5.5[%]일 때 다음 각 물음에 답하시오.
(1) 기준용량은 10[MVA]로 정하고 임피던스 맵(Impedance Map)을 그리시오.
(2) 합성 %임피던스를 구하시오.
(3) 변압기 2차측에 필요한 차단기 용량을 구하여 제시된 표(차단기의 정격차단 용량표)를 참조하여 차단기 용량을 선정하시오.

- 기 06.11.13.15
- 기(유) 04.09
- 산(유) 13.18.21

그림과 같은 전력시스템의 A점에서 고장이 발생하였을 경우 이 지점에서의 3상 단락전류를 옴법에 의하여 구하시오.(단, 발전기, 및 변압기의 %리액턴스는 자기용량 기준으로 각각 30[%], 30[%] 및 8[%]이며, 선로의 저항은 0.5[Ω/km]이다.)

- 기 90.22
- 기(유) 92.12

수전 전압 6600[V], 계약 전력 300[kW], 3상 단락 전류가 8000[A]인 수용가의 수전용 차단기의 적정 차단 용량은 몇 [MVA]인가?

관련문제

31. 고장해석 %법과 옴법

□□□ 13, 18, 21

1 어떤 발전소의 발전기가 13.2[kV], 용량 93000[kVA], %임피던스 95[%]일 때, 임피던스는 몇 [Ω]인가? (5점)

○ ─────────────────────

| 작성답안

계산 : $\%Z = \dfrac{PZ}{10V^2}$ 에서 $Z = \dfrac{\%Z \times 10V^2}{P} = \dfrac{95 \times 10 \times 13.2^2}{93000} = 1.78[\Omega]$

답 : 1.78[Ω]

강의 NOTE

■ %임피던스법

임피던스의 크기를 옴[Ω] 값 대신에 %값으로 나타내어 계산하는 방법으로 옴[Ω]법과 달리 전압환산을 할 필요가 없어 계산이 용이하므로 현재 가장 많이 사용되고 있다.

$$\%Z = \dfrac{I_n[A] \times Z[\Omega]}{E[V]} \times 100[\%]$$

$$= \dfrac{P[kVA] \times Z[\Omega]}{10V^2[kV]}[\%]$$

$$P_S = \dfrac{100}{\%Z} P_N$$

여기서, P_N은 %임피던스를 결정하는 기준용량을 의미한다.

□□□ 19

2 50[Hz] 6600/210[V] 50[kVA]의 단상 변압기가 있다. 저압측이 단락하고 1차측에 170[V]의 전압을 가하니 1차측에 정격전류가 흘렀다. 이때 변압기에 입력이 700[W]라고 한다. 이 변압기에 역률 0.8의 정격부하를 걸었을 때의 전압변동률을 구하시오. (5점)

○ ─────────────────────

| 작성답안

계산 : $\%z = \dfrac{V_s}{V_{1n}} \times 100 = \dfrac{170}{6600} \times 100 = 2.58[\%]$

$p = \dfrac{P_s}{V_{1n}I_{1n}} \times 100 = \dfrac{700}{50 \times 10^3} \times 100 = 1.4[\%]$

$q = \sqrt{z^2 - p^2} = \sqrt{2.58^2 - 1.4^2} = 2.17[\%]$

∴ $\epsilon = p\cos\theta + q\sin\theta = 1.4 \times 0.8 + 2.17 \times 0.6 = 2.42[\%]$

답 : 2.42[%]

■ 전압변동률(Voltage regulation)

$$\epsilon = \dfrac{V_{20} - V_{2n}}{V_{2n}} \times 100$$

$$= p\cos\theta + q\sin\theta$$

$$+ \dfrac{100}{2}\left(q\cos\dfrac{\theta}{100} - p\sin\dfrac{\theta}{100}\right)^2$$

$$\fallingdotseq p\cos\theta + q\sin\theta$$

$$+ \dfrac{1}{200}(q\cos\theta - p\sin\theta)^2$$

∴ $\epsilon \fallingdotseq p\cos\theta + q\sin\theta$

□□□ 84, 94, 13

3 주변압기의 용량이 1300[kVA], 전압 22900/3300[V] 3상 3선식 전로의 2차측에 설치하는 단로기의 단락 강도는 몇 [kA] 이상이어야 하는가? (단, 주변압기의 %임피던스는 3[%]이다.)(5점)

| 작성답안

계산 : $I_n = \dfrac{P_n}{\sqrt{3} \cdot V_n} = \dfrac{1300 \times 10^3}{\sqrt{3} \times 3300} = 227.44[\text{A}]$

단락 강도 $I_s = \dfrac{100}{\%Z} I_n = \dfrac{100}{3} \times 227.44 \times 10^{-3} = 7.581[\text{kA}]$

답 : 7.58 [kA]

□□□ 89, 15 89, 08

4 조명용 변압기의 주요 사양은 다음과 같다. 전원측 %임피던스를 무시할 경우 변압기의 2차측 단락전류는 몇 [kA]인가?(5점)

- 상수 : 단상
- 용량 : 50[kVA]
- 전압 : 3.3[kV]/220[V]
- %임피던스 : 3[%]

| 작성답안

계산 : 단락전류 $I_s = \dfrac{100}{\%Z} \times I_n = \dfrac{100}{\%Z} \times \dfrac{P}{V} = \dfrac{100}{3} \times \dfrac{50 \times 10^3}{220} \times 10^{-3} = 7.58[\text{kA}]$

답 : 7.58[kA]

KEYWORD 31 고장해석 %법과 옴법

□□□ 14, 22

5 150[kVA], 22.9[kV]/380-220[V], %저항은 3[%], %리액턴스 4[%]일 때 정격전압에서 단락 전류는 정격전류의 몇 배인가? (단, 전원측의 임피던스는 무시한다.)(5점)

| 작성답안

계산 : $\%Z = \sqrt{3^2 + 4^2} = 5[\%]$

$I_s = \dfrac{100}{\%Z} \times I_n$ 이므로, $I_s = \dfrac{100}{5} \times I_n = 20 I_n$

답 : 20배

강의 NOTE

■ %임피던스법

임피던스의 크기를 옴[Ω] 값 대신에 %값으로 나타내어 계산하는 방법으로 옴[Ω]법과 달리 전압환산을 할 필요가 없어 계산이 용이하므로 현재 가장 많이 사용되고 있다.

$$\%Z = \dfrac{I_n[A] \times Z[\Omega]}{E[V]} \times 100[\%]$$

$$= \dfrac{P[kVA] \times Z[\Omega]}{10 V^2[kV]}[\%]$$

$$P_S = \dfrac{100}{\%Z} P_N$$

여기서, P_N은 %임피던스를 결정하는 기준 용량을 의미한다.

□□□ 08, 14 ※ 92

6 단상 500[kVA], 변압기 3대를 Δ-Y결선으로 하였을 경우 저압측에 설치하는 차단기 용량은 몇 [MVA]인가? (단, 변압기의 임피던스는 5[%]이다.)(5점)

| 작성답안

계산 : $P_s = \dfrac{100}{\%Z} \times P_n = \dfrac{100}{5} \times 500 \times 3 \times 10^{-3} = 30[MVA]$

답 : 30[MVA]

□□□ 91, 95, 21

7 수용가 인입구의 전압이 22.9[kV], 주차단기의 차단 용량이 200[MVA]이다. 10[MVA], 22.9/3.3[kV] 변압기의 임피던스가 4.5[%]일 때, 변압기 2차측에 필요한 차단기 용량을 다음 표에서 산정하시오.(5점)

차단기 정격용량[MVA]

10	20	30	50	75	100	150	250	300	400	500	750	1000

| 작성답안

계산 : 기준용량 10[MVA]로 하면

전원측 $\%Z = \dfrac{P_n}{P_s} \times 100 = \dfrac{10}{200} \times 100 = 5\,[\%]$

변압기 $\%Z_t = 4.5[\%]$

합성 $\%Z = 5 + 4.5 = 9.5[\%]$

변압기 2차측 단락용량 $P_s = \dfrac{100}{9.5} \times 10 = 105.26[\text{MVA}]$

답 : 150[MVA]

□□□ 88, 11, 14, 18, 20 ✚ 06, 10, 13, 15

8 수전 전압 6,600 [V], 가공 전선로의 %임피던스가 58.5 [%]일 때 수전점의 3상 단락 전류가 8,000 [A]인 경우 기준 용량과 수전용 차단기의 차단 용량은 얼마 인가?(6점)

차단기의 정격 용량 [MVA]

10	20	30	50	75	100	150	250	300	400	500

(1) 기준용량

○ _____

(2) 차단용량

○ _____

| 작성답안

(1) 기준 용량

$I_s = \dfrac{100}{\%Z} I_n$ 에서 $I_n = \dfrac{\%Z}{100} I_s = \dfrac{58.5}{100} \times 8,000 = 4,680[\text{A}]$

∴ 기준 용량 : $P_n = \sqrt{3}\,V_n I_n = \sqrt{3} \times 6,600 \times 4,680 \times 10^{-6} = 53.5[\text{MVA}]$

답 : 53.5[MVA]

(2) 차단 용량

단락전류가 8[kA] 이므로 정격차단전류 8[kA] 선정

$P_s = \sqrt{3}\,V_n I_s = \sqrt{3} \times 7.2 \times 8 = 99.77[\text{MVA}]$

표에서 100[MVA] 선정

답 : 100[MVA]

■ 정격차단전류

규정의 회로 조건하에서 표준 동작 책무 및 동작 상태에 따라 차단할 수 있는 지역률의 차단 전류의 한도를 말하며 교류 전류 실효값으로 나타낸다. 대칭 실효값으로 표시한다. 1[kA], 1.25[kA], 1.6[kA], 2[kA], 3.15[kA], 4[kA], 5[kA], 6.3[kA], 8[kA]이며, 이상인 경우에는 ×10배로 정한다.

□□□ 08, 20 95

9 주변압기 단상 22900/380 [V], 500 [kVA] 3대를 Y-Y 결선으로 하여 사용하고자 하는 경우 2차측에 설치해야할 차단기 용량은 몇 [MVA]로 하면 되는가? (단, 변압기의 %Z는 3[%]로 계산하며, 그 외 임피던스는 고려하지 않는다.) (5점)

○ _____

| 작성답안

계산 : 차단기 용량 $P = \dfrac{100}{3} \times 500 \times 3 \times 10^{-3} = 50 \,[\text{MVA}]$

답 : 50 [MVA]

강의 NOTE

■ %임피던스법

임피던스의 크기를 옴 [Ω] 값 대신에 %값으로 나타내어 계산하는 방법으로 옴 [Ω]법과 달리 전압환산을 할 필요가 없어 계산이 용이하므로 현재 가장 많이 사용되고 있다.

$$\%Z = \dfrac{I_n[\text{A}] \times Z[\Omega]}{E[\text{V}]} \times 100 \,[\%]$$

$$= \dfrac{P[\text{kVA}] \times Z[\Omega]}{10\, V^2[\text{kV}]} \,[\%]$$

$$P_S = \dfrac{100}{\%Z} P_N$$

여기서, P_N 은 %임피던스를 결정하는 기준 용량을 의미한다.

□□□ 06, 10

10 발전기에 대한 다음 각 물음에 답하시오. (5점)

(1) 발전기의 출력이 500 [kVA]일 때 발전기용 차단기의 차단 용량을 산정하시오. (단, 변전소 회로측의 차단 용량은 30 [MVA]이며, 발전기 과도 리액턴스는 0.25로 한다.)

○ _____

(2) 동기 발전기의 병렬 운전 조건 4가지를 쓰시오.

○ _____

| 작성답안

(1) 계산

① 기준용량 30[MVA]

- 변전소측 $P_s = \dfrac{100}{\%Z_s} \times P_n$ 에서 $\%Z_s = \dfrac{P_n}{P_s} \times 100 = \dfrac{30}{30} \times 100 = 100[\%]$

- 발전기 $\%Z_g = \dfrac{30{,}000}{500} \times 25 = 1500[\%]$

② 차단용량

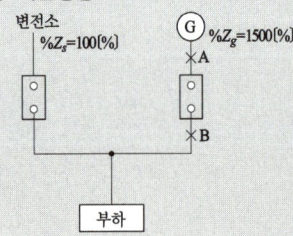

| 작성답안

- A점에서 단락시 단락용량 $P_{sA} = \dfrac{100}{\%Z_s} \times P_n = \dfrac{100}{100} \times 30 = 30[\text{MVA}]$

- B점에서 단락시 단락용량 $P_{sB} = \dfrac{100}{\%Z_g} \times P_n = \dfrac{100}{1500} \times 30 = 2[\text{MVA}]$

  차단기 용량은 P_{sA}와 P_{sB} 중에서 큰 값 기준하여 선정

답 : 30[MVA]

(2) ① 기전력의 크기가 같을 것
　　② 기전력의 위상이 같을 것
　　③ 기전력의 주파수가 같을 것
　　④ 기전력의 파형이 같을 것

□□□ 91, 20

11 그림과 같은 전선로의 단락 용량은 몇 [MVA]인가? (단, 그림의 수치는 10000 [kVA]를 기준으로 한 %리액턴스 값을 나타낸다.)(5점)

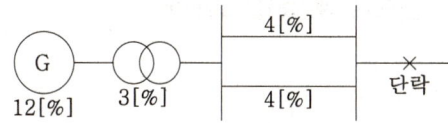

| 작성답안

계산 : 합성 $\%X = 12 + 3 + \dfrac{4 \times 4}{4+4} = 17[\%]$

$\therefore$ 단락 용량 $P_s = \dfrac{100}{\%Z} P_n \risingdotseq \dfrac{100}{\%X} P_n = \dfrac{100}{17} \times 10000 \times 10^{-3} = 58.82\,[\text{MVA}]$

답 : 58.82[MVA]

□□□ 10, 15

12 그림과 같은 22[kV], 3상 1회선 선로의 F점에서 3상 단락고장이 발생하였다면 고장전류[A]는 얼마인지 계산하시오. (6점)

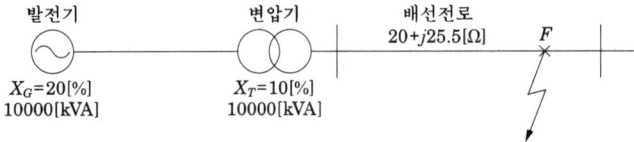

| 작성답안

계산 : $Z_\ell = 20 + j25.5$ 에서 $10000\,[\text{kVA}]$ 기준으로 하면

$\%Z_\ell = \dfrac{P_a Z}{10 V^2} = \dfrac{10000 \times (20 + j25.5)}{10 \times 22^2} = 41.32 + j52.69 [\%]$

$\%Z_{total} = \%X_G + \%X_T + \%Z_\ell = j20 + j10 + 41.32 + j52.69 = 41.32 + j82.69[\%]$

$\%Z_{total} = \sqrt{41.32^2 + 82.69^2} = 92.44[\%]$

$I_s = \dfrac{100}{\%Z} \times I_n = \dfrac{100}{\%Z} \times \dfrac{P_a}{\sqrt{3} \times V} = \dfrac{100}{92.44} \times \dfrac{10000}{\sqrt{3} \times 22} = 283.89 [\text{A}]$

답 : $283.89[\text{A}]$

□□□ 10, 18

13 3상 154[kV] 시스템의 회로도와 조건을 이용하여 점 F에서 3상 단락고장이 발생하였을 때 단락전류 등을 154[kV], 100[MVA] 기준으로 계산하는 과정에 대한 다음 각 물음에 답하시오. (9점)

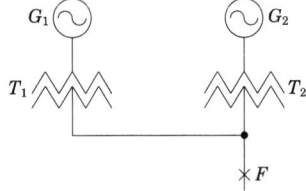

【조건】
① 발전기 G_1 : $S_{G1} = 20[\text{MVA}]$, $\%Z_{G1} = 30[\%]$
  G_2 : $S_{G2} = 5[\text{MVA}]$, $\%Z_{G2} = 30[\%]$
② 변압기 T_1 : 전압 11/154[kV], 용량 : 20[MVA], $\%Z_{T1} = 10[\%]$
  T_2 : 전압 6.6/154[kV], 용량 : 5[MVA], $\%Z_{T2} = 10[\%]$
③ 송전선로 : 전압 154[kV], 용량 : 20[MVA], $\%Z_{TL} = 5[\%]$

(1) 정격전압과 정격용량을 각각 154[kV], 100[MVA]로 할 때 정격전류(I_n)를 구하시오.
　○ _____

(2) 발전기(G_1, G_2), 변압기(T_1, T_2) 및 송전선로의 %임피던스 %Z_{G1}, %Z_{G2}, %Z_{T1}, %Z_{T2}, %Z_{TL}을 각각 구하시오.
　○ _____

(3) 점 F에서의 합성 임피던스를 구하시오.
　○ _____

(4) 점 F에서의 3상 단락전류 I_s를 구하시오.
　○ _____

(5) 점 F에서 설치할 차단기의 용량을 구하시오.
　○ _____

| 작성답안

(1) 계산 : $I_n = \dfrac{100 \times 10^6}{\sqrt{3} \times 154 \times 10^3} = 374.9[A]$

　답 : 374.9[A]

(2) ① 계산 : %$Z_{G1} = 30 \times \dfrac{100}{20} = 150[\%]$

　　답 : 150[%]

　② 계산 : %$Z_{G2} = 30 \times \dfrac{100}{5} = 600[\%]$

　　답 : 600[%]

　③ 계산 : %$Z_{T1} = 10 \times \dfrac{100}{20} = 50[\%]$

　　답 : 50[%]

　④ 계산 : %$Z_{T2} = 10 \times \dfrac{100}{5} = 200[\%]$

　　답 : 200[%]

　⑤ 계산 : %$Z_{TL} = 5 \times \dfrac{100}{20} = 25[\%]$

　　답 : 25[%]

(3) 계산 : %$Z = 25 + \dfrac{(150+50) \times (600+200)}{(150+50)+(600+200)} = 185[\%]$

　답 : 185[%]

(4) 계산 : $I_s = \dfrac{100}{185} \times 374.9 = 202.65[A]$

　답 : 202.65[A]

(5) 계산 : $P_s = \dfrac{100}{185} \times 100 = 54.05[MVA]$

　답 : 54.05[MVA]

□□□ 16

14 아래 그림과 같은 3상 교류회로에서 차단기 a, b, c의 차단용량을 각각 구하시오. (7점)

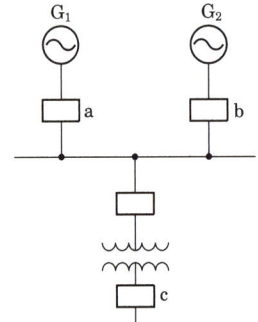

- %리액턴스 : 발전기 10[%], 변압기 7[%]
- 발전기 용량 : G_1 - 18000[kVA], G_2 - 30000[kVA]
- 변압기 T : 40000[kVA]

(1) 차단기 a의 차단용량을 구하시오.

  ○ _____

(2) 차단기 b의 차단용량을 구하시오.

  ○ _____

(3) 차단기 c의 차단용량을 구하시오.

  ○ _____

| 작성답안

(1) 계산 : a차단기 변압기 쪽에서 단락고장시

$$P_s = \frac{100}{\%Z} \times P_n = \frac{100}{10} \times 18 = 180[\text{MVA}]$$

a차단기 발전기 쪽에서 단락고장시

$$P_s = \frac{100}{\%Z} \times P_n = \frac{100}{10} \times 30 = 300[\text{MVA}]$$

답 : 300[MVA] 선정

(2) 계산 : b차단기 변압기 쪽에서 단락고장시

$$P_s = \frac{100}{\%Z} \times P_n = \frac{100}{10} \times 30 = 300[\text{MVA}]$$

b차단기 발전기 쪽에서 단락고장시

$$P_s = \frac{100}{\%Z} \times P_n = \frac{100}{10} \times 18 = 180[\text{MVA}]$$

답 : 300[MVA] 선정

| 작성답안

> (3) 계산 : 기준용량 40[MVA]로 환산
>
> $\%x'_{G_1} = \dfrac{40}{18} \times 10 = 22.22[\%]$
>
> $\%x'_{G_2} = \dfrac{40}{30} \times 10 = 13.33[\%]$
>
> $\%Z_t = \dfrac{22.22 \times 13.33}{22.22 + 13.33} + 7 = 15.33[\%]$
>
> $P_s = \dfrac{100}{\%Z} \times P_n = \dfrac{100}{15.33} \times 40 = 260.926[\text{MVA}]$
>
> 답 : 260.93[MVA]

☐☐☐ 92, 93, 99, 06

15 그림과 같은 계통에서 6.6[kV] 모선에서 본 전원측 % 리액턴스는 100[MVA] 기준으로 110[%]이고, 각 변압기의 % 리액턴스는 자기용량 기준으로 모두 3[%]이다. 지금 6.6[kV] 모선 F_1점, 380[V] 모선 F_2점에 각각 3상 단락고장 및 110[V]의 모선 F_3점에서 단락 고장이 발생하였을 경우 각각의 경우에 대한 고장 전력 및 고장 전류를 구하시오. (6점)

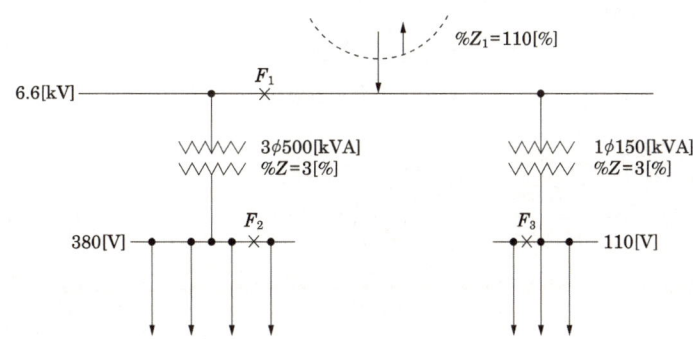

(1) F_1

  ○ _____

(2) F_2

  ○ _____

(3) F_3

  ○ _____

■ %임피던스법

임피던스의 크기를 옴[Ω] 값 대신에 %값으로 나타내어 계산하는 방법으로 옴[Ω]법과 달리 전압환산을 할 필요가 없어 계산이 용이하므로 현재 가장 많이 사용되고 있다.

$\%Z = \dfrac{I_n[\text{A}] \times Z[\Omega]}{E[\text{V}]} \times 100[\%]$

$\quad = \dfrac{P[\text{kVA}] \times Z[\Omega]}{10\,V^2[\text{kV}]}[\%]$

$P_S = \dfrac{100}{\%Z} P_N$

여기서, P_N 은 %임피던스를 결정하는 기준 용량을 의미한다.

| 작성답안

(1) F_1점

계산 : 100 [MVA] 기준으로 하면

$P_{S1} = \dfrac{100}{\%Z_1} P_n = \dfrac{100}{110} \times 100 = 90.91$ [MVA]

$I_{S1} = \dfrac{100}{\%Z_1} I_n = \dfrac{100}{110} \times \dfrac{100 \times 10^3}{\sqrt{3} \times 6.6} = 7952.48$ [A]

답 : $P_{S1} = 90.91$ [MVA], $I_{S1} = 7952.48$ [A]

(2) F_2점

계산 : 100 [MVA] 기준으로 하면

$\%Z_T = 3\,[\%] \times \dfrac{100}{0.5} = 600\,[\%]$

∴ 합성 $\%Z_2 = \%Z_1 + \%Z_T = 110 + 600 = 710\,[\%]$

$P_{S2} = \dfrac{100}{\%Z_2} P_n = \dfrac{100}{710} \times 100 = 14.08$ [MVA]

$I_{S2} = \dfrac{100}{\%Z_2} I_n = \dfrac{100}{710} \times \dfrac{100 \times 10^6}{\sqrt{3} \times 380} = 21399.19$ [A]

답 : $P_{S2} = 14.08$ [MVA], $I_{S2} = 21399.19$ [A]

(3) F_3점

계산 : 100 [MVA] 기준으로 하면

$\%Z_t = 3\,[\%] \times \dfrac{100}{0.15} = 2{,}000\,[\%]$

∴ 합성 $\%Z_3 = \%Z_1 + \%Z_t = 110 + 2{,}000 = 2{,}110\,[\%]$

$P_{S3} = \dfrac{100}{\%Z_3} P_n = \dfrac{100}{2{,}110} \times 100 = 4.74$ [MVA]

$I_{S3} = \dfrac{100}{\%Z_3} I_n = \dfrac{100}{2{,}110} \times \dfrac{100 \times 10^6}{110} = 43084.88$ [A]

답 : $P_{S3} = 4.74$ [MVA], $I_{S3} = 43084.88$ [A]

□□□ 88, 91, 94

16 그림과 같이 A 변전소에서 B 변전소로 1회선 송전을 하고 있다. 이 경우 B 변전소의 (e) 차단기의 차단 용량을 구하시오. (단, 계통의 %임피던스는 10 [MVA]를 기준으로 그림에 표시한 것으로 한다.)(5점)

차단기의 정격 용량

차단 용량[MVA]	50	100	200	300	500

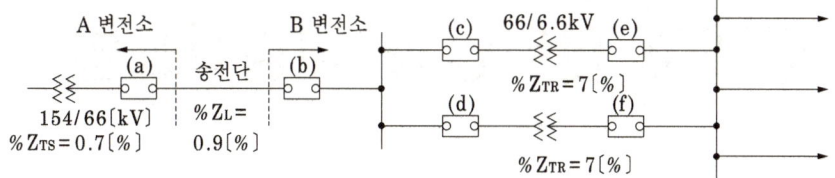

○ _____

| 작성답안

계산 : $\%Z = \%Z_{TS} + \%Z_L + \%Z_{TR} = 0.7 + 0.9 + 7 = 8.6\,[\%]$

단락 용량 $P_S = \dfrac{100}{\%Z} P_N = \dfrac{100}{8.6} \times 10 = 116.28\,[MVA]$

∴ 차단기의 정격 용량 200[MVA] 선정

답 : 200[MVA]

▢▢▢ 16

17 변압기 2차측 단락전류 억제 대책을 고압회로와 저압회로로 나누어 설명하시오. (5점)

(1) 고압회로의 억제 대책 (2가지)

○ _____

(2) 저압회로의 억제 대책 (3가지)

○ _____

| 작성답안

(1) 계통 전압의 격상, 계통 분할방식 채용
(2) 한류리액터 사용, 캐스케이드 보호방식, 고임피던스 기기의 채용

■ 단락전류
① 단락전류 억제대책
• 고임피던스 기기의 채용
• 한류리액터의 사용
• 계통분할방식
• 격상전압 도입에 의한 계통분할
• 직류연계에 의한 교류계통의 분할
• 캐스 캐이드 방식
② 캐스 캐이드 방식

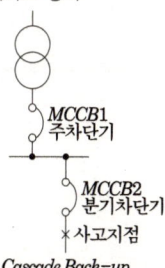

Cascade Back-up

캐스 캐이드 방식 채용시 주의점
• 상위차단기의 순시 트립전류치는 분기회로 정격 차단용량의 80% 이하를 유지해야 한다.
• 회로의 단락전류는 캐스 캐이드를 넘어서는 안 된다.
• 각 차단기는 특성이 같아야 하므로 제조 업체에서 권장하는 것을 사용한다.

KEYWORD 32 고장해석 단위법과 대칭좌표법

강의 NOTE

- 기 07
- 산(유) 98.98.01

변압기가 있는 회로에서 전류를 단위법(pu)으로 구하는 과정이다. 다음 조건을 이용하여 풀이 과정의 (①~⑪) 안에 알맞은 내용을 쓰시오.

01 Per Unit법(단위법)

%Z값을 $\frac{1}{100}$한 Per Unit 임피던스로 표시한 것으로 전압, 전류, 전력 등에 어떤 기준량을 정하고 그 기준전압 또는 기준전류의 몇 배인가를 표시하는 방법을 말한다.

$$Z[P.U] = \frac{\%Z}{100} = \frac{Z[\Omega]}{Z_{BASE}[\Omega]}, \quad I_s = \frac{기준[kVA]}{\sqrt{3} \cdot V[kV] \cdot Z[PU]}\,[A]$$

02 대칭좌표법

1 대칭좌표법의 영상, 정상, 역상전압

각 상의 전압을 V_a, V_b, V_c라 하고 이 전압을 각각 1/3을 한 후 페이서 오퍼레이터 a 적용하여 영상분 정상분 역상분을 구한다. 여기서 페이서 오퍼레이터는 $a=1\angle 120°$를 의미하며, a를 곱하면 120°의 위상차가 생긴다.

$$a = 1\angle 120° = \cos 120° + j\sin 120° = -\frac{1}{2} + j\frac{\sqrt{3}}{2}$$

$$a^2 = 1\angle 240° = \cos 240° + j\sin 240° = -\frac{1}{2} - j\frac{\sqrt{3}}{2}$$

$$a^3 = 1\angle 360° = 1$$

영상 전압 $V_0 = \frac{V_a}{3} + \frac{V_b}{3} + \frac{V_c}{3} = \frac{1}{3}(V_a + V_b + V_c)$

정상 전압 $V_1 = \frac{V_a}{3} + a\frac{V_b}{3} + a^2\frac{V_c}{3} = \frac{1}{3}(V_a + aV_b + a^2 V_c)$

역상 전압 $V_2 = \frac{V_a}{3} + a^2\frac{V_b}{3} + a\frac{V_c}{3} = \frac{1}{3}(V_a + a^2 V_b + aV_c)$

- 기 18.22

다음 각상의 불평형 전압이 V_a=7.3∠12.5°, V_b=0.4∠-100°, V_c=4.4∠154°인 경우 대칭분 V_0, V_1, V_2를 구하시오.
(1) V_0
(2) V_2
(3) V_3

2 대칭좌표법의 불평형 3상전압

영상 전압, 정상 전압, 역상 전압을 구하여 각각 중첩의 원리에 의해 회로를 해석하고 다시 불평형 성분을 구하여야 한다. 이때 페이서 오퍼레이터를 제거하면 불평형 3상 전압을 구할 수 있다. V_a는 다음과 같다.

영상 전압 $V_0 = \dfrac{V_a}{3} + \dfrac{V_b}{3} + \dfrac{V_c}{3}$

정상 전압 $V_1 = \dfrac{V_a}{3} + a\dfrac{V_b}{3} + a^2\dfrac{V_c}{3}$

역상 전압 $V_2 = \dfrac{V_a}{3} + a^2\dfrac{V_b}{3} + a\dfrac{V_c}{3}$

위 전압을 모두 더하면

$\dfrac{V_a}{3} + \dfrac{V_a}{3} + \dfrac{V_a}{3} = V_a$

$\dfrac{V_b}{3} + a\dfrac{V_b}{3} + a^2\dfrac{V_b}{3} = \dfrac{1}{3}(1 + a + a^2)V_b = 0$

$\dfrac{V_c}{3} + a^2\dfrac{V_c}{3} + a\dfrac{V_c}{3} = \dfrac{1}{3}(1 + a^2 + a)V_c = 0$

따라서, $V_a = V_0 + V_1 + V_2$의 관계가 성립한다. V_b, V_c도 동일한 방법으로 구하면 다음과 같다.

$V_b = V_0 + a^2 V_1 + a V_2$

$V_c = V_0 + a V_1 + a^2 V_2$

관련문제

□□□ 기사 07

1 변압기가 있는 회로에서 전류 I_1, I_2를 단위법(pu)으로 구하는 과정이다. 다음 조건을 이용하여 풀이 과정의 (①~⑪)안에 알맞은 내용을 쓰시오. (11점)

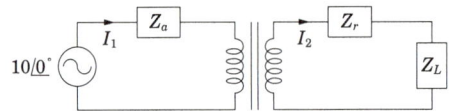

【조건】

① 단상발전기의 정격전압과 용량은 각각 10∠0°[kV], 100[kVA]이고 pu 임피던스 $Z = j0.8$ [pu]이다.

② 변압기의 변압비는 5 : 1이고 정격용량 100[kVA] 기준으로 %임피던스는 $j12$ [%]이고, 부하 임피던스 $Z_L = j120$ [Ω]이다.

【풀이과정】

(1) 변압기 1차측의 전압 및 용량의 기준값을 10[kV], 100[kVA]로 하면 2차측의 전압 기준값은 (① [kV])로 된다.

(2) 그러므로 변압기 1, 2차측의 전압 pu 값은 각각 V1pu = (② [pu]), V2pu = (③ [pu])이다.

(3) 변압기 1, 2차측 전류의 기준값은 각각 I_{1b} = (④ [A]), I_{2b} = (⑤ [A])이고

(4) 변압기의 2차측 회로의 임피던스 기준값 Z_{2b} = (⑥ [Ω])이므로 부하의 임피던스 단위값 Z_{Lpu} = (⑦ [pu])로 됨으로 회로 전체의 임피던스 단위값 $Z_{pu} = Z_{Gpu} + Z_{Tpu} + Z_{Lpu}$ = (⑧ [pu])이다.

(5) 전류의 단위값은 $I_{1PU} = I_{2PU}$ = (⑨ [pu])로 되므로

(6) 회로의 실제 전류 I_1 = (⑩ [A]), I_2 = (⑪ [A])이다.

■ 단위법[per unit system, 單位法]

여러 양(量)을 표시하는데 그 기준값을 1로 잡았을 때 이에 대한 비(比)로 나타내는 방법이다. 여러 양 사이의 번거로운 환산(換算)의 수고를 덜 수 있고, 기기(機器)의 성능을 즉시 알 수 있는 이점이 있어 전기회로 계산에서 자주 이용된다.

| 작성답안

(1) 계산 : $a = \dfrac{n_1}{n_2} = \dfrac{V_{1b}}{V_{2b}}$ 에서 $V_{2b} = \dfrac{n_2}{n_1} V_{1b} = \dfrac{1}{5} \times 10 = 2\,[\text{kV}]$

  답 : ① 2[kV]

(2) 계산 : $V_{1\text{pu}} = \dfrac{V_1}{V_{1b}} = \dfrac{10}{10} = 1\,[\text{pu}]$

  $V_{2\text{pu}} = \dfrac{V_2}{V_{2b}} = \dfrac{2}{2} = 1\,[\text{pu}]$

  답 : ② 1[pu]
  　③ 1[pu]

(3) 계산 : $I_{1b} = \dfrac{P_n}{V_{1b}} = \dfrac{100}{10} = 10\,[\text{A}]$

  $I_{2b} = \dfrac{P_n}{V_{2b}} = \dfrac{100}{2} = 50\,[\text{A}]$

  답 : ④ 10[A]
  　⑤ 50[A]

(4) 계산 : $Z_{2b} = \dfrac{V_{2b}}{I_{2b}} = \dfrac{2{,}000}{50} = 40\,[\Omega]$

  $Z_{\text{Lpu}} = \dfrac{Z_2}{Z_{2b}} = \dfrac{120}{40} = 3\,[\text{pu}]$

  $Z_{\text{pu}} = 0.8 + \dfrac{12}{100} + 3 = 3.92\,[\text{pu}]$

  답 : ⑥ 40[Ω]
  　⑦ 3[pu]
  　⑧ 3.92[pu]

(5) 계산 : $I_{1\text{pu}} = \dfrac{V_{1\text{pu}}}{Z_{\text{pu}}} = \dfrac{1}{3.92} = 0.26\,[\text{pu}]$

  $I_{2\text{pu}} = \dfrac{V_{2\text{pu}}}{Z_{\text{pu}}} = \dfrac{1}{3.92} = 0.26\,[\text{pu}]$

  답 : ⑨ 0.26[pu]

(6) 계산 : $I_1 = I_{1\text{pu}} \times I_{1b} = 0.26 \times 10 = 2.6\,[\text{A}]$

  $I_2 = I_{2\text{pu}} \times I_{2b} = 0.26 \times 50 = 13\,[\text{A}]$

  답 : ⑩ 2.6[A]
  　⑪ 13[A]

KEYWORD 32 고장해석 단위법과 대칭좌표법

□□□ 기사 89, 98, 01

2 다음 그림 중 A점에 단락이 일어났을 경우 단락 전류를 구하는 과정이다. 그림을 잘 보고 문제의 빈칸에 답하시오. (단, 소수점 이하는 모두 구하되 소수점 이하가 무한 소수일 경우에는 소수 위 6째 자리에서 반올림하여 5째 자리까지 구하시오.)(11점)

【조건】
① X_1 : 전력 회사의 계통 리액턴스 [P.U]
② X_2 : 변압기의 P.U 리액턴스
③ X_3 : 변압기의 2차에서 모선을 거쳐 차단기의 전원측 단자에 이르는 전로의 P.U 리액턴스
④ X_4 : 차단기의 부하 단자에서 단락점에 이르는 배선의 P.U 리액턴스
⑤ P.U : 퍼센트 유니트
⑥ $X = X_1 + X_2 + X_3 + X_4 + \cdots$
⑦ 단, 배선의 저항은 무시한다.

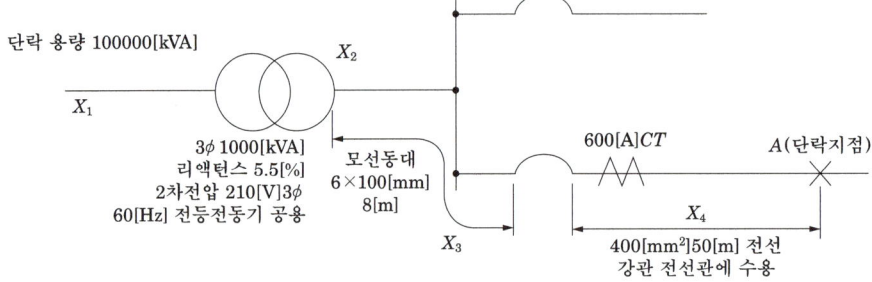

(1) X_1은 1000 [kVA] BASE로 환산하면

P.U 리액턴스 = $\dfrac{1000\ [\text{kVA}]}{(\ ①\ [\text{kVA}])}$ = 0.01 [P.U]

(2) X_2는 변압기의 P.U 리액턴스로서 정격 kVA에 대한 P.U 리액턴스는

$\dfrac{5.5\ [\%]}{100}$ = 0.055이다.

1000 [kVA] BASE로 구한 P.U 리액턴스는

$0.055 \times \dfrac{(\ ②\ [\text{kVA}])}{(\ ③\ [\text{kVA}])}$ = (④)

전동기에 공급하는 변압기로 역률 0.8로 간주하면

X_2 = ④의 값 × 0.8 = (⑤) P.U

(3) X_3는 변압기 2차 단자에서 모선동대의 리액턴스로 10 [m] 1상당 0.0018 [Ω]이다.

그러므로 리액턴스 = 0.0018 [Ω] × $\dfrac{(\ ⑥\ )}{(\ ⑦\ )}$ = (⑧)

1000 [kVA] BASE P.U 리액턴스는

■ 단위법

① X [Pu]

$= \%X \times \dfrac{1}{100} = \dfrac{XP}{10V^2} \times \dfrac{1}{100}$

$= \dfrac{XP[\text{kVA}]}{1000\,V^2\,[\text{kV}]} = \dfrac{XP[\text{MVA}]}{V^2\,[\text{kV}]}$

② 50 [Hz]에서 400 [mm²], 10 [m]당 리액턴스가 0.0013 [Ω]이므로 60 [Hz]로 환산하면 1.2배 하면 된다. ($X = 2\pi fL$)

③ Z [Pu] = $\dfrac{P_n}{P_s}$ [Pu]

$$X_3 = \frac{\text{⑧ 의 값}}{(\text{⑨})} = (\text{⑩}) \text{ P.U}$$

(4) X_4는 강관 전선관에 수용한 400 [mm²], 50 [m]의 전선 리액턴스는

$$(\text{⑪}) \times \frac{(\text{⑫})}{(\text{⑬})} = (\text{⑭})$$

1000 [kVA] BASE P.U 리액턴스는

$$X_4 = \frac{\text{⑭ 의 값}}{(\text{⑮})} = (\text{⑯})$$

(5) 600 [A] CT의 리액턴스는 0.000192 [Ω]이다.

1000 [kVA] BASE P.U 리액턴스는

$$\frac{0.000192\,[\Omega]}{(\text{⑰})} = (\text{⑱})$$

전원에서 A점에 이르는 전 P.U 리액턴스

$$X = X_1 + X_2 + X_3 + X_4 + \text{⑱} = Z = (\text{⑲})$$

(6) 대칭 단락 [kVA]

$$\text{kVA} = \frac{\text{kVA BASE}}{Z} = \frac{1{,}000}{\text{⑲ 의 값}} = (\text{⑳})\,[\text{kVA}]$$

(7) 대칭 단락 전류

$$\text{대칭 단락 전류} = \frac{\text{대칭 단락 kVA 용량}}{\sqrt{3} \times \text{전압}\,[\text{kV}]} = (\text{㉑})\,[\text{A}]$$

[표 1] 배선의 리액턴스 및 저항 (50[Hz])

전선의 굵기	전선 1본의 길이 10 [m]당의 리액턴스 [Ω]			전선 1본의 길이 10 [m] 때의 저항 [Ω]
	강제의 관 또는 덕트에 수납하는 절연 전선 또는 케이블	강제의 관 또는 덕트에 수납하지 않는 케이블	옥내 애자인 배선	
1.5 2.5 4 6	0.0020	0.0012	0.0031	0.087 0.055 0.032 0.023
10 16 25 35	0.0015	0.0010	0.0026	0.013 0.0081 0.0061 0.0048
50 70 95 120 150 185 240 300 400	0.0013	0.0009	0.0033	0.0037 0.0030 0.0023 0.0018 0.0014 0.0012 0.00090 0.00070 0.00055

[주] 60 [Hz]로는 리액턴스를 1.2배 한다.

[표 2] 모선용 동대의 리액턴스 (50[Hz])

동대		1상의 길이 10[m]때의 리액턴스[Ω]
6×50 1매 6×100 2매	S=150	0.0015
6×50 2매 또는 6×100 2매	S=200	

[주] 60[Hz]로는 리액턴스를 1.2배 한다.

| 작성답안

(1) PU 리액턴스 $= \dfrac{1000}{①100000} = 0.01$ [PU]

(2) $0.055 \times \dfrac{②1000}{③1000} = ④0.055$ [PU],

⑤ 0.044 [PU]

(3) ⑥ 8

⑦ 10

⑧ 0.00144

⑨ 0.21^2

⑩ 0.03265

(4) 표 1에 의해서

⑪ 0.0013×1.2

⑫ 50

⑬ 10

⑭ 0.0078 [Ω]

⑮ 0.21^2

⑯ 0.17687 [PU]

(5) ⑰ 0.21^2

⑱ 0.00435 [PU]

⑲ 0.26787 [PU]

(6) ⑳ 3733.15414 [kVA]

(7) ㉑ 10263.51213 [A]

□□□ 기사 18, 22

3 다음 각상의 불평형 전압이 $V_a = 7.3∠12.5°$, $V_b = 0.4∠-100°$, $V_c = 4.4∠154°$인 경우 대칭분 V_0, V_1, V_2를 구하시오. (6점)

(1) V_0

　○ _____

(2) V_1

　○ _____

(3) V_2

　○ _____

강의 NOTE

■ 대칭좌표법

영상 전압 $V_0 = \dfrac{1}{3}(V_a + V_b + V_c)$

정상 전압 $V_1 = \dfrac{1}{3}(V_a + aV_b + a^2 V_c)$

역상 전압 $V_2 = \dfrac{1}{3}(V_a + a^2 dV_b + aV_c)$

| 작성답안

(1) V_0

계산 : $V_0 = \dfrac{1}{3}(7.3∠12.5° + 0.4∠-100° + 4.4∠154°)$

$= \dfrac{1}{3}(7.126 + j1.58 - 0.069 - j0.394 - 3.955 + j1.929)$

$= 1.034 + j1.038 = 1.47∠45.11°\,[\text{V}]$

답 : $1.47∠45.11°\,[\text{V}]$

(2) V_1

계산 : $V_1 = \dfrac{1}{3}(7.3∠12.5° + (1∠120°)0.4∠-100° + (1∠240°)4.4∠154°)$

$= \dfrac{1}{3}(7.126 + j1.58 + 0.376 + j0.137 + 3.648 + j2.46)$

$= 3.717 + j1.392 = 3.97∠20.53°\,[\text{V}]$

답 : $3.97∠20.53°\,[\text{V}]$

(3) V_2

계산 : $V_2 = \dfrac{1}{3}(7.3∠12.5° + (1∠240°)0.4∠-100° + (1∠120°)4.4∠154°)$

$= \dfrac{1}{3}(7.126 + j1.58 - 0.306 + j0.257 + 0.307 - j4.389)$

$= 2.376 - j0.851 = 2.52∠-19.71°\,[\text{V}]$

답 : $2.52∠-19.71°\,[\text{V}]$

KEYWORD 33 고장해석 지락고장

01 비접지 △선로의 지락전류

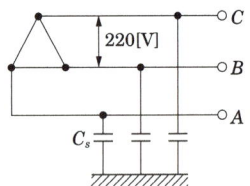

비접지식에서의 지락전류는 대지정전용량을 통해 흐른다. 지락된 상에는 흐르지 않고 나머지 두상의 합으로 흐르므로 다음과 같이 계산한다. a상이 지락된 경우 지락전류는 다음과 같다.

$$I_g = \dot{I}_B + \dot{I}_C = j\omega C_s V_{AB} + j\omega C_s V_{AC}$$
$$= j\omega C_s \{(E_A - E_B) + (E_A - E_C)\} \cdot 10^{-6}$$
$$= j\omega C_s E_A \{(2 - a - a^2)\} \cdot 10^{-6}$$
$$= j3\omega C_s E_A \cdot 10^{-6}$$
$$= j\sqrt{3}\omega C_s V \cdot 10^{-6}$$

02 지락고장시 지락전류의 흐름

• 87.99.00.04.05.13.20
그림은 변류기를 영상 접속시켜 그 잔류 회로에 지락 계전기 DG를 삽입시킨 것이다. 선로의 전압은 66[kV], 중성점에 300[Ω]의 저항 접지로 하였고, 변류기의 변류비는 300/5[A]이다. 송전 전력이 20,000[kW], 역률이 0.8(지상)일 때 a상에 완전 지락 사고가 발생하였다. 물음에 답하시오.(단, 부하의 정상, 역상 임피던스 기타의 정수는 무시한다.)
(1) 지락 계전기 DG에 흐르는 전류 Ig[A] 값은?
(2) a상 전류계에 흐르는 전류 Ia[A] 값은?
(3) b상 전류계에 흐르는 전류 Ib[A] 값은?
(4) c상 전류계에 흐르는 전류 Ic[A] 값은?

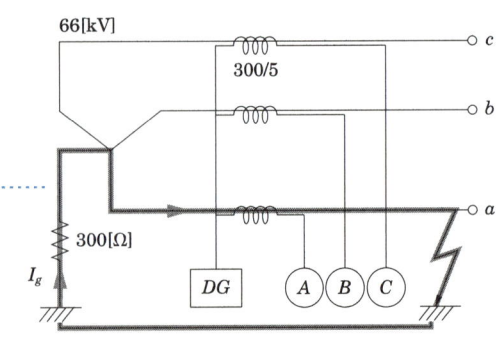

a상의 전류는 지락전류와 부하전류의 합이 흐르며, 지락전류는 저항에 흐르는 전류이므로 $\cos\theta = 1$이며, 부하전류는 $\cos\theta = 0.8$인 전류이다. a상의 전류는 두 전류의 합이 흐르며, 벡터합으로 구하여야 한다.

① 지락전류는 $I_g = \dfrac{V_n}{R}$이며,

지락계전기에 흐르는 전류는 $I_{DG} = I_g \times \dfrac{1}{CT비}$가 된다.

② 부하전류는 $I_L = \dfrac{P}{\sqrt{3} \times V \times \cos\theta}$가 된다.

③ a상의 전류는 $\dot{I_a} = \dot{I_L} + \dot{I_g}$로 벡터계산한다.

03 충전전류와 충전용량

① 전선의 충전 전류 : $I_c = 2\pi f C \times \dfrac{V}{\sqrt{3}}$ [A]

② 전선로의 충전 용량 : $P_c = \sqrt{3}\, VI_C = 2\pi f CV^2 \times 10^{-3}$ [kVA]

여기서,
C : 전선 1선당 정전 용량 [F]
V : 선간 전압 [V]
f : 주파수 [Hz]

※ 선로의 충전전류 계산 시 전압은 변압기 결선과 관계없이 상전압 $\left(\dfrac{V}{\sqrt{3}}\right)$을 적용하여야 한다.

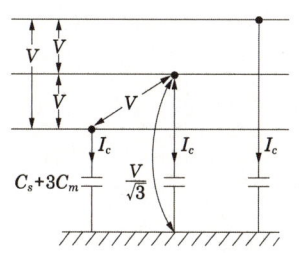 ⇒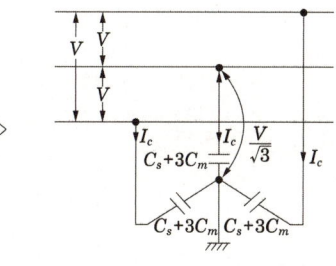

강의 NOTE

• 기/산 09
그림과 같이 Δ결선된 배전선로에 접지콘덴서 $C=2[\mu F]$를 사용할 때 A상에 지락이 발생한 경우의 지락전류[mA]를 구하시오.(단, 주파수 60[Hz]로 한다.)

• 기 01.15.19.22
전압 22,900[V], 주파수 60[Hz], 선로길이 7[km] 1회선의 3상 지중송전선로가 있다. 이 지중 전선로의 3상 무부하 충전전류 및 충전용량을 구하시오.(단, 케이블의 1선당 작용 정전용량은 $0.4[\mu F/km]$라고 한다.)
(1) 충전전류
(2) 충전용량

강의 NOTE

• 기 98.02
그림은 고압측 전로가 비접지식인 전로에서 고·저압 혼촉 사고가 발생된 것을 표시한 것이다. 변압기 TR의 내부에서 혼촉 사고가 발생되었다고 할 때 다음 각 물음에 답하시오.(단 대지 정전 용량 C=1.16[μF]이고, 지락 저항은 무시한다고 하며, Ig는 고압 전로의 1선 지락전류이다.
(1) 전로의 대지 정전 용량에 흐르는 전류(충전 전류)는 몇 [A]인가?
(2) 변압기 TR의 2차측 중성점 접지 공사를 하여야 한다. 이 때 접지 저항 Rg는 몇 [Ω] 이하로 하여야 하는가?
(3) 변압기 결선에 대한 결선도(⊿-⊿, ⊿-Y)를 작성하시오.

04 혼촉사고시 충전전류

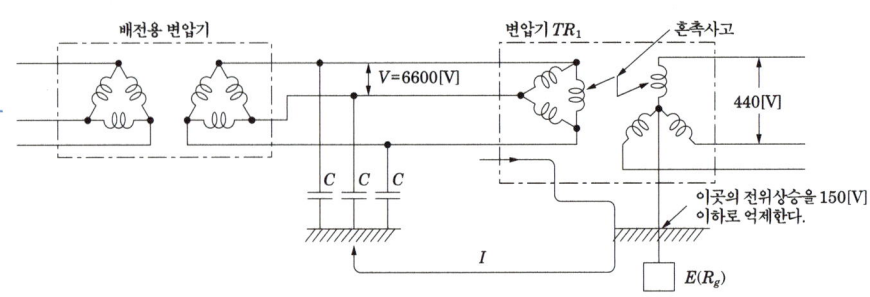

콘덴서에 걸리는 전압을 기준으로 충전전류를 구한다.

$$I_c = 2\pi f C \times \frac{V}{\sqrt{3}} \quad [A]$$

관련문제

33. 고장해석 지락고장

□□□ 09

1 그림과 같이 △결선된 배전선로에 접지콘덴서 $C_s=2\,[\mu F]$를 사용할 때 A상에 지락이 발생한 경우의 지락전류[mA]를 구하시오. (단, 주파수 60[Hz]로 한다.)(5점)

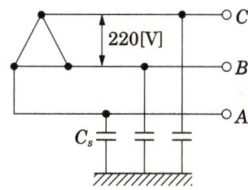

* 본 문제는 한국전기설비규정의 변경으로 문제가 성립되지 않아 유사문제로 변경하였습니다.

| 작성답안

계산 : $I_g = \sqrt{3}\,\omega C_s V = \sqrt{3} \times 2\pi \times 60 \times 2 \times 10^{-6} \times 220 \times 10^3 = 287.31\,[\text{mA}]$
답 : 287.31 [mA]

강의 NOTE

■ 충전전류와 충전용량

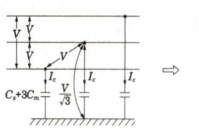 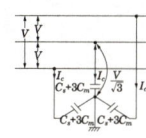

① 전선의 충전 전류
$$I_c = 2\pi f\,C \times \frac{V}{\sqrt{3}}\,[\text{A}]$$

② 전선로의 충전 용량
$$P_c = \sqrt{3}\,VI_C$$
$$= 2\pi f\,CV^2 \times 10^{-3}\,[\text{kVA}]$$

여기서, C : 전선 1선당 정전 용량 [F],
V : 선간 전압 [V],
f : 주파수 [Hz]

※ 선로의 충전전류 계산 시 전압은 변압기 결선과 관계없이 상전압 $\left(\dfrac{V}{\sqrt{3}}\right)$를 적용하여야 한다.

KEYWORD 34 유도장해

강의 NOTE

01 전자유도장해

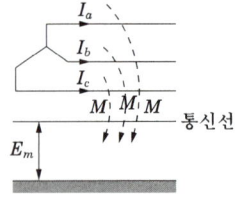

전자유도 전압 : $E_m = -j\omega l M(\dot{I_a} + \dot{I_b} + \dot{I_c}) = -j\omega Ml \times 3I_0$

- 산 14.22
3상 송전선의 각 선의 전류가 Ia=250+j50, Ib=-150-j300, Ic=50+j150 일 때 이것과 병행으로 가설된 통신선에 유기되는 전자유도전압의 크기는 몇 [V]인가? (단, 송전선과 통신선 사이 상호 임피던스는 15Ω이다.)

- 산 21
송전전압 66[kV]의 3상 3선식 송전선에서 1선 지락사고로 영상전류 50[A]가 흐를 때 통신선에 유기되는 전자유도전압[V]을 구하시오.
단, 상호인덕턴스 0.06 [mH/km], 병행거리 30[km], 주파수는 60[Hz]이다.

02 정전유도장해

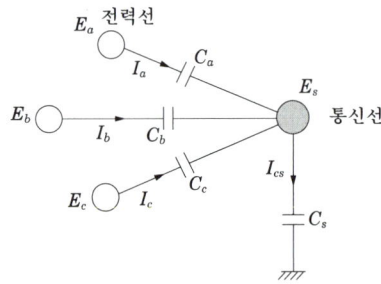

정전유도전압

$$|E_s| = \frac{\sqrt{C_a(C_a - C_b) + C_b(C_b - C_c) + C_c(C_c - C_a)}}{C_a + C_b + C_c + C_s} \times E$$

03 유도장해 경감대책

1 전력선 측 대책

① 송전선의 경과지(route)를 통신선로로부터 멀리 떨어지도록 하여 송전선로와 통신선로사이의 상호 인덕턴스 M을 줄일 수 있다.
② 중성점 접지 저항값을 가능한 크게 한다.
③ 고속도 차단방식(0.1초 이내 차단)을 채용하여 중성점 직접접지 계통에서는 사고시 고장 지속시간이 단축된다.
④ 가공 송전선을 지중 케이블로 매설하고 케이블의 금속외피를 접지한다.
⑤ 철탑의 정상부분에 가공지선을 설치하여 가공지선에 도전율이 좋은 전선을 사용하면 낙뢰보호 외에 통신선에 대한 유도장해에 대한 차폐효과가 있다.
⑥ 송전선과 통신선 사이에 차폐선 가설(M의 저감)한다. 차폐선 설치하면 30~50% 경감할 수 있다.

2 통신선측 대책

① 통신선의 도중에 중계코일 설치 (병행길이의 단축)
② 연피 통신케이블 사용 (M의 저감)
③ 통신선에 우수한 피뢰기 설치 (유도전압을 강제적으로 저감)
④ 배류코일(drainage coil)을 사용한다. 배류코일은 상용주파수의 유도전압에 대해서는 저임피던스로 작용하여 접지점을 통하여 방전되며, 주파수가 높은 통신신호에 대해서는 고임피던스로 작용하여 통신설비로 보내 준다.
⑤ 통신선에 광섬유(optical fiber) 케이블을 사용한다.

강의 NOTE

■ 통신선의 전자 유도 장해 경감에 관한 대책

전력선측 대책 (5가지) (중고차 전송)
- 중성점을 접지할 경우 저항값을 가능한 큰 값으로 한다.
- 고속도 지락 보호 계전 방식을 채용한다.
- 차폐선을 설치한다.
- 지중전선로 방식을 채용한다.
- 송전선로를 될 수 있는 대로 통신 선로로부터 멀리 이격하여 건설한다.

통신선측 대책(통통배 전절연)
- 통신선 대책
- 통신선에 성능이 우수한 피뢰기를 사용한다.
- 배류 코일을 설치한다.
- 전력선과 교차시 수직교차 한다.
- 절연 변압기를 설치하여 구간을 분리한다.
- 연피케이블을 사용한다.

● 기 97.99.12.17
중성점 직접 접지 계통에 인접한 통신선의 전자 유도장해 경감에 관한 대책을 경제성이 높은 것부터 설명하시오.
(1) 근본 대책
(2) 전력선측 대책(5가지)
(3) 통신선측 대책(5가지)

● 기 97.99
유도 장해 방지를 위한 전력선측 대책을 5가지만 쓰시오.

관련문제 34. 유도장해

□□□ 14, 22

1 3상 송전선의 각 선의 전류가 $I_a = 220 + j50$, $I_b = -150 - j300$, $I_c = -50 + j150$ 일 때 이것과 병행으로 가설된 통신선에 유기되는 전자유도 전압의 크기는 몇 [V]인가? (단, 송전선과 통신선 사이 상호 임피던스는 15[Ω]이다.)(5점)

| 작성답안

계산 : $I_a + I_b + I_c = 220 + j50 - 150 - j300 - 50 + j150 = 20 - j100$ [A]

$|I_a + I_b + I_c| = \sqrt{20^2 + 100^2}$ [A]

∴ $E_m = -j\omega M\ell \times (I_a + I_b + I_c) = 15 \times \sqrt{(20^2 + 100)^2} = 1529.705$ [V]

답 : 1529.71[V]

■ 전자유도
① 전자유도전압 $E_m = -j\omega Ml 3I_o$
  E_m : 전자 유도전압, M : 상호 인덕턴스,
  l : 통신선과 전력선의 병행길이
  $3I_o = 3 \times$영상 전류 = 지락 전류
② 유도장해 방지대책
- 전력선측 대책 (5가지)
  • 송전선로를 될 수 있는 대로 통신 선로로부터 멀리 떨어져 건설한다.
  • 중성점을 접지할 경우 저항값을 가능한 큰 값으로 한다.
  • 고속도 지락 보호 계전 방식을 채용한다.
  • 차폐선을 설치한다.
  • 지중전선로 방식을 채용한다.
- 통신선측 대책 (5가지)
  • 절연 변압기를 설치하여 구간을 분리한다.
  • 연피케이블을 사용한다.
  • 통신선에 우수한 피뢰기를 사용한다.
  • 배류 코일을 설치한다.
  • 전력선과 교차시 수직교차한다.

□□□ 21

2 송전전압 66[kV]의 3상 3선식 송전선에서 1선 지락사고로 영상전류 50[A]가 흐를 때 통신선에 유기되는 전자유도전압[V]을 구하시오. (단, 상호인덕턴스 0.06[mH/km], 병행거리 30[km], 주파수는 60[Hz]이다.)(5점)

| 작성답안

계산 : $E_m = -j\omega Ml (3I_o) = -j2\pi \times 60 \times 0.06 \times 10^{-3} \times 30 \times 3 \times 50 = 101.79$ [V]

답 : 101.79[V]

KEYWORD 35 중성점접지

강의 NOTE

- 기 18
- 산 14.15.16
- 산(유) 97

변압기 중성점 접지(계통접지)의 목적 3가지를 쓰시오.

- 산 18.21

중성점 접지에 관한 다음 물음에 답하시오.
(1) 송전 계통에서의 중성점 접지방식을 4가지 쓰시오.
(2) 우리나라의 154[kV], 345[kV] 송전계통에 적용되는 중성점 접지방식을 쓰시오.
(3) 유효접지는 1선지락 사고시 건전상전위상승이 상규 대지전압의 몇 배를 넘지 않도록 접지 임피던스를 조절하여야 하는지 쓰시오.

- 산 04.12.19

송전 계통의 중성점 접지방식에서 어떻게 접지하는 것을 유효접지(effectivegrounding)라 하는지를 설명하고, 유효접지의 가장 대표적인 접지 방식 한 가지만 쓰시오.
(1) 설명
(2) 접지방식

01 비접지방식

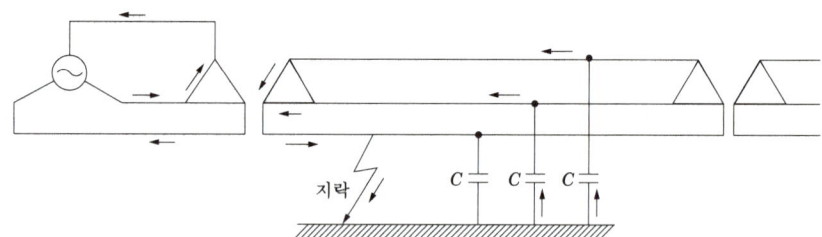

비접지 방식은 변압기의 결선을 $\Delta-\Delta$로 하고, 이에 대한 중성점을 접지하지 않는 방식이다. 이러한 선로에서는 1선 지락사고가 일어나면 건전상의 전위가 상전압에서 선간전압으로 상승하게 된다. 이 경우 대지 정전용량(C_s)이 작기 때문에 대지 충전전류는 크지 않은 것이 보통이며 1선지락전류는 다음과 같다.

$$\dot{I}_g = j3\omega C_s \dot{E} [A]$$

여기서, C_s : 1상당 대지 정전용량 [F]

$\dot{E}$: 고장발생 직전의 고장점 대지전위 [V]

02 직접접지방식

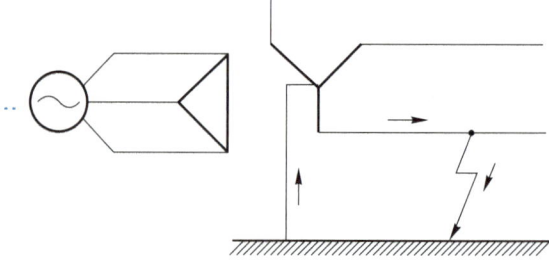

① 1선 지락 시 건전상의 대지전압 상승이 최소이다.
② 선로 및 기기의 절연레벨을 낮출 수 있다.
③ 지락보호계전기 동작이 확실하다.

④ 과도 안정도가 나빠진다.
⑤ 지락고장 시 지락전류가 크므로 통신선에 전자유도 장해가 크다.
⑥ 지락 전류가 매우 크기 때문에 기기에 큰 기계적 충격을 주기 쉽다.

03 소호 리액터 접지 방식

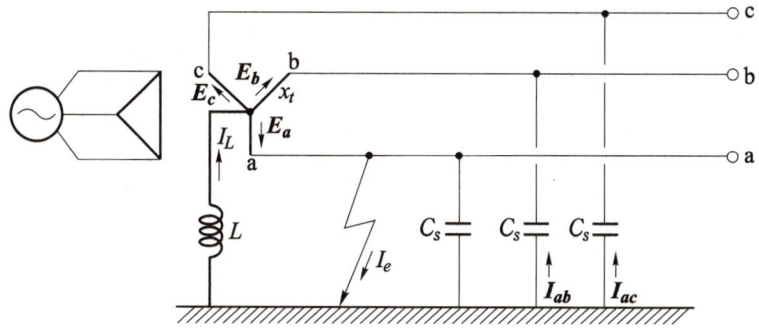

• 기 08
154[kV], 60[Hz], 선로의 길이 200[km]인 3상 송전선에 설치한 소호리액터의 공진탭의 용량은 몇 [kVA]인가?(단, 1선당 대지 정전용량은 0.0043[μF/km]이다.)

a상이 지락되었다고 하면 지락전류 I_e는 L을 흐르는 지상전류 $\dot{I}_L$과 b상 및 c상의 대지 정전용량 C를 흐르는 진상전류 $\dot{I}_{ab}$ 및 $\dot{I}_{ac}$로 된다. 병렬공진이 되면 지락전류는 0으로 되어 소호작용(消弧作用)을 하게 된다.

04 중성점 잔류전압

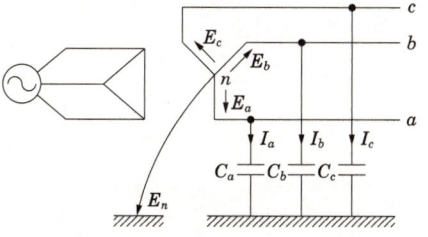

• 기 14.20
154[kV] 2회선 송전선이 있다. 1회선만이 운전중일 때 휴전 회선에 대한 정전유도전압은? 단, 송전중의 회선과 휴전선 중의 회선과의 정전용량은 C_a = 0.001[μF], C_b = 0.0006[μF], C_c = 0.0004[μF]이고, 휴전선의 1선 대지정전용량은 C_s = 0.0052[μF]이다.

$$E_n = \frac{\sqrt{C_a(C_a - C_b) + C_b(C_b - C_c) + C_c(C_c - C_a)}}{C_a + C_b + C_c} \times \frac{V}{\sqrt{3}} [V]$$

여기서 E_n : 중성점 잔류전압

관련문제

35. 중성점접지

□□□ 04, 12, 19

1 송전 계통의 중성점 접지방식에서 어떻게 접지하는 것을 유효접지(effective grounding)라 하는지를 설명하고, 유효접지의 가장 대표적인 접지 방식 한 가지만 쓰시오. (5점)

(1) 설명

　○ _____

(2) 접지방식

　○ _____

| 작성답안

- 설명 : 1선지락 사고시 건전상의 전압상승을 상규 대지전압의 1.3배를 넘지 않도록 접지 임피던스를 조절해서 접지하는 것을 말한다.
- 접지방식 : 직접접지방식

□□□ 18, 21

2 중성점 접지에 관한 다음 물음에 답하시오. (8점)

(1) 송전 계통에서의 중성점 접지방식을 4가지 쓰시오.

　○ _____

(2) 우리나라의 154[kV], 345[kV] 송전계통에 적용되는 중성점 접지방식을 쓰시오.

　○ _____

(3) 유효접지는 1선지락 사고시 건전상 전위상승이 상규 대지전압의 몇 배를 넘지 않도록 접지 임피던스를 조절하여야 하는지 쓰시오.

　○ _____

| 작성답안

(1) • 비접지방식
　　• 저항 접지방식
　　• 소호리액터 접지방식
　　• 직접 접지방식
(2) 유효접지방식 (직접접지방식)
(3) 1.3배

강의 NOTE

■ 중성점 접지방식

중성점 접지방식의 종류는 중성점에 접지되는 임피던스의 크기에 따라 결정된다.

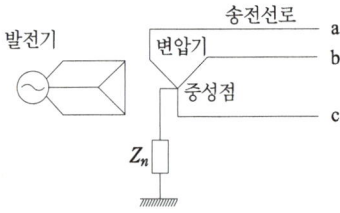

① 비접지 방식($Z_N = \infty$)
② 직접접지 방식($Z_N = 0$)
③ 저항접지 방식($Z_N = R$)
④ 소호 리액터 접지방식($Z_N = jX$)

■ 유효접지

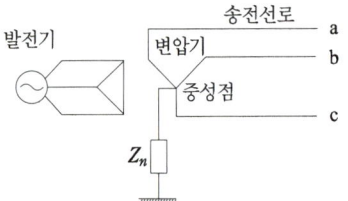

① 직접 접지 방식중 유효 접지 방식(effective grounding)은 지락사고 시 건전상의 전위 상승이 상규대지 전압의 1.3배 이하가 되도록 하는 접지방식으로 전위상승이 최소가 된다.
② 유효 접지 조건

$$\frac{R_0}{X_1} \leq 1 \quad 0 \leq \frac{X_0}{X_1} \leq 3$$

여기서, R_0 : 영상저항,
　　　　X_1 : 정상리액턴스,
　　　　X_0 : 영상리액턴스

3 송배전 선로의 중성점 접지 목적을 4가지만 쓰시오. (6점)

| 작성답안

- 1선 지락 고장시 건전상의 대지 전위 상승 억제
- 기기의 절연 레벨 경감
- 지락 사고시 보호계전기의 동작 확보
- 아크 접지의 발생에 따르는 이상 전압 발생의 방지

강의 NOTE

■ 접지의 목적
(이상 보호 기대)
- 낙뢰, 개폐서지 등에 의한 이상전압을 억제한다.
- 지락사고시 발생하는 지락전류를 검출하여 보호 계전기의 동작을 확실하게 한다.
- 고저압 혼촉에 의한 저압측 전위상승을 억제하여 저압측에 연결된 기계기구의 절연을 보호한다.
- 전력계통에서 발생하는 대지전위의 상승을 억제한다.

4 송전계통의 중성점을 접지하는 목적을 3가지만 쓰시오. (5점)

| 작성답안

- 건전상 대지전위상승을 억제하여 전선로 및 기기의 절연레벨을 경감한다.
- 지락전류를 검출하여 보호계전기의 동작을 확실하게 한다.
- 뇌, 아크 지락 등에 의한 이상전압의 경감 및 발생을 방지한다.

그 외
- 1선지락시 지락전류의 크기를 제한하여 안정도를 향상시킨다.

PART 08

감리와 한국전기설비규정

KEYWORD
36 피뢰시스템
37 전력시설물 공사감리 업무수행지침
38 한국전기설비규정

KEYWORD 36   피뢰시스템(LPS, Lightning Protection System)

강의 NOTE

- 산 14
  피뢰기와 피뢰침의 차이를 간단히 쓰시오
  - 사용목적
  - 접지
  - 취부위치

건축물의 피뢰시스템(LPS, Lightning Protection System)은 "외부피뢰시스템(외부 LPS)"과 "내부피뢰시스템(내부 LPS)"으로 대별된다.
피뢰설비의 목적은 낙뢰로부터 건축물의 파괴, 화재발생을 사전예방하는 것을 목적으로 한다. 한국전기설비규정에서는

1. 전기전자설비가 설치된 건축물·구조물로서 낙뢰로부터 보호가 필요한 것 또는 지상으로부터 높이가 20 m 이상인 것
2. 전기설비 및 전자설비 중 낙뢰로부터 보호가 필요한 설비가 있는 곳에 피뢰설비를 하도록 규정하고 있다.

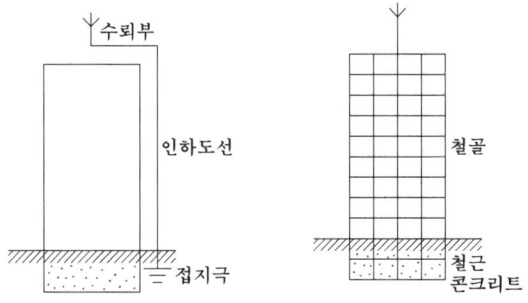

01 구성

- 한국전기설비규정 152.1 수뢰부시스템
(수평 돌맹이 구성)
  - 수평도체
  - 돌침
  - 메시도체(M회보 배치)
  - 메(M)시법
  - 회전구체법
  - 보호각법

<u>피뢰설비는 수뢰부, 피뢰도선(인하도선), 접지극으로 구성된다.</u>
수뢰부는 뇌격이 보호범위 내에 침입할 확률은 수뢰부를 적절히 설계함으로서 상당히 감소된다. <u>수뢰부</u>는 다음과 같은 요소 또는 이들의 조합으로 구성된다.

① 돌침
② 수평도체
③ 메시도체

피뢰도선은 수뢰부와 접지극을 접속하는 도선을 말한다. 피뢰도선은 동, 황동, 알루미늄의 조임금구를 사용하여 적당한 간격으로 견고하게 피보호물에 부착한다.

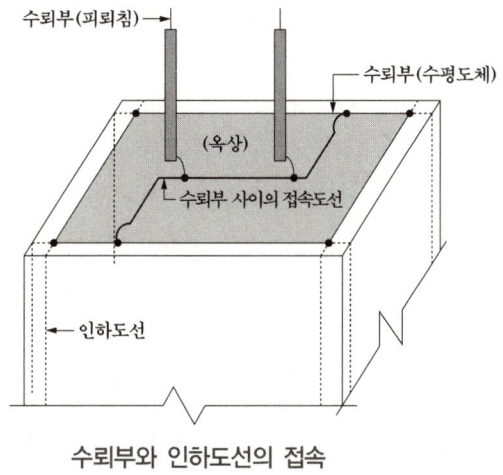

수뢰부와 인하도선의 접속

02 수뢰부시스템

1 수뢰부시스템 선정은 다음에 의한다.
  ① 돌침, 수평도체, 메시도체의 요소 중에 한 가지 또는 이를 조합한 형식으로 시설하여야 한다.
  ② 수뢰부시스템 재료는 KS C IEC 62305-3(피뢰시스템-제3부:구조물의 물리적 손상 및 인명위험)의 표6(수뢰도체, 피뢰침, 대지 인입 붕괴 인하도선의 재료, 형상과 최소단면적)에 따른다.
  ③ 자연적 구성부재가 KS C IEC 62305-3(피뢰시스템-제3부 : 구조물의 물리적 손상 및 인명위험)의 "5.2.5 자연적 구성부재"에 적합하면 수뢰부시스템으로 사용할 수있다.

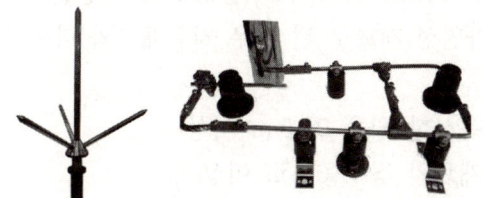

돌침과 수평도체

강의 NOTE

• 기 21
외부 피뢰시스템에 대하여 다음 물음에 답하시오.
(1) 수뢰부시스템의 구성요소 3가지
(2) 피뢰시스템의 배치방법 3가지

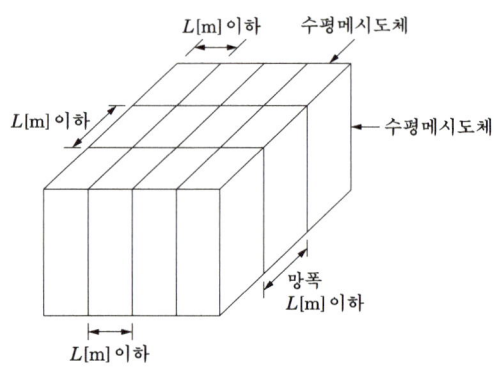

케이지방식(메시도체)

건축물의 주위를 피뢰도선으로 cage처럼 감싸는 방식을 케이지방식이라 한다. 이 방법은 가장 완전한 피뢰방법이며, 뇌의 완전한 차폐가 필요한 곳에 적용한다.

2 수뢰부시스템의 배치는 다음에 의한다.
① 보호각법, 회전구체법, 메시법 중 하나 또는 조합된 방법으로 배치하여야 한다.
② 건축물·구조물의 뾰족한 부분, 모서리 등에 우선하여 배치한다.

3 지상으로부터 높이 60 m를 초과하는 건축물·구조물에 측뢰 보호가 필요한 경우에는 수뢰부시스템을 시설하여야 하며, 다음에 따른다.
① 전체 높이 60 m를 초과하는 건축물·구조물의 최상부로부터 20 % 부분에 한하며, 피뢰시스템 등급 Ⅳ의 요구사항에 따른다.
② 자연적 구성부재가 제1의 "다"에 적합하면, 측뢰 보호용 수뢰부로 사용할 수 있다.

4 건축물·구조물과 분리되지 않은 수뢰부시스템의 시설은 다음에 따른다.
① 지붕 마감재가 불연성 재료로 된 경우 지붕표면에 시설할 수 있다.
② 지붕 마감재가 높은 가연성 재료로 된 경우 지붕재료와 다음과 같이 이격하여 시설한다.
• 초가지붕 또는 이와 유사한 경우 0.15 m 이상
• 다른 재료의 가연성 재료인 경우 0.1 m 이상

03 인하도선시스템

1 수뢰부시스템과 접지시스템을 연결하는 것으로 다음에 의한다.
① 복수의 인하도선을 병렬로 구성해야 한다. 다만, 건축물·구조물과 분리된 피뢰시스템인 경우 예외로 한다.
② 경로의 길이가 최소가 되도록 한다.
③ 인하도선시스템 재료는 KS C IEC 62305-3(피뢰시스템-제3부 : 구조물의 물리적 손상 및 인명위험)의 표6(수뢰도체, 피뢰침, 대지 인입 붕괴 인하도선의 재료, 형상과 최소단면적)에 따른다.

2 배치 방법은 다음에 의한다.

(1) 건축물·구조물과 분리된 피뢰시스템인 경우
① 뇌전류의 경로가 보호대상물에 접촉하지 않도록 하여야 한다.
② 별개의 지주에 설치되어 있는 경우 각 지주 마다 1조 이상의 인하도선을 시설한다.
③ 수평도체 또는 메시도체인 경우 지지 구조물 마다 1조 이상의 인하도선을 시설한다.

(2) 건축물·구조물과 분리되지 않은 피뢰시스템인 경우
① 벽이 불연성 재료로 된 경우에는 벽의 표면 또는 내부에 시설할 수 있다. 다만, 벽이 가연성 재료인 경우에는 0.1 m 이상 이격하고, 이격이 불가능한 경우에는 도체의 단면적을 $100\,mm^2$ 이상으로 한다.
② 인하도선의 수는 2조 이상으로 한다.
③ 보호대상 건축물·구조물의 투영에 다른 둘레에 가능한 한 균등한 간격으로 배치한다. 다만, 노출된 모서리 부분에 우선하여 설치한다.
④ 병렬 인하도선의 최대 간격은 피뢰시스템 등급에 따라 I·II 등급은 10 m, III 등급은 15 m, IV 등급은 20 m로 한다.

3 수뢰부시스템과 접지극시스템 사이에 전기적 연속성이 형성되도록 다음에 따라 시설하여야 한다.
① 경로는 가능한 한 루프 형성이 되지 않도록 하고, 최단거리로 곧게 수직으로 시설하여야 하며, 처마 또는 수직으로 설치 된 홈통 내부에 시설하지 않아야 한다.

② 철근콘크리트 구조물의 철근을 자연적구성부재의 인하도선으로 사용하기 위해서는 해당 철근 전체 길이의 전기저항 값은 0.2Ω 이하가 되어야하며, 전기적 연속성은 KS C IEC 62305-3(피뢰시스템-제3부 : 구조물의 물리적 손상 및 인명위험)의 "4.3 철근콘크리트 구조물에서 강제 철골조의 전기적 연속성"에 따라야 한다.
③ 시험용 접속점을 접지극시스템과 가까운 인하도선과 접지극시스템의 연결부분에시설하고, 이 접속점은 항상 폐로 되어야 하며 측정 시에 공구 등으로만 개방할 수 있어야 한다. 다만, 자연적 구성부재를 이용하거나, 자연적 구성부재 등과 본딩을 하는 경우에는 예외로 한다.

4 인하도선으로 사용하는 자연적 구성부재는 KS C IEC 62305-3(피뢰시스템-제3부 : 구조물의 물리적 손상 및 인명위험)의 "4.3 철근콘크리트 구조물에서 강제 철골조의 전기적 연속성"과 "5.3.5 자연적 구성 부재"의 조건에 적합해야 하며 다음에 따른다.
① 각 부분의 전기적 연속성과 내구성이 확실하고, 제1의 "다"에서 인하도선으로 규정된 값 이상인 것
② 전기적 연속성이 있는 구조물 등의 금속제 구조체(철골, 철근 등)다.
③ 구조물 등의 상호 접속된 강제 구조체
④ 건축물 외벽 등을 구성하는 금속 구조재의 크기가 인하도선에 대한 요구사항에 부합하고 또한 두께가 0.5 mm 이상인 금속판 또는 금속관
⑤ 인하도선을 구조물 등의 상호 접속된 철근·철골 등과 본딩하거나, 철근·철골 등을 인하도선으로 사용하는 경우 수평 환상도체는 설치하지 않아도 된다.
⑥ 인하도선의 접속은 152.4에 따른다.

04 접지극시스템

1 뇌전류를 대지로 방류시키기 위한 접지극시스템은 다음에 의한다.
A형 접지극(수평 또는 수직접지극) 또는 B형 접지극(환상도체 또는 기초접지극)중 하나 또는 조합하여 시설할 수 있다.

2 접지극은 다음에 따라 시설한다.
   ① 지표면에서 0.75 m 이상 깊이로 매설 하여야 한다. 다만, 필요시는 해당 지역의 동결심도를 고려한 깊이로 할 수 있다.
   ② 대지가 암반지역으로 대지저항이 높거나 건축물·구조물이 전자통신 시스템을 많이 사용하는 시설의 경우에는 환상도체접지극 또는 기초 접지극으로 한다.
   ③ 접지극 재료는 대지에 환경오염 및 부식의 문제가 없어야 한다.
   ④ 철근콘크리트 기초 내부의 상호 접속된 철근 또는 금속제 지하구조물 등 자연적 구성부재는 접지극으로 사용할 수 있다.

05 보호각법

피보호 구조물 전체가 수뢰부시스템에 의한 보호범위 내에 놓이면 수뢰부시스템의 배치가 적절한 것으로 간주한다. 피보호 범위의 결정에는 단지 금속제 수뢰부시스템의 실제 물리적 치수만 고려해야한다.

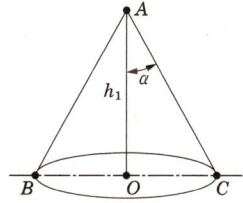

A : 수직피뢰침B 기준면
α : 보호각OC 보호영역의 반경
h_1 : 보호를 위한 영역 기준면의 상부 수직피뢰침의 높이
    수직피뢰침에 의한 보호범위
피뢰침의 보호각도를 건물 높이에 관계없이 60°를 적용하는 방법이다.

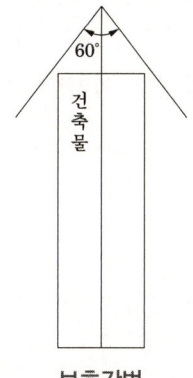

보호각법

06 회전구체법

회전구체법은 피뢰침의 보호반경을 구하는 공식으로써 대부분의 선진국들의 기술기준이 인정하고 있으며, 국내의 기술기준인 KS C IEC 62305에 적용되고 있다.

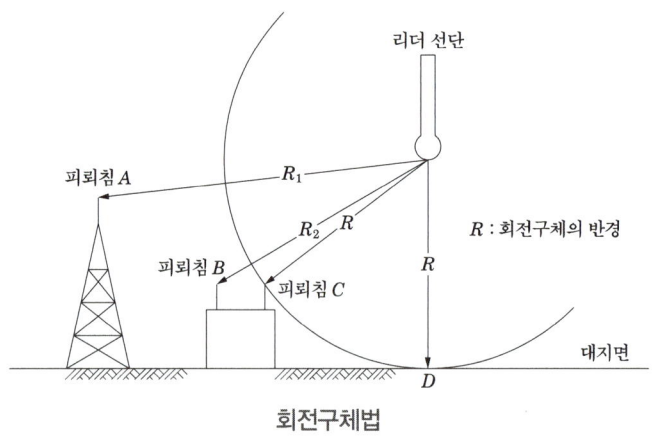

회전구체법

회전구체법의 이론은 피뢰침으로부터 방사되는 (+)이온과 뇌운으로부터 내려오는 (−)이온이 만나는 지점(뇌격점)으로부터 피뢰침까지의 거리인 "뇌격거리"를 반지름으로 하는 가상의 구를 그려서 마치 건축물 주위를 커다란 공을 굴리듯이 사방에서 굴려 감싸게 한 후 이 가상의 구와 건축물이 맞닿지 않는 부분이 낙뢰로부터 보호된다는 이론이다.
회전구체법은 2개 이상의 수뢰부에 동시에 접촉되거나, 또는 1개 이상의 수뢰부와 대지에 동시에 접촉되도록 구체를 회전시킬 때 구체표면의 포락면으로부터 보호대상물 측을 보호범위로 하는 방법이 회전구체법이며, 이 회전시킨 구체를 회전구체라 한다.
회전구체법을 적용하여 보호범위를 산정하는 경우 회전구체가 접촉하는 부분에 수뢰를 설치해야 하며, 아래 그림과 같이 보호반경에 해당되는 구체를 회전시켰을 때 구체에 의해 가려지는 부분이 보호범위이다. 회전구체의 반경을 60m 이내로 해야 되며, 한국전기설비규정에는 20m를 넘는 부분에만 수뢰장치를 설치하도록 하고 있다.

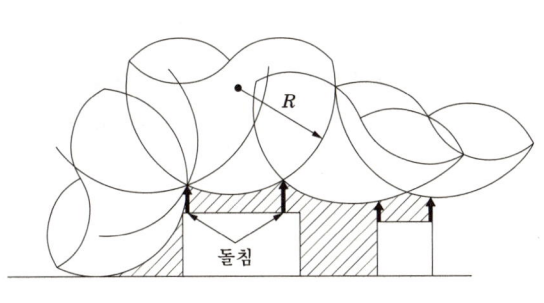
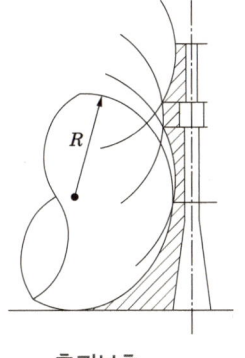

보호 범위   측뢰보호

회전구체법의 보호범위

07 메시도체법

수뢰도체는 지붕끝선, 지붕돌출부, 지붕 경사가 1/10을 넘는 경우 지붕마루선에 배치하여야 한다.
회전구체의 반경값보다 높은 레벨의 건축물 측면 표면에 수뢰부 시스템이 시공되어 있을 경우 수뢰망의 메시치수는 다음 표의 값 이하로 하여야 한다.

1 피뢰시스템의 등급

피뢰시스템의 특성은 보호대상 구조물의 특성과 고려되는 피뢰레벨에 따라 결정된다.

피뢰레벨과 피뢰시스템 등급사이의 관계(KS C IEC 62305-1 참조)

피뢰레벨	피뢰시스템의 등급
I	I
II	II
III	III
IV	IV

강의 NOTE

• 기 21
피뢰시스템의 특성은 보호대상 구조물의 특성과 고려되는 피뢰레벨에 따라 결정된다. 위험성 평가를 기초로 하여 요구되는 피뢰시스템의 등급을 선택하여야 하는데, 피뢰시스템의 등급과 관계가 있는 데이터와 피뢰시스템의 등급과 관계없는 데이터를 구분하여 기호로 답하시오.
ⓐ 회전구체의 반경, 메시(mesh)의 크기 및 보호각
ⓑ 인하도선사이 및 환상도체 사이의 전형적인 최적거리
ⓒ 위험한 불꽃방전에 대비한 이격거리
ⓓ 접지극의 최소길이
ⓔ 수뢰부시스템으로 사용되는 금속판과 금속관의 최소두께
ⓕ 접속도체의 최소치수
ⓖ 피뢰시스템의 재료 및 사용조건
(1) 피뢰시스템의 등급과 관계가 있는 데이터
(2) 피뢰시스템의 등급과 관계없는 데이터

■ KS C IEC 62305-3 피뢰시스템 LPS (Lightning protection system)
피뢰시스템의 등급과 관계가 있는 데이터(회전뇌 위험 인접)
- 회전구체의 반경, 메시(mesh)의 크기 및 보호각
- 뇌파라미터
- 위험한 불꽃방전에 대비한 이격거리
- 인하도선 사이 및 환상도체 사이의 전형적인 최적거리
- 접지극의 최소길이

피뢰시스템의 레벨별 회전구체 반경, 메시치수와 보호각의 최대값

피뢰시스템의 레벨	회전구체 반경 r (m)	보호법	
		메시치수 W (m)	보호각 $\alpha °$
I	20	5×5	아래 그림 참조
II	30	10×10	
III	45	15×15	
IV	60	20×20	

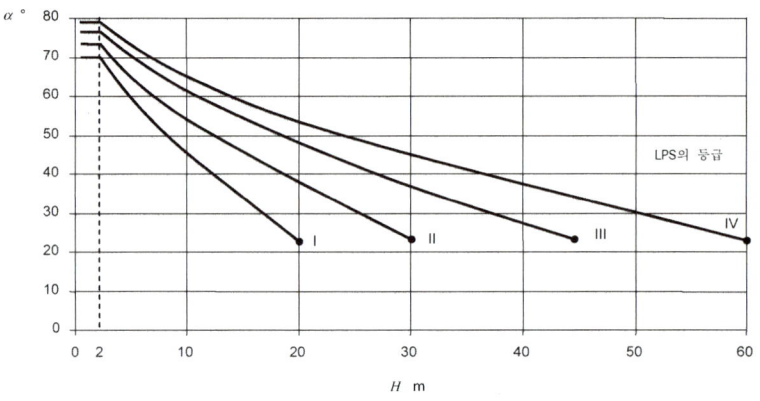

【비고 1】표를 넘는 범위에는 적용할 수 없으며, 단지 회전구체법과 메시법만 적용할 수 있다.
【비고 2】H는 보호대상 지역 기준평면으로부터의 높이이다.
【비고 3】높이 H가 2 m 이하인 경우 보호각은 불변이다.

2 피뢰시스템의 등급과 관계가 있는 데이터

① 뇌파라미터
② 회전구체의 반경, 메시(mesh)의 크기 및 보호각
③ 인하도선 사이 및 환상도체사이의 전형적인 최적거리
④ 위험한 불꽃방전에 대비한 이격거리
⑤ 접지극의 최소길이

3 피뢰시스템의 등급과 관계없는 데이터

① 피뢰등전위본딩
② 수뢰부시스템으로 사용되는 금속판과 금속관의 최소두께
③ 피뢰시스템의 재료 및 사용조건
④ 수뢰부시스템, 인하도선, 접지극의 재료, 형상 및 최소치수
⑤ 접속도체의 최소치수

관련문제

36. 피뢰시스템

1 피뢰기와 피뢰침의 차이를 간단히 쓰시오. (4점)

항목	피뢰기(lightning arrester)	피뢰침(lightning rod)
사용목적		
접지		
취부위치		

작성답안

항목	피뢰기(lightning arrester)	피뢰침(lightning rod)
사용목적	이상전압(낙뢰 또는 개폐시 발생하는 전압)으로부터 전력설비의 기기를 보호	건축물과 내부의 사람이나 물체를 뇌해로부터 보호
접지	방전 경우에만 접지	상시 접지
취부위치	• 발전소·변전소 또는 이에 준하는 장소의 가공전선 인입구 및 인출구 • 가공전선로에 접속하는 배전용 변압기의 고압측 및 특고압측 • 고압 및 특고압 가공전선로로부터 공급을 받는 수용장소의 인입구 • 가공전선로와 지중전선로가 접속되는 곳	• 지면상 20[m]를 초과하는 건축물이나 공작물 • 소방법에서 정한 위험물, 화약류 저장소, 옥외탱크 저장소 등

2 외부 피뢰시스템에 대하여 다음 물음에 답하시오. (6점)

(1) 수뢰부시스템의 구성요소 3가지

　○ _____

(2) 피뢰시스템이 배치방법 3가지

　○ _____

작성답안

(1) 돌침, 수평도체, 메시도체
(2) 보호각법, 회전구체법, 메시법

강의 NOTE

■ 한국전기설비규정 152.1 수뢰부시스템
1. 수뢰부시스템을 선정은 다음에 의한다.
　가. 돌침, 수평도체, 메시도체의 요소 중에 한 가지 또는 이를 조합한 형식으로 시설하여야 한다.
　나. 수뢰부시스템 재료는 KS C IEC 62305-3(피뢰시스템-제3부:구조물의 물리적 손상 및 인명위험)의 표6(수뢰도체, 피뢰침, 대지 인입 붕괴 인하도선의 재료, 형상과 최소단면적)에 따른다.
　다. 자연적 구성부재가 KS C IEC 62305-3(피뢰시스템-제3부:구조물의 물리적 손상 및 인명위험)의 "5.2.5 자연적 구성부재"에 적합하면 수뢰부시스템으로 사용할 수 있다.
2. 수뢰부시스템의 배치는 다음에 의한다.
　가. 보호각법, 회전구체법, 메시법 중 하나 또는 조합된 방법으로 배치하여야 한다.
　나. 건축물·구조물의 뾰족한 부분, 모서리 등에 우선하여 배치한다.
3. 지상으로부터 높이 60m를 초과하는 건축물·구조물에 측뢰 보호가 필요한 경우에는 수뢰부시스템을 시설하여야 하며, 다음에 따른다.
　가. 전체 높이 60m를 초과하는 건축물·구조물의 최상부로부터 20% 부분에 한하며, 피뢰시스템 등급 IV의 요구사항에 따른다.
　나. 자연적 구성부재가 제1의 "다"에 적합하면, 측뢰 보호용 수뢰부로 사용할 수 있다.
4. 건축물·구조물과 분리되지 않은 수뢰부시스템의 시설은 다음에 따른다.
　가. 지붕 마감재가 불연성 재료로 된 경우 지붕표면에 시설할 수 있다.
　나. 지붕 마감재가 높은 가연성 재료로 된 경우 지붕재료와 다음과 같이 이격하여 시설한다.
　　(1) 초가지붕 또는 이와 유사한 경우 0.15m 이상
　　(2) 다른 재료의 가연성 재료인 경우 0.1m 이상

강의 NOTE

3 전기설비로 유입되는 뇌서지를 피보호물의 절연내력 이하로 제한함으로써 기기를 안전하게 보호하기 위해서 기기의 전단에 설치되며, 과도적인 과전압을 제한하고 서지전류를 분류하는 것을 목적으로 설치하는 장치를 쓰시오. (3점)

○ _____

| 작성답안

서지보호기 (SPD : Surge Protective Device)

4 과도적인 과전압을 제한하고 서지(Surge)전류를 분류하는 목적으로 사용되는 서지보호장치(SPD : Surge Protective Device)에 대한 다음 물음에 답하시오. (5점)

(1) 기능에 따라 3가지로 분류하여 쓰시오.

○ _____

(2) 구조에 따라 2가지로 분류하여 쓰시오.

○ _____

| 작성답안

(1) • 전압스위칭형 SPD
 • 전압제한형 SPD
 • 조합형 SPD
(2) • 1포트 SPD
 • 2포트 SPD

■ SPD
(1) 기능에 따른 SPD 3가지 종류
 가. 전압 스위칭형 SPD
  서지가 인가되지 않는 경우는 높은 임피던스 상태에 있으며 전압서지에 응답하여 급격하게 낮은 임피던스 값으로 변화하는 기능을 갖는 SPD를 말한다. 전압스위칭형 SPD 는 여기에 사용되는 부품의 예로 에어갭, 가스방전관, 사이리스터형 SPD가 있다.
 나. 전압 제한형 SPD
  서지가 인가되지 않은 경우는 높은 임피던스 상태에 있으며 전압서지에 응답한 경우는 임피던스가 연속적으로 낮아지는 기능을 갖는 SPD를 말한다. 전압 제한형 SPD 는 여기에 사용되는 부품의 예로 배리스터나 억제형 다이오드가 있다.
 다. 복합형 SPD
  전압스위칭형 소자 및 전압제한형 소자의 모든 기능을 갖는 SPD를 말한다. 복합형 SPD 는 인가전압의 특성에 따라 전압스위칭, 전압 제한 또는 전압스위칭과 전압 제한의 두 가지 동작을 하는 것으로 가스방전관과 배리스터를 조합한 SPD 등이 있다.
(2) 구조에 따른 SPD 2가지 종류

구분	특징
1포트 SPD	1단자대(또는 2단자)를 갖는 SPD로 보호할 기기에 대해 서지를 분류하도록 접속하는 것이다.
2포트 SPD	2단자대(또는 4단자)를 갖는 SPD로 입력 단자대와 출력 단자대 간에 직렬임피던스가 있다. 주로 통신·신호계통에 사용되며 전원회로에 사용되는 경우는 드물다.

KEYWORD 37 전력시설물 공사감리 업무수행지침

강의 NOTE

• 산 17
"비상주감리원"이란 감리업체에 근무하면서 상주감리원의 업무를 기술적·행정적으로 지원하는 사람을 말한다. 비상주 감리원의 업무 5가지를 쓰시오.

01 제5조(감리원의 근무수칙)

비상주감리원은 다음 각 호에 따라 업무를 수행하여야 한다.
1. 설계도서 등의 검토
2. 상주감리원이 수행하지 못하는 현장 조사분석 및 시공상의 문제점에 대한 기술검토와 민원사항에 대한 현지조사 및 해결방안 검토
3. 중요한 설계변경에 대한 기술검토
4. 설계변경 및 계약금액 조정의 심사
5. 기성 및 준공검사
6. 정기적(분기 또는 월별)으로 현장 시공상태를 종합적으로 점검·확인·평가하고 기술지도
7. 공사와 관련하여 발주자(지원업무수행자 포함)가 요구한 기술적 사항 등에 대한 검토
8. 그 밖에 감리업무 추진에 필요한 기술지원 업무

02 제6조(발주자의 지도·감독 및 지원업무수행자의 업무범위)

발주자는 감리용역계약서에 따라 다음 각 호의 사항에 대하여 감리원을 지도·감독하며 모든 지시 및 통보는 감리업자 또는 감리원을 통하여 전달 또는 시행되도록 하여야 한다.
1. 적정자격 보유여부 및 상주이행 상태
2. 품위손상 여부 및 근무자세
3. 지시사항 이행상태
4. 행정서류 및 비치서류의 처리기록 관리
5. 각종 보고서의 처리상태
6. 감리용역비 중 직접경비(감리대가기준)의 현장지급 여부 확인

지원업무담당자의 주요 업무는 다음 각 호와 같다.
1. 입찰참가자격심사(PQ) 기준 작성 (필요한 경우)
2. 감리업무 수행계획서, 감리원 배치계획서 검토
3. 보상 담당부서에서 수행하는 통상적인 보상업무 외에 감리원 및 공사업자와 협조하여 용지측량, 기공(起工)승락, 지장물 이설 확인 등의 용지보상 지원업무 수행
4. 감리원에 대한 지도·점검(근태상황 등)
5. 감리원이 수행할 수 없는 공사와 관련한 각종 관·민원업무 및 인·허가 업무를 해결하고, 특히 지역성 민원해결을 위한 합동조사, 공청회 개최 등 추진
6. 설계변경, 공기연장 등 주요사항 발생시 발주자로부터 검토, 지시가 있을 경우, 현지 확인 및 검토·보고
7. 공사관계자회의 등에 참석, 발주자의 지시사항 전달 및 감리·공사수행상 문제점 파악·보고
8. 필요시 기성검사 및 각종검사 입회
9. 준공검사 입회
10. 준공도서 등의 인수
11. 하자발생시 현지조사 및 사후조치

03 제7조(행정업무)

감리업자는 감리용역 착수시 다음 각 호의 서류를 첨부한 착수신고서를 제출하여 발주자의 승인을 받아야 한다.
1. 감리업무 수행계획서
2. 감리비 산출내역서
3. 상주, 비상주 감리원 배치계획서와 감리원의 경력확인서
4. 감리원 조직 구성내용과 감리원별 투입기간 및 담당업무

04 제11조(착공신고서 검토 및 보고)

감리원은 공사가 시작된 경우에는 공사업자로부터 다음 각 호의 서류가 포함된 착공신고서를 제출받아 적정성 여부를 검토하여 7일 이내에 발주자에게 보고하여야 한다.
1. 시공관리책임자 지정통지서(현장관리조직, 안전관리자)
2. 공사 예정공정표
3. 품질관리계획서
4. 공사도급 계약서 사본 및 산출내역서
5. 공사 시작 전 사진
6. 현장기술자 경력사항 확인서 및 자격증 사본
7. 안전관리계획서
8. 작업인원 및 장비투입 계획서
9. 그 밖에 발주자가 지정한 사항

강의 NOTE

• 기 20
감리원은 공사가 시작된 경우에는 공사업자로부터 다음 서류가 포함된 착공신고서를 제출받아 적정성 여부를 검토하여 7일 이내 발주자에게 보고한다. 다음 빈칸을 완성하시오.
1. 시공관리책임자 지정 통지서 (현장관리조직, 안전관리자)
2. (①)
3. (②)
4. 공사도급 계약서 사본 및 산출내역서
5. 공사 시작 전 사진
6. 현장기술자 경력사항 확인서 및 자격증
7. (③)
8. 작업인원 및 장비투입 계획서
9. 그 밖에 발주자가 지정한 사항

05 제14조(현장사무소, 공사용 도로, 작업장부지 등의 선정)

감리원은 공사 시작과 동시에 공사업자에게 다음 각 호에 따른 가설시설물의 면적, 위치 등을 표시한 가설시설물 설치계획표를 작성하여 제출하도록 하여야 한다.
1. 공사용도로(발·변전설비, 송·배전설비에 해당)
2. 가설사무소, 작업장, 창고, 숙소, 식당 및 그 밖의 부대설비
3. 자재 야적장
4. 공사용 임시전력

06 제16조(일반 행정업무)

감리원은 다음 각 호의 서식 중 해당 감리현장에서 감리업무 수행 상 필요한 서식을 비치하고 기록·보관하여야 한다.
1. 감리업무일지
2. 근무상황판
3. 지원업무수행 기록부

• 기 18
감리원은 해당 공사현장에서 감리업무 수행상 필요한 서식을 비치하고 기록·보관하여야 한다. 이에 해당되는 서류 5가지를 쓰시오.

4. 착수 신고서
5. 회의 및 협의내용 관리대장
6. 문서접수대장
7. 문서발송대장
8. 교육실적 기록부
9. 민원처리부
10. 지시부
11. 발주자 지시사항 처리부
12. 품질관리 검사·확인대장
13. 설계변경 현황
14. 검사 요청서
15. 검사 체크리스트
16. 시공기술자 실명부
17. 검사결과 통보서
18. 기술검토 의견서
19. 주요기자재 검수 및 수불부
20. 기성부분 감리조서
21. 발생품(잉여자재) 정리부
22. 기성부분 검사조서
23. 기성부분 검사원
24. 준공 검사원
25. 기성공정 내역서
26. 기성부분 내역서
27. 준공검사조서
28. 준공감리조서
29. 안전관리 점검표
30. 사고 보고서
31. 재해발생 관리부
32. 사후환경영향조사 결과보고서

공사업자는 다음 각 호의 서식 중 해당 공사현장에서 공사업무 수행 상 필요한 서식을 비치하고 기록·보관하여야 한다.
1. 하도급 현황
2. 주요인력 및 장비투입 현황
3. 작업계획서
4. 기자재 공급원 승인현황
5. 주간공정계획 및 실적보고서

강의 NOTE

6. 안전관리비 사용실적 현황
7. 각종 측정 기록표

07 제17조(감리보고 등)

책임감리원은 다음 각 호의 사항이 포함된 분기보고서를 작성하여 발주자에게 제출하여야 한다. 보고서는 매 분기말 다음 달 5일 이내로 제출한다.

1. 공사추진 현황(공사계획의 개요와 공사추진계획 및 실적, 공정현황, 감리용역현황, 감리조직, 감리원 조치내역 등)
2. 감리원 업무일지
3. 품질검사 및 관리현황
4. 검사요청 및 결과통보내용
5. 주요기자재 검사 및 수불내용(주요기자재 검사 및 입·출고가 명시된 수불현황)
6. 설계변경 현황
7. 그 밖에 책임감리원이 감리에 관하여 중요하다고 인정하는 사항

책임감리원은 다음 각 호의 사항이 포함된 최종감리보고서를 감리기간 종료 후 14일 이내에 발주자에게 제출하여야 한다.

1. 공사 및 감리용역 개요 등(사업목적, 공사개요, 감리용역 개요, 설계용역 개요)
2. 공사추진 실적현황(기성 및 준공검사 현황, 공종별 추진실적, 설계변경 현황, 공사현장 실정보고 및 처리현황, 지시사항 처리, 주요인력 및 장비투입현황, 하도급 현황, 감리원 투입현황)
3. 품질관리 실적(검사요청 및 결과통보현황, 각종 측정기록 및 조사표, 시험장비 사용현황, 품질관리 및 측정자 현황, 기술검토실적 현황 등)
4. 주요기자재 사용실적(기자재 공급원 승인현황, 주요기자재 투입현황, 사용자재 투입현황)
5. 안전관리 실적(안전관리조직, 교육실적, 안전점검실적, 안전관리비 사용실적)
6. 환경관리 실적(폐기물발생 및 처리실적)
7. 종합분석

• 산 18
책임감리원은 감리업무 수행 중 긴급하게 발생되는 사항 또는 불특정하게 발생하는 중요사항에 대하여 발주자에게 수시로 보고하여야 한다. 또 책임감리원은 최종감리보고서를 감리기간 종료 후 발주자에게 제출하여야 한다. 최종감리보고서에 포함될 서류 중 안전관리 실적 3가지를 쓰시오.

08 제21조(제3자의 손해방지)

감리원은 다음 각 호의 공사현장 인근상황을 공사업자에게 충분히 조사하도록 함으로써 시공과 관련하여 제3자에게 손해를 주지 않도록 공사업자에게 대책을 강구하게 하여야 한다.
1. 지하매설물
2. 인근의 도로
3. 교통시설물
4. 인접건조물
5. 농경지, 산림 등

09 제25조(중점 품질관리)

감리원은 해당 공사의 설계도서, 설계설명서, 공정계획 등을 검토하여 품질관리가 소홀해지기 쉽거나 하자발생 빈도가 높으며 시공 후 시정이 어렵고 많은 노력과 경비가 소요되는 공종 또는 부위를 중점 품질관리 대상으로 선정하여 다른 공종에 비하여 우선적으로 품질관리 상태를 입회, 확인하여야 하며 중점 품질관리 공종 선정 시 고려해야 할 사항은 다음 각 호와 같다.
1. 공정계획에 따른 월별, 공종별 시험 종목 및 시험회수
2. 공사업자의 품질관리 요원 및 공정에 따른 충원계획
3. 품질관리 담당 감리원이 직접 입회, 확인이 가능한 적정시험 회수
4. 공정의 특성상 품질관리 상태를 육안 등으로 간접 확인할 수 있는지 여부
5. 작업조건의 양호, 불량상태
6. 다른 현장의 시공사례에서 하자발생 빈도가 높은 공종인지 여부
7. 품질관리 불량부위의 시정이 용이한지 여부
8. 시공 후 지중에 매몰되어 추후 품질확인이 어렵고 재시공이 곤란한지 여부
9. 품질 불량 시 인근 부위 또는 다른 공종에 미치는 영향의 대소
10. 시공이 광활한 지역에서 이루어져 접근이 용이한지 여부

감리원은 선정된 중점 품질관리 공종별로 관리방안을 수립하여 공사업자에게 실행하도록 지시하고 실행결과를 수시로 확인하여야 한다. 중점 품질관리방안 수집 시 다음 각 호의 내용이 포함되어야 한다.

1. 중점 품질관리 공종의 선정
2. 중점 품질관리 공종별로 시공 중 및 시공 후 발생되는 예상 문제점
3. 각 문제점에 대한 대책방안 및 시공지침
4. 중점 품질관리 대상 시설물, 시공부분, 하자발생 가능성이 큰 지역 또는 부분을 선정
5. 중점 품질관리 대상의 세부관리 항목의 선정
6. 중점 품질관리 공종의 품질확인 지침
7. 중점 품질관리 대장을 작성, 기록·관리하고 확인하는 절차

10 제30조(시공계획서의 검토·확인)

감리원은 공사업자가 작성·제출한 시공계획서를 공사 시작일부터 30일 이내에 제출받아 이를 검토·확인하여 7일 이내에 승인하여 시공하도록 하여야 하고, 시공계획서의 보완이 필요한 경우에는 그 내용과 사유를 문서로서 공사업자에게 통보하여야 한다. 시공계획서에는 시공계획서의 작성기준과 함께 다음 각 호의 내용이 포함되어야 한다.

1. 현장 조직표
2. 공사 세부공정표
3. 주요 공정의 시공 절차 및 방법
4. 시공일정
5. 주요 장비 동원계획
6. 주요 기자재 및 인력투입 계획
7. 주요 설비
8. 품질·안전·환경관리 대책 등

11 제31조(시공상세도 승인)

감리원은 공사업자로부터 시공상세도를 사전에 제출받아 다음 각 호의 사항을 고려하여 공사업자가 제출한 날부터 7일 이내에 검토·확인하여 승인한 후 시공할 수 있도록 하여야 한다. 다만, 7일 이내에 검토·확인이 불가능한 때에는 사유 등을 명시하여 통보하고, 통보사항이 없는 때에는 승인한 것으로 본다.

강의 NOTE

● 산 16
다음 ( ) 안에 공통으로 들어갈 내용을 답란에 쓰시오.
- 감리원은 공사업자로부터 ( )을(를) 사전에 제출받아 다음 각 호의 사항을 고려하여 공사업자가 제출한 날부터 7일 이내에 검토·확인하여 승인 한 후 시공할 수 있도록 하여야 한다. 다만, 7일 이내에 검토·확인이 불가능한 때에는 사유 등을 명시하여 통보하고, 통보사항이 없는 때에는 승인한 것으로 본다.
1. 설계도면, 설계설명서 또는 관계 규정에 일치하는지 여부
2. 현장의 시공기술자가 명확하게 이해할 수 있는지 여부
3. 실제시공 가능 여부
4. 안정선의 확보 여부
5. 계산의 정확성
6. 제도의 품질 및 선명성, 도면작성 표준에 일치 여부
7. 도면으로 표시 곤란한 내용은 시공시 유의사항으로 작성되었는지 등의 검토
- ( )은(는) 설계도면 및 설계설명서 등에 불명확한 부분을 명확하게 해줌으로써 시공상의 착오방지 및 공사의 품질을 확보하기 위한 수단으로 사용한다.

1. 설계도면, 설계설명서 또는 관계 규정에 일치하는지 여부
2. 현장의 시공기술자가 명확하게 이해할 수 있는지 여부
3. 실제시공 가능 여부
4. 안정성의 확보 여부
5. 계산의 정확성
6. 제도의 품질 및 선명성, 도면작성 표준에 일치 여부
7. 도면으로 표시 곤란한 내용은 시공시 유의사항으로 작성되었는지 등의 검토

시공상세도는 설계도면 및 설계설명서 등에 불명확한 부분을 명확하게 해줌으로써 시공 상의 착오방지 및 공사의 품질을 확보하기 위한 수단으로 다음 각 호의 사항에 대한 것과 공사 설계설명서에서 작성하도록 명시한 시공상세도에 대하여 작성하였는지를 확인한다. 다만, 발주자가 특별 설계설명서에 명시한 사항과 공사 조건에 따라 감리원과 공사업자가 필요한 시공상세도를 조정 할 수 있다.

1. 시설물의 연결·이음부분의 시공 상세도
2. 매몰시설물의 처리도
3. 주요 기기 설치도
4. 규격, 치수 등이 불명확하여 시공에 어려움이 예상되는 부위의 각종 상세도면

12 제40조(현장상황 보고)

감리원은 공사현장에 다음 각 호의 사태가 발생하였을 때에는 필요한 응급조치를 취하는 동시에 상세한 경위를 발주자에게 보고하여야 한다.

1. 천재지변 등의 사유로 공사현장에 피해가 발생하였을 때
2. 시공관리책임자가 승인 없이 2일 이상 현장에 상주하지 않을 때
3. 공사업자가 정당한 사유 없이 공사를 중단할 때
4. 공사업자가 계약에 따른 시공능력이 없다고 인정되거나 공정이 현저히 미달될 때
5. 공사업자가 불법하도급 행위를 할 때
6. 그 밖에 공사추진에 지장이 있을 때

강의 NOTE

• 기 16
다음은 전력시설물 공사감리업무 수행지침 중 감리원의 공사 중지명령과 관련된 사항이다. ①~⑤의 알맞은 내용을 답란에 쓰시오.
감리원은 시공된 공사가 품질확보 미흡 또는 중대한 위해를 발생시킬 우려가 있다고 판단되거나, 안전상 중대한 위험이 발견된 경우에는 공사 중지를 지시할 수 있으며 공사 중지는 부분중지와 전면중지로 구분한다. 부분중지 명령의 경우는 다음 각 호와 같다.
(1) (①)이(가) 이행되지 않는 상태에서는 다음 단계의 공정이 진행됨으로써 (②)이(가) 될 수 있다고 판단될 때
(2) 안전시공상 (③)이(가) 예상되어, 물적, 인적 중대한 피해가 예견될 때
(3) 동일 공정에 있어 3회 이상 (④)이(가) 이행되지 않을 때
(4) 동일 공정에 있어 2회 이상 (⑤)이(가) 있었음에도 이행되지 않을 때

13 제41조(감리원의 공사 중지명령 등)

1 부분중지

① 재시공 지시가 이행되지 않는 상태에서는 다음 단계의 공정이 진행됨으로써 하자발생이 될 수 있다고 판단될 때
② 안전시공상 중대한 위험이 예상되어 물적, 인적 중대한 피해가 예견될 때
③ 동일 공정에 있어 3회 이상 시정지시가 이행되지 않을 때
④ 동일 공정에 있어 2회 이상 경고가 있었음에도 이행되지 않을 때

2 전면중지

① 공사업자가 고의로 공사의 추진을 지연시키거나, 공사의 부실 발생 우려가 짙은 상황에서 적절한 조치를 취하지 않은 채 공사를 계속 진행하는 경우
② 부분중지가 이행되지 않음으로써 전체공정에 영향을 끼칠 것으로 판단될 때
③ 지진·해일·폭풍 등 불가항력적인 사태가 발생하여 시공을 계속할 수 없다고 판단될 때
④ 천재지변 등으로 발주자의 지시가 있을 때

14 제43조(공정관리)

감리원은 공사의 규모, 공종 등 제반여건을 감안하여 공사업자가 공정관리업무를 성공적으로 수행할 수 있는 공정관리 조직을 갖추도록 다음 각 호의 사항을 검토·확인하여야 한다.
1. 공정관리 요원 자격 및 그 요원 수의 적합 여부
2. Software와 Hardware 규격 및 그 수량의 적합 여부
3. 보고체계의 적합성 여부
4. 계약공기의 준수 여부
5. 각 공종별 작업공기에 품질·안전관리가 고려되었는지 여부
6. 지정휴일과 기상조건 감안 여부
7. 자원조달 여부

8. 공사주변의 여건 및 법적제약조건 감안 여부
9. 주공정의 적합 여부
10. 동원 가능한 장비, 그 밖의 부대설비 및 그 성능 감안 여부
11. 동원 가능한 작업인원과 작업자의 숙련도 감안 여부
12. 특수장비 동원을 위한 준비기간의 반영 여부
13. 그 밖에 필요하다고 판단되는 사항

15 제48조(안전관리)

감리원은 산업재해 예방을 위한 제반 안전관리 지도에 적극적인 노력과 동시에 안전 관계 법규를 이행하도록 하기 위하여 다음 각 호와 같은 업무를 수행하여야 한다.

1. 공사업자의 안전조직 편성 및 임무의 법상 구비조건 충족 및 실질적인 활동 가능성 검토
2. 안전관리자에 대한 임무수행 능력보유 및 권한부여 검토
3. 시공계획과 연계된 안전계획의 수립 및 그 내용의 실효성 검토
4. 유해, 위험 방지계획(수립 대상에 한함) 내용 및 실천가능성 검토 (「산업안전보건법」 제48조제3항 및 제4항)
5. 안전점검 및 안전교육 계획의 수립 여부와 내용의 적정성 검토 (「산업안전보건법」 제31조 및 제32조)
6. 안전관리 예산 편성 및 집행계획의 적정성 검토
7. 현장 안전관리규정의 비치 및 그 내용의 적정성 검토
8. 표준 안전관리비는 다른 용도에 사용불가
9. 감리원이 공사업자에게 시공과정마다 발생될 수 있는 안전사고 요소를 도출하고 이를 방지할 수 있는 절차, 수단 등을 규정한 "총체적 안전관리계획서(TSC : Total Safety Control)"를 작성, 활용하도록 적극 권장하여야 한다.
10. 안전관리계획의 이행 및 여건 변동 시 계획변경 여부
11. 안전보건협의회 구성 및 운영상태
12. 안전점검 계획수립 및 실시(일일, 주간, 우기 및 해빙기 등 자체 안전점검 등)
13. 안전교육계획의 실시

> 강의 NOTE

14. 위험장소 및 작업에 대한 안전조치 이행(고소작업, 추락위험작업, 낙하비래 위험작업, 중량물 취급작업, 화재위험 작업, 그 밖의 위험작업 등)
15. 안전표지 부착 및 유지관리
16. 안전통로 확보, 기자재의 적치 및 정리정돈
17. 사고조사 및 원인분석, 각종 통계자료 유지
18. 월간 안전관리비 사용실적 확인

감리원은 안전에 관한 감리업무를 수행하기 위하여 공사업자에게 다음 각 호의 자료를 기록·유지하도록 하고 이행상태를 점검한다.
1. 안전업무일지(일일보고)
2. 안전점검 실시(안전업무일지에 포함가능)
3. 안전교육(안전업무일지에 포함가능)
4. 각종 사고보고
5. 월간 안전통계(무재해, 사고)
6. 안전관리비 사용실적(월별)

감리원은 공사업자의 안전관리책임자 및 안전관리자로 하여금 현장 기술자에게 다음 각 호의 내용과 자료가 포함된 안전교육을 실시하도록 지도·감독하여야 한다.
1. 산업재해에 관한 통계 및 정보
2. 작업자의 자질에 관한 사항
3. 안전관리조직에 관한 사항
4. 안전제도, 기준 및 절차에 관한 사항
5. 작업공정에 관한 사항
6. 「산업안전보건법」 등 관계 법규에 관한 사항
7. 작업환경관리 및 안전작업 방법
8. 현장안전 개선방법
9. 안전관리 기법
10. 이상 발견 및 사고발생시 처리방법
11. 안전점검 지도요령과 사고조사 분석요령

16 제49조(안전관리결과 보고서의 검토)

감리원은 매 분기마다 공사업자로부터 안전관리 결과보고서를 제출받아 이를 검토하고 미비한 사항이 있을 때에는 시정하도록 조치하여야 하며, 안전관리결과보고서에는 다음 각 호와 같은 서류가 포함되어야 한다.
1. 안전관리 조직표
2. 안전보건 관리체제
3. 재해발생 현황
4. 산재요양신청서 사본
5. 안전교육 실적표
6. 그 밖에 필요한 서류

> **기 16**
> 감리원은 매 분기마다 공사업자로부터 안전관리 결과보고서를 제출받아 이를 검토하고 미비한 사항이 있을 때에 시정조치 하여야 한다. 안전관리 결과보고서에 포함되어야 하는 서류 5가지를 쓰시오.

17 제52조(설계변경 및 계약금액 조정)

발주자는 외부적 사업환경의 변동, 사업추진 기본계획의 조정, 민원에 따른 노선변경, 공법변경, 그 밖의 시설물 추가 등으로 설계변경이 필요한 경우에는 다음 각 호의 서류를 첨부하여 반드시 서면으로 책임감리원에게 설계변경을 하도록 지시하여야 한다. 다만, 발주자가 설계변경 도서를 작성할 수 없을 경우에는 설계변경개요서만 첨부하여 설계변경 지시를 할 수 있다.
1. 설계변경 개요서
2. 설계변경 도면, 설계설명서, 계산서 등
3. 수량산출 조서
4. 그 밖에 필요한 서류

> **기 22**
> 다음은 감리의 설계변경 및 계약금액조정에 관한 내용이다. ( )를 완성하시오.
> 감리원은 설계변경 등으로 인한 계약금액의 조정을 위한 각종서류를 공사업자로부터 제출받아 검토·확인한 후 감리업자에게 보고하여야 하며, 감리업자는 소속 비상주감리원에게 검토·확인하게 하고 대표자 명의로 발주자에게 제출하여야 한다. 이때 변경설계도서의 설계자는 (①), 심사자는 (②)이 날인하여야 한다. 다만, 대규모 통합감리의 경우, 설계자는 실제 설계 담당 감리원과 책임감리원이 연명으로 날인하고 변경설계도서의 표지양식은 사전에 발주처와 협의하여 정한다.

18 제53조(물가변동으로 인한 계약금액의 조정)

감리원은 공사업자로부터 물가변동에 따른 계약금액 조정요청을 받은 경우에는 다음 각 호의 서류를 작성·제출하도록 하고 공사업자는 이에 응하여야 한다.

강의 NOTE

• 기 17
발주자는 외부적 사업환경의 변동 사업추진 기본계획의 조정 민원에 따른 노선변경 공법변경 그 밖의 시설물 추가 등으로 설계변경이 필요한 경우에는 다음 각 호의서류를 첨부하여 반드시 서면으로 책임감리원에게 설계변경을 하도록 지시하여야 한다. 이 경우 첨부하여야 하는 서류 5가지를 쓰시오.

1. 물가변동조정 요청서
2. 계약금액조정 요청서
3. 품목조정률 또는 지수조정률의 산출근거
4. 계약금액 조정 산출근거
5. 그 밖에 설계변경에 필요한 서류

19 제55조(기성 및 준공검사자의 임명)

감리원은 기성부분 검사원 또는 준공 검사원을 접수하였을 때에는 신속히 검토·확인하고, 기성부분 감리조서와 다음의 서류를 첨부하여 지체 없이 감리업자에게 제출하여야 한다.

1. 주요기자재 검수 및 수불부
2. 감리원의 검사기록 서류 및 시공 당시의 사진
3. 품질시험 및 검사성과 총괄표
4. 발생품 정리부
5. 그 밖에 감리원이 필요하다고 인정하는 서류와 준공검사원에는 지급기자재 잉여분 조치현황과 공사의 사전검사확인서류, 안전관리점검 총괄표 추가 첨부

20 제57조(기성 및 준공검사)

1 기성검사

① 기성부분 내역이 설계도서대로 시공되었는지 여부
② 사용된 가자재의 규격 및 품질에 대한 실험의 실시여부
③ 시험기구의 비치와 그 활용도의 판단
④ 지급기자재의 수불 실태
⑤ 주요 시공과정을 촬영한 사진의 확인
⑥ 감리원의 기성검사원에 대한 사전검토 의견서
⑦ 품질시험·검사성과 총괄표 내용
⑧ 그 밖에 검사자가 필요하다고 인정하는 사항

2 준공검사

① 완공된 시설물이 설계도서대로 시공되었는지의 여부
② 시공시 현장 상주감리원이 작성 비치한 제 기록에 대한 검토
③ 폐품 또는 발생물의 유무 및 처리의 적정여부
④ 지급 기자재의 사용적부와 잉여자재의 유무 및 그 처리의 적정여부
⑤ 제반 가설시설물의 제거와 원상복구 정리 상황
⑥ 감리원의 준공 검사원에 대한 검토의견서
⑦ 그 밖에 검사자가 필요하다고 인정하는 사항

21 제59조(준공검사 등의 절차)

감리원은 해당 공사 완료 후 준공검사 전에 사전 시운전 등이 필요한 부분에 대하여는 공사업자에게 다음 각 호의 사항이 포함된 시운전을 위한 계획을 수립하여 시운전 30일 이내에 제출하도록 하고, 이를 검토하여 발주자에게 제출하여야 한다.

1. 시운전 일정
2. 시운전 항목 및 종류
3. 시운전 절차
4. 시험장비 확보 및 보정
5. 기계·기구 사용계획
6. 운전요원 및 검사요원 선임계획

감리원은 공사업자에게 다음 각 호와 같이 시운전 절차를 준비하도록 하여야 하며 시운전에 입회하여야 한다.

1. 기기점검
2. 예비운전
3. 시운전
4. 성능보장운전
5. 검수
6. 운전인도

감리원은 시운전 완료 후에 다음 각 호의 성과품을 공사업자로부터 제출받아 검토 후 발주자에게 인계하여야 한다.

1. 운전개시, 가동절차 및 방법
2. 점검항목 점검표

• 기 16.20
감리원은 해당공사 완료후 준공검사 전에 사전 시운전 등이 필요한 부분에 대하여 공사업자에게 시운전을 위한 계획을 수립하여 30일 이내 제출하도록 하여야 하는데, 이때 발주자에게 제출하여야 할 서류에 대하여 5가지 적으시오.

3. 운전지침
4. 기기류 단독 시운전 방법 검토 및 계획서
5. 실가동 Diagram
6. 시험구분, 방법, 사용매체 검토 및 계획서
7. 시험성적서
8. 성능시험 성적서(성능시험 보고서)

22 제64조(현장문서 인수·인계)

감리원은 해당 공사와 관련한 감리기록서류 중 다음 각 호의 서류를 포함하여 발주자에게 인계할 문서의 목록을 발주자와 협의하여 작성하여야 한다.

1. 준공사진첩
2. 준공도면
3. 품질시험 및 검사성과 총괄표
4. 기자재 구매서류
5. 시설물 인수·인계서
6. 그 밖에 발주자가 필요하다고 인정하는 서류

23 제65조(유지관리 및 하자보수)

감리원은 발주자(설계자) 또는 공사업자(주요설비 납품자) 등이 제출한 시설물의 유지관리지침 자료를 검토하여 다음 각 목의 내용이 포함된 유지관리지침서를 작성, 공사 준공 후 14일 이내에 발주자에게 제출하여야 한다.

1. 시설물의 규격 및 기능설명서
2. 시설물 유지관리기구에 대한 의견서
3. 시설물 유지관리방법
4. 특기사항

관련문제 — 37. 전력시설물 공사감리업무 수행지침

□□□ 17, 20, 22

1 책임 설계감리원이 설계감리의 기성 및 준공을 처리한 때에는 다음 각 호의 준공서류를 구비하여 발주자에게 제출하여야 한다. (설계감리업무 수행지침에 따른다)(5점)

| 작성답안

- 설계감리일지
- 설계감리지시부
- 설계감리기록부
- 설계감리요청서
- 설계자와 협의사항 기록부

□□□ 20

2 전기기술인협회의 종합설계업으로 등록해야 할 기술인력의 등록요건을 3가지 쓰시오. (6점)

| 작성답안

- 전기분야기술사 2명
- 설계사 2명
- 설계보조자 2명

강의 NOTE

■ 제13조 설계감리업무 수행지침

(설계감리의 기성 및 준공) 책임 설계감리원이 설계감리의 기성 및 준공을 처리한 때에는 다음 각 호의 준공서류를 구비하여 발주자에게 제출하여야 한다.
1. 설계용역 기성부분 검사원 또는 설계용역 준공검사원
2. 설계용역 기성부분 내역서
3. 설계감리 결과보고서
4. 감리기록서류
   가. 설계감리일지
   나. 설계감리지시부
   다. 설계감리기록부
   라. 설계감리요청서
   마. 설계자와 협의사항 기록부
5. 그 밖에 발주자가 과업지시서상에서 요구한 사항

■ 설계업의 종류와 종류별 등록기준 및 영업범위(시행령 제27조제1항 관련)

종류		등록 기준		영업 범위
		기술인력	자본금	
종합 설계업		전기분야기술사 2명, 설계사 2명, 설계보조자 2명	1억 원 이상	전력시설물의 설계도서 작성
전문 설계업	1종	전기분야기술사 1명, 설계사 1명, 설계보조자 1명	3천만 원 이상	전력시설물의 설계도서 작성
	2종	설계사 1명, 설계보조자 1명	1천만 원 이상	일반용전기설비의 설계도서의 작성

【비고】
1. 설계보조자는 별표 1의 규정에 의한 초급기술자 이상의 전력기술인이어야 한다.
2. 기술인력은 상시근무하는 자를 말하며, 「국가기술자격법」에 의하여 그 자격이 정지된 자를 제외한다.
3. 제27조제2항의 규정에 의하여 금융기관 또는 전력기술인단체로부터 확인서를 발급받은 때에는 그에 해당하는 금액은 자본금에 포함한다.
4. 「엔지니어링산업진흥법」에 의한 엔지니어링사업자로 신고한 자, 「기술사법」에 의한 기술사사무소 개설자로 등록한 자, 「소방시설공사업법」에 따른 소방시설설계업을 등록한 자가 설계업의 등록을 하는 경우에는 이미 보유하고 있는 기술인력 및 자본금은 위 기준에 포함한다.
5. 감리업자가 설계업 등록을 하는 경우에는 이미 보유하고 있는 기술인력 및 자본금은 위 기준에 포함한다.

□□□ 21

3 전력시설물 감리업무 수행지침 중 부진공정 만회대책에 관한 내용이다. ( ) 안에 알맞은 내용을 답란에 쓰시오. (4점)

> 감리원은 공사 진도율이 계획공정 대비 월간 공정실적이 (   )% 이상 지연되거나, 누계 공정실적이 (   )% 이상 지연될 때에는 공사업자에게 부진사유 분석, 만회대책 및 만회공정표를 수립하여 제출하도록 지시하여야 한다.

월간공정실적	누계공정실적

| 작성답안

월간공정실적	누계공정실적
10	5

강의 NOTE

■ 전력시설물 감리업무수행지침 제45조(부진공정 만회대책)
① 감리원은 공사 진도율이 계획공정 대비 월간 공정실적이 10% 이상 지연되거나, 누계공정 실적이 5% 이상 지연될 때에는 공사업자에게 부진사유 분석, 만회대책 및 만회공정표를 수립하여 제출하도록 지시하여야 한다.
② 감리원은 공사업자가 제출한 부진공정 만회대책을 검토·확인하고, 그 이행 상태를 주간단위로 점검·평가하여야 하며, 공사추진회의 등을 통하여 미 조치 내용에 대한 필요대책 등을 수립하여 정상 공정으로 회복할 수 있도록 조치하여야 한다.
③ 감리원은 검토·확인한 부진공정 만회대책과 그 이행상태의 점검·평가결과를 감리보고서에 수록하여 발주자에게 보고하여야 한다.

□□□ 20

4 전력시설물 공사감리업무 수행지침에 따른 검사절차에 대한 내용이다. 다음 ( )에 들어갈 내용을 답란에 쓰시오. (단, 반드시 전력시설물 공사감리업무 수행지침에 표현된 문구를 활용하여 쓰시오.)(5점)

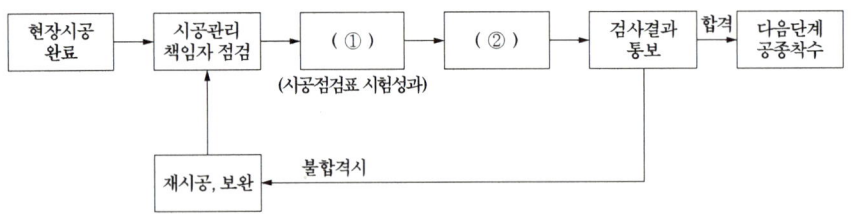

| 작성답안

① 검사 요청서 제출
② 감리원 현장 검사

■ 전력시설물 감리업무수행지침 제34조(검사업무)

5 책임감리원은 감리업무 수행 중 긴급하게 발생되는 사항 또는 불특정하게 발생하는 중요사항에 대하여 발주자에게 수시로 보고하여야 한다. 또 책임감리원은 최종감리보고서를 감리기간 종료후 발주자에게 제출하여야 한다. 최종감리보고서에 포함될 서류 중 안전관리 실적 3가지를 쓰시오. (6점)

| 작성답안

- 안전관리조직
- 교육실적
- 안전점검실적

그 외
- 안전관리비 사용실적

강의 NOTE

■ 제17조(감리보고 등)
책임감리원은 다음 각 호의 사항이 포함된 최종감리보고서를 감리기간 종료 후 14일 이내에 발주자에게 제출하여야 한다.
1. 공사 및 감리용역 개요 등(사업목적, 공사개요, 감리용역 개요, 설계용역 개요)
2. 공사추진 실적현황(기성 및 준공검사 현황, 공종별 추진실적, 설계변경 현황, 공사현장 실정보고 및 처리현황, 지시사항 처리, 주요인력 및 장비투입현황, 하도급 현황, 감리원 투입현황)
3. 품질관리 실적(검사요청 및 결과통보현황, 각종 측정기록 및 조사표, 시험장비 사용현황, 품질관리 및 측정자 현황, 기술검토 실적 현황 등)
4. 주요기자재 사용실적(기자재 공급원 승인현황, 주요기자재 투입현황, 사용자재 투입현황)
5. 안전관리 실적(안전관리조직, 교육실적, 안전점검실적, 안전관리비 사용실적)
6. 환경관리 실적(폐기물발생 및 처리실적)
7. 종합분석

6 "비상주감리원"이란 감리업체에 근무하면서 상주감리원의 업무를 기술적·행정적으로 지원하는 사람을 말한다. 비상주 감리원의 업무 5가지를 쓰시오. (5점)

| 작성답안

- 설계도서 등의 검토
- 상주감리원이 수행하지 못하는 현장 조사분석 및 시공상의 문제점에 대한 기술검토와 민원사항에 대한 현지조사 및 해결방안 검토
- 중요한 설계변경에 대한 기술검토
- 설계변경 및 계약금액 조정의 심사
- 기성 및 준공검사

그 외
- 정기적(분기 또는 월별)으로 현장 시공상태를 종합적으로 점검·확인·평가하고 기술지도
- 공사와 관련하여 발주자(지원업무수행자 포함)가 요구한 기술적 사항 등에 대한 검토

■ 제5조(감리원의 근무수칙)
비상주감리원은 다음 각 호에 따라 업무를 수행하여야 한다.
1. 설계도서 등의 검토
2. 상주감리원이 수행하지 못하는 현장 조사분석 및 시공상의 문제점에 대한 기술검토와 민원사항에 대한 현지조사 및 해결방안 검토
3. 중요한 설계변경에 대한 기술검토
4. 설계변경 및 계약금액 조정의 심사
5. 기성 및 준공검사
6. 정기적(분기 또는 월별)으로 현장 시공상태를 종합적으로 점검·확인·평가하고 기술지도
7. 공사와 관련하여 발주자(지원업무수행자 포함)가 요구한 기술적 사항 등에 대한 검토
8. 그 밖에 감리업무 추진에 필요한 기술지원 업무

7 전기안전관리자의 공사의 감리업무중 공사종류 2가지를 쓰시오. (4점)

| 작성답안

- 비상용예비발전설비의 설치, 변경공사로서 총공사비가 1억원 미만인 공사
- 전기수용설비의 증설 또는 변경공사로서 총공사비가 5천만원 미만인 공사

8 감리원은 공사시작 전에 설계도서의 적정여부를 검토하여야 한다. 설계도서 검토 시 포함하여야 하는 검토내용 5가지만 쓰시오. (5점)

| 작성답안

① 현장조건에 부합 여부
② 시공의 실제가능 여부
③ 다른 사업 또는 다른 공정과의 상호부합 여부
④ 설계도면, 설계설명서, 기술계산서, 산출내역서 등의 내용에 대한 상호일치 여부
⑤ 설계도서의 누락, 오류 등 불명확한 부분의 존재여부
그 외
⑥ 발주자가 제공한 물량 내역서와 공사업자가 제출한 산출내역서의 수량일치 여부
⑦ 시공 상의 예상 문제점 및 대책 등

강의 NOTE

■ 전기안전관리자의 직무에 관한 고시

제13조(공사 감리)
① 전기안전관리자는 시행규칙 제30조제2항 제6호에 따라 다음 각 호의 전기설비 공사의 경우에는 감리업무를 수행할 수 있다.
  1. 비상용예비발전설비의 설치, 변경공사로서 총공사비가 1억원 미만인 공사
  2. 전기수용설비의 증설 또는 변경공사로서 총공사비가 5천만원 미만인 공사
② 전기안전관리자는 전기설비 공사가 설계도서 및 전기설비기술기준 등에 적합하게 시공되는지 여부를 확인하여야 한다.
③ 전기안전관리자는 전기설비 공사 중 불합리한 부분, 착오 및 불명확한 부분 등에 대하여는 그 내용과 의견을 관련자 및 소유자에게 보여 주어야 한다.
④ 전기안전관리자는 전기설비 공사가 설계도서와 상이하게 진행되거나 공사의 품질에 중대한 결함이 예상되는 경우에는 소유자와 사전협의하여 공사를 중지 할 수 있다.

■ 전력시설물 감리업무수행지침 제8조(설계도서 등의 검토)

① 감리원은 설계도면, 설계설명서, 공사비 산출내역서, 기술계산서, 공사계약서의 계약내용과 해당 공사의 조사 설계보고서 등의 내용을 완전히 숙지하여 새로운 방향의 공법개선 및 예산절감을 도모하도록 노력하여야 한다.
② 감리원은 설계도서 등에 대하여 공사계약 문서 상호 간의 모순되는 사항, 현장 실정과의 부합여부 등 현장 시공을 주안으로 하여 해당 공사 시작 전에 검토하여야 하며 검토내용에는 다음 각 호의 사항 등이 포함되어야 한다.
  1. 현장조건에 부합 여부
  2. 시공의 실제가능 여부
  3. 다른 사업 또는 다른 공정과의 상호부합 여부
  4. 설계도면, 설계설명서, 기술계산서, 산출내역서 등의 내용에 대한 상호일치 여부
  5. 설계도서의 누락, 오류 등 불명확한 부분의 존재여부
  6. 발주자가 제공한 물량 내역서와 공사업자가 제출한 산출내역서의 수량일치 여부
  7. 시공 상의 예상 문제점 및 대책 등
③ 감리원 제2항의 검토결과 불합리한 부분, 착오, 불명확하거나 의문사항이 있을 때에는 그 내용과 의견을 발주자에게 보고하여야 한다. 또한, 공사업자에게도 설계도서 및 산출내역서 등을 검토하도록 하여 검토결과를 보고 받아야 한다.

강의 NOTE

- 설계감리업무 수행지침의 용어 정의 용어
(1) 설계의 경제성 검토
  전력시설물의 현장적용 적합성 및 생애주기비용 등을 검토하는 것을 말한다.
(2) 검토
  설계자의 설계용역에 포함되어 있는 중요사항과 해당 설계용역과 관련한 발주자의 요구사항에 대하여 설계자 제출서류, 현장 실정 등 그 내용을 설계감리원이 숙지하고, 설계감리원의 경험과 기술을 바탕으로 하여 적합성 여부를 파악하는 것을 말하며, 사안에 따라 검토의견을 발주자에 보고 또는 설계자에게 제출하여야 한다.

□□□ 16

9 설계감리업무 수행지침의 용어 정의 중 전력시설물의 현장적용 적합성 및 생애주기비용 등을 검토하는 것을 무엇이라 하는지 쓰시오. (4점)

○ _____

| 작성답안

설계의 경제성 검토

□□□ 16

10 다음 ( ) 안에 공통으로 들어갈 내용을 답란에 쓰시오. (4점)

> 감리원은 공사업자로부터 (   )을(를) 사전에 제출받아 다음 각 호의 사항을 고려하여 공사업자가 제출한 날부터 7일 이내에 검토·확인하여 승인 한 후 시공할 수 있도록 하여야 한다. 다만, 7일 이내에 검토·확인이 불가능한 때에는 사유 등을 명시하여 통보하고, 통보사항이 없는 때에는 승인한 것으로 본다.
> 1. 설계도면, 설계설명서 또는 관계 규정에 일치하는지 여부
> 2. 현장의 시공기술자가 명확하게 이해할 수 있는지 여부
> 3. 실제시공 가능 여부
> 4. 안정성의 확보 여부
> 5. 계산의 정확성
> 6. 제도의 품질 및 선명성, 도면작성 표준에 일치 여부
> 7. 도면으로 표시 곤란한 내용은 시공시 유의사항으로 작성되었는지 등의 검토
>
> (   )은(는) 설계도면 및 설계설명서 등에 불명확한 부분을 명확하게 해줌으로써 시공상의 착오방지 및 공사의 품질을 확보하기 위한 수단으로 사용한다.

○ _____

| 작성답안

시공상세도

■ 전력시설물 감리업무수행지침 제31조(시공상세도 승인)
① 감리원은 공사업자로부터 시공상세도를 사전에 제출받아 다음 각 호의 사항을 고려하여 공사업자가 제출한 날부터 7일 이내에 검토·확인하여 승인 한 후 시공할 수 있도록 하여야 한다. 다만, 7일 이내에 검토·확인이 불가능한 때에는 사유 등을 명시하여 통보하고, 통보사항이 없는 때에는 승인한 것으로 본다.
  1. 설계도면, 설계설명서 또는 관계 규정에 일치하는지 여부
  2. 현장의 시공기술자가 명확하게 이해할 수 있는지 여부
  3. 실제시공 가능 여부
  4. 안정성의 확보 여부
  5. 계산의 정확성
  6. 제도의 품질 및 선명성, 도면작성 표준에 일치 여부
  7. 도면으로 표시 곤란한 내용은 시공시 유의사항으로 작성되었는지 등의 검토
② 시공상세도는 설계도면 및 설계설명서 등에 불명확한 부분을 명확하게 해줌으로써 시공 상의 착오방지 및 공사의 품질을 확보하기 위한 수단으로 다음 각 호의 사항에 대한 것과 공사 설계설명서에서 작성하도록 명시한 시공상세도에 대하여 작성하였는지를 확인한다. 다만, 발주자가 특별 설계설명서에 명시한 사항과 공사 조건에 따라 감리원과 공사업자가 필요한 시공상세도를 조정 할 수 있다.
  1. 시설물의 연결·이음부분의 시공 상세도
  2. 매몰시설물의 처리도
  3. 주요 기기 설치도
  4. 규격, 치수 등이 불명확하여 시공에 어려움이 예상되는 부위의 각종 상세도면

KEYWORD 38 한국전기설비규정

01 전압의 구분

강의 NOTE

• 산 95.02.05
전압의 크기에 따라 종별로 구분하고 그 전압의 범위를 쓰시오.

전압의 종별		범위
저압	교류	1 kV 이하
	직류	1.5 kV 이하
고압	교류	1 kV를 초과하고, 7 kV 이하인 것
	직류	1.5 kV를 초과하고, 7 kV 이하인 것
특고압		7 kV를 초과하는 것

02 용어

용어	정의
가섭선(架涉線)	지지물에 가설되는 모든 선류
계통연계	둘 이상의 전력계통 사이를 전력이 상호 융통될 수 있도록 선로를 통하여 연결하는 것으로 전력계통 상호간을 송전선, 변압기 또는 직류-교류변환설비 등에 연결하는 것
계통접지 (System Earthing)	전력계통에서 돌발적으로 발생하는 이상현상에 대비하여 대지와 계통을 연결하는 것으로, 중성점을 대지에 접속하는 것
관등회로	방전등용 안정기 또는 방전등용 변압기로부터 방전관까지의 전로
노출도전부 (Exposed Conductive Part)	충전부는 아니지만 고장 시에 충전될 위험이 있고, 사람이 쉽게 접촉할 수 있는 기기의 도전성 부분
단독운전	전력계통의 일부가 전력계통의 전원과 전기적으로 분리된 상태에서 분산형전원에 의해서만 운전되는 상태
단순 병렬운전	자가용 발전설비 또는 저압 소용량 일반용 발전설비를 배전계통에 연계하여 운전하되, 생산한 전력의 전부를 자체적으로 소비하기 위한 것으로서 생산한 전력이 연계계통으로 송전되지 않는 병렬 형태
등전위본딩 (Equipotential Bonding)	등전위를 형성하기 위해 도전부 상호 간을 전기적으로 연결하는 것
리플프리(Ripple-free)직류	교류를 직류로 변환할 때 리플성분의 실효값이 10 % 이하로 포함된 직류

용어	정의
보호도체(PE, Protective Conductor)	감전에 대한 보호 등 안전을 위해 제공되는 도체
보호본딩도체(Protective Bonding Conductor)	보호등전위본딩을 제공하는 보호도체
보호접지(Protective Earthing)	고장 시 감전에 대한 보호를 목적으로 기기의 한점 또는 여러 점을 접지하는 것
분산형전원	중앙급전 전원과 구분되는 것으로서 전력소비지역 부근에 분산하여 배치 가능한 전원을 말한다. 상용전원의 정전시에만 사용하는 비상용 예비전원은 제외하며, 신·재생에너지 발전설비, 전기저장장치 등을 포함한다.
서지보호장치(SPD, Surge Protective Device)	과전압을 제한하고 서지전류를 분류하기 위한 장치
스트레스전압(Stress Voltage)	지락고장 중에 접지부분 또는 기기나 장치의 외함과 기기나 장치의 다른 부분 사이에 나타나는 전압
옥내배선	건축물 내부의 전기사용장소에 고정시켜 시설하는 전선
인하도선시스템(Down-conductor System)	뇌전류를 수뢰부시스템에서 접지극으로 흘리기 위한 외부피뢰시스템의 일부
임펄스내전압(Impulse Withstand Voltage)	지정된 조건하에서 절연파괴를 일으키지 않는 규정된 파형 및 극성의 임펄스전압의 최대 파고 값 또는 충격내전압
접촉범위(Arm's Reach)	사람이 통상적으로 서있거나 움직일 수 있는 바닥면상의 어떤 점에서라도 보조장치의 도움 없이 손을 뻗어서 접촉이 가능한 접근구역
지락전류(Earth Fault Current)	충전부에서 대지 또는 장점(지락점)의 접지된 부분으로 흐르는 전류를 말하며, 지락에 의하여 전로의 외부로 유출되어 화재, 사람이나 동물의 감전 또는 전로나 기기의 손상 등 사고를 일으킬 우려가 있는 전류
지중 관로	전선로·지중 약전류 전선로·지중 광섬유 케이블 선로·지중에 시설하는 수관 및 가스관과 이와 유사한 것 및 이들에 부속하는 지중함 등
충전부(Live Part)	통상적인 운전 상태에서 전압이 걸리도록 되어 있는 도체 또는 도전부를 말한다. 중성선을 포함하나 PEN 도체, PEM 도체 및 PEL 도체는 포함하지 않는다.
특별저압(ELV, Extra Low Voltage)	인체에 위험을 초래하지 않을 정도의 저압을 말한다. 여기서 SELV(Safety Extra Low Voltage)는 비접지회로에 해당되며, PELV(Protective Extra Low Voltage)는 접지회로에 해당된다.
PEN 도체(protective earthing conductor and neutral conductor)	교류회로에서 중성선 겸용 보호도체
PEM 도체(protective earthing conductor and a mid-point conductor)	직류회로에서 중간선 겸용 보호도체

강의 NOTE

• 기 22
한국전기설비규정에서 정하는 용어의 정의를 쓰시오.
(1) PEL
(2) PEM

강의 NOTE

• 기 08.22
다음 표는 한국전기설비규정에 관한 내용으로 전선의 색별표시에 관한 내용이다. 표를 완성하시오.

03 전선의 색별

상(문자)	색상
L1	갈색
L2	흑색
L3	회색
N	청색
보호도체	녹색-노란색

색상 식별이 종단 및 연결 지점에서만 이루어지는 나도체 등은 전선 종단부에 색상이 반영구적으로 유지될 수 있는 도색, 밴드, 색 테이프 등의 방법으로 표시해야 한다.

• 산 19
한국전기설비규정에 의한 저압케이블의 종류 3가지를 쓰시오.

04 저압 케이블

① 0.6/1 kV 연피(鉛皮)케이블
② 클로로프렌외장(外裝)케이블
③ 비닐외장케이블
④ 폴리에틸렌외장케이블
⑤ 무기물 절연케이블
⑥ 금속외장케이블
⑦ 저독성 난연 폴리올레핀외장케이블
⑧ 300/500 V 연질 비닐시스케이블
⑨ 유선텔레비전용 급전 겸용 동축 케이블(그 외부도체를 접지하여 사용하는 것에 한한다.)

05 고압 및 특고압 케이블

고압	특고압
• 연피케이블 • 알루미늄피케이블 • 클로로프렌외장케이블 • 비닐외장케이블 • 폴리에틸렌외장케이블 • 저독성 난연 폴리올레핀외장케이블 • 콤바인 덕트 케이블 • KS에서 정하는 성능 이상의 것	• 절연체가 에틸렌 프로필렌고무혼합물 또는 가교폴리에틸렌 혼합물인 케이블로서 선심 위에 금속제의 전기적 차폐층을 설치한 것 • 파이프형 압력케이블 • 연피케이블 • 알루미늄피케이블 • 금속피복을 한 케이블

06 전선의 병렬 사용

① 병렬로 사용하는 각 전선의 굵기는 동선 50 mm² 이상 또는 알루미늄 70 mm² 이상으로 하고, 전선은 같은 도체, 같은 재료, 같은 길이 및 같은 굵기의 것을 사용할 것.
② 같은 극의 각 전선은 동일한 터미널러그에 완전히 접속할 것.
③ 병렬로 사용하는 전선에는 각각에 퓨즈를 설치하지 말 것.
④ 전자적 불평형이 생기지 않도록 시설할 것.

• 산 20
22900/380-220[V], 30[kVA]변압기로 공급되는 저압전로의 최대누설전류와 기술기준에 의한 최소절연저항이 값을 구하시오. 단, 1차와 2차가 전기적으로 절연되지 않은 회로이다.
(1) 최대누설전류 [mA]
(2) 최소절연저항 [MΩ]

07 절연성능

전로의 사용전압 V	DC시험전압 V	절연저항 MΩ
SELV 및 PELV	250	0.5
FELV, 500V 이하	500	1.0
500V 초과	1,000	1.0

[주] 특별저압(extra low voltage : 2차 전압이 AC 50V, DC 120V 이하)으로 SELV(비접지회로 구성) 및 PELV(접지회로 구성)은 1차와 2차가 전기적으로 절연된 회로, FELV는 1차와 2차가 전기적으로 절연되지 않은 회로

• 산 21
• 산(유) 05.15.20
다음은 저압전로의 절연성능에 관한 표이다. 다음 빈 칸을 완성하시오.

강의 NOTE

"특별저압(ELV, Extra Low Voltage)"이란 인체에 위험을 초래하지 않을 정도의 저압을 말한다. 여기서 SELV(Safety Extra Low Voltage)는 비접지회로에 해당되며, PELV(Protective Extra Low Voltage)는 접지회로에 해당된다.

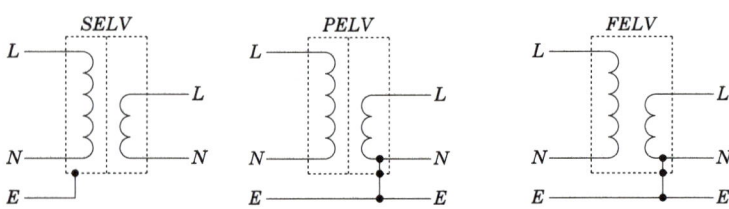

*FELV (Functional Extra Low Voltage/기능적 특별저압)

• 산 04.09
다음 (①), (②), (③), (④), (⑤) 안에 알맞은 내용을 쓰시오.
고압 및 특고압의 전로(회전기, 정류기, 연료전지 및 태양전지 모듈의 전로, 변압기의 전로, 기구 등의 전로 및 직류식 전기철도용 전차선을 제외한다)는 한국전기설비 규정에서 정한 시험전압을 (①) 사이(다심케이블은 심선 상호 간 및 심선과 대지 사이)에 연속하여 (②)가하여 절연내력을 시험하였을 때에 이에 견디어야 한다. 다만, 전선에 케이블을 사용하는 교류 전로로서 한국전기설비기준에서 정한 시험전압의 (③)의 직류전압을 전로와 대지 사이(다심케이블은 (④) 사이)에 연속하여 (⑤)가하여 절연내력을 시험하였을 때에 이에 견디는 것에 대하여는 그러하지 아니하다.

08 절연내력시험

최대 사용 전압	시험 전압	최저 시험 전압
7 [kV] 이하	1.5배	500 [V]
7 [kV] 초과 25 [kV] 이하 중성점 다중 접지 방식	0.92배	
7 [kV] 초과 비접지식 모든 전압	1.25배	10,500 [V]
60 [kV] 초과 중성점 접지식	1.1배	75,000 [V]
60 [kV] 초과 중성점 직접 접지식	0.72배	
170 [kV] 넘는 중성점 직접 접지식 구내에만 적용	0.64배	

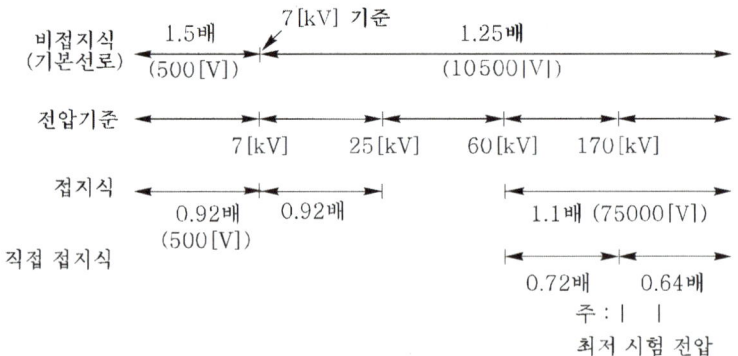

09 접지시스템

기호	명칭	기호	명칭
①	보호도체(PE)	C	철골, 금속덕트 등의 계통 외 도전성 부분
②	보호등전위본딩 도체	B	주 접지단자
③	접지도체	P	수도관, 가스관 등 금속배관
④	보조보호등전위본딩 도체	T	접지극
M	전기 기기의 노출 도전성 부분	10	기타 기기 (예:정보통신시스템, 뇌보호시스템)

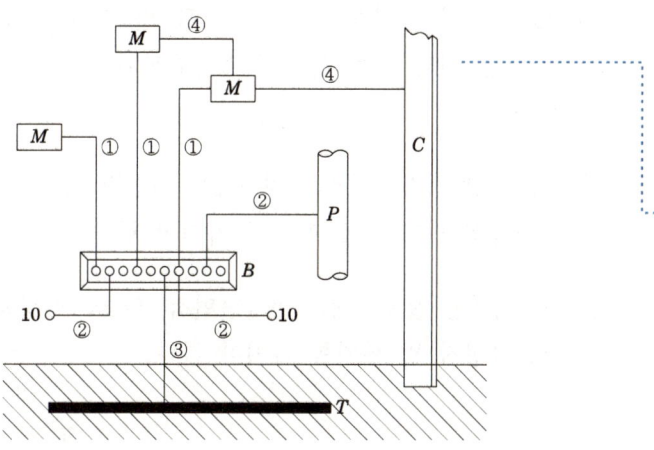

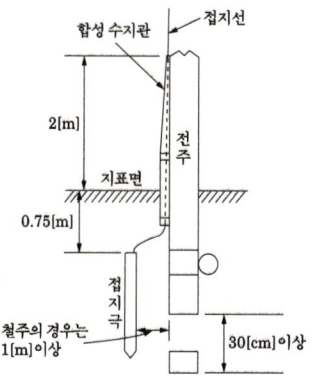

• 기 11
1개의 건축물에는 그 건축물 대지전위의 기준이 되는 접지극, 접지선 및 주접지단자를 그림과 같이 구성한다. 건축 내 전기기기의 노출 도전성부분 및 계통외 도전성 부분(건축구조물의 금속제부분 및 가스, 물, 난방 등의 금속배관설비) 모두를 주 접지단자에 접속한다. 이것에 의해 하나의 건축물 내 모든 금속제부분에 주 등전위 접속이 시설된 것이 된다. 다음 그림에서 ①~⑤까지 명칭을 쓰시오.

10 수도관접지

접지도체와 금속제 수도관로의 접속은 안지름 75mm 이상인 부분 또는 여기에서 분기한 안지름 75mm 미만인 분기점으로부터 5m 이내의 부분에서 하여야 한다. 다만, 금속제 수도관로와 대지 사이의 전기저항 값이 2Ω 이하인 경우에는 분기점으로부터의 거리는 5m을 넘을 수 있다.

11 접지도체

1 접지도체

(1) 접지도체의 최소 단면적은 다음과 같다.
① 구리는 6 mm² 이상
② 철제는 50 mm² 이상

(2) 접지도체에 피뢰시스템이 접속되는 경우, 접지도체의 단면적은 구리 16 mm² 또는 철 50 mm² 이상으로 하여야 한다.

2 접지도체는 지하 0.75m부터 지표 상 2m까지 부분은 합성수지관(두께 2mm 미만의 합성수지제 전선관 및 가연성 콤바인덕트관은 제외한다) 또는 이와 동등 이상의 절연효과와 강도를 가지는 몰드로 덮어야 한다.

3 특고압·고압 전기설비용 접지도체는 단면적 6mm² 이상의 연동선 또는 동등 이상의 단면적 및 강도를 가져야 한다.

4 중성점 접지용 접지도체는 공칭단면적 16mm² 이상의 연동선 또는 동등 이상의 단면적 및 세기를 가져야 한다.

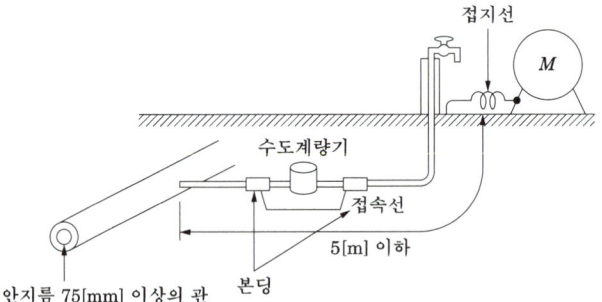

12 보호도체

1 보호도체

상도체의 단면적 S (mm², 구리)	보호도체의 최소 단면적(mm², 구리)	
	보호도체의 재질	
	상도체와 같은 경우	상도체와 다른 경우
$S \leq 16$	S	$\left(\dfrac{k_1}{k_2}\right) \times S$
$16 < S \leq 35$	$16^{(a)}$	$\left(\dfrac{k_1}{k_2}\right) \times 16$
$S > 35$	$\dfrac{S^{(a)}}{2}$	$\left(\dfrac{k_1}{k_2}\right) \times \dfrac{S}{2}$

여기서,

k_1 : 도체 및 절연의 재질에 따라 KS C IEC 60364-5-54(저압전기설비 -제5-54 부 : 전기기기의 선정 및 설치-접지설비 및 보호도체)의 표A54.1(여러 가지 재료의 변수 값) 또는 KS C IEC 60364-4-43 (저압전기설비-제4-43부 : 안전을 위한 보호-과전류에 대한 보호)의 표 43A(도체에 대한 k값)에서 선정된 상도체에 대한 k값

k_2 : KS C IEC 60364-5-54(저압전기설비-제5-54부 : 전기기기의 선정 및 설치-접지설비 및 보호도체)의 표A.54.2(케이블에 병합되지 않고 다른 케이블과 묶여 있지 않은 절연 보호도체의 k값)~A.54.6 (제시된 온도에서 모든 인접 물질에 손상 위험성이 없는 경우 나도체의 k값)에서 선정된 보호도체에 대한 k값

a : PEN 도체의 최소단면적은 중성선과 동일하게 적용한다(KS C IEC 60364-5-52(저압전기설비-제5-52부 : 전기기기의 선정 및 설치 -배선설비) 참조).

2 보호도체와 계통도체는 고정된 전기설비에서만 사용할 수 있으며 다음에 의한다.

① 단면적은 구리 10 mm² 또는 알루미늄 16 mm² 이상이어야 한다.
② 중성선과 보호도체의 겸용도체는 전기설비의 부하 측으로 시설하여서는 안 된다.
③ 폭발성 분위기 장소는 보호도체를 전용으로 하여야 한다.

강의 NOTE

• 기 17
다음 표는 접지설비에서 보호선에 관한 표이다. 다음 표를 보고 물음에 답하시오.
(1) 보호선이란 안전을 목적(감전예방)으로 설치한 전선을 말한다. 다음 보호선의 굵기는 표의 단면적 이상으로 선정하여야 한다. 표의 1, 2, 3의 최소 단면적의 기준을 각각 쓰시오.
(2) 보호선의 종류 2가지를 쓰시오.

강의 NOTE

13 계통접지

기호 설명	
─/•	중성선(N), 중간도체(M)
─/─	보호도체(PE)
─/•─	중성선과 보호도체겸용(PEN)

1 TN 계통

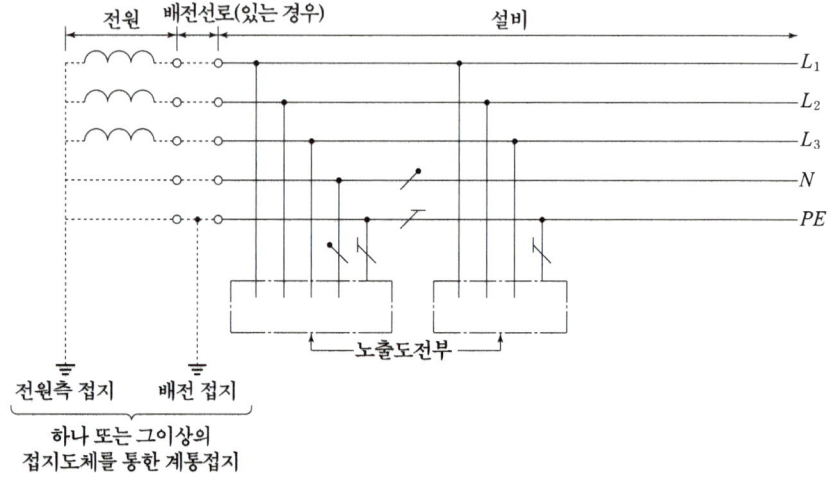

2 TN-S

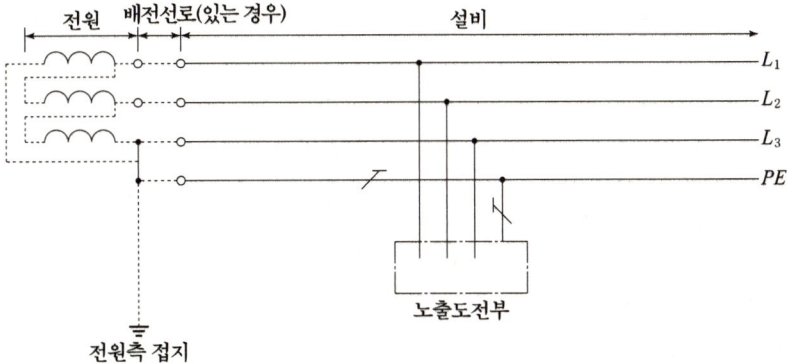

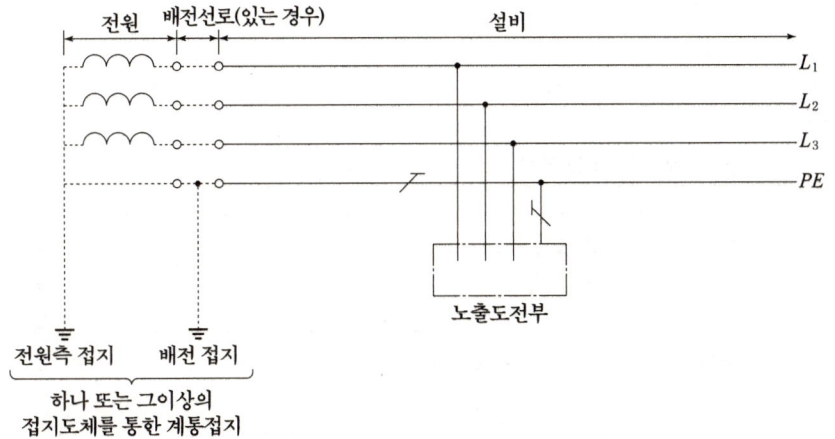

강의 NOTE

• 산 16.21
다음 그림은 TN-C 계통접지다. 중성선(N), 보호선(PE), 보호선과 중성선을 겸한 선(PEN)을 도면을 완성하고 표시하시오.

3 TN-C

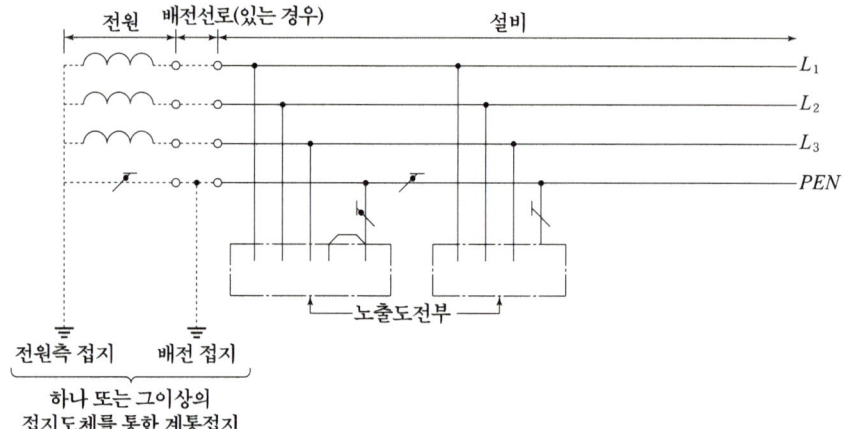

• 기 18
접지방식은 각기 다른 목적이나 종류의 접지를 상호 연접시키는 공용접지와 개별적으로 접지하되 상호 일정한 거리 이상 이격하는 독립접지(단독접지)로 구분할 수 있다. 독립접지와 비교하여 공용접지의 장점과 단점을 각각 3가지만 쓰시오.

4 TN-C-S

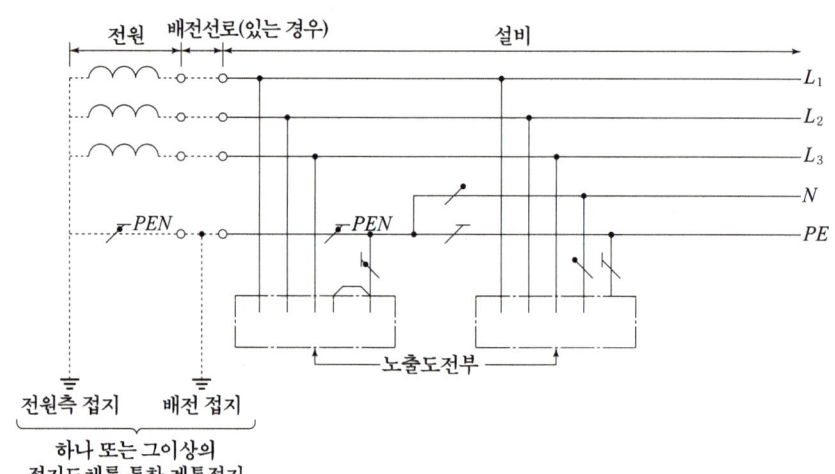

5 TT

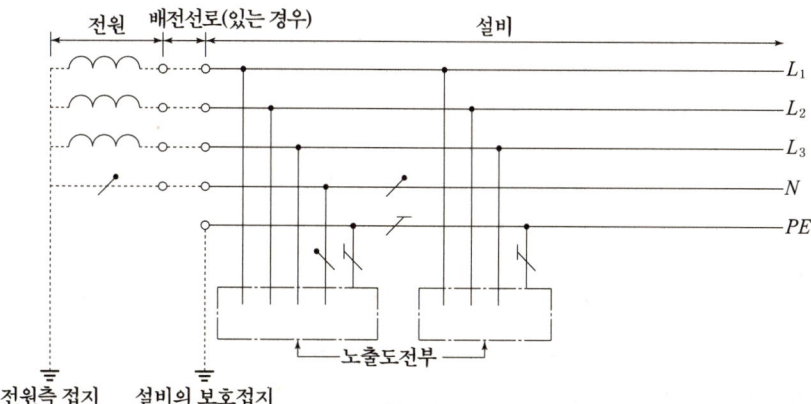

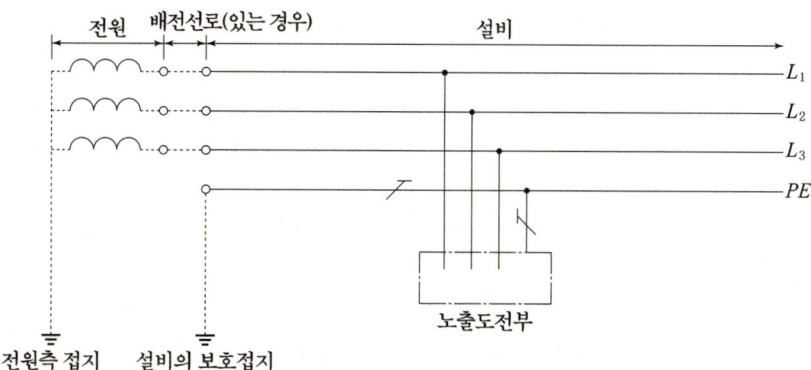

| 강의 NOTE |

6 IT계통

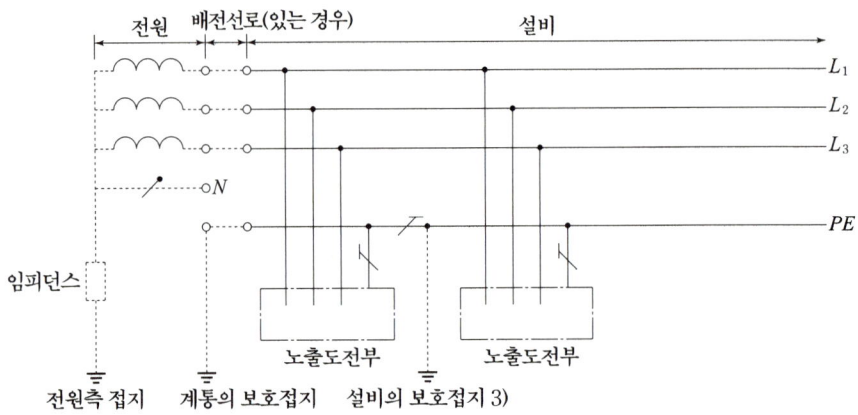

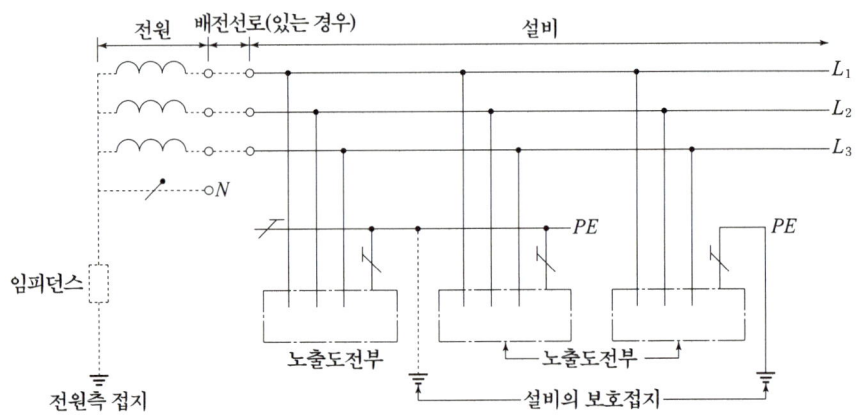

14 보호장치의 특성

1 퓨즈(gG)의 용단특성

정격전류의 구분	시 간	정격전류의 배수	
		불용단전류	용단전류
4 A 이하	60분	1.5배	2.1배
4 A 초과 16 A 미만	60분	1.5배	1.9배
16 A 이상 63 A 이하	60분	1.25배	1.6배
63 A 초과 160 A 이하	120분	1.25배	1.6배
160 A 초과 400 A 이하	180분	1.25배	1.6배
400 A 초과	240분	1.25배	1.6배

2 과전류트립 동작시간 및 특성(산업용 배선차단기)

정격전류의 구분	시간	정격전류의 배수(모든 극에 통전)	
		부동작전류	동작전류
63 A 이하	60분	1.05배	1.3배
63 A 초과	120분	1.05배	1.3배

3 과전류트립 동작시간 및 특성(주택용 배선차단기)

정격전류의 구분	시간	정격전류의 배수(모든 극에 통전)	
		부동작전류	동작전류
63 A 이하	60분	1.13배	1.45배
63 A 초과	120분	1.13배	1.45배

강의 NOTE

• 산 91.98.07.14.20
전원 전압이 100 [V]인 회로에서 600[W]의 전기솥 1대, 350[W]의 다리미 1대, 150[W]의 텔레비젼 1대를 사용할 때 10[A]의 고리 퓨즈는 어떻게 되겠는지 그 상태와 그 이유를 설명하시오.
- 상태 :
- 이유 :

KEYWORD 38 한국전기설비규정

강의 NOTE

- 회로의 설계전류 (I_B : Design Current)는 정상의 공급회로에 전류가 흐를 때 상정되는 전류로 부하의 효율, 역률, 수용률, 선전류의 불평형, 고조파에 의한 전류 증가 및 장래 부하 증가에 대한 여유 등이 고려된 전류를 말한다.

- 보호장치의 규약동작전류(I_2 : Conventional Operating Current)란 보호장치가 규약시간 이내에 유효한 동작을 보장하는 전류를 말하며, I_2는 제조사가 기술 사양서에 공시하여 제공하거나, 제품 표준에 제시되어야 한다.

15 과전류에 대한 보호

$I_B \leq I_n \leq I_Z$ .... nominal current rule

$I_2 \leq 1.45 \times I_Z$ .... tripping current rule

I_B : 회로의 설계전류
I_Z : 케이블의 허용전류
I_n : 보호장치의 정격전류
I_2 : 보호장치가 규약시간 이내에 유효하게 동작하는 것을 보장하는 전류

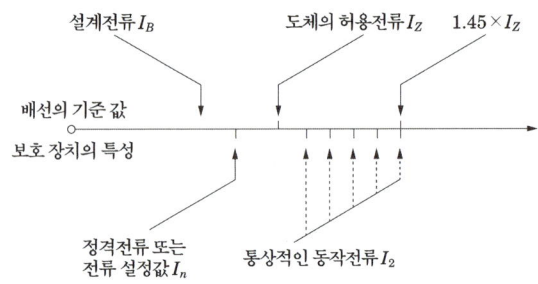

도체의 과부하보호점

16 수용가의 전압강하

• 기/산 19.21
다음은 한국전기설비규정에서 정하는 수용가 설비에서의 전압강하에 관한 내용이다. 다른 조건을 고려하지 않는다면 수용가 설비의 인입구로부터 기기까지의 전압강하는 표의 값 이하로 하여야 한다. 다음 물음에 답하시오.
(1) 전압강하 표를 완성하시오.
(2) 표보다 큰 전압강하를 허용할 수 있는 경우 2가지를 쓰시오.

수용가설비의 전압강하

설비의 유형	조명 (%)	기타 (%)
A - 저압으로 수전하는 경우	3	5
B - 고압 이상으로 수전하는 경우[a]	6	8

[a] 가능한 한 최종회로 내의 전압강하가 A 유형의 값을 넘지 않도록 하는 것이 바람직하다. 사용자의 배선설비가 100 m를 넘는 부분의 전압강하는 미터 당 0.005% 증가할 수 있으나 이러한 증가분은 0.5%를 넘지 않아야 한다.

다음의 경우에는 표 232.3-1보다 더 큰 전압강하를 허용할 수 있다.
① 기동 시간 중의 전동기
② 돌입전류가 큰 기타 기기

다음과 같은 일시적인 조건은 고려하지 않는다.
① 과도과전압
② 비정상적인 사용으로 인한 전압 변동

관련문제 — 38. 한국전기설비규정

□□□ 19

1 한국전기설비규정에 의한 저압케이블의 종류 3가지를 쓰시오. (5점)

작성답안

- 연피(鉛皮)케이블
- 클로로프렌외장(外裝)케이블
- 비닐외장케이블

그 외
- 폴리에틸렌외장케이블
- 무기물 절연케이블
- 금속외장케이블
- 저독성 난연 폴리올레핀외장케이블
- 300/500 V 연질 비닐시스케이블

강의 NOTE

■ 한국전기설비규정 122.4 저압케이블
사용전압이 저압인 전로(전기기계기구 안의 전로를 제외한다)의 전선으로 사용하는 케이블은 「전기용품 및 생활용품 안전관리법」의 적용을 받는 것 이외에는 KS에 적합한 것으로 0.6/1 kV 연피(鉛皮)케이블, 클로로프렌외장(外裝)케이블, 비닐외장케이블, 폴리에틸렌외장케이블, 무기물 절연케이블, 금속외장케이블, 저독성 난연 폴리올레핀외장케이블, 300/500 V 연질 비닐시스케이블, 제2에 따른 유선텔레비전용 급전겸용 동축 케이블(그 외부도체를 접지하여 사용하는 것에 한한다)을 사용하여야 한다.

□□□ 18, 21

2 지중전선로는 케이블을 사용하여 관로식, 암거식, 직접 매설식에 의하여 시설하여야 한다. 케이블의 매설깊이는 관로식인 경우와 직접 매설식(차량 및 기타 중량물의 압력을 받을 우려가 있는 경우임)인 경우에는 얼마 이상으로 하여야 하는가? (4점)

시설장소	매설깊이
관로식	①
직접매설식	②

작성답안

① 1.0 [m]
② 1.0 [m]

■ 한국전기설비규정 지중전선로의 시설
1. 지중 전선로는 전선에 케이블을 사용하고 또한 관로식·암거식(暗渠式) 또는 직접 매설식에 의하여 시설하여야 한다.
2. 지중 전선로를 관로식 또는 암거식에 의하여 시설하는 경우에는 다음에 따라야 한다.
  가. 관로식에 의하여 시설하는 경우에는 매설 깊이를 1.0 m 이상으로 하되, 매설 깊이가 충분하지 못한 장소에는 견고하고 차량 기타 중량물의 압력에 견디는 것을 사용할 것. 다만 중량물의 압력을 받을 우려가 없는 곳은 0.6 m 이상으로 한다.
  나. 암거식에 의하여 시설하는 경우에는 견고하고 차량 기타 중량물의 압력에 견디는 것을 사용할 것.
3. 지중 전선을 냉각하기 위하여 케이블을 넣은 관내에 물을 순환시키는 경우에는 지중 전선로는 순환수 압력에 견디고 또한 물이 새지 아니하도록 시설하여야 한다.
4. 지중 전선로를 직접 매설식에 의하여 시설하는 경우에는 매설 깊이를 차량 기타 중량물의 압력을 받을 우려가 있는 장소에는 1.0 m 이상, 기타 장소에는 0.6 m 이상으로 하고 또한 지중 전선을 견고한 트라프 기타 방호물에 넣어 시설하여야 한다. 다만, 다음의 어느 하나에 해당하는 경우에는 지중전선을 견고한 트라프 기타 방호물에 넣지 아니하여도 된다.

□□□ 15

3 지중전선로의 지중함 시설시 시설기준을 3가지만 쓰시오. (5점)

| 작성답안

- 지중함은 견고하고 차량 기타 중량물의 압력에 견디는 구조일 것
- 지중함은 그 안의 고인 물을 제거할 수 있는 구조로 되어 있을 것
- 지중함의 뚜껑은 시설자 이외의 자가 쉽게 열 수 없도록 시설할 것

그 외
- 폭발성 또는 연소성의 가스가 침입할 우려가 있는 것에 시설하는 지중함으로서 그 크기가 1[m^3] 이상인 것에는 통풍장치 기타 가스를 방산시키기 위한 적당한 장치를 시설할 것

강의 NOTE

■ 한국전기설비규정 334.2 지중함의 시설
지중전선로에 사용하는 지중함은 다음에 따라 시설하여야 한다.
가. 지중함은 견고하고 차량 기타 중량물의 압력에 견디는 구조일 것.
나. 지중함은 그 안의 고인 물을 제거할 수 있는 구조로 되어 있을 것.
다. 폭발성 또는 연소성의 가스가 침입할 우려가 있는 것에 시설하는 지중함으로서 그 크기가 1m^3 이상인 것에는 통풍장치 기타 가스를 방산시키기 위한 적당한 장치를 시설할 것.
라. 지중함의 뚜껑은 시설자이외의 자가 쉽게 열 수 없도록 시설할 것.

□□□ 19, 21

4 다음은 한국전기설비규정에서 정하는 수용가 설비에서의 전압강하에 관한 내용이다. 다른 조건을 고려하지 않는다면 수용가 설비의 인입구로부터 기기까지의 전압강하는 표의 값 이하로 하여야 한다. 다음 전압강하 표를 완성하시오. (4점)

수용가설비의 전압강하

설비의 유형	조명(%)	기타(%)
A-저압으로 수전하는 경우	(1)	(2)
B-고압 이상으로 수전하는 경우[a]	(3)	(4)

[a]가능한 한 최종회로 내의 전압강하가 A 유형의 값을 넘지 않도록 하는 것이 바람직하다. 사용자의 배선설비가 100m를 넘는 부분의 전압강하는 미터 당 0.005% 증가할 수 있으나 이러한 증가분은 0.5%를 넘지 않아야 한다.

1		2	
3		4	

| 작성답안

1	3	2	5
3	6	4	8

■ 한국전기설비규정 232.3.9 수용가 설비에서의 전압강하

1. 다른 조건을 고려하지 않는다면 수용가 설비의 인입구로부터 기기까지의 전압강하는 표 232.3-1의 값 이하이어야 한다.

표 232.3-1 수용가설비의 전압강하

설비의 유형	조명(%)	기타(%)
A - 저압으로 수전하는 경우	3	5
B - 고압 이상으로 수전하는 경우[a]	6	8

[a]가능한 한 최종회로 내의 전압강하가 A 유형의 값을 넘지 않도록 하는 것이 바람직하다. 사용자의 배선설비가 100 m를 넘는 부분의 전압강하는 미터 당 0.005% 증가할 수 있으나 이러한 증가분은 0.5%를 넘지 않아야 한다.

2. 다음의 경우에는 표 232.3-1보다 더 큰 전압강하를 허용할 수 있다.
가. 기동 시간 중의 전동기
나. 돌입전류가 큰 기타 기기

3. 다음과 같은 일시적인 조건은 고려하지 않는다.
가. 과도과전압
나. 비정상적인 사용으로 인한 전압 변동

□□□ 09, 11, 12 新規

5 다음 빈칸 ①~⑤에 알맞은 수치를 넣으시오. (5점)

그림과 같이 분기회로(S_2)의 보호장치(P_2)는 (P_2)의 전원 측에서 분기점(O) 사이에 다른 분기회로 또는 콘센트의 접속이 없고 ①의 위험과 ② 및 인체에 대한 위험성이 ③되도록 시설된 경우, 분기회로의 보호장치 (P_2)는 분기회로의 분기점(O)으로부터 ④까지 이동하여 설치할 수 있다.

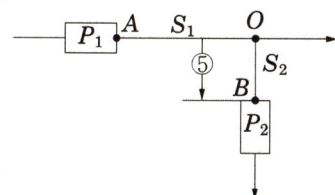

①	②	③	④	⑤

| 작성답안

①	②	③	④	⑤
단락	화재	최소화	3[m]	3[m]

■ 한국전기설비규정 212.4.2 과부하 보호장치의 설치 위치

□□□ 新規

6 한국전기설비규정에서 분기회로 (S_2)의 보호장치 (P_2)는 (P_2)의 전원 측에서 분기점(O) 사이에 다른 분기회로 또는 콘센트의 접속이 없고, 단락의 위험과 화재 및 인체에 대한 위험성이 최소화 되도록 시설된 경우, 분기회로의 보호장치 (P_2)는 분기회로의 분기점(O)으로부터 이동하여 시설할 때 그림을 그리시오. (5점)

| 작성답안

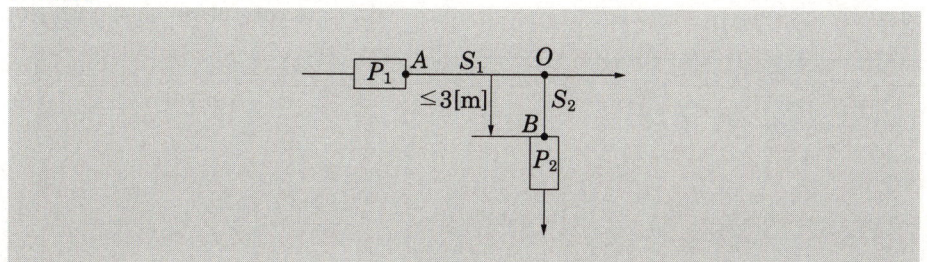

□□□ 91, 98, 07, 14, 20

7 전원 전압이 100[V]인 회로에서 600[W]의 전기솥 1대, 350[W]의 다리미 1대, 150[W]의 텔레비전 1대를 사용할 때 10[A]의 고리 퓨즈는 어떻게 되겠는지 그 상태와 그 이유를 설명하시오. (5점)

- 상태 :

- 이유 :

> ■ 한국전기설비규정 212.3.4 보호장치의 특성
>
> 1. 과전류 보호장치는 KS C 또는 KS C IEC 관련 표준(배선차단기, 누전차단기, 퓨즈 등의 표준)의 동작특성에 적합하여야 한다.
> 2. 과전류차단기로 저압전로에 사용하는 범용의 퓨즈(「전기용품 및 생활용품 안전관리법」에서 규정하는 것을 제외한다)는 표 212.3-1에 적합한 것이어야 한다.
>
> 표 212.3-1 퓨즈(gG)의 용단특성
>
> | 정격전류의 구분 | 시간 | 정격전류의 배수 | |
> |---|---|---|---|
> | | | 불용단 전류 | 용단 전류 |
> | 4 A 이하 | 60분 | 1.5배 | 2.1배 |
> | 4 A 초과 16 A 미만 | 60분 | 1.5배 | 1.9배 |
> | 16 A 이상 63 A 이하 | 60분 | 1.25배 | 1.6배 |
> | 63 A 초과 160 A 이하 | 120분 | 1.25배 | 1.6배 |
> | 160 A 초과 400 A 이하 | 180분 | 1.25배 | 1.6배 |
> | 400 A 초과 | 240분 | 1.25배 | 1.6배 |

| 작성답안

부하 전류 $I = \dfrac{600+350+150}{100} = 11\,[\text{A}]$

상태 : 용단되지 않는다.
이유 : 4 A 초과 16 A 미만의 경우 불용단 전류는 1.5배이므로 용단되어서는 안 된다.

□□□ 13, 22

8 옥내에 시설되는 단상전동기에 관한 내용이다. 다음 빈칸에 알맞은 값을 쓰시오. (6점)

> 옥내에 시설하는 전동기(정격 출력이 0.2kW 이하인 것을 제외한다. 이하 여기에서 같다)에는 전동기가 손상될 우려가 있는 과전류가 생겼을 때에 자동적으로 이를 저지하거나 이를 경보하는 장치를 하여야 한다. 다만, 다음의 어느 하나에 해당하는 경우에는 그러하지 아니하다.
> 가. 전동기를 운전 중 상시 취급자가 감시할 수 있는 위치에 시설하는 경우
> 나. 전동기의 구조나 부하의 성질로 보아 전동기가 손상될 수 있는 과전류가 생길 우려가 없는 경우
> 다. 단상전동기[KS C 4204(2013)의 표준정격의 것을 말한다]로써 그 전원측 전로에 시설하는 과전류 차단기의 정격전류가 (①) 배선차단기는 (②) 이하인 경우

> ■ 한국전기설비규정 212.6.3 저압전로 중의 전동기 보호용 과전류보호장치의 시설
>
> 옥내에 시설하는 전동기(정격 출력이 0.2kW 이하인 것을 제외한다. 이하 여기에서 같다)에는 전동기가 손상될 우려가 있는 과전류가 생겼을 때에 자동적으로 이를 저지하거나 이를 경보하는 장치를 하여야 한다. 다만, 다음의 어느 하나에 해당하는 경우에는 그러하지 아니하다.
> 가. 전동기를 운전 중 상시 취급자가 감시할 수 있는 위치에 시설하는 경우
> 나. 전동기의 구조나 부하의 성질로 보아 전동기가 손상될 수 있는 과전류가 생길 우려가 없는 경우
> 다. 단상전동기[KS C 4204(2013)의 표준정격의 것을 말한다]로써 그 전원측 전로에 시설하는 과전류 차단기의 정격전류가 16 A(배선차단기는 20 A) 이하인 경우

| 작성답안

① 16[A]
② 20[A]

9. 옥내에 시설되는 단상전동기에 과부하 보호장치를 하지 않아도 되는 전동기의 용량은 몇 [kW] 이하인가? (5점)

작성답안

0.2[kW]

강의 NOTE

■ 한국전기설비규정 212.6.3 저압전로 중의 전동기 보호용 과전류보호장치의 시설

옥내에 시설하는 전동기(정격 출력이 0.2kW 이하인 것을 제외한다. 이하 여기에서 같다)에는 전동기가 손상될 우려가 있는 과전류가 생겼을 때에 자동적으로 이를 저지하거나 이를 경보하는 장치를 하여야 한다. 다만, 다음의 어느 하나에 해당하는 경우에는 그러하지 아니하다.

가. 전동기를 운전 중 상시 취급자가 감시할 수 있는 위치에 시설하는 경우
나. 전동기의 구조나 부하의 성질로 보아 전동기가 손상될 수 있는 과전류가 생길 우려가 없는 경우
다. 단상전동기[KS C 4204(2013)의 표준 정격의 것을 말한다]로써 그 전원측 전로에 시설하는 과전류 차단기의 정격전류가 16 A(배선차단기는 20 A) 이하인 경우

---

10. 외부 피뢰시스템에 대하여 다음 물음에 답하시오. (6점)

(1) 수뢰부시스템의 구성요소 3가지

(2) 피뢰시스템이 배치방법 3가지

작성답안

(1) 돌침, 수평도체, 메시도체
(2) 보호각법, 회전구체법, 메시법

강의 NOTE

■ 한국전기설비규정 152.1 수뢰부시스템

1. 수뢰부시스템을 선정은 다음에 의한다.
   가. 돌침, 수평도체, 메시도체의 요소 중에 한 가지 또는 이를 조합한 형식으로 시설하여야 한다.
   나. 수뢰부시스템 재료는 KS C IEC 62305-3(피뢰시스템-제3부:구조물의 물리적 손상 및 인명위험)의 표6(수뢰도체, 피뢰침, 대지 인입 붕괴 인하도선의 재료, 형상과 최소단면적)에 따른다.
   다. 자연적 구성부재가 KS C IEC 62305-3(피뢰시스템-제3부:구조물의 물리적 손상 및 인명위험)의 "5.2.5 자연적 구성부재"에 적합하면 수뢰부시스템으로 사용할 수 있다.

2. 수뢰부시스템의 배치는 다음에 의한다.
   가. 보호각법, 회전구체법, 메시법 중 하나 또는 조합된 방법으로 배치하여야 한다.
   나. 건축물·구조물의 뾰족한 부분, 모서리 등에 우선하여 배치한다.

3. 지상으로부터 높이 60m를 초과하는 건축물·구조물에 측뢰 보호가 필요한 경우에는 수뢰부시스템을 시설하여야 한다.

☐☐☐ 03, 15

11
욕실 등 인체가 물에 젖어있는 상태에서 물을 사용하는 장소에 콘센트를 시설하는 경우에 설치하여야 하는 인체감전보호용 누전차단기의 정격감도전류와 동작시간은 얼마 이하를 사용하여야 하는가? (4점)

(1) 정격감도전류

 ○

(2) 동작시간

 ○

| 작성답안

(1) 정격감도전류 : 15[mA] 이하
(2) 동작시간 : 0.03[sec] 이하

강의 NOTE

■ 한국전기설비규정 234.5 콘센트의 시설
욕조나 샤워시설이 있는 욕실 또는 화장실 등 인체가 물에 젖어있는 상태에서 전기를 사용하는 장소에 콘센트를 시설하는 경우에는 다음에 따라 시설하여야한다.
(1) 「전기용품 및 생활용품 안전관리법」의 적용을 받는 인체감전보호용 누전차단기(정격감도전류 15 mA 이하, 동작시간 0.03초 이하의 전류동작형의 것에 한한다) 또는 절연변압기(정격용량 3 kVA 이하인 것에 한한다)로 보호된 전로에 접속하거나, 인체감전보호용 누전차단기가 부착된 콘센트를 시설하여야 한다.
(2) 콘센트는 접지극이 있는 방적형 콘센트를 사용하여 211과 140의 규정에 준하여 접지하여야 한다.

☐☐☐ 20

12
옥내에 시설하는 관등회로의 사용전압이 1kV를 초과하는 방전등으로서 방전관에 네온 방전관을 사용하는 경우 전선과 조영재 사이의 이격거리는 전개된 곳에서 다음 표와 같다. 표를 완성하시오. (5점)

사용전압의 구분	이격거리
6 kV 이하	
6 kV 초과 9 kV 이하	
9 kV 초과	

| 작성답안

사용전압의 구분	이격거리
6 kV 이하	20mm 이상
6 kV 초과 9 kV 이하	30mm 이상
9 kV 초과	40mm 이상

■ 한국전기설비규정 234.12.3 관등회로의 배선
1. 관등회로의 배선은 애자공사로 다음에 따라서 시설하여야 한다.
가. 전선은 네온관용 전선을 사용할 것.
나. 배선은 외상을 받을 우려가 없고 사람이 접촉될 우려가 없는 노출장소에 시설할 것.
다. 전선은 자기 또는 유리제 등의 애자로 견고하게 지지하여 조영재의 아랫면 또는 옆면에 부착하고 또한 다음과 같이 시설할 것. 다만, 전선을 노출장소에 시설할 경우로 공사 여건상 부득이한 경우는 조영재의 윗면에 부착할 수 있다.
(1) 전선 상호간의 이격거리는 60mm 이상일 것.
(2) 전선과 조영재 이격거리는 노출장소에서 표 234.12-1에 따를 것.
표 234.12-1 전선과 조영재의 이격거리

사용전압의 구분	이격거리
6 kV 이하	20mm 이상
6 kV 초과 9 kV 이하	30mm 이상
9 kV 초과	40mm 이상

(3) 전선지지점간의 거리는 1 m 이하로 할 것.
(4) 애자는 절연성·난연성 및 내수성이 있는 것일 것.

□□□ 21

13 다음은 저압전로의 절연성능에 관한 표이다. 다음 빈 칸을 완성하시오. (6점)

전로의 사용전압 V	DC시험전압 V	절연저항 MΩ
SELV 및 PELV		
FELV, 500V 이하		
500V 초과		

[주] 특별저압(extra low voltage : 2차 전압이 AC 50V, DC 120V 이하)으로 SELV(비접지회로 구성) 및 PELV(접지회로 구성)은 1차와 2차가 전기적으로 절연된 회로, FELV는 1차와 2차가 전기적으로 절연되지 않은 회로

특별저압(ELV, Extra Low Voltage)이란 인체에 위험을 초래하지 않을 정도의 저압을 말한다. 여기서 SELV(Safety Extra Low Voltage)는 비접지회로에 해당되며, PELV(Protective Extra Low Voltage)는 접지회로에 해당된다.

| 작성답안

전로의 사용전압 V	DC시험전압 V	절연저항 MΩ
SELV 및 PELV	250	0.5
FELV, 500V 이하	500	1.0
500V 초과	1,000	1.0

□□□ 新規

14 전로의 절연저항에 대한 다음 각 물음에 답하시오. (9점)

(1) 전로의 사용 전압의 구분에 빠른 절연저항 값은 몇 [MΩ] 이상이어야 하는지 그 값을 표에 쓰시오.

전로의 사용전압 V	DC시험전압 V	절연저항 MΩ
SELV 및 PELV	250	
FELV, 500V 이하	500	
500V 초과	1000	

(2) 물음 (1)에서 표에 기록되어 있는 SELV 및 PELV FELV가 적용되는 곳을 쓰시오.

  ○

(3) 특별저압의 의미를 쓰시오.

  ○

강의 NOTE

■ 한국전기설비규정 132 전로의 절연저항 및 절연내력

사용전압이 저압인 전로의 절연성능은 기술기준 제52조를 충족하여야 한다. 다만, 저압전로에서 정전이 어려운 경우 등 절연저항 측정이 곤란한 경우 저항성분의 누설전류가 1 mA 이하이면 그 전로의 절연성능은 적합한 것으로 본다.

전로의 사용전압 V	DC시험전압 V	절연저항 MΩ
SELV 및 PELV	250	0.5
FELV, 500V 이하	500	1.0
500V 초과	1,000	1.0

[주] 특별저압(extra low voltage : 2차 전압이 AC 50V, DC 120V 이하)으로 SELV(비접지회로 구성) 및 PELV(접지회로 구성)은 1차와 2차가 전기적으로 절연된 회로, FELV는 1차와 2차가 전기적으로 절연되지 않은 회로

특별저압(ELV, Extra Low Voltage)이란 인체에 위험을 초래하지 않을 정도의 저압을 말한다. 여기서 SELV(Safety Extra Low Voltage)는 비접지회로에 해당되며, PELV(Protective Extra Low Voltage)는 접지회로에 해당된다.

| 작성답안

(1)

전로의 사용전압 V	DC시험전압 V	절연저항 MΩ
SELV 및 PELV	250	0.5
FELV, 500V 이하	500	1.0
500V 초과	1,000	1.0

(2) ① SELV : 1차와 2차가 전기적으로 절연된 비접지회로
　② PELV : 1차와 2차가 전기적으로 절연된 접지회로
　③ FELV : 1차와 2차가 전기적으로 절연되지 않은 회로
(3) 인체에 위험을 초래하지 않을 정도의 저압으로 2차 전압이 AC 50V, DC 120V 이하를 말한다.

□□□ 05, 11, 15, 20

15 전로의 절연 저항에 대하여 다음 각 물음에 답하시오. (5점)

(1) 사용전압이 저압인 전로에서 정전이 어려운 경우 등 절연저항 측정이 곤란한 경우에는 누설전류는 얼마 이하로 유지하여야 하는가?

○ _____

(2) 다음은 저압전로의 절연성능에 관한 표이다. 다음 빈 칸을 완성하시오.

전로의 사용전압 V	DC시험전압 V	절연저항 MΩ
SELV 및 PELV		
FELV, 500V 이하		
500V 초과		

| 작성답안

(1) 1mA

(2)

전로의 사용전압 V	DC시험전압 V	절연저항 MΩ
SELV 및 PELV	250	0.5
FELV, 500V 이하	500	1.0
500V 초과	1,000	1.0

16

전기사용장소의 1차와 2차가 전기적으로 절연되지 않은 회로의 사용 전압이 500[V] 미만인 경우, 전로의 전선 상호간 및 전로와 대지간의 절연저항은 개폐기 또는 차단기로 구분할 수 있는 전로마다 얼마 이상 이어야 하는가? 절연저항 값을 쓰시오.(3점)

| 작성답안

1 [MΩ]

17

22900/380-220[V], 30[kVA] 변압기로 공급되는 저압전로의 최대누설전류와 기술기준에 의한 최소절연저항이 값을 구하시오. (단, 1차와 2차가 전기적으로 절연되지 않은 회로이다.)(5점)

(1) 최대누설전류 [mA]

(2) 최소절연저항 [MΩ]

| 작성답안

(1) 계산 : $I = \dfrac{30 \times 10^3}{\sqrt{3} \times 380} \times \dfrac{1}{2000} = 0.02279$[A]

답 : 22.79[mA]

(2) 사용전압이 FELV, 500V 이하이므로 1[MΩ]

강의 NOTE

■ 전기설비기술기준 제52조 (저압전로의 절연성능)

전기사용 장소의 사용전압이 저압인 전로의 전선 상호간 및 전로와 대지 사이의 절연저항은 개폐기 또는 과전류차단기로 구분할 수 있는 전로마다 다음 표에서 정한 값 이상이어야 한다. 다만, 전선 상호간의 절연저항은 기계기구를 쉽게 분리가 곤란한 분기회로의 경우 기기 접속 전에 측정할 수 있다. 또한, 측정 시 영향을 주거나 손상을 받을 수 있는 SPD 또는 기타 기기 등은 측정 전에 분리시켜야 하고, 부득이하게 분리가 어려운 경우에는 시험전압을 250V DC로 낮추어 측정할 수 있지만 절연저항 값은 1MΩ 이상이어야 한다.

전로의 사용전압 V	DC시험전압 V	절연저항 MΩ
SELV 및 PELV	250	0.5
FELV, 500V 이하	500	1.0
500V 초과	1,000	1.0

[주] 특별저압(extra low voltage : 2차 전압이 AC 50V, DC 120V 이하)으로 SELV(비접지회로 구성) 및 PELV(접지회로 구성)은 1차와 2차가 전기적으로 절연된 회로, FELV는 1차와 2차가 전기적으로 절연되지 않은 회로
특별저압(ELV, Extra Low Voltage)이란 인체에 위험을 초래하지 않을 정도의 저압을 말한다. 여기서 SELV(Safety Extra Low Voltage)는 비접지회로에 해당되며, PELV(Protective Extra Low Voltage)는 접지회로에 해당된다.

■ 기술기준 제52조 (저압 전로의 절연 성능)

전로의 사용전압 V	DC시험전압 V	절연저항 MΩ
SELV 및 PELV	250	0.5
FELV, 500V 이하	500	1.0
500V 초과	1,000	1.0

[주] 특별저압(extra low voltage : 2차 전압이 AC 50V, DC 120V 이하)으로 SELV(비접지회로 구성) 및 PELV(접지회로 구성)은 1차와 2차가 전기적으로 절연된 회로, FELV는 1차와 2차가 전기적으로 절연되지 않은 회로

□□□ 04, 09 新規

18 다음 (①), (②), (③), (④), (⑤) 안에 알맞은 내용을 쓰시오. (5점)

> 고압 및 특고압의 전로(회전기, 정류기, 연료전지 및 태양전지 모듈의 전로, 변압기의 전로, 기구 등의 전로 및 직류식 전기철도용 전차선을 제외한다)는 한국전기설비규정에서 정한 시험전압을 (①) 사이(다심케이블은 심선 상호 간 및 심선과 대지 사이)에 연속하여 (②)가하여 절연내력을 시험하였을 때에 이에 견디어야 한다. 다만, 전선에 케이블을 사용하는 교류 전로로서 한국전기설비기준에서 정한 시험전압의 (③)의 직류전압을 전로와 대지 사이(다심케이블은 (④) 사이)에 연속하여 (⑤)가하여 절연내력을 시험하였을 때에 이에 견디는 것에 대하여는 그러하지 아니하다.

| 작성답안

① 전로와 대지
② 10분간
③ 2배
④ 심선 상호 간 및 심선과 대지
⑤ 10분간

□□□ 11

19 금속덕트에 넣는 저압 전선의 단면적(전선의 피복 절연물을 포함)은 금속 덕트 내부 단면적의 몇 [%] 이하가 되도록 해야 하는가? (5점)

| 작성답안

20[%]

강의 NOTE

- 한국전기설비규정 232.31 금속덕트공사
1. 전선은 절연전선(옥외용 비닐절연전선을 제외한다)일 것.
2. 금속덕트에 넣은 전선의 단면적(절연피복의 단면적을 포함한다)의 합계는 덕트의 내부 단면적의 20%(전광표시장치 기타 이와 유사한 장치 또는 제어회로 등의 배선만을 넣는 경우에는 50%) 이하일 것.

□□□ 11

20 동작 시에 아크가 생기는 것은 목재의 벽 또는 천장 기타의 가연성 물체로부터 얼마 이상 떼어놓아야 하는가?(2점)

- 고압용의 것 : (①) 이상
  ○
- 특고압용의 것 : (②) 이상
  ○

| 작성답안

① 1[m]
② 2[m]

■ 한국전기설비규정 341.7 아크를 발생하는 기구의 시설

고압용 또는 특고압용의 개폐기·차단기·피뢰기 기타 이와 유사한 기구(이하 이 조에서 "기구 등"이라 한다)로서 동작 시에 아크가 생기는 것은 목재의 벽 또는 천장 기타의 가연성 물체로부터 표 341.8-1에서 정한 값 이상 이격하여 시설하여야 한다.

표 341.8-1 아크를 발생하는 기구 시설 시 이격거리

기구 등의 구분	이격거리
고압용의 것	1 m 이상
특고압용의 것	2 m 이상(사용전압이 35 kV 이하의 특고압용의 기구 등으로서 동작할 때에 생기는 아크의 방향과 길이를 화재가 발생할 우려가 없도록 제한하는 경우에는 1 m 이상)

□□□ 04, 11

21 울타리의 높이와 울타리로부터 충전 부분까지의 거리의 합계는 35[kV] 이하는 (①)[m], 35[kV] 초과 160[kV] 이하는 (②)[m], 160[kV] 초과 시 6[m]에 160[kV]를 초과하는 (③)[kV] 또는 그 단수마다 (④)[cm]를 더한 값 이상으로 한다. (12점)

○

| 작성답안

① 5[m]
② 6[m]
③ 10
④ 12

■ 한국전기설비규정 351.1 발전소 등의 울타리·담 등의 시설

울타리·담 등은 다음에 따라 시설하여야 한다.
가. 울타리·담 등의 높이는 2 m 이상으로 하고 지표면과 울타리·담 등의 하단사이의 간격은 0.15 m 이하로 할 것.
나. 울타리·담 등과 고압 및 특고압의 충전 부분이 접근하는 경우에는 울타리·담 등의 높이와 울타리·담 등으로부터 충전부분까지 거리의 합계는 표 351.1-1에서 정한 값 이상으로 할 것.

표 351.1-1 발전소 등의 울타리·담 등의 시설 시 이격거리

사용전압의 구분	울타리·담 등의 높이와 울타리·담 등으로부터 충전부분까지의 거리의 합계
35 kV 이하	5 m
35 kV 초과 160 kV 이하	6 m
160 kV 초과	6 m에 160 kV를 초과하는 10 kV 또는 그 단수마다 0.12 m를 더한 값

22
154 [kV] 변압기가 설치된 옥외변전소에서 울타리를 시설하는 경우에 울타리로부터 충전부까지의 거리는 얼마 이상이 되어야 하는가? (단, 울타리의 높이는 2[m]이다.)(5점)

| 작성답안

계산 : 6-2 = 4 [m]
답 : 4[m]

23
다음 각 물음에 답하시오. (5점)

(1) 풀용 수중조명등에 전기를 공급하기 위해서는 1차측 전로의 사용전압 및 2차측 전로의 사용전압이 각각 (①) 이하 및 (②) 이하인 절연 변압기를 사용할 것.

(2) 수중조명등의 절연변압기는 그 2차측 전로의 사용전압이 (③) 이하인 경우는 1차권선과 2차권선 사이에 (④)을 설치하고, 211과 140의 규정에 준하여 접지공사를 하여야 한다.

(3) 수중조명등의 절연변압기의 2차측 전로의 사용전압이 (⑤)를 초과하는 경우에는 그 전로에 지락이 생겼을 때에 자동적으로 전로를 차단하는 정격감도전류 30 mA 이하의 누전차단기를 시설하여야 한다.

| 작성답안

(1) ① 400[V]
    ② 150[V]
(2) ③ 30[V]
    ④ 금속제의 혼촉방지판
(3) ⑤ 30[V]

24 다음 괄호 안에 들어갈 내용을 완성하시오. (5점)

전기방식설비의 전원장치는 (　)(　)(　)(　)로 구성되어 있으며 최대사용전압은 직류 (　)V 이하이다.

작성답안

전기방식설비의 전원장치는 (절연변압기)(정류기)(개폐기)(과전류차단기)로 구성되어 있으며 최대사용전압은 직류 (60)V 이하이다.

25 특고압 가공전선과 저고압 가공전선 등의 접근 또는 교차에 관한 내용이다. 다음 ①~③에 들어갈 내용을 쓰시오. (3점)

특별고압 가공전선이 저고압 가공전선과 접근시 특별고압 가공 전선로는 1차 접근상태로 시설되는 경우 (①) 특별고압 보안공사에 의하여야 한다. 특별고압 가공전선과 저, 고압 가공전선 등 또는 이들의 지지물이나 지주 사이의 이격 거리는 (②)이며, 사용전압이 60000[V] 초과시 10000[V] 또는 그 단수마다 (③) [cm] 더한 거리이다.

①	②	③

작성답안

①	②	③
제3종	2m	12 cm

강의 NOTE

■ 한국전기설비규정 241.16.2 전원장치
전기부식방지용 전원장치는 다음에 적합한 것이어야 한다.
가. 전원장치는 견고한 금속제의 외함에 넣을 것.
나. 변압기는 절연변압기이고, 또한 교류 1 kV의 시험전압을 하나의 권선과 다른 권선·철심 및 외함과의 사이에 연속적으로 1분간 가하여 절연내력을 시험하였을 때 이에 견디는 것일 것.
[주] 전원장치는 <u>절연변압기, 정류기, 개폐기, 과전류차단기</u>를 말한다.

한국전기설비규정 241.16.3 전기부식방지 회로의 전압 등

전기부식방지 회로(전기부식방지용 전원장치로부터 양극 및 피방식체까지의 전로를 말한다. 이하 같다)의 사용전압은 직류 60 V 이하일 것. 연속부가 있는 분기회로의 부하용량은 그 분기회로를 보호하는 과전류차단기의 정격 전류의 80[%]를 초과하지 않을 것
[주] 연속부는 상시 3시간 이상 연속하여 사용하는 것을 말한다.
[주] 80[%]를 초과하여 사용하는 경우는 과전류차단기의 동작원리(트립 방식에 따라 주위온도의 영향을 받지 않는 것이 있다)와 전압변동범위 등을 고려하여 연속사용 상태에서 동작하지 않도록 유의할 것.

■ 한국전기설비규정 333.26 특고압 가공전선과 저고압 가공전선 등의 접근 또는 교차

1. 특고압 가공전선이 가공약전류전선 등 저압 또는 고압의 가공전선이나 저압 또는 고압의 전차선(이하에서 "저고압 가공전선 등"이라 한다)과 제1차 접근상태로 시설되는 경우에는 다음에 따라야 한다.
가. 특고압 가공전선로는 <u>제3종 특고압 보안공사</u>에 의할 것.
나. 특고압 가공전선과 저고압 가공 전선 등 또는 이들의 지지물이나 지주 사이의 이격거리는 표 333.26-1에서 정한 값 이상일 것.

사용전압의 구분	이격 거리
60 kV 이하	2 m
60 kV 초과	2 m에 사용전압이 60 kV를 초과하는 10 kV 또는 그 단수마다 0.12 m 을 더한 값

26. 소세력 회로의 정의와 최대 사용전압과 최대 사용전류를 구분하여 쓰시오. (5점)

- 정의

- 구분

소세력 회로의 최대 사용전압의 구분	과전류 차단기의 정격전류

| 작성답안

- 정의 : 전자 개폐기의 조작회로 또는 초인벨·경보벨 등에 접속하는 전로로서 최대 사용전압이 60 V 이하인 것으로 대지전압이 300 V 이하인 강 전류 전기의 전송에 사용하는 전로와 변압기로 결합되는 것을 말한다.
- 최대사용전압과 최대 사용전류의 구분

소세력 회로의 최대 사용전압의 구분	과전류 차단기의 정격전류
15 V 이하	5 A
15 V 초과 30 V 이하	3 A
30 V 초과 60 V 이하	1.5 A

강의 NOTE

■ 한국전기설비규정 241.14 소세력 회로(小勢力回路)

전자 개폐기의 조작회로 또는 초인벨·경보벨 등에 접속하는 전로로서 최대 사용전압이 60 V 이하인 것(최대사용전류가, 최대 사용전압이 15V 이하인 것은 5A 이하, 최대 사용전압이 15V를 초과하고 30V 이하인 것은 3A 이하, 최대 사용전압이 30V를 초과하는 것은 1.5A 이하인 것에 한한다)(이하 "소세력 회로"라 한다)은 다음에 따라 시설하여야 한다.

241.14.1 사용전압
소세력 회로에 전기를 공급하기 위한 절연변압기의 사용전압은 대지전압 300 V 이하로 하여야 한다.

241.14.2 전원장치
1. 소세력 회로에 전기를 공급하기 위한 변압기는 절연변압기이어야 한다.
2. 제1의 절연변압기의 2차 단락전류는 소세력 회로의 최대사용전압에 따라 표 241.14-1에서 정한 값 이하일 것. 다만, 그 변압기의 2차측 전로에 표 241.14-1에서 정한 값 이하의 과전류 차단기를 시설하는 경우에는 그러하지 아니하다.

표 241.14-1 절연변압기의 2차 단락전류 및 과전류차단기의 정격전류

소세력 회로의 최대 사용전압의 구분	2차 단락전류	과전류 차단기의 정격전류
15V 이하	8A	5A
15V 초과 30V 이하	5A	3A
30V 초과 60V 이하	3A	1.5A

27. 전압의 크기에 따라 종별로 구분하고 그 전압의 범위를 쓰시오. (6점)

| 작성답안

전압의 종별	범위	
저압	교류	1 kV 이하
	직류	1.5 kV 이하
고압	교류	1 kV를 초과 하고, 7 kV 이하인 것.
	직류	1.5 kV를 초과하고, 7 kV 이하인 것.
특고압	7 kV를 초과하는 것.	

PART 09

시퀀스제어

KEYWORD
39 무접점 시퀀스제어
40 유접점 시퀀스제어
41 유접점 전동기제어
42 PLC
43 전선가닥수 산출

무접점 시퀀스제어

KEYWORD 39

강의 NOTE

01 로직회로

1 AND gate

AND회로는 A그리고 B가 동시에 입력이 가해질 경우 출력이 생기는 회로

■ AND gate

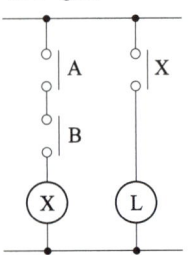

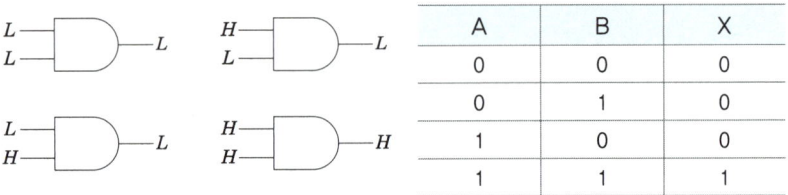

A	B	X
0	0	0
0	1	0
1	0	0
1	1	1

2 OR gate

OR회로는 A 또는 B 또는 A 와 B가 동시에 입력이 가해질 경우 출력이 생기는 회로

■ OR gate

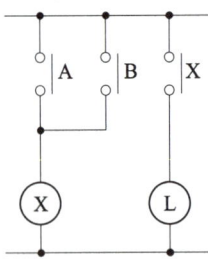

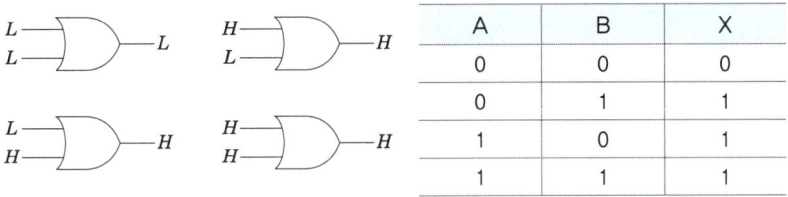

A	B	X
0	0	0
0	1	1
1	0	1
1	1	1

3 NOT gate

입력과 반대로 출력이 생기는 회로

■ Not gate

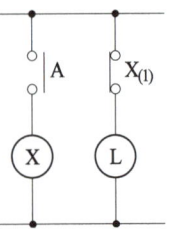

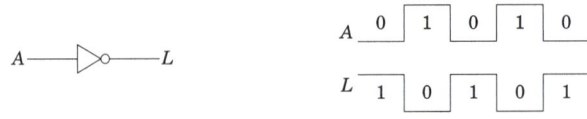

4 NAND gate

A그리고 B가 동시에 입력이 가해질 경우 출력이 0이 되는 회로

A	B	X
0	0	1
0	1	1
1	0	1
1	1	0

■ NAND gate

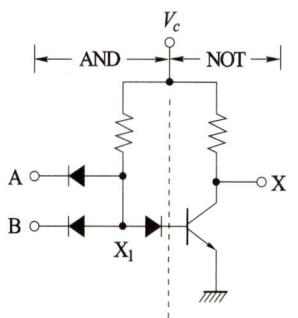

5 NOR gate

A 또는 B 또는 A와 B가 동시에 입력이 가해질 경우 출력이 0이 되는 회로

A	B	X
0	0	1
0	1	0
1	0	0
1	1	0

■ NOR gate

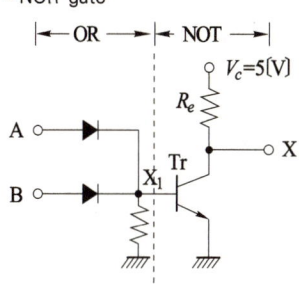

6 배타적 논리합 회로 EOR(Exclusive OR)

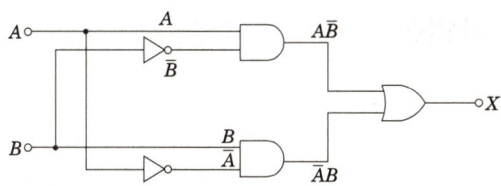

EOR 회로 :

논리식 : $X = A\overline{B} + \overline{A}B = A \oplus B$

- 기 05
- 기 92.97.16.18
- 기 03.05.11.19
- 기 04.05.07.17
- 기 02.04.98.10.12.13.14.15.20
- 기 04.07.08
- 기 22
- 기 97.99
- 기 03.09.10.11.15
- 기 94.22
- 기 95
- 기 03.09.18.20
- 기 03.10

그림과 같은 시퀀스를 보고 다음 각 물음에 답하시오.
(1) 논리식을 쓰시오.
(2) 타임차트를 그리시오.
(3) 무접점을 보고 로직 시퀀스를 그리시오.
(4) 진리표를 완성하시오.

강의 NOTE

- 산 03.07.21
- 산 97.99.00.06
- 산 96
- 산 90.94.95.96.12
- 산 95
- 산 93.20
- 산 11.14
- 산 21
- 산 05.11.14.17.19
- 산 94.98
- 산 11.13.14.15

다음 그림과 같은 무접점 논리회로에 대응하는 유접점 시퀀스를 그리고 논리식으로 표현하시오.
(1) 논리식을 표현하시오.
(2) 유접점 회로를 그리시오.
(3) 타임차트를 그리시오.
(4) 진리표를 완성하시오.

- 기 04.15
- 기 93.17.20
- 기 05.11.14.17.19
- 기 90
- 기 19
- 기 90.06.17

다음 그림과 같은 무접점 논리회로에 대응하는 유접점 시퀀스를 그리고 논리식으로 표현하시오.
(1) 논리식을 표현하시오.
(2) 유접점 회로를 그리시오.
(3) 타임차트를 그리시오.
(4) 진리표를 완성하시오.

- 기 12
- 기 95.00.96.08
- 기 95.99
- 기 95.96.00.08.22
- 기 04.07.21
- 기 13
- 기 96.99.01
- 기 94.14.18

다음 진리표를 보고 물음에 답하시오.
(1) 논리식을 간이화 하시오.
(2) 유접점과 무접점 회로를 그리시오.

- 기 11
- 산 04.06
- 산 03.09.18.20

다음 논리회로에 대한 물음에 답하시오.
(1) NOR만의 회로를 그리시오.
(2) NAND만의 회로를 그리시오.

02 기본로직회로

다음 그림은 자기유지회로의 로직회로이다. 전원부분, 제어회로부분, 출력부분으로 구분한다. 전원은 전압입력형이며, BS_1을 ON하면 A부분이 H가 되며, OR조건에 의해 C부분이 H가 되며, B부분은 BS_2을 누르지 않은 상태이므로 L이 NOT 회로를 거치면서 H가 되어 C와 F가 AND조건을 만족하므로 X 부분이 H가 된다. 이때 출력은 L_1이 점등하고, LED2는 점등하고 LED3는 소등상태가 된다.

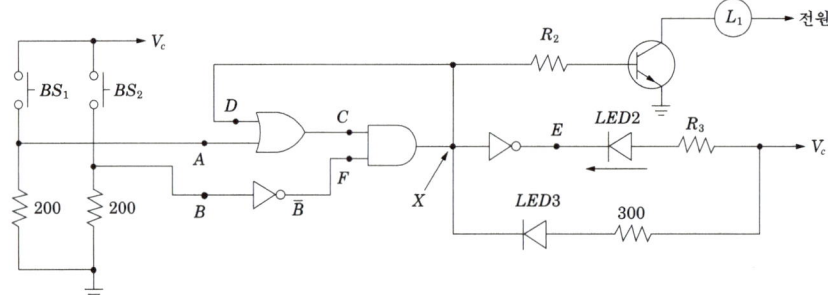

일반적으로 로직회로는 입력부분과 출력부분은 생략하며, 제어회로 부분으로 동작을 설명한다. 제어회로부분은 전압입력형을 기준으로 작성하였다.

03 논리연산

1 분배 법칙

$$A + (B \cdot C) = (A + B) \cdot (A + C)$$
$$A \cdot (B + C) = A \cdot B + A \cdot C$$

2 불대수

- $A \cdot 0 = 0$
- $A \cdot 1 = A$
- $A + A = A$
- $A \cdot \overline{A} = 0$

- $A + 0 = A$
- $A + 1 = 1$
- $A \cdot A = A$
- $A + \overline{A} = 1$

3 De Morgan의 정리

$$\overline{A + B} = \overline{A}\ \overline{B}, \quad A + B = \overline{\overline{A}\ \overline{B}}, \quad \overline{AB} = \overline{A} + \overline{B}, \quad AB = \overline{\overline{A} + \overline{B}}$$

| 관련문제 | 39. 무접점 시퀀스제어 | 강의 NOTE |

☐☐☐ 03, 07, 21

1 그림과 같은 무접점 릴레이 회로의 출력식 Z를 구하고 이것의 타임차트를 그리시오. (5점)

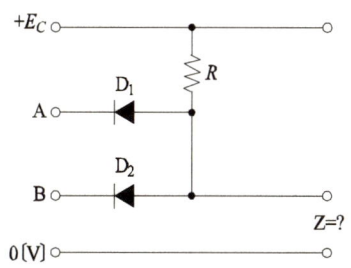
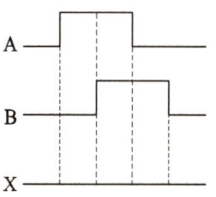

| 작성답안

- 출력식 : $Z = A \cdot B$
- 타임차트

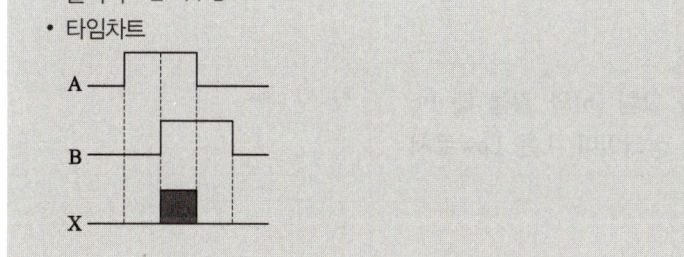

☐☐☐ 97, 99, 00, 06

2 무접점 릴레이 회로가 그림과 같을 때 출력 Z 값을 구하고 이것의 전자릴레이(유접점)회로와 논리회로를 그리시오. (6점)

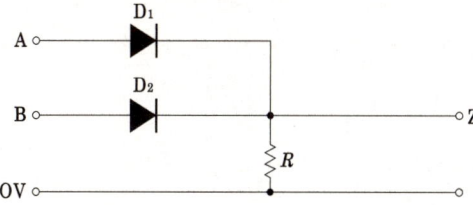

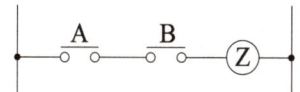

- 출력식 : $Z = A \cdot B$
- 전자 릴레이 회로(유접점 회로)

- 산 16
- 산 99.03.12
- 산 95
- 산 89,94,00
- 산 95,99,07
- 산 99,01
- 산 88,96,99,01
- 산 96
- 산 04,05,07,08,17
- 산 20
- 산 07

그림과 같은 시퀀스를 보고 다음 각 물음에 답하시오.
(1) 논리식을 쓰시오.
(2) 타임차트를 그리시오.
(3) 무접점을 보고 로직 시퀀스를 그리시오.
(4) 진리표를 완성하시오.

- 산 98,02
- 산 12
- 산 98,21
- 산 15
- 산 20
- 산 14
- 산 96,09,19
- 산 03,06,10,18,21

다음 진리표를 보고 물음에 답하시오.
(1) 논리식을 간이화하시오.
(2) 유접점과 무접점 회로를 그리시오.

| 작성답안

① 출력 Z = A + B
② 유접점 회로

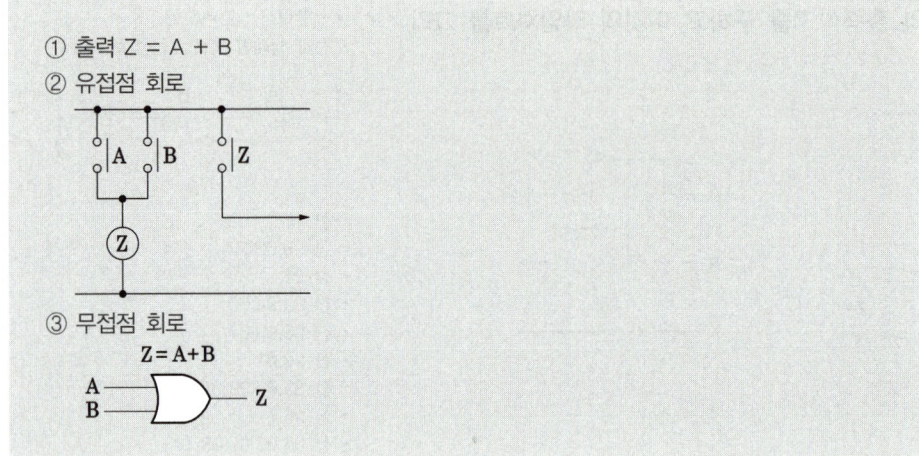

③ 무접점 회로

□□□ 96

3 그림 (a)와 같은 논리 회로의 PB1, PB2의 타임 차트가 그림 (b)와 같을 때 PL 램프의 타임 차트를 그리시오. (단, H는 High로서 ON 상태이며, L은 Low로서 OFF 상태이고 소자의 개방 전압은 무시한다.)(4점)

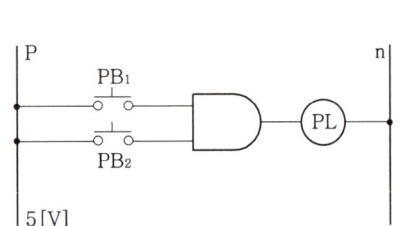 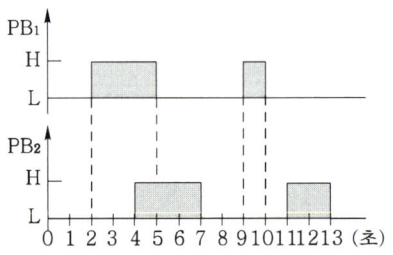

■ AND gate

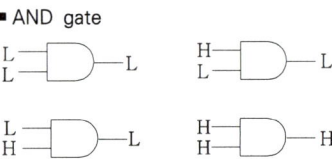

| 작성답안

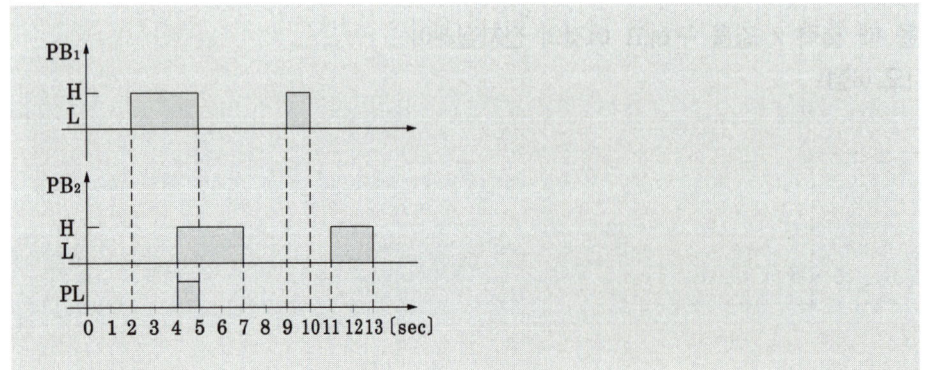

□□□ 16

4 다음 진리표(Truth Table)는 어떤 논리회로를 나타낸 것인지 명칭과 논리기호로 나타내시오. (4점)

입력		출력
A	B	
0	0	0
0	1	0
1	0	0
1	1	1

| 작성답안

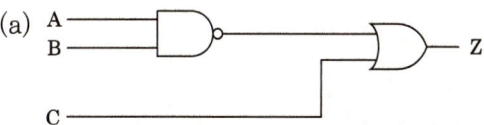

명칭 : AND회로
기호 :

강의 NOTE

■ AND회로

AND회로는 A그리고 B가 동시에 입력이 가해질 경우 출력이 생기는 회로이다.

① 무접점 회로

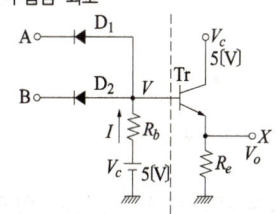

② 진리표

A	B	X
0	0	0
0	1	0
1	0	0
1	1	1

③ 논리기호의 동작

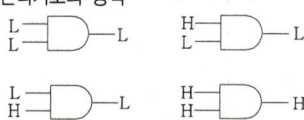

□□□ 99, 03, 12

5 논리 회로(a)를 보고 진리표(b)를 완성하시오. (4점)

(a) [논리회로도: A, B → NAND, C와 함께 OR → Z]

(b)

A	B	C	Z
0	0	0	
0	0	1	
0	1	1	
0	1	0	
1	1	1	

| 작성답안

A	B	C	Z
0	0	0	1
0	0	1	1
0	1	1	1
0	1	0	1
1	1	1	1

□□□ 90, 94, 95, 96, 12

6 반도체의 스위칭 이론을 이용하여 표현된 무접점식인 논리 기호는 아래의 "예"와 같이 접점에 의하여 표시할 수 있다. (6점)

예시)

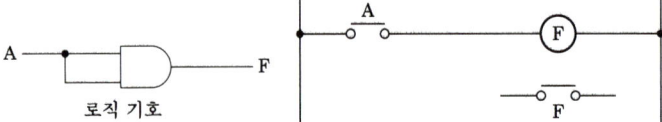

다음의 로직 기호를 앞의 [예]와 같이 유접점으로 표현하시오.

(1) A, B → AND → F   (2) A, B → OR → F   (3) A, B → NOR → F

| 작성답안

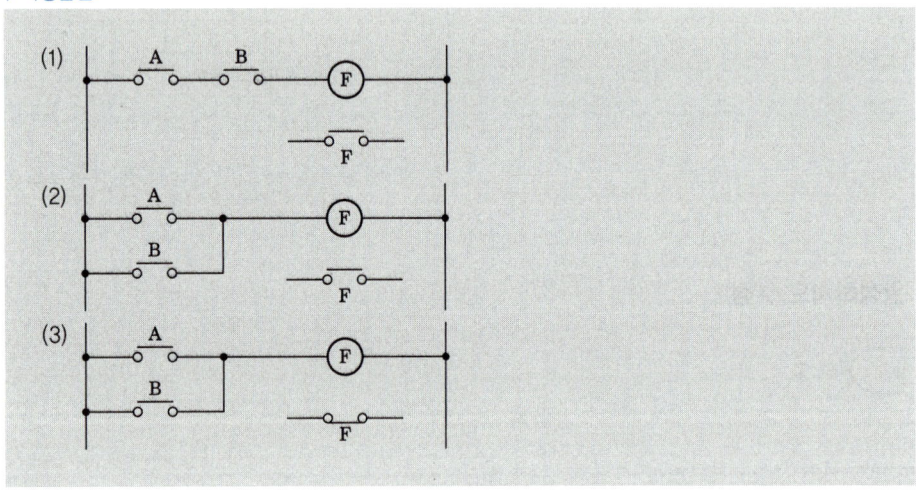

□□□ 95

7 다음의 유접점 시퀀스 회로를 무접점 논리회로로 전환하여 그리시오. (5점)

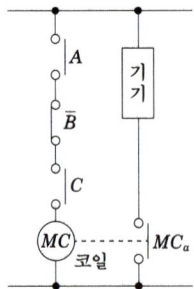

| 작성답안

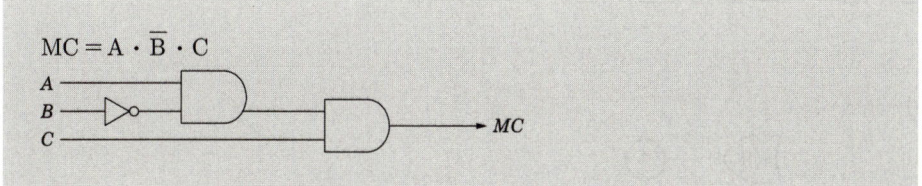

$MC = A \cdot \overline{B} \cdot C$

□□□ 95

8 다음의 무접점 논리회로(무접점 시퀀스 회로)를 유접점 시퀀스 회로로 바꾸어 그리시오. (5점)

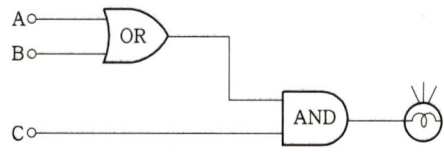

| 작성답안

□□□ 89, 94, 00 유 90

9 다음과 같은 무접점 논리회로의 논리식을 쓰시오. (5점)

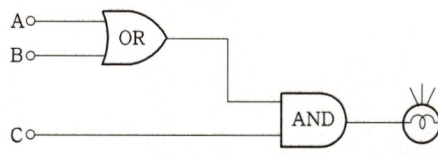

| 작성답안

X = (A+B) C

□□□ 93, 20

10 다음의 무접점 논리 회로(무접점 시퀀스 회로)를 유접점 시퀀스 회로로 바꾸시오. (4점)

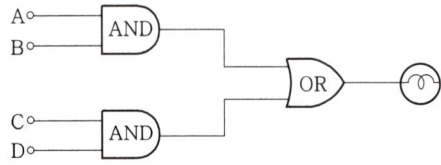

| 작성답안

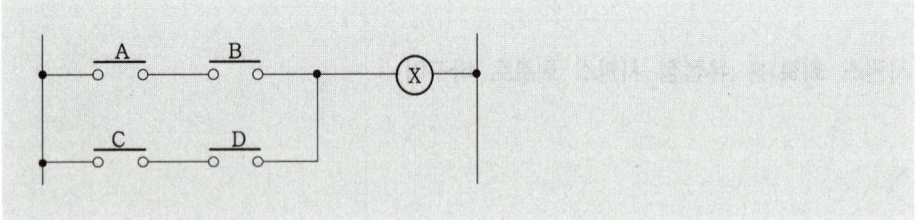

□□□ 11, 14

11 그림과 같은 논리회로를 유접점 회로로 변환하여 그리시오. (5점)

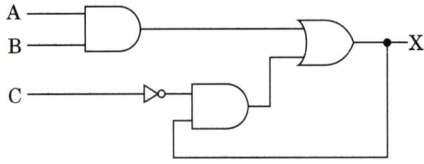

| 작성답안

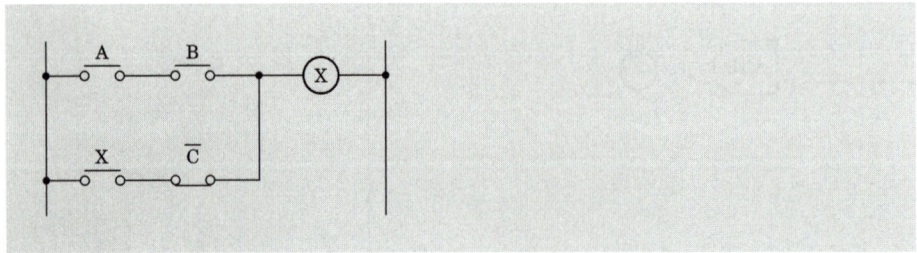

□□□ 95, 99, 07

12 그림과 같은 기동 우선 자기 유지 회로의 타임 차트를 그리고 이 회로를 무접점 (로직) 회로로 작성하시오. (8점)

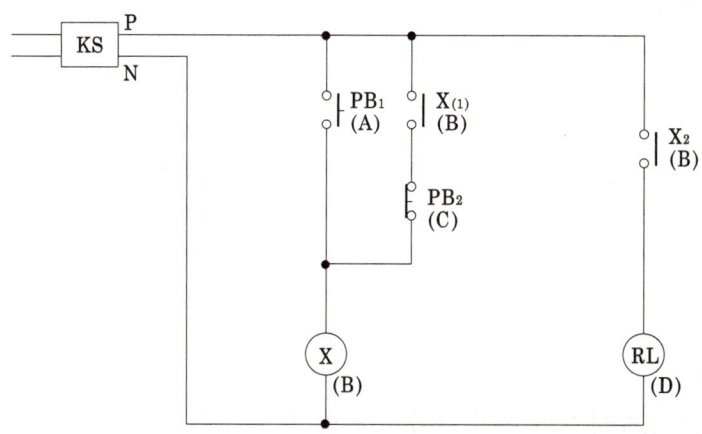

| 작성답안

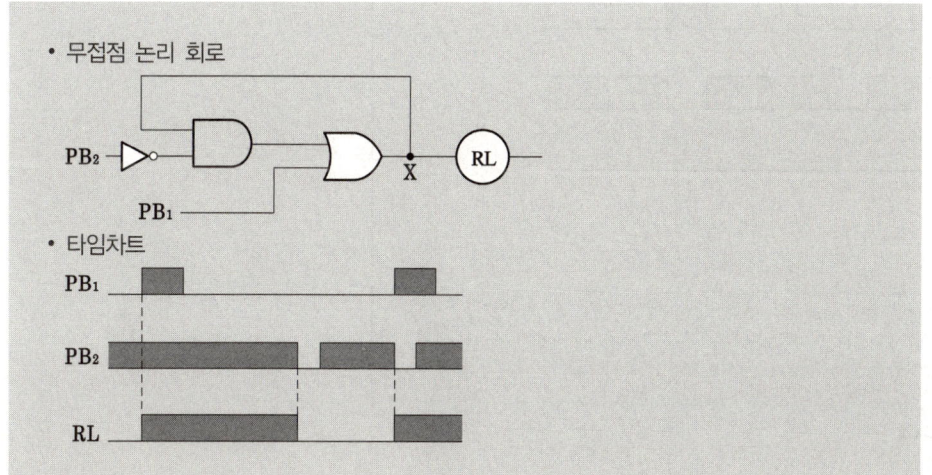

- 무접점 논리 회로
- 타임차트

□□□ 99, 01

13 그림과 같은 시퀀스도를 보고 다음 각 물음에 답하시오. (5점)

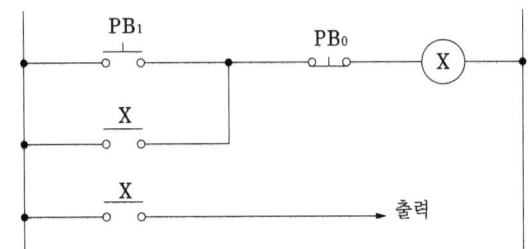

(1) 논리식을 쓰시오.

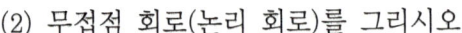

(2) 무접점 회로(논리 회로)를 그리시오.
(3) 누름 버튼 스위치 PB_1과 PB_0 그리고 릴레이 X의 동작 관계를 타임 차트로 표현하시오.

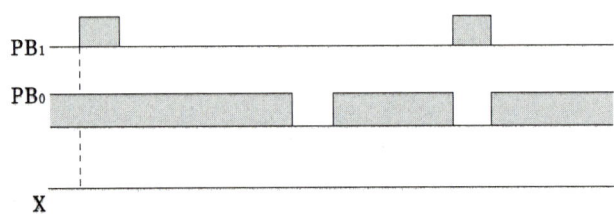

| 작성답안

(1) $X = \overline{PB}_0(PB_1 + X)$
(2)
(3)

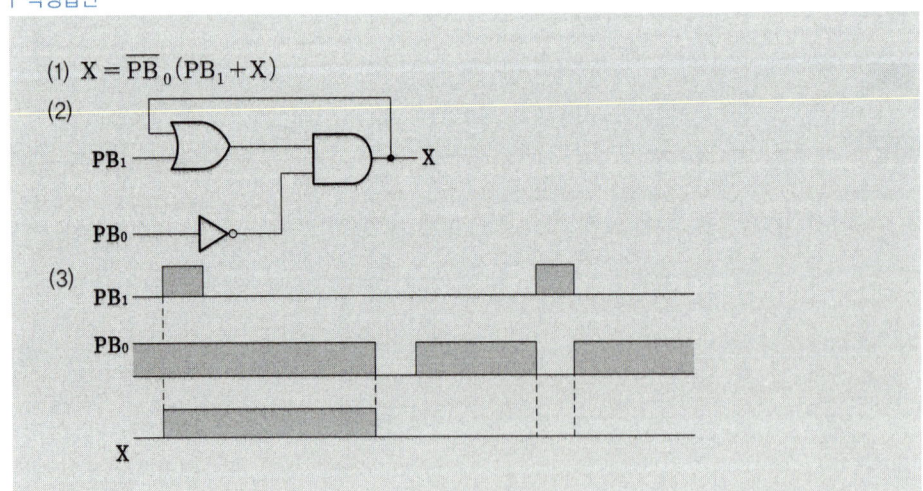

□□□ 88, 96, 99, 01

14 다음 그림은 기동(SET) 우선 유지 회로이다. 이 회로를 보고 다음 각 물음에 답하시오. (8점)

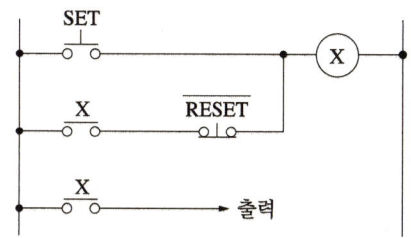

(1) 무접점 기동 우선 논리 회로를 그리시오.
(2) 기동 우선 회로의 동작 상태를 타임차트로 나타내시오.

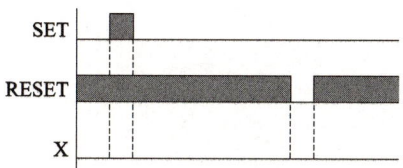

| 작성답안

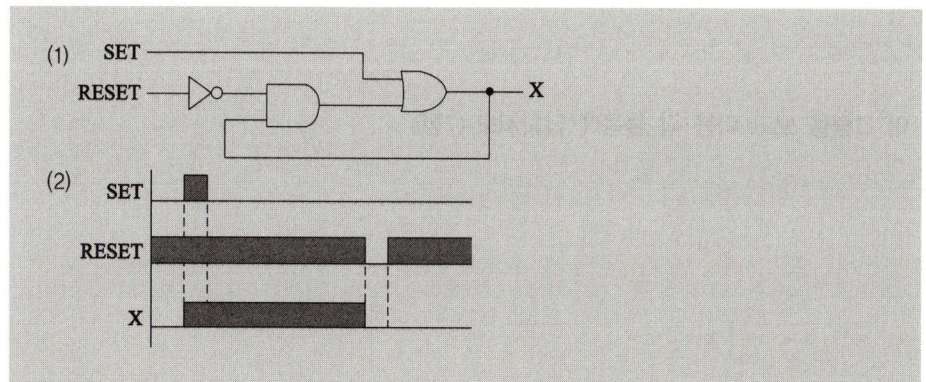

□□□ 96

15 답안지의 그림은 릴레이 금지 회로 응용의 예이다. 릴레이 회로와 같은 무접점 회로를 완성하시오. (12점)

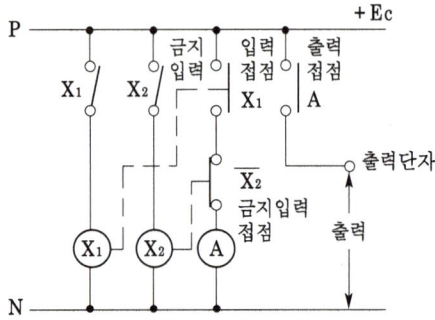

| 작성답안

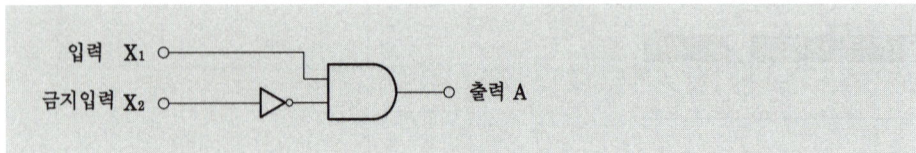

□□□ 04, 05, 07, 08, 17

16 그림은 릴레이 인터록 회로이다. 이 그림을 보고 다음 각 물음에 답하시오. (7점)

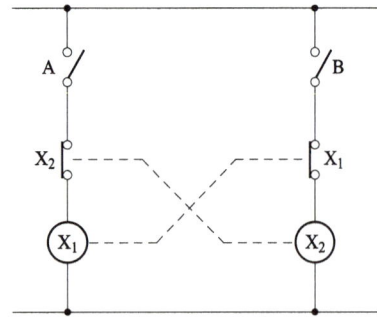

(1) 이 회로를 논리회로로 고쳐서 그리고, 주어진 타임차트를 완성하시오.

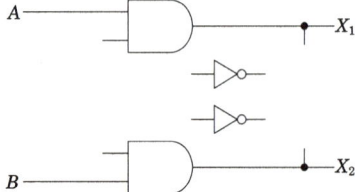

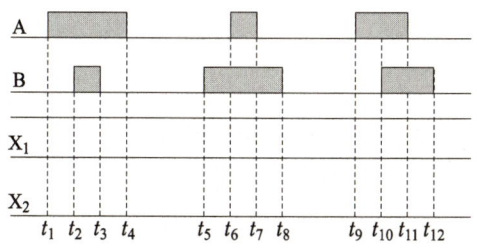

(2) 인터록회로는 어떤 회로인지 상세하게 설명하시오.

○ _____

| 작성답안

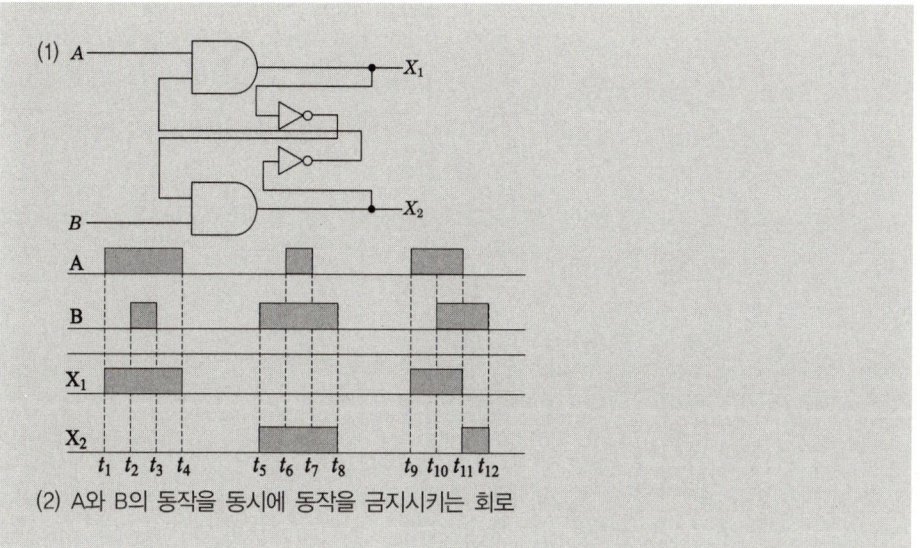

(2) A와 B의 동작을 동시에 동작을 금지시키는 회로

□□□ 98, 02

17 3개의 입력신호 A, B, C에 의한 조건이 ①~③일 때, 이 조건을 이용하여 다음 각 물음에 답하시오. (12점)

【조건】
① 입력신호 A, B 중 어느 하나의 신호로 동작하거나 혹은 C의 신호가 소멸하면 동작
② A, C 양쪽의 신호가 들어가고 B의 신호가 소멸하면 동작
③ A, B 양쪽의 신호가 들어가고 C의 신호가 소멸하면 동작

(1) ①~③에 대한 논리식을 쓰고 논리회로를 그리시오.

   ○ _____

(2) ①의 조건과 ②, ③의 조건 중 하나를 만족하는 조건이 동시에 이루어졌을 때 출력이 나타나는 논리식을 쓰고 논리회로를 그리시오. (단, ①~③를 직접 합성하는 경우와 이것을 최소화한 논리 소자로 구성되는 경우(즉, 간략화하는 경우)로 답하도록 한다.)

• 간략화하지 않고 직접 합성하는 경우

   ○ _____

• 간략화(최소화) 경우

   ○ _____

| 작성답안

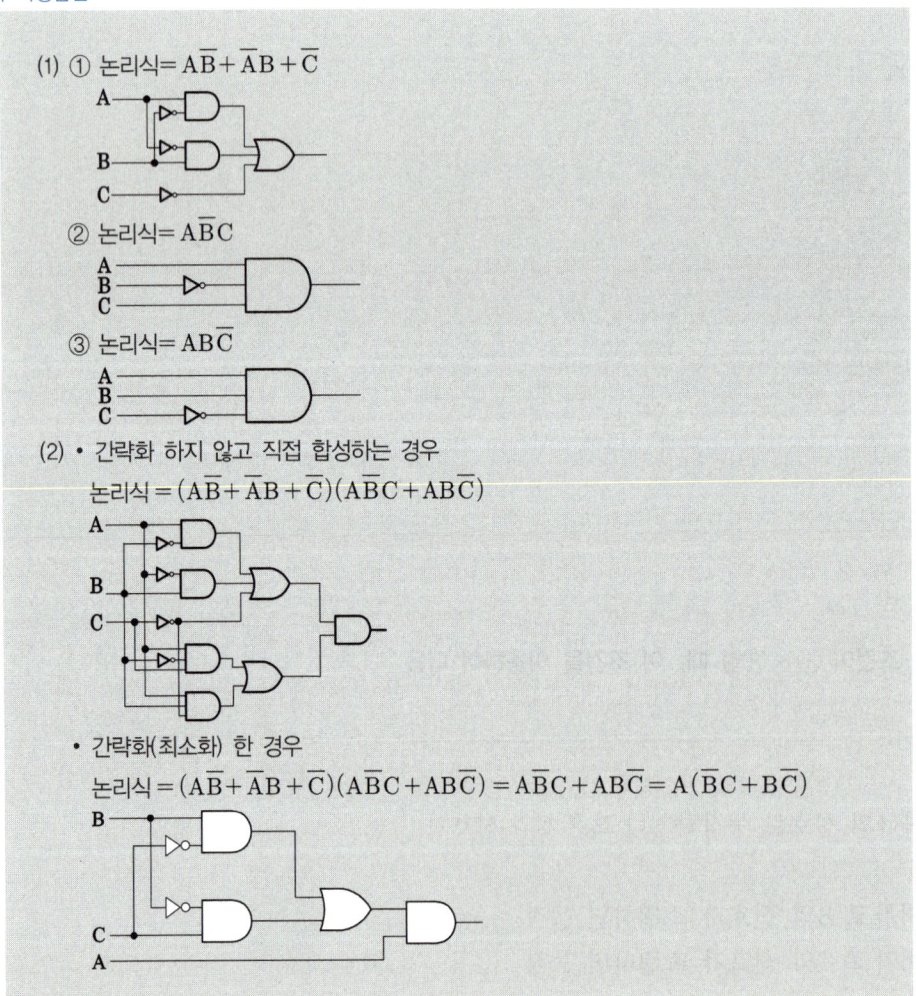

(1) ① 논리식 = $A\bar{B} + \bar{A}B + \bar{C}$

② 논리식 = $A\bar{B}C$

③ 논리식 = $AB\bar{C}$

(2) • 간략화 하지 않고 직접 합성하는 경우

논리식 = $(A\bar{B} + \bar{A}B + \bar{C})(A\bar{B}C + AB\bar{C})$

• 간략화(최소화) 한 경우

논리식 = $(A\bar{B} + \bar{A}B + \bar{C})(A\bar{B}C + AB\bar{C}) = A\bar{B}C + AB\bar{C} = A(\bar{B}C + B\bar{C})$

▢▢▢ 12

18 다음 논리회로의 출력을 논리식으로 나타내고 간략화 하시오. (4점)

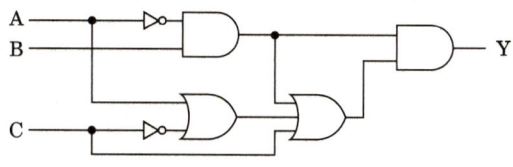

| 작성답안

$$Y = (\overline{A} \cdot B)(\overline{A} \cdot B + A + \overline{C} + C) = (\overline{A} \cdot B)(\overline{A} \cdot B + A + 1) = \overline{A} \cdot B$$

▢▢▢ 98, 21

19 그림과 같은 논리회로의 출력을 가장 간단한 식으로 표현하시오. (4점)

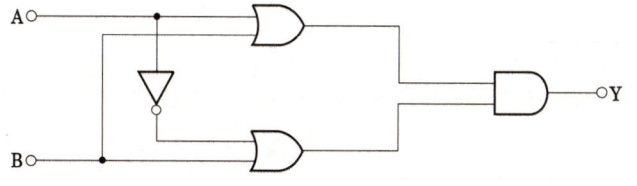

| 작성답안

$$Y = (A + B)(\overline{A} + B) = A\overline{A} + \overline{A}B + AB + BB = \overline{A}B + AB + B = B(\overline{A} + A + 1) = B$$

□□□ 15

20 무접점 제어회로의 출력 Z에 대한 논리식을 입력요소가 모두 나타나도록 전개하시오. (단, A, B, C, D는 푸시버튼스위치 입력이다.)(5점)

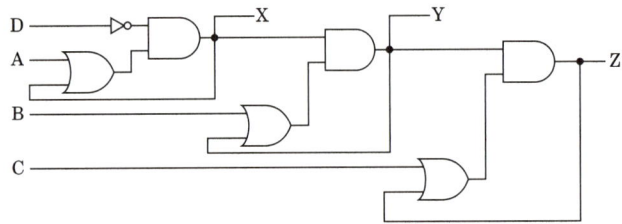

| 작성답안

논리식 : $Z = \overline{D} \cdot (A+X) \cdot (B+Y) \cdot (C+Z)$

□□□ 21

21 다음 논리회로를 보고 물음에 답하시오. (6점)

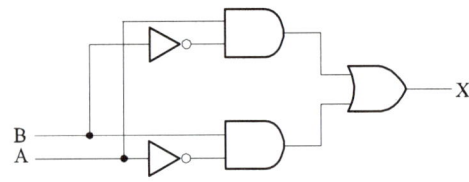

(1) 유접점 회로의 미완성된 부분을 완성하여 그리시오.

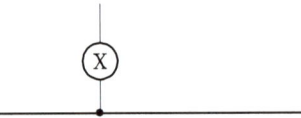

(2) 타임차트를 완성하시오.

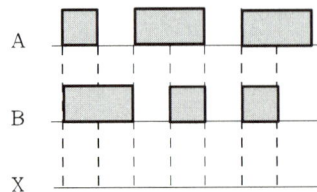

| 작성답안

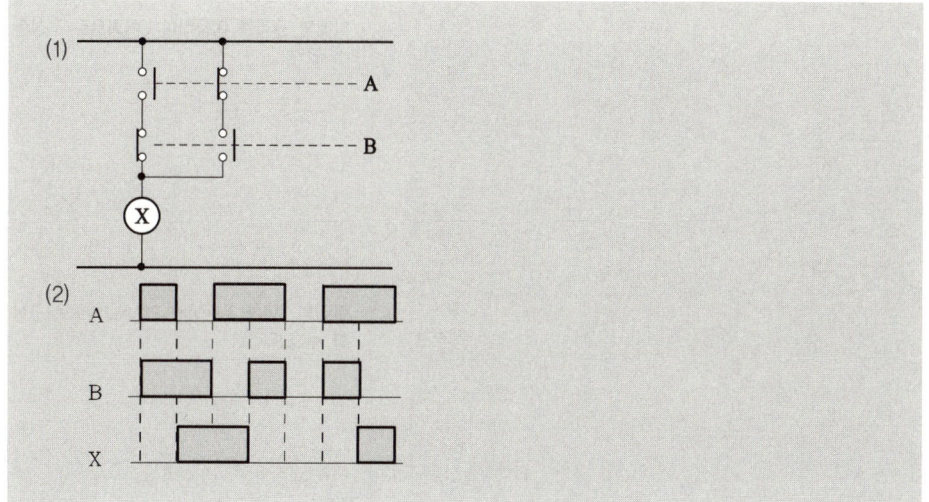

□□□ 04, 06

22 그림과 같은 로직 시퀀스 회로를 보고 다음 각 물음에 답하시오. (9점)

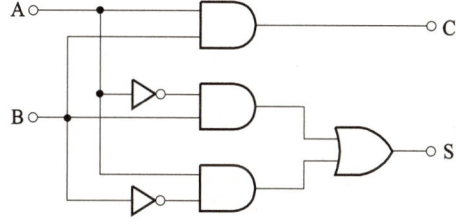

(1) 출력 S와 C의 논리식을 쓰시오.
  • 출력 S에 대한 논리식

  ○ _____

  • 출력 C에 대한 논리식

  ○ _____

(2) NAND gate와 NOT gate만 사용하여 로직 시퀀스 회로를 바꾸어 그리시오.

(3) 2개의 논리소자(Exclusive OR gate 및 AND gate)를 사용하여 등가 로직 시퀀스 회로를 그리시오.

| 작성답안

(1) $S = \overline{A}B + A\overline{B}$
    $C = AB$

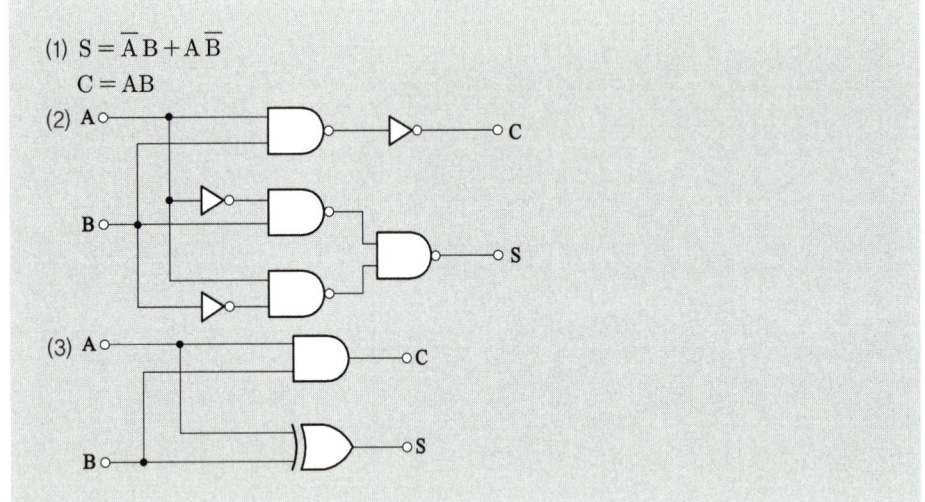

■ 회로의 구성
아래의 원리를 이용하여 OR회로로 구성할 수 있다.

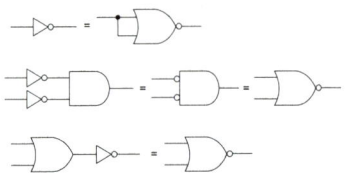

아래의 원리를 이용하여 NAND회로로 구성할 수 있다.

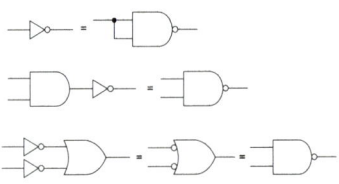

□□□ 05

23 그림과 같은 논리회로를 보고 다음 각 물음에 답하시오. (6점)

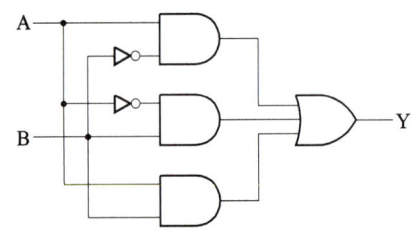

(1) 각 논리소자를 모두 사용할 때 부울대수의 초기식을 쓰고 이 식을 가장 간단하게 정리하여 표현하시오.
  ① 초기식
  ○ _____

  ② 정리식
  ○ _____

(2) 주어진 논리회로에 대한 부울 대수식의 초기식("(1)"번 문제의 초기식)을 유접점 회로(계전기 접점회로)로 바꾸어 그리시오.

(3) 입력 A, B와 출력 Y에 대한 진리표를 만드시오.

입력		출력
A	B	Y
0	0	
0	1	
1	0	
1	1	

| 작성답안

(1) ① 초기식 : $Y = A\overline{B} + \overline{A}B + AB$

② 정리식 : $Y = A\overline{B} + \overline{A}B + AB = A(B+\overline{B}) + \overline{A}B = (A+\overline{A})(A+B) = A+B$

(2)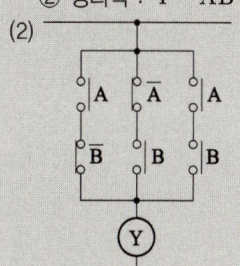

(3)

입력		출력
A	B	Y
0	0	0
0	1	1
1	0	1
1	1	1

강의 NOTE

■ 논리연산

① 분배 법칙
$A + (B \cdot C) = (A+B) \cdot (A+C)$
$A \cdot (B+C) = A \cdot B + A \cdot C$

② 불대수
$A \cdot 0 = 0$
$A + 0 = A$
$A \cdot 1 = A$
$A + 1 = 1$
$A + A = A$
$A \cdot A = A$
$A \cdot \overline{A} = 0$
$A + \overline{A} = 1$

③ De Morgan의 정리
$\overline{A+B} = \overline{A}\ \overline{B}$
$A + B = \overline{\overline{A}\ \overline{B}}$
$\overline{AB} = \overline{A} + \overline{B}$
$AB = \overline{\overline{A}+\overline{B}}$

☐☐☐ 05, 11, 14, 17, 19

24 그림과 같은 무접점의 논리 회로도를 보고 다음 각 물음에 답하시오. (6점)

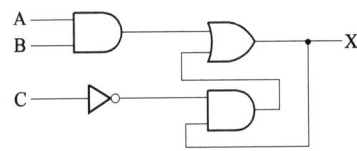

(1) 출력식을 나타내시오.

(2) 주어진 무접점 논리회로를 유접점 논리회로로 바꾸어 그리시오.
(3) 주어진 타임차트를 완성하시오.

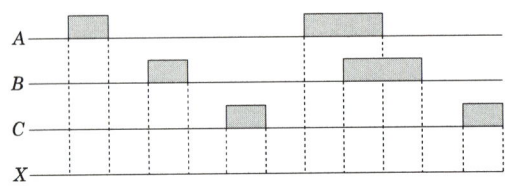

| 작성답안

(1) $X = AB + \overline{C}X$
(2), (3)
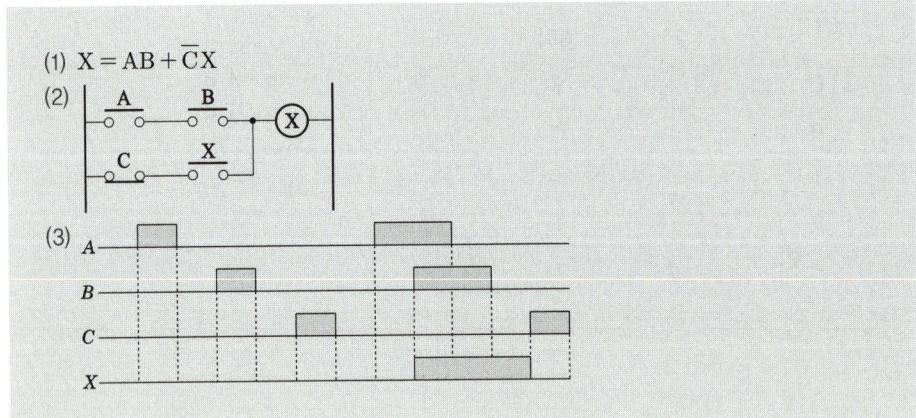

☐☐☐ 94, 98

25 다음 논리 회로를 논리식으로 표시하고 또 유접점 회로로 나타내시오. (6점)

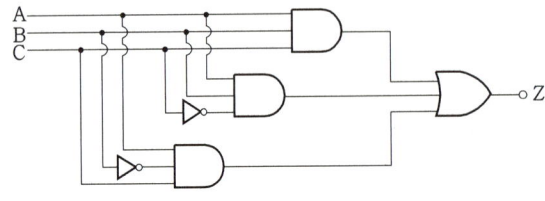

| 작성답안

$Z = ABC + AB\overline{C} + A\overline{B}C$

☐☐☐ 20

26 다음 물음에 답하시오. (5점)

(1) 다음 그림의 논리식을 간략화 하시오.

(2) 접점을 간략화하여 유접점을 그리시오.

| 작성답안

(1) $Z = ABC + A\overline{B}C + AB\overline{C} = AB(C+\overline{C}) + A\overline{B}C = AB + A\overline{B}C = A(B+\overline{B}C)$
$= A(B+C)$

(2)
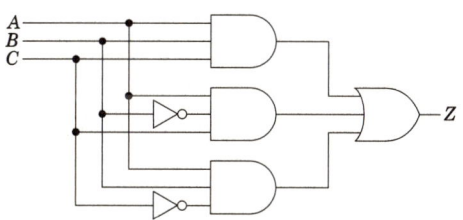

■ 논리연산
① 분배 법칙
  $A + (B \cdot C) = (A+B) \cdot (A+C)$
  $A \cdot (B+C) = A \cdot B + A \cdot C$
② 불대수
  $A \cdot 0 = 0$
  $A + 0 = A$
  $A \cdot 1 = A$
  $A + 1 = 1$
  $A + A = A$
  $A \cdot A = A$
  $A \cdot \overline{A} = 0$
  $A + \overline{A} = 1$
③ De Morgan의 정리
  $\overline{A+B} = \overline{A} \cdot \overline{B}$
  $A + B = \overline{\overline{A} \cdot \overline{B}}$
  $\overline{AB} = \overline{A} + \overline{B}$
  $AB = \overline{\overline{A} + \overline{B}}$

□□□ 03, 09, 18, 20

27 다음은 어느 계전기 회로의 논리식이다. 이 논리식을 이용하여 다음 각 물음에 답하시오. (단, 여기서 A, B, C는 입력이고 X는 출력이다.)(5점)

논리식 : $X = \overline{A}B + C$

(1) 이 논리식을 무접점 시퀀스도(논리회로)로 나타내시오.
(2) 물음 (1)에서 무접점 시퀀스도로 표현된 것을 2입력 NAND gate만으로 등가 변환하시오.

| 작성답안

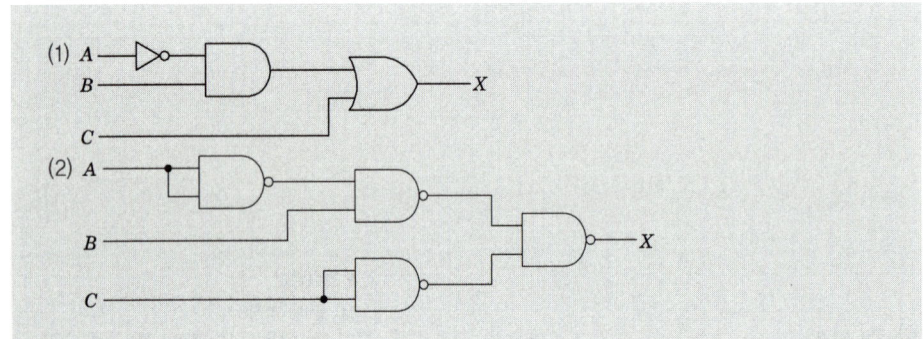

■ NAND회로의 구성
아래의 원리를 이용하여 NAND회로로 구성할 수 있다.

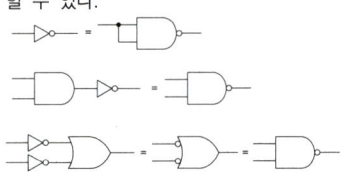

□□□ 14

28 $AB + A(B+C) + B(B+C)$ 를 불대수를 이용하여 간소화하시오. (3점)

| 작성답안

$AB + A(B+C) + B(B+C)$
$= AB + AC + B + BC$
$= B(A + 1 + C) + AC$
$= B + AC$

■ 논리연산
① 분배 법칙
　$A + (B \cdot C) = (A+B) \cdot (A+C)$
　$A \cdot (B+C) = A \cdot B + A \cdot C$
② 불대수
　$A \cdot 0 = 0$
　$A + 0 = A$
　$A \cdot 1 = A$
　$A + 1 = 1$
　$A + A = A$
　$A \cdot A = A$
　$A \cdot \overline{A} = 0$
　$A + \overline{A} = 1$
③ De Morgan의 정리
　$\overline{A+B} = \overline{A}\,\overline{B}$
　$A + B = \overline{\overline{A}\,\overline{B}}$
　$\overline{AB} = \overline{A} + \overline{B}$
　$AB = \overline{\overline{A}+\overline{B}}$

□□□ 96, 09, 19

29
스위치 S_1, S_2, S_3, S_4에 의하여 직접 제어되는 계전기 A_1, A_2, A_3, A_4가 있다. 전등 X, Y, Z가 동작표와 같이 점등되었다고 할 때 다음 각 물음에 답하시오. (10점)

A_1	A_2	A_3	A_4	X	Y	Z
0	0	0	0	0	1	0
0	0	0	1	0	0	0
0	0	1	0	0	0	0
0	0	1	1	0	0	0
0	1	0	0	0	0	0
0	1	0	1	0	0	0
0	1	1	0	1	0	0
0	1	1	1	1	0	0
1	0	0	0	0	0	0
1	0	0	1	0	0	1
1	0	1	0	0	0	0
1	0	1	1	1	1	0
1	1	0	0	0	0	1
1	1	0	1	0	0	1
1	1	1	0	0	0	0
1	1	1	1	1	0	0

- 출력 램프 X에 대한 논리식

$$X = \overline{A_1}A_2A_3\overline{A_4} + \overline{A_1}A_2A_3A_4 + A_1A_2A_3A_4 + A_1\overline{A_2}A_3A_4$$
$$= A_3(\overline{A_1}A_2 + A_1A_4)$$

- 출력 램프 Y에 대한 논리식

$$Y = \overline{A_1}\overline{A_2}\overline{A_3}\overline{A_4} + A_1\overline{A_2}A_3A_4 = \overline{A_2}(\overline{A_1}\overline{A_3}\overline{A_4} + A_1A_3A_4)$$

- 출력 램프 Z에 대한 논리식

$$Z = A_1\overline{A_2}\overline{A_3}A_4 + A_1A_2\overline{A_3}\overline{A_4} + A_1A_2\overline{A_3}A_4 = A_1\overline{A_3}(A_2 + A_4)$$

(1) 답란에 미완성 부분을 최소 접점수로 접점 표시를 하고 접점 기호를 써서 유접점 회로를 완성하시오. (예 : ╱│ a1 ╱│ $\overline{a1}$)

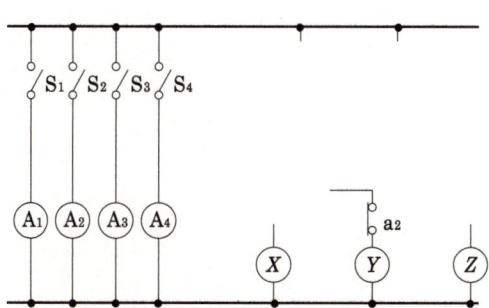

(2) 답란에 미완성 무접점 회로도를 완성하시오.

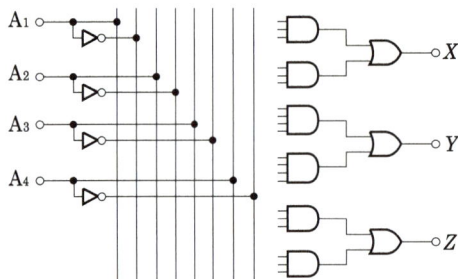

| 작성답안

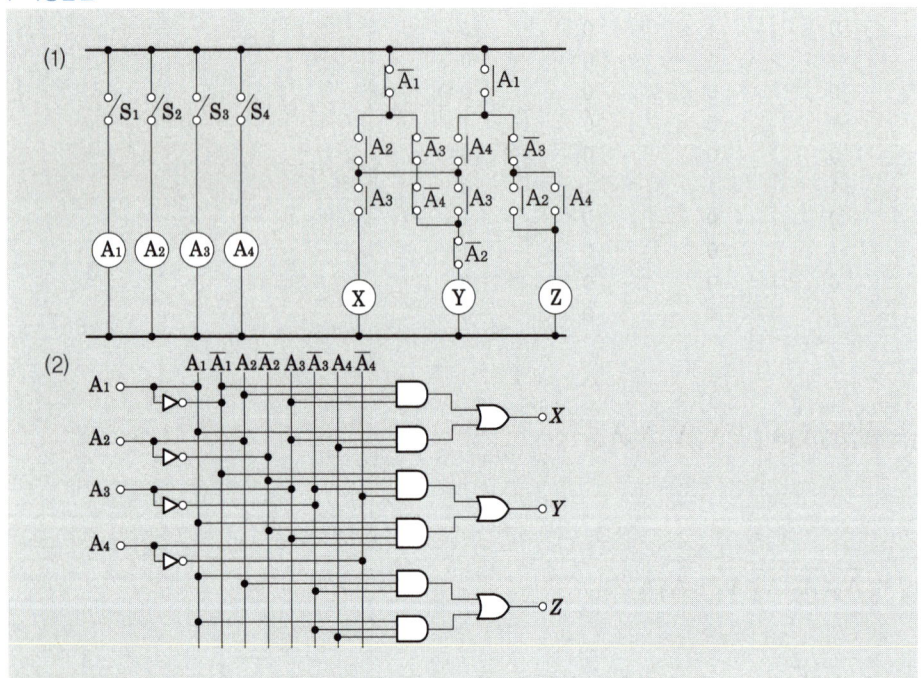

□□□ 03, 06, 21

30

누름버튼 스위치 BS_1, BS_2, BS_3에 의하여 직접 제어되는 계전기 X_1, X_2, X_3가 있다. 이 계전기 3개가 모두 소자(복귀)되어 있을 때만 출력램프 L_1이 점등되고, 그 이외에는 출력램프 L_2가 점등되도록 계전기를 사용한 시퀀스 제어회로를 설계하려고 한다. 이 때 다음 각 물음에 답하시오. (12점)

입력			출력	
X_1	X_2	X_3	L_1	L_2
0	0	0		
0	0	1		
0	1	0		
0	1	1		
1	0	0		
1	0	1		
1	1	0		
1	1	1		

(1) 본문 요구조건과 같은 진리표를 작성하시오.
(2) 최소 접점수를 갖는 논리식을 쓰시오.
   ○ _____
(3) 논리식에 대응되는 계전기 시퀀스 제어회로(유접점 회로)를 그리시오.

| 작성답안

(1)

입력			출력	
X_1	X_2	X_3	L_1	L_2
0	0	0	1	0
0	0	1	0	1
0	1	0	0	1
0	1	1	0	1
1	0	0	0	1
1	0	1	0	1
1	1	0	0	1
1	1	1	0	1

강의 NOTE

■ 논리연산
① 분배 법칙
  $A+(B \cdot C)=(A+B) \cdot (A+C)$
  $A \cdot (B+C)=A \cdot B+A \cdot C$
② 불대수
  $A \cdot 0 = 0$
  $A+0 = A$
  $A \cdot 1 = A$
  $A+1 = 1$
  $A+A = A$
  $A \cdot A = A$
  $A \cdot \overline{A} = 0$
  $A+\overline{A} = 1$
③ De Morgan의 정리
  $\overline{A+B} = \overline{A} \, \overline{B}$
  $A+B = \overline{\overline{A} \, \overline{B}}$
  $\overline{AB} = \overline{A}+\overline{B}$
  $AB = \overline{\overline{A}+\overline{B}}$

| 작성답안

(2) $L_1 = \overline{X_1} \cdot \overline{X_2} \cdot \overline{X_3}$

$L_2 = \overline{X_1} \cdot \overline{X_2} \cdot X_3 + \overline{X_1} \cdot X_2 \cdot \overline{X_3} + \overline{X_1} \cdot X_2 \cdot X_3$
$\quad + X_1 \cdot \overline{X_2} \cdot \overline{X_3} + X_1 \cdot \overline{X_2} \cdot X_3 + X_1 \cdot X_2 \cdot \overline{X_3} + X_1 \cdot X_2 \cdot X_3$
$\quad = X_1 + X_2 + X_3$

(3) [회로도]

□□□ 03, 06, 10, 18, 21

31 주어진 진리값 표는 3개의 리미트 스위치 LS_1, LS_2, LS_3에 입력을 주었을 때 출력 X와의 관계표이다. 이 표를 이용하여 다음 각 물음에 답하시오. (5점)

LS_1	LS_2	LS_3	X
0	0	0	0
0	0	1	0
0	1	0	0
0	1	1	1
1	0	0	0
1	0	1	1
1	1	0	1
1	1	1	1

(1) 진리값 표를 이용하여 다음과 같은 Karnaugh도를 완성하시오.

LS_3 \ LS_1, LS_2	0 0	0 1	1 1	1 0
0				
1				

(2) 물음 (1)항의 Karnaugh 도에 대한 논리식을 쓰시오.

○ _____

(3) 진리값과 물음 (2)항의 논리식을 이용하여 이것을 무접점 회로도로 표시하시오.

| 작성답안

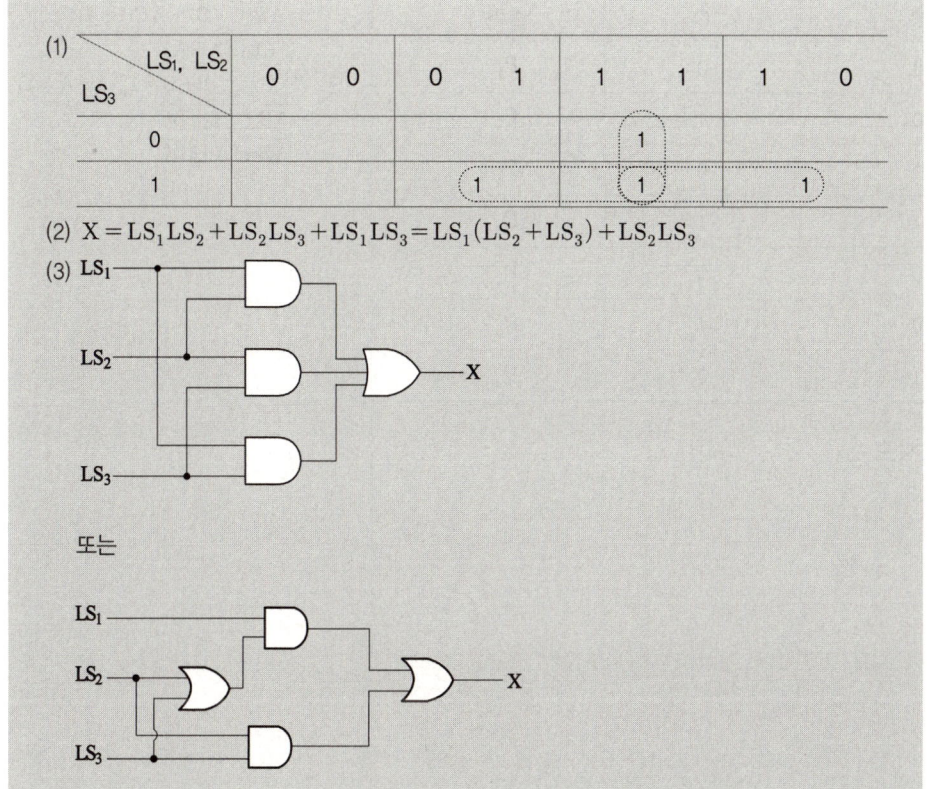

(2) $X = LS_1 LS_2 + LS_2 LS_3 + LS_1 LS_3 = LS_1(LS_2 + LS_3) + LS_2 LS_3$

32 주어진 진리표를 이용하여 다음 각 물음에 답하시오. (7점)

진리표

A	B	C	출력
0	0	0	P_1
0	0	1	P_1
0	1	0	P_1
0	1	1	P_2
1	0	0	P_1
1	0	1	P_2
1	1	0	P_2

(1) P_1, P_2의 출력식을 각각 쓰시오.

(2) 무접점 회로도를 그리시오

| 작성답안

(1) $P_1 = \overline{A}\overline{B} + (\overline{A} + \overline{B})\overline{C}$

$P_2 = \overline{A}BC + A(\overline{B}C + B\overline{C})$

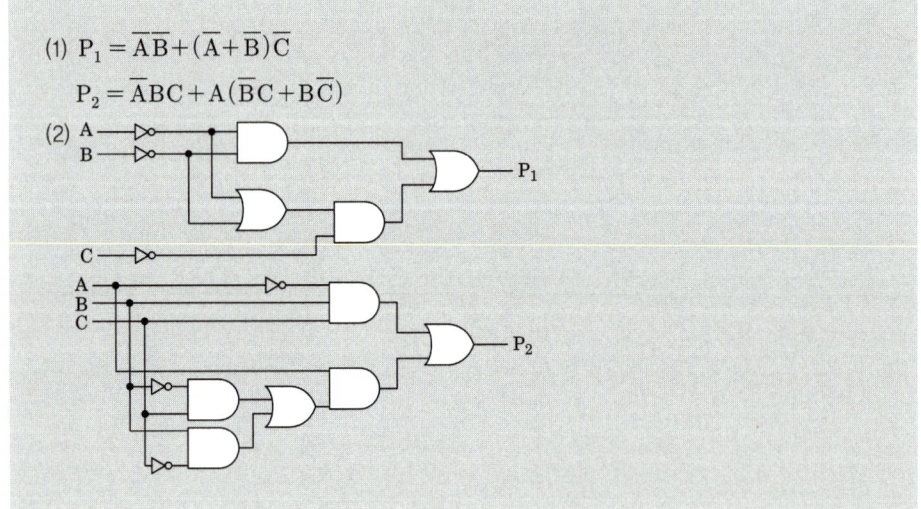

강의 NOTE

- $P_1 = \overline{A}\overline{B}\overline{C} + \overline{A}\overline{B}C + \overline{A}B\overline{C} + A\overline{B}\overline{C}$
  $= \overline{A}\overline{B}\overline{C} + \overline{A}\overline{B}C + \overline{A}B\overline{C}$
  $\quad + \overline{A}\overline{B}\overline{C} + \overline{A}\overline{B}\overline{C} + A\overline{B}\overline{C}$
  $= \overline{A}\overline{B}(\overline{C}+C) + \overline{A}\overline{C}(\overline{B}+B)$
  $\quad + \overline{B}\overline{C}(\overline{A}+A)$
  (단, $\overline{C}+C=1$, $\overline{B}+B=1$, $\overline{A}+A=1$)
  $= \overline{A}\overline{B} + \overline{A}\overline{C} + \overline{B}\overline{C}$
  $= \overline{A}\overline{B} + (\overline{A}+\overline{B})\overline{C}$

☐☐☐ 11, 13, 14, 15

33 3상 유도전동기의 기동 회로이다. 무접점 회로를 보고 다음 각 물음에 답하시오. (6점)

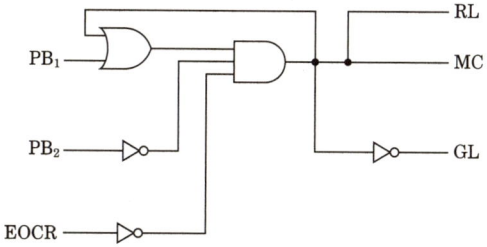

(1) 유접점 회로도를 완성하시오.

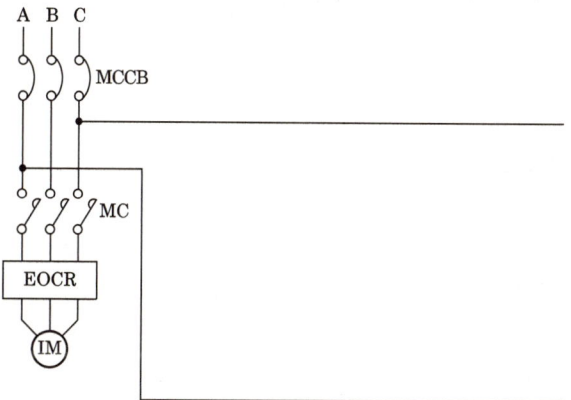

(2) MC, RL, GL 의 논리식을 각각 쓰시오.

| 작성답안

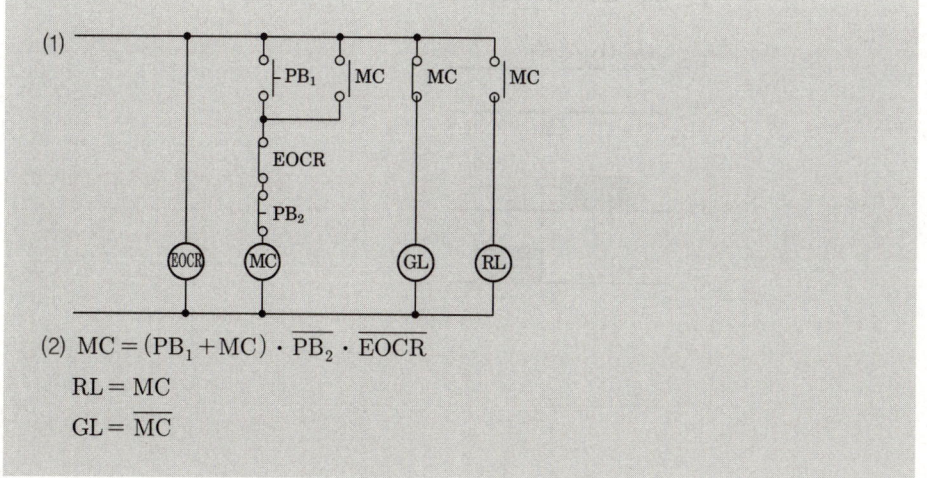

(2) $MC = (PB_1 + MC) \cdot \overline{PB_2} \cdot \overline{EOCR}$
 $RL = MC$
 $GL = \overline{MC}$

□□□ 20

34 다음 주어진 릴레이 시퀀스도를 논리회로로 표현하고 타임차트를 완성하시오. (7점)

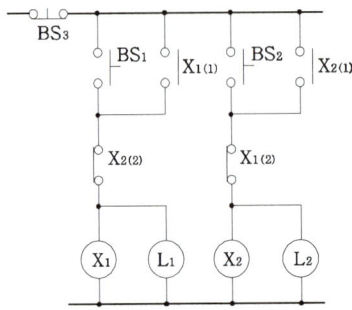

(1) 무접점 논리회로를 그리시오. (단, OR(2입력 1출력), AND(3입력 1출력), NOT만을 사용하여 그리시오.)
(2) 주어진 타임차트를 완성하시오.

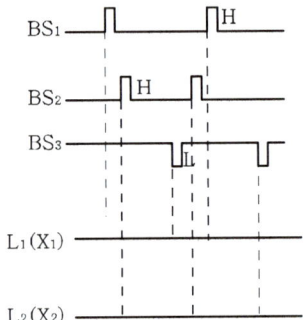

| 작성답안

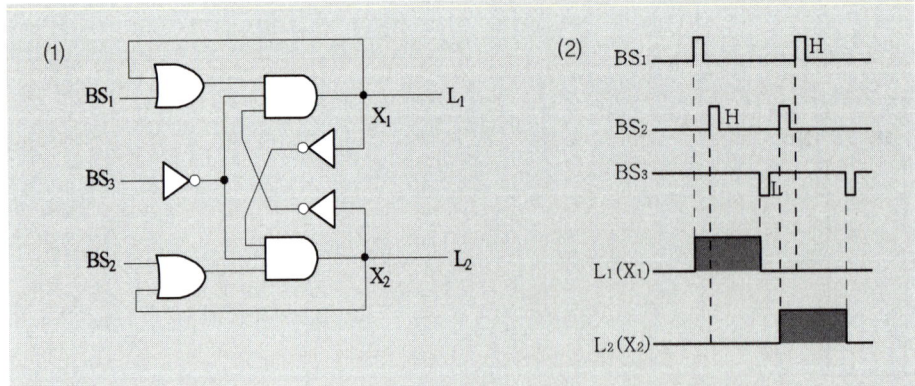

□□□ 07

35. 그림은 릴레이 금지회로의 응용 예이다. 무접점 회로와 같은 유접점 릴레이 회로를 완성하시오. (12점)

문항	무접점 릴레이 회로	회로 명칭	유접점 릴레이 회로
(1)	A─NAND─X_1 / B─NAND─X_2 (상호 연결)	상호 인터록 회로	X_1, X_2 코일 및 접점 회로
(2)	A, B, C NAND→OR─X_1	절환 회로	X_1 코일 회로 (X_2 접점 포함)
(3)	A, B NAND 구성─X_1, X_2	절환 회로	X_1, X_2 코일 회로
(4)	A, B, C, D NAND─X_1, X_2, X_3	우선 회로	X_1, X_2, X_3 코일 및 접점 회로

작성답안

문항	무접점 릴레이 회로	회로 명칭	유접점 릴레이 회로
(1)	A─NAND─X_1 / B─NAND─X_2	상호 인터록 회로	A─X_2─X_1 코일 ─ X_1 접점 / B─X_1─X_2 코일 ─ X_2 접점
(2)	A, B, C NAND→OR─X_1	절환 회로	A─C─X_1 코일 ─ X_1 접점 / B─C 병렬
(3)	A, B NAND─X_1, X_2	절환 회로	A─B─X_1 코일 ─ X_1 접점 / B─X_2 코일 ─ X_2 접점
(4)	A, B, C, D NAND─X_1, X_2, X_3	우선 회로	A─B─X_1 코일 ─ X_1 접점 / A─C─X_2 코일 ─ X_2 접점 / D─X_3 코일 ─ X_3 접점

☐☐☐ 04, 10, 19

36 그림은 중형 환기 팬의 수동 운전 및 고장 표시등 회로의 일부이다. 이 회로를 이용하여 다음 각 물음에 답하시오. (12점)

(1) 88은 MC로서 도면에서는 출력기구이다. 도면에 표시된 기구에 대하여 다음과 해당되는 명칭을 그 약호로 쓰시오. (단, 중복은 없고, NFB, ZCT, IM, 펜은 제외하며, 해당되는 기구가 여러 가지일 경우에는 모두 쓰도록 한다.)

① 고장표시기구 ② 고장회복 확인기구
③ 기동기구   ④ 정지기구
⑤ 운전표시램프 ⑥ 정지표시램프
⑦ 고장표시램프 ⑧ 고장검출기구

(2) 그림의 점선으로 표시된 회로를 AND, OR, NOT 회로를 사용하여 로직 회로를 그리시오. 로직소자는 3입력 이하로 한다.

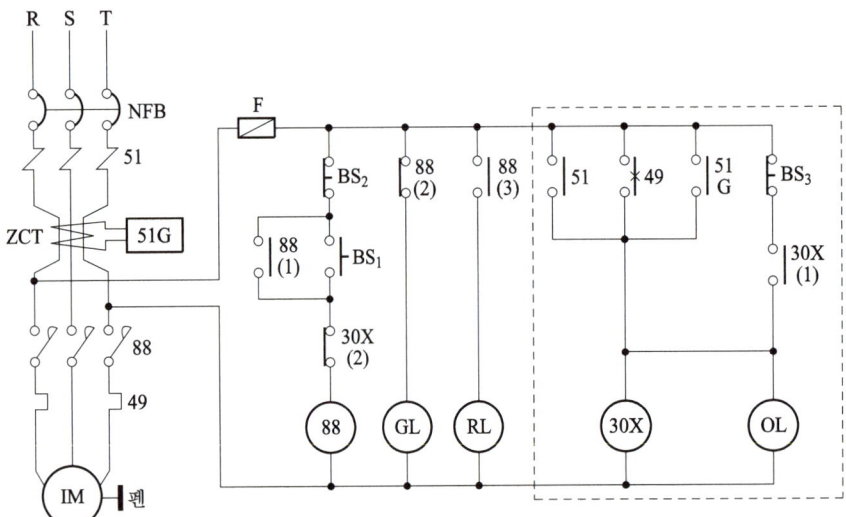

| 작성답안

(1) ① 30X   ② BS₃   ③ BS₁   ④ BS₂
    ⑤ RL   ⑥ GL   ⑦ OL   ⑧ 51, 51G, 49

(2)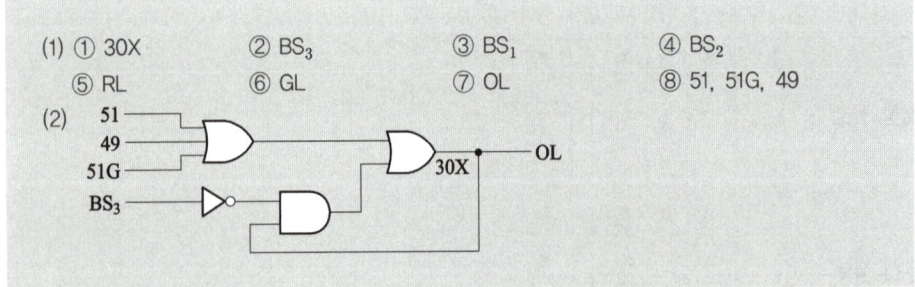

KEYWORD 40 유접점 시퀀스제어

강의 NOTE

01 스위치

시퀀스 제어에 사용되는 입력기구는 센서의 역할을 하는 스위치류 등이 해당되며, 동작을 행하는 부분은 제어회로로 릴레이 등이 구성된다. 이 들은 각각 접점이나, 동작신호로 제어되게 되는데 접점부분은 다음 3가지 형태로 분류된다.

① a접점(arbeit contact) : 조작하고 있는 동안에만 닫히는 접점으로 조작 전 열려있는 접점을 말하며 메이크 접점(make contact)이라고도 한다.
② b접점(break contact) : 조작하고 있는 동안에만 열리는 접점으로 조작 전 닫혀있는 접점으로 브레이크 접점이라고 한다.
③ c접점(change-over contact) : 절환(전환) 접점이라는 뜻으로 a접점과 b접점을 공유하고 있으며 조작 전 b접점에 가동부가 접촉되어 있다가 누르면 a접점으로 이동한다.

제어 회로는 이들의 접점의 상태를 순차적으로 제어하여 동작을 행하게 된다. 시퀀스의 출력에 해당하는 부분은 표시등, 전동기, 솔레노이드밸브 등 실제 동작에 필요한 부분들이 해당된다.

1 누름버튼 스위치

수동조작 자동복귀 접점의 기구로 사람이 조작하고 있는 동안만 접점이 닫히거나 열리고, 조작을 중지하면 처음의 상태로 복귀하는 접점을 말한다.

■ 누름버튼 스위치 약호
BS, PB, PBS

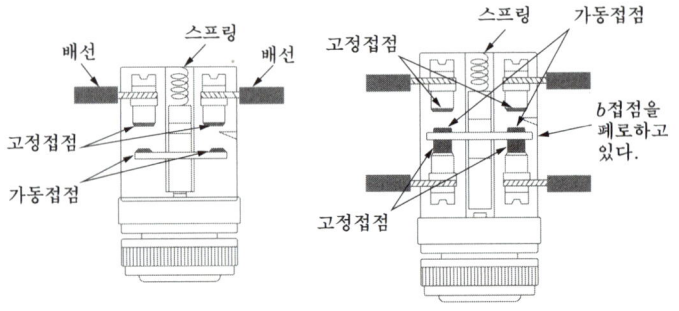

누름버튼 스위치

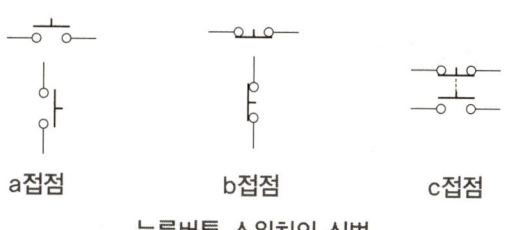

누름버튼 스위치의 심벌

2 유지형 스위치

한번 조작하여 ON되면 그 상태를 계속 유지하는 접점으로 전등배선에 사용되는 텀블러 스위치, 선택회로에 사용되는 셀렉터 스위치 등이 유지형 접점 스위치에 해당된다.

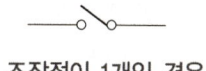   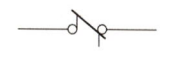

조작점이 1개인 경우   조작점이 2개인 경우

■ 유지형 스위치 약호
S

3 리밋 스위치

위치 또는 캠(높이의 차) 등을 검출하는 검출 스위치로 센서에 해당한다. 동작 원리는 누름버튼 스위치와 같으며, 검출시 누름버튼 스위치를 누른 것과 같다.

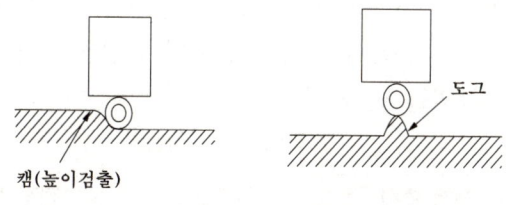

리밋 스위치의 검출

리밋 스위치의 접점

■ 리밋 스위치 약호
LS

강의 NOTE

02 전자계전기

1 릴레이

■ 릴레이

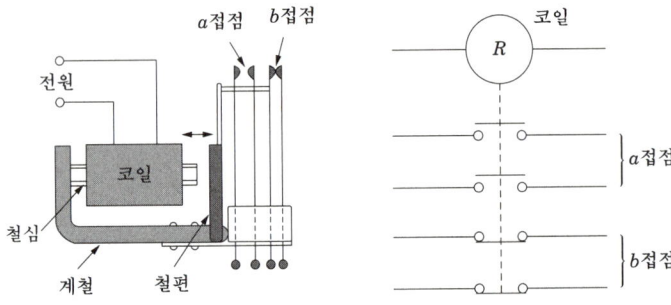

릴레이는 접점의 동작은 순시동작을 한다. 따라서, 릴레이를 순시계전기라 부르기도 한다. 코일에 전원이 가해지면 철심이 전자석이 되며, 가동철편을 흡인하여 철편에 연결된 접점이 연동하여 접점의 상태가 변경된다. a접점은 폐로되며, b접점은 개로된다.

2 타이머

① 복귀 지연 타이머 : 타이머 코일에 전원이 투입되면 접점이 순시동작하며, 타이머 코일에 전원이 제거되면 설정시간이 지나야 접점이 복귀하는 한시복귀를 한다.
② 동작 지연 타이머 : 타이머 코일에 전원이 투입되면 접점이 실정시간이 지나 한시동작하며 타이머 코일에 전원이 제거되면 즉시 복귀하는 순시복귀를 한다.

■ 타이머

타이머의 접점심별

접점 명칭	접점 심별
순시 동작 a접점	—o o—
한시 동작 순시 복귀 a접점	—o∧o—
한시 동작 순시 복귀 b접점	—o∧o—
순시 동작 한시 복귀 a접점	—o∨o—
순시 동작 한시 복귀 b접점	—o∨o—
한시 동작 한시 복귀 a접점	—o◇o—
한시 동작 한시 복귀 b접점	—o◇o—

03 조작기기

제어대상에 직접 조작을 가하는 것이며, 사람의 손과 발에 해당하는 부분의 기기이다. 보통 조작기기로는 모터, 솔레노이드, 전자변 등이 있다.

■ 약호
전동기 M, 솔레노이드 SOL, 전자변 SV

전동기   솔레노이드

전자변(솔레노이드밸브)
조작기기

04 기본회로

1 자기유지회로

다음 그림에서 BS를 ON조작하면 릴레이 X는 여자되며, 이후 손을 떼어도 릴레이는 $X_{(1)}$접점을 통하여 계속 여자상태를 유지하게 될 때 이 회로를 자기유지회로라 하며, 릴레이 $X_{(1)}$접점을 자기유지접점이라 한다.

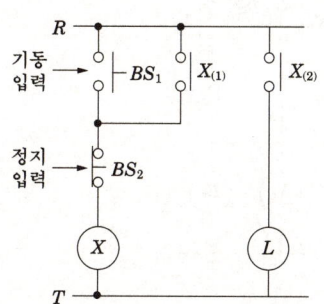
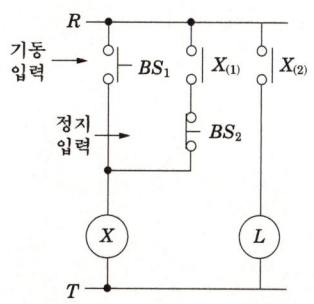

강의 NOTE

■ 인터록회로

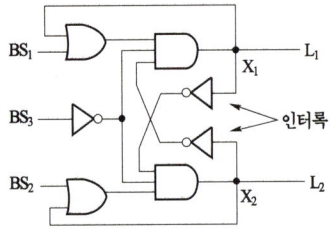

2 인터록회로

다음 그림과 같이 X_1이 여자된 후 자기유지되며, X_1의 b접점에 의해 X_2가 여자할 수 없으며, X_2가 여자된 후 자기유지되면, X_2의 b접점에 의해 X_1이 여자할 수 없는 회로를 인터록 회로라 하며, 각각의 b접점을 인터록 접점이라 한다.

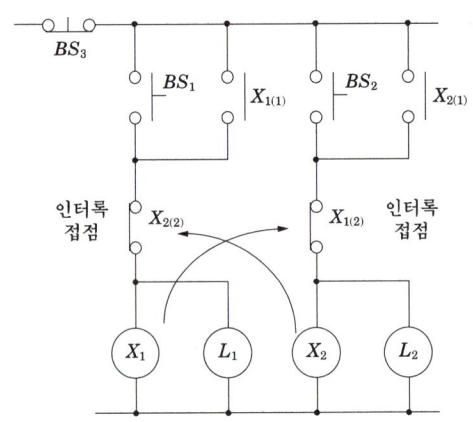

3 신입 신호 우선 회로

■ 신입 신호 우선 회로

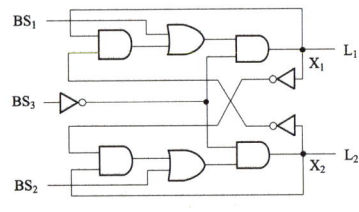

BS_1을 ON 하면 X_1이 동작하고 동작 중인 X_2의 유지 회로의 직렬 b 접점 $X_{1(2)}$가 열려 X_2가 복구한다. 다음 BS_2를 주면 X_2가 동작하고 X_1의 유지 회로의 직렬 b 접점 $X_{2(2)}$가 열려 동작 중인 X_1이 복구한다. 이 동작은 이전에 동작하고 있는 동작을 정지시키고 마지막 신호가 들어오는 동작을 진행하는 것으로 최신의 신호를 동작시킨다. 이것을 신입 신호 우선회로라 한다.

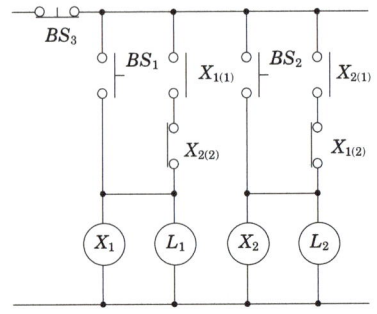

4 순차제어회로

BS_1을 ON하면 X_1이 동작하고 접점 $X_{1(2)}$가 닫혀 X_2의 기동 회로를 준비한다. 다음 BS_2를 ON하면 X_2가 동작한다. 이 회로에서 BS_2를 먼저 ON하면 X_2는 동작하지 않는다. 즉 BS_1, BS_2 순서로 ON 할 경우만 X_1, X_2가 순서로 동작한다.

■ 순차제어회로

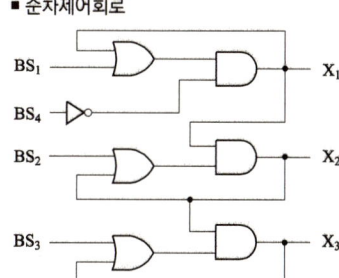

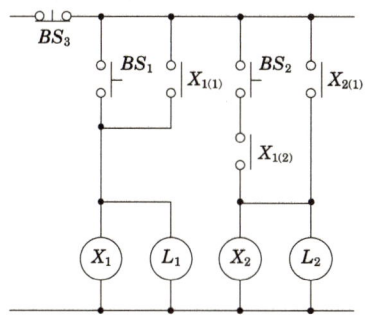

5 시한회로(On delay timer : Ton)

BS_1을 ON하면 X와 T가 여자한다. 이때 $X_{1(1)}$에 의해 자기유지된다. 타이머 T가 여자된 후 설정시간이 경과하면 T_a에 의해 램프 L이 점등한다. 여기서 출력은 램프이며, 램프는 전원을 인가한 후 타이머의 설정시간이 경과해야 점등하는 회로로 시한동작회로가 된다.

■ 시한회로

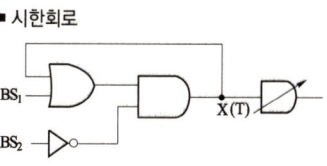

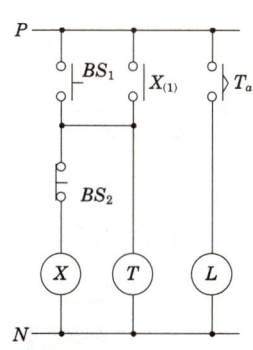 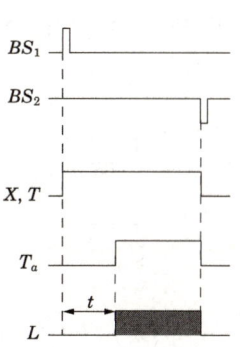

강의 NOTE

- 기 95
- 기 22
- 산 93
다음 논리식을 유접점 회로로 그리시오.

- 기 97
- 기 93.00
- 기 92.98.02.12.17
타임 차트를 보고 시퀀스도를 완성하시오.

- 기 97
- 산 90.94.07
- 산 09
- 산 88.06.08.10
- 산 12
조건을 보고 시퀀스를 그리시오.

- 산 92.97
- 산 95.22
- 산 95.16
- 산 89.96.08.13.17
- 산 04
유접점 회로를 보고 동작을 설명하시오.

- 산 89.94.00
- 산 18
- 산 86.96.98.00.02.03.10.18.20
시퀀스도를 보고 논리식을 쓰시오.

- 산 98.07
- 산 90.92.98.02.05
- 산 97
시퀀스도를 보고 타임차트를 그리시오.

6 시한복구회로 (Off delay timer : Toff)

BS_1을 ON하면 X와 T가 여자한다. 이때 $X_{1(1)}$에 의해 자기유지된다. 타이머 T가 여자됨과 동시에 T_a에 의해 램프 L이 점등한다. BS_2를 ON하면 X와 T가 소자하며, 램프는 BS_2를 누름과 동시에 타이머 설정시간이 경과 후 소등한다. 여기서 출력을 램프이며, 램프는 전원을 제거된 후 타이머의 설정시간이 경과해야 소등하는 회로로 시한복구회로가 된다.

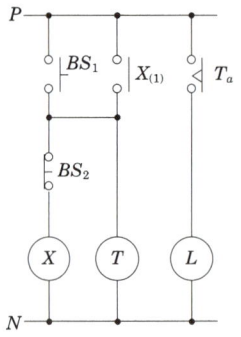 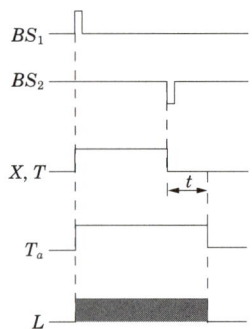

7 단안정 회로 (Monostable)

단안정회로란 정해진 시간동안만 출력이 생기는 회로를 말한다. BS를 ON하면 X와 T가 여자하고 자기유지 된다. 릴레이 $X_{(2)}$에 의해 램프는 점등한다. 타이머 설정시간이 경과하면 T_b에 의해 X와 T가 소자하여 자기유지가 해지되며, 램프가 소등한다. 즉, 램프는 타이머 설정시간동안만 점등한다.

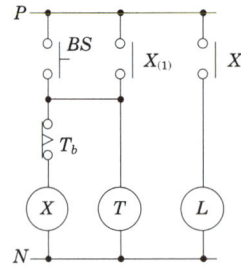 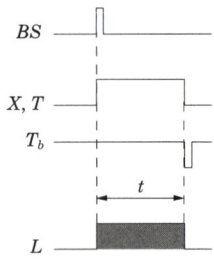

| 관련문제 | 40. 유접점 시퀀스제어

□□□ 94

1 다음 그림의 접점 기호 명칭은 수동복귀 접점이다. 이 접점의 동작상태를 상세히 설명하시오. (5점)

| 작성답안

열동계전기 여자하면 a 접점은 순시에 폐로되고 b 접점은 순시에 개로되면 상태를 유지한다. 복귀는 수동으로 복귀시킨다.

□□□ 93

2 다음 문장의 ____ 안에 적당한 말을 넣어 문장을 완성하시오. (6점)

그림 (a)의 회로는 스위치 PB_1을 ON 조작하면 그 후 손을 떼어도 램프는 (1) 등이 계속된다. 이러한 회로를 (2)회로라 하고 PB_1이 일단 ON이 된 것을 기억하는 기능이라 한다. 스위치 PB_2를 OFF 조작하면 릴레이가 (3) 자되어 (4)가 해제된다. 그림 (b)와 같은 타이밍으로 PB_1, PB_2를 ON, OFF 조작한 경우에 램프는 시간 (5)~(6) 동안만 점등한다.

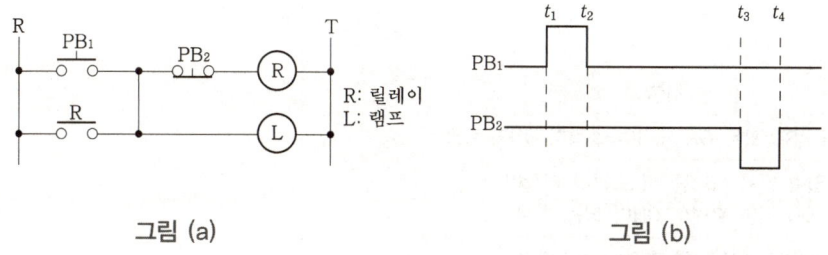

그림 (a) 그림 (b)

| 작성답안

(1) 점
(2) (자기) 유지
(3) 소(무여)
(4) (자기) 유지
(5) t_1
(6) t_3

□□□ 92, 97

3 각 회로의 명칭을 쓰고 그 기능을 간단히 설명하시오. (단, 회로명은 시퀀스 제어 회로 명칭으로 표현하시오.) (10점)
(예 : AND 회로, NAND 회로, 금지 회로, 인터록 회로, 플립플롭 회로, 자기유지 회로)

(1)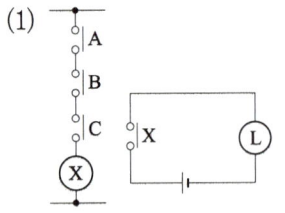
(2)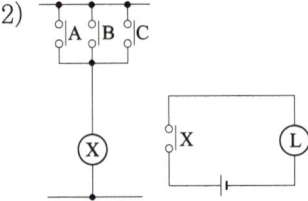
(3)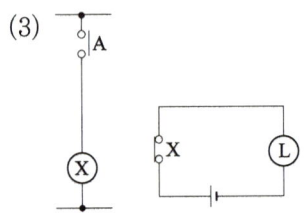
(4)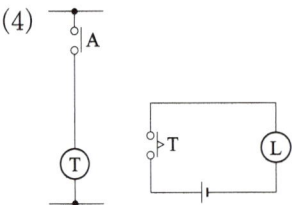
(5)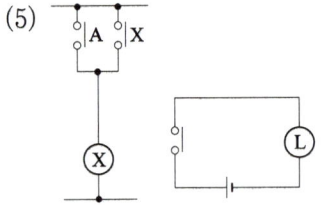

| 작성답안

번호	명칭	기능
(1)	AND 회로	입력 단자 ABC 모두 ON 되어야 출력이 ON되는 회로
(2)	OR 회로	입력 단자 ABC중 어느 하나 이상이 ON 되면 출력이 ON이 되는 회로
(3)	NOT 회로	입력이 ON 되면 출력이 OFF되고, 입력이 OFF되면 출력이 ON되는 회로
(4)	한시 동작 회로	입력이 ON 되면 일정 시간 후 출력이 ON되는 회로
(5)	자기 유지 회로	입력이 ON 되면 출력이 ON 되고, 이때 입력이 OFF 되어도 계속 출력이 ON 되도록 유지하는 회로

□□□ 89, 94, 00

4 다음 회로의 계전기 X, Y, Z에 대한 논리식을 나타내시오. (8점)

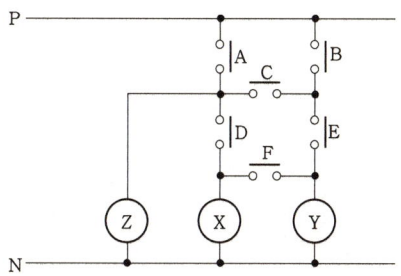

| 작성답안

$X = AD + BCD + BEF + ACEF$
$Y = BE + ACE + ADF + BCDF$
$Z = A + BC + BEFD = A + B(C + EFD)$

□□□ 89, 94, 00

5 다음과 같은 접점 회로의 논리식은 어떻게 나타나는가? (단, 최소 접점으로 한다.) (4점)

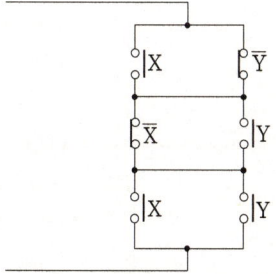

| 작성답안

$(X + \overline{Y})(\overline{X} + Y)(X + Y) = (X\overline{X} + XY + \overline{Y}\,\overline{X} + \overline{Y}Y)(X + Y)$
$= (XY + \overline{X}\,\overline{Y})(X + Y) = XXY + XYY + X\overline{X}\,\overline{Y} + \overline{X}\,\overline{Y}Y$
$= XY + XY = XY$

강의 NOTE

■ 논리연산
① 분배 법칙
$A + (B \cdot C) = (A + B) \cdot (A + C)$
$A \cdot (B + C) = A \cdot B + A \cdot C$
② 불대수
$A \cdot 0 = 0$
$A + 0 = A$
$A \cdot 1 = A$
$A + 1 = 1$
$A + A = A$
$A \cdot A = A$
$A \cdot \overline{A} = 0$
$A + \overline{A} = 1$
③ De Morgan의 정리
$\overline{A + B} = \overline{A}\,\overline{B}$
$A + B = \overline{\overline{A}\,\overline{B}}$
$\overline{AB} = \overline{A} + \overline{B}$
$AB = \overline{\overline{A} + \overline{B}}$

□□□ 93

6 다음의 논리식을 유접점 회로로 그리시오. (5점)

$$X = (A+B) \cdot (C+D) \cdot \overline{B}$$

| 작성답안

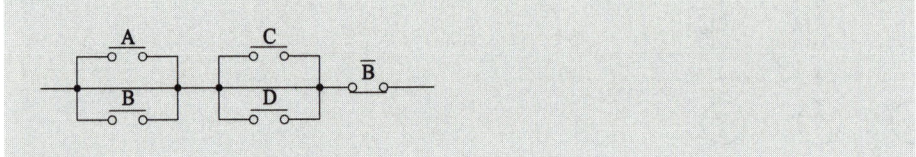

□□□ 18

7 다음 유접점 회로도를 보고 MC, RL, GL의 논리식을 각각 쓰시오. (5점)

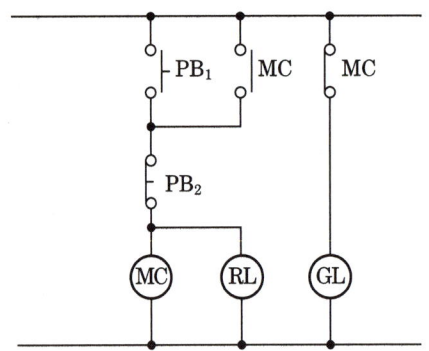

| 작성답안

$MC = (PB_1 + MC) \cdot \overline{PB_2}$
$RL = MC$
$GL = \overline{MC}$

□□□ 98, 00

8 답안지의 도면은 복귀형 누름 버튼 스위치를 이용하여 전열기의 점멸을 제어하는 미완성 회로이며 자기 유지가 되도록 답안지의 회로를 완성하시오. (5점)

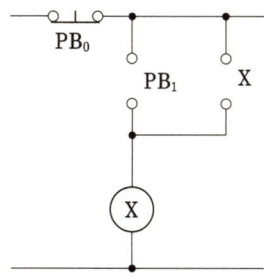

| 작성답안

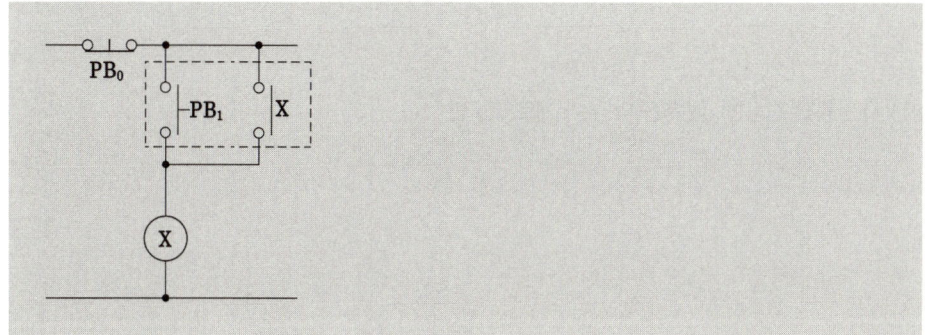

□□□ 90, 94, 07

9 다음에 제시하는 조건에 일치하는 제어 회로의 Sequence를 그리시오. (5점)

【조건】
누름 버튼 스위치 PB_2를 누르면 lamp ⓛ이 점등되고 손을 떼어도 점등이 계속된다. 그 다음에 PB_1을 누르면 ⓛ이 소등되며 손을 떼어도 소등 상태는 지속된다.

| 작성답안

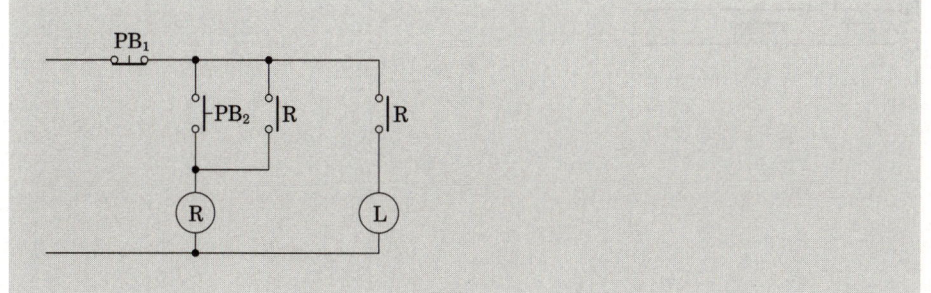

□□□ 95, 22

10 그림의 시퀀스 회로에서 A접점이 닫혀서 폐회로가 될 때 신호등 PL은 어떻게 동작하는가? 한 줄 이내로 답하시오. (5점)

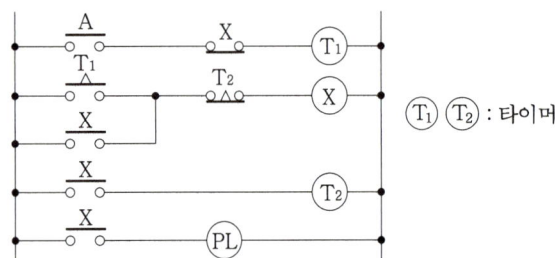

| 작성답안

> PL은 T_1 설정 시간 동안 소등하고 T_2 설정 시간 동안 점등한다(반복동작). A가 개로되면 반복을 중지한다.

□□□ 98, 07

11 그림과 같은 회로의 램프 ⓛ에 대한 점등을 타임차트로 표시하시오. (8점)

(1)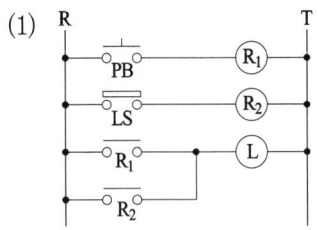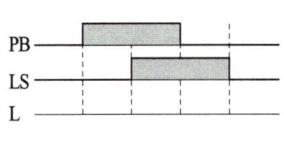

(2)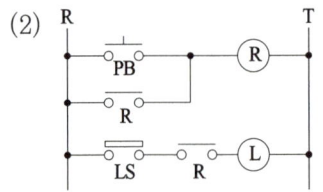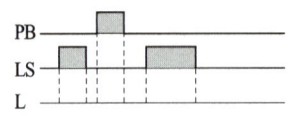

(3)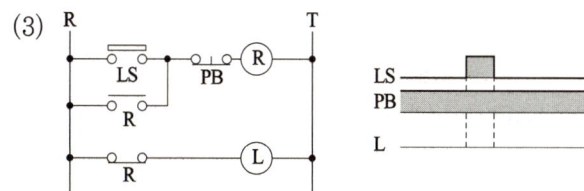

(4)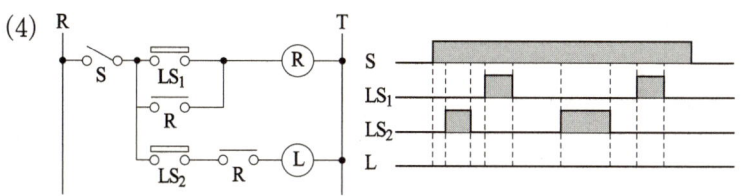

| 작성답안

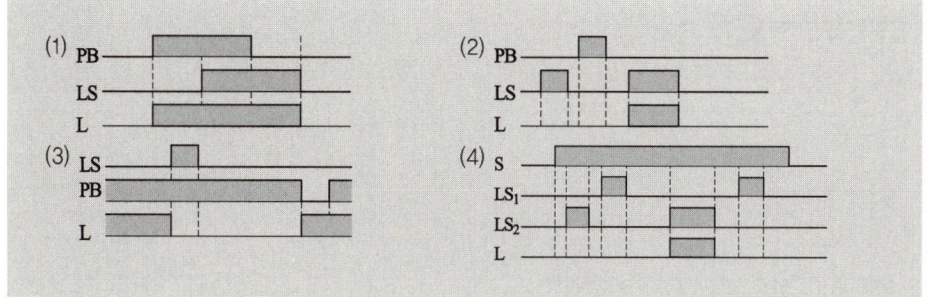

□□□ 90, 92, 98, 02, 05

12 다음 그림과 같은 회로에서 램프 ⓛ의 동작을 답지의 타임 차트에 표시하시오. (단, PB : 푸시 버튼 스위치, Ⓡ : 릴레이 접점, LS : 리밋 스위치)(4점)

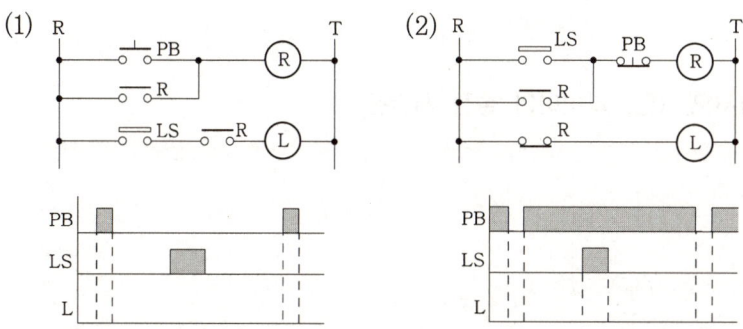

| 작성답안

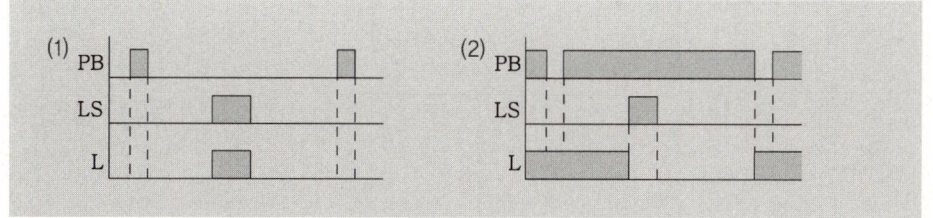

□□□ 95, 16

13 그림과 같은 시퀀스 회로에서 접점 "A"가 닫혀서 폐회로가 될 때 표시등 PL의 동작사항을 설명하시오. (단, X는 보조릴레이, $T_1 - T_2$는 타이머(On delay)이며 설정시간은 1초이다.)(5점)

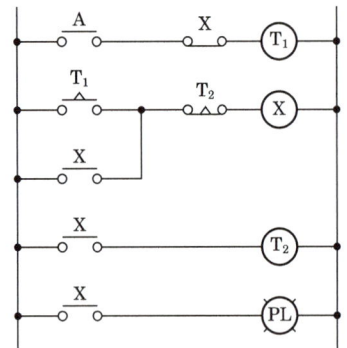

| 작성답안

"A"가 닫혀서 폐회로
T_1이 여자되면 1초 후 X가 여자되고 X에 의해 PL이 점등 되고 T_2가 여자된다.
다음 1초 후 T_2의 b접점에 의해 X가 소자되어 PL이 소등된다. 이때 다시 T_1이 여자된다.
즉, PL은 1초 후 점등 1초 후 소등을 반복한다.

□□□ 97

14 그림의 회로 동작에 맞는 타임차트를 그리시오. (단, 타이머의 설정 시간은 $T_1 = 2[\sec]$, $T_2 = 4[\sec]$로 한다.)(5점)

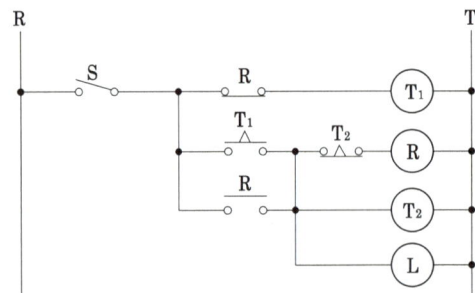

| 작성답안

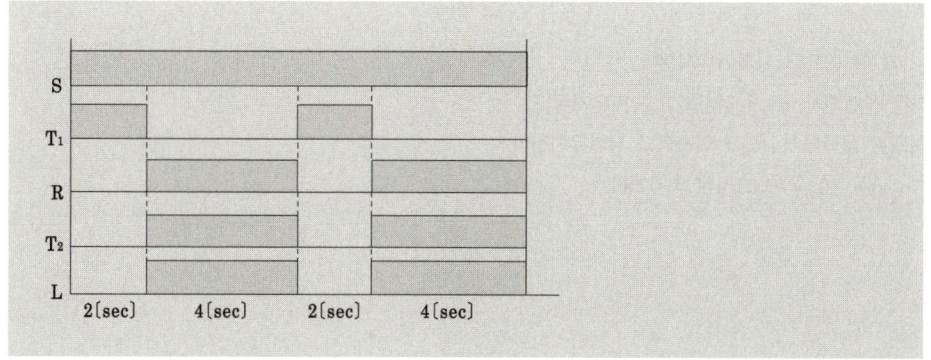

□□□ 89, 96, 08, 13, 17

15 그림과 같은 시퀀스회로를 보고 다음 각 물음에 답하시오. (단, R_1, R_2, R_3는 보조릴레이이다.)(12점)

(1) 전원측에 가장 가까운 푸시버튼 PB_1으로부터 PB_2, PB_3, PB_0까지 "ON" 조작할 경우의 동작사항을 간단히 설명하시오. 여기서 ON 조작은 누름버튼 스위치를 눌러주는 역할을 말한다.

PB_1 ON	
PB_2 ON	
PB_3 ON	
PB_0 ON	

(2) 최초에 PB_2를 "ON" 조작한 경우에는 동작상황은 어떻게 되는가?

○

(3) 타임차트의 누름버튼스위치 PB_1, PB_2, PB_3, PB_0와 같은 타이밍으로 "ON" 조작하였을 때 타임차트의 R_1, R_2, R_3의 동작상태를 그림으로 완성하시오.

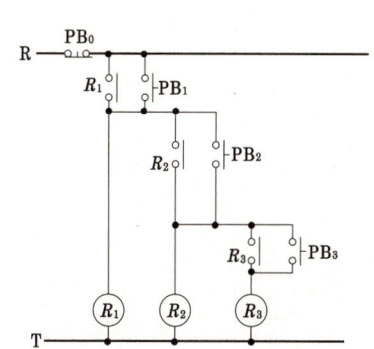
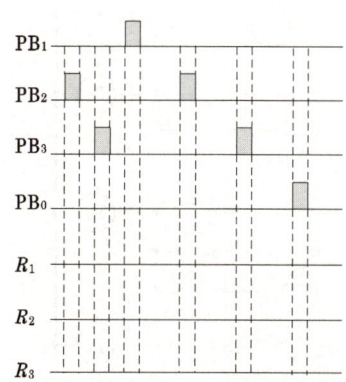

| 작성답안

(1)
PB_1 ON	R_1이 여자되고 자기유지된다.
PB_2 ON	R_1이 여자된 상태에서 R_2가 여자되고 자기유지된다.
PB_3 ON	R_1, R_2가 여자된 상태에서 R_3가 여자되고 자기유지된다.
PB_0 ON	R_1, R_2, R_3 모두 동시에 소자된다.

(2) 동작하지 않는다.

(3)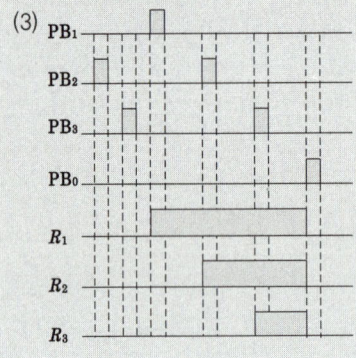

□□□ 86, 96, 98, 00, 02, 03, 10, 18, 20

16 어느 회사에서 한 부지에 A, B, C의 세 공장을 세워 3대의 급수 펌프 P_1(소형), P_2(중형), P_3(대형)으로 다음 계획에 따라 급수 계획을 세웠다. 이 계획을 잘 보고 다음 물음에 답하시오. (12점)

【조건】
① 모든 공장 A, B, C가 휴무일 때 또는 그 중 한 공장만 가동할 때에는 펌프 P_1만 가동시킨다.
② 모든 공장 A, B, C중 어느 것이나 두 개의 공장만 가동할 때에는 P_2만 가동시킨다.
③ 모든 공장 A, B, C가 모두 가동할 때에는 P_3만 가동시킨다.

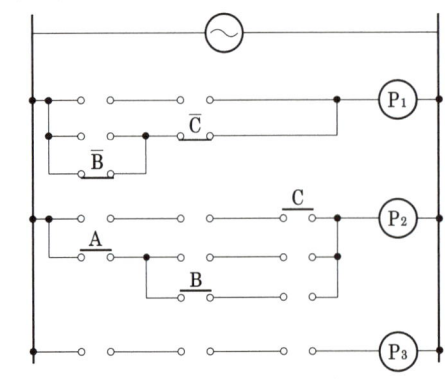

■ 논리식

$P_1 = \overline{A}\,\overline{B}\,\overline{C} + \overline{A}\,\overline{B}C + \overline{A}B\overline{C} + A\overline{B}\,\overline{C}$
$ = \overline{A}\,\overline{B}\,\overline{C} + \overline{A}\,\overline{B}\,\overline{C} + \overline{A}\,\overline{B}\,\overline{C}$
$ + \overline{A}\,BC + \overline{A}B\overline{C} + A\overline{B}\,\overline{C}$
$ = \overline{A}\,\overline{B}(C+\overline{C}) + \overline{A}\,\overline{C}(B+\overline{B})$
$ + \overline{B}\,\overline{C}(A+\overline{A})$
$ = \overline{A}\,\overline{B} + (\overline{A}+\overline{B})\overline{C}$

$P_2 = \overline{A}BC + A\overline{B}C + AB\overline{C}$
$ = \overline{A}BC + A(\overline{B}C + B\overline{C})$

$P_3 = ABC$

(1) 조건과 같은 진리표를 작성하시오.

A	B	C	P₁	P₂	P₃
0	0	0			
1	0	0			
0	1	0			
0	0	1			
1	1	0			
1	0	1			
0	1	1			
1	1	1			

(2) 미완성 시퀀스 도면에 접점과 그 기호를 삽입하여 도면을 완성하시오.
(3) P_1, P_2, P_3의 출력식을 가장 간단한 식으로 표현하시오.
    ※ 접점 심벌을 표시할 때는 A, B, C, $\overline{A}$, $\overline{B}$, $\overline{C}$ 등 문자 표시도 할 것

| 작성답안

(1)

A	B	C	P₁	P₂	P₃
0	0	0	1	0	0
1	0	0	1	0	0
0	1	0	1	0	0
0	0	1	1	0	0
1	1	0	0	1	0
1	0	1	0	1	0
0	1	1	0	1	0
1	1	1	0	0	1

(2)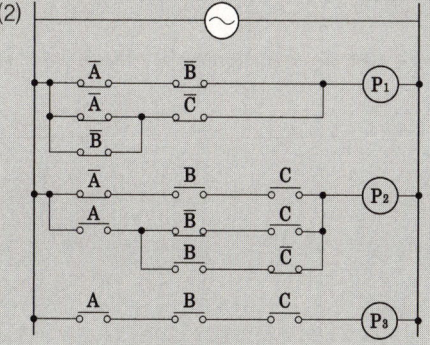

(3) $P_1 = \overline{A}\,\overline{B} + (\overline{A}+\overline{B})\overline{C}$

   $P_2 = \overline{A}BC + A(\overline{B}C + B\overline{C})$

   $P_3 = ABC$

■ 논리연산
① 분배 법칙
   $A + (B \cdot C) = (A+B) \cdot (A+C)$
   $A \cdot (B+C) = A \cdot B + A \cdot C$
② 불대수
   $A \cdot 0 = 0$
   $A + 0 = A$
   $A \cdot 1 = A$
   $A + 1 = 1$
   $A + A = A$
   $A \cdot A = A$
   $A \cdot \overline{A} = 0$
   $A + \overline{A} = 1$
③ De Morgan의 정리
   $\overline{A+B} = \overline{A}\,\overline{B}$
   $A+B = \overline{\overline{A}\,\overline{B}}$
   $\overline{AB} = \overline{A} + \overline{B}$
   $AB = \overline{\overline{A}+\overline{B}}$

17 주어진 조건과 동작 설명을 이용하여 다음 각 물음에 답하시오. (6점)

【조건】
- 누름버튼스위치는 3개(BS_1, BS_2, BS_3)를 사용한다.
- 보조 릴레이는 3개(X_1, X_2, X_3)를 사용한다.
  ※ 보조릴레이 접점의 개수는 최소로 사용할 것

【동작 설명】
BS_1에 의하여 X_1이 여자되어 동작하던 중 BS_3을 누르면 X_3가 여자되어 동작하고 X_1은 복귀, 또 BS_2를 누르면 X_2가 여자되어 동작하고 X_3는 복귀한다. 즉, 항상 새로운 신호만 동작한다.

가. 선택 동작회로(신입신호 우선회로)의 시퀀스회로를 그리시오.
나. 위 문항 "가"의 타임 차트를 그리시오.

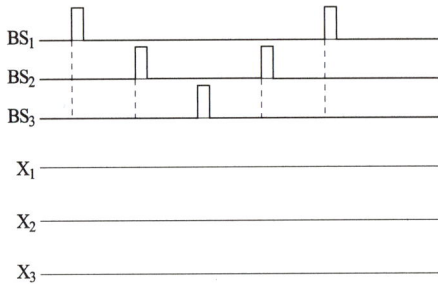

| 작성답안

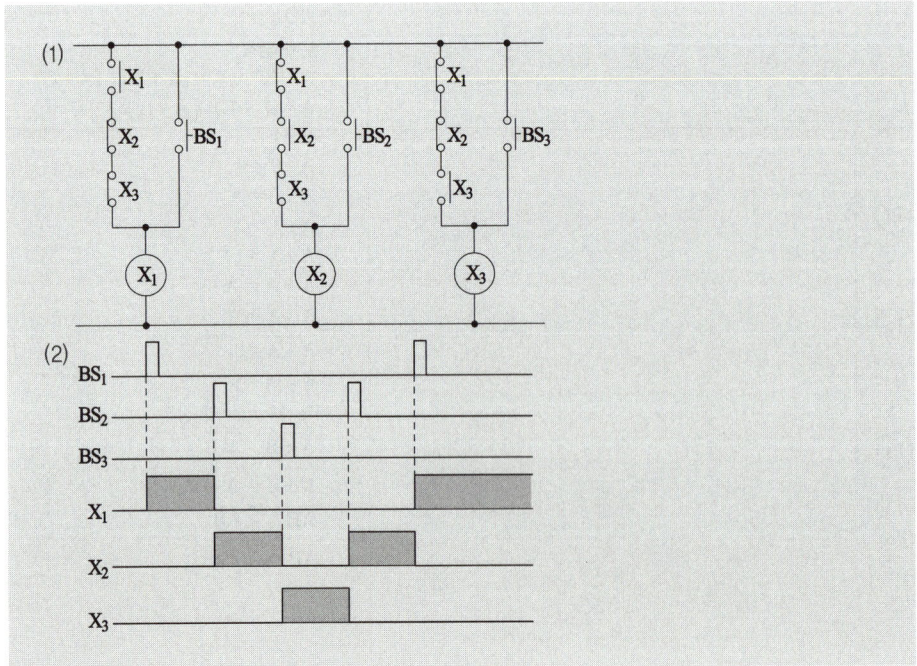

□□□ 88, 06, 08, 10

18 다음 그림의 회로는 어느 것인가 먼저 ON 조작된 측의 램프만 점등하는 병렬 우선 회로(PB_1 ON 시 L_1이 점등된 상태에서 L_2가 점등되지 않고, PB_2 ON 시 L_2가 점등된 상태에서 L_1이 점등되지 않는 회로)로 변경하여 그리시오. (단, 계전기 R_1, R_2의 보조 b접점 각 1개씩을 추가 사용하여 그리도록 한다.) (5점)

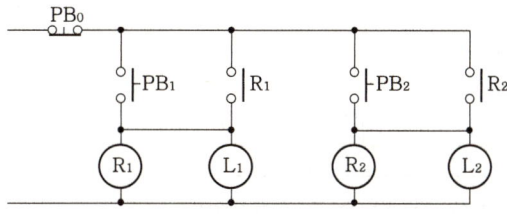

| 작성답안

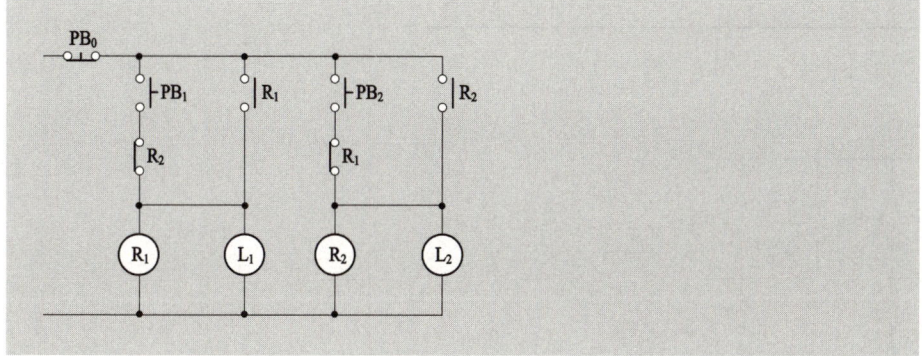

강의 NOTE

■ 인터록

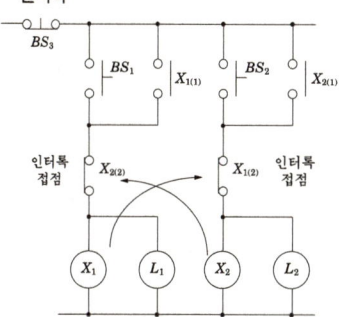

□□□ 12

19 주어진 조건을 이용하여 다음의 시퀀스 회로를 그리시오. (9점)

【조건】
- 푸시버튼 스위치 4개(PBS_1, PBS_2, PBS_3, PBS_4)
- 보조 릴레이 3개(X_1, X_2, X_3)
- 계전기의 보조 a접점 또는 보조 b접점을 추가 또는 삭제하여 작성하되 불필요한 접점을 사용하지 않도록 할 것이며 보조 접점에는 접점의 명칭을 기입하도록 할 것

먼저 수신한 입력 신호만을 동작시키고 그 다음 입력 신호를 주어도 동작하지 않도록 회로를 구성하고 타임차트를 그리시오.

(1)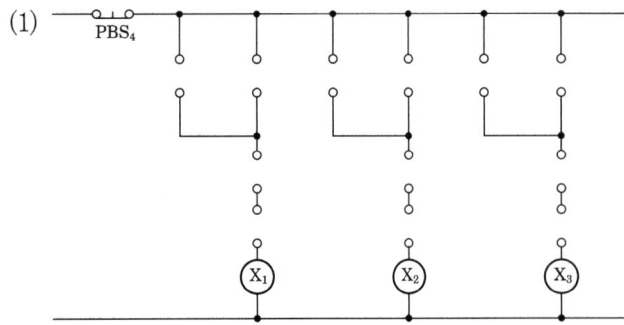

(2)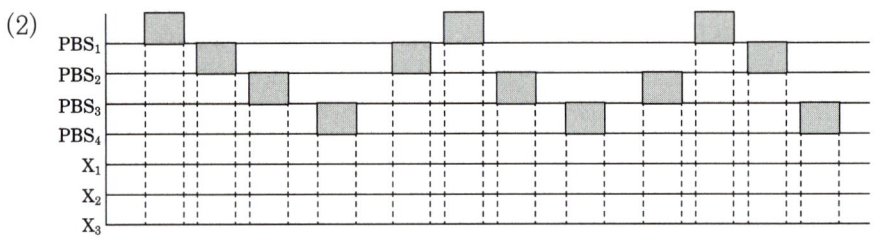

| 작성답안

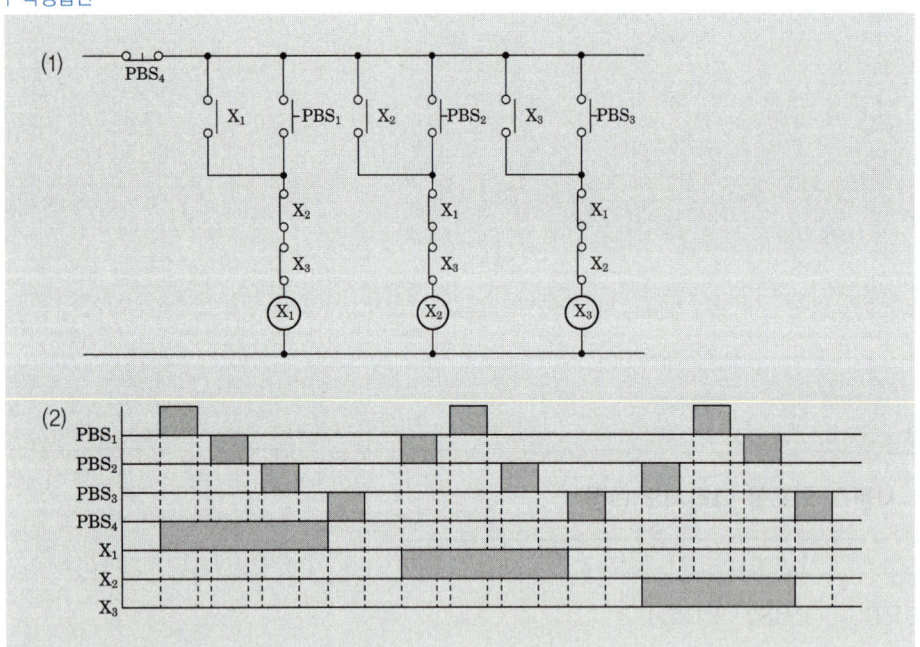

□□□ 04

20 그림은 오락실의 시퀀스 회로도이다. 다음 물음에 답하시오. (단, 코인을 2개 투입하면 1시간만큼 동작하는 회로이다.)(8점)

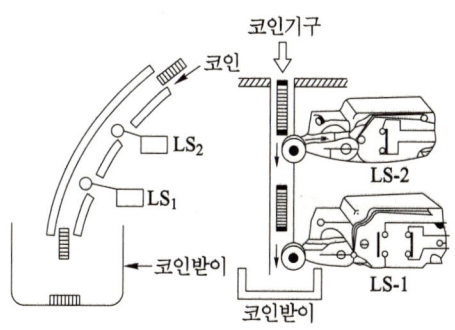

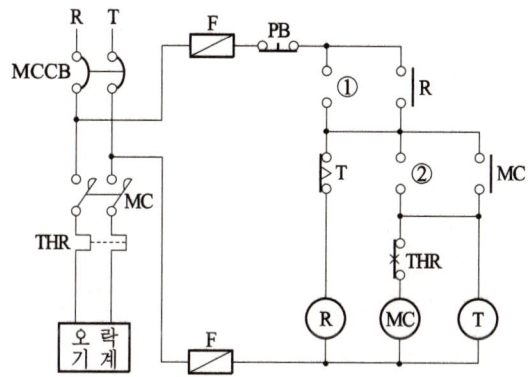

(1) 그림의 시퀀스 회로를 보고 ①, ② 접점을 완성하시오.
(2) 동작·정지를 순서대로 ①, ②, ③, ④로 설명하여라.

   ○ _____

(3) 다음 타임 챠트를 완성하여라.

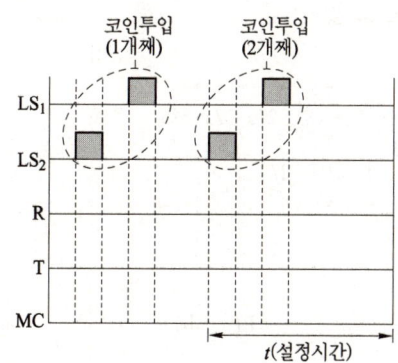

| 작성답안

(1)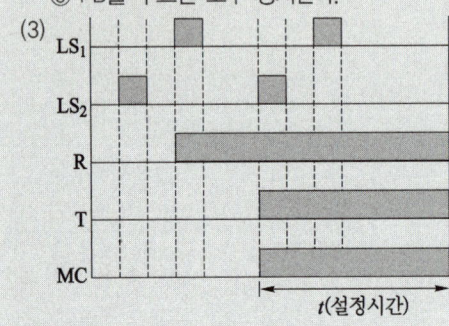

(2) ① 코인 한 개를 투입하면 $LS_2 \to LS_1$의 순으로 동작한다. LS_1이 동작되어 ⓡ이 여자 된다.
② ⓡ의 a접점에 의해 자기 유지 후 두 번째 코인을 투입하면 LS_2가 동작하여 MC가 여자 된다.(자기유지)
③ MC의 a접점에 의해 오락기계가 작동한다.
④ 타이머 T의 설정시간 후 타이머 b접점에 의해 오락기계는 정지한다.
⑤ PB를 누르면 모두 정지한다.

(3) [타임차트: LS_1, LS_2, R, T, MC — t(설정시간)]

□□□ 94, 01, 11

21 그림은 직류식 전자식 차단기의 제어회로를 예시하고 있다. 문제의 시퀀스도를 잘 숙지하고 각 물음의 (　) 안의 알맞은 말을 쓰시오. (6점)

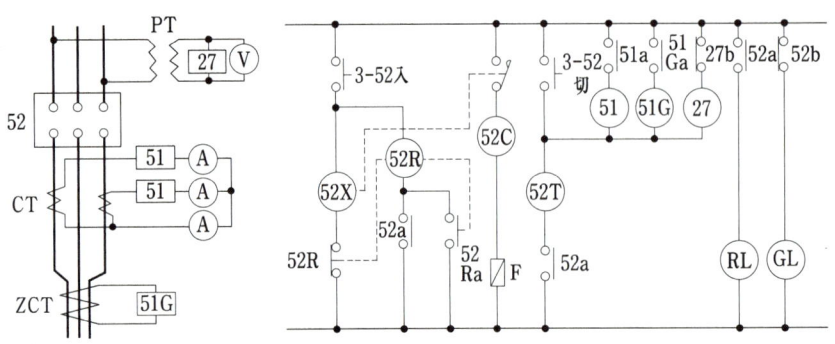

■ 切 : 끊을 절, 入 : 들 입

(1) 그림의 우측 도면에서 알 수 있듯이 3-52 스위치를 ON시키면 (①)이 (가) 동작하여 52X의 접점이 CLOSE되고 (②)의 투입 코일에 전류가 통전되어 52의 차단기를 투입시키게 된다. 차단기 투입과 동시에 52a의 접점이 동작하여 52R가 통전(ON)되고 (③)의 코일을 개방시키게 된다.

○ _____

(2) 회로도에서 $\boxed{27}$ 의 기기 명칭을 (④), $\boxed{51}$ 의 기기 명칭은 (⑤), $\boxed{51G}$ 의 기기명칭을 (⑥)라고 한다.

○ _____

(3) 차단기의 개방 조작 및 트립 조작은 (⑦)의 코일이 통전됨으로써 가능하다.

○ _____

(4) 지금 차단기가 개방되었다면 개방 상태 표시를 나타내는 표시 램프는 (⑧)이다.

○ _____

| 작성답안

(1) ① 52X
　　② 52C
　　③ 52X
(2) ④ 부족 전압 계전기
　　⑤ 과전류 계전기
　　⑥ 지락 과전류 계전기
(3) ⑦ 52T
(4) ⑧ GL

KEYWORD 41 유접점 전동기제어

강의 NOTE

- 기 06.10
- 기 95
- 기(유) 91.94.98.12.18
- 기(유) 96.98.09
- 기(유) 93.94.98
- 기(유) 03.05
- 기(유) 16
- 기(유) 87.93.10
- 기(유) 15

- 산(유) 93.94.98.03.08
- 산(유) 96.98.09
- 산(유) 95
- 산(유) 02.17
- 산(유) 93.00
- 산(유) 12
- 산(유) 00.03.14.20
- 산(유) 88.97.00.12.15

01 직입기동의 주회로

전동기 직입기동시 전자접촉기에 의해 전원이 인가되어 전동기가 운전하는 회로이다.

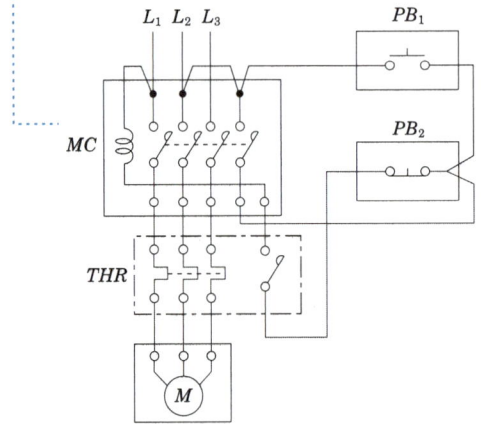
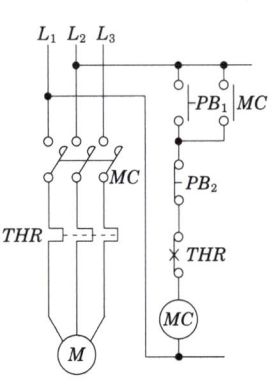

02 전동기 Y-△기동 회로

Y-△기동의 전동기의 감압기동방법으로 전동기를 Y 기동 후 △운전하는 방식이다. 이 방식의 특징은 다음과 같다.

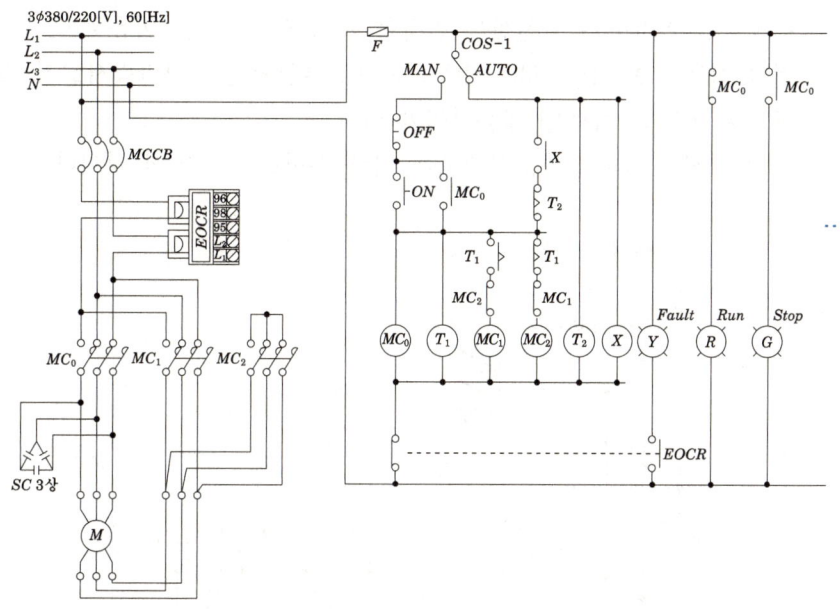

① 전전압 기동시 기동 전류는 정격 전류의 6~7배 정도
② Y-△ 기동시 전전압 기동 전류의 1/3배, 즉 정격의 2배
③ 모선 접속 : MC_0
   결선방법은 다음과 같다.
   - Y 결선 기동 : MC_2 (한 점에 묶는다)
   - △ 결선 운전 : MC_1 (R-V, S-W, T-U)
그림은 유도전동기의 Y-△결선의 주회로를 나타낸 것이다.

여기서, MC_1과 MC_2는 동시투입 될 수 없다. 동시 투입될 경우 3상 단락사고가 발생한다. 따라서, 제어회로는 인터록 회로를 채용하여야 한다.

강의 NOTE

- 기 07
- 기 96.04.06.15.17
- 기 95.97.99
- 기 96.18
- 기 20
- 기 95.00.06
- 기(유) 94.01
- 기(유) 11.21
- 기(유) 98.00
- 기(유) 98.00.02.03.08
- 기(유) 93.07
- 기(유) 03.14
- 기(유) 13.19
- 기(유) 02.15
- 기(유) 17
- 기(유) 02
- 기(유) 21

- 산(유) 96
- 산(유) 07
- 산(유) 97.16

03 전동기 정·역운전 회로

전동기의 회전방향을 변경하려면, 회전자계의 방향을 변경하여야 한다. 회전자계의 방형을 변경할 경우 3상의 전원 3가닥 중 2가닥의 접속을 반대로 하면 된다.

전동기에 인가하는 전원선을 변경할 때 전자접촉기를 이용하며, 이 두 전자 접촉기 MC$_1$(F), MC$_2$(R)는 동시에 투입되면 선간단락사고가 발생하므로 인터록 회로를 채용하여야 한다.

그림은 전동기의 정역운전회로를 위한 주회로를 나타낸 것이다.

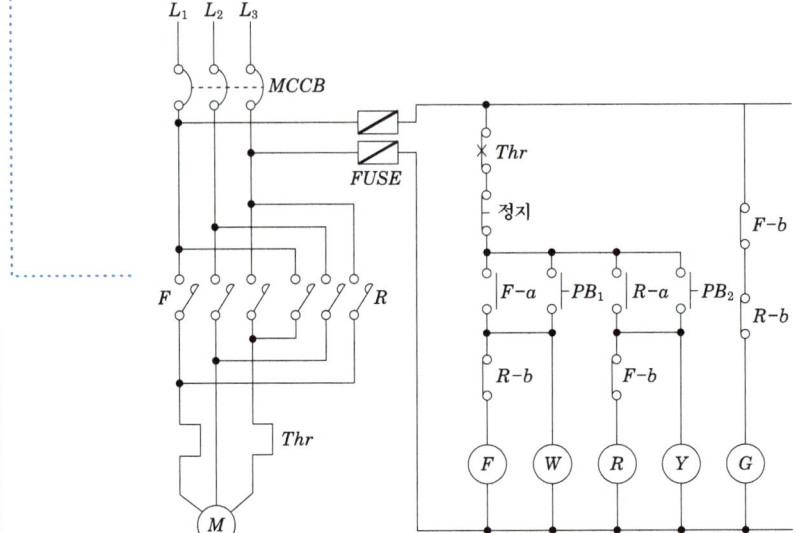

강의 NOTE

- 기 94.98.06.10
- 기(유) 16.20
- 기(유) 91.97.04.09.19
- 기(유) 98.01.04.05.08
- 기(유) 87.91.97.00.01.07.08.10

- 산(유) 17
- 산(유) 99.01.05.11
- 산(유) 84.89.94
- 산(유) 94.98.01.05.06
- 산(유) 99.03
- 산(유) 90.97.11
- 산(유) 98.99.01.05.08.20
- 산(유) 96.13
- 산(유) 87.91.97.00.01.07.08.10
- 산(유) 01.05
- 산(유) 91.99.04.06
- 산(유) 95.99.02.15

관련문제

41. 유접점 전동기제어

□□□ 03, 08 93, 94, 98

1 유도 전동기 IM을 유도전동기가 있는 현장과 현장에서 조금 떨어진 제어실 어느 쪽에서든지 기동 및 정지가 가능하도록 전자접촉기 MC와 누름버튼 스위치 PBS-ON용 및 PBS-OFF용을 사용하여 제어회로를 점선 안에 그리시오. (5점)

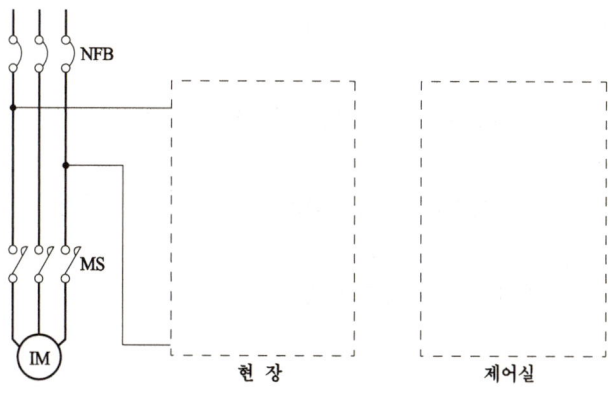

| 작성답안

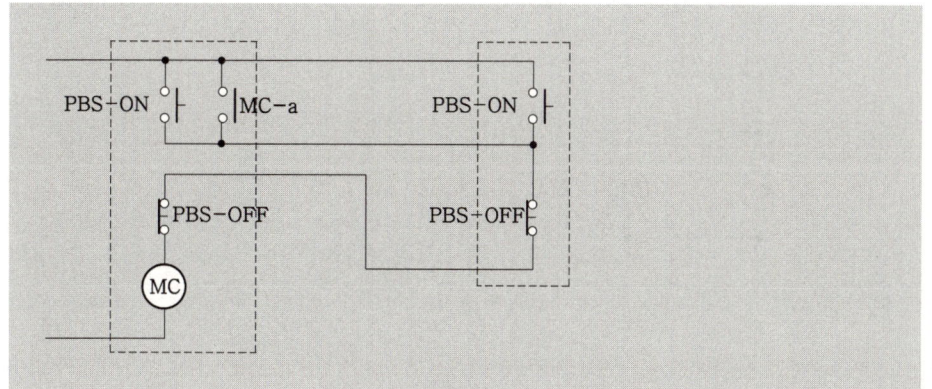

□□□ 96, 98, 09

2 다음 요구 사항에 의하여 답지의 도면과 같은 시퀀스 기호의 미완성 점선 부분 ①~⑥에 대한 접점을 구성하시오. (5점)

【요구사항】
- 전원 스위치 KS를 넣으면 GL이 점등하도록 한다.
- 누름 버튼 스위치를 ON하면 MC에 전류가 흐름과 동시에 MC의 보조 접점에 의하여 GL이 소등되고, RL이 점등되도록 한다.
- 누름 버튼 스위치를 ON에서 손을 떼어도 MC에 전류가 계속 흘러 전동기는 계속 회전한다.
- 누름 버튼 스위치를 OFF하면 MC에 전류가 끊겨 전동기는 정지하고 RL은 소등, GL은 점등한다.
- 전동기가 운전 중 사고로 과전류가 흘러 열동 계전기가 동작되면 모든 제어 회로의 전원이 차단된다.

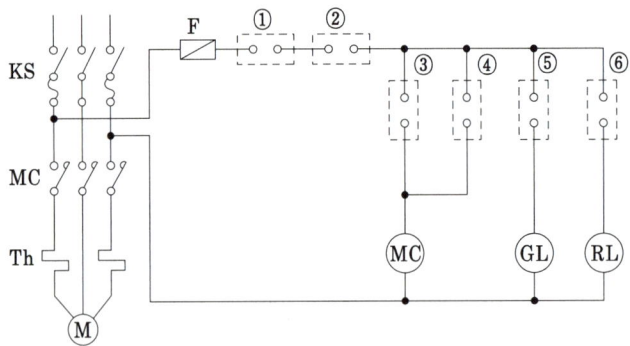

| 작성답안

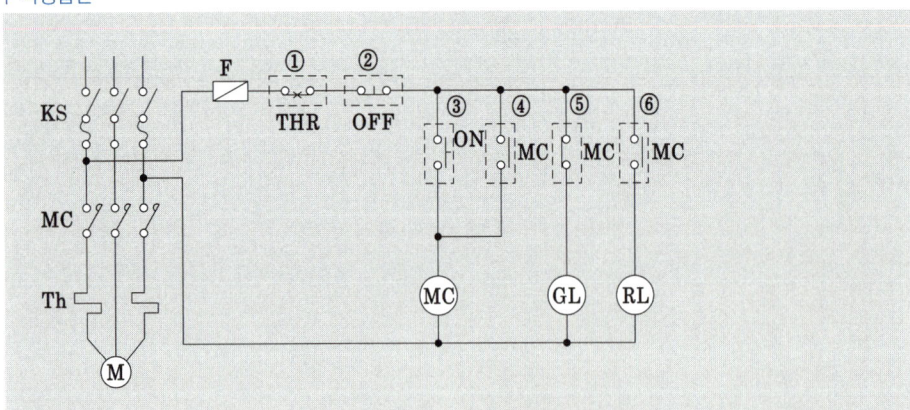

□□□ 95

3
답란의 그림은 농형 유도 전동기의 직입 기동회로이다. 그 중 미완성 부분인 ①~⑤까지를 완성하시오. (7점)

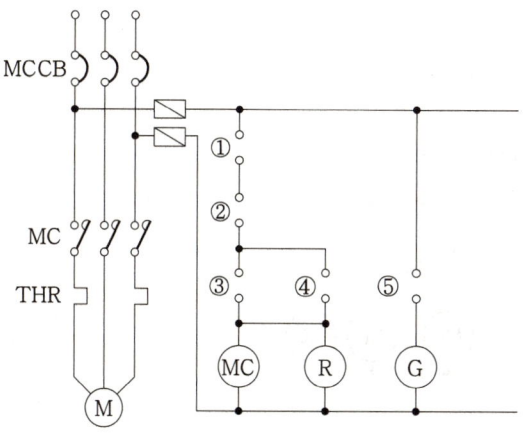

| 작성답안

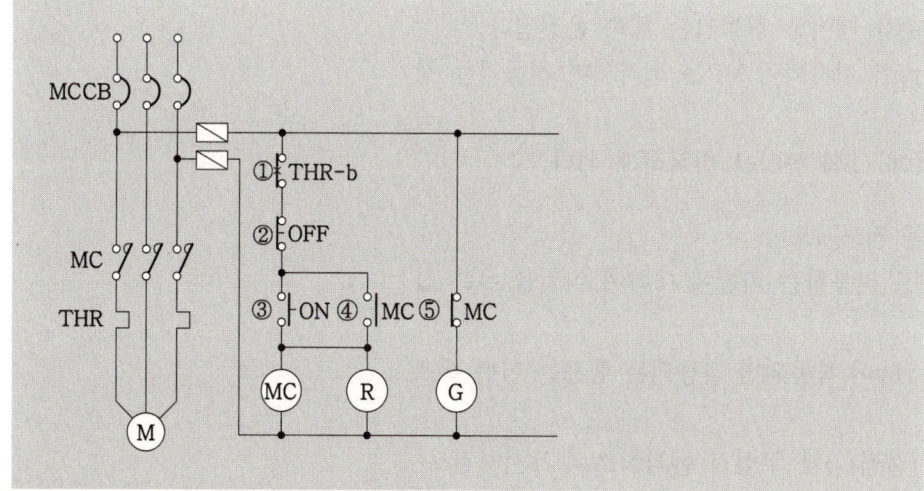

강의 NOTE

■ EOCR

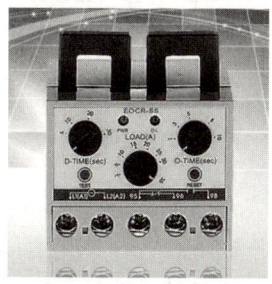

1E: 과전류
2E: 과전류, 결상
3E: 과전류, 결상, 역상
4E: 과전류, 결상, 역상, 단락 or 지락

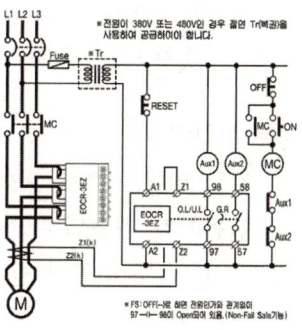

□□□ 02, 17

4 주어진 도면과 동작설명을 보고 다음 각 물음에 답하시오. (10점)

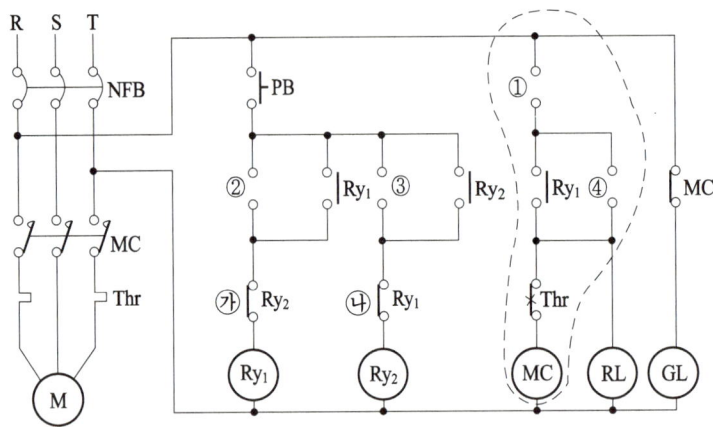

【동작설명】

① 누름 버튼 스위치 PB를 누르면 릴레이 Ry_1이 여자되어 MC를 여자시켜 전동기가 기동되며 PB에서 손을 떼어도 전동기는 계속 운전된다.

② 다시 PB를 누르면 릴레이 Ry_2가 여자되어 MC는 소자되며 전동기는 정지한다.

③ 다시 PB를 누름에 따라서 ①과 ②의 동작을 반복하게 된다.

(1) ①~④ 접점을 그리고 기호를 적으시오.
(2) ㉮, ㉯의 릴레이 b접점이 서로 작용하는 역할에 대하여 이것을 무슨 접점이라 하는가?
(3) 운전 중에 과전류로 인하여 Thr이 작동되면 점등되는 램프는 어떤 램프인가?
(4) 그림의 점선 부분을 논리식(출력식)과 무접점 논리회로로 표시하시오.
  • 논리식
  • 논리회로
(5) 동작에 관한 타임차트를 완성하시오.

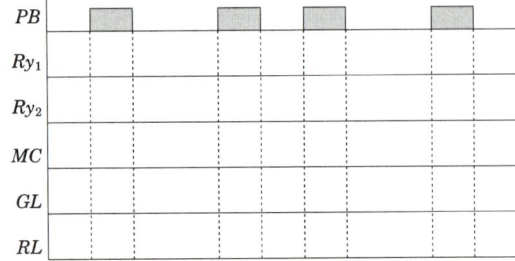

| 작성답안

(1) ① Ry₂ ② MC ③ MC ④ MC

(2) 인터록 접점(Ry₁, Ry₂ 동시 투입 방지)

(3) GL 램프

(4) • 논리식

$$MC = \overline{Ry_2}(Ry_1 + MC) \cdot \overline{Thr}$$

• 논리회로

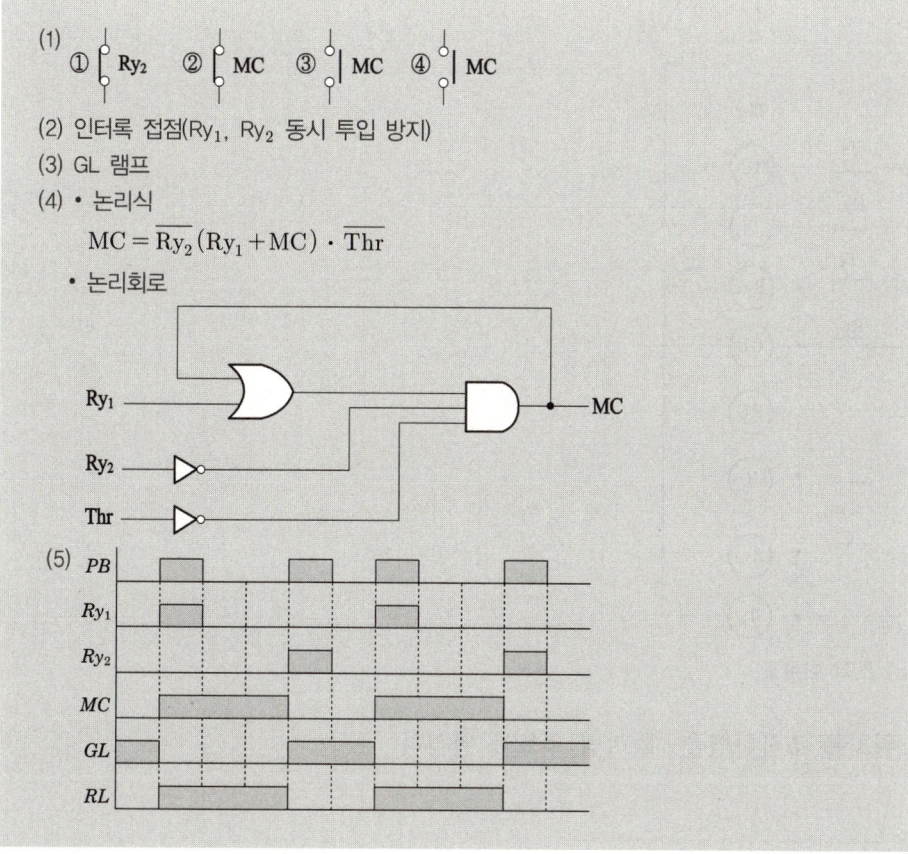

□□□ 93, 00

5 다음 회로는 온풍기의 운전 회로도이다. 그림을 정확히 이해하고 다음 각 물음에 답하시오. (16점)

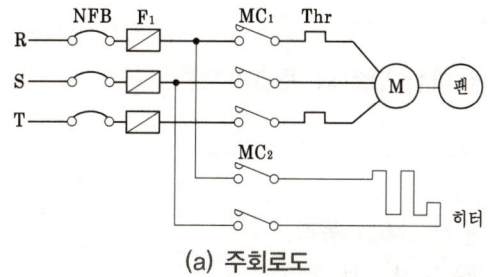

(a) 주회로도

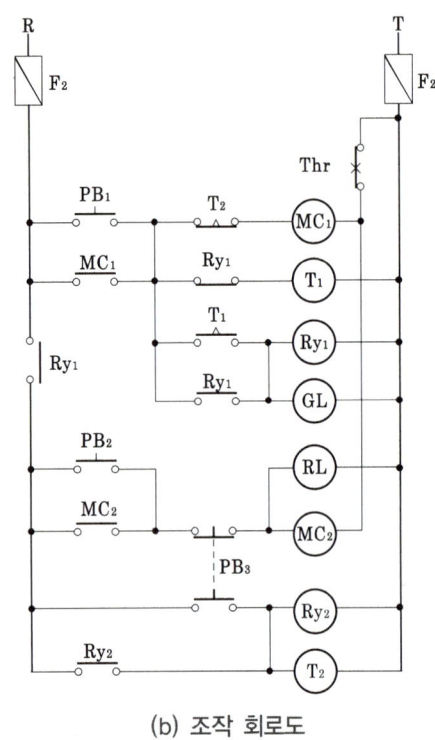

(b) 조작 회로도

(1) 답란에 타임 차트와 같이 스위치를 조작하였을 때 타임 차트를 완성하시오.

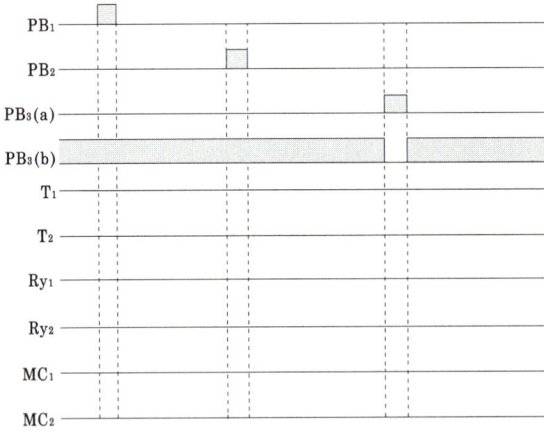

(2) 보기에서 가장 적당한 것을 골라 동작 시험에 대한 답란의 플로차트를 완성하시오.

【보기】
Ry_1 동작, Ry_2 동작, T_1 여자, T_2 여자, MC_1 동작, MC_2 동작,
MC_1 복구, MC_2 복구, 히터 동작, 히터 복구, 팬 동작, 팬 복구
RL 점등, RL 소등, GL 점등, GL 소등

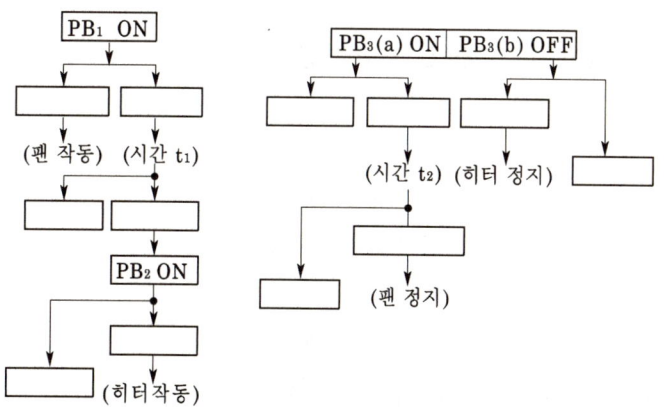

| 작성답안

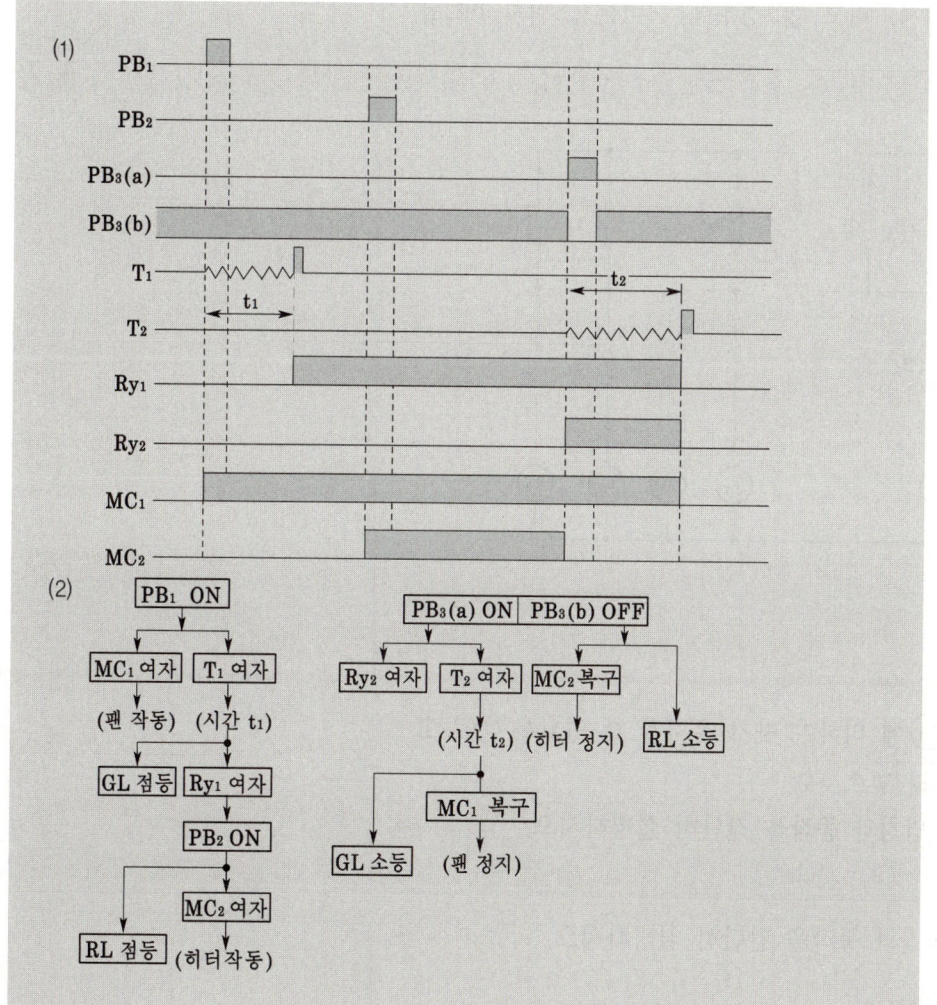

강의 NOTE

■ Ry_1동작, Ry_2동작, T_1여자, T_2여자, MC_1동작, MC_2동작, MC_1복구, MC_2복구, 히터 동작, 히터 복구, 팬 동작, 팬 복구, RL 점등, RL 소등, GL 점등, GL 소등

6 다음 회로는 환기팬의 자동운전회로이다. 이 회로와 동작 개요를 보고 다음 각 물음에 답하시오. (7점)

【동작 개요】
① 연속 운전을 할 필요가 없는 환기용 팬 등의 운전 회로에서 기동 버튼에 의하여 운전을 개시하면 그 다음에는 자동적으로 운전 정지를 반복하는 회로이다.
② 기동 버튼 PB₁을 "ON" 조작하면 타이머 T₁의 설정 시간만 환기팬이 운전하고 자동적으로 정지한다. 그리고 타이머 T₂의 설정 시간에만 정지하고 재차 자동적으로 운전을 개시한다.
③ 운전 도중에 환기팬을 정지시키려고 할 경우에는 버튼 스위치 PB₂를 "ON" 조작하여 행한다.

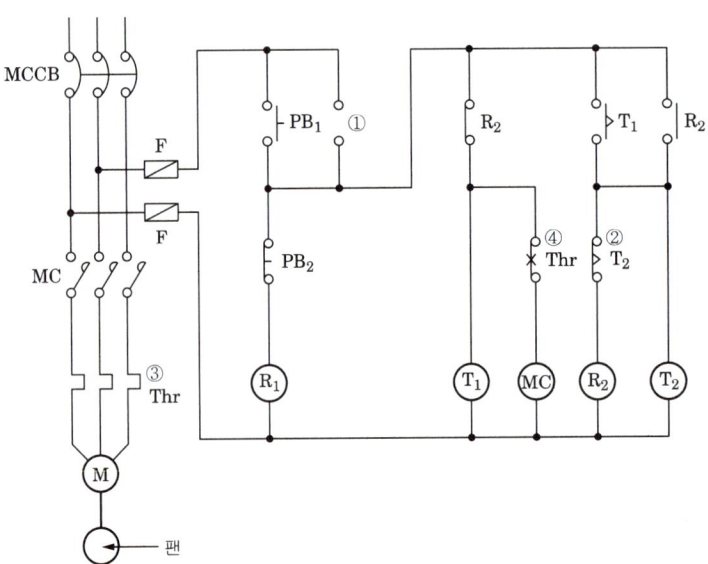

(1) 위 시퀀스도에서 릴레이 R₁에 의하여 자기 유지될 수 있도록 ①로 표시된 곳에 접점 기호를 그려 넣으시오.

(2) ②로 표시된 접점 기호의 명칭과 동작을 간단히 설명하시오.
　○ _____

(3) Thr로 표시된 ③, ④의 명칭과 동작을 간단히 설명하시오.
　○ _____

| 작성답안

(1)
```
 |
 o
 |R₁
 o
 |
```

(2) 명칭 : 한시동작 순시복귀 b접점
동작 : 타이머 T_2가 여자되면 일정 시간 후 개로되어 R_2와 T_2를 소자시킨다. T_2가 소자시에는 즉시 복귀한다.

(3) 명칭 : ③ 열동 계전기, ④ 수동 복귀 b접점
동작 : 전동기에 과전류가 흐르면 ③이 동작하여 ④접점이 개로되어 전동기를 정지시키고 복귀는 수동으로 한다.

□□□ 00, 03, 14, 20

7 그림과 같은 유도 전동기의 미완성 시퀀스 회로도를 보고 다음 각 물음에 답하시오. (9점)

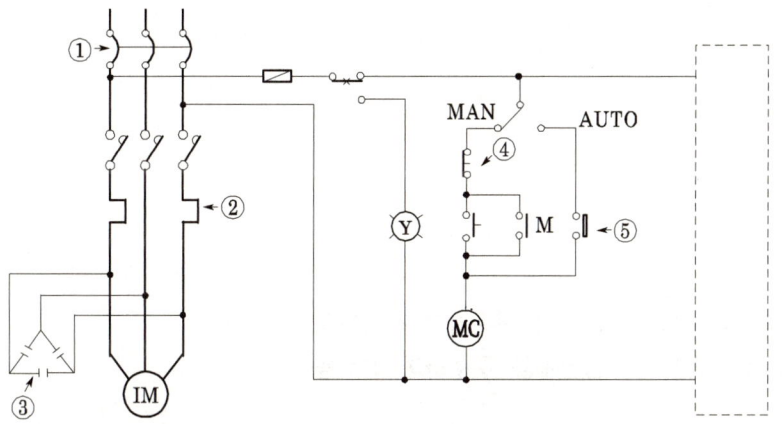

(1) 도면에 표시된 ①~⑤의 명칭을 쓰시오.

○ _____

(2) 도면에 그려져 있는 Ⓨ등은 어떤 역할을 하는 등인가?

○ _____

(3) 전동기가 정지하고 있을 때는 녹색등 Ⓖ가 점등되고, 전동기가 운전 중일 때는 녹색등 Ⓖ가 소등되고 적색등 Ⓡ이 점등되도록 표시등 Ⓖ, Ⓡ을 회로의 ☐ 내에 설치하시오.

○ _____

| 작성답안

(1) ① 배선용 차단기
　② 열동 계전기
　③ 전력용 콘덴서
　④ 누름버튼 스위치 b접점
　⑤ 리밋 스위치 접점 a접점
(2) 과부하 동작 표시 램프
(3)

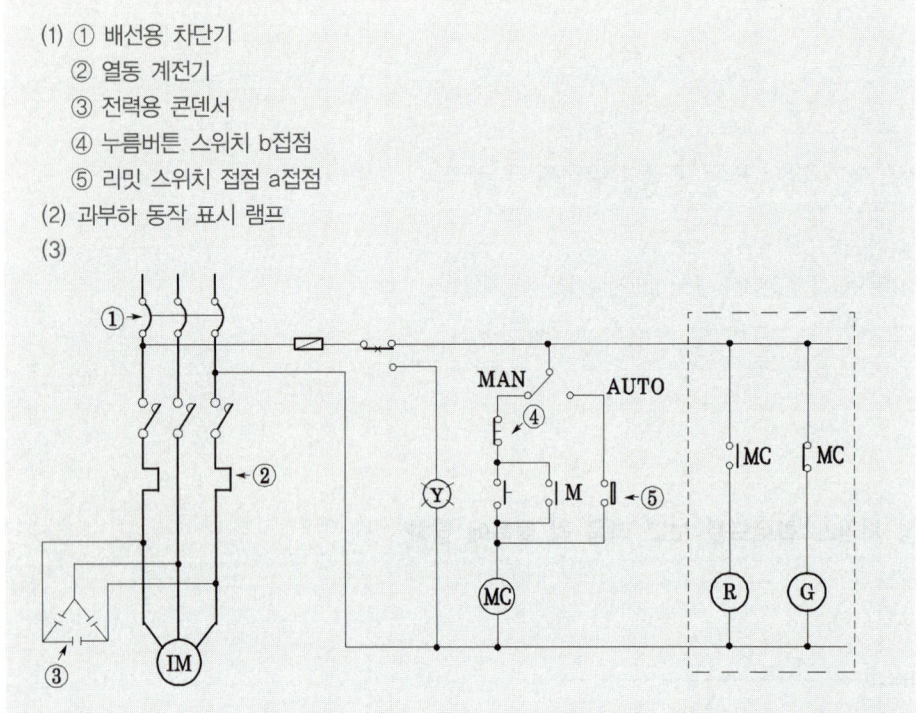

□□□ 88, 97, 00, 12, 15

8 다음과 같이 주어진 동작설명과 보기를 이용하여 3상 유도전동기의 직입기동 제어회로의 미완성 부분을 주어진 보기의 명칭 및 접점수를 준수하여 회로를 완성하시오. (10점)

【동작설명】
- PB_2(기동)를 누른 후 놓으면, MC는 자기유지 되며, MC에 의하여 전동기가 운전된다.
- PB_1(정지)을 누르면, MC는 소자 되며, 운전 중인 전동기는 정지된다.
- 과부하에 의하여 전자식 과전류 계전기(EOCR)가 동작되면, 운전 중인 전동기는 동작을 멈추며, X_1 릴레이가 여자 되고, X_1 릴레이 접점에 의하여 경보벨이 동작한다.
- 경보벨 동작 중 PB_3을 눌렀다 놓으면, X_2 릴레이가 여자되어 경보벨의 동작은 멈추지만 전동기는 기동되지 않는다.
- 전자식 과전류 계전기(EOCR)가 복귀되면 X_1, X_2 릴레이가 소자된다.
- 전동기가 운전 중이면 RL(적색), 정지되면 GL(녹색) 램프가 점등된다.

【보기】

약호	명칭	약호	명칭
MCCB	배선용차단기(3P)	PB1	누름버튼스위치(전동기 정지용, 1b)
MC	전자개폐기(주접점 3a, 보조접점 2a1b)	PB2	누름버튼스위치(전동기 기동용, 1a)
EOCR	전자식 과전류 계전기(보조접점 1a1b)	PB3	누름버튼스위치(경보벨 정지용, 1a)
X1	경보 릴레이(1a)	RL	적색 표시등
X2	경보 정지 릴레이(1a1b)	GL	녹색 표시등
M	3상 유도전동기	B(🔔)	경보벨

강의 NOTE

■ EOCR

1E: 과전류
2E: 과전류, 결상
3E: 과전류, 결상, 역상
4E: 과전류, 결상, 역상, 단락 or 지락

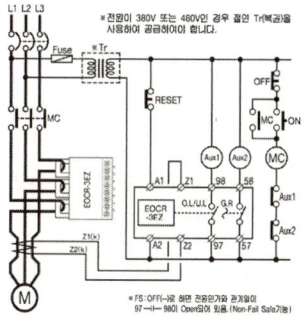

【회로도】

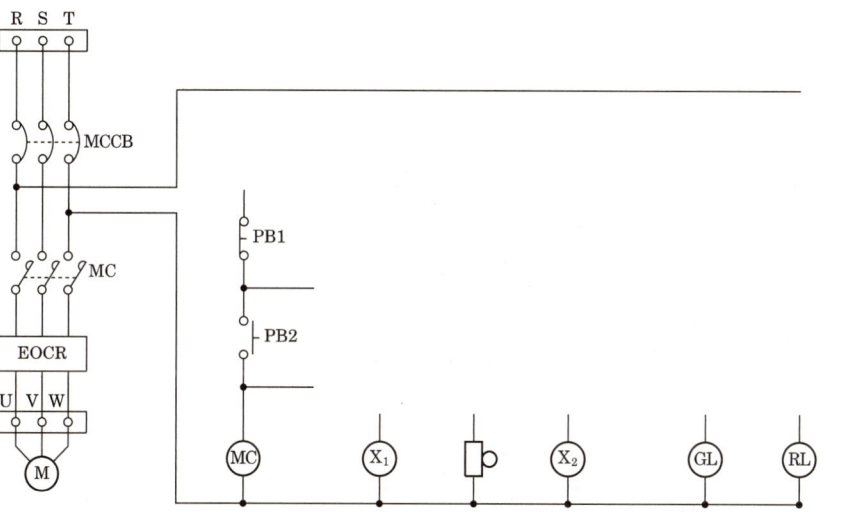

| 작성답안

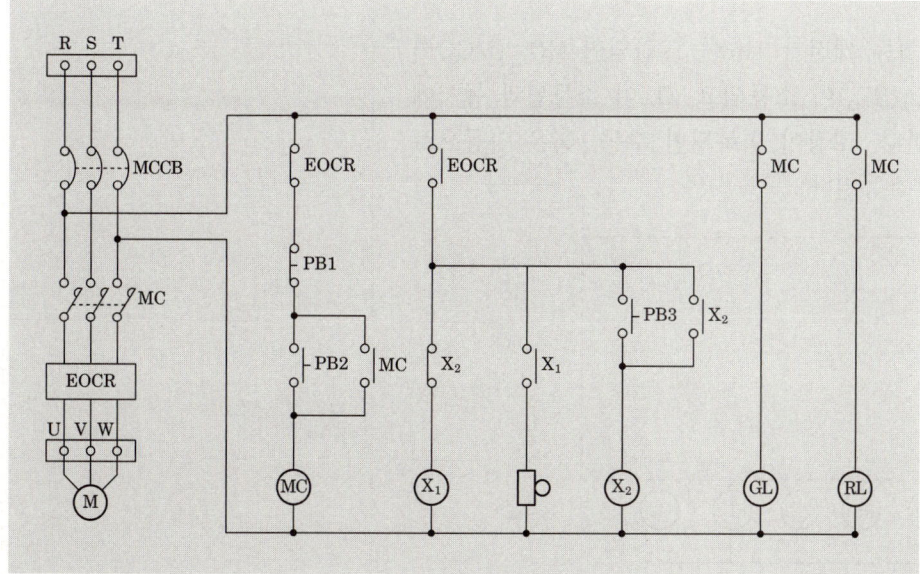

□□□ 17

9 다음 주어진 도면은 전동기의 정·역 운전 회로도의 일부분이다. 주 회로에 알맞은 제어회로를 주어진 동작설명과 같은 시퀀스 도를 완성하시오. (5점)

강의 NOTE

■ 정역회로

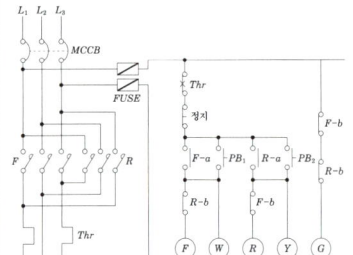

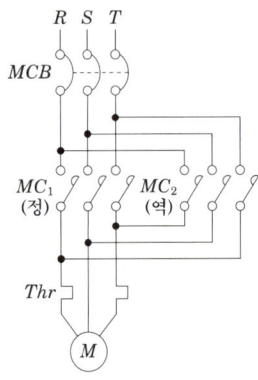

【동작설명】
① 제어회로에 전원이 인가되면 GL램프가 점등된다.
② 푸시버튼(BS_1)을 주면 MC_1이 여자되고 회로가 자기유지되며, RL_1램프가 점등한다.
③ MC_1에 의해 전동기 Ⓜ이 정회전 하며, GL램프가 소등한다.
④ 푸시버튼(BS_3)을 주면 Ⓜ이 정지하고, GL램프가 점등한다.
⑤ 푸시버튼(BS_2)를 주면 MC_2가 여자되고 회로가 자기유지되며, RL_2램프가 점등한다.
⑥ MC_2에 의해 전동기 Ⓜ이 역회전 하며, GL램프가 소등한다.
⑦ 푸시버튼(BS_3)을 주면 Ⓜ이 정지하고, GL램프가 점등한다.
⑧ MC_1 MC_2가 동시동작 하지 않도록 MC의 b접점을 이용하여 인터록으로 동시투입을 방지한다.
⑨ 운전 중 이상 전류가 흘러 열동 계전기 Thr이 트립되면 MC_1 (MC_2)이 복구하고 Ⓜ이 정지하며, RL_1(RL_2)이 소등되고, GL이 소등됨과 동시에 경보 표시 램프 OL이 점등한다. 고장이 회복되면 수동, 혹은 자동으로 Thr이 회복되고 OL 램프가 소등된다.

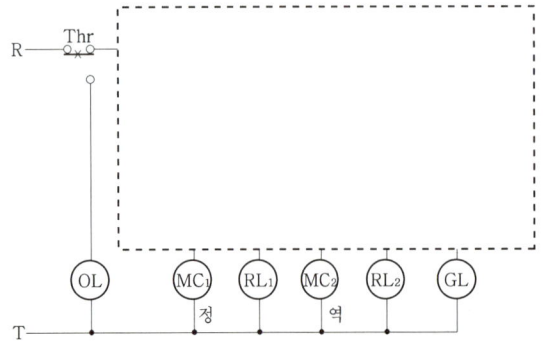

| 작성답안

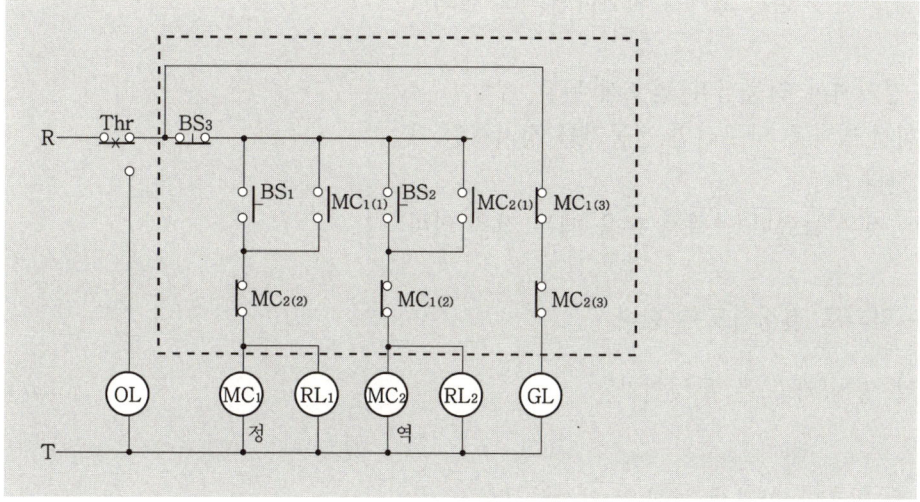

□□□ 99, 01, 05, 11

10 답안지의 도면은 유도 전동기 M의 정·역회전 회로의 미완성 도면이다. 이 도면을 이용하여 다음에 답하시오. (단, 주 접점 및 보조 접점을 그릴 때에는 해당되는 접점의 명칭도 함께 쓰도록 한다.)(6점)

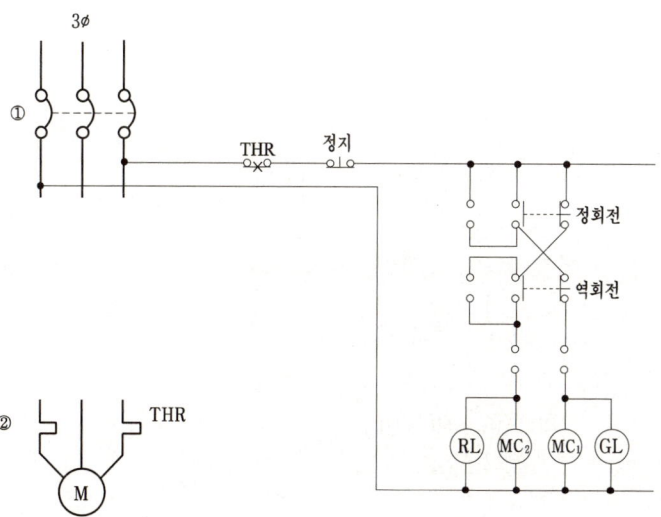

【동작조건】
- NFB를 투입한 다음
- 정회전용 누름 버튼 스위치를 누르면 전동기 M이 정회전하며, GL 램프가 점등된다.

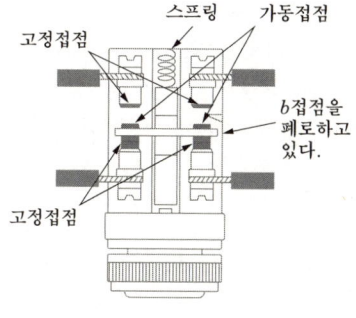

- 정지용 누름 버튼 스위치를 누르면 전동기 M은 정지한다.
- 역회전용 누름 버튼 스위치를 누르면 전동기 M이 역회전하며, RL 램프가 점등된다.
- 과부하시에는 ─o₷o─ 접점이 떨어져서 전동기가 멈추게 된다.
  ※ 정회전 또는 역회전 중에 회전 방향을 바꾸려면 전동기를 정지시킨 다음 회전 방향을 바꾸어야 한다.
  ※ 누름 버튼 스위치를 누르는 것은 눌렀다가 즉시 손을 떼는 것을 의미한다.
  ※ 정회전과 역회전의 방향은 임의로 결정하도록 한다.

(1) 도면의 ①, ②에 대한 우리말 명칭(기능)은 무엇인가?

(2) 정회전과 역회전이 되도록 주 회로의 미완성 부분을 완성하시오.
(3) 정회전과 역회전이 되도록 다음의 동작조건을 이용하여 미완성된 보조 회로를 완성하시오.

| 작성답안

(1) ① 배선용 차단기
    ② 열동계전기
(2), (3)

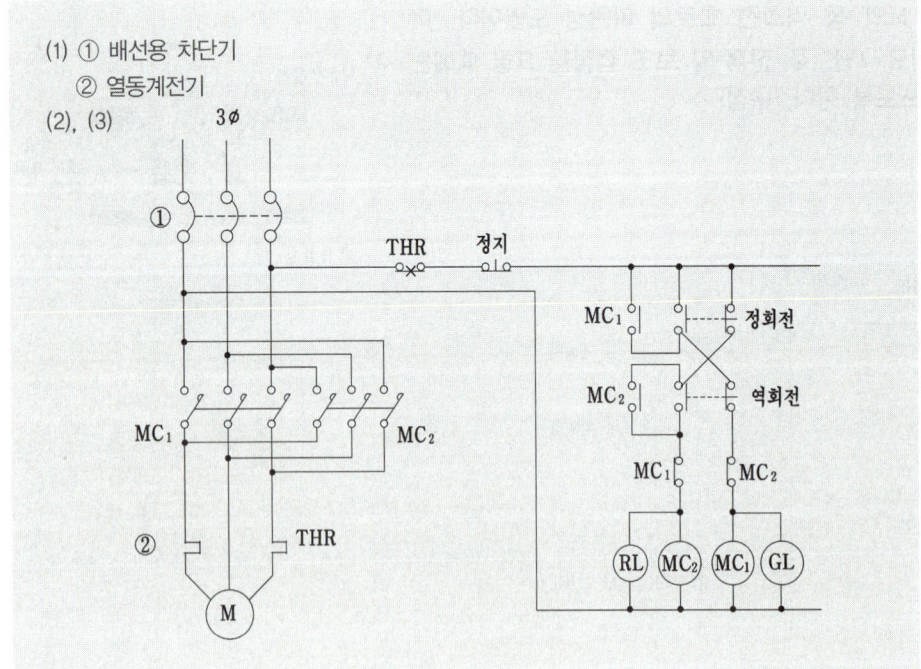

□□□ 84, 89, 94

11 그림은 Y-Δ 기동 회로이다. 다음 각 물음에 답하시오. (12점)

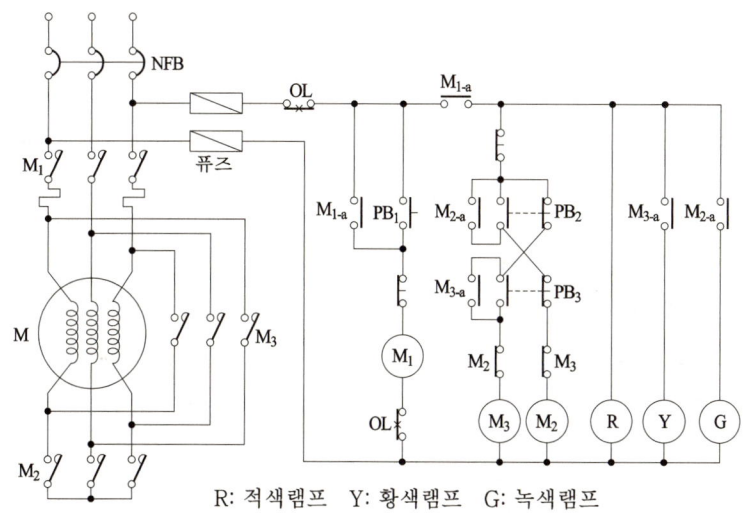

R: 적색램프   Y: 황색램프   G: 녹색램프

(1) PB_1을 누르면 어느 램프가 점등되는가?

(2) M_1이 동작되고 있는 상태에서 PB_2를 눌렀을 때 어느 램프가 점등되는가?

(3) M_1이 동작되고 있는 상태에서 PB_3을 눌렀을 때 어느 램프가 점등되는가?

(4) 전동기가 Δ 운전하기 위해서는 어떤 버튼을 누르면 되는가?

(5) 전동기가 Y 운전하기 위해서는 어떤 버튼을 누르면 되는가?

(6) OL은 무엇을 나타내는가?

작성답안

(1) R (적색 램프)
(2) G (녹색 램프)
(3) Y (황색 램프)
(4) PB_3
(5) PB_2
(6) 열동계전기 (b접점)

□□□ 94, 98, 06 ㉾ 98, 01, 05

12 다음 그림은 전동기의 정·역회전 제어 회로도의 미완성 회로도이다. 다음 물음에 답하시오. (11점)

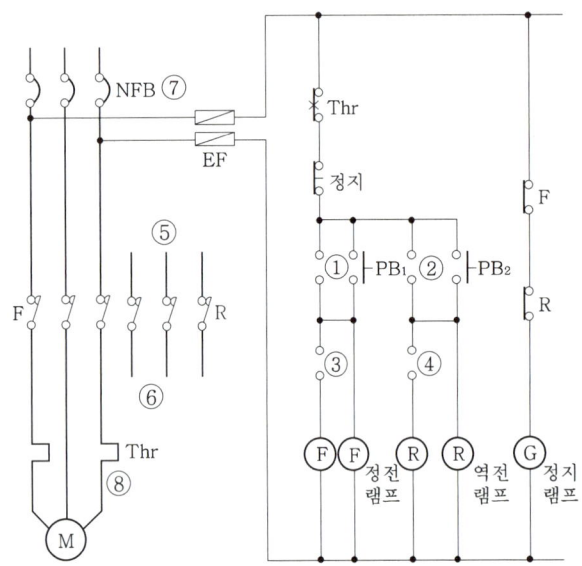

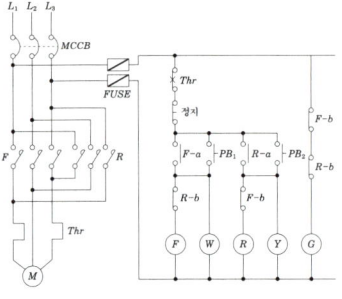

■ 정역회로

(1) 미완성 부분 ①~⑥을 완성하시오. 또 ⑦, ⑧의 명칭을 쓰시오.

　○

(2) 자기 유지 접점을 도면의 번호로 답하시오.

　○

(3) 인터록 접점은 어느 것들인가, 도면의 번호를 답하고 인터록에 대하여 설명하시오.

　○

(4) 전동기의 과부하 보호는 무엇이 하는가?

　○

(5) PB_1을 ON하여 전동기가 정회전하고 있을 때 PB_2를 ON하면 전동기는 어떻게 되는가?

　○

| 작성답안

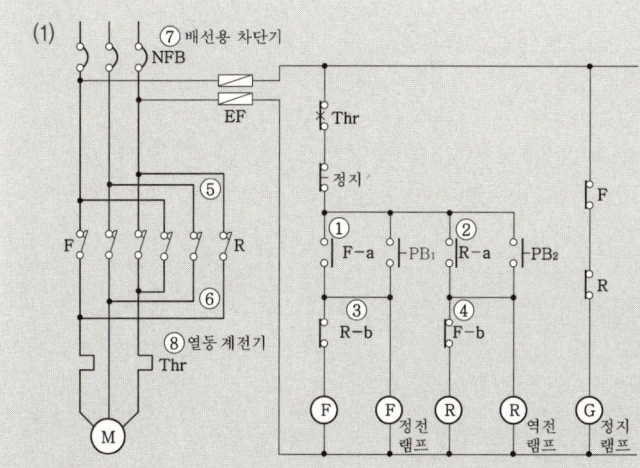

(2) ①, ②
(3) ③, ④
  설명 : F가 동작 중 R이 동작할 수 없고, 또 R이 동작 중 F가 동작할 수 없다.(동시투입 방지)
(4) 열동계전기(Thr)
(5) 계속 정회전한다.

□□□ 99, 03

13 다음 회로는 전동기의 정·역 변환 시퀀스 회로이다. 전동기는 가동 중 정·역을 곧바로 바꾸면 과전류와 기계적 손상이 오기 때문에 지연 타이머로 지연 시간을 주도록 하였다. 다음 각 물음에 답하시오. (10점)

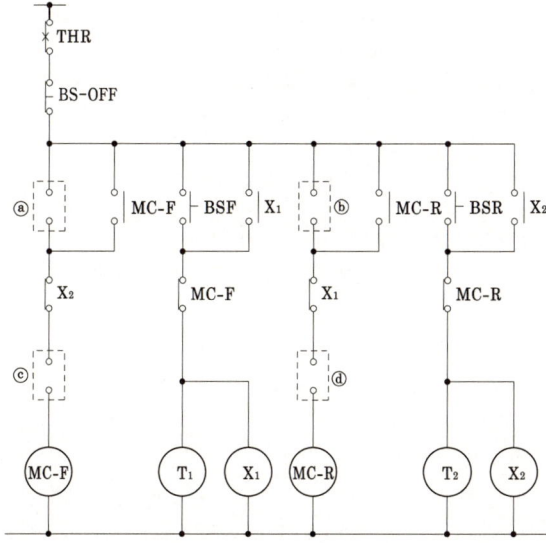

(1) ⓐ, ⓑ, ⓒ, ⓓ에 들어갈 접점을 그리고 접점 옆에 접점 기호를 표시하시오.

(2) 주 회로 부분을 그리시오.
(3) 약호 THR은 무엇인가?

| 작성답안

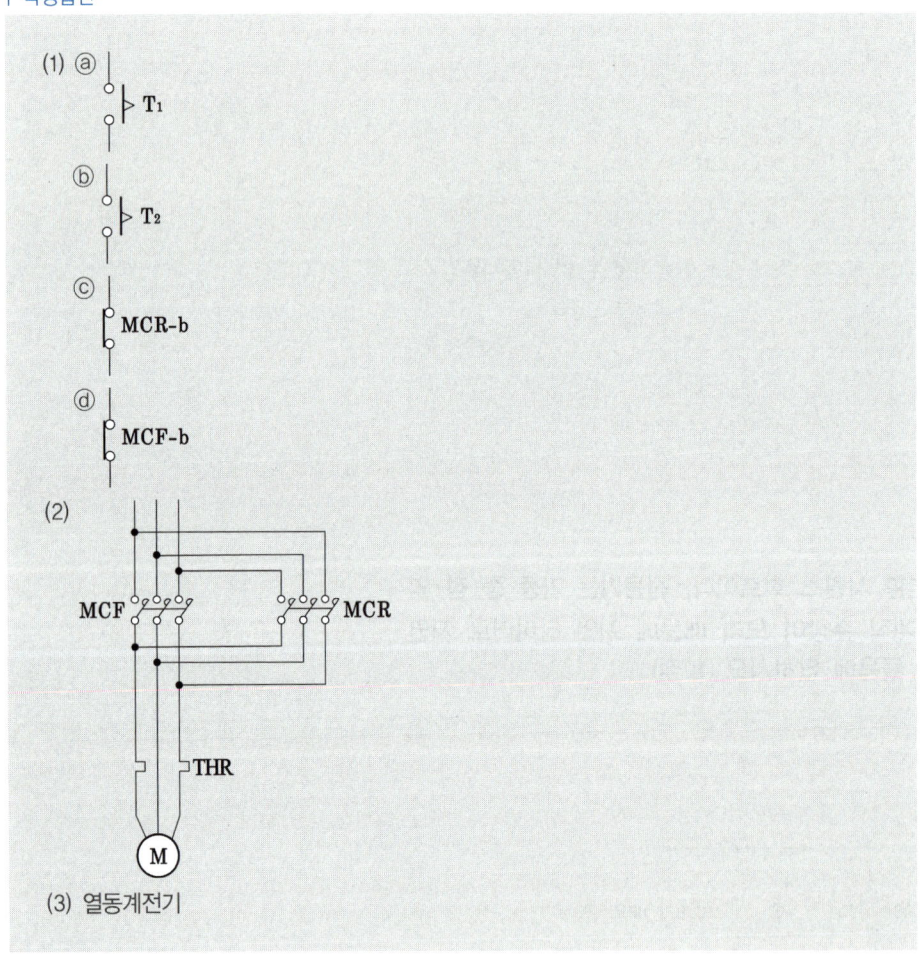

(3) 열동계전기

□□□ 90, 97, 11

14 그림은 유도 전동기와 2개의 전자접촉기 MS_1, MS_2를 사용하여 정회전 운전(MS_1)과 역회전 운전(MS_2)이 가능하도록 설계된 회로이다. 이 회로를 보고 다음 물음에 답하시오. (10점)

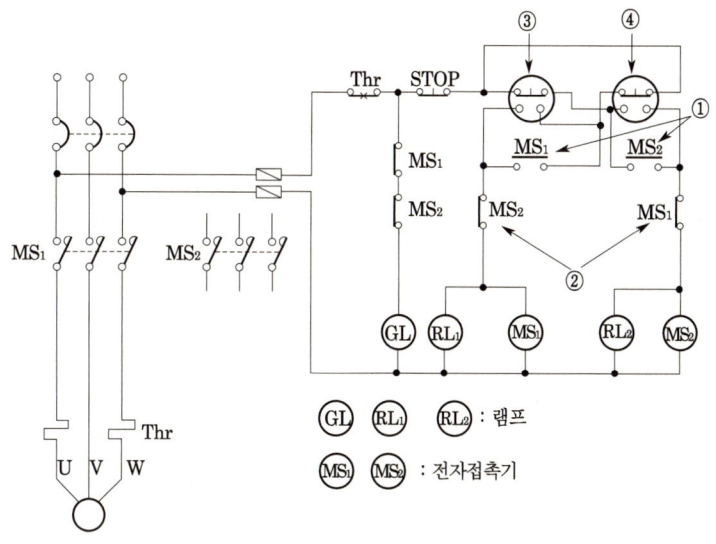

(1) 전동기 운전 중 누름버튼 스위치 STOP을 누르면 점등되는 표시등은?

　○ _____

(2) ①번 접점의 역할은? (간단한 용어로 답할 것)

　○ _____

(3) ②번 접점의 역할은? (간단한 용어로 답할 것)

　○ _____

(4) 정회전 기동용 푸시 버튼 스위치의 번호는?

　○ _____

(5) Thr의 명칭과 용도는?

　○ _____

| 작성답안

(1) GL
(2) 자기유지
(3) 인터록
(4) ③
(5) 명칭 : 열동 계전기 (과부하계전기)
　　용도 : 과전류로부터 전동기의 소손을 방지

□□□ 98, 99, 01, 05, 08, 20

15 그림은 전동기의 정역 변환이 가능한 미완성 시퀀스 회로도이다. 이 회로도를 보고 다음 각 물음에 답하시오. (단, 전동기는 가동 중 정·역을 곧바로 바꾸면 과전류와 기계적 손상이 발생되기 때문에 지연 타이머로 지연시간을 주도록 하였다.) (6점)

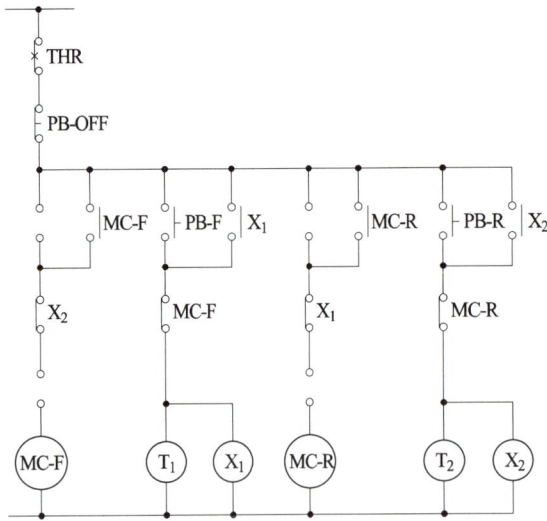

[주회로]

[보조회로]

(1) 정·역 운전이 가능하도록 주어진 회로의 주회로의 미완성 부분을 완성하시오.

(2) 정·역 운전이 가능하도록 주어진 보조(제어)회로의 미완성 부분을 완성하시오. (단, 접점에는 접점 명칭을 반드시 기록하도록 하시오.)

(3) 주회로 도면에서 약호 THR은 무엇인가?

| 작성답안

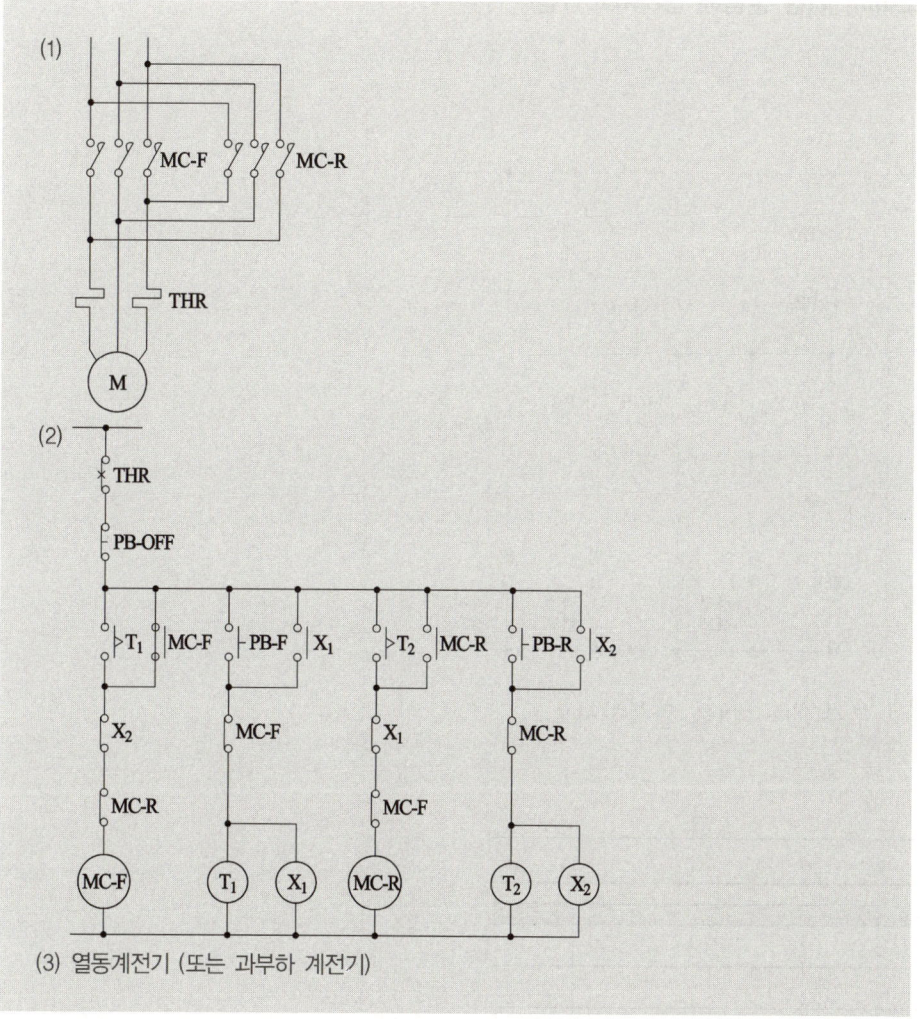

(3) 열동계전기 (또는 과부하 계전기)

강의 NOTE

96, 13

16 3상 유도 전동기의 정·역 회로도이다. 다음 물음에 답하시오. (7점)

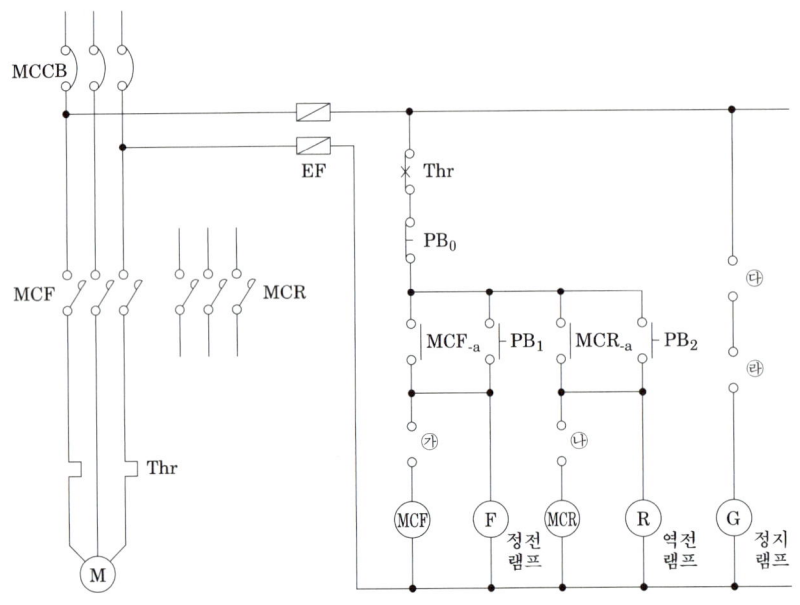

(1) 주회로 및 보조회로의 미완성 부분(㉮ ~ ㉰)을 완성하시오.
(2) 타임차트를 완성하시오.

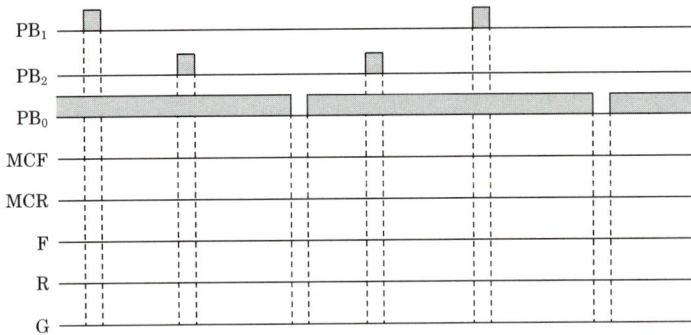

| 작성답안

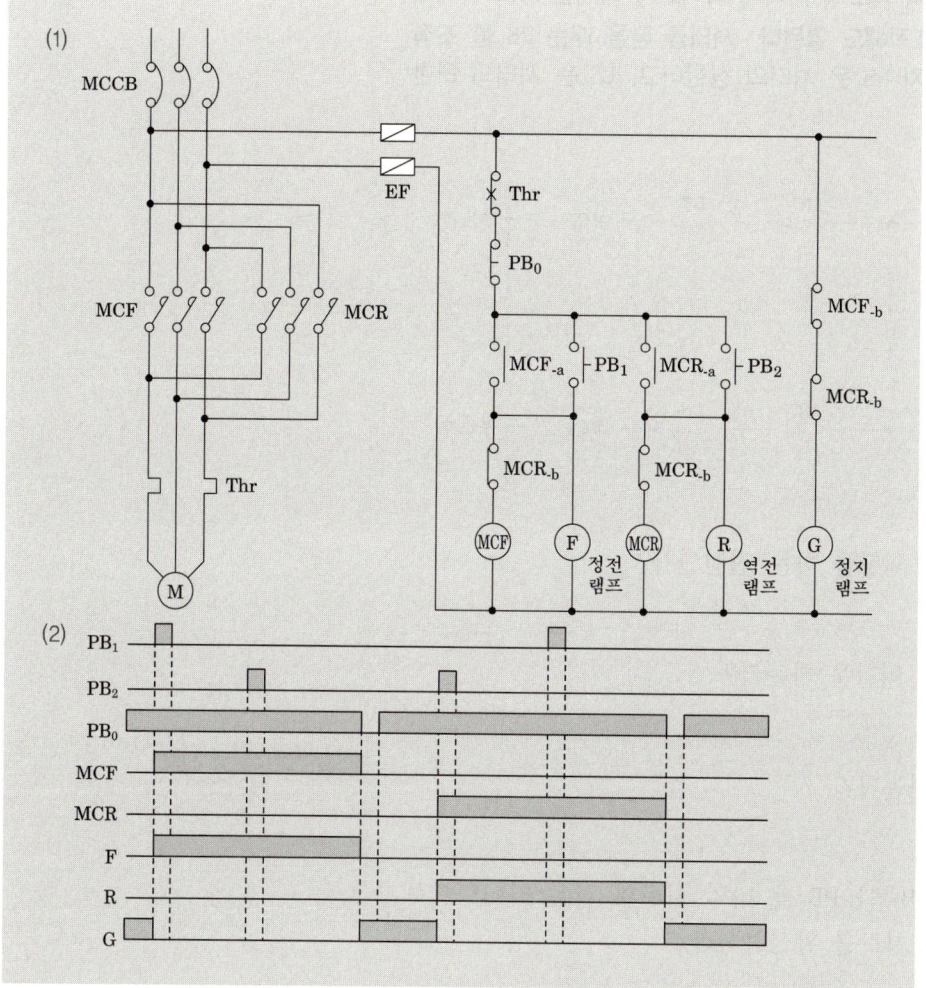

□□□ 87, 91, 97, 00, 01, 07, 08, 10

17 시퀀스도의 동작 원리에서 자동차 차고의 셔터에 라이트가 비치면 PHS에 의해 자동으로 열리고, 또한 PB_1를 조작해도 열린다. 셔터를 닫을 때는 PB_2를 조작하면 셔터는 닫힌다. 리밋 스위치 LS_1은 셔터의 상한이고, LS_2는 셔터의 하한이다. (7점)

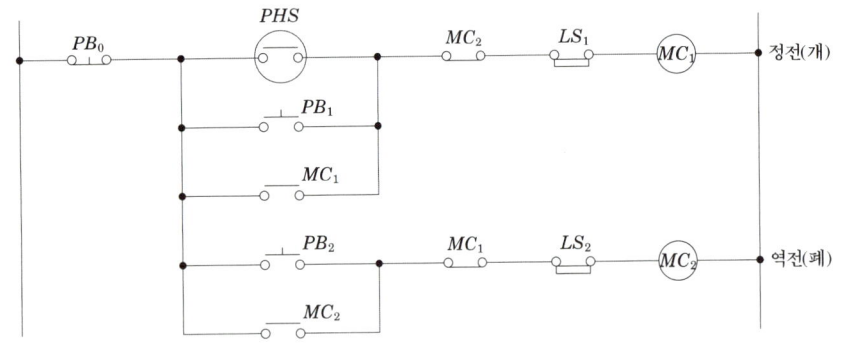

(1) MC_1, MC_2의 a접점은 어떤 역할을 하는 접점인가?

  ○ _____

(2) MC_1, MC_2의 b접점은 어떤 역할을 하는가?

  ○ _____

(3) LS_1, LS_2는 어떤 역할을 하는가?

  ○ _____

(4) 시퀀스도에서 PHS(또는 PB_1)과 PB_2를 타임 차트와 같은 타이밍으로 ON 조작하였을 때의 타임 차트를 완성하여라.

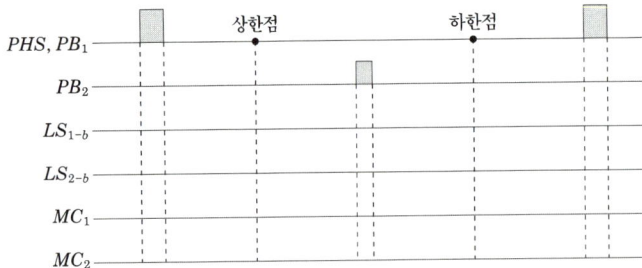

| 작성답안

(1) 자기 유지
(2) 인터록(동시 투입 방지)
(3) 셔터의 상·하한값을 감지하여 MC₁, MC₂를 소자시킨다.
(4)

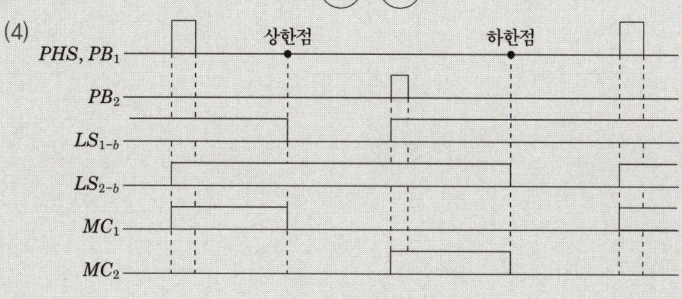

□□□ 01, 05

18 그림은 3상 유도 전동기의 역상 제동 시퀀스회로이다. 물음에 답하시오. (단, 플러깅 릴레이 Sp는 전동기가 회전하면 접점이 닫히고, 속도가 0에 가까우면 열리도록 되어 있다.)(11점)

(1) 회로에서 ①~④에 접점과 기호를 넣고 MC₁, MC₂의 동작 과정을 간단히 설명하시오.

(2) 보조 릴레이 T와 저항 r에 대하여 그 용도 및 역할에 대하여 간단히 설명하시오.

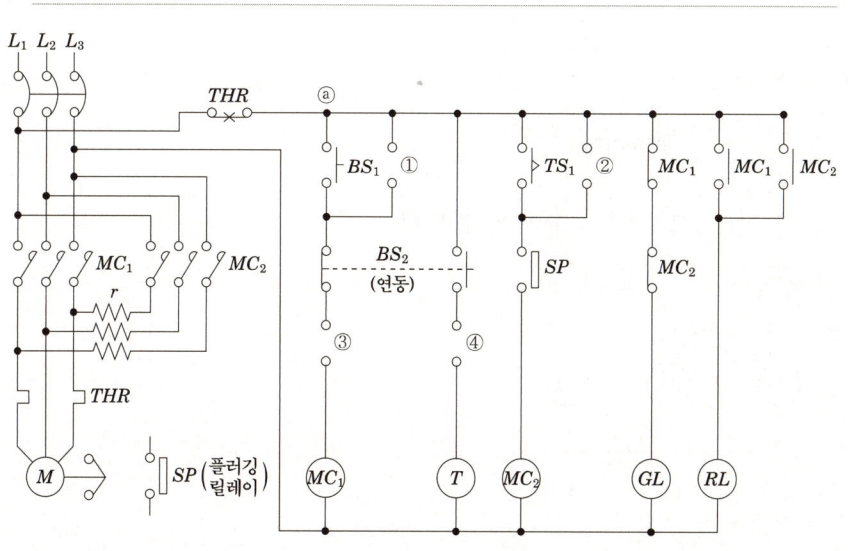

강의 NOTE

- ③과 ④번은 인터록이다.

- 역상제동

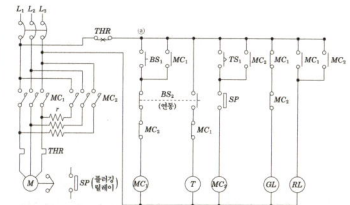

회전하고 있는 전동기를 급정지 또는 역회전시킬 때, 3선중 2선만 접속을 변경시키면 회전자계가 반대로 되어 토크가 반대로 되며 급속히 정지 또는 역전되는 방식을 역상제동이라 한다. 이 때 회전자에 큰 전류와 기계적 무리가 따르고 권선형은 외부저항에서 전력을 소모시키며, 농형은 2차 권선(회전자권선)이 과열될 염려가 있으므로 이 방식은 전동기가 제동되어 감속하면 정지하기 직전 전원을 끊고 큰 전류와 토크를 억제하기 위해 저항이나 리액터를 삽입하지만 기계적인 무리가 따르므로 잘 사용하지 않는 제동방식이다.

| 작성답안

(1) ① ┥┝ MC₁
② ┥┝ MC₂
③ ┥┝ MC₂
④ ┥┝ MC₁

- BS₁으로 MC₁을 여자시켜 전동기를 직입 기동한다. (자기 유지)
- BS₂을 눌러 MC₁이 소자되면 전동기는 전원에서 분리되나 회전자 관성모멘트로 인하여 회전은 계속한다.
- 이때 BS₂의 연동접점으로 T가 MC₁ 소자 즉시 여자되며, BS₂를 누르고 있는 상태에서 설정 시간 후 MC₂가 여자되어 전동기는 역회전하려고 한다. (자기 유지)
- 전동기의 속도가 급격히 감소하여 0에 가까워지면 플러깅 릴레이에 의하여 전동기는 전원에서 완전히 분리되어 급정지한다. (플러깅 제동)

(2) T : 시간 지연 릴레이를 사용하여 제동시 과전류를 방지하는 시간적인 여유를 준다.
r : 역상 제동시 저항의 전압 강하로 전압을 줄이고 제동력을 제한한다.

□□□ 91, 99, 04, 06

19 주어진 도면은 3상 유도전동기의 플러깅(plugging) 회로에 대한 미완성 도면이다. 이 도면을 보고 다음 각 물음에 답하시오. (10점)

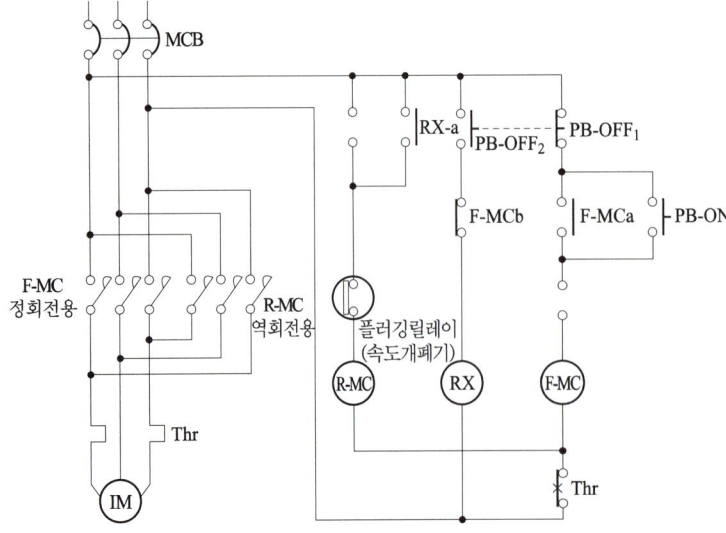

(1) 동작이 완전하도록 도면을 완성하시오. 사용 접점에 대한 기호를 반드시 기록하도록 한다.

(2) ⓇⓍ 계전기를 사용하는 이유를 설명하시오.

　○ _____

(3) 전동기가 정회전하고 있는 중에 PB-OFF를 누를 때의 동작 과정을 상세하게 설명하시오. (단, PB-OFF$_1$, PB-OFF$_2$는 연동 스위치로 PB-OFF$_1$을 누르는 것을 PB-OFF를 누른다고 한다.)

　○ _____

(4) 플러깅에 대하여 간단히 설명하시오.

　○ _____

| 작성답안

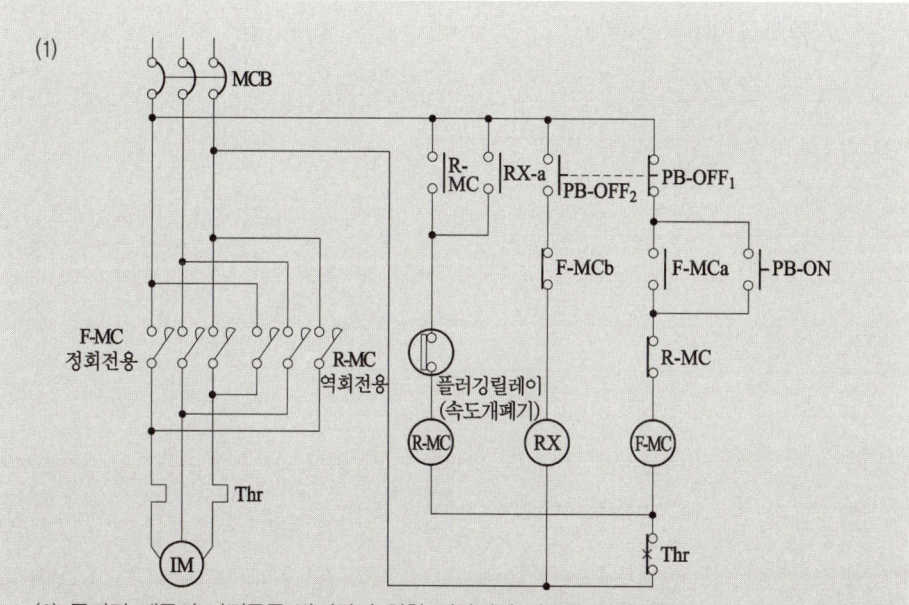

(2) 플러깅 제동시 과전류를 방지하기 위한 시간적인 여유를 얻기 위해
(3) ① PB-OFF를 누르면 F-MC 소자, RX 여자
　② RX-a에 의해 R-MC 여자되어 전동기 역회전 토크로 전동기 속도 급격히 저하
　③ 전동기의 속도가 0에 가까워지면 플러깅 릴레이가 열려 전동기는 전원에서 분리되어 정지한다.
(4) 역상을 이용한 전동기 제동법(급제동)

□□□ 96

20 다음 그림의 회로는 Y-△ 기동기의 시퀀스이다. 도면의 ①~⑦까지의 해당되는 답안지의 빈 칸을 채우시오.(7점)

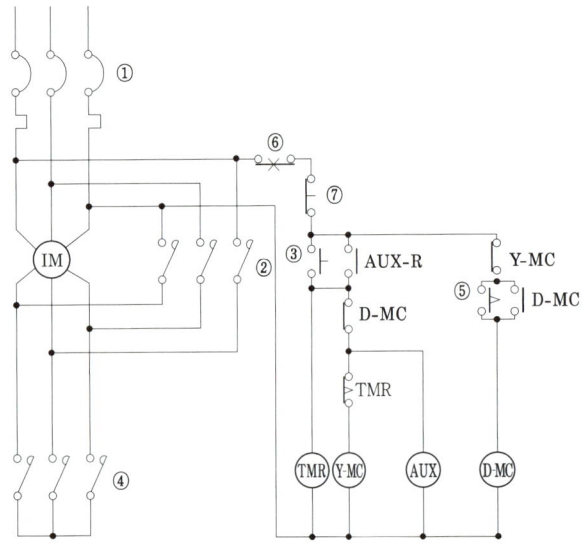

번호	기호	명칭
1		
2		
3		
4		
5		
6		
7		

| 작성답안

번호	기호	명칭
1	MCCB	배선용 차단기
2	DMC-a	△운전용 전자 접촉기 주접점
3	PB-ON	기동용 누름 버튼 스위치 a접점
4	YMC-a	Y기동용 전자 접촉기 주접점
5	TMR-a	한시동작 순시 복귀 a접점
6	THR-b	열동 계전기 b접점
7	PB-OFF	정지용 누름 버튼 스위치 b접점

21 그림은 자동 Y-△ 기동회로이다. 이 회로를 보고 다음 각 물음에 답하시오. (14점)

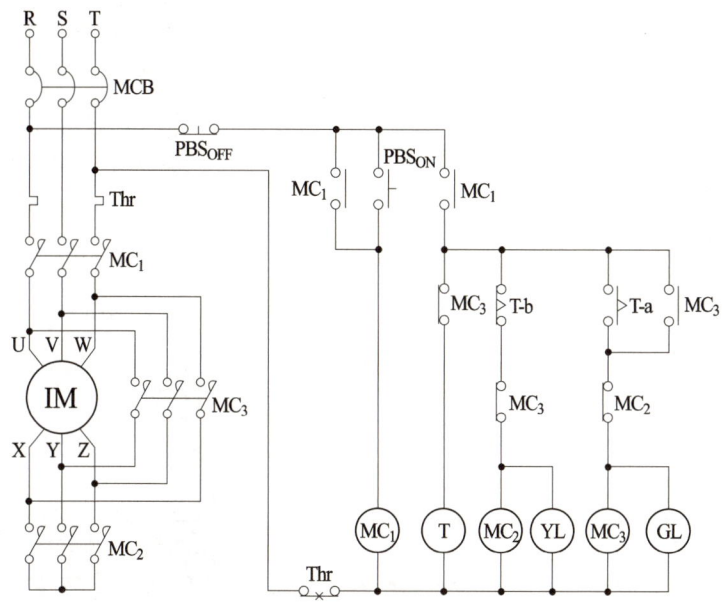

(1) 작동 설명의 ( ) 안에 알맞은 내용을 쓰시오.
- 기동스위치 PBSON을 누르면 (①)이 여자되고, (②)가 여자되면서 일정시간 동안 (③)와 (④) 접점에 의해 MC_2가 여자되어 MC_1, MC_2가 작동하여 (⑤) 결선으로 전동기가 기동된다.

- 일정시간 이후에 (⑥) 접점에 의해 개회로가 되므로 (⑦)가 소자되고, (⑧)와 (⑨) 접점에 의해 MC_3이 여자되어 MC_1, (⑩)가 작동하여 (⑪) 결선에서 (⑫) 결선으로 변환되어 전동기가 정상운전 된다.

(2) 주어진 기동회로에 인터록 회로의 표시를 한다면 어느 부분에 어떻게 표현하여야 하는가?

작성답안

(1) ① MC_1 ② T ③ T-b ④ MC_3-b ⑤ Y ⑥ T-b
   ⑦ MC_2 ⑧ T-a ⑨ MC_2-b ⑩ MC_3 ⑪ Y ⑫ △

(2)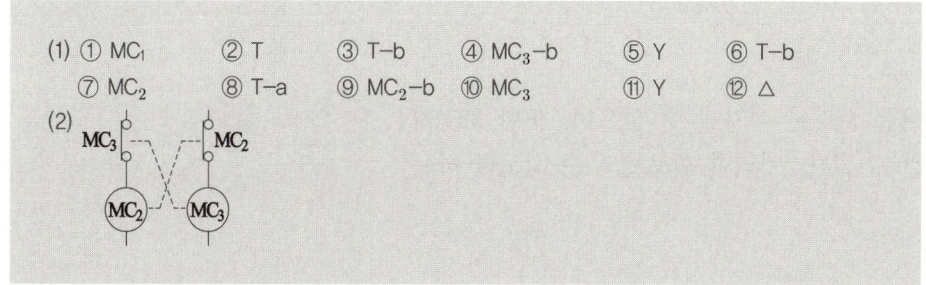

□□□ 97, 16

22 도면은 3상 유도전동기의 Y-△기동회로이다. 도면을 보고 다음 각 물음에 답하시오. (10점)

■ EOCR

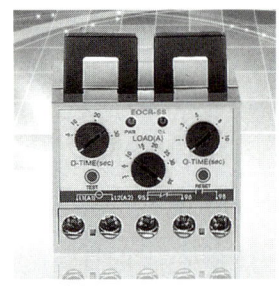

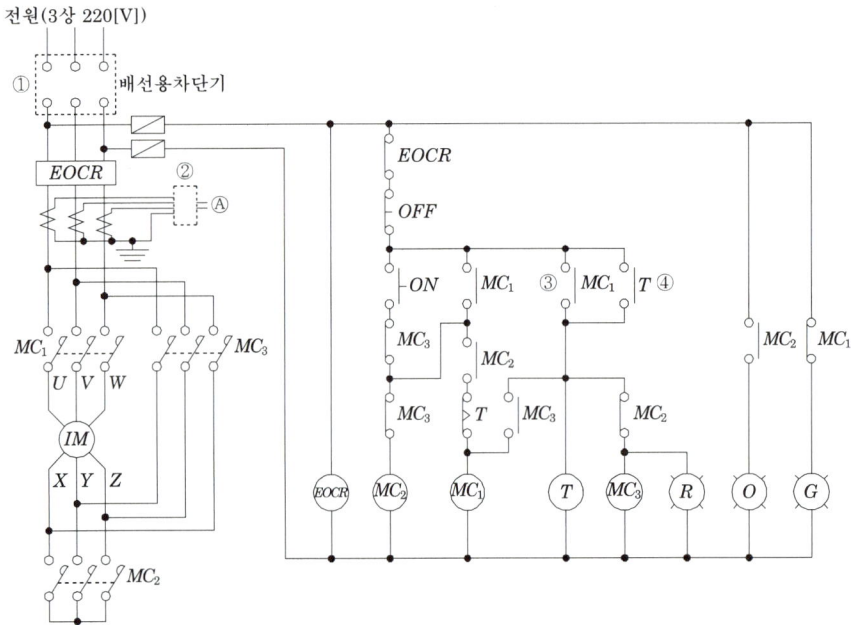

1E: 과전류
2E: 과전류, 결상
3E: 과전류, 결상, 역상
4E: 과전류, 결상, 역상, 단락 or 지락

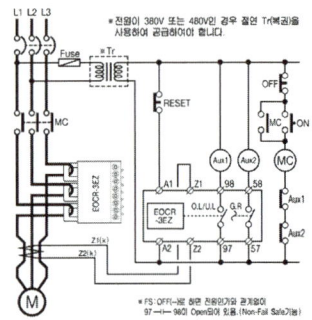

(1) Y-△기동회로를 사용하는 이유를 쓰시오.

○

(2) 회로에서 ①의 배선용차단기 그림기호를 3상 복선도용으로 나타내시오.
(3) 회로에서 ②의 명칭과 단선도용 그림기호를 그리시오.
  • 명칭

  ○

  • 그림기호
(4) EOCR의 명칭과 언제 동작하는지를 쓰시오.
  • 명칭

  ○

  • 설명

  ○

(5) 회로에서 MC_2가 여자될 때에는 MC_3는 여자될 수 없으며, 또한 MC_3가 여자될 때에는 MC_2는 여자될 수 없다. 이러한 회로를 무슨 회로라 하는지 쓰시오.

○

(6) 회로에서 표시등 R, O, G의 용도를 각각 쓰시오.

Ⓡ	Ⓞ	Ⓖ

(7) 회로에서 ③번 접점과 ④번 접점이 동작하여 이루는 회로를 자기유지회로라 한다. 다음의 유접점 자기유지회로를 무접점자기유지회로로 바꾸어 그리시오.(단, OR, AND, NOT 게이트 각 1개씩만 사용한다.)

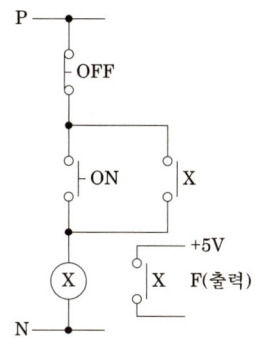

| 작성답안

(1) 직입기동시보다 기동전류를 1/3로 줄이기 위해서
(2)
(3) 명칭 : 전류계용 전환개폐기
    그림 기호 : Ⓢ
(4) 명칭 : 전자식 과전류계전기
    설명 : 전동기의 과부하 및 결상, 지락, 단락 등에 동작하여 전동기를 보호한다.
(5) 인터록회로
(6)

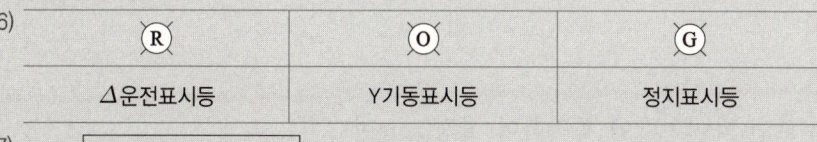

(7)

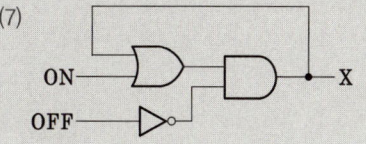

□□□ 95, 99, 02, 16

23 그림의 회로는 농형 유도 전동기의 직류여자방식 제어기기의 접속도이다. 회로도 동작설명을 참고하여 다음 각 물음에 대한 알맞은 내용을 답란에 쓰시오. (5점)

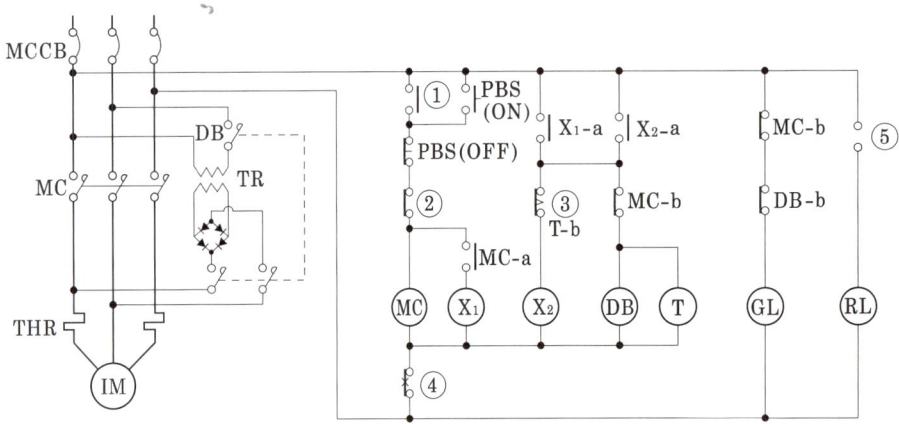

【동작설명】
- 운전용 푸시버튼 스위치 PBS(ON)을 눌렀다 놓으면 MC가 여자되어 주 접점 MC가 투입, 전동기는 기동하기 시작하며 운전을 계속한다.
- 운전을 정지하기 위하여 정지용 푸시버튼 스위치PBS(OFF)를 눌렀다 놓으면 MC가 소자되어 주 접점 MC가 떨어지고, 직류 제동용 전자 접촉기 DB가 투입되어 전동기에는 직류가 흐른다.
- 타이머 T에 설정한 시간만큼 직류 제동 전류가 흐른 후 직류가 차단되고 각 접점은 운전 전의 상태로 복귀되고 전동기는 정지하게 된다.

(1) ①번 심벌의 기호를 쓰시오.

   ○ _____

(2) ②번 심벌의 기호를 쓰시오.

   ○ _____

(3) 정지용 푸시버튼 PBS(OFF)를 누르면 타이머 T에 통전하여 설정(set)한 시간만큼 타이머 T가 동작하여 직류제어용 직류 전원을 차단하게 된다. 타이머 T에 의해 조작받는 계전기 혹은 전자접촉기의 심벌 2가지를 도면 중에서 선택하여 그리시오.

   ○ _____

(4) ④번 심벌의 기호를 쓰시오.

   ○ _____

(5) ⓇⓁ은 운전 중 점등하는 램프이다. ④는 어느 보조계전기의 어느 접점을 사용하는지 운전 중의 접점상태를 그리시오.

| 작성답안

(1) MC-a
(2) DB-b
(3) Ⓧ₂, ⒹⒷ
(4) THR-b 접점
(5) ┤X₁-a

□□□ 85, 95, 00

24 그림은 플로우트레스 액면 릴레이를 이용한 급수 제어 설비의 시퀀스도이다. 점선 친 부분에 DIODE 심벌 ─▶├─ 을 4개 사용하여 브리지 정류 회로를 구성하시오. (5점)

※ WLR : 플로우트레스 액면 릴레이

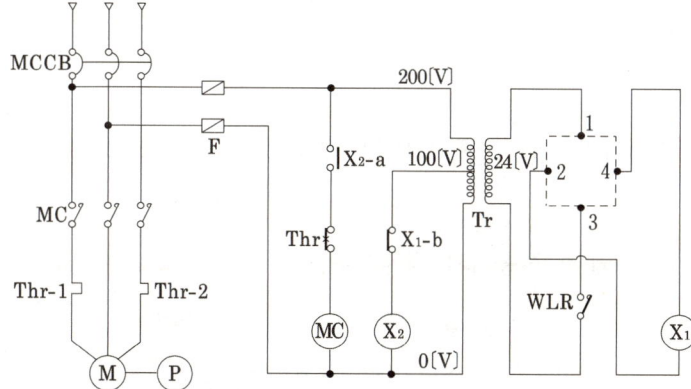

| 작성답안

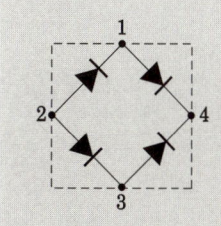

□□□ 92, 93, 97, 06, 12

25 그림은 전동기 5대가 동작할 수 있는 제어 회로 설계도이다. 회로를 완전히 숙지한 다음 ( ) 안에 알맞은 말을 넣어 완성하여라. (5점)

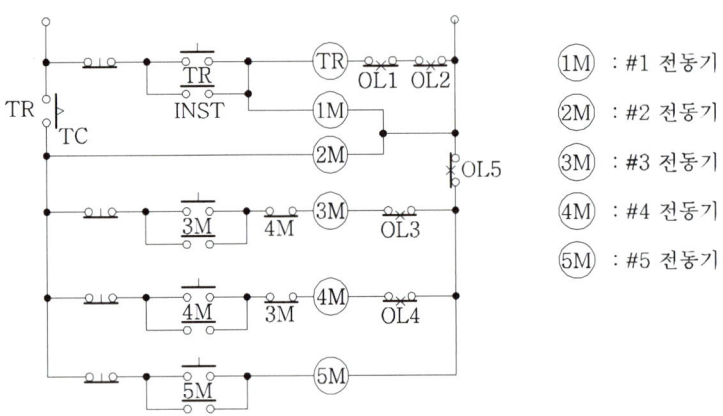

(1) #1 전동기가 기동하면 일정 시간 후에 (①) 전동기가 기동하고 #1 전동기가 운전 중에 있는 한 (②) 전동기도 운전된다.

   ○ _____

(2) #1, #2 전동기가 운전 중이 아니면 (①) 전동기는 기동할 수 없다.

   ○ _____

(3) #4 전동기가 운전 중일 때 (①) 전동기는 기동할 수 없으며 #3 전동기가 운전 중일 때 (②) 전동기는 기동할 수 없다.

   ○ _____

(4) #1 또는 #2 전동기의 과부하 계전기가 트립하면 (①) 전동기가 정지한다.

   ○ _____

(5) #5 전동기의 과부하 계전기가 트립하면 (①) 전동기가 정지한다.

   ○ _____

| 작성답안

(1) ① #2 ② #2
(2) ① #3, #4, #5
(3) ① #3 ② #4
(4) ① #1, #2, #3, #5 또는 #1, #2, #4, #5
(5) ① #3, #5 또는 #4, #5

KEYWORD 42 PLC

강의 NOTE

- 기 18
- 기 10
- 기 14
- 기 09.16
- 기 10
- 기 13.14.18
- 기 97.10
- 기 12
- 기 01.02.09
- 기 19
- 기 21
- 기 20
- 기 09.10.12.13.14.15
- 기 99

- 산 10
- 산 14
- 산 18
- 산 16
- 산 10
- 산 13.14.18
- 산 11.22
- 산 10
- 산 12
- 산 10
- 산 09.19
- 산 94.01.05.09
- 산 05.13.15.21

01 구성

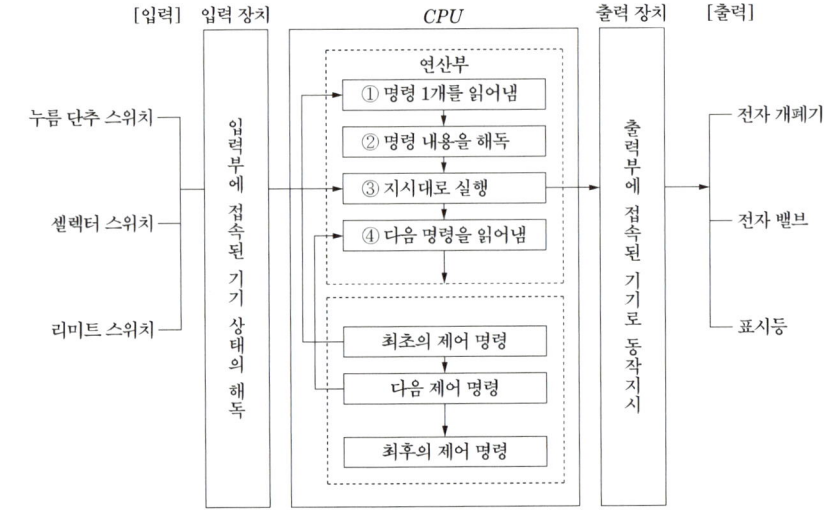

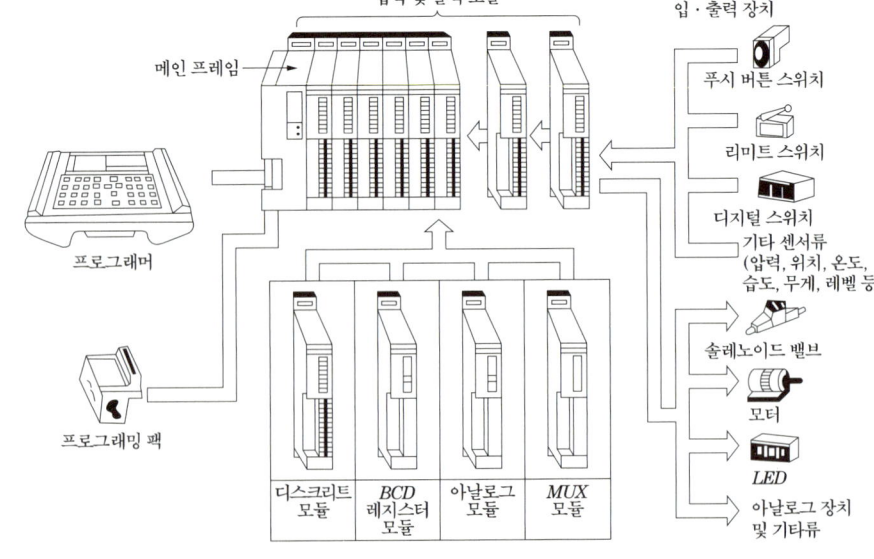

02 기본 명령어

1 LOAD는 접점의 시작을 나타낸다.

```
  X001
──┤├──

LOAD X001
```

2 AND는 접점의 직렬연결을 나타낸다.

```
  X001    X002
──┤├──────┤├──
          AND

LOAD X001
AND X002
```

3 OR는 접점의 병렬연결을 나타낸다.

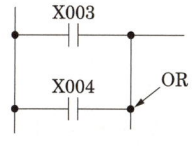

```
LOAD X003
OR X004
```

4 b접점의 경우 NOT을 사용한다.

```
  X003    M104
──┤├──────┤/├──

LOAD X003
AND NOT M104
```

5 출력의 경우는 OUT을 사용한다.

펄스출력

```
LOAD X003
AND NOT M104
OUT M103
```

6 OR LOAD는 병렬묶음이다.

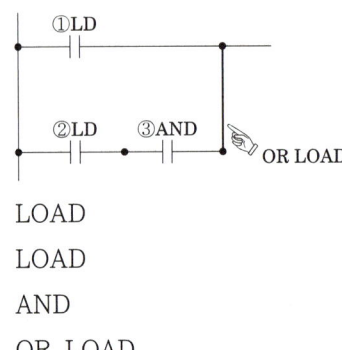

LOAD
LOAD
AND
OR LOAD

7 AND LOAD는 직렬묶음이다.

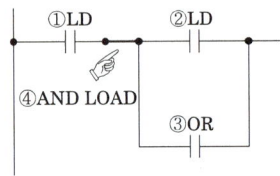

LOAD
LOAD
OR
AND LOAD

관련문제 — 42. PLC

□□□ 10

1 각각의 타임차트를 완성하시오. (6점)

구분	명령어	타임차트
(1) T-ON(ON-Delay)	Increment	
(2) T-OFF(OFF-Delay)	Decrement	

| 작성답안

□□□ 14

2 다음 PLC에 대한 내용에 대하여 아래 그림의 기능을 쓰시오. (5점)

명칭	기호	기능
NOT	─✕─	

| 작성답안

입력 신호를 반전시켜 출력하는 명령어

■ 핵심

내용	명령어	부호	기능
시작 입력	LOAD (STR)	─┤ ├─ a	독립된 하나의 회로에서 a접점에 의한 논리 회로의 시작 명령
	LOAD NOT	─┤/├─ b	독립된 하나의 회로에서 b접점에 의한 논리 회로의 시작 명령
직렬 접속	AND	─┤ ├─┤ ├─ a	독립된 바로 앞의 회로와 a접점의 직렬 회로 접속, 즉 a접점 직렬
	AND NOT	─┤ ├─┤/├─ b	독립된 바로 앞의 회로와 b접점의 직렬 회로 접속, 즉 b접점 직렬
병렬 접속	OR	a	독립된 바로 위의 회로와 a접점의 병렬 회로 접속, 즉 a접점 병렬
	OR NOT	b	독립된 바로 위의 회로와 b접점의 병렬 회로 접속, 즉 b접점 병렬
출력	OUT	─◯─	회로의 결과인 출력 기기 (코일)표시와 내부 출력 (보조 기구 기능-코일)표시

□□□ 18

3 다음 그림은 PLC기호이다. 명칭과 기능을 쓰시오. (4점)

| LOAD | ─┤├─ | |
| LOAD NOT | ─┤/├─ | |

강의 NOTE

■ 핵심

내용	명령어	부호	기능
시작 입력	LOAD (STR)	─┤├─ a	독립된 하나의 회로에서 a접점에 의한 논리 회로의 시작 명령
	LOAD NOT	─┤/├─ b	독립된 하나의 회로에서 b접점에 의한 논리 회로의 시작 명령
직렬 접속	AND	─┤├─┤├─ a	독립된 바로 앞의 회로와 a접점의 직렬 회로 접속, 즉 a접점 직렬
	AND NOT	─┤├─┤/├─ b	독립된 바로 앞의 회로와 b접점의 직렬 회로 접속, 즉 b접점 직렬
병렬 접속	OR		독립된 바로 위의 회로와 a접점의 병렬 회로 접속, 즉 a접점 병렬
	OR NOT		독립된 바로 위의 회로와 b접점의 병렬 회로 접속, 즉 b접점 병렬
출력	OUT	─◯─	회로의 결과인 출력 기기 (코일)표시와 내부 출력 (보조 기구 기능-코일)표시

| 작성답안

| LOAD | ─┤├─ | 시작입력 a접점,
독립된 하나의 회로에서 a접점에 의한 논리 회로의 시작 명령 |
| LOAD NOT | ─┤/├─ | 시작입력 b접점,
독립된 하나의 회로에서 b접점에 의한 논리 회로의 시작 명령 |

□□□ 16

4 PLC 프로그램 작도시 주의사항 중 출력 뒤에 접점을 사용할 수 없다. 문제의 도면을 바르게 고쳐 그리시오. (5점)

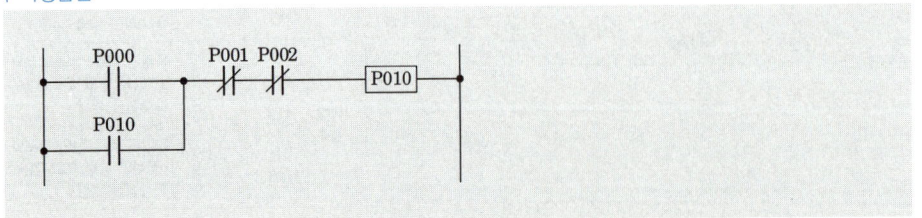

| 작성답안

5 다음 도면을 보고 잘못된 부분을 수정하시오. (5점)

| 작성답안

6 그림과 같은 PLC시퀀스(래더 다이어그램)가 있다. 다음 물음에 답하시오. (4점)

(1) PLC 프로그램에서의 신호 흐름은 P002가 겹치지 않도록 단방향이므로 시퀀스를 수정해야 한다. 문제의 도면을 바르게 작성하시오.

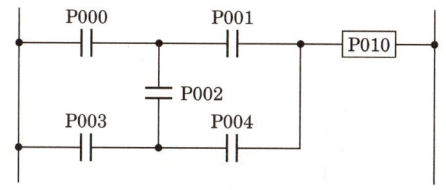

(2) PLC 프로그램을 표 ① ~ ⑧에 완성하시오. (단, 명령어는 LOAD, AND, OR, NOT, OUT를 사용한다.)

STEP	OP	add	주소	명령어	번지
0	LOAD	P000	7	AND	P002
1	AND	P001	8	(5)	⑥
2	①	②	9	OR LOAD	
3	AND	P002	10	⑦	⑧
4	AND	P004	11	AND	P004
5	OR LOAD		12	OR LOAD	
6	③	④	13	OUT	P010

| 작성답안

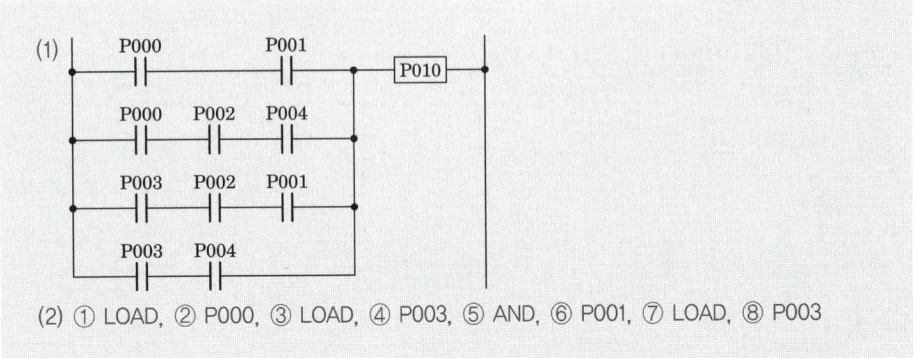

(2) ① LOAD, ② P000, ③ LOAD, ④ P003, ⑤ AND, ⑥ P001, ⑦ LOAD, ⑧ P003

□□□ 11, 22

7 프로그램의 차례대로 PLC시퀀스(래더 다이어그램)를 그리시오. 여기서 시작 입력 LOAD, 출력 OUT, 타이머 TMR, 설정시간 DATA, 직렬 AND, 병렬 OR, 부정 NOT 의 명령을 사용하며, P010~P012는 전자접촉기 MC를 각각 나타내며, P001과 P002는 버튼 스위치를 표시한 것이다. (6점)

(1)

생략	명령	번지
	LOAD	P001
	OR	M001
	LOAD NOT	P002
	OR	M000
	AND NOT	–
	OUT	P017

(2)

생략	명령	번지
	LOAD	P001
	AND	M001
	LOAD NOT	P002
	AND	M000
	OR LOAD	–
	OUT	P017

| 작성답안

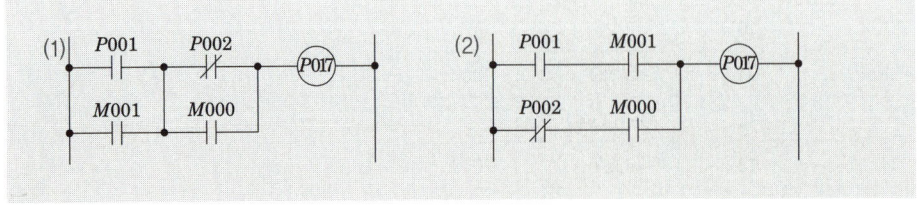

□□□ 10

8 다음 그림은 PLC 프로그램 명령어 중 반전명령어(*, NOT)를 이용한 도면이다. 반전 명령어를 사용하지 않을 때의 래더 다이어그램을 작성하시오. (5점)

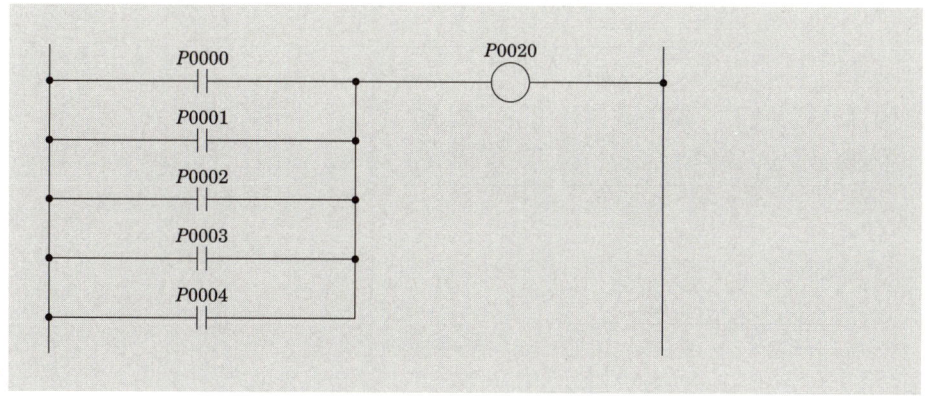

- 반전 명령어를 사용하지 않을 때의 래더 다이어그램

| 작성답안

□□□ 12

9 표의 빈칸 ㉮ ~ ㉯에 알맞은 내용을 써서 그림 PLC 시퀀스의 프로그램을 완성하시오. (단, 사용 명령어는 회로시작(R), 출력(W), AND(A), OR(O), NOT(N), 시간지연(DS)이고, 0.1초 단위이다.) (6점)

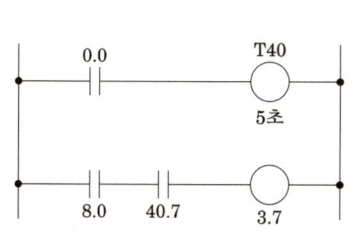

차례	명령어	번지
0	R	㉮
1	DS	㉯
2	W	㉰
3	㉱	8.0
4	㉲	㉳
5	㉴	㉵

■ 타이머
타이머 설정시간이 5초이며, 시간의 단위는 0.1초이므로 DATA는 50이 되어야 한다.

| 작성답안

㉮ 0.0 ㉯ 50 ㉰ T40 ㉱ R ㉲ A ㉳ 40.7 ㉴ W ㉵ 3.7

□□□ 10

10 다음과 같은 래더 다이어그램을 보고 PLC 프로그램을 완성하시오. (단, 타이머 설정시간 T_on은 0.1초 단위임.)(5점)

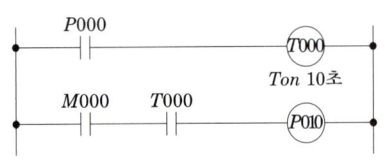

명령어	번지
LOAD	P000
TMR	(①)
DATA	(②)
(③)	M000
AND	(④)
(⑤)	P010

| 작성답안

① T000, ② 100, ③ LOAD, ④ T000, ⑤ OUT

□□□ 09, 19

11 PLC 프로그램을 보고 프로그램에 맞도록 주어진 PLC 접점 회로도를 완성하시오.(6점)

단, ① STR : 입력 A 접점 (신호) ② STRN : 입력 B 접점 (신호)
    ③ AND : AND A 접점   ④ ANDN : AND B 접점
    ⑤ OR : OR A 접점   ⑥ ORN : OR B 접점
    ⑦ OB : 병렬접속점   ⑧ OUT : 출력
    ⑨ END : 끝   ⑩ W : 각 번지 끝

어드레스	명령어	데이터	비고
01	STR	001	W
02	STR	003	W
03	ANDN	002	W
04	OB	–	W
05	OUT	100	W
06	STR	001	W
07	ANDN	002	W
08	STR	003	W
09	OB	–	W
10	OUT	200	W
11	END	–	W

- PLC 접점 회로도

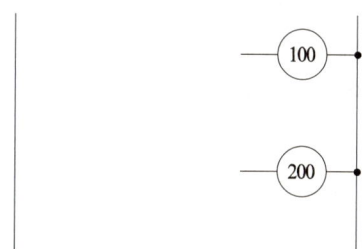

| 작성답안

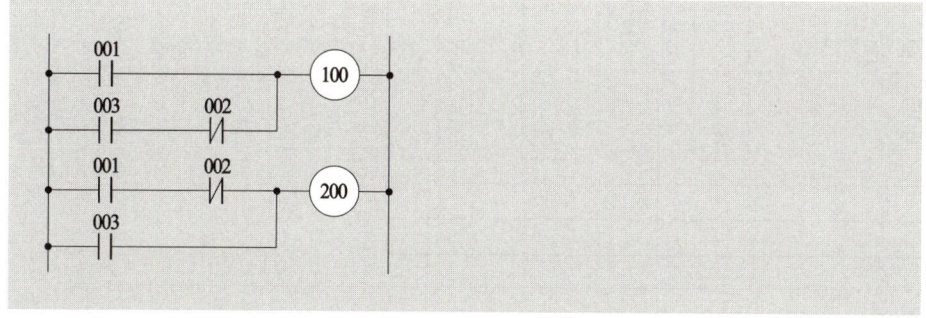

□□□ 94, 01, 05, 09

12 그림과 같은 무접점 논리 회로의 래더 다이어그램(ladder diagram)의 미완성 부분(점선 부분)을 그리시오. (단, 입·출력 번지의 할당은 다음과 같다.)(6점)

입력 : $Pb_1(01)$, $Pb_2(02)$, 출력 : GL(30), RL(31), 릴레이 : X(40)

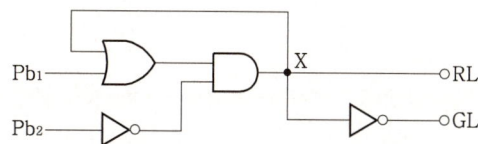

| 작성답안

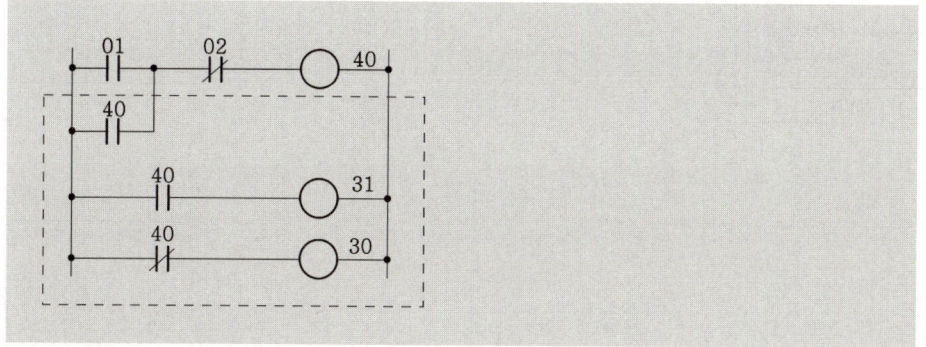

□□□ 05, 13, 15, 21

13 다음은 컨베이어시스템 제어회로의 도면이다. 3대의 컨베이어가 A → B → C 순서로 기동하며, C → B → A 순서로 정지한다고 할 때, 시스템도와 타임차트도를 보고 PLC 프로그램 입력 ①~⑤를 답안지에 완성하시오. (5점)

강의 NOTE

■ PLC 다이어그램

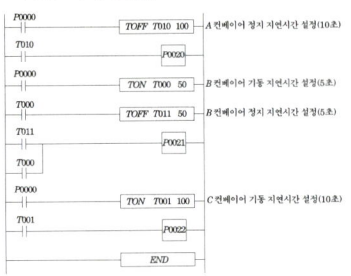

【시스템도】

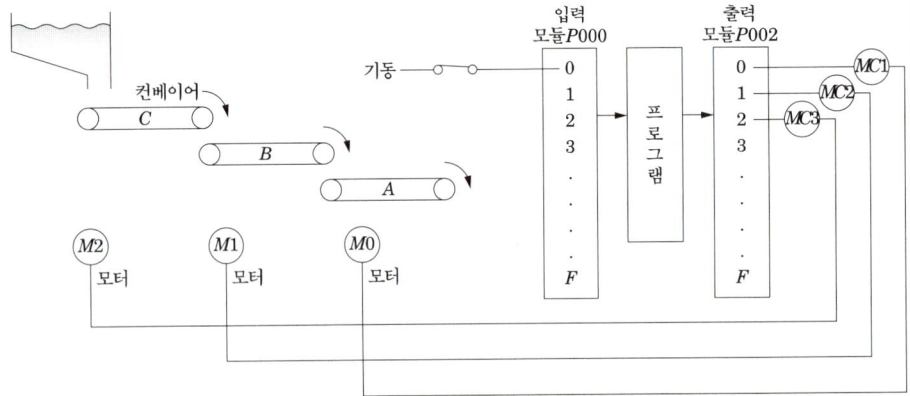

【프로그램 입력】

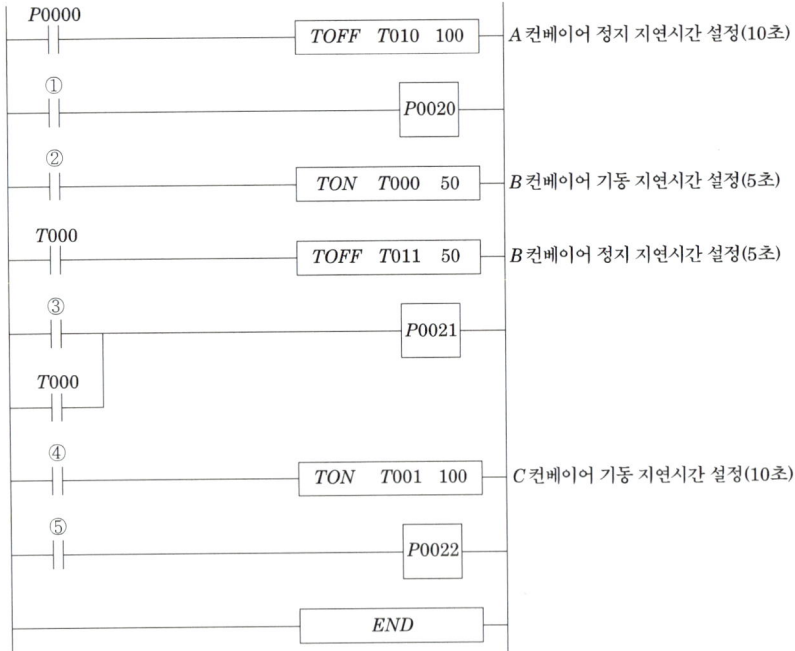

【타임차트도】

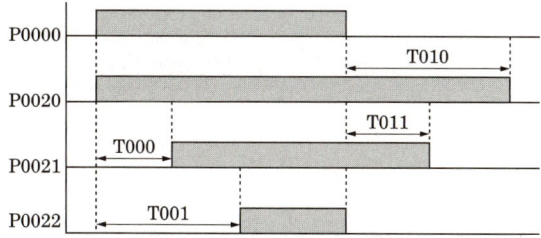

【범례】

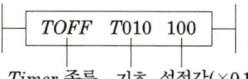

Timer 종류 기호 설정값(×0.1초)

TON : On delay Timer
TOFF : Off delay Timer

①	②	③	④	⑤

| 작성답안

①	②	③	④	⑤
T010	P0000	T011	P0000	T001

KEYWORD 43 전선가닥수 산출

강의 NOTE

- 기 11
- 기 97.10
- 기 89.97.18
- 기 89.96
- 기 06
- 기 08
- 기 13
- 기 95.20
- 기 94.10

- 산 07
- 산 95
- 산 10
- 산 09.18.20
- 산 06
- 산 98.00.20

01 3로 스위치를 이용한 개별점등 및 일괄점등 회로

① S_{3-1}에 의해 R_1, S_{3-2}에 의해 R_2, S_{3-3}에 의해 R_3 점등된다.

② S_{3-1}, S_{3-2}, S_{3-3}가 OFF 상태일 때, S_1에 의해서 R_1, R_2, R_3가 병렬 점등된다.

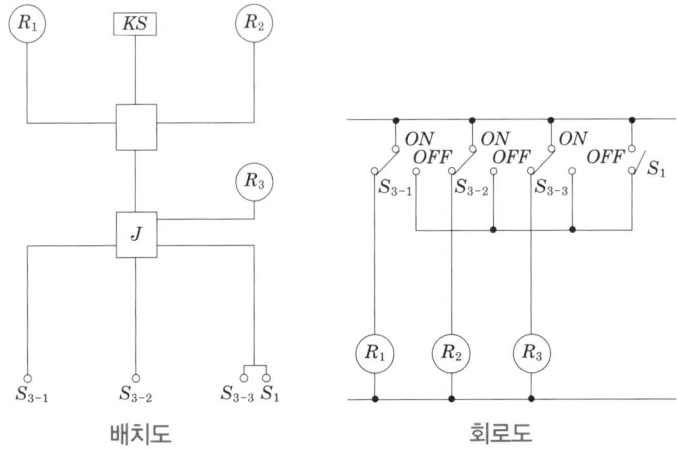

배치도   회로도

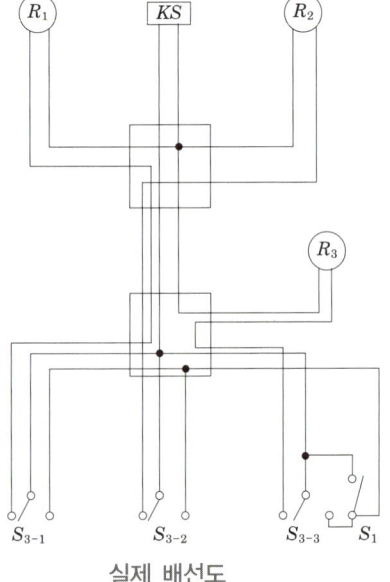

실제 배선도

02 단극 스위치와 3로 스위치를 이용한 점등회로

① 3로 스위치 S_3를 위로 ON 했을 때 텀블러 스위치 S_1 및 S_2에 의해 해당되는 전등 R_1 및 R_2가 각각 점멸되도록 하여라.
② S_3를 아래로 OFF 했을 때 누름 버튼 스위치 PB에 의해 전등 R_3가 점멸되도록 한다.
③ 콘센트 C는 스위치 PB에 관계없이 전원이 항상 공급되도록 한다.
　단, • 모든 결선은 정크션 박스를 거쳐 결선하여라.
　　　• 정크션 박스 안에서 접속점 표시를 할 것 (예 : ┴)
　　　• +는 접지되지 않은 선, -는 접지측 전선

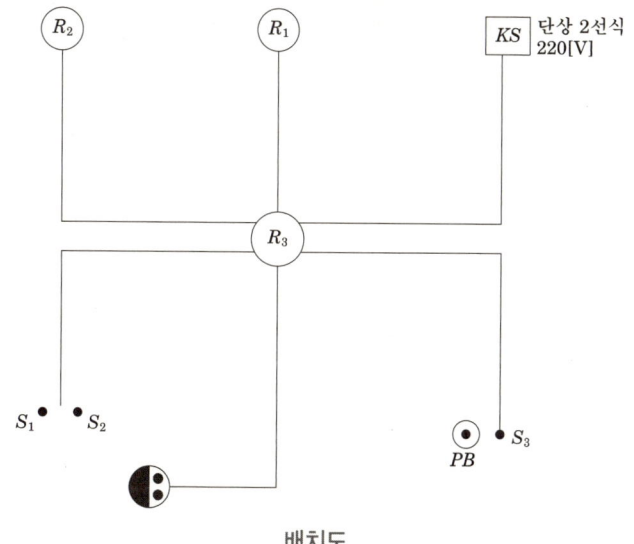

배치도

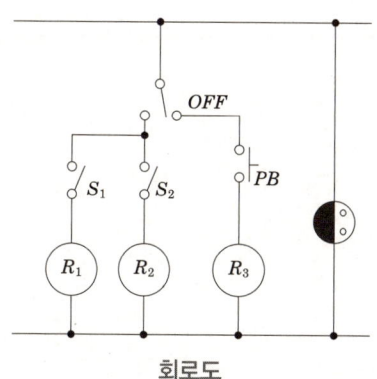

회로도

강의 NOTE

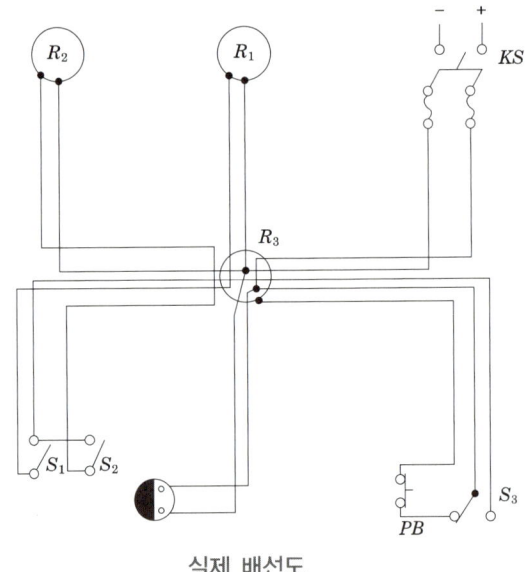

실제 배선도

관련문제

43. 전선가닥수 산출

□□□ 07

1 전등 1개를 3개소에서 점멸하기 위하여 3로 스위치 2개, 4로 스위치 1개를 사용한 배선도이다. 전선 접속도를 그리시오. (5점)

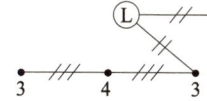

| 작성답안

□□□ 95

2 그림과 같은 배선도의 실제의 전선 접속도를 그리시오. (5점)

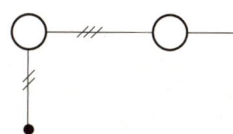

| 작성답안

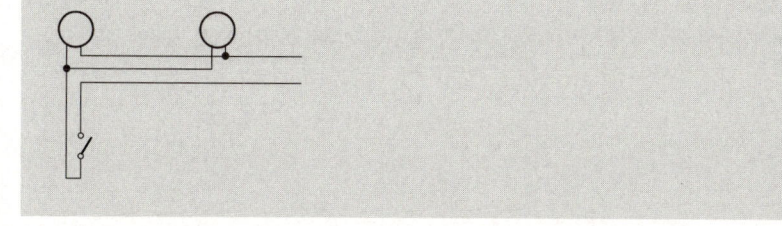

□□□ 10

3 CL램프와 PL램프를 스위치 하나로 동시에 점등 시키고자 한다. 다음의 미완성 도면을 완성하시오. (5점)

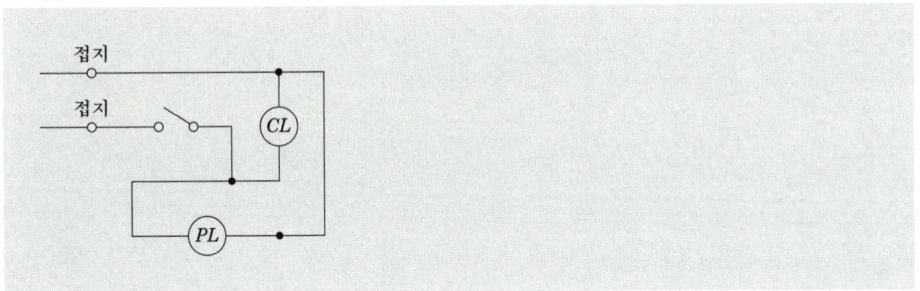

| 작성답안

□□□ 09, 18, 20

4 3로스위치 4개를 사용한 3개소 점멸의 단선도를 참조하여 복선도를 완성하시오. (6점)

단선도

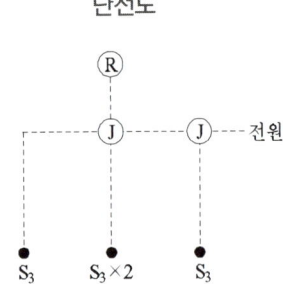

■ 3개소 전멸

① 3로 스위치 2개와 4로 스위치 1개를 사용한 경우

② 3로 스위치 4개를 사용한 경우

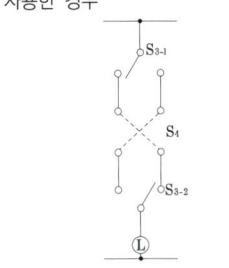

복선도

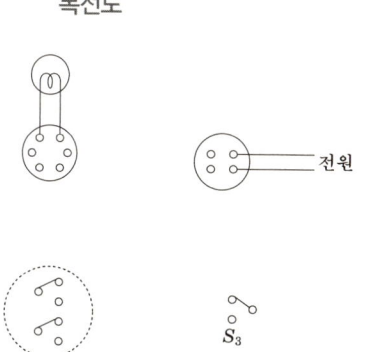

| 작성답안

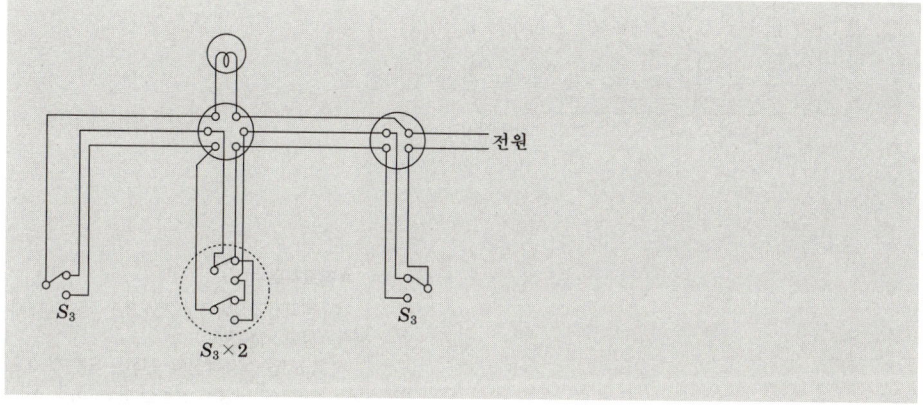

□□□ 06

5 그림은 사장과 공장장의 출·퇴근 표시를 수위실과 비서실에서 스위치로 동시에 조작할 수 있고 작업장과 사무실에 동시에 표시되는 장치를 나타낸 것이다. 그림에서 ①, ②, ③으로 표시되는 전선관에 들어가는 전선의 최소 가닥수는 몇 가닥인지를 표시하고 실체 배선도를 그려서 표현하시오. (단, 접지선은 제외하며, S_1, L_1은 사장의 출·퇴근 스위치 및 표시등이고, B는 축전지, S_2, L_2는 공장장의 출·퇴근 스위치 및 표시등이다.)(8점)

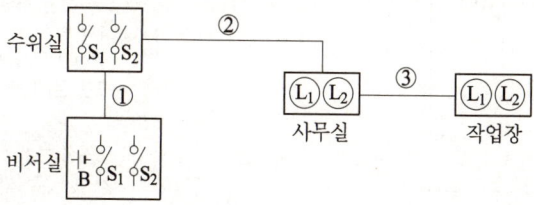

- 배선 가닥수

    ○ _____

- 실체 배선도

    ○ _____

| 작성답안

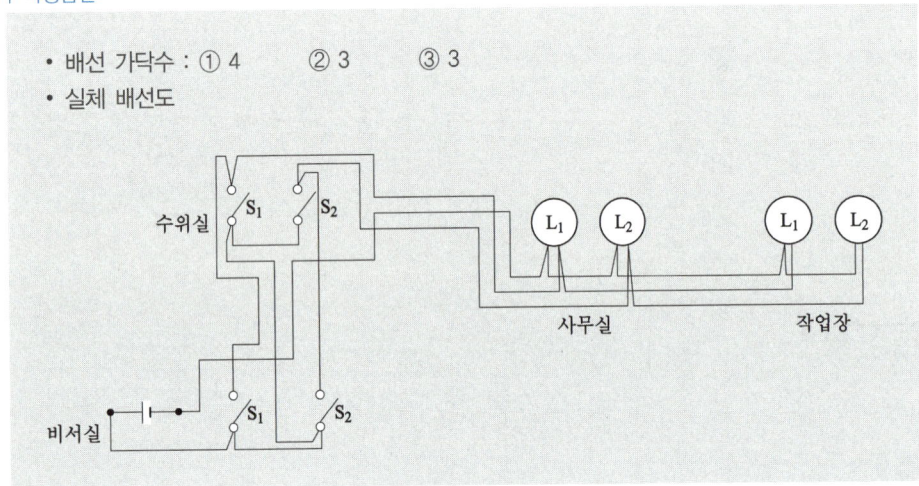

□□□ 98, 00, 20

6 도면은 사무실 일부의 조명 및 전열 도면이다. 주어진 조건을 이용하여 다음 각 물음에 답하시오. (15점)

【도면】

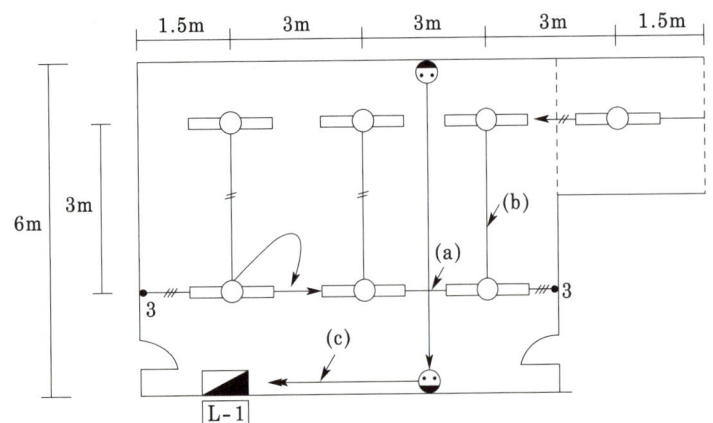

■ 참고자료

① 한국전기설비규정 231.3.1 저압 옥내배선의 사용전선
  1. 저압 옥내배선의 전선은 단면적 2.5 mm² 이상의 연동선 또는 이와 동등 이상의 강도 및 굵기의 것.
  2. 옥내배선의 사용 전압이 400 V 이하인 경우로 다음 중 어느 하나에 해당하는 경우에는 제1을 적용하지 않는다.
    가. 전광표시장치 기타 이와 유사한 장치 또는 제어 회로 등에 사용하는 배선에 단면적 1.5mm² 이상의 연동선을 사용하고 이를 합성수지관공사·금속관공사·금속몰드공사·금속덕트공사·플로어덕트공사 또는 셀룰러덕트공사에 의하여 시설하는 경우
    나. 전광표시장치 기타 이와 유사한 장치 또는 제어회로 등의 배선에 단면적 0.75 mm² 이상인 다심케이블 또는 다심 캡타이어케이블을 사용하고 또한 과전류가 생겼을 때에 자동적으로 전로에서 차단하는 장치를 시설하는 경우

② 4각 박스
  전선관 공사에 있어 전등 기구나 점멸기 또는 콘센트의 고정, 접속함으로 사용된다.

【조건】
- 층고 : 3.6[m] 2중 천장
- 2중 천장과 천장 사이 : 1[m]
- 조명 기구 : FL40×2 매입형
- 전선관 : 금속 전선관
- 콘크리트 슬라브 및 미장 마감

(1) 전등과 전열에 사용할 수 있는 전선의 최소 굵기는 얼마인가? (단, 접지선은 제외한다.)
  ① 전등

  ② 전열

(2) (a)와 (b)에 배선되는 전선수는 최소 몇 본이 필요한가?

(3) (c)에 사용될 전선의 종류와 전선의 굵기 및 전선 가닥수를 쓰시오. (단, 접지선은 제외한다.)

(4) 도면에서 박스(4각 박스 + 8각 박스)는 몇 개가 필요한가?

(5) 30AF/20AT에서 AF와 AT의 의미는 무엇인가?

| 작성답안

(1) ① 전등 2.5[mm²]
    ② 전열 2.5[mm²]
(2) (a) 6가닥
    (b) 4가닥
(3) NR, 굵기 : 2.5[mm²], 4가닥
(4) 11개
(5) AF : 차단기 프레임 전류
    AT : 차단기 트립 전류

PART 10

기타

KEYWORD 44 기타

KEYWORD 44 기타

강의 NOTE

■ 전력삼각형

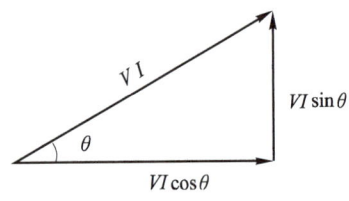

• 기 16
다음 회로에서 소비하는 전력은 몇 [W]인지 구하시오.

• 기 08.12
저항 4[Ω]과 정전용량 C[F]인 직렬 회로에 주파수 60[Hz]의 전압을 인가한 경우 역률이 0.8이었다. 이 회로에 30[Hz], 220[V]의 교류 전압을 인가하면 소비전력은 몇 [W]가 되겠는가?

• 기 07
그림과 같이 지상 역률 0.8인 부하와 유도성 리액턴스를 병렬로 접속한 회로에 교류전압 220[V]를 인가할 때 각 전류계 A_1, A_2 및 A_3의 지시는 18[A], 20[A] 및 34[A]이었다. 다음 물음에 답하시오.
(1) 이 부하의 무효전력 는 약 몇 인가?
(2) 이 부하의 소비전력 는 약 몇 인가?

• 기 12.15.16.19
그림과 같은 교류 3상 3선식 전로에 연결된 3상 평형부하가 있다. 이 때 c상의 P점이 단선된 경우, 이 부하의 소비전력은 단선 전 소비전력에 비하여 어떻게 되는지 관계식을 이용하여 설명하시오.(단, 선간 전압은 E[V]이며, 부하의 저항은 R[Ω]이다.)

01 임피던스회로의 전력

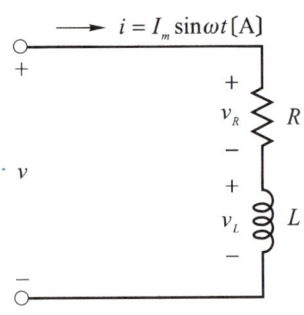

임피던스회로

그림과 같은 임피던스회로에 순시전류 $i = \sqrt{2}\,I\sin\omega t$ [A]가 흐를 때 소비전력을 저항과 리액턴스에서의 전력을 구하면 다음과 같다.

① 저항에서 소비되는 전력을 유효전력이라 한다.

$$P = VI\cos\theta = I^2 R = \frac{V^2 R}{R^2 + X^2}\,[\text{W}]$$

여기서, P : 전력, V : 전압, I : 전류, $\cos\theta$: 역률, X : 리액턴스

② 인덕턴스에서 소비되는 전력을 무효전력이라 한다.

$$P_r = VI\sin\theta = I^2 X = \frac{V^2 X}{R^2 + X^2}\,[\text{Var}]$$

여기서, P : 전력, V : 전압, I : 전류, $\cos\theta$: 역률, X : 리액턴스

③ 임피던스에서 소비되는 전력을 피상전력이라 한다.

$$P_a = VI = I^2 Z = \frac{V^2 Z}{R^2 + X^2}\,[\text{VA}]$$

여기서, P : 전력, V : 전압, I : 전류, $\cos\theta$: 역률, Z : 임피던스

02 Y 전원회로

그림은 3상 교류회로에서는 3개의 코일이 있다. 각 코일에는 2개의 단자가 있으며, 하나는 (+), 하나는 (-)로 보고 그림 3과 같이 결선한다. 이것을 Y결선이라 한다.

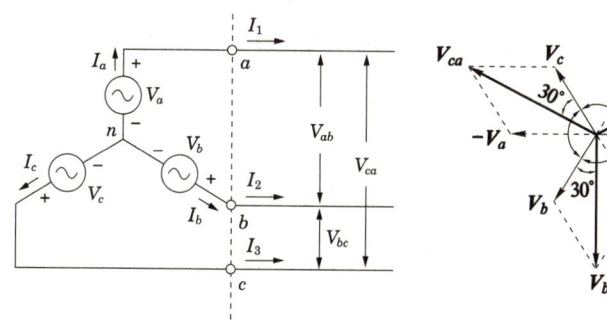

Y결선의 선간전압

$V_l = \sqrt{3}\, V_p \angle 30°$

$I_l = I_P$

03 △전원회로

그림은 3상 교류회로에서는 3개의 코일이 있다. 각 코일에는 2개의 단자가 있으며, 하나는 (+), 하나는 (-)로 보고 그림 5와 같이 결선한다. 이것을 △결선이라 한다.

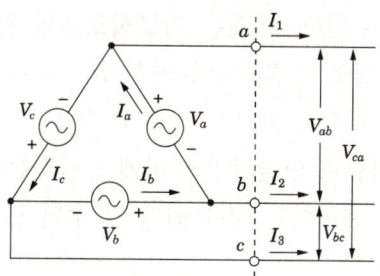 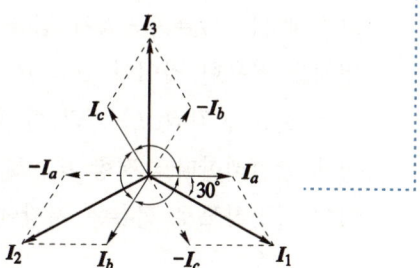

△결선의 선전류

$I_l = \sqrt{3}\, I_p \angle -30°$

$V_l = V_P$

• 기 12.15.16.19

그림과 같은 교류 3상 3선식 전로에 연결된 3상 평형부하가 있다. 이 때 c상의 P점이 단선된 경우, 이 부하의 소비전력은 단선 전 소비전력에 비하여 어떻게 되는지 관계식을 이용하여 설명하시오.(단, 선간 전압은 E[V]이며, 부하의 저항은 R[Ω]이다.)

04 전압분배법칙과 전류분배법칙

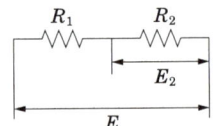

그림과 같이 저항을 직렬로 연결하고 전원 전압을 인가하면 저항양단에는 각각 전압강하가 발생한다. 저항 R_2 양단의 전압강하를 구하면 다음과 같다.

$E_2 = IR_2$ 이고 $I = \dfrac{E}{R_1 + R_2}$

$E_2 = \dfrac{E}{R_1 + R_2} \times R_2 = \dfrac{R_2}{R_1 + R_2} E$

즉, 위 식에서 각각의 전압강하는 저항값에 비례한다는 것을 알 수 있다. 이것을 전압분배법칙이라 한다. 만약 저항 R_1 양단의 전압강하를 구하는 경우는 위와 같이 구하지 않고 비례한다는 것을 적용하면

$E_1 = \dfrac{R_1}{R_1 + R_2} E$

으로 쉽게 구할 수 있다. 이것은 전압의 값이 저항의 값에 비례하기 때문이다.

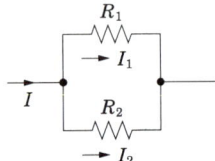

그림에서는 $I = I_1 + I_2$가 됨을 알 수 있다. 이것은 키르히호프의 전류법칙을 적용한 것이다. R_1, R_2가 병렬로 연결된 회로에서 R_1, R_2에 흐르는 전류를 각각 I_1, I_2라 할 때 각 저항에 흐르는 전류 I_1, I_2는 각 저항에 반비례한다. 저항 R_1, R_2가 병렬로 연결되었고 이에 공급하는 전압이 일정하므로 전류는 저항에 반비례한다는 것을 쉽게 알 수가 있다.

$I_1 = \dfrac{R_2}{R_1 + R_2} I$

$I_2 = \dfrac{R_1}{R_1 + R_2} I$

05 배율기와 분류기

1 배율기

전압계의 측정범위를 확대하기 위하여 내부저항 $r_a[\Omega]$인 전압계에 직렬로 접속하는 저항 R_m을 배율기라 한다.

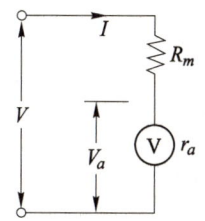

$V_a = Ir_a\,[\text{V}], \ I = \dfrac{V}{r_a + R_m}$ 이므로

$V_a = \dfrac{r_a}{r_a + R_m} \cdot V$

$\therefore V = \dfrac{r_a + R_m}{r_a} \cdot V_a = \left(1 + \dfrac{R_m}{r_a}\right) V_a$

배율 $m = \dfrac{V}{V_a} = 1 + \dfrac{R_m}{r_a}$

2 분류기

전류계의 측정범위를 확대하기 위하여 내부저항 $r_a[\Omega]$인 전류계에 병렬로 접속하는 저항 R_s를 분류기라 한다.

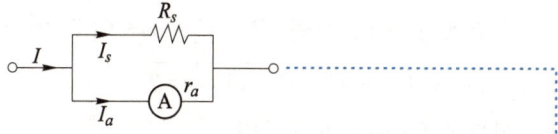

$I_a = \dfrac{R_s}{r_a + R_s} \times I$

$\therefore I = \dfrac{r_a + R_s}{R_s} \times I_a = \left(1 + \dfrac{r_a}{R_s}\right) \times I_a$

배율 $m = \dfrac{I}{I_a} = 1 + \dfrac{r_a}{R_s}$

강의 NOTE

- 산 14.19
최대 눈금 250V 전압계 V₁, V₂를 직렬로 접속하여 측정하면 몇[V]까지 측정할 수 있는가?(단 전압계 내부 저항 V1은 15kΩ, V₂는 18kΩ으로 한다.

- 산 90
- 산(유) 10.21
다음 그림과 같은 회로에서 최대 눈금 110[V]인 전압계 V₁, V₂를 110[V]의 전원 양단에 직렬로 접속하면 전압계 V₁의 지시는 몇 [V]인가? 단, 전압계 내부 저항 V₁은 10 [kΩ], V₂는 15[kΩ] 이다.

- 산 07.21
그림과 같은 회로에서 단자전압이 V_D일 때 전압계의 눈금 V로 측정하기 위해서는 배율기의 저항 Rm은 얼마로 하여야 하는지 유도과정을 쓰시오. 단 전압계의 내부 저항은 R로 한다.

- 기 07.15.21.22
그림과 같은 회로에서 최대 눈금 15[A]의 직류 전류계 2개를 접속하고 전류 20[A]를 흘리면 각 전류계의 지시는 몇 [A]인가?(단, 전류계 최대 눈금의 전압강하는 A₁이 75[mV], A₂가 50[mV]임.)

- 산(유) 14
측정범위 1[mA], 내부저항 20[kΩ]의 전류계에 분류기를 붙여서 6[mA]까지 측정하고자 한다. 몇 [kΩ]의 분류기를 사용하여야 하는지 계산하시오.

KEYWORD 44 기타

강의 NOTE

- 기 09
그림의 회로에서 저항은 아는 값이다. 전압계 1개를 사용하여 부하의 역률을 구하는 방법에 대하여 쓰시오.

06 단상전력의 측정

1 전압계법

단상 전력을 전압계 3개로 전력을 측정하는 방법을 3전압계법이라 한다. 그림 8과 같이 전압계 3대를 연결하여 각 전압계의 지시값을 단상 전력을 측정할 수 있다.

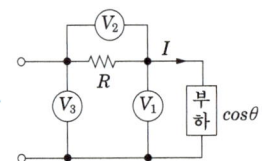
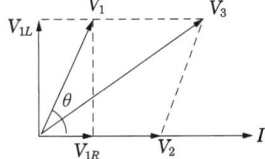

3전압계법

그림의 전압계중 V_3의 전압이 가장 큰 전압을 지시하며 입력되어지는 전압을 지시한다. V_2는 저항양단의 전압강하를 지시하며, V_1은 부하단의 전압을 지시한다.

이들의 전압 사이에는 벡터적인 키르히호프의 전압방정식이 성립한다.
$\dot{V}_3 = \dot{V}_1 + \dot{V}_2$

위 식은 페이저를 나타난 것이므로 이것의 합을 구하면 다음과 같다.
$|V_3| = \sqrt{V_1^2 + V_2^2 + 2V_1V_2\cos\theta}$

그림에서 소비 전력 $P = V_1 I\cos\theta$ 이고 벡터도에서
$|V_3| = \sqrt{V_1^2 + V_2^2 + 2V_1V_2\cos\theta}$
이므로 양변을 제곱하면
$V_3^2 = V_1^2 + V_2^2 + 2V_1V_2\cos\theta$
가 된다. 여기서 전력은
$P = V_1 I\cos\theta$ [W]
이므로, 이를 정리하면
$\therefore P = V_1 I\cos\theta = \dfrac{1}{2R}(V_3^2 - V_1^2 - V_2^2)$ [W]
가 된다. 또한 전압계 3대로 측정할 수 있는 역률은
$\cos\theta = \dfrac{V_3^2 - V_1^2 - V_2^2}{2V_1V_2}$
가 된다.

2 3전류계법

단상전력은 전류계 3개로 전력을 측정하는 방법을 3전류계법이라 한다.

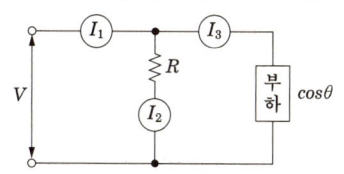
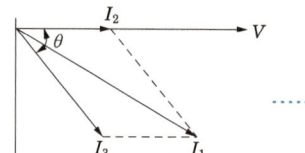

3전류계법

그림과 같이 전류계 3대를 연결하고 전류를 측정한다. 이때 전류 I_1이 가장 크며 키르히호프의 전류법칙에 의해 I_2와 I_3의 합이 된다. 이를 페이저로 표시하면 다음과 같다.

$\dot{I}_1 = \dot{I}_2 + \dot{I}_3$

상기 식의 크기를 구하면

$I_1 = \sqrt{I_2^2 + I_3^2 + 2I_2 I_3 \cos\theta}$

가 된다. 이식의 양변을 제곱하면

$I_1^2 = I_2^2 + I_3^2 + 2I_2 I_3 \cos\theta$

이 된다. 여기서, 소비전력 $P = VI_3 \cos\theta$ 이고 벡터도에서

$\therefore P = VI_3 \cos\theta = \dfrac{R}{2}(I_1^2 - I_2^2 - I_3^2)\,[\mathrm{W}]$

가 된다. 또 역률을 구하면 다음과 같다.

$\cos\theta = \dfrac{I_1^2 - I_2^2 - I_3^2}{2 I_2 I_3}$

강의 NOTE

- 기 85.97
- 기 10.16.22

그림과 같이 전류계 3개를 가지고 부하 전력을 측정하려고 한다. 각 전류계의 눈금이 도면과 같이 A_1, A_2, A_3[A]이고, 부하 역률을 $\cos\theta$ 라고 할 때 부하 전력은 몇 [W]이겠는가?

07 오차와 보정

1 오차(error)

어떤 측정에 있어서도 절대로 정확한 값을 알 수 있는 것은 어렵기 때문에 전기계기의 측정의 경우도 반드시 오차가 포함되어 있다. 따라서 오차를 계산하고 이를 보정해주어야 한다.

오차 $\epsilon_0 = M - T$

여기서 M : 측정값, T : 참값

강의 NOTE

- 기 09.19

전압 1.0183[V]를 측정하는데 측정값이 1.0092[V]이었다. 이 경우의 다음 각 물음에 답하시오. (단, 소수점 이하 넷째 자리까지 구하시오.)
(1) 오차
(2) 오차율
(3) 보정(값)
(4) 보정률

- 기 09.19.21
- 산(유) 93.09.10

보정률이 -8% 일 경우 측정값이 103[V] 이면 참값은 얼마가 되겠는가?

오차를 오차율(percentage error)로 표시하면 다음과 같다.

오차율 $\epsilon = \dfrac{M-T}{T} \times 100$ [%]

2 보정(correction)

보정과 보정률(percentage correction)은 다음과 같다.

보정 $\alpha_0 = T - M$

보정률 $\alpha = \dfrac{T-M}{M} \times 100$ [%]

08 전기안전관리자의 직무에 관한 고시

제3조(안전관리규정의 작성)

① 전기안전관리자는 시행규칙 제30조제2항제7호에 따라 전기설비의 일상점검·정기점검·정밀점검의 절차, 방법 및 기준에 대한 안전관리규정을 작성하여야 한다.

② 전기안전관리자는 해당 사업장의 특성에 따라 점검종류에 따른 측정주기 및 시험항목을 반영하여 제1항의 안전관리규정을 작성하고 매년 점검 계획을 세워 점검을 실시하여야 한다.

점검 종류별 측정 및 시험항목

구분	주기						기록서식
	월차	분기	반기	연차	공사중	감리	
외관 점검 및 부하측정	○				○	○	별지 제1호
저압 전기설비 점검							
– 절연저항 측정	–	–	△	○	–	–	별지 제2호
– 누설전류 측정	–	△	△	–	–	–	
– 접지저항 측정	–	–	○	–	–	–	
고압 이상 전기설비 점검							
– 절연저항 측정	–	–	–	○	–	–	별지 제3호
– 접지저항 측정	–	–	–	○	–	–	
– 절연내력 측정	–	–	–	○	–	–	
변압기 점검	–	–	–	–	–	–	별지 제4호
– 절연저항	–	–	–	○	–	–	
– 절연내력, 산가도 측정(절연유)	–	–	–	△	–	–	

구분		주기					기록서식
		월차	분기	반기	연차	공사중	감리	
계전기 및 차단기 동작시험		–	–	–	○	–	–	별지 제5호
예비 발전 설비	절연 및 접지저항 측정	–	–	○		–	–	별지 제6호
	축전지 및 충전장치 점검	–	–	○		–	–	
	발전기 무부하 또는 부하시험	–	○			–	–	
적외선 열화상 측정		–	○			–	–	별지 제7호
전원품질분석		–	–	–	○	–	–	별지 제8호

【비고】 ○ : 필수, △ : 필요시

1. 위 표의 측정·시험항목 중 절연내력 측정은 부분방전 측정, 코로나 측정 등 무정전 점검장비를 활용하여 점검을 대체 할 수 있다.
2. 위 표의 측정·시험항목 중 법 제11조의 정기검사 대상 설비의 점사항목과 중복되는 점검항목은 소유자 또는 점유자(이하 "소유자 등"이라 한다)와 협의를 거쳐 정기검사 합격 판정으로 대체할 수 있다.

제4조(점검주기 및 점검횟수)

안전관리업무를 대행하는 전기안전관리자는 전기설비가 설치된 장소 또는 사업장을 방문하여 점검을 실시해야 하며 그 기준은 다음과 같다.

용량별 점검횟수 및 간격

용량별		점검횟수	점검 간격
저압	1~300kW 이하	월1회	20일 이상
	300kW 초과	월2회	10일 이상
고압 이상	1~300kW 이하	월1회	20일 이상
	300kW 초과~500kW 이하	월2회	10일 이상
	500kW 초과~700kW 이하	월3회	7일 이상
	700kW 초과~1,500kW 이하	월4회	5일 이상
	1,500kW 초과~2,000kW 이하	월5회	4일 이상
	2,000kW 초과	월6회	3일 이상

【비고】
1. 여행·질병이나 그 밖의 사유로 일시적으로 그 직무를 수행할 수 없는 경우에는 그 기간 동안 해당설비의 소유자 등과 협의하여 점검간격을 조정하여 실시할 수 있다.

> **강의 NOTE**
>
> • 기/산 21
> 다음의 계측장비를 주기적으로 교정하고 또한 안전장구의 성능을 적정하게 유지할 수 있도록 시험하여야 한다. 다음표의 권장 교정 및 시험주기는 몇 년인가?

제9조(계측장비 교정 등)

전기안전관리자는 전기설비의 유지·운용 업무를 위해 국가표준기본법 제14조 및 교정대상 및 주기설정을 위한 지침 제4조에 따라 다음의 계측장비를 주기적으로 교정하고 또한 안전장구의 성능을 적정하게 유지할 수 있도록 시험을 하여야 한다.

계측장비 등 권장 교정 및 시험주기

구분		권장 교정 및 시험주기(년)
계측장비 교정	계전기 시험기	1
	절연내력 시험기	1
	절연유 내압 시험기	1
	적외선 열화상 카메라	1
	전원품질분석기	1
	절연저항 측정기(1,000V, 2,000MΩ)	1
	절연저항 측정기(500V, 100MΩ)	1
	회로시험기	1
	접지저항 측정기	1
	클램프미터	1
안전장구 시험	특고압 COS 조작봉	1
	저압검전기	1
	고압·특고압 검전기	1
	고압절연장갑	1
	절연장화	1
	절연안전모	1

제10조(전기설비 공사에 관한 안전관리)

① 전기안전관리자는 전기설비 공사에 따른 설계도서를 검토하고, 전기설비 개·보수 및 기타 작업시 입회하여 작업지시 및 업무의 감독을 하여야 한다.

② 전기안전관리자는 전기설비 공사 시 안전 확보를 위하여 다음 각 호의 사항을 관리·감독하여야 한다.
  1. 정전범위와 시간, 작업용 기계·기구 등의 준비사항 확인
  2. 작업시간 및 공사구역 표지판 설치
  3. 정전 중 차단기, 개폐기의 오조작에 대한 방지조치
  4. 전원 투입 시 작업자 위치확인 등 안전여부 확인

5. 작업책임자의 지정과 그 책임내용 확인
6. 위험장소 및 작업에 대한 안전조치 이행(고소작업, 추락위험작업, 화재위험 작업, 그 밖의 위험작업 등)

③ 전기안전관리자는 전기설비 공사 완료시에는 다음 각 호의 사항을 확인·점검하여야 한다.
1. 완공된 전기설비가 설계도서대로 시공되었는지의 여부
2. 공사에 사용된 모든 가설시설물의 제거와 원상복구 되었는지의 여부
3. 완공된 전기설비의 점검 및 측정 실시

제13조(공사 감리)

① 전기안전관리자는 시행규칙 제30조제2항제6호에 따라 다음 각 호의 전기설비 공사의 경우에는 감리업무를 수행할 수 있다.
1. 비상용예비발전설비의 설치, 변경공사로서 총공사비가 1억원 미만인 공사
2. 전기수용설비의 증설 또는 변경공사로서 총공사비가 5천만원 미만인 공사

② 전기안전관리자는 전기설비 공사가 설계도서 및 전기설비기술기준 등에 적합하게 시공되는지 여부를 확인하여야 한다.
③ 전기안전관리자는 전기설비 공사 중 불합리한 부분, 착오 및 불명확한 부분 등에 대하여는 그 내용과 의견을 관련자 및 소유자에게 보여 주어야 한다.
④ 전기안전관리자는 전기설비 공사가 설계도서와 상이하게 진행되거나 공사의 품질에 중대한 결함이 예상되는 경우에는 소유자와 사전 협의하여 공사를 중지할 수 있다.

제20조(전기사고 대처요령)

① 전기안전관리자는 전기설비 사고발생 시 사고유형을 확인하고 현장으로 출동하여 다음 요령에 따라 사고별로 대처하여야 한다.
1. 정전사고
  가. 정전이 확인되면 곧바로 비상용예비전원이 공급되는지 확인한다.
  나. 전기설비의 이상 유무를 확인한다.
  다. 전기설비점검 등을 통한 전기공급 재개에 대비한다.
2. 감전사고
  가. 전원을 차단하고 피해자를 위험지역에서 대피시킨다.

• 산 17
전기안전관리자의 공사의 감리업무중 공사종류 2가지를 쓰시오.

나. 피재자의 의식·호흡·맥박·출혈상태 등을 확인한다.
다. 피재자의 기도를 확보하고, 인공호흡·심장마사지 등 응급조치를 실시한다.
3. 전기설비사고
가. 사고내용 청취 및 사고설비에 대해 육안점검을 실시하여 차단기를 개방하고, 검전기를 이용하여 전기설비의 정전상태를 확인한다.
나. 사고가 발생한 설비를 중심으로 안전구역을 지정하고 표지판을 설치하여 관계자 외 일반인의 출입을 통제한다.
다. 이후 각 전기설비별 사고처리를 실시한다.
② 전기안전관리자는 전기설비 사고에 관련된 모든 참고사항을 조사하고 사고 상태를 그대로 유지하여 사고조사가 완전하고 정확을 기할 수 있도록 하여야 한다.
③ 필요시에는 한국전기안전공사 또는 한전에 연락하여 조언을 받는다.

09 예정 가격 작성

1 원가계산의 비목

원가계산은 재료비, 노무비, 경비, 일반관리비 및 이윤으로 구분 작성한다.

2 비목의 가격결정 원칙

① 재료비, 노무비, 경비는 각각 아래에서 정한 산식에 의함을 원칙으로 한다.
재료비 = 재료량 × 단위당가격
노무비 = 노무량 × 단위당가격
경비 = 소요(소비)량 × 단위당가격

② 재료비, 노무비, 경비의 각 세비목 및 그 물량(재료량, 노무량, 소요량) 산출은 계약목적물에 대한 규격서, 설계서 등에 의해 원가계산 자료를 근거로 하여 산정하여야 한다.

10 공사원가계산

공사원가라 함은 공사시공과정에서 발생한 재료비, 노무비, 경비의 합계액을 말한다. 재료비는 공사원가를 구성하는 다음 내용의 직접재료비 및 간접재료비로 한다.

1 재료비

① 직접재료비는 공사목적물의 실체를 형성하는 물품의 가치로서 다음 각 호를 말한다.
- 주요재료비 : 공사목적물의 기본적 구성형태를 이루는 물품의 가치
- 부분품비 : 공사목적물에 원형대로 부착되어 그 조성부분이 되는 매입부품, 수입부품, 외장재료 등의 외주품의 가치

② 간접재료비는 공사목적물의 실체를 형성하지는 않으나 공사에 보조적으로 소비되는 물품의 가치로서 다음 각 호를 말한다.
- 소모재료비 : 기계오일·접착제·용접가스·장갑 등 소모성물품의 가치
- 소모공구·기구·비품비 : 내용년수 1년 미만으로서 구입단가가 「법인세법」 또는 「소득세법」 규정에 의한 상당금액 이하인 감가상각대상에서 제외되는 소모성 공구·기구·비품의 가치
- 가설재료비 : 비계, 거푸집, 동바리 등 공사목적물의 실체를 형성하는 것은 아니나 동 시공을 위하여 필요한 가설재의 가치

③ 재료의 구입과정에서 당해재료에 직접 관련되어 발생하는 운임, 보험료, 보관비등의 부대비용은 재료비로서 계산한다. 다만 재료구입 후 발생되는 부대비용은 경비의 각 비목으로 계산한다.

④ 계약목적물의 시공중에 발생하는 작업설, 부산물 등은 그 매각액 또는 이용가치를 추산하여 재료비로부터 공제하여야 한다.

2 노무비

공사 원가를 구성하는 다음 내용의 직접 노무비, 간접 노무비를 말한다.

① 직접 노무비 : 공사 기공 현장에서 계약 목적물을 완성하기 위하여 직접 작업에 종사하는 종업원 및 종사자에 의하여 제공되는 노동력의 대가로서 다음 각 호의 합계액을 말한다. 다만, 상여금은 년 400[%], 제수당, 퇴직 급여 충당금은 근로기준법상의 인정되는 범위를 초과하여 계상할 수 없다.

직접노무비 = 노무량 × 단위당가격

② 간접 노무비 : 직접 공사 시공 작업에 종사하지 않으나 작업 현장에서 보조 작업에 종사하는 노무자, 종업원과 현장 감독자 등의 기본급과 제수당, 상여금, 퇴직 급여 충당금의 합계액을 말하며, 직접계상방법과 비율분석방법으로 계상한다.

간접노무비 = 노무량 × 노무비단가

간접노무비 = 직접노무비 × 간접노무비율

간접노무비는 직접계산방법 또는 비율분석방법에 의하여 간접노무비를 계산하는 것을 원칙으로 하되, 계약목적물의 내용·특성 등으로 인하여 원가계산자료를 확보하기가 곤란하거나, 확보된 자료가 신빙성이 없어 원가계산자료로서 활용하기 곤란한 경우에는 아래의 원가계산자료(공사종류 등에 따른 간접노무비율)를 참고로 동비율을 당해 계약목적물의 규모·내용·공종·기간 등의 특성에 따라 활용하여 간접노무비(품셈에 의한 직접노무비×간접노무비율)를 계상할 수 있다.

■ 간접노무비율

$$= \frac{\text{최근년도 간접 노무비 합계액}}{\text{최근년도 직접 노무비 합계액}}$$

관련문제 — 44. 기타

□□□ 12, 15, 16, 19

1 그림과 같은 교류 3상 3선식 전로에 연결된 3상 평형부하가 있다. 이 때 c상의 P점이 단선된 경우, 이 부하의 소비전력은 단선 전 소비전력에 비하여 어떻게 되는지 관계식을 이용하여 설명하시오. (단, 선간 전압은 E[V]이며, 부하의 저항은 R[Ω] 이다.)(5점)

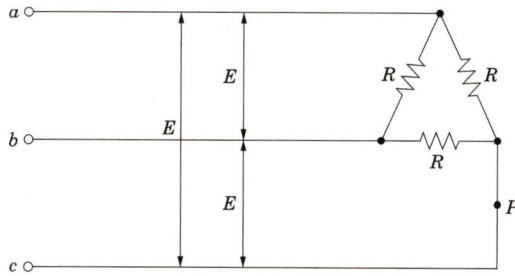

| 작성답안

① 단선전 소비전력 $P = 3 \times \dfrac{E^2}{R}$

② 단선 후 전력

P점 단선시 합성저항 $R_0 = \dfrac{2R \times R}{2R + R} = \dfrac{2}{3} \times R$

P점 단선시 부하의 소비전력 $P' = \dfrac{E^2}{R_0} = \dfrac{E^2}{\dfrac{2}{3} \times R} = \dfrac{3}{2} \times \dfrac{E^2}{R}$

$\therefore \dfrac{P}{P'} = \dfrac{\dfrac{3E^2}{2R}}{\dfrac{3E^2}{R}} = \dfrac{1}{2}$ 이므로 $\dfrac{1}{2}$ 배

답 : $\dfrac{1}{2}$ 배

□□□ 07, 21

2 그림과 같은 회로에서 단자전압이 V_0일 때 전압계의 눈금 V로 측정하기 위해서는 배율기의 저항 R_m은 얼마로 하여야하는지 유도과정을 쓰시오. 단 전압계의 내부 저항은 R_v로 한다.(2점)

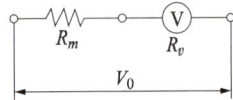

■ 배율기와 분류기
(1) 배율기
전압계의 측정범위를 확대하기 위하여 내부저항 $r_a[\Omega]$인 전압계에 직렬로 접속하는 저항 R_m을 배율기라 한다.

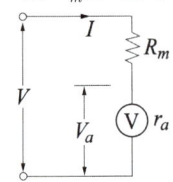

$V_a = Ir_a [V]$, $I = \dfrac{V}{r_a + R_m}$ 이므로

$V_a = \dfrac{r_a}{r_a + R_m} \cdot V$

$\therefore V = \dfrac{r_a + R_m}{r_a} \cdot V_a$

$= \left(1 + \dfrac{R_m}{r_a}\right) V_a$

배율 $m = \dfrac{V}{V_a} = 1 + \dfrac{R_m}{r_a}$

| 작성답안

계산 : $V = IR_v$, $I = \dfrac{V_0}{R_m + R_v}$ 이므로 $V = \dfrac{R_v}{R_m + R_v} V_0$

$\therefore R_m = R_v \left(\dfrac{V_0}{V} - 1\right)$

답 : $R_m = R_v \left(\dfrac{V_0}{V} - 1\right)$

(2) 분류기
전류계의 측정범위를 확대하기 위하여 내부저항 $r_a[\Omega]$인 전류계에 병렬로 접속하는 저항 R_s를 분류기라 한다.

$I_a = \dfrac{R_s}{r_a + R_s} \times I$

$\therefore I = \dfrac{r_a + R_s}{R_s} \times I_a = \left(1 + \dfrac{r_a}{R_s}\right) \times I_a$

배율 $m = \dfrac{I}{I_a} = 1 + \dfrac{r_a}{R_s}$

□□□ 14

3 다음 회로에서 전원전압이 공급될 때 최대 전류계의 측정 범위가 500[A]인 전류계로 전 전류값이 1500[A]인 전류를 측정하려고 한다. 전류계와 병렬로 몇 [Ω]의 저항을 연결하면 측정이 가능한지 계산하시오. (단, 전류계의 내부저항은 100[Ω]이다.)(5점)

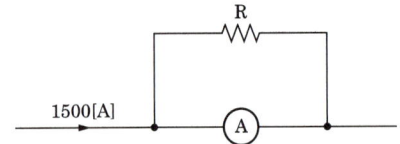

| 작성답안

계산 : $I_a = \dfrac{R_s}{R_s + R_a} \times I$ 에서 $\dfrac{I}{I_a} = \dfrac{R_s + R_a}{R_s} = 1 + \dfrac{R_a}{R_s}$ 이므로 $\dfrac{1500}{500} = 1 + \dfrac{100}{R_s}$

$\therefore R_s = 50[\Omega]$

답 : 50[Ω]

□□□ 10, 21

4 전압이 45[mV] 전류가 30[mA]인 가동 코일형 전압계의 내부저항을 구하고, 전압계를 100[V]의 전압계로 만들 경우 배율기 저항을 구하시오. (5점)

(1) 내부저항

   ○ _____

(2) 100[V] 전압계로 만들 경우 배율기 저항

   ○ _____

| 작성답안

(1) 계산 : $R_v = \dfrac{V}{I} = \dfrac{45 \times 10^{-3}}{30 \times 10^{-3}} = 1.5\,[\Omega]$

답 : 1.5[Ω]

(2) 계산 : $R_m = R_v\left(\dfrac{V_0}{V} - 1\right) = 1.5\left(\dfrac{100}{45 \times 10^{-3}} - 1\right) = 3331.83\,[\Omega]$

답 : 3331.83[Ω]

□□□ 90

5 다음 그림과 같은 회로에서 최대 눈금 110 [V]인 전압계 V_1, V_2를 110 [V]의 전원 양단에 직렬로 접속하면 전압계 V_1의 지시는 몇 [V]인가? (단, 전압계 내부 저항 V_1은 10 [kΩ], V_2는 15 [kΩ] 이다.) (5점)

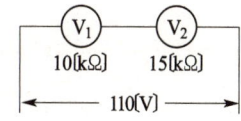

   ○ _____

| 작성답안

계산 : $V_1 = \dfrac{10}{10+15} \times 110 = 44\,[V]$

답 : 44[V]

■ 전압분배법칙

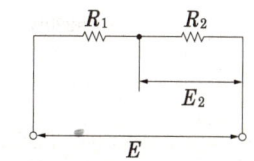

$E_2 = IR_2$ 이고 $I = \dfrac{E}{R_1 + R_2}$ 이므로

$E_2 = \dfrac{E}{R_1 + R_2} \times R_2 = \dfrac{R_2}{R_1 + R_2}E$

즉, 위 식에서 각각의 전압강하는 저항값에 비례한다는 것을 알 수 있다.
이것을 전압분배법칙이라 한다.

□□□ 14, 19

6 최대 눈금 250[V] 전압계 V_1, V_2를 직렬로 접속하여 측정하면 몇 [V]까지 측정할 수 있는가?(단 전압계 내부 저항 V_1은 15[kΩ], V_2는 18[kΩ]으로 한다. (4점)

| 작성답안

계산 : $V = \dfrac{R_v}{R_m + R_v} V_0$ 에서 $250 = \dfrac{18}{15+18} \times V$

∴ $V = \dfrac{250(15+18)}{18} = 458.333[V]$

답 : 458.33[V]

□□□ 16

7 그림과 같은 직류 분권 전동기가 있다. 단자전압 220[V], 보극을 포함한 전기자 회로 저항 0.06[Ω], 계자 회로 저항 180[Ω], 무부하 공급전류 4[A], 전부하시 공급전류 40[A], 무부하시 회전속도 1800[rpm]이라고 한다. 이 전동기에 대하여 다음 각 물음에 답하시오. (7점)

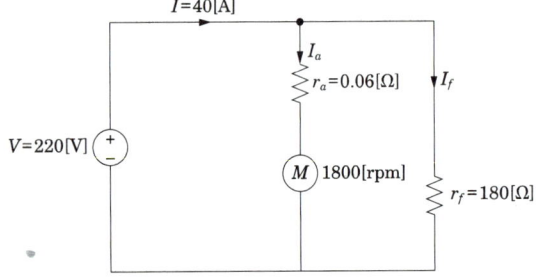

(1) 전부하시 출력은 몇 [kW]인지 구하시오.

(2) 전부하시 효율[%]을 구하시오.

(3) 전부하시 회전속도[rpm]를 구하시오.

(4) 전부하시 토크[N·m]를 구하시오.

| 작성답안

(1) 계산 : $I_f = \dfrac{V}{R_f} = \dfrac{220}{180} = 1.22 [A]$

$I_a = I - I_f = 40 - 1.22 = 38.78 [A]$

$E' = V - I_a R_a = 220 - 38.78 \times 0.06 = 217.67 [V]$

∴ $P = E' \cdot I_a = 217.67 \times 38.78 \times 10^{-3} = 8.44 [kW]$

답 : 8.44[kW]

(2) 계산 : $\eta = \dfrac{출력}{입력} \times 100 = \dfrac{E \cdot I_a}{V \cdot I} \times 100 = \dfrac{8.44 \times 10^3}{220 \times 40} \times 100 = 95.91 [\%]$

답 : 95.91[%]

(3) 계산 : 무부하시 $I_a = 4 - \dfrac{220}{180} = 2.78 [A]$

무부하시 $E' = V - I_a R_a = 220 - 2.78 \times 0.06 = 219.83 [V]$

전부하시 $E' = V - I_a R_a = 220 - 38.78 \times 0.06 = 217.67 [V]$

$\dfrac{N'}{N} = \dfrac{E'}{E}$ 에서 $N' = N \times \dfrac{E'}{E} = 1800 \times \dfrac{217.67}{219.83} = 1782.31 [rpm]$

답 : 1782.31[rpm]

(4) 계산 : $T = 9.55 \times \dfrac{P}{N} [N \cdot m]$

$T = 9.55 \times \dfrac{8.44 \times 10^3}{1782.31} = 45.223 [N \cdot m]$

답 : 45.22[N·m]

□□□ 96

8 주파수 50 [Hz]에 사용하는 3상 유도전동기를 60 [Hz]의 전원에 사용할 때 3상 유도전동기의 회전수는 어떻게 변화하는가? (단, 몇 [%] 늦어진다. 빨라진다는 등 수식적으로 설명하시오.)(4점)

| 작성답안

계산 : $N = (1-s) N_s = \dfrac{120 f (1-s)}{P} \propto f$ 따라서 $N' = \dfrac{60}{50} N = 1.2 N$

답 : 1.2배 빨라진다.

□□□ 16

9 4극 60[Hz] 3상 유도전동기를 회전계로 측정한 결과 회전수가 1710[rpm]이었다. 이 전동기의 슬립은 몇[%]인지 구하시오. (4점)

| 작성답안

계산 : $N_s = \dfrac{120f}{P} = \dfrac{120 \times 60}{4} = 1800$ [rpm]

$\therefore s = \dfrac{N_s - N}{N_s} \times 100[\%] = \dfrac{1800 - 1710}{1800} \times 100 = 5[\%]$

답 : 5[%]

□□□ 08, 21

10 공동주택에 전력량계 1φ2W용 35개를 신설, 3φ4W용 7개를 사용이 종료되어 신품으로 교체하였다. 소요되는 공구손료 등을 제외한 직접 노무비를 계산하시오. (단, 인공 계산은 소수 셋째자리까지 구하며, 내선전공의 노임은 95,000원이다.) (5점)

전력량계 및 부속장치 설치

(단위 : 대)

종별	내선전공
전력량계 1φ2W용	0.14
1φ3W용 및 3φ3W용	0.21
3φ4W용	0.32
CT(저고압)	0.40
PT(저고압)	0.40
ZCT(영상변류기)	0.40
현수용 MOF(고압·특고압)	3.00
거치용 MOF(고압·특고압)	2.00
계기함	0.30
특수계기함	0.45
변성기함(저압·고압)	0.60

【해설】
① 방폭 200 [%]
② 아파트 등 공동주택 및 기타 이와 유사한 동일 장소 내에서 10대를 초과하는 전력량계 설치시 추가 1대당 해당품의 70 [%]
③ 특수계기함은 3종 계기함, 농사용 계기함, 집합 계기함 및 저압 변류기용 계기함 등임
④ 고압변성기함, 현수용 MOF 및 거치용 MOF(설치대 조립품 포함)를 주상설치 시 배전전공 적용
⑤ 철거 30 [%], 재사용 철거 50 [%]

■ 인공산출
① 전력량계 1φ2W용 기본 10대까지의 신설품
  10×0.14
② 전력량계 1φ2W용 기본 10대를 초과하는 25대의 신설품
  (35-10)×0.14×0.7
③ 전력량계 3φ4W용 7대 교체품
  7×0.32(0.3+1)=6.762
  교체는 "철거+신설"을 의미한다. 철거 시 사용이 종료된 계기이므로 재사용 철거는 적용하지 않는다.

| 작성답안

계산 : 내선전공 $= 10 \times 0.14 + (35-10) \times 0.14 \times 0.7 + 7 \times 0.32(0.3+1) = 6.762$ [인]

직접노무비 $= 6.762 \times 95{,}000 = 642{,}390$ [원]

답 : 642,390[원]

□□□ 07

11 다음은 22.9 [kV] 선로의 기본장주도 중 3상 4선식 선로의 직선주 그림이다. 다음 표의 빈칸에 들어갈 자재의 명칭을 쓰시오. (단, 장주에 경완금(□75× 75×3.2×2400)를 사용하고 취부에 완금 밴드를 사용한 경우이다.)(10점)

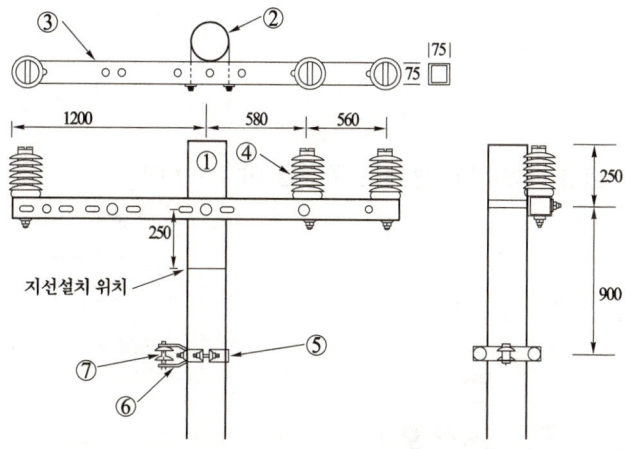

항목 번호	자재명	규격	수량[개]	품목단위부품 및 수량[개]
①		10 [m] 이상	1	
②		1방 2호	1	U금구 1, M좌 1, 와셔 4, 너트 4
③		75×75×3.2×2400	1	
④		152×304(경완금용)	3	와셔 1, 육각 너트 1, 록크 너트 1
⑤		100×230 1방 (2호)	1	(M16×60)2, (M16×35) 1, 너트 3
⑥		4.5×100×100	1	
⑦		110×95(녹색)	1	

| 작성답안

항목 번호	자재명	규격	수량[개]	품목단위부품 및 수량[개]
①	콘크리트 전주	10 [m] 이상	1	
②	완금밴드	1방 2호	1	U금구 1, M좌 1, 와셔 4, 너트 4
③	경완금	75×75×3.2×2400	1	
④	라인포스트 애자	152×304(경완금용)	3	와셔 1, 육각 너트 1, 록크 너트 1
⑤	랙크밴드	100×230 1방 (2호)	1	(M16×60)2, (M16×35) 1, 너트 3
⑥	랙크	4.5×100×100	1	
⑦	저압인류애자	110×95(녹색)	1	

□□□ 04

12 도면은 옥내의 전등 및 콘센트 설비에 대한 평면 배선이다. 주어진 조건을 이용하여 각 물음에 답하여라. (18점)

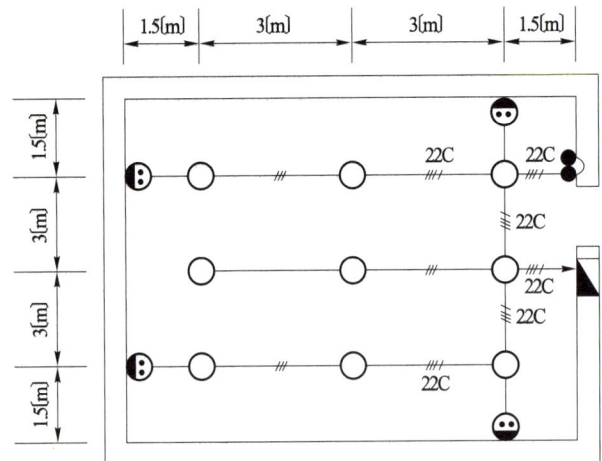

■ 배선

명칭	그림 기호
천장 은폐 배선	────────
바닥 은폐 배선	─ ─ ─ ─ ─
노출 배선	‑ ‑ ‑ ‑ ‑ ‑

【조건】
- 바닥에서 천장 슬라브까지의 높이는 3 [m]이다.
- 전선은 일반용 단심 비닐절연전선 2.5 [mm²]를 사용한다.
- 전선관은 후강전선관을 사용하고 도면에 표현이 없는 것과 전선이 3가닥인 것은 16 [mm]를 사용하는 것으로 한다.
- 4조 이상의 배관과 접속되는 박스는 4각 박스를 사용한다.
- 분전반의 설치 높이는 1.8 [m](바닥에서 상단까지)이고, 바닥에서 하단까지는 0.5 [m]로 한다.
- 콘센트는 설치 높이는 0.3 [m](바닥에서 중심까지)로 한다.
- 스위치의 설치 높이는 1.2 [m](바닥에서 중심까지)로 한다.
- 자재 산출시 산출수량과 할증수량은 소수점 이하도 모두 기재하고, 자재별 총 수량(산출수량+할증수량)을 산정할 때 소수점 이하의 수는 올려서 계산하도록 한다.
- 배관, 배선의 할증은 10 [%]로 하고 배관, 배선 이외의 자재는 할증이 없는 것으로 한다.
- 배관, 배선의 자재산출은 기구 중심에서 중심까지로 하되 벽면에 있는 기구는 그 끝까지(즉, 도면의 치수표시 숫자인 1.5 [m]) 산정한다.
- 콘센트용 박스는 4각 박스로 한다.
- 도면에 전선 가닥수의 표시가 없는 것은 최소 전선수를 적용하도록 한다.
- 분전반 내부에서의 배선 여유는 전선 1본당 0.5 [m]로 한다.
- 천장 슬라브에서 천장 슬라브 내의 배관 및 배선의 설치높이는 자재산출에 포함시키지 않는다.

(1) 주어진 도면에서 산출할 수 있는 다음 재료표의 빈칸을 채우시오.
(단, 전선관 및 절연전선은 산출수량의 근거식을 반드시 쓰도록 한다.)

자재명	규격	단위	산출 수량	할증 수량	총 수량 (산출수량+할증수량)
후강전선관	16 [mm]	m			
후강전선관	22 [mm]	m			
일반용 단심 비닐절연전선	2.5 [mm²]	m			
스위치	300 [V], 10 [A]	개			
스위치 플레이트	2개용	개			
매입콘센트	300 [V], 15 [A] 2개용	개			
4각박스	–	개			
8각박스	–	개			
스위치박스	2개용	개			
콘센트 플레이트	2개용	개			

- 후강전선관 16 [mm]

  ○ _____

- 후강전선관 22 [mm]

  ○ _____

- 일반용 단심 비닐절연전선

  ○ _____

(2) 도면에 그려져 있는 콘센트는 일반용 콘센트의 그림기호이다. 방수형은 어떤 문자를 방기하는가?

  ○ _____

(3) 배전반, 분전반 및 제어반의 그림기호는 ▭ 이며, 종류를 구별할 때 도면에서의 그림기호는 분전반의 그림 기호이다. 종류를 구별할 때 배전반의 그림기호를 그리시오.

강의 NOTE

■ 배전반

명칭	배전반 분전반 및 제어반
그림기호	▭
적요	① 종류를 구별하는 경우는 다음과 같다. 　배전반 ⊠ 　분전반 ◣ 　제어반 ◥◣ ② 직류용은 그 뜻을 표기한다. ③ 재해 방지 전원 회로용 배전반 등인 경우는 2중 틀로 하고 필요에 따라 종별을 표기한다. 【보기】 ⊠ 1종　◣ 2종

| 작성답안

(1)

자재명	규격	단위	산출수량	할증수량	총 수 량 (산출수량+ 할증수량)
후강전선관	16 [mm]	m	28.8	2.88	28.8+2.88=31.68
후강전선관	22 [mm]	m	18	1.8	18+1.8=19.8
일반용 단심 비닐절연전선	2.5[mm^2]	m	140.6	14.06	140.6+14.06=154.66
스위치	300 [V], 10 [A]	개	2		2
스위치 플레이트	2개용	개	1		1
매입콘센트	300 [V], 15 [A] 2개용	개	4		4
4각박스	–	개	6		6
8각박스	–	개	7		7
스위치박스	2개용	개	1		1
콘센트 플레이트	2개용	개	4		4

- 후강전선관 16 [mm] : 1.5×4+3×4+(3−0.3)×4 = 28.8 [m]
- 후강전선관 22 [mm] : 1.5×2+3×4+(3−1.8)+(3−1.2) = 18[m]
- 일반용 단심 비닐절연전선 : 1.5×16+3×27+1.8×4+1.2×4+0.5×4+2.7×8 = 140.6[m]

(2) WP

(3) ⊠

□□□ 21

13 다음의 계측장비를 주기적으로 교정하고 또한 안전장구의 성능을 적정하게 유지할 수 있도록 시험하여야 한다. 다음 표의 권장 교정 및 시험주기는 몇 년인가? (5점)

구분	년
절연 저항 측정기	
계전기 시험기	
접지저항 측정기	
절연저항계	
클램프미터	

| 작성답안

구분	년
절연 저항 측정기	1
계전기 시험기	1
접지저항 측정기	1
절연저항계	1
클램프미터	1

강의 NOTE

■ 전기안전관리자의 직무에 관한 고시 제9조 (계측장비 교정 등)

【계측장비 등 권장 교정 및 시험주기】

	구분	권장 교정 및 시험주기(년)
계측 장비 교정	계전기 시험기	1
	절연내력 시험기	1
	절연유 내압 시험기	1
	적외선 열화상 카메라	1
	전원품질분석기	1
	절연저항 측정기(1,000V, 2,000MΩ)	1
	절연저항 측정기(500V, 100MΩ)	1
	회로시험기	1
	접지저항 측정기	1
	클램프미터	1
안전 장구 시험	특고압 COS 조작봉	1
	저압검전기	1
	고압·특고압 검전기	1
	고압절연장갑	1
	절연장화	1
	절연안전모	1

KEYWORD 44 기타

□□□ 93, 02

14 자가용 전기 설비의 중요 검사 항목을 4가지만 쓰시오. (4점)

○

| 작성답안

① 접지 저항 측정
② 절연 저항 측정
③ 절연 내력 시험
④ 계전기 동작 시험

□□□ 98, 08, 18, 22

15 다음 저항을 측정하는데 가장 적당한 계측기 또는 적당한 방법은?(5점)

(1) 변압기의 절연저항

　○ _____

(2) 검류계의 내부저항

　○ _____

(3) 전해액의 저항

　○ _____

(4) 배전선의 전류

　○ _____

(5) 접지극의 접지저항

　○ _____

| 작성답안

① 절연저항계 (Megger)
② 휘이스톤 브리지
③ 콜라우시 브리지
④ 후크온 메터
⑤ 접지저항계

□□□ 91, 99, 03

16 다음의 저항을 측정하는 데 가장 적당한 방법은 무엇인가?(6점)

(1) 황산구리 용액

　○ _____

(2) 길이 1[m]의 연동선

　○ _____

(3) 백열 상태에 있는 백열 전구의 필라멘트

　○ _____

(4) 검류계의 내부 저항

　○ _____

| 작성답안

(1) 콜라우시 브리지법
(2) 캘빈 더블 브리지법
(3) 전압 강하법
(4) 휘이스톤 브리지법

강의 NOTE

■ 저항의 측정

저항값을 1[Ω] 미만이라 하면 저저항이라 하고, 1[Ω]~1[MΩ]인 경우는 중저항, 1[MΩ] 이상은 고저항이라 한다. 저항을 측정하기 위해서는 일반적으로 옴의 법칙을 이용하여 구할 수 있고, 저저항을 측정하는 경우는 전압계와 전류계를 이용하여, 옴의 법칙으로 정확하게 저항값을 구하기 힘들므로 오차를 줄이기 위해 전압강하법, 전위차계법, 캘빈 더블 브리지법 등을 이용하여 저항을 측정한다.

① 저저항 측정
- 전압강하법
- 전위차계법
- 캘빈더블브리지법

② 중저항 측정
- 전압강하법
- 지시계기 사용법
- 휘트스톤 브리지법

③ 고저항 측정
- 직편법(검류계법)
- 전압계법
- 절연저항계법

④ 특수저항측정
- 검류계내부저항의 측정 : 검류계의 내부저항은 중저항에 해당함으로 휘트스톤 브리지법을 이용하는 방법으로 검류계의 내부저항을 측정한다.
- 전지의 내부저항 측정 : 전지의 내부저항의 측정에는 내부저항이 큰 전압계를 이용하는 방법과 기전력을 동시에 측정할 수 있는 전류법, 브리지를 이용하는 방법 등이 있다.
- 전해액의 저항측정 : 전해액은 전기분해에 의해 분극작용이 생김으로 이로 인한 역기전력으로 전해액의 저항 측정시 실제 저항값보다 크게 측정된다. 그러므로 분극작용에 영향을 받지 않는 측정법이 필요하며, 콜라우시 브리지법(kohlrausch bridge), 스트라우드법(stroud)와 핸더슨법(henderson) 등이 있다.
- 접지저항측정 : 접지저항을 측정하는 방법은 콜라우시 브리지법과 접지저항계를 이용하는 방법이 있다.

2. 와이어게이지 : 전선의 굵기 측정

□□□ 97, 03, 05, 15, 20

17 다음과 같은 값을 측정하는데 가장 적당한 것은?(5점)

(1) 단선인 전선의 굵기

   ○ _____

(2) 옥내전등선의 절연저항

   ○ _____

(3) 접지저항(브리지로 답할 것)

   ○ _____

| 작성답안

(1) 와이어 게이지
(2) 메거
(3) 콜라우시 브리지

□□□ 93, 09, 10

18 % 오차가 −3 [%]인 전압계로 측정한 값이 100 [V]라면 그 참값은 몇 [V]인가? (5점)

| 작성답안

계산 : 오차 $\epsilon = \dfrac{측정값-참값}{참값} \times 100 = \dfrac{M-T}{T} \times 100$ [%] 에서 $-0.03 = \dfrac{100-T}{T}$

$T = \dfrac{100}{0.97} = 103.09$ [V]

답 : 103.09 [V]

강의 NOTE

■ 오차와 보정

① 오차 (error)
어떤 측정에 있어서도 절대로 정확한 값을 알 수 있는 것은 어렵기 때문에 전기 계기의 측정의 경우도 반드시 오차가 포함되어 있다. 따라서 오차를 계산하고 이를 보정해주어야 한다.

오차 $\epsilon_0 = M - T$

여기서, M : 측정값, T : 참값
오차를 오차율 (percentage error)로 표시하면 다음과 같다.

오차율 $\epsilon = \dfrac{M-T}{T} \times 100$ [%]

② 보정 (correction)
보정과 보정률 (percentage correction)은 다음과 같다.

보정 $\alpha_0 = T - M$

보정률 $\alpha = \dfrac{T-M}{M} \times 100$ [%]

□□□ 17

19 다음은 제어계의 조절부 동작에 의한 분류이다. 다음 ①~⑤ 안에 들어갈 제어계를 쓰시오. (5점)

(①) 제어	이 제어는 각각의 이점을 살리고 있으므로 가장 우수한 제어 동작이다. 이 동작으로 제어를 하는 경우에는 오프셋이 없고 응답이 빠른 제어를 할 수 있다.
(②) 제어	이것은 구조가 간단하나 설정값과 제어결과, 즉 검출값 편차의 크기에 비례하여 조작부를 제어하는 것으로 정상 오차를 수반한다. 사이클링은 없으나 잔류편차(off-set)가 생기는 결점이 있다.
(③) 제어	제어계 오차가 검출될 때 오차가 변화하는 속도에 비례하여 조작량을 가감산 하도록 하는 동작으로 오차가 커지는 것을 미리 방지하는데 있다.
(④) 제어	오차의 크기와 오차가 발생하고 있는 시간에 대해 둘러싸고 있는 면적을 말하고, 적분값의 크기에 비례하여 조작부를 제어하는 것으로, 잔류오차가 없도록 제어할 수 있는 장점이 있다.
(⑤) 제어	제어 결과에 빨리 도달하도록 미분 동작을 부가한 것이다. 응답 속응성의 개선에 사용된다.

■ 제어요소

① ON-OFF제어 : 이 제어는 각각의 이점을 살리고 있으므로 가장 우수한 제어 동작이다. 이 동작으로 제어를 하는 경우에는 오프셋이 없고 응답이 빠른 제어를 할 수 있다.

② 비례 적분(PI) : 비례 동작에 의해 발생하는 잔류편차를 소멸시키기 위해 적분 동작을 부가시킨 제어동작으로서 제어 결과가 진동적으로 되기 쉽다.

| 작성답안

① 비례 적분 미분
② 비례
③ 미분
④ 적분
⑤ 비례 미분

□□□ 89, 95, 07

20 다음과 같은 상황의 전자 개폐기의 고장에서 주요 원인과 그 보수 방법을 2가지씩 써넣으시오. (6점)

(1) 철심이 운다.

  ○ _____

(2) 동작하지 않는다.

  ○ _____

(3) 서멀릴레이가 떨어진다.

  ○ _____

강의 NOTE

■ 전자접촉기

| 작성답안

(1) 원   인 : ① 가동철심과 고정철심 접촉 부위에 부식
           ② 철심 전원 단자 나사 부분의 이완
   보수 방법 : ① 샌드 페이퍼로 녹을 제거
           ② 나사의 이완 부분을 조임
(2) 원   인 : ① 여자 코일이 단선 또는 소손
           ② 전원이 결상
   보수 방법 : ① 여자 코일을 교체
           ② 전원 결상 부분을 연결
(3) 원   인 : ① 과부하 발생
           ② 서멀 릴레이 설정값이 낮을 경우
   보수 방법 : ① 부하를 정격값으로 조정한다.
           ② 서멀 릴레이 설정값을 상위값으로 조정한다.

30개년 기출분석 단원별 총정리
전기산업기사 실기

定價 38,000원(별책부록 포함)

저 자 김 대 호
발행인 이 종 권

2023年 4月 26日 초 판 발 행
2024年 3月 5日 1차개정발행
2025年 1月 23日 2차개정발행

發行處 (주) 한솔아카데미

(우)06775 서울시 서초구 마방로10길 25 트윈타워 A동 2002호
TEL : (02)575-6144/5   FAX : (02)529-1130
〈1998. 2. 19 登錄 第16-1608號〉

※ 본 교재의 내용 중에서 오타, 오류 등이 발견되는 대로 한솔아카데미 인터넷 홈페이지를 통해 공지하여 드리며 보다 완벽한 교재를 위해 끊임없이 최선의 노력을 다하겠습니다.
※ 파본은 구입하신 서점에서 교환해 드립니다.
www.inup.co.kr / www.bestbook.co.kr

ISBN 979-11-6654-620-4 13560

전기 5주완성 시리즈

전기기사 5주완성
전기기사수험연구회
2,140쪽 | 42,000원

전기산업기사 5주완성
전기산업기사수험연구회
1,964쪽 | 42,000원

전기공사기사 5주완성
전기공사기사수험연구회
1,688쪽 | 42,000원

전기공사산업기사 5주완성
전기공사산업기사수험연구회
1,606쪽 | 42,000원

전기(산업)기사 실기
대산전기수험연구회
748쪽 | 43,000원

전기기사실기 20개년 과년도
대산전기수험연구회
992쪽 | 38,000원

전기기사 완벽대비 시리즈

정규시리즈①
전기자기학

전기기사수험연구회
4×6배판 | 반양장
406쪽 | 22,000원

정규시리즈②
전력공학

전기기사수험연구회
4×6배판 | 반양장
328쪽 | 22,000원

정규시리즈③
전기기기

전기기사수험연구회
4×6배판 | 반양장
430쪽 | 22,000원

정규시리즈④
회로이론

전기기사수험연구회
4×6배판 | 반양장
388쪽 | 22,000원

정규시리즈⑤
제어공학

전기기사수험연구회
4×6배판 | 반양장
248쪽 | 21,000원

정규시리즈⑥
전기설비기술기준

전기기사수험연구회
4×6배판 | 반양장
336쪽 | 22,000원

무료동영상 교재
전기시리즈①
전기자기학

김대호 저
4×6배판 | 반양장
23,000원

무료동영상 교재
전기시리즈②
전력공학

김대호 저
4×6배판 | 반양장
23,000원

무료동영상 교재
전기시리즈③
전기기기

김대호 저
4×6배판 | 반양장
23,000원

무료동영상 교재
전기시리즈④
회로이론

김대호 저
4×6배판 | 반양장
23,000원

무료동영상 교재
전기시리즈⑤
제어공학

김대호 저
4×6배판 | 반양장
21,000원

무료동영상 교재
전기시리즈⑥
전기설비기술기준

김대호 저
4×6배판 | 반양장
23,000원

전기기사·산업기사·기능사

전기(산업)기사 실기 모의고사 100선

김대호 저
4×6배판 | 반양장
296쪽 | 24,000원

전기기능사 필기

이승원, 김승철, 윤종식 공저
4×6배판 | 반양장
532쪽 | 27,000원

2025 전기기사 · 산업기사 실기 완벽대비

전기기사 실기 기본서

김대호 저
반양장
964쪽 | 38,000원

전기기사 실기 20개년 기출문제

김대호 저
반양장
1,352쪽 | 43,000원

전기산업기사 실기 기본서

김대호 저
반양장
920 | 38,000원

전기산업기사 실기 20개년 기출문제

김대호 저
반양장
1,076쪽 | 41,000원